4桁の原子量表（2023）

(元素の原子量は，質量数12の炭素（^{12}C）を12とし，これに対する相対値とする)

元素名		元素記号	原子番号	原子量	元素名		元素記号	原子番号	原子量
アインスタイニウム	einsteinium	Es	99	(252)	テルビウム	terbium	Tb	65	158.9
亜　鉛	zinc	Zn	30	65.38	テ　ル　ル	tellurium	Te	52	127.6
アクチニウム	actinium	Ac	89	(227)	銅	copper	Cu	29	63.55
アスタチン	astatine	At	85	(210)	ドブニウム	dubnium	Db	105	(268)
アメリシウム	americium	Am	95	(243)	トリウム	thorium	Th	90	232.0
アルゴン	argon	Ar	18	39.95	ナトリウム	sodium	Na	11	22.99
アルミニウム	alumin(i)um	Al	13	26.98	鉛	lead	Pb	82	207.2
アンチモン	antimony	Sb	51	121.8	ニ オ ブ	niobium	Nb	41	92.91
硫　黄	sulfur	S	16	32.07	ニッケル	nickel	Ni	28	58.69
イッテルビウム	ytterbium	Yb	70	173.0	ニホニウム	nihonium	Nh	113	(278)
イットリウム	yttrium	Y	39	88.91	ネオジム	neodymium	Nd	60	144.2
イリジウム	iridium	Ir	77	192.2	ネ オ ン	neon	Ne	10	20.18
インジウム	indium	In	49	114.8	ネプツニウム	neptunium	Np	93	(237)
ウ ラ ン	uranium	U	92	238.0	ノーベリウム	nobelium	No	102	(259)
エルビウム	erbium	Er	68	167.3	バークリウム	berkelium	Bk	97	(247)
塩　素	chlorine	Cl	17	35.45	白　金	platinum	Pt	78	195.1
オガネソン	oganesson	Og	118	(294)	ハッシウム	hassium	Hs	108	(277)
オスミウム	osmium	Os	76	190.2	バナジウム	vanadium	V	23	50.94
カドミウム	cadmium	Cd	48	112.4	ハフニウム	hafnium	Hf	72	178.5
ガドリニウム	gadolinium	Gd	64	157.3	パラジウム	palladium	Pd	46	106.4
カリウム	potassium	K	19	39.10	バリウム	barium	Ba	56	137.3
ガリウム	gallium	Ga	31	69.72	ビスマス	bismuth	Bi	83	209.0
カリホルニウム	californium	Cf	98	(252)	ヒ　素	arsenic	As	33	74.92
カルシウム	calcium	Ca	20	40.08	フェルミウム	fermium	Fm	100	(257)
キセノン	xenon	Xe	54	131.3	フッ素	fluorine	F	9	19.00
キュリウム	curium	Cm	96	(247)	プラセオジム	praseodymium	Pr	59	140.9
金	gold	Au	79	197.0	フランシウム	francium	Fr	87	(223)
銀	silver	Ag	47	107.9	プルトニウム	plutonium	Pu	94	(239)
クリプトン	krypton	Kr	36	83.80	フレロビウム	flerovium	Fl	114	(289)
ク ロ ム	chromium	Cr	24	52.00	プロトアクチニウム	protactinium	Pa	91	231.0
ケ イ 素	silicon	Si	14	28.09	プロメチウム	promethium	Pm	61	(145)
ゲルマニウム	germanium	Ge	32	72.63	ヘリウム	helium	He	2	4.003
コバルト	cobalt	Co	27	58.93	ベリリウム	beryllium	Be	4	9.012
コペルニシウム	copernicium	Cn	112	(285)	ホ ウ 素	boron	B	5	10.81
サマリウム	samarium	Sm	62	150.4	ボーリウム	bohrium	Bh	107	(272)
酸　素	oxygen	O	8	16.00	ホルミウム	holmium	Ho	67	164.9
ジスプロシウム	dysprosium	Dy	66	162.5	ポロニウム	polonium	Po	84	(210)
シーボーギウム	seaborgium	Sg	106	(271)	マイトネリウム	meitnerium	Mt	109	(276)
臭　素	bromine	Br	35	79.90	マグネシウム	magnesium	Mg	12	24.31
ジルコニウム	zirconium	Zr	40	91.22	マンガン	manganese	Mn	25	54.94
水　銀	mercury	Hg	80	200.6	メンデレビウム	mendelevium	Md	101	(258)
水　素	hydrogen	H	1	1.008	モスコビウム	moscovium	Mc	115	(289)
スカンジウム	scandium	Sc	21	44.96	モリブデン	molybdenum	Mo	42	95.95
ス　ズ	tin	Sn	50	118.7	ユウロピウム	europium	Eu	63	152.0
ストロンチウム	strontium	Sr	38	87.62	ヨウ素	iodine	I	53	126.9
セシウム	caesium (cesium)	Cs	55	132.9	ラザホージウム	rutherfordium	Rf	104	(267)
セリウム	cerium	Ce	58	140.1	ラジウム	radium	Ra	88	(226)
セ レ ン	selenium	Se	34	78.97	ラ ド ン	radon	Rn	86	(222)
ダームスタチウム	darmstadtium	Ds	110	(281)	ランタン	lanthanum	La	57	138.9
タリウム	thallium	Tl	81	204.4	リチウム	lithium	Li	3	6.94
タングステン	tungsten (wolfram)	W	74	183.8	リバモリウム	livermorium	Lv	116	(293)
炭　素	carbon	C	6	12.01	リ　ン	phosphorus	P	15	30.97
タンタル	tantalum	Ta	73	180.9	ルテチウム	lutetium	Lu	71	175.0
チ　タ　ン	titanium	Ti	22	47.87	ルテニウム	ruthenium	Ru	44	101.1
窒　素	nitrogen	N	7	14.01	ルビジウム	rubidium	Rb	37	85.47
ツリウム	thulium	Tm	69	168.9	レニウム	rhenium	Re	75	186.2
テクネチウム	technetium	Tc	43	(99)	レントゲニウム	roentgenium	Rg	111	(280)
鉄	iron	Fe	26	55.85	ロジウム	rhodium	Rh	45	102.9
テネシン	tennessine	Ts	117	(293)	ローレンシウム	lawrencium	Lr	103	(262)

本表は，実用上の便宜を考えて，国際純正・応用化学連合（IUPAC）で承認された最新の原子量に基づき，日本化学会原子量専門委員会が独自に作成した表を改変したものである．本来，同位体存在度の不確定さは，自然に，あるいは人為的に起こりうる変動や実験誤差のために，元素ごとに異なる．したがって，個々の原子量の値は，正確度が保証された有効数字の桁数が大きく異なる．本表の原子量を引用する際とが望ましい．なお，本表の原子量の信頼性は有効数字の4桁目で±1以内であるが，例外として，亜鉛に関しては抽出され，リチウム同位体比が大きく変動した物質が存在するために，リチウムの原子量は大きな変動幅をもつ．しが与えられている．なお，天然の多くの物質中でのリチウムの原子量は 6.94 に近い．また，安定同位体がなく，天然については，その元素の放射性同位体の質量数の一例を（ ）内に示した．したがって，その値を原子量として扱うこ

無機化学（上）

Catherine E. Housecroft・Alan G. Sharpe 著
巽 和行・西原 寛・穐田宗隆・酒井 健 監訳

東京化学同人

INORGANIC CHEMISTRY
THIRD EDITION

Catherine E. Housecroft
University of Basel

Alan G. Sharpe
Jesus College, University of Cambridge

© Pearson Education Ltd 2001, 2005, 2008.
This translation of HOUSECROFT INORGANIC CHEMISTRY 03 Edition is published by arrangement with Pearson Education Limited.
Japanese translation edition © 2012 by Tokyo Kagaku Dozin Co., Ltd.

序

"無機化学"第3版では前版からの大幅な改訂はせず,物理無機化学の原理と法則の基礎をまずしっかりと記述した後,元素ごとの各論に入り,最後に多くのより専門的な項目で締めくくった.最近,マテリアルサイエンスやライフサイエンスへの展開が時代の趨勢となっており,たとえばナノサイエンスや環境化学の章を増やしたい誘惑にかられる.しかし,これらの主題を扱った優れた教科書がすでに出版されていることもあり,本版では基礎的な無機化学の内容にページを割く方が教育効果は高いと考えた.その代わり,マテリアルサイエンス,ライフサイエンス,環境,実生活への応用と化学工業へのかかわりについては囲み欄(Box)で取上げ,鍵となる参考文献を付けた.第2版から第3版への改訂に際し,囲み欄に写真を加えてより読者の視覚に訴えるべく心掛けた.第1,2版からの大きな変更点は,実験テクニックの記述を増やしたことである.第2版では,核磁気共鳴(NMR)スペクトルの詳細な説明に加え,X線回折,電子線回折,ラマンスペクトル,光電子スペクトルなどを囲み題目として取扱った.本版では,これらの記述を増やして実験テクニックの内容をさらに充実させた〔たとえば,計算法,サイクリックボルタンメトリー,EPR(電子常磁性共鳴)スペクトル,高速液体クロマトグラフィー(HPLC),透過型電子顕微鏡〕.

第2版で教育的観点に配慮したこともあり,本書"無機化学"は講義担当者や学生に人気のある教科書となった.現版では利用者からの要望に応え,練習問題を増やし,各論と基礎概念との連携を深めることに心掛けるとともに,各論の内容を適宜更新した.最近発表された論文の成果を加えたことにより,新たな研究成果がいかに現代無機化学の発展に貢献したかを学生諸君に肌で感じてもらえるものと思う.

第1版から第2版への改訂に際し,対称性と分子軌道論の章を大幅に書き換えた.この改訂の評判が良かったため,第3版では振動スペクトルの項目をさらに充実させ,指標表を用いた振動モードの対称記号の決め方と,どの振動モードが赤外活性もしくはラマン活性であるかの説明を補充した.また,dブロック金属錯体の電子スペクトルに関する序章で,スペクトル項の記号と微視的状態の説明を大幅に更新した.

"無機化学"の三つの版を執筆した期間中に,単位・記号や化合物命名法に関する広範囲に及ぶ勧告がIUPACによって発表された.2001年のIUPAC勧告の中にはNMRスペクトルの化学シフトの表記に関する項目があり,たとえば,$\delta 6.0$と表記することを薦めた1972年の勧告が覆され,$\delta 6.0$ ppmが推奨されている.本版"無機化学"では,2001年勧告に準ずることにした.その後,無機化学命名法を大幅に改定したIUPAC勧告が2005年に出版され,その内容についてNeil Connelley教授に数々の問い合わせを行った.それらに返答していただいた同教授に感謝したい.IUPAC 2005年勧告について我々が慎重に検討した結果,すべてではないが,いくつかの変更点を本版に組入れることとした.ほとんど使われなくなった名前(たとえば,tetrahydroborate,現在はtetrahydroaluminateに対応してtetrahydridoborateを使う)は本書からは削除し,Box 7・2に無機化合物に用いられる付加命名法(additive nomenclature)の例を示した.本書の今後の改訂版で,命名法のさらなる変更に対応したい.IUPACは定期的に原子量を更新しており,本3版では最新の報告に準拠した(M. E. Wieser (2006) *Pure Appl. Chem.*, vol. 78, p. 2051;訳書では日本化学会 原子量専門委員会の2011年版に差し替えた).

これまでの版と同様,三次元分子構造は,スイス連邦工科大学(ETH,チューリヒ)で検索

したケンブリッジ結晶学データベース（Cambridge Crystallographic Data Base）またはタンパク質データバンク Protein Data Bank（http://www/rcsb.org/pdb）の原子座標を用いて描いた．

本書に付随して，解法の手引き（Solution Manual）が Catherine E. Housecroft によって執筆されている．また，付録ウェブには学生諸君や講義担当者のためのサイトがあり，www.pearsoned.co.uk/housecroft からアクセスできる．

出版社によって設けられた校閲委員と，本版執筆にあたってさまざまな助言，意見，批評を下さった多くの同僚に深く感謝する．初版と第2版の序文で謝意を述べた方々に加え，発表論文の別刷り請求を快く承諾していただいた Duncan Bruce, Wayne Gladfelter, Henry Rzepa, Helmut Sigel, Tim Hughbanks, Gregory Robinson 各教授，Owen Curnow 博士，Clive Oppenheimer 博士，Gilbert Gordon 教授に感謝の意を表したい．また，メスバウアースペクトルを説明する図を提供していただいた Gary Long 教授，"リンの世界（Phosphorus World）"の写しを提供していただいた Derek Corbridge 教授に感謝する．多くの同僚には，本文の査読および各項目の教え方についての議論に時間を割いていただいた．特に，John P. Maier, Greg Jackson, Silvio Decurtins 各教授と Cornelia Palivan 博士にお礼申し上げたい．Pearson Education チームの献身的な努力がなければ，本書"無機化学"の出版は不可能であったと思う．第3版に関して，特に Kevin Ancient, Melanie Beard, Pauline Gillett, Kay Holman, Martin Klopstock, Simon Lake, Mary Lince, Paul Nash, Julian Partridge, Darren Prentice, Ros Woodward の諸氏に感謝する．

著者の一人（Catherine E. Housecroft）は夫 Edwin Constable と本版の構想について長い時間話し合った．特にスペクトル項の記号と微視的状態を教える方法に関する彼の考え方は貴重であった．最後に，本書を Philby に捧げる．彼は，化学教科書作成に16年間携わった後，本プロジェクトの仕上げを監修する仕事を妹 Isis に託した．彼女は，執筆期間中ずっとワープロの側で寝泊まりし，必要と感じた折々にはそっと私の手助けをしてくれた．

2007年3月

Catherine E. Housecroft (Basel 大学)
Alan G. Sharpe (Cambridge 大学)

本第3版出版のわずか数カ月後に Alan G. Sharpe 博士が帰らぬ人となった．共同研究者であり，教育者，同僚で友人でもあった彼を失ったことを大変残念に思う．本書を彼への追憶として献じたい．

2008年4月　バーゼルにて

Catherine E. Housecroft

三次元構造の中では，特に断りのない限り以下の色を各原子にあてがう．
C 灰色，H 白，O 赤，N 青，FとCl 緑，S 黄，P 橙，B 青．

訳者序

　周期表のほぼすべての元素を取扱う"無機化学"は多様かつ深遠な学問分野であり，研究対象として実に魅力的である．新規機能材料の開発を担うマテリアルサイエンスや，高性能触媒をつくり出す有機金属化学では無機化合物の知識が欠かせないこともあり，現代化学が広い意味の"無機化学"を中心として展開しているのも当然といえる．また，生命現象を解き明かすライフサイエンスとの境界領域である生物無機化学の発展も著しい．新しい化合物の創出と新反応の発見が期待できる"無機化学"は，学術研究と応用研究の両面において大きな可能性を秘めている．その意味で，大学学部および大学院の時期に無機化学の知識を十分に習得しておくことは，学生諸君が化学者として将来身を立てるためにぜひ必要であろう．本書は世界的に好評を博しており，学部学生および大学院修士課程学生が"無機化学"を学習するために最適の教科書である．教育段階に応じて，基礎から上級水準の授業に幅広く利用できるのも本書の特長である．

　多様な元素を対象とする無機化学を学ぶのは決して容易ではなく，それを系統的に教えるのもなかなか難しい．対象とする元素の種類が多くなると，結合をつくる元素の組合わせ数も飛躍的に増す．さらに，遷移金属元素では原子価軌道としてs，p軌道にd軌道やf軌道が加わる．このようなさまざまな元素からなる結合の性質を知り，個々の化合物の電子状態や反応性を学ぶことを鬱陶しく感じられるかもしれない．しかし，電子状態論の基本原理さえ理解しておけば，一見複雑そうな無機化合物の性質の全体像を見極めることはさほど困難ではない．本書もこのような観点に立ち，基礎的内容の記述に多くのページ数を割いて読者がまず基本を習得できるように十分に配慮している．また，化合物の性質を理解するためには，まず立体構造を知ることが不可欠であるが，無機化学のわかりにくさはこれまでの教科書に化学構造の記述が足りないことにあった．本書では無機化合物の立体構造を多数図示することによって，この問題点を解決している．さらに，最新実験手法や分析機器の解説を充実するとともに，囲み欄（Box）で社会や化学工業への無機化学のかかわりを詳しく述べている．分厚い教科書ではあるが，無機化学の幅広い知識が自然と身につくように，必修項目が見事に包括配置された完成度の高い名著である．本書を用いることによって，無機化合物の美しさと重要性を知り，無機化学を勉強する喜びを感じてもらえると思う．

　著者のハウスクロフト教授はバーゼル大学化学教室の現役の研究者としても活躍している．大きな研究グループを率いながら，本書の執筆を完成させた能力と努力には感服するばかりである．また，本新版出版直後に亡くなられた共著者のシャープ教授のご冥福をお祈りする．

　名著を翻訳するのは骨の折れる仕事である．本訳書の出版は研究の第一線で活躍中の多くの訳者の努力が結集されたものであり，多忙な中にもかかわらずこの作業に熱心に取組んでいただけたのも，無機化学とその教育に対する意義と重要性の認識を皆で共有していたことによる．翻訳原稿の執筆と取りまとめにあたって，原著の記述内容を精査するとともに，訳語調と用語の統一に特に注意を払った．翻訳分担者の訳原稿は，監訳者全員で査読を重ねた．原著では，記号や化合物名がIUPAC 1990年勧告と2000年改訂勧告に準拠すべく留意されており，翻訳にあたっても，それに倣った．また，必要に応じて日本化学会 化合物命名法委員会 訳者による"無機化学

命名法－IUPAC 2005 年勧告－"（東京化学同人，2010）を参考にし，原著の用語を修正して訳した部分もある．

　本書の訳書の刊行は，東京化学同人編集部の橋本純子さんから提案された．橋本純子さんと内藤みどりさんが編集の実務を担当され，翻訳作業を根気よく叱咤激励して下さった．お二人の支援と尽力に心から謝意を表したい．

　2012 年 3 月

訳者を代表して
巽　　和　行

■本書について

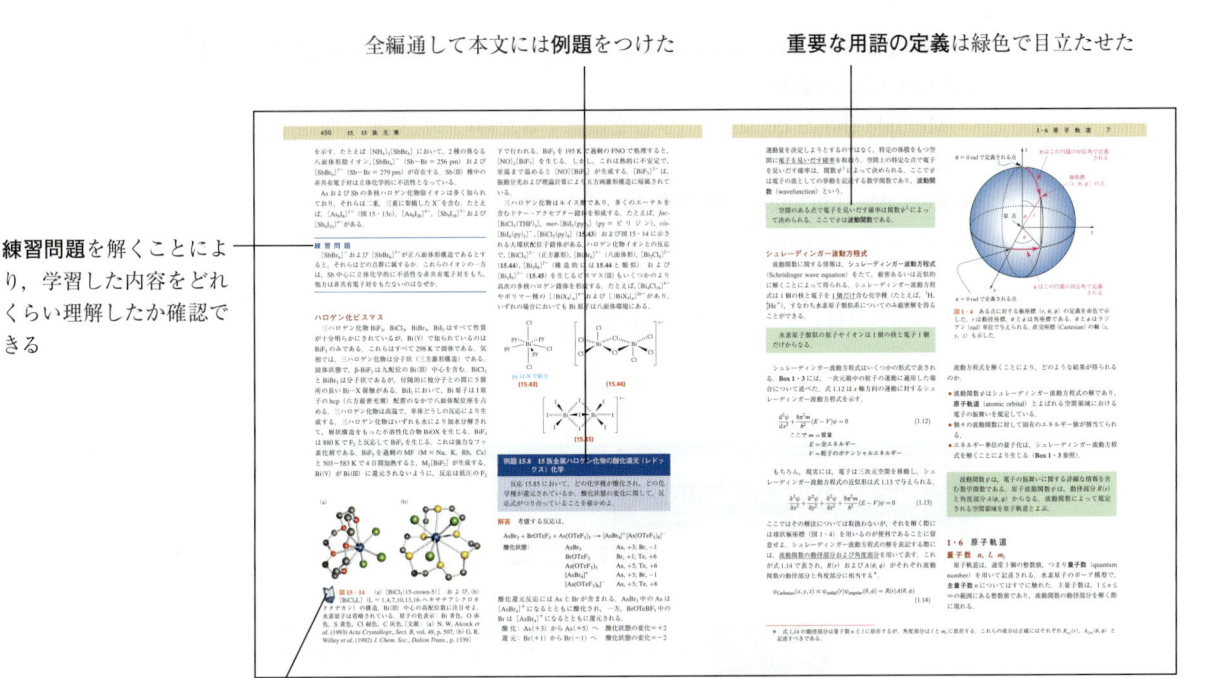

全編通して本文には**例題**をつけた

重要な用語の定義は緑色で目立たせた

練習問題を解くことにより，学習した内容をどれくらい理解したか確認できる

ウェブアイコンは Companion Website（次ページ参照）が利用でき，自分で回転させることが可能な三次元分子模型グラフィック（"Rotatable structures"）を見ることができることを示す

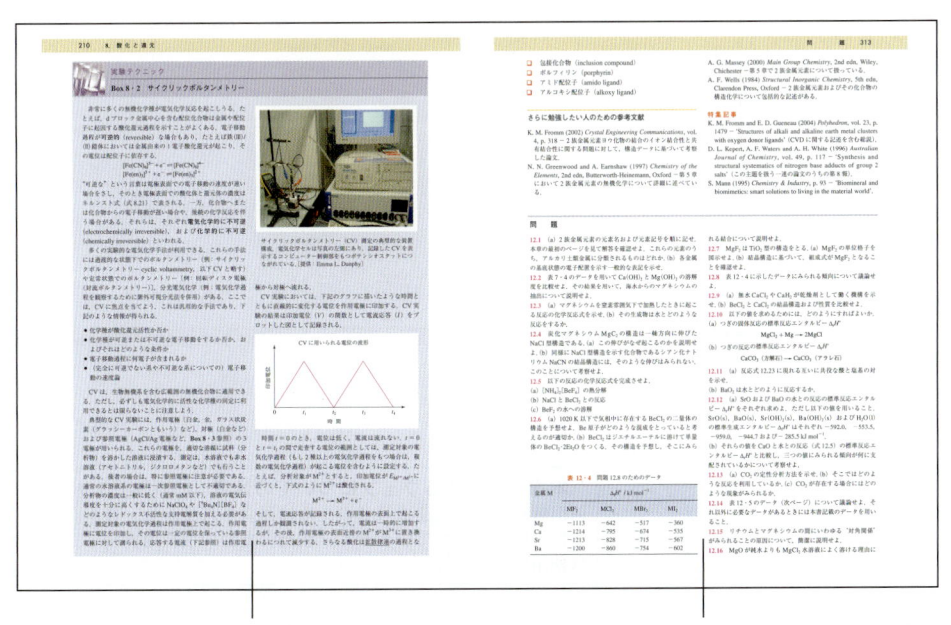

Box（囲み欄）ではカラー写真を載せるとともに環境，資源，生物および医薬のような実生活に関連のある無機化学の話題にふれ，応用と実用化，実験テクニックの情報，化学の基礎と論理的背景について述べた

章末問題は総合問題も含め，その章で学んだ幅広い内容をカバーしている

補助教材

www.pearsoned.co.uk/housecroft　にオンラインで利用できる資料があります．

［学生向けウェブ教材］
- Multiple choice questions（学習を確認するための多肢選択式問題．すぐに採点結果を確認することができる）
- Rotatable structures（回転操作が可能な三次元分子グラフィックス）
- Interactive periodic table（対話型周期表）

教師用教材は日本では使用できません．

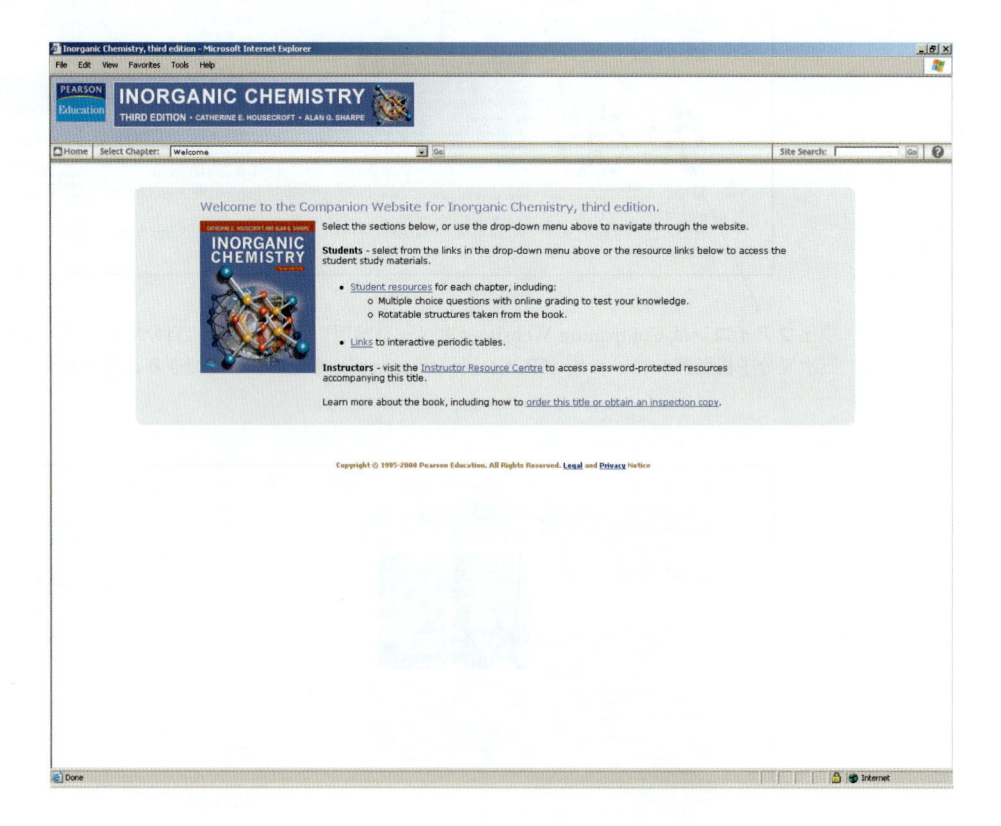

本書に対応するウェブについての注意：このウェブサイトは，原出版社により英語版読者のために運営されており，日本語版読者の使用は保証されていません．**教師のための授業用資料**は，日本では使用できません．

- **Multiple choice questions**

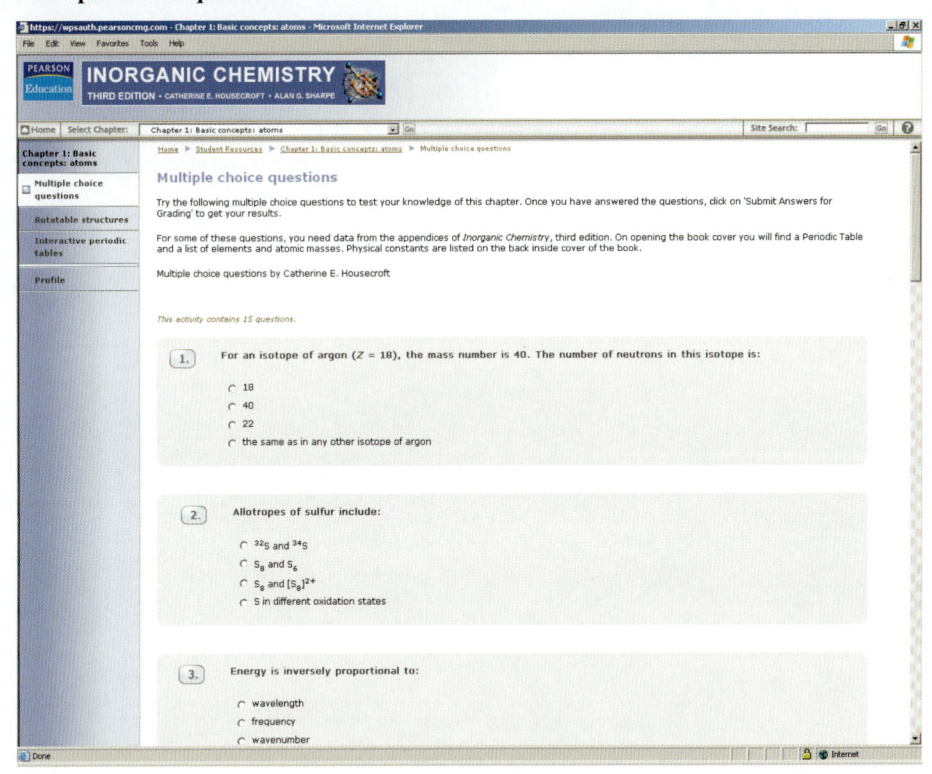

- **Rotatable structures**

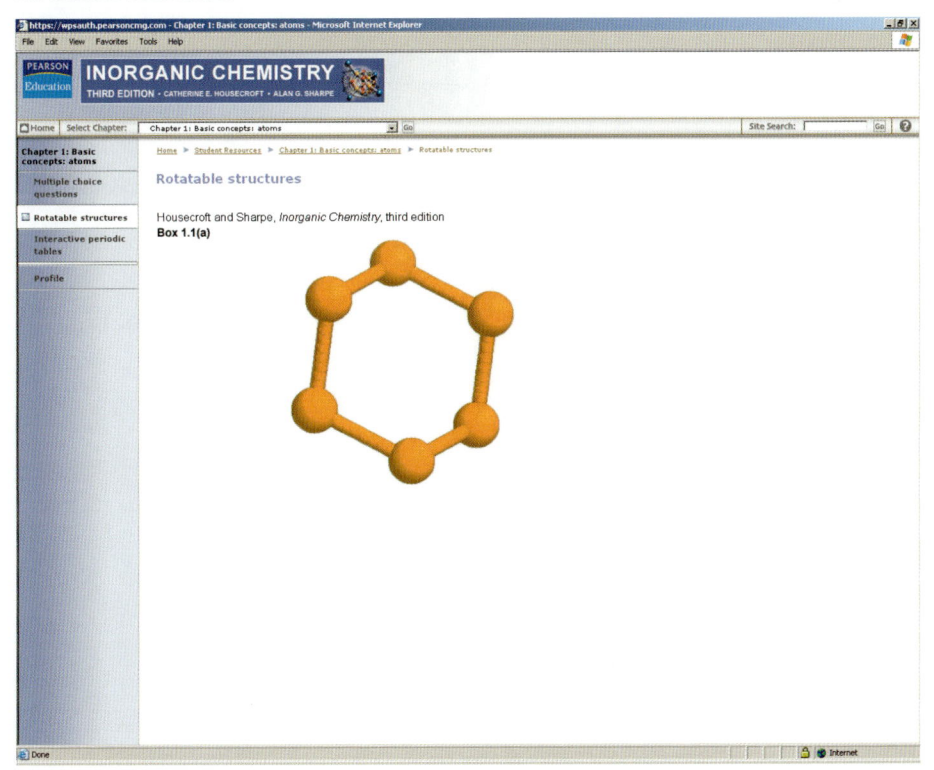

監 訳 者

巽　　和　行	名古屋大学名誉教授，工学博士
西　原　　　寛	東京理科大学特任副学長，東京大学名誉教授，理学博士
穐田　宗隆	東京工業大学名誉教授，理学博士
酒　井　　　健	九州大学大学院理学研究院 教授，理学博士

翻 訳 者

穐　田　宗　隆	東京工業大学名誉教授，理学博士
石　井　洋　一	中央大学理工学部 教授，工学博士
石　田　　　斉	関西大学化学生命工学部 教授，工学博士
上　野　圭　司	元 群馬大学大学院理工学府 教授，理学博士
尾　関　智　二	日本大学文理学部 教授，理学博士
加　藤　昌　子	関西学院大学生命環境学部 教授， 　　　　　　　北海道大学名誉教授，理学博士
酒　井　　　健	九州大学大学院理学研究院 教授，理学博士
棚　瀬　知　明	奈良女子大学名誉教授，工学博士
坪　村　太　郎	成蹊大学理工学部 教授，工学博士
西　原　　　寛	東京理科大学特任副学長，東京大学名誉教授，理学博士
長谷川　美　貴	青山学院大学理工学部 教授，博士(理学)
水　田　　　勉	広島大学大学院先進理工系科学研究科 教授，博士(理学)

(五十音順)

主 要 目 次

上 巻

1. 基礎概念：原子
2. 基礎概念：分子
3. 原子核の性質
4. 分子の対称性序論
5. 多原子分子の結合
6. 金属やイオン固体の構造とエネルギー論
7. 水溶液中の酸，塩基，イオン
8. 酸化と還元
9. 非水溶媒系
10. 水 素
11. 1族元素：アルカリ金属
12. 2族金属元素
13. 13族元素
14. 14族元素
15. 15族元素
16. 16族元素

下 巻

17. 17族元素
18. 18族元素
19. sおよびpブロック元素の有機金属化合物
20. dブロック金属の化学：概説
21. dブロック金属の化学：配位化合物
22. dブロック金属の化学：第一列金属
23. dブロック金属の化学：第二列および第三列金属
24. dブロック元素の有機金属化合物
25. fブロック金属：ランタノイドとアクチノイド
26. dブロック金属錯体：反応機構
27. 触媒反応と工業プロセス
28. 固体化学に関する最新の話題
29. 生体系の微量金属

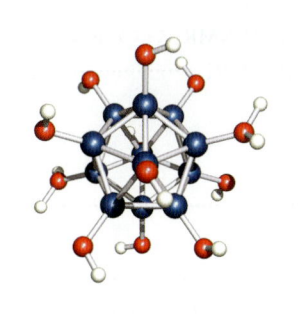

上巻目次

1. 基礎概念：原子 ... 1
- 1・1 はじめに ... 1
- 1・2 原子の基本粒子 ... 1
- 1・3 原子番号，質量数，同位体 ... 2
- 1・4 初期の量子論における成功 ... 3
- 1・5 波動力学への序論 ... 6
- 1・6 原子軌道 ... 7
- 1・7 多電子原子 ... 16
- 1・8 周期表 ... 19
- 1・9 構成原理 ... 21
- 1・10 イオン化エネルギーと電子親和力 ... 22
- さらに勉強したい人のための参考文献 ... 25
- 問題 ... 26
- 総合問題 ... 27
- Box 1・1 同位体と同素体 ... 3
- Box 1・2 構造決定：電子線回折 ... 6
- Box 1・3 箱中の粒子 ... 8
- Box 1・4 ψ^2 の表記法とその規格化 ... 12
- Box 1・5 角運動量，内部量子数とスピン−軌道結合 ... 15
- Box 1・6 有効核電荷とスレーター則 ... 19
- Box 1・7 ΔU と ΔH の関係 ... 23
- Box 1・8 交換エネルギー ... 24

2. 基礎概念：分子 ... 28
- 2・1 結合モデル：はじめに ... 28
- 2・2 等核二原子分子：原子価結合（VB）理論 ... 29
- 2・3 等核二原子分子：分子軌道（MO）理論 ... 31
- 2・4 オクテット則と等電子的化学種 ... 37
- 2・5 電気陰性度 ... 39
- 2・6 双極子モーメント ... 42
- 2・7 MO 理論：異核二原子分子 ... 43
- 2・8 分子の形と VSEPR モデル ... 45
- 2・9 分子の形：立体異性 ... 50
- さらに勉強したい人のための参考文献 ... 52
- 問題 ... 52
- 総合問題 ... 53
- Box 2・1 分子が反転中心をもつ場合の分子軌道のパリティ（偶奇性）... 33

3. 原子核の性質 ... 55
- 3・1 はじめに ... 55
- 3・2 核結合エネルギー ... 55
- 3・3 放射能 ... 56
- 3・4 人工的に生じる同位体 ... 59
- 3・5 核分裂 ... 59
- 3・6 超ウラン元素の製造 ... 61
- 3・7 放射性同位体の分離 ... 62
- 3・8 核融合 ... 64
- 3・9 同位体の利用 ... 64
- 3・10 ^{2}H と ^{13}C の由来 ... 68
- 3・11 無機化学における多核 NMR 分光法 ... 68
- 3・12 無機化学におけるメスバウアー分光法 ... 77

| 重要な用語 ……………………………………… 78
| さらに勉強したい人のための参考文献 ………… 79
| 問　題 …………………………………………… 79
| NMR スペクトルに関する補足問題 …………… 81

Box 3・1　原子力発電 ………………………… 62
Box 3・2　チェルノブイリの大事故 ………… 63
Box 3・3　核医学における放射性同位体 …… 65
Box 3・4　NMR 分光法：まとめ …………… 71
Box 3・5　常磁性シフトした ^{1}H NMR スペクトル … 73
Box 3・6　核磁気共鳴画像法（MRI） ……… 76

4. 分子の対称性序論　83

4・1　はじめに …………………………………… 83
4・2　対称操作および対称要素 ………………… 83
4・3　連続した対称操作 ………………………… 88
4・4　点　群 ……………………………………… 88
4・5　指標表：序論 ……………………………… 92
4・6　なぜ対称要素を決めなければならないのか … 93
4・7　振動分光 …………………………………… 93
4・8　キラル分子 ……………………………… 103
重要な用語 …………………………………… 104
さらに勉強したい人のための参考文献 ……… 105
問　題 ………………………………………… 105
ウェブ版の問題 ……………………………… 106

Box 4・1　ラマン分光 ………………………… 94

5. 多原子分子の結合　108

5・1　はじめに ………………………………… 108
5・2　原子価結合理論：原子軌道の混成 ……… 108
5・3　原子価結合理論：多原子分子における多重結合 …… 112
5・4　分子軌道理論：配位子群軌道の考え方と三原子分子への適用 …… 115
5・5　多原子分子 BH$_3$，NH$_3$，CH$_4$ に適用される分子軌道理論 …… 119
5・6　分子軌道理論：結合の解析はすぐに複雑化する …… 123
5・7　分子軌道法：この理論を実際的に使う方法の習得 …… 127
重要な用語 …………………………………… 136
さらに勉強したい人のための参考文献 ……… 137
問　題 ………………………………………… 137
総合問題 ……………………………………… 138

Box 5・1　光電子分光（PES, UPS, XPS, ESCA）… 125
Box 5・2　計算化学 ………………………… 129

6. 金属やイオン固体の構造とエネルギー論　140

6・1　はじめに ………………………………… 140
6・2　球の充塡 ………………………………… 140
6・3　球充塡モデルの単体の構造への応用 …… 143
6・4　金属の多形 ……………………………… 145
6・5　金属結合半径 …………………………… 145
6・6　金属の融点と標準原子化エンタルピー … 146
6・7　合金と金属間化合物 …………………… 146
6・8　金属の結合と半導体 …………………… 149
6・9　半導体 …………………………………… 152
6・10　イオンの大きさ ………………………… 153
6・11　イオン結晶格子 ………………………… 156
6・12　半導体の結晶構造 ……………………… 162
6・13　格子エネルギー：静電モデルに基づく理論 …… 162
6・14　ボルン・ハーバーサイクルから格子エネルギーを求める …… 165
6・15　格子エネルギー：'計算値' と '実験値' の比較 …… 166
6・16　格子エネルギーの応用 ………………… 166
6・17　固体格子の欠陥：入門 ………………… 168
重要な用語 …………………………………… 169
さらに勉強したい人のための参考文献 ……… 169
問　題 ………………………………………… 170
総合問題 ……………………………………… 171

Box 6・1　鉄鋼の生産と再利用 …………… 148
Box 6・2　ステンレス鋼：クロムの添加による耐腐食性の向上 …… 150
Box 6・3　半導体用高純度シリコンの製造 … 153
Box 6・4　半径比則 ………………………… 155
Box 6・5　X 線回折による構造決定 ……… 158

7. 水溶液中の酸，塩基，イオン······172

- 7・1　はじめに······172
- 7・2　水の性質······172
- 7・3　水溶液に関する定義と単位······175
- 7・4　ブレンステッド酸と塩基······176
- 7・5　水溶液中における酸解離のエネルギー論······180
- 7・6　オキソ酸 $EO_n(OH)_m$ 系列における傾向······181
- 7・7　水和陽イオン：構造および酸としての性質······182
- 7・8　両性酸化物と水酸化物······184
- 7・9　イオン性塩の溶解度······184
- 7・10　共通イオン効果······189
- 7・11　配位化合物：はじめに······189
- 7・12　配位化合物の安定度定数······192
- 7・13　単座配位子のみをもつ錯体の安定度に及ぼす因子······197
- 重要な用語······199
- さらに勉強したい人のための参考文献······200
- 問題······201
- 総合問題······202

- Box 7・1　平衡定数 K_a, K_b, K_w······173
- Box 7・2　体系的なオキソ酸の命名法······178
- Box 7・3　核燃料再利用における溶媒抽出の応用······191

8. 酸化と還元······204

- 8・1　はじめに······204
- 8・2　標準還元電位 $E°$，ならびに $E°$, $\Delta G°$ と K の関係······205
- 8・3　M^{z+}/M 還元電位への錯形成や沈殿生成の影響······213
- 8・4　不均化反応······216
- 8・5　電位図······217
- 8・6　フロスト図······219
- 8・7　標準還元電位と他のいくつかの数量との関係······221
- 8・8　酸化還元反応を応用した鉱石からの元素抽出······223
- 重要な用語······224
- 重要な熱力学的反応式······224
- さらに勉強したい人のための参考文献······224
- 問題······224
- 総合問題······226

- Box 8・1　標準還元電位の表記······209
- Box 8・2　サイクリックボルタンメトリー······210
- Box 8・3　参照電極······214
- Box 8・4　海中の鉄鋼構造物：犠牲陽極とカソード防食······215

9. 非水溶媒系······227

- 9・1　はじめに······227
- 9・2　比誘電率······228
- 9・3　水から有機溶媒へのイオンの移動に関するエネルギー論······229
- 9・4　非水溶媒中での酸-塩基の挙動······230
- 9・5　自己イオン化および非イオン化非水溶媒······231
- 9・6　液体アンモニア······231
- 9・7　液体フッ化水素······235
- 9・8　硫酸およびフルオロスルホン酸······236
- 9・9　超酸（超強酸）······238
- 9・10　三フッ化臭素······239
- 9・11　四酸化二窒素······240
- 9・12　イオン液体······242
- 9・13　超臨界流体······246
- 重要な用語······249
- さらに勉強したい人のための参考文献······249
- 問題······250
- 総合問題······251

- Box 9・1　$[HF_2]^-$ の構造······235
- Box 9・2　アポロ計画における燃料としての液体 N_2O_4······241
- Box 9・3　グリーンケミストリー······243
- Box 9・4　超臨界 CO_2 を用いたクリーンな技術······247

10. 水素······252

- 10・1　水素：最も単純な原子······252
- 10・2　プロトン H^+ とヒドリドイオン H^-······252
- 10・3　水素の同位体······253
- 10・4　二水素（水素分子）H_2······254
- 10・5　極性および非極性 E−H 結合······259
- 10・6　水素結合······260
- 10・7　二元水素化物：分類と一般的な性質······269
- 重要な用語······272
- さらに勉強したい人のための参考文献······272
- 問題······272

総合問題·· 273
Box 10・1 水素の金属的な性質····················· 255
Box 10・2 燃料電池は内燃機関エンジンに
　　　　　　取って代わるか······ 257
Box 10・3 [H$_3$]$^+$イオン···································· 260
Box 10・4 固体状態における分子間水素結合：
　　　　　　カルボン酸······ 263
Box 10・5 ニッケル・水素電池······················· 268
Box 10・6 イットリウム水素化物の注目すべき
　　　　　　光学特性······ 270

11. 1族元素：アルカリ金属 ··· 275

11・1　はじめに··· 275
11・2　存在，抽出および利用··························· 275
11・3　物理的性質··· 277
11・4　金　属··· 280
11・5　ハロゲン化物··· 283
11・6　酸化物および水酸化物··························· 284
11・7　オキソ酸塩：炭酸塩および炭酸水素塩···· 285
11・8　水溶液の化学（大環状配位子の錯体を含む）··· 287
11・9　非水溶液中での配位化学······················· 292
重要な用語··· 292
さらに勉強したい人のための参考文献··············· 293
問　題··· 293
総合問題··· 294
Box 11・1 カリウム塩：資源と産業的需要······ 276
Box 11・2 セシウムで時を刻む······················· 279
Box 11・3 アルカリ金属電池··························· 281
Box 11・4 クロルアルカリ工業······················· 286
Box 11・5 大きな陽イオンと大きな陰イオン：
　　　　　　その1······ 290

12. 2族金属元素 ·· 295

12・1　はじめに··· 295
12・2　存在，製法および用途··························· 295
12・3　物理的性質··· 298
12・4　金　属··· 299
12・5　ハロゲン化物··· 300
12・6　酸化物および水酸化物··························· 304
12・7　オキソ酸塩··· 307
12・8　水溶液中の錯イオン······························· 308
12・9　アミドまたはアルコキシ配位子との錯体··· 310
12・10 LiとMgおよびBeとAlにみられる
　　　　　　対角関係······ 311
重要な用語··· 312
さらに勉強したい人のための参考文献··············· 313
問　題··· 313
総合問題··· 314
Box 12・1 物質のリサイクル：マグネシウム··· 296
Box 12・2 SO$_2$の排出を抑制する脱硫プロセス··· 298
Box 12・3 炭化カルシウム CaC$_2$の世界生産量··· 300
Box 12・4 乾燥剤として用いられる無機元素および
　　　　　　化合物······ 301
Box 12・5 道路の凍結防止および除塵············· 305
Box 12・6 耐火性材料 MgO····························· 306
Box 12・7 セッコウプラスター（石膏漆喰）··· 309

13. 13族元素 ·· 315

13・1　はじめに··· 315
13・2　存在，抽出および利用··························· 315
13・3　物理的性質··· 318
13・4　単　体··· 321
13・5　単純な水素化物····································· 323
13・6　ハロゲン化物およびハロゲン化物錯体···· 329
13・7　酸化物，オキソ酸，オキソアニオン
　　　　　　および水酸化物······ 336
13・8　含窒素化合物··· 341
13・9　アルミニウムからタリウムまで：
　　　　　　オキソ酸の塩，水溶液の化学と錯体··· 347
13・10 金属ホウ化物··· 350
13・11 電子不足ボランとカルバボランクラスター：
　　　　　　序論······ 350
重要な用語··· 361
さらに勉強したい人のための参考文献··············· 361
問　題··· 362
総合問題··· 364
Box 13・1 ホウ砂とホウ酸：必需性と毒性······ 318
Box 13・2 相対論効果····································· 320
Box 13・3 熱力学的6s不活性電子対効果········ 321
Box 13・4 ルイス酸による顔料の可溶化········ 334
Box 13・5 ガラス工業における B$_2$O$_3$·············· 337

Box 13・6　"正"スピネルおよび 　　　　　"逆"スピネル格子 …… 340	Box 13・8　透過型電子顕微鏡（TEM）…………… 343
Box 13・7　インジウム-スズ酸化物（ITO）の 　　　　　異常な性質 …… 341	Box 13・9　ボランの命名法 ………………………… 353
	Box 13・10　$[B_6H_6]^{2-}$ における結合 ……………… 354

14. 14 族元素 …………………………………………………………………………………… 365

14・1　はじめに …………………………………… 365
14・2　産出，単離および利用 …………………… 365
14・3　物理的性質 ………………………………… 369
14・4　炭素の同素体 ……………………………… 373
14・5　ケイ素，ゲルマニウム，スズおよび鉛の
　　　　構造と化学的性質 …… 382
14・6　水素化物 …………………………………… 383
14・7　炭化物，ケイ化物，ゲルマニウム化物，
　　　　スズ化物および鉛化物 …… 387
14・8　ハロゲン化物およびハロゲン化物錯体 … 391
14・9　酸化物，オキソ酸および水酸化物 ……… 397
14・10　シロキサンとポリシロキサン
　　　　　　　　　（シリコーン）………… 410
14・11　硫化物 …………………………………… 411
14・12　シアン，窒化ケイ素および窒化スズ … 414
14・13　ゲルマニウム，スズおよび鉛のオキソ酸塩
　　　　の水溶液中の化学 …… 417
重要な用語 ………………………………………… 417
さらに勉強したい人のための参考文献 ………… 417
問　題 ……………………………………………… 418

総合問題 …………………………………………… 419

Box 14・1　リサイクル：スズと鉛 ……………… 366
Box 14・2　活性炭：多孔構造の利用 …………… 367
Box 14・3　太陽エネルギー：熱と電気 ………… 368
Box 14・4　鉛の毒性 ……………………………… 372
Box 14・5　ダイヤモンド：天然物と人工物 …… 374
Box 14・6　高速液体クロマトグラフィー（HPLC）… 376
Box 14・7　メタンハイドレート ………………… 385
Box 14・8　CFCとモントリオール議定書 ……… 394
Box 14・9　"温暖化"ガス（温室効果ガス）…… 399
Box 14・10　材料化学：セメントとコンクリート … 402
Box 14・11　繊維状アスベストの興亡 ………… 405
Box 14・12　カオリン，スメクタイト，ホルマイト
　　　　　　粘土：陶磁器から天然吸収材まで… 408
Box 14・13　ガス検知 …………………………… 410
Box 14・14　シロキサンポリマー（シリコーン）の
　　　　　　さまざまな用途 …… 412
Box 14・15　植物に含まれているシアン化水素 …… 415

15. 15 族元素 …………………………………………………………………………………… 421

15・1　はじめに …………………………………… 421
15・2　産出，抽出および用途 …………………… 422
15・3　物理的性質 ………………………………… 425
15・4　単体 ………………………………………… 429
15・5　水素化物 …………………………………… 431
15・6　窒化物，リン化物，ヒ化物，アンチモン化物
　　　　およびビスマス化物 …… 438
15・7　ハロゲン化物，オキソハロゲン化物
　　　　およびハロゲン化物錯体 …… 442
15・8　窒素の酸化物 ……………………………… 451
15・9　窒素のオキソ酸 …………………………… 455
15・10　リン，ヒ素，アンチモンおよび
　　　　　ビスマスの酸化物 …… 459
15・11　リンのオキソ酸 ………………………… 462
15・12　ヒ素，アンチモンおよびビスマスの
　　　　　オキソ酸 …… 468
15・13　ホスファゼン …………………………… 468
15・14　硫化物とセレン化物 …………………… 471

15・15　水溶液の化学と錯体 …………………… 473
重要な用語 ………………………………………… 474
さらに勉強したい人のための参考文献 ………… 474
問　題 ……………………………………………… 474
総合問題 …………………………………………… 476

Box 15・1　木材保存産業におけるヒ素の役割
　　　　　の変化 …… 422
Box 15・2　含リン神経作用物質 ………………… 426
Box 15・3　アンモニア：工業の巨人 …………… 432
Box 15・4　材料化学：金属および
　　　　　非金属窒化物 …… 439
Box 15・5　結晶構造のディスオーダー：Fおよび
　　　　　O原子を含むディスオーダー …… 445
Box 15・6　生物学における一酸化窒素 ………… 452
Box 15・7　NO_x：対流圏汚染物質 ……………… 453
Box 15・8　HNO_3 および $[NH_4][NO_3]$ の
　　　　　商業的需要 …… 456

Box 15・9　窒素サイクル：排水中の硝酸塩および
　　　　　　　　亜硝酸塩 …… 457
Box 15・10　リン酸肥料：穀物に必須だが，
　　　　　　　　それらは湖を害するか …… 464
Box 15・11　リン酸塩の生物学的な重要性 …………… 466

16. 16族元素

16・1　はじめに …………………………………… 478
16・2　存在，製法および用途 …………………… 478
16・3　物理的性質と結合に関する考察 ………… 480
16・4　単　体 …………………………………… 483
16・5　水 素 化 物 ………………………………… 489
16・6　金属硫化物，ポリスルフィド，ポリセレニド
　　　　　　　およびポリテルリド …… 493
16・7　ハロゲン化物，オキソハロゲン化物および
　　　　　　　ハロゲン化物錯体 …… 496
16・8　酸　化　物 ………………………………… 503
16・9　オキソ酸およびその塩 …………………… 508
16・10　硫黄またはセレンと窒素との化合物 …… 514
16・11　硫黄，セレンおよびテルルの水溶液の化学 … 517

…………………………………………………………… 478
重要な用語 ……………………………………… 517
さらに勉強したい人のための参考文献 ………… 518
問　　題 ………………………………………… 518
総合問題 ………………………………………… 519

Box 16・1　セレンを使ったコピー ………………… 480
Box 16・2　$[O_2]^-$ 中の O－O 結合距離の正確な
　　　　　　　決定 …… 485
Box 16・3　水の浄化 ………………………………… 490
Box 16・4　ウルトラマリンの青色 ………………… 495
Box 16・5　酸性雨をもたらす SO_2 ………………… 504
Box 16・6　火山からの排出物 ……………………… 507
Box 16・7　ワイン中の SO_2 と亜硫酸塩 …………… 510

付　録 …… 1

1. ギリシャ文字とその読み方 ………………… 2
2. 量と単位の省略形と記号 …………………… 2
3. 代表的な指標表 ……………………………… 7
4. 電磁スペクトル ……………………………… 11
5. 天然に存在する同位体とそれらの存在率 … 12
6. ファンデルワールス，金属結合，共有結合
　　　　　およびイオン半径 …… 14
7. 周期表の代表的な元素のポーリングの電気陰性度
　　　　　の値（χ^P）…… 16
8. 基底状態における元素の電子配置および
　　　　　イオン化エネルギー …… 16
9. 電子親和力 …………………………………… 18
10. 298 K における元素の標準原子化
　　　　　エンタルピー（$\Delta_a H°$）…… 19
11. 代表的な標準還元電位（298 K）…………… 19

和文索引 ……… 23
欧文索引 ……… 31
化学式索引 …… 36

謝　辞

以下の図・写真について転載を許可して下さったことに感謝いたします．

図 21・24　*Introduction to Ligand Fields*, New York: Interscience (Figgis, B. N. 1966).

写　真：図 1・2　Dept. of Physics, Imperial College/Science Photo Library/amanaimages；Box 3・1, Box 13・5, Box 23・7　David Parker/Science Photo Library/amanaimages；Box 3・2, Box 25・1　Lawrence Livermore National Laboratory/Science Photo Library/amanaimages；Box 3・3　GJLP/Science Photo Library/amanaimages；Box 4・1　U.S. Dept. of Energy/Science Photo Library/amanaimages；Box 5・1　Tom Pantages；Box 5・2, Box 22・9　©The Nobel Foundation；Box 6・1　Heini Schneebeli/Science Photo Library/amanaimages；Box 6・2　©Ted Soqui/Corbis/amanaimages；Box 6・3　Maximilian Stock Ltd/Science Photo Library/amanaimages；Box 6・5, Box 14・15　C. E. Housecroft；Box 8・2　Emma L. Dunphy；Box 8・4　©David Newham/Alamy；Box 9・2　NASA/Science Photo Library/amanaimages；Box 10・1　Mark Garlick/Science Photo Library/amanaimages；Box 10・2　Martin Bond/Science Photo Library/amanaimages；Box 11・1　©Sunpix Travel/Alamy；Box 11・2　National Institute of Standards and Technology (NIST)；Box 11・3, Box 14・6　E. C. Constable；Box 11・4　James Holmes, Hays Chemicals/Science Photo Library/amanaimages；Box 12・2　©Anthony Vizard; Eye Ubiquitous/CORBIS/amanaimages；Box 12・5　©Nik Keevil/Alamy；Box 12・6　©PHOTOTAKE Inc./Alamy；Box 13・7　NASA Headquarters ─ Greatest Images of NASA (NASA-HQ-GRIN)；Box 13・8　X. Wang *et al.* (2003) Synthesis of high quality inorganic fullerene-like BN hollow spheres *via* a simple chemical route, *Chem. Commun.*, p. 2688(the Royal Society of Chemistry)；Box 14・3　©Roger Ressmeyer/CORBIS/amanaimages；Box 14・4　©Gert Lavsen/Alamy；Box 14・8　NASA；Box 14・10　Pascal Geotgheluck/Science Photo Library/amanaimages；Box 14・11　Scimat/Science Photo Library/amanaimages；Box 14・12　©Jason Hawkes/CORBIS/amanaimages；Box 14・14　©Nancy Kaszerman/ZUMA/Corbis/amanaimages；Box 15・4　Kyocera Industrial Ceramics Corp., Vancouver, WA；Box 15・7　©Nataliya Hora/Alamy；Box 15・8, Box 22・5　©Charles D. Winters/Photo Researchers/amanaimages；Box 15・10　US Department of Agriculture；Box 16・3　Massimo Brega, the lighthouse/Science Photo Library/amanaimages；Box 16・4　©Nikreates/Alamy；Box 16・5　©Paul Almasy/CORBIS/amanaimages；Box 16・6　USGS/Cascades Volcano Observatory/Michael P. Doukas；Box 17・2, Box 23・3　Scott Camazine/Photo Researchers/amanaimages；Box 17・3　©Ricki Rosen/CORBIS SABA/amanaimages；Box 18・1　Philippe Plailly/Eurelios/Science Photo Library/amanaimages；Box 18・2　Claus Lunau/Bonnier Publications/Science Photo Library/amanaimages；Box 19・3　©Malcolm Fielding, the BOC Group PLC/Science Photo Library/amanaimages；Box 22・2　©Robert Shantz/Alamy；Box 22・4　Hank Morgan/Photo Researchers/amanaimages；Box 22・7　©Ralph White/CORBIS/amanaimages；Box 22・8　©Micro Discovery/Corbis/amanaimages；Box 22・10　©Rosemary Owen/Alamy；Box 23・1　©DOCUMENT GENERAL MOTORS/REUTER R/CORBIS SYGMA DETROIT/amanaimages；Box 23・2　©Laszlo Balogh/Reuters/CORBIS；Box 23・11　Eye of Science/Science Photo Library/amanaimages；Box 24・5　Hattie Young/Science Photo Library/amanaimages；Box 27・2　IBM Corporation；図 28・20　Rosenfeld Images Ltd/Science Photo Library/amanaimages；図 28・24　Delft University of Technology/Science Photo Library/amanaimages；Box 29・1　©Herbert Zettl/zefa/Corbis/amanaimages；Box 29・2　Sinclair Stammers/Science Photo Library/amanaimages.

著作権処理には万全を期しましたが，万一不備がありましたらご連絡いただければ幸いです．

1 基礎概念：原子

おもな項目

- 基本粒子
- 原子番号，質量数，同位体
- 量子論の概観
- 水素原子の軌道と量子数
- 多電子原子，構成原理，電子配置
- 周期表
- イオン化エネルギーと電子親和力

1・1 はじめに

無機化学：それは化学の孤立した一分野ではない

有機化学を"炭素の化学"と考えるならば，無機化学は炭素以外のすべての元素の化学である．極論として，これは真実であるが，もちろん化学には種々の分野と境界領域がある．C_{60}（図 14・5 参照）や C_{70} を含むフラーレンの化学（§14・4 参照）はその典型例であり，その功績により 1996 年にノーベル化学賞が Sir Harold Kroto, Richard Smalley, Robert Curl 教授に贈られた．このような分子や，ナノチューブ（§28・8 参照）とよばれる関連物質への理解には，有機化学者，無機化学者，物理化学者だけでなく，物理学者や材料科学者による研究がかかわっている．

無機化学は，単に元素単体や化合物の研究にとどまらず，物理的法則の研究もその対象としている．たとえば，なぜある一つの溶媒に対して溶ける化合物と溶けないものがあるのだろうか．これを理解するためには熱力学の法則を適用すべきである．反応機構の詳細を明かすことが目的の場合，反応速度の情報が必要となる．また，分子構造の研究においては，物理化学と無機化学の境界領域が重要となる．固体状態では，分子またはイオンに対し，原子の空間配置像を得るうえで，X 線回折法が日常的に使われている．溶液中における分子の挙動を解釈する際には，核磁気共鳴法（NMR）などの物理的手法を用いる．その分光法のもつ時間スケールで，注目する核種が等価に観測されるか否かにより，その分子が静的な状態にあるか，動的な状態にあるかが示されるであろう（§3・11 参照）．本書では，このような実験結果について述べるが，その理論的背景については概して議論しないことにする．このような手法に対する実験の詳細は，第 1～3 章の最後にあげた参考文献に述べられている．

第 1 章と第 2 章の目標

第 1 章と第 2 章では，無機化学を理解するうえで必要となる基本的概念を概観する．読者はすでにこれらの章で取扱う内容にある程度慣れ親しんでいるとみなし，ここでは読者が将来必要に応じて参照すべき点を述べることにする．

1・2 原子の基本粒子

原子（atom）は，ある元素が存在する最小の単位である．存在の仕方には，単独で存在する場合と，他の原子と結合をもつ場合があり，結合する相手の原子は同一元素の場合とそうでない場合がある．原子を構成する基本粒子は，**陽子**（proton），**電子**（electron），および**中性子**（neutron）である．

中性子や陽子はほぼ同じ質量*をもつのに対して，電子の質量は無視できるくらい小さい（表 1・1）．陽子の電荷は正であり，負に帯電した電子と逆であるが，電荷の絶対値は等しい．中性子は電荷をもたない．どの元素の原子にも，同数の陽子と電子があるため，原子は中性である．原子の**核**（nucleus）は陽子と中性子から構成され〔軽水素（プロチウム）は例外，§10・3 参照〕，正に帯電している．軽水素の核は陽子 1 個からなる．電子は核の周りの空間を占めている．原子のほぼすべての質量が核に集中しているが，核の容積は原子の容積のほんの一部にすぎない．核の半径は約 10^{-15} m であるのに対し，原子自体はその約 10^5 倍大きい．つまり，核の密度は莫大であり，金属の鉛（Pb）の 10^{12} 倍以上である．

化学者は，電子，陽子，中性子が原子の基本粒子と考えが

---

*（訳注） 2019 年 5 月，SI 基本単位七つの定義が，基礎物理定数に基づく形に変更された．たとえば，質量は "プランク定数"，長さは "真空中の光速" という誤差ゼロの定数で定義することになった（新旧の対照と詳細は東京化学同人のホームページ参照）．

表 1・1　陽子，電子，中性子の性質

	陽子	電子	中性子
電荷量 / C	$+1.602\times10^{-19}$	-1.602×10^{-19}	0
電荷（相対電荷）	1	-1	0
質量 / kg	1.673×10^{-27}	9.109×10^{-31}	1.675×10^{-27}
相対質量	1837	1	1839

ちだが，素粒子物理学者はそれに賛同しない．なぜなら彼らの研究は，それよりさらに小さな粒子の存在を示しているからである．

1・3　原子番号，質量数，同位体
核種，原子番号，質量数

ある**核種**（nuclide）は原子の特定の種類に相当し，核中の陽子数に等しい固有の**原子番号**（atomic number）Zをもつ．原子は電気的に中性であり，Zは電子数に等しい．核種の**質量数**（mass number）Aは核中の陽子と中性子の総数である．元素記号 E を用いた核種の原子番号と質量数を示す略記法は以下のとおりである．

質量数 ——→ ^{A}E ←—— 元素記号　　例　$^{20}_{10}$Ne
原子番号 ——→ Z

原子番号 ＝ Z ＝ 核中の陽子数 ＝ 電子数
質量数 ＝ A ＝ 陽子数 ＋ 中性子数
中性子数 ＝ $A - Z$

相対原子質量

電子の質量が小さいため，原子の質量は本質的に原子核中の陽子と中性子の数によって決まる．表 1・1 に示すように，原子 1 個の質量は非常に小さく，非整数の値であるため，**相対原子質量**（relative atomic mass；原子量と同義）の体系を適用している．原子質量の単位を $^{12}_{6}$C 原子の質量の 12 分の 1 と定義し，その値は 1.660×10^{-27} kg である．このように，相対原子質量（A_r）は，すべて $^{12}_{6}$C ＝ 12.0000 を基準として定められる．陽子と中性子の質量は，およそ 1 u とみなせる．ここで，u は**原子質量単位**（atomic mass unit）である（1 u ≈ $1.660\,54\times10^{-27}$ kg）．

同位体

同一元素の核種は同数の陽子と電子をもつが，質量数が異なる場合がある．陽子と電子の数で元素は決まるが，中性子の数はさまざまである．特定の元素に関し，中性子数の異なる，すなわち質量数の異なる核種を**同位体**（isotope）とよぶ（**付録 5** 参照）．ある元素の同位体は天然に存在するが，

同位体のなかには人工的につくられたものもある．
　天然に存在する核種が 1 種しかない元素を**モノトピック**（単一同位体，monotopic）とよび，それにはリン $^{31}_{15}$P とフッ素 $^{19}_{9}$F がある．複数の同位体の混合物として存在する元素には C（$^{12}_{6}$C と $^{13}_{6}$C）や O（$^{16}_{8}$O，$^{17}_{8}$O，$^{18}_{8}$O）がある．特定の元素に対する原子番号は同じため，同位体はしばしば原子質量で区別される．たとえば ^{12}C と ^{13}C と表記される．

例題 1.1　相対原子質量

天然に存在する塩素が $^{35}_{17}$Cl 75.77 % および $^{37}_{17}$Cl 24.23 % の同位体分布からなるとして，相対原子質量 A_r の値を求めよ．ただし，^{35}Cl と ^{37}Cl の正確な質量をそれぞれ 34.97，36.97 として求めよ．

解答　塩素の相対原子質量は 2 種の同位体の質量数の加重平均で表される．
　相対原子質量 A_r は，

$$A_r = \left(\frac{75.77}{100}\times34.97\right) + \left(\frac{24.23}{100}\times36.97\right) = 35.45$$

練 習 問 題

1. Cl の A_r が 35.45 であるとし，天然に存在する Cl を含む試料中に存在する ^{35}Cl と ^{37}Cl の比を求めよ．〔答　3.17：1〕
2. 天然に存在する Cu の同位体分布が ^{63}Cu 69.2 %，^{65}Cu 30.8 % のとき，A_r の値を求めよ．ただし，^{63}Cu と ^{65}Cu の正確な質量をそれぞれ 62.93，64.93 として求めよ．〔答　63.5〕
3. 問 2 において，$^{63}_{29}$Cu を ^{63}Cu と略記することが適切である理由を説明せよ．
4. 天然に存在する Mg の同位体分布が，^{24}Mg 78.99 %，^{25}Mg 10.00 %，^{26}Mg 11.01 % であり，正確な原子質量がそれぞれ 23.99，24.99，25.98 であるとき，A_r の値を求めよ．〔答　24.31〕

同位体は**質量分析法**（mass spectrometry）により分離され，図 1・1a には天然に存在する Ru の同位体分布を示している．このプロット（ここでは最大の同位体存在率を 100 として表示している）と**付録 5** に掲載される値を比較してみよう．図 1・1b に S$_8$ 分子の質量分析結果を示し，図 1・1c にその構造を示した．観測される 5 本のピークは，硫黄の各

1・4 初期の量子論における成功　3

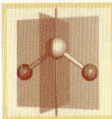

化学の基礎と論理的背景
Box 1・1　同位体と同素体

同位体（isotope）と同素体（allotrope）を混同しないこと！　硫黄には同位体と同素体の両方がある．硫黄の同位体（天然存在率%）には，$^{32}_{16}$S (95.02 %)，$^{33}_{16}$S (0.75 %)，$^{34}_{16}$S (4.21%)，$^{36}_{16}$S (0.02%) がある．

元素の同素体は，その元素の単体で構造が異なるものである．硫黄の同素体には，環状構造をとる S_6（下図参照）や S_8（図1・1c）に加え，さまざまな長さをもつ S_x 鎖（ポリカテナ硫黄，poly*catena*sulfur）がある．

本書を通じて，同位体や同素体に関する他の例を紹介する．

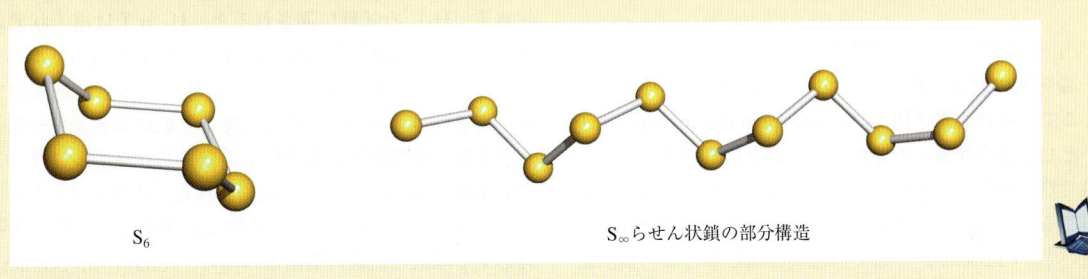

S_6　　　　　　　S_∞ らせん状鎖の部分構造

種同位体の組合わせによって説明される（章末の**問題 1.5** を参照せよ）．

> 元素の同位体は同じ原子番号 Z をもつが，異なる原子質量をもつ．

1・4　初期の量子論における成功

§1・2で，原子中の電子が原子核周りの空間を占めることを述べた．原子，イオン，分子の性質，ならびにその内外の結合特性を決めるうえで，電子は重要な役割を果たす．それゆえ，各化学種の電子構造に対する理解をもたなければならない．**量子論**（quantum theory）や**波動力学**（wave mechanics）に触れることなく，電子構造について適切に議論するのは不可能である．本節とそれに続くいくつかの節では，重要な概念について概観する．ここでの取扱いはおもに定性的であり，詳細で厳密な数式の導出については，章末にあげた参考文献を参照されたい．

量子論の発展は2段階で起こった．より古い理論（1900〜1925年）において，電子は粒子として扱われ，無機化学にとって最も重要な功績は，原子スペクトルの解釈と電子配置の帰属であった．その後のモデルでは，波動力学という言葉が示すように電子は波として扱われるようになった．量子論がもたらした化学におけるおもな功績は，立体化学の基礎へ

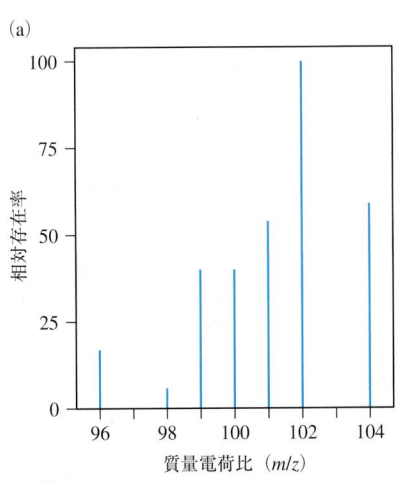

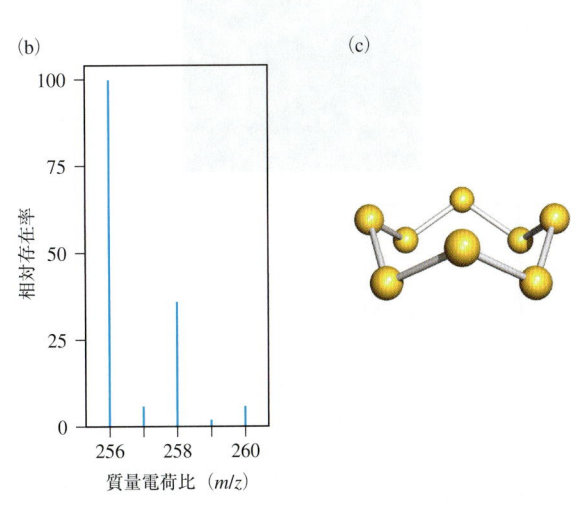

図1・1　(a) 原子状 Ru，および (b) S_8 分子の質量スペクトル．横軸は質量と電荷の比，すなわち m/z に相当し，これらスペクトルでは $z=1$（一価イオン Ru^+，S_8^+ として検出）である．(c) S_8 の分子構造．

の理解と分子の性質を計算する方法を提供したことである(ただし,厳密な解が得られるのは軽原子からなる分子種のみである).

より古典的な量子論を用いることによって得られる成果は,波動力学からも得られるため,前者について言及する必要はないように思える.実際,理論化学の洗練された取扱いで,古典論が必要となる場面はほとんどない.しかし,多くの化学者はしばしば,電子を波より粒子として考える方が簡単で便利だと思っている.

古典的量子論のいくつかの重要な成果

量子論発展の歴史に関する適切な議論は他の教科書に譲り,ここでは**古典的量子論**(classical quantum theory;電子を粒子として扱う理論)の要点のみに的を絞ることにする.

低温で熱体が発する放射は主として低エネルギーの赤外領域で起こるのに対し,温度が高くなるにつれて放射光は連続的に暗い赤,明るい赤,そして白色へと転じる.この観測結果を説明する試みは長年失敗していたが,1901 年に,Planck(プランク)は,式 1.1 で表される ΔE のエネルギーをもつ**光量子**(quantum)としてのみエネルギーの吸収や放射が起こることを初めて指摘した.ここで,ν は出入りする光の振動数であり,比例定数 h は**プランク定数**(Planck constant,$h = 6.626 \times 10^{-34}$ J s)である.

$$\Delta E = h\nu \quad \text{単位}: E(\text{J}), \nu(\text{s}^{-1} \text{または Hz}) \tag{1.1}$$

$$c = \lambda\nu \quad \text{単位}: \lambda(\text{m}), \nu(\text{s}^{-1} \text{または Hz}) \tag{1.2}$$

ヘルツ Hz は振動数の SI 単位である.

放射される光の振動数は,式 1.2 によって波長 λ と関係づけられる.ここで,c は真空中における光速である($c = 2.998 \times 10^8$ m s^{-1}).これにより,式 1.1 を式 1.3 へと書き換え,放射エネルギーと波長の関係を導くことができる.

$$\Delta E = \frac{hc}{\lambda} \tag{1.3}$$

この関係を基に,Planck は実験データとよく一致する相対強度/波長/温度の関係を導き出した.その導出は容易ではないため,ここでは省略する.

初期の量子論による最も重要な応用の例の一つに,原子のラザフォード・ボーア模型(Rutherford-Bohr model)に基づく,水素の原子スペクトルの解釈である.電気放電が分子状水素(H$_2$)の試料に通されると,H$_2$ 分子は原子状態に解離し,H 原子は励起されその電子は多数ある高エネルギーレベルのいずれかに昇位される.それらの状態は過渡的であり,電子はエネルギーを放出してより低いエネルギー状態へと落ちる.その結果,水素原子の発光スペクトルには,**スペクトル線**(spectral line)が観測される.このスペクトル(一部を図 1・2 に示す)は,<u>不連続なエネルギー</u>の電子遷移に対応する離散した線の集団からなる.1885 年頃,Balmer(バルマー)は水素の原子スペクトルの可視領域に観測されるスペクトル線の波長が式 1.4 に従うことを指摘した.ここで,R は水素のリュードベリ定数(Rydberg constant),$\bar{\nu}$ は波数(cm^{-1}),n は整数 3, 4, 5… である.このスペクトル線は**バルマー系列**(Balmer series)として知られる.

> 波数=波長の逆数.単位には"センチメートルの逆数",すなわち cm^{-1} がよく用いられる(SI 単位系ではない).

$$\bar{\nu} = \frac{1}{\lambda} = R\left(\frac{1}{2^2} - \frac{1}{n^2}\right) \tag{1.4}$$

$$R = \text{水素のリュードベリ定数}$$
$$= 1.097 \times 10^7 \text{ m}^{-1} = 1.097 \times 10^5 \text{ cm}^{-1}$$

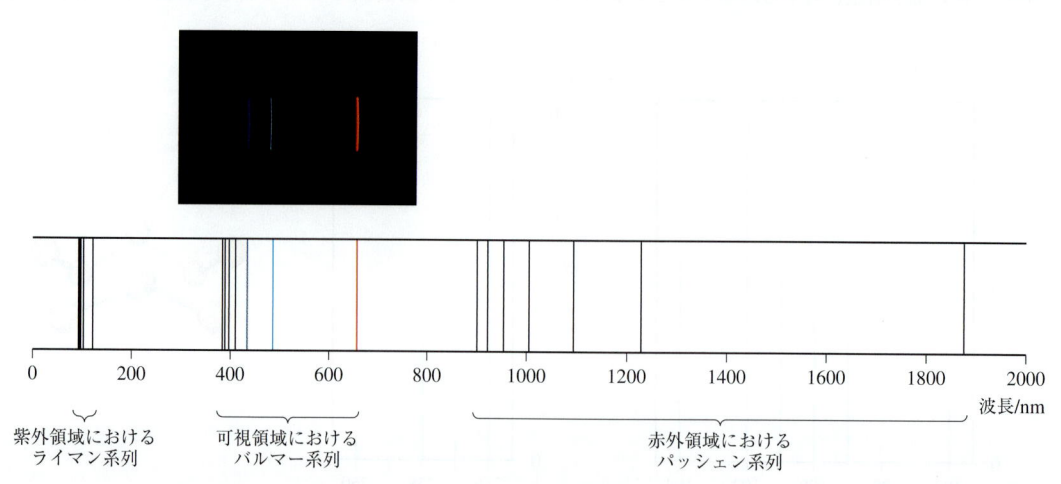

図 1・2 水素原子の発光スペクトルに対する模式図.発光線のライマン,バルマー,パッシェン系列が示されている.写真は,水素原子のスペクトルの可視領域に観測される主要な輝線を示しており,656.3(赤),486.1(青緑),434.0 nm(青)にみられる.他の弱い線はこの写真では確認できない.[写真: Dept. of Physics, Imperial College/Science Photo Library/amanaimages]

他の系列のスペクトル線は紫外領域〔ライマン（Lyman）系列〕と赤外領域〔パッシェン（Paschen），ブラケット（Brackett），プント（Pfund）系列〕にみられる．すべての系列の全スペクトル線の波数が，式1.5に与えられる一般式に従う（ここで $n' > n$）．ライマン系列では $n = 1$，バルマー系列では $n = 2$，パッシェン，ブラケット，プント系列ではそれぞれ $n = 3, 4, 5$ である．図1・3は，原子状水素Hの発光スペクトルのうち，ライマンおよびバルマー系列に対する許容遷移について示している．ここで**許容**（allowed）という語を使うことに注意せよ．つまり，遷移は，§21・7で述べる**選択則**に従わなければならない．

$$\bar{\nu} = \frac{1}{\lambda} = R\left(\frac{1}{n^2} - \frac{1}{n'^2}\right) \tag{1.5}$$

水素の原子スペクトルに関するボーア理論

1913年に，Niels Bohr（ボーア）は水素原子の取扱いに量子論の要素と古典物理学を融合した理論を用いた．彼は1原子中にある電子1個に対して以下の二つの仮説を立てた．

- 電子エネルギーが一定である**定常状態**（stationary state）が存在し，そのような状態は核周りの**円軌道**（circular orbit）によって特徴づけられる．その際，電子は式1.6で与えられる角運動量 mvr をもつ．整数 n は**主量子数**（principal quantum number）である．

$$mvr = n\left(\frac{h}{2\pi}\right) \tag{1.6}$$

ここで，m = 電子の質量，v = 電子の速度，r = 軌道の半径，h = プランク定数であり，$h/2\pi$ は $\hbar$ とも表記される．

- 電子がある定常状態から別の定常状態へ移動するときのみ，エネルギーが吸収されたり放出されたりする．そして，そのエネルギー変化は式1.7で与えられる．ここで n_1 と n_2 はそれぞれエネルギー準位 E_{n_1} と E_{n_2} に対する主量子数である．

$$\Delta E = E_{n_2} - E_{n_1} = h\nu \tag{1.7}$$

ボーア模型をH原子に適用すると，許容な円軌道の半径は式1.8を用いて決めることができる．この表現の起源は，電子が円軌道上を動く際に働く遠心力にある．この軌道を保つためには，遠心力は負に帯電した電子と正に帯電した核の間の引力に等しくなければならない．

$$r_n = \frac{\varepsilon_0 h^2 n^2}{\pi m_e e^2} \tag{1.8}$$

ここで ε_0 = 真空の誘電率
  = 8.854×10^{-12} F m^{-1}
  h = プランク定数 = 6.626×10^{-34} J s
  $n = 1, 2, 3 \ldots$ 軌道を特定する番号
  m_e = 電子の質量 = 9.109×10^{-31} kg
  e = 電子の電荷（電気素量）
  = 1.602×10^{-19} C

式1.8から，$n = 1$ のときH原子の第一軌道の半径が 5.293×10^{-11} m または 52.93 pm と求められる．この値はH原子の**ボーア半径**（Bohr radius）とよばれ，記号 a_0 で示される．

主量子数が $n = 1$ から $n = \infty$ へと増加することには，特別な意味がある．これは原子のイオン化（式1.9）に対応しており，イオン化エネルギー IE は式1.5と式1.7の組合わせによって決定され，式1.10のように表される．IE は原子の物質量当たりの値で示される．

> 物質 1 mol はアボガドロ数個（L 個）の粒子を含む．
> $L = 6.022 \times 10^{23}$ mol^{-1}

$$H(g) \longrightarrow H^+(g) + e^- \tag{1.9}$$

$$IE = E_\infty - E_1 = \frac{hc}{\lambda} = hcR\left(\frac{1}{1^2} - \frac{1}{\infty^2}\right) \tag{1.10}$$

$$= 2.179 \times 10^{-18} \text{ J}$$
$$= 2.179 \times 10^{-18} \times 6.022 \times 10^{23} \text{ J mol}^{-1}$$
$$= 1.312 \times 10^6 \text{ J mol}^{-1}$$
$$= 1312 \text{ kJ mol}^{-1}$$

エネルギーのSI単位はジュール（J）であるが，イオン化エ

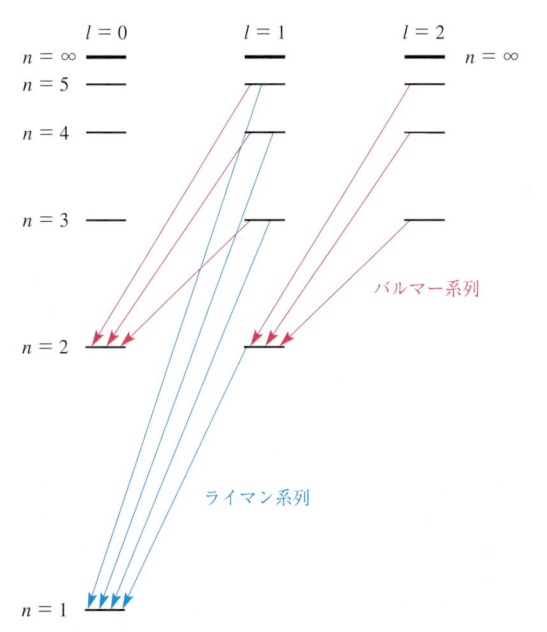

図1・3 水素原子の発光スペクトルにおいてライマン系列とバルマー系列を構成するいくつかの遷移．$n = \infty$：連続スペクトル．

エネルギーは電子ボルト（eV）で表されることも多い（1 eV = 96.4853 ≈ 96.5 kJ mol^{-1}）．したがって，水素のイオン化エネルギーは 13.60 eV とも表される．

ボーア模型を H 原子に適用した際の成功は強い印象を与えた．しかし，2 電子以上を含む化学種を扱うためには多くの修正が必要となった．ただし，本書ではその詳細については触れない．

1・5　波動力学への序論

電子の波動性

Max Planck と Albert Einstein によって導入された光の量子論は，干渉や回折の現象を説明するために必要とされた光の波動理論に加え，光の粒子性をも示唆するものであった．1924 年に Louis de Broglie（ド・ブロイ）は，もし光が粒子からなり，かつ，波のような性質を示すとするならば，電子や他の粒子についても同じ論理が適用されるべきだと指摘した．この現象は，**波と粒子の二重性**（wave-particle duality）とよばれる．ド ブロイの関係式（de Broglie relationship, 式 1.11）は，古典力学の概念と波のような性質の考えを結びつけ，運動量 mv（m = 質量，v = 粒子の速度）の粒子が波長 λ の波をもつことを示した．

$$\lambda = \frac{h}{mv} \quad \text{ここで } h \text{ はプランク定数} \tag{1.11}$$

ド ブロイの関係式を契機とする物理上の観測は，(100 V の電位で) 6×10^6 m s^{-1} の速度まで加速された電子がおよそ 120 pm の波長をもち，結晶を通過する際に回折されることであった．この現象は，化合物の構造決定に用いられる電子線回折技術の基礎となっている（**Box 1・2** 参照）．

不確定性原理

電子が波としての性質をもつならば，重要でかつ難しい結論が導かれる．それは，電子の運動量と位置を，<u>同時にかつ正確に知る</u>ことが不可能になることである．これがハイゼンベルグの**不確定性原理**（Heisenberg's uncertainty principle）である．この問題をうまく避けるために，その正確な位置と

実験テクニック

Box 1・2　構造決定：電子線回折

分子による電子の回折は，電子が粒子と波の両方の性質をもつことをよく示している．50 kV の電位差で加速された電子は 5.5 pm の波長をもち，単色化した電子線（単一波長をもつ）は気相状態の分子による回折に適している．電子線回折装置（中は高真空に保たれている）は，電子線がノズルから流れ出る気流と相互作用するように設計されている．観測される電子散乱のほとんどが，試料中の原子核の電場との相互作用によってもたらされる．

気相状態の試料に対する電子線回折の研究は連続的に，常に，たえず動き回る分子に対して行う．そのため，分子は無秩序に配向しており，互いによく分離している．したがって，回折データはおもに分子内結合パラメーターに関する情報を与える（X 線回折の結果とは対照的である．Box 6・5 参照）．最初に得られるデータは散乱する電子線の強度の散乱角依存性に対応する．**原子散乱**（atomic scattering）に関する補正を行うことにより，分子による散乱のデータが得られ，それらのデータから（フーリエ変換により），気相状態の分子中のすべての可能な原子間の距離を得ることができる（結合の有無によらず）．これら距離のデータを三次元の分子構造に変換することは，特に巨大分子に対しては容易ではない．単純な例として，気相状態の BCl$_3$ 分子について電子線回折データを考えてみよう．その結果は，結合距離 B−Cl = 174 pm（すべての結合は等しい）と非結合の原子間距離 Cl−Cl = 301 pm（三つの距離は等しい）を示している．

三角関数を用いると，各 Cl−B−Cl 結合角 θ が 120° に等しいこと，つまり，BCl$_3$ が平面分子であることを示すことができる．

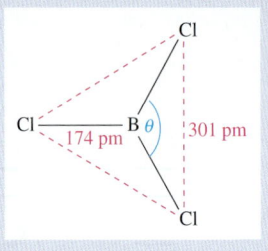

電子線回折は気体の研究に限られるわけではない．低エネルギーの電子（10〜200 eV）は固体表面で回折され，得られる回折パターンは固体試料の表面の原子配列に関する情報を与える．この方法は**低エネルギー電子線回折**（low energy electron diffraction, LEED）とよばれる．

さらに勉強したい人のための参考文献

E. A. V. Ebsworth, D. W. H. Rankin and S. Cradock (1991) *Structural Methods in Inorganic Chemistry*, 2nd edn, CRC Press, Boca Raton, FL − 回折法の章には，気体や液体による電子線回折が含まれる．

C. Hammond (2001) *The Basics of Crystallography and Diffraction*, 2nd edn, Oxford University Press, Oxford − 第 11 章は電子線回折とその応用について解説している．

運動量を決定しようとするのではなく，特定の体積をもつ空間に電子を見いだす確率を取扱う．空間上の特定な点で電子を見いだす確率は，関数 ψ^2 によって決められる．ここで ψ は電子の波としての挙動を記述する数学関数であり，**波動関数**（wavefunction）という．

> 空間のある点で電子を見いだす確率は関数 ψ^2 によって決められる．ここで ψ は**波動関数**である．

シュレーディンガー波動方程式

波動関数に関する情報は，**シュレーディンガー波動方程式**（Schrödinger wave equation）をたて，厳密あるいは近似的に解くことによって得られる．シュレーディンガー波動方程式は 1 個の核と電子を 1 個だけ含む化学種（たとえば，$^1_1$H，$^4_2$He$^+$），すなわち水素原子類似系についてのみ厳密解を得ることができる．

> 水素原子類似の原子やイオンは 1 個の核と電子 1 個だけからなる．

シュレーディンガー波動方程式はいくつかの形式で表される．**Box 1・3** には，一次元箱中の粒子の運動に適用した場合について述べた．式 1.12 は x 軸方向の運動に対するシュレーディンガー波動方程式を示す．

$$\frac{d^2\psi}{dx^2} + \frac{8\pi^2 m}{h^2}(E-V)\psi = 0 \tag{1.12}$$

ここで m = 質量
E = 全エネルギー
V = 粒子のポテンシャルエネルギー

もちろん，現実には，電子は三次元空間を移動し，シュレーディンガー波動方程式の近似形は式 1.13 で与えられる．

$$\frac{\partial^2\psi}{\partial x^2} + \frac{\partial^2\psi}{\partial y^2} + \frac{\partial^2\psi}{\partial z^2} + \frac{8\pi^2 m}{h^2}(E-V)\psi = 0 \tag{1.13}$$

ここではその解法については取扱わないが，それを解く際には球状極座標（図 1・4）を用いるのが便利であることに留意せよ．シュレーディンガー波動方程式の解を表記する際には，**波動関数の動径部分および角度部分を用いて表す**．これが式 1.14 で表され，$R(r)$ および $A(\theta, \phi)$ がそれぞれ波動関数の動径部分と角度部分に相当する*．

$$\psi_{\text{Cartesian}}(x,y,z) \equiv \psi_{\text{radial}}(r)\psi_{\text{angular}}(\theta,\phi) = R(r)A(\theta,\phi) \tag{1.14}$$

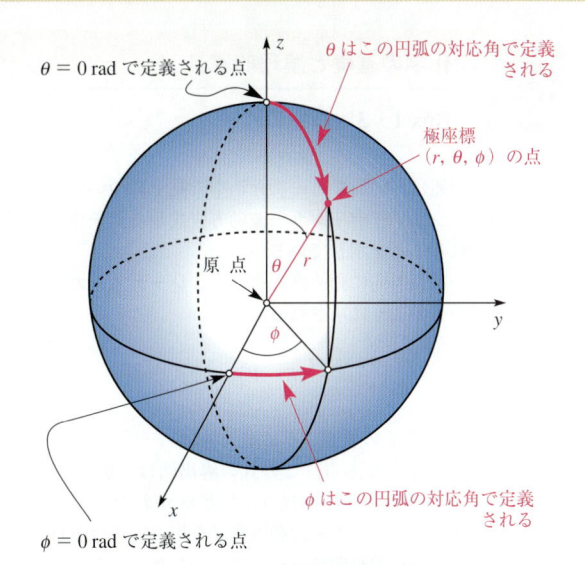

図 1・4 ある点に対する極座標 (r, θ, ϕ) の定義を赤色で示した．r は動径座標，θ と ϕ は角座標である．θ と ϕ はラジアン（rad）単位で与えられる．直交座標（Cartesian）の軸（x, y, z）も示した．

波動方程式を解くことにより，どのような結果が得られるのか．

- 波動関数 ψ はシュレーディンガー波動方程式の解であり，**原子軌道**（atomic orbital）とよばれる空間領域における電子の振舞いを規定している．
- 個々の波動関数に対して固有のエネルギー値が割当てられる．
- エネルギー準位の量子化は，シュレーディンガー波動方程式を解くことにより生じる（**Box 1・3** 参照）．

> 波動関数 ψ は，電子の振舞いに関する詳細な情報を含む数学関数である．原子波動関数 ψ は，動径部分 $R(r)$ と角度部分 $A(\theta, \phi)$ からなる．波動関数によって規定される空間領域を**原子軌道**とよぶ．

1・6 原子軌道

量子数 n, l, m_l

原子軌道は，通常 3 個の整数値，つまり**量子数**（quantum number）を用いて記述される．水素原子のボーア模型で，**主量子数** n についてはすでに触れた．主量子数は，$1 \leq n \leq \infty$ の範囲にある整数値であり，波動関数の動径部分を解く際に現れる．

---

* 式 1.14 の動径部分は量子数 n と l に依存するが，角度部分は l と m_l に依存する．これらの成分は正確にはそれぞれ $R_{n,l}(r)$，$A_{l,m_l}(\theta,\phi)$ と記述すべきである．

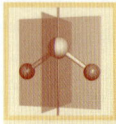

化学の基礎と論理的背景

Box 1・3　箱中の粒子

　以下の記述は，いわゆる<u>一次元箱中の粒子</u>について示すものであり，シュレーディンガー波動方程式から量子化した状態が得られることを示している．

　粒子が一次元方向に動く際，その**シュレーディンガー波動方程式**はつぎのように示される．

$$\frac{d^2\psi}{dx^2} + \frac{8\pi^2 m}{h^2}(E-V)\psi = 0$$

ここで，m は粒子の質量，E は全エネルギー，V はポテンシャルエネルギーである．この式の導出法は，Box 1・3 の最後にあげた練習問題で取扱う．V と m がわかっている系では，シュレーディンガー波動方程式を用い，許容される粒子のエネルギーと**波動関数**を得ることができる．それらを以後，それぞれ記号 E および ψ を用いて表すことにする．波動関数 ψ 自身は物理的意味をもたないが，ψ^2 は確率である（本文参照）．それゆえ，以下に示すように，ψ は特定の性質をもたなければならない．

- ψ は x のすべての値に対して有限でなければならない．
- ψ はいかなる x の値に対しても，値を 1 個のみとることができる．
- ψ と $\dfrac{d\psi}{dx}$ は，x の変化に対して連続的に変化しなければならない．

　今，一次元で単純調和波のような運動を行う粒子を考える．つまり，波の伝播方向が，x 軸（x の選択には任意性がある）に沿うものと仮定する．さらに，この粒子は，x 軸方向の長さが a である箱の両端が閉じられており，外に出られないように束縛されている．箱中で粒子に働く力はないため，ポテンシャルエネルギー V は 0 である．$V=0$ と仮定し，かつ，x に $0 \leq x \leq a$ の制約を設けることにより，粒子は箱の外に出られない状況を設定することができる．全エネルギー E にかかる制約は，それが正でなければならず，無限になることができないということである．さらに，もう一つ追加すべき制約があり，簡単に述べるならば以下のとおりである．この箱中の粒子に対する**境界条件**（boundary condition）は，$x=0$ および $x=a$ のとき ψ が 0 でなければならないというものである．

　つぎに，シュレーディンガー波動方程式を，一次元箱中にあり，$V=0$ という特殊な環境におかれた粒子について書き直してみよう．

$$\frac{d^2\psi}{dx^2} = -\frac{8\pi^2 mE}{h^2}\psi$$

この式は以下に示すより単純な形に書き換えられる．

$$\frac{d^2\psi}{dx^2} = -k^2\psi \quad \text{ここで} \quad k^2 = \frac{8\pi^2 mE}{h^2}$$

この式（よく知られる一般的な式）の解は，

$$\psi = A\sin kx + B\cos kx$$

ここで，A と B は積分定数である．$x=0$ のとき $\sin kx = 0$ と $\cos kx = 1$ であるため，$x=0$ のとき，$\psi = B$ となる．しかし，上で述べた境界条件から $x=0$ のとき $\psi = 0$ であることから，上記式は $B=0$ のみ成立する．また，この境界条件から，$x=a$ のときは $\psi = 0$ であることがわかり，上記式はつぎの形に書き換えることができる．

$$\psi = A\sin ka = 0$$

粒子が $x=0$ と $x=a$ の間の点に存在する確率 ψ^2 は 0 にはなれない（すなわち，粒子は箱中のどこかに存在しなければならない）．したがって，A は 0 ではなく，先の式は次の場合のときだけ正しい．

$$ka = n\pi$$

ここで $n=1, 2, 3\cdots$ である．また，n は 0 をとれない．なぜならば，n を 0 とすると，存在確率 ψ^2 が常に 0 となり，粒子がもはや箱の中に存在しないことになるからである．

　最後の 2 式を組合わせることにより次式が得られる．

$$\psi = A\sin\frac{n\pi x}{a}$$

また，先に示した式を用い，下式が得られる．

$$E = \frac{k^2 h^2}{8\pi^2 m} = \frac{n^2 h^2}{8ma^2}$$

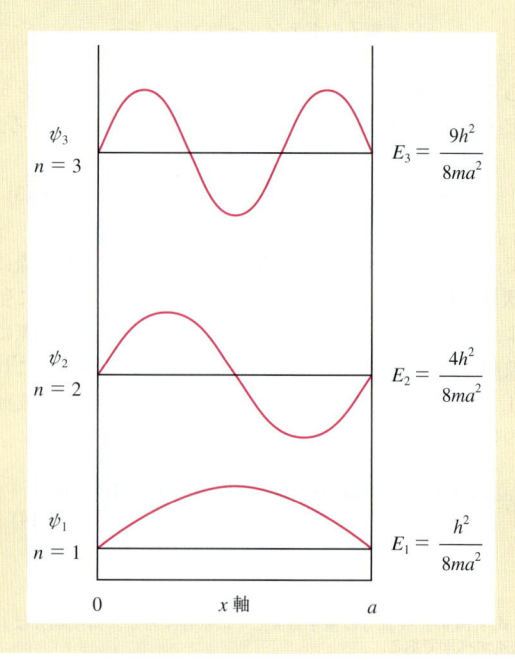

ここで $n = 1, 2, 3\cdots$ である．n は長さ a の一次元箱中に閉じ込められた質量 m の粒子のエネルギーを定める**量子数**である．したがって，ψ の値について設けられた制約が量子化されたエネルギー準位をもたらし，その間隔は m と a で決まる．

このようにして求められた粒子の運動は一連の正弦波で記述され，そのうちの3個を上図に示した．波動関数 ψ_2 が波長 a であるのに対し，波動関数 ψ_1 および ψ_3 はそれぞれ，$\frac{1}{2}a$ および $\frac{3}{2}a$ の波長をもつ．この図中の波はいずれも，原点（$a = 0$ の点で）で振幅が0となっている．また，$\psi = 0$ の点を**節**（node）という．質量 m の粒子では，エネルギー準位間の差は n^2 に相関する変化を示す．つまり，エネルギー準位間の差は均等ではない．

練習問題

一次元方向に単純調和波のような運動を行う粒子を考えよ．ただし，波の伝播は x 軸に沿うものとする．この波の一般式は下式で与えられる．

$$\psi = A \sin \frac{2\pi x}{\lambda}$$

ここで A は波の振幅である．

1. $\psi = A \sin \frac{2\pi x}{\lambda}$ のとき，$\frac{d\psi}{dx}$ を求め，下式が成立することを示せ．

$$\frac{d^2\psi}{dx^2} = -\frac{4\pi^2}{\lambda^2}\psi$$

2. 箱中にある粒子の質量が m で，速度 v で運動するとき，その運動エネルギー KE はどのように表されるか．ドブロイの式 1.11 に従い，m, h, λ を用いて KE を表す式を書け．

3. 問2で導いた式は，ポテンシャルエネルギー V が一定の空間を移動する粒子があり，その粒子が運動エネルギー KE のみをもつ場合のみに適用される．この粒子のポテンシャルエネルギーが実際に変化する場合，その全エネルギーは $E = KE + V$ で与えられる．この情報と，問1と問2に対する解答を用い，一次元箱中の粒子に対するシュレーディンガー波動方程式（前ページで述べた）を導け．

もう2種の量子数 l と m_l が，波動関数の角度部分を解く際に現れる．量子数 l は**軌道量子数**（orbital quantum number）とよばれ[*]，$0, 1, 2\cdots(n-1)$ の値をとることが許される．l の値は原子軌道の形と電子の**軌道角運動量**（orbital angular momentum）を定める．**磁気量子数**（magnetic quantum number）m_l の値は原子軌道の方向に関する情報を与え，$+l$ と $-l$ の間の整数値をとる．

> 各原子軌道は，3種の量子数 n, l, m_l の組合わせによって一義的に規定される．

例題 1.2　量子数：原子軌道

主量子数 n が2のとき，許される l と m_l の値を記せ．また，$n = 3$ のとき可能な原子軌道の数を決めよ．

解答　ある特定の n の値に対し，許される l の値は $0, 1, 2, \cdots(n-1)$ であり，許される m_l の値は $-l \cdots 0 \cdots +l$ である．

$n = 2$ のとき，許される l の値は $l = 0$ または 1．
$l = 0$ のとき，許される m_l の値は $m_l = 0$．
$l = 1$ のとき，許される m_l の値は $m_l = -1, 0, +1$．

3種の量子数の組合わせは，それぞれ個別の原子軌道を規定する．したがって，$n = 2$ のとき，つぎの量子数の組合わせをもつ4個の原子軌道がある．

$$n = 2, \quad l = 0, \quad m_l = 0$$
$$n = 2, \quad l = 1, \quad m_l = -1$$
$$n = 2, \quad l = 1, \quad m_l = 0$$
$$n = 2, \quad l = 1, \quad m_l = +1$$

練習問題

1. m_l の値が $-1, 0, +1$ であるとき，対応する l の値を記せ．
［答　$l = 1$］

2. l のとりうる値が $0, 1, 2, 3$ であるとき，対応する n の値を答えよ．　　　　　　　　　　［答　$n = 4$］

3. $n = 1$ のとき，l と m_l の許される値は何か．
［答　$l = 0, m_l = 0$］

4. 量子数のつぎの組合わせを完成させよ．
(a) $n = 4, l = 0, m_l = \cdots$； (b) $n = 3, l = 1, m_l = \cdots$
［答　(a) 0；(b) $-1, 0, +1$］

原子軌道の**型**（type）の違いは，その**形**（shape）と**対称性**（symmetry）から生じる．最もよくみられる原子軌道の4種の型は s, p, d, f 軌道であり，対応する l の値はそれぞれ 0, 1, 2, 3 である．各原子軌道は，n と l の値によって分類される．それゆえ 1s, 2s, 2p, 3s, 3p, 3d, 4s, 4p, 4d, 4f などを用いて軌道を表記する．

---

[*]（訳注）：**軌道角運動量量子数**（orbital angular momentum quantum number）または**方位量子数**（azimuthal quantum number）ともよばれる．

s軌道に関しては $l=0$. p軌道に関しては $l=1$. d軌道に関しては $l=2$. f軌道に関しては $l=3$.

例題 1.3 量子数：軌道の型

量子数 n, l の値を支配する規則を用いて，$n=1, 2, 3$ に対して可能な原子軌道の型を答えよ．

解答 許される l の値は 0 と $(n-1)$ の間の整数である．

$n=1$, $l=0$ の場合，$n=1$ の原子軌道は，1s 軌道のみである．

$n=2$, $l=0$ または 1 の場合，$n=2$ に対して許される原子軌道は，2s, 2p 軌道である．

$n=3$, $l=0$, 1 または 2 の場合，$n=3$ に対して許される原子軌道は，3s, 3p, 3d 軌道である．

練習問題

1. $n=4$ のとき，原子軌道として可能な型を記せ．
[答 4s, 4p, 4d, 4f]
2. $n=4$ と $l=2$ で規定される原子軌道は何か． [答 4d]
3. 2s 原子軌道を記述する 3 種の量子数を記せ．
[答 $n=2$, $l=0$, $m_l=0$]
4. 3s と 5s 原子軌道を区別する量子数は何か． [答 n]

縮重した軌道は同じエネルギーをもつ．

つぎに量子数 m_l の軌道の内訳について考えてみよう．s 軌道については，$l=0$ で $m_l=0$ のみが可能である．これは n がいかなる値であっても，1 個の s 軌道しかもたないことを意味し，一重に**縮重**（degenerate；縮退ともいう）しているという．p 軌道については，$l=1$ であり，m_l は三つの値 $+1$, 0, -1 をとりうる．これは $n \geq 2$ のとき，3 個の p 軌道があり，それらの p 軌道が三重に縮重していることを意味する．d 軌道については $l=2$ であり，m_l は五つの値 $+2$, $+1$, 0, -1, -2 をとりうる．これは，$n \geq 3$ のとき，5 個の d 軌道があることを意味する．また，d 軌道は五重に縮重している．練習問題として，$n \geq 4$ のとき，七重に縮重した f 軌道があることを示せ．

$n \geq 1$ のとき，1 個の s 原子軌道がある．
$n \geq 2$ のとき，3 個の p 原子軌道がある．
$n \geq 3$ のとき，5 個の d 原子軌道がある．
$n \geq 4$ のとき，7 個の f 原子軌道がある．

波動関数の動径部分 $R(r)$

H 原子の波動関数に対応する数式の例を表 1・2 に示した．図 1・5 には水素原子の 1s および 2s 原子軌道に関し，核からの距離 r を変数とする波動関数の動径部分 $R(r)$ のプロットを示した．また，図 1・6 は，2p, 3p, 4p, 3d 原子軌道に対する動径部分 $R(r)$ のプロットを示している．ただし，核は $r=0$ に位置している．

表 1・2 からわかるように，r が大きくなるにつれ波動関数の動径部分は指数関数的に減衰する．しかし，減衰の程度は $n=1$ の場合より $n=2$ の場合の方が小さいことがわかる．このことは，核から遠く離れたところで電子を見いだす確率が n の増加とともに高まることを意味している．実際，この傾向は n が大きくなっても変わらない．図 1・5a は，この指数関数的な減衰を明確に示している．図 1・5 と図 1・6 に示す波動関数の動径部分のプロットにより，以下の注目点があげられる．

- s 原子軌道の $R(r)$ は核 $(r=0)$ において有限の値をもつ．
- s 軌道以外のすべての軌道に関し，核において $R(r)=0$

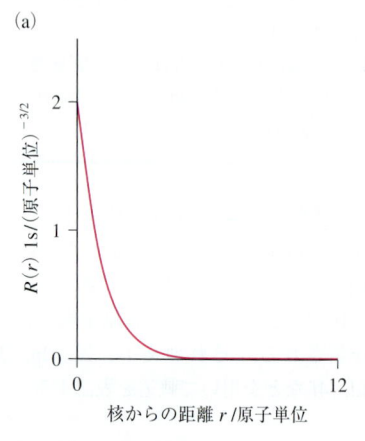

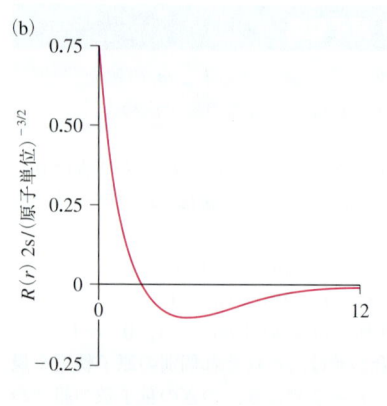

図 1・5 水素原子の (a) 1s 原子軌道，および (b) 2s 原子軌道に対する波動関数の動径部分 $R(r)$ のプロット．ここで，$R(r)$ は核からの距離 r を変数としている．また，核は $r=0$ に位置している．二つの曲線の縦軸のスケールは異なるが，横軸のスケールは同じである．

1・6 原子軌道

表 1・2 1s, 2s, 2p 原子軌道を定義する水素原子のシュレーディンガー波動方程式の解. ここでは, 核からの距離 r は原子単位で示されている.

原子軌道	n	l	m_l	波動関数の動径部分 $R(r)$[†]	波動関数の角度部分 $A(\theta, \phi)$
1s	1	0	0	$2e^{-r}$	$\dfrac{1}{2\sqrt{\pi}}$
2s	2	0	0	$\dfrac{1}{2\sqrt{2}}(2-r)e^{-r/2}$	$\dfrac{1}{2\sqrt{\pi}}$
$2p_x$	2	1	+1	$\dfrac{1}{2\sqrt{6}}re^{-r/2}$	$\dfrac{\sqrt{3}(\sin\theta\cos\phi)}{2\sqrt{\pi}}$
$2p_z$	2	1	0	$\dfrac{1}{2\sqrt{6}}re^{-r/2}$	$\dfrac{\sqrt{3}(\cos\theta)}{2\sqrt{\pi}}$
$2p_y$	2	1	−1	$\dfrac{1}{2\sqrt{6}}re^{-r/2}$	$\dfrac{\sqrt{3}(\sin\theta\sin\phi)}{2\sqrt{\pi}}$

[†] 1s 原子軌道について, $R(r)$ は正式には $2(\frac{Z}{a_0})^{\frac{3}{2}}e^{-Zr/a_0}$ であるが, 水素原子に対しては $Z=1$, $a_0=1$ 原子単位である. 他の関数も同様に簡略化されている.

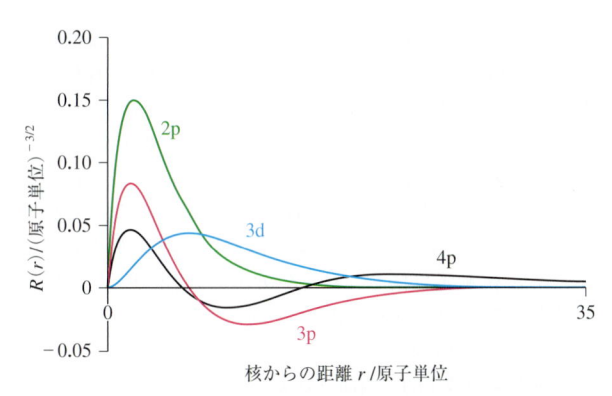

図 1・6 2p, 3p, 4p, 3d 原子軌道に対する波動関数 $R(r)$ の動径部分のプロット. ここで, 核は $r=0$ に位置する.

である.

- 1s 軌道の $R(r)$ は常に正の値をとる. 他の型であっても, n が最小となる軌道 (すなわち, 2p, 3d, 4f) の $R(r)$ は, 原点以外で常に正の値をとる.
- ある型 (s, p, d など) の 2 番目の軌道 (すなわち, 2s, 3p, 4d, 5f) の $R(r)$ は, 正または負の値をとり, 波動関数は正負が逆転する点を一つだけもつ. $R(r)=0$ となる点 (原点を除く) を**動径節** (radial node) という.
- ある型の 3 番目の軌道 (すなわち, 3s, 4p, 5d, 6f) では, $R(r)$ 値の符号は 2 回逆転する. つまり, 2 個の動径節をもつ.

> ns 軌道は $(n-1)$ 個の動径節をもつ.
> np 軌道は $(n-2)$ 個の動径節をもつ.
> nd 軌道は $(n-3)$ 個の動径節をもつ.
> nf 軌道は $(n-4)$ 個の動径節をもつ.

動径分布関数 $4\pi r^2 R(r)^2$

つぎに, 原子軌道を三次元空間でどのように表現するか考えてみよう. すでに述べたように, 原子中の電子を表す便利な記述法は, 特定の体積をもつ空間中に電子を見いだす確率である. 関数 ψ^2 (**Box 1・4** 参照) は, 空間中のある点における電子の**存在確率密度** (probability density) に比例する. 核周辺の点における ψ^2 の値を用いることにより, たとえば, 電子の滞在期間の 95% を占める空間容積を囲む**境界面** (surface boundary) を定義できる. これは, 原子軌道の物理的意味をうまく説明するものである. なぜなら, ψ^2 は動径部分 $R(r)^2$ および角度部分 $A(\theta, \phi)^2$ によって表されるからである.

まず動径部分について考えてみよう. 確率密度を描く便利な方法は, **動径分布関数** (radial distribution function, 式 1.15) をプロットすることである. これにより, 電子が見いだされる空間を理解することができる.

$$\text{動径分布関数} = 4\pi r^2 R(r)^2 \tag{1.15}$$

水素の 1s, 2s, 3s 原子軌道の動径分布関数を図 1・7 に, 3s, 3p, 3d 軌道に対するものを図 1・8 に示した. 各関数が核の位置で値が 0 となるのは, r^2 の項をもち, その位置で $r=0$ となるからである. また, 関数は $R(r)^2$ に比例するため, 図 1・5 と 1・6 にプロットで示した $R(r)$ とは異なり, 常に正の値をもつ. $4\pi r^2 R(r)^2$ の関数は, 少なくとも 1 個の極大値をもち, それは核からその距離の点で電子を見いだす確率が最大となることに対応している. また, $r=0$ を除く点で $4\pi r^2 R(r)^2=0$ となる点は, $R(r)=0$ となる動径節に対応している.

波動関数の角度部分 $A(\theta, \phi)$

今度は, 異なる型の原子軌道に関し, その波動関数の角度

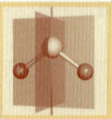

化学の基礎と論理的背景

Box 1・4　ψ^2 の表記法とその規格化

本書では ψ^2 を用いているが，厳密には $\psi\psi^*$ と記述すべきである．ここで，ψ^* は ψ の複素共役な関数である．x 方向において，x と $(x+dx)$ の間で電子を見いだす確率は $\psi(x)\psi^*(x)dx$ に比例する．三次元空間では，これを $\psi\psi^*d\tau$ で表し，体積要素 $d\tau$ 中に電子を見いだす確率を与える．また，波動関数の動径部分のみに関しては，その関数を $R(r)R^*(r)$ と書くべきである．

すべての数学的取扱いにおいて，この電子がどこかにいる（すなわち，消えてなくなることはない）ことを保証しなければならない．これは波動関数を 1 に**規格化**（normalization）することによって行う．これは全空間中に電子を見いだす確率が 1 であることを意味する．数学的には，この規格化は下式で与えられる．

$$\int \psi^2 d\tau = 1 \quad \text{またはより正確に} \quad \int \psi\psi^* d\tau = 1$$

この式は，積分（$\int$）が空間（$d\tau$）全体に対して行われ，ψ^2（または $\psi\psi^*$）の全空間積分が 1 でなければならないことを示している．

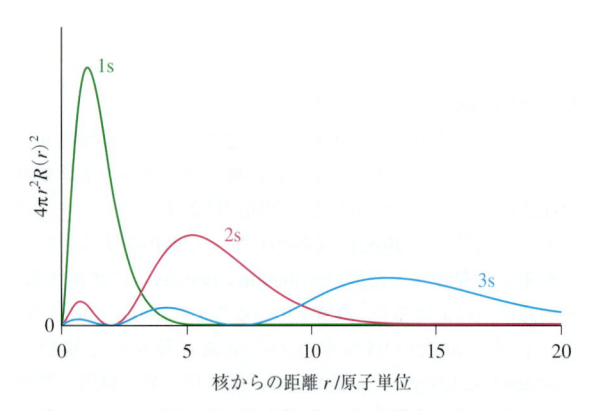

図 1・7　水素原子の 1s, 2s, 3s 原子軌道に対する動径分布関数 $4\pi r^2 R(r)^2$

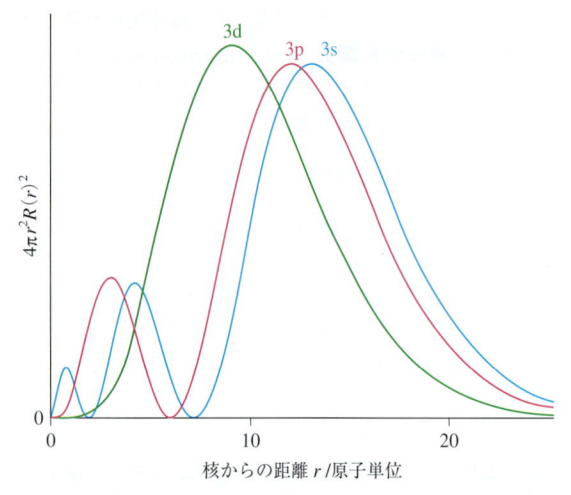

図 1・8　水素原子の 3s, 3p, 3d 原子軌道に対する動径分布関数 $4\pi r^2 R(r)^2$

成分 $A(\theta,\phi)$ をみてみよう．表 1・2 では $n=1$ と $n=2$ の場合について示したが，$A(\theta,\phi)$ は主量子数に依存しない．しかも，s 軌道に関しては，$A(\theta,\phi)$ は角度 θ と ϕ に依存せず，一定値である．したがって s 軌道は核に対して球状の対称性をもつ．1 組の p 軌道が三重に縮重していることを上で述べた．慣習に従い，縮重した 3 個の軌道は標識 p_x, p_y, p_z を用いて表す．表 1・2 から，p_z 波動関数の角度成分は ϕ に依存しないことがわかる．この軌道は 2 個の球（原点で接している）として表され*，各球の中心は z 軸上に置かれている．p_x と p_y 軌道に関しては，$A(\theta,\phi)$ は角度 θ と ϕ の両者に依存する．これらの軌道は p_z と同様であるが，x 軸と y 軸に沿って配置される．

波動関数の数学的な側面を見失ってはならないが，ほとんどの化学者がこのような関数の視覚化に難色を示し，むしろ，軌道を絵として眺める方を好む．s 軌道や 3 個の p 軌道の境界面を図 1・9 に示した．ここで，**ローブ**（lobe）の色の違いには意味がある．s 軌道の境界面は一定の**位相**（phase）をもつ，すなわち s 軌道の境界面に関する波動関数の振幅は一定の符号をもつ．p 軌道に関しては，境界面で位相変化があり，その変化は図 1・9 の p_z 軌道について示したように**節面**（nodal plane）で起こる．波動関数の振幅は正または負の符号をとる．これは＋または－符号で表すか，もしくは図 1・9 に示すようにローブに異なる色をつけることによって表す．

関数 $4\pi r^2 R(r)^2$ が，核からの距離 r における電子の存在確率を示すように，θ および ϕ をパラメーターとする確率を示すために，$A(\theta,\phi)^2$ に依存する関数を用いる．s 軌道に関しては，$A(\theta,\phi)$ を二乗することはその球対称に変化を与えず，図 1・10 に示す s 原子軌道の境界面は図 1・9 とよく似ている．しかし，p 軌道に関しては，$A(\theta,\phi)$ を $A(\theta,\phi)^2$ とする

---

*　ϕ が連続関数であることを強調するために，軌道の描画において境界面を核位置まで広げている．しかし，p 軌道については，電子密度の 95% 程度までを考慮するのであれば，厳密にはこの描画は正しくないことになる．

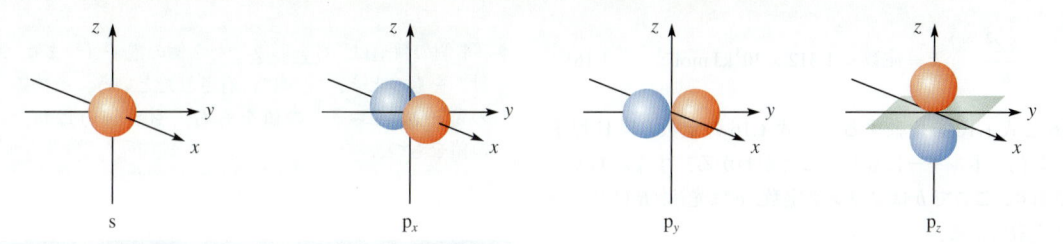

図1・9 水素原子の1s, 2p原子軌道の角度部分に対する境界面. $2p_z$原子軌道では, 灰色で示した節面がxy平面上にあることを示している.

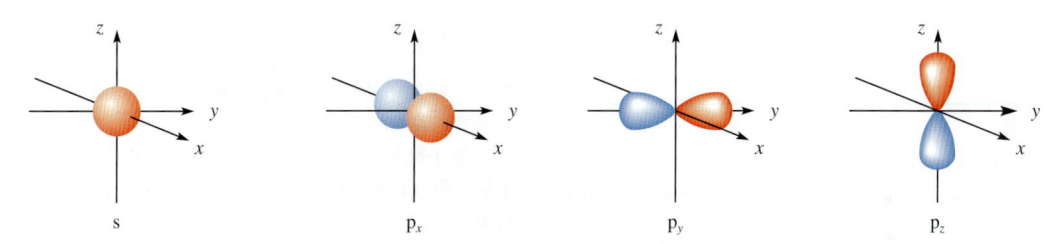

図1・10 s原子軌道と3個の縮重したp原子軌道の様子（$A(\theta, \phi)^2$に相関）. p_x軌道のローブは, p_yおよびp_zと同様に引き伸ばされているが, x軸が紙面の斜め上方向に向くため, この図では不明瞭である.

ことにより, 図1・10に示すようにローブを引き延ばす効果が現れる. $A(\theta, \phi)$を二乗することは, 必然的に符号（＋または－）の変化をなくすことを意味する. それにもかかわらず, 実際には化学者は図1・10に示すように, $A(\theta, \phi)^2$で描いた軌道のローブに符号や陰影を入れる慣習をもつ. これは結合を形成して軌道が重なる際に, 波動関数の符号が重要となるからである（§2・3参照）.

最後に, 図1・11に5個の水素原子類似種に対するd軌道の境界面を示す. ここではこれらの波動関数の数式には触れず, 慣習的に用いられる図のみを示した. 各d軌道は<u>2個の節面</u>をもつが, それら節面が各軌道のどこに位置するかは演習として読者に委ねることにする. 本書では, 第20章と第21章でd軌道を, 第25章でf軌道をより詳細に取扱う. 軌道の描画に関する優れた資料は, つぎのウェブサイトで見ることができる. http://winter.group.shef.ac.uk/orbitron/

水素原子類似種の軌道エネルギー

波動関数に関する情報を提供する以外に, シュレーディンガー波動方程式の解は軌道エネルギーE（エネルギー準位）を与える. 式1.16は**水素原子類似種**（hydrogen-like species）の主量子数に対するEの依存性を示しており, ここでZは原子番号である. 水素原子は$Z=1$だが, 水素原子類似種であるHe^+では$Z=2$である. したがって, Z^2に対するEの依存性はHからHe^+に移行することにより, 著しい軌道のエネルギー低下をひき起こす.

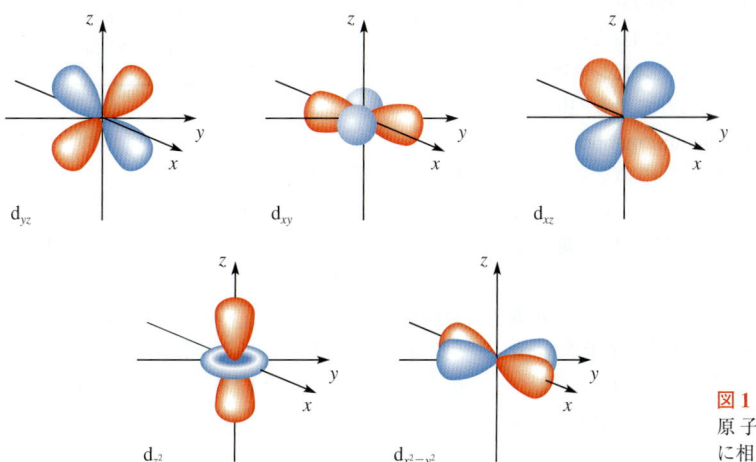

図1・11 5個の縮重したd原子軌道の様子（$A(\theta, \phi)^2$に相関）

$$E = -\frac{kZ^2}{n^2} \quad k = 定数 = 1.312 \times 10^3 \text{kJ mol}^{-1} \quad (1.16)$$

式1.16と式1.10を比較すると，式1.16の定数kはH原子のイオン化エネルギーに等しいことがわかる．すなわち$k = hcR$であり，ここでhはプランク定数，cは光速，Rはリュードベリ定数である．

各nの値に対し，エネルギー解が一つだけあり，水素原子類似種では同じ主量子数をもつすべての原子軌道（例3s, 3p, 3d）が縮重している．式1.16より，nが増加するにつれて，軌道エネルギー準位が近づくことがわかる．この結果は他のすべての原子について一般性がある．

練習問題

[1 eV = 96.485 kJ mol^{-1}]

1. 水素原子の2sと2p軌道のエネルギーがともに-328 kJ mol^{-1}であることを示せ．

2. 水素原子類似種について，3s軌道のエネルギーが-1.51 eVであることを確かめよ．

3. ある水素原子ns軌道のエネルギーが-13.6 eVである．この際，$n = 1$であることを示せ．

4. He$^+$に対する1s軌道のエネルギー（kJ mol^{-1}）を求め，H原子の1s軌道のエネルギーと比較せよ．

[答 He$^+$：-5248 kJ mol^{-1}, H：-1312 kJ mol^{-1}]

軌道のサイズ

ある原子に関し，nの値は異なるが，lとm_lの値が同じである一連の軌道（例1s, 2s, 3s, 4s…）はその相対的な大きさ（空間を占める大きさ）が異なる．nが大きくなるにつれ，軌道の広がりも大きくなるが，そこに比例関係はない．サイズの増大は，電子密度分布がより遠くまで拡散（diffuse）したような状態になることに対応する．

スピン量子数と磁気スピン量子数

原子軌道に電子を入れる前に，さらに2種の量子数を定義しなければならない．古典モデルでは，電子は自身を通る軸の周りを自転しており，軌道角運動量に加えて**スピン角運動量**（spin angular momentum）をもつと考えられている（Box 1・5参照）．この**スピン量子数**（spin quantum number）sは，電子のスピン角運動量の大きさに相当し，$\frac{1}{2}$の値をもつ．角運動量はベクトル量であるため，向きをもたなければならない．これは$+\frac{1}{2}$または$-\frac{1}{2}$の値をもつ**磁気スピン量子数**（magnetic spin quantum number）m_sを用いて定められる．

原子軌道が3種の量子数からなる唯一の組合わせで定義されるのに対して，原子軌道中の電子は4種の量子数n, l, m_l, m_sからなる唯一の組合わせで定義される．m_sには二つの値しかないので，1個の軌道は2個の電子しか収容できない．

1個の軌道は，対を形成した2個の電子（つまり，電子対）をもつとき，完全に占有されたという．その際一方の電子は$m_s = +\frac{1}{2}$の値をもち，もう一方は$m_s = -\frac{1}{2}$の値をもつ．

例題 1.4 量子数：原子軌道中の電子

2s原子軌道中の電子を記述する2種の可能な量子数の組合わせを書け．また，それら組合わせの物理的意味を説明せよ．

解答 2s原子軌道は，量子数$n = 2$, $l = 0$, $m_l = 0$の組合わせで定義される．

2s原子軌道にある電子には以下に占める2種の異なる量子数の組合わせが可能であり，そのいずれか一方が割当てられる．

$$n = 2, \ l = 0, \ m_l = 0, \ m_s = +\frac{1}{2}$$
または
$$n = 2, \ l = 0, \ m_l = 0, \ m_s = -\frac{1}{2}$$

この軌道が2個の電子で完全に満たされるなら，一方の電子は$m_s = +\frac{1}{2}$の値をもち，他方の電子は$m_s = -\frac{1}{2}$の値をもつ．つまり，2個の電子は対を形成している．

練習問題

1. 3s原子軌道中の電子を記述する2種の可能な量子数の組合わせを書け．　[答 $n = 3$, $l = 0$, $m_l = 0$, $m_s = +\frac{1}{2}$；$n = 3$, $l = 0$, $m_l = 0$, $m_s = -\frac{1}{2}$]

2. 量子数$n = 2$, $l = 1$, $m_l = -1$, $m_s = +\frac{1}{2}$で定義される電子が占有する原子軌道を示せ．　[答 2p]

3. ある電子が量子数$n = 4$, $l = 1$, $m_l = 0$, $m_s = +\frac{1}{2}$の値をもつ．この電子は4s, 4p, 4d原子軌道のいずれの軌道を占めるか．　[答 4p]

4. 5s原子軌道中の電子を記述する量子数の組合わせを記せ．また，同じ軌道中の2番目の電子を記述する場合，その量子数の組合わせは，1番目の電子のそれとどのように異なるか．　[答 $n = 5$, $l = 0$, $m_l = 0$, $m_s = +\frac{1}{2}$または$-\frac{1}{2}$]

水素原子の基底状態

ここまで水素原子の原子軌道に注目し，異なる原子軌道に電子を見いだす可能性について述べてきた．H原子の最もエネルギー的に好ましい（安定な）状態はその**基底状態**（ground state）であり，1電子が1s（最低エネルギーの）原子軌道を占有している．この電子はより高いエネルギーの軌道に引き上げられ（§1・4参照），**励起状態**（excited state）を与えることができる．

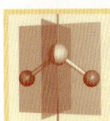

化学の基礎と論理的背景

Box 1・5 角運動量, 内部量子数とスピン−軌道結合

l の値は軌道の形状を決めるだけでなく, その軌道を占める電子の軌道角運動量も決定する.

$$軌道角運動量 = \left[\sqrt{l(l+1)}\right]\frac{h}{2\pi}$$

電子は（古典的には）核を通るある軸の周りを回転するとみなし, 軌道角運動量はその軸方向に沿うものと定義する. この軌道角運動量が磁気モーメントを生じ, その方向は角ベクトルと同じ方向であり, その大きさもまたベクトルの大きさに比例する.

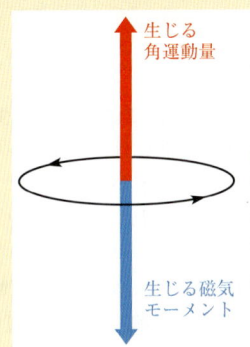

古典モデルでは, 円軌道上を動く電子は, 図に示すベクトル (赤色) で定義される角運動量をもつ. 反対方向の円運動は下向きにベクトルをもつ角運動量を生じる.

電子は電荷をもつ粒子であるため, それに付随する磁気モーメントをもち, その向きは図の青色矢印で示される

s軌道 ($l=0$) を占める電子は軌道角運動量をもたず, p軌道 ($l=1$) の電子は角運動量 $\sqrt{2}(h/2\pi)$ をもち, $l \geq 2$ についても同様である. 軌道角運動量ベクトルは空間中の $(2l+1)$ 個の方向をとることができ, 与えられる l の値に対し, m_l が $(2l+1)$ 個の値をとりうることに対応する.

特に角運動量ベクトルの z 軸成分が興味の対象となる. z 軸成分は, このベクトルがとりうる方向によってそれぞれ異なる値をもつ. z 軸成分の実際の大きさは $m_l(h/2\pi)$ で与えられる. 同様に, d軌道 ($l=2$) の電子については, 軌道角運動量は $\sqrt{6}(h/2\pi)$ で与えられ, その z 軸成分は右上図に示すように, $+2(h/2\pi)$, $+(h/2\pi)$, 0, $-(h/2\pi)$, または $-2(h/2\pi)$ の値をもつ.

特定の n と l をもつ副殻の軌道は, これまでみてきたように, 縮重している. しかしながら, 原子が磁場中に置かれると, この縮重は解ける. さらに, もし磁場の方向を無作為に z 軸と定義するならば, 複数ある各d軌道の電子は角運動量ベクトル（ここでは軌道磁気モーメントベクトル）の z 軸成分の大きさが異なるため, 磁場と相互作用する程度が異なる.

電子はまた, それ自身を通る軸周りの回転に起因するスピン角運動量をもつ. その大きさは次式で与えられる.

$$スピン角運動量 = \left[\sqrt{s(s+1)}\right]\frac{h}{2\pi}$$

ここで, s はスピン量子数である (本文参照). その軸はスピン角運動量ベクトルの方向を定義するものであるが, 特に

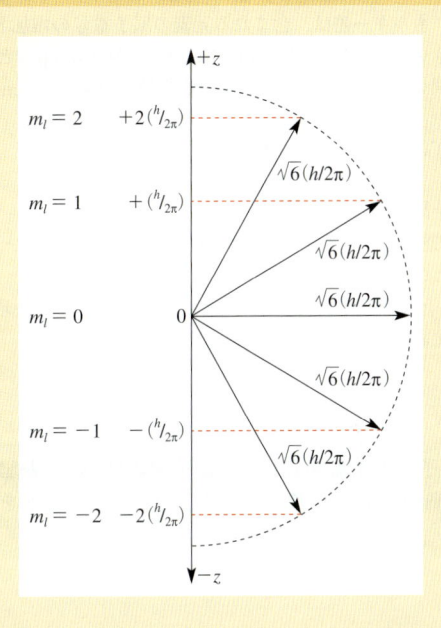

興味の対象となるのは, やはりそのベクトルが z 軸に対していかなる方向を向くかである. その z 成分は $m_s(h/2\pi)$ で与えられる. m_s は $+\frac{1}{2}$ か $-\frac{1}{2}$ しかとらないため, スピン角運動量ベクトルには 2 種の可能な向きがある. それゆえ, その z 成分の大きさは $+\frac{1}{2}(h/2\pi)$ と $-\frac{1}{2}(h/2\pi)$ のいずれかで与えられる.

軌道角運動量およびスピン角運動量の両方をもつ電子については, 全角運動量ベクトルは次式で与えられる.

$$全角運動量 = \left[\sqrt{j(j+1)}\right]\frac{h}{2\pi}$$

ここで j はいわゆる内部量子数である. j は $|l+s|$ または $|l-s|$, すなわち $|l+\frac{1}{2}|$ または $|l-\frac{1}{2}|$ の値をとる. この ' | | ' の記号は絶対値を表し, $(l+s)$ および $(l-s)$ が負の値をとるとき, 符号を反転させ, 正の値に変換することを意味する. つまり, $l=0$ のとき, $|0+\frac{1}{2}| = |0-\frac{1}{2}| = \frac{1}{2}$ であるため, j は $\frac{1}{2}$ の値しかとらない ($l=0$ で電子が軌道角運動量をもたないとき, $j=s$ であり, 全角運動量は $\left[\sqrt{s(s+1)}\right]\frac{h}{2\pi}$ である). このとき, 全角運動量ベクトルの z 成分は $j(h/2\pi)$ であり, $(2j+1)$ 通りの可能な配向がある.

ns軌道 ($l=0$) 中の電子がとりうる j の値は $\frac{1}{2}$ のみである. この電子が np軌道へと昇位されるとき, j の値は $\frac{3}{2}$ または $\frac{1}{2}$ となり, これら異なる j 値に対応するエネルギーは等しくはならない. たとえば, ナトリウムの発光スペクトルにおいては, $3p_{3/2}$ と $3p_{1/2}$ 準位から $3s_{1/2}$ 準位への遷移に伴うエネルギー量がわずかに異なる. ナトリウム原子のスペクトルにおいて, 強い黄色線が二重線となって現れるが, その理由がこの**スピン−軌道結合** (spin-orbit coupling) である. 他の多くのスペクトル線についても微細構造が観測される. ただ

し，実際に観測されるスペクトル線の和は異なる j 値の状態間のエネルギー差や分光器の分解能によっても異なる．$\Delta j = 1$（スピン-軌道結合係数 λ；§21・6 参照）である準位間のエネルギー差は，含まれる元素の原子番号の増加とともに大きくなる．たとえば，Li, Na, Cs に対する $np_{3/2}$ と $np_{1/2}$ 準位間のエネルギー差はそれぞれ 0.23, 11.4, 370 cm^{-1} である．

より詳しくは，§21・6 を参照せよ．

練習問題

1. '軌道中にある電子の軌道角運動量' という用語について知るところを述べよ．
2. '量子数 s に関し，$s = \pm\frac{1}{2}$' と書くのが正しくない理由を説明せよ．
3. s 軌道については $l = 0$ である．s 軌道の電子が核の周りを回らないとする古典的な描像は $l = 0$ によって導かれる．これについて説明せよ．
4. 2p 軌道が $m_l = +1, 0, -1$ の値をとることを考慮し，量子数 m_l の物理的意味を説明せよ．
5. 2s 軌道の電子は，量子数 j として $\frac{1}{2}$ の値しかとりえないことを示せ．
6. 2p 軌道の電子は，量子数 j として $\frac{3}{2}$ または $\frac{1}{2}$ の値をとりうることを示せ．
7. ある軸に対して時計回りまたは反時計回りに回転する p 電子については，m_l の値は $+1$ または -1 である．$m_l = 0$ の p 電子については何がいえるか．

> H 原子に対する基底状態の電子配置は 1s^1 と表記され，1 個の電子が 1s 原子軌道を占有している状態を示す．

1・7 多電子原子

ヘリウム原子：二電子系

ここまでは，おもに 1 電子を含む水素原子類似種を扱ってきたが，そのエネルギーは n と Z に依存する（式 1.16）．このような化学種の原子スペクトルには，n の値の変化に対応する限られた数の輝線のみがみられる（図 1・3）．シュレーディンガー波動方程式が正確に解けるのは，これら<u>一電子種のみ</u>である．

つぎに単純な原子は He（$Z = 2$）であるが，二電子系においては，以下の 3 種の静電相互作用を考慮しなければならない．

- 電子(1) と核の間の引力
- 電子(2) と核の間の引力
- 電子(1) と電子(2) の間の反発力

これら相互作用の結果として，系のエネルギーが決まる．

He 原子の基底状態では，$m_s = +\frac{1}{2}$ と $-\frac{1}{2}$ の 2 電子が 1s 原子軌道を占有している．すなわち電子配置は 1s^2 である．水素原子類似種を除くすべての原子では，同じ主量子数であっても l が異なる軌道は，<u>縮重していない</u>．1s^2 電子の一方が $n = 2$ の軌道に励起されるとき，系のエネルギーはその電子が 2s 原子軌道に入るか 2p 原子軌道に入るかに依存する．なぜなら，それによって 2 個の電子と核を含む静電相互作用が異なるからである．しかし，3 個の異なる 2p 原子軌道のエネルギーには違いはない．電子が $n = 3$ の軌道へと励起される際には，3s, 3p, 3d 軌道のいずれが関係するかに依存して異なるエネルギー量が必要となる．ここで 3 個の 3p 原子軌道間，または 5 個の 3d 原子軌道間にはエネルギーの違いはない．He の発光スペクトルは，電子がより低いエネルギー状態または基底状態へ戻るときに現れ，そのスペクトルは原子状 H よりも多くの輝線を含む．

He の原子軌道に対する波動関数やエネルギーに関し，シュレーディンガー波動方程式を正確に解くことは不可能であり，近似解のみが得られる．3 個以上の電子を含む原子では，波動方程式の正確な解を得ることはさらに難しくなる．

> **多電子原子**（multi-electron atom）では，同じ n の値であっても l の値が異なる軌道は<u>縮重していない</u>．

基底状態の電子配置：実験データ

ここでは全元素の孤立原子に対する基底状態の電子配置について考えよう（表 1・3）．これらは実験データであり，ほぼすべての場合について，原子スペクトルの解析によって得られている．ほとんどの原子スペクトルが複雑すぎて，議論に値しないため，ここではその解釈だけを述べる．

H と He に対する基底状態の電子配置がそれぞれ 1s^1 と 1s^2 であることはすでに述べた．He の 1s 原子軌道は完全に満たされており，その配置はしばしば [He] で表される．つぎの 2 個の元素である Li と Be では電子は 2s 軌道に入り，さらに B から Ne までの元素で 2p 軌道が満たされ，[He]2s^{2}2p^m（$m = 1 \sim 6$）の電子配置を与える．$m = 6$ のとき，$n = 2$ のエネルギー準位（または 殻 shell）は完全に満たされ，この Ne の配置は [Ne] と表される．3s と 3p 原子軌道への充填も同様に進められ，Na から Ar までの配置が与えられる．この系列の最終元素である Ar の電子配置は [Ne]3s^{2}3p^6 または [Ar] と表記される．

K と Ca では電子は 4s 軌道に入り，Ca の電子配置は

表 1・3 Z = 103 までの元素に対する基底状態の電子配置

原子番号	元素	基底状態の電子配置	原子番号	元素	基底状態の電子配置
1	H	$1s^1$	53	I	$[Kr]5s^24d^{10}5p^5$
2	He	$1s^2 = [He]$	54	Xe	$[Kr]5s^24d^{10}5p^6 = [Xe]$
3	Li	$[He]2s^1$	55	Cs	$[Xe]6s^1$
4	Be	$[He]2s^2$	56	Ba	$[Xe]6s^2$
5	B	$[He]2s^22p^1$	57	La	$[Xe]6s^25d^1$
6	C	$[He]2s^22p^2$	58	Ce	$[Xe]4f^16s^25d^1$
7	N	$[He]2s^22p^3$	59	Pr	$[Xe]4f^36s^2$
8	O	$[He]2s^22p^4$	60	Nd	$[Xe]4f^46s^2$
9	F	$[He]2s^22p^5$	61	Pm	$[Xe]4f^56s^2$
10	Ne	$[He]2s^22p^6 = [Ne]$	62	Sm	$[Xe]4f^66s^2$
11	Na	$[Ne]3s^1$	63	Eu	$[Xe]4f^76s^2$
12	Mg	$[Ne]3s^2$	64	Gd	$[Xe]4f^76s^25d^1$
13	Al	$[Ne]3s^23p^1$	65	Tb	$[Xe]4f^96s^2$
14	Si	$[Ne]3s^23p^2$	66	Dy	$[Xe]4f^{10}6s^2$
15	P	$[Ne]3s^23p^3$	67	Ho	$[Xe]4f^{11}6s^2$
16	S	$[Ne]3s^23p^4$	68	Er	$[Xe]4f^{12}6s^2$
17	Cl	$[Ne]3s^23p^5$	69	Tm	$[Xe]4f^{13}6s^2$
18	Ar	$[Ne]3s^23p^6 = [Ar]$	70	Yb	$[Xe]4f^{14}6s^2$
19	K	$[Ar]4s^1$	71	Lu	$[Xe]4f^{14}6s^25d^1$
20	Ca	$[Ar]4s^2$	72	Hf	$[Xe]4f^{14}6s^25d^2$
21	Sc	$[Ar]4s^23d^1$	73	Ta	$[Xe]4f^{14}6s^25d^3$
22	Ti	$[Ar]4s^23d^2$	74	W	$[Xe]4f^{14}6s^25d^4$
23	V	$[Ar]4s^23d^3$	75	Re	$[Xe]4f^{14}6s^25d^5$
24	Cr	$[Ar]4s^13d^5$	76	Os	$[Xe]4f^{14}6s^25d^6$
25	Mn	$[Ar]4s^23d^5$	77	Ir	$[Xe]4f^{14}6s^25d^7$
26	Fe	$[Ar]4s^23d^6$	78	Pt	$[Xe]4f^{14}6s^15d^9$
27	Co	$[Ar]4s^23d^7$	79	Au	$[Xe]4f^{14}6s^15d^{10}$
28	Ni	$[Ar]4s^23d^8$	80	Hg	$[Xe]4f^{14}6s^25d^{10}$
29	Cu	$[Ar]4s^13d^{10}$	81	Tl	$[Xe]4f^{14}6s^25d^{10}6p^1$
30	Zn	$[Ar]4s^23d^{10}$	82	Pb	$[Xe]4f^{14}6s^25d^{10}6p^2$
31	Ga	$[Ar]4s^23d^{10}4p^1$	83	Bi	$[Xe]4f^{14}6s^25d^{10}6p^3$
32	Ge	$[Ar]4s^23d^{10}4p^2$	84	Po	$[Xe]4f^{14}6s^25d^{10}6p^4$
33	As	$[Ar]4s^23d^{10}4p^3$	85	At	$[Xe]4f^{14}6s^25d^{10}6p^5$
34	Se	$[Ar]4s^23d^{10}4p^4$	86	Rn	$[Xe]4f^{14}6s^25d^{10}6p^6 = [Rn]$
35	Br	$[Ar]4s^23d^{10}4p^5$	87	Fr	$[Rn]7s^1$
36	Kr	$[Ar]4s^23d^{10}4p^6 = [Kr]$	88	Ra	$[Rn]7s^2$
37	Rb	$[Kr]5s^1$	89	Ac	$[Rn]6d^17s^2$
38	Sr	$[Kr]5s^2$	90	Th	$[Rn]6d^27s^2$
39	Y	$[Kr]5s^24d^1$	91	Pa	$[Rn]5f^27s^26d^1$
40	Zr	$[Kr]5s^24d^2$	92	U	$[Rn]5f^37s^26d^1$
41	Nb	$[Kr]5s^14d^4$	93	Np	$[Rn]5f^47s^26d^1$
42	Mo	$[Kr]5s^14d^5$	94	Pu	$[Rn]5f^67s^2$
43	Tc	$[Kr]5s^24d^5$	95	Am	$[Rn]5f^77s^2$
44	Ru	$[Kr]5s^14d^7$	96	Cm	$[Rn]5f^77s^26d^1$
45	Rh	$[Kr]5s^14d^8$	97	Bk	$[Rn]5f^97s^2$
46	Pd	$[Kr]5s^04d^{10}$	98	Cf	$[Rn]5f^{10}7s^2$
47	Ag	$[Kr]5s^14d^{10}$	99	Es	$[Rn]5f^{11}7s^2$
48	Cd	$[Kr]5s^24d^{10}$	100	Fm	$[Rn]5f^{12}7s^2$
49	In	$[Kr]5s^24d^{10}5p^1$	101	Md	$[Rn]5f^{13}7s^2$
50	Sn	$[Kr]5s^24d^{10}5p^2$	102	No	$[Rn]5f^{14}7s^2$
51	Sb	$[Kr]5s^24d^{10}5p^3$	103	Lr	$[Rn]5f^{14}7s^26d^1$
52	Te	$[Kr]5s^24d^{10}5p^4$			

[Ar]4s² である．この点では，パターンに変化が現れている．大雑把にいえば，つぎの 10 元素（Sc から Zn）の 10 電子は 3d 軌道に入り，Zn で電子配置は [Ar]4s²3d¹⁰ となる．不規則な入り方をするところがあるが（**表 1・3 参照**），その詳細については後述する．Ga から Kr までは 4p 軌道が満たされ，Kr の電子配置 [Ar]4s²3d¹⁰4p⁶ または [Kr] に至る．

Rb から Xe までは，軌道を充填する順序は K から Kr までと同じ一般性をもつが，s 軌道と d 軌道が充填する分布に再度不規則性が現れる（**表 1・3 参照**）．

Cs から Rn までの系列で，電子は初めて f 軌道に入る．Cs, Ba, La は，Rb, Sr, Y に類似の電子配置をもつが，この後は，**ランタノイド**（lanthanoid）元素*の配列が始まることからわかるように，電子配置に変化が生じる（**第 25 章参照**）．Ce は電子配置 [Xe]4f¹6s²5d¹ をもち，7 個の 4f 軌道への充填は Lu の電子配置 [Xe]4f¹⁴6s²5d¹ に達するまで続く．表 1・3 に示すように，5d 軌道はランタノイド元素では通常満たされていない．Lu の後，連続して電子が残りの 5d 軌道を占有し（Hf から Hg），つぎに [Xe]4f¹⁴6s²5d¹⁰6p⁶ または [Rn] の電子配置をもつ Rn まで 6p 軌道の占有が続く．表 1・3 は一連の d ブロック元素が充填する際に不規則性があることを示している．

Fr で始まる表 1・3 の残りの元素に関し，軌道の充填は Cs からの場合と類似した過程をたどる．しかし，その様子は完全には一致せず，最も重い元素のいくつかはきわめて不安定であり，詳細な研究も可能ではない．Th から Lr までの金属を**アクチノイド**（actinoid）元素といい，その化学を議論する際，一般に Ac はアクチノイドに属するものとして扱う（**第 25 章参照**）．

表 1・3 を詳細に吟味すれば明らかなように，どの系列をとっても，原子番号の増加に伴う軌道の充填挙動が正確に一致する他の系列を見いだすことはできない．つぎの序列は，**中性原子**（neutral atom）に対する軌道の相対エネルギー（最低第一エネルギー）に関して近似的に正しい．

1s < 2s < 2p < 3s < 3p < 4s < 3d < 4p < 5s < 4d < 5p < 6s < 5d ≈ 4f < 6p < 7s < 6d ≈ 5f

異なる軌道のエネルギーは主量子数 n が大きくなるにつれ接近し，その相対エネルギーはイオンを形成する際に大きく変化する（**§20・2 参照**）．

貫入と遮蔽

軌道エネルギーの原子番号に対する依存性を，表 1・3 に掲載されているすべての電子配置をよく再現するような正確さをもって計算することはできない．しかし，異なる原子軌道を占める電子がもつ**遮蔽効果**（screening effect）が他の軌道を占める電子のそれと異なることを考慮することにより，ある程度有用な情報が得られる．図 1・12 は，H 原子の 1s, 2s, 2p 原子軌道に対する動径分布関数を示している（多電子原子に対して水素原子類似種の波動関数を適用するのが一般的な近似法である）．1s 軌道の $4\pi r^2 R(r)^2$ の値は，比較的に核に近いところでは 2s や 2p 軌道の値よりも格段に大きいが，その位置で 2s と 2p 軌道の寄与が有意であることに注意したい．この状況を，2s と 2p 原子軌道が 1s 原子軌道に**貫入する**（penetrate）と表現する．計算結果は，2s 原子軌道が 2p 原子軌道よりも，より貫入していることを示している．

ここで，Li（Z = 3）の電子配置を考えてみよう．基底状態において 1s 原子軌道は完全に満たされ，3 個目の電子が 2s または 2p 軌道を占有する．どちらの配置がより低いエネルギーをもたらすだろうか．2s または 2p 原子軌道の電子は，1s 電子によって部分的に**遮蔽**（shield）された核からの**有効核電荷**（effective nuclear charge）Z_{eff} を受ける．2p 軌道は 2s 軌道よりも 1s 軌道に貫入していないので（図 1・12），2p 電子は 2s 電子よりも強く遮蔽される．このように 2s 原子軌道が占有される方が，2p 原子軌道が占有されるよりもより低いエネルギーの系を与える．本来ならば原子軌道中の電子のエネルギーを考えるべきだが，軌道エネルギー自身を考えるのがより慣習的であり，$E(2s) < E(2p)$ と書ける．同様の理由により，$E(3s) < E(3p) < E(3d)$ と $E(4s) < E(4p) < E(4d) < E(4f)$ という序列が導かれる．原子番号の大きい元素になるにつれ，同一の n をもつ軌道間のエネルギー差は小さくなり，水素原子類似種の波動関数を仮定する妥当性は失われ，基底状態の予測に関する信頼性は低下する．上記の取扱いは，同じ主殻中における電子–電子相互作用を無視している．

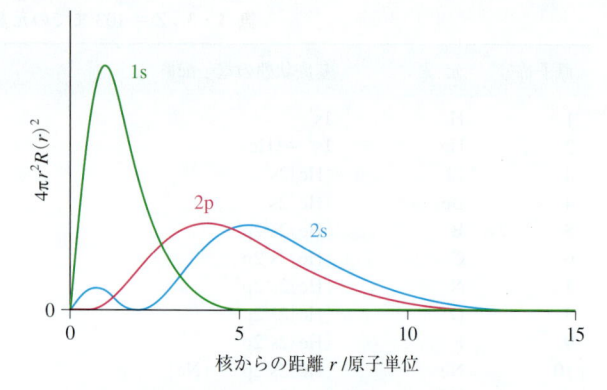

図 1・12 水素原子の 1s, 2s, 2p 原子軌道に対する動径分布関数 $4\pi r^2 R(r)^2$

---

* IUPAC は**ランタニド**（lanthanide）や**アクチニド**（actinide）という名前よりむしろ**ランタノイド**（lanthanoid）や**アクチノイド**（actinoid）という名前を推奨している．この語尾の '-ide' は，通常負電荷のイオンをさす．しかし，ランタニドやアクチニドは依然広く使われている．（p. 20 の図 1・13 に対する説明も参照せよ）

1・8 周期表

化学の基礎と論理的背景

Box 1・6　有効核電荷とスレーター則

スレーター則

異なる原子軌道で電子が感じる有効核電荷 Z_{eff} は**スレーター則**（Slater's rule）を用いて見積られる．スレーター則は電子遷移やイオン化エネルギーの実験データに基づいており，Z_{eff} は次式で与えられる．

$$Z_{eff} = Z - S$$

ここで，Z ＝核電荷，Z_{eff} ＝有効核電荷，S ＝遮蔽定数である．

S の値はつぎのように見積られる．

1. 元素の電子配置をつぎの組合わせの順に書き出す．(1s), (2s, 2p), (3s, 3p), (3d), (4s, 4p), (4d), (4f), (5s, 5p) など．
2. 注目した電子よりもこの序列の高い組に属す電子は S に寄与しないものとする．
3. ns または np 軌道の特定の電子に着目するとき，
   (i) (ns, np) の他の電子はそれぞれ $S = 0.35$ の寄与がある．
   (ii) ($n-1$) 殻の電子はそれぞれ $S = 0.85$ の寄与がある．
   (iii) ($n-2$) 殻あるいはそれより低い殻に属す電子はそれぞれ $S = 1.00$ の寄与がある．
4. nd または nf 軌道の特定の電子に着目するとき，
   (i) (nd, nf) の他の電子はそれぞれ $S = 0.35$ の寄与がある．
   (ii) 着目する電子よりも低い序列の組に属す電子はそれぞれ $S = 1.00$ の寄与がある．

スレーター則の応用例

［問　題］

K に対して実験的に観測された電子配置 $1s^2 2s^2 2p^6 3s^2 3p^6 4s^1$ がそれとは異なる電子配置 $1s^2 2s^2 2p^6 3s^2 3p^6 3d^1$ よりもエネルギー的に安定であることを確かめよ．

K（$Z = 19$）についてスレーター則を適用すると，電子配置 $1s^2 2s^2 2p^6 3s^2 3p^6 4s^1$ の 4s 電子が受ける有効核電荷は，

$$Z_{eff} = Z - S$$
$$= 19 - [(8 \times 0.85) + (10 \times 1.00)] = 2.20$$

電子配置 $1s^2 2s^2 2p^6 3s^2 3p^6 3d^1$ において 3d 電子が受ける有効核電荷は，

$$Z_{eff} = Z - S$$
$$= 19 - (18 \times 1.00) = 1.00$$

このように（3d よりむしろ）4s 原子軌道の電子はより大きな有効核電荷の影響下にある．したがって，カリウムの基底状態においては，4s 原子軌道が占有される．

Clementi と Raimondi による Z_{eff} 計算値との比較

スレーター則はイオン化エネルギー，イオン半径，電気陰性度を見積る際に使われてきた．より正確な有効核電荷は Clementi と Raimondi によって **SCF**（self-consistent field）**法**を用いて計算されており，d 電子については SCF 法で求めた Z_{eff} 値がスレーター則による値よりも格段に高いことが示されている．しかし，スレーターの方法は，Z_{eff} を '封筒の裏で計算できる' 簡便さがゆえに魅力的である．

練 習 問 題

1. スレーター則を用いると，Be 原子の 2s 電子に対して $Z_{eff} = 1.95$ となることを示せ．
2. スレーター則を用いると，F 原子の 2p 電子に対して $Z_{eff} = 5.20$ となることを示せ．
3. スレーター則を用いて，V 原子の（a）4s 電子と（b）3d 電子に対する Z_{eff} 値を見積れ．　　［答　(a) 3.30, (b) 4.30］
4. 問 3 に対する解答をもとに，V^+ に対する基底状態の価電子配置が $3d^2 4s^2$ ではなく $3d^3 4s^1$ となる理由を説明せよ．

さらに勉強したい人のための参考文献

J. L. Reed (1999) *Journal of Chemical Education*, vol. 76, p. 802 — 'The genius of Slater's rules'.

D. Tudela (1993) *Journal of Chemical Education*, vol. 70, p. 956 — 'Slater's rules and electronic configurations'.

G. Wulfsberg (2000) *Inorganic Chemistry*, University Science Books, Sausalito, CA —スレーター則のより詳細な取扱いを含み，その応用，特に電気陰性度の評価について記されている．

異なる原子軌道中の電子が受ける有効核電荷を見積る経験則（スレーター則）について Box 1・6 で示した．

1・8　周期表

1869 年と 1870 年に，それぞれ Dmitri Mendeléev と Lothar Meyer は，元素の性質はそれらの原子量の周期関数として表すことができると述べ，そのアイデアを**周期表**（periodic table）の形で示した．新しい元素が発見されるたびに周期表の形態は大きく修正されてきたが，現在では**周期性**（periodicity）は基底状態の電子配置の変化に基づくと認識されている．現代の周期表（図 1・13）は，s, p, d, f 軌

族	1	2	3	4	5	6	7	8	9	10	11	12	13	14	15	16	17	18
	sブロック元素		dブロック元素										pブロック元素					
	1 H																	2 He
	3 Li	4 Be											5 B	6 C	7 N	8 O	9 F	10 Ne
	11 Na	12 Mg											13 Al	14 Si	15 P	16 S	17 Cl	18 Ar
	19 K	20 Ca	21 Sc	22 Ti	23 V	24 Cr	25 Mn	26 Fe	27 Co	28 Ni	29 Cu	30 Zn	31 Ga	32 Ge	33 As	34 Se	35 Br	36 Kr
	37 Rb	38 Sr	39 Y	40 Zr	41 Nb	42 Mo	43 Tc	44 Ru	45 Rh	46 Pd	47 Ag	48 Cd	49 In	50 Sn	51 Sb	52 Te	53 I	54 Xe
	55 Cs	56 Ba	57–71 La–Lu	72 Hf	73 Ta	74 W	75 Re	76 Os	77 Ir	78 Pt	79 Au	80 Hg	81 Tl	82 Pb	83 Bi	84 Po	85 At	86 Rn
	87 Fr	88 Ra	89–103 Ac–Lr	104 Rf	105 Db	106 Sg	107 Bh	108 Hs	109 Mt	110 Ds	111 Rg	112 Cn	113 Nh	114 Fl	115 Mc	116 Lv	117 Ts	118 Og

fブロック元素

ランタノイド	58 Ce	59 Pr	60 Nd	61 Pm	62 Sm	63 Eu	64 Gd	65 Tb	66 Dy	67 Ho	68 Er	69 Tm	70 Yb	71 Lu
アクチノイド	90 Th	91 Pa	92 U	93 Np	94 Pu	95 Am	96 Cm	97 Bk	98 Cf	99 Es	100 Fm	101 Md	102 No	103 Lr

図1・13 現代の周期表．元素がもつ陽子（および電子）の数の順に配置している．表中で価電子数が同じ元素を**族**（group）として縦の列に配置している．IUPAC推奨の下に，族には1から18（アラビア数字）の標識がつけられる．dブロック元素の各族の縦3種の元素を，**三つ組元素**（triad）とよぶ．周期表の行は**周期**（period）とよばれる．最初の周期はHとHeを含むが，LiからNeまでの行が第1周期といわれることもある．言葉の定義からすれば，ランタノイドはCe〜Luの14元素からなり，アクチノイドはTh〜Lrからなる．しかし，慣用的には，Laはランタノイドに，Acはアクチノイドに含める（**第25章参照**）．

道をそれぞれ充填することにより生じる2，6，10，14種からなる元素のブロックを分類（色分け）して強調している．例外はHeであり，その化学的性質のため，Ne, Ar, Kr, Xe, Rn の族（group）におかれている．より詳細な周期表は本書の表見返しにある．

IUPAC（International Union of Pure and Applied Chemistry，国際純正・応用化学連合）は，周期表における元素のブロックや族を命名するガイドラインをつくっている*．その内容を要約すると，以下のとおりである．

- 元素のブロックはs, p, d, fの文字を使って示される（図1・13）．
- 1族，2族，13〜18族の元素（Hを除く）は**主族元素**（main group element）とよばれる．
- 18族を除く各主族の最初の2種の元素は**典型元素**（typical element）とよばれる．
- 3〜12族の元素（dブロック元素）は，通常**遷移元素**（transition element）ともよばれる．ただし，12族の元素を遷移元素に含めない場合もある．
- fブロック元素は，**内部遷移元素**（inner transition element）ともよばれる．

表1・4 周期表における元素の族名についてIUPACが推奨する名称

族番号	推奨名	
1	アルカリ金属	alkali metals
2	アルカリ土類金属	alkaline earth metals
15	ニクトゲン（窒素族元素）	pnictogens
16	カルコゲン（酸素族元素）	chalcogens
17	ハロゲン	halogens
18	貴ガス	noble gases

---

* IUPAC: *Nomenclature of Inorganic Chemistry (Recommendations 2005)*, senior eds N. G. Connelly and T. Damhus, RSC Publishing, Cambridge. ［邦訳: "無機化学命名法（IUPAC 2005年勧告）"，日本化学会 化合物命名法委員会 訳著，東京化学同人（2010）］

周期表中のいくつかの族に対する IUPAC 推奨の族名を表 1・4 に示した.

1・9 構成原理
基底状態の電子配置
前の二節では，実験で得られた電子配置について考え，周期表における元素の配列が各元素がもつ電子の数と配置に依存することを見てきた．原子の基底状態の電子配置を決めることはその化学を理解する鍵であり，ここでは基底状態の電子配置を決めるうえで用いる**フントの規則**（Hund's rule）および**パウリの排他原理**（Pauli exclusion principle）とともに用いられる**構成原理**（aufbau principle；aufbau はドイツ語で '組立てる' を意味する）について述べる.

- 軌道はエネルギーの順に電子で占められ，最低エネルギー軌道が最初に充填される．
- フントの第一の規則（通常単にフントの規則とよばれる）：縮重した軌道に順次電子を入れていくとき，各軌道に 1 個ずつ電子が入るまで，軌道中で電子は対を形成しない．縮重した軌道の各軌道を電子が 1 個ずつ占有するとき，それら電子は平行のスピンをもつ．すなわち，それら電子は同じ m_s の値をもつ．
- パウリの排他原理：同じ原子において，量子数 n, l, m_l, m_s が同じ組合わせとなる電子は 2 個存在しえない（1 個だけ存在しうる）．また，各軌道は電子を 2 個まで収容することができ，それら 2 個の電子は異なる m_s 値をもつ（異なるスピンをもつ．すなわち，対を形成する）．

例題 1.5　構成原理の利用

(a) Be $(Z = 4)$ と (b) P $(Z = 15)$ に対する基底状態の電子配置を決め，その理由も説明せよ．

解答　Z 値から，基底状態においてその原子軌道に入る電子の数がわかる．

原子軌道の順がつぎのようになると仮定する（最低エネルギーを先頭とした）．$1s < 2s < 2p < 3s < 3p$

(a) Be $(Z = 4)$
2 個の電子（電子対）が最低エネルギーの 1s 原子軌道に入る．
つぎの 2 個の電子（電子対）が 2s 原子軌道に入る．
したがって，Be に対する基底状態の電子配置は $1s^2 2s^2$ である．

(b) P $(Z = 15)$
2 個の電子（電子対）が最低エネルギーの 1s 原子軌道に入る．
つぎの 2 個の電子（電子対）が 2s 原子軌道に入る．
つぎの 6 個の電子（つまり，3 組の電子対）が 3 個の縮重した 2p 原子軌道に入る．
つぎの 2 個の電子（電子対）が 3s 原子軌道に入る．
残る 3 個の電子にはフントの規則が適用され，これらは 3 個の縮重した 3p 原子軌道に 1 個ずつ入る．
したがって，P に対する基底状態の電子配置は $1s^2 2s^2 2p^6 3s^2 3p^3$ である．

練習問題

1. 上記の議論で，パウリの排他原理がどこで適用されているか答えよ．
2. P（基底状態）の 3p 原子軌道にある 3 個の電子のスピン量子数は同じか，異なるか．　　［答　同じ．平行スピン］
3. O $(Z = 8)$ に対する基底状態の電子配置が $1s^2 2s^2 2p^4$ であることを理由とともに示せ．
4. 基底状態の Al 原子 $(Z = 13)$ 中に存在する不対電子の数を述べよ．その理由を説明せよ．　　［答　1］

例題 1.6　基底状態における貴ガスの電子配置

He, Ne, Ar, Kr の原子番号はそれぞれ 2, 10, 18, 36 である．これら元素に対する基底状態の電子配置を書き，それらが類似する点または異なる点を指摘せよ．

解答　原子軌道のエネルギー序列（$1s < 2s < 2p < 3s < 3p < 4s < 3d < 4p$）を用い，構成原理を適用する．
つまり，上記序列に従い，基底状態の電子配置は以下のように書ける．

He	$Z = 2$	$1s^2$
Ne	$Z = 10$	$1s^2 2s^2 2p^6$
Ar	$Z = 18$	$1s^2 2s^2 2p^6 3s^2 3p^6$
Kr	$Z = 36$	$1s^2 2s^2 2p^6 3s^2 3p^6 4s^2 3d^{10} 4p^6$

Ne, Ar, Kr は，基底状態の電子配置として $\cdots ns^2 np^6$ の型をもつ．He は例外として除外されるが，満たされた主殻をもつ．これが貴ガスに典型的な特徴である．

練習問題

1. Li, Na, K, Rb に対する Z 値はそれぞれ 3, 11, 19, 37 である．これらに対する基底状態の電子配置を書き，その結果について論ぜよ．
　　［答　X を貴ガスとするとき，すべて [X]ns^1 で表される］
2. O, S, Se（それぞれ $Z = 8$, 16, 34）に対する基底状態の電子配置の類似点を指摘せよ．同じ類似点をもつ元素をもう 1 種あげよ．　　［答　X を貴ガスとするとき，すべて [X]$ns^2 np^4$ で表される．Te または Po］
3. 基底状態の電子配置が [X]$ns^2 np^1$ で表される元素を 2 種あげよ．　　［答　13 族元素のどれでも 2 種］

原子価および内殻電子

外殻電子（outer shell electron）または**価電子**（valence electron）の配置は特に重要である．価電子が元素の化学的性質を決める．より低エネルギーの量子準位を占有する電子を**内殻電子**（core electron）とよぶ．内殻電子は価電子を核電荷から遮蔽するため，価電子は有効核電荷 Z_{eff} のみを感じる．原子番号の小さい元素では，内殻電子と価電子は基底状態の電子配置を見れば容易に見分けられる．酸素に対する基底状態の電子配置は $1s^2 2s^2 2p^4$ であり，酸素の内殻電子は 1s 原子軌道の電子である．$n=2$ にある 6 個の電子は価電子である．

電子配置の表記法

電子配置を表すのに用いる表記法は，便利で広く用いられているが，電子の相対エネルギーを示す際にも有用となる．この場合は，電子は矢印↑または↓で表され，矢印の向きは $m_s = +\frac{1}{2}$ または $-\frac{1}{2}$ に対応する．図 1・14 は定性的なエネルギー準位図であり，O および Si に対する基底状態の電子配置を示す．

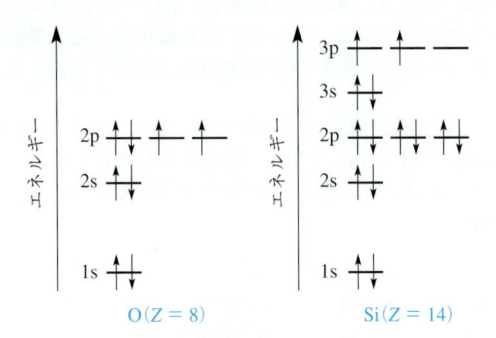

図 1・14 O と Si に対する基底状態の電子配置を軌道エネルギーで示した図．図にはすべての電子配置が示されているが，単に価電子のみを示すのが一般的である．その場合，O では 2s と 2p 準位のみを，Si は 3s と 3p 準位のみを示せばよい．

例題 1.7 電子の量子数

図 1・14 に示す酸素原子の配置において，各電子のもつ 4 種の量子数の組合わせが唯一無二であることを確かめよ．

解答 以下に示すように，各原子軌道は 3 種の量子数の組合わせによって示される．

1s	$n=1$	$l=0$	$m_l=0$
2s	$n=2$	$l=0$	$m_l=0$
2p	$n=2$	$l=1$	$m_l=-1$
	$n=2$	$l=1$	$m_l=0$
	$n=2$	$l=1$	$m_l=+1$

ある原子軌道に 2 個の電子が入るとき，それら電子は互いに逆平行（または反平行）のスピンをもたなければならないため，異なる量子数の組合わせをもつ．たとえば，1s 原子軌道では以下の組合わせとなる．

1 個の電子は $n=1$　$l=0$　$m_l=0$　$m_s=+\frac{1}{2}$ で与えられ，もう 1 個の電子は $n=1$　$l=0$　$m_l=0$　$m_s=-\frac{1}{2}$ で与えられる．

［この議論は §21・6 でさらに展開される］

練習問題

1. 電子配置 $1s^2 2s^2 2p^1$ の B に関し，各電子がいずれも 4 種の量子数の組合わせに対応することを示せ．
2. N の基底状態は $1s^2 2s^2 2p^3$ で与えられる．2p 軌道中の各電子に対する 4 種の量子数の組合わせをそれぞれ示せ．
3. C に対する基底状態の電子配置は $1s^2 2s^2 2p^2$ で与えられる．その際，2p 電子が電子対を形成しない理由を説明せよ．

1・10　イオン化エネルギーと電子親和力

イオン化エネルギー

水素原子のイオン化エネルギー（式 1.9 と 1.10）については §1・4 で述べた．H 原子は電子を 1 個しかもたないため，連続したイオン化は起こらない．一方，多電子原子については連続したイオン化が可能である．

原子の第一イオン化エネルギー IE_1 は 0 K における内部エネルギー変化 $\Delta U(0\,\text{K})$ に相当し，1 個目の価電子を取去ることと関係している（式 1.17）．このエネルギー変化は**気相**における反応過程として定義され，その単位は kJ mol^{-1} または電子ボルト（eV）である*．

$$X(g) \longrightarrow X^+(g) + e^- \tag{1.17}$$

イオン化エネルギーは熱化学計算（たとえば，ボルン・ハーバーサイクルまたはヘスの法則）に取入れることがしばしば必要となり，それに対応する**エンタルピー変化**（enthalpy change）$\Delta H(298\,\text{K})$ を定義するのが便利である．$\Delta H(298\,\text{K})$ と $\Delta U(0\,\text{K})$ の間の差は非常に小さいため（**Box 1・7** 参照），極端に正確な答えが必要でなければ，IE 値を熱化学サイクルに用いることができる．

---

* 電子ボルトは約 1.60218×10^{-19} J の値をもつ非 SI 単位系の値である．eV と kJ mol^{-1} 単位を関係づけるには，アボガドロ数を掛けることが必要となる．1 eV = 96.4853 ≈ 96.5 kJ mol^{-1}．

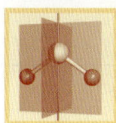

化学の基礎と論理的背景

Box 1・7　ΔU と ΔH の関係

ある温度における反応系の内部エネルギー変化 ΔU とエンタルピー変化 ΔH の関係は次式で与えられる．

$$\Delta U = \Delta H - P\Delta V$$

ここで，P は圧力，ΔV は体積変化である．この $P\Delta V$ 項は，反応の間に消費される仕事量に相当する．たとえば，反応の間に気体が放出され，周囲を押しのけて系が膨張するときに消費される仕事量である．化学反応では，通常圧力 P は大気圧（$1\,\text{atm} = 101\,300\,\text{Pa}$ または $1\,\text{bar} = 10^5\,\text{Pa}$）をさす．

一般に，系によって，あるいは，系中において費やされる仕事量は，エンタルピー変化よりもずっと小さいため，$P\Delta V$ 項は ΔU と ΔH の値に比べて無視できる．それゆえ，下式が導かれる．

$$\Delta U(T\,\text{K}) \approx \Delta H(T\,\text{K})$$

しかし，§1・10 では，2 点の異なる温度について，下式が成立すると述べた．

$$\Delta U(0\,\text{K}) \approx \Delta H(298\,\text{K})$$

ΔH の温度依存性を評価する際には，下に示すキルヒホッフの式が適用される．ここで，C_P は一定圧力下におけるモル熱容量（molar heat capacity）である．

$$\Delta C_P = \left(\frac{\partial \Delta H}{\partial T}\right)_P$$

その積分形（0 K から 298 K の区間を積分する式は下式で与えられる．）

$$\int_0^{298} \mathrm{d}(\Delta H) = \int_0^{298} \Delta C_P\, \mathrm{d}T$$

左辺を積分すると，下式が得られる．

$$\Delta H(298\,\text{K}) - \Delta H(0\,\text{K}) = \int_0^{298} \Delta C_P\, \mathrm{d}T$$

つぎに，原子 X のイオン化について考える（下式）．

$$X(g) \longrightarrow X^+(g) + e^-(g)$$

X，X^+，および e^- がすべて理想的な単原子気体であると仮定すると，各成分に対する C_P 値は $\frac{5}{2}R$（ここで，R は気体定数 $8.314\times 10^{-3}\,\text{kJ}\,\text{K}^{-1}\,\text{mol}^{-1}$）であり，この反応の ΔC_P 値は $\frac{5}{2}R$ に等しい．したがって，下式が得られる．

$$\begin{aligned}
\Delta H(298\,\text{K}) - \Delta H(0\,\text{K}) &= \int_0^{298} \tfrac{5}{2} R\, \mathrm{d}T \\
&= \left(\frac{5 \times 8.314 \times 10^{-3}}{2}\right)[T]_0^{298} \\
&= 6.2\,\text{kJ}\,\text{mol}^{-1}
\end{aligned}$$

付録 8 のイオン化エネルギーの典型的な値をよくみれば，この補正があまり重要ではないことがわかる．

気相状態の原子に対する第一イオン化エネルギー（IE_1）は，1 個目の価電子を取去るのに伴う，0 K における内部エネルギー変化 ΔU である．

$$X(g) \longrightarrow X^+(g) + e^-$$

熱化学サイクルには，各過程に対する 298 K におけるエンタルピー変化 ΔH が適用される．

$$\Delta H(298\,\text{K}) \approx \Delta U(0\,\text{K})$$

原子の第二イオン化エネルギー IE_2 は，反応式 1.18 に対応する．これは，イオン X^+ の第一イオン化とみなせることに注意せよ．式 1.19 は X の第三イオン化エネルギー IE_3 に対応する反応を示し，それに後続するイオン化の過程も同様に定義される．

$$X^+(g) \longrightarrow X^{2+}(g) + e^- \tag{1.18}$$

$$X^{2+}(g) \longrightarrow X^{3+}(g) + e^- \tag{1.19}$$

各種元素に対するイオン化エネルギーの値は**付録 8** に示されている．図 1・15 は Z を関数とする IE_1 の変化を示している．いくつかの繰返しパターンがあることが明らかであり，注意すべき点として以下の特徴があげられる．

- 貴ガスは高い IE_1 値を示す．
- 1 族元素は非常に低い IE_1 値を示す．
- 周期を右へ横切ると，IE_1 値は<u>一般に</u>増大する．
- 15 族元素から隣の 16 族元素へ移行するとき IE_1 は不連続性を示す．
- 2 族または 12 族元素から隣の 13 族元素へ移行するとき IE_1 は減少する．
- d ブロック元素の列では IE_1 にあまり大きな違いはみられない．

これらの傾向はいずれも基底状態の電子配置を用いて説明できる．He を除く貴ガスは ns^2np^6 配置をもち，特に安定であり（**Box 1・8** 参照），電子を 1 個奪うのに著しく大きなエネルギーを必要とする．1 族元素のイオン化は，1 個の電子で占められた ns 軌道からその電子を取去ることに相当し，生成した X^+ は貴ガス配置をもつ．IE_1 の値が周期を右へ横切る際におおむね増大するのは，Z_{eff} が増大するためである．

化学の基礎と論理的背景
Box 1・8 交換エネルギー

満たされた,あるいは半分満たされた殻は,通常'特別な安定性'をもつとみなされる.しかし,これは誤解をまねく表現であり,実際には与えられた電子配置の**交換エネルギー**(exchange energy)について検討すべきである.これは高度な量子力学的取扱いによってのみ説明しうるものである.しかし,その考えはつぎのように要約することができる.2個の電子が異なる軌道を占有する場合を考えてみよう.電子間の反発は,それら電子が平行スピンをもつ場合より,逆平行スピンをもつ場合のほうが大きい.たとえば,p^2電子配置の場合,以下の2種の状態がある.

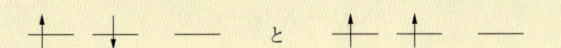

↑─ ↓─ ─ と ↑─ ↑─ ─

これら2種の電子配置のエネルギー差が交換エネルギー K である.つまり,左側の電子配置に対し,右側の電子配置がどれだけ余剰の安定性をもつかに相当する.全交換エネルギーは K を用いて下式で与えられる.K に対する実際の値は原子やイオンによって異なる.

$$交換エネルギー = \sum \frac{N(N-1)}{2} K$$

ここで,$N =$ 平行スピンとなる電子の数である.

さらに勉強したい人のための参考文献
A. B. Blake (1981) *Journal of Chemical Education*, vol. 58, p. 393.
B. J. Duke (1978) *Education in Chemistry*, vol. 15, p. 186.
D. M. P. Mingos (1998) *Essential Trends in Inorganic Chemistry*, Oxford University Press, Oxford, p. 14.

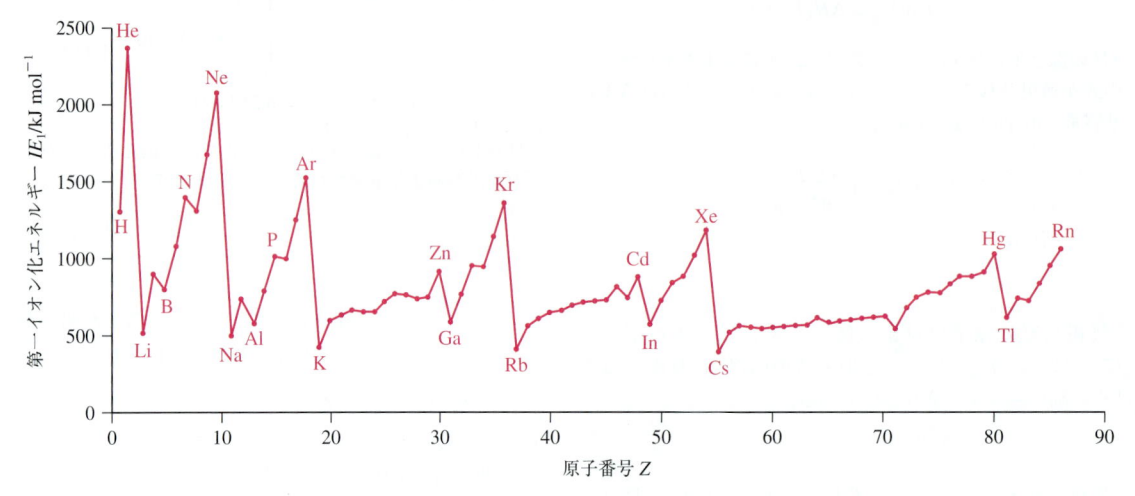

図1・15 HからRnまでの元素に対する第一イオン化エネルギー

15族元素は基底状態の電子配置として ns^2np^3 をもち,その np 軌道は半分占有されている.このような配置は特別な安定性(**Box 1・8** 参照)をもち,15族元素をイオン化することは隣接する16族元素のイオン化よりも難しい.Be(2族)からB(13族)へと移行するとき,IE_1 には大きな減少がみられる.これは $2s^22p^1$ 配置に比べ,満たされた殻をもつ $2s^2$ 配置の方が相対的に安定となるためであろう.同様にZn(12族)からGa(13族)に移行するとき,$4s^23d^{10}$ と $4s^23d^{10}4p^1$ の配置に関する違いを考慮すべきである.dブロック金属の IE 値にみられる傾向については §20・3 で述べる.

電子親和力

第一電子親和力(EA_1)は,気相状態の原子が電子を1個得る(反応1.21)ときの内部エネルギー変化の符号を反転させたものである(式1.20).原子 Y に対する第二電子親和力は反応1.22 によって定義される.各反応は気相での反応に対応している.

$$EA = -\Delta U(0\,\text{K}) \tag{1.20}$$

$$Y(g) + e^- \longrightarrow Y^-(g) \tag{1.21}$$

$$Y^-(g) + e^- \longrightarrow Y^{2-}(g) \tag{1.22}$$

表 1・5 原子または陰イオンに電子が付着する際の，おおよそのエンタルピー変化 $\Delta_{EA}H$ (298 K)[†]

反応	$\approx \Delta_{EA}H/\text{kJ mol}^{-1}$
$H(g) + e^- \rightarrow H^-(g)$	-73
$Li(g) + e^- \rightarrow Li^-(g)$	-60
$Na(g) + e^- \rightarrow Na^-(g)$	-53
$K(g) + e^- \rightarrow K^-(g)$	-48
$N(g) + e^- \rightarrow N^-(g)$	≈ 0
$P(g) + e^- \rightarrow P^-(g)$	-72
$O(g) + e^- \rightarrow O^-(g)$	-141
$O^-(g) + e^- \rightarrow O^{2-}(g)$	$+798$
$S(g) + e^- \rightarrow S^-(g)$	-201
$S^-(g) + e^- \rightarrow S^{2-}(g)$	$+640$
$F(g) + e^- \rightarrow F^-(g)$	-328
$Cl(g) + e^- \rightarrow Cl^-(g)$	-349
$Br(g) + e^- \rightarrow Br^-(g)$	-325
$I(g) + e^- \rightarrow I^-(g)$	-295

[†] この種の表は，それが EA 値を載せているか，$\Delta_{EA}H$ 値を載せているかによって意味が異なるため，各表にはいずれを用いて表示したかを付記することが重要である．

イオン化エネルギーについてみたように，反応 1.21 と 1.22 に対するエンタルピー変化 $\Delta_{EA}H$ を定義すると便利である．通常，$\Delta_{EA}H$(298 K) が $\Delta_{EA}U$(0 K) であると近似する．電子親和力に対応するエンタルピー変化の代表的な値を表 1・5 に示す．

> 原子の第一電子親和力 EA_1 は，気相状態の原子が電子を 1 個得る際の 0 K における内部エネルギー変化の符号を反転させたものである．
>
> $$Y(g) + e^- \longrightarrow Y^-(g)$$
>
> 熱化学サイクルにはそれに対応するエンタルピー変化が用いられる．
>
> $$\Delta_{EA}H(298\text{ K}) \approx \Delta_{EA}U(0\text{ K}) = -EA$$

原子に電子を 1 個与える過程は通常発熱過程である．その際，相反する静電的相互作用が働く．つまり，原子価殻にある電子と付着した電子の間には反発を生じ，核と付着電子の間には引力が働く．それとは対照的に，1 個の電子を<u>陰イオン</u>に加える際には，<u>反発相互作用が支配的</u>となり，それは吸熱過程となる（表 1・5）．

さらに勉強したい人のための参考文献

初等化学：基礎原理

C. E. Housecroft and E. C. Constable (2006) *Chemistry*, 3rd edn, Prentice Hall, Harlow － 無機，有機，物理化学の基礎的な部分を網羅し，本書で身につける知識として取上げるすべての物質の詳細な背景を示す読みやすい教科書．付属する多肢選択式問題と解答は http://wps.pearsoned.co.uk/ema_uk_he_housecroft_chemistry_3eme/ で見ることができる［新版：C. E. Housecroft, E. Constable (2010) *Chemistry*, 4th edn, Prentice Hall, Harlow；付属の多肢選択式問題と解答は http://wps.pearsoned.co.uk/ema_uk_he_housecroft_chemistry_4/ 参照］．

P. Atkins and J. de Paula (2005) *The Elements of Physical Chemistry*, 4th edn, Oxford University Press, Oxford［邦訳："アトキンス物理化学要論（第 4 版）"，千原秀昭，稲葉章訳，東京化学同人（2007）］－ 物理化学の重要な分野を網羅する優れた入門書．

P. Atkins and L. Jones (2000) *Chemistry: Molecules, Matter, and Change*, 4th edn, Freeman, New York － 基礎的な項目を学ぶのに適した 1 年生向けの教科書．

S. S. Zumdahl (1998) *Chemical Principles*, 3rd edn, Houghton Mifflin Company, Boston － 基礎概念を概観するのに有用な 1 年生向けの教科書．

物理的方法

E. A. V. Ebsworth, D. W. H. Rankin and S. Cradock (1991) *Structural Methods in Inorganic Chemistry*, 2nd edn, Blackwell Scientific Publications, Oxford － 化学者が化合物の構造を決定するうえで用いる重要な方法を詳述する読みやすい教科書．

W. Henderson and J. S. McIndoe (2005) *Mass Spectrometry of Inorganic and Organometallic Compounds*, Wiley-VCH, Weinheim － 質量分析法の最新技術とそのさまざまな無機化合物への応用例を紹介する教科書．

B. K. Hunter and J. K. M. Sanders (1993) *Modern NMR Spectroscopy: A Guide for Chemists*, 2nd edn, Oxford University Press, Oxford － ほとんどの NMR スペクトル測定法に関する理論を示した優れた教科書．本書と合わせて有効活用できるであろう．

基礎量子力学

P. Atkins and J. de Paula (2006) *Atkins' Physical Chemistry*, 8th edn, Oxford University Press, Oxford［邦訳："アトキンス物理化学（第 8 版）"，千原秀昭，中村亘男訳，東京化学同人（2009）］－ 物理化学に関する確かでよく検証された背景を示した教科書．

D. O. Hayward (2002) *Quantum Mechanics for Chemists*, RSC Publishing, Cambridge － 量子力学の基礎原理を解説する学部学生向けの教科書．

イオン化エネルギーと電子親和力

P. F. Lang and B. C. Smith (2003) *Journal of Chemical Education*, vol. 80, p. 938 － 'Ionization energies of atoms and atomic ions'.

D. M. P. Mingos (1998) *Essential Trends in Inorganic Chemistry*, Oxford University Press, Oxford － イオン化エネルギーと電子付着に伴うエンタルピーの周期表における傾向について詳説する教科書．

J. C. Wheeler (1997) *Journal of Chemical Education*, vol. 74, p. 123 － 'Electron affinities of the alkaline earth metals and the sign convention for electron affinity'.

問 題

1.1 Cr には 4 種の同位体 $^{50}_{24}$Cr, $^{52}_{24}$Cr, $^{53}_{24}$Cr, $^{54}_{24}$Cr がある．各同位体の電子，陽子，中性子の数を答えよ．

1.2 'ヒ素はモノトピック（monotopic）である'．この語句の意味を説明せよ．付録 5 を用いて，モノトピックである他の元素を 3 例あげよ．

1.3 付録 5 の天然に存在する同位体のリストを用い，(a) Al, (b) Br, (c) Fe の各同位体中の電子，陽子，中性子の数を記し，各同位体を表す適切な記号を記せ．

1.4 水素原子には 3 種の同位体があるが，放射性のトリチウム（^{3}H）は天然の水素原子試料中に 10^{17} 分の 1 以下程度しか存在しない．水素原子の A_r 値が 1.008 であるとして，天然の水素原子試料中に存在する軽水素 ^{1}H と重水素 ^{2}H（または D）の存在割合（％）を計算せよ．その際，いかなる仮定を適用したかを述べ，答が付録 5 の値と同じとならない理由を説明せよ．

1.5 (a) 付録 5 のデータを用い，図 1・1b に示す同位体分布を説明せよ．(b) S_8 の質量スペクトルは，より低い m/z 値に他のピークを示す．図 1・1c に示した S_8 の構造を考慮し，これら低質量ピークの起源を示せ．

1.6 (a) 3.0×10^{12} Hz, (b) 1.0×10^{18} Hz, (c) 5.0×10^{14} Hz の振動数をもつ電磁波に対する波長を計算せよ．付録 4 を参考に，これらの波長または振動数を放射線の型（たとえば，マイクロ波）に帰属せよ．

1.7 原子状水素の発光スペクトルにおけるつぎの $n' \rightarrow n$ 遷移が，バルマー，ライマー，パッシェン系列のいずれに属すか述べよ．(a) $3 \rightarrow 1$, (b) $3 \rightarrow 2$, (c) $4 \rightarrow 3$, (d) $4 \rightarrow 2$, (e) $5 \rightarrow 1$.

1.8 450 nm の波長に対応する遷移エネルギー（光子 1 mol 当たりの kJ 単位）を計算せよ．

1.9 バルマー系列に対する 4 本の輝線は 656.28, 486.13, 434.05, 410.17 nm にみられる．これら波長が式 1.4 を満たすことを示せ．

1.10 ボーア模型を用い，水素原子に対する第二，第三軌道の半径を求めよ．

1.11 (a) n の増加により，ns 原子軌道のエネルギーはいかなる影響を受けるか．(b) その際，軌道のサイズが受ける影響についても述べよ．

1.12 つぎの原子軌道を定義する量子数の組合わせを書け．(a) 6s, (b) 5 種の 4d（5 種の組合わせをすべて書け）．

1.13 3 種の 4p 軌道に対する (a) 主量子数，(b) 軌道量子数，(c) 磁気量子数は，同じ値をもつか，あるいは，異なる値をもつか．各 4p 原子軌道に対する量子数の組合わせを書き，それぞれについて答えよ．

1.14 つぎの軌道はそれぞれいくつの動径節をもつか．(a) 2s, (b) 4s, (c) 3p, (d) 5d, (e) 1s, (f) 4p

1.15 H 原子のつぎの各原子軌道に関し，r に対する $R(r)$ のプロットと r に対する $4\pi r^2 R(r)^2$ のプロットの違いについて説明せよ．(a) 1s, (b) 4s, (c) 3p

1.16 (a) 1s, (b) 4s, (c) 5s 原子軌道を定義する量子数の組合わせを書け．

1.17 3 個の 3p 原子軌道を定義する 3 種の量子数の組合わせをそれぞれ書け．

1.18 $n = 4$ と $l = 3$ の組合わせをもつ原子軌道はいくつあるか答えよ．この組合わせの軌道を表す記号を記せ．可能な原子軌道を定義する量子数の組合わせをすべて書け．

1.19 つぎの化学種のうち水素原子類似種はどれか．(a) H$^+$, (b) He$^+$, (c) He$^-$, (d) Li$^+$, (e) Li^{2+}

1.20 (a) He$^+$ の 1s 原子軌道に対する $R(r)$ のプロットは，H 原子に対するプロット（図 1・5a）と同じになるか．[ヒント：表 1・2 をみよ] (b) 共通の座標軸を用い，H と He$^+$ に対する $4\pi r^2 R(r)^2$ の概略図を同一の図中に書け．

1.21 H 原子の 3s 原子軌道エネルギーを計算せよ［ヒント：式 1.16 をみよ］．水素原子の 3p 原子軌道エネルギーは 3s 軌道と同じか否か答えよ．

1.22 式 1.16 を用い，$n = 1, 2, 3, 4, 5$ の水素原子軌道エネルギーをそれぞれ求めよ．エネルギー準位の相対的な間隔について何がいえるか答えよ．

1.23 5p 原子軌道の縮重した電子を記述する 6 種の量子数の組合わせを書け．その際，電子対に対応する量子数の組合わせをそれぞれ対にして示せ．

1.24 中性原子 X について，つぎの原子軌道に関するおおよその相対エネルギー序列を書け．2s, 3s, 6s, 4p, 3p, 3d, 6p, 1s（すべての軌道があげられているわけではない）

1.25 遮蔽と貫入の概念を用い，Li 原子に対する基底状態の電子配置 1s^{2}2s^1 が 1s^{2}2p^1 よりエネルギー的に有利である理由を説明せよ．

1.26 つぎの各原子について基底状態の電子配置を書き，どれが内殻電子で，どれが価電子であるか示せ．(a) Na, (b) F, (c) N, (d) Sc

1.27 問 1.26 の原子に対し，基底状態の電子配置を示すエネルギー準位図を描け（図 1・14 参照）．

1.28 ホウ素に対する基底状態の電子配置を書き，各電子を定義する量子数の組合わせを書け．

1.29 つぎの原子に対する基底状態の電子配置を書き，そう答えた理由も述べよ．(a) Li, (b) O, (c) S, (d) Ca, (e) Ti, (f) Al

1.30 つぎの原子の価電子のみについて，その基底状態の電子配置を示すエネルギー準位図を描け．(a) F, (b) Al, (c) Mg

1.31 16 族元素に対する基底状態の電子配置は [X]ns^2np^4（X は 18 族元素）で表される．外殻の 4 個の電子はどのように軌道を占有するか．また，そのような占有状態を規定する規則は何か説明せよ．

1.32 (a) Sn の IE_4 値が関係する反応式を書け．この過程は発熱的か，吸熱的か．(b) Al に対する $(IE_1 + IE_2 + IE_3)$ の値が関係する反応は全体としてどのような反応か答えよ．

1.33 原子 X の最初の 4 個のイオン化エネルギーは，それぞれ 403, 2633, 3900, 5080 kJ mol^{-1} である．X は何族の元素であるか，理由とともに述べよ．

1.34 図 1・15 を参照し，以下に示す定義で元素が変化する際の第一イオン化エネルギーの傾向について述べよ．(a) 1 族を下へいくとき，(b) 13 族を下へいくとき，(c) d ブロックの第一列を右に横切るとき，(d) B から Ne までの元素の列を右へ横切るとき，(e) Xe から Cs へいくとき，(f) P から S へいくとき．また，それぞれについて，そのような傾向となる理由も述

べよ.

1.35 図 1・16 は最初の 10 元素に対する IE_1 値を示している.
(a) 各点に対応する元素記号を書け.(b) このような値の傾向が観測される理由を詳しく述べよ.

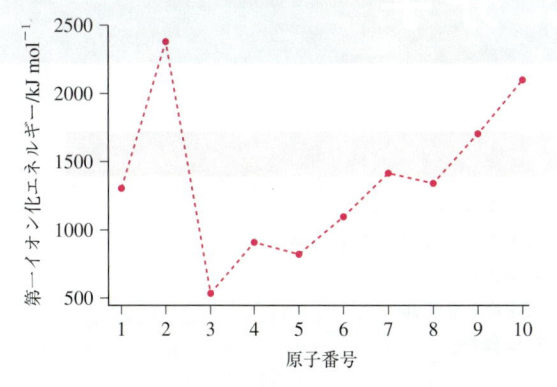

図 1・16 問題 1.35 のグラフ

1.36 (a) 表 1・5 のデータを用い,つぎの過程に対する ΔH 値を求めよ.

$$O(g) + 2e^- \rightarrow O^{2-}(g)$$

(b) イオン性格子をもつ多くの金属酸化物が熱力学的に安定であるという事実をもとに,問 (a) に対して答えた値の大きさと符号の妥当性について述べよ.

総合問題

1.37 周期表において,K が Ar の後に置かれるにもかかわらず,相対原子質量が低い理由を説明せよ.

1.38 構成原理が近似的にのみ正しい根拠を述べよ.

1.39 項目 1 に示した記号や語句には,それぞれ項目 2 に相手方があげられている.項目 1 中の各語句について項目 2 の相手方を割当てよ.ただし,正しい組合わせは各語句について一つしかない.

項目 1	項目 2
S_6 と S_8	電子
^{19}F と ^{31}P	陽子
水素原子の同位体	ニクトゲン(窒素族元素)
^{12}C と ^{13}C	d ブロック元素
水素イオン	軽水素(プロチウム)
1 族元素	基本粒子
同一エネルギー	$m_s = \pm \frac{1}{2}$
負に帯電した粒子	同素体
対形成した電子	縮重
電子,陽子,中性子	モノトピック元素(単一質量数の元素)
15 族元素	アルカリ金属
Cr, Mn, Fe	元素の同位体

1.40 以下の文章をそれぞれ説明せよ.
(a) 貴ガスのイオン化に大きなイオン化エネルギーが必要とされる.
(b) O 原子に対する第一および第二の電子付着エンタルピーの変化は,各過程がそれぞれ発熱的,および吸熱的であることを示している.
(c) Li 原子の基底状態において,外殻電子は 2p 軌道よりも 2s 軌道を占有する.

1.41 付録 8 のデータを用い,Li から Kr までの元素に対し,第三イオン化エネルギーの傾向を示すグラフを作成せよ.そのグラフを図 1・15 に示すグラフと比較し,その違いを論理的に説明せよ.

1.42 電子親和力の符号に関する約束事は,しばしば学生を混乱させる原因となっている.本教科書では,'電子親和力'ではなく,おもに電子付着エンタルピーを用いて議論している.その理由を指摘せよ.

1.43 (a) 1 電子種の 2s および 3p 波動関数の境界面を示すには,図 1・9 をどのように修正すればよいか説明せよ.
(b) '水素原子の基底状態について,陽子から r の距離で電子を見いだす確率は $r = 52.9$ pm で最大となる'.この記述が,$R(r)$ が $r = 0$ で最大値をとることと相反しない理由を説明せよ.

2 基礎概念：分子

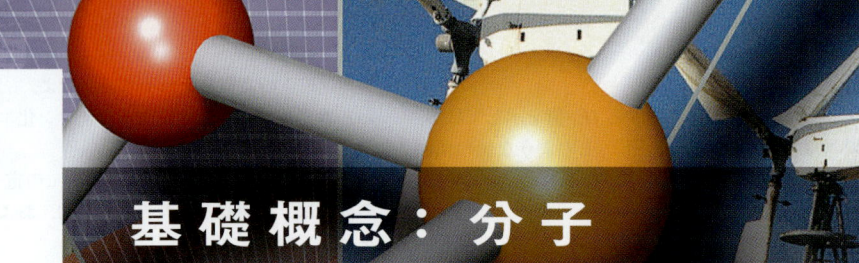

おもな項目

- ルイス構造
- 原子価結合理論
- 分子軌道理論の基礎
- オクテット則
- 等電子的化学種
- 電気陰性度
- 双極子モーメント
- MO 理論：異核二原子分子
- 分子の形
- VSEPR モデル
- 立体異性

2・1 結合モデル：はじめに

§2・1～2・3では等核二原子間の結合生成について原子価結合（VB）理論と分子軌道（MO）理論の概要を紹介し（**§2・2参照**），**ルイス構造**（Lewis structure）の描き方についても学習する*。

歴史的あらまし

1916～1920 年に現代の化学結合理論の基礎が G. N. Lewis と I. Langmuir によって築かれた．イオン化学種が電子移動によって生成するのに対し，共有結合分子では電子を共有することが重要であることを彼らは提案した．ある結合で共有される電子が一方の原子から提供される場合もあるが，いったん結合（**配位結合 coordinate bond** という場合がある）が生成すれば，それは'通常'の共有結合と区別することはできない．

> **共有結合**（covalent）分子では，電子が原子間で共有される．**イオン**（ionic）化学種では，1 個以上の電子が原子間を移動しイオンを生成する．

これまでに学んだように，現代の原子構造に関する解釈の多くは，波動力学を原子系に適用することに基づいている．**分子構造**（molecular structure）についての現代の理解も波動力学を分子に適用することに基づいており，それにより原子がどのように，またなぜ結合するのかを理解することができる．分子中の電子のふるまいを記述するシュレーディンガーの式は近似的にしか解くことができず，解法には Heitler と Pauling による原子価結合法と Hund と Mulliken による分子軌道法の両手法がある．

- **原子価結合（VB）理論**（valence bond theory）では，完全な原子を組合わせることにより分子が形成され，原子は分子中で互いに相互作用しても，元来の性質の多くを保っていると考える．
- **分子軌道（MO）理論**（molecular orbital theory）では，原子軌道の重なり（相互作用）によりできた分子軌道に電子を割当てていく．

VB と MO 両方の概念をよく知ることが大切であるが，ある場合にはこれらのうちその系に適した一方を用いてより簡便に結合を考えるということがよくある．まず，共有結合分子の結合を表すうえで概念的に容易に扱えるルイス（Lewis）の方法から説明する．

ルイス構造

Lewis は分子中の価電子の配置を表すのに簡単かつ有用な方法を提案した．ルイスの方法では，**価電子**（valence electron）の数を示すのに丸い点（あるいは丸い点と×印）を用い，原子核は対応する元素記号で示される．"分子中の電子は対になるべきである"とするのがこの理論の基本である．対にならない 1 個（あるいはそれ以上）の電子が存在する場合その化学種は**ラジカル**（radical）である．

$$\begin{array}{cc} \text{H} & \text{H} \\ \cdot\!\cdot & | \\ :\!\text{O}:\text{H} & :\!\text{O}\!-\!\text{H} \\ \cdot\!\cdot & \cdot\!\cdot \\ \textbf{(2.1)} & \textbf{(2.2)} \end{array}$$

---

* さらに詳しくは第 1 章の章末に示した初等化学教科書で学習すること．

構造 2.1 に示す H₂O のルイス構造では，O-H 結合が 1 対の点（2 個の電子）で示されているが，構造 2.2 に示すように O-H 間の線が 1対の電子（2 個の電子），すなわち**共有結合（単結合）**を表すとする描き方もある．結合に含まれない価電子の対を**非共有電子対**（unshared electron pair, 孤立電子対 lone pair）という．

N₂ に対するルイス構造では，N-N 結合が 3 組の電子対からなり，**三重結合**（triple bond）であることがわかる（構造 **2.3**，**2.4**）．各 N 原子は 1 組の非共有電子対をもつ．O₂ に対する **2.5**，**2.6** のルイス構造では，**二重結合**（double bond）が存在し，各 O 原子は 2 組の非共有電子対をもつ．

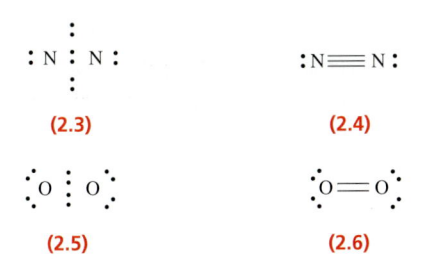

:N:N: :N≡≡≡N:
(2.3)   (2.4)

:Ö:Ö: :Ö═══Ö:
(2.5)   (2.6)

ルイス構造は分子中の各原子の連結や結合次数，非共有電子対の数を示し，これらは原子価殻電子対反発（VSEPR）モデルと組合わせて，分子構造を導くのに用いられる（§2・8 参照）．

2・2 等核二原子分子：原子価結合（VB）理論

等核という用語の意味

等核（homonuclear）という用語はつぎの二つの意味で用いられる：

- **等核共有結合**（homonuclear covalent bond）は，同じ元素の 2 原子の間で形成される結合で，たとえば，H₂ の H-H 結合，O₂ の O=O 結合，H₂O₂ の O-O 結合（図 2・1）などがそうである．
- **等核分子**（homonuclear molecule）は 1 種類の元素のみを含む．等核二原子分子には H₂ や N₂，F₂ があり，等核三原子分子には O₃（オゾン）がある．さらに大きな等核分子の例としては P₄，S₈（図 2・2），C₆₀ などがある．

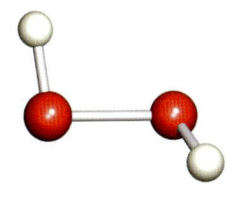

図 2・1 過酸化水素 H_2O_2 の構造．O 原子を赤色で示す．

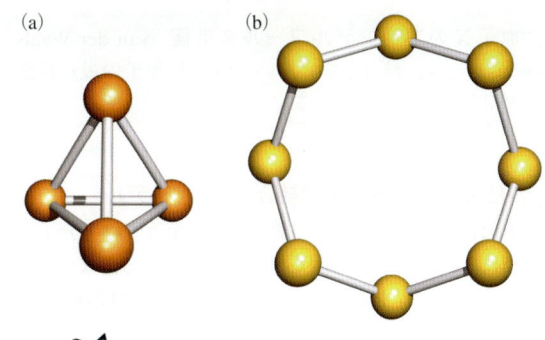

図 2・2 等核分子（a）P_4，（b）S_8 の構造

共有結合距離，共有結合半径，ファンデルワールス半径

共有結合を考える前に三大定義について述べる．

共有結合の長さ（**結合距離**，bond distance）d を**核間距離**（internuclear separation）といい，マイクロ波分光法や回折法（X 線，中性子線，電子線回折，**Box 1・2** および **Box 6・5** 参照）を用いて実験的に決定することができる．原子の共有結合半径 r_{cov} を定義しておくと便利である．原子 X に対する r_{cov} は，等核 X-X 単結合に対する共有結合距離の半分とする．したがって，$r_{cov}(S)$ は X 線回折法で決定された S_8 の固体構造（図 2・2）から求めることができるが，硫黄のすべての同素体においてみられる S-S 単結合の結合距離を平均して決定した方がより適切な値が得られる．

> 原子 X の単結合に対する**共有結合半径**（covalent radius）r_{cov} は，等核 X-X 単結合の核間距離の半分で与えられる．

α-硫黄と β-硫黄（それぞれ斜方晶系硫黄と単斜晶系硫黄）の結晶では，両者とも S_8 分子が規則正しい配列で充填している．α-硫黄（密度 2.07 g cm⁻³）は β-硫黄（密度 1.94 g cm⁻³）よりもより密に充填（パッキング）している．これらの分子間にはファンデルワールス力が働いており，異なる S_8 環に属する 2 個の硫黄原子間の最近接距離の半分を硫黄の**ファンデルワールス半径** r_v と定義する．S_8 分子は大きなエネルギーを吸収することなく環状構造を保持したまま気化することから，このような分子間の結合が弱いことは明白である．ある元素のファンデルワールス半径はその元素の共有結合半径より必ず大きい．たとえば，S の r_v と r_{cov} はそれぞれ 185 pm と 103 pm である．ファンデルワールス力には分散力と双極子-双極子相互作用が含まれる．分散力は §6・13 の後半で，双極子モーメントについては §2・6 で説明する．ファンデルワールス力は分子間に働くため，分子の固体構造を制御するうえで重要である．r_v と r_{cov} の値を**付録 6** にまとめた．

原子 X のファンデルワールス半径（van der Waals radius）r_v は，結合していない二つの X 原子の最近接距離の半分として定義される．

H_2 の結合に対する原子価結合（VB）モデル

原子価結合理論では，遠く離れた原子を近づけて分子をつくる際にそれら原子間に働く相互作用を考える．まず，2 個の H 原子から H_2 をつくる場合を考える．2 個の原子核を H_A および H_B と標識し，それぞれに属す電子を 1，2 と標識しているものとする．これら原子が遠く離れている場合，その間に相互作用はまったくなく，電子 1 は H_A にのみ，電子 2 は H_B にのみ属している．この状態を波動関数 ψ_1 で表すことにする．

2 個の H 原子を互いに近づけると，2 個の原子核と 2 個の電子がそれぞれ実際に区別できなくなるため，標識したどちらの電子がどちらの原子核に属すかわからなくなる．電子 2 が H_A に属し，電子 1 が H_B に属す場合もある．この状態を波動関数 ψ_2 で表すことにする．

式 2.1 は，共有結合した H_2 分子に対する全体の波動関数 ψ_covalent を波動関数 ψ_1 と ψ_2 の**線形結合**（linear combination）で表したものである．N は**規格化定数**（normalization factor）で，一般に以下のように書ける．

$$\psi_\text{covalent} = c_1\psi_1 + c_2\psi_2 + c_3\psi_3 + \ldots$$
$$N = \frac{1}{\sqrt{c_1^2 + c_2^2 + c_3^2 + \ldots}}$$
$$\psi_\text{covalent} = \psi_+ = N(\psi_1 + \psi_2) \quad (2.1)$$

ψ_1 と ψ_2 に関するもう 1 個の線形結合を式 2.2 のように書くことができる．

$$\psi_- = N(\psi_1 - \psi_2) \quad (2.2)$$

電子 1，2 のスピンの観点からみると，ψ_+ は対をなす状態に相当し，ψ_- は平行スピン（非対スピン）に相当する．H_A と H_B の核間距離 d の関数としてこのような状態のエネルギーを計算すると，ψ_- は高エネルギーの反発した状態に対応するのに対し，ψ_+ は $d = 87$ pm で極小値に達し，その値は H−H 結合の結合解離エネルギー $\Delta U = 303$ kJ mol^{-1} に相当する．実験で求められた $d = 74$ pm，$\Delta U = 458$ kJ mol^{-1} にこれら値がある程度一致しており，このような VB モデルはある程度有効であることがわかる．しかし，値の違いは ψ_+ の表現に改良が必要であることを示している．

H_2 の結合解離エネルギー（ΔU）と結合解離エンタルピー（ΔH）の値は以下の過程に対して定義される．
$$H_2(g) \rightarrow 2H(g)$$

以下の観点から式 2.1 を改良する．

- 一方の電子が他方の電子に対してある程度核を遮蔽する効果を考慮する．
- 電子 1，2 の両方が H_A あるいは H_B の一方に属する場合，言い換えれば，一方の核から他方に 1 電子移動が起こりイオン対 $H_A^+H_B^-$ あるいは $H_A^-H_B^+$ が生成する場合を考慮する．

後者の改良はさらに 2 個の波動関数 ψ_3 と ψ_4（各イオン対形に対する）を付け加えることで行われ，式 2.1 は式 2.3 に書き加えられる．係数 c は 2 組の波動関数の相対的な寄与を示す．H_2 のような**等核二原子分子**では ψ_1 と ψ_2 の状態は同等の確率で現れ，また ψ_3 と ψ_4 の状態も同様である．

$$\psi_+ = N[(\psi_1 + \psi_2) + c(\psi_3 + \psi_4)] \quad (2.3)$$

波動関数 ψ_1 と ψ_2 は核間で電子を共有する核間相互作用に由来し，ψ_3 と ψ_4 は電子移動により生じるため，式 2.3 を全波動関数 ψ_molecule が共有結合とイオン結合の項からなる式 2.4 に単純化することができる．

$$\psi_\text{molecule} = N[\psi_\text{covalent} + (c \times \psi_\text{ionic})] \quad (2.4)$$

H_2 に対するこのようなモデルに基づき $c \approx 0.25$ を用いて計算すると，$d(H-H)$ として 75 pm，結合解離エネルギーとして 398 kJ mol^{-1} が見積られる．式 2.4 をさらに改良すれば ΔU の値は実験値にかなり近づくが，その詳細な手続きは本書の範囲を超えている*．

式 2.3 と 2.4 の物理的な意味について考える．波動関数 ψ_1 と ψ_2 は **2.7** と **2.8** に示した構造に対応し，波動関数 ψ_3 と ψ_4 は **2.9** と **2.10** のイオン対構造に対応している．なお，$H_A(1)$ の表記は '電子（1）が核 H_A に属している' 状態に対応している．

$H_A(1)H_B(2)$	$H_A(2)H_B(1)$	$[H_A(1)(2)]^- H_B^+$	$H_A^+ [H_B(1)(2)]^-$
(2.7)	**(2.8)**	**(2.9)**	**(2.10)**

水素分子はこのような**共鳴構造**（resonance structure）あるいは**極限構造**（canonical structure）が寄与する**共鳴混成体**（resonance hybrid）として記述され，対称的な等核二原子分子の一例である H_2 の構造は **2.11** に示す共鳴混成体に単純化される．**2.11a**，**2.11b**，**2.11c** の各構造は共鳴構造で，両矢印はそれらの間の**共鳴**（resonance）を示している．

---

* 詳細は以下の文献を参照せよ：R. McWeeny (1979) *Coulson's Valence*, 3rd edn, Oxford University Press, Oxford.

2.11b と 2.11c の寄与は同等である．'共鳴混成体' はやや曖昧な言葉であるが，これまでよく使われてきた用語である．

$$\text{H——H} \longleftrightarrow \text{H}^+ \ \text{H}^- \longleftrightarrow \text{H}^- \ \text{H}^+$$
$$\text{(2.11a)} \qquad\qquad \text{(2.11b)} \qquad\qquad \text{(2.11c)}$$

共鳴構造を考えるうえで重要な点は，それらが別々の化学種として存在するわけではないということである．逆に，おのおのの共鳴構造は極端な結合様式を示しており，それらの足し合わせによって分子全体を説明できる．H_2 の場合，**2.11a** の共鳴構造の寄与が支配的で，**2.11b** あるいは **2.11c** よりもはるかに寄与が大きい．

2.11a では H_2 の結合を**局在化した二中心二電子**（2c-2e）**共有結合**（localized 2-center 2-electron covalent bond）とみなしている．一般に，各共鳴構造は必ず局在化した結合に対応し，いくつかの共鳴構造を足し合わせることで，その化学種の結合を全体として非局在化したものとして描写することが可能となる（§5・3参照）．

原子価結合（VB）モデルを F_2, O_2, N_2 に適用する

F_2 分子の結合を考えてみよう．F 原子の基底状態電子配置は $[He]2s^22p^5$ であり，不対電子が 1 個存在することから，F–F 単結合が形成される．共有結合的な寄与が支配的であるという予想のもとに F_2 の結合は **2.12** に示す共鳴構造で表せる．

$$\text{F——F} \longleftrightarrow \text{F}^+ \ \text{F}^- \longleftrightarrow \text{F}^- \ \text{F}^+$$
$$\text{(2.12)}$$

基底状態の電子配置が $1s^22s^22p^4$ の O 原子 2 個から O_2 ができる．各 O 原子は 2 個の不対電子をもつため，VB 理論から O=O 二重結合の生成が予想される．VB 理論は'電子が可能な限り対をつくること'を前提としているため，O_2 は反磁性となることが予想される．しかし，実際には O_2 は**常磁性**であり，それを予想できないことが VB 理論の注意すべき欠点である．後で述べるように，分子軌道理論の結果は O_2 が 2 個の不対電子をもつこと（ビラジカル）とよく一致する．2 個の N 原子（$[He]2s^22p^3$）からできる N_2 は $N \equiv N$ 三重結合をもつ．可能な共鳴構造のなかで共有結合的な寄与が支配的であることから，これが N_2 の結合の特徴を端的に表している．

> **反磁性**（diamagnetic）の化学種ではすべての電子がスピン対を形成しており，そのような物質は磁場から反発を受ける．**常磁性**（paramagnetic）の化学種は 1 個以上の不対電子をもち，そのような化合物は磁場に引き寄せられる．

練 習 問 題

1. VB 理論では，H_2 の 2 個の H 原子間の結合を表す波動関数はつぎのように書ける．

$$\psi_{\text{molecule}} = N[\psi_{\text{covalent}} + (c \times \psi_{\text{ionic}})]$$

この式の意味を説明せよ．また，係数 N が含まれる理由は何か．
2. 2 個の共鳴構造の間に平衡の矢印（⇌）を書くことは誤りで，両矢印（↔）が正しい表記法である．このような記号の違いがなぜ重要なのか説明せよ．
3. O_2 は常磁性であるが，VB 理論からは反磁性であると予想される．なぜそのようになるのか説明せよ．

2・3 等核二原子分子：分子軌道（MO）理論

MO モデルのあらまし

分子軌道（MO）理論では，まず分子中の原子核をそれらの平衡位置におき，つぎに分子全体に広がった**分子軌道**（molecular orbital）を 1 電子波動関数として計算する．各 MO は分子に含まれる原子の軌道間の相互作用により生じ，その相互作用は，

- 原子軌道の対称性が互いに一致した場合にのみ発生し，
- 2 個の原子軌道が重なる領域が大きい場合に強く，
- 原子軌道のエネルギー準位が相対的に近い場合に大きくなる．

'生成する MO の数が構成原子の原子軌道の数に一致しなければならない' という MO 理論の重要な基本原則がある．

各 MO は固有のエネルギー準位をもち，全価電子を最も低エネルギーの MO から**構成原理**（aufbau principle）に従って詰めていくと分子の基底状態の電子配置が導かれる．分子軌道を占有する個々の電子のエネルギーの合計（電子間の相互作用を補正した後）が分子の全エネルギーとなる．

MO 理論を H_2 の結合に適用する

H_2 の MO は**原子軌道の線形結合**（linear combination of atomic orbital，LCAO）を考えることで近似的に導かれる．各 H 原子は 1 個の 1s 軌道をもち，それぞれの波動関数を ψ_1 および ψ_2 とする．結合を生じる際の波動関数の重なりにおいて，波動関数の位相の符号が重要であることを §1・6 で述べた．1s 原子軌道に対する波動関数の位相を表す符号は＋あるいは－である．ちょうど横波が干渉して強め合ったり（同位相），弱め合ったり（逆位相）するように，軌道の波動関数も干渉し合う．2 個の 1s 原子軌道の数学的に可能な組合わせを式 2.5，2.6 に示す（N，N^* は規格化定数）．ψ_{MO} は同位相（**結合性**，bonding），ψ^*_{MO} は逆位相（**反結合性**，antibonding）の相互作用である．

$$\psi_{MO}(同位相) = \psi_{MO} = N[\psi_1 + \psi_2] \quad (2.5)$$
$$\psi_{MO}(逆位相) = \psi_{MO}^* = N^*[\psi_1 - \psi_2] \quad (2.6)$$

N, N^* の値は式 2.7, 2.8 を用いて求められる. ここで, S は**重なり積分** (overlap integral) といい, 2種の波動関数 ψ_1, ψ_2 が重なり合ってできる空間領域の大きさを表す指標となる. 2個の原子軌道が重なる領域が大きければ軌道の相互作用が強くなると前に述べたが, S の数値は 1 に比べ依然かなり小さいため無視されることが多く, その場合の近似的な値を式 2.7, 2.8 に示した.

$$N = \frac{1}{\sqrt{2(1+S)}} \approx \frac{1}{\sqrt{2}} \quad (2.7)$$
$$N^* = \frac{1}{\sqrt{2(1-S)}} \approx \frac{1}{\sqrt{2}} \quad (2.8)$$

H 原子の 1s 軌道が相互作用して H_2 ができる様子を図 2・3 のエネルギー準位図に示す. 結合性軌道 (bonding MO) ψ_{MO} は 1s 原子軌道よりも安定化するのに対し, 反結合性軌道 (antibonding MO) ψ_{MO}^* は不安定化する*. それぞれの H 原子から提供される 1 電子 (計 2 電子) を構成原理に従って充填すると, H_2 分子の二つの MO のうち低エネルギーの MO がスピン対を形成した 2 電子で占有される (図 2・3). 'MO 理論では, まず軌道の相関図を描き, つぎに価電子を構成原理に従って充填する'ことを心に留めておこう.

H_2 の結合性および反結合性軌道には対称記号 σ, σ* ('シグマ', 'シグマスター') が用いられる. よりきちんと書く場合は, $\sigma_g(1s)$, $\sigma_u^*(1s)$ を用い, もととなった原子軌道と分子軌道の**偶奇性**(パリティ parity)(**Box 2・1** 参照)を示す. このような記号の意味を確かめるために, これら 2 種の MO を図で考える. 1s 原子軌道が同位相で相互作用した場合, 2種の波動関数は特に原子核の間の空間領域で強め合う (図 2・4a). この MO を占有する 2 個の電子はもっぱら 2 個の原子核の間に存在し, このような領域で電子密度が増加することで核間の反発が減少する. 逆位相で相互作用すると, 2個の H 原子核の間に節面が生じる (図 2・4b). この反結合性軌道が電子で占有された場合, 節面上のすべての場所で電子の存在確率がゼロとなる. このような電子不足は核間の反発を増大させ, その結果この MO は不安定化する.

もう一度 σ, σ* の標識に戻る. 2 個の原子核を結んだ線 (軸) に関して対称的である場合, 言い換えれば, 核間軸 (図 2・4a, 2・4b で示された 2 個の原子核を結ぶ軸) のまわりにその軌道を回転しても位相の変化がない場合には, その MO は σ 対称性をもつ. σ* 軌道はつぎの 2 種の性質を示す.

- 記号 σ は核間軸のまわりに軌道を回転しても位相の変化が起こらないことを意味し, かつ
- 記号 * は核の間に 1 個の節面があり, これが核間軸と直交することを意味する.

H_2 の基底状態の電子配置は $\sigma_g(1s)^2$ と表記され, 2 個の電子が $\sigma_g(1s)$ MO を占有することがわかる.

図 2・3 に示す軌道間相互作用の図から H_2 分子のいくつかの性質を予想することができる. まず, 2 個の電子がスピン対を形成していることから, H_2 は反磁性であると予想され, 実際そのとおりである. つぎに, 形式的な結合次数は式 2.9 を用いて求められるが, これより H_2 に対する結合次数は 1 であるとわかる.

$$結合次数 = \frac{1}{2}[(結合性軌道の電子数) - (反結合性軌道の電子数)] \quad (2.9)$$

実験的に結合次数を測定することはできないが, 結合次数と実際に測定しうる結合距離や結合解離エネルギーあるいはエンタルピーとの間には有意な相関を見いだすことができる. ある化学種が電子を獲得したり (還元), 失ったり (酸化) する場合, それぞれに対応する MO 図を調べることで, どのように結合次数が変化するかがわかる (分子軌道のエネルギー準位に大きな変化がないものと仮定する). たとえば, H_2 の $[H_2]^+$ への酸化は (この変化は減圧下 H_2 に放電することでひき起こされる), 図 2・3 の結合性軌道から 1 電子取去ることで達成される. その結果 (式 2.9 より) $[H_2]^+$ の結合次数は 0.5 となり, H–H 結合は H_2 よりも弱いと予測できる. 実験的に求められた結合解離エネルギー ΔU は, H_2 が 458 kJ mol^{-1} に対し, $[H_2]^+$ では 269 kJ mol^{-1} である. 結合次数と結合距離の間にも同様の相関がある. つまり, 結

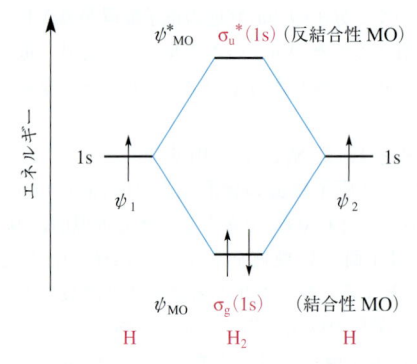

図 2・3 2 個の水素原子から H_2 をつくる場合の軌道相関図. 構成原理に従い, 低エネルギーの (結合性) 分子軌道に 2 電子が充填される.

---

* 1s 原子軌道と ψ_{MO}^* とのエネルギー差は 1s 原子軌道と ψ_{MO} とのエネルギー差よりもやや大きい. つまり, 対応する結合性 MO が安定化される (結合的である) 以上に, 反結合性 MO はややより不安定化される (反結合的である). このような効果の由来については本書の範囲を超えている.

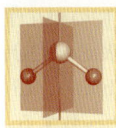

化学の基礎と論理的背景

Box 2・1　分子が反転中心をもつ場合の分子軌道のパリティ（偶奇性）

対称については**第4章**で述べるが，その前に，**分子軌道のパリティ**（偶奇性，parity of a molecular orbital）を示すのによく用いられる記号について考える．等核二原子分子（たとえば，H_2 や Cl_2）は反転中心（対称心）をもち，MOのパリティ（偶奇性）は，その軌道が反転中心に関してどのようにふるまうかで示される．

まず，対象とする分子の反転中心を探す．ある点（下図AまたはB）とそれが反転によって移る点（下図A'またはB'）は反転中心から両側に等距離離れており，その2点（AとA'またはBとB'）を結ぶ無数の直線が交差する点が反転中心である．

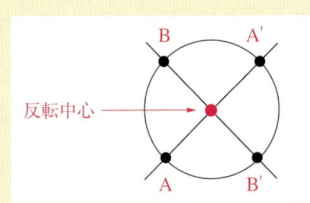

点AとA'はそれらを結ぶ直線が反転中心を通る関係にある．点BとB'の関係も同様

ここで"対称心から互いに反対方向に等距離の位置で，対象とする波動関数の位相が同符号か"という質問について考える．

答が'イエス'の場合，その軌道はg（'偶'に対するドイツ語 gerade に由来する）で標識される．答が'ノー'の場合には，その軌道はu（'奇'に対するドイツ語 ungerade に由来する）で標識される．たとえば，H_2 の σ 結合性 MO は σ_g という記号で表されるのに対し，反結合性 MO は σ_u^* と表記される．

パリティの標識は，等核 X_2，八面体形 EX_6，平面正方形 EX_4 分子などの反転中心（対称心）をもつ分子（**中心対称性分子** centrosymmetric molecule）のMOに対してのみ用いられる．異核 XY や四面体形 EX_4 分子などは反転中心をもたず，**非中心対称性分子**（non-centrosymmetric molecule）とよばれる．

練習問題

図 2・6 を等核二原子分子 O_2 のMOに適用して答えよ．
1. 2個の $2p_z$ 軌道が重なってできた σ 結合性 MO（図 2・6a）が σ_g と表記される理由を説明せよ．
2. 2個の $2p_x$ 軌道の重なりから生じる π 結合性 MO（図 2・6c）が π_u と表記される理由を説明せよ．
3. 図 2・6b と 2・6d の右側に示した反結合性 MO はそれぞれ σ_u^* および π_g^* と表記される．パリティ標識の違いについて説明せよ．

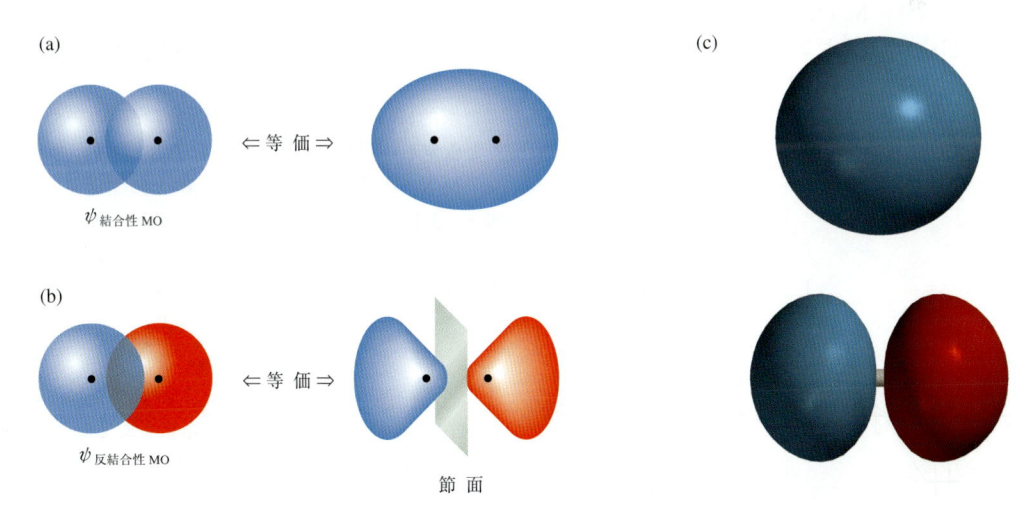

図 2・4　H_2 分子の (a) 結合性軌道と (b) 反結合性軌道の模式図．H原子核を黒点で示す．波動関数の位相を表す符号を示すために，赤い軌道のローブが+の符号，青い軌道のローブが－の符号に対応すると考える（逆でもよい）．(c) H_2 の分子軌道を Spartan'04（©Wavefunction Inc. 2003）を用いてコンピューターで計算し，より詳細に描いた図．

合次数が低くなると核間距離がより長くなる．実験的に決定された H_2 と $[H_2]^+$ の結合距離は 74 pm と 105 pm である．ただし，このような相関は有用であるが，密接に関連する化学種を系統的に議論する場合に限って用いるべきことに注意しよう*．

He_2, Li_2, Be_2 の結合

どのような等核二原子分子にも分子軌道理論を適用することができるが，原子価軌道の数が増えるにつれて MO 図はより複雑になる．He_2, Li_2, Be_2 の結合に関する扱いは H_2 に対するものと同様である．He_2 は実際には存在しないが，He_2 に対する MO 図を組立てることでその理由をよく理解できる．2 個の He 原子の 2 個の 1s 原子軌道が相互作用することで，H_2 の場合と同様に σ および σ^* MO ができる（図 2・5a）．しかし，He_2 では，各 He 原子が 2 個の電子を提供するため，結合性 MO と反結合性 MO の<u>両方が完全に占有</u>される．結合次数（式 2.9）は 0 となり，このような MO 図は He_2 が実際には存在しないことと一致する．H_2 と同じ記号を用いて，He_2 の基底状態の電子配置は $\sigma_g(1s)^2 \sigma_u^*(1s)^2$ と表される．

Li（Z = 3）の基底状態の電子配置は $1s^2 2s^1$ であり，2 個の Li 原子が結合する場合，1s 原子軌道どうしと 2s 原子軌道どうしの重なりが効果的に起こる．1s と 2s 原子軌道のエネルギー準位がかけ離れていることから，第一近似として，1s–2s 軌道の重なりを無視することができる．Li_2 が生成する際のこのような近似に基づく軌道相関図を図 2・5b に示す．各 Li 原子は 3 個の電子をもつため，Li_2 では計 6 個の電子がエネルギーの低い MO を占有し，基底状態の電子配置は $\sigma_g(1s)^2 \sigma_u^*(1s)^2 \sigma_g(2s)^2$ となる．正味の結合は原子価軌道間の相互作用で決まるため，内殻 1s 原子軌道間の相互作用を実際には無視することができ，より明確な表記 $\sigma_g(2s)^2$ で基底状態の電子配置を表せる．さらに図 2・5b から，Li_2 は反磁性であると予測され，これは実験データと一致する．式 2.9 を用いて MO 理論から Li_2 の結合次数は 1 となる．'内殻軌道と原子価軌道' という用語は '内殻電子と価電子' と等価であることに注意しよう（§1・9 参照）．

Li と同様に，Be は 1s と 2s 軌道を結合に用いることができ，このような原子軌道が**基底関数系**を構成する．Be_2 に対する軌道間相互作用の図は Li_2 と同様のもの（図 2・5b）でよい．Li_2 と Be_2 の違いは，Be_2 は Li_2 より 2 電子多く $\sigma^*(2s)^2$ MO が占有されていることである．したがって予想される Be_2 の結合次数は 0 となる．この予想は本質的に正しい．ただし実際には，結合距離が 245 pm で結合エネルギーが 10 kJ mol^{-1} の非常に不安定な Be_2 分子が存在するという証拠がある．

> 軌道相互作用に用いられる原子軌道から**基底関数系**（basis set of orbitals）がつくられる．

Li_2 や Be_2 では，それぞれの軌道相関図を組立てるうえで内殻（1s）原子軌道を含める必要はない．これは一般的にいえることであり，本書全般を通じて，MO 法による結合の取扱いでは，原子価軌道どうしの相互作用のみに注目する．

F_2 および O_2 の結合

F 原子の原子殻には 2s と 2p 原子軌道があり，F_2 分子を形成すると 2s–2s および 2p–2p 軌道間の相互作用を生じる．F_2 分子の MO 図を組立てる前に，p 原子軌道間でどのような相互作用が可能かを考える．

習慣的に各 p 原子軌道は 3 本の直交軸の一つの方向を向くと仮定し（**図 1・10**），二原子分子 X_2 の結合を考える場合，原子核 X の位置を直交座標の一軸上に固定するのが便利である．**2.13** では 2 個の原子核を z 軸上に置いているが，軸の選び方は任意である．このように原子核を規定すると，2 組の p 軌道の互いの方向も規定される（図 2・6）．

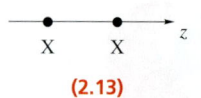

$$\underset{X \quad\quad X}{\bullet———\bullet} \longrightarrow z$$

(2.13)

2 個の $2p_z$ 原子軌道の同位相および逆位相の重ね合わせを図 2・6a，2・6b に示す．核間の領域での p_z–p_z 相互作用は，2 個の s 原子軌道間の相互作用（図 2・4）と同様であり，生じた MO は σ_g と σ_u^* で表される対称性をもつ．したがって，2 個の p 原子軌道（共通の軸上に配向する場合）が直接

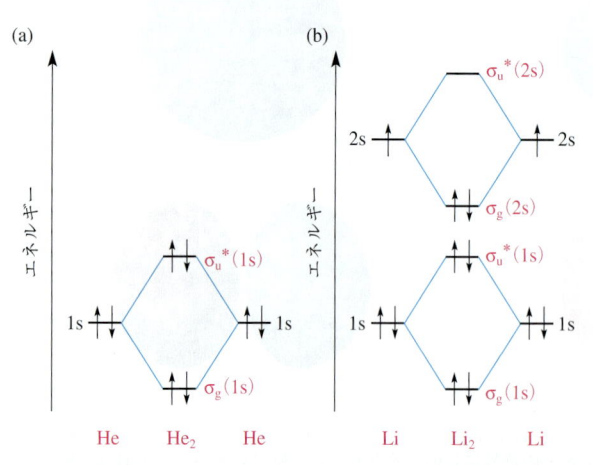

図 2・5 (a) 2 個の He 原子から He_2 および (b) 2 個の Li 原子から Li_2 をつくる場合の軌道相関図

---

* たとえば，つぎの文献を参照せよ: M. Kaupp and S. Riedel (2004) *Inorganica Chimica Acta*, vol. 357, p. 1865 – 'On the lack of correlation between bond lengths, dissociation energies and force constants: the fluorine-substituted ethane homologues'.

相互作用すると $\sigma_g(2p)$ と $\sigma_u^*(2p)$ の MO を生じる。2個の X 原子の p_x 軌道は側面でのみ重なり合うことができるが，その重なり積分は p_z 原子軌道の σ の直接的重なりより小さい。2個の p_x 原子軌道の同位相および逆位相の重ね合わせを図 2・6c および 2・6d に示す。結合性 MO を π 軌道（'パイ軌道'），反結合性 MO を π^* 軌道（'パイスター軌道'）という。それぞれの MO における節面の位置に注目する。π 分子軌道は核間軸まわりの回転に関して反対称的，すなわち，核間軸（図 2・6 では z 軸）まわりに分子軌道を回転すると位相の変化がみられる。π^* 軌道はつぎの二つの性質をもつ。

- 記号 π は核間軸のまわりに軌道を回転すると位相の変化が起こることを意味し，かつ
- 記号 * は核間に一つの節面があることを意味する。

π 軌道のパリティ（**Box 2・1** 参照）は u であり，π^* 軌道のそれは g であり，これらは σ および σ^* 軌道とそれぞれ逆の関係にある（図 2・6）。2個の p_y 原子軌道の重なりから生じる MO は p_x 軌道からできたものと同じ対称性をもつが，$\pi_u(p_y)$ 軌道を含む面は $\pi_u(p_x)$ 軌道を含む面と直交する。$\pi_u(p_x)$ と $\pi_u(p_y)$ 軌道は同じエネルギー準位に位置し，**縮重**（縮退，degenerate）している。$\pi_g^*(p_y)$ と $\pi_g^*(p_x)$ 軌道の関係も同様である。

ここで F_2 分子の結合に戻ろう。F の原子価軌道は 2s と 2p であり，これらが重なり合う場合の一般的な軌道相関図を図 2・7 に示す。第一近似として，F の 2s と 2p 原子軌道のエネルギー差（s-p 間隔）が十分大きく 2s-2s および 2p-2p 軌道間の相互作用のみが生じるものと仮定する。$\pi_u(2p_x)$，$\pi_u(2p_y)$ 軌道の 2p 原子軌道からの安定化の度合は，$\sigma_g(2p_z)$ 軌道の場合に比べて小さいことに注意を要する。これは上で述べた軌道重なりの度合が違うことからも理解できる。F_2 では 14 電子が構成原理に従って分子軌道に収容され，基底状態の電子配置は

$\sigma_g(2s)^2 \sigma_u^*(2s)^2 \sigma_g(2p_z)^2 \pi_u(2p_x)^2 \pi_u(2p_y)^2 \pi_g^*(2p_x)^2 \pi_g^*(2p_y)^2$

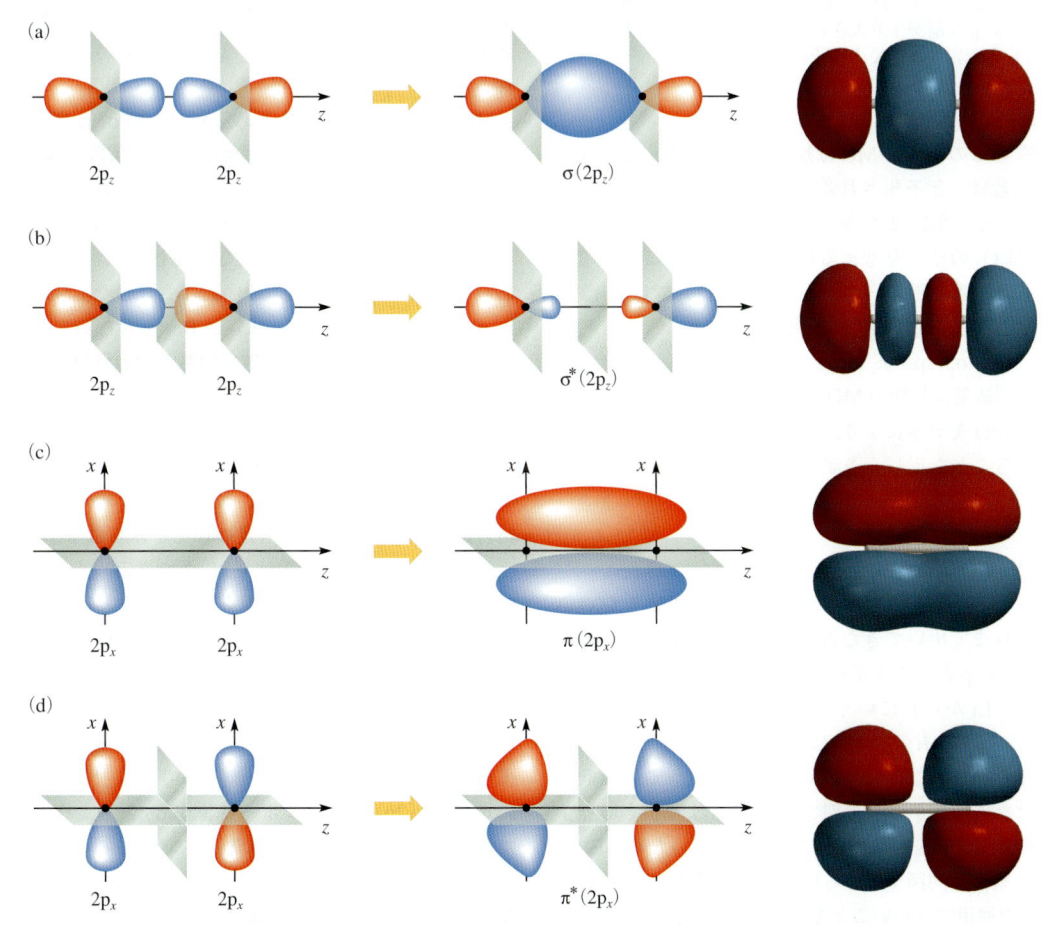

図 2・6 z 軸上に原子核を置いた場合の 2 個の 2p 原子軌道の重なり：(a) z 軸に沿った直接的な重なりによる $\sigma_g(2p_z)$ MO（結合性），(b) $\sigma_u^*(2p_z)$ MO（反結合性）の生成，(c) 2 個の $2p_x$ 原子軌道の側面での重なりによる $\pi_u(2p_x)$ MO（結合性），(d) $\pi_g^*(2p_x)$ MO（反結合性）の生成。原子核を黒で，節面を灰色で示す。右側の図は分子軌道を Spartan '04（©Wavefunction Inc. 2003）を用いて計算し，より詳細に描いたもの。

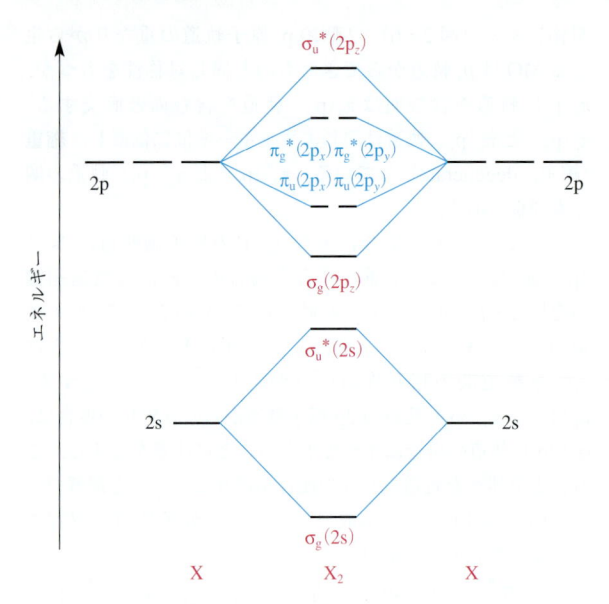

図2・7 原子価軌道が2sと2pである原子Xから二原子分子X_2をつくる場合の一般的な軌道相関図.相関図を組立てるうえで,s-p間隔が十分大きいため2sと2p軌道の混合は起こらないと仮定する.Xの原子核はz軸上にある.

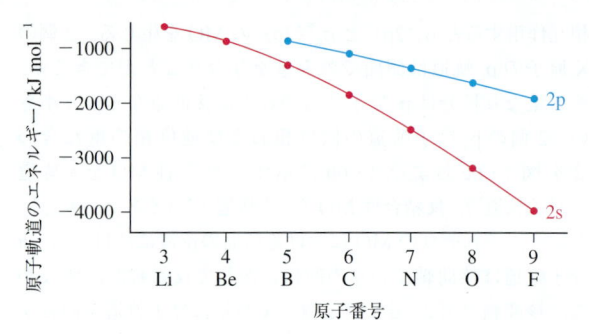

図2・8 LiからFまで周期を横断すると,有効核電荷が増加するにつれて2sと2p原子軌道のエネルギーは低下する.

となる.F_2のこのようなMOは反磁性である事実と一致する.結合次数は1と予想されるが,これはVB法による結果と同じである(§2・2参照).

図2・7はO_2の結合を考える場合にも用いることができる.O原子は6個の価電子($2s^2 2p^4$)をもちO_2では計12電子あることから,基底状態の電子配置は

$\sigma_g(2s)^2 \sigma_u^*(2s)^2 \sigma_g(2p_z)^2 \pi_u(2p_x)^2 \pi_u(2p_y)^2 \pi_g^*(2p_x)^1 \pi_g^*(2p_y)^1$

となる.この結果は初期のMO理論の重要な成功例であり,このようなMOモデルにより,O_2が2個の不対電子をもち常磁性であることを正しく予測できる.O_2の結合次数は式2.9より2となる.

s-p間隔が狭くなると何が起こるのか

F_2とO_2の実験データがMO理論の結果と矛盾しないことから,これまで用いてきた近似が適当であることがわかる.しかし,s-pのエネルギー差が比較的小さい場合には問題を生じる.LiからFにいくに従い,2sあるいは2p原子軌道の電子に対する有効核電荷は増大し,それら軌道のエネルギーは低下する.この様子を図2・8に示す.この傾向は直線的ではなく,BからFの間でs-p間隔は大きく増加する.BやCに対するs-pの間隔は比較的小さいため,B_2やC_2に対する軌道相関図をつくる場合には,図2・7で用いた近似がもはや適用できないことを意味している.つまり,対称性が同じでエネルギーが近い軌道の間では**軌道の混合**(orbital mixing)が起こり*,その結果B_2, C_2, N_2の分子軌道の順序がF_2やO_2の場合と異なってくる.二原子分子X_2(X=B, C, N, O, F)に対する分子軌道のエネルギー準位と基底状態の電子配置を図2・9に示す.いわゆる**σ-π交差**(σ-π crossover)がN_2とO_2の間で起こることに注意せよ.

MO法は理論的モデルであるが,このσ-π交差に対する実験的証拠はあるのであろうか.分子の実際の電子配置は,ほぼすべての場合,分光学的手法で決定される.特に,**光電子分光法**(photoelectron spectroscopy)では,イオン化エネルギーにより異なる軌道の電子を区別できる(**Box 5・1**参照).図2・9に示す軌道の序列はこうした実験的データによって裏付けられている.Li_2とBe_2を含む第二周期二原子分子の実験的に求められた結合距離と結合解離エンタルピーならびにMO理論から計算される結合次数を表2・1にまとめた.この系列では原子核の電荷が変化するため,結合次数1のすべての結合について結合解離エンタルピーは同じとはならないが,結合次数,結合解離エンタルピーおよび結合距離の間には互いに一定の相関がみられる.表2・1はその分子が反磁性であるか,常磁性であるかも示した.すでに述べたように,MO理論から(VB理論と同様に),Li_2が反磁性であることを正しく予測できる.同様に,MOおよびVBモデルはともに,C_2, N_2, F_2が反磁性であることと一致する.O_2が常磁性であることは,すでに見たようにMO理論から予測されるが,これは$\sigma_g(2p)$と$\pi_u(2p)$のエネルギー交差が起こることとは無関係である(図2・9).これに対し,$\pi_u(2p)$のエネルギー準位が$\sigma_g(2p)$よりも低い場合に限り,MOモデルはB_2が常磁性であることと一致する.$\sigma_g(2p)$と$\pi_u(2p)$の相対的な軌道のエネルギーが逆になった場合にはどのような電子配置になるか考えてみるとよい.

---

* この効果について比較的簡単なレベルではあるがつぎの教科書の第4章に詳しい説明がある:C. E. Housecroft and E. C. Constable (2006) *Chemistry*, 3rd edn, Prentice Hall, Harlow.

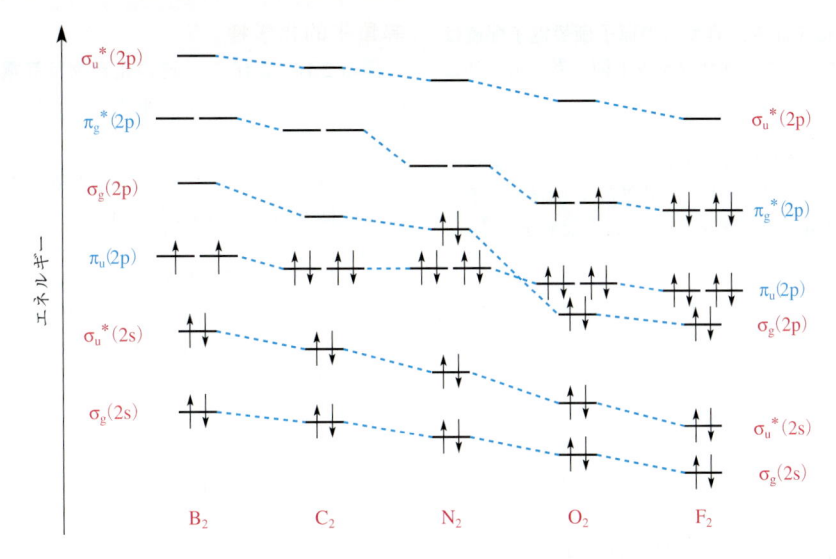

図 2・9 第一列 p ブロック元素を含む等核二原子分子に対する分子軌道のエネルギー準位と基底状態の電子配置の変化

表 2・1 Li から F に至る周期の原子 X を含む等核二原子分子 X_2 に対する実験データと結合次数

二原子分子	結合距離 / pm	結合解離エンタルピー / kJ mol^{-1}	結合次数	磁 性
Li_2	267	110	1	反磁性
Be_2 †	—	—	0	—
B_2	159	297	1	常磁性
C_2	124	607	2	反磁性
N_2	110	945	3	反磁性
O_2	121	498	2	常磁性
F_2	141	159	1	反磁性

† 34 ページ参照.

例題 2.1 分子軌道理論：二原子分子の性質

N_2 と $[N_2]^-$ の窒素—窒素結合の結合解離エンタルピーはそれぞれ 945 kJ mol^{-1} と 765 kJ mol^{-1} である．MO 理論を用いてこの差を説明せよ．また，$[N_2]^-$ は反磁性と常磁性のいずれであると予測されるか述べよ．

解答 N 原子の基底状態の電子配置は $[He]2s^2 2p^3$ である．

2s-2s と 2p-2p の軌道間相互作用のみを考慮して N_2 に対する MO 図をつくると，図 2・9 に示される結果を与える．この図から N_2 の結合次数は 3 である．

N_2 を 1 電子還元すると $[N_2]^-$ に変化するが，この場合も図 2・9 を適用できると仮定して，$\pi_g^*(2p)$ 軌道に 1 電子加える．この電子配置から計算される $[N_2]^-$ の結合次数は 2.5 である．

N_2 に比べ $[N_2]^-$ の結合次数は低くなっているが，これは結合解離エンタルピーが低下していることとも一致する．

$\pi_g^*(2p)$ 軌道の電子は不対電子であることから，$[N_2]^-$ は常磁性であると予測される．

練 習 問 題

1. $[N_2]^+$ が常磁性であることを図 2・9 を用いて説明せよ．

2. なぜ $[N_2]^+$ の N—N 結合距離（112 pm）が N_2（109 pm）よりも長くなるのか，MO 理論を用いて説明せよ．
[答　$\sigma_g(2p)$ MO から 1 電子取去られるため]

3. $[N_2]^+$ と $[N_2]^-$ はいずれも結合次数が 2.5 である．図 2・9 を用いてその理由を説明せよ．

4. (a) N_2 から $[N_2]^+$，(b) $[N_2]^-$ から N_2，(c) $[N_2]^+$ から $[N_2]^-$ の変化を，1 または 2 電子の酸化または還元過程に分類せよ．
[答　(a) 1 電子酸化，(b) 1 電子酸化，(c) 2 電子還元]

2・4 オクテット則と等電子的化学種

オクテット則：第一列 p ブロック元素

表 1・3 に示す原子の基底状態に対する電子配置は，満たされた量子準位（いわゆる '閉殻構造'）がより重い元素に対する電子配置の '構造単位' をなす様子がよくわかる．貴ガスがすべてこの閉殻構造をとる特徴をもつことについて例

題1.6で学んだ．He を除き，貴ガスの原子価殻電子配置は ns^2np^6 の形で表記され，これが**オクテット則**の考え方の基となっている．

> 原子は**オクテット則**（octet rule）に従い，電子を得たり，失ったり，共有したりして最外殻に 8 個の電子（オクテット電子）が存在する ns^2np^6 の電子配置をとる．

Na^+($2s^22p^6$)，Mg^{2+}($2s^22p^6$)，F^-($2s^22p^6$)，Cl^-($3s^23p^6$)，O^{2-}($2s^22p^6$) のようなイオンはすでにオクテット則を満たしているが，静電相互作用のエネルギーが原子からイオンを生成するのに必要なエネルギーを補償するような環境下においてのみこのようなイオンとして存在できる（第 6 章参照）．一般に，オクテット則は p ブロック元素を含む共有結合性の化合物によくあてはまる．

構造 **2.14**～**2.16** に描いたルイス構造は，第一列の p ブロック元素がどのようにオクテット則を満足するかを示している．炭素原子は 4 個の価電子（$2s^22p^2$）をもち，4 本の共有結合（単結合）を形成することで原子価殻に 8 個の（オクテット）電子を獲得する（構造 **2.14**）．ホウ素原子の価電子は 3 個（$2s^22p^1$）であるため，3 本の単結合を形成しても価電子は 6 電子にしかならない（BH_3 は二量化することでこの問題を解決する．§5・7 参照）．[BH_4]$^-$ では，負電荷は形式的に B に集中するとみなせ，4 本の単結合をつくることで B 原子は 8 個の価電子を獲得する（構造 **2.15**）．15 族の N 原子は 5 個の価電子（$2s^22p^3$）をもつ．[NH_4]$^+$ では，正電荷は形式的に N 原子に割当てられ，その結果 N 原子は 4 個の価電子をもち，4 本の単結合をつくることで N 原子は 8 個の価電子をもつことになる（構造 **2.16**）．

```
      H              H              H
      ..             ..             ..
  H : C : H      H : B⁻: H      H : N⁺: H
      ..             ..             ..
      H              H              H

     CH₄           [BH₄]⁻          [NH₄]⁺
    (2.14)         (2.15)          (2.16)
```

このような例では，結合電子だけからオクテット電子が構成されている．H_2S（**2.17**）や HF（**2.18**）のように非共有電子対がオクテット電子に含まれる場合もある．

```
       ..              ..
   H : S :         H : F :
       ..              ..
       H

      H₂S             HF
     (2.17)          (2.18)
```

等電子的化学種

構造 **2.14**～**2.16** の一連の化合物は**等電子的化学種**（isoelectronic species）という重要な考え方を示している．

> 総電子数が同じ 2 個の化学種を互いに**等電子的**（isoelectronic）であるという．

ホウ素，炭素，窒素は周期表で互いに隣り合っており，B，C，N 原子はそれぞれ 3，4，5 個の価電子をもつ．したがって，B^-，C，N^+ はおのおの 4 個の価電子をもち，[BH_4]$^-$，CH_4，[NH_4]$^+$ は互いに**等電子的**である．等電子的という用語は，しばしば'価電子数が同じ'という意味でも用いられるが，そのような場合は必ず条件を付けて厳密に用いるべきである．たとえば，HF，HCl，HBr は価電子数に関して等電子的である．

等電子的という考え方は単純であるが役に立つ．たとえば [BH_4]$^-$，CH_4，[NH_4]$^+$ のように，等電子的な化学種はしばしば同じ構造をとる，すなわち**等構造的**である．

> 二つの化学種が同じ構造である場合，それらは互いに**等構造的**（isostructural）であるという．

例題 2.2 等電子的な分子とイオン

N_2 と [NO]$^+$ が等電子的であることを示せ．

解答 15 族の N は 5 個の価電子をもつ．
16 族の O は 6 個の価電子をもつ．
O^+ は 5 個の価電子をもつ．
したがって，N_2 と [NO]$^+$ はそれぞれ 10 個の価電子をもち，これらは等電子的である．

練習問題

1. [SiF_6]$^-$ と PF_6 が等電子的であることを示せ．
2. [CN]$^-$ と [NO]$^+$ が等電子的であることを確かめよ．
3. I_2 と F_2 は等電子的であるか答えよ．
4. 価電子のみについて考えた場合，つぎの化学種のなかで他の 3 個と等電子的でないものはどれか．NH_3，[H_3O]$^+$，BH_3，AsH_3 ［答　BH_3］

オクテット則：p ブロック重元素

p ブロックのある族を下にいく場合，中心に位置するその元素が高配位数をとる傾向がある．たとえば，SF_6，[PF_6]$^-$，[SiF_6]$^{2-}$ では中心原子の配位数は 6 であるが，第一列の同族元素 O，N，C では，このような高配位数の分子種は通常みられない．同様に，17 族の重元素は，ClF_3，BrF_5，IF_7 のような化合物を形成する．これらにおいて F はいつも末端原子として 1 本の単結合のみで結合している．**2.19** および

2.20 に示す ClF₃ に対するルイス構造は，Cl 原子が'オクテットを超えた' 10 個の価電子をもつことを意味している．このような化合物を**超原子価** (hypervalent) であるという．

$$\begin{array}{c} \text{F : Cl : F} \\ \text{F} \end{array} \qquad \begin{array}{c} \text{F—Cl—F} \\ | \\ \text{F} \end{array}$$

(2.19)　　　　　　(2.20)

しかしながら，共鳴構造の寄与として**電荷分離した** (charge-separated) 化学種を考えた場合には，オクテットの価電子を超える必要はない．ClF₃ の Cl 原子まわりでオクテット価電子を常に保つためには，2.16 で述べた [NH₄]⁺ と同じ方法を用いなければならない．オクテット則に従えば Cl 原子（3s²3p⁵）は 1 本の結合しか形成しないが，Cl⁺ 中心は 2 本の結合を形成することができる．

$$\cdot \text{Cl}^+ : \xrightarrow{\text{2 本の単結合をつくり}\atop\text{オクテットを完成する}} \begin{array}{c} \text{F—Cl}^+ : \\ | \\ \text{F} \\ \text{ClF}_2^+ \end{array}$$

したがって，ClF₃ に対するルイス構造は，電荷分離した構造 2.21 で表すことができる．

$$\begin{array}{c} \text{F—Cl}^+ \quad \text{F}^- \\ | \\ \text{F} \end{array}$$

(2.21)

構造 2.21 では 1 個の Cl–F 相互作用がイオン的であり，他の 2 個が共有結合的であるという問題を示唆しているが，これはつぎのような 3 個の共鳴構造を考えることでただちに解決される．

$$\begin{array}{ccc} \text{F—Cl}^+ \ \text{F}^- & \text{F—Cl}^+\text{—F} & \text{F}^- \ \text{Cl}^+\text{—F} \\ | & | & | \\ \text{F} & \text{F}^- & \text{F} \end{array}$$

超原子価化合物の結合については §5・2，5・7，15・3 で再び学習する．

練習問題

1. NF₃ の N がオクテット則を満たすことを示せ．
2. H₂Se の Se がオクテット則を満たすことを示せ．
3. つぎの化合物で，中心原子がオクテット則を満たすためには電荷分離した共鳴構造を考えなければならないものはどれか．(a) H₂S, (b) HCN, (c) SO₂, (d) AsF₅, (e) [BF₄]⁻, (f) CO₂, (g) BrF₃　[答　(c), (d), (g). 訳注: (d), (g) は超原子価化合物であるが，(c) は超原子価ではない]
4. つぎのイオンに対し，すべての原子がオクテット則を満足するようにルイス構造を描け．
(a) [NO]⁺, (b) [CN]⁻, [AlH₄]⁻, (d) [NO₂]⁻

2・5　電気陰性度

等核二原子分子 X₂ では，おのおのの原子核 X の有効核電荷が同じであるため，原子核間の領域における電子密度の分布は対称的である．これに対し，異核二原子分子 X–Y の 2 原子の核間領域における電子密度の分布は非対称となる．Y の有効核電荷が X よりも大きい場合には，X–Y 共有結合の電子対は X から離れ Y の方へ引き寄せられる．

ポーリングの電気陰性度 χ^P

1930 年代前半，Linus Pauling は，'分子中の原子が電子をそれ自身に引きつける力（原子の電子求引力）'として定義される**電気陰性度** (electronegativity) の概念を提案した．電気陰性度の記号は χ であるが，異なる電気陰性度の尺度を区別するために，たとえばポーリングの電気陰性度は χ^P のように，上付き文字 ^{P} を付記する．Pauling は当初，実験的に求められる異核結合に対する結合解離エンタルピーの値が，単純な加成性則から求めた値と異なる場合がよくあることについて考えを展開した．式 2.10 は，気体状態の等核二原子分子 X₂ の結合解離エンタルピー D と X(g) の原子化エンタルピー変化 $\Delta_aH°$ との関係を示している．実際には，これは結合エンタルピーを各原子の寄与に分割するものであり，この場合それぞれの寄与は同じである．

$$\Delta_aH°(X, g) = \tfrac{1}{2} \times D(X-X) \qquad (2.10)$$

式 2.11 では，このような考え方の加成性を，異核二原子分子 XY の結合に対して適用している．この方法で求められる $D(X-Y)$ の推定値は，実験値と非常によく一致する場合もあるが（たとえば，ClBr，ClI），例題 2.3 のように大きく異なる場合もしばしば見受けられる（たとえば HF，HCl）．

$$D(X-Y) = \tfrac{1}{2} \times [D(X-X) + D(Y-Y)] \qquad (2.11)$$

例題 2.3　結合エンタルピーの加成性

H₂ と F₂ に対する $D(H-H)$ と $D(F-F)$ がそれぞれ 436 および 158 kJ mol⁻¹ であるとし，単純な加成性則から HF の結合解離エンタルピーを推定せよ．得られる答えと実験値 570 kJ mol⁻¹ を比較せよ．

解答 $D(\text{H--H})$ に対する H 原子の寄与を $D(\text{H--F})$ に転用できるものと仮定する．F についても同様に扱う．

$$D(\text{H--F}) = \tfrac{1}{2} \times [D(\text{H--H}) + D(\text{F--F})]$$
$$= \tfrac{1}{2} \times [436 + 158]$$
$$= 297 \text{ kJ mol}^{-1}$$

実験的に得られる $D(\text{H--F})$ 値 570 kJ mol^{-1} に比べて計算値は非常に小さく，このような考え方は明らかに不適当であることがわかる．

練習問題

1. H_2, Cl_2, Br_2, I_2 に対する $D(\text{H--H})$, $D(\text{Cl--Cl})$, $D(\text{Br--Br})$, $D(\text{I--I})$ をそれぞれ 436, 242, 193, 151 kJ mol^{-1} として，例題 2.3 の方法で HCl, HBr, HI に対する $D(\text{H--X})$ 値を推定せよ． [答 339, 315, 294 kJ mol^{-1}]

2. 上記問題 1 の答を HCl, HBr, HI に対する $D(\text{H--X})$ の実験値 432, 366, 298 kJ mol^{-1} と比較せよ．

VB 法の適用範囲内で，Pauling は $D(\text{X--Y})$ の実験値と式 2.11 で求めた値の差 ΔD は，その結合におけるイオン性の寄与（式 2.4）に起因すると考えた．原子 X と Y の電子を引きつける力（電気陰性度）の差が大きくなるにつれ，X^+Y^-（あるいは X^-Y^+）の寄与は増大し，ΔD の値も大きくなる．Pauling は電気陰性度 χ^P のおよその尺度を矛盾のない範囲で以下のように定めた．まず，ΔD の値が小さな数値となるよう，kJ mol^{-1} 単位の ΔD（$D_\text{実験値} - D_\text{計算値}$ から求める．計算値は式 2.11 により求める）を eV 単位の値に変換する．つぎに，$\sqrt{\Delta D}$ と原子 X, Y の電気陰性度の差を式 2.12 によって関係づけた．

$$\Delta\chi = \chi^P(\text{Y}) - \chi^P(\text{X}) = \sqrt{\Delta D} \qquad \Delta D \text{ の単位} = \text{eV} \tag{2.12}$$

> ポーリングの電気陰性度 χ^P は，'分子中の原子が電子をそれ自身に引きつける力' として定義される．

時を経てより精度の高い熱化学データが得られるようになり，ポーリングの最初の電気陰性度 χ^P の値はさらに精度よく補正された．表 2・2 に示す値は現在用いられているものである．X と Y でどちらがより高い電気陰性度をもつかを決めるにはいくつかの注意が必要である．χ^P の値が負になるのを避けるために，$\chi^P(\text{H})$ の値を 2.2 とした．式 2.12 は χ^P の単位が eV$^{1/2}$ であることを意味しているが，慣習的に電気陰性度は単位をつけないで用いられる．異なる尺度の電気陰性度 χ（以下参照）は定義が異なるため，その単位も異なる．

表 2・2 のいくつかの元素には二つの χ^P の値が示されている．これは，元素の電子求引力が酸化状態によって変化するためである（§8・1 参照）．ポーリングの χ^P の定義が化合物中の原子に対して適用されることに注意しよう．電気陰性度の値は結合次数によっても変化する．C--C 結合に対する C の χ^P は 2.5，C=C 結合では 2.75，C≡C 結合では 3.3

表 2・2 s および p ブロック元素に対するポーリングの電気陰性度（χ^P）の値

1族	2族		13族	14族	15族	16族	17族
H 2.2							
Li 1.0	Be 1.6		B 2.0	C 2.6	N 3.0	O 3.4	F 4.0
Na 0.9	Mg 1.3		Al(III) 1.6	Si 1.9	P 2.2	S 2.6	Cl 3.2
K 0.8	Ca 1.0		Ga(III) 1.8	Ge(IV) 2.0	As(III) 2.2	Se 2.6	Br 3.0
Rb 0.8	Sr 0.9	d ブロック元素	In(III) 1.8	Sn(II) 1.8 Sn(IV) 2.0	Sb 2.1	Te 2.1	I 2.7
Cs 0.8	Ba 0.9		Tl(I) 1.6 Tl(III) 2.0	Pb(II) 1.9 Pb(IV) 2.3	Bi 2.0	Po 2.0	At 2.2

である．このような変化があるため，電気陰性度の値は注意して用いるべきである．しかしながら，実際には，ほとんどの場合 $\chi^P(C) = 2.6$ とすれば十分である．

このような電気陰性度の考え方に続いて，異なる方式によるさまざまな電気陰性度の尺度が提案された．よく用いられる2種の尺度に，マリケンの電気陰性度とオールレッド・ロコウの電気陰性度がある．これらの電気陰性度の値 χ をポーリングの値と<u>直接比較</u>できないが，値のとる<u>傾向</u>は類似しており（図2・10），目盛を調節（スケーリング）すればポーリングの電気陰性度と比較することもできる．

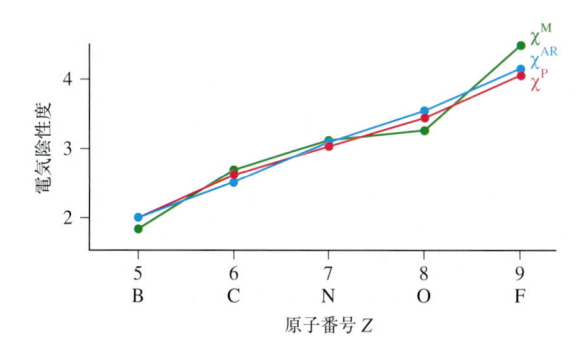

図2・10 ある元素に対する尺度の異なる電気陰性度を同じものとして比較することはできないが，一連の元素に対する電気陰性度の傾向は同じ尺度のものどうしを比較する限りにおいては類似している．これは，第一列pブロック元素に対する χ^P（Pauling, 赤），χ^M（Mulliken, 緑），χ^{AR}（Allred-Rochow, 青）をスケーリングした値からもわかる．

マリケンの電気陰性度 χ^M

Mulliken は，電気陰性度に対する最も単純な方式の一つとして，ある原子の電気陰性度 χ^M をその原子の第一イオン化エネルギー IE_1 と第一電子親和力 EA_1 の平均値として定義した（式2.13）．

$$\chi^M = \frac{IE_1 + EA_1}{2} \quad \text{ここで } IE_1, EA_1 \text{ の単位は eV} \quad (2.13)$$

オールレッド・ロコウの電気陰性度 χ^{AR}

Allred と Rochow は，価電子に対する有効核電荷 Z_{eff}（スレーター則により推定される．**Box 1・6**参照）による静電気力がその原子の電気陰性度の指標になると考えた．価電子は原子核から共有結合半径 r_{cov} だけ離れて存在すると近似でき，オールレッド・ロコウの電気陰性度 χ^{AR} は式2.14を用いて計算される．

$$\chi^{AR} = \left(3590 \times \frac{Z_{eff}}{r_{cov}^2}\right) + 0.744 \quad \text{ここで } r_{cov} \text{ の単位は pm} \quad (2.14)$$

しかしながら，スレーター則は一部経験的なものであり，共有結合半径もいくつかの元素に対して知られていないため，オールレッド・ロコウの電気陰性度はポーリングの電気陰性度ほど厳密で完成されたものではない．

電気陰性度：おわりに

これまでに述べた電気陰性度に関する3種の方法は，科学的に幾分，曖昧なところがあるが，それら値の傾向は図2・10に示されるようにおおむね一致している．無機化学において最も有効な尺度は，おそらくポーリングの電気陰性度である．それらは経験的な熱化学データに基づいて決められているため，同様の熱化学データを予測するうえで有効である．たとえば，2種の元素 X，Y の電気陰性度が HX，HY，X_2，Y_2，H_2 の単結合エンタルピーから導かれる場合，XY の結合解離エンタルピーを高い信頼度で予測することができる．

> **例題2.4** χ^P の値から結合解離エンタルピーを計算する
>
> 以下のデータを用いて，$D(\text{Br}-\text{F})$ の値を計算せよ．
>
> $D(\text{F}-\text{F}) = 158 \text{ kJ mol}^{-1}$ $D(\text{Br}-\text{Br}) = 224 \text{ kJ mol}^{-1}$
> $\chi^P(\text{F}) = 4.0$ $\chi^P(\text{Br}) = 3.0$
>
> **解答** まず，χ^P の値から ΔD を求める．
>
> $$\sqrt{\Delta D} = \chi^P(\text{F}) - \chi^P(\text{Br}) = 1.0$$
> $$\Delta D = 1.0^2 = 1.0$$
>
> この値は eV 単位であるので，kJ mol^{-1} 単位に変換する．
>
> $$1.0 \text{ eV} \approx 96.5 \text{ kJ mol}^{-1}$$
>
> ΔD は以下のように定義される．
>
> $$\Delta D = [D(\text{Br}-\text{F})_{実験値}] - \{\tfrac{1}{2} \times [D(\text{Br}-\text{Br}) + D(\text{F}-\text{F})]\}$$
>
> したがって，$D(\text{Br}-\text{F})$ は以下のように計算される．
>
> $$\begin{aligned} D(\text{Br}-\text{F}) &= \Delta D + \{\tfrac{1}{2} \times [D(\text{Br}-\text{Br}) + D(\text{F}-\text{F})]\} \\ &= 96.5 + \{\tfrac{1}{2} \times [224 + 158]\} \\ &= 287.5 \text{ kJ mol}^{-1} \end{aligned}$$
>
> ［この値は実験値 250.2 kJ mol^{-1} に近い］

練習問題

1. つぎのデータを用いて BrCl の結合解離エンタルピーを計算せよ：$D(\text{Br}-\text{Br}) = 224 \text{ kJ mol}^{-1}$；$D(\text{Cl}-\text{Cl}) = 242 \text{ kJ mol}^{-1}$；$\chi^P(\text{Br}) = 3.0$；$\chi^P(\text{Cl}) = 3.2$
［答 $\approx 237 \text{ kJ mol}^{-1}$，実験値 $= 218 \text{ kJ mol}^{-1}$］

2. つぎのデータを用いて HF の結合解離エンタルピーを計算せよ：$D(\text{H}-\text{H}) = 436 \text{ kJ mol}^{-1}$；$D(\text{F}-\text{F}) = 158 \text{ kJ mol}^{-1}$；$\chi^P(\text{H}) = 2.2$；$\chi^P(\text{F}) = 4.0$
［答 $\approx 610 \text{ kJ mol}^{-1}$，実験値 $= 570 \text{ kJ mol}^{-1}$］

3. $\chi^P(\mathrm{I}) = 2.7$, $\chi^P(\mathrm{Cl}) = 3.2$ であるとし, $D(\mathrm{I-I})$ および $D(\mathrm{Cl-Cl})$ をそれぞれ 151 と 242 kJ mol^{-1} であるとして, ICl の結合解離エンタルピーを計算せよ.
［答　221 kJ mol^{-1}］

本書では, 電気陰性度を用いた説明を可能な限り避け, イオン化エネルギー, 電子親和力, 結合解離エンタルピー, 格子エネルギー, 水和エンタルピーのような, 厳密に定義され別途実験で決定される熱化学的物理量を用いて無機化学を体系的に説明する. ただし, 電気陰性度を用いた説明を完全に避けて通れるわけではない.

2・6　双極子モーメント

極性二原子分子

等核二原子分子は, 電子分布が対称的であるため, 結合は**非極性**（non-polar）である. 異核二原子分子では 2 個の原子の電子求引力が異なるため, 結合電子はより電気的に陰性な原子の方へ引き寄せられる. このような結合は**極性**（polar）であり, **電気双極子モーメント**（electric dipole moment）μ をもつ. <u>電気</u>（electric）双極子モーメントと<u>磁気</u>（magnetic）双極子モーメントを混同しないよう注意せよ（§21・9 参照）.

二原子分子 XY の双極子モーメントは式 2.15 で与えられる. ここで, d は点電荷間の距離（すなわち核間距離）, e は電気素量（1.602×10^{-19} C）, q は点電荷を表す. μ の SI 単位はクーロン・メートル（C m）であるが, 便宜的にデバイ（D）単位がよく用いられる. 1 D = 3.336×10^{-30} C m

$$\mu = q \times e \times d \tag{2.15}$$

例題 2.5　双極子モーメント

気体状態の HBr 分子の双極子モーメントは 0.827 D である. 結合距離が 141.5 pm であるとして, この二原子分子における電荷分布を見積れ.（1 D = 3.336×10^{-30} C m）

解答　電荷分布を見積るためには, 下式を用いて q を求める必要がある.

$$\mu = qed$$

単位をそろえて,

$d = 141.5 \times 10^{-12}$ m
$\mu = 0.827 \times 3.336 \times 10^{-30} = 2.76 \times 10^{-30}$ C m（有効数字 3 桁）
$q = \dfrac{\mu}{ed}$
$ = \dfrac{2.76 \times 10^{-30}}{1.602 \times 10^{-19} \times 141.5 \times 10^{-12}}$
$ = 0.12$（単位なし）

Br は H よりも電気的に陰性であるため, 電荷分布は $\overset{+0.12}{\mathrm{H}} - \overset{-0.12}{\mathrm{Br}}$ のように記述できる.

練習問題

1. HF の結合距離は 92 pm で, 双極子モーメントは 1.83 D である. この分子の電荷分布を求めよ.　［答　$\overset{+0.41}{\mathrm{H}} - \overset{-0.41}{\mathrm{F}}$］
2. ClF の結合距離は 163 pm である. 電荷分布が $\overset{+0.11}{\mathrm{Cl}} - \overset{-0.11}{\mathrm{F}}$ である場合, 双極子モーメントが 0.86 D であることを示せ.

例題 2.5 の結果は, HBr では実質的に 0.12 個分の電子が H から Br に移動した電子分布であることを示している. 極性二原子分子における部分的な電荷の分離は, 該当する原子核に割り振られた δ^+ および δ^- の記号を用いて示され, 矢印は双極子モーメントが働く方向を示している. SI 規則では, 双極子モーメントの矢印は結合の δ^- 端から δ^+ 端の方向を向くが, この方式はこれまで長い間用いられてきた化学の慣例とは逆である. 構造 2.22 に示す HF を例にとり, これについて示した. 双極子モーメントがベクトル量であることに注意しよう.

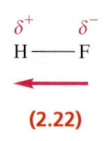

$$\overset{\delta^+}{\mathrm{H}} \underset{\longleftarrow}{} \overset{\delta^-}{\mathrm{F}}$$

(2.22)

注意: 異核二原子分子の結合におけるイオン性の程度を, 実際に観測される双極子モーメントや電荷分布を基に見積る試みは, 非共有電子対の効果を一切無視しているため, その妥当性は疑わしい. 非共有電子対による効果の重要性については後述する例 3 で説明する.

分子の双極子モーメント

極性は分子のもつ特性の一つである. 多数原子からなる化学種では, 分子全体の双極子モーメントは分子内のすべての結合に対する双極子モーメントの大きさとそれらの相対的方向によって決まる. さらに, 非共有電子対も全体の双極子モーメント μ に大きく寄与する. 以下の 3 例について考える. 含まれる原子のポーリング電気陰性度を用いて個々の結合に対する極性を記述する方法は有用である. しかしながら, たとえば, χ^P の値には結合の多重性が考慮されていないなどの間違った結果を与える場合があるため, 注意を要する. 分子全体の電気双極子モーメントの実験値は, マイクロ波分光法などによって決定される.

例1：CF₄

$$\text{CF}_4 \quad (2.23)$$

$\chi^P(C)$ と $\chi^P(F)$ の値はそれぞれ 2.6 と 4.0 であり、おのおのの C−F 結合は $C^{\delta+}-F^{\delta-}$ で示される極性をもつ。CF₄ 分子 (2.23) は四面体形であるため、4本の結合に関する双極子モーメント（ベクトルの大きさはすべて同じ）は反対を向き、互いに打消し合う。F の非共有電子対の効果も互いに打消し合うため、最終的に CF₄ は無極性となる。

例2：H₂O

$$(2.24)$$

O と H に対する χ^P はそれぞれ 3.4 と 2.2 であり、各 O−H 結合は $O^{\delta-}-H^{\delta+}$ で示される極性をもつ。H₂O 分子は非直線形であるため、2個のベクトルを合成すると構造 2.24 に示す方向に双極子モーメントが発生する。さらに、O 原子には2組の非共有電子対が存在し、これが全体の双極子モーメントを強める方向に作用する。気体状態の H₂O に対する実測値 μ は 1.85 D である。

例3：NH₃ と NF₃

X ＝ H または F

$$(2.25)$$

NH₃ と NF₃ 分子はいずれも三方錐形 (2.25) であるが、双極子モーメントはそれぞれ 1.47 D と 0.24 D である。このような大きな違いは、結合に関する双極子モーメントと N 原子の非共有電子対の効果を考えることで合理的に説明できる。$\chi^P(N)$ と $\chi^P(H)$ の値は 3.0 と 2.2 であるため、各結合は $N^{\delta-}-H^{\delta+}$ で示される極性をもつ。このようなモーメントから合成される分子全体の双極子モーメントは、N 原子の非共有電子対により強められる方向に作用する。アンモニアは N 上に部分的な負電荷が存在する極性分子である。NF₃ では N より F の方がより電気的に陰性であるため（$\chi^P(F)$ ＝ 4.0）、N−F 結合は $N^{\delta+}-F^{\delta-}$ で示される極性をもつ。このようなモーメントから合成される分子全体の双極子モーメントは、N 原子の非共有電子対の効果と逆向きに作用するため、NF₃ 分子の極性は NH₃ に比べ著しく小さくなる。

分子の形はその分子が極性か無極性かを決める重要な要素であることは明らかであるが、これについては以下の例題や章末の**問題 2.19** で考える。

例題 2.6 分子の双極子モーメント

表 2・2 の電気陰性度の値を用い、右の分子が極性か否かを考えよ。極性である場合には、分子の双極子モーメントが作用する方向を示せ。

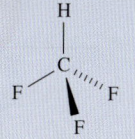

解答 まず表 2・2 から、$\chi^P(H)$ ＝ 2.2、$\chi^P(C)$ ＝ 2.6、$\chi^P(F)$ ＝ 4.0。したがって、分子は極性で F が δ^- をおびる。また、分子の双極子モーメントは以下に示すように作用する。

練習問題

1. 表 2・2 の電気陰性度の値を用い、以下の分子がそれぞれ極性であることを確かめよ。また、分子の双極子モーメントの方向を示す矢印を描け。

Br—F　　H₂S　　CH₂Cl₂

2. 以下の各分子が無極性となる理由を説明せよ。

BBr₃　　SiCl₄　　S＝C＝S

2・7 MO 理論：異核二原子分子

この項では MO 理論に戻り、異核二原子分子にそれを適用する。§2・3 で組立てた<u>等核二原子分子</u>の軌道相関図では、いずれも、生成する MO に対する各原子軌道の寄与が<u>同じ</u>である。このことは、H₂ の結合性軌道に対応する式 2.5 において、ψ_{MO} に対する波動関数 ψ_1 と ψ_2 の寄与が同じであることからも明白であり、H₂ の分子軌道は<u>対称的な</u>軌道として描かれる（図 2・4）。ここでは、原子軌道の寄与が異なる MO をもつ二原子分子の代表例に目を向け、異核二原子分子に対する典型的な考え方を学ぶ。

まず、異なるタイプの原子軌道を重ね合わせる場合の制限について考えよう。

どのような軌道相互作用を考えるべきか

§2・3 のはじめに、軌道間相互作用が有効に働くうえで必要ないくつかの基本的要件について述べた。原子軌道の<u>対称性</u>が互いに適合する場合に、軌道間相互作用が有効に働く

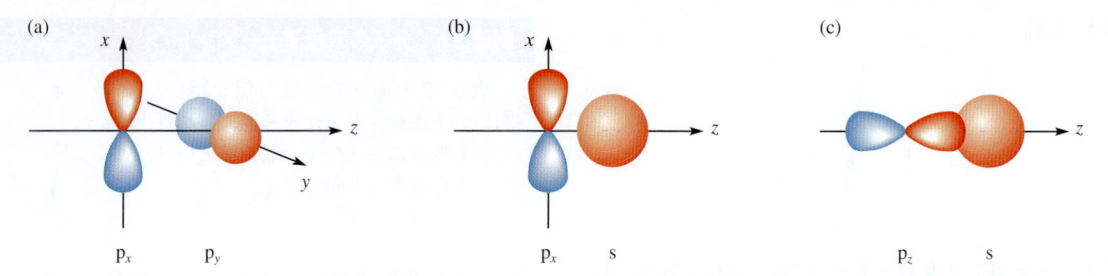

図 2・11 原子軌道間の重なりは常に対称性許容であるとは限らない．(a) と (b) の重なりは非結合性相互作用であるが，(c) の重なりは対称性許容であり，結合性相互作用を生じる．

ことについて述べた．二核分子の結合を考えるこれまでのやり方では，たとえば 2s–2s，$2p_z$–$2p_z$ など，同じ原子軌道間の相互作用のみを考慮すればよいと仮定してきた．このような相互作用は**対称性許容**（symmetry-allowed）であり，さらに等核二原子分子については，同じ原子軌道のエネルギーはまったく同じとなる．

異核二原子分子では，2 個の原子で原子軌道の基底系が異なる場合や，同様の原子軌道の基底系ではあるがエネルギーが異なる場合が多い．たとえば CO では，C と O はいずれも 2s と 2p 原子価軌道をもつが，酸素の有効核電荷が大きいため，その原子軌道エネルギーは C のそれよりも低い．異核二原子分子についてより詳しく見る前に，対称性の点から許容または非許容となる場合の軌道間相互作用について手短に考えてみる．ここで，軌道の対称性は核間を結ぶ軸に関して定義することに注意すべきである．等核二原子分子では（たとえば図 2・7），p_x と p_y 軌道が重なり合う可能性を無視した．このような直交する p 原子軌道間（図 2・11a）の相互作用に対しては，重なり積分が 0 となる．同様に，原子核が z 軸上にあるとして，p_x と p_z，あるいは p_y と p_z 軌道の重なりは 0 である．s と p 原子軌道の相互作用は，p 原子軌道の方向によって生じる場合とそうでない場合がある．図 2・11b の重なりは一部は結合性で一部は反結合性であるため，全体の効果としては**非結合性**（non-bonding）の相互作用とみなせる．一方，図 2・11c で示される s–p 相互作用は対称性許容である．この相互作用が効果的な軌道の重なりを与えるかどうかは，2 個の原子軌道のエネルギー差によって決まり，二原子分子 XY に対するその様子を図 2・12 に示した．ψ_X と ψ_Y の相互作用が対称性許容であるとする．これら軌道のエネルギーは同じではないが，効果的な軌道の重なりを生じるうえで互いに十分に接近している．軌道相関図から結合性 MO のエネルギーは ψ_X よりも ψ_Y のエネルギーに近いため，結合性軌道は X よりも Y の性格をより強くおびることになる．これは式 2.16 で表され，ここでは $|c_2| > |c_1|$ となる．反結合性 MO に対しては逆の状況となり，ψ_Y よりも ψ_X の寄与が大きく，式 2.17 で $|c_3| > |c_4|$ となる．

$$\psi_{\mathrm{MO}} = N[(c_1 \times \psi_\mathrm{X}) + (c_2 \times \psi_\mathrm{Y})] \quad (2.16)$$

$$\psi_{\mathrm{MO}}^* = N^*[(c_3 \times \psi_\mathrm{X}) + (c_4 \times \psi_\mathrm{Y})] \quad (2.17)$$

図 2・12 のエネルギー差 ΔE が重要となる．これが大きい場合，ψ_X と ψ_Y の相互作用は不十分となる（重なり積分が非常に小さい）．極端な場合，まったく相互作用がなく，ψ_X と ψ_Y がともに XY 分子内で互いに影響を受けない非結合性原子軌道としてふるまう．これについては後述する．

フッ化水素

H と F の基底状態の電子配置はそれぞれ $1s^1$ と $[\mathrm{He}]2s^2 2p^5$

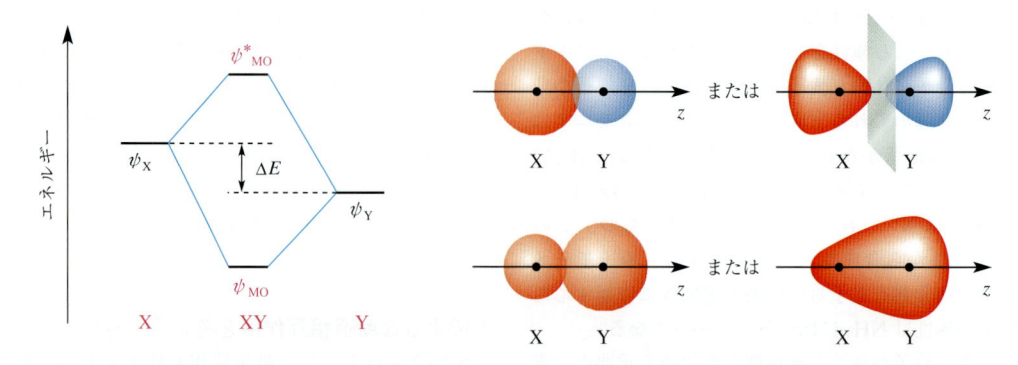

図 2・12 X と Y の原子軌道間のエネルギー差が，それら軌道間の（形式上対称性許容な）相互作用が有効な軌道の重なりを生じるか否かを決める．この相互作用では，結合性軌道 ψ_{MO} に対する寄与は ψ_X よりも ψ_Y の方が大きいが，反結合性 MO に対する寄与は ψ_Y よりも ψ_X の方が大きい．右側の図は結合性および反結合性の MO を描いたものである．

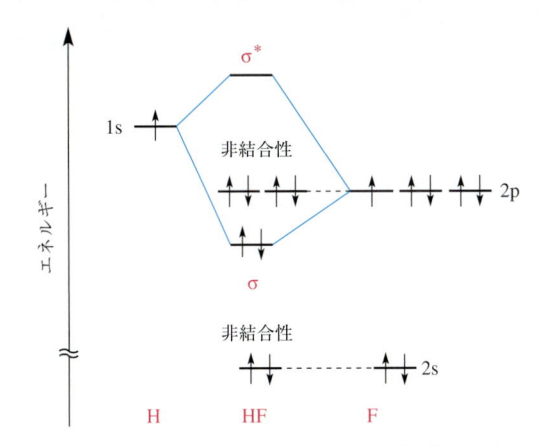

図 2・13 HF に対する軌道相関図．原子価軌道と価電子のみを示す．縦軸（エネルギー軸）の切れ目は，F の 2s 軌道のエネルギーが実際に示されている位置よりも格段に低いことを意味する．

である．$Z_{eff}(F) > Z_{eff}(H)$ であるため，F の 2s，2p 原子軌道のエネルギーは H の 1s 原子軌道に比べてかなり低い（図 2・13）．

ここで，どの原子軌道間の相互作用が対称性許容だろうか．さらに，それら原子軌道のエネルギーは十分に接近しているだろうか．まず，原子軌道に対する座標軸を，原子核が z 軸上に位置するように定義する．H の 1s と F の 2s 軌道の重なりは対称性許容であるが，エネルギー差が非常に大きい（図 2・13 におけるエネルギー軸の切れ目に注意せよ）．H の 1s と F の $2p_z$ 原子軌道の重なりも対称性許容であるが，これら軌道のエネルギーは十分に接近している．図 2・13 が示すように，このような相互作用の結果 σ および σ* 分子軌道が生じる．σ 軌道は H よりも F の性格を強くおびている．HF は**対称心をもたないため**（**Box 2・1** 参照），HF の軌道の対称性を表す記号には g や u が含まれない．二つの F $2p_x$ および $2p_y$ 原子軌道は，H の 1s 原子軌道との正味の結合性相互作用をもたないため，HF 中では非結合性軌道となる．このように組立てられた軌道相関図に，図 2・13 のように 8 個の価電子が収容され，HF の結合次数は 1 であることがわかる．HF の MO 図は H よりも F 原子核上の電子密度が大きいことを示しており，これは $H^{\delta+}-F^{\delta-}$ で表される極性の H–F 結合と一致する．〔**練習**：HF の σ および σ* 分子軌道の図を描け．ヒント：図 2・12 参照〕．

一酸化炭素

第 **24** 章で金属–炭素結合をもつ化合物（**有機金属化合物** organometallic compound）の化学について学習するが，その化合物群に $M_x(CO)_y$ の一般組成をもつ**金属カルボニル化合物**（metal carbonyl）がある．CO が金属に結合する仕組みを知るためには，一酸化炭素分子の電子構造をよく理解しておく必要がある．

CO の軌道相関図を作成する前に，以下について確認しておこう．

- $Z_{eff}(O) > Z_{eff}(C)$
- O の 2s 原子軌道のエネルギーは C の 2s 原子軌道よりも低い．
- O の 2p 軌道のエネルギー準位は C のそれよりも低い．
- O の 2s–2p エネルギー差は C のそれよりも大きい（**図 2・8**）．

2s–2s と 2p–2p の軌道の重なりのみを生じると仮定してこれまで近似的な軌道相関図を作成してきたが，原子軌道エネルギーが相対的に近い場合には，このような近似は過度に単純化したものといえる．図 2・14a に，コンピューター計算によって得られたより精度の高い CO の電子構造に対する MO 図を示す．ただし，この場合でも依然過度の簡略がなされていることに注意を要する．図 2・14b は軌道の混合をより完全に考慮したものであるが，本項での説明には，図 2・14a の単純化した相関図で十分である．注意すべき重要な特徴として以下の 2 点があげられる．

- 最高被占軌道（HOMO）は σ 結合性であり，炭素の性質が支配的である．このような軌道の電子密度は，C 上に外側を向いた非共有電子対があることを意味する．
- 縮重した 1 組の π*(2p) 軌道が最低空軌道（LUMO）である．これら MO は O よりも C の性質を強くおびる．

HOMO および LUMO の一例を図 2・14 に描いた．章末の**問題 2.21** 参照．

> HOMO ＝最高被占軌道
> 　　　　（highest occupied molecular orbital）
> LUMO ＝最低空軌道
> 　　　　（lowest unoccupied molecular orbital）

2・8 分子の形と VSEPR モデル

原子価殻電子対反発モデル

p ブロック元素を中心に含む分子の形は，中心原子の原子価殻電子（価電子）の数によって決まる傾向がある．**原子価殻電子対反発**（valence-shell electron-pair repulsion, **VSEPR**）モデルは，このような化学種の形を予測するための簡便な方法である．このモデルは Sidgwick と Powell の考え方を合わせたものから始まり，Nyholm と Gillespie によって拡張され，つぎのようにまとめられている．

- E–X 単結合を含む分子 EX_n の中心原子 E の原子価殻の電子対はすべて立体化学的に重要であり，これらの反発により分子の形が決まる．
- 電子間反発は以下の順に小さくなる．

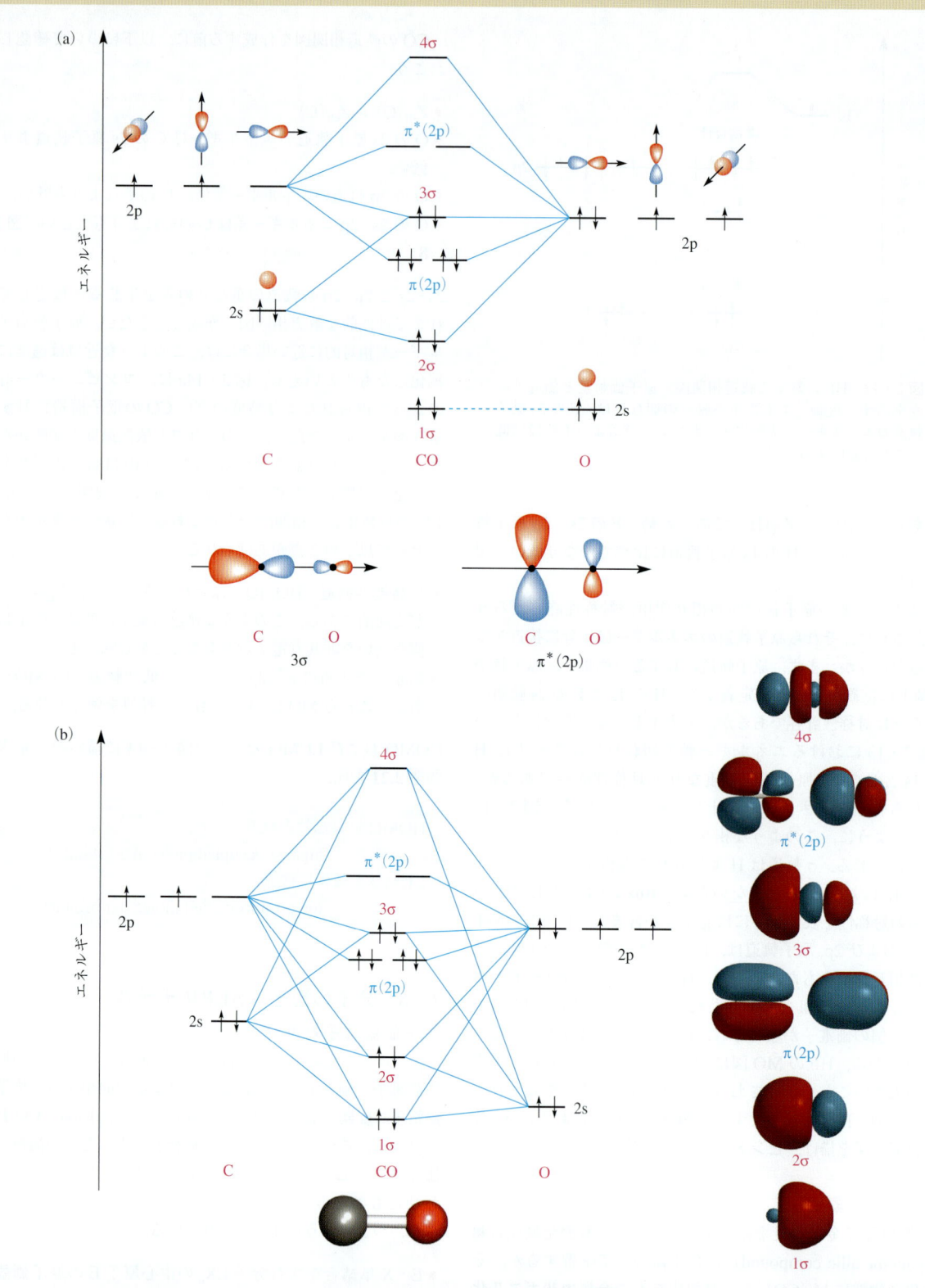

図 2・14 (a) 軌道の混合を少し考慮した,単純化された CO に対する軌道相関図. σ軌道に関しては,s,p 両方の性格をもつ軌道があるため,σ(2s) …ではなく 1σ,2σ…という記号を用いた.(b) CO に対する(依然定性的ではあるが)より精度の高い軌道相関図.右側には,Spartan '04 ©Wavefunction Inc. 2003 によりコンピューターを用いて描いた MO 図を示した.このような MO 図から,1σ MO では O の性格が支配的であるが,2σ,3σ,π*(2p) MO では O よりも C の寄与が大きいことがわかる.

非共有電子対-非共有電子対＞非共有電子対-結合電子対＞結合電子対-結合電子対
- 中心原子 E が原子 X と多重結合をつくる場合，電子間反発は以下の順に小さくなる．

  三重結合-単結合＞二重結合-単結合＞単結合-単結合
- EX_n の結合電子対間の反発は E と X の電気陰性度の差によって変化する．E−X 結合の電子密度が中心原子 E から X の方へ遠ざけられるに従って，電子間反発は小さくなる．

VSEPR モデルは p ブロック元素の単純なハロゲン化物に対して最もよく用いられるが，他の置換基をもつ化学種に対しても適用される場合がある．この場合，VSEPR モデルは立体的な効果（置換基の相対的な嵩高さ）を考慮していないことに注意を要する．

一般に EX_n 分子において，与えられた電子対の数に応じてエネルギーが最小となる立体配置が存在する．$BeCl_2$（Be は 2 族）では，Cl−Be−Cl 構造が直線の場合，Be の原子価殻にある 2 組の電子対間の反発が最小となる．BCl_3（B は 13 族）では，電子対（すなわち Cl 原子）が平面三角形の配置となる場合，電子対間の反発が最小になる．図 2・15 の左側の列に，E が非共有電子対をもたない場合の，$n=2\sim 8$ に対する EX_n 分子の最小エネルギーとなる構造を示した．表 2・3 にはさらに，ひずみのない理想的な結合角とともにこれらの構造が説明されている．すべての置換基 X が同じ場合にはひずみのない結合角となるが，たとえば BF_2Cl（**2.26**）の場合，Cl は F より立体的に大きいため幾分ひずみを生じ，分子の形は完全な正三角形とはならない（おおむね正三角形となるが）．

∠F−B−F = 118°

(2.26)　　　　**(2.27)**

このような基本的考え方と図 2・15 に示す'基本構造'をもとに，非共有電子対が存在する場合を考える．H_2O（**2.27**）では，2 組の結合電子対と 2 組の非共有電子対が互いに反発して四面体形配置をとるが，非共有電子対-非共有電子対，非共有電子対-結合電子対，結合電子対-結合電子対の反発の程度が異なるため，理想的配置からのひずみが生じる．このことは，観測される H−O−H 結合角が 104.5° であることと一致する．

例題 2.7　VSEPR モデル

(a) XeF_2 と (b) $[XeF_5]^-$ の構造を推定せよ．

解答　18 族の Xe は原子価殻に 8 個の電子をもつ．17 族の F は 7 個の価電子をもち，1 本の共有結合を形成する．VSEPR モデルを適用する前に，分子内でどちらの元素が中心原子となるかを考える．XeF_2 と $[XeF_5]^-$ のいずれにおいても，Xe が中心原子となる．

(a) XeF_2．Xe 原子の 8 個の価電子のうち 2 個が結合に用いられ（2 本の Xe−F 単結合），その結果，Xe 原子まわりには 2 組の結合電子対と 3 組の非共有電子対が存在する．

この場合の基本形は三方両錐形（図 2・15）であり，3 組の非共有電子対がエクアトリアル平面内に位置し，非共有電子対-非共有電子対の反発を最小にする．したがって，XeF_2 分子は直線形となる．

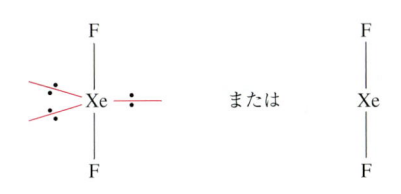

(b) $[XeF_5]^-$．全体の負電荷からの 1 電子は便宜的に中心原子の原子価殻に含める．9 個の価電子のうち 5 個が結合に用いられ，Xe 中心まわりには 5 組の結合電子対と 2 組の非共有電子対が存在する．

この場合の基本形は五方両錐形（図 2・15）であり，2 組の非共有電子対は互いに反対側に位置し，非共有電子対-非共有電子対の反発を最小としている．したがって，$[XeF_5]^-$ 陰イオンは平面五角形の構造をとる．

回折法による構造決定では，原子の位置が実際に決定される．したがって，構造を記述する観点からは，XeF_2 は直線形，$[XeF_5]^-$ は平面五角形である．上に示した構造図では，VSEPR モデルからの根拠を強調する意味で非共有電子対を含めた構造とともに，それぞれの化学種を 2 種の表し方で示した．

練習問題

VSEPR モデルが以下の分子の形と一致することを示せ．

BF_3	平面三角形
$[IF_5]^{2-}$	平面五角形
$[NH_4]^+$	四面体形
SF_6	八面体形
XeF_4	平面正方形
AsF_5	三方両錐形
$[AlCl_4]^-$	四面体形

| 二配位 | 直線形 | 屈曲形 | | | 六配位 | 八面体形 |

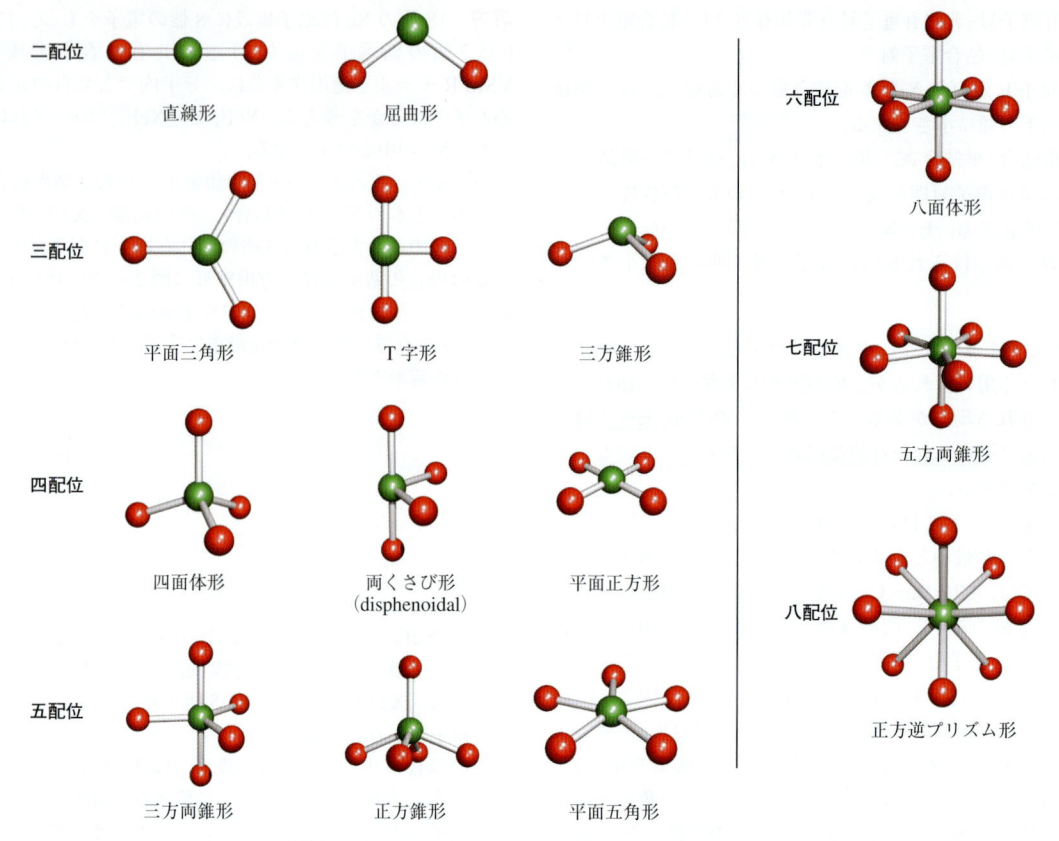

（図中ラベル）
- 二配位: 直線形, 屈曲形
- 三配位: 平面三角形, T字形, 三方錐形
- 四配位: 四面体形, 両くさび形 (disphenoidal), 平面正方形
- 五配位: 三方両錐形, 正方錐形, 平面五角形
- 六配位: 八面体形
- 七配位: 五方両錐形
- 八配位: 正方逆プリズム形

図2・15 EX_n 分子あるいは $[EX_n]^{m+/-}$ イオンでよく現れる形．二配位から五配位のうち左端の構造と，六配位から八配位の構造が VSEPR モデルにおいて'基本'形として用いられる．

例題 2.8　VSEPR：二重結合をもつ分子

$[NO_2]^+$ に対して直線形あるいは屈曲形いずれの構造が VSEPR モデルから予想されるか．

解答　15族のNは5個の価電子をもつ．全体の正電荷が窒素中心上にあるとすると，N^+ 中心は4個の価電子をもつ．16族のOは6個の価電子をもち，オクテットを完成するのに2電子の収容が必要となる．$[NO_2]^+$ では，N^+ 中心の4個の価電子はすべて2本の二重結合を形成するのに用いられる．N原子上には非共有電子対がないので，VSEPR モデルから直線形構造が予測される．

$$[O=N=O]^+$$

練習問題

1. SO_3 に対する VSEPR モデルは平面三角形構造と一致するか示せ．

2. $[NO_2]^-$ が屈曲形であるのに対し，なぜ CO_2 分子が直線形であるのか，VSEPR モデルを用いて説明せよ．

3. 亜硫酸イオン $[SO_3]^{2-}$ はつぎの構造をとる．

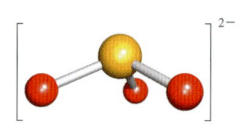

VSEPR モデルがこの構造を支持することを示せ．

三方両錐形から導かれる構造

本項では，中心原子が5組の電子対をもつ ClF_3，SF_4 などの化学種の構造について考える．実験的に決定された ClF_3 の構造を図2・16（p.50）に示す．このT字形構造は VSEPR モデルを用いて合理的に説明できる．Cl原子の原子価殻には3組の結合電子対と2組の非共有電子対がある．両方の非共有電子対がエクアトリアル位（表2・3参照）を占めた場合，ClF_3 分子はT字形の構造となる．$X_{ax}-E-X_{eq}$ と $X_{eq}-E-X_{eq}$ の結合角（表2・3）の違いと，非共有電子対-非共有電子対，結合電子対-非共有電子対，結合電子対-結合電子対の反発の相対的な大きさを考え合わせることにより，結合電子対と非共有電子対の位置を決定できる．ClF_3 の塩素原子上の非共有電子対は優先的に空いた空間が大きい

表 2・3 EX_n 分子（$n=2～8$）の'基本'形

組成 EX_n	E 原子の配位数	形	立体構造	ひずみのない場合の結合角 ($\angle X-E-X$)/°
EX_2	2	直線形 linear	X—E—X	180
EX_3	3	平面三角形 trigonal planar		120
EX_4	4	四面体形 tetrahedral		109.5
EX_5	5	三方両錐形 trigonal bipyramidal		$\angle X_{ax}-E-X_{eq}=90$ $\angle X_{eq}-E-X_{eq}=120$
EX_6	6	八面体形 octahedral		$\angle X_1-E-X_2=90$
EX_7	7	五方両錐形 pentagonal bipyramidal		$\angle X_{ax}-E-X_{eq}=90$ $\angle X_{eq}-E-X_{eq}=72$
EX_8	8	正方逆プリズム形 square antiprismatic		$\angle X_1-E-X_2=78$ $\angle X_1-E-X_3=73$

エクアトリアル位を占めることになる．さらに，結合電子対–非共有電子対の反発のために F–Cl–F 結合角は理想値である 90°（表 2・3）から少しひずむ．図 2・16 では，アキシアル位とエクアトリアル位における Cl–F 結合距離の明確な違いが示されているが，これは三方両錐形配置から導かれる分子構造で一般にみられる傾向である．PF_5 では，アキシアル（ax）とエクアトリアル（eq）の結合距離はそれぞれ 158 pm と 153 pm であり，SF_4（**2.28**）では 165 pm と 155 pm，BrF_3 では 181 pm と 172 pm である*．ただし，結合距離の違いは三方両錐形に属する化学種に限られるものではない．たとえば，BrF_5（**2.29**）では，Br 原子は 4 個の F 原子を含む**底面**（basal plane）よりやや下方に位置し（$\angle F_{ax}-Br-F_{bas}=84.5°$），$Br-F_{ax}$ と $Br-F_{bas}$ の結合距離はそれぞれ 168 pm と 178 pm と異なる．

---

* この話題に関する詳細は以下の文献を参照せよ：R. J. Gillespie and P. L. A. Popelier (2001) *Chemical Bonding and Molecular Geometry*, Oxford University Press, Oxford, Chapter 4.

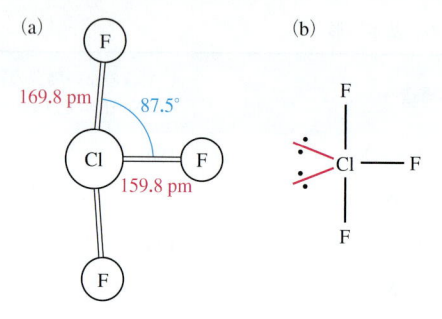

図2・16 (a) 実験的に決定されたClF₃の構造と，(b) VSEPRモデルを用いてこの構造を理解するための模式図

(2.28)

(2.29) アキシアル位／ベーサル位（底面配位座）

VSEPRモデルの限界

VSEPRモデルを一般化して用いるのは便利であるが，その用途には限界がある．本項目では，いくつかの問題点について例をあげて説明する．IF_7と$[TeF_7]^-$は等電子的な化学種であり，VSEPRモデルからいずれも五方両錐形であると予測される．しかし，IF_7の電子線回折と$[Me_4N][TeF_7]$のX線回折の結果から，エクアトリアル位のF原子が同一平面上になく，VSEPRモデルでは予測できない構造であることが明らかとなった．さらにIF_7では，$I-F_{ax}$と$I-F_{eq}$の距離はそれぞれ179 pmと186 pmであったが，$[TeF_7]^-$では$Te-F_{ax}$結合距離は179 pmであるのに対し，$Te-F_{eq}$距離は183から190 pmの範囲に分布していた．

$[SeCl_6]^{2-}$，$[TeCl_6]^{2-}$，$[BrF_6]^-$（§16・7参照）に対してもVSEPRモデルはあてはまらない．VSEPRモデルでは中心原子まわりに7組の電子対があることに由来する構造が予測されるが，これらのアルカリ金属塩を分析した結果，これら陰イオンが固体状態で典型的な八面体構造をとることが明らかとなった．このような構造を容易に予測することはできないが，立体化学的に不活性な電子対という考え方を用いて理解することができる．立体化学的に不活性な非共有電子対は一般に周期表の族の最も重い元素にみられ，原子価殻のs電子が分子内で非結合的な性質をもつ傾向を立体化学的不活性電子対効果という．同様に，$[SbCl_6]^-$や$[SbCl_6]^{3-}$は両者とも典型的な八面体構造をとる．最後に，$[XeF_8]^{2-}$，$[IF_8]^-$，$[TeF_8]^{2-}$について考える．VSEPRモデルから予測されるように，$[IF_8]^-$と$[TeF_8]^{2-}$は正方逆プリズム形である．この構造は立方体の一つの面を45°回転した形である（表2・3）．一方，中心原子まわりに9組の電子対をもつ$[XeF_8]^{2-}$もこの構造をとり，非共有電子対が立体化学的に不活性であることを示している．

VSEPRモデルはpブロックの化学種に適用することができるが，遷移金属化合物のd電子配置には適用できないことに注意を要する（第20～24章参照）．

> 非共有電子対の存在が分子やイオンの形に影響を与える場合，その非共有電子対は**立体化学的に活性**（stereochemically active）であるという．それがまったく影響を与えない場合，その非共有電子対は**立体化学的に不活性**（stereochemically inactive）であるという．原子価殻のs電子対が分子やイオン中で非結合的な性質をもつ傾向を**立体化学的不活性電子対効果**（stereochemical inert pair effect）という．

2・9 分子の形：立体異性

> 同じ原子組成（分子式）をもつが，構造式（原子の結合の種類）が異なるか，あるいは立体構造（原子の空間的な配列）が異なる複数の化学種があるとき，おのおのを**異性体**（isomer）という．異性体間では物理的性質や化学的性質の両方または一方が異なる．

本節では，pおよびdブロックの化学を例にとり，**立体異性**（stereoisomerism）について説明する．他の異性現象については§20・8で述べる．

> 2個の化学種が同じ分子式をもち原子の結合が同じであるが，中心原子あるいは二重結合に対して原子や置換基の空間的配置が異なる場合，これらの化合物を**立体異性体**（stereoisomer）という．

立体異性体は**ジアステレオマー**（diastereomer）と**鏡像異性体**（エナンチオマー，enantiomer）の2種に分類される．互いに鏡像の関係にはない立体異性体をジアステレオマーといい，互いに鏡像の関係にある立体異性体を鏡像異性体という．ここでは，ジアステレオマーのみを取上げる．鏡像異性体については§4・8と§20・8で説明する．

平面正方形の化学種

$[ICl_4]^-$や$[PtCl_4]^{2-}$（2.30）のような平面正方形の化学種では，4個のCl原子は等価である．同様に，$[PtCl_3(PMe_3)]^-$（2.31）では，平面正方形のPt(II)原子まわりにおける置換基の結合配列は一つしかない（配位化合物における矢印や実線を用いた結合表記については§7・11で説明する）．

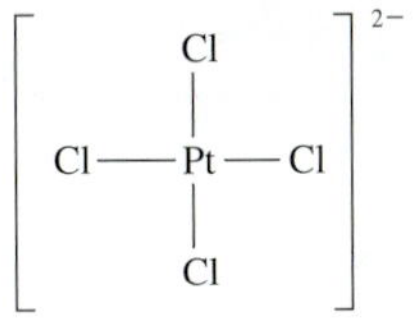

2・9 分子の形：立体異性

(2.30) 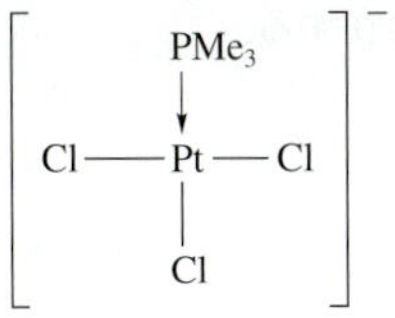 (2.31)

2個のPMe₃基が結合した[PtCl₂(PMe₃)₂]では2種の立体異性体を生じる．つまり，平面正方形のPt(Ⅱ)原子まわりにこれらの置換基を結合する場合，2種の空間配列が可能となる．これらは構造2.32と2.33で示され，Cl（あるいはPMe₃）基の位置が互いに隣り合っているか，あるいは向かい合っているかでシス（*cis*）あるいはトランス（*trans*）とよばれる．

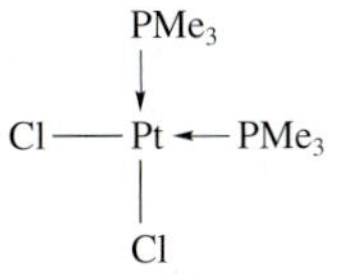

面配置　　　　　　　子午線配置
facial arrangement　　meridional arrangement
ファク（*fac*）異性体　メル（*mer*）異性体

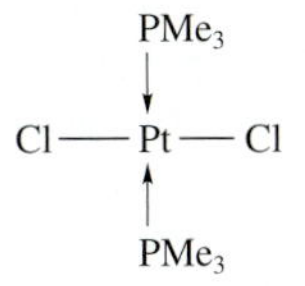

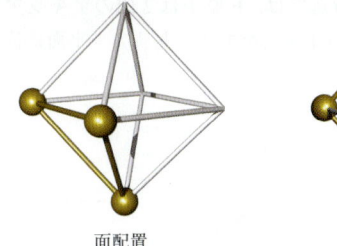

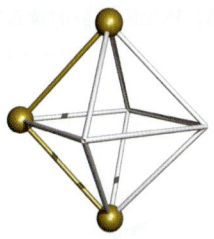

図2・17 ファク異性体とメル異性体の名前の由来．わかりやすさのために中心原子は示していない．

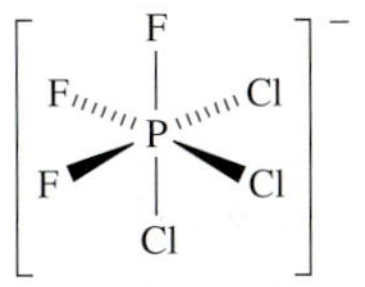

シス異性体　　　　　トランス異性体
(2.32)　　　　　　　(2.33)

ファク異性体　　　　メル異性体
(2.36)　　　　　　　(2.37)

> EX₂Y₂ あるいは EX₂YZ の一般式をもつ**平面正方形**（square planar）の化学種には，シス異性体とトランス異性体が存在する．

> 2個の同じ置換基を含む**八面体形**（octahedral）の化学種（たとえばEX₂Y₄）では，それら置換基のシスおよびトランス配置が存在する．同じ置換基を3個含む八面体形の化学種（たとえば，EX₃Y₃）にはファクおよびメル異性体が存在する．

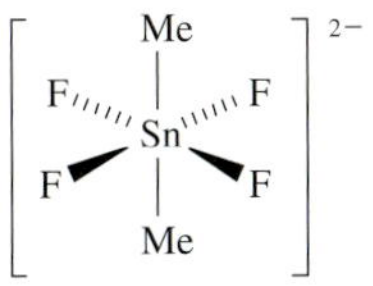

八面体形の化学種

八面体形の化学種には2種類の異性現象がある．EX₂Y₄では，[SnF₄Me₂]²⁻（2.34, 2.35）について示されるように，X基が互いにシス位かトランス位かに配置される．[NH₄]₂[SnF₄Me₂]の固体構造において，陰イオン部はトランス異性体として存在する．

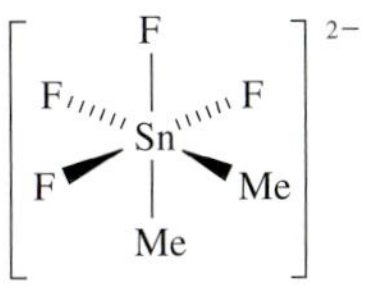

三方両錐形の化学種

三方両錐形EX₅にはアキシアル位とエクアトリアル位に環境の異なる2種のX原子が存在する．さらに，中心原子に複数の置換基が結合した場合には立体異性が可能となる．ペンタカルボニル鉄Fe(CO)₅は三方両錐形で，1個のCOをPPh₃で置換する場合，PPh₃配位子がアキシアル位にあるか（2.38）あるいはエクアトリアル位にあるか（2.39）によって2種の立体異性体が可能となる．

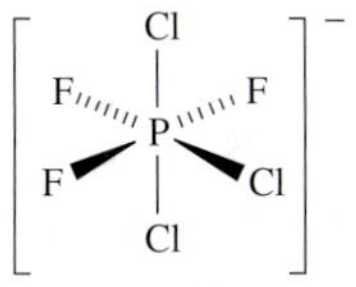

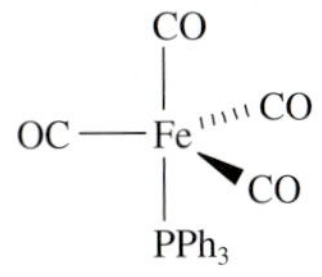

シス異性体　　　　　トランス異性体
(2.34)　　　　　　　(2.35)

八面体形の化学種がEX₃Y₃の一般式をもつ場合には，X基（Y基も同様）が八面体の一つの面をつくるように配置される場合と，中心原子Eを含む面上に配置される場合がある（図2・17）．これらの立体異性体はそれぞれファク（*fac*；面の，facial）およびメル（*mer*：子午線の，meridional）と表記される．[PCl₄][PCl₃F₃]の[PCl₃F₃]⁻はファク異性体およびメル異性体のいずれとしても存在する（2.36と2.37）．

(2.38) 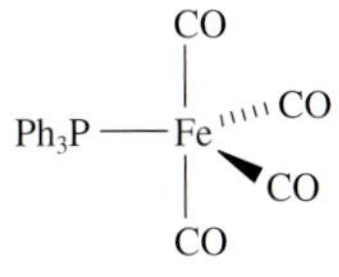　　　　　　　(2.39)

三方両錐形EX₂Y₃では，X原子の相対的配置によって3種の立体異性体（2.40〜2.42）が可能である．ある化学種でどの異性体が生成するかは立体的要因によって決まる．たと

えば，PCl_3F_2 の静的構造では，F 原子は 2 個のアキシアル位を占め，より大きい Cl 原子がエクアトリアル平面に位置する．

(2.40)　　(2.41)　　(2.42)

が存在する．

(2.43)　　(2.44)

> 三方両錐形（trigonal bipyramidal）の化学種では，アキシアル位とエクアトリアル位が存在するため，立体異性が生じる．

高配位数

五方両錐形の分子にはアキシアル位とエクアトリアル位が存在するため，三方両錐形の化学種と同様の立体異性が生じる．正方逆プリズム形の分子 EX_8 では，すべての X 原子が等価であるが（図2・15），異なる原子や置換基が 2 個以上ある場合，たとえば EX_6Y_2 では立体異性体が生じる．練習問題として，正方逆プリズム形 EX_6Y_2 に対して可能な 4 種の立体異性体を描くとよい．

二重結合

単結合（σ 結合）は一般に結合軸まわりに自由回転が可能であるが，二重結合まわりの回転についてはエネルギー障壁が高い．その結果，二重結合が存在すると立体異性が生じる．たとえば，N_2F_2 の各 N 原子は一対の非共有電子対をもち，1 個の N−F 単結合と 1 個の N=N 二重結合を形成しており，構造 **2.43** と **2.44** に示すトランス異性体とシス異性体*

さらに勉強したい人のための参考文献

P. Atkins and J. de Paula (2006) *Atkins' Physical Chemistry*, 8th edn, Oxford University Press, Oxford － よく吟味され充実した内容の物理化学の教科書．

J. Barrett (2002) *Structure and Bonding*, RSC Publishing, Cambridge － 入門書で原子価結合法，分子軌道法，VSEPR 則についての説明がある．

R. J. Gillespie and I. Hargittai (1991) *The VSEPR Model of Molecular Geometry*, Allyn and Bacon, Boston － 基本原理から量子力学的取扱いまで VSEPR モデルを用いた多くの例が取上げられている．

R. J. Gillespie and E. A. Robinson (2005) *Chemical Society Reviews*, vol. 34, p. 396 － 'Models of molecular geometry' は教育的な総説で，VSEPR モデルやさらに近年発展した ligand close-packing（LCP）モデルが用いられている．

D. O. Hayward (2002) *Quantum Mechanics for Chemists*, RSC Publishing, Cambridge － 学部学生のための教科書で量子力学の基本原理についての内容を含む．

R. McWeeny (1979) *Coulson's Valence*, 3rd edn, Oxford University Press, Oxford － 詳細な数学的方法で化学結合を一般的に取扱った古典的教科書．

D. W. Smith (2004) *Journal of Chemical Education*, vol. 81, p. 886 － 'Effects of exchange energy and spin-orbit coupling on bond energies' という題の有用な文献．

M. J. Winter (1994) *Chemical Bonding*, Oxford University Press, Oxford － 大学初年次生のための入門書で，数学を用いないで化学結合について解説．

問 題

2.1 つぎの分子のルイス構造を描け．(a) F_2, (b) BF_3, (c) NH_3, (d) H_2Se, (e) H_2O_2, (f) $BeCl_2$, (g) SiH_4, (h) PF_5

2.2 つぎの化合物中の窒素－窒素結合の様式についてルイス構造モデルを用いて推定せよ．(a) N_2H_4, (b) N_2F_4, (c) N_2F_2, (d) $[N_2H_5]^+$

2.3 O_3 分子に対する共鳴構造を書け．正味の結合次数に関してどのような結論が導かれるか説明せよ．

2.4 つぎの分子のルイス構造を書け．(a) CO_2, (b) SO_2, (c) OF_2, (d) H_2CO

2.5 つぎの分子はすべてラジカル種であるが，ルイス構造を用いてその性質を正確に表せるのはどれか．(a) NO, (b) O_2, (c) NF_2

2.6 (a) 二原子分子 Li_2, B_2, C_2 の結合について VB 理論を用いて説明せよ．(b) 実験データにより，B_2 は常磁性であり，Li_2 と C_2 は反磁性であることがわかっている．VB モデルがこれらの事実に矛盾しないか述べよ．

2.7 VB 理論とルイス構造モデルを用い，つぎの分子の結合次数を決定せよ．(a) H_2, (b) Na_2, (c) S_2, (d) N_2 (e) Cl_2. この方法で結合次数を確実に見積ることができるか述べよ．

2.8 VB 理論から二原子分子 He_2 が現実にありうる化学種で

---

* 有機化学における IUPAC の命名法では，置換基のトランス配置に対して $(E)-$，シス配置に対して $(Z)-$ の記号が用いられているが，無機化合物に対してはトランスおよびシスの用語が依然用いられている．

あるといえるか，理由とともに述べよ．

2.9 (a) MO 理論を用いて $[He_2]^+$ と $[He_2]^{2+}$ の結合次数を決定せよ．(b) このようなイオンに対する MO 図から，これらが現実に存在しうる化学種といえるか述べよ．

2.10 (a) 酸素原子の原子価軌道だけを用いて O_2 の生成に対する MO 軌道相関図を組立てよ．(b) その相関図を用いて O-O 結合距離に関するつぎの傾向を説明せよ．O_2 121 pm，$[O_2]^+$ 112 pm，$[O_2]^-$ 134 pm，$[O_2]^{2-}$ 149 pm．(c) これら化学種のうち，どれが常磁性であるか．

2.11 つぎの分子のすべての原子についてオクテット則が満たされることを確かめよ．(a) CF_4，(b) O_2，(c) $AsBr_3$，(d) SF_6

2.12 PF_5 の電荷分離した共鳴構造として，オクテット則を厳密に満たすものを書け．

2.13 以下の各組の化合物のうち，1個が他のものと等電子的ではない．それぞれ，どれが異なるか示せ．
(a) $[NO_2]^+$，CO_2，$[NO_2]^-$，$[N_3]^-$
(b) $[CN]^-$，N_2，CO，$[NO]^+$，$[O_2]^{2-}$
(c) $[SiF_6]^{2-}$，$[PF_6]^-$，$[AlF_6]^{3-}$，$[BrF_6]^-$

2.14 以下の表で，項目 1 の化合物と等電子的な化合物を項目 2 から選べ．対応するものが 2 個以上ある化合物もある．等電子的という用語をどのように理解すればよいかも説明せよ．

項目 1	項目 2
F_2	$[H_3O]^+$
NH_3	$[GaCl_4]^-$
$[GaBr_4]^-$	Cl_2
$[SH]^-$	$[NH_4]^+$
$[BH_4]^-$	$[OH]^-$
$[AsF_6]^-$	$[O_2]^{2-}$
$[PBr_4]^+$	SeF_6
HF	$SiBr_4$

2.15 表 2・2 のデータを用い，つぎの共有結合性の単結合のうちどれが極性であるか，また，(極性である場合には) 双極子モーメントはどちらの方に向くか示せ．
(a) N-H，(b) F-Br，(c) C-H，(d) P-Cl，(e) N-Br

2.16 以下のリストから等電子的な化学種の組を選べ．ただし，すべての化学種に '相手' があるとは限らない．HF，CO_2，SO_2，NH_3，PF_3，SF_4，SiF_4，$SiCl_4$，$[H_3O]^+$，$[NO_2]^+$，$[OH]^-$，$[AlCl_4]^-$

2.17 VSEPR モデルを用いてつぎの化合物の構造を予測せよ．(a) H_2Se，(b) $[BH_4]^-$，(c) NF_3，(d) SbF_5，(e) $[H_3O]^+$，(f) IF_7，(g) $[I_3]^-$，(h) $[I_3]^+$，(i) SO_3

2.18 図 2・18 に示される SOF_4 の構造を，VSEPR モデルを用いて説明せよ．(a) 各 S-F 結合と (b) S-O 結合の結合次数を示せ．

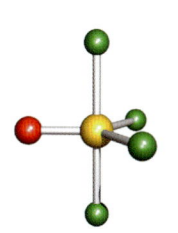

2.19 つぎの分子の形を示し，表 2・2 のデータを用いて各分子が極性か無極性か答えよ．(a) H_2S，(b) CO_2，(c) SO_2，(d) BF_3，(e) PF_5，(f) cis-N_2F_2，(g) trans-N_2F_2，(h) HCN

2.20 つぎに示す化学種に立体異性体が存在するか否か答えよ．立体異性体がある場合，構造を描きそれらを区別する記号を示せ．(a) BF_2Cl，(b) $POCl_3$，(c) $MePF_4$，(d) $[PF_2Cl_4]^-$

図 2・18 SOF_4 の構造

総合問題

2.21 (a) CO に対する共鳴構造のうち，結合に対する寄与が大きいと思われるものだけを選んで描け．(b) 図 2・14a に示した CO に対する MO 図に 2 種の MO が模式的に描かれているが，残る 6 種の MO についても同様の模式図を描け．

2.22 (a) 立体的な観点から $[PtCl_2(PPh_3)_2]$ のシス体とトランス体ではどちらが安定か．
(b) SF_4 は両くさび形であるが SNF_3 は四面体形である．VSEPR モデルを用いてその理由を説明せよ．
(c) KrF_2 が屈曲形ではなく直線形である理由を説明せよ．

2.23 以下の事実について説明せよ．
(a) IF_5 は極性分子である．
(b) K の第一イオン化エネルギーは Li より小さい．
(c) PI_3 は三方錐形であるが BI_3 は平面三角形である．

2.24 以下の事実についてその理由を述べよ．
(a) どちらも 1s 原子軌道から電子が取去られるにもかかわらず，He の第二イオン化エネルギーは第一イオン化エネルギーよりも大きい．
(b) N_2F_2 を 373 K で加熱すると，無極性分子から極性分子に変化する．
(c) S_2 は常磁性である．

2.25 以下の事実について説明せよ．
(a) 臭素分子の質量スペクトルでは，Br_2^+ の親イオンに対して 3 本のピークが観測される．
(b) 臭素の固体構造では，すべての Br 原子に 1 個の最近接原子が 227 pm の距離にあり，つぎに近いいくつかの原子が 331 pm の位置にある．
(c) Br_2 と SbF_5 の反応から生じる塩において，Br_2^+ に対する Br-Br 距離 215 pm は Br_2 の Br-Br 距離より短い．

2.26 (a) 三方両錐形の $[SiF_3Me_2]^-$ (Me = CH_3) に対し，可能な立体異性体を描け．ある $[SiF_3Me_2]^-$ の塩に対する X 線回折では，2 個の F 原子がアキシアル位を占めることが示された．この立体異性体が先に描いた他の可能な立体異性体よりも安定に存在する理由を説明せよ．
(b) 一連の化合物 $[PtCl_4]^{2-}$，$[PtCl_3(PMe_3)]^-$，$[PtCl_2(PMe_3)_2]$，$[PtCl(PMe_3)_3]^+$ に関し，立体異性体の数がすべて同じとはならないことを説明せよ．

2.27 (a) 化合物 $[PCl_4][PCl_3F_2]$ 中に存在するイオンの構造を描け．各イオンはどのような形であるか．また，理論的にどちらのイオンに立体異性体が存在するか．
(b) VSEPR モデルを用いて BCl_3 と NCl_3 が同じ構造ではないことを説明せよ．どちらの分子が極性をもつか，理由とともに答えよ．

2.28 つぎのどの化学種に対してもVSEPRモデルを適用できるとして，各分子あるいはイオンについて，いくつの異なるF原子の環境が存在するか答えよ．(a) $[SiF_6]^{2-}$, (b) XeF_4, (c) $[NF_4]^+$, (d) $[PHF_5]^-$, (e) $[SbF_5]^{2-}$

2.29 O_2の結合に対するVB法とMO法の取扱いについて，両者の長所と短所がわかるように比較せよ．特に各モデルが導くO_2の性質に注意を払いながら両者の違いについて述べよ．

3 原子核の性質

おもな項目
- 核結合エネルギー
- 放射能
- 人工的につくる同位体
- 核反応
- 放射性同位体の分離
- 同位体の利用
- ^{2}H と ^{13}C の由来
- 核磁気共鳴分光法とその利用
- メスバウアー分光法とその利用

3・1 はじめに

この章では**原子核**（nucleus）の性質や原子核の反応を取扱う。原子核の変換が自発的に起こる場合，その原子核は放射性をもつという。原子核の変換を人工的にひき起こすこともでき，核分裂反応で放出されるエネルギーは原子力産業に利用されている。特定の原子核の性質を利用する分析法には核磁気共鳴（NMR）やメスバウアー分光がある。

3・2 核結合エネルギー

質量欠損と結合エネルギー

^{1}H の質量は陽子1個と電子1個の質量の和と完全に一致する（表1・1参照）。しかし，その他の原子の質量は，その原子中に存在する陽子，中性子，電子の質量の和より**小さい**。この差を**質量欠損**（mass defect）といい，原子核中の陽子と中性子の**結合エネルギー**（binding energy）の尺度となる。陽子と中性子が結合して原子核を生成するときに放出されるエネルギーと質量欠損との関係はアインシュタインの式 3.1 で与えられる。質量欠損は普通の化学反応にも適用されうるが，その場合の質量の損失はきわめて小さいため，通常は無視できる。

$$\Delta E = \Delta m c^2 \tag{3.1}$$

ここで ΔE = 放出エネルギー
Δm = 質量の損失（質量欠損）
c = 真空中での光速 = 2.998×10^8 m s^{-1}

核結合エネルギーは**原子量**（atomic mass, §1・3 参照）から導かれるが，質量欠損が原子核中での粒子の結合によって起こる現象であるため，原子核の質量から導く方が妥当である。しかし，原子の質量とは異なり，原子核の正確な質量は，質量分析計中で電子をすべて除去できる原子番号の小さい元素に対してのみ知られている。

例題 3.1 核結合エネルギー

質量欠損は原子核中の陽子と中性子の相互作用のみから生じるとして，以下の値から $^7_3$Li の核結合エネルギーを算出せよ。

$^7_3$Li 原子について実測された質量 = 7.016 00 u
1 u = 1.660 54 × 10^{-27} kg
電子の静止質量 = 9.109 39 × 10^{-31} kg
陽子の静止質量 = 1.672 62 × 10^{-27} kg
中性子の静止質量 = 1.674 93 × 10^{-27} kg
c = 2.998 × 10^8 m s^{-1}

解答
$^7_3$Li 原子1個の実際の質量
= 7.016 00 × 1.660 54 × 10^{-27}
= 1.165 03 × 10^{-26} kg

$^7_3$Li 原子中の陽子，中性子，電子の質量の和
= (3 × 9.109 39 × 10^{-31}) + (3 × 1.672 62 × 10^{-27})
  + (4 × 1.674 93 × 10^{-27})
= 1.172 03 × 10^{-26} kg

質量の差 = Δm
= (1.172 03 × 10^{-26}) − (1.165 03 × 10^{-26})
= 0.007 00 × 10^{-26} kg
核結合エネルギー = $\Delta E = \Delta m c^2$
= (0.007 00 × 10^{-26}) × (2.998 × 10^8)^2 kg m^2 s^{-2}
= 6.291 60 × 10^{-12} J （原子1個当たり）
≈ 6.29 × 10^{-12} J （原子1個当たり）（J = kg m^2 s^{-2}）

練習問題

1. $^4_2$He 原子について実測された質量を 4.002 60 u とし，$^4_2$He 原子の核結合エネルギーを算出せよ。その他必要な数値は例

題 3.1 を参照せよ．[答 約 4.53×10^{-12} J（原子 1 個当たり）]

2. $^9_4$Be 原子の核結合エネルギーを 9.3182×10^{-10} J（原子 1 個当たり）とし，$^9_4$Be 原子の質量を計算せよ．その他必要な数値は例題 3.1 を参照せよ．[答 9.012 18 u]

3. $^{16}_8$O 原子について実測された質量を 15.994 91 u として，$^{16}_8$O 原子の核結合エネルギーを算出せよ．その他必要な数値は例題 3.1 を参照せよ．[答 約 2.045×10^{-11} J（原子 1 個当たり）]

例題 3.1 で算出した $^7_3$Li の核結合エネルギー 6.29×10^{-12} J は原子 1 個当たりの値である．これは 1 mol の原子核当たりでは 3.79×10^{12} J（3.79×10^9 kJ）に相当する．つまり，素粒子が結合して 1 mol の原子が生成すると莫大なエネルギーが放出される．これを n-ブタンの燃焼熱（$\Delta_c H°$ (298 K) = -2857 kJ mol^{-1}）と比較すれば，その値の大きさが容易に理解できる．

核子 1 個当たりの平均結合エネルギー

異なる原子核の結合エネルギーを比べる場合，**核子**（nucleon）当たり，すなわち原子核中の粒子 1 個当たりの平均結合エネルギーを考えると便利である．原子核中で考慮すべき重要な粒子を陽子と中性子だけとすると*，$^7_3$Li の核子 1 個当たりの平均結合エネルギーは式 3.2 で与えられる．

$^7_3$Li の核子 1 個当たりの平均結合エネルギー
$$= \frac{6.29 \times 10^{-12}}{7} = 8.98 \times 10^{-13} \text{ J} \tag{3.2}$$

図 3・1 のように核結合エネルギーをメガ電子ボルト（MeV）単位で扱うのが便利である．図 3・1 には核子 1 個当たりの結合エネルギーの質量数依存性が示されている．これらの値は，基本的な素粒子から原子核が生成するときに放出される核子 1 個当たりのエネルギーに相当し，逆に，原子核がそのような素粒子へ分解するときの相対的な安定性の尺度としても扱うことができる．核結合エネルギーが最大となる核は $^{56}_{26}$Fe であるため，$^{56}_{26}$Fe が最も安定な核といえる．概していえば，質量数が 60 程度の原子核が最も大きな核子 1 個当たりの平均結合エネルギーをもつため，そのような元素（たとえば Fe や Ni）が地殻の大半を構成すると考えられている．

図 3・1 では質量数が 4，12，16 の原子核が相対的に大きな核子 1 個当たりの結合エネルギーをもつことも示されており，これは $^4_2$He，$^{12}_6$C，$^{16}_8$O がそれぞれ，その前後の原子核と比較して特に安定であることを意味している．このような原子核は，非常に重い原子核を合成する際の衝撃粒子として用いられる場合が多い（§3・6 参照）．最後に図 3・1 で，質量数が 100 を超えた原子核では核子 1 個当たりの結合エネルギーが明らかに減少していることに注意しよう．

図 3・1 のデータは，核反応をエネルギー源として利用する場合に重要である．原子核を含む反応が発熱反応となるのはつぎのような場合である．

- 重い原子核が中程度の質量数をもつ 2 個の原子核に分かれる場合（**核分裂** nuclear fission とよぶ，§3・5 参照），
- 2 個の軽い原子核が結合して中程度の質量数をもつ原子核を 1 個生成する場合（**核融合** nuclear fusion とよぶ，§3・8 参照）である．

3・3 放 射 能

核 放 射

> ある核種が**放射性**（radioactive）である場合，その核種は素粒子や電磁波を放射したり，自発的に核分裂や電子捕獲を起こしたりする．

核変換は，通常，活性化障壁が非常に高く，大変遅い反応であるが，それでも重い核種（たとえば $^{238}_{92}$U や $^{232}_{90}$Th）の多くが自発的に変化することが 19 世紀に知られていた．放射性核種の**壊変**（decay）について最初に以下の 3 種類の放射線を見いだしたのは Rutherford（ラザフォード）である．

- α 粒子（現在ではヘリウムの原子核 $[^4_2\text{He}]^{2+}$ として知られている）
- β 粒子（核から放射された大きな運動エネルギーをもつ電子）
- γ 放射線（高エネルギー X 線）

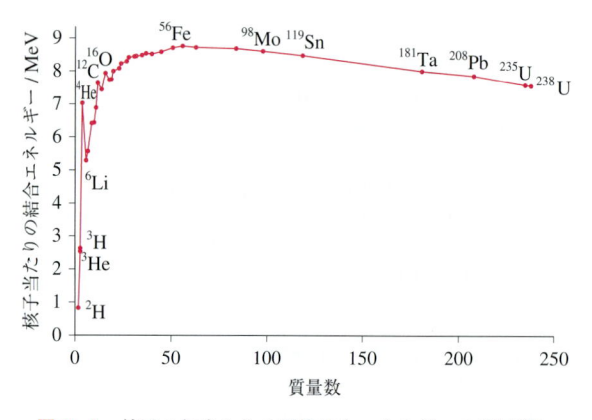

図 3・1 核子 1 個当たりの平均結合エネルギーの質量数に対する変化．エネルギーの符号が正であることに注意せよ．すなわち，このエネルギーの値が最も大きい原子核は，その原子核が生成する際に最も大きなエネルギーを放出することを意味する．

---

* この仮定は本章の内容を学習するうえでは妥当であるが，素粒子物理の分野では，原子核中にこれら以外の素粒子が存在するものとして取扱う．

自発的な放射壊変の例は $^{14}_{6}\text{C}$ であり，β粒子を放出して $^{14}_{7}\text{N}$ に変化する（式3.3参照）．この壊変は放射性炭素年代測定法の基礎をなしている（§3・9参照）．β粒子の放射では原子番号が1増加し，質量数は変化しない．

$$^{14}_{6}\text{C} \longrightarrow {}^{14}_{7}\text{N} + \beta^{-} \tag{3.3}$$

さらに最近の研究によって，核の放射壊変には，さらにつぎの3種の粒子の放射が含まれていることが明らかとなった．

- 陽電子（positron, β^{+}）
- ニュートリノ（neutrino, ν_e）
- 反ニュートリノ（anti neutrino）

陽電子は電子と同じ質量を有し，電荷の符号が逆である．ニュートリノと反ニュートリノは，質量がほぼゼロに近く電荷をもたず，それぞれ陽電子と電子の核からの放射に伴って放出される．陽電子の記号は β^{+} であり，本書では誤解を生じないようにβ粒子を式で書く場合には（式3.3のように）β^{-} で表す．

α粒子，β粒子，γ線の放射に伴うエネルギーは大きく異なる．α線のエネルギーはおよそ $(6\sim16)\times10^{-13}$ J の範囲にあり，これはα粒子が空気中で他の分子をイオン化するため，数 cm しか透過しないことを意味する．α線を遮蔽するには，2～3枚の紙や非常に薄い金属箔で十分である（図3・2）．α線を被曝した場合には健康障害を生じる．β線は，およそ $(0.03\sim5.0)\times10^{-13}$ J のエネルギーをもつが，β粒子はα粒子に比べて非常に軽いため，より速くより遠くまで進むことができる．β粒子の透過力はα粒子に勝り，遮蔽するにはアルミ箔が必要である（図3・2）．特定の核種から放射されるα粒子のエネルギーは通常同じだが，同じ核種から放出されるβ粒子のエネルギーは最大値までの連続的な分布を示す．このような観測結果は，当初，原子核が離散的なエネルギー準位をもつことから驚くべき事実だった．しかし，それにより，エネルギーが変化しうる別の粒子（反ニュートリノ）が同時に放出されることがのちに提唱されることとなる．

γ線は波長がたいへん短く，非常に大きなエネルギーをもつ（**付録4**参照）．γ線はα粒子やβ粒子の放出に伴って放射される場合が多い．これは**娘核種**（daughter nuclide, α粒子やβ粒子を放出した生成物）が励起状態にある場合が多く，それが基底状態へと遷移する際，その差分のエネルギーをγ線として放出するためである．γ線のエネルギーはβ線と同じ程度であるが，透過力は非常に大きい．γ線を吸収するには鉛の遮蔽物（数 cm の厚さ）が必要である（図3・2）．

核変換

式3.3は自発的な核変換の一例である．β粒子の放出に伴い質量数は変化せず原子番号が一つ増えており，実際には中性子が陽子に変換されている．

α粒子はヘリウムの原子核（$[{}^{4}_{2}\text{He}]^{2+}$）であるため，α粒子の放出によって原子番号が2減少し，質量数が4減少する．式3.4に $^{238}_{92}\text{U}$ の $^{234}_{90}\text{Th}$ への放射壊変を示す．α粒子の放出に伴いγ線が放射されるが，γ線放射は原子番号や質量数に影響しない．式3.4で，α粒子は中性のヘリウム（気体）として示されている．放出されたα粒子は容易に周囲から電子を獲得して中和される．

$$^{238}_{92}\text{U} \longrightarrow {}^{234}_{90}\text{Th} + {}^{4}_{2}\text{He} + \gamma \tag{3.4}$$

通常の化学反応とは異なり，多くの核反応において出発物質の元素自体が変化（**変素**, transmute）する．α粒子やβ粒子の放出を含む複数の過程が**壊変系列**（decay series）を構成する（図3・3）．最初の核種 $^{238}_{92}\text{U}$ がα粒子の放出を伴って自発的に壊変して $^{234}_{90}\text{Th}$ となる．いったん生成した $^{234}_{90}\text{Th}$ はβ粒子の放出を伴って壊変して $^{234}_{91}\text{Pa}$ となり，$^{234}_{91}\text{Pa}$ はさらにβ粒子を放出して $^{234}_{92}\text{U}$ となる．さらに続く核種が連続してα粒子あるいはβ粒子を放出することで壊変系列が続き，最終的に安定同位体 $^{206}_{82}\text{Pb}$ が生成する．この壊変系列ではすべての過程が異なる速度で進行する．

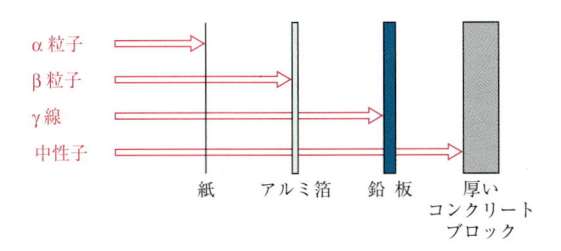

図3・2 α粒子，β粒子，γ線，中性子の透過力の比較．中性子は特に透過力が強く，原子炉中の中性子を遮蔽するには1.5 m以上の厚みをもつコンクリートの壁が必要である．

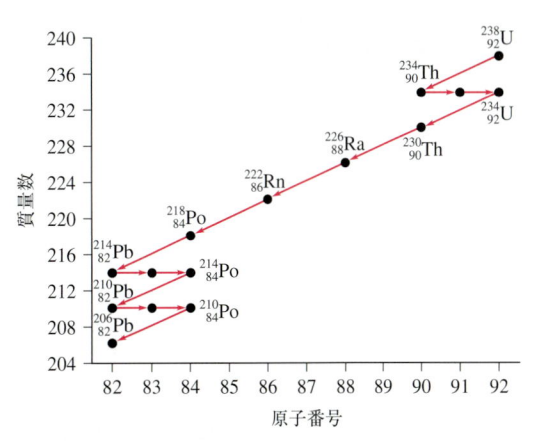

図3・3 $^{238}_{92}\text{U}$ から $^{206}_{82}\text{Pb}$ への壊変系列．この系列では最後の核種 $^{206}_{82}\text{Pb}$ だけが安定であり，それ以上壊変することはない．[**練習**：記号で示していない3種の核種は何か]

放射壊変の反応速度論

あらゆる核種の放射壊変が**一次の反応速度論**(first order kinetics)に従う.しかし,娘核種の壊変が起こる場合には観測される壊変の反応速度論は複雑になる.以下の説明では単一の壊変過程のみを考える.

下記の一次反応過程において,

$$A \longrightarrow 生成物$$

時刻 t における反応速度は,その時刻 t に存在する基質 A の濃度に比例する.放射壊変過程では便宜的に存在する核の数を用いることが多く,その場合の速度は式 3.5 で示される.

$$壊変速度 = -\frac{dN}{dt} = kN \tag{3.5}$$

ここで,t は時刻,k は一次速度定数を表す.

この速度式の積分形は式 3.6 のように表され,また壊変が指数関数的に進行することを強調した形として式 3.7 のように表される.

$$\ln N - \ln N_0 = -kt \tag{3.6}$$

ここで,$\ln = \log_e$,$N =$ 時刻 t における放射性核種の核の数,$N_0 =$ 開始時刻($t = 0$)における放射性核種の核の数

$$\frac{N}{N_0} = e^{-kt} \tag{3.7}$$

式 3.6 より,$\ln N$ を t に対してプロットすれば直線となり,その傾きから速度定数 k が求まる(章末の**問題 3.5** 参照).

図 3・4 に示す $^{222}_{86}\text{Rn}$ の一次壊変では,どの区間の放射壊変過程にも典型的な指数関数的挙動が認められる.ある時刻 t に存在する放射性核種の核の数 N_t がその半数 $N_t/2$ になるまでの時間はどの区間をとっても一定であるという特徴がある.この時間をその放射性核種の**半減期** $t_{1/2}$ という.

> ある時刻 t に存在する放射性核種の核の数 N_t がその半数 $N_t/2$ に減少するまでにかかる時間を,その放射性核種の**半減期**(half-life)という.

例題 3.2 放射壊変

図 3・4 において,$^{222}_{86}\text{Rn}$ の最初の物質量は 0.045 mol である.この図を用いて $^{222}_{86}\text{Rn}$ の半減期を見積れ.

解答 まず,$^{222}_{86}\text{Rn}$ の物質量が 0.045 mol からその半分(0.0225 mol)になるまでに要する時間を求める(最初の半減期).グラフから $(t_{1/2})_1$ は約 3.8 日.

さらに精度を高めるには,グラフからの半減期の見積りを少なくとも 3 回以上行い,その平均値を採用すべきである($^{222}_{86}\text{Rn}$ の正確な半減期 $t_{1/2}$ は 3.82 日).

練 習 問 題

1. 図 3・4 の 3 箇所から半減期を読み取り,すべて 3.8 日であることを示せ.
2. $^{222}_{86}\text{Rn}$ の半減期 $t_{1/2}$ を 3.8 日として,0.050 mmol が 0.0062 mmol に壊変するのに要する時間を求めよ. 〔答 11.4 日〕
3. $^{222}_{86}\text{Rn}$ の半減期 $t_{1/2}$ を 3.8 日として,最初 0.090 mol あった $^{222}_{86}\text{Rn}$ が 15.2 日後には何 mmol 残っているか求めよ.
  〔答 5.6 mmol〕

半減期と速度定数の関係を示す式 3.8 は,式 3.6 に $N = N_0/2$,および $t = t_{1/2}$ を代入することによって導かれる.

$$\left.\begin{array}{l}\ln\left(\dfrac{N_0}{2}\right) - \ln N_0 = -\ln 2 = -kt_{\frac{1}{2}} \\[2pt] t_{\frac{1}{2}} = \dfrac{\ln 2}{k}\end{array}\right\} \tag{3.8}$$

天然に存在する放射性核種の半減期は非常に大きく異なり,たとえば $^{238}_{92}\text{U}$ が 4.5×10^9 年であるのに対し,$^{214}_{84}\text{Po}$ は 1.6×10^{-4} 秒である.表 3・1 に図 3・3 の壊変に含まれる核種の半減期を示す.

表 3・1 天然に存在する $^{238}_{92}\text{U}$ から $^{206}_{82}\text{Pb}$ までの放射壊変系列(図 3・3 参照)

核 種	記 号	放射粒子	半減期
ウラン-238	$^{238}_{92}\text{U}$	α	4.5×10^9 年
トリウム-234	$^{234}_{90}\text{Th}$	β^-	24.1 日
プロトアクチニウム-234	$^{234}_{91}\text{Pa}$	β^-	1.18 分
ウラン-234	$^{234}_{92}\text{U}$	α	2.48×10^5 年
トリウム-230	$^{230}_{90}\text{Th}$	α	8.0×10^4 年
ラジウム-226	$^{226}_{88}\text{Ra}$	α	1.62×10^3 年
ラドン-222	$^{222}_{86}\text{Rn}$	α	3.82 日
ポロニウム-218	$^{218}_{84}\text{Po}$	α	3.05 分
鉛-214	$^{214}_{82}\text{Pb}$	β^-	26.8 分
ビスマス-214	$^{214}_{83}\text{Bi}$	β^-	19.7 分
ポロニウム-214	$^{214}_{84}\text{Po}$	α	1.6×10^{-4} 秒
鉛-210	$^{210}_{82}\text{Pb}$	β^-	19.4 年
ビスマス-210	$^{210}_{83}\text{Bi}$	β^-	5.0 日
ポロニウム-210	$^{210}_{84}\text{Po}$	α	138 日
鉛-206	$^{206}_{82}\text{Pb}$	なし	非放射性

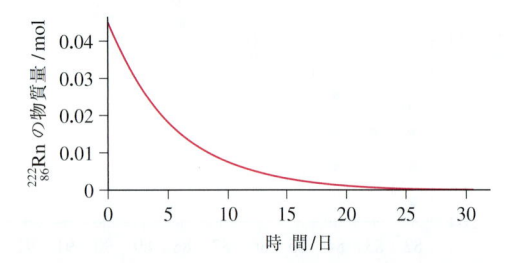

図 3・4 放射壊変は一次の速度則に従い,放射性核種の(核の)数の時間に対するプロットは指数関数的減衰曲線となる.このグラフは半減期が 3.82 日の $^{222}_{86}\text{Rn}$ の放射壊変に対する減衰曲線を示している.

通常の化学反応の速度は温度に依存するが（速度定数 k の温度 T（K）に対する関係は Arrhenius（アレニウス）式で表される），放射壊変の速度は<u>温度に依存しない</u>．

放射能の単位

放射能の SI 単位はベクレル（Bq）であり，1 Bq は 1 秒間に 1 個の核が壊変することに相当する．この単位は 1896 年に放射能を発見した Henri Becquerel（アンリ・ベクレル）の名をとったものである．非 SI 単位で用いられるのはキュリー（Ci）で（1 Ci = 3.7×10^{10} Bq），ラジウムとポロニウムの元素を発見した Marie Curie（マリー・キュリー）の名をとったものである．

3・4 人工的に生じる同位体

高エネルギー α 粒子や中性子による核衝撃

前節では<u>天然に存在する</u>放射性核種の壊変過程について説明した．高エネルギーの中性子や正の荷電粒子を核に衝突させた場合にも同様の変換が起こる．高エネルギーの中性子は，電荷をもたず核からの静電反発を受けないので特に有効である．このような核反応は，<u>反応の前後で原子番号と質量数の総和がそれぞれ変化せず</u>，人工の同位体を製造する手段となる．加速器の一つである**サイクロトロン**（cyclotron）で高エネルギーを付与された α 粒子でアルミ箔に衝撃を与えた場合の核反応を式 3.9 に示す．この核変換は $^{27}_{13}\text{Al}(\alpha,n)^{30}_{15}\text{P}$ と表記され，その一般形式を式 3.10 に示す*．

$$^{27}_{13}\text{Al} + ^{4}_{2}\text{He} \longrightarrow ^{30}_{15}\text{P} + ^{1}_{0}\text{n} \qquad (3.9)$$

$$\text{初期核種}\begin{pmatrix}\text{入射した} & \text{放出された}\\ \text{粒子や素粒子} & \text{粒子や素粒子}\end{pmatrix}\text{生成核種} \qquad (3.10)$$

式 3.9 の反応の生成物は式 3.11 に従って急速に壊変する（$t_{1/2}$ = 3.2 分）．この際，核から陽電子が放出されることにより，陽子から中性子への変換が効果的に起こる．

$$^{30}_{15}\text{P} \longrightarrow ^{30}_{14}\text{Si} + \beta^{+} \qquad (3.11)$$

約 1 MeV のエネルギーをもつ高エネルギー中性子（'または高速の中性子'）は $^{235}_{92}\text{U}$ の**核分裂**（nuclear fission）によって生じる（§3・5 参照）．このような高速中性子を $^{32}_{16}\text{S}$ に衝突させるとリンの人工同位体として $^{32}_{15}\text{P}$ を与える（式 3.12）．この同位体は半減期 14.3 日の β 放射壊変をひき起こす（式 3.13）．

$$^{32}_{16}\text{S} + ^{1}_{0}\text{n} \longrightarrow ^{32}_{15}\text{P} + ^{1}_{1}\text{H} \qquad (3.12)$$
高速

$$^{32}_{15}\text{P} \longrightarrow ^{32}_{16}\text{S} + \beta^{-} \qquad (3.13)$$

---

* 核反応式では核由来以外の電子は考慮しない．

'低速' 中性子による核衝撃

人工放射性同位体をつくる重要な方法に，いわゆる '低速' の**熱中性子**（thermal neutron）を原子核に衝突させてひき起こす（n,γ）反応がある．$^{235}_{92}\text{U}$ の核分裂では中性子を放出するが，その運動エネルギーはグラファイトや重水中を通過する間に原子番号が小さい核（たとえば $^{12}_{6}\text{C}$ や $^{2}_{1}\text{H}$）との弾性衝突によって減少する．熱中性子は約 0.05 eV のエネルギーをもつ．反応 3.14 では，天然に存在する $^{31}_{15}\text{P}$（<u>標的核種</u>）が人工の $^{32}_{15}\text{P}$ に変換される．

$$^{31}_{15}\text{P} + ^{1}_{0}\text{n} \longrightarrow ^{32}_{15}\text{P} + \gamma \qquad (3.14)$$
低速

人工核種の生成はつぎの二つの重要な結果をもたらす．

- 天然放射性同位体のない元素の人工同位体の生成
- **超ウラン元素**（transuranium element；ウランより原子番号の大きい元素）の製造．それらはほぼ例外なく人工の産物である．

> **超ウラン元素**（$Z \geq 93$）のほぼすべてが人工的に製造される．その他の人工元素にはテクネチウム（Tc），プロメチウム（Pm），アスタチン（At），フランシウム（Fr）がある．

中性子を吸収する能力は核によって大きく異なり，また，その他の核反応の起こしやすさも核によって大きく異なる．このような核反応の起こしやすさは，核反応に対する**断面積**（cross-section）で表される．たとえば，$^{12}_{6}\text{C}$，$^{2}_{1}\text{H}$，$^{1}_{1}\text{H}$ の熱中性子の捕獲に対する断面積は非常に小さいが，$^{10}_{5}\text{B}$ や $^{113}_{48}\text{Cd}$ の断面積は非常に大きい．

3・5 核 分 裂

ウラン-235 の核分裂

図 3・1 の縦軸のエネルギー単位からわかるように，非常に重い原子核が分裂すると大量のエネルギーが放出される．$^{235}_{92}\text{U}$ に熱中性子を衝突させた際の分裂過程は一様ではなく，式 3.15 の一般式で表される．図 3・5 に核分裂反応の概念図を示した．反応 3.16 はその典型例であり，いったん $^{95}_{39}\text{Y}$ と $^{138}_{53}\text{I}$ が生成し，その後それぞれ 10.3 分と 6.5 秒の半減期の β 壊変をひき起こす．

$$^{235}_{92}\text{U} + ^{1}_{0}\text{n} \longrightarrow \text{核分裂生成物} + x^{1}_{0}\text{n} + \text{エネルギー} \qquad (3.15)$$
低速　　　　　　　　　　高速

$$^{235}_{92}\text{U} + ^{1}_{0}\text{n} \longrightarrow ^{95}_{39}\text{Y} + ^{138}_{53}\text{I} + 3^{1}_{0}\text{n} \qquad (3.16)$$

核分裂でのある特定の反応経路を**反応チャネル**（reaction channel）という．$^{235}_{92}\text{U}$ の核分裂生成物の収量によると，おおむね質量数 A が $90 < A < 100$ および $134 < A < 144$ の範囲にある 2 個の核種を好んで生成し，それ以外の範囲

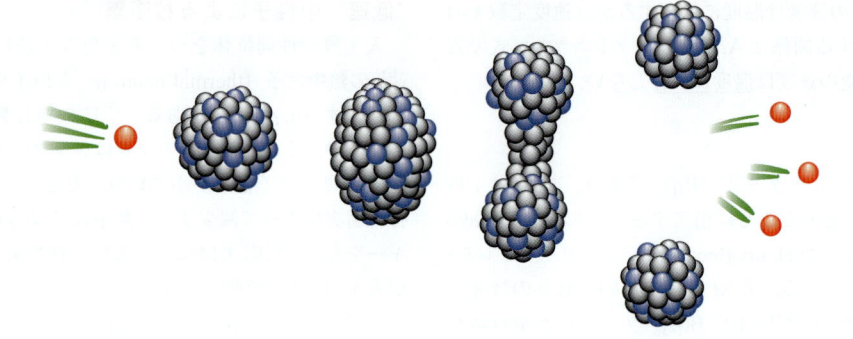

図 3・5 核分裂の概念図．熱中性子と重い原子核が衝突して，より質量数の低い 2 個の核種に分裂し，(この場合) 3 個の中性子を放出する．この分裂に伴い大量のエネルギーが放出される．
[P. Fenwick (1990) *Reprocessing and the Environment*, Hobsons, Cambridge より]

($A < 90$, $100 < A < 134$, $144 < A$) にある 2 個の核種の生成確率は低いことが示されている．式 3.16 は <u>2 個の核分裂生成物と中性子の質量数の総和が 236 に等しくなること</u>を示している．核分裂で核から放出される中性子数の平均は約 2.5 であり，そのとき発生するエネルギー 2×10^{10} kJ mol^{-1} ($^{235}_{92}$U 1 mol 当たり) は同じ質量の石炭を燃焼させて得られるエネルギーの約 200 万倍である．放出された中性子はそれぞれ新たな核分裂をひき起こすことが可能であるため，**分岐連鎖反応** (branching chain reaction，図 3・6) が可能となる．ある**臨界質量** (critical mass) を超える量の $^{235}_{92}$U がこの連鎖反応をひき起こした場合には，激しい爆発が起こり大量のエネルギーが発生する．これが核分裂型原子爆弾の原理である．このことから $^{235}_{92}$U を工業規模で取扱う場合には厳重な注意が必要となる．

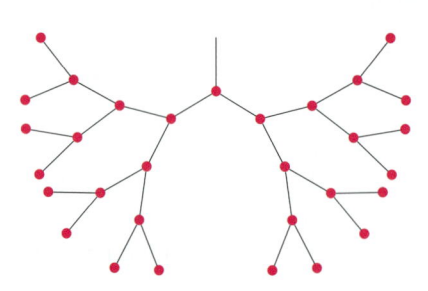

図 3・6 分岐連鎖反応の模式図．この反応の各ステップでは 2 個の中性子が生成し，それぞれが $^{235}_{92}$U 核種の分裂をひき起こす．反応が制御できない場合，このような連鎖反応は激しい爆発に至る．

例題 3.3　核反応式を完成する

つぎの核分裂反応で生成する 2 番目の核種を決定せよ．

$$^{235}_{92}\text{U} + ^{1}_{0}\text{n} \longrightarrow ^{103}_{42}\text{Mo} + ? + 2^{1}_{0}\text{n}$$

解答　核反応の前後で質量数と電荷は保存されなければならない (それぞれの総和は変化しない)．質量数は上付きで示され，電荷 (すなわち陽子の数) は下付きで示されている．未知の生成核種を $^{A}_{Z}$E とすると，

$$Z = 92 - 42 = 50$$
$$A = 235 + 1 - 103 - 2 = 131$$

Z の値から元素はスズとなる (本書の表見返しの周期表を参照)．核種は $^{131}_{50}$Sn である．

練習問題

1. つぎの核反応の 2 番目の核種を決定せよ．
   $$^{235}_{92}\text{U} + ^{1}_{0}\text{n} \longrightarrow ^{92}_{36}\text{Kr} + ? + 2^{1}_{0}\text{n} \qquad [答\ ^{142}_{56}\text{Ba}]$$

2. つぎの核反応の 2 番目の核種を決定せよ．
   $$^{235}_{92}\text{U} + ^{1}_{0}\text{n} \longrightarrow ^{141}_{55}\text{Cs} + ? + 2^{1}_{0}\text{n} \qquad [答\ ^{93}_{37}\text{Rb}]$$

核分裂によるエネルギー生産

原子力エネルギーを生みだすのに核分裂が巧みに利用されている (**Box 3・1** 参照)．このエネルギー源は，化石燃料を利用する際に生成する炭素，窒素，硫黄の酸化物を放出しない点で大気汚染とは無縁である．原子力が不利となる点は，核分裂の結果生成する放射性同位体の廃棄処理の問題と原子炉が臨界に達した場合の危険性である．

核分裂によるエネルギー生産は厳密に制御された原子炉内で行わなければならない．$^{235}_{92}$U の分裂により放出される中性子は，**減速材** (moderator；グラファイトあるいは D_2O) 中を通過するときに運動エネルギーの大半を失い，その後 2 種の核反応をひき起こす．一方は $^{235}_{92}$U に取込まれ，さらに分裂をひき起こす．もう一方は $^{238}_{92}$U に取込まれる反応であり (スキーム 3.17)，このような核生成反応を**増殖** (breeding) という．

$$\left. \begin{array}{l} ^{238}_{92}\text{U} + ^{1}_{0}\text{n} \longrightarrow ^{239}_{92}\text{U} + \gamma \\ ^{239}_{92}\text{U} \xrightarrow{-\beta^-} ^{239}_{93}\text{Np} \xrightarrow{-\beta^-} ^{239}_{94}\text{Pu} \end{array} \right\} \qquad (3.17)$$

ホウ素を含む鋼鉄，炭化ホウ素，あるいはカドミウムの制御棒を挿入することにより，原子炉中の中性子濃度を制御し，分岐連鎖反応が大爆発に至るのを未然に防ぐ．$^{10}_{5}B$ や $^{113}_{48}Cd$ が中性子の捕捉に対する大きな反応断面積をもつことから，制御棒の材料として用いられる．

核燃料の再処理

原子炉の $^{235}_{92}U$ 燃料を最後まで消費すると，その後廃棄するのではなく**再処理**（reprocess）する．これにより核分裂生成物から $^{235}_{92}U$ を分離し，ウランを回収する．消費燃料を**貯蔵池**（pond storage）で保管し，半減期の短い放射性生成物をまず壊変させる．その後，ウランを水溶性の $[UO_2][NO_3]_2$ に変換する（Box 7・3 参照）．式 3.18～式 3.21 の連続的な反応により，この硝酸塩を UF_6 に変換する．

$$[UO_2][NO_3]_2 \xrightarrow{570\ K} UO_3 + NO + NO_2 + O_2 \quad (3.18)$$
（水和塩）

$$UO_3 + H_2 \xrightarrow{970\ K} UO_2 + H_2O \quad (3.19)$$

$$UO_2 + 4HF \longrightarrow UF_4 + 2H_2O \quad (3.20)$$

$$UF_4 + F_2 \xrightarrow{720\ K} UF_6 \quad (3.21)$$

この段階の UF_6 は $^{235}_{92}U$ と $^{238}_{92}U$ を含む．グレアム（Graham）の気体流出に関する法則：

$$流出速度 \propto \frac{1}{\sqrt{分子量}}$$

を応用して，遠心分離機で $^{238}_{92}UF_6$ から $^{235}_{92}UF_6$ を分離することができる．2種の同位体で標識された化合物は，遠心分離容器の外壁方向に異なる速度で移動する．このようにして $^{235}_{92}U$ が**濃縮**（enrich）された UF_6 が単離される．この処理の後，UF_6 を濃縮ウラン-235 を含む金属（酸化物）にもう一度変換し，原子炉で再利用される燃料を再生する．

3・6 超ウラン元素の製造

表 3・2 に示す超ウラン元素はすべて 1940 年以降に発見されている．この表は 1955 年にはメンデレビウムまで増え，1997 年にはマイトネリウム（$Z = 109$）にまで拡張された．2012 年現在の周期表の元素の数は 114 となっている．2003 年と 2004 年に IUPAC は 110 と 111 番目の元素をそれぞれ**ダームスタチウム**（darmstadtium）と**レントゲニウム**（roentgenium）と命名することを認めた．112 番目の元素は当時ウンウンビウム Uub（'1-1-2' という意味）とよばれていたが，2010 年に IUPAC で認証がなされ，コペルニシウム copernicium（Cn）の正式名が与えられた．新しく発見された元素に対するウンウンビウムのような命名法は IUPAC により正式名が認められるまでの間用いられる．その後，

表 3・2 超ウラン元素．元素名が IUPAC により認められている元素．

Z	元素名		元素記号
93	ネプツニウム	neptunium	Np
94	プルトニウム	plutonium	Pu
95	アメリシウム	americium	Am
96	キュリウム	curium	Cm
97	バークリウム	berkelium	Bk
98	カリホルニウム	californium	Cf
99	アインスタイニウム	einsteinium	Es
100	フェルミウム	fermium	Fm
101	メンデレビウム	mendelevium	Md
102	ノーベリウム	nobelium	No
103	ローレンシウム	lawrencium	Lr
104	ラザホージウム	rutherfordium	Rf
105	ドブニウム	dubnium	Db
106	シーボーギウム	seaborgium	Sg
107	ボーリウム	bohrium	Bh
108	ハッシウム	hassium	Hs
109	マイトネリウム	meitnerium	Mt
110	ダームスタチウム	darmstadtium	Ds
111	レントゲニウム	roentgenium	Rg
112	コペルニシウム	copernicium	Cn
113	ニホニウム	nihonium	Nh
114	フレロビウム	flerovium	Fl
115	モスコビウム	moscovium	Mc
116	リバモリウム	livermorium	Lv
117	テネシン	tennessine	Ts
118	オガネソン	oganesson	Og

2012 年に原子番号 114，116 の元素，2015 年には原子番号 113，115，117，118 の元素の存在が認められ，2016 年までに元素名と元素記号が決定して周期表の第7周期が完成した．このような'新'元素はすべて，特定の重い核種に中性子（たとえば式 3.17）や $^{12}_{6}C^{n+}$ あるいは $^{18}_{8}O^{n+}$（式 3.22, 3.23）などの粒子を衝突させることにより人工的につくられてきた（§25・5 参照）．

$$^{249}_{97}Bk + ^{18}_{8}O \longrightarrow ^{260}_{103}Lr + ^{4}_{2}He + 3^{1}_{0}n \quad (3.22)$$

$$^{248}_{96}Cm + ^{18}_{8}O \longrightarrow ^{261}_{104}Rf + 5^{1}_{0}n \quad (3.23)$$

このような核変換反応をひき起こす実験のスケールはきわめて小さく，ときには"シングルアトム化学（atom-at-a-time）"（訳注：1回の実験で1個の原子を扱うほど小さなスケールの化学という意）といわれるほどである．式 3.22 および式 3.23 の反応で標的となる物質はアクチノイド元素であり（**第 25 章**参照），これらも人工的につくられた元素であるが，比較的長い半減期をもつ（$^{249}_{97}Bk$，$t_{1/2} = 300$ 日，$^{248}_{96}Cm$，$t_{1/2} = 3.5×10^5$ 年）．このような反応で生成する核種は，物質中に含まれる量が非常に少ないだけでなく半減期が短いため（$^{260}_{103}Lr$，$t_{1/2} = 3$ 分，$^{261}_{104}Rf$，$t_{1/2} = 65$ 秒），分析するのがきわめて難しい．

応用と実用化

Box 3・1　原子力発電

現在多くの国で原子力が電力源として利用されている。原子力発電所の心臓部は原子炉である。商業用原子炉の燃料はすべてウランであるが，核分裂に必要な放射性核種 $^{235}_{92}U$ は天然に存在するウランのわずか0.7%である。通常ウランの濃縮が行われているが，その場合でも $^{235}_{92}U$ の割合は燃料として用いるウランのせいぜい3～4%である。

原子炉には，軽水炉（加圧水型軽水炉や沸騰水型軽水炉），重水炉，ガス冷却炉，溶融金属冷却型高速増殖炉などいくつかのタイプがある。今日発電に用いられている原子炉の多くは軽水炉であり，近い将来でもこの傾向は続くであろう。写真はサイズウェル B 原子力発電所の加圧水型軽水炉（PWR）である。サイズウェル B は英国で最初の PWR 発電所で1995年に運転を開始し，現在，英国電力需要の3%を供給している。PWRでは，$^{235}_{92}U$ が3～5%に濃縮された酸化ウラン(IV)，あるいは酸化ウラン(IV)と酸化プルトニウム(IV)の混合物を燃料に用いる。後者に含まれる ^{239}Pu も核分裂を起こすことができる。写真では燃料棒が入っている原子炉が灰色に写っている（中央下部）。核分裂で発生するエネルギーで加圧した水を加熱し，それを四つの蒸気発生器に送り込む（写真の左右上部）。このエネルギーは蒸気発生器の熱交換器を介して水を水蒸気にするのに使用される。蒸気発生器上部の管から高圧の水蒸気が送り出され発電用のタービンを回し，発電機は電力供給用の送電システムにつながっている。

この PWR ではおもな循環水回路が3個ある。一番目は，原子炉から蒸気発生器にエネルギーを伝達する主要回路である。この循環水は約 150 bar の圧力に保たれ，温度は約300℃に達する。この主要回路は閉じたループになっており，発電所で唯一の放射能を含む循環水回路である。2番目は水−水蒸気サイクルであり，最後は余分な熱を取除く冷却水システムである。

下図は世界の総発電能力の推定値とそのうちの原子力発電の割合を示している。原子力の利点は多いが（たとえば，温室効果ガスを発生しないこと，Box 14・8 参照），世の中の認識は必ずしも肯定的でなく，安全性が重要な課題となっている。サイズウェル B の設計は現在の原子力発電所の典型的なものである。原子炉と主要冷却回路，蒸気発生器は，地震などの大災害に備え，また放射能漏れを防ぐために設計された厚みが約 1.5 m のコンクリート壁の建物内部に格納されている。

サイズウェル B 発電所の原子炉 [David Parker/Science Photo Library/amanaimages]

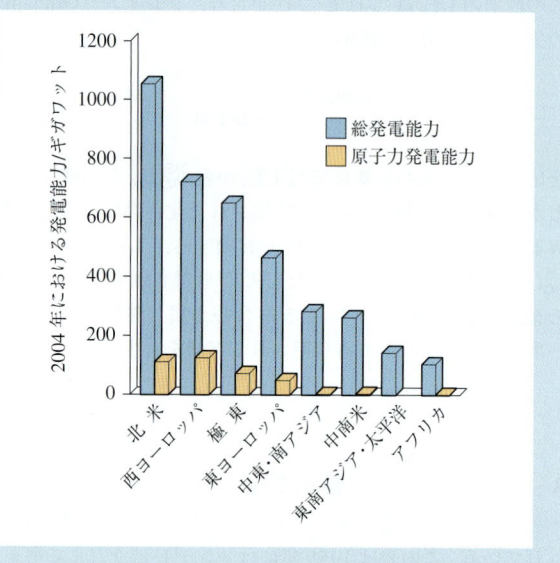

［データ：*Energy, Electricity and Nuclear Power Estimates for the Period up to 2030* (July 2005 edition), International Atomic Energy Agency, Vienna, 2005.］

3・7　放射性同位体の分離

放射性同位体を人工的に製造するうえで，分離精製がよく問題となる。たとえば，生成同位体がすぐに壊変する場合には，その娘核種が不純物として含まれる。

化学的手法による分離

目的とする同位体の分離方法は，出発物質と生成物が同じ元素の同位体か否かによって異なる（たとえば式 3.14）。同じ元素の同位体ではない場合，本質的に少量の1種の成分を大量に存在する1種あるいは複数の成分から化学的に分離することが必要となる。分離方法には，蒸留，電解析出，溶

3・7 放射性同位体の分離　63

資源と環境

Box 3・2　チェルノブイリの大事故

1986年4月26日原子力発電所4号炉の爆発でチェルノブイリ（ウクライナ，キエフ近郊）の名前は世界中に知れわたった．原子炉の出力は最初 2.5 秒間で約 200 MW（メガワット）から 3800 MW に上昇し，続く 1.5 秒間で通常出力の 120 倍に達した．わずか 20 秒間で，原子炉の燃料が溶融するのに必要な量を十分上回るエネルギーが発生した．その後に大爆発が起こり，約 10^6 kg の原子炉の蓋が吹き飛び，放射能をもつ物質が大気中に飛散した．それらは卓越風に乗って 2～3 日でスカンディナヴィアに到達し，続く 1 週間の間に東は日本まで到達した．これは事故から 10 日後の放射性降下物についての数値シミュレーション（右図）からも明らかである．原子炉から発生したグラファイトの火災によって放射性物質の飛散は激化し，数日間燃え続けた．原子炉から発せられる放射能のレベルが危険ではないレベルに下がるまでに約 2 週間を要した．

チェルノブイリの大事故で放出された総放射線量の推定値はさまざまであるが，少なくとも 178 MCi の膨大な量になると推定される（1 Ci は 1 g のラジウムの放射線量とおよそ同じ）．爆発事故の夜に 31 人が被曝あるいは火災で死亡し，少なくとも 200 人が放射線障害の犠牲となったことが知られている．チェルノブイリの事故は長期にわたり，多数の半減期の長い放射性同位体を大気中に拡散させた．健康被害はおもに $^{131}_{53}\text{I}$（$t_{1/2}$ = 8.02 日）や $^{134}_{55}\text{Cs}$（$t_{1/2}$ = 2.06 年），$^{137}_{55}\text{Cs}$（$t_{1/2}$ = 30.2 年）からもたらされる．$^{131}_{53}\text{I}$ の半減期は $^{134}_{55}\text{Cs}$ や $^{137}_{55}\text{Cs}$ よりかなり短いが，甲状腺に取込まれるとがんをひき起こす確率が高い．事故後数日間にヒトや動物は確実に $^{131}_{53}\text{I}$ に被曝し，$^{131}_{53}\text{I}$ にさらされた非常に数多くの子供がその後甲状腺がんを発症している．右下のグラフは，ウクライナとベラルーシにおける原発事故当時 0～18 歳であった子供たちで 1986 年から 2002 年の間に甲状腺がんにかかった患者数の増加を示している．ベラルーシはウクライナの北に位置し，チェルノブイリはこれら二つの国境に近い．チェルノブイリの大事故が原因で死亡した人の数の推計はかなりまちまちであるが，この事故の死者とこれに関連して死亡した人の数の合計は将来約 4000 名に達すると考えられている．

チェルノブイリ原発事故による北半球での放射性降下物についての数値シミュレーション．チェルノブイリは画像の右下に位置する．[Lawrence Livermore Laboratory/Science Photo Library/amanaimages]

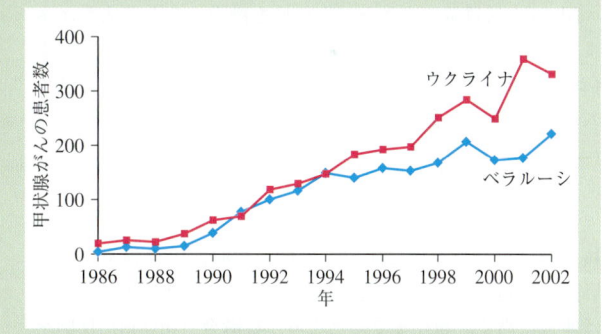

［データ：P. Jacob *et al.* (2005) *Thyroid Exposure of Belarusian and Ukrainian Children due to the Chernobyl Accident and Resulting Thyroid Cancer Risk*, Institut für Strahlenschutz, GSF-Bericht 01/05.]

さらに勉強したい人のための参考文献
C. H. Atwood (1988) *Journal of Chemical Education*, vol. 65, p. 1037 – 'Chernobyl: What happened?'

P. Jacob *et al.* (2006) *Radiation Research*, vol. 165, p. 1 – 'Thyroid cancer risk in areas of Ukraine and Belarus affected by the Chernobyl accident'.

媒抽出，イオン交換，担体上への析出がある．たとえば，$^{64}_{30}\text{Zn}(n,p)^{64}_{29}\text{Cu}$ 反応の工程では，ターゲット（高速中性子で衝撃を加えた後）を希硝酸に溶かし，Cu 成分を電気分解により析出させる．銅と亜鉛では還元電位に大きな差があるため（$E°(\text{Cu}^{2+}/\text{Cu})$ = + 0.34 V，$E°(\text{Zn}^{2+}/\text{Zn})$ = − 0.76 V），この方法が有効である（第 8 章参照）．

ジラード・チャルマース効果

(n,γ) 型の核反応では，生成物（すぐに壊変しないとして）は標的に用いた出発元素の同位体である．同じ元素の同位体どうしは化学的性質が同じであるため，化学的手法による精製分離法を用いることはできない．その代わり，ジラード・チャルマース（Szilard-Chalmers）効果が利用できる．核反

応（γ線によってひき起こされる）が化学結合の均一開裂を伴う場合には，生成同位体のラジカルを捕捉することで標的同位体から分離できる．天然に存在する $^{127}_{53}I$ から $^{128}_{53}I$ を生成する反応はその例である．標的同位体はヨウ化エチルの形で用いられ，それに熱中性子を衝突させる．生成した $^{128}_{53}I$ の相当量は原子状の $^{128}_{53}I$ として放出され，このような原子（ラジカル）は互いに結合して $^{128}_{53}I_2$ を生成するか，あるいは混在する $^{127}_{53}I_2$ と交換反応を起こして $^{127}_{53}I$ $^{128}_{53}I$ を生じる．ヨウ素分子（ヨウ化物イオン存在下水溶液中では $[I_3]^-$ として存在する，§17・7参照）は亜硫酸ナトリウムで還元することによりヨウ化エチルから分離することができる（式3.24）．

$$I_2 + [SO_3]^{2-} + H_2O \longrightarrow 2I^- + [SO_4]^{2-} + 2H^+ \quad (3.24)$$

このような方法が有効なのは，標的物と生成物との間に速い交換反応がない場合であるため（式3.25），イオン性のアルカリ金属ハロゲン化物塩よりも共有結合性のハロゲン化アルキルが照射標的物として選ばれる．

$$C_2H_5(^{127}_{53}I) + {^{128}_{53}I} \nrightarrow C_2H_5(^{128}_{53}I) + {^{127}_{53}I} \quad (3.25)$$

3・8 核融合

図3・1は質量の小さな二つの核を融合すると莫大なエネルギーが放出されることを示している．その一例は重水素（ジュウテリウム）とトリチウム（三重水素）からヘリウム-4を生成する反応である（式3.26）．

$$\underset{重水素}{^2_1H} + \underset{トリチウム}{^3_1H} \longrightarrow {^4_2He} + {^1_0n} \quad (3.26)$$

核融合は核分裂反応に比べ，大量の放射性生成物を生じない点で有利である．しかし，核融合反応の活性化エネルギーは非常に高く，現在までのところ，**核融合**（fusion）反応をひき起こすことができるのは，**核分裂**（fission）のエネルギーを供給した場合のみである．これが水素爆弾（熱核爆弾）の原理である．トリチウムは高価で扱いにくいが（$t_{1/2}$ はわずか12年），^6_3Li で標識した重水素化リチウムからつくることができる．2〜3 kg のプルトニウムに高圧を加えて核融合爆発が開始すると式3.26〜式3.29の反応がひき起こされる．

$$^2_1H + {^2_1H} \longrightarrow {^3_1H} + {^1_1H} \quad (3.27)$$
$$^2_1H + {^2_1H} \longrightarrow {^3_2He} + {^1_0n} \quad (3.28)$$
$$^6_3Li + {^1_0n} \longrightarrow {^4_2He} + {^3_1H} \quad (3.29)$$

核融合反応は太陽で起こっているとされ，反応は 10^7 K 以上で開始する．太陽エネルギーはおもに式3.30〜式3.32の反応によってもたらされると考えられている．

$$^1_1H + {^1_1H} \longrightarrow {^2_1H} + \beta^+ + \nu_e \text{（放射エネルギー 1.44 MeV）} \quad (3.30)$$

$$^1_1H + {^2_1H} \longrightarrow {^3_2He} + \gamma \text{（放射エネルギー 5.49 MeV）} \quad (3.31)$$

$$^3_2He + {^3_2He} \longrightarrow {^4_2He} + 2{^1_1H} \text{（放射エネルギー 12.86 MeV）} \quad (3.32)$$

3・9 同位体の利用

同位体の利用は，放射性あるいは安定同位体とも今ではたいへん多く，本節ではその例をいくつかとりあげる（**Box 3・3**参照）．同位体が'トレーサー'として用いられる場合が多く，そのなかでは同じ元素の同位体はすべて化学的に等価であるとみなされている．しかし，（速度論的同位体効果の観測や赤外スペクトルにおけるシフトなど），特定の元素の同位体間で小さくても重要な性質の差が利用されている場合がある．

赤外（IR）分光法

X–H 結合の水素原子が重水素に置換された場合（§10・3参照），結合する1組の原子の**換算質量**（reduced mass）が変化し，赤外スペクトルで X–H 伸縮振動に由来する吸収がシフトする．このようなシフトを利用して赤外スペクトルの帰属を行うことができる．たとえば，N–H，O–H，C–H 結合はすべて 3000〜3600 cm^{-1} 付近に吸収を示すが，その化合物を D_2O^* 中で振とうすると，通常 OH 基と NH 基は容易に**重水素交換反応**（deuterium exchange reaction，式3.33）を起こす．一方，C に直接結合した H の重水素交換は，それが酸性（たとえば末端アルキン）でない限り非常に遅い．

$$R-OH + D_2O \rightleftharpoons R-OD + HOD \quad (3.33)$$

したがって，赤外スペクトルのどの吸収が（どのくらい）シフトするかを観測することで，N–H，O–H，あるいは C–H 吸収の帰属を行うことが可能である．

> **例題 3.4　赤外スペクトルの O–H 伸縮振動に対する重水素効果**
>
> ある化合物 X の赤外スペクトルで 3650 cm^{-1} の吸収が O–H 伸縮振動に帰属された．重水素化した場合，この吸収帯の波数はどこにシフトすると推定されるか．計算するにあたってどのような仮定を用いたか．

---

* 本章のこの時点まで，同位体に対する正確な表記法，たとえば ^2H を用いてきたが，本書のこれ以外のところでは，質量数のみを示す表記法，たとえば ^2H，を使用する．また，重水素の記号として D を用いる．

生物と医薬

Box 3・3　核医学における放射性同位体

医学における放射性同位体の利用は非常に重要である．特定の元素が人体の特定の組織や骨に容易に取込まれる．これが**放射性薬剤**（radiopharmaceutical）という形で放射性同位体を（食品や薬の投与を通じて）利用し，ヒトの組織の機能を検査したり（**画像診断** diagnostic imaging），がん細胞を破壊する（**放射線治療** radiotherapy）ための基礎となる．それらが**非侵襲性**（non-invasive）であることがこれら技術の利点である．

患者が放射性同位体を摂取し画像診断を受ける場合，人体から発せられる放射線（通常γ線）を患者の周囲を取囲んだ検出器で分析する．チェルノブイリの事故後ヨウ素-131が甲状腺に取込まれ健康被害をひき起こしたが（**Box 3・2**参照），医療では取込みを制御して利用する．^{131}I は$β^-$放射体であると同時にγ線を放射する．患者が摂取した^{131}I（^{131}I で標識した NaI の水溶液をよく用いる）は，素早く甲状腺に蓄積される．放射されるγ線を検出するのにγカメラを用い，γカメラを走査して画像（**シンチグラム** scintigram）を撮影すると，甲状腺の大きさや状態がわかる．^{131}I の半減期は8日なので，投与された放射性薬剤は比較的速やかに壊変する．核医学で使用される放射性核種の半減期はきわめて重要である．それは放射性薬剤の調製や患者への投与を行うには十分長く，患者の被曝を最小限に抑える意味では十分短くなければならない．用いた放射性同位体が壊変してできる娘核種それ自体が，患者に安全であることも重要である．^{131}I の場合，壊変により安定な同位体であるキセノン（天然に存在する）になる．

$$^{131}_{53}\text{I} \longrightarrow {}^{131}_{54}\text{Xe} + β^-$$

核医学で用いられる放射性同位体の多くは人工的に得られるものであり，原子炉（たとえば ^{89}Sr，^{57}Co），サイクロトロン（たとえば ^{11}C，^{18}F），あるいは特別な製造装置でつくられる．後者の一例は Mo-Tc ジェネレーターである．人工放射性核種である ^{99}Mo は2.8日の半減期をもち原子炉などでつくられる．これは$β^-$粒子を放射して壊変し，半減期が6.0時間の準安定な放射性同位体 ^{99m}Tc になる．

$$^{99}_{42}\text{Mo} \xrightarrow{β^-, γ} {}^{99m}_{43}\text{Tc} \xrightarrow{γ} {}^{99}_{43}\text{Tc}$$
$$t_{1/2} = 2.1 \times 10^5 \text{ 年}$$

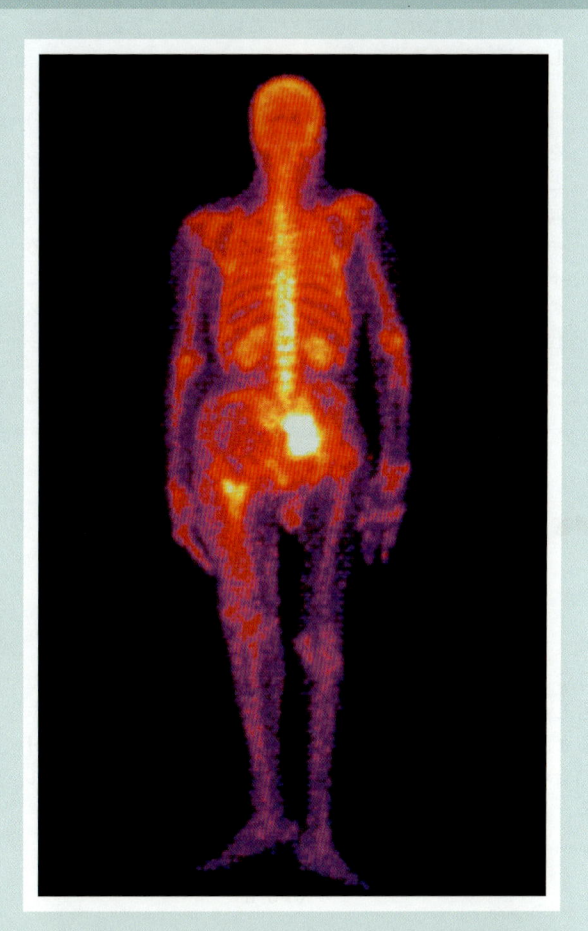

医療用の ^{99}Mo は，'コールドキット'用の Mo-Tc ジェネレーター内のアルミナカラムに吸着した [^{99}MoO$_4$]$^{2-}$ として入手される．[^{99}MoO$_4$]$^{2-}$ の壊変で生じる [^{99m}TcO$_4$]$^-$ をジェネレーターから選択的に溶出し，適当な配位子と結合させ患者に注射するのに適した錯体に変換する（**§23・8，Box 23・7** 参照）．^{99m}Tc から ^{99}Tc への壊変に伴って 140 keV のエネルギーをもつγ線が放射される．このエネルギーは現在のγカメラに適したエネルギー範囲（約 100〜200 keV）にあり，このことから ^{99m}Tc は画像診断で非常に重要な核種と

転移性甲状腺がん患者のカラーシンチグラム（本文参照）
[GJLP/Science Photo Library/amanaimages]

して扱われている．テクネチウムを含む錯体の種類が広がることにより，骨だけでなく心臓，肝臓，腎臓，脳などの画像診断も今日可能となっている．上に示すカラーシンチグラムは転移性甲状腺がん患者の背面からの全身画像である．患者に ^{99m}Tc を含む薬剤を注射し，患者から発せられるγ放射線をγカメラで検出する．画像ではがん細胞の成長が黄色の明るい部分として映されており，その最も大きな部分が右の骨盤と背骨に沿って表れている．転移とは一次がん（この場合は甲状腺がん）から二次がんが成長することをいう．

放射性同位体は患者の（画像）診断に利用されるだけでなく，それらが発する放射線をがんの治療に用いることもできる（**放射線治療** radiotherapy）．飛程の短いα粒子と長い$β^-$粒子のどちらも放射線治療に用いられ，たとえば ^{212}Bi（α粒子，$t_{1/2}$ = 60.6 分），^{213}Bi（α粒子，$t_{1/2}$ = 45.6 分），^{90}Y（$β^-$粒子，$t_{1/2}$ = 64.1 時間），^{188}Re（$β^-$粒子，$t_{1/2}$ = 17.0 時間）

などがある．正常組織に対する損傷を最小限に抑えながら，がん細胞を選択的に破壊することが放射線治療の目的である．したがって，放射性核種（通常，錯体やその他の担体分子の形で供給される）を標的とする組織や骨に選択的に濃縮しなければならない．

比較的新しい技術にポジトロン断層法（PET）がある．^{18}F，^{11}C，^{13}N，^{15}Oなどの放射性核種は陽電子（β$^+$粒子）を放出して壊変する．放出された陽電子が電子と衝突すると，これら粒子は消滅し同じエネルギーのγ線が互いに逆方向に放射される．患者の体から発せられるγ線をPETスキャナーで検出する．このような技術で広く用いられているトレーサーに［^{18}F］フルオロデオキシグルコースがある．このトレーサーを用いると，悪性腫瘍の存在によるグルコース代謝の異常を検出することができる．

さらに勉強したい人のための参考文献

B. Johannsen (2005) *Amino Acids*, vol. 29, p. 307 – 'The usefulness of radiotracers to make the body biochemically transparent'.

S. Z. Lever, J. D. Lydon, C. S. Cutler and S. S. Jurisson (2004) in *Comprehensive Coordination Chemistry II*, eds. J. A. McCleverty and T. J. Meyer, Elsevier, Oxford, Chapter 9.20, p. 883 – 'Radioactive metals in imaging and therapy'.

K. Wechalekar, B. Sharma and G. Cook (2005) *Clinical Radiology*, vol. 60, p. 1143 –'PET/CT in oncology – a major advance'.

以下も参照せよ：
Box 3・6：核磁気共鳴画像法（MRI），**図13・24**とそれに関する放射性同位体を含むがん検出用錯体についての解説，**§23・8**と**Box 23・7**：関連するテクネチウム配位化学に関する解説．

解答 振動波数，$\bar{\nu}$はつぎの式で与えられる．

$$\bar{\nu} = \frac{1}{2\pi c}\sqrt{\frac{k}{\mu}}$$

ここで，c＝光速，k＝結合の力の定数，μ＝換算質量である．もしO－HとO－D結合の力の定数が同じであると仮定すると，式中で$\bar{\nu}$とμのみが変数となる．したがって，O－H結合の振動波数$\bar{\nu}$と換算質量μの関係は以下の式で示される．

$$\bar{\nu}_{\text{O-H}} \propto \frac{1}{\sqrt{\mu_{\text{O-H}}}}$$

ここで，換算質量は次式で与えられる．

$$\frac{1}{\mu} = \frac{1}{m_1} + \frac{1}{m_2}$$

m_1とm_2はOおよびHのkg単位での質量である．

O－HとO－Dの振動波数の比はつぎのように書ける．

$$\frac{\bar{\nu}_{\text{O-D}}}{\bar{\nu}_{\text{O-H}}} = \sqrt{\frac{\mu_{\text{O-H}}}{\mu_{\text{O-D}}}}$$

ここでは比を考えるため，原子の質量をkgに変換する必要はない．O，H，D原子の相対質量はそれぞれ16.00, 1.01, 2.01である．O－HとO－Dの換算質量はつぎのように計算される．

$$\frac{1}{\mu_{\text{O-H}}} = \frac{1}{m_1} + \frac{1}{m_2} = \frac{1}{16.00} + \frac{1}{1.01} = 1.0526 \quad \mu_{\text{O-H}} = 0.9500$$

$$\frac{1}{\mu_{\text{O-D}}} = \frac{1}{m_1} + \frac{1}{m_2} = \frac{1}{16.00} + \frac{1}{2.01} = 0.5600 \quad \mu_{\text{O-D}} = 1.7857$$

したがって，O－D結合の振動波数は，次式で与えられる．

$$\bar{\nu}_{\text{O-D}} = \bar{\nu}_{\text{O-H}} \times \sqrt{\frac{\mu_{\text{O-H}}}{\mu_{\text{O-D}}}} = 3650 \times \sqrt{\frac{0.9500}{1.7857}} = 2662 \text{ cm}^{-1}$$
$$= 2660 \text{ cm}^{-1}（有効数字3桁）$$

この計算ではO－H結合とO－D結合に対する力の定数が同じ値であると仮定している．

練習問題

［つぎの原子量を用いよ：H＝1.01, D＝2.01, N＝14.01, C＝12.01, O＝16.00］

1. NH$_3$の振動スペクトルの吸収は3337 cm^{-1}に観測されるが，ND$_3$ではx cm^{-1}へシフトして観測される．xを求めよ．
　　　　　　　　　　　　　　　　　　　［答　2440 cm^{-1}（有効数字3桁）］

2. ある赤外スペクトルで3161 cm^{-1}の吸収がC－H伸縮振動に帰属された．重水素化するとこの吸収帯はどの波数に現れるか．　　　　［答　2330 cm^{-1}（有効数字3桁）］

3. X－H結合をもつある化合物の赤外スペクトルで，3657 cm^{-1}の吸収が重水素化に伴い2661 cm^{-1}へシフトした．XがCではなくOであることを示せ．また，計算でどのような仮定をおいたかも述べよ．

同位体置換した分子の分光学的研究に，必ずしも特殊な合成化学が必要なわけではない．多くの元素には天然同位体が存在するため，通常の化合物もいくつかの質量数の異なる化学種を含む．たとえばGeH$_3$Clには，天然に存在するCl（^{35}Cl，^{37}Cl）とGe（^{70}Ge，^{72}Ge，^{74}Ge，^{76}Ge）の同位体すべてが含まれており，^{70}GeH$_3^{35}$Clや^{70}GeH$_3^{37}$Clなどを純回転スペクトルで観測することができる．特殊な合成が必要となる場合には，取入れる同位体を最大限に利用できるよう反

応を設計しなければならない．たとえば，重アンモニア ND_3 の合成には，NH_3 と D_2O の交換反応は用いられない．なぜなら，この方法では重水素の多くが HOD となって浪費されるからである．D_2O と Mg_3N_2 との反応がより良い方法として用いられている．

速度論的同位体効果

反応機構を解明するために同位体標識がよく利用される．ある反応の律速段階で特定の C−H 結合が切断される場合を考える．その H を重水素で標識した化合物では（その合成はいつも簡単だとは限らない！），C−H 結合の代わりに C−D 結合が切断される．ある結合の換算質量 μ が増加すると（たとえば $\mu(C-D) > \mu(C-H)$）その振動の零点エネルギーが低下することから（図 3・7），C−H 結合よりも C−D 結合の結合解離エネルギーは大きくなる．その結果 C−H 結合よりも C−D 結合を切断する方が大きなエネルギーを要し，律速段階は重水素化化合物の方がゆっくり進むことになる．このような現象は **速度論的同位体効果**（kinetic isotope effect）として知られており，重水素化されていない化合物と重水素化された化合物それぞれの反応速度定数 k_H と k_D を比べることで定量化される．その比が $k_H/k_D > 1$ であれば，速度論的同位体効果が観測されたことになる．

> ある分子の **零点エネルギー**（zero point energy）は最低振動準位（振動の基底状態）のエネルギーに相当する．

放射性炭素年代測定法

放射性炭素年代測定法は考古学者が有機物（たとえば木）でできた遺物の年代を決定するのに広く用いられる技術であり，1960 年にこの手法の開発者である W. F. Libby（リビー）がノーベル化学賞を受賞したことでその重要性が認識された．この方法は，炭素の同位体の一つである $^{14}_{6}C$ が放射性で（$t_{1/2} = 5730$ 年），式 3.34 に従って壊変することを利用している．

$$^{14}_{6}C \longrightarrow {}^{14}_{7}N + \beta^{-} \qquad (3.34)$$

生きた植物中では $^{14}_{6}C$ と $^{12}_{6}C$ の比は一定である．^{14}C は壊変するが，大気中の ^{14}N は高エネルギーの中性子（訳注：宇宙から来る）と衝突することで再生し常に一定の割合となる（式 3.35）．

$$^{14}_{7}N + {}^{1}_{0}n \longrightarrow {}^{14}_{6}C + {}^{1}_{1}H \qquad (3.35)$$

生きた植物は光合成の過程で，^{14}C を（^{12}C や ^{13}C とともに）二酸化炭素の形で連続的に取込む．いったん植物が死滅すると，$^{14}_{6}C$ はこれ以上組織中に取込まれることはなく，その時点で存在する $^{14}_{6}C$ は壊変し，その結果 $^{14}_{6}C$ と $^{12}_{6}C$ の比は時間の経過とともに徐々に変化することになる．考古学的な期間内では，生きた植物中の $^{14}_{6}C$ と $^{12}_{6}C$ の比は変化していないと仮定すると，遺物中の $^{14}_{6}C$ と $^{12}_{6}C$ の比を測定することでその年代を決定することができる．残念ながら大気中の $^{14}_{6}C$ と $^{12}_{6}C$ の比は変化してきたが，カリフォルニア東部の山脈に現存する北米ヒッコリーマツのような古木から得られる情報により補正することができる*．

> **例題 3.5 放射性炭素年代測定法**
>
> 伐採された直後の材木の炭素 1.0 g が発する β 線量は 0.26 Bq である．エジプトミイラの棺に使われた材木の炭素 1.0 g の放射線量が同じ条件で 0.16 Bq であるとするとして，ミイラの棺の年代を推定せよ．（$^{14}C : t_{1/2} = 5730$ 年）

解答 まず，この半減期を用いて ^{14}C の壊変の速度定数を決定する．式 3.8 より，

$$k = \frac{\ln 2}{t_{\frac{1}{2}}} = \frac{\ln 2}{5730} = 1.210 \times 10^{-4} \text{ 年}^{-1}$$

放射壊変の速度式を積分した形（式 3.6）は，

$$\ln N - \ln N_0 = -kt$$

あるいは

$$\ln\left(\frac{N}{N_0}\right) = -kt$$

である．ここで，N は時刻 t での放射線量に，N_0 は時刻 $t = 0$ での放射線量に相当する．伐採されたばかりの木の放射線量は $t = 0$ の値に対応する．N/N_0 の比では Bq の単位は相殺

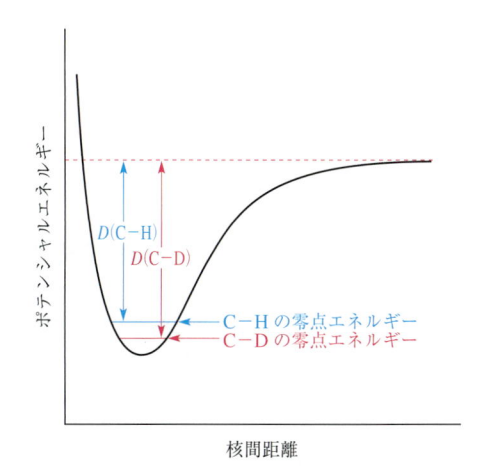

図 3・7 C−D 結合の零点エネルギー（最低振動準位に対応する）は C−H 結合のそれよりも低く，その結果，C−D 結合の結合解離エンタルピー D は C−H 結合のそれよりも大きくなる．

---

* 詳細は以下を参照せよ：I. Robertson and J. Waterhouse (1998) *Chemistry in Britain*, vol. 34, January issue, p. 27 – 'Trees of knowledge'.

するため（Bq に対応するために）k の単位を s^{-1} に変換する必要はない．

$$\ln\left(\frac{0.16}{0.26}\right) = -1.210 \times 10^{-4} \times t$$

$$t = 4010 \text{ 年}$$

練習問題

1. 現在の材木の炭素 0.90 g が発する β 線量は 0.25 Bq である．古代遺物の材木から単離された炭素 0.90 g の放射線量が同じ条件で 0.19 Bq であるとして，この遺物の年代を推定せよ． ［答 2268 年，約 2300 年］

2. 最近伐採された樹木の炭素 1.0 g からの β 線量は 0.26 Bq である．3500 年前の古代遺物と考えられる試料 1.0 g からの β 線量がいくらであればこの年代と合致するか． ［答 0.17 Bq］

分析化学への応用

分析化学における放射性同位体の利用には（§17・3 参照），難溶性塩の溶解度決定や，不揮発性物質の蒸気圧決定，固溶体生成や沈殿吸着の分析などがある．

一例として，硫酸ストロンチウムの溶解度（298 K で 0.110 g dm^{-3}）の測定について考える．天然に存在するストロンチウムの同位体は 4 種類あるが，いずれも非放射性である．放射性同位体 ^{90}Sr（$t_{1/2}$ = 28.1 年）は ^{235}U の核分裂によりつくられ市販されている．^{90}SrSO$_4$ と非放射性塩 SrSO$_4$ との均一混合物を調製し，その放射線量を測定する．これが試料 1 g 当たりの放射線量の基準値となる．つぎに，同じ均一混合物の飽和水溶液をつくり，溶媒を蒸発させ乾固する．残渣の放射線量を測定し，その値を基準値と比較することで，飽和溶液中に含まれている固体物質の量を正確に決定することができる．この方法を **同位体希釈分析法**（isotope dilution analysis）という（章末の **問題 3.16** 参照）．

3・10 ^{2}H と ^{13}C の由来

^{2}H（D）と ^{13}C の天然存在比は非常に低いが（それぞれ 0.015% と 1.1%），実験室ではよく利用される．

重水素：同位体の電解分離

核磁気共鳴（NMR）分光用として，重水素が 99% 以上に濃縮された溶媒が市販されている．重水素は天然に存在する水素から電気分解によって D$_2$O として分離される．Ni 電極を用いて NaOH 水溶液（天然存在率）を電気分解した場合（式 3.36），式 3.37 で定義される分離係数は約 6 である．この値を最適化するには電極の選択が重要である．

$$\left.\begin{array}{l} 陽極： 2H_2O \rightleftharpoons O_2 + 4H^+ + 4e^- \\ 陰極： 4H_2O + 4e^- \rightleftharpoons 2H_2 + 4[OH]^- \end{array}\right\} \quad (3.36)$$

$$分離係数 = \frac{\left(\dfrac{H}{D}\right)_{気体}}{\left(\dfrac{H}{D}\right)_{溶液}} \quad (3.37)$$

水溶液の約 90% が O$_2$ と H$_2$ に変換されるまで電気分解を続ける．その後，残った水溶液をあらかた CO$_2$ で中和し，水を蒸留して再び残った電解質に加える．この操作を繰返すことにより，99.9% 以上に濃縮された D$_2$O が得られる．この分離操作の終盤には，陰極から発生する水素ガスを燃焼してある程度濃縮された重水を得ることができ，これをさらに電気分解する．このような方法で採算のとれる D$_2$O の濃縮を行うには，当然，安価な電力が必要不可欠である．

炭素 -13：化学的濃縮

^{13}CO, H^{13}CN, [^{13}CN]$^-$, ^{13}CO$_2$ など ^{13}C を濃縮した化合物は，さまざまな方法で合成される．ここでは，濃縮したい同位体（標識）が，ある化合物から別の化合物に転移する化学平衡を用いた方法を取上げる．

$$H^{12}CN(g) + [^{13}CN]^-(aq) \rightleftharpoons H^{13}CN(g) + [^{12}CN]^-(aq) \quad (3.38)$$

式 3.38 に示す同位体交換反応の平衡定数 K は 1.026（298 K）である．同位体によって振動の零点エネルギーが異なることから原系と生成系の間で標準ギブズエネルギーにわずかな違いが生じ，その結果，平衡定数 K は 1 からずれる（図 3・7）．3.38 の平衡反応では生成物が反応物より（わずかではあるが）多くなる．この系は二相系であるため，同位体の濃縮には好都合であり，^{13}C で標識された化合物はある相から別の相へ移動し，この操作を何回も繰返すことが容易にできる．別の例を平衡反応式 3.39 に示すが，この反応では触媒が必要である．

$$^{13}CO_2(g) + [H^{12}CO_3]^-(aq) \rightleftharpoons {}^{12}CO_2(g) + [H^{13}CO_3]^-(aq)$$
$$K = 1.012 \quad (3.39)$$

3・11 無機化学における多核 NMR 分光法

この節では，NMR 分光法の無機化学への応用について紹介する．この手法は，特定の核種の数やその環境を決定するだけでなく，分子性化学種の動的挙動（通常溶液中）の分析にも利用される．NMR 分光法の理論や技術の詳説は本書の範囲を超えているため，それらに関する適切な参考書を章末に示した．以下の説明では，読者はすでに ^{1}H および ^{13}C NMR 分光法の基本原理，ならびに同核の ^{1}H–^{1}H および異核 ^{13}C–^{1}H スピン-スピン結合などについて既知であるものとする．その内容については Box 3・4 にまとめた．

表 3・3 NMR 活性な核種の諸性質. 詳しくは WebElements (http://www.webelements.com/) 参照.

核種	天然存在率 /%	I	観測周波数 / MHz (^{1}H を 100 MHz として)[†1]	化学シフト基準物質 (δ 0 ppm)[†2]
^{1}H	> 99.9	$\frac{1}{2}$	100	SiMe$_4$
^{2}H	0.015	1	15.35	SiMe$_4$
^{7}Li	92.5	$\frac{3}{2}$	38.9	LiCl (1 M H$_2$O 中)
^{11}B	80.1	$\frac{3}{2}$	32.1	F$_3$B·OEt$_2$
^{13}C	1.1	$\frac{1}{2}$	25.1	SiMe$_4$
^{17}O	0.04	$\frac{5}{2}$	13.5	H$_2$O
^{19}F	100	$\frac{1}{2}$	94.0	CFCl$_3$
^{23}Na	100	$\frac{3}{2}$	26.45	NaCl (1 M H$_2$O 中)
^{27}Al	100	$\frac{5}{2}$	26.1	[Al(OH$_2$)$_6$]$^{3+}$
^{29}Si	4.67	$\frac{1}{2}$	19.9	SiMe$_4$
^{31}P	100	$\frac{1}{2}$	40.5	H$_3$PO$_4$ (85%, 水溶液)
^{77}Se	7.6	$\frac{1}{2}$	19.1	SeMe$_2$
^{103}Rh	100	$\frac{1}{2}$	3.2	Rh (金属)
^{117}Sn	7.68	$\frac{1}{2}$	35.6	SnMe$_4$
^{119}Sn	8.58	$\frac{1}{2}$	37.3	SnMe$_4$
^{129}Xe	26.4	$\frac{1}{2}$	27.7	XeOF$_4$
^{183}W	14.3	$\frac{1}{2}$	4.2	Na$_2$WO$_4$ (D$_2$O 中)
^{195}Pt	33.8	$\frac{1}{2}$	21.5	Na$_2$[PtCl$_6$]
^{199}Hg	16.84	$\frac{1}{2}$	17.9	HgMe$_2$

[†1] 分光器の測定周波数は磁場の強さで定義され,^{1}H NMR では SiMe$_4$ の ^{1}H が共鳴する周波数を明記される.
[†2] これ以外の基準物質も使用されるため,NMR のスペクトルデータを使用する場合は基準物質を明記することが重要である.

NMR 分光法を用いた研究に どの核種が適しているのか

非常に多くの核種が NMR 分光法で観測可能であるが,いくつかの核種はそれらがもつ物理的性質 (たとえば,大きな電気四極子モーメントなど) のため実際に観測するのが難しい. 第一の基準は,その核種の核スピン量子数 I が $\frac{1}{2}$ 以上の値をもつことである (表 3・3). 第二は (必ずしも必要というわけではないが),その核種の天然存在率が比較的高いと有利である. ^{13}C は天然存在率が低いにもかかわらず NMR 分光法に広く用いられている核種の一例であり,信号対雑音比 (S/N 比) を改善するために同位体を濃縮した化合物が利用されている. 第三に必要なことは,その核の**スピン緩和時間** (spin-relaxation time, T_1) が比較的短いことである. この性質は,核それ自体だけでなく,その核がおかれた分子中での環境にも依存する. いくつかの元素では2個以上のNMR 活性な同位体核種が存在し,どちらの核種を実際に観測するかは,それらに固有の T_1 値の比較で決まる. たとえば,^{6}Li と ^{7}Li はともに NMR 活性であり,^{7}Li の T_1 値は通常3秒以下であるが,^{6}Li の T_1 値はおよそ 10~80 秒の範囲にある. 両者の比較から,^{7}Li の方が NMR 分光法の観測核として適していることがわかる. この選択は ^{7}Li の天然存在率 (92.5%) が ^{6}Li よりも高いことからも妥当といえる. そのほかに観測のしやすさの妨げとなる核の性質としては,核電荷が非球状に分布するために生じる**電気四極子モーメント** (quadrupole moment) がある. 電気四極子モーメントをも

つのは $I > \frac{1}{2}$ の場合である. 一般に電気四極子モーメントをもつと T_1 値は小さくなり,NMR スペクトルの信号の線幅の広がり (ブロードニング) をもたらす (たとえば ^{11}B). 観測核が四極子モーメントをもつ核種に結合している場合にもシグナルのブロードニングを生じる. ^{11}B に結合したプロトンに対する ^{1}H NMR がその例である.

化学シフトの範囲

NMR 分光分析でシグナルが現れる化学シフトの範囲は観測核種によって異なる. 有機物の分析で最もよく利用される核種は ^{1}H であり,$\delta +15$~0 ppm の**観測幅** (spectral window) に通常ほとんどのシグナルが観測される. 無機化合物では,たとえば金属に結合した ^{1}H 核を観測したい場合,あるいはシグナルが**常磁性シフト** (paramagnetic shift) している場合 (**Box 3・5** 参照) には,観測幅を広げる必要がある. ^{13}C NMR スペクトルの化学シフトは通常 $\delta +250$~-50 ppm の範囲に,^{31}P NMR スペクトルはおよそ $\delta +300$~-300 ppm の範囲に,^{77}Se NMR スペクトルはおよそ $\delta +2000$~-1000 ppm の範囲にある. トリフェニルホスフィンからトリフェニルホスフィンオキシドに変化したときに ^{31}P 核の化学シフトが変化する様子を図 3・8 に示す. このような高周波数側へのシフトは,第三級ホスフィン (R$_3$P) が酸化される際に典型的であり,ホスフィン配位子が d ブロック金属中心に配位したときにもよくみられる.

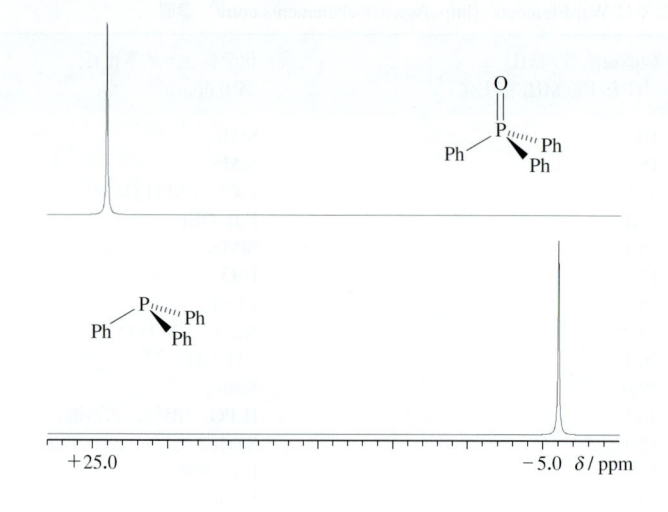

図 3・8 PPh_3 と $O=PPh_3$ の 162 MHz ^{31}P NMR スペクトル.第三級ホスフィンの酸化に伴い δ は一般に正側へシフト(高周波数シフト)する.空気中で容易に酸化されるホスフィンの純度を研究室で簡単に確かめるには,使用する前にその ^{31}P NMR を測定すればよい.

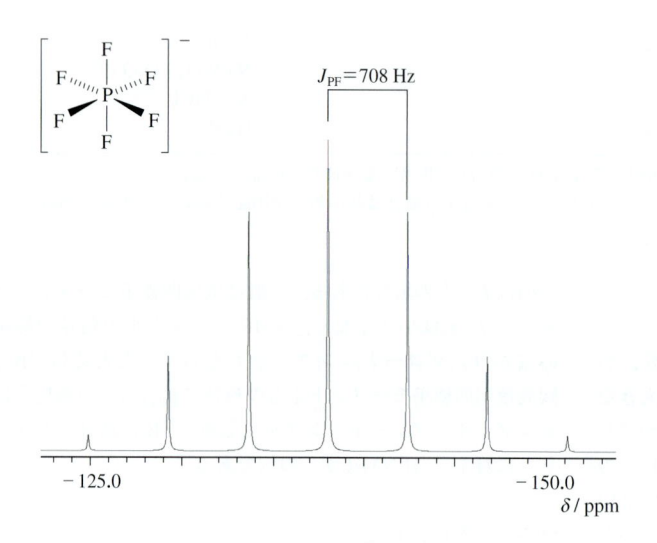

図 3・9 強度が二項係数比の七重線として観測される $[PF_6]^-$ 塩の 162 MHz ^{31}P NMR スペクトル.隣り合う吸収線のどの間隔からでも J_{PF} が求まる.

スピン-スピン結合

> 観測核に**隣接した核**(attached nuclei)の数と核スピンが NMR スペクトルのシグナル(吸収線)の**多重度***(multiplicity, 吸収線の数)やパターンを決定する.X 核と Y 核の結合定数は J_{XY} と表記され Hz 単位で示される.

一般に,NMR スペクトルのシグナルの多重度は式 3.40 で決まる.ここで,観測しようとする核種は核スピン量子数 I をもつ n 個の等価な核とスピン結合 (coupling, **Box 3・4** 参照)するものとする.

$$\text{多重度(吸収線の数)} = 2nI + 1 \tag{3.40}$$

具体例1:$[PF_6]^-$ の ^{31}P NMR スペクトル

八面体形構造の $[PF_6]^-$ を含む塩の ^{31}P NMR スペクトルでは,6 個の等価な ^{19}F 核($I = \frac{1}{2}$)が中心の ^{31}P に結合しているため,強度が二項係数比の七重線が 1 組観測される(図 3・9).$^{31}P-^{19}F$ 結合定数 J_{PF} は ^{31}P 核と ^{19}F 核が直接化学結合しているため 708 Hz と大きい.結合定数の大きさは通常核どうしが離れるにつれて小さくなるが,化学結合した核間の結合定数が大きいために,**長距離スピン結合** (long-range coupling)が観測される場合もある(具体例2参照).

---

* (訳注)多重度という言葉はいろいろな意味で用いられるので注意を要する.たとえば,電子スピンの多重度や X 線構造解析における原子の多重度などがある.

実験テクニック

Box 3・4　NMR 分光法：まとめ

NMR の対象となる核と同位体の存在比

多くの核がスピンという性質をもつ．この核スピン（核角運動量）は量子化されており，$0, \frac{1}{2}, 1, \frac{3}{2}, 2, \frac{5}{2}$ などという値の核スピン量子数 I で表される．ある核の I が 0 のときその核は **NMR 不活性**（NMR inactive）である（たとえば，^{12}C）．^{1}H と ^{13}C は両方とも $I = \frac{1}{2}$ で **NMR 活性**（NMR active）である．本書では I が（0 でなく）異なるこれら以外の NMR 活性な核も登場する．外部から磁場を加えない場合，ある核の異なる核スピン状態は縮重している．これに対し，外部磁場をかけた場合，異なる核スピン状態は（縮重が解け）分裂し，この状態にラジオ波（RF）を照射するとそのエネルギーを吸収して核スピンの遷移が起こる．

水素を含む化合物の ^{1}H NMR スペクトルでは，^{1}H の天然存在率が 99.985% であるので，試料中すべての水素原子が実際に観測される．^{13}C の天然存在率はわずか 1% であるため，炭素を含む化合物の ^{13}C NMR スペクトルでは，試料中に存在する炭素原子の 1% が観測されるにすぎない．このことは後述する ^{1}H–^{13}C スピン–スピン結合に関連して重要である．

共鳴周波数と化学シフト

^{1}H，^{13}C，^{31}P などの特定の核種はそれぞれ固有のラジオ波を吸収する．つまり，ある決まった周波数で**共鳴吸収**（resonance absorption）を起こす．NMR 分光器をある特定の共鳴周波数に設定すれば，そこで共鳴吸収を起こす核のみが選択的に観測される．たとえば，400 MHz の分光器を 400 MHz に設定すれば ^{1}H 核だけが観測され，162 MHz に設定し直せば ^{31}P 核のみが観測されることになる．これはラジオをチューニングしてある放送局の放送だけを聴くことに似ている．

^{1}H NMR スペクトルでは，異なる環境にあるプロトンは異なる周波数で共鳴吸収を起こす．たとえば，^{13}C NMR スペクトルにおいて非等価な ^{13}C 核が個別に観測され，^{19}F NMR スペクトルにおいても同様に非等価な ^{19}F 核がそれぞれ個別に現れるということである．NMR スペクトルのシグナルは下で述べるように**化学シフト値**（chemical shift value）δ で示され，それぞれの基準物質に対する相対的な値として示される．

化学シフト δ は外部磁場の強度によらず，つぎのように定義される．試料シグナルの周波数（ν）とある基準物質の周波数（ν_0）の差（$\Delta\nu$[Hz]）を基準物質シグナルの周波数で割ったものが δ である．

$$\delta = \frac{(\nu - \nu_0)}{\nu_0} = \frac{\Delta\nu}{\nu_0}$$

通常 δ は非常に小さい値であり，扱いやすくするために上式の値を 10^6 倍して ppm（百万分率）単位で表す．IUPAC* は上式で δ を定義しているが，下式は δ を ppm 単位で計算するのに便利である．

$$\delta\,[\text{ppm}] = \frac{(\nu - \nu_0)\,[\text{Hz}]}{\nu_0\,[\text{MHz}]}$$

2 本の観測ピークの周波数の差を Hz 単位で求めたい場合は，それら化学シフトの差（ppm 単位）から以下の式で計算することができる．

$$\Delta\nu\,[\text{Hz}] = 分光計の観測周波数\,[\text{MHz}] \times \Delta\delta\,[\text{ppm}]$$

^{1}H および ^{13}C NMR スペクトルの標準的な基準物質はテトラメチルシラン SiMe$_4$（TMS）であり，そのシグナルの δ を 0 ppm とする（表 3・3 参照）．ある化合物の NMR スペクトルで，ある核のシグナルは基準物質のシグナルからシフトしているといわれる．δ がより正の方向にシフトすることを '高周波数シフト'，より負の方向（より正でない方向）にシフトすることを '低周波数シフト' という．昔の用語がまだ使用されることもあり，その場合は δ の正方向へのシフトを '低磁場シフト'，負方向を '高磁場シフト' という．

溶液試料用の測定溶媒

NMR スペクトル用溶液試料の調製には一般に**重水素化溶媒**（deuterated solvent）が用いられる．重水素化されていない溶媒（たとえば CDCl$_3$ に代えて CHCl$_3$）を ^{1}H NMR スペクトルに用いた場合には，試料のシグナルが多量に共存する溶媒のシグナルに隠れてしまうことが，その一つの理由である．重水素化溶媒は，通常 99.5% 以上で ^{2}H 標識されたものが市販されている．残った標識されていない溶媒のシグナルは，測定試料 ^{1}H NMR スペクトルの**内部基準**（internal reference）として有効である．

シグナルの積分と線幅

^{1}H NMR スペクトルの通常の測定条件では，シグナルのピーク面積（**積分値**）の比はシグナルを与える核の数に比例する．たとえば，HC≡CCH$_3$ の ^{1}H NMR スペクトルでは 2 本のシグナルが 1 : 3 の積分強度比で観測される．しかし，シグナルを積分する場合，ピーク面積が観測核の**緩和時間**（relaxation time），すなわち，NMR 測定中にその核が励起状態から基底状態に緩和するのに要する時間に依存することに注意する必要がある（この現象のより詳細な解説については章末の参考文献を参照せよ）．また，^{13}C NMR スペクトルにおけるシグナルの積分強度値を比較する場合には特別な注意が必要である．

シグナルのブロードニングが起こり，これがシグナルの

---

* R. K. Harris, E. D. Becker, S. M. Cabral de Menezes, R. Goodfellow and P. Granger (2001) *Pure Appl. Chem.*, vol. 73, p. 1795– 'NMR nomenclature. Nuclear spin properties and conventions for chemical shifts (IUPAC recommendations 2001)'.

相対的な積分値に影響する場合がある．たとえば，Nに結合したプロトンのシグナルは ^{14}N ($I=1$) の**核四極子緩和** (quadrupolar relaxation) のためにブロードニングが起こる．溶媒プロトンとの交換が起こる場合にもブロードニングが起こる．たとえば，

$$CH_3CH_2OH + HOH \rightleftharpoons CH_3CH_2OH + HOH$$

同核スピン-スピン結合：$^1H-^1H$

1個の ^{1}H核 ($I=\frac{1}{2}$) は核スピンが ($m_I=+\frac{1}{2}$, $m_I=-\frac{1}{2}$) 二つのどちらかの状態にあり，これらの状態間のエネルギー差はNMR分光計の外部磁場の強度に依存する．磁気的に非等価な2個の ^{1}H核として H_A と H_B が存在する系を考える．この系では以下の二つの場合が考えられる．

- H_A の核スピンによる局所的な磁場が H_B には感知されない場合：^{1}H NMR スペクトルには2種の共鳴吸収が現れ，これら2種の ^{1}H核は互いに**スピン-スピン結合（カップリング）**していないため，いずれも**一重線**（シングレット，singlet）となる．

- H_A が H_B の局所的な磁場の影響を受ける場合：^{1}H NMR における H_A のシグナルは，H_A から見える H_B の二つのスピン状態（同じ確率で存在する）の影響で，2本の等強度の吸収線に分裂する．同様に，H_B のシグナルも2本の等強度の吸収線を与える．プロトン H_A と H_B は互いにスピン-スピン結合を形成し，その ^{1}H NMR スペクトルには2種の**二重線**（ダブレット，doublet）が観測される．

上述の二重線の分裂幅は互いに等しくなければならず，これを**結合定数** (coupling constant) J とよび Hz 単位で表す．一般に，1個のプロトンとのスピン-スピン結合は二重線，2個の等価なプロトンとのスピン-スピン結合は三重線（トリプレット）を，3個の等価なプロトンとでは四重線（カルテット）を与え，以下同様に多重線を与える．このような**多重線** (multiplet) における吸収線の相対的な強度はパスカルの三角形から容易に求められる二項係数の比となる．

```
                1              ← 一重線
             1     1           ← 二重線
          1     2     1        ← 三重線
       1     3     3     1     ← 四重線
    1     4     6     4     1  ← 五重線
```

練習問題

下に示すブタノンの 100 MHz ^{1}H NMR スペクトルでは，四重線，一重線，三重線が観測された．三重線と四重線の結合定数 J は等しい．この実測のスペクトルを説明せよ．

異核スピン-スピン結合：$^{13}C-^1H$

^{1}H核と ^{13}C核はいずれも核スピン量子数が $I=\frac{1}{2}$ で，これらが互いに近い位置にあるとスピン-スピン結合を形成する．しかし，炭素原子が天然存在率である分子では，^{13}C 核はわずか1％である．統計的に考えて，$^{13}C-^1H$ のスピン-スピン結合は，たとえばアセトンの ^{1}H NMR スペクトルでは観測されないが，同じ試料でも ^{13}C NMR スペクトルでは観測される．アセトンの ^{13}C NMR スペクトルでは，C=O 炭素原子に由来する一重線と 2 個の等価なメチル基の ^{13}C 核に由来する 1 組の四重線が現れる．

練習問題

アセトンの ^{13}C NMR スペクトルにおいて $^{13}C-^{13}C$ スピン-スピン結合が観測されない理由を説明せよ．

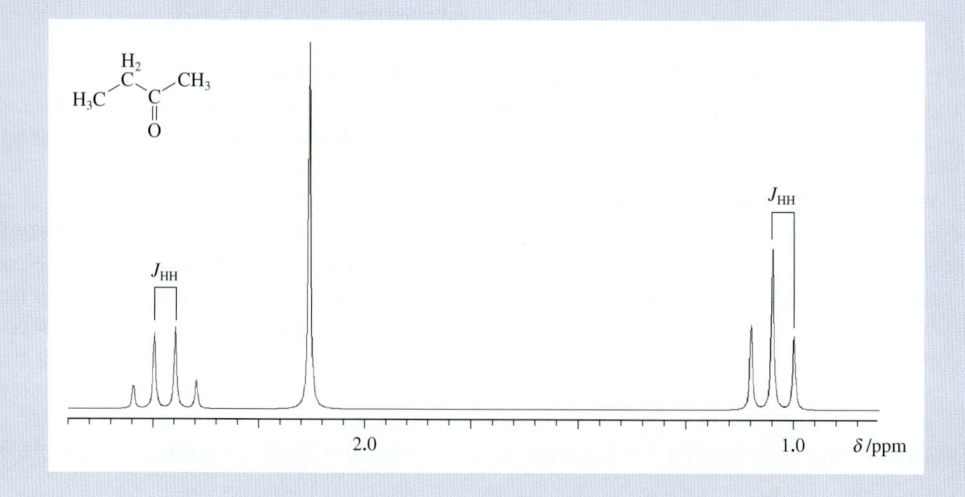

実験テクニック

Box 3・5　常磁性シフトした ^1H NMR スペクトル

　常磁性中心（1個あるいは複数個の不対電子）が化合物中に存在する場合，その化合物の ^1H NMR スペクトルは大きな影響を受ける．第一は，それぞれの ^1H 核の**局所磁場**（内部磁場, local magnetic field）が影響を受ける．NMR 測定において外部磁場を与えることで生じる核スピン状態間のエネルギー差は，核スピンに由来する磁場が外部磁場と相互作用することにより生じる．しかし，それぞれの核が感じる局所的な磁場は，隣接する ^1H 核の電子対が小さな局所磁場を生じるため，すべて外部磁場と同じにはならない．ある核が感じる磁場は外部磁場とすべての小さな局所磁場を合計したものであるが，後者はその ^1H 核のおかれた化学的環境に依存する．通常，異なる環境下にあるプロトンの局所磁場の差は小さく，その結果 ^1H NMR シグナルが現れる化学シフト範囲は大きくない．これに対し常磁性化合物では，常磁性中心の不対電子による大きな局所磁場が追加される．これが核スピン状態間のエネルギーに影響し，その結果 ^1H NMR シグナルの化学シフトの範囲が反磁性化合物に比べてかなり大きくなる．常磁性化合物の ^1H NMR スペクトルでみられる第二の特徴は，シグナルの線幅が広がることである．この効果は，励起状態の寿命がかなり短くなること，すなわち緩和時間が非常に短くなることに由来する（**Box 3・4** 参照）．線幅の広がりが大きくなりすぎて，シグナルがうまく観測されない場合もある．

　Co^{2+} は常磁性金属の一例であり，八面体形錯体では1個あるいは3個の不対電子をもつ（**第21章**参照）．Co^{2+} 錯体 $[Co(phen)_3]^{2+}$ (phen = 1,10-フェナントロリン) の構造とその ^1H NMR スペクトルを下図に示す．錯体中には環境の異なる4種類の芳香族プロトンが存在し，それらのシグナルの化学シフトが δ +110 ～ +15 ppm の広い範囲に現れている．

さらに勉強したい人のための参考文献

I. Bertini and C. Luchinat (1996) *Coordination Chemistry Reviews*, vol. 150 – 'NMR of paramagnetic substances'.

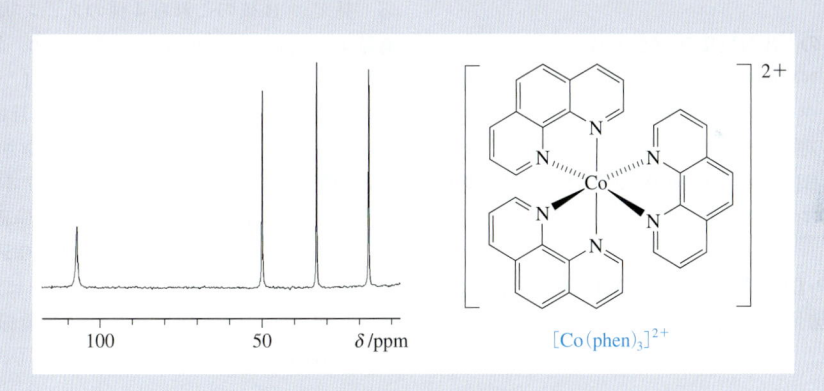

［スペクトルは Barbara Brisig のご好意による］

具体例2：$Ph_2PCH_2CH_2P(Ph)CH_2CH_2PPh_2$ の ^{31}P NMR スペクトル

(3.1)

　構造 **3.1** に示す $Ph_2PCH_2CH_2P(Ph)CH_2CH_2PPh_2$ には a, b で標識した2種類の環境のリンがあり，^{31}P NMR スペクトルでは，2本のシグナルが 1:2 の積分強度比で観測される．直接化学結合した非等価なリン間の J_{PP} は通常 450～600 Hz であるが，化合物 **3.1** では非等価な ^{31}P 核間に**長距離スピン結合**が観測される．P_b と P_a のシグナルはそれぞれ三重線と二重線として観測される．両方のシグナルの分裂幅は当然同じであり，J_{PP} は 29 Hz である．さらに，^{31}P と最近接の ^1H 核との間にスピン-スピン結合が観測される場合もある．日常的によく測定される異核 NMR スペクトルには，プロトンとのスピン-スピン結合を観測する手法と，プロトンの共鳴周波数領域を照射しながら観測核を**デカップリング**（decoupling）する手法の2種がある．

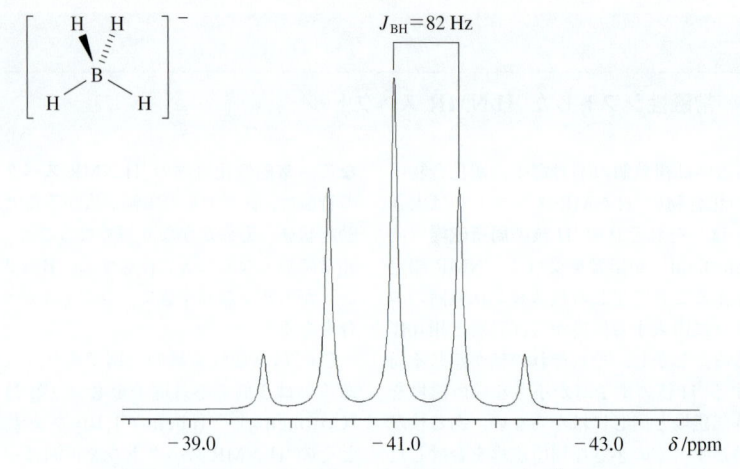

図 3・10 NaBH$_4$ の CD$_3$C(O)CD$_3$ 溶液に対する 128 MHz ^{11}B NMR スペクトル. シグナル中の隣接する吸収線のどの間隔からも J_{BH} の値が求まる.

> ^{31}P{^{1}H} の表記はプロトンをデカップリングした ^{31}P であることを意味し, 他の観測核のプロトンデカップリングについても同様に表記される.

具体例 3: [BH$_4$]$^-$ の ^{11}B NMR スペクトル

Na[BH$_4$] の ^{11}B NMR スペクトルを図 3・10 に示す. 4 個の等価な ^{1}H 核とスピン-スピン結合した ^{11}B のシグナルが 1:4:6:4:1 の強度比の五重線として観測される. ^{11}B は $I = \frac{3}{2}$ であるが, [BH$_4$]$^-$ の ^{11}B NMR シグナルパターンは結合しているプロトンの $I = \frac{1}{2}$ 核の性質で決まる.

具体例 4: PhMe$_2$P·BH$_3$ の ^{31}P{^{1}H} NMR スペクトル

PhMe$_2$P·BH$_3$ 付加体の構造とその ^{31}P{^{1}H} NMR スペクトルを図 3・11 に示す. 4 本の吸収線からなる多重線は主として ^{31}P 核と ^{11}B 核の結合によるものであり, 強度が二項係数比の四重線ではない. ^{11}B は $I = \frac{3}{2}$ であるため, (m_I が) $+\frac{3}{2}$, $+\frac{1}{2}$, $-\frac{1}{2}$, $-\frac{3}{2}$ の 4 種のスピン状態をとる. ^{31}P 核から'見て' ^{11}B 核のこれら 4 種のスピン状態はすべて同一占有確率 (equal probability) であるため, ^{31}P シグナルは同一強度の 4 本の吸収線に分裂し, 1:1:1:1 の多重線となる. ^{11}B の天然存在率は 80% であり, 2 番目に多い ^{10}B も NMR 活性 ($I = 3$) であるため, 実際に観測されるシグナルはさらに複雑となる. ^{10}B は ^{31}P と結合し 7 本もの吸収線からなる多重線 (1:1:1:1:1:1:1) を与えるが, $J_{^{31}P^{10}B}$ の値は $J_{^{31}P^{11}B}$ よりも小さい. これら 2 種類のシグナルが重なり合うため, 7 本の多重線はベースラインに隠れ, 緩和効果によって線幅が広がった 1:1:1:1 多重線がおもなシグナルとして観測される.

具体例 5: [XeF$_5$]$^-$ の ^{19}F NMR スペクトル

平面状の [XeF$_5$]$^-$ には 5 個の等価な F 原子が存在する (例題 2.7 参照). ^{19}F 核と ^{129}Xe 核はともに NMR 活性である. $I = \frac{1}{2}$ の ^{19}F は天然存在率 100% であるのに対し, $I = \frac{1}{2}$ の ^{129}Xe は天然存在率 26.4% である. [XeF$_5$]$^-$ の ^{19}F NMR スペクトルを図 3・12 に示す. 化学的に等価な ^{19}F 核は 1 本のシグナルを与えるが, 26.4% の F 原子には ^{129}Xe が結合し, 残る F にはそれ以外の Xe 同位体が結合している. 観測されたスペクトルは, 73.6% の ^{19}F 核に由来する一重線 (中心線) と ^{129}Xe と結合した 26.4% の ^{19}F 核による二重線が重なったものと解釈できる. すべての ^{19}F 核が同じ周波数で共鳴するため, 二重線の中心と一重線の位置は一致する. このような両側の 2 本のピークをサテライトピーク (satellite peak) とよぶ.

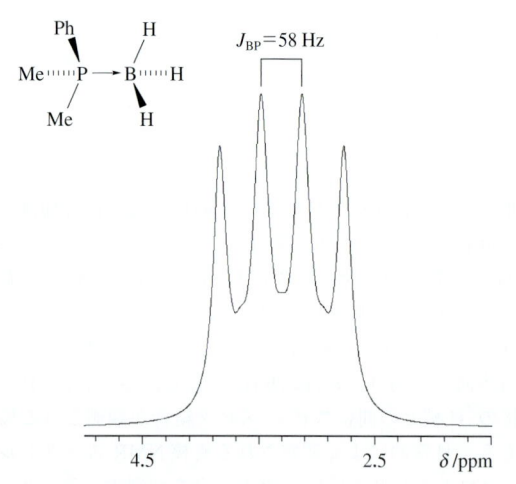

図 3・11 PhMe$_2$P·BH$_3$ 付加体の 162 MHz ^{31}P{^{1}H} NMR スペクトル. 4 本の吸収線は強度が二項係数比の四重線ではなく, およそ 1:1:1:1 の多重線である.

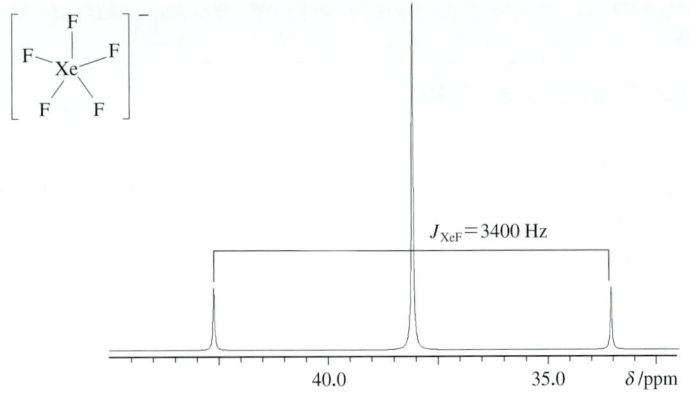

図3・12 文献値を参考に計算した $[XeF_5]^-$ の 376 MHz ^{19}F NMR スペクトル．^{129}Xe の天然存在率は 26.4% であり，その二重線の中心は一重線の位置と一致している．[K. O. Christe et al. (1991) *J. Am. Chem. Soc.*, vol. 113, p. 3351]

立体化学的に柔軟な化合物

これまでに学習したNMRスペクトルの例では，単結合まわりの自由回転を除けば，分子やイオンは溶液中で構造変化しないと仮定した．多くの有機物や無機物でこの考え方は妥当であるが，NMR分光法の時間スケール内で**立体化学的に柔軟**〔non-rigid，**フラクショナル**（fluxional：動的挙動を示す状態）〕である場合もある．$Fe(CO)_5$ (**3.2**)，PF_5 (**3.3**)，BrF_5 (**3.4**) のような五配位の化合物では，溶液中における動的構造変換のエネルギー障壁が比較的小さく，置換基の位置が容易に入替わる．

(3.2) **(3.3)** **(3.4)**

まず‘NMR分光法の時間スケール’について考える．NMR測定における時間スケール[*1]（10^{-1} s から 10^{-5} s）は観測核に依存するものの比較的長く，さらに赤外スペクトルに比べると格段に長い．$Fe(CO)_5$ は赤外スペクトルの時間スケールでは静止している（構造変化がない）ようにみえるが，^{13}C NMRスペクトル測定における時間スケール内ではフラクショナルに構造変化しているようにみえる．温度を下げると動的変化は遅くなり，分光法の時間スケールよりも変化が遅くなる場合もある．逆に，エネルギー障壁が非常に低い動的過程もあり，$Fe(CO)_5$ のアキシアル位とエクアトリアル位のCO基は，103 K まで温度を下げても入替わり，

^{13}C NMRスペクトルでは平均化された環境に対する1本のシグナルが観測される．これに対し，BrF_5 溶液の室温での ^{19}F NMRスペクトルでは，$^{19}F-^{19}F$ スピン-スピン結合による二重線と強度が二項係数比の五重線が4:1の積分強度比で観測され，これは **3.4** の構造に一致する．450 K を超えると1本のシグナルとなり，5個のF原子がNMRの時間スケールで等価となること，つまり BrF_5 分子がフラクショナルあることが示される．このように低温から高温に温度を徐々に変化させると，2種のシグナルが**融合して**（coalesce）単一のシグナルに変化する．

五配位化合物の溶液中における動的過程は，**ベリー擬回転**[*2]（Berry pseudo-rotation）を経由する場合が多い．三方両錐構造では配位子-配位子間の立体反発が最小となるが，ごく小さなエネルギーで正方錐構造に変化する．このような相互変換は中心原子に対する配位子の結合角が少しひずむだけで起こり，変換はさらに連続的に繰返され，各置換基（配位子）が三方両錐構造のエクアトリアル位とアキシアル位の両方に配置するように変換している（図3・13）．

溶液内での交換過程

水和金属イオンの多くは水溶液中で配位水と溶媒との交換反応を起こすが，その速度は遅く ^{17}O で標識したNMRの時間スケールで観測可能である．^{17}O は $I = \frac{5}{2}$ で ^{16}O と ^{18}O は NMR 不活性である．バルクの水と配位水では異なる ^{17}O 核の化学シフトが観測され，これらのシグナルの強度比から配位水の数を求めることができる．たとえば，Al^{3+} は $[Al(OH_2)_6]^{3+}$ として存在することが明らかにされた．

式 3.41 に示す反応は**再分配反応**（redistribution reaction）

[*1] 参考文献：A. B. P. Lever (2003) in *Comprehensive Coordination Chemistry II*, eds J. A. McCleverty and T. J. Meyer, Elsevier, Oxford, vol. 2, p. 435 – 'Notes on time frames'.

[*2] ベリー擬回転ではなく，（エクアトリアル位に非共有電子対がある三方両錐構造をもつ）SF_4 やこれに関連する化合物で'レバー機構，lever mechanism'を考える変換反応については次を参照：M. Mauksch and P. von R. Schleyer (2001) *Inorganic Chemistry*, vol. 40, p. 1756.

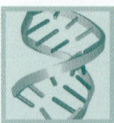

生物と医薬

Box 3・6　核磁気共鳴画像法（MRI）

核磁気共鳴画像法（magnetic resonance imaging, MRI）は人体の組織や腫瘍の画像をとる医療技術で，現在急速に広まりつつある．2003 年には世界中でおよそ 10 000 台の MRI 装置が約 7500 万枚の画像を撮影した．2003 年に Paul Lauterbur（ラウターバー）と Peter Mansfield（マンスフィールド）がノーベル生理学・医学賞を受賞したことからも，この非侵襲性技術が医療医学界に与えた衝撃の大きさがわかる．MRI 画像は人体中の水の ^{1}H NMR シグナルから得られる情報をもとに作成される．シグナルの強度はプロトンの緩和時間と水の濃度に依存する．**MRI 造影剤**（contrast agent）を用いると緩和時間が変化し画像が強調される．常磁性の Gd^{3+}，Fe^{3+} あるいは Mn^{2+} の配位化合物は造影剤として潜在的に有効であるが，なかでも，Gd^{3+} を含む錯体が現在特に広く用いられている．Gd^{3+} は非常に毒性が高いので，患者の副作用を最小限に抑えるために，体内で解離しない錯体の形で Gd^{3+} を注入しなければならない（安定度定数について**第 7 章**参照）．O と N 両方の供与原子をもつ [DTPA]$^{5-}$（H$_5$DTPA の共役塩基）のような配位子とは，Gd^{3+} が高配位数のガドリニウム(III)錯体をつくる（**第 20 章**参照）．たとえば，[Gd(DTPA)(H$_2$O)]$^{2-}$ において Gd^{3+} は九配位である．錯イオン [Gd(DTPA)(H$_2$O)]$^{2-}$ は 1988 年に MRI 造影剤として認可され，Magnevist の商品名で使用されている．[Gd(DTPA-BMA)(H$_2$O)]（商品名 Omniscan）と [Gd(HP-DO3A)(H$_2$O)]（商品名 ProHance）の 2 種も認可された造影剤である．以下に示す [Gd(DTPA-BMA)(H$_2$O)] の固体状態の構造では，九配位の中心金属が明らかにされた．Magnevist, Omniscan, ProHance は**細胞外**（extra-cellular）造影剤に分類され，患者に注射すると血漿や細胞外液の至るところに非特異的に分散する．腎臓からの排泄は速く，消滅半減期は約 90 分である．

MRI 造影剤にはさらに，**肝臓**（hepatobiliary）造影剤と**血管**（血液プール blood pool）造影剤の 2 種がある．肝細胞は肝臓のおもな細胞で，肝臓造影剤は肝臓に到達するよう設計されており，その後胆管，胆嚢，腸を経て排泄される．ガ

H$_5$DTPA

H$_3$DTPA-BMA

H$_5$BOPTA

H$_3$HP-DO3A

X 線回折により決定された [Gd(DTPA-BMA)(H$_2$O)]（Omniscan）の分子構造 [A. Aukrust *et al.* (2001) *Org. Process Res. Dev.*, vol. 5, p. 361]．原子の色表示: Gd 緑色, N 青色, O 赤色, C 灰色, H 白色．

ドリニウム(Ⅲ)錯体 [Gd(BOPTA)(H$_2$O)]$^{2-}$（商品名 Multihance）は認可済みの肝臓造影剤である．[BOPTA]$^{5-}$ は H$_5$BOPTA の共役塩基で，その構造を分子図の左に示す．[BOPTA]$^{5-}$ は [DTPA]$^{5-}$ と類似した構造であるが，Multihance の細胞特異性を生みだすために疎水性置換基のペンダントを導入した点で異なる．血管造影剤はかなり長い時間血管内にとどまる必要がある．MS-325（商品名 Vasovist）は 2005 年に欧州委員会と米国食品医薬品局で医療用として承認された．Vasovist のキレート配位子は [DTPA]$^{5-}$ に類似し，リン酸エステルを含む置換基をもつ．このガドリニウム(Ⅲ)錯体はヒト血清アルブミンに可逆的に結合するため，血管構造が強調された画像を得ることができる．このような MRI は特に **核磁気共鳴血管画像**（magnetic resonance angiography，MRA）とよばれ，画像法のなかでも特に進んだ技術である．非侵襲性の MRA が開発される前は，血管構造は既存の X 線造影法で撮影されていた．この場合，X 線を吸収する薬剤を血液中に侵襲的な方法（カテーテルによる）で注入し，その後患者に X 線を当てることで画像を撮影する．

いくつかの臓器（たとえば肺）ではプロトンのシグナルによる MRI を撮影することができない．プロトンが観測できない問題を克服するために ^{129}Xe 核磁気共鳴画像法が開発されつつある．適切な条件下で気体の ^{129}Xe をマウスの肺に入れると明瞭な MRI 画像が得られる．

さらに勉強したい人のための参考文献

M. S. Albert, G. D. Cates, B. Driehuys, W. Happer, B. Saam, C. S. Springer and A. Wishnia (1994) *Nature,* vol. 370, p. 199 – 'Biological magnetic resonance imaging using laser-polarized ^{129}Xe'.

M. J. Allen and T. J. Meade (2004) *Metal Ions in Biological Systems,* vol. 42, p. 1 – 'Magnetic resonance contrast agents for medical and molecular imaging'.

P. Caravan, J. J. Ellison, T. J. McMurry and R. B. Lauffer (1999) *Chemical Reviews,* vol. 99, p. 2293 – 'Gadolinium(Ⅲ) chelates as MRI contrast agents; structure, dynamics and applications'.

M. P. Lowe (2002) *Australian Journal of Chemistry,* vol. 55, p. 551 – 'MRI contrast agents: the next generation'.

R. A. Moats, S. E. Fraser and T. J. Meade (1997) *Angewandte Chemie, International Edition,* vol. 36, p. 726 – 'A "smart" magnetic resonance imaging agent that reports on specific enzymic activity'.

S. Zhang, P. Winter, K. Wu and A. D. Sherry (2001) *Journal of the American Chemical Society,* vol. 123, p. 1517 – 'A novel europium(Ⅲ)-based MRI contrast agent'.

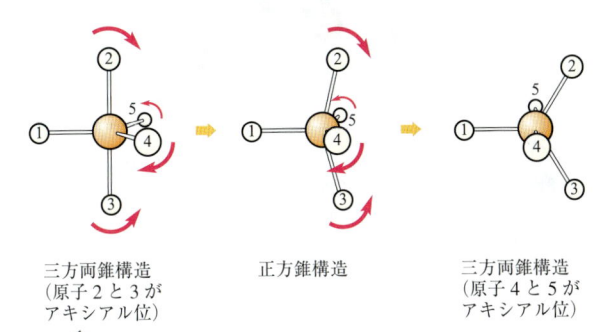

三方両錐構造
（原子2と3が
アキシアル位）　　正方錐構造　　三方両錐構造
（原子4と5が
アキシアル位）

図 3・13 ベリー擬回転では三方両錐形構造が正方錐の遷移状態を経由して別の三方両錐形構造に相互変換される．置換基に付記した番号から，三方両錐形構造のアキシアル位とエクアトリアル位が入れ替わっていることがわかる．

の一種である．

$$PCl_3 + P(OEt)_3 \rightleftharpoons PCl_2(OEt) + PCl(OEt)_2 \quad (3.41)$$

再分配反応は，化合物の間で置換基の交換が起こる反応であるが，結合の種類とその数は変化しない．

式 3.41 の化合物はそれぞれ異なる ^{31}P 核化学シフトをもつため，^{31}P NMR スペクトルでこの平衡反応を追跡することができる．積分強度比の時間変化から速度データが得られ，積分強度比が変化しなくなり平衡に達した時点の積分強度比から平衡定数が求まる（さらに $\Delta G° = -RT \ln K$ から $\Delta G°$ の値が得られる）．異なる温度で $\Delta G°$ を決定すれば，式 3.42 と式 3.43 を用いて $\Delta H°$ と $\Delta S°$ の値が求まる．

$$\Delta G° = \Delta H° - T\Delta S° \quad (3.42)$$

$$\frac{d \ln K}{dT} = \frac{\Delta H°}{RT^2} \quad (3.43)$$

この種の反応では $\Delta H°$ がほぼ 0 であり，置換基の再分配は系のエントロピーが増大することを駆動力として進行する．

3・12　無機化学におけるメスバウアー分光法

メスバウアー分光法は NMR 分光法ほど汎用性が高くないため，ここでは要点のみ述べることにする．§21・9 にもその応用例を示す．

メスバウアー分光法の原理

原子核が γ 線を放射または吸収する際に起こる反跳（recoil）の速度が無視できる条件で核 γ 線放射・共鳴吸収が起こる現象を**メスバウアー効果**（Mössbauer effect）という．この現象は，原子核が結晶格子内でしっかり固定された<u>固体試料</u>でのみ観測され，そのエネルギー，すなわち γ 放射線の

表 3・4 メスバウアー効果が観測される核種とメスバウアー分光分析に用いられる γ 放射線源

観測核	天然存在率 /%	基底スピン状態	励起スピン状態	放射性同位体線源[†]
^{57}Fe	2.2	$\frac{1}{2}$	$\frac{3}{2}$	^{57}Co
^{119}Sn	8.6	$\frac{1}{2}$	$\frac{3}{2}$	^{119m}Sn
^{99}Ru	12.7	$\frac{3}{2}$	$\frac{5}{2}$	^{99}Rh
^{197}Au	100	$\frac{3}{2}$	$\frac{1}{2}$	^{197m}Pt

† m = metastable（準安定）

周波数は観測核種の基底状態と短寿命の励起状態間の遷移エネルギーに相当する．表 3・4 にメスバウアー分光法で観測可能な核種の一部を示す．

^{57}Fe のスペクトルを例にメスバウアー効果について学習することにする．基本的な装置は，放射線源，^{57}Fe 試料を含む固体吸収体，γ線検出器で構成される．^{57}Fe 試料に対する放射線源は ^{57}Co であり，ステンレス鋼内に分散させたものを用いる．^{57}Co 線源は核外電子を捕獲して壊変し ^{57}Fe の励起状態となり，これが γ 線を放射して基底状態になる．同じ状態の ^{57}Fe が線源と吸収体の両方にある場合，共鳴吸収が起こり吸収体を透過する γ 線は検出されないが，線源と吸収体にある ^{57}Fe が異なった環境にある場合には，吸収が起こらず試料を透過する γ 線が検出される．線源を異なった速度で ^{57}Fe 吸収体に近づけたり遠ざけたりすると，γ 線のエネルギーが変化する（ドップラー効果 Doppler effect による）．線源のステンレス鋼に対する相対的な吸収が最大となるドップラー速度を（ステンレス鋼を相対的に 0 とした）試料中の ^{57}Fe の**異性体シフト**（isomer shift）といい mm s^{-1} の単位で表す（図 21・29 参照）．

異性体シフトで何がわかるのか

異性体シフトは ^{57}Fe 核近傍の電子密度の指標となり，Fe 原子の酸化数を決めるうえで異性体シフト値が用いられる．同様に ^{197}Au メスバウアースペクトルでは，Au(I) と Au(III) を区別するのに異性体シフトが用いられる．鉄の化学に関する 3 例を以下にあげる．

錯イオン $[Fe(NH_3)_5(NO)]^{2+}$ では Fe 中心と NO 基の結合について曖昧な部分があり，たとえば，$[NO]^+$ が Fe(I) 中心に結合していると説明されてきた．しかし，^{57}Fe メスバウアースペクトルの結果，$[NO]^-$ が Fe(III) 中心に結合しているとみなすのが妥当であることがわかった．

$[Fe(CN)_6]^{4-}$ と $[Fe(CN)_6]^{3-}$ における鉄の形式酸化数はそれぞれ +2 と +3 である．しかし，これらの化合物異性体シフトが近い値であることから，実際の酸化状態は互いに類似しており，$[Fe(CN)_6]^{4-}$ の 1 個の過剰な電子は鉄中心に存在するのではなく 6 個のシアノ基上に非局在化していることが提案された．

同じ分子中に異なる環境の鉄が存在する場合，異性体シフトの違いでそれらを区別することができる．$Fe_3(CO)_{12}$ の固体構造において 2 種類の鉄原子が存在することは，まずメスバウアースペクトルの 2 種類のシグナルで示され，その後，X 線回折法によって確かめられた（図 3・14）．

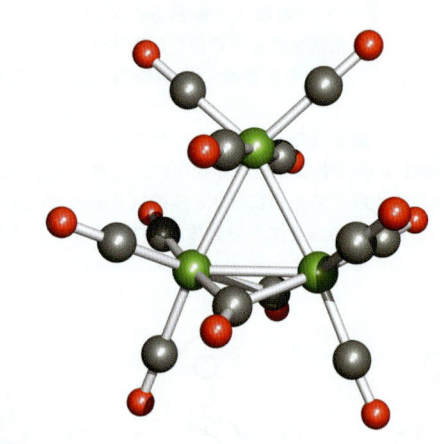

図 3・14 X 線回折法で決定された $Fe_3(CO)_{12}$ の固体状態における分子構造．分子中に CO 基の配置が異なる 2 種類の鉄が存在する．原子の色表示：Fe 緑色，C 灰色，O 赤色．

重要な用語

本章では以下の用語が紹介されている．意味を理解できるか確認してみよう．

- ☐ 中性子（neutron）
- ☐ 陽子（proton）
- ☐ 核子（nucleon）
- ☐ 核種（nuclide）
- ☐ 質量数（mass number）
- ☐ 質量欠損（mass defect）
- ☐ 結合エネルギー（binding energy）
- ☐ 放射壊変（radioactive decay）
- ☐ 一次反応速度式（first order rate equation）
- ☐ 一次反応速度定数（first order rate constant）
- ☐ 半減期（half-life）
- ☐ α 粒子（α-particle）

- ☐ β粒子 β⁻（β-particle）
- ☐ γ放射線（γ-radiation）
- ☐ 陽電子 β⁺（positron）
- ☐ ニュートリノ ν_e（neutrino）
- ☐ 反ニュートリノ（antineutrino）
- ☐ 元素変換（transmutation of an element）
- ☐ 核分裂（nuclear fission）
- ☐ 核融合（nuclear fusion）
- ☐ 低速（熱）中性子（slow (thermal) neutron）
- ☐ 高速中性子（fast neutron）
- ☐ 超ウラン元素（transuranium element）
- ☐ 同位体濃縮（isotopic enrichment）
- ☐ 零点エネルギー（zero point energy）
- ☐ 同位体交換反応（isotope exchange reaction）
- ☐ 速度論的同位体効果（kinetic isotope effect）
- ☐ 分光学的時間スケール（spectroscopic timescale）
- ☐ 核スピン量子数 I（nuclear spin quantum number）
- ☐ 化学シフト【NMRスペクトル】（chemical shift）
- ☐ スピン-スピン結合【NMRスペクトル】（spin–spin coupling）
- ☐ プロトンデカップリングNMRスペクトル（proton-decoupled NMR spectrum）
- ☐ NMRスペクトルシグナルの多重度（multiplicity of an NMR spectroscopic signal）
- ☐ サテライトピーク【NMRスペクトル】（satellite peak）
- ☐ 立体化学的柔軟性（stereochemically non-rigid）
- ☐ フラクショナリティー（動的挙動）（fluxionality）
- ☐ ベリー擬回転（Berry pseudo-rotation）
- ☐ 再分配反応（redistribution reaction）
- ☐ メスバウアー効果（Mössbauer effect）
- ☐ 異性体シフト【メスバウアースペクトル】（isomer shift）

さらに勉強したい人のための参考文献

反応速度論の基礎

C. E. Housecroft and E.C. Constable (2006) *Chemistry*, 3rd edn, Prentice Hall, Harlow － 15章に一次反応速度論に関する例題を含む解説があり，速度式の積分に関する数学的な解説も含まれる．

核化学

G. R. Choppin, J.-O. Liljenzin and J. Rydberg (1995) *Radiochemistry and Nuclear Chemistry*, 2nd edn, Butterworth-Heinemann, Oxford － 両分野とその化学的および実際の応用に関する優れた一般書．

J. Godfrey, R. McLachlan and C. H. Atwood (1991) *Journal of Chemical Education*, vol. 68, p. 819 － 'Nuclear reactions versus inorganic reactions' と題する論文は，比較を効果的に用いた概論で放射壊変速度論のまとめを含む．

N. N. Greenwood and A. Earnshaw (1997) *Chemistry of the Elements*, 2nd edn, Butterworth-Heinemann, Oxford － 第1章には元素の起源と核反応過程に関する解説がある．

D. C. Hoffmann and G. R. Choppin (1986) *Journal of Chemical Education*, vol. 63, p. 1059 － 高レベル放射性廃棄物に関する解説．

D. C. Hoffmann and D. M. Lee (1999) *Journal of Chemical Education*, vol. 76, p. 331 － 'シングルアトム（atom-at-a-time）' 化学の発展と展望に関する優れた論文．

W. D. Loveland, D. Morrissey and G.T. Seaborg (2005) *Modern Nuclear Chemistry*, Wiley, Weinheim － 放射化学とその応用に関する最近の解説．

NMRおよびメスバウアー分光法

C. Brevard and P. Granger (1981) *Handbook of High Resolution Multinuclear NMR*, Wiley-Interscience, New York － 原子核の諸性質，標準物質，一般的な化学シフト範囲，スピン-スピン結合定数に関する事典．

R. Freeman (2003) *Magnetic Resonance in Chemistry and Medicine*, Oxford University Press, Oxford － 高分解能NMR分光法に関する最近の解説で，孤立分子系から人体のレベルに至るまでの応用に関する解説がある．

C. E. Housecroft (1994) *Boranes and Metallaboranes: Structure, Bonding and Reactivity*, 2nd edn, Ellis Horwood, Hemel Hempstead － 第2章にはボランやその誘導体に関する ^{11}B および ^{1}H NMRの解釈についての解説がある．

B. K. Hunter and J. K. M. Sanders (1993) *Modern NMR Spectroscopy: A Guide for Chemists*, 2nd edn, Oxford University Press, Oxford － 詳しくて読みやすい，優れた教科書．

J. A. Iggo (1999) *NMR Spectroscopy in Inorganic Chemistry*, Oxford University Press, Oxford － NMR分光法の理論と構造決定における応用に関する入門書．

G. J. Long and F. Grandjean (2004) in *Comprehensive Coordination Chemistry II*, eds J. A. McCleverty and T. J. Meyer, Elsevier, Oxford, vol. 2, p. 269 － 'メスバウアー分光法入門' と題する短い解説書であり，最新の文献が引用されている．

A. G. Maddock (1997) *Mössbauer Spectroscopy: Principles and Applications*, Horwood Publishing, Chichester － 実験技術と応用についての総合的な解説．

R. V. Parish (1990), *NMR, NQR, EPR and Mössbauer Spectroscopy in Inorganic Chemistry*, Ellis Horwood, Chichester － 各種スペクトルの理論，応用，解釈に関する教科書であり，章末問題を含む．

J. K. M. Sanders, E. C. Constable, B. K. Hunter and C. M. Pearce (1993) *Modern NMR Spectroscopy: A Workbook of Chemical Problems*, 2nd edn, Oxford University Press, Oxford － NMRスペクトルに関する問題解法のための有用な練習問題を収録している．

問題

3.1 つぎの同位体の中性子数，陽子数，電子数はいくつか．(a) $^{19}_{9}F$，(b) $^{59}_{27}Co$，(c) $^{235}_{92}U$．

3.2 つぎの用語の意味を述べよ．(a) 原子番号，(b) 質量数，(c) 質量欠損，(d) 核子1個当たりの結合エネルギー．

3.3 付録5のデータを用い，天然に存在するBaの質量スペクトルを図示せよ．

3.4 ラジウム-224は放射性でα壊変する．(a) この過程の反応式を書け．(b) ラジウム-224の壊変ではヘリウムガスが生成する．Rutherford（ラザフォード）とGeiger（ガイガー）は $^{224}_{88}$Ra からα粒子が放出される速度が $7.65\times10^{12}\,\text{s}^{-1}\,\text{mol}^{-1}$ であり，これは 273 K, 1 bar におけるヘリウムガスの生成速度 $2.90\times10^{-10}\,\text{dm}^3\,\text{s}^{-1}$ に等しいことを明らかにした．この結果から，1 mol のヘリウムガスの体積を $22.7\,\text{dm}^3$ (273 K, 1 bar) としてアボガドロ定数を求めよ．

3.5 以下の数値データを用い，$^{218}_{84}$Po の半減期と壊変の速度定数を求めよ．

時間/s	0	200	400	600	800	1000
$^{218}_{84}$Po/mol	0.250	0.110	0.057	0.025	0.012	0.005

3.6 ストロンチウム-90の半減期は29.1年である．ストロンチウム-90の壊変に対する速度定数を s^{-1} 単位で求めよ．[時間の SI 単位は秒]

3.7 任意の核種の可能な核反応に関し，以下の表を完成させよ．

反応の形式	プロトン数の変化	中性子数の変化	質量数の変化	新しい元素が生じるか
α 粒子の放出				
β 粒子の放出				
陽電子の放出				
(n,γ) 反応				

3.8 図 3・3 の各過程で放射される粒子は何か．

3.9 つぎの核反応表記の意味を説明せよ．(a) $^{58}_{26}$Fe (2n,β) $^{60}_{27}$Co, (b) $^{55}_{25}$Mn (n,γ) $^{56}_{25}$Mn, (c) $^{32}_{16}$S (n,p) $^{32}_{15}$P, (d) $^{23}_{11}$Na (γ,3n) $^{20}_{11}$Na.

3.10 つぎの核分裂反応の2番目の生成核種は何か．

(a) $^{235}_{92}$U + $^{1}_{0}$n → $^{142}_{56}$Ba + ? + 2^{1}_{0}n

(b) $^{235}_{92}$U + $^{1}_{0}$n → $^{137}_{52}$Te + ? + 2^{1}_{0}n

3.11 つぎの反応で入射する中性子は'高速'か'低速'か，理由とともに述べよ．

(a) $^{14}_{7}$N + $^{1}_{0}$n → $^{14}_{6}$C + $^{1}_{1}$H

(b) $^{238}_{92}$U + $^{1}_{0}$n → $^{239}_{92}$U + γ

(c) $^{235}_{92}$U + $^{1}_{0}$n → $^{85}_{34}$Se + $^{148}_{58}$Ce + 3^{1}_{0}n

3.12 Bk に対し，ln N が t について比例関係を示し，その傾きが −0.0023 day^{-1} であるとする．Bk の半減期を求めよ．ただし，N は時刻 t における核種 Bk の数とする．

3.13 天然に存在する CO の赤外スペクトルでは，分子振動に帰属される吸収が 2170 cm^{-1} に観測される．CO を ^{13}C で標識した場合，赤外スペクトルでどのような変化が起こると予想されるか．

3.14 酸化物 P_4O_6 を炭酸ナトリウム水溶液に溶解すると，Na_2HPO_3 の組成式をもつ化合物 A がその溶液から結晶化する．A は赤外スペクトルで 2300 cm^{-1} に吸収をもつ．P_4O_6 と Na_2CO_3 を D_2O に溶解し，同様の方法で得られる化合物 B の赤外スペクトルでは，A に対応する吸収が 1630 cm^{-1} にみられる．化合物 A を D_2O から再結晶して得られる化合物の赤外スペクトルはまったく変化しない．なぜこのようなことが起こるのか説明せよ．

問題 3.15, 3.16 では，溶解度のデータに関して §7・9 を参照せよ．

3.15 難溶性化合物の溶解度を求める際に，重量分析法ではなく同位体希釈法を用いる理由を説明せよ．

3.16 0.0100 g の鉛 ($A_r = 207$) を含む非放射性鉛の塩に少量の放射性同位体 $^{212}_{82}$Pb を混合した．この試料をすべて水に溶解し，さらに水溶性のクロム酸塩を加えると，クロム酸鉛 (PbCrO$_4$) の沈殿が生じた．上澄み液 10 cm^3 を採取し，濃縮乾固して得られた固体の放射線量は，最初の $^{212}_{82}$Pb の 4.17×10^{-5} 倍であった．クロム酸鉛の溶解度を mol dm^{-3} 単位で求めよ．

問題 3.17～3.40 で天然存在率が必要な場合は表 3・3 を参照せよ．

3.17 結合定数が化学シフトの差ではなく Hz 単位で示されるのはなぜか．

3.18 ^{31}P 核と ^{19}F 核の間や ^{31}P 核と ^{1}H 核の間では長距離スピン結合が観測される場合が多いのに対し，離れた非等価な ^{1}H 核間では観測されない．これらの事実を基に，これら原子どうしが直接化学結合した場合の J_{PF}, J_{PH}, J_{HH} の大小関係を推定せよ．

3.19 CF$_3$CO$_2$H の ^{13}C NMR スペクトルでは 44 Hz と 284 Hz の結合定数をもつ 2 組の 1：3：3：1 の四重線が観測される．これについて説明せよ．

3.20 Ph$_2$PH と Ph$_3$P は ^{31}P NMR スペクトルでどのように識別されるか説明せよ．

3.21 PMe$_3$ の ^{31}P NMR スペクトルでは，強度が二項係数比の十重線 (J 2.7 Hz) が観測される．(a) この理由を説明せよ．(b) PMe$_3$ の ^{1}H NMR スペクトルを予測せよ．

3.22 化合物 **3.5** の ^{29}Si NMR スペクトルでは，194 Hz の結合定数をもつ三重線が 1 組観測される．(a) この理由を説明せよ．(b) 化合物 **3.5** の ^{1}H NMR スペクトルにおいて，Si に結合したプロトンのシグナルはどのように観測されるか推定せよ．[^{29}Si：天然存在率 4.7%，$I = \frac{1}{2}$]

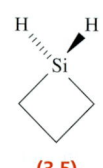

(3.5)

3.23 図 3・15 に (a) THF·BH$_3$ (**3.6**), (b) PhMe$_2$P·BH$_3$ の ^{11}B NMR スペクトルを示す．実測の分裂パターンを与える理由を説明せよ．また，図中のどの部分から各結合定数を見積もるべきかを図示せよ．

(3.6)

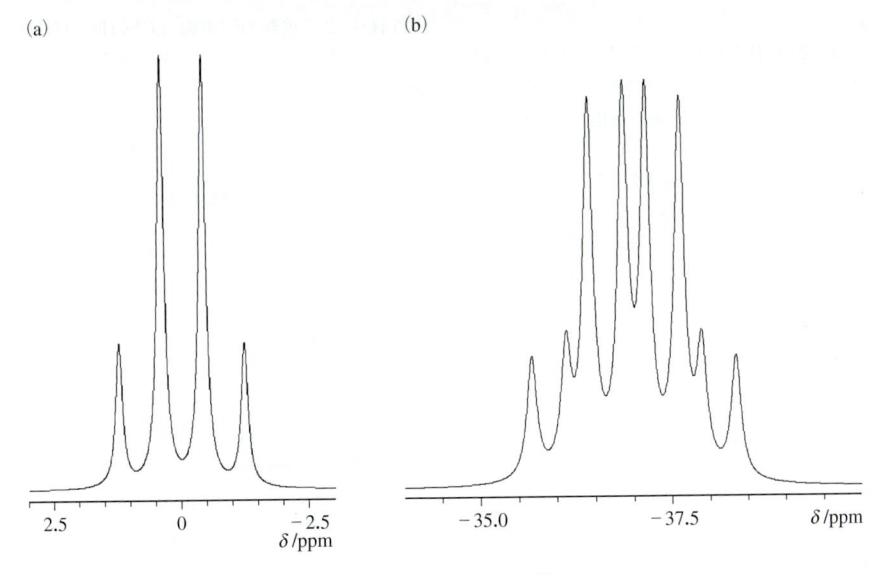

図 3・15 問題 3.23 の図

3.24 (a) VSEPR モデルに基づいて SF_4 の構造を推定せよ．(b) SF_4 溶液の 298 K における ^{19}F NMR スペクトルでは一重線が観測されるが，175 K では同じ強度の三重線が 2 組観測される．このような変化を生じる理由を説明せよ．

3.25 つぎに示す分子の ^{19}F NMR スペクトルでは，すべて 1 本のシグナルが観測される．VSEPR モデルに基づいて考えた場合，これらスペクトルが静的な分子構造に一致するものはどれか．(a) SiF_4，(b) PF_5，(c) SF_6，(d) SOF_2，(e) CF_4

3.26 ベリー擬回転で構造が変化する 2 個の分子を例にとり，その機構の概略を説明せよ．

3.27 '静的な溶液構造' という表現が常に剛直な構造に対応するとみなすのは正しいか．つぎの分子を例に用いて答えよ．PMe_3，$OPMe_3$，PPh_3，$SiMe_4$

NMR スペクトルに関する補足問題

3.28 $SiCl_4$ と $SiBr_4$ を混合して 40 時間経過した後で測定した ^{29}Si NMR スペクトルでは，全部で 5 本のシグナルが観測され，そのうちの 2 本は $SiCl_4$ (δ -19 ppm) と $SiBr_4$ (δ -90 ppm) に帰属された．この観測について説明せよ．

3.29 $[P_5Br_2]^+$ の構造を **3.7** に示す．この陽イオンの 203 K における ^{31}P NMR スペクトルでは，二重線に分裂した三重線 (doublet of triplets; J 321 Hz, 149 Hz)，三重線の三重線 (triplet of triplets; J 321 Hz, 26 Hz)，三重線の二重線 (triplet of doublets; J 149 Hz, 26 Hz) が観測された．これらの観測結果を説明せよ．

3.30 ヘキサカルボニルタングステン (**3.8**) には 6 個の等価な CO 配位子がある．表 3・3 を参考にして，^{13}C エンリッチ試薬で合成した $W(CO)_6$ の ^{13}C NMR スペクトルを予測せよ．

3.31 化合物 Se_nS_{8-n} ($n = 1\sim 5$) の構造は S_8 に類似している．構造 **3.9** は S_8 の環状構造 (実際には平面状ではない) と各原子の番号を示したものであり，すべての S 原子は等価である．この構造をもとに，SeS_7，1,2-Se_2S_6，1,3-Se_2S_6，1,2,3-Se_3S_5，1,2,4-Se_3S_5，1,2,5-Se_3S_5，1,2,3,4-Se_4S_4 の構造を書け．また，各化合物の ^{77}Se ($I = \frac{1}{2}$, 7.6%) NMR スペクトルでは何本のシグナルが観測されるか．

3.32 $BFCl_2$ の ^{19}F NMR スペクトルでは 1:1:1:1 の四重線が観測される．この理由を説明せよ．BF_2Cl の ^{19}F NMR スペクトルではどのようなシグナルが観測されるか説明せよ．これら化合物中の核スピンをもつ核種に関するデータについては

表3・3を参照せよ．

3.33 SbMe$_5$ の 173 K での ^{1}H NMR スペクトルには，1 種類のメチル基のシグナルが観測された．この理由を説明せよ．

3.34 NbCl$_5$ と HF の MeCN 溶液には八面体形構造の [NbF$_6$]$^-$, [NbF$_5$Cl]$^-$, [NbF$_4$Cl$_2$]$^-$, [NbF$_3$Cl$_3$]$^-$, [NbF$_2$Cl$_4$]$^-$ が存在する．これら混合物中の各化合物の可能な異性体を考慮し，各成分に対して ^{19}F NMR スペクトルで観測されるシグナルの数とそのスピン-スピン結合パターンを予測せよ（静的構造であるとみなし，^{193}Nb とのスピン-スピン結合はないものとする）．

3.35 (a) [PF$_6$]$^-$ の ^{19}F NMR スペクトルに 1 組の二重線が観測される理由を説明せよ．(b) *trans*-[PtI$_2$(PEt$_3$)$_2$] (**3.10**) の ^{31}P{^{1}H} NMR スペクトルでは約 1:4:1 の相対強度をもつ 3 本の吸収線が観測される．この理由を説明せよ．

(**3.10**)

3.36 (a) 化合物 **3.11** の ^{1}H NMR スペクトルでは δ 3.60 ppm に三重線 (J 10.4 Hz) が 1 組観測される．このシグナルを帰属し，スピン-スピン結合の由来について説明せよ．化合物 **3.11** の ^{31}P{^{1}H} NMR スペクトルではどのようなシグナルが観測されるか．

(**3.11**)

(b) あるリンを含む陽イオンの固体状態における構造を図 3・16 に示す．この [CF$_3$SO$_3$]$^-$ 塩の CDCl$_3$ 溶液の ^{31}P NMR スペクトルを測定した．固体で観測された構造が溶液中でも保持されているとすると，何種類のシグナル（スピン-スピン結合を無視せよ）が観測されるか予測せよ．

3.37 八面体形構造の [PF$_5$Me]$^-$ の ^{19}F NMR スペクトルでは 2 本のシグナルが δ $-$45.8 と $-$57.6 ppm に観測される．2 種類のシグナルが観測される理由を説明せよ．これらシグナルから 3 種の結合定数 J_{PF} = 829 Hz, J_{PF} = 680 Hz, J_{FF} = 35 Hz が求められた．これらスピン-スピン結合の由来について説明せよ．

3.38 平面正方形のロジウム(I)錯体 (**3.12**) の CDCl$_3$ 溶液の ^{31}P{^{1}H} NMR スペクトルでは，二重線の二重線 (J 38 Hz, 145 Hz) と二重線の三重線 (J 38 Hz, 190 Hz) が観測される．このようなスペクトルデータを説明せよ．[ヒント：表 3・3 をみよ]

(**3.12**)

3.39 NaBH$_4$ は四面体形の [BH$_4$]$^-$ を含む．NaBH$_4$ は水中でゆっくり加水分解されるが，D$_2$O 中では明瞭な ^{1}H NMR スペクトルを測定することができる．天然に存在するホウ素には 2 種の同位体，^{11}B (80.1%, $I = \frac{3}{2}$) と ^{10}B (19.9%, $I = 3$) がある．鋭く高分解能のスペクトルが得られるものとし，このプロトンシグナルが δ $-$0.2 ppm に観測され，$J_{^{11}B^1H}$ = 80.5 Hz と $J_{^{10}B^1H}$ = 27.1 Hz であるとし，400 MHz ^{1}H NMR で観測されるスペクトルを横軸のスケールとともに図示せよ．また，100 MHz ^{1}H NMR スペクトルではどのような違いを生じるか．

3.40 (a) 同位体標識した *cis*-[Pt(^{15}NH$_3$)$_2$Cl$_2$] の ^{15}N NMR スペクトルの形状を予想せよ．(b) この化合物に対して観測された結合定数は $J_{^{15}N^1H}$ = 74 Hz と $J_{^{15}N^{195}Pt}$ = 303 Hz である．実際に観測されるスペクトルが見かけ上八重線として現れる理由を説明せよ．その際，(a) で予想したスペクトルを出発点として説明せよ．

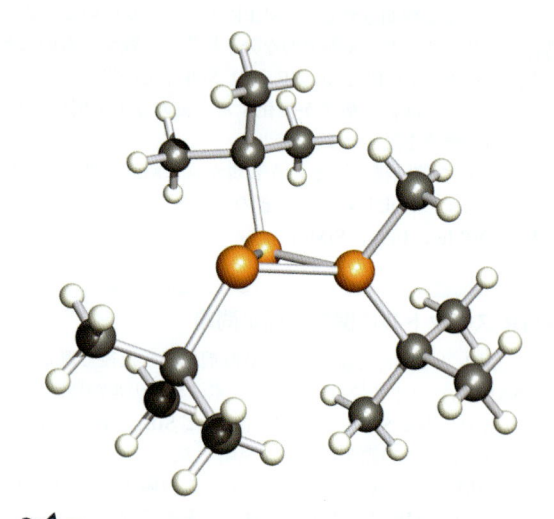

図 3・16 [(PCMe$_3$)$_3$Me][CF$_3$SO$_3$] 塩中の陽イオン [(PCMe$_3$)$_3$Me]$^+$ の X 線回折法で決定された構造 [N. Burford *et al.* (2005) *Angew. Chem. Int. Ed.*, vol. 44, p. 6196]．原子の色表示：P 橙色，C 灰色，H 白色．

4 分子の対称性序論

おもな項目
- 対称操作と対称要素
- 点群
- 指標表
- 赤外分光
- キラル分子

4・1 はじめに

化学において，**対称性**（symmetry）は分子の形の観点から，そして結晶系の観点から重要であり，対称性の理解は分子の分光学や，分子の性質の計算過程においても必須である．しかし，この本では結晶の対称性は議論せず，もっぱら分子の対称性のみを紹介するにとどめる．定性的には，分子の形を正四面体とか，正八面体とか，平面正方形とかいう語を用いて表すだけで十分であろう．しかし，これらの用語を使うだけでは必ずしも正確ではない．たとえば，BF_3 (**4.1**) と BF_2H (**4.2**) の構造を考えてみよう．これらはどちらも

(4.1) F-B-F 結合角 120°, 120°, 120°
(4.2) H-B-F 結合角 121°, 121°, F-B-F 118°

平面状の分子である．BF_3 分子は正確に平面正三角形といってよい．というのは対称性がこの形と完全に一致するからである．すべての F-B-F 結合角が 120° であり，すべての B-F 結合距離が 131 pm で等しい．一方，BF_2H (**4.2**) のホウ素原子は，擬平面正三角形の環境にあるとするのが正しく，分子の対称性は BF_3 と同一ではない．F-B-F 結合角は 2 個の H-B-F 結合角よりも小さく，B-H 結合距離（119 pm）は B-F 結合距離（131 pm）よりも短い．

"対称"であるということは，その化学種が区別できないいくつもの"配置の仕方（置き方）"をもつことを意味する．たとえば，**4.1** の構造が紙面の平面内で 120° 回転すると，その結果得られる構造は元の構造と区別がつかない．さらに 120° 回転すると先の 2 種の配置と区別のつかない 3 番目の分子の配置となる（図 4・1）．BF_2H であれば，同じことは起こらない．

群論（group theory）は対称性の数学的な取扱いである．この章では群論の基本的な用語を紹介する（**対称操作，対称要素，点群，指標表**）．本章では，分子の対称性について詳しく議論するのではなく，いくつかの基本的な用語とその意味を紹介する．本章では簡単な無機分子の赤外スペクトルについても紹介し，群論を用いて XY_2, XY_3, XY_4 型の分子がとりうる構造を区別する方法についても示した．ただし，そのような分子の完全な基準振動解析は本書の目的とするところではない．

4・2 対称操作および対称要素

図 4・1 にみるように，BF_3 分子に対して 120° 回転を行い，その結果回転させるたびに最初の分子と区別のつかない，言い換えれば完全に重ね合わせられる配置をつくり出すことができる．このような回転操作は**対称操作**（symmetry operation）の一例である．

> **対称操作**とは，物体に対して行う幾何学的な操作であり，その結果元の物体と区別がつかなくなり，完全に重ね合わせられるようになる場合の操作のことである．

図 4・1 でみられる回転操作は，紙面に垂直でホウ素原子を通る軸のまわりに行われたものであり，この軸は**対称要素**（symmetry element）の一例である．

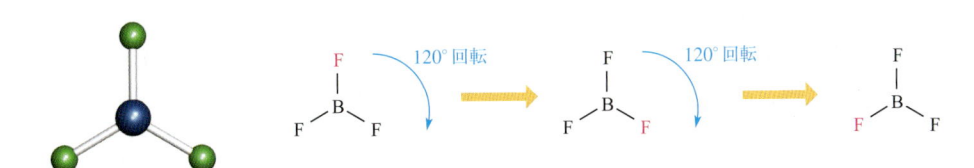

図 4・1 平面三角形の BF_3 分子を 120° 回転すると見かけ上最初の構造と区別できなくなる．さらに 120° 回転させると，やはり区別できない構造となる．図では F 原子のうち 1 個に赤で印をつけた．

> 対称操作は，ある基準となる点，直線，平面に対して行われるものであり，これらの点，直線，平面は**対称要素**とよばれる．

n 回回転軸と回転

n 回回転軸（これが対称要素になる）とよばれる軸のまわりの回転に関する対称操作は，記号 C_n で表記される．ここで，回転角は $360°/n$（n は 2，3，……の整数）である．図 4・1 の BF_3 分子にこの定義をあてはめると，n は 3 となり（式 4.1），このとき BF_3 分子は **C_3 回転軸**（C_3 rotation axis）をもつという．この軸は分子平面に対して垂直をなしている．

$$\text{回転角} = 120° = \frac{360°}{n} \tag{4.1}$$

加えて，BF_3 は 3 個の 2 回（C_2）回転軸をもち，各軸は B－F 結合の軸に一致している（図 4・2）．

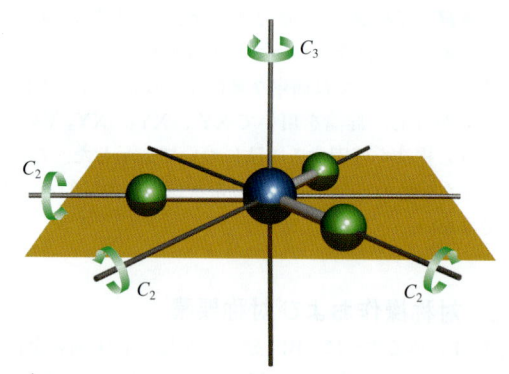

図 4・2 平面三角形の BF_3 分子に対する 3 回回転軸（C_3）と 3 個の 2 回回転軸

分子が 2 種類以上の異なる回転軸をもつとき，最も n の大きな回転軸を**主軸**（principal axis）という．これはその分子に対する最高位の対称軸である．たとえば，BF_3 では，C_3 軸が主軸である．

いくつかの分子では主軸より低次（小さな n）の軸が主軸と一致することもある．たとえば，平面正方形の XeF_4 分子では，主軸は C_4 軸であるが，これは C_2 軸とも一致している（図 4・4）．

分子が同一の n で複数の C_n 軸をもっているとき，これらはたとえば C_2，C_2'，C_2'' のように区別する．これについては図 4・4 の XeF_4 を例にとり，後述する．

練習問題

1. ベンゼン，ボラジン（図 13・21），ピリジン，S_6（Box 1・1 参照）はいずれも六員環を含む．ベンゼンのみが 6 回回転の主軸をもつ．これについて説明せよ．

2. 以下の分子のなかで，XeF_4 のみが 4 回回転の主軸をもつ．これについて説明せよ．CF_4，SF_4，$[BF_4]^-$，XeF_4．

3. $[XeF_5]^-$ の構造を書け．図に C_5 軸を示せ．さらにこの分子がもつ 5 個の C_2 軸を示せ（構造は例題 2.7 を参照）．

4. 図 13・26a に示す B_5H_9 の構造を見て C_4 軸の配置について示せ．

対称面での鏡映（反射）

分子のすべての部分をある平面に関して反対側の位置に折返したときに，元の分子と区別のつかない配置が得られる場合，この平面を**対称面**（plane of symmetry）という．この対称操作を**鏡映**（reflection，**反射**ともいう）とよび，その平面が対称要素であり，**鏡面**（mirror plane）ともよぶ（σ で表される）．BF_3 分子では，分子骨格を含む面（図 4・2 で茶色で示されている面）が鏡面である．この場合，鏡面は鉛直方向に書かれた主軸と直交し，記号 σ_h で表す．

分子中の原子の骨格が直線，折れ線，あるいは平面形の場合，分子は 1 個の平面内に描かれるが，分子がその平面に垂直な主軸をもっているときに限り，この平面を σ_h と表記する．この平面が主軸を含む場合は σ_v と表記する．たとえば，H_2O 分子を考えてみよう．この分子は C_2 軸をもつと同時に 2 個の鏡面をもつ（図 4・3）．鏡面のうち一方は H_2O 骨格を

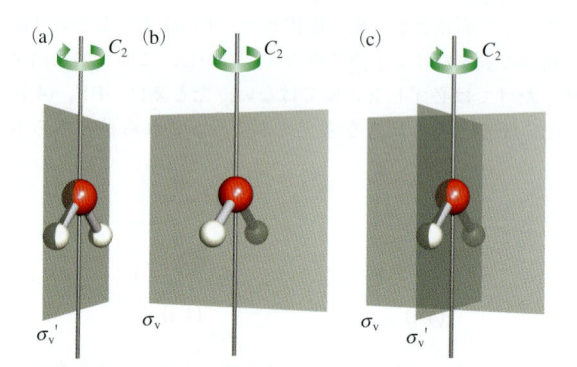

図 4・3 水分子は 1 個の C_2 軸と 2 個の鏡面をもつ．(a) C_2 軸および水分子を含む対称面．(b) C_2 軸および，水分子の面と垂直な対称面．(c) 分子の複数の対称面はしばしば同じ図中に描かれる．H_2O 分子に関するこの図は図 (a) と (b) を合わせたものである．

含み，もう一方はその平面と垂直をなしている．いずれの平面とも主軸を含むため，σ_v と表記される．ただし，両者を区別するために σ_v と σ_v' などの記号を用いる．σ_v は H－O－H 結合角を二等分する平面に対応し，σ_v' は分子を含む平面に対応する．

主軸を含む特別なタイプの σ 面は，2 本の隣り合う 2 回転軸がなす角を二等分するものであり，σ_d と書かれる．XeF_4 のような平面正方形分子がその例である．図 4・4a は XeF_4 が C_4 軸（主軸）をもち，分子面である σ_h 面がこれに垂直であ

(a), (b), (c) の図

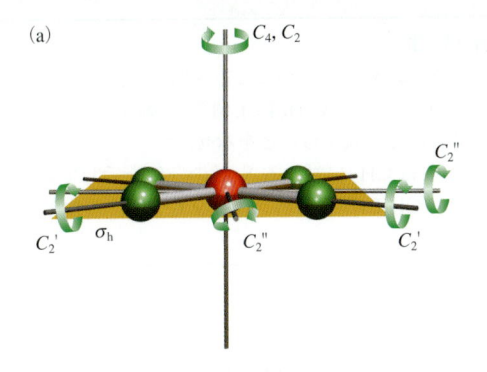

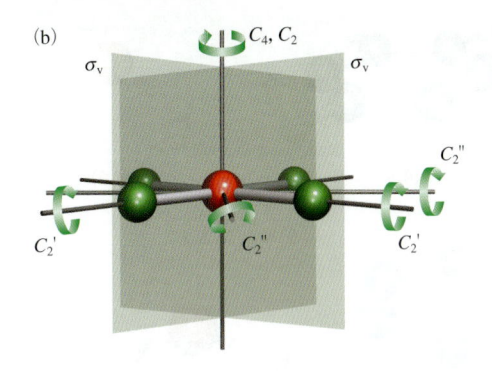

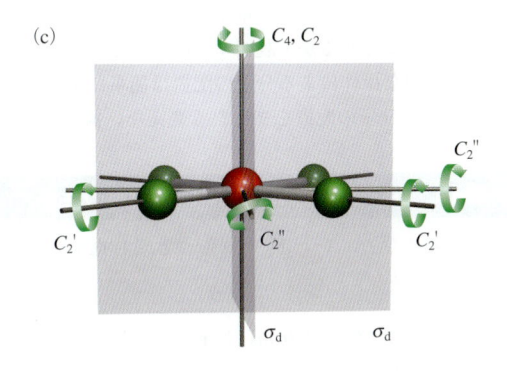

図 4・4 平面正方形分子の XeF_4. (a) C_2 軸の 1 個は主軸 (C_4) と一致している. 分子は σ_h 面内に置かれ, その面は 2 個の C_2' 軸と 1 個の C_2'' 軸を含む. (b) 2 個の σ_v 面はそれぞれ C_4 軸と 1 個の C_2' 軸を含む. (c) 2 個の σ_d 面はそれぞれ C_4 軸と 1 個の C_2'' 軸を含む.

ることを示している. なお, C_4 軸と C_2 軸は一致している. 分子面内にも 2 組の C_2 軸があり, 一方 (C_2') は F–Xe–F 結合と合致し, もう一方 (C_2'' 軸) は 90°の F–Xe–F 結合角を二等分している (図 4・4). ここで, 2 組の鏡面を定義することができる. 1 個目 (σ_v) は主軸と C_2' 軸を含み (図 4・4b), 2 個目 (σ_d) は主軸と C_2'' 軸を含む (図 4・4c). それぞれの σ_d 平面は 2 個の C_2' 軸間の角を二等分している.

鏡面 σ の表記において, 添え字の h, v, および d は, それぞれ, 水平方向 (horizontal), 垂直方向 (vertical), および二面角を二等分する方向 (dihedral) を意味している.

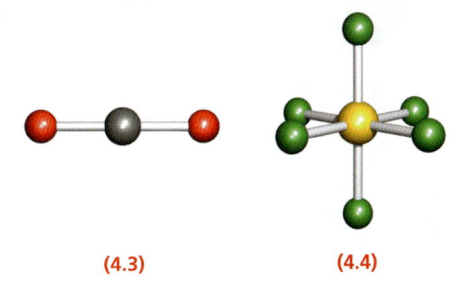

練習問題

1. N_2O_4 は平面分子であり (図 15・15), 3 個の対称面をもつことを示せ.

2. B_2Br_4 は下のねじれ構造である. 平面形の B_2F_4 に比べ, B_2Br_4 のもつ対称面が 1 個少ないことを示せ.

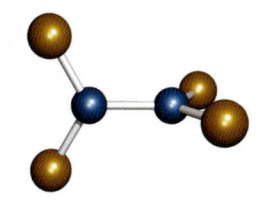

3. Ga_2H_6 は気相状態においてつぎの構造をもつ. 分子中には 3 個の対称面があることを示せ.

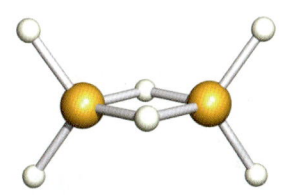

4. ベンゼンは対称面として 1 個の σ_h と 3 個の σ_v, および 3 個の σ_d をもつことを示せ.

対称中心での反転 (反転中心)

もし分子のすべての部分を分子の中心に関して反転させた場合に, もとの分子と区別のつかない配置が得られる場合, この中心を**対称中心** (center of symmetry) または**反転中心** (center of inversion) とよぶ (**Box 2・1** 参照). この対称操作は記号 i で表される. CO_2 (**4.3**), $trans$-N_2F_2 (**例題 4.1**), SF_6 (**4.4**), ベンゼン (**4.5**) は対称中心をもつが, H_2S (**4.6**), cis-N_2F_2 (**4.7**), SiH_4 (**4.8**) などはもたない.

(4.3)   (4.4)

(4.5)　　　　　　　(4.6)

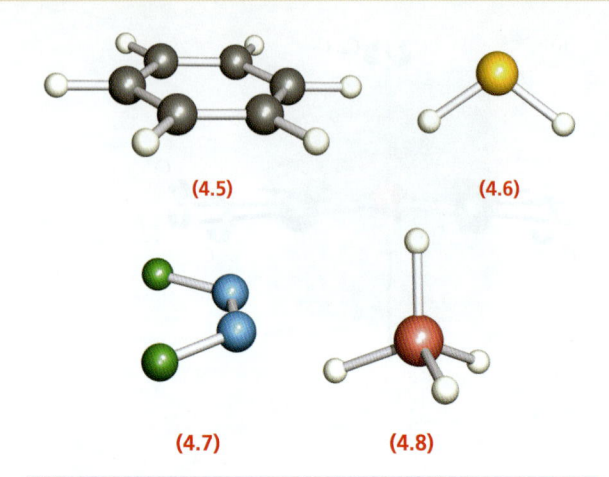

(4.7)　　　　　　　(4.8)

練習問題
1. 以下の化学種の構造を書き，それらが対称中心をもつことを確かめよ．CS_2, $[PF_6]^-$, XeF_4, I_2, $[ICl_2]^-$
2. $[PtCl_4]^{2-}$ は対称中心をもつが，$[CoCl_4]^{2-}$ はもたない．一方は平面正方形であり，もう一方は四面体形である．どちらがどちらの構造か答えよ．
3. CO_2 には反転中心があるのに対し，NO_2 にはそれがない理由を述べよ．
4. CS_2 と HCN は両方とも直線形である．CS_2 には対称中心があるのに対し，HCN にはそれがない理由を説明せよ．

軸まわりの回転とそれに続く軸に垂直な面での鏡映

もし分子をある軸のまわりに $360°/n$ 回転させ，ひき続きその軸に垂直な平面に関して鏡映させた場合に元の分子配置と一致する場合，その軸は **n 回回映軸**（n-fold rotation-reflection axis），または **n 回転義回転軸**（n-fold improper rotation axis）という．この操作は記号 S_n で表される．XY_4 型の四面体種は 3 個の S_4 軸をもつ．CH_4 分子に対する回映操作の一例を図 4・5 に示した．

練習問題
1. BF_3 分子が S_3 軸をもつことを説明せよ．
2. ねじれ形配座の C_2H_6 は 1 個の S_6 軸をもつ．その軸が C−C 結合軸と一致することを示せ．
3. 図 4・5 は CH_4 に対する S_4 軸の一例を示している．CH_4 ではなく，CH_2Cl_2 も同様に S_4 軸をもつか，理由とともに答えよ．

恒 等 操 作

すべての物体に対し，**恒等操作**（identity operator）E を施すことができ，これは最も簡単な対称操作であり（なぜこの対称操作が必要であるかを説明するのはたやすくはないが），この幾何学的な操作による分子の配置は簡単に定まる．この対称操作 E は分子の配置をまったく変えない操作である．

> **例題 4.1** *cis*- および *trans*-N_2F_2 の対称の性質
>
> *cis*- および *trans*-N_2F_2 の回転軸と対称面の違いについて説明せよ．

解答　まず *cis*- および *trans*-N_2F_2 の構造を描く．どちらも平面分子である．

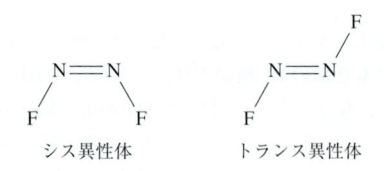

シス異性体　　　　トランス異性体

1. 恒等操作 E はいずれの異性体についても適用できる．
2. 各異性体は鏡面をもち，それは分子骨格を含む面である．しかし，その記号は異なる（下記 5．参照）．
3. シス異性体は分子面内に C_2 軸をもつが，トランス異性体は N−N 結合を二等分し，分子面に垂直な C_2 軸をもつ．

H−C−H 結合角を
二等分する軸

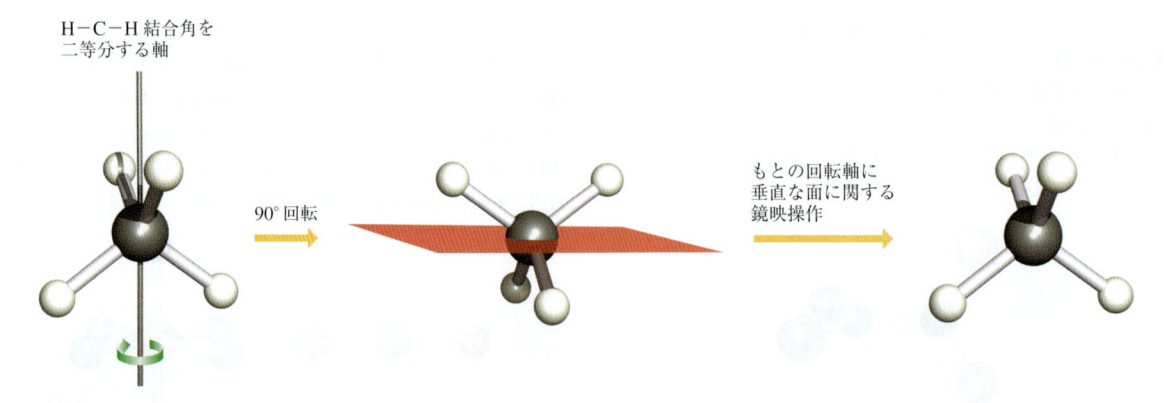

90° 回転　　　　　もとの回転軸に
垂直な面に関する
鏡映操作

図 4・5　回映（転義回転）の S_n は，$360°/n$ の回転と，それにひき続く回転軸に垂直な面での鏡映からなる．この図は CH_4 がもつ S_4 軸に関する対称操作の一例を示している．CH_4 分子には 3 種の S_4 操作が可能である．[**問題**：CH_4 分子の 3 種の S_4 操作に関する軸はどこにあるのか]

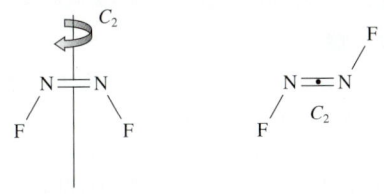

4. シス異性体は分子面に垂直で，かつ N−N 結合を二等分する鏡面 σ_v をもつのに対し，トランス異性体は σ_v をもたない．

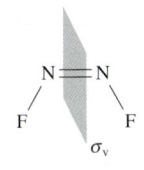

5. 2種の異性体は異なる型の C_2 軸をもち，シス異性体には σ_v 鏡面が存在する．結論として，cis- および $trans$-N_2F_2 分子骨格を含む面はそれぞれ σ_v' および σ_h と表記される．

練習問題

1. Z- と E-CFH=CFH の回転軸と対称面の違いについて説明せよ．
2. (a) $F_2C=O$，(b) ClFC=O，(c) $[HCO_2]^-$ はそれぞれいくつの対称面をもつか． [答 (a) 2. (b) 1. (c) 2]

例題 4.2　NH_3 の対称要素

NH_3 の対称要素は E，C_3，$3\sigma_v$ である．
(a) NH_3 の構造を書け．
(b) 対称操作 E の意味は何か．
(c) 対称要素を示す図を書け．

解答　(a) 分子は三方錐形である．

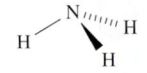

(b) E 対称操作は恒等操作であり，操作により分子の配置に変化はない．
(c) C_3 軸は N 原子を通り，3個の H 原子を通る平面に垂直である．各 σ_v 平面は1個の N−H 結合を通り，反対側の H−N−H 結合角を二等分する．

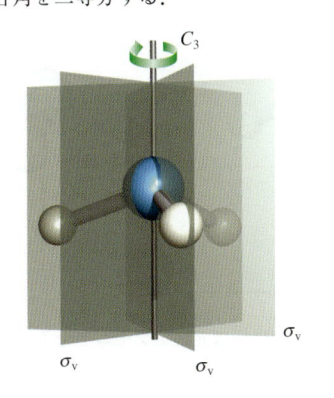

練習問題

1. NH_3 から NH_2Cl に変わる際に失われる対称要素を答えよ． [答 C_3，二つの σ_v]
2. NH_3，NH_2Cl，$NHCl_2$，NCl_3 がもつ対称要素を比較せよ．
3. $NClF_2$ の対称要素を示す図を描け． [答 σ_v 1個，それ以外の対称操作は E のみであることを示せばよい]

例題 4.3　平面三角形 BCl_3 と三方錐形 PCl_3

BCl_3 と PCl_3 の対称操作で，共通なものと共通でないものは何か．

解答　PCl_3 は三方錐形であるため（VSEPR 理論を使え），例題 4.2 の NH_3 と同じ対称操作をもつ．つまり，E，C_3，$3\sigma_v$ である．

BCl_3 は平面三角形であり（VSEPR 理論を使え），上のすべての対称操作をもつ．

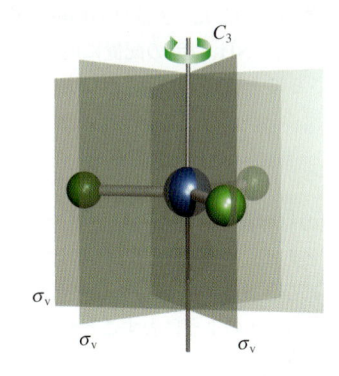

さらに BCl_3 は1個の σ_h 面と3個の C_2 軸をもつ（図 4・2 参照）．

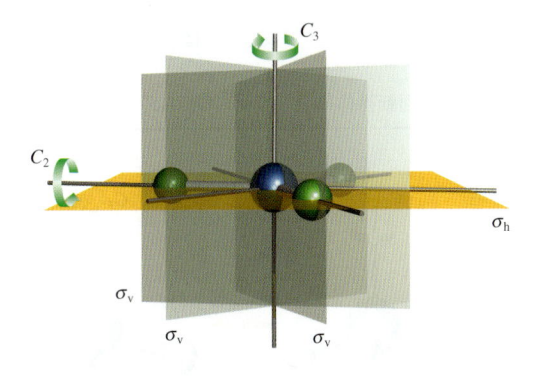

C_3 軸まわりに 120° 回転させ，さらにその軸に垂直な平面に対して鏡映操作を行うと，最初の分子と区別できない分子配置となる．これが回映操作 S_3 である．

結論
BCl_3 と PCl_3 の対称操作のうち，共通な操作は E，C_3，$3\sigma_v$ であり，共通でないものは σ_h，C_2，および S_3 である．

練習問題
1. BF_3 と $F_2C=O$ が以下の共通する対称要素をもつことを示せ．E，2個の鏡面，1個の C_2．
2. ClF_3 と BF_3 に対する対称要素の違いについて述べよ．
   [答　BF_3 は BCl_3 と同じ．ClF_3 は E, σ_v', σ_v, C_2]

4・3 連続した対称操作

§4・2で述べたように，特定の対称要素を示すうえで，特有の記号が用いられる．NH_3 が C_3 軸をもつことは，その分子を120°回転させても分子の配置が当初と区別がつかないことを意味する．しかし，そのような操作で得られる NH_3 分子の配置がもとの配置と完全に一致するものが3個ある．それら3個の異なる120°の回転操作は図4・6に示した記号を用いて定義される．実際には3個の水素原子を区別することはできないが，図中でははっきりさせるためにH(1)，H(2)，H(3) の標識で示した．3番目の回転操作により，すなわち C_3^3 操作により，NH_3 は元の配置に戻る．それゆえ，式4.2のように，さらに一般式4.3のように書くことができる．

$$C_3^3 = E \tag{4.2}$$
$$C_n^n = E \tag{4.3}$$

連続する複数の対称操作を組合わせた操作を記述する例が他にもある．たとえば，平面形 BCl_3 については S_3 回映は C_3 軸まわりの回転にひき続き，σ_h 面での鏡映操作を施すことに対応する．これは式4.4のように表すことができる．

$$S_3 = C_3 \times \sigma_h \tag{4.4}$$

練習問題
1. $[PtCl_4]^{2-}$ は平面正方形である．C_4^2 はどのような回転操作と同等か述べよ．
2. ベンゼンの回転操作に関して C_6^4 の意味を図説せよ．

4・4 点群

与えられた分子の対称操作の数と種類は**点群**（point group）を用いて，C_2, C_{3v}, D_{3h}, D_{2d}, T_d, O_h, I_h などの記号を使って示すのが便利である．これらの点群には C 群に属するもの，D 群に属するもの，その他の特別な群に属するものがあり，最後の特別な群は，正四面体，正八面体，正二十面体などの特殊な対称性をもつ．

複数ある対称要素のうち，一つの要素（たとえば回転軸）のみに言及してもその分子のもつ対称性の全容を明かすことはできない．たとえば，BF_3 や NH_3 はいずれも3回転軸をもつが，構造や全体の対称性は異なる．BF_3 は平面三角形であり，NH_3 は三方錐形である．一方，我々がこれら分子の対称性を点群（D_{3h} と C_{3v}）で表記すれば，すべての対称要素を情報として与えることになる．

典型的な点群について示す前に，点群の対称要素を覚えておく必要がないことを強調しておきたい．その詳細は**指標表**に記載されており（§4・5，§5・4，付録3を参照せよ），かつ指標表は容易に手に入る．

表4・1には最も重要な点群と，それらに特徴的な対称要素を示した．E は無論すべての点群に共通である．いくつかの重要な点群の性質について以下に示す．

C_1 点群

4.9に示すように分子がまったく対称性をもたないようにみえても，対称要素 E があり，C_1 回転軸がある．よってこれらの分子は C_1 点群に属する．しかし，$C_1 = E$ であるため，この点群の対称要素を示す際には回転の対称要素 C_1 はあえて示さない．

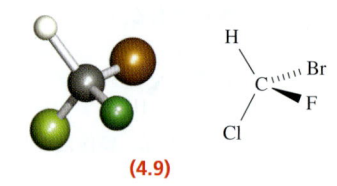

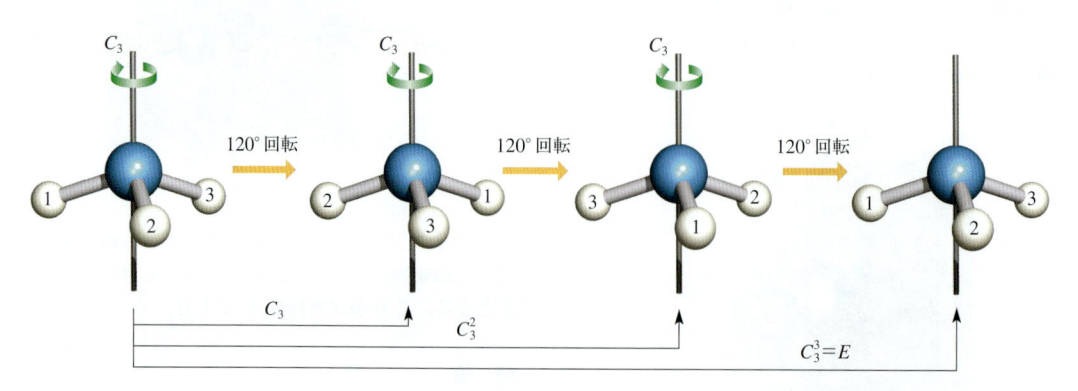

(4.9)

図4・6 NH_3 分子の連続する C_3 回転操作は C_3, C_3^2, C_3^3 で区別される．最後の操作は元のアンモニア分子に恒等操作を施すことに等しい．

4・4 点　群　89

表 4・1　いくつかの重要な点群に対する特徴的な対称要素．点群の判定が容易であるため，T_d, O_h, I_h の特徴的な対称要素は省略した（図 4・8 と図 4・9 を参照）．この表中では σ_v 面と σ_d 面を区別していない．対称要素の完全なリストについては指標表（付録 3）を参照せよ．

点群	特徴的な対称要素	備考
C_s	E, σ 面	
C_i	E, 反転中心	
C_n	E, 1 個の n 回転軸（主軸）	
C_{nv}	E, 1 個の n 回転軸（主軸），n 個の σ_v 面	
C_{nh}	E, 1 個の n 回転軸（主軸），1 個の σ_h 面，C_n 軸と一致する 1 個の S_n 軸	C_n 軸と σ_h 面が存在することから必然的に S_n 軸が存在する．$n = 2, 4, 6$ の場合は反転中心も存在する
D_{nh}	E, 1 個の n 回転軸（主軸），n 個の C_2 軸，1 個の σ_h 面，1 個の S_n 軸	C_n 軸と σ_h 面が存在することから必然的に S_n 軸が存在する．$n = 2, 4, 6$ の場合は反転中心も存在する
D_{nd}	E, 1 個の n 回転軸（主軸），n 個の C_2 軸，n 個の σ_v 面，1 個の S_{2n} 軸	$n = 3, 5$ の場合は反転中心も存在する
T_d		正四面体
O_h		正八面体
I_h		正二十面体

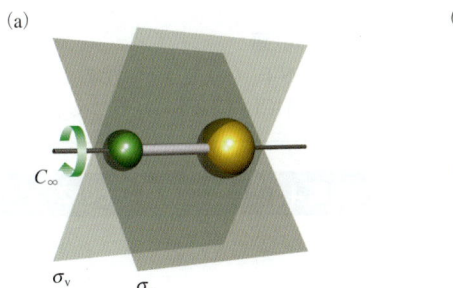

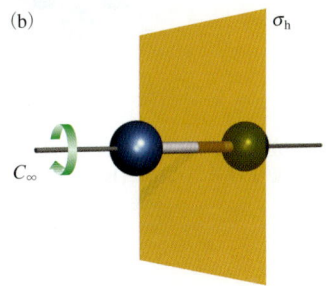

図 4・7　直線形分子は対称心（反転中心）をもつか否かで分類できる．すべての直線形分子は C_∞ 回転軸と無限個の σ_v 面をもつ．(a) には，そのような面を 2 個のみ示し，(b) ではそのような面は単純化するために省略した．図 (a) からは非対称な二原子分子が点群 $C_{\infty v}$ に属し，(b) からは対称的な二原子分子が $D_{\infty h}$ に属すことがわかる．

$C_{\infty v}$ 点群

C_∞ は ∞ 回転軸，すなわち直線形分子がもつ回転軸の存在を示し（図 4・7），$C_{\infty v}$ 点群に属す分子には無限個の σ_v 面もあるが，σ_h 面や反転中心はない．HF, CO, $[CN]^-$ のような非対称な二原子種や，OCS や HCN のような非対称な直線形多原子種がこの基準を満たす（図 4・7a）（この本で多原子種とは 3 原子以上の化学種をさす）．

$D_{\infty h}$ 点群

対称な二原子分子（たとえば H_2 や $[O_2]^{2-}$）や，直線形多原子種（たとえば $[N_3]^-$, CO_2, HC≡CH）は C_∞ 軸と無限個の σ_v 面以外に σ_h 面がある（図 4・7）．これらの化学種は $D_{\infty h}$ 点群に属す．

T_d, O_h, I_h 点群

T_d, O_h, I_h 点群に属す分子種（図 4・8）は，多くの対称要素をもっている．ただし，点群を決定するうえでこれらすべてを決める必要はほとんどない．正四面体の対称性をもつ化学種としては SiF_4, $[ClO_4]^-$, $[CoCl_4]^{2-}$, $[NH_4]^+$, P_4（図 4・9a），B_4Cl_4（図 4・9b）などがある．正八面体の対称性をもつものには SF_6, $[PF_6]^-$, $W(CO)_6$（図 4・9c），$[Fe(CN)_6]^{3-}$ などがある．正四面体は対称中心をもたないが，正八面体は対称心をもち，その違いが正四面体と正八面体の

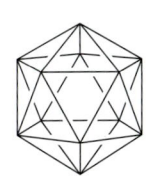

正四面体　　正八面体　　正二十面体

図 4・8　正四面体（T_d 対称），正八面体（O_h 対称），正二十面体（I_h 対称）はそれぞれ，4, 6, 12 個の頂点をもち，4, 8, 12 個の合同な正三角形の側面をもつ．

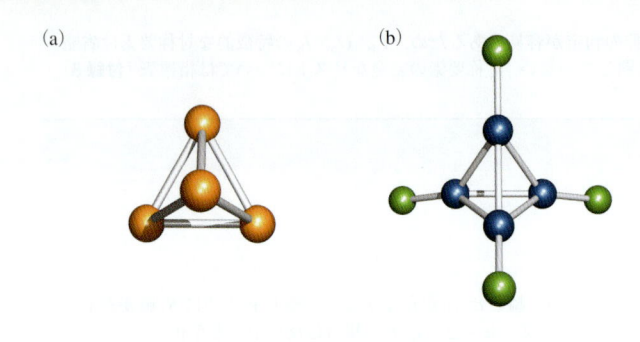

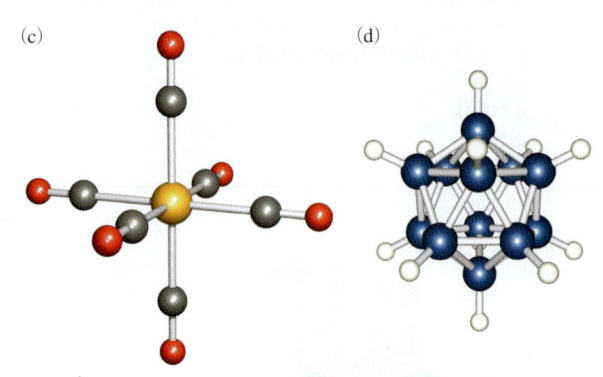

図4·9
(a) P₄, (b) B₄Cl₄ (B原子を青で示した), (c) [W(CO)₆] (W原子は黄色), (d) [B₁₂H₁₂]²⁻ の分子構造 (B原子は青色)

錯体に観測される電子スペクトル（§21·7）に反映される．正二十面体点群の分子種はまれである．[B₁₂H₁₂]²⁻ はその例である（図4·9d）．

分子や分子イオンの点群の決定法

系統的な方法で点群を決めることは重要である．なぜならば，あるべき対称要素を見落とし，誤った帰属に至る危険性があるからである．図4·10は従うべき手順を示している．いくつかの通常見慣れない点群（たとえば S_n, T, O）を図では省略した．点群を決定する際には，すべての対称操作（回映など）をみつける必要がないことに注意せよ．

以下に図4·10の適用例として4種の問題を示し，さらに§4·8にも補足の例を示すことにする．分子の点群を帰属する前に，その構造をたとえばマイクロ波分光，あるいはX線，電子線，中性子線などの回折法で決定しておく必要がある．

例題 4.4　点群の帰属：その1

trans-N_2F_2 の点群を決定せよ

解答　まず構造を描く．

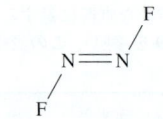

図4·10の手順をふむ．

スタート ⟹

分子は直線か？	いいえ
trans-N_2F_2 は T_d, O_h, I_h 対称のいずれに属すか？	いいえ
C_n 軸があるか？	はい：紙面に垂直な C_2 軸が1個あり，それはN-N結合の中点を通る．
主軸に垂直な C_2 軸が2個あるか？	いいえ
σ_h 平面（主軸に垂直）があるか？	はい

⟹ ストップ

点群は C_{2h} である．

練習問題

1. cis-N_2F_2 の点群は C_{2v} であることを示せ．
2. E-CHCl=CHCl の点群は C_{2h} であることを示せ．

例題 4.5　点群の帰属：その2

PF_5 の点群を決定せよ．

解答　まず構造を描く．

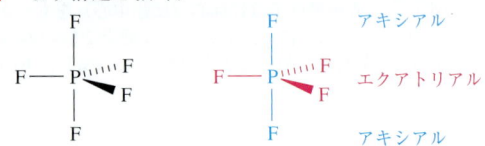

三方両錐配置では，3個のエクアトリアル位のF原子は互いに等価であり，2個のアキシアル位のF原子も等価である．

図4·10の手順をふむ．

スタート ⟹

分子は直線か？	いいえ
PF_5 は T_d, O_h, I_h 対称のいずれに属すか？	いいえ
C_n 軸があるか？	はい：P原子と2個のアキシアルF原子を含む C_3 軸が1個ある．
主軸に垂直な C_2 軸が3本あるか？	はい：それらはエクアトリアル位のP-F結合に一致している．
σ_h 平面（主軸に垂直）があるか？	はい：それはPと3個のエクアトリアル位のF原子を含む．

⟹ ストップ

点群は D_{3h} である．

4・4 点　群

* 実際にはこの三つの点群以外に T, T_h, O, I 群も存在する．

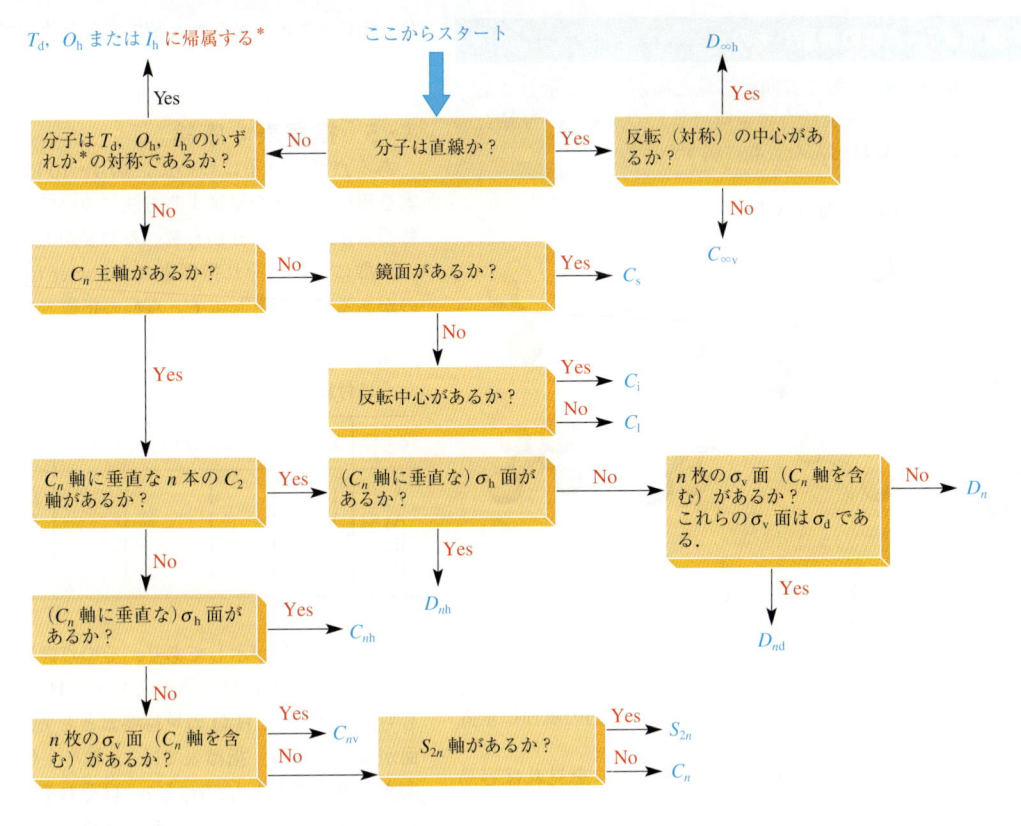

図 4・10　分子や分子イオンの点群を決定する方法のまとめ．$n = 1$ や $n = \infty$ の場合を除き，n は 2，3，4，5，6 になることが多い．

練 習 問 題

1. BF_3 が D_{3h} 点群に属すことを示せ．
2. OF_2 が C_{2v} 点群に属すことを示せ．
3. BF_2Br が C_{2v} 点群に属すことを示せ．

例題 4.6　点群の帰属：その 3

$POCl_3$ の点群を決定せよ．

解答　$POCl_3$ の構造は以下のとおりである．

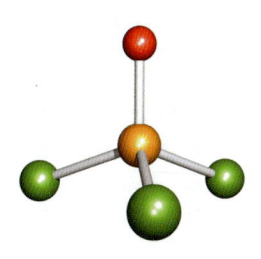

図 4・10 の手順をふむ．

スタート ⟹

分子は直線か？	いいえ
$POCl_3$ は T_d, O_h, I_h 対称のいずれに属すか？	いいえ（この分子はおおざっぱに見れば正四面体の形であるが，正四面体対称はもっていないことに注意せよ）
C_n 軸があるか？	はい；O−P 結合に沿う C_3 軸が 1 個ある．
主軸に垂直な C_2 軸が 3 個あるか？	いいえ
σ_h 面（主軸に垂直）があるか？	いいえ
n 個の σ_v 面（主軸を含む）があるか？	はい；それぞれは 1 個の Cl と O, P 原子を含んでいる．

⟹ ストップ

点群は C_{3v} である．

練 習 問 題

1. $CHCl_3$ は C_{3v} 対称であるが，CCl_4 は T_d 群であることを示せ．
2. (a) $[NH_4]^+$ と (b) NH_3 の点群を帰属せよ．

［答　(a) T_d，(b) C_{3v}］

例題 4.7　点群の帰属：その 4

環状構造の S_8 の 3 方向から見た図が下記に示してある。すべての S−S 結合の距離は等しく、S−S−S 結合角も等しい S_8 はどんな点群に属すか。

解答　図 4・10 の手順をふむ。

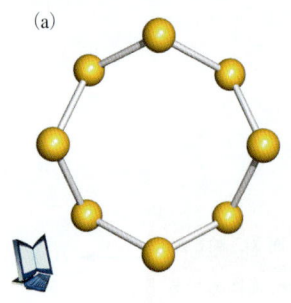

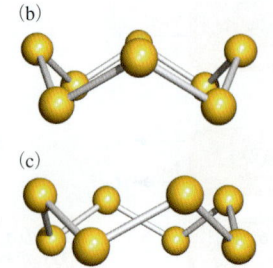

(a) (b) (c)

スタート ⟹

分子は直線か？	いいえ
S_8F_2 は T_d, O_h, I_h 対称のいずれに属すか？	いいえ
C_n 軸はあるか？	はい：環の中心を通る C_4 軸が 1 個あり、図の紙面に垂直をなす。
主軸に垂直な C_2 軸が 4 個あるか？	はい：図 (c) を見れば容易にわかる。
σ_h 面（主軸に垂直）があるか？	いいえ
n 個の σ_d 面（主軸を含む）があるか？	はい：それらは図 (a) と (c) を見れば容易にわかる。

⟹ ストップ

点群は D_{4d} である。

練習問題

1. S_8 環が C_8 軸をもたない理由を説明せよ。
2. 図 (a) を描き写せ。どこに C_4 軸と 4 個の C_2 軸があるのかを図中に示せ。
3. Box 1・1 に示すように、S_6 はいす形の構造をとる。この分子が反転中心をもつことを示せ。

上で、分子やイオンの点群を決定する際にすべての対称要素をみつける必要がないことを述べた。しかし、その点群の対称操作をすべて決める必要がある場合には、下記手順に従い、対称操作の総数を調べればよい[*]。

- C または S には 1、D には 2、T には 12、O には 24、I には 60 を割り当てる。
- これに下付の数字の n を掛ける。
- 下付の s, v, d, h, i があるときは 2 を掛ける。

たとえば、対称操作の数は、C_{3v} 群では $1 \times 3 \times 2 = 6$ 個、D_{2d} 群では $2 \times 2 \times 2 = 8$ 個であると決定できる。

4・5　指標表：序論

ある点群の分子について、図 4・10 には特徴的な対称要素を用いて点群を帰属する方法について示したが、ほかの対称要素があるかどうかも調べる必要があるだろう。

点群にはそれぞれ**指標表**（character table）とよばれるものがある。一例として C_{2v} 点群の指標表を表 4・2 に示した。

表 4・2　C_{2v} 点群の指標表。さらに指標表を参照したい場合は**付録 3** を参照。

C_{2v}	E	C_2	$\sigma_v(xz)$	$\sigma_v'(yz)$		
A_1	1	1	1	1	z	x^2, y^2, z^2
A_2	1	1	−1	−1	R_z	xy
B_1	1	−1	1	−1	x, R_y	xz
B_2	1	−1	−1	1	y, R_x	yz

表の左上に点群が示してあり、その点群に含まれる対称要素が指標表の最上行に示されている。H_2O 分子は C_{2v} 対称をもち、図 4・3 で H_2O の対称要素として、2 個の直交する平面が示してある。指標表では、z 軸を主軸と一致するような向きに置くこととし、σ_v と σ_v' はそれぞれ xz 面と yz 面であると定義される。分子骨格を直交座標に合わせた向きに置くことには多くの利点があり、中心原子の原子軌道をわかりやすい向きに配置することが重要となる。これについては**第 5 章**でまた触れる。

表 4・3 には C_{3v} 点群の指標表を示した。NH_3 は C_{3v} 対称をもち、例題 4.2 にその回転の主軸と対称面が示されている。σ_v 面が 3 個存在することが指標表の最上行の "$3\sigma_v$" という記述で示されている。$2C_3$ は 2 個の操作 C_3^1 と C_3^2 をまとめて示している（図 4・6）。C_3^3 操作は恒等操作 E と同等であるためその重複表記は避けられている。

表 4・3　C_{3v} 点群の指標表。さらに指標表を参照したい場合は**付録 3** を参照。

C_{3v}	E	$2C_3$	$3\sigma_v$		
A_1	1	1	1	z	$x^2 + y^2, z^2$
A_2	1	1	−1	R_z	
E	2	−1	0	$(x, y) (R_x, R_y)$	$(x^2 − y^2, xy) (xz, yz)$

図 4・4 は平面正方形 XeF_4 分子に対する通常の回転軸と対称面を示している。この分子は D_{4h} 対称をもつ。D_{4h} の指標表は**付録 3** に示してある。その対称操作をまとめた最上行のみを示すと、つぎのとおりである。

---

[*] O. J. Curnow (2007) *J. Chem. Educ.* vol. 84, p. 1430.

D_{4h}	E	$2C_4$	C_2	$2C_2'$	$2C_2''$	i	$2S_4$	σ_h	$2\sigma_v$	$2\sigma_d$

図 4・4 に XeF$_4$ の C_2 軸が C_4 軸に一致することを示した．C_2 操作は C_4^2 と同等である．この指標表では C_4^1 と C_4^3，そして $C_4^2 = C_2$ をまとめて '$2C_4$ C_2' としてその情報を提供している．C_4^4 は恒等操作 E として扱われている．図 4・4 に示される 2 組の C_2 軸は C_2' と C_2'' として指標表に表示されており，σ_h，2 個の σ_v，および 2 個の σ_d も表示されている．指標表に含まれているが図 4・4 に示されていない対称操作は反転中心 i（XeF$_4$ 分子の Xe 原子の位置）と S_4 軸である．各 S_4 操作は $C_4 \times \sigma_h$ として表すことができる．

指標表の左側の列は**対称表現**のリストである．これらは指標表の主要な部分にある数字（**指標**）と合わせて，たとえば分子軌道，分子振動のモードなどの対称の性質を示すのに使われる．指標表の対称表現は大文字（A_1, E, T_{2g} のように）であるが，第 5 章でみるように対応する軌道の対称表現は小文字（a_1, e, t_{2g}）である．対称表現は以下のように縮重に関する情報を与えてくれる．

- A や B（または a や b）は縮重していない．
- E（または e）は二重縮重
- T（または t）は三重縮重

第 5 章において指標表は軌道の対称性をみる際に利用し，また，ある対称性をもつ分子がどのような軌道の対称性をとりうるのかを理解する際にも用いる．

付録 3 にはよくみられる点群に対する指標表を示した．これら表の書式は表 4・2，および表 4・3 と同じである．

4・6 なぜ対称要素を決めなければならないのか

これまでこの章では，分子のとりうる対称要素について述べてきた．そしてその対称要素をもとに，分子種がどのようにして点群に帰属されるかを示してきた．ここでは，なぜ分子の対称要素を決めることが無機化学者にとって重要なのかに注目しよう．

対称性は以下のいずれかに応用されることが多い．

- 分子軌道と混成軌道をつくるとき（**第 5 章**を参照せよ）
- （振動や電子など）分光学的な性質を解釈するとき
- 分子種がキラル（光学活性）かどうかを決定するとき

以下の 2 節では，赤外スペクトルで観測されるバンドに分子の対称性がどのようにかかわるか，そして分子の対称性とキラリティーの関係について扱う．**第 21 章**では，正八面体と正四面体の d ブロック金属錯体の電子スペクトルについて考え，分子の対称性が電子スペクトルの特性に及ぼす効果について述べる．

4・7 振動分光

赤外（IR）およびラマン分光（**Box 4・1**）は振動分光に属し，前者の技法は学生実験でも広く使われている．以下にそれらに関する必要最低限の事項のみを紹介する．単純な分子に関し，まず，その**振動モード**（vibrational mode）の数[*1]を求め，つぎに，それらのモードが赤外活性であるかラマン活性であるか（すなわちその振動モードに対応した吸収が赤外やラマンで観測されるかどうか）を決定する．また，分子の振動モードと対称性の関係を点群の指標表を用いて調べる．しかし，厳密な分子の**基準振動モード**（normal mode of vibration）の群論による考察は本書の範囲を超えている．それを詳説する参考文献を章末に示した．

分子種の振動モードはいくつあるか

振動分光は，**振動の自由度の数**（degree of vibrational freedom）を調べることに関係している．その数は下記の手順で決定できる．三次元直交座標中で考えると，n 個の原子からなる分子は $3n$ 個の原子運動の自由度をもつことになる．この自由度には**並進**（translation），**振動**（vibration），**回転**（rotation）の運動があわせて含まれる．

分子の並進運動（すなわち空間内の移動）は三次元空間内では自由度 3 をもつとみなされる．もし，全部で $3n$ の自由度があり，並進運動に 3 の自由度が使われるならば，回転と振動の運動の自由度は $3n-3$ となるはずである．非直線形分子が回転について 3 の自由度をもつのに対し，直線形分子では 2 の自由度しかもたない．並進および回転運動を考慮すると，振動自由度の数は式 4.5 または式 4.6 のように決定される[*2]．

$$\text{非直線形分子の振動自由度の数} = 3n - 6 \quad (4.5)$$

$$\text{直線形分子の振動自由度の数} = 3n - 5 \quad (4.6)$$

たとえば，式 4.6 から直線形 CO_2 分子には 4 個の基準振動モードがあることがわかり，その詳細が図 4・11 に示されている．それらモードのうち 2 個は縮重している．つまり，その 2 個は同じエネルギーをもち，図中で一方の振動は紙面内で起こり，もう一方は同一エネルギーで最初の振動面に垂直な面内で起こる．

---

*1 （訳注）分子の振動をいくつかの異なる振動の型に分けて考えるとき，それぞれを振動モードという．また，いくつかの原子や原子団が同期して振動し，それらが互いに他の振動と独立に考えることができる場合，基準振動という．

*2 詳しくは：P. Atkins and J. de Paula (2006) *Atkins' Physical Chemistry*, 8th edn, Oxford University Press, Oxford, p. 460 ［邦訳："アトキンス物理化学（第 8 版）"，千原秀昭，中村亘男訳，東京化学同人（2009）］．

実験テクニック

Box 4・1 ラマン分光

1930年にChandrasekhara V. Raman（ラマン）は，その名にちなんだ効果の発見と光散乱の研究でノーベル賞を受賞した．特定の周波数 ν_0 の光（通常レーザー光）が振動している分子に当たると，多くの光は周波数を変えずに散乱される．これはレイリー（Rayleigh）散乱とよばれる．しかし，ごくわずかの散乱光が周波数 $\nu_0 \pm \nu$ となる．ここで，ν は，この分子に対するある特定の振動モードに対応する．これがラマン散乱である．無機物質のラマンスペクトル測定では通常光源として可視貴ガスレーザーが用いられる（たとえば，赤色クリプトンレーザー，$\lambda = 647$ nm）．ラマン分光の優位な点は，通常の実験室の赤外分光計よりも低波数まで測定可能なことであり，それによってたとえば金属–配位子間の振動モードなどの観測が可能となる．ラマン効果の欠点は，感度が悪いことであり，これはラマン散乱ではごくわずかの割合でしか散乱光を生じないためである．この欠点を克服するためには，フーリエ変換（FT）法を利用する方法がある．着色している物質にしか使えないが，別の方法としては共鳴ラマン分光法がある．この方法は化合物の電子スペクトルの吸収波長と一致する励起レーザー波長が利用可能かどうかに委ねられる．これによって共鳴が増大しラマンスペクトルの信号強度が増大する．今や共鳴ラマン分光法は着色したdブロック金属錯体の研究や金属タンパク質の活性金属部位の研究にも広く用いられている．

初期のラマン分光の成功例は1934年にWoodwardが硝酸水銀(I)のスペクトルを報告したことである．[NO_3]$^-$の吸収線の帰属を行った後，残る169 cm^{-1} の吸収線は[Hg_2]$^{2+}$のHg–Hg結合の伸縮振動モードに帰属された．これは'水

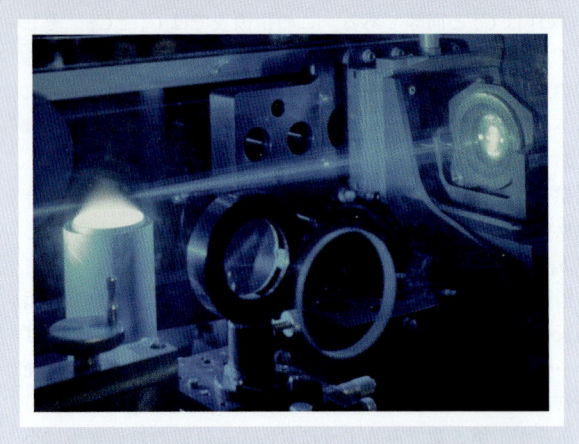

米国リバモアの燃焼研究所の装置の一部．炎中の圧力測定にラマン分光が用いられている．[米国エネルギー省/Science Photo Library/amanaimages]

銀(I)イオン'が二量体を形成しやすい性質をもつことをいち早く示す証拠となった．

さらに勉強したい人のための参考文献

K. Nakamoto (1997) *Infrared and Raman Spectra of Inorganic and Coordination Compounds*, 5th edn, Wiley, New York.

J. A. McCleverty and T. J. Meyer, eds (2004) *Comprehensive Coordination Chemistry II*, Elsevier, Oxford — 本書第2巻には，ラマン，FT-ラマン，共鳴ラマン分光について，生物無機化学への応用を含めた3個の文献が含まれている．

練習問題

1. VSEPRモデルの助けを借りて，CF_4，XeF_4，SF_4 の構造を描け．それぞれの点群を決めよ．分子の対称性と振動自由度の数は無関係であることを示せ． ［答 T_d，D_{4h}，C_{2v}］

2. CO_2 と SO_2 に対する振動自由度の数が異なる理由を説明せよ．

3. 下記の分子はそれぞれいくつの振動自由度をもつか答えよ．$SiCl_4$，BrF_3，$POCl_3$． ［答 9，6，9］

振動モードの赤外活性または ラマン活性に関する振動モード選択則

赤外およびラマン分光は，分子の対称性を正確に決めるうえで重要な結果を与える．たとえば，赤外スペクトルは分子振動，すなわち結合の伸縮や分子のひずみ（変角）モードの周波数を記録するものである．しかし，分子についてすべての振動モードが赤外スペクトルの吸収バンドとして観測されるとは限らない．これは**選択則**（selection rule）を満たす必要があるからである．選択則はつぎのように定義される：ある振動モードが赤外活性であるためには分子の双極子モーメントが変化しなければならない（**§2・6**を参照せよ）．

> 振動モードが赤外活性であるためには，振動に伴って分子の双極子モーメントに変化が生じなければならない．

ラマン分光には上記とは異なる選択則が適用される．振動モードがラマン活性であるためには分子の分極率が振動に伴って変化しなければならない．分極率とは，分子がひずみを生じる際に電子雲がどの程度動きやすいかを表している．

> 振動モードがラマン活性であるためには，振動に伴って分子の分極率に変化を生じなければならない．

この2種の選択則に加え，対称中心のある分子（直線形 CO_2 や正八面体形 SF_6）では，**交互禁制則**（rule of mutual exclusion）が成立する．

(a) 対称伸縮 赤外不活性

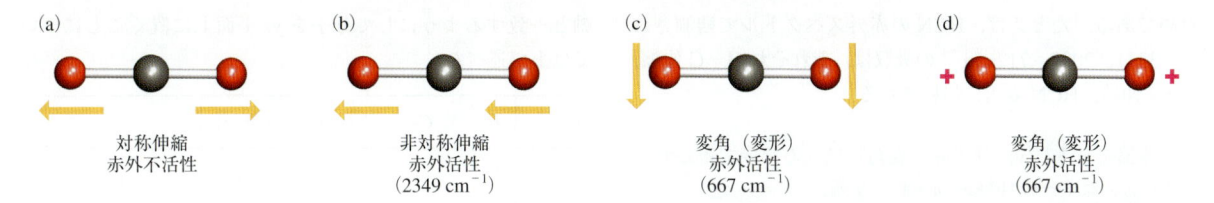

(b) 非対称伸縮 赤外活性 (2349 cm^{-1})

(c) 変角（変形） 赤外活性 (667 cm^{-1})

(d) 変角（変形） 赤外活性 (667 cm^{-1})

図 4・11　CO_2（$D_{\infty h}$）の振動モード．モードの振動で，炭素原子は不動のままである．(a) と (b) は伸縮振動モードである．変角モード (c) は紙面内で起こるが，変角モード (d) は紙面と垂直な面内で起こる．+ 符号は読者の方に向かう動きに相当する．2 個の変角モードは同じエネルギーを必要とするので，縮重している．

> 中心対称性をもつ分子に対する交互禁制則とは，赤外活性な振動はラマン活性ではなく，またその逆も成り立つということである．

この法則が示すように，ラマンスペクトルと赤外スペクトルを比較すれば，その分子が対称中心をもつか否かを容易に決定できる．ラマンスペクトルは，今やルーチン的に用いられる手法となったものの，通常化合物の構造を決定するうえでは，依然赤外スペクトルの方が簡便法として利用されている．したがって，これ以降は，赤外分光法にほぼ議論を絞ることにする．さらにここでは，**基本遷移**（fundamental transition）のみを取扱うことにする．赤外スペクトルにみられるおもな遷移を基本遷移とよぶ．

> 基底振動状態から第一振動励起状態への遷移が**基本遷移**である．

直線形（$D_{\infty h}$ または $C_{\infty v}$）と屈曲形（C_{2v}）三原子分子

直線形の CO_2 分子を例にとり，分子の対称性がその双極子モーメントに及ぼす影響，すなわち，赤外活性な振動モードに与える影響について容易に示すことができる．2 個の C−O 結合距離は等しく（116 ppm），分子は"対称的である"とみなすことができ，厳密に CO_2 は $D_{\infty h}$ 対称をもつ．この対称性をもつため，CO_2 は無極性である．振動自由度の数は式 4.6 から求められる．

CO_2 の振動自由度 $= 3n-5 = 9-5 = 4$

基本となる 4 種の振動モードを図 4・11 に示した．非対称伸縮や変角振動は，双極子モーメントの変化（振動が起こる間一時的に生じる）をもたらすが，対称伸縮はそうではない（図 4・11）．よって，2 個の吸収のみが CO_2 の赤外スペクトルには現れる*．

それでは屈曲形分子（C_{2v}）である SO_2 について考えてみよう．非直線形分子に対する振動自由度の数は式 4.5 で与えられる．

SO_2 の振動自由度 $= 3n-6 = 9-6 = 3$

3 種の基本振動モードを図 4・12 に示した．通常三原子分子では，3 種の振動モードは 2 種の伸縮振動（対称と非対称）と 1 種の変角振動からなるとみなせる．しかし，より大きな分子では，振動モードを図に示すのはさほど容易ではない．この問題については，改めて次節で取組むことにする．SO_2 の 3 種の**基準振動モード**（normal vibration mode）はすべて分子双極子モーメント変化をもたらすため，それらのすべてが赤外活性である．これら CO_2 と SO_2 に対する結果の比較から，振動スペクトルによって X_3 または XY_2 分子が直線形分子か屈曲形分子であるかを区別できることがわかる．

一般形としての直線形 XYZ 分子（たとえば OCS や HCN）は，$C_{\infty v}$ 対称をもち，その赤外スペクトルは 3 種の吸収（対称伸縮，非対称伸縮，変角）を示し，すべて赤外活性であると期待される．直線形 XYZ 分子では X と Z の質量が極端に異なる場合，赤外スペクトルに観測される吸収は X−Y 伸縮，Y−Z 伸縮，および XYZ 変角振動となる．この場合，伸縮振動は分子全体としての振動ではなく個々の結合の振動に帰属される．その理由は，対称と非対称の伸縮振動は，2 個の結合のいずれか一方の結合伸縮が支配的となる

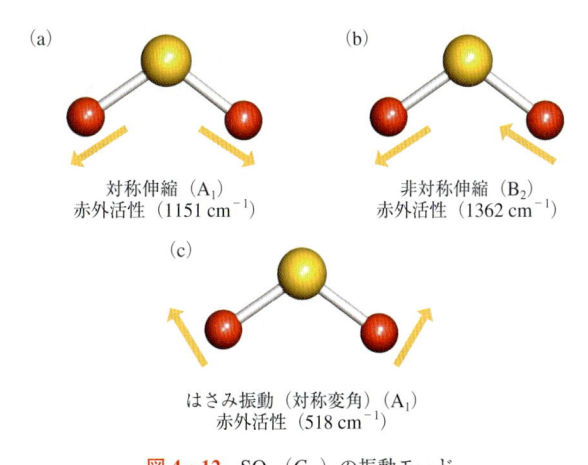

(a) 対称伸縮 (A_1) 赤外活性 (1151 cm^{-1})

(b) 非対称伸縮 (B_2) 赤外活性 (1362 cm^{-1})

(c) はさみ振動（対称変角）(A_1) 赤外活性 (518 cm^{-1})

図 4・12　SO_2（C_{2v}）の振動モード

---

* (訳注) 3 種の吸収があるが，そのうち 2 種は縮重しているため，実質 2 種の吸収が観測される．

ためである．たとえば，HCN の赤外スペクトルで観測される，3311, 2097, 712 cm^{-1} の吸収は，それぞれ H−C 伸縮，C≡N 伸縮，HCN 変角に帰属される．

> 伸縮モードは v，ひずみ（変角）は δ の記号で書かれる．v_{CO} は C−O 伸縮振動を意味する．

例題 4.8 三原子分子の赤外スペクトル

$SnCl_2$ の赤外スペクトルでは 352, 334, 120 cm^{-1} に吸収が現れる．このデータからこの分子の形について何が示唆されるか，また，その結果は VSEPR モデルと一致するか述べよ．

解答 直線形の $SnCl_2$（$D_{\infty h}$）ならば，非対称伸縮振動と変角振動が赤外活性で，対称伸縮振動が赤外不活性となる（分子の双極子モーメントに変化がないため）．

屈曲形の $SnCl_2$ ならば，対称伸縮，非対称伸縮，および，はさみモード（scissoring mode；対称変角に同等）がすべて赤外活性である．

これらのデータは $SnCl_2$ が屈曲形であることを示し，VSEPR モデルの予測と一致する．つまり，2 組の結合電子対に加え，1 組の非共有電子対があることと一致する．

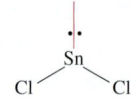

練習問題

1. XeF_2 の振動モードは 555, 515, 213 cm^{-1} であるが，そのうち 2 種が赤外活性である．このことと，XeF_2 分子が直線形であることが矛盾しないことを説明せよ．

2. CS_2 分子は赤外活性な振動モードをいくつもつか，理由とともに答えよ．[ヒント：CS_2 は CO_2 と同構造である]

3. SF_2 の赤外スペクトルでは 838, 813, 357 cm^{-1} に吸収がある．これらのデータは SF_2 分子が $D_{\infty h}$ ではなくて，C_{2v} 点群に属すことを示している．その理由を説明せよ．

4. F_2O はどの点群に属すか．その振動モード 928, 831, 461 cm^{-1} がすべて赤外活性であることを説明せよ．

[答 C_{2v}]

屈曲形分子 XY_2：C_{2v} 指標表の利用

SO_2 分子は C_{2v} 点群に属し，この節では SO_2 の 3 種の基準振動について再度調べる．ただし，今回は C_{2v} の指標表を用いて以下の項目について探る．

- その振動モードに伸縮と変角が含まれるか
- 振動モードの表現は何であるか
- どのモードが赤外またはラマン活性であるか

C_{2v} 指標表をつぎに示すと同時に，SO_2 分子に対して C_2 軸や 2 個の鏡面がいかに割当てられるかを示した．z 軸が C_2 軸と一致するようにして分子を yz 平面上に置くことについては上で述べた．

C_{2v}	E	C_2	$\sigma_v(xz)$	$\sigma_v'(yz)$		
A_1	1	1	1	1	z	x^2, y^2, z^2
A_2	1	1	−1	−1	R_z	xy
B_1	1	−1	1	−1	x, R_y	xz
B_2	1	−1	−1	1	y, R_x	yz

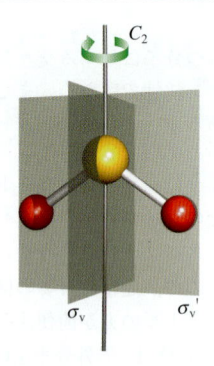

分子において伸縮と変角の振動モードは，それぞれ結合のベクトルと結合角の変化とみなすことができる．まず，SO_2 の結合伸縮振動について考えよう（三原子分子は単純なケースであり，この問題は簡単すぎるように思えるかもしれないが，より大きな多原子分子を考えるに先立ち，よい勉強となるであろう）．まず結合が伸縮する相対的な向きを考えずに，SO_2 の結合に対し，C_{2v} 点群における各対称操作の及ぼす効果について考えよう．ここでは以下について考えよう：対称操作で移動しない結合はいくつあるか．操作 E によっては両方の S−O 結合は移動せず，$\sigma_v'(yz)$ 面での鏡映でもそうである．しかし，C_2 軸まわりの回転操作によって各結合が移動し，$\sigma_v(xz)$ 面での鏡映でもそうである．これらの結果は下記の表現にまとめることができる．'2' は'両方の結合が不動である'ことを示し，'0' は'両方とも移動する'ことを意味する．

E	C_2	$\sigma_v(xz)$	$\sigma_v'(yz)$
2	0	0	2

これは**可約表現**（reducible representation）として知られるものであり，C_{2v} 指標表の複数行の指標の和として表すことができる．指標表を調べ検討すると，A_1 と B_2 行の指標を足し合わせると，先に得た結果と一致することがわかる．

A_1	1	1	1	1
B_2	1	−1	−1	1
行の和	2	0	0	2

この結果から，2種の非縮重伸縮モード，すなわちA_1対称とB_2対称に属するモードがあることがわかる．屈曲形XY_2分子に対し，これらの表現を伸縮振動モードに対応づけるのは簡単である．なぜなら選択肢は2個のみで，それらは同位相と逆位相の振動であるからである．しかしながら，C_{2v}の指標表を用いてこれらの帰属をさらに考えてみよう．

SO_2の振動モードは図4・12に示した黄色い矢印で定義される．対称表現を各振動モードに割当てるために，C_{2v}点群において，各対称操作とこれらベクトルとの相関関係について考えなければならない．SO_2の対称伸縮（図4・12a）については，2個のベクトルは操作EやC_2軸まわりの回転に対して不変である．$\sigma_v(xz)$または$\sigma_v'(yz)$面での鏡映に対してもそうである．仮に，'1'が'不変'を意味するとすれば，これらの結果は下記のようにまとめられる．

E	C_2	$\sigma_v(xz)$	$\sigma_v'(yz)$
1	1	1	1

それではこの行の指標とC_{2v}指標表の行を比べよう．これはA_1対称の行と一致するので，対称伸縮はA_1対称表現に帰属される．つぎにSO_2分子の非対称伸縮モードを考えよう．図4・12bのベクトルは操作Eおよび$\sigma_v'(yz)$に対し不変であるが，C_2軸まわりの回転と$\sigma_v(xz)$面による反射によって向きが変わる．表現'1'は'不変'を表すし，'−1'は'ベクトルの向きの逆転'を表すため，これをまとめると下記のようになる．

E	C_2	$\sigma_v(xz)$	$\sigma_v'(yz)$
1	−1	−1	1

これはC_{2v}の指標表でB_2の対称表現に相当するため，非対称伸縮振動はB_2表現に相当することがわかる．

ここで，SO_2が全部で$(3n-6)=3$個の振動の自由度をもつことを思い起こそう．2種が伸縮振動に帰属されるため，3番目は変角（はさみ）モードとなるはずである（図4・12c）．この変角モードはO−S−O結合角の変化で定義される．この振動モードに対称表現を割当てるためには，C_{2v}点群の各対称操作について，結合角に及ぼす効果を調べればよい．E，C_2，$\sigma_v'(yz)$，$\sigma_v(xz)$どの対称操作でも角度が不変であるため，下記のように書ける．

E	C_2	$\sigma_v(xz)$	$\sigma_v'(yz)$
1	1	1	1

したがって，はさみモードはA_1対称であることがわかる．

最後に，どうすれば指標表を用いて各振動モードが赤外またはラマン活性であるかを見分けられるであろうか．指標表の右端には2種類の列があり，x，y，z，および，これらの積（たとえばx^2，xy，yz，(x^2-y^2)など）が含まれる．これらの項の起源については詳しく触れないが，提供される情報にのみ焦点を絞ろう．

> もし指標表において基準振動の対称表現（たとえばA_1，B_1，E）が，x，y，zのいずれかで記述されていれば，そのモードは赤外活性である．
>
> もし指標表において基準振動の対称表現（たとえばA_1，B_1，E）が，積の項（たとえばx^2やxy）で記述されていれば，そのモードはラマン活性である．

SO_2分子はA_1とB_2の振動モードをもつ．C_{2v}指標表では，A_1表現の右側の列に，z，ならびにx^2，y^2，z^2の関数が記載される．したがって，A_1モードは赤外活性かつラマン活性であることになる．同様にB_2表現の右側にはyとyzの関数があるため，SO_2の非対称伸縮も赤外活性かつラマン活性である．

読者が普段出会う最もありふれた三原子分子はH_2Oである．SO_2のようにH_2OはC_{2v}点群に属し，3種の振動モードをもち，そのすべてが赤外活性かつラマン活性である．その様子が図4・13aに描かれており，図には気体H_2Oの計算で求めた赤外スペクトルが示されている（実験で得られたスペクトルには回転に基づく微細構造（訳注：スペクトルの細かい分裂）が現れるであろう）．一方，液体の水の赤外スペクトルは図4・13bに示されるように幅広（ブロード，broad）であり，3400 cm^{-1}付近（計算スペクトルでは3700 cm^{-1}付近）の2個の吸収ピークは分離して検出されない．この線幅の広がり（broadening）は水分子間に水素結合があることに起因している（§10・6をみよ）．加えて，液体と気相では振動の波数が少しシフトしている．

練習問題
1. H_2O蒸気の振動スペクトルでは3756，および3657 cm^{-1}に吸収がみられ，これらはB_2とA_1の伸縮振動に対応する．これら振動の様子を図示せよ．
2. 非直線形分子のNO_2に対する対称変角振動は752 cm^{-1}の吸収として観測される．NO_2はいかなる点群に属すか．また，対称変角モードが赤外活性である理由を述べよ．そのモードがA_1対称表現となる理由も述べよ．

D_{3h}対称のXY$_3$分子

XY_3分子は，その形によらず，$(3\times4)-6=6$個の振動の自由度をもつ．まず，平面形のXY_3分子で，D_{3h}点群に属すものを考えよう．SO_3，BF_3，$AlCl_3$などがその例であり，その6種の基準振動を図4・14に示した．図に示したD_{3h}点群に関する伸縮モードの対称性は，対称操作に対して不動となる結合の数から導き出される（図4・2，例題4.3，表4・4を参照せよ）．操作Eおよびσ_hに対し，3個の結合

図 4・13 (a) 気相状態にある H_2O の計算による赤外スペクトル (Spartan '04, ©Wavefunction Inc. 2003) は, 3 個の基本吸収からなる. 実験値は 3756, 3657, 1595 cm^{-1} である. (b) 液体の H_2O の赤外スペクトル

対称伸縮 (A_1')
赤外不活性

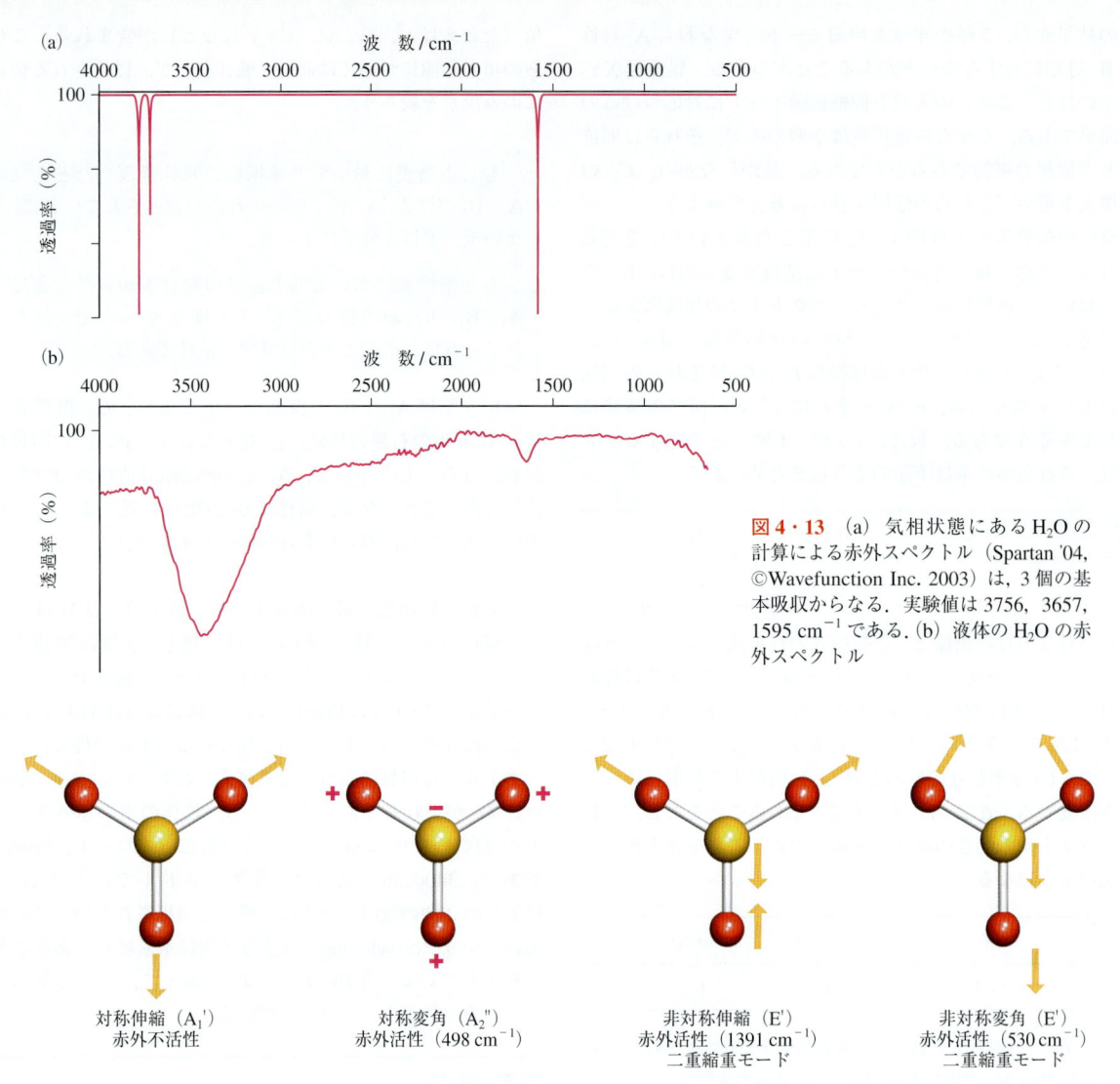

対称変角 (A_2'')
赤外活性 (498 cm^{-1})

非対称伸縮 (E')
赤外活性 (1391 cm^{-1})
二重縮重モード

非対称変角 (E')
赤外活性 (530 cm^{-1})
二重縮重モード

図 4・14 SO_3 の振動モード. 3 種のみが赤外活性である. ＋と−の記号は振動により原子が紙面に対して'上'と'下'に動くことを意味する. 2 種のモードは二重に縮重していて, そのために基準振動モードは 6 種となる.

すべてが不動となる. 各 C_2 軸は X−Y 結合に相当するため, その C_2 軸まわりの回転に対して 1 個の結合が不動となる. σ_v 面での鏡映についても同様である. C_3 軸まわりの回転は 3 個の結合すべてを移動させる. この結果を下記指標の行に示した:

E	C_3	C_2	σ_h	S_3	σ_v
3	0	1	3	0	1

この可約表現を D_{3h} 指標表のいくつかの行の和として表すことにより, 平面 XY_3 分子の振動モードの対称性を決定することができる:

A_1'	1	1	1	1	1	1
E'	2	−1	0	2	−1	0
上記 2 行の和	3	0	1	3	0	1

図 4・14 は, 対称伸縮 (A_1' 表現) が分子の双極子モーメントに変化を与えないことを示す. したがって, このモードは赤外不活性である. このことは D_{3h} 指標表 (表 4・4) を用いて確かめられる. つまり, 右側の列の内容から, A_1' 表現が赤外不活性であるが, ラマン活性であることがわかる. D_{3h} をもつ XY_3 型分子の非対称伸縮振動 (E') は二重に縮重しており, 図 4・14 にはそれらのモードのうちの一方がそれぞれ示されている. これらの振動は双極子モーメントの

表 4・4　D_{3h} 点群の指標表

D_{3h}	E	$2C_3$	$3C_2$	σ_h	$2S_3$	$3\sigma_v$		
A_1'	1	1	1	1	1	1		x^2+y^2, z^2
A_2'	1	1	−1	1	1	−1	R_z	
E'	2	−1	0	2	−1	0	(x, y)	$(x^2−y^2, xy)$
A_1''	1	1	1	−1	−1	−1		
A_1''	1	1	−1	−1	−1	1	z	
E''	2	−1	0	−2	1	0	(R_x, R_y)	(xz, yz)

変化を伴うため,赤外活性である.表 4・4 では E' 表現の右側の列から,それらのモードが赤外活性かつラマン活性であることがわかる.

D_{3h} に属す XY_3 分子(図 4・14)の変角(deformation)モードの対称性は E' と A_2'' であり(章末の**問題 4.25** 参照),D_{3h} の指標表から,A_2'' モードが赤外活性であり,E' モードが赤外活性かつラマン活性であることが推定される.また,図 4・14 に示す 2 種の変角が双極子モーメントの変化をもたらすため,赤外活性であることを示すこともできる.

D_{3h} 対称の分子(SO_3,BF_3,$AlCl_3$ など)が示す赤外スペクトルには 1 種の伸縮振動と 2 種の変角振動に対応する計 3 種の吸収がみられる.$[NO_3]^−$ や $[CO_3]^{2−}$ などの陰イオンの赤外スペクトルも測定はできるだろうが,その対イオンもまた,赤外吸収をもたらす.それゆえ,スペクトルの吸収を陰イオンに帰属するためには,アルカリ金属イオンなどの単純な塩が用いられる.

C_{3v} 対称の XY_3 分子

C_{3v} 対称に属す XY_3 分子には 6 個の振動の自由度がある.C_{3v} 分子の例は NH_3,PCl_3,AsF_3 である.NH_3 の基準振動を図 4・15 に示した.2 種のモードは二重に縮重していることに注意したい.対称表現は C_{3v} 指標表で確認ができる(p.92 の表 4・3).たとえば,E,C_3,σ_v 操作では伸縮振動に相当する 3 個のベクトルは不変であるため,以下のように書くことができる.

E	C_3	σ_v
1	1	1

これは C_{3v} の指標表で A_1 表現に相当するため,対称伸縮は A_1 対称であることがわかる.図 4・15 のそれぞれの振動モードは A_1 または E 対称であり,表 4・3 の右側の列に掲載されている関数から,両方の振動モードが赤外活性かつラマン活性であることがわかる.よって,気相状態の NH_3,NF_3,PCl_3,AsF_3 種の赤外スペクトルには 4 本の吸収が観測されることが期待される.

C_{3v} と D_{3h} 対称をもつ XY_3 分子の赤外スペクトルの吸収帯の数の差は,これらの構造を区別する方法の一例である.さらに,T 字形の XY_3 分子(ClF_3 など)は C_{2v} 点群に属し,これらの構造を C_{3v} や D_{3h} の XY_3 種と区別する際にも振動スペクトルを用いることができよう.

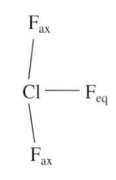

$$
\begin{array}{c}
F_{ax} \\
| \\
Cl\text{———}F_{eq} \\
| \\
F_{ax}
\end{array}
$$

図 2・16 も参照

(4.10)

C_{2v} 分子である ClF_3 (**4.10**) または BrF_3 には,6 個の基準振動があり,これらはおおまかにいってエクアトリアル伸縮,対称アキシアル伸縮,非対称アキシアル伸縮そして 3 種の変角モードがある.これらはすべて赤外活性である.

練習問題

1. BF_3 の赤外スペクトルには 480, 691, 1449 cm$^{−1}$ に吸収がみられる.このデータにより,BF_3 が C_{3v} か D_{3h} かを決めよ.
2. NF_3 の赤外スペクトルには 4 本の吸収がある.NF_3 が D_{3h} よりむしろ C_{3v} であることを示す理由を説明せよ.
3. アルゴンマトリックス* 中の BrF_3 の赤外スペクトルには 6 個の吸収がある.この観測結果からなぜ BrF_3 分子が C_{3v} 対称とならないかを説明せよ.
4. C_{3v} 指標表を用いて NH_3 の対称変角モード(図 4・15)が A_1 対称であることを確認せよ.

T_d や D_{4h} 対称の XY_4 分子

T_d 対称をもつ XY_4 分子には 9 個の基準振動がある(図 4・16).T_d 指標表(**付録 3** を参照)では,T_2 表現が (x, y, z) 関数をもつため,T_2 振動モードは赤外活性である.また,指標表は T_2 モードがラマン活性であることを示している.A_1 と E モードは赤外不活性であるがラマン活性である.CCl_4,$TiCl_4$,OsO_4,$[ClO_4]^−$,$[SO_4]^{2−}$ は <u>2 個の吸収帯</u>をもつ.

平面正方形(D_{4h})の XY_4 分子は 9 個の基準振動をもつ.これらは $[PtCl_4]^{2−}$ に対する対称表現とともに図 4・17 に描かれている.D_{4h} 指標表(**付録 3** をみよ)では A_{2u} と E_u の表現がそれぞれ z と (x, y) 関数を含んでいる.したがって,図 4・17 に示される振動モードのなかで A_{2u} と E_u モードのみが赤外活性である.$[PtCl_4]^{2−}$ には反転中心があるため,A_{2u} と E_u モードはラマン不活性である.同様に A_{1g},B_{1g},

---

*(訳注)　極低温でアルゴンなどを固体状態にし,その中に試料をトラップした状態.

対称伸縮（A_1）
赤外活性（3337 cm^{-1}）

対称変角（A_1）
赤外活性（950 cm^{-1}）

非対称伸縮（E）
赤外活性（3414 cm^{-1}）
（二重縮重モード）

非対称変角（E）
赤外活性（1627 cm^{-1}）
（二重縮重モード）

図 4・15　NH_3（C_{3v}）の振動モード．すべてが赤外活性である．

対称伸縮（A_1）
赤外不活性

変角（二重縮重）（E）
赤外不活性

伸縮（三重縮重）（T_2）
赤外活性（3019 cm^{-1}）

変角（三重縮重）（T_2）
赤外活性（1306 cm^{-1}）

図 4・16　CH_4（T_d）の振動モード．2 種のみが赤外活性である．

赤外不活性（A_{1g}）

赤外不活性（B_{1g}）

赤外不活性（B_{2g}）

赤外不活性（B_{2g}）

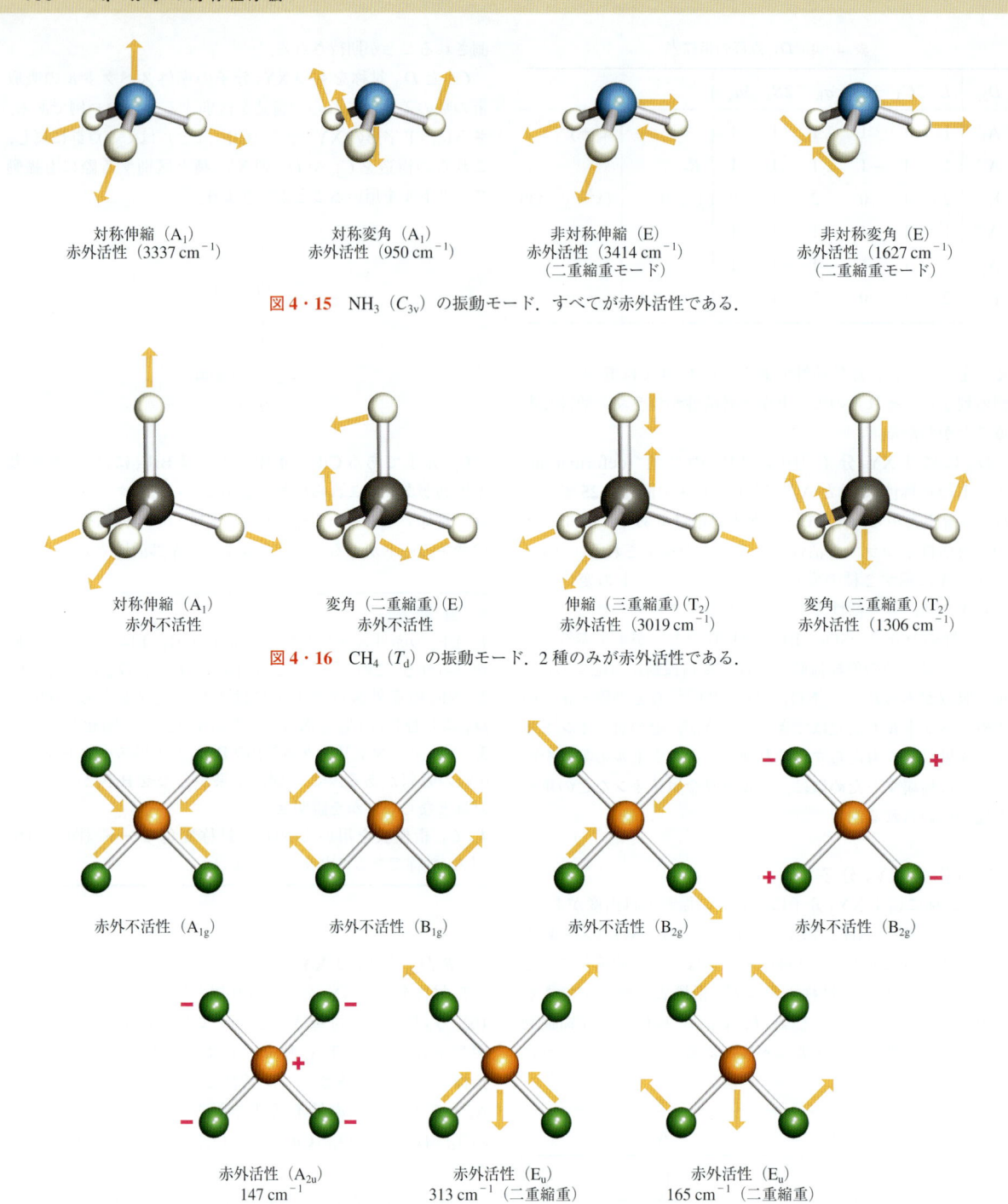

赤外活性（A_{2u}）
147 cm^{-1}

赤外活性（E_u）
313 cm^{-1}（二重縮重）

赤外活性（E_u）
165 cm^{-1}（二重縮重）

図 4・17　$[PtCl_4]^{2-}$ の振動モード．下段に示す 3 種のみ（そのうち 2 種は縮重）が赤外活性である．＋と－の符号は振動によって原子が紙面に対して'上'と'下'に動くことを意味する．

B_{2g} モードはラマン活性であるが，赤外不活性である．p ブロック元素のなかで，D_{4h} の XY_4 分子はまれである．XeF_4 の赤外スペクトルが 586，291，161 cm^{-1} に吸収を示すことは VSEPR 理論で予測される構造と一致している．

練習問題

1. 付録 3 の D_{4h} 指標表を用いて，$[PtCl_4]^{2-}$ の A_{1g}，B_{1g}，B_{2g} が赤外不活性であるがラマン活性であることを確認せよ．また，なぜこれが交互禁制則の例となるのか説明せよ．

2. 気相状態の ZrI_4 の赤外スペクトルは 55 と 254 cm^{-1} に吸収を示す。ZrI_4 が T_d 対称をもつことと上記結果が矛盾しないことを説明せよ。

3. $[PtCl_4]^{2-}$ は赤外スペクトルで 150, 321, 161 cm^{-1} に吸収を示す。これは $[PtCl_4]^{2-}$ が T_d ではなく、むしろ D_{4h} の構造をもつ根拠となる。その理由を説明せよ。

4. SiH_2Cl_2 は正四面体形の構造をもつとされる。SiH_2Cl_2 は 8 個の赤外活性振動をもつ。これらの記述について論ぜよ。

O_h 対称における XY_6 分子

O_h 点群に属す XY_6 分子は $(3 \times 7) - 6 = 15$ 個の振動自由度をもつ。図 4・18 には SF_6 の振動モードが対称表現とともに示してある。T_{1u} モードのみが赤外活性であり、これは付録 3 にある O_h 指標表で確かめることができる。SF_6 の S 原子は対称中心上にあるため、T_{1u} モードは交互禁制則によってラマン不活性となる。図 4・18 に示す T_{1u} モードのうち一方は伸縮振動に属し（SF_6 では 939 cm^{-1}）、もう一方は変角振動である（SF_6 では 614 cm^{-1}）。

金属カルボニル錯体 $M(CO)_n$

赤外スペクトルは金属カルボニル錯体 $M(CO)_n$ の構造決定に特に有用である。すなわち C−O 結合伸縮振動（ν_{CO}）ピークの信号強度は大きく、その赤外スペクトルでは容易に観測されるからである。これらのモードに対する吸収帯は普通 2000 cm^{-1} 付近に観測され（§24・2 参照）、M−C 伸縮、M−C−O 変角、C−M−C 変角に起因する吸収から十分に離れている。それゆえ、ν_{CO} モードは他の振動モードとは明確に分けて議論することができる。たとえば、$Mo(CO)_6$ は O_h 点群に属す。$(3 \times 13) - 6 = 33$ 個の振動自由度をもち、そのうち 12 個は T_{1u}（赤外活性）4 個からなり、それぞれ ν_{CO} 2000 cm^{-1}, δ_{MoCO} 596 cm^{-1}, ν_{MoC} 367 cm^{-1}, δ_{CMoC} 82 cm^{-1} として観測される。他の 21 のモードはすべて赤外不活性である。通常の実験室の赤外分光計は 400 cm^{-1} から 4000 cm^{-1} を観測領域とするため（§4・7 参照）、ν_{CO} と δ_{MoC} モードのみが観測される。O_h の $M(CO)_6$ 種が C−O 伸縮振動の波長領域に 1 個の吸収帯しかもたないことは、SF_6（図 4・18）と比較することで確かめられる。これら 6 個の C−O 結合は、6 個の S−F 結合と同様に考えることができる。それゆえ、O_h の $M(CO)_6$ 分子は A_{1g}, E_g, および T_{1u} のカルボニル伸縮振動をもつが、T_{1u} モードのみが赤外活性となる。

練習問題

1. $Cr(CO)_6$（O_h）の 6 個の CO 部分のみを考慮して、A_{1g}, E_g, T_{1u} の伸縮振動を表す図を描け。O_h の指標表を用いて赤外活性となる指標を示せ。　[答　図 4・18 を参照せよ；それぞれの C−O が S−F 結合と同様に振舞う]

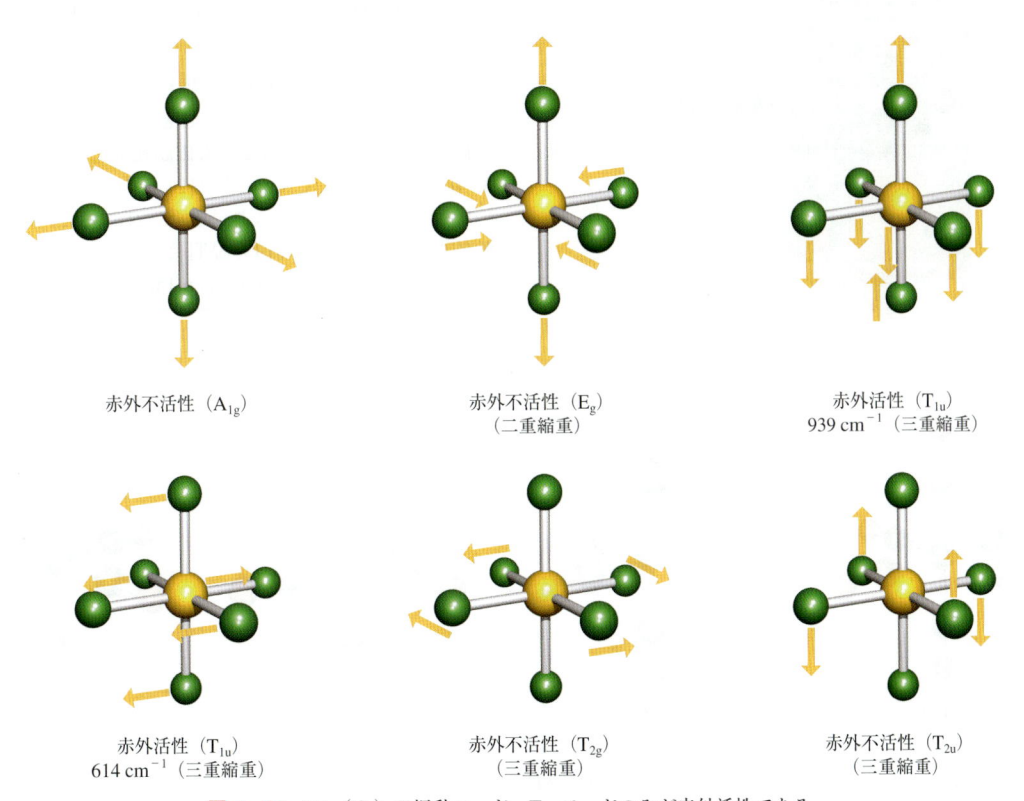

2. $W(CO)_6$ の赤外スペクトルでは 1998 cm^{-1} に吸収が現れ

図 4・18　SF_6（O_h）の振動モード。T_{1u} モードのみが赤外活性である。

（赤外不活性（A_{1g}）／赤外不活性（E_g）（二重縮重）／赤外活性（T_{1u}）939 cm^{-1}（三重縮重）／赤外活性（T_{1u}）614 cm^{-1}（三重縮重）／赤外不活性（T_{2g}）（三重縮重）／赤外不活性（T_{2u}）（三重縮重））

る．この吸収に対応する振動モードを図で示せ．
　　　［答　図4・18の赤外活性なT_{1u}モードと同様である］

金属カルボニル錯体 $M(CO)_{6-n}X_n$

この節では赤外活性なν_{CO}モードの数と$M(CO)_{6-n}X_n$錯体の対称性の関係について述べる．$M(CO)_6$，$M(CO)_5X$，$trans$-$M(CO)_4X_2$，cis-$M(CO)_4X_2$はすべて正八面体であるとされるが，厳密には$M(CO)_6$のみがO_h点群に属す（図4・19）．先に$M(CO)_6$錯体が赤外スペクトルのCO伸縮振動領域に1個の吸収を示すことを述べた．それに対し，C_{4v}の$M(CO)_5X$は3個の吸収を示す．たとえば，$M(CO)_5Br$は2138, 2052, 2007 cm^{-1}に吸収を示す．これら3種の吸収の起源は群論で理解することができる．$M(CO)_5X$分子（図4・19）のC−O結合がC_{4v}点群の各操作（E, C_4, C_2, σ_v, σ_d）を施した際に何個不動となるかを考えてみよう（C_{4v}の指標表を**付録3**に載せた）．下の図はC_4軸，C_2軸，およびσ_v面を示している．σ_d面はσ_v面を二等分する面である（図4・4を参照）．操作EはすべてのC−O結合を不動のままとするが，軸まわりの回転とσ_d面での鏡映では1個のC−O結合のみが不動となる．σ_v面による鏡映は3個のC−O結合の位置を不動とする．

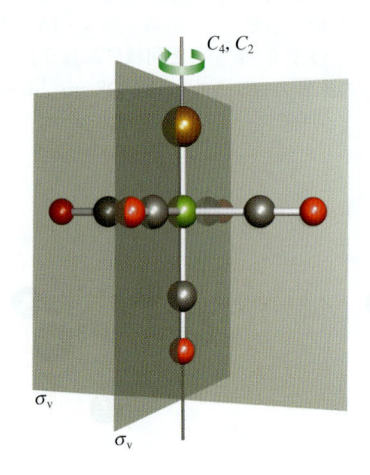

この結果は下行の指標としてまとめられる．

E	C_4	$2C_2$	σ_v	σ_d
5	1	1	3	1

この表現はC_{4v}の指標表からいくつかの表現に簡約することができる．

A_1	1	1	1	1	1
A_1	1	1	1	1	1
B_1	1	−1	1	1	−1
E	2	0	−2	0	0
行の和	5	1	1	3	1

$M(CO)_5X$の振動モードはA_1，B_1，E対称であり，C_{4v}指標表からそのうちの2種のA_1とEモードのみが赤外活性であることがわかる．これは赤外スペクトルで観測される事実と一致する．

同様の方法によりcis-および$trans$-$M(CO)_4X_2$に対する赤外活性な振動モードを決定することができる．表4・5に代表的な例を示した．

練習問題

1. fac-$M(CO)_3X_3$の構造を図示せよ．C_3軸とσ_v面の一例を示せ．

2. C_{3v}の指標表（**付録3**）を用い，fac-$M(CO)_3X_3$のCO伸縮振動がA_1とE対称をもつことを確かめよ．さらに，その両者が赤外活性であることも確認せよ．

3. fac-$[Fe(CO)_3(CN)_3]^-$が2121と2096 cm^{-1}に2種の強い吸収を示す理由を述べよ．また，2162と2140 cm^{-1}に比較的弱い吸収をもつ理由を説明せよ．　　［答　J. Jiang $et\ al.$ (2002) $Inorg.\ Chem.$, vol.41, p.158を参照せよ］

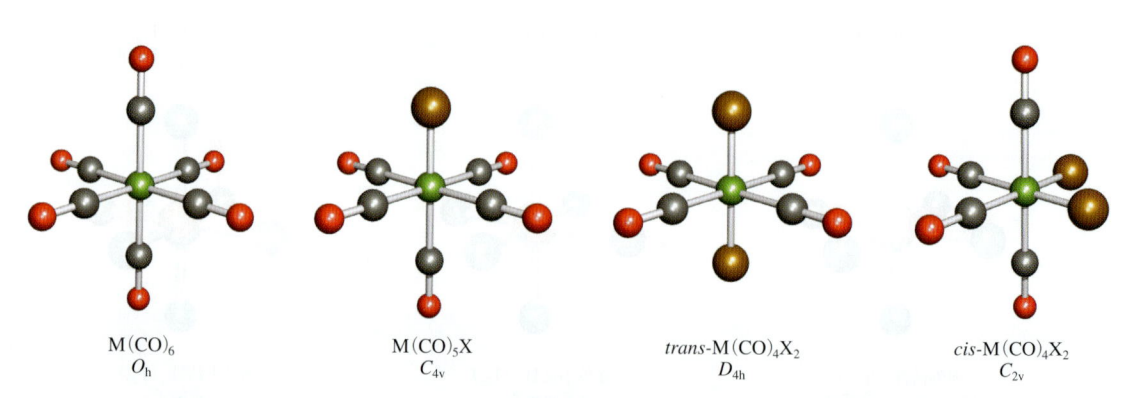

図4・19　八面体形の金属カルボニル錯体$M(CO)_6$，$M(CO)_5X$，$trans$-$M(CO)_4X_2$，およびcis-$M(CO)_4X_2$が属す点群．原子の色表示：金属M 緑色，C 灰色，O 赤色，X基 茶色．

$M(CO)_6$　O_h　　$M(CO)_5X$　C_{4v}　　$trans$-$M(CO)_4X_2$　D_{4h}　　cis-$M(CO)_4X_2$　C_{2v}

表 4・5 単核金属カルボニル錯体のカルボニル伸縮振動．X は CO 以外の一般的な官能基に対応する．

錯 体	点 群	CO 伸縮振動モードの対称表現	赤外活性モード	赤外スペクトルで観測される吸収の数
M(CO)$_6$	O_h	A_{1g}, E_g, T_{1u}	T_{1u}	1
M(CO)$_5$X	C_{4v}	A_1, A_1, B_1, E	A_1, A_1, E	3
trans-M(CO)$_4$X$_2$	D_{4h}	A_{1g}, B_{1g}, E_u	E_u	1
cis-M(CO)$_4$X$_2$	C_{2v}	A_1, A_1, B_1, B_2	A_1, A_1, B_1, B_2	4
fac-M(CO)$_3$X$_3$	C_{3v}	A_1, E	A_1, E	2
mer-M(CO)$_3$X$_3$	C_{2v}	A_1, A_1, B_1	A_1, A_1, B_1	3

赤外スペクトルの観測：実際の問題

単純な n 原子分子の振動自由度をいかに決めるか，基準振動の数をいかに求めるか，さらに赤外スペクトルに期待される吸収帯の数をいかに決定するかをこれまで述べてきた．たとえば，C_{3v} や D_{3h} 対称の XY$_3$ 分子を区別するうえで赤外スペクトルを用いる前提は，すべて期待される吸収が観測されるはずということである．しかしながら，'普通の'研究室の赤外分光計は 4000 cm^{-1} から 400 cm^{-1} の範囲であり，もし問題となる振動吸収がこの範囲外で起こるならば，その吸収は観測されない．その一例が [PtCl$_4$]$^{2-}$（図 4・17）であり，3 種の振動モードのうち 2 種が 200 cm^{-1} 以下に位置する．これらを観測するには特別な遠赤外分光計を使わなければならない．

赤外スペクトルに用いる試料は，しばしばそれ自身が 4000〜400 cm^{-1} の範囲に吸収をもつセル中に入れて測定される．セルによく用いられる材質が NaCl と KBr であり，それぞれ 650 cm^{-1} と 385 cm^{-1} に吸収端をもつ．吸収端より低い振動数にある試料由来の吸収は，セル光学窓の吸収によって覆い隠されてしまう．また，液体試料や適切な溶媒を用いて調製した試料溶液の測定には，'溶液セル'が用いられる．この場合，溶媒の吸収によって試料由来の吸収が検出不可能となる問題が加わる．溶媒による吸収が強い領域では通過する光は実質ゼロであり，試料に基づく吸収は観測されない．

4・8 キラル分子

> 分子は，その鏡像とぴったり重ね合わせることができなければ，**キラル**（chiral）とよばれる[*]．

Se$_\infty$ のようならせん鎖（図 4・20a）は右回りか左回りかの区別があるのでキラルとなる．六配位錯体 [Cr(acac)$_3$]（[acac]$^-$ については表 7・7 を参照）は，二座のキレート配位子を 3 個もち，その鏡像体は互いに重ね合わせることができない（図 4・20b）．キラル分子は平面偏光の偏光面を回転させることができる．この性質を**光学活性**（optical activity）であるといい，2 種の鏡像体を**光学異性体**（optical isomer）または**鏡像異性体**（エナンチオマー，enantiomer）という．このことには**第 20 章**でまた触れる．

(a)

(b)

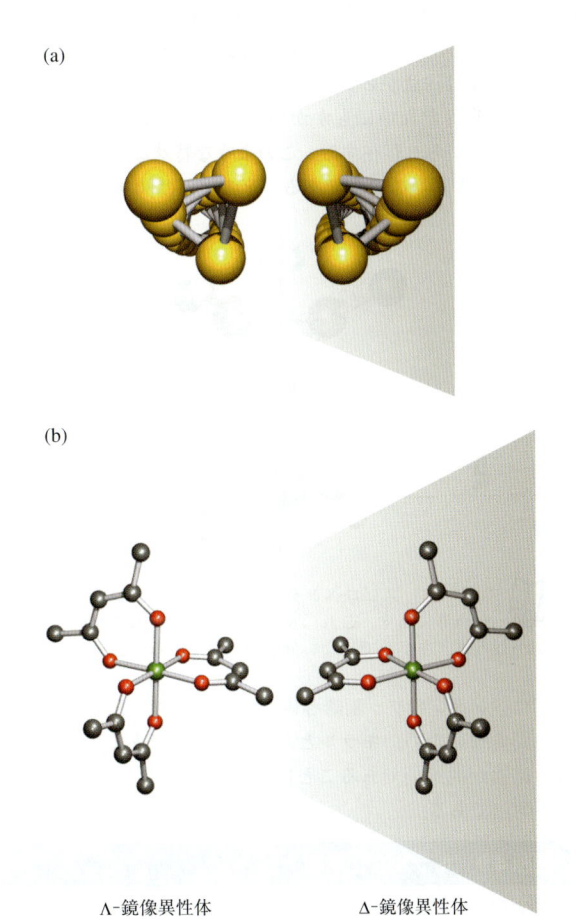

Λ-鏡像異性体　　Δ-鏡像異性体

図 4・20 互いに鏡像の関係にあり，重ね合わせることのできない鏡像異性体対．(a) らせん状 Se$_\infty$ は右巻または左巻となっている．(b) 3 個の二座キレート配位子をもつ六配位形の [Cr(acac)$_3$]．Λ と Δ の記号は分子の絶対配置を表している（**Box 20・3** を参照せよ）．

---

[*] この定義は *Basic Terminology of Stereochemistry: IUPAC Recommendations 1996* (1996) *Pure and Applied Chemistry*, vol. 68, p. 2193 にある．

キラルであることの重要性は，たとえば，キラルな医薬に関して，鏡像異性体間で活性が劇的に異なることからも明らかである*。

Se_∞ などのらせん鎖のキラリティーを認識することは容易である．しかし，キラルな化合物に関するキラリティーの認識手続き，すなわち鏡像とぴったり重ねられるか否かを判別する作業が容易であるとは限らない．その際には対称要素の判別が手助けとなる．つまり，キラルな化合物は，回映軸 (S_n) をもってはならない．

> キラルな分子は回映軸 (S_n) を一つももたない．

それがキラル種であると決定するうえで，よく使われるそれ以外の基準は，反転中心 i や鏡面 σ をもたないことである．i と σ はそれぞれ回映の S_2 と S_1 に相当し，上記基準を満たしているからである（章末の**問題 4.35** を参照）．しかし，その利用には注意が必要である．つまり，反転中心 i，および鏡面 σ をもたないにもかかわらず，キラルでない分子種が少ないながらも存在する．このような特殊な化合物は，S_n 点群で，n が偶数の場合である．その実例は図4・21 に示す

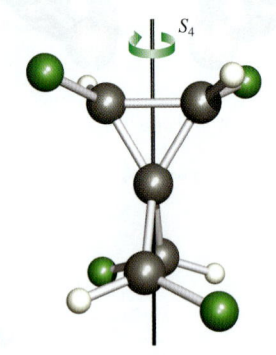

図4・21 スピロペンタンのテトラフルオロ誘導体は S_4 点群に属す．これは反転中心も鏡面ももたないにもかかわらず，キラルではない分子の一例である．

スピロペンタンのフッ素誘導体である．この分子は反転中心も鏡面もないため，キラルとみなされがちである．しかし，この結論が間違いであることはこの分子が S_4 軸をもつことから明白である．

例題 4.9 キラルな化学種

[$Cr(ox)_3$]$^{3-}$ の構造を下に示す．オキサラト配位子 [C_2O_4]$^{2-}$ (ox^{2-}) は二座配位子である．右側の図は O–Cr–O 軸に沿って見たものである．このイオンが D_3 点群に属すこと，ならびに，この点群に属すものがキラルであることを示せ．

解答 図4・10 の手順をふむ．

スタート ⟹

その分子性イオンは直線か？	いいえ
T_d, O_h, I_h 対称のいずれかであるか？	いいえ
C_n 軸があるか？	はい；図(a)の紙面に垂直な C_3 軸がある．
主軸に垂直な C_2 軸が3個あるか？	はい；(b) の図で鉄原子を紙面縦方向に通っている．
σ_h 面（主軸に垂直）があるか？	いいえ
n 個の σ_d 面（主軸を含む）があるか？	いいえ

⟹ ストップ

点群は D_3 である．
対称中心も，対称面もみつからない．したがって，D_3 点群に属すこの分子はキラルであることがわかる．

練習問題

D_3 群の指標表（**付録3**）を参照して，D_3 点群の対称要素に i, σ, S_n 軸が含まれないことを確かめよ．

重要な用語

本章では以下の用語が紹介されている．意味を理解できるか確認してみよう．

- ☐ 対称要素（symmetry element）
- ☐ 対称操作（symmetry operation）
- ☐ 恒等操作（identity operation）E
- ☐ 回転軸（rotation axis）C_n
- ☐ 鏡面（plane of reflection）σ_h, σ_v, σ_d
- ☐ 対称中心または反転中心（center of symmetry or inversion center）i
- ☐ 回映軸（improper rotation axis）S_n
- ☐ 点群（point group）
- ☐ 並進の自由度（translational degree of freedom）

---

* 関連する2個の文献としては E. Thall (1996) *J. Chem. Educ.* vol. 73, p. 481 – 'When drug molecules look in the mirror'; H. Caner *et al*. (2004) *Drug Discovery Today*, vol. 9, p. 105 – 'Trends in the development of chiral drugs'.

- 回転の自由度（rotational degree of freedom）
- 振動の自由度（vibrational degree of freedom）
- 基準振動（normal mode of vibration）
- 縮重した振動モード（degenerate mode of vibration）
- 赤外活性モードの選択則（selection rule for an IR active mode）
- ラマン活性モードの選択則（selection rule for a Raman active mode）
- 交互禁制則（rule of mutual exclusion）
- 基本遷移（fundamental transition）
- キラル分子（chiral molecule）
- 鏡像異性体（エナンチオマー enantiomer；光学異性体 optical isomer）

さらに勉強したい人のための参考文献

対称性と群論

P. W. Atkins, M. S. Child and C. S. G. Phillips (1970) *Tables for Group Theory*, Oxford University Press, Oxford －指標表と対称性に関する一連の有用な記述および図解．

R. L. Carter (1998) *Molecular Symmetry and Group Theory*, Wiley, New York －分子の対称性と群論を振動分光を含む化学の問題に適用するための入門書．

M. E. Cass, H. S. Rzepa, D. R. Rzepa and C. K. Williams (2005) *J. Chem. Educ.* vol. 82, p. 1736 － 'The use of the free, open-source program Jmol to generate an interactive web site to teach molecular symmetry'．

F. A. Cotton (1990) *Chemical Applications of Group Theory*, 3rd edn, Wiley, New York －対称性のさらに数学的な取扱いと，その化学における重要性．

G. Davidson (1991) *Group Theory for Chemists*, Macmillan, London －例題と問題のついた群論の優れた入門書．

J. E. Huheey, E. A. Keiter and R. L. Keiter (1993) *Inorganic Chemistry: Principles of Structure and Reactivity*, 4th edn, Harper Collins, New York －第 3 章は有用で，読みやすい対称性と群論の序章である．

S. F. A. Kettle (1985) *Symmetry and Structure*, Wiley, Chichester －詳しい，しかも読みやすい対称性と群論の解説．

J. S. Ogden (2001) *Introduction to Molecular Symmetry*, Oxford University Press, Oxford － Oxford Chemistry Primer シリーズの 1 冊で，群論とその応用についての簡潔な入門書．

A. Rodger and P. M. Rodger (1995) *Molecular Geometry*, Butterworth-Heinemann, Oxford －学生向けの有用で簡明なテキスト．

A. F. Wells (1984) *Structural Inorganic Chemistry*, 5th edn, Oxford University Press, Oxford －構造無機化学の決定版であり，第 2 章では結晶の対称性が簡潔に紹介されている．

赤外分光法

E. A. V. Ebsworth, D. W. H. Rankin and S. Cradock (1991) *Structural Methods in Inorganic Chemistry*, 2nd edn, Blackwell Scientific Publications, Oxford －第 5 章は振動分光について詳しく述べている．

S. F. A. Kettle (1985) *Symmetry and Structure*, Wiley, Chichester －第 9 章は分子の対称性と分子振動の関係を取扱っている．

K. Nakamoto (1997) *Infrared and Raman Spectra of Inorganic and Coordination Compounds*, 5th edn, Wiley, New York － *Part A: Theory and Applications in Inorganic Chemistry* －実際の実験無機化学者にとって非常に貴重な参考書であり，基準振動解析についての詳細を含む．

問題

以下の問いに答えよ．図 4・10 を用いよ．

4.1 (a) BCl_3, (b) SO_2, (c) PBr_3, (d) CS_2, (e) CHF_3 の構造を図示せよ．どれが極性分子か答えよ．

4.2 群論で以下の記号は何を意味するか述べよ．(a) E, (b) σ, (c) C_n, (d) S_n．また σ_h, σ_v, σ_v', σ_d の違いは何か．

4.3 以下の各平面図形について，最も高次な回転対称軸を決定せよ．

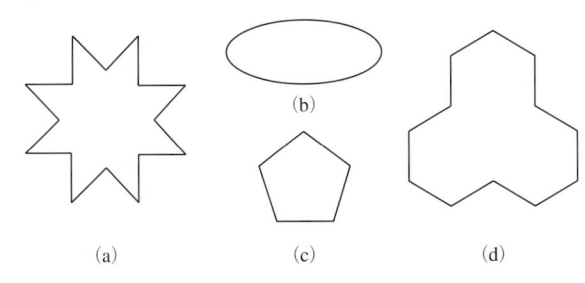

4.4 SO_2 の構造を書き，その対称性について述べよ．

4.5 H_2O_2 の構造を図 2・1 に示した．H_2O_2 は，操作 E 以外にもう 1 個だけ対称操作をもつ．それは何か．

4.6 BF_3 は，1 個の 3 回転軸，3 個の 2 回転軸，および 4 個の鏡面をもつ．これについて，適当な図を用いて説明せよ．また，これら対称要素の表現を表す記号を記せ．

4.7 問題 4.6 の解答をヒントとして，(a) BF_3 が $BClF_2$ に，(b) $BClF_2$ が $BBrClF$ に変化したときに失われる対称要素をあげよ．(c) 3 個の分子すべてに共通する対称要素（E 以外で）を答えよ．

4.8 以下の分子やイオンのうち (a) C_3 軸は 1 個あるが，σ_h 面がないもの，(b) C_3 軸と σ_h 面が 1 個ずつあるものはどれか．NH_3, SO_3, PBr_3, $AlCl_3$, $[SO_4]^{2-}$, $[NO_3]^-$

4.9 以下の分子やイオンのうち C_4 軸と σ_h 面をもつものはどれか．CCl_4, $[ICl_4]^-$, $[SO_4]^{2-}$, SiF_4, XeF_4

4.10 以下の分子がもつ鏡面の数を答えよ．
(a) SF_4, (b) H_2S, (c) SF_6, (d) SOF_4, (e) SO_2, (f) SO_3

4.11 (a) Si_2H_6 の構造を推定せよ．(b) 立体エネルギーの観点で最も安定な配座異性体の構造を描け．(c) この配座異性体は反転中心をもつか．(d) 立体エネルギーの観点で最も不安定となる配座異性体の構造を描け．(e) この配座異性体は反転中心をもつか．

4.12 以下の化学種のうち反転中心をもつものはどれか．(a) BF_3, (b) SiF_4, (c) XeF_4, (d) PF_5, (e) $[XeF_5]^-$, (f) SF_6, (g)

C_2F_4, (h) $H_2C=C=CH_2$

4.13 ∞回回転軸（C_∞軸）とは何を意味するか述べよ.

4.14 NF_3 はどの点群に属するか答えよ.

4.15 $[AuCl_2]^-$ の点群は $D_{\infty h}$ である. このイオンの構造を示せ.

4.16 SF_5Cl の点群を決定せよ.

4.17 BrF_3 の点群は C_{2v} である. BrF_3 の構造を描き，VSEPR理論の結果と比較せよ.

4.18 例題2.7で，$[XeF_5]^-$ の構造を予測した. その構造が D_{5h} 対称であることを確かめよ.

4.19 以下の分子の点群を帰属せよ. (a) CCl_4, (b) CCl_3F, (c) CCl_2F_2, (d) $CClF_3$, (e) CF_4

4.20 (a) SF_4 の点群を推定せよ. (b) SOF_4 は同じ点群か.

4.21 以下の点群のうち，対称操作が最も多いものを指摘せよ. (a) O_h, (b) T_d, (c) I_h

4.22 以下の各化合物に関し，振動自由度の数を求めよ. (a) SO_2, (b) SiH_4, (c) HCN, (d) H_2O, (e) BF_3

4.23 以下の各分子について，その基準振動のうち何個が赤外活性か述べよ. (a) H_2O, (b) SiF_4, (c) PCl_3, (d) $AlCl_3$, (e) CS_2, (f) HCN

4.24 C_{2v} の指標表を用い，D_2O（重水）が赤外活性な振動モードを3個もつことを確かめよ.

4.25 図4・14 の D_{3h} 点群における対称変角モードについて，各対称操作の効果を調べ，このモードが A_2'' 対称であることを確かめよ.

4.26 CBr_4 はいかなる点群に属すか. 適当な指標表を用いて，伸縮振動モードの可約表現を求めよ. これが $A_1 + T_2$ に簡約されることを示せ.

4.27 SiF_4 の9個の振動自由度のうち6個は赤外活性である. この化合物には389と1030 cm^{-1} の吸収しか観測されない理由を説明せよ.

4.28 Al_2Cl_6 は D_{2h} 点群に属す. (a) Al_2Cl_6 のもつ振動自由度の数を述べよ. (b) D_{2h} の指標表を用いて，赤外活性な伸縮振動モードの対称表現を決めよ.

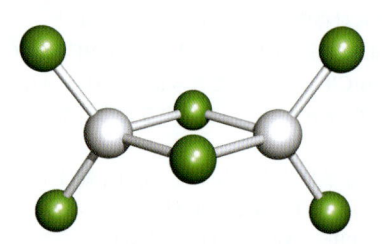

4.29 $[AlF_6]^{3-}$（O_h）の赤外スペクトルには540と570 cm^{-1} 付近に吸収がみられる. 群論の方法を用い，その一方のみが伸縮振動モードに帰属されることを確かめよ.

4.30 $trans$-$M(CO)_4X_2$ にはいくつの CO 伸縮振動モードが可能か決定せよ. また，それらの各モードの対称表現を求めよ. さらに，そのうちいくつが赤外活性か答えよ.

4.31 1993年に $[Pt(CO)_4]^{2+}$ が初めて報告された〔G. Hwang et al.（1993）Inorg. Chem., vol. 32, p. 4667〕. 赤外スペクトルに1個の強い吸収が2235 cm^{-1} に観測された. この吸収は ν_{CO} と帰属されたが，ラマンスペクトルにはみられなかった. ラマンスペクトルでは2個の吸収が2257と2281 cm^{-1} に観測された（これらは赤外スペクトルにはみられない）. これらの観測事実が，$[Pt(CO)_4]^{2+}$ が D_{4h} 対称であることと一致することを示せ.

4.32 赤外スペクトルにおける CO 伸縮振動領域の情報を用い，cis-$M(CO)_2X_2$ と $trans$-$M(CO)_2X_2$ を区別する方法を説明せよ. 解答には，各分子に対する ν_{CO} モード数の導出法についても述べよ.

4.33 (a) 三方両錐形 XY_5 の属す点群を答えよ. この分子の伸縮振動の数と対称表現を決めよ. (b) 気相状態の PF_5 は赤外スペクトルにおいて1026と944 cm^{-1} に吸収を示す. この観測結果が問(a)の解答と一致すること示せ. 気相状態の PF_5 に対するラマンスペクトルには伸縮振動に基づく吸収がいくつ観測されると期待されるか.

4.34 以下の語句について説明せよ. (a) キラル, (b) 鏡像異性体, (c) らせん鎖

4.35 対称操作に関する以下の定義が正しいことを示せ. (a) 反転は S_2 回映と同等である. (b) 平面での鏡映は S_1 回映と同等である.

ウェブ版の問題

以下に示す問題は本書に関するウェブサイトを読者に紹介するためにつくられた. 以下を参照せよ：www.pearsoned.co.uk/housecroft. このサイトを訪れ，そのあと本書第3版第4章に対する "Student Resources" を参照せよ*.

4.36 上記サイトで問題4.36の構造ファイルを開け（訳注：問題4.36のリンクをクリックすればよい）. これは PF_5 の構造である. (a) C_3 軸を見下ろす方向に構造を回転せよ. この軸に対して σ_h 面はどこにあるか. (b) PF_5 の3個の C_2 軸はどこか. (c) PF_5 の3個の σ_v 面を示せ. (d) PF_5 の属する点群を答えよ.

4.37 問題4.37の構造ファイルを開け. これは NH_2Cl の構造を示している. (a) NH_2Cl はいくつの対称面をもつか. (b) NH_2Cl は回転軸をもつか. (c) NH_2Cl が C_s 点群に属すことを示せ. (d) 'NH_3 から NH_2Cl に変化すると対称性が低下する' という文の意味するところを詳しく述べよ.

4.38 問題4.38の構造ファイルを開け. これは T_d 対称をもつ OsO_4 の構造を示す. (a) $O-Os$ 結合に沿って，O が手前に見えるような向きに回転せよ. この結合はいかなる回転軸にあたるか. (b) T_d 点群の指標表には $8C_3$ とある. これは何を意味するか. 構造を調べることで，$8C_3$ にあたる対称操作を施してみよ.

4.39 問題4.39の構造ファイルを開け. これは $[Co(en)_3]^{3+}$ の構造を示している. ただし，図ではH原子を省略した. また，en は二座配位子である $H_2NCH_2CH_2NH_2$ をさす. 錯体 $[Co(en)_3]^{3+}$ は一般的に正八面体であるといわれる. O_h 点群の指標表をみよ. なぜ $[Co(en)_3]^{3+}$ は O_h 対称ではないのか答え

---

*（訳注）www.pearsoned.co.uk/housecroft → Inorganic Chemistry 3rd Edition/Companion website → Student Resources → Chapter 4 → Web-based problems とたどってほしい.

よ．これをもとに，[Co(en)$_3$]$^{3+}$のような錯体の記述に'正八面体'という表現を用いることの問題点について指摘せよ．

4.40 問題4.40の構造ファイルを開け．これはC$_2$Cl$_6$に対し，エネルギー的に有利なねじれ形配座の構造を示している．(a) 構造をC−C結合に沿って見えるように回転せよ．6個のCl原子は，重なっている2個のC原子のまわりに見かけ上，正六角形の位置に見えるであろう．なぜ主軸はC_3軸であってC_6軸ではないのか．(b) S_6軸がC_3軸と一致することを確かめよ．(c) 付録3の適切な指標表を適用することで，C$_2$Cl$_6$がD_{3d}対称であることを示せ．

4.41 問題4.41の構造ファイルを開け．これはα-P$_4$S$_3$の構造を示している．(a) 単独のP原子が最も手前となり，P$_3$がなす正三角形が画面の面と一致する向きにせよ．その際，主軸に沿ってα-P$_4$S$_3$を見ることになる．(b) この分子が他のいかなる回転軸ももたないことを示せ．(c) この分子はいくつの対称面をもつか．$σ_v$面，$σ_h$面，$σ_d$面はあるか．(d) α-P$_4$S$_3$がC_{3v}点群に属すことを確かめよ．

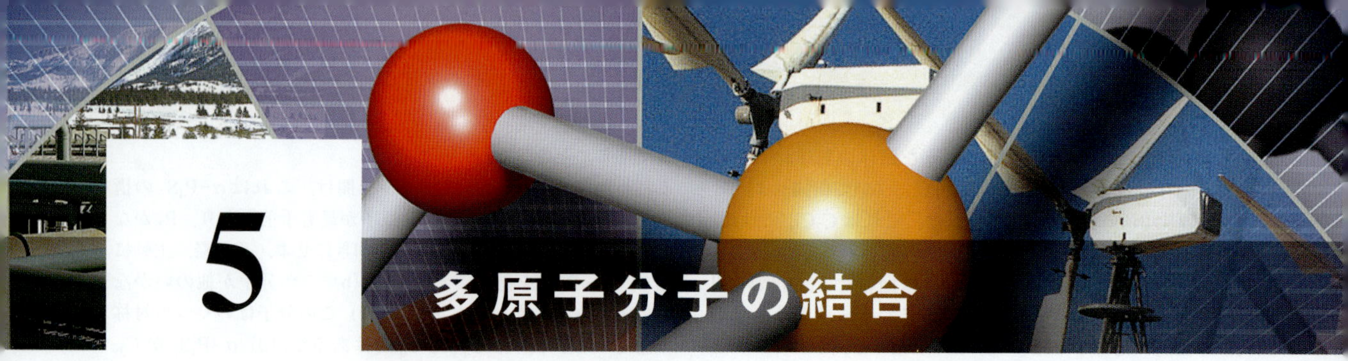

5 多原子分子の結合

おもな項目
- 原子軌道の混成
- 分子軌道法：配位子群軌道
- 非局在化結合
- 部分分子軌道の取扱い

5・1 はじめに
第2章では二原子分子の結合について3種の考え方を紹介した.

- ルイス構造
- 原子価結合理論（valence bond theory；VB 法）
- 分子軌道理論（molecular orbital theory；MO 法）

本章では上記取扱いを多原子分子（3原子以上からなる分子）に拡張する. 原子価結合法で XY_n ($n \geq 2$) 分子を取扱う際には, Y原子の位置と中心のX原子の軌道の方向がうまく合うかを考える必要がある. s原子軌道は球対称であるが, 他の原子軌道は方向性をもつ（§1・6参照）. H_2O を考えてみよう. 図5・1に示すように, たとえば, H_2O 分子が yz 平面上にあるとすれば, $2p_y$ 軌道と $2p_z$ 軌道の向きは2個のO-H結合の向きとは合わない. z 軸を1個のO-H結合の向きに合わせるようにおくことはできるが, 同時に y 軸をもう1個のO-H結合の向きに合わせることはできない. つまり, 原子軌道の基底関数系（§2・3を参照）を用い, **局在化結合様式**（localized bonding scheme）をつくろうとすると問題を生じる. 次節では, VB理論に基づき, この問題を克服することのできる結合モデルについて示す. XY_n 種の結合をVB理論から説明する方法について考えた後, 多原子分子に分子軌道法を適用するための作業へと進む.

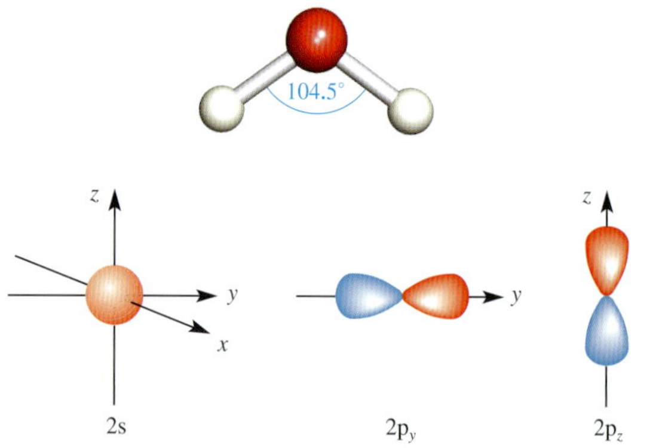

> 多原子種は3個またはそれ以上の原子を含むものである.

5・2 原子価結合理論：原子軌道の混成
軌道の混成とは何か
混成（hybridization）という表現が原子軌道に対して使われるときは, 軌道の混合を意味し, 特に VB 理論の中で用いられるときは, 空間で特定の方向をもつ軌道をつくることをさす. すべての結合理論と同様に, 軌道の混成はモデルであって実際の現象ととらえてはならない.

混成軌道はエネルギーが近い軌道が混じり合って形成される. 混成軌道の性質は, 原子軌道の種類と割合によって決まる. たとえば, sp 混成は s 軌道と p 軌道の両方が等しい割合で含まれる.

> 混成軌道は複数の原子軌道が混合して形成される.

混成軌道の組をつくるのは, 特定の分子種について好都合な結合様式を可能とするためである. 個々の混成軌道は, 着目する分子の骨格中で原子核間の方向に沿って伸びており, 混成軌道の組を使うことで**局在化したσ結合**（localized σ-bond）としての結合様式を明確に示すことができる. この節の勉強を進めるに従い, XY_n 分子における原子Xの混成モデルは, その形の分子にしか適用できないこと, そしてその形はXに結合している基と非共有電子対の数で決まることに気づくであろう.

> 混成軌道の組合わせにより, 局在化したσ結合を用いて分子の結合様式を明確に示すことができる.

図5・1 H_2O 分子（その骨格を yz 平面に置くとする）に対する O 原子 $2s$, $2p_y$, $2p_z$ 軌道の相対的な空間配置

sp混成：直線形分子の場合

> spという命名は，1個のs原子軌道と1個のp原子軌道が混合し，異なる方向に伸びる2個の混成軌道をつくることを意味する．

2s原子軌道と2p$_x$原子軌道についてある可能な組合わせが図5・2aに示されている．この図では軌道の**ローブ**（lobe）の色は位相を表しており（§1・6参照），2s軌道を加えることで2p$_x$軌道の一方のローブは大きくなり，他方は小さくなることがわかる．式5.1は，その組合わせを数学的に表現している．$\psi_{\text{sp混成}}$は規格化（§2・2を参照）されたsp混成軌道であり，50%がs，50%がpの性質をもつ．式5.1と図5・2aは2sと2p$_x$原子軌道の組合わせを表しているが，2sと2p$_y$または2p$_z$，あるいは3sと3p$_z$などの組合わせでも同じである．

$$\psi_{\text{sp混成}} = \frac{1}{\sqrt{2}}(\psi_{2s} + \psi_{2p_x}) \quad (5.1)$$

ここで重要な規則を示す：<u>n個の原子軌道を用いると，混成の結果n個の軌道が得られる</u>．図5・2bや式5.2は2sと2p$_x$原子軌道の組合わせに対する二番目の可能性を示している．この組合わせで符号が変わることにより，2p$_x$軌道の位相は反転し，結果として生じる混成軌道は図5・2aで示したものとは反対の方向を向く（p軌道がベクトルの性質をもつことを思い出そう）．

$$\psi_{\text{sp混成}} = \frac{1}{\sqrt{2}}(\psi_{2s} - \psi_{2p_x}) \quad (5.2)$$

式5.1と式5.2はほぼ同等な2個の波動関数を表している．ただし，x軸に対する配向の向きのみが異なる．もとの2sと2p$_x$原子軌道のエネルギーは異なるが，混合して得られる2個の混成軌道のエネルギーは等しい．

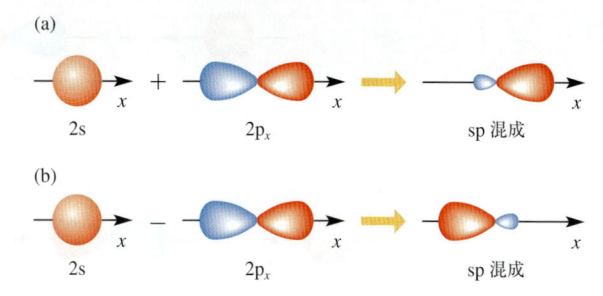

図5・2 2s軌道と2p$_x$軌道からsp混成軌道2個が生成する構図

sp混成のモデルは，BeCl$_2$のような直線形分子のσ結合を説明するのに用いられる．この分子に対するBe−Cl結合の長さは等しい．Beに対する基底状態の電子配置は[He]2s^{2}であり，原子価殻には2s原子軌道と3個の2p原子軌道が含まれる（図5・3）．これらの原子軌道から2sおよびいずれかの2p軌道を用い，それぞれ個別にClとの結合ができると仮定すると，Be−Cl結合の等価性を説明することはできない．しかし，もし2s原子軌道と1個の2p原子軌道を混合して2種のsp混成軌道をつくり，一方の混成軌道を第一のBe−Clの相互作用に用い，もう一方の混成軌道を第二のBe−Clの相互作用に用いれば，Be−Cl結合が等価性をもつことは，ごく自然な結果といえる．このようにして，直線形分子におけるBeの原子価殻は2個の縮重したsp混成軌道からなり，それぞれ1電子で占められる：これは(sp)^{2}のように表される．図5・3はBeに対する基底状態の電子配置がsp原子価状態に変化する様子を示している．これは理論的な根拠に基づくエネルギー準位図であり，直線形分子のσ結合を描写するのに用いられる．

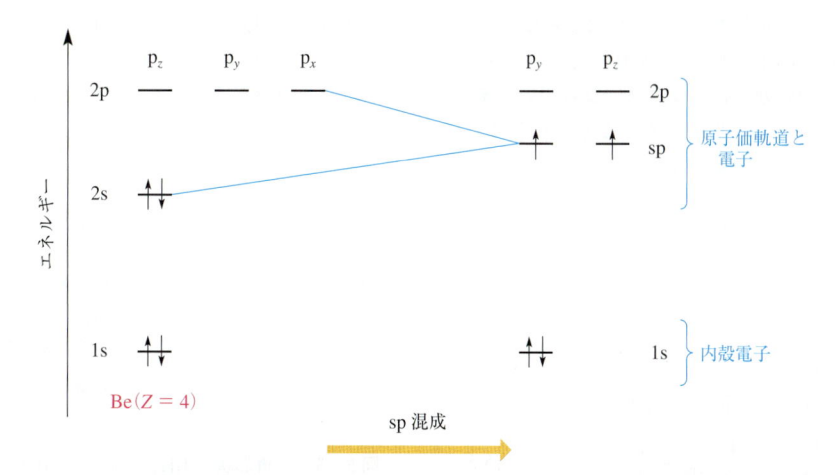

図5・3 ベリリウム原子の基底状態からsp混成軌道が形成される様子．これは形式的な図であり，実際に観測されたものではない．実は，原子価状態を分光学的手法により観測することはできない．また，混成に2p$_x$が選択されているがこれは任意の選択である．

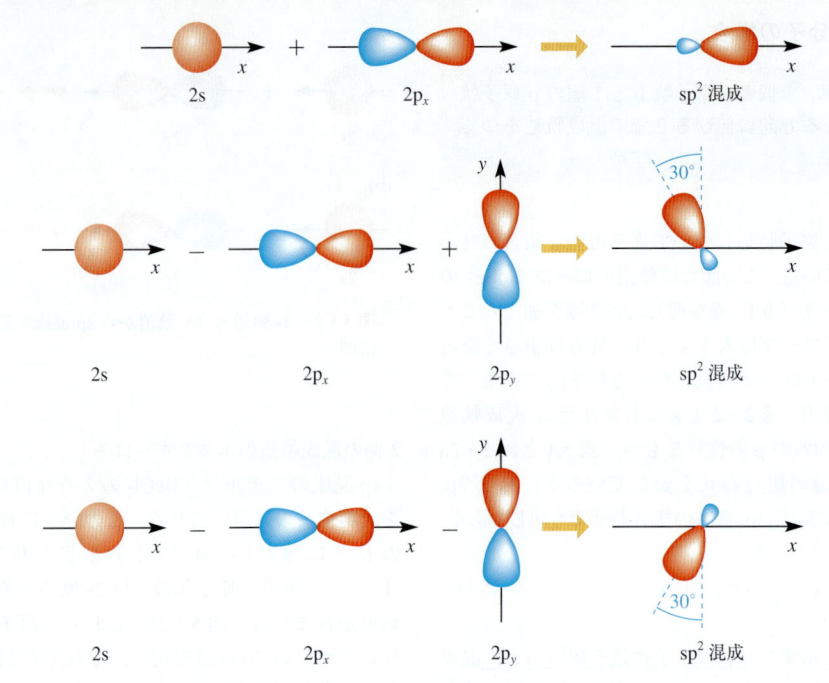

図5・4 2s 原子軌道と 2p_x および 2p_y 原子軌道から 3 個の sp^2 混成軌道が形成される．2p_x と 2p_y が用いられているが，その選択には任意性がある（2p_x と 2p_z を使うならば，混成は xz 平面内で起こり，2p_y と 2p_z 原子軌道を用いるならば，混成軌道は yz 平面内にある）．

sp^2 混成：平面三角形化学種の結合様式

> sp^2 という命名は，1 個の s 原子軌道と 2 個の p 原子軌道が混合して 1 組の異なる方向を向いた混成軌道を形成することに対応している．

2s, 2p_x, 2p_y 原子軌道の組合わせについて考えてみよう．最終的に得られる複数の混成軌道は，その方向に関する特性を除き，あらゆる観点で他と同等でなければならない．3 個の sp^2 混成軌道はすべて同じ割合の s 軌道の成分を含み，また同じ割合の p 軌道の成分を含まなければならない．まず，各 sp^2 混成軌道に 2s 軌道 1/3 相当の成分を割り振ることにする．各 sp^2 混成軌道について，残りの 2/3 相当の成分は，2p 軌道の成分をもつことになるため，規格化した波動関数は式 5.3～5.5 で与えられることになる．

$$\psi_{\text{sp}^2 \text{混成}} = \frac{1}{\sqrt{3}} \psi_{2s} + \sqrt{\frac{2}{3}} \psi_{2p_x} \tag{5.3}$$

$$\psi_{\text{sp}^2 \text{混成}} = \frac{1}{\sqrt{3}} \psi_{2s} - \frac{1}{\sqrt{6}} \psi_{2p_x} + \frac{1}{\sqrt{2}} \psi_{2p_y} \tag{5.4}$$

$$\psi_{\text{sp}^2 \text{混成}} = \frac{1}{\sqrt{3}} \psi_{2s} - \frac{1}{\sqrt{6}} \psi_{2p_x} - \frac{1}{\sqrt{2}} \psi_{2p_y} \tag{5.5}$$

図 5・4 には sp^2 混成軌道の成り立ちを説明するための模式図を示した．原子波動関数の符号が変わることは，その位相が変わることを意味することを思い出そう．図 5・4 に示した二番目と三番目の混成軌道の方向は，2p_x, 2p_y 原子軌道ベクトル成分の合成によって決まる．

sp^2 混成軌道のモデルは BH$_3$ のような平面三角形分子の σ 結合を説明するうえで用いることができる．ホウ素の原子価状態は，(sp^2)^3（つまり，3 個の sp^2 混成軌道に，それぞれ 1 電子が占有された状態）であり，各結合が B の sp^2 混成軌道と H 原子の 1s 原子軌道の重なりによって生じるとみなせることから，B–H 結合が等価となっている（図 5・5）．各 H 原子が結合の形成に対して 1 電子を提供するため，B–H の

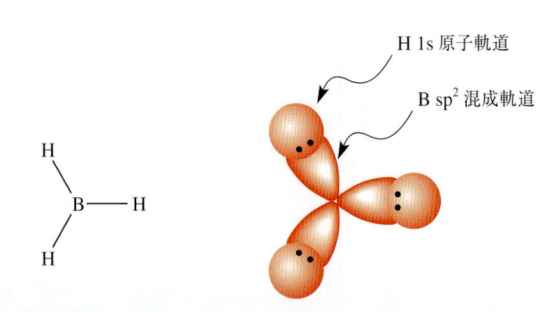

図5・5 三角形状の BH$_3$ の結合は，B 原子上の sp^2 混成軌道と 3 個の H 原子 1s 軌道の相互作用からうまく説明される．3 組の電子対（電子 3 個が B から，それぞれの H から 1 個ずつ）が結合に関与し，3 個の 2c-2e 結合を形成する．

σ結合は二中心二電子の相互作用（§2・2参照）に基づくといえる．平面三角形Bの原子価状態の生成を示すために，図5・3と同様の図を描くことができる．

sp³ 混成：正四面体と関連種の場合

> sp³ という命名は1個のs原子軌道と3個のp原子軌道が混合して4種の異なる方位特性をもつ1組の混成軌道を形成することに対応する．

これまで述べてきたのと同様の手順に従い，1個の2s軌道と3個の2p軌道から，4個のsp³混成軌道を形成することを示すことができる．このsp³混成軌道は式5.6〜5.9に示す規格化された波動関数で記述することができ，その模式図を図5・6aに示した．各sp³混成軌道は25％のs軌道性と75％のp軌道性を有し，4個の等価な軌道の組合わせにより，正四面体の骨格が形成される．

$$\psi_{sp^3 混成} = \tfrac{1}{2}(\psi_{2s} + \psi_{2p_x} + \psi_{2p_y} + \psi_{2p_z}) \quad (5.6)$$

$$\psi_{sp^3 混成} = \tfrac{1}{2}(\psi_{2s} + \psi_{2p_x} - \psi_{2p_y} - \psi_{2p_z}) \quad (5.7)$$

$$\psi_{sp^3 混成} = \tfrac{1}{2}(\psi_{2s} - \psi_{2p_x} + \psi_{2p_y} - \psi_{2p_z}) \quad (5.8)$$

$$\psi_{sp^3 混成} = \tfrac{1}{2}(\psi_{2s} - \psi_{2p_x} - \psi_{2p_y} + \psi_{2p_z}) \quad (5.9)$$

図5・6bには，正四面体構造をどのようにして立方体と関連づけるかが示されている．この関係は，四面体を直交座標系で取扱うことを可能とするため重要である．原子価結合理論においては，CH_4の結合は，Cのsp³原子価状態，すなわちそれぞれ1電子で占有された4個の縮重軌道からなる状態をもとに説明される．各混成軌道はH原子の1s原子軌道と重なり，4個の等価な局在化した二中心二電子のC−Hσ相互作用を形成する．

例題 5.1　NH_3における窒素原子の混成様式

VSEPR理論を用いてNH_3の構造を説明し，N原子の混成軌道として適当な様式をあげよ．

解答　Nの基底状態の電子配置は［He］$2s^2 2p^3$である．
5個の価電子のうち3個が3本のN−H単結合の形成に用いられ，1組の非共有電子対が残される．
電子対が四面体に配置することにより，三方錐の構造となる．

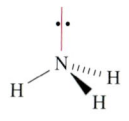

窒素原子は4個の原子価殻軌道として2s, $2p_x$, $2p_y$, $2p_z$原子軌道をもつ．sp³混成軌道の形成により，4組の電子対を受け入れるのに適した四面体の配置を生じる．

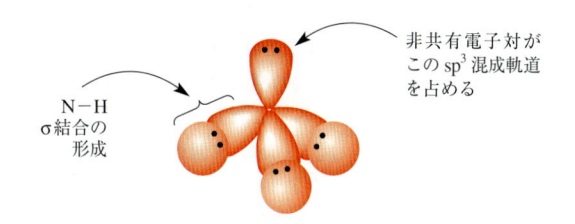

練習問題

1. VSEPR理論を用いて［NH_4］⁺の四面体構造を説明せよ．
2. H_2Oが屈曲形となり，XeF_2は直線形となる理由を述べよ．また，sp³混成様式がH_2Oには適用できるのに対し，XeF_2には適用できない理由を説明せよ．
3. 以下のおのおのの中心原子について適当な混成様式を記せ．(a)［NH_4］⁺, (b) H_2S, (c) BBr_3, (d) NF_3, (e)［H_3O］⁺
［答　(a) sp³, (b) sp³, (c) sp², (d) sp³, (e) sp³］

他の混成様式

直線形，平面三角形，四面体形以外の構造をもつ分子種については，d軌道を原子価結合理論に取入れるのが普通である．分子軌道法を用いれば，必ずしもその必要がないことを後述する．また，**第15章**と**第16章**では，PF_5やSF_6のよう

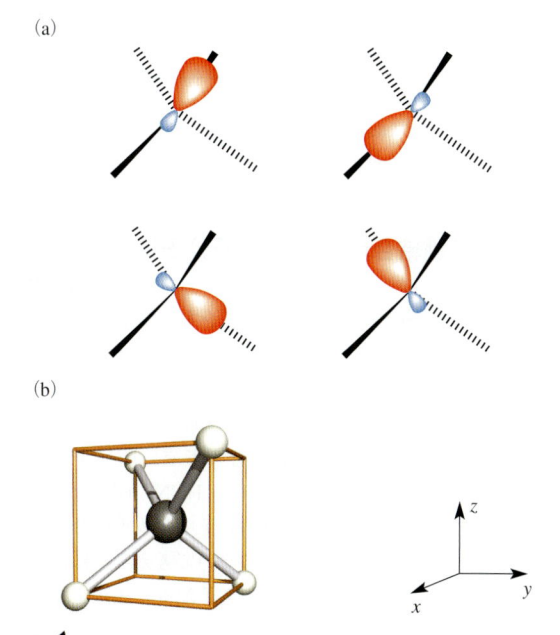

図5・6　(a) sp³混成の組をなす軌道の方向は，四面体の形状に対応している．(b) 四面体と立方体の関係．CH_4においては，4個のH原子は立方体の1個おきの頂点に位置し，立方体は容易に直交座標と関係づけられる．

(a) アキシアル　アキシアル　エクアトリアル　エクアトリアル　エクアトリアル

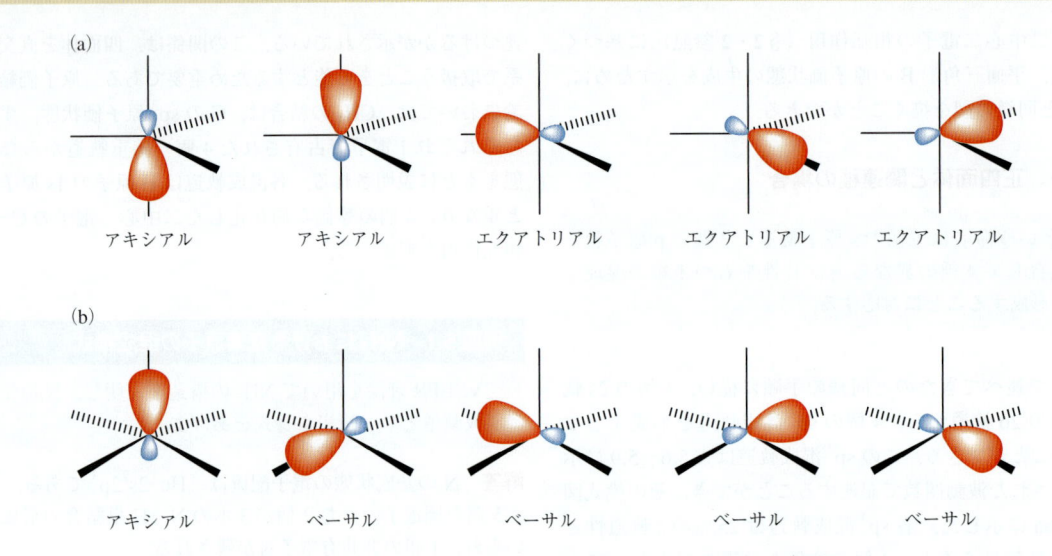

(b) アキシアル　ベーサル　ベーサル　ベーサル　ベーサル

図5・7 sp^{3}d 混成に対する模式図. (a) s, p$_x$, p$_y$, p$_z$, d$_{z^2}$ 原子軌道の組合わせから sp^{3}d 混成軌道が形成され，三方両錐配置を与える．アキシアルの sp^{3}d 混成軌道は z 軸方向を向いている．(b) s, p$_x$, p$_y$, p$_z$, d$_{x^2-y^2}$ 原子軌道の組合わせからは，正方錐構造の sp^{3}d 混成軌道が形成される．アキシアルの sp^{3}d 混成軌道はやはり z 軸方向を向いている．

ないわゆる**超原子価化合物**（hypervalent compound）の結合が，d 軌道の混合について議論することなく説明できることを示す．したがって，p ブロック元素化合物について，中心原子のオクテット則を見かけ上拡張し，sp^{n}d^m 混成様式を適用するには注意を要する．実際の分子は単純な原子価結合理論に従うわけでもなければ，この本で取上げる sp^{n}d^m 様式に従うわけでもない．それでも，一連の単純な混成様式を用いて分子の結合を視覚的に表すことは有用である．

s, p$_x$, p$_y$, p$_z$, d$_{z^2}$ 原子軌道の混成は 5 個の軌道からなる 1 組の sp^{3}d 混成軌道を与える．これら軌道の方向は三方両錐配置に対応している（図5・7a）．5 個の sp^{3}d 混成軌道は等価ではなく，2 個のアキシアル軌道と 3 個のエクアトリアル軌道に分かれる．アキシアル軌道は z 軸方向に伸びている*．sp^{3}d 混成のモデルは [Ni(CN)$_5$]$^{3-}$ のような五配位種の σ 結合を表すのに使うことができる（§22・11 を参照）．

正方錐種における σ 結合の骨格もまた，sp^{3}d 混成様式の観点から説明することができる．異なる d 軌道の関与により，三方両錐から正方錐へ空間内の配置が変化する．s, p$_x$, p$_y$, p$_z$, d$_{x^2-y^2}$ 原子軌道の混成により，5 個の軌道からなる 1 組の sp^{3}d 混成軌道を生じる（図5・7b）．

s, p$_x$, p$_y$, p$_z$, d$_{z^2}$, d$_{x^2-y^2}$ 原子軌道の混成により，6 個の軌道からなる 1 組の sp^{3}d^2 混成軌道を生じ，八面体形配置を提供する．MoF$_6$ の結合は中心原子に sp^{3}d^2 混成軌道を適用することにより，記述することができる．もし，これから z 軸成分（すなわち p$_z$ と d$_{z^2}$）を取除き，s, p$_x$, p$_y$, d$_{x^2-y^2}$ 原子軌道のみを混合すると，生じる混成軌道は sp^{2}d 混成軌

道であり，[PtCl$_4$]$^{2-}$ などの平面正方形の配置の記述に用いられる．

各混成軌道の組合わせが，それぞれ特定の形に関係づけられるが，非共有電子対が含まれる場合には，完全にその理想構造とは一致しなくなる．

- sp 　　　　　　直線形
- sp^2 　　　　　　平面三角形
- sp^3 　　　　　　正四面体形
- sp^{3}d （d$_{z^2}$）　三方両錐形
- sp^{3}d （d$_{x^2-y^2}$）正方錐形
- sp^{3}d^2 　　　　　八面体形
- sp^{2}d 　　　　　　平面正方形

5・3　原子価結合理論：多原子分子における多重結合

前節では XY$_n$ 種の中心原子の価電子すべてまたは一部の原子軌道の混成によって X−Y の σ 結合を説明する図式が描けることを強調した．そのなかで，sp, sp^2, sp^{3}d 混成軌道の形成において，いくつかの p や d 原子軌道は混成に関与しておらず，条件が合えば π 結合の形成に関与することができるであろう．この節では C$_2$H$_4$, HCN, BF$_3$ を例にとり，原子価結合理論における多原子分子中の多重結合の取扱いについて説明する．分子の結合について考える際には，常に含まれる原子について基底状態の電子配置に注意を払わなければならない．

---

* z 軸はアキシアル位の軌道と一致させるのが便利であり，一般的である．

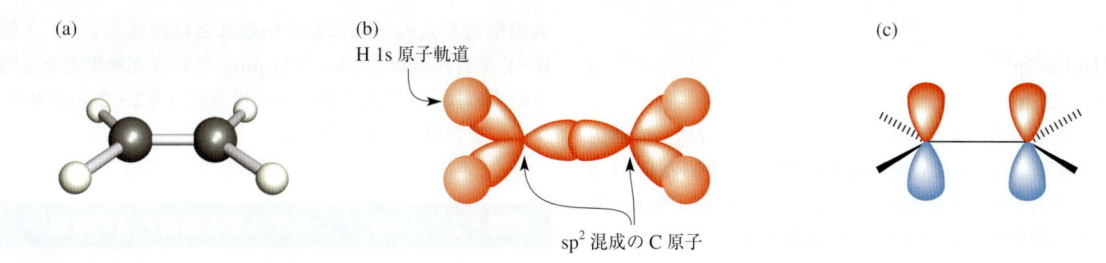

図 5・8 (a) エテンは平面状の分子であり，H−C−H と C−C−H の結合角は 120°に近い．(b) sp² 混成の様式が σ 結合骨格を説明するうえで適切である．(c) 各 C 原子には，結合に関与しない 2p 軌道が 1 個ずつ残り，これらの重なりから C−C π 相互作用が生じる．

C₂H₄

C   [He]$2s^2 2p^2$
H $1s^1$

エテン C₂H₄ は平面分子（図 5・8a）であり，C−C−H 結合角と H−C−H 結合角はそれぞれ 121.3°と 117.4°である．それゆえ，各 C 原子はおおむね平面三角形の構造をとり，C₂H₄ の σ 結合骨格は sp² 混成軌道を用いて記述できる（図 5・8b）．各 C 原子につき，3 個の σ 相互作用が形成され，4 個の価電子のうち 3 個が使われる．したがって，残る 1 個の価電子が混成に関与しない 2p 原子軌道に入ることになる．C−C 間で σ 相互作用に関与しない 2p 原子軌道どうしの間に相互作用（図 5・8c）を生じ，これらの原子軌道間の 2 個の電子が対になることにより，C−C 間に π 結合が形成される．その結果，C₂H₄ 中の C−C 結合の結合次数は 2 となり，ルイス構造 **5.1** が成立する．C−C 間の π 結合は σ 結合より弱いため，C＝C 二重結合は C−C 単結合よりは強いが，その 2 倍ほどは強くない．C−C 結合エンタルピーの値は，C₂H₄ と C₂H₆ においてそれぞれ 598 および 346 kJ mol⁻¹ である．

(5.1)

HCN

C   [He]$2s^2 2p^2$
N   [He]$2s^2 2p^3$
H $1s^1$

図 5・9a に直線形の HCN 分子を示した．ルイス構造（**5.2**）においては，H−C 単結合，C≡N 三重結合，および N 原子上の非共有電子対のあり方について理解することができる．

$$\text{H}-\text{C}\equiv\text{N}:$$

(5.2)

C と N の両方で sp 混成様式をとることが妥当となる．この解釈は，C 原子まわりが直線形となり，N 原子上の非共有電子対が結合電子対から可能な限り遠方に位置することと一致している．図 5・9b は HCN の σ 結合骨格を表しており（軌道の重なった部分を電子対が占めている），N 原子上の外側を向いた sp 混成軌道は非共有電子対で占有される．HCN 軸を z 軸方向にとるとすれば，σ 相互作用の結果，$2p_x$ と $2p_y$ 原子軌道は C と N 原子上にそのまま残る．2 個の $2p_x$ と 2 個の $2p_y$ 軌道をそれぞれ混合することにより，2 種の π 相互作用が形成される（図 5・9c）．結論として，C−N 間の結合次数は合計で 3 となり，ルイス構造 **5.2** に一致する．

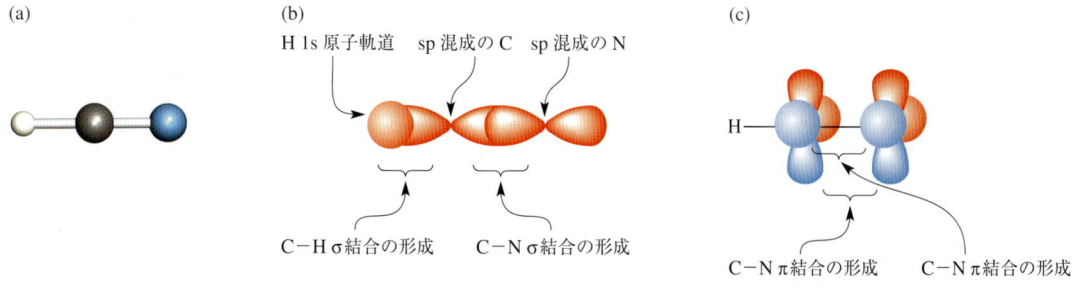

図 5・9 (a) HCN の直線形構造．原子の色は，C 灰色，N 青色，H 白色．(b) HCN の σ 結合を説明するうえで，C と N に関する sp 混成様式が用いられる．(c) 2p−2p の重なりから π 結合性の C−N 結合が生じる．

BF₃

B   [He]$2s^2 2p^1$
F   [He]$2s^2 2p^5$

　三フッ化ホウ素（図5・10a）は平面三角形（D_{3h}）の構造をとり，B原子はsp²混成をとるとみなせる．3個のB-Fσ相互作用はBのsp²混成軌道と，たとえば，F原子のsp²混成軌道との重なりによって生じる．σ結合骨格を形成した後に，B原子上では空の2p原子軌道がBF₃分子を含む平面に垂直な方向に伸びる軌道として残される．図5・10bに示したように，この軌道はF原子の電子の詰まった2p原子軌道との相互作用を形成するうえで理想的な方向をなし，B-F間の局在化したπ相互作用が生じる．このπ結合軌道を占める2個の電子はいずれもF原子に由来することに注意しよう．このBF₃の結合様式は図5・10cにピンク色で示した共鳴構造形式の一例に似ていることに注意しよう．3個のB-F結合距離が等しい（131 pm）という実験事実を説明するためには，これら3種の共鳴構造式（§2・2を参照せよ）すべてを考慮する必要がある．

例題 5.2　[NO₃]⁻ に対する原子価結合法の取扱い

　(a) [NO₃]⁻ は D_{3h} 対称である．このことから構造について何がいえるか．(b) 硝酸イオンに対する共鳴構造式（特に重要な寄与をするもののみに着目して）を描け．(c) 適切な混成様式を用いて [NO₃]⁻ の結合について記述せよ．

解答　(a) [NO₃]⁻ は D_{3h} 対称を有する平面形をなし，O-N-O 結合角が 120°であり，かつ，N-O 結合距離が等しくなければならない．

(b) まず，N(Z = 7) と O(Z = 8) の電子配置を書く．
　　　　N　[He]$2s^2 2p^3$　　　　O　[He]$2s^2 2p^4$
負の電荷をもち，もう1電子を有するため，合計24個の価電子をもつ．

　NとO両方ともオクテット則に従うため，期待される最も重要な共鳴構造式は下記のとおりである．

(c) 混成様式を用いて，共鳴構造式で描かれた構図を満足する結合様式を示す必要がある．

　窒素原子がsp²混成をとることは [NO₃]⁻ が平面三角形をなす事実と一致する．この混成軌道は酸素原子の適切な軌道と重なりをもつことになる．O原子に対してもsp²混成を適用すると，酸素の非共有電子対を収容できる軌道が残される．各結合性軌道に電子対を詰めることにより，3個の等価なN-Oσ結合が形成される．

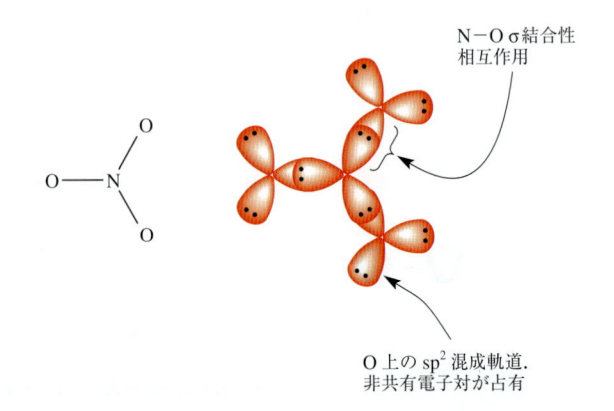

24個の価電子のうち18個がσ結合と酸素原子の非共有電子対として割り当てられる．

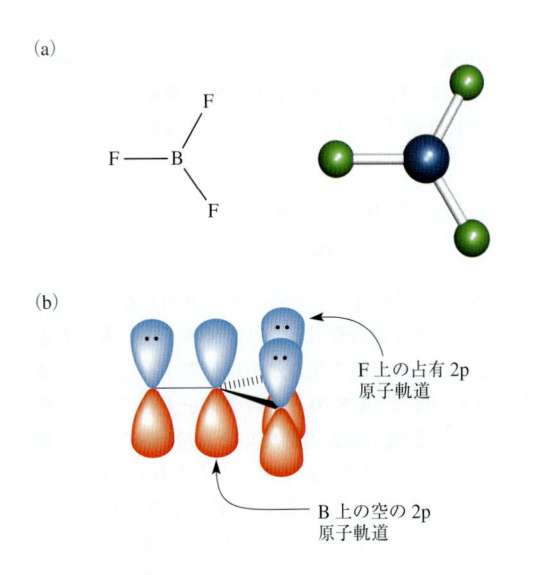

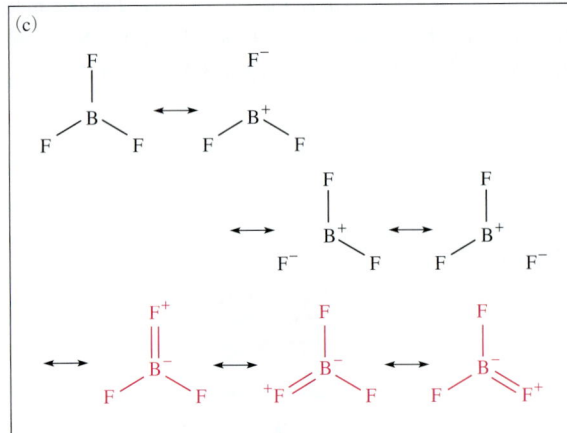

図5・10　(a) BF₃は三角形構造をとる．(b) BとFの2p-2pの重なりによってπ相互作用を生じる．(c) BF₃の共鳴構造式を考慮することにより，B-F間の二重結合性が説明される．おもに寄与する構造のみを示した．

つぎの段階として多重結合性について考える。NとO原子はそれぞれ分子面に垂直に配向し，上記の結合に関与しない2p原子軌道をもつ。窒素上の2p原子軌道が，1個の酸素上の2p原子軌道と重なりを生じることにより，1個の局在化したπ結合を生じる。残る6個の価電子は下図に示すように割り当てられ，N原子はN^+の状態にあるとみなせる。

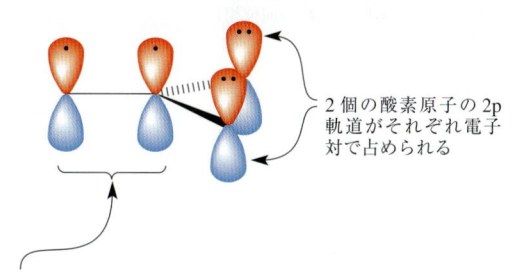

2個の酸素原子の2p軌道がそれぞれ電子対で占められる

N–O π結合の形成に用いられる電子対

σ結合とπ結合の様式を組合わせると，1個のN=O二重結合と2個のN–O単結合を与えることになる。分子全体としては$[NO_3]^-$がD_{3h}対称であるという観測結果を満たす状態を維持するために，そのような結合様式（3個の結合のうち1個がπ結合性をもつ）を3通り描かなければならない。

練習問題

1. $[NO_3]^-$について，N=O二重結合を2個もつ共鳴構造式が含まれない理由を説明せよ。
2. 適切な混成様式を用いて$[BO_3]^{3-}$の結合を説明せよ。

5・4 分子軌道理論：配位子群軌道の考え方と三原子分子への適用

原子価結合理論は，その成功にもかかわらず，多原子分子の結合について適用するとき，解決できない問題を生じる。この方法では結合が局在化しているとみなす。それゆえ，比較的小さな分子を取扱うときですら，一連の共鳴構造式に対して，それぞれ混成結合様式を記述するために，かなり面倒な手続きが必要となる（たとえば図5・10cを参照せよ）。そこで，分子軌道（MO）法の利用が必要となる。

分子軌道図：二原子種から多原子種へ

§2・3で二原子種の結合を取扱う際，図2・7，2・13，2・14のようなMO図を構築した。各図において，2個の原子の原子軌道を右側と左側に示し，MOを中央に示した。原子軌道と分子軌道の相関を示す線を引き，解釈しやすい図を完成させた。

今後は，CO_2などの三原子分子の状況について考えてみよう。分子軌道は，3個の原子の原子軌道の寄与を含むため，4組の軌道図（原子軌道3組と1組の分子軌道）からなる図を描かなければならないことになる。CF_4の結合を記述する際には，5組の原子軌道図と1組の分子軌道図を描かなければならず，6要素の問題となる。同様に，SF_6では8要素の問題となる。このようなMO図は複雑であり，おそらく組立てるのも解釈するのも難しいであろう。この問題を克服するために，多原子分子のMO図を3組の図に簡略化する方法がよく用いられる。その際，**配位子群軌道**（ligand group orbital, LGO）の方法が用いられる。

直線形 XH_2 の結合の MO による考え方：対称一致の調査

まず最初に，2sと2p原子軌道を価電子の軌道とするXについて，直線形三原子分子XH_2の結合を例にとり，配位子群軌道の考え方を示すことにする。図5・11に示すように，H–X–H骨格をz軸に沿うようにおこう。2個の水素原子については，それぞれ1s原子軌道を考える。各1s原子軌道が，それぞれ2種の異なる位相をとりうる。もし2個の1s軌道を組合わせて1個の群として扱う場合，位相の組合わせ方には2種の異なる組合わせがある。これらを配位子群軌道（LGO）とよび，図5・11の右側にその様子を示した*。つまり，XH_2分子の結合を記述するに際し，原子Xと2個のHの原子軌道を基底とするのではなく，原子XとH⋯H部分（fragment）の配位子群軌道を基底とすることにより，効果的に上述の問題を解決できる。これは多原子分子を取扱う際に有用である。

> 形成される配位子群軌道の数 ＝ 用いる原子軌道の数

XH_2のMO図（図5・11）を組立てる際，Xの価電子の原子軌道と，断片H⋯Hの群軌道との相互作用を考える。配位子群軌道LGO(1)はXの2s原子軌道と相互作用するのに適合する対称性を有し，H–X–Hに対してσ結合性のMOを与える。LGO(2)の対称性はXの$2p_z$原子軌道の対称性と一致している。その結果生じる結合性軌道と反結合性軌道は図5・12に示す特徴をもつ。また，図5・11のMO図には軌道間の関連性を示した。原子Xの$2p_x$と$2p_y$原子軌道はXH_2において非結合性軌道となる。MO図を構築する最終段階は存在する電子を**構成原理**（aufbau principle；§1・9を参照せよ）に従って配置させることである。XH_2の分子軌道に対する重要な結論は，軌道ψ_1とψ_2軌道のσ結

---

* 図5・11では，2個の配位子群軌道のエネルギーは近い。なぜならば，2個のH原子核が遠く離れているからである。これをH_2分子の状況（図2・4）と比べてみよ。同様に，図5・17では断片H_3のLGOは二つの組を形成する（すべて同一位相のものと，縮重した軌道の対）が，H⋯H距離が長いためやはりこれらの相対的なエネルギーは小さい。

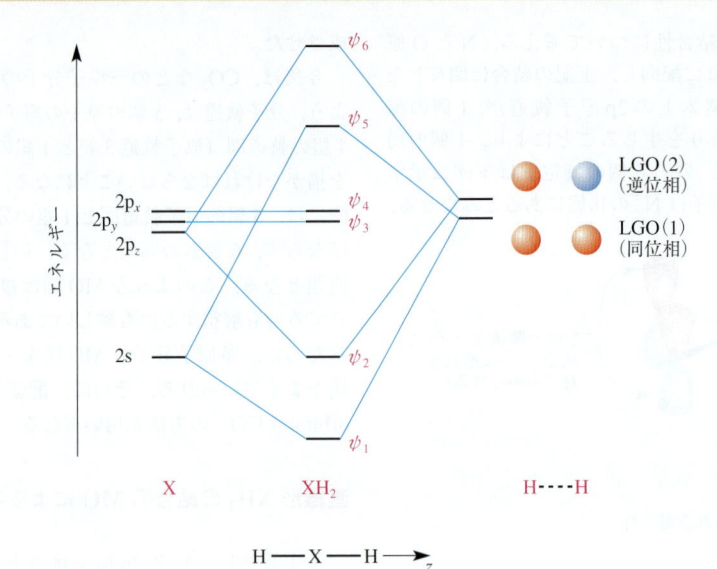

図5・11 直線形 XH_2 分子に関し，配位子群軌道の考え方に基づき，X に対する価電子の軌道（2s と 2p 原子軌道）と H⋯H 部群軌道の相互作用によって与えられる定性的な MO 図．2p 原子軌道は本来縮重しているはずであるが，明示するためにそれらの軌道エネルギーを示す線を分離して図示している．

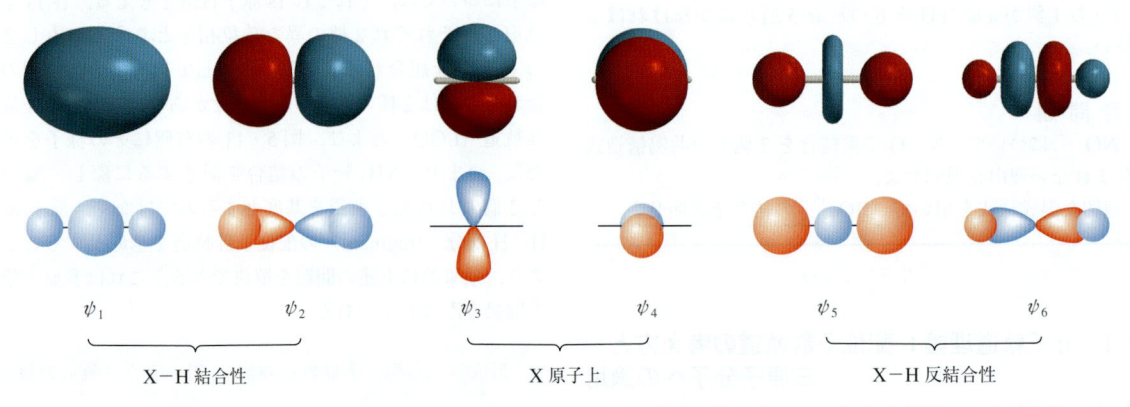

図5・12 下側の図は直線形 XH_2 に対する MO の模式図である．波動関数の記号は図5・11 と一致させている．上図はより実体に近い MO の概略図であり，これらは Spartan'04（©Wavefunction Inc. 2003）を用い，計算に基づいて描いたものである．

合が 3 原子すべてにわたって広く分布する点である．これにより，結合が H–X–H 骨格上で非局在化していることがわかる．結合の非局在化は MO 理論の一般的な結論となっている．

直線形 XH_2 の結合に対する MO の考え方： 分子の対称性からの考察

上で示した直線形 XH_2 の結合様式を記述する方法を，より大きな分子に拡張するのは容易ではない．より厳密な方法は，直線形 XH_2 の点群が $D_{\infty h}$ であると定め，それを出発点とすることである（図5・13a）．原子 X と配位子群軌道の対称性を帰属する際に $D_{\infty h}$ 点群の指標表を用いる．そして同じ対称性の軌道間の相互作用を許容とすることにより，MO 図を組立てる．その相互作用を考える際は，<u>分子全体の点群を満足する配位子群軌道のみを用いることができる</u>．

残念なことに，直線形 XH_2 分子は構造的に単純ではあるけれども $D_{\infty h}$ の指標表は単純ではない．したがって，群論を用いて軌道の成り立ちに対する理解を深めるうえではあまり良い例ではない．しかしながら，直線形 XH_2 分子と等核二原子分子（これも $D_{\infty h}$）に対し，軌道対称性の類似点を描くことができる．図5・13b は図5・11 の繰返しとなるが，ここでは原子 X と 2 個の配位子群軌道の対称性についても示した．これらの対称表現を図2・5 や図2・6 と比べてみるとよい．原子 X と配位子群軌道の同じ対称表現の軌道の間に（結合性と反結合性の）相互作用をもたせることにより，図5・13b の MO 図が描かれる．

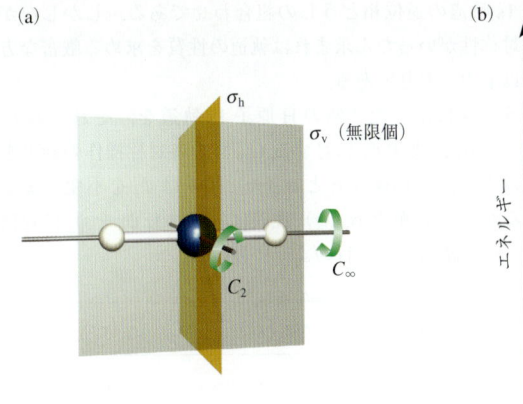

5・4 分子軌道理論：配位子群軌道の考え方と三原子分子への適用　117

図5・13 (a) 直線形 XH$_2$ 分子は $D_{\infty h}$ 点群に属す．対称要素についても示した．原子 X は対称中心（反転中心）上に位置する．(b) 原子 X と 2 原子の H から直線形 XH$_2$ が生成する際の定性的な MO 図．

屈曲形三原子分子：H$_2$O

H$_2$O 分子は C_{2v} 対称を有する（図4・3）．この情報からどのようにして H$_2$O 分子の結合に対する MO 図を構築するかを示そう．C_{2v} 点群に対する指標表の一部を下に示した．

C_{2v}	E	C_2	$\sigma_v(xz)$	$\sigma_v'(yz)$
A_1	1	1	1	1
A_2	1	1	−1	−1
B_1	1	−1	1	−1
B_2	1	−1	−1	1

xz と yz 項が右側 2 個の列に含まれていることから，H$_2$O 分子を z 軸が主軸となるように置くべきであることがわかる（図5・14）．指標表は，いくつかの重要な特徴をもつ．

- 左端の列（点群記号の下）の記号は，この点群における可能な対称表現を示している．

- E（恒等操作）と示されている列の下の数字は，C_{2v} 点群におけるそれぞれの軌道の表現の縮重度がすべて 1 であることを示している．つまりこれらは縮重していない．

- それぞれの対称表現の右側の行の数字は，各対称操作によってそれぞれの軌道がどのように影響を受けるかを示している．数字の 1 はその操作で軌道が変化しないことを示し，−1 は符号が逆転することを示している．また，0 となっていれば上記以外のふるまいをすることを示している．

その使用法を説明するために，水における酸素原子の 2s 原子軌道について考えてみよう．

酸素原子の 2s 軌道

C_{2v} 点群の対称操作を順にあてはめてみよう．C_2 軸まわりの回転で 2s 原子軌道は変化しない．σ_v と σ_v' による鏡映でも 2s 原子軌道は変化しない．この結果は下記一行の指標に相当する．

E	C_2	$\sigma_v(xz)$	$\sigma_v'(yz)$
1	1	1	1

そして，これは C_{2v} 指標表の A_1 表現と一致する．したがって水の酸素原子の 2s 原子軌道は a_1 軌道と定めることができる（大文字が指標表には使われているが，小文字が軌道の表現に使われる）．酸素原子の他の原子軌道についても同様に確認してみよう．酸素の 2p$_x$ 軌道は E 操作と鏡映操作 $\sigma_v(xz)$ によって不変である．しかし，C_2 回転と $\sigma_v'(yz)$ 鏡映によっ

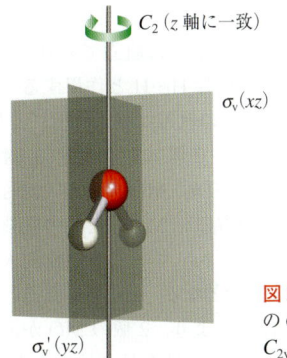

図5・14 H$_2$O 分子は，1 個の C_2 軸と 2 個の σ_v 面を有し，C_{2v} 点群に属す．

て $2p_x$ 軌道の位相は反転する．これは以下のようにまとめられる．

E	C_2	$\sigma_v(xz)$	$\sigma_v'(yz)$
1	−1	1	−1

この表現は C_{2v} 指標表の B_1 表現と一致するため，$2p_x$ 軌道は b_1 表現をもつことになる．$2p_y$ 軌道は E 操作と $\sigma_v'(yz)$ 鏡映操作によって不変である．しかし C_2 回転と $\sigma_v(xz)$ 鏡映によって $2p_y$ 軌道の位相は反転する．これは以下のようにまとめられる．

E	C_2	$\sigma_v(xz)$	$\sigma_v'(yz)$
1	−1	−1	1

この表現は C_{2v} 指標表の B_2 表現と一致するため，$2p_y$ 軌道は b_2 表現をもつことになる．$2p_z$ 軌道は E 操作，$\sigma_v(xz)$ 鏡映，$\sigma_v'(yz)$ 鏡映，および C_2 回転のいずれの対称操作を施しても不変である．したがって $2s$ 軌道と同じく，$2p_z$ 軌道は a_1 対称である．

つぎの段階は H⋯H 配位子群軌道が C_{2v} 点群においてどのような特性をもつか調べることである．2個の H 原子 1s 軌道をもとにするため，2個の配位子群軌道のみが組立てられる．これら配位子群軌道の対称性は以下のように決められる．図 5・14 を見れば，2個の水素原子 1s 軌道に対称操作を施したときに起こる変化がわかるであろう．E 操作と $\sigma_v'(yz)$ 鏡映操作で両方の 1s 軌道は不変であるが，C_2 回転と $\sigma_v(xz)$ 鏡映では影響を受ける．これは下記一行の指標にまとめられる．

E	C_2	$\sigma_v(xz)$	$\sigma_v'(yz)$
2	0	0	2

ここで，"2" は 2個の軌道は操作によって不変であることを，"0" はいずれの軌道も不変ではないことを意味する．つぎに以下の2点に注意しなければならない．(i) 2個の配位子群軌道のみをつくることができる．(ii) 各配位子群軌道は指標表のいずれかの表現をもたなければならない．そこで上の表の行の指標と C_{2v} 指標表の<u>2個の行の和</u>を比べてみよう．C_{2v} 指標表の A_1 と B_2 表現の和と上の指標が一致することがわかる．結果としてこの2個の配位子群軌道はそれぞれ a_1 と b_2 表現をもつことがわかる．この場合，図 5・15 に示される配位子群軌道が a_1 と b_2 対称表現の軌道であることは比較的容易に理解できるであろう．すなわち，a_1 軌道は H 原子 1s 軌道の同位相どうしの組合わせであり，b_2 軌道は H 原子 1s 軌道の逆位相どうしの組合わせである．しかしながら，対称性がいったん求まれば軌道の性質を求める厳密な方法は以下のとおりである．

図 5・14 に示した 2個の H 原子 1s 軌道を，それぞれ ψ_1 と ψ_2 とする．まず ψ_1 に対する C_{2v} 群の各対称操作の効果を見てみよう．対称操作 E と $\sigma_v'(yz)$ 鏡映は ψ_1 を不変のままとするが，C_2 回転と $\sigma_v(xz)$ 鏡映はいずれも ψ_1 を ψ_2 に変換する．その結果は下の行のように書ける．

E	C_2	$\sigma_v(xz)$	$\sigma_v'(yz)$
ψ_1	ψ_2	ψ_2	ψ_1

H_2O の断片 H⋯H に対する a_1 配位子群軌道の内訳を決めるために，上記の行に C_{2v} 指標表の A_1 表現の対応する指標（下記）を掛ける．

C_{2v}	E	C_2	$\sigma_v(xz)$	$\sigma_v'(yz)$
A_1	1	1	1	1

掛け算の結果は式 5.10 で与えられ，a_1 軌道の規格化していない波動関数に相当する．

$$\psi(a_1) = (1 \times \psi_1) + (1 \times \psi_2) + (1 \times \psi_2) + (1 \times \psi_1)$$
$$= 2\psi_1 + 2\psi_2 \qquad (5.10)$$

これは 2 で割ることで簡略化され，さらに規格化（§2・2 を参照）によって最終的な波動関数（式 5.11）が得られる．

$$\psi(a_1) = \frac{1}{\sqrt{2}}(\psi_1 + \psi_2) \qquad \text{同位相の組合わせ} \qquad (5.11)$$

同様に C_{2v} 指標表の B_2 表現を適用すれば，式 5.12 が導かれる．また，式 5.13 がその規格化した波動関数である．

$$\psi(b_2) = (1 \times \psi_1) - (1 \times \psi_2) - (1 \times \psi_2) + (1 \times \psi_1)$$
$$= 2\psi_1 - 2\psi_2 \qquad (5.12)$$

$$\psi(b_2) = \frac{1}{\sqrt{2}}(\psi_1 - \psi_2) \qquad \text{逆位相の組合わせ} \qquad (5.13)$$

図 5・15 に示す MO 図は以下のように組立てられる．O 原子の $2s$ と $2p_z$ 軌道はそれぞれ断片 H⋯H と作用するうえで好都合な a_1 対称をもつ．これらの軌道間相互作用により，3個の MO が導かれるであろう．2個は結合性の a_1 対称 MO であり，もう1個は反結合性の a_1^* MO である．対称性から考えるとエネルギーが低い方の a_1 MO は $2p_z$ の性質も含むはずであるが，$2s$ と $2p_z$ のエネルギー差が比較的大きいため，$2s$ としての性質が支配的となる．$2p_y$ 原子軌道と b_2 対称の配位子群軌道の相互作用により，2個の MO が導かれ，それらは H−O−H の結合性と反結合性の性質をもつ．

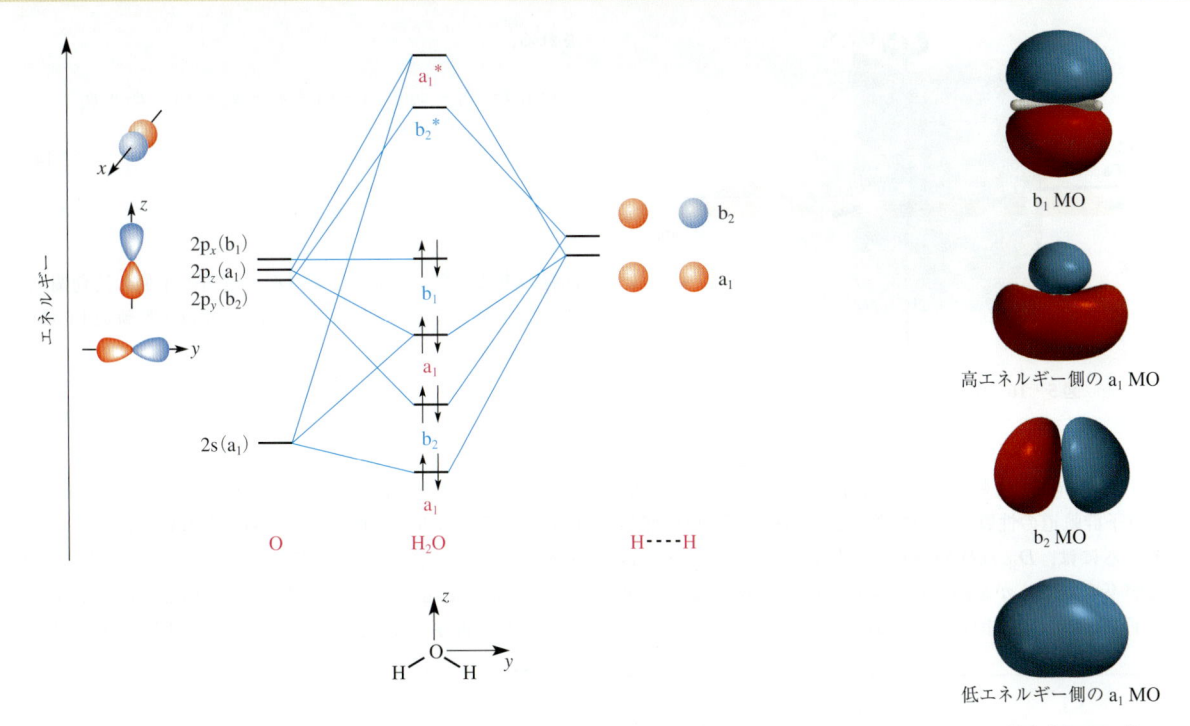

図 5・15　配位子群軌道の方法を用いて得られる H_2O の定性的な MO 図. H_2 部分の 2 個の H 原子は，互いに結合するには遠い距離に位置し，H_2O と同様の位置に置かれている．本来縮重している酸素原子 2p 軌道のエネルギー準位を示す線は，単に見やすさのために離して描いてある．電子を占有する MO は図の右側に示した．a_1 と b_2 の MO 図では H_2O 分子は紙面内に描かれており，b_1 MO の図では分子を含む面は紙面と垂直をなしている．

酸素の $2p_x$ 軌道は b_1 対称であり，配位子群軌道にこれと対称性が一致するものはない．したがって，酸素の $2p_x$ 軌道は H_2O において非結合性となる．

H_2O の 8 個の価電子は構成原理に従って MO に詰められる（これらを正しく見るには章末の**問題 5.12** を参照せよ）．H_2O に対するこの結合モデルは近似的なものであるが，その性質を定性的に記述するうえで，おおむね問題はない．

5・5　多原子分子 BH_3，NH_3，CH_4 に適用される分子軌道理論

BH_3 と NH_3 の結合を考えることでこの節を始めることにする．いずれの分子も結合は σ 相互作用に基づくものであるが，BH_3 は D_{3h} 対称であるのに対し，NH_3 は C_{3v} 対称である．

BH_3

この分子は二量化しやすいが，気相中で BH_3 が存在することはすでに検証されている．なお，B_2H_6 の結合については §5・7 で述べる．BH_3 分子は D_{3h} 対称に属す．B 原子と適当な H_3 部の配位子群軌道を考えることにより，分子の結合様式を構築することができる．まず都合のよい座標軸を設定することから始めよう．z 軸を BH_3 の C_3 軸と一致させ，すべての原子を xy 平面上に置く．D_{3h} の指標表の一部を表 5・1 に示した．H_2O の O 原子と同様の方法で，BH_3 の B 原子に対し，各軌道の対称表現を帰属することができる．

- 2s 軌道は a_1' 対称
- $2p_z$ 軌道は a_2'' 対称
- $2p_x$ と $2p_y$ 軌道は縮重しており，軌道の組として e' 対称*

表 5・1　D_{3h} 点群に対する指標表の一部．完全な表は付録 3 に掲載されている．

D_{3h}	E	$2C_3$	$3C_2$	σ_h	$2S_3$	$3\sigma_v$
A_1'	1	1	1	1	1	1
A_2'	1	1	−1	1	1	−1
E'	2	−1	0	2	−1	0
A_1''	1	1	1	−1	−1	−1
A_2''	1	1	−1	−1	−1	1
E''	2	−1	0	−2	1	0

* （訳注）このことは同様な簡単な考察ではわからないが，$2p_x$ と $2p_y$ 軌道がそれぞれ x，y 方向を向いたベクトルのようにふるまうこと，D_{3h} 指標表の e' 表現の欄外に (x,y) とあることから，この二つの軌道が縮重して e' 表現に属すことがわかる．詳しくは中崎昌雄，"分子の対称と群論"，東京化学同人（1973）参照．

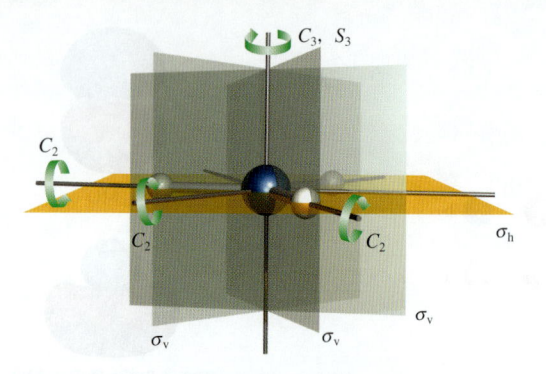

図 5・16 BH$_3$ 分子は D_{3h} 対称を有する.

まず,3個のH 1s軌道の線形結合によって得られる3個の配位子群軌道の性質について考える.BH$_3$ 分子のH$_3$ 部分を考えるには,D_{3h} 点群の各対称操作によっていくつの1s軌道が不変であるかを調べればよい(図5・16).その結果は以下の行に示した指標で与えられる.

E	C_3	C_2	σ_h	S_3	σ_v
3	0	1	3	0	1

同じ指標の行は D_{3h} 指標表の A$_1'$ と E' 表現の指標の和で与えられる.それゆえ,3個の配位子群軌道はa$_1'$とe'表現となる.ここで,e表現が二重縮重の軌道に対応することを思い出そう.つぎに,配位子群軌道の波動関数を決めなければならない.BH$_3$ のH$_3$ 部における3個のH原子1s軌道をそれぞれψ_1, ψ_2, ψ_3 とする.つぎに,D_{3h} 点群において,ψ_1が各対称操作によってどのような影響を受けるかを確認すべきである(図5・16).たとえば,C_3 対称操作はψ_1をψ_2に変換し,C_3^2はψ_1をψ_3に変換する.以下の行に示す指標にその結果をまとめた.

E	C_3	C_3^2	$C_2(1)$	$C_2(2)$	$C_2(3)$	σ_h	S_3
ψ_1	ψ_2	ψ_3	ψ_1	ψ_3	ψ_2	ψ_1	ψ_2

	S_3^2	$\sigma_v(1)$	$\sigma_v(2)$	$\sigma_v(3)$
	ψ_3	ψ_1	ψ_3	ψ_2

a$_1'$ 配位子群軌道に対する規格化前の波動関数(式5.14)は,上記行の各関数に対して,D_{3h} 指標表のA$_1'$ 表現の対応する指標を掛けながら,足し合わせることによって得られる.式の簡略化(4で割る)と規格化によって波動関数は式5.15のように書き換えられる.これは図5・17のLGO(1)に示されるように1s軌道の同位相の組合わせとして図式化される.

$$\psi(\text{a}_1') = \psi_1 + \psi_2 + \psi_3 + \psi_1 + \psi_3 + \psi_2 + \psi_1 + \psi_2 + \psi_3 + \psi_1 + \psi_3 + \psi_2$$
$$= 4\psi_1 + 4\psi_2 + 4\psi_3 \tag{5.14}$$

$$\psi(\text{a}_1') = \frac{1}{\sqrt{3}}(\psi_1 + \psi_2 + \psi_3) \tag{5.15}$$

同様の方法に従い,縮重しているe'軌道の1個の波動関数を導くことができる.これは図5・17の配位子群軌道LGO(2)のように図式化される.

$$\psi(\text{e}')_1 = \frac{1}{\sqrt{6}}(2\psi_1 - \psi_2 - \psi_3) \tag{5.16}$$

e'軌道はそれぞれ節面をもたなければならない.2個のe'軌道に対する節面は互いに直交している.それゆえ,二番目のe'波動関数は式5.17のように書くことができ,この場合節面はH(1)原子を通るため,この原子の1s軌道は配位子群軌道にまったく寄与しない.この様子を図5・17のLGO(3)に示した.

$$\psi(\text{e}')_2 = \frac{1}{\sqrt{2}}(\psi_2 - \psi_3) \tag{5.17}$$

同じ対称性の軌道を相互作用させることにより,BH$_3$ のMO図を組立てることができる.B原子の2p$_z$軌道はa$_2''$対称であり,H$_3$ 部に対するどの配位子群軌道とも対称性は一致しない.それゆえ,2p$_z$軌道はBH$_3$ において非結合性となる.MO法では,BH$_3$ の結合をa$_1'$とe'対称の3個のMOを使って説明する.a$_1'$軌道はσ結合性を有し,その性質は4原子すべてに非局在化している.e'軌道も同様に非局在化した性質をもち,BH$_3$ の結合はこれら3個のすべての結合性MOの組合わせを用いて記述される.

NH$_3$

NH$_3$ 分子は C_{3v} 対称(図5・18)を有し,その結合様式はN原子の原子軌道と適当なH$_3$ 部分の配位子群軌道との相互作用を用いて導かれる.好都合な座標軸の取り方は,NH$_3$ の C_3 軸をz軸に一致させ(**例題 4.2** 参照),xとy軸を図5・19のようにとることである.表5・2には C_{3v} に対する指標表の一部が掲載されている.NH$_3$ のN原子に対するおのおのの軌道が対称操作によって,どのように影響を受けるかを調べることにより,軌道の対称性は以下のように決定される.

- 2sと2p$_z$軌道はa$_1$対称
- 2p$_x$と2p$_y$は縮重しており,その軌道の組はe対称となる.

配位子群軌道の性質を決定する際には,C_{3v} 点群の各対称操作を施すことにより,いくつH原子1s軌道が不変であるかを調べる.結果は以下の行に示す指標で与えられる.

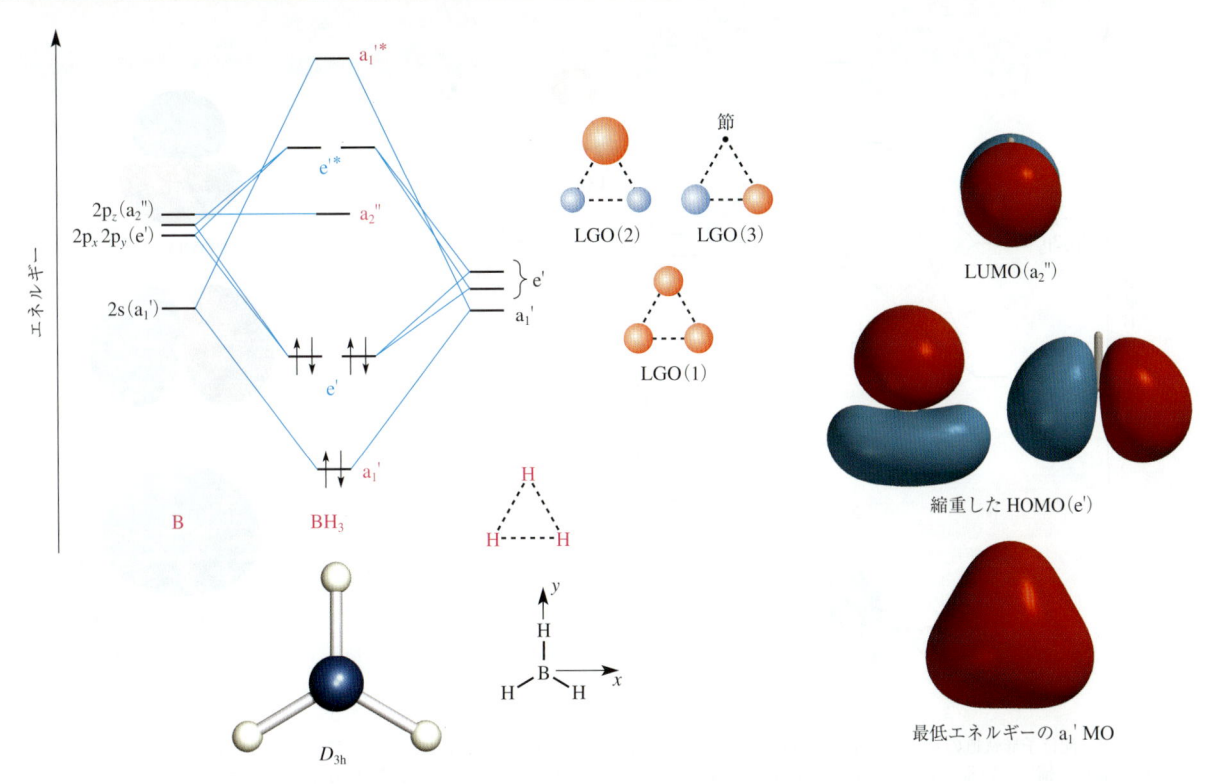

5・5 多原子分子 BH₃, NH₃, CH₄ に適用される分子軌道理論

図 5・17 BH₃ の生成に対して配位子群軌道の考え方を適用して得られる定性的な MO 図. H₃ 部分に含まれる 3 個の H 原子は互いに結合するには距離が離れすぎており, それらの位置は BH₃ 分子中のそれと類似している. LGO(2) と LGO(3) は縮重対 (e' 対称) をなすが, 見やすさのために, B 原子の 2p 軌道の図と同様にそれらの軌道エネルギーを表す線を離して描いている. [**練習問題**: LGO(2) と LGO(3) の節面はどこにあるか] 右側の図には 3 種の被占 MO と LUMO を示した.

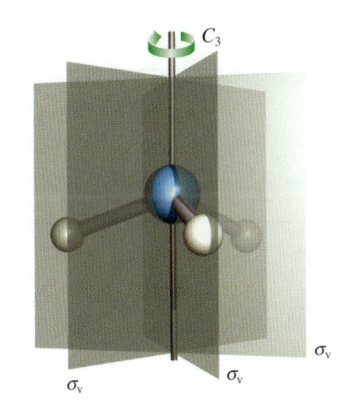

図 5・18 NH₃ 分子は C_{3v} 対称を有する.

表 5・2 C_{3v} 点群に対する指標表の一部. 完全な表は付録 3 に掲載されている.

C_{3v}	E	$2C_3$	$3\sigma_v$
A_1	1	1	1
A_2	1	1	-1
E	2	-1	0

位子群軌道の規格化した波動関数は同じとなる (式 5.15〜式 5.17). 配位子群軌道の模式図を図 5・19 に示した.

練習問題

1. NH₃ の H₃ 部分の配位子群軌道の対称性をどのように導くかを詳しく説明せよ.

2. BH₃ に対して用いた方法に従い, 図 5・19 に示す配位子群軌道に対応する規格化した波動関数を導け.

E	C_3	σ_v
3	0	1

つまり, 3 個の配位子群軌道は a_1 と e 対称をもつことがわかる. NH₃ と BH₃ は異なる点群に属すため, それらの H₃ 部分に対する配位子群軌道の対称表現も異なる. ただし, 配

図 5・19 に示す定性的な MO 図は, 同じ対称性をもつ軌道間を相互作用させることによって組立てられる. 窒素の 2s と $2p_z$ は a_1 対称をもつため, a_1 対称の配位子群軌道との相互作用を形成する. これにより, 3 個の a_1 MO を生じる.

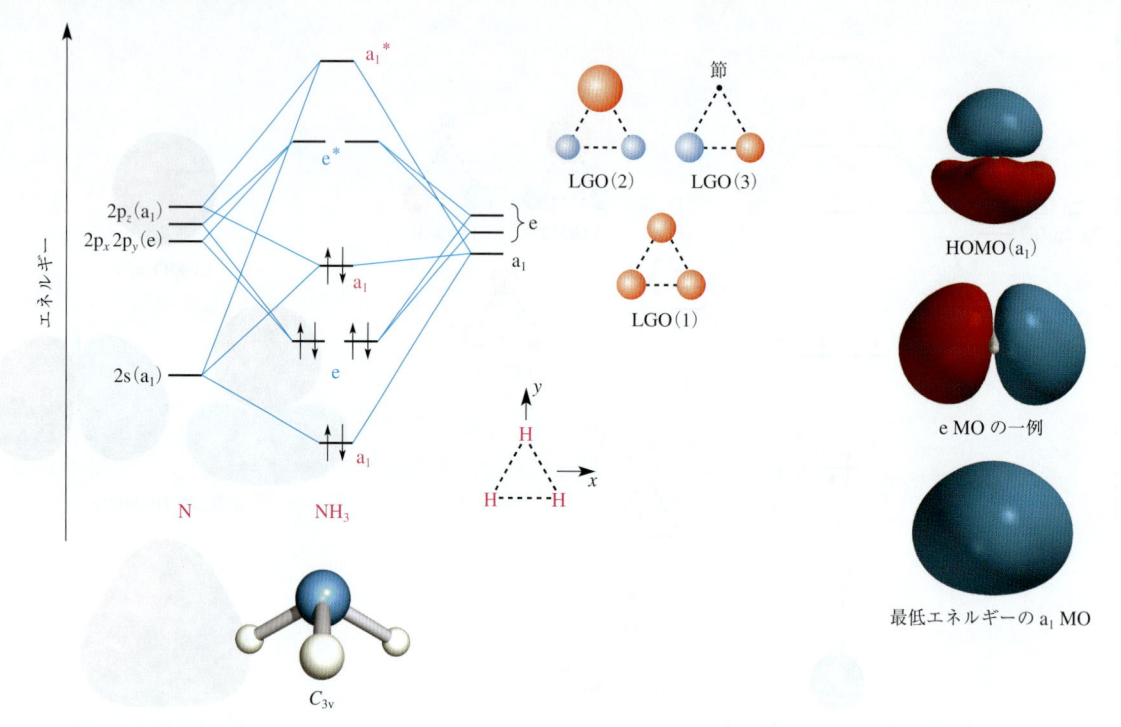

図 5・19 配位子群軌道の考え方を用いた NH_3 の生成を示す定性的な MO 図．見やすさのために，縮重した軌道エネルギーを示す線は離して描いている．右側は 3 個の被占 MO を表している．いずれの図においても，NH_3 分子の向きは図の下段に示した構造と同様である．

対称性の観点からは，最低エネルギーの a_1 MO は N の $2p_z$ の性質も含むと期待されるが，2s と 2p 原子軌道のエネルギー差が比較的大きいため，2s の性質が支配的となる．これは H_2O について上述したのと同様である．MO 図を組立てた後，構成原理に従って 8 個の価電子が MO に詰められる．図 5・19 の右側に 3 個の被占軌道を図示した．最低エネルギー軌道（a_1）は非局在化した N-H 結合性の軌道である．最も高い被占軌道（HOMO）は幾分 N-H 結合性を有するが，外側に突出した軌道部も有する．つまり，この a_1 MO は基本的に窒素の非共有電子対に相当する．

練習問題

図 5・17 と 5・19 に示した BH_3 と NH_3 の MO 図の違いを指摘せよ．このような違いが生じる理由も説明せよ．特に，$2p_z$ 軌道が BH_3 では非結合性であるのに対し，NH_3 では H 部分の配位子群軌道と相互作用する理由を説明せよ．

CH$_4$

CH_4 分子は T_d 対称を有する．図 5・6 に示した正四面体と立方体の関係をみることにより，T_d 点群は形式的には立方対称群に属することがわかる．この対称群には T_d および O_h 点群が含まれる．表 5・3 には T_d の指標表の一部を示した．CH_4 分子の C_3 軸は C-H 結合と一致しており，C_2 と S_4 軸は図 5・6 の x, y, z 軸と一致している．T_d 対称の下で，CH_4 における C の軌道は下記のように分類される．

- 2s 軌道は a_1 対称
- $2p_x$, $2p_y$, $2p_z$ 軌道は縮重しており，t_2 対称

CH_4 分子の H_4 部分の配位子群軌道を組立てる際には，各対称操作によっていくつの H 原子 1s 軌道が不変となるかを調べる．結果は以下の行に示す指標で与えられる．

表 5・3 T_d 点群に対する指標表の一部．完全な表は付録 3 に掲載されている．

T_d	E	$8C_3$	$3C_2$	$6S_4$	$6\sigma_d$
A_1	1	1	1	1	1
A_2	1	1	1	−1	−1
E	2	−1	2	0	0
T_1	3	0	−1	1	−1
T_2	3	0	−1	−1	1

E	C_3	C_2	S_4	σ_d
4	1	0	0	2

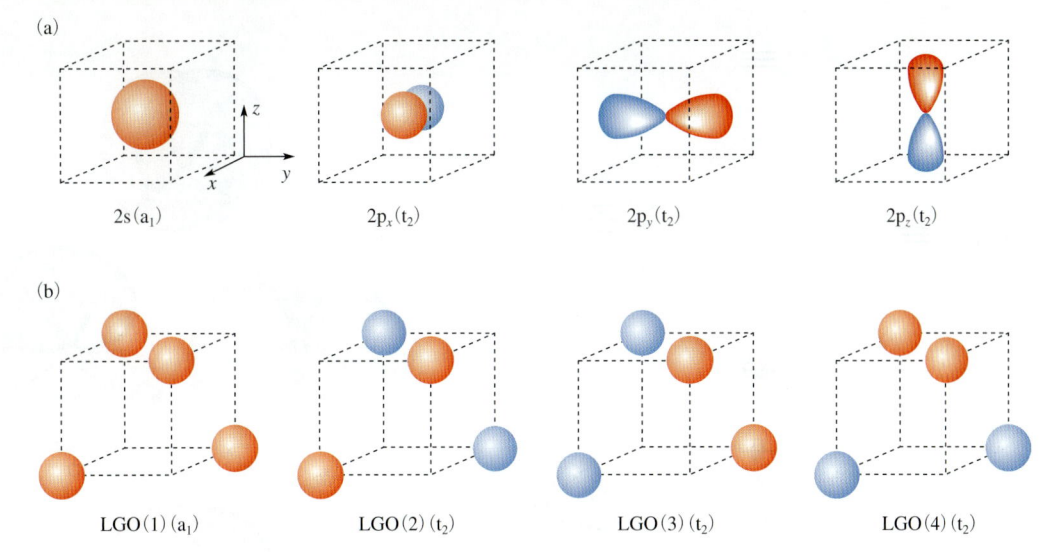

図 5・20 CH_4 の結合に対する配位子群軌道の考え方．(a) C の 2s, $2p_x$, $2p_y$, $2p_z$ 原子軌道．(b) H 原子 1s 軌道 4 個が集まって配位子群軌道（LGO）が形成される．

同じ指標の行は，T_d の指標表における A_1 と T_2 表現の指標（表 5・3）の和で与えられる．すなわち，4 個の配位子群軌道は a_1 と t_2 対称をもつことがわかる．記号 t は軌道が三重に縮重していることを意味する．配位子群軌道の規格化した波動関数は式 5.18〜5.21 で与えられる．

$$\psi(a_1) = \tfrac{1}{2}(\psi_1 + \psi_2 + \psi_3 + \psi_4) \quad (5.18)$$
$$\psi(t_2)_1 = \tfrac{1}{2}(\psi_1 - \psi_2 + \psi_3 - \psi_4) \quad (5.19)$$
$$\psi(t_2)_2 = \tfrac{1}{2}(\psi_1 + \psi_2 - \psi_3 - \psi_4) \quad (5.20)$$
$$\psi(t_2)_3 = \tfrac{1}{2}(\psi_1 - \psi_2 - \psi_3 + \psi_4) \quad (5.21)$$

これら 4 種の配位子群軌道に対する模式図を図 5・20b に示した．図 5・20a と 5・20b を比べることにより，これら 4 種の配位子群軌道の対称性が，それぞれ C 原子の 2s, $2p_x$, $2p_y$, $2p_z$ 軌道とうまく一致することがわかる．これによって定性的な MO 図（図 5・21）を組立てることができ，炭素原子の軌道と H_4 部の配位子群軌道の相互作用で非局在化した σ 結合性の MO 4 個と反結合性の MO 4 個が導かれる．4 個の結合性軌道の形状を図 5・21 の右側に示した．

MO と VB の結合モデルの比較

原子価結合理論を用いて，どのようにして BH_3, CH_4, および NH_3 の結合を記述するかを考える場合，等価な構造には等価な結合様式を割り当てられるような混成の様式を用いた．各混成軌道はそれぞれの局在化した X−H（X = B, C, または N）結合に寄与することを述べた．一方，MO 理論の結果は，結合の性質が非局在化していることを示している．さらに言えば，BH_3, CH_4, および NH_3 においてはそれぞれ 2 種の結合性 MO があり，一方は中心原子の 2s 原子軌道を含む MO に相当し，もう一方は中心原子の 2p 原子軌道を含む 2 個（BH_3 と NH_3 の場合），または 3 個（CH_4 の場合）の縮重した MO の組合わせであった．これら MO のエネルギー序列に対する証拠は光電子分光（Box 5・1 参照）によって与えられる．分子中の X−H 結合に関する等価性が実験的に観察されているが，MO 理論の結果を用いて，それはどのように説明されるであろうか．

これまで述べてきたように，MO 理論において，分子中の結合は，結合性の被占軌道の特徴をすべて考慮し，それらを総合的に取扱うことによって理解すべきである．CH_4 を例にとろう．a_1 軌道（図 5・21）は球対称であり，4 種の C−H 相互作用に対して同等の結合性軌道として寄与する．t_2 軌道は 1 組で考える必要があり，個別の軌道として考えてはならない．これらを考え合わせると，これら軌道の組合わせが 4 種の等価な C−H 結合性相互作用を与え，その結果として，その全体像は C−H 間にそれぞれ単結合が形成されていることを意味している．

5・6　分子軌道理論：結合の解析はすぐに複雑化する

この節では BF_3 の結合について配位子群軌道の考え方を用いて考察する．BF_3 は単純な分子であるが，各原子の原子軌道の基底に s と p 軌道の両者が含まれる場合，かなり複雑な取扱いとなることを以下に述べる．BF_3 は D_{3h} 対称である．z 軸を BF_3 分子の C_3 軸と一致させるようにとり，BF_3 分子を xy 平面上におく（図 5・22）．BH_3 と同様に，BF_3 における B 原子の原子軌道は以下の対称性に帰属される．

- 2s 軌道は a_1' 対称

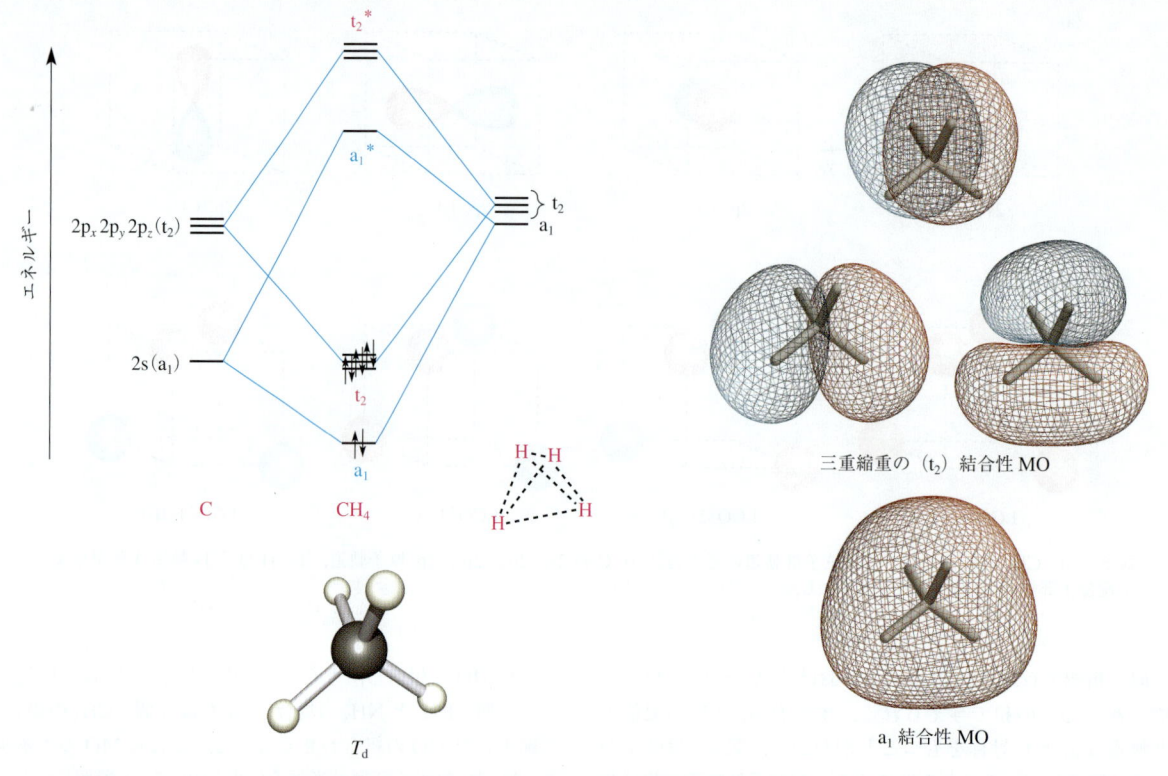

図 5・21 図 5・20 に示す軌道を基底系に用いて形成される CH_4 の定性的な MO 図. 右側の図には 4 種の結合性 MO が描いてある. 分子骨格がわかるように軌道を網目で表した. t_2 MO にはそれぞれ 1 個の節面がある.

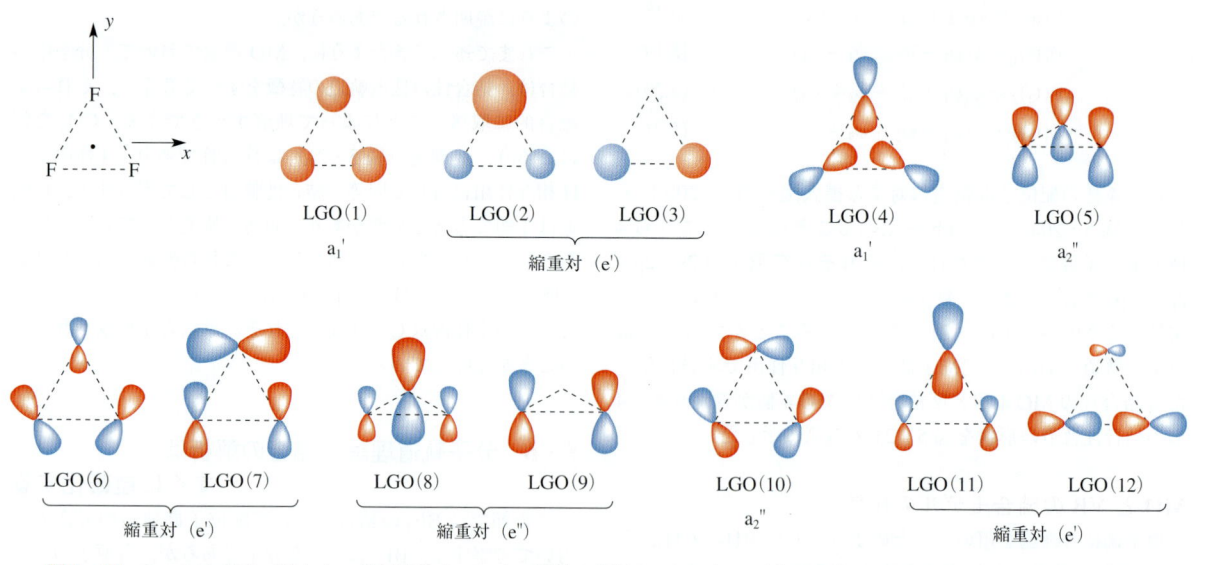

図 5・22 D_{3h} の F_3 部分（それらの幾何構造は BF_3 中の構造と類似している）に対する配位子群軌道（LGO）の模式図（左上の図では B 原子の位置を点で示した）. F_3 部がなす三角形は xy 平面上にある. 軌道 LGO(5), LGO(8), LGO(9) には $2p_z$ 原子軌道の寄与があり, F_3 がなす三角形に対して垂直方向を向いている. 各図において, 軌道の相対的な大きさは配位子群軌道に対する F 原子の軌道の寄与をおおむね反映している.

- $2p_z$ 軌道は a_2'' 対称
- $2p_x$ と $2p_y$ 軌道は縮重しており, 軌道の組として e' 対称

BF_3 の F 原子の 2s 軌道からなる配位子群軌道は, a_1' と e' 対称を有し, BH_3 における H_3 部分と同様の方法で導くこと

実験テクニック

Box 5・1　光電子分光（PES, UPS, XPS, ESCA）

占有された原子軌道と分子軌道のエネルギーは光電子分光（photoelectron spectroscopy; **PES**, または photoemission spectroscopy ともいう）を用いて研究することができる．これは 1960 年代に Turner（オックスフォード大学），Spicer（スタンフォード大学），Vilesov（レニングラード大学，現在のサンクトペテルブルク国立大学）および Siegbahn（ウプサラ大学）によって独立に研究された．PES 実験において，原子や分子は，単色化されたエネルギー E_{ex} の電磁波で励起され，電子が放出される．つまり，光イオン化が起こる．

$$X \xrightarrow{E_{ex} = h\nu} X^+ + e^-$$

ここで，原子や分子 X は基底状態にあり，X^+ は基底状態でも励起状態でもよい．放出された電子は**光電子**（photoelectron）とよばれる．原子や分子中の電子はそれぞれ固有の束縛エネルギー（binding energy）を有し，イオン化する際には束縛エネルギーと同じか，それ以上のエネルギーを吸収する必要がある．放出された光電子の運動エネルギー KE は，イオン化エネルギー（束縛エネルギー）IE を超過した分である．

$$KE = E_{ex} - IE$$

この超過分は測定することができ，E_{ex} は既知であるため，束縛エネルギーを決定することができる．光電子分光スペクトルは，特定の運動エネルギーをもつ光電子の数を，束縛エネルギーに対してプロットしたものである．エネルギー状態が量子化されているため，光電子スペクトルは離散的なバンド構造として観測される．放出前に電子が占有していた原子や分子の軌道エネルギーとイオン化エネルギーの関係は Koopman の理論によって与えられる．したがって，光電子分光から得られる束縛エネルギーから，原子や分子の軌道エネルギーが求められる．

一例として，気体 N_2 の光電子スペクトルを考えてみよう．これは Turner によって 1963 年に得られた，PES の結果としては最も初期のものである．ヘリウム（Ⅰ）ランプ（E_{ex} = 21.2 eV）はこの実験に好都合な光源である．なぜならば，21.2 eV は対象とする束縛エネルギーを超えているからである．N_2 の光電子スペクトルは，束縛エネルギーが 15.57, 16.72, 18.72 eV に相当する 3 個のピークを含む．これら 3 種のイオン化は，N_2 の $\sigma_g(2p)$，$\pi_u(2p)$，および $\sigma_u^*(2s)$ の MO（図 2・9 参照）から放出された電子に起因する．

異なる励起光源を用いることにより，光電子分光の応用範囲を広げることができる．上の例では 21.2 eV のエネルギーをもつヘリウム（Ⅰ）からの発光が用いられる．この"ヘリウム（Ⅰ）の発光"は He の $1s^1 2p^1$ 配置の励起状態から基底状態（$1s^2$）への遷移に相当する．さらに強いエネルギーの光源を用いれば，より強く束縛されている電子のイオン化が可能に

なる．たとえば，"ヘリウム（Ⅱ）光源"は He^+ からの発光であり，ヘリウム（Ⅱ）ランプは 40.8 eV の励起エネルギーを提供する．ヘリウム（Ⅰ）とヘリウム（Ⅱ）の放射光は電磁波スペクトルの真空紫外領域にあり，これらの励起エネルギーを用いる光電子分光は **UPS**（UV photoelectron spectroscopy）として知られている．分子の内殻電子をイオン化するには，X 線領域の励起光源が用いられる．マグネシウムとアルミニウムの X 線放射光はその典型例である（Mg K_α では E_{ex} = 1254 eV, Al K_α では E_{ex} = 1487 eV である）．X 線を光源に用いるため，この手法は **XPS**（X-ray photoelectron spectroscopy, X 線光電子分光）とよばれ，下の写真は現代の X 線光電子分光器である．XPS（electron spectroscopy for chemical analysis, **ESCA** としても知られる）は，内殻電子のイオン化エネルギーが元素固有の値であるため，貴重な分析手法となる．この手法は水素以外のあらゆる元素の検出に適用できる．また，元素の酸化状態の違いを識別する際にも用いられる．XPS は表面分析に広く用いられ，半導体産業（たとえば Si と SiO_2 の区別），表面腐食の研究などに応用されている．

X 線光電子分光器 [Tom Pantages]

さらに勉強したい人のための参考文献

C. D. Powell (2004) *Journal of Chemical Education*, vol. 81, p. 1734 — 'Improvements in the reliability of X-ray photoelectron spectroscopy for surface analysis'.

F. Reinert and S. Hüfner (2005) *New Journal of Physics*, vol. 7, p. 97 — 'Photoemission spectroscopy — from early days to recent applications'.

D.-S. Yang (2004) in *Comprehensive Coordination Chemistry II*, eds J. A. McCleverty and T. J. Meyer, Elsevier, Oxford, vol. 2, p. 182 — 光電子分光の概説書で，放射光やレーザーを用いる手法の用途も含む．

ができる．これらは図5・22にLGO(1)～LGO(3)として示している．F原子のp軌道は以下の2種に分類される．一方は，分子平面内に存在し（$2p_x$と$2p_y$），もう一方はその平面に垂直をなす$2p_z$である．配位子群軌道は$2p_z$軌道の組合わせ，または平面内の2p軌道の組合わせによって与えられる．まず，$2p_z$軌道について考えてみよう．D_{3h}点群に適合可能な配位子群軌道の波動関数を導く手順はこれまでに示した方法と同様であるが，一部重要な違いがある．実は，対称操作で$2p_z$軌道がどのように変化するかが異なり，軌道が別の位置の軌道に変換される点だけでなく，位相の違いについても吟味しなければならない．たとえば，p_z軌道がσ_h面に直交するとき，σ_h面による鏡映によって軌道の位相は変わるが，位置は変わらない．これについては，D_{3h}の対称操作によってどのF原子の$2p_z$軌道が影響を受けないかを調べるとわかるであろう．以下に示す指標の行はその結果を示している．負の符号は軌道の位置は変わらないが，位相が変化することを表す．

E	C_3	C_2	σ_h	S_3	σ_v
3	0	-1	-3	0	1

この指標の行はD_{3h}指標表（表5・1）のA_2''とE''の指標を足し合わせることによって再現できる．それゆえ，配位子群軌道はa_2''とe''対称をもつ．F_3部の中の1個のF原子の$2p_z$軌道に対するすべての対称操作の効果を調べることにより，先の方法と同様にして，各配位子群軌道に対する非規格化波動関数の式を導くことができる．3個のF原子の$2p_z$軌道をそれぞれψ_1，ψ_2，ψ_3とすると，以下に示す指標の行を得ることができる．ここで負の符号は対称操作で軌道の位相が変化することを意味する．

E	C_3	C_3^2	$C_2(1)$	$C_2(2)$	$C_2(3)$	σ_h	S_3
ψ_1	ψ_2	ψ_3	$-\psi_1$	$-\psi_3$	$-\psi_2$	$-\psi_1$	$-\psi_2$

S_3^2	$\sigma_v(1)$	$\sigma_v(2)$	$\sigma_v(3)$
$-\psi_3$	ψ_1	ψ_3	ψ_2

これらの関数に対して，D_{3h}指標表におけるA_2''表現の行の対応する指標を掛け算して足し合わせることにより（表5・1），a_2''配位子群軌道の非規格化波動関数が得られる（式5.22）．式を簡略化し，さらに規格化すると式5.23が得られる．したがって，a_2''配位子群軌道は$2p_z$軌道の同位相の組合わせとして表すことができ，これを図5・22のLGO(5)として図示した．

$$\psi(a_2'') = \psi_1 + \psi_2 + \psi_3 + \psi_1 + \psi_3 + \psi_2 + \psi_1 + \psi_2 + \psi_3 \\ + \psi_1 + \psi_3 + \psi_2 \\ = 4\psi_1 + 4\psi_2 + 4\psi_3 \quad (5.22)$$

$$\psi(a_2'') = \frac{1}{\sqrt{3}}(\psi_1 + \psi_2 + \psi_3) \quad (5.23)$$

同様に式5.24と式5.25がe''軌道として導かれ，これらを図5・22のLGO(8)およびLGO(9)として図示した．

$$\psi(e'')_1 = \frac{1}{\sqrt{6}}(2\psi_1 - \psi_2 - \psi_3) \quad (5.24)$$

$$\psi(e'')_2 = \frac{1}{\sqrt{2}}(\psi_2 - \psi_3) \quad (5.25)$$

同様の方法により，面内のF原子の2p軌道を組合わせ，a_1'とa_2'対称の2個の配位子群軌道と2組のe'配位子群軌道を得ることができる．これらを図5・22のLGO(4), (6), (7), (10), (11), (12)として図示した．

ようやく，BF_3の結合を記述する定性的なMO図を組立てる段階に達した．D_{3h}対称におけるB原子の軌道の対称性を図5・23の左側に，配位子群軌道については図5・22に示した．あとは，以下の3段階で軌道の組立てを行えばよい．

- σ-MOをつくる軌道の相互作用をみつけること
- π-MOをつくる軌道の相互作用をみつけること
- 群軌道間の相互作用が生じない対称性の軌道をみつけること

BF_3のσ結合はa_1'とe'軌道の相互作用によって生じる．図5・22を調べると，a_1'対称をもつ2個のF_3部分があり，3組のe'軌道があることがわかる．同じ対称性をもつ群軌道間の相互作用の大きさは，それら軌道の相対的なエネルギーに依存するため，それを高い信頼度で予測することは不可能である．簡単に言えば，σ結合の様子はBH_3（図5・17）のときと類似しているとみなせる．この考えを適用すれば，図5・23のa_1' MOと$a_1'^*$ MOの形成にLGO(1)が寄与するのに対し，LGO(4)は非結合性軌道として残される．このモデルはLGO(4)の一部がB-F間の結合性軌道a_1'と反結合性軌道$a_1'^*$に混合することによってさらに微調整できる．その分の"バランスをとる"ためにLGO(1)の一部が非結合性a_1'軌道に混合することになる．同様にF原子の$2p_x$および$2p_y$軌道を含むe'群軌道がB-F間に対する結合性軌道e'と非結合性軌道e'^*に混合するとみなせる．最も単純化した結合の描像は，これらMOがF原子の2sの性質を含み，LGO(6), (7), (10), (11)がBF_3の非結合性軌道となるとみなせる．軌道混合の度合いを見積ることは不可能であり，可能であるとしても定性的な考察に留まる．これはさまざまな計算レベルのコンピュータープログラム（多くがPC上で動かせるものとして入手可能である）によって，より高度に

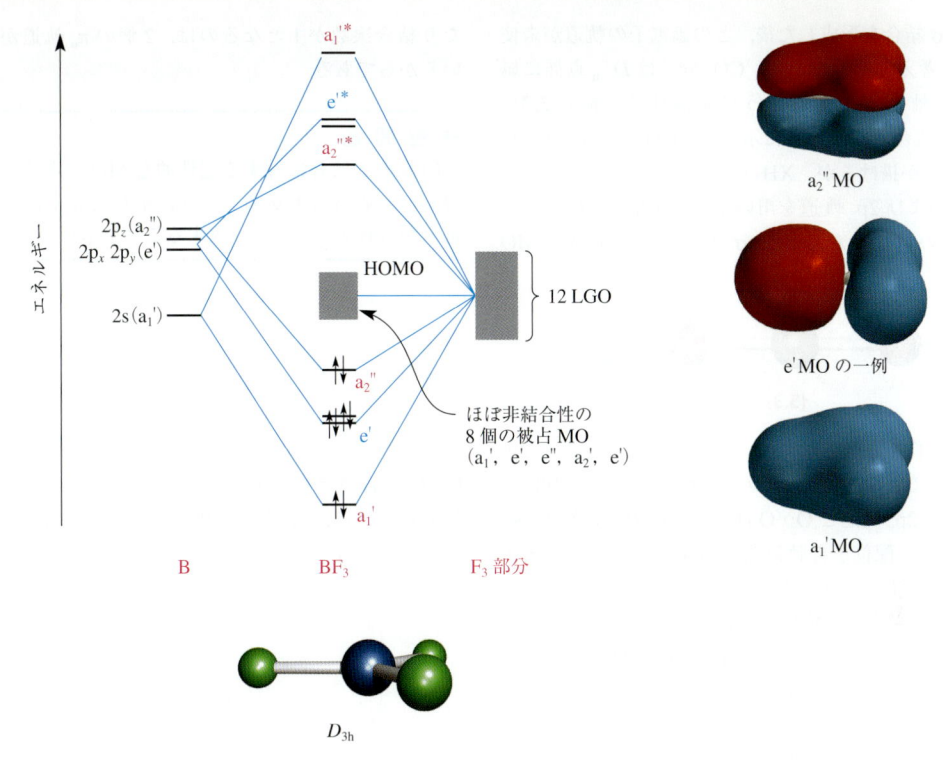

図 5・23 BF$_3$ の生成を表す定性的な MO 図．配位子群軌道は図 5・22 に示した．BF$_3$ の MO の欄にある灰色の長方形は，8 個の非結合性 MO に対応している．この図は BF$_3$ の結合を単純化しすぎている感があるが，B−F 結合が部分的に π 結合性をもつことを説明するうえでは十分である．3 個の満たされた B−F 結合性 MO を図の右側に示した．見やすさのために，縮重した軌道エネルギーを表す線を離して描いた．各図で BF$_3$ 分子の向きは図の下部の構造と同じである．

見積られている（**Box 5・2** 参照）．

B 原子の $2p_z$ 軌道は a_2'' 対称であり，LGO(5) と対称性が一致し，同位相の軌道間相互作用により，3 個の B−F 結合全体に非局在化した π 結合性の MO を与える．

F$_3$ 部の群軌道のうちで，B 原子との対称性が一致しないのは e'' 軌道の組のみである．これらは BF$_3$ 中において非結合性 MO となる．

BF$_3$ の結合に対する全体像を図 5・23 に示した．4 個の結合性 MO，3 個の反結合性 MO，8 個の非結合性 MO がある．B 原子は 3 個の価電子を提供し，各 F 原子が 7 個ずつの価電子を提供するため，図 5・23 のように全部で 12 対の価電子が 12 個の結合性と非結合性軌道を占める．これは軌道の混合を考慮しない単純な構図である．しかし，この図は各 B−F 結合が幾分 π 結合性を有することも示しており，この結果は §5・3 で示した VB 法の結果とも一致している．

練習問題

1. 対称性の議論において，ホウ素原子 $2p_z$ 軌道が，BH$_3$ では非結合性であるのに対し，BF$_3$ では結合性となる理由を説明せよ．

2. 図 5・22 の LGO(4) が，BF$_3$ の B−F 結合に関し，図 5・23 では非結合性として取扱われるが，実際には結合に寄与する．その理由を説明せよ．

5・7 分子軌道法：この理論を実際的に使う方法の習得

本節の目的は，MO 理論を用いて分子の結合様式を完全に理解することではなく，むしろ分子のもつ特定の性質を説明するための具体的な MO モデルの利用法を発展させることである．その目的から，対象とする分子に対して部分 MO 図がしばしば描かれる．以下にその応用例を示すが，読者はこの部分 MO 図を取扱う際の注意事項を心に留めておくべきである．つまり，注目している部分以外の結合特性を無視している点で危険な面もある．しかし，注意深く，かつ経験を積めば，部分 MO 図の取扱いは，結合の観点から構造と化学的特性を理解する方法としてきわめて有用である．その応用例については本書の後半で述べることにする．

CO$_2$ の π 軌道

この節では CO$_2$ の π 結合に対する MO を発展させる．そ

の前にまず，σ結合を形成した後，どの価電子の軌道が未使用であるかを考えるべきである．CO_2 分子は $D_{\infty h}$ 点群に属し，z 軸が C_∞ 軸と一致するように定義する（構造 **5.3**）．XH_2 分子の σ 結合は図 5・13 に示した．CO_2 の σ 結合について同様の図式が描けるが，XH_2 の H 原子 1s 軌道の代わりに O 原子 2s および $2p_z$ 軌道を用いる点で異なる．C 原子の 2s と $2p_z$ 軌道の重なりから σ_g と σ_u 対称をもつ 6 個の MO が生じる．

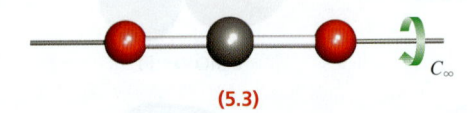

(5.3)

C–O の σ 相互作用を形成した後，残る軌道は C と O の $2p_x$ と $2p_y$ 軌道である．ここでは，配位子群軌道の方法を利用し，C の $2p_x$ および $2p_y$ 軌道と O⋯O 部分の（O の $2p_x$ と $2p_y$ 軌道から導かれる）配位子群軌道間の相互作用によって π 結合を説明することにしよう．関連する配位子群軌道を図 5・24 に示した．2p 軌道の同位相の組合わせは中心対称性をもたず，π_u 対称に属す．一方，逆位相の組合わせは中心対称性をもち，π_g 対称に属す．CO_2 において，π_u の配位子群軌道のみが C の $2p_x$ および $2p_y$ 軌道と相互作用するうえで好都合な対称性を有し，π_g 配位子群軌道は非結合性の MO となる．低エネルギーの σ 結合性 MO に電子を満たすと 8 個の電子が残る．これらは π_u と π_g 軌道を占める（図 5・24）．π_u MO と π_g MO の形状を図 5・24 の上部に示した．それぞれ縮重した MO の組であり，他の MO の形状はこれら図示したものと同じであるが直交している．各 π_u MO は非局在化した O–C–O π 結合に対応し，1 個の C–O 相互作用当

たり結合次数が 1 となるのは，2 個の π_u 軌道が占有されているからである．

練習問題

CO_2 の σ 結合に対する定性的な MO の考え方について復習し，その考え方が図 5・24 に示した π 型の MO を 8 個の電子が占有する状況と一致することを示せ．

$[NO_3]^-$

例題 5.2 では，VB 法を用いて $[NO_3]^-$ の結合について考えた．3 個の共鳴構造（そのうち 1 個は **5.4**）が N–O 結合の等価性を説明するうえで必要であった．そして 1 個の N–O 結合当たりの正味の結合次数は 1.33 であった．分子軌道理論では，非局在化の描像を用いて N–O の π 結合性について説明する．

(5.4)

$[NO_3]^-$ は D_{3h} 対称であり，z 軸を C_3 軸と一致するようにとる．N と O 原子の価電子に対する軌道は 2s と 2p 軌道である．$[NO_3]^-$ の π 結合は N の $2p_z$ 軌道と O_3 部分の適切な配位子群軌道との相互作用によって記述される．D_{3h} 対称の下では N の $2p_z$ 軌道は a_2'' 対称性を有する（**表 5・1** 参照）．図 5・25 に，O の $2p_z$ からなる配位子群軌道とその対

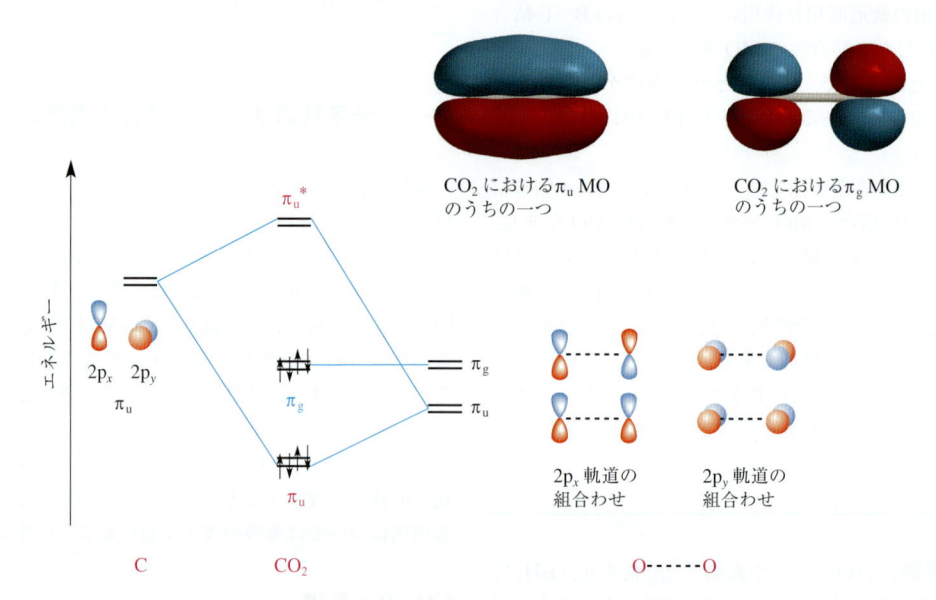

図 5・24 CO_2 について，配位子群軌道の考え方を用いて導かれる部分 MO 図．CO_2 における非局在化した π 結合の形成を示している．CO_2 分子は z 軸に沿うと定義されている．π_g と π_u MO を図の上部に示した．

実験テクニック

Box 5・2 計算化学

現在，計算手法は実験化学者にも非常によく用いられている．計算によって得られる情報には，分子の平衡幾何構造，遷移状態構造，生成熱，分子軌道の構成，振動数，電子スペクトル，反応機構，ひずみエネルギー（分子力場計算への応用）などがある．過去20年間で，我々は計算化学的な手法が莫大に増える状況を目の当たりにしてきた．計算化学が発展するにあたり2点の革新がなされた．1点目は，今や計算が大型の情報機器ではなく，小型のコンピューター（ノート型を含む）や，小型PCクラスタでできるようになったことである．2点目は，もちろん計算手法の発展そのものである．後者については，1998年にJohn Pople（"量子化学における計算手法の発展"に対して）とWalter Kohn（"密度汎関数法の発展"に対して）がノーベル賞を受賞したことにより，その重要性が認識された．多くの化学者用の計算パッケージが下記のいずれかに分類される．ab initio法，（自己無撞着場SCF）MO法，半経験的手法，密度汎関数法，分子力場法．

のみを考慮する数多くの半経験的な手法が開発され，各種手法の名称もパラメーター化されている．これらにはCNDO（complete neglect of differential overlap，微分重なりを完全に無視），INDO（intermediate neglect of differential overlap，微分重なりを一部無視），MNDO（modified neglect of differential overlap，微分重なり無視の修正法），AM3（Austin model 1），PM3（parametric method 3）などがある．これらの手法は計算に必要な時間を減らしたが，複雑系に対しては必ずしも信頼できる結果を与えない．それゆえ，それらを利用する際には注意を要する．

他の手法と異なり，密度汎関数法（DFT法）は系の多電子波動関数ではなく電子密度分布に注目する手法である．DFTにおいてもいくつかの計算レベルがあり，よく用いられる方法にはBLYP（Becke, Lee, YangとParr）とB3LYPがある．DFTの大きな利点は，遷移金属錯体から固体，表面，金属タンパク質に至るまでの非常に広範囲の系に適用できることである．さらに，過度の計算時間を要することもなく，結果は概して信頼できる．しかし，DFTでは，依然，ファンデルワールス力（分散力）が支配的な系の研究を行うことはできない．

量子化学的な方法を離れる前に，Roald Hoffmannによって発展された拡張ヒュッケル理論について述べたい．ヒュッケルMO理論（1930年代にErich Hückelによって提案された）によって，不飽和有機分子のπ電子系を簡単に取扱うことができるようになった．これを拡張し，すべての重なりと相互作用（σとπ）を含めることにより，Hoffmannはこの理論がほとんどの炭化水素化合物に適用できることを示した．その後，拡張ヒュッケル理論はさらに発展し，有機分子の異なる配座異性体の相対的なエネルギー差を求める有用な方法となった．

新しい化学合成を試すに先立ち，目的とする分子の構造を計算し，たとえば置換基間の立体反発を調べたいと思うこともあるであろう．そのような目的のために，分子力場法（molecular mechanics, MM）が広く用いられる計算手法となった．純粋な分子力場法は量子力学に基づくものではない．その代わりに，この方法では，結合距離のひずみ，結合角のひずみ，ねじれのひずみ，および非結合相互作用に対する各種のエネルギー項の総和を計算する．ひずみエネルギーの式は原子と結合を記述するために必要となる種々の入力パラメーターを用いて定義され，**力場**（force field）として知られている．MM計算が行われると，分子構造が修正され，ひずみエネルギーが最小となる最適化構造に到達する．基底状態の構造最適化だけでなく，分子動力学法（MD, molecular dynamics）を用いることにより，時間依存の過程について調べることもできる．そのような分子モデリングに用いる力場は，結合の開裂や生成も考慮するため，分子動力学シミュレーションでは動的な系のポテンシャルエネルギー

Walter Kohn (1923-)
ⓒ The Nobel Foundation

John A. Pople (1925-2004)
ⓒ The Nobel Foundation

§1・5で，シュレーディンガー方程式が1電子すなわち水素様の系でしか正確には解けないことを述べた．実際にこの問題の解決には限界があり，量子化学者は多電子系のシュレーディンガー方程式の近似解を得るために莫大な努力を捧げてきた．その結果，1930年代のHartree, Fock, Slaterの研究により，ハートレー・フォック理論が発展した．ハートレー・フォック理論においては，方程式は繰返し解き，計算は自己無撞着的に収束する．それゆえ，"自己無撞着（self-consistent，"つじつまのあう場"ともいう）"とよばれるようになった．シュレーディンガー方程式を解く際の近似法，特に電子相関（つまり，電子間の相互作用を考慮すること）には，さまざまな異なるレベルの方法がある．計算レベルが高いほど，結果は実験的に観測されるものに近づく．価電子

曲面について探求することもできる．MD 力場の例には AMBER（assisted model building and energy refinement）や CHARMM（chemistry at Harvard macromolecular mechanics）がある．分子力学法，および分子動力学法は小さい系（孤立分子）から大きな系（核酸，タンパク質など）までに適用できる．金属タンパク質の活性部位に結合する金属イオンの力場パラメーターも開発されており，また，さらに開発が進められて，そうしたより複雑な系に分子動力学法を適用することも可能となってきた．

さらに勉強したい人のための参考文献

L. Banci (2003) *Current Opinion in Chemical Biology*, vol. 7, p. 143 — 金属タンパク質（亜鉛酵素，ヘムタンパク質，銅タンパク質など）に対する分子力場法に焦点を当てた短い総説．

J. A. McCleverty and T. J. Meyer, eds (2004) *Comprehensive Coordination Chemistry II*, Elsevier, Oxford — 第 2 巻には 'Theoretical Models, Computational Methods, and Simulation' なる節があり，分子力場法，半経験的 SCF-MO 法，密度汎関数法を含む種々の計算手法を網羅した一連の解説がある．

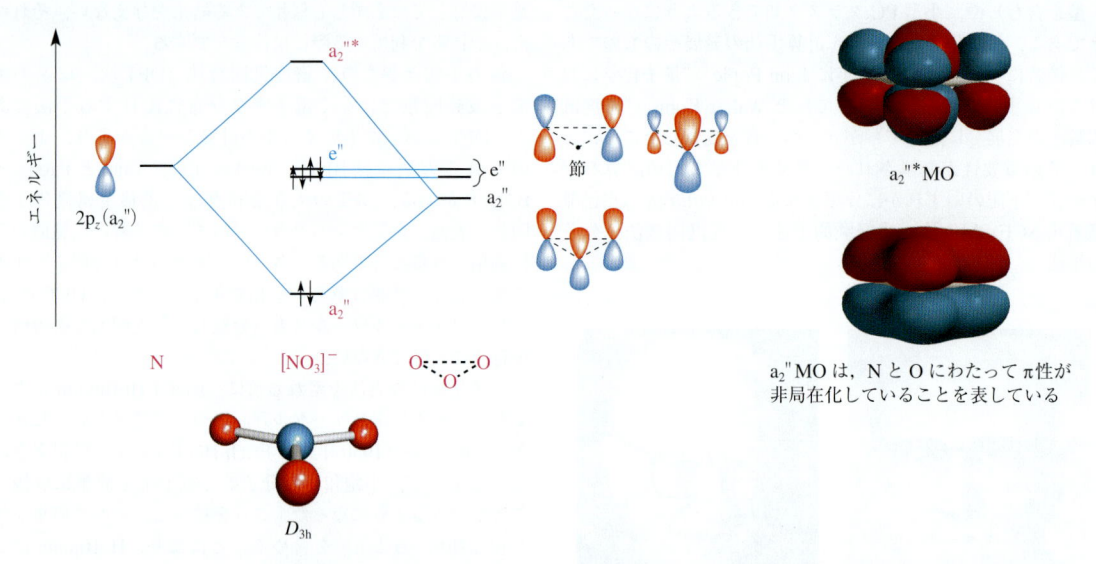

図 5・25　$[NO_3]^-$ における非局在化した π 電子系の形成を定性的に表す部分 MO 図．配位子群軌道の考え方が用いられている．a_2'' と $a_2''^*$ MO を図の右側に示した．

称性について示した．その導出法は，BF_3 に対して F_3 部からなる配位子群軌道を導出した方法と同様である（式 5.23～5.25）．図 5・25 に示した部分 MO 図は対称性が一致する軌道を用いて形成される．結果として，得られる MO は，π 結合性（a_2''），非結合性（e''），および π 反結合性（$a_2''^*$）のものであり，a_2'' と $a_2''^*$ の MO を図 5・25 の右側に示した．6 個の電子が a_2'' と e'' を占める．この電子数は，$[NO_3]^-$ の価電子 24 個から σ 結合性被占軌道の 6 電子と基本的に非結合性である酸素上の被占軌道の 12 電子を差し引き，残る 6 電子が π 系の MO に入るという考え方で説明される（章末の**問題 5.18** を参照）．

分子軌道法によって，$[NO_3]^-$ の状況，すなわち π 結合性の被占 MO が 1 個あり，それが 4 原子に非局在化することで N–O の π 結合次数 $\frac{1}{3}$ が説明される．これは原子価結合法による説明とも一致するが，構造 5.4 で示される様式の異なる 3 種の寄与する構造の間の共鳴を用いるよりも，むしろ二重結合性が広く分布するとする方がわかりやすい解釈である．等電子種である $[CO_3]^{2-}$ や $[BO_3]^{3-}$ についても同様に説明することができる．

SF_6

六フッ化硫黄（構造 **5.5**）は，いわゆる**超原子価分子**（hypervalent molecule）の例である．すなわち中心原子がオクテットの価電子数を超えているものをさす．しかし，**5.6** のような共鳴構造で SF_6 の結合を原子価結合法で描けば，S 原子はオクテット則を満たすことになる．6 個の S–F 結合が等価に観測されることを説明するためには一群の共鳴構造式が必要となる．他の p ブロック元素の "超原子価" 種の例には PF_5，$POCl_3$，AsF_5，$[SeCl_6]^{2-}$ などがある．原子価結合法では，各化合物の結合様式は，原子がオクテット則を満たす一群の共鳴構造式によって説明される（§15・3 と §16・3 を参照）．

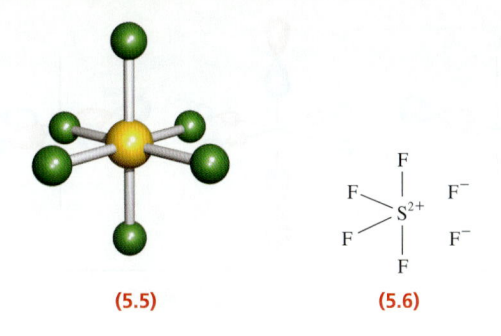

(5.5)　　　　　　　　(5.6)

　SF$_6$分子 **5.5** は，立方点群の一員である O_h 点群に属す．八面体と立方体の関係を図5・26aに示した．八面体において x, y, z 軸は，立方体の各辺と平行になるように定義される．SF$_6$ のような八面体分子では，x, y, z 軸は S−F 結合と一致する．表5・4に O_h 指標表の一部を示した．また，回転軸について図5・26bに示した．SF$_6$ 分子は中心対称性の分子であり，S原子は反転中心に位置する．O_h 指標表を用いることにより，SF$_6$ 分子中のS原子に対する価電子の軌道は以下のように分類される．

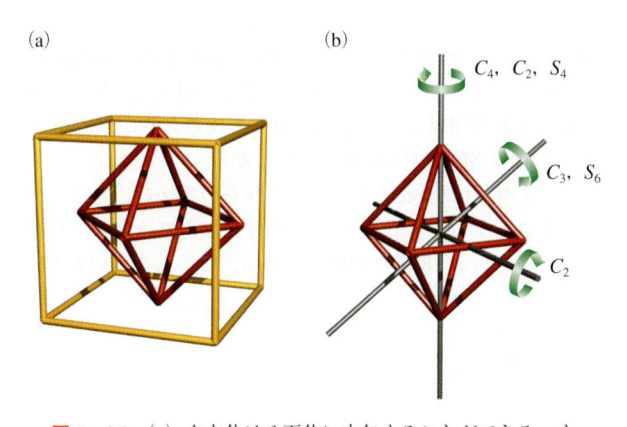

- 3s 軌道は a_{1g} 対称
- 3p$_x$, 3p$_y$, 3p$_z$ 軌道は縮重しており，t_{1u} 対称の軌道の組をなす．

　F$_6$ 部分の配位子群軌道はFの2sと2p軌道から形成される．結合様式を定性的に考える場合，Fのs-pエネルギー差が比較的大きいため（§2・3参照）s-p混合はほとんど無視できるとみなす．したがって，Fの2s軌道と2p軌道について，それぞれ個別に配位子群軌道の組を組立てる．さらに，2p軌道は2種に分類される．S原子の方向を向いているもの（中心方向軌道，**5.7**）と，八面体の接線方向のもの（**5.8**）に分類される．

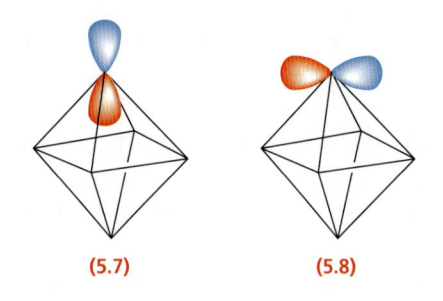

(a)　　　　　　(b)

C_4, C_2, S_4
C_3, S_6
C_2

図5・26 (a) 立方体は八面体に内包することができる．すなわち，八面体の各頂点は立方体の各面の中央に位置する．(b) 図には八面体の回転軸の種類が示している．[**練習問題**：σ_h 面と σ_d 面がどこに位置するかを示せ．表5・4参照]

(5.7)　　　　　　(5.8)

　S−Fのσ結合には，中心方向の2p軌道が含まれ，これらのF原子軌道にのみ着目して，SF$_6$ に対する部分MO図を組立てればよい．SF$_6$ のF$_6$部の配位子群軌道を規定する波動関数は以下のように導かれる．まず，中心方向の6個の2p軌道のうち，いくつが O_h 対称操作に対して不変であるかを調べる．下記に示す指標の行がその結果をまとめたものである．

表 5・4 O_h 点群に対する指標表の一部．完全な表は付録3に掲載されている．

O_h	E	$8C_3$	$6C_2$	$6C_4$	$3C_2$ $(=C_2^4)$	i	$6S_4$	$8S_6$	$3\sigma_h$	$6\sigma_d$
A_{1g}	1	1	1	1	1	1	1	1	1	1
A_{2g}	1	1	−1	−1	1	1	−1	1	1	−1
E_g	2	−1	0	0	2	2	0	−1	2	0
T_{1g}	3	0	−1	1	−1	3	1	0	−1	−1
T_{2g}	3	0	1	−1	−1	3	−1	0	−1	1
A_{1u}	1	1	1	1	1	−1	−1	−1	−1	−1
A_{2u}	1	1	−1	−1	1	−1	1	−1	−1	1
E_u	2	−1	0	0	2	−2	0	1	−2	0
T_{1u}	3	0	−1	1	−1	−3	−1	0	1	1
T_{2u}	3	0	1	−1	−1	−3	1	0	1	−1

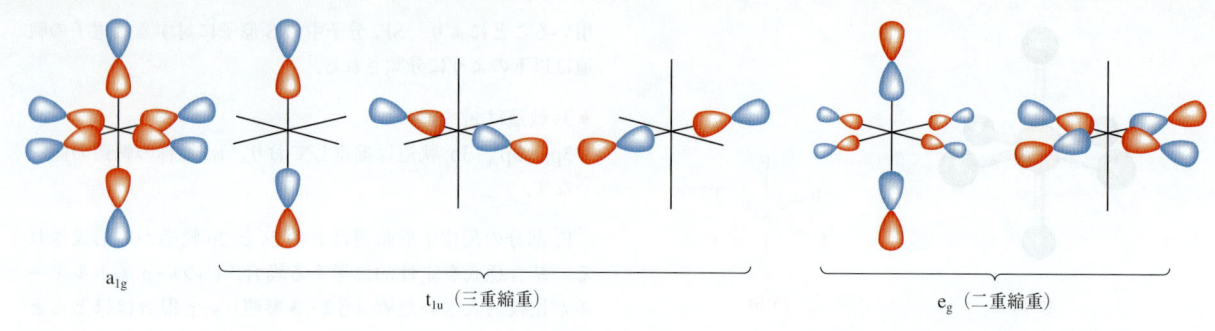

図 5・27 SF$_6$(O_h) の F$_6$ 部に対する配位子群軌道．これら軌道では，F 原子の中心方向に伸びた 2p 軌道の寄与のみが含まれる．

E	$8C_3$	$6C_2$	$6C_4$	$3C_2$ ($=C_4^2$)	i	$6S_4$	$8S_6$	$3\sigma_h$	$6\sigma_d$
6	0	0	2	2	0	0	0	4	2

この行と同じ指標が，O_h 指標表の A$_{1g}$，T$_{1u}$，および E$_g$ 表現の指標を足し合わせることによって得られる．したがって，先の配位子群軌道は a$_{1g}$，t$_{1u}$，および e$_g$ 対称をもつことになる．

ここで**局所座標軸**（local axis set）の概念を導入することは有用である．XY$_n$ 分子の Y$_n$ 部の配位子群軌道が球対称な s 軌道以外の軌道を含むとき，各原子 Y において，z 軸が原子 X から原子 Y の方向を z 軸にとるのが便利である．これについて，F$_6$ 部分に関して **5.9** に示した．

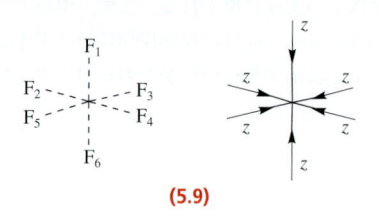

(5.9)

この定義を用いれば，SF$_6$ における F$_6$ 部の配位子群軌道の基底をなす中心方向を向く 6 個の 3p 軌道は，6 個の 3p$_z$ 軌道として取扱える．これらを ψ_1〜ψ_6 としよう（添字の 1〜6 は **5.9** のように定義される）．本章で上述した例と同様の方法に従い，a$_{1g}$，t$_{1u}$，および e$_g$ 配位子群軌道の波動関数を導くことができる（式 5.26〜5.31）．これら群軌道の模式図を図 5・27 に示した．

$$\psi(a_{1g}) = \frac{1}{\sqrt{6}}(\psi_1 + \psi_2 + \psi_3 + \psi_4 + \psi_5 + \psi_6) \quad (5.26)$$

$$\psi(t_{1u})_1 = \frac{1}{\sqrt{2}}(\psi_1 - \psi_6) \quad (5.27)$$

$$\psi(t_{1u})_2 = \frac{1}{\sqrt{2}}(\psi_2 - \psi_4) \quad (5.28)$$

$$\psi(t_{1u})_3 = \frac{1}{\sqrt{2}}(\psi_3 - \psi_5) \quad (5.29)$$

$$\psi(e_g)_1 = \frac{1}{\sqrt{12}}(2\psi_1 - \psi_2 - \psi_3 - \psi_4 - \psi_5 + 2\psi_6) \quad (5.30)$$

$$\psi(e_g)_2 = \frac{1}{2}(\psi_2 - \psi_3 + \psi_4 - \psi_5) \quad (5.31)$$

図 5・28 の部分 MO 図は，S に対する価電子の軌道と配位子群軌道の対称性を照らし合わせることで組立てられる．軌道間の相互作用は a$_{1g}$ と t$_{1u}$ 軌道間で形成されるが，F$_6$ 部分の e$_g$ の組は SF$_6$ において非結合性となる．

SF$_6$ は 48 個の価電子をもつ．これらの電子は，図 5・28 に示すような a$_{1g}$，t$_{1u}$，および e$_g$ MO に加えて，おもに F 原子の特性をもつ 18 個の MO を占める．こうして導いた SF$_6$

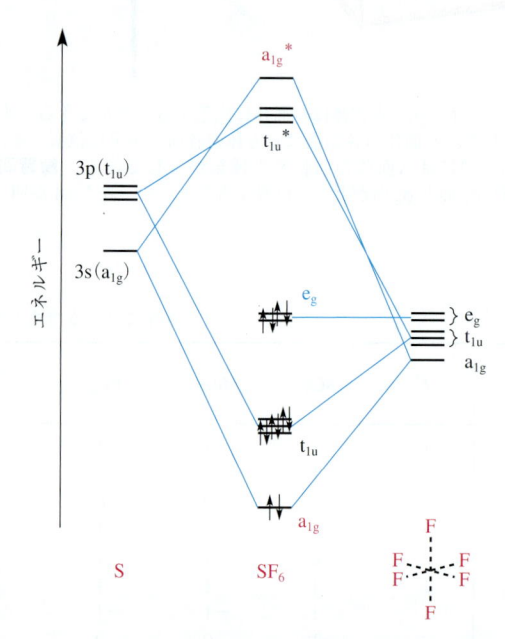

図 5・28 配位子群軌道を用いて SF$_6$ の MO 形成を定性的に表す部分 MO 図．S 原子の基底は 3s と 3p 原子軌道から形成される．

の結合を定性的に表すMO図は，6個の等価なS–F結合があることをうまく説明するものである．図5・28を用いれば，S–F間の結合次数が$2/3$であることがわかる．なぜならば6個のS–F相互作用があるのに対し，4個の結合性軌道が電子対で満たされているからである．

三中心二電子相互作用

これまでにも電子の非局在化を伴う結合様式の例について述べてきた．BF_3やSF_6の場合は非整数の結合次数となることを示した．今度は，直線形のXY_2種において，Y–X–Y結合につき被占結合性MOが1個しかない場合について考えてみよう．これにより，三中心二電子（3c-2e）の結合性相互作用が形成される．

> **三中心二電子（3c-2e）相互作用**（three-center two-electron interaction, 三中心二電子結合ともいう）では，2電子は3原子に広がる結合性MOを占める．

$[HF_2]^-$（**図10・8**を参照）は$D_{\infty h}$対称であり，z軸はC_∞軸と一致させる．$[HF_2]^-$はHの1s軌道とF···F部分に対する配位子群軌道との相互作用によって説明される．F原子のs-p軌道のエネルギー差が比較的大きいと仮定すると，配位子群軌道の組は下記のように組立てられるであろう．

- Fの2s軌道の組合わせからなる配位子群軌道
- Fの$2p_z$軌道の組合わせからなる配位子群軌道
- Fの$2p_x$と$2p_y$軌道の組合わせからなる配位子群軌道

配位子群軌道の波動関数を導く方法は上述のとおりであり，その結果を示す模式図を図5・29の右側に示した．H原子1s軌道はF···Fのどのσ_g配位子群軌道とも対称性が一致するが，H原子1s軌道と，F···Fに対する2s–2sの組合わせからなる配位子群軌道とはエネルギー的にかけ離れている．したがって，図5・29に示す定性的なエネルギー準位図では，H原子1s軌道は高い位置にあるσ_g配位子群軌道のみと相互作用してσ_gとσ_g^* MO（図5・29上部）を与える構図が示されている．他のすべてのMOは非結合性である．9個のMOのうち8個が完全に満たされている．H–Fの結合性MOは1個しかないため，$[HF_2]^-$の結合は三中心二電子結合として記述すべきである．H–F結合に対する形式上の結合次数は$\frac{1}{2}$である．

練習問題

図5・29の上部に示したσ_gとσ_g^* MOはそれぞれいくつの節面をもつか答えよ．また，それら節面は，HおよびF

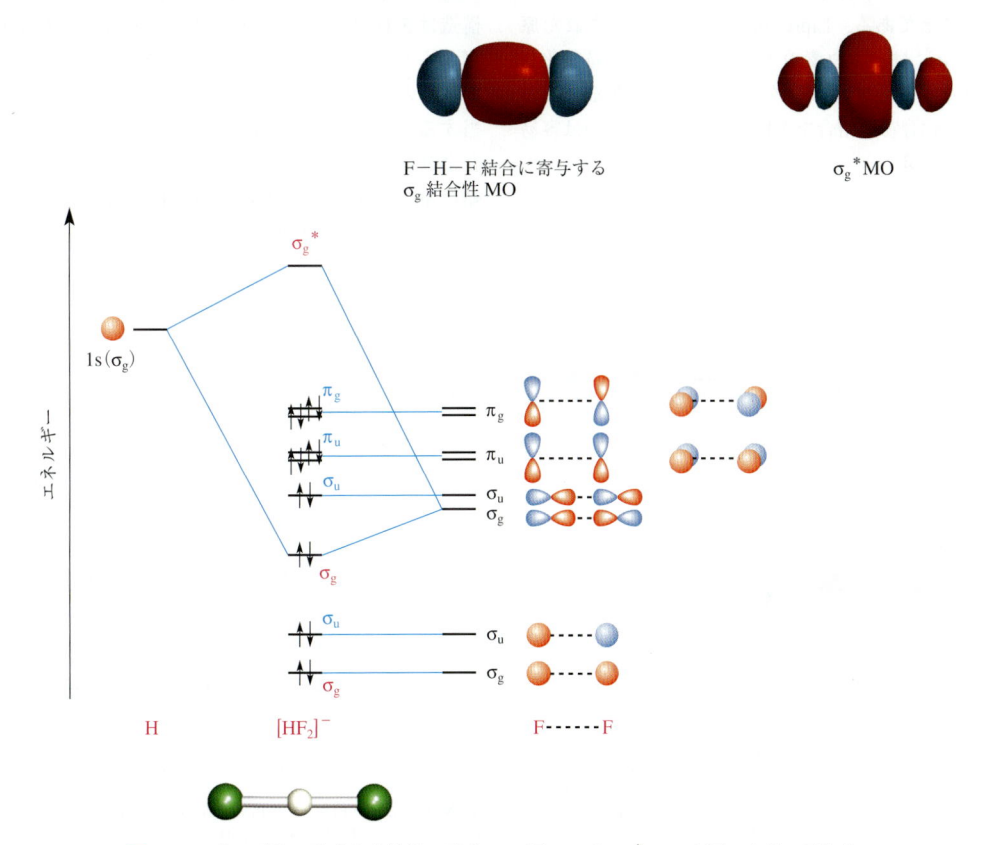

図5・29 $[HF_2]^-$の形成を定性的に示すMO図．σ_gとσ_g^* MOを図の上部に示した．

原子核に対してどのような位置関係にあるか。その答をもとに，σ_g MO が F–H–F 上に非局在化した結合性 MO の性質を有し，σ_g^* MO が H–F に関する反結合性 MO としての性質を有することを確認せよ。

直線形三中心二電子結合に対する第二の例は XeF_2（$D_{\infty h}$）である。この結合は，通常図 5・30 に示す部分 MO 図を用いて説明される。Xe の $5p_z$ 軌道（σ_u 対称）は，2 個の F 原子 $2p_z$ 軌道から成る σ_u 対称の群軌道と相互作用し，σ_u と σ_u^* MO を与える。F 原子 $2p_z$ 軌道から成る σ_g 対称の群軌道は，XeF_2 の非結合性 MO を与える。XeF_2 は 22 個の価電子を有するため，1 個の MO（σ_u^*）を除くすべての MO が占有される。図 5・30 に示す部分 MO 図には Xe と F 原子 p_z 軌道から導かれる MO のみを示した。Xe–F 間に関して結合性となる MO は 1 個のみであるため，XeF_2 の結合は 3c–2e の相互作用に基づいて説明されることになる[*1]。

次節の B_2H_6 に対する解析例で示すように，三中心二電子結合は三原子分子のみに限られるものではない。

より発展的な問題：B_2H_6

ホウ素の水素化物（§13・5 と §13・11 を参照せよ）によく見られる 2 種の特徴は，B 原子が 4 個以上の原子と結合していること，および**架橋 H 原子**（bridging H atom）がよく見られることである。Lipscomb によって発展された原子価結合モデル[*2]は，ホウ素の水素化物に対して局在化した結合様式を生じるという問題を取扱うものである。しかし，そのような化合物の結合を VB 理論で説明するのは容易

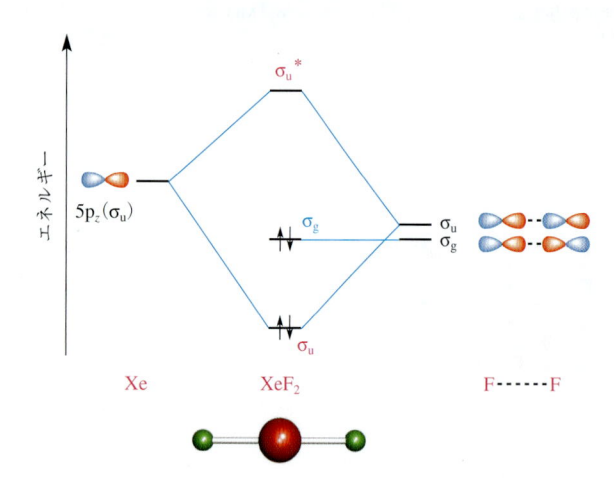

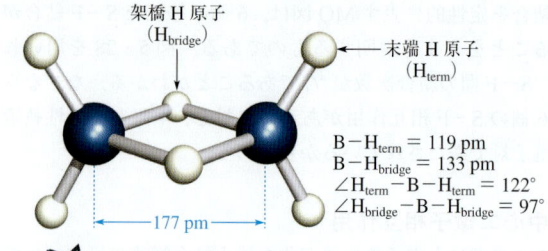

図 5・31　電子線回折によって決定された B_2H_6 の構造

$B-H_{term} = 119$ pm
$B-H_{bridge} = 133$ pm
$\angle H_{term}-B-H_{term} = 122°$
$\angle H_{bridge}-B-H_{bridge} = 97°$
177 pm

ではない。B_2H_6 の構造（D_{2h} 対称）を図 5・31 に示した。特に興味深い特徴は以下のとおりである。

- 価電子を 1 個しかもたないにもかかわらず，架橋 H 原子はそれぞれ 2 個の B 原子に結合している。
- 価電子を 3 個しかもたないにもかかわらず，B 原子はそれぞれ 4 個の H 原子と結合している。
- B–H 結合距離はすべて同一ではなく，B–H 結合には 2 種の異なる相互作用がある。

B_2H_6 はしばしば電子不足であるといわれる。この分子は BH_3 の二量体であり，12 個の価電子をもつ。B–H–B 架橋構造は **5.10** のように形成される。末端 B–H 相互作用はいずれも局在化した 2c–2e 結合であるのに対し，架橋部は 3c–2e の結合であるとみなされる。3c–2e 結合の半分に相当する架橋の B–H 結合は，末端にある 2c–2e の B–H 結合より弱いと考えられる。この考えは，図 5・31 に示した結合距離の違いと一致する。B_2H_6 の結合様式を解釈するうえで，しばしば，B 原子が sp^3 または sp^2 混成のいずれかをとると考えられてきたが，この考え方は完全に納得のいく解釈ではない。

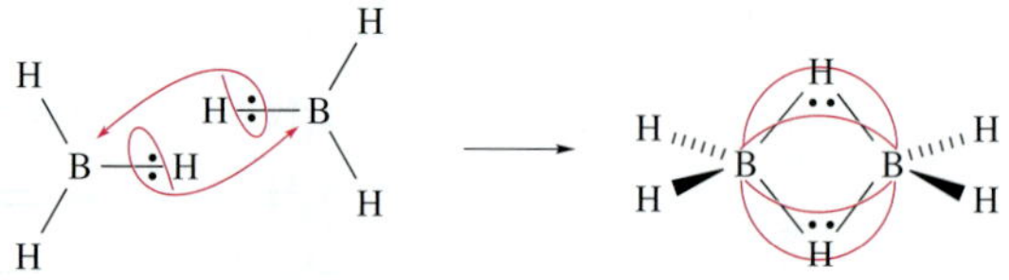

(5.10)

以下に述べる分子軌道法の取扱いは単純化しすぎの感があるが，B_2H_6 の電子密度分布について価値ある知見を提供するものである。配位子群軌道を利用し，1 対の架橋 H 原子からなる群軌道と，残りの B_2H_4 部分の群軌道の相互作用か

図 5・30　配位子群軌道を用いて定性的に説明される XeF_2 の MO 図。3c–2e 結合をうまく説明している。

[*1] 文献では XeF_2 の結合が 3c–4e 相互作用として記述されることもある。しかし，2 個の電子は非結合性 MO を占めるため，著者らは 3c–2e 相互作用とみなす方がより現実的であると考えている。

[*2] VB モデル（*styx* 則）の詳しい議論については下記を参照のこと。W. N. Lipscomb (1963), *Boron Hydrides*, Benjamin, New York. *styx* 則とホウ素水素化物についての MO 理論の利用に関しては以下に示されている。C. E. Housecroft (1994) *Boranes and Metallaboranes: Structure, Bonding, and Reactivity*, 2nd edn, Ellis Horwood, Hemel Hempstead.

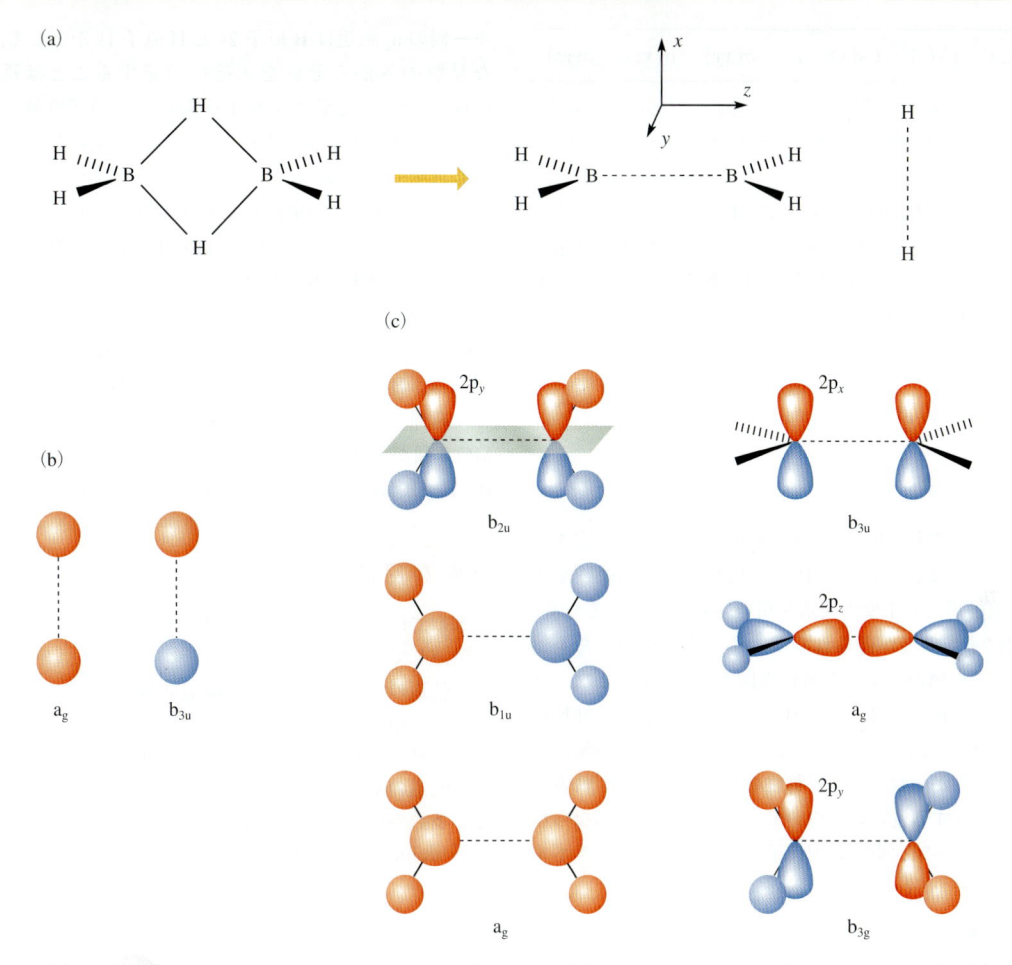

図 5・32 (a) B_2H_6 の構造は $H_2B\cdots BH_2$ 部と $H\cdots H$ 部に分離できる．(b) $H\cdots H$ 部に対する配位子群軌道（LGO）．(c) B_2H_4 部に対する低エネルギー側にある 6 個の配位子群軌道．b_{2u} 軌道の節面も示した．

ら考えることができる（図 5・32a）．

B_2H_6 分子は D_{2h} 対称を有し，D_{2h} の指標表を表 5・5 に示した．x, y, z 座標軸は図 5・32a のように定義される．この分子は中心対称性を有し，対称中心が 2 個の B 原子の中点に位置する．図 5・32a に示した B_2H_4 部分と $H\cdots H$ 部分の軌道間相互作用を用いて結合を記述するために，許容される配位子群軌道の対称要素を決定しなければならない．まず，$H\cdots H$ 部分について考え，いくつの H 原子の 1s 軌道が D_{2h} 点群の対称操作で不変となるかを調べる．

表 5・5 D_{2h} 点群に対する指標表の一部．完全な表は付録 3 に掲載されている．

D_{2h}	E	$C_2(z)$	$C_2(y)$	$C_2(x)$	i	$\sigma(xy)$	$\sigma(xz)$	$\sigma(yz)$
A_g	1	1	1	1	1	1	1	1
B_{1g}	1	1	-1	-1	1	1	-1	-1
B_{2g}	1	-1	1	-1	1	-1	1	-1
B_{3g}	1	-1	-1	1	1	-1	-1	1
A_u	1	1	1	1	-1	-1	-1	-1
B_{1u}	1	1	-1	-1	-1	-1	1	1
B_{2u}	1	-1	1	-1	-1	1	-1	1
B_{3u}	1	-1	-1	1	-1	1	1	-1

E	$C_2(z)$	$C_2(y)$	$C_2(x)$	i	$\sigma(xy)$	$\sigma(xz)$	$\sigma(yz)$
2	0	0	2	0	2	2	0

この行と同じ指標が D_{2h} 指標表の A_g と B_{3u} 表現の足し合わせによって与えられる．したがって，$H\cdots H$ 部分の配位子群軌道は a_g と b_{3u} 表現をもつことになる．ここで，2 個の H 原子 1s 軌道をそれぞれ ψ_1 と ψ_2 としよう．これらの配位子群軌道の波動関数は，ψ_1 が D_{2h} 点群の対称操作でどのように変化するかを調べることで求められる．以下の行はその結果をまとめたものである．

E	$C_2(z)$	$C_2(y)$	$C_2(x)$	i	$\sigma(xy)$	$\sigma(xz)$	$\sigma(yz)$
ψ_1	ψ_2	ψ_2	ψ_1	ψ_2	ψ_1	ψ_1	ψ_2

この結果に対し，D_{2h} の指標表の A_g または B_{3u} の対応する指標を掛け算して足し合わせることにより，配位子群軌道に対する規格化していない波動関数が得られる．規格化した波動関数を式 5.32 と式 5.33 に示した．また，配位子群軌道の模式図を図 5・32b に示した．

$$\psi(a_g) = \frac{1}{\sqrt{2}}(\psi_1 + \psi_2) \qquad (5.32)$$

$$\psi(b_{3u}) = \frac{1}{\sqrt{2}}(\psi_1 - \psi_2) \qquad (5.33)$$

同様の方法により，B_2H_4 部分の配位子群軌道を決定することができる．基底関数は各 B 原子当たり 4 個の軌道を用い，各 H 原子当たり 1 個の軌道を用いて組立てられるため，12 個の配位子群軌道が得られることになる．そのうち 6 個の低エネルギー側の配位子群軌道を図 5・32c に示した．高エネルギー側の軌道は B−H と B⋯B に関する非結合性軌道である．図 5・32c に示したうち，3 個が H⋯H 部の配位子群軌道と対称性が一致する．対称性の整合性に加え，軌道エネルギーが一致する度合いについても吟味しなければならない．図 5・32c 中の 2 個の a_g 配位子群軌道のうち，低エネルギー側の a_g 軌道は B 原子 2s と H 原子 1s からなる．定性的な見解のみからそれを正確に判定することは難しいが，B_2H_4 部分の上記低エネルギー側の a_g 配位子群軌道は H⋯H 部分の群軌道とエネルギー準位の一致が悪いと判断するのはごく自然であろう．

こうして B_2H_6 の定性的な部分 MO 図を組立てるうえで十分な情報が得られた．図 5・33 は B−H−B 架橋部の相互作用に関する軌道間相互作用に焦点を当てたものである．

利用可能な価電子数について検討すると，2 個の結合性 MO が占有されることがわかる．この MO モデルの重要な結論は，B−H−B 架橋の結合性が B_2H_4 架橋部 4 原子すべてに非局在化しているということである．そのような結合性 MO 2 個が 4 個の電子で満たされており，この結果は上述の B−H−B に対する 3c-2e 相互作用のモデルとも一致する．

重要な用語

本章では以下の概念が紹介されている．意味を理解できるか確認してみよう．

- ☐ 軌道の混成（orbital hybridization）
- ☐ sp, sp^2, sp^3, sp^3d, sp^2d, sp^3d^2 混成
- ☐ 配位子群軌道（ligand group orbital, LGO）の考え方
- ☐ 軌道の基底関数系（basis set of orbitals）
- ☐ 多数の原子間に広く分布した結合性相互作用 （delocalized bonding interaction）

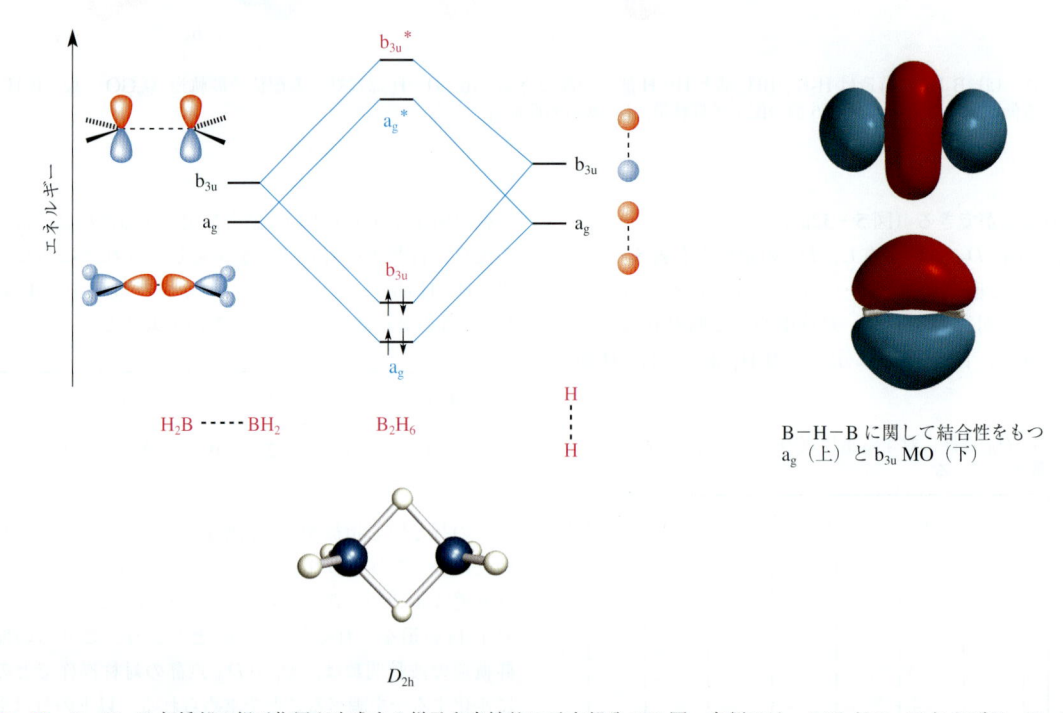

B−H−B に関して結合性をもつ a_g（上）と b_{3u} MO（下）

図 5・33 B−H−B 架橋部の相互作用が生成する様子を定性的に示す部分 MO 図．右側には a_g MO が B−H および B−H−B の結合性に寄与すること，ならびに b_{3u} MO が B−H−B の結合性に寄与することを示した．分子の向きは図の下部に示した構造と同じである．

- 軌道対称性の一致（symmetry matching of orbitals）
- 軌道エネルギーの一致（energy matching of orbitals）
- 三中心二電子（3c-2e）結合（3c-2e bonding interaction）

さらに勉強したい人のための参考文献

J. Barrett (1991) *Understanding Inorganic Chemistry: The Underlying Physical Principles*, Ellis Horwood (Simon & Schuster), New York － 2 章と 4 章は群論と多原子分子の結合に関する読みやすい入門書.

J. K. Burdett (1997) *Chemical Bonds, A Dialog*, Wiley, New York － 近代の結合理論に関し, 19 世紀スタイルの先生と学生の対話形式で書かれた要約書.

M. E. Cass and W. E. Hollingsworth (2004) *Journal of Chemical Education*, vol. 81, p. 997 － 学生と先生の両者にとって明快に書かれた文献. 'Moving beyond the single center － ways to reinforce molecular orbital theory in an inorganic course'.

F. A. Cotton (1990) *Chemical Applications of Group Theory*, 3rd edn, Wiley, New York － 群論による結合の解析と応用に関する優れた教科書.

G. Davidson (1991) *Group Theory for Chemists*, Macmillan, London － 10 章では有用な議論がなされ, 群論の利用について書かれている.

R. L. DeKock and H. B. Gray (1989) *Chemical Structure and Bonding*, University Science Books, California － 読みやすい教科書であり, VB と MO 理論が取扱われている. 光電子分光と MO エネルギー準位の関係を示す例があげられている.

H. B. Gray (1994) *Chemical Bonds*, University Science Books, California － 多数の図解を含む原子・分子構造の入門書.

S. F. A. Kettle (1985) *Symmetry and Structure*, Wiley, Chichester － 群論の応用に関する注意深い説明がなされた上級者向けの解説書.

L. Pauling (1960) *The Nature of the Chemical Bond*, 3rd edn, Cornell University Press, Ithaca, NY － VB 理論の観点から共有結合, 金属結合, 水素結合について解説する古典的な教科書.

M. J. Winter (1994) *Chemical Bonding*, Oxford University Press, Oxford － 5 章と 6 章は多原子分子に対する混成理論と MO 理論に関する基礎的な解説がある.
［邦訳：" フレッシュマンのための化学結合論 ", 西本吉助訳, 化学同人（1996).］

問題

5.1 (a) 原子軌道の混成とは何を意味するか述べよ. (b) VB 理論では原子軌道の基底を用いず, しばしば混成軌道を使う. その理由を説明せよ. (c) 式 5.1 と 5.2 が規格化された波動関数であることを示せ.

5.2 図 5・4 は sp^2 混成軌道 3 個が形成する過程を示している (式 5.3～5.5 を見よ).
(a) 混成軌道 3 個の方向が図に示したとおりであることを確かめよ.
(b) 式 5.3 と 5.5 が規格化された波動関数であることを示せ.

5.3 図 5・6b と式 5.6～5.9 で与えられる情報を用い, sp^3 混成軌道 4 個の方向が図 5・6a に示したものと一致するか調べよ.

5.4 (a) 図 5・2 と 5・4 と同様に, sp^2d 混成軌道の形成過程を図示せよ. (b) 各 sp^2d 混成軌道について, 構成原子軌道の割合はそれぞれ何パーセントとなるか答えよ.

5.5 下記化学種の中心原子の混成様式として適切なものを示せ. (a) SiF_4, (b) $[PdCl_4]^{2-}$, (c) NF_3, (d) F_2O, (e) $[CoH_5]^{4-}$, (f) $[FeH_6]^{4-}$, (g) CS_2, (h) BF_3

5.6 (a) cis-N_2F_2 と $trans$-N_2F_2 の構造を例題 4.1 に示した. 各異性体に対し, N 原子がとる混成様式として適切なものを示せ. (b) H_2O_2（図 2・1）の O 原子にはどのような混成様式が適当であるか答えよ.

5.7 (a) PF_5 は D_{3h} 対称である. どのような構造か答えよ. (b) VB 理論を用い, 適切な共鳴構造を描き, PF_5 の結合様式として適切なものを提案せよ.

5.8 (a) $[CO_3]^{2-}$ の構造を描け. (b) C－O 結合距離がすべて等しいと仮定し, $[CO_3]^{2-}$ の結合を表す共鳴構造式を書け. (c) 混成軌道の概念を用いて $[CO_3]^{2-}$ の結合を説明し, その結果を (b) で得た解釈と比べよ.

5.9 (a) CO_2 は直線形か屈曲形か答えよ. (b) C 原子はどのような混成軌道をとるか答えよ. (c) その混成軌道を用い, CO_2 の結合様式を概説せよ. (d) (c) の結果を基に, C－O 間の結合次数について記せ. (e) CO_2 のルイス構造式を描け. そのルイス構造は (c) や (d) で得られた結合様式を満足するものであるか答えよ.

5.10 配位子群軌道とは何か説明せよ.

5.11 直線形 XH_2（X は 2s と 2p が価電子の軌道であるとする）の結合について, VB と MO の考え方では, X－H 結合がそれぞれ局在化と非局在化の結合となる. そのような違いが生じる理由を説明せよ.

5.12 表 5・6 は, H_2O に関し, O の原子軌道の基底と H···H 部に対する配位子群軌道を用いて Fenske-Hall 自己無撞着場（SCF）に基づく量子化学計算を行った結果を示している. 座標軸は図 5・15 に示すとおりである.
(a) 表のデータを用いて H_2O の MO を視覚化する図を描き, 計算結果と図 5・15 が一致することを確かめよ.
(b) MO 理論では H_2O の非共有電子対についてどのように記述するか説明せよ.

5.13 図 5・17 およびそれに関連する記述を参照して以下の問いに答えよ. (a) B 原子 $2p_z$ 軌道が BH_3 において非結合 MO となる理由を説明せよ. (b) BH_3 において結合性と反結合性の MO の模式図を描け.

5.14 図 5・19 の右側の図は NH_3 に対する 3 個の MO を示している. 他の 4 個の MO を図示せよ.

5.15 配位子群軌道を用いて $[NH_4]^+$ の結合について説明せよ. 結合性の MO をすべて図示せよ.

表 5・6 H₂O について，O の原子軌道と H…H 部に対する配位子群軌道を軌道の基底とし，自己無撞着場 (SCF) による量子化学計算を行った結果．座標軸は図 5・15 に定義したとおりである．

原子軌道または 配位子群軌道	MO の割合（%）．固有値の符号は括弧内に示してある					
	ψ_1	ψ_2	ψ_3	ψ_4	ψ_5	ψ_6
O 2s	71(+)	0	7(−)	0	0	22(−)
O 2p_x	0	0	0	100(+)	0	0
O 2p_y	0	59(+)	0	0	41(−)	0
O 2p_z	0	0	85(−)	0	0	15(+)
H…H LGO(1)	29(+)	0	8(+)	0	0	63(+)
H…H LGO(2)	0	41(+)	0	0	59(+)	0

5.16 I_2（気体状態）の I−I 結合距離は 267 pm であり，$[I_3]^+$ では 268 pm，$[I_3]^-$ では 290 pm である（$[AsPh_3]^+$ 塩として）．(a) これらに対し，ルイス構造式を描け．また，それらルイス構造式は結合距離の違いを説明するものであるか答えよ．(b) MO 理論を用いてこれらの結合について検討し，それぞれについて，I−I の結合次数を導け．また，それらの結果は構造データと一致するか答えよ．

5.17 (a) BCl_3 は D_{3h} 対称である．BCl_3 の構造を描き，結合角を記せ．また NCl_3 は C_{3v} 対称である．この情報から結合角について言及できるか．(b) BCl_3 の B 原子，および NCl_3 の N 原子に対する原子軌道の対称表現を求めよ．

5.18 図 5・22，5・23，および 5・25 を用い，BF_3 と $[NO_3]^-$ の結合に関する MO 図を比較せよ．この結合の解釈に際してどのような近似をすべきか述べよ．

5.19 以下の各分子の構造を考慮し，点群の帰属が正しいかを確認せよ．(a) BH_3，D_{3h}；(b) NH_3，C_{3v}；(c) B_2H_6，D_{2h}．［ヒント 図 4・10 を使う］

5.20 B_2H_6 の結合を記述する際に，図 5・33 の結合性 MO 2 個が B−H 結合が架橋に関与する 4 原子すべてに非局在化していることを述べた．(a) これら MO は他にどのような性質をもつか述べよ．(b) 冒頭で述べた MO 法に基づく近似的な見解は，3c-2e 架橋結合が 2 個あるとする原子価結合法に基づく見解と一致している．(a) に対する答を考慮してもやはり一致しているといえるか．

5.21 $[B_2H_7]^-$（**5.11**）において，各 B 原子はほぼ四面体である．(a) この陰イオンは価電子をいくつもつか．(b) 各 B 原子が sp^3 混成をとると仮定する．各 B 原子につき 3 本の末端 B−H 結合が局在化して生成するとすれば，いくつの B の原子軌道が架橋相互作用に使えると考えられるか．(c) (b) に対する答をもとにして，BH_3 ユニット 2 個と H^- から $[B_2H_7]^-$ が生成する際の軌道準位図の概略を示せ．この手続きから，B−H−B 架橋部の性質について何がいえるか述べよ．

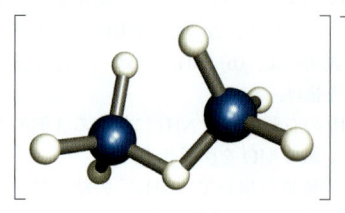

(5.11)

総合問題

5.22 (a) SiH_4 の Si 原子に対する混成軌道として適切なものは何か．(b) SiH_4 が属す点群を答えよ．(c) Si と H_4 部分から SiH_4 の定性的な MO の構図が生成する様子を描け．軌道にはすべて対称性を示すこと．

5.23 シクロブタジエン C_4H_4 は不安定であるが，下に示す $(C_4H_4)Fe(CO)_3$ などの錯体中では安定化を受ける．そのような錯体中においては C_4H_4 は平面をなし，C−C 結合距離はすべて等しい．

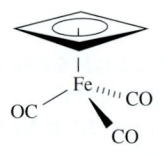

(a) C_4H_4 について C−H および C−C σ 結合を形成した後，どの軌道が π 結合の形成に利用可能か答えよ．

(b) C_4H_4 について D_{4h} 対称を仮定し，π-MO 4 個の対称性を求めよ．これらに対する MO の規格化した波動関数の式を導き，それぞれについて軌道の形状を描け．

5.24 (a) 仮想的な分子である PH_5 の共鳴構造式の組合わせを描け．その際，P は各構造式においてオクテット則を満たすものとする．構造は PF_5 と同様であると仮定せよ．

(b) PH_5 が属す点群を答えよ．

(c) 配位子群軌道を用いて PH_5 の結合を説明せよ．その際，P の原子軌道と H_5 部の配位子群軌道の対称性をどのように導いたかを明確に示せ．

5.25 $[CO_3]^{2-}$ の C 原子の混成様式として適切なものは何か．$[CO_3]^{2-}$ の結合を示す共鳴構造式を描け．図 5・34 は $[CO_3]^{2-}$ に対する 3 種の MO を示している．図 5・34 の (a) と (b) は電子で満たされており，(c) は空軌道である．これら MO の特徴について述べよ．また，軌道の対称表現をそれぞれ帰属せよ．

5.26 ヒドリド錯体 $[FeH_6]^{4-}$ は O_h 対称である．$[FeH_6]^{4-}$ の結合は Fe 原子軌道と H_6 部分の配位子群軌道の相互作用から説明される．

(a) H_6 部分に対する配位子群軌道 6 個を導き，それらの対称性をどのようにして決定したかを示せ．

(b) Fe 原子の基底は価電子の 3d（図 1・11 を参照せよ），4s，

(a)

(b)

(c)

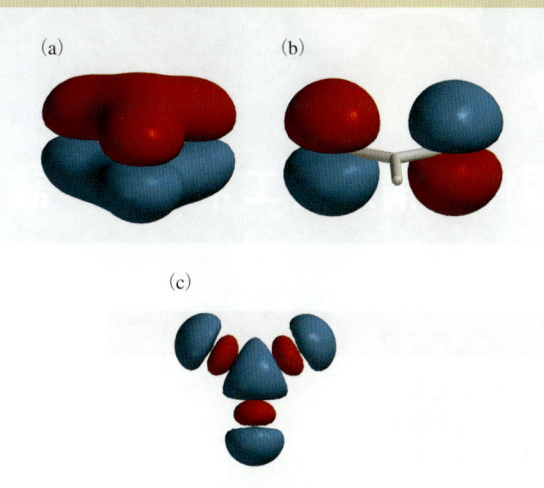

図5・34　問題 5.25 の図

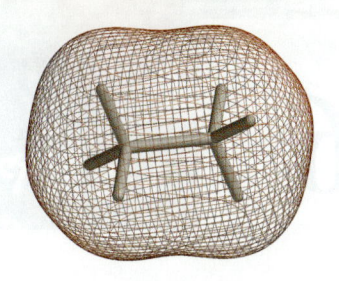

図5・35　C_2H_6 の最低被占結合性 MO(a_{1g})

および 4p 軌道からなる．O_h 対称におけるこれら軌道の対称性をそれぞれ決定せよ．
(c) Fe 原子と H_6 部分から $[FeH_6]^{4-}$ が形成される際の MO 図を描き，どの MO までが占有されるかを記せ．MO の特質についてそれぞれ述べよ．この結合様式は，図 5・28 に示した SF_6 の場合とどのように異なるか述べよ．

5.27 (a) 下の表では，間違った組合わせで分子（またはイオン）と点群が列記されている．各化学種に対応する点群を正しく帰属せよ．

分子またはイオン	点群
$[H_3O]^+$	D_{3h}
C_2H_4	$D_{\infty h}$
CH_2Cl_2	T_d
SO_3	C_{3v}
CBr_4	$C_{\infty v}$
$[ICl_4]^-$	D_{2h}
HCN	D_{4h}
Br_2	C_{2v}

(b) X_2H_6 分子は D_{3d} 点群に属す．この分子は重なり形 (eclipsed) とねじれ形 (staggered) のどちらのコンホメーションをとるか．
(c) 図 5・35 にエタンに対する最低エネルギーの a_{1g} MO を示した．この分子がねじれ形ではなく，むしろ重なり形のコンホメーションをとると仮定した場合，対応する MO の対称表現は何か答えよ．

5.28 下に示した構造は，八面体形（左），および三角柱形（右）の XY_6 分子に対応する．

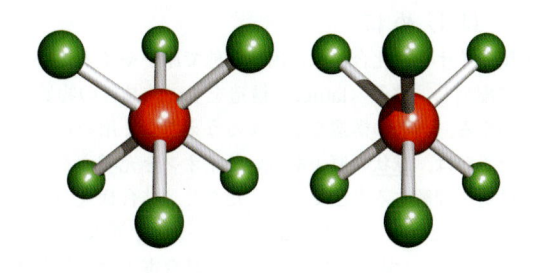

(a) これらの分子構造はどのような点群に属すか．
(b) 八面体形 XY_6 の結合性 MO は a_{1g}，e_g，および t_{1u} 対称である．これらの対称性が先に帰属した点群に対応しているかを確認せよ．
(c) 三角柱形 XY_6 分子の結合性軌道は三重縮重となるか．その理由とともに答えよ．

6 金属やイオン固体の構造とエネルギー論

おもな項目

- 球の充填
- 球充填モデルの応用
- 多　形
- 合金と金属間化合物
- バンド理論
- 半　導　体
- イオンの大きさ
- イオン固体格子
- 格子エネルギー
- ボルン・ハーバーサイクル
- 格子エネルギーの応用
- 固体格子の欠陥

6・1　はじめに

　金属やイオン性化合物は，固体状態で原子やイオンが秩序だって配列し，**格子**（lattice）構造をもつ結晶性の物質として存在する．両者の構造を学習するうえでよく用いられる共通した手順は，球状の原子あるいはイオンを充填することにより構造を理解する方法である．ただし，結合様式の違いのため，金属とイオン固体の性質はまったく異なる．金属結合は基本的には共有結合的であり，結合電子は結晶全体に非局在化し，金属の特徴である高い電気伝導性を生じる．イオン固体中の結合は，電荷をもつ化学種（イオン），たとえば，岩塩中の Na^+ と Cl^- の間に働く静電相互作用に由来する．イオン固体は一般に**絶縁体**（insulator）である．

> 　負の電荷をもつイオンを**陰イオン**（アニオン，anion），正の電荷をもつイオンを**陽イオン**（カチオン，cation）という．

　金属やイオン固体は三次元構造をもつが，そのような構造が金属あるいはイオン固体の性質に不可欠というわけではない．たとえば，ダイヤモンドは同様に三次元構造をもつが非金属である（§6・11，§6・12）．§2・2，および§2・5では'共有結合'の考え方のなかでイオン結合の寄与について学習した．本章の後半では，いわゆるイオン性化合物において，イオン的モデルに共有結合的な性質をどのように含めれば実体に近づくのかを学習する．

6・2　球の充填

　多くの読者は金属結晶の構造を考える場合，球状の原子を充填する方法に慣れ親しんでいるであろう．この節では，いくつかの基本的な充填構造について要点をまとめ，**単位格子**と**間隙**（interstitial hole）について説明する．

立方最密充填と六方最密充填

　直方体の箱の中に同じ大きさの球をいくつも並べることにしよう．このとき，球はある規則正しい配置で並ぶものとする．球が箱の底面を覆う場合の最も効率のよい並べ方を図6・1に示す．層内の各球は（配列の端にない限り）6個の

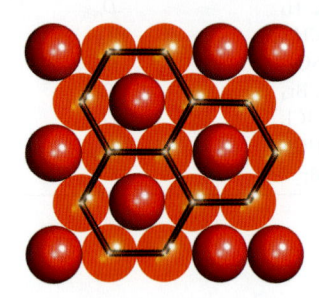

図6・1　同じサイズの球を1層に最密充填配列した一部分．六角形構造の特徴をもつ．

球と接しており，このような並べ方を**最密充填**（close-packing）という．このような配列では特徴的な六角形構造が表れる．球がこのように最密充填された配列の一部を図6・2aに示した．球の間にはくぼみがあり，このくぼみの上に球を積み重ねることにより最密充填した第二層をつくることができる．ただし，第二層をいくら最密に重ねても，第一層のくぼみは1個おきに半数が第二層の球で埋められるだけである．この様子を図6・2aと図6・2bに示す．

　図6・2bのB層で見えているくぼみには，2種類の異なっ

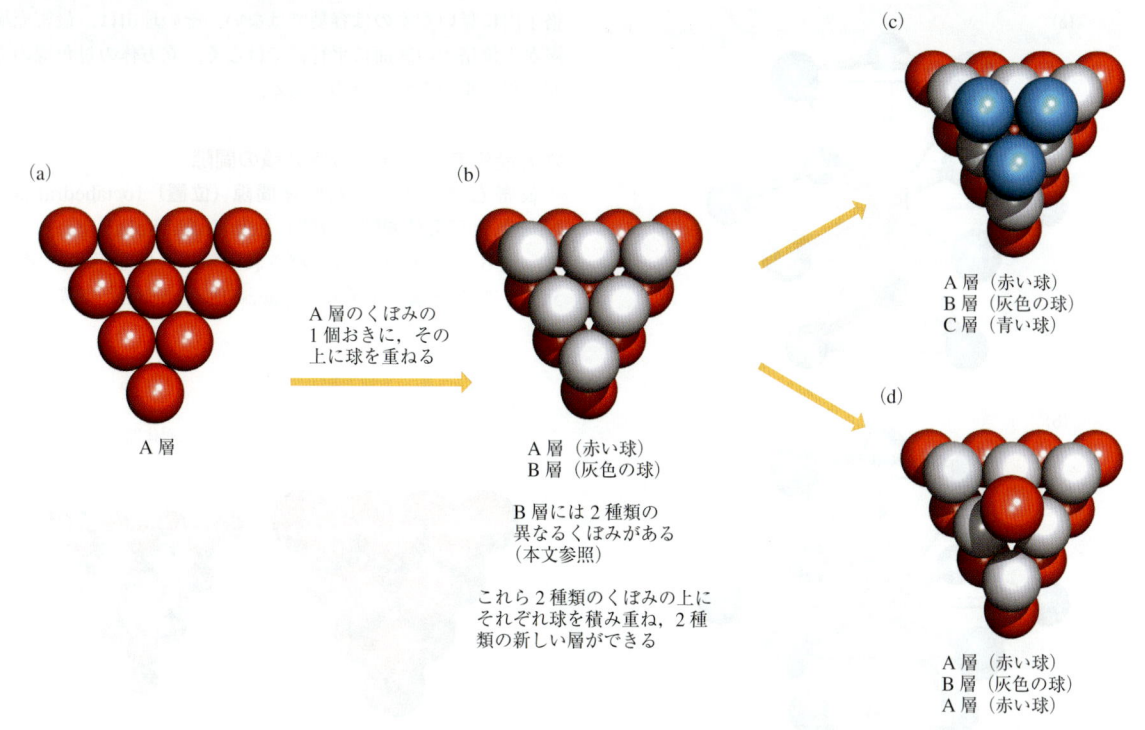

図6・2 (a) 球を最密充填した第一層 (A層) では，くぼみも規則正しく配列している．(b) 球を最密充填した第二層 (B層) はA層のくぼみを1個おきに埋めている．B層では2種類のくぼみがある．1箇所はA層の球の真上にあり，他の3箇所はA層のくぼみの真上にある．これら異なるくぼみの上に球を積み重ね，2種類の異なる第三層ができる．図(c) の青い球は新しい層Cを形成し，ABC積層構造となる．図(d) で示されるもう1種類の第三層はA層の繰返しで，ABA積層構造を与える．

たくぼみがある．B層の灰色の球の間には4個のくぼみがあるが，1個はA層の赤い球の真上にあり，3個はA層のくぼみの上にある．この結果，第三層の球を積み重ねたとき，図6・2cと図6・2dに示す2種の異なる最密充填配列が可能となる．このような配列は，もちろん横方向に拡張できるが，上方向には第四層が第一層と同じになるなどして，ある繰返しをもって積層することができる．2種類の最密充填配列は，<u>2層が繰返す</u>ABABAB…と，<u>3層が繰返す</u>ABCABC…とに区別される．

> **球の最密充填**では，ある決められた空間に最も効率よく球を詰めることができ，空間の体積の74%が球で占められる．

ABABAB…とABCABC…の充填配列をそれぞれ**六方最密充填**（hexagonal close-packing, **hcp**）および**立方最密充填**（cubic close-packing, **ccp**）という．どちらの構造でも，どの球も12個の球に取囲まれ接している．これを，12の**最近接原子**（nearest neighbor）をもつ，**配位数**（coordination number）が12，あるいは**十二配位**（12-coordinate），などと表現する．図6・3にABABAB…とABCABC…配列でこのような配位数がわかりやすい構造図を示す．図では，原子間のつながりが理解しやすいように'**球棒**'モデル（ball-and-stick model）を用いて格子を描いている．このような描画法はよく用いられるもので，球どうしが接していないことを<u>意味するものではない</u>．

六方最密充填と立方最密充填の単位格子

固体化学の基本概念に**単位格子**がある．これは固体構造の最小繰返し単位で，無限の格子構造を曖昧さなく構築するための全情報を含む．

> 固体結晶格子の最小繰返し単位を**単位格子**（unit cell）という．

図6・4に示す単位格子は立方最密充填（ccp）と六方最密充填（hcp）に対応している．これらは一見図6・2や図6・3で示した層の配列と同じには見えないが，各層をこれら単位格子の図においても容易に見いだすことができる．立方最密充填は**面心立方**（face-centered cubic, **fcc**）構造ともよばれ，図6・4aに示す単位格子の特徴からその名の由来を理解することができる．ABABAB…型充填構造とそのhcp単位格子との関係は，格子がABAの3層からなるため容易に理解できる．一方，ABCABC…型充填構造をそのccp単位

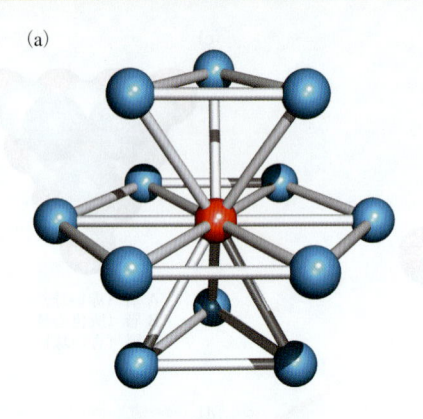

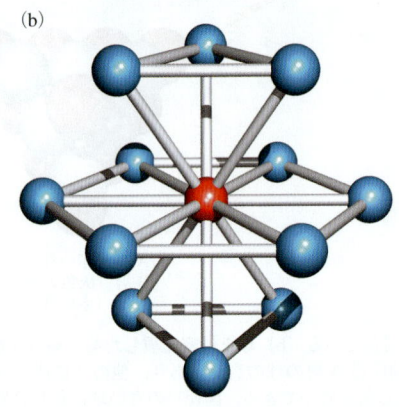

格子内に見いだすのは容易ではない．その理由は，最密充填層が単位格子の底面に平行にではなく，立方体の対角線の方向に積み重ねられるためである．

六方最密充填と立方最密充填の間隙

最密充填構造には**八面体間隙（位置）**（octahedral hole（site））と**四面体間隙（位置）**（tetrahedral hole（site））がある．図6・5に球が最密充填される際の2層を示す．図6・5aは'空間充填'モデル（space-filling model）で描かれて

図6・3 （a）ABA および（b）ABC 最密充填構造のどちらでも，各原子の配位数は12である．

図6・5 原子を最密充填した2層の構造を（a）球の空間充填モデルと（b）球のサイズを小さくし連結線が見えるようにした球棒モデルで示す．（b）には四面体間隙と八面体間隙を示した．

いるのに対し，図6・5bでは球のサイズを小さくして連結を示す線が見えるように描かれている（球棒モデル図）．この図から，球は四面体の頂点か八面体の頂点に位置することがわかる．逆に，八面体間隙や四面体間隙をつくるように球が充填されるともいえる．最密充填配置では，球1個当たり1個の八面体間隙があり，その2倍の数の四面体間隙が存在する．八面体間隙の体積は四面体間隙より大きい．四面体間隙には最密充填された球の0.23倍以下の数の半径の球しか収容されないが，八面体間隙には最密充填された球の0.41倍の半径の球を入れることができる．

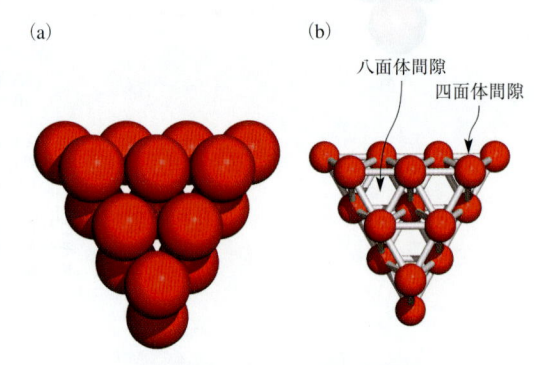

最密充填でない構造：単純立方構造と体心立方構造

球はいつも最密充填構造のように効率よく充填されるとは限らない．最密充填構造では空間に占める球の体積が74%であるが，これ以下の充填比率で規則正しい配列をつくることもできる．

球が三次元につながる立方体の枠組みをつくるように配列した場合，この単位格子を**単純立方**（simple cubic）格子という（図6・6a）．このような格子の三次元構造では，どの球も配位数が6となる．立方体単位格子の中心部にある間隙は，同じサイズの球を入れるには小さいが，立方体格子の8

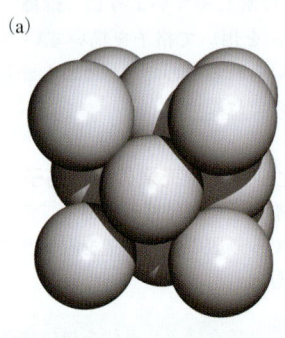

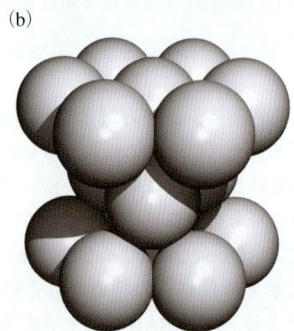

図6・4 （a）立方最密充填（ccp；面心立方，fcc）格子と（b）六方最密充填格子（hcp）の単位格子

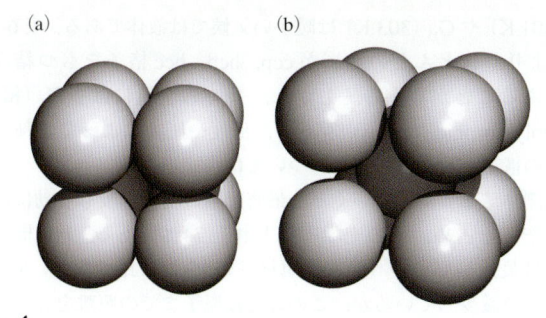

図 6・6 (a) 単純立方格子と (b) 体心立方格子 (bcc) の単位格子

個の球を互いに少し引き離した場合には，もう1個の球を中央の間隙に収容することが可能となる．こうしてできた配置を**体心立方** (body-centered cubic, **bcc**) 格子という（図6・6b）．bcc 格子では各原子の配位数は 8 となる．

例題 6.1　充塡率 (packing efficiency)

単純立方格子に関するつぎの事柄を説明せよ．(a) 単位格子当たり1個の球が存在する．(b) 単位格子の体積の約 52% が球で占められている．

解答　(a) 以下の左図は単純立方格子の単位格子を空間充塡モデルで，また，右図は球棒モデルで描いたものである．

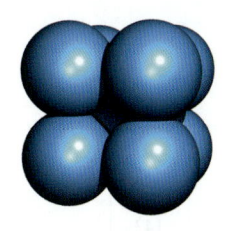

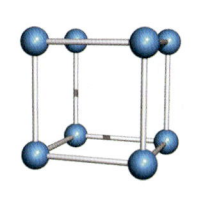

実際の格子ではこの単位格子が三次元的かつ無限に配列し，どの球も 8 個の単位格子に共有されている．

単位格子当たりの球の数 = $(8 \times 1/8) = 1$

(b) 各球の半径を r とすると，上図から

単位格子の一辺の長さ = $2r$

単位格子の体積 = $8r^3$

単位格子当たり1個の球があり，その球の体積は $(4/3)\pi r^3$．したがって，

単位格子中球で充塡された体積 = $(4/3)\pi r^3 \approx 4.19 r^3$

$$充塡率 = \frac{4.19 r^3}{8 r^3} \times 100 \approx 52\%$$

練 習 問 題

1. 面心立方 (fcc) 格子の単位格子中には 4 個の球が含まれることを示せ．
2. fcc 構造の各球の半径を r としたとき，単位格子の1辺の長さが $\sqrt{8}r$ であることを示せ．
3. 上の問題 (1), (2) の答を用い，立方最密充塡構造の充塡率が 74% であることを示せ．
4. bcc 構造では単位格子中に 2 個の完全な球が含まれることを示せ．
5. bcc 構造の充塡率が 68% であることを確かめよ．

6・3　球充塡モデルの単体の構造への応用

§6・2 では**剛体球** (hard sphere) を積み重ねて規則正しい配列をつくる方法を学んだ．原子を剛体球と見立てる方法は現代の量子力学とは相いれないところがあるが，多くの固体構造を理解するうえで球充塡モデルは非常に有効である．このモデルは単原子である 18 族元素や金属に適用することができる．また，二原子分子は固体状態で自由回転し，球体とみなせるため，H_2 および F_2 に対しても適用可能である．

18 族元素の固体構造

18 族元素は '貴ガス' とよばれる（**第 18 章**参照）．18 族元素の物理化学的性質を表 6・1 に示す．ヘリウムを除く（表 6・1 脚注参照）18 族元素は低温で凝固する．固体状態では原子間にファンデルワールス力だけが働くため，融解に伴うエンタルピー変化は非常に小さい．Ne, Ar, Kr, Xe の固体結晶はいずれも ccp 構造をとる．

表 6・1　18 族元素の物理化学的性質

元素		融点 / K	$\Delta_{fus}H$(mp) / kJ mol^{-1}	沸点 / K	$\Delta_{vap}H$(bp) / kJ mol^{-1}	ファンデルワールス半径 (r_v) / pm
ヘリウム	helium	†	—	4.2	0.08	99
ネオン	neon	24.5	0.34	27	1.71	160
アルゴン	argon	84	1.12	87	6.43	191
クリプトン	krypton	116	1.37	120	9.08	197
キセノン	xenon	161	1.81	165	12.62	214
ラドン	radon	202	—	211	18	—

† ヘリウムは大気圧下では凝固しない．これ以外の表中の相転移についてはすべて大気圧下の値である．

H_2 と F_2 の固体構造

気体の H_2 は 20.4 K* で液化し，14.0 K で凝固する．固体状態であっても，H_2 分子は格子点上で回転するのに十分なエネルギーをもつため，二原子分子である H_2 が占める空間を 1 個の球とみなすことができる．H_2 からなる球は固体状態で hcp 構造をとる．

フッ素は 53 K で凝固し，45 K にまで冷却すると相転移が生じひずんだ最密充填構造となる．F_2 も H_2 と同様に格子点上で自由回転するため，同様の説明ができる（45 K 以上でみられる第二の相は，より複雑な構造である）．

H_2 や F_2 の分子が自由回転している場合にのみ，球充填モデルをそれらの結晶構造に適応することができる．より重いハロゲン分子などの二原子分子はこのような挙動を示さず同様の取扱いはできない（§17・4 参照）．

金属の固体構造

Hg を除くすべての金属は 298 K で固体である．ただし，'室温で固体' という表現はやや曖昧で，融点の低い Cs (301 K) や Ga (303 K) は暖かい気候では液体である．表 6・2 より，ほとんどの金属が ccp, hcp, bcc 格子をもつ結晶であることがわかる．しかし，多くの金属には**多形（相）**（polymorphic form）が存在し，温度や圧力によって 2 種以上の構造が現れる．これについては後で述べる．

剛体球モデルに基づくと，最密充填の場合に最も有効に球が空間を占め，その充填率はどれも 74% である．bcc 構造では最近接原子が（最密充填格子の 12 個に比べると）8 個にまで減少しているが，この最近接原子までの距離を x とすると，$1.15x$ の距離にさらに 6 個の原子が存在するため，充填率は 68% で最密充填構造に比べさほど低くはない．

ccp, hcp, bcc 格子以外の構造をとるいくつかの金属のなかには 12 族の金属が含まれる．Zn と Cd の構造は基本的には hcp 格子であるが，各原子が（その原子と同じ層内の）6 個の原子との距離が短くなり，他の 6 個の原子との距離が長くなるようにひずんでいる．Hg はひずんだ単純立方格子構造をとり，ひずみを考慮して配位数は 6 である．Mn は d ブロック金属のなかでは特殊な構造をとることでよく知られている．Mn 原子は複雑な立方格子構造を形成し，配位数が

表 6・2 金属単体の構造（298 K），融点（K），標準原子化エンタルピー

凡例（Be の例）: 金属格子の型 ◆ = hcp; ● = ccp (fcc); ● = bcc
1560 ← 融点 (K)
324 ← 標準原子化エンタルピー (kJ mol⁻¹)
112 ← 十二配位のときの金属結合半径 (pm)

1	2	3	4	5	6	7	8	9	10	11	12	13	14	15
Li ● 454 161 157	Be ◆ 1560 324 112													
Na ● 371 108 191	Mg ◆ 923 146 160											Al ● 933 330 143		
K ● 337 90 235	Ca ● 1115 178 197	Sc ◆ 1814 378 164	Ti ◆ 1941 470 147	V ● 2183 514 135	Cr ● 2180 397 129	Mn 本文参照 1519 283 137	Fe ● 1811 418 126	Co ◆ 1768 428 125	Ni ● 1728 430 125	Cu ● 1358 338 128	Zn 本文参照 693 130 137	Ga 本文参照 303 277 153		
Rb ● 312 82 250	Sr ● 1040 164 215	Y ◆ 1799 423 182	Zr ◆ 2128 609 160	Nb ● 2750 721 147	Mo ● 2896 658 140	Tc ◆ 2430 677 135	Ru ◆ 2607 651 134	Rh ● 2237 556 134	Pd ● 1828 377 137	Ag ● 1235 285 144	Cd 本文参照 594 112 152	In 本文参照 430 243 167	Sn 本文参照 505 302 158	
Cs ● 301 78 272	Ba ● 1000 178 224	La ◆ 1193 423 188	Hf ◆ 2506 619 159	Ta ● 3290 782 147	W ● 3695 850 141	Re ◆ 3459 774 137	Os ◆ 3306 787 135	Ir ● 2719 669 136	Pt ● 2041 566 139	Au ● 1337 368 144	Hg 本文参照 234 61 155	Tl ◆ 577 182 171	Pb ● 600 195 175	Bi † 544 210 182

† 図 15・3c とその説明参照．

---

* この章でいう相転移は断りのない限りすべて大気圧下のことをさす．

12, 13, または 16 である 4 種類の環境が存在する. p ブロック金属の多くも変則的な構造をとる. 13 族では, Al と Tl はそれぞれ ccp と hcp 格子をとるが, Ga（α-Ga）と In はこれらとはまったく異なる構造をとる. α-Ga では各原子は（249 pm の距離に）わずか 1 個の最近接原子をもち, つぎに近い原子が 270 から 279 pm の範囲で 6 個存在する. つまり, 2 個の原子が対をつくる傾向がみられる. In はひずんだ ccp 格子を形成し, 12 個の配位原子は 325 pm に位置する 4 個と 338 pm に位置する 8 個の 2 組に分かれる[*1]. 14 族では, Pb は ccp 構造をとるが, 白色スズ（Sn, 298 K で安定な同素体）では各原子の配位数はわずか 6 である（灰色スズについては §6・4 参照）. 配位数が 8 よりも小さい金属は揮発性が高い.

6・4 金属の多形
多形：固体状態の相転移

大気圧下[*2] 298 K で金属の構造を考えるのが一般に便利であるが, このような条件でみられる構造がすべてではない. 温度と圧力が変化すると金属の構造が変化する場合があり, それらの結晶形（相）をその金属の **多形**（polymorph）という. たとえば, Sc は 1610 K で hcp 格子（α-Sc）から bcc 格子（β-Sc）に可逆的に転移する. 2 回以上の相転移を起こす金属もある. 大気圧下 983 K で Mn は α-Mn から β-Mn に転移し, 1352 K で β-Mn から γ-Mn に, 1416 K で γ-Mn から σ-Mn に転移する. α-Mn は複雑な格子をもつが（前述）, β-Mn は十二配位の 2 種類の Mn が存在するやや単純な構造を有し, γ-Mn はひずんだ ccp 格子, σ-Mn は bcc 格子をもつ. 高い温度で形成される層は低温で **焼入れ**（quenching; 構造を保持しながら急冷）できる場合もあり, 室温でその構造を決定することができる. 熱化学データから, 単体の異なる多形間のエネルギー差は通常非常に小さいことがわかる.

> ある物質に 2 種以上の結晶形（相）がある場合, これを **多形** という.

多形に関する興味深い例が Sn でみられる. 圧力 1 bar, 298 K で β-Sn（白色スズ）は熱力学的に安定な多形であるが, 温度を 286 K まで下げると α-Sn（灰色スズ）にゆっくりと転移する. この β から α への転移に伴い配位数は 6 から 4 へと変化し, α-Sn はダイヤモンド型の格子構造をとる（図 6・19 参照）. 高温から低温の多形に変化する場合, 通常, 密度は増大するが, β から α への転移で Sn の密度は 7.31 から 5.75 g cm^{-3} に低下する.

相　図

ある単体に温度や圧力の変化が及ぼす影響を考える場合, **相図**（phase diagram）を用いると便利である. 図 6・7 に Fe の相図を示す. 相図中の各線は **相境界**（phase boundary）を示しており, 境界線を横切る（金属の相が変化する）には温度や圧力の変化が必要である. たとえば, 1 bar の圧力下 298 K で Fe は bcc 構造（α-Fe）をとる. 圧力を 1 bar に保ったまま温度を 1185 K に上げると, fcc 構造をとる γ-Fe への転移が起こる. また, 800 K に温度を保ちながら圧力を上げても α-Fe から γ-Fe への転移が起こる.

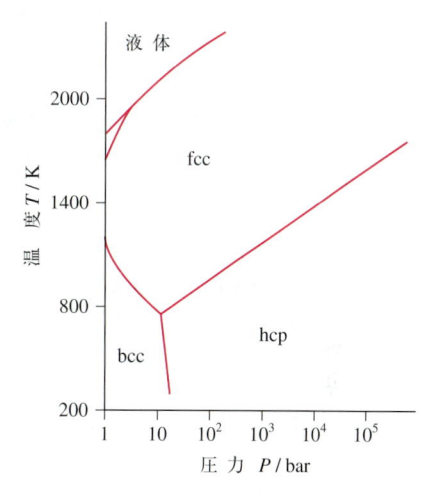

図 6・7　鉄の相図

練習問題

1. 温度を 900 K に保ちながら圧力を 1 bar から上昇させると鉄の構造はどのように変化するか, 図 6・7 を用いて説明せよ.

2. 一般に, 低温で最密充填構造をとる金属は, 高温で bcc 構造をとる. このような相転移が起こると金属の密度はどのように変化するか.

3. 298 K で bcc 構造をとる金属を 2 例あげよ.

[答　表 6・2 参照]

6・5 金属結合半径
固体金属格子で隣接する原子間距離の半分を **金属結合半径**

[*1] インジウムのひずんだ ccp 構造に関する詳説や 13 族金属の構造に関する概説についてはつぎを参照せよ: U. Häussermann et al. (1999) Angew. Chem. Int. Ed., vol. 38, p. 2017; U. Häussermann et al. (2000) Angew. Chem. Int. Ed., vol. 39, p. 1246.

[*2] '大気圧'という表現をしばしば用いるが, IUPAC により **標準気圧**（standard pressure）は 1 bar（1.00×10^5 Pa）とされている. 1982 年までは標準気圧は 1 気圧（1 atm = 101 300 Pa）であり, 物理データ表などで依然この圧力が用いられている場合もある.

r_metal という．しかし，同じ金属でも多形の異なる構造から r_metal は配位数により変化することがわかる．たとえば，同じ金属の bcc 多形と最密充填結晶形の隣接原子間距離の比，つまり r_metal の比は，配位数が 8 から 12 に変化するのに対応して 0.97 : 1.00 となる．配位数がさらに低下すると r_metal も短くなる．

配位数	12	8	6	4
金属結合半径比	1.00	0.97	0.96	0.88

> 固体金属格子で隣接する原子間距離の半分を**金属結合半径**（metallic radius）という．金属結合半径は配位数により変化する．

表 6・2 の r_metal は十二配位の中心金属に対する値である．すべての金属で十二配位の構造が実在するわけではなく，いくつかの r_metal は推定値となっている．周期表の序列に沿って元素間で意味のある比較を行うためには，条件を同じにした 1 組の r_metal 値が必要となる．r_metal の値（表 6・2）は 1, 2, 13, 14 族の各族の下にいくほど大きくなる．d ブロックの各同族 3 元素に関し，第一列（第 4 周期）から第二列（第 5 周期）にいくと r_metal は通常大きくなるが，第二列と第三列（第 6 周期）とではほとんど変化しない．この現象は満たされた 4f 軌道の遮蔽効果が弱いことに起因し，**ランタノイド収縮**（lanthanoid contraction）とよばれている（§23・3, §25・3 参照）．

例題 6.2 金属結合半径

表 6・2 の r_metal 値を用いてつぎの金属結合半径を推定せよ．(a) 1 bar の圧力下 298 K での金属 K の r_K，(b) α-Sn の r_Sn．α-Sn で実際に見いだされた隣接原子間距離は 280 pm であった．(b) に対する解答はこの結果と矛盾がないか確かめよ．

解答　表 6・2 の r_metal は十二配位の原子についての値であり，K と Sn のそれはそれぞれ 235 pm と 158 pm である．
(a) 1 bar 下 298 K での K の構造は bcc で，各 K 原子の配位数は 8 である．すでに示した金属結合半径の比から

$$\frac{r_\text{十二配位}}{r_\text{八配位}} = \frac{1}{0.97}$$

bcc 格子における K 原子の金属結合半径の推定値は

$$r_\text{八配位} = 0.97 \times (r_\text{十二配位}) = 0.97 \times 235 = 228\,\text{pm}$$

(b) α-Sn では Sn 原子は四配位である．すでに示した金属結合半径の比から

$$\frac{r_\text{十二配位}}{r_\text{四配位}} = \frac{1}{0.88}$$

α-Sn における Sn 原子の金属結合半径は

$$r_\text{四配位} = 0.88 \times (r_\text{十二配位}) = 0.88 \times 158 = 139\,\text{pm}$$

隣接原子間距離は r_metal の 2 倍であるため，Sn-Sn 距離の計算値は 278 pm となり，観測値 280 pm とよく一致する．

練習問題
表 6・2 のデータを用いよ．
1. 金属 Na（298 K, 1 bar）の金属結合半径を推定せよ．
　　　　　　　　　　　　　　　　　　　　　　　　［答　185 pm］
2. 金属 Na（298 K, 1 bar）の隣接する 2 個の Na 原子間距離は 372 pm である．十二配位の Na に対する r_metal の値を推定せよ．
　　　　　　　　　　　　　　　　　　　　　　　　［答　192 pm］

6・6　金属の融点と標準原子化エンタルピー

表 6・2 に示した金属元素の融点では，容易に周期的傾向を見いだすことができる．融点が最も低い金属は 1, 12 族と，Al を除く 13 族，14, 15 族のものである．一般に，このような金属は固体状態で最密充填構造をとらない．アルカリ金属の融点は特に低く（したがって，標準融解エンタルピーも小さく，Li の 3.0 kJ mol^{-1} から Cs の 2.1 kJ mol^{-1} の範囲にある），これに関して興味深い現象がよくみられる．たとえば，カリウムの小片を水面に落とすと，式 6.1 の発熱反応が起こり，その熱で未反応のカリウムが融解し，さらに融解したカリウムは激しく反応し続ける．

$$2\text{K} + 2\text{H}_2\text{O} \longrightarrow 2\text{KOH} + \text{H}_2 \quad (6.1)$$

表 6・2 に示した標準原子化エンタルピー $\Delta_\text{a}H°$（298 K）の値は式 6.2 の過程（すなわち昇華）で定義され，金属格子の分解に対応している．298 K で液体である水銀は例外である．

$$\frac{1}{n}\text{M}_n(標準状態) \longrightarrow \text{M}(\text{g}) \quad (6.2)$$

$\Delta_\text{a}H°$（298 K）の値が最も小さい金属もまた最密充填以外の構造をとる．$\Delta_\text{a}H°$（298 K）はボルン・ハーバーサイクル（**§6・14** 参照）のような熱化学サイクルの 1 過程に対応することから，金属の反応様式を説明するうえで $\Delta_\text{a}H°$ は重要である．

一般に，$\Delta_\text{a}H°$（298 K）の値と不対電子数の間には粗い相関がある．表 6・2 の K から Ga, Rb から Sn, Cs から Bi のどの周期についても，d ブロック元素の中央付近で最も大きな $\Delta_\text{a}H°$ 値を示す（**§6・3** で述べた特異な構造をとる Mn は例外である）．

6・7　合金と金属間化合物

多くの金属はそれ自体の物理的性質だけでは工業製品などの実用的な目的に適さない．2 種あるいはそれ以上の金属を混ぜたり，金属に非金属を混ぜることで得られる**合金**

（alloy）では，強度，展性，延性，硬度，耐腐食性などの性質を高めることができる．たとえば，Pb に Sn を加えることで得られる Pb をベースとした合金は**ハンダ**（solder）に用いられ，Pb：Sn の比を変えることで，ハンダの融点を用途に応じて調整することができる．

> **合金**とは，2 種以上の金属，または金属と非金属とが（原子レベルで）密に混ざり合ったもの，あるいは化合物にまでなったものをいう．合金になるとそれら物質の物理的性質，耐腐食性，耐熱性などが変化する．

合金は成分元素を融解させて混合し，その後冷却することで製造される．溶融混合物を急速に冷却（焼入れ）した場合には，**固溶体**（solid solution）中の 2 種類の金属原子の分布は不均一となる．過剰に存在する元素を溶媒といい，少ない方の成分を溶質という．ゆっくり冷却した場合には，溶質原子がより規則的な分布となることが多い．合金の科学は単純ではないが，ここではその導入として置換型合金と侵入型合金，さらに金属間化合物の 3 種をとりあげることにする．

置換型合金

置換型合金（substitutional alloy）では，格子をつくる溶媒金属の一部が溶質原子で置換される（図 6・8）．溶媒金属のもつ元来の構造を維持するためには，両成分が類似の原子サイズをもつ必要がある．また，溶質原子は，溶媒金属格子中の原子の配位環境に適合可能でなければならない．置換型合金の一例であるスターリングシルバー（銀食器やアクセサリーに用いられる）は 92.5％の Ag と 7.5％の Cu を含む．Ag と Cu の単体はいずれも ccp 格子をもち，$r_{\text{metal}}(\text{Ag}) \approx r_{\text{metal}}(\text{Cu})$ である（表 6・2）．

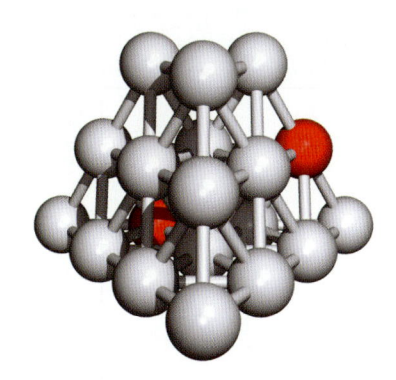

図 6・8 置換型合金では，ホスト格子（灰色）をつくる原子の一部が溶質原子（赤色）で置き換わっている．

侵入型合金

最密充填格子には四面体間隙と八面体間隙がある（図 6・5 参照）．金属格子に対し剛体球モデル*を適用すると，最密充填構造の八面体間隙には，格子をつくる球の半径（r）の 0.41 倍の球を入れることができる．これに対し，四面体間隙に収容できる球（原子）は著しく小さい（$< 0.225r$）．

侵入型合金（interstitial alloy）について**炭素鋼**（carbon steel）を例に説明する．炭素鋼では Fe 格子中の八面体間隙に少量の C 原子が入り込んでいる．α-Fe は 298 K（1 bar）で bcc 構造をとるが，1185 K で γ-Fe（ccp）への転移が起こり，1674 から 1803 K の範囲では再び α-Fe が現れる（図 6・7）．炭素鋼は工業的に非常に重要であり（Box 6・1 参照），炭素の含有量で 3 種類に分類される．**低炭素鋼**（low-carbon steel）は 0.03〜0.25％の炭素を含み，鋼板として，たとえば，自動車産業やスチール製容器製造業で用いられている．**中炭素鋼**（medium-carbon steel）は 0.25〜0.70％の炭素を含み，ボルト，ネジ，機械部品，連結棒，ガードレールや柵などの材料に適している．**高炭素鋼**（high-carbon steel）は最も強度の高い炭素鋼で 0.8〜1.5％の炭素を含み，種々の切削や穿孔用工具に用いられている．炭素鋼の欠点は腐食しやすいことであるが，被膜をつくることでその防止が可能である．**ガルバニウム鋼**（galvanized steel，亜鉛めっき鋼）は Zn の被膜をもつ．Zn の機械強度は低いが耐腐食性は高く，機械強度の高い鋼と組合わせたガルバニウム鋼は産業界で広く利用されている．Zn 被膜がはがれて鉄の下地が露出しても，Fe よりも Zn の方が酸化されやすく，はがれた Zn 被膜が**犠牲陽極**（sacrificial anode）として働く（Box 8・3 参照）．

他の金属 M との合金をつくることでも鋼の性質を改善することができる．この手法は侵入型合金と置換型合金の構造を組合わせたものであり，C は Fe 結晶格子の八面体間隙に入り M は格子位置に置換する．**ステンレス鋼**（stainless steel）は**合金鋼**（alloy steel）の一例であり，Box 6・2 で詳しく述べる．耐摩耗性の高いもの（たとえば，鉄道や路面電車の軌道に用いる）としては Mn と鋼の合金がある．Ti, V, Co, W を含む合金鋼もあり，それぞれの溶質金属が特異的な性質を付与している．特殊鋼については § 22・2，および § 23・2 で述べる．

金属間化合物

いくつかの金属を融解し混合したものを凝固したとき，成分金属の構造とは異なるある一定の構造をもつ合金が生成する場合がある．このような相は**金属間化合物**（intermetallic compound）に分類され，たとえば β-黄銅（β-brass, CuZn）がある．298 K で Cu は ccp 構造をもち，Zn はひずんだ hcp

---

* 剛体球モデルは近似であり，原子の量子力学的な原理とは相いれないことを理解することは重要である．

資源と環境

Box 6・1　鉄鋼の生産と再利用

工業生産される鉄のおもな原料は赤鉄鉱（ヘマタイト hematite, Fe_2O_3），磁鉄鉱（マグネタイト magnetite, Fe_3O_4），菱鉄鉱（シデライト siderite, $FeCO_3$）である（§22・2参照）．これら鉱石から膨大な量の鉄が抽出され，鉄鋼として消費される．2005年の粗鋼生産では中国と日本が世界をリードしている．

鉄鋼の工業生産過程はつぎのようにまとめることができる．鉄鉱石と石灰石（$CaCO_3$）およびコークスを溶鉱炉（高炉）の中で混ぜ，温度を約750 Kから2250 Kまで上げる．高温域で炭素はCOに変化するが，炭素とCOの両方が鉄鉱石を還元する．

$$2C + O_2 \longrightarrow 2CO$$
$$Fe_2O_3 + 3C \longrightarrow 2Fe + 3CO$$
$$Fe_2O_3 + 3CO \longrightarrow 2Fe + 3CO_2$$

石灰石の働きは不純物を取除くことで，その反応生成物を**スラグ**（slag）といい，ケイ酸カルシウムなどが含まれている．溶けた鉄を炉から取出し鋳型に流し込み冷却する．これを**銑鉄**（pig iron）といい，2～4%の炭素と少量のP, Si, S, Mnが含まれている．再び融解し鋳造したものを**鋳鉄**（cast iron）という．これはもろく，実際の性質は不純物として含まれる第二の元素の割合によって決まる．Siの含有量が多い場合には，Cはグラファイトとなるためこのような鋳鉄は**ねずみ鋳鉄**（gray cast iron）とよばれる．逆に，Siの割合が低い場合には，Cが鉄炭化物**セメンタイト**（cementite）（Fe_3C）中に存在する**白鋳鉄**（white cast iron）が生成する．

パドル法（puddling process）により鋳鉄は**錬鉄**（wrought iron）に変換される．この過程でCやSとその他の不純物は酸化され，C成分が0.2%未満の錬鉄が得られる．鋳鉄とは異なり錬鉄は粘り強く展性に富むため，ガードレールや柵，窓や扉の枠などに広く利用されている．

ベッセマー法（Bessemer process），**シーメンスアーク法**（Siemens electric arc process），塩基性酸素製鋼法により鉄を鋼に変換する．ベッセマー法は最初に特許がとられた方法であるが，現代の鉄鋼生産ではアーク法と塩基性酸素製鋼

TAMCO製鋼所（カリフォルニア）の電気炉から溶けた鋼を鋳型に注ぎ入れるところ．[Heini Schneebeli/Science Photo Library/amanaimages]

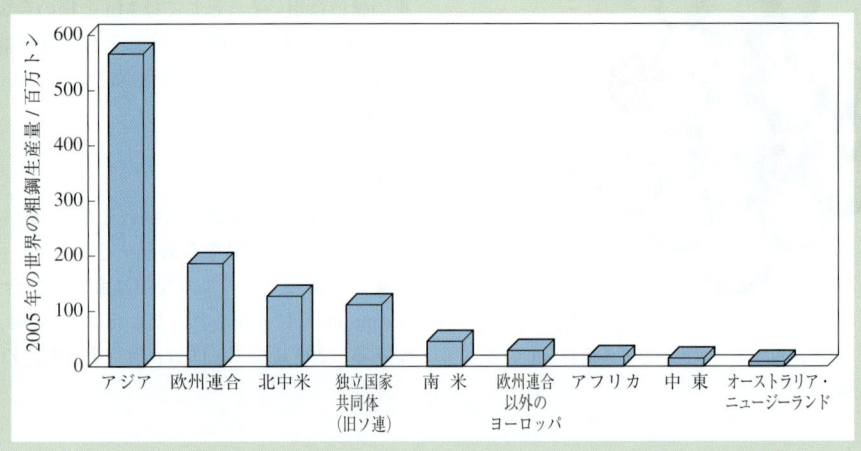

[データ: www.worldsteel.org]

が用いられている．O_2 が銑鉄中の炭素を酸化しその割合を下げることにより商業用の鋼が生産される（本文参照）．

環境に対する影響：鋼の再利用

これまでは，溶鉱炉での，すなわち鉄鉱石と石灰石，コークスを原料として用いる塩基性酸素製鋼法による鋼の生産について述べてきた．これに対し，**電気炉**（アーク炉，electric arc furnace；写真）では原材料として**くず鉄**（scrap steel）のみを使用する．まず電気炉にくず鉄を入れ，グラファイト電極と炉壁の間に放電することで約 1500 K まで電気的に加熱してくず鉄を融解する．精製後，再利用される鋼は用途に応じて鋳造される．鋼はこのように何度も再利用することができる．2004 年に全世界で生産された鋼の 63.0% は溶鉱炉（高炉）すなわち塩基性酸素製鋼法でつくられたが，33.8% は電気炉で，残る 3.2% は平炉など他の方法で製造された．米国では鉄鋼リサイクリング研究所が，缶から住宅設備，自動車や建築材料に至るまで鉄鋼の再利用を奨励している．米国でのスチール缶の再利用率は，1998 年の 15% から 2004 年の 62% まで上昇し，2004 年には生産された鉄鋼全体の 71% が再利用された．

電気炉の利用は，原料となる鉄鉱石や石灰石，コークスの需要を下げるだけではなく，'温室効果ガス（温暖化ガス）'の 1 種である CO_2 の発生を抑える効果もある．1997 年の京都議定書では，先進国の多くが CO_2，CH_4，N_2O，SF_6，ヒドロフルオロカーボン（HFC），ペルフルオロカーボン（PFC）の排出制限に同意し，このような温室効果ガスの排出量を 2008～2012 年までに 1990 年の排出量から 5% 削減した水準まで減少させることを目指している．これは，議定書がない場合に予想される 2010 年の排出量に対する 29% の削減に相当する．

さらに勉強したい人のための参考文献

F. J. Berry (1993) 'Industrial chemistry of iron and its compounds' in *Chemistry of Iron*, ed. J. Silver, Blackie, Glasgow.

ウェブサイト：www.worldsteel.org

構造をとるが，β-黄銅は bcc 構造をとる．合金が金属間化合物となるためには 2 種の金属の混合割合が非常に重要である．'黄銅'に分類される合金の組成は変化し，α 相は Cu が ccp 構造をとり Zn が溶質となった置換型合金の状態である．Cu：Zn の化学量論比が約 1：1 となると β-黄銅となり，Zn の割合が増加すると γ-黄銅に相転移し（γ-黄銅の組成は一定ではないが Cu_5Zn_8 と表記される場合がある），さらに約 1：3 の化学量論比をもつ ε-黄銅へと転移する*．

6・8 金属の結合と半導体

金属のさまざまな構造について，局在化された金属－金属結合による結合モデルを考えようとすると，各金属原子がそのすべての隣接原子と二中心二電子結合をつくるには原子価殻軌道と電子が足りないという問題を生じる．たとえば，アルカリ金属は 8 個の隣接原子をもつが（表 6・2），価電子を 1 個しかもたない．したがって，この場合，多中心軌道による結合モデルを考える必要がある（§5・4～5・7 参照）．さらに，金属は電気をよく通すという事実から，電子の移動を説明するには多中心軌道が金属結晶全体に広がる必要性がある．これまでにいくつかの結合理論が提案されてきたが，**バンド理論**（band theory）が最も一般的である．その前に，**電気伝導率**（electrical conductivity，電気伝導度）と**抵抗率**（resistivity）について復習する．

電気伝導率と抵抗率

電気伝導体（electrical conductor）は電流（単位 アンペア，A）に対する抵抗（単位 オーム，Ω）が小さい．

ある物質の電気抵抗率は電気を流したときの抵抗力の尺度である（式 6.3）．一定の断面をもつ電線の抵抗率（ρ）は Ω m の単位で与えられる．

$$\text{抵抗}(\Omega) = \frac{\text{抵抗率}(\Omega\text{ m}) \times \text{電線の長さ(m)}}{\text{電線の断面積(m}^2)}$$

$$R = \frac{\rho \times l}{a} \tag{6.3}$$

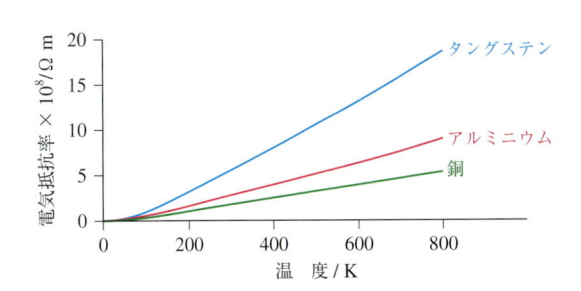

図 6・9 金属は温度の上昇とともに電気抵抗率が増加するという特徴がある．つまり，温度の上昇とともに電気伝導率は減少する．

---

* 温度や Cu：Zn の化学量論比に伴う相変化はここで紹介した以上に複雑である．参考文献：N. N. Greenwood and A. Earnshaw (1997) *Chemistry of the Elements*, 2nd edn, Butterworth-Heinemann, Oxford, p. 1178.

応用と実用化

Box 6・2　ステンレス鋼：クロムの添加による耐腐食性の向上

　ステンレス鋼（stainless steel）は**合金鋼**（alloy steel）であり，炭素とともにdブロック金属を含んでいる．ステンレス鋼は特に重要な合金鋼で，高い耐腐食性をもつことから工業的価値が高い．すべてのステンレス鋼は少なくとも10.5%（重量比）のクロムを含んでおり，Cr_2O_3の薄い被膜（厚さ約13 000 pm）が鋼の表面にできることで耐腐食性が向上する．この酸化物の被膜が鋼を不動態化し（§10・4参照），また自己修復する．酸化物被膜の一部がはがれた場合，鋼内部のクロムがさらに酸化され'傷'となった部分の被膜を確実に修復する．ステンレス鋼の工業的価値を高めているさらに重要な性質は，磨いて光沢を出したり鏡面に仕上げたりすることができることであり，これは家庭で使うステンレス製の刃物などを見てもよくわかる．

　ステンレス鋼は大きく4種に分類され（オーステナイト系，フェライト系，フェライト-オーステナイト系（二相系），マルテンサイト系），さらにさまざまな品質のものがある．フェライト系とオーステナイト系の名称はそれぞれの構造に由来するもので，フェライト（β-Fe）とオーステナイト（γ-Fe）がホスト構造となり溶質原子と合金をつくる．Crが存在するとフェライト構造の生成が促進され，Niを加えたときにはオーステナイト構造が生成する．フェライト系とマルテンサイト系ステンレス鋼は磁性体（強磁性体）であるが，オーステナイト系ステンレスは磁性体ではない．ステンレス鋼のこれ以外の添加物にモリブデン（耐腐食性が向上する）や窒素（強度を上げ耐腐食性を高める）がある．

　フェライト系ステンレス鋼は通常17%のCrと0.12%以下のCを含み，洗濯機や食器洗い機などの家庭用や自動車の板金に用いられる．フェライト系ステンレス鋼の炭素成分の割合を高めると，マルテンサイト系ステンレス鋼が生成する（通常11〜13%のCrを含む）．このステンレス鋼は強度が高く硬いため，研いでナイフや刃物に用いられている．オーステナイト系ステンレス鋼は7%以上のNiを含み（最もよく利用される材質では18%のCr，9%のNi，0.08%以下のCが含まれる），展延性があるためフォークやスプーンの製造に適している．オーステナイト系ステンレス鋼は耐久性があり溶接しやすいため製造産業で広く用いられており，また，家庭ではフードプロセッサーや台所の流しに使われている．フェライト系とオーステナイト系ステンレス鋼を組合わせた二相系ステンレス鋼（Cr 22%，Ni 5%，Mo 3%，N 0.15%，C ≤ 0.03%）は，湯槽などの材料に適している．このような分類のステンレス鋼はさらに改良が加えられ特別な用途に使用される．

　消費財（特に清潔さや耐腐食性が必須の台所用品）から，工業用の貯蔵タンク，化学プラント設備，排気管や排ガス浄化装置（§27・7参照）を含む自動車部品，広範囲に及ぶ耐腐食性工業部品に至るまで，ステンレス鋼は我々の生活のあらゆる場面で登場する．建築物をつくる場合もまた，内部の骨組み部分と外装部分の両方でさまざまなステンレス鋼が使用されている．

ウォルトディズニーコンサートホール（ロサンゼルス）のステンレス鋼でできた外壁
［©Ted Soqui/Corbis/amanaimages］

さらに学習するために
ウェブサイト：www.worldstainless.org
関連事項：Box 22・1 クロム：資源とリサイクル

　図6・9は3種の金属に対する抵抗率の温度依存性を示しており，温度の上昇とともにρが増加し，電気伝導率（抵抗率の逆数）は低下する．このような性質をもつ金属は，温度の上昇とともに電気伝導率が増加する**半導体**（semiconductor）と区別される（図6・10）．

> 金属の**電気伝導率**が温度の上昇とともに減少するのに対し，半導体の電気伝導率は温度とともに増加する．

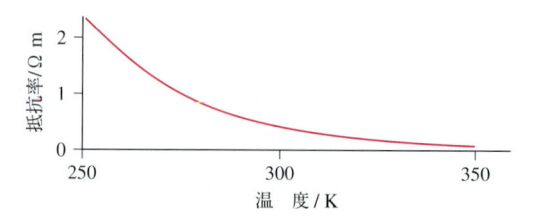

図6・10　ゲルマニウムなどの半導体は，温度の上昇とともに電気抵抗率が減少し，電気伝導率は増加する．

金属と絶縁体のバンド理論

金属原子のある集団に対する分子軌道のエネルギーを考えるというのがバンド理論の基本概念である。金属固体中の結合は，エネルギー的に近い分子軌道の集団〔それをバンド（band）とよぶ〕を用いた分子軌道（MO）図で説明される。金属リチウム（Li_n）の模式的な MO 図を例にバンドがどのようにしてできるのかを見よう。

Li 原子の原子価軌道は 2s 原子軌道で，図 6・11 に Li 原子を 2, 3, 4, n 個と増やしていったときの分子軌道の模式図を示す（**§2・3 参照**）。2 個の Li 原子を結合する場合，2 個の 2s 原子軌道が重なり合い 2 個の分子軌道を与える。3 個の Li 原子を結合する場合には 3 個の MO ができ，4 個では 4 個の MO という具合になる。n 個の Li 原子軌道からは n 個の MO ができるが，すべての 2s 軌道が同じエネルギーをもつため，生成する MO のエネルギーは互いに非常に接近している。それゆえ，これらは軌道の**バンド**とよばれる。ここで構成原理を適用し，図 6・11 の分子軌道に電子を詰めていこう。Li 原子はそれぞれ 1 個の価電子をもつ。Li_2 で

理論的に，原子核が完全に秩序だった格子点上にある場合，電子の流れに対する抵抗を生じることはなく，高温ではより高いエネルギー準位にある電子の**熱的分布**（thermal population）が増えるため，電気伝導性が向上すると予想される。しかし，実際には原子核の熱振動が電気抵抗の起源となり，高温ではこの効果が大きくなる。それゆえ，金属の電気伝導性は温度の上昇とともに<u>減少する</u>。

> MO の集団を**バンド**という。バンド内では MO のエネルギー差が非常に小さいため，バンドは量子化されていない連続的なエネルギー準位をもつとみなせる。

ここまで Li について説明したモデルは最も単純化したものである。バンドは高エネルギーにある（空の）原子軌道の重なりによっても生成し，Li では s–p 間のエネルギー差が比較的小さいため，実際には 2p バンドが 2s バンドとある程度重なり合う。Be でも同じであるが，Be の基底状態の電子配置は $[He]2s^2$ であるため，このことがさらに重要な意味をもつ。Be の 2s, 2p バンド間のエネルギー差が大きいと，2s バンドが完全に電子で満たされるため，Be は絶縁体となる。実際には 2s, 2p バンドは重なり合い，事実上部分的に電子で満たされた 1 個のバンドを形成し，その結果 Be は金属的な性質をもつ。図 6・12a〜図 6・12c は以下のことを示している。

- 完全に電子で満たされたバンドとつぎの空のバンドとの間に大きなエネルギー差（**バンドギャップ**，band gap）をもつ物質は絶縁体である。

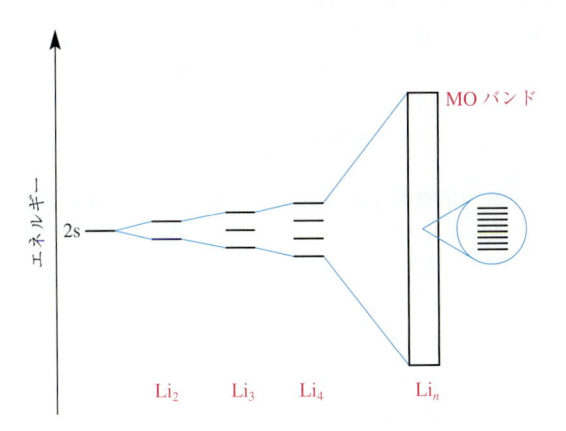

図 6・11 Li_2 では 2 個の 2s 原子軌道の相互作用から 2 個の MO が生成し，3 個の Li 原子からは 3 個の MO が生成する。このようにして，Li_n では n 個の MO が生じるが，もとの 2s 原子軌道はすべて同じエネルギーをもつため MO のエネルギーは互いに非常に接近し，MO のバンド（帯）を形成する。

は最低エネルギーの MO が占有され，Li_3 では最低エネルギーの MO が占有され，つぎに低い MO に 1 個の電子が入る。Li_n ではバンドの半数が電子で満たされることになる。Li_n の MO バンドにはすべての Li 原子が寄与するため，金属全体に非局在化した結合モデルとなる。さらに，バンド内の MO のエネルギーは互いに近接しており，基底状態ですべての MO が電子で満たされてはいないため，電場が作用すると電子はバンド内の空の軌道に移動することができる。MO は非局在化しているため電子はある Li から別の Li に移動できる。これにより電気伝導性が生じることを理解することができる。このようなモデルから，電気伝導性は<u>部分的に電子で満たされた MO のバンド</u>に特有の性質であるといえ

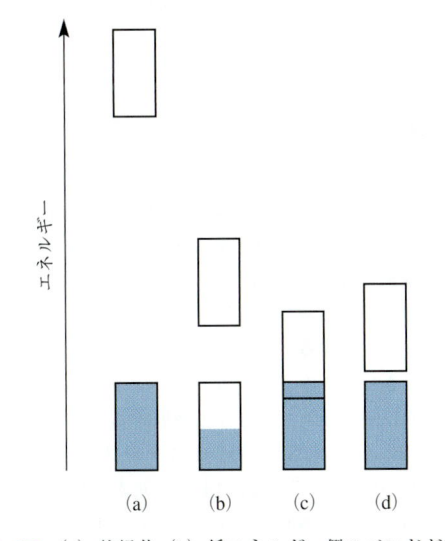

図 6・12 (a) 絶縁体，(b) 低エネルギー側のバンドが部分的に満たされた金属，(c) 満たされたバンドと空のバンドが重なり合った金属，(d) 半導体，における電子で満たされたバンドと空のバンドの相対的エネルギー。

- 部分的に電子で満たされたバンドをもつ物質は金属である．
- 電子で満たされたバンドと空のバンドが重なり合う場合にも金属的な性質が現れる．

> 2個のバンド間のエネルギー差が大きいとき，**バンドギャップ**をもつという．バンドギャップの大きさは通常電子ボルト（eV）単位で示される．1 eV = 96.485 kJ mol^{-1}．

フェルミ準位

絶対零度（$T = 0$ K）における金属の最高被占軌道のエネルギー準位を**フェルミ準位**（Fermi level）という．この温度での電子配置は構成原理によって導かれ，たとえば，Li のフェルミ準位は半分電子で満たされたバンドのちょうど真ん中に位置する．他の金属でも，フェルミ準位がバンドの真ん中かその付近にある場合が多い．0 K よりも高い温度では，フェルミ準位より少し上の MO にも電子が熱的に分布し，フェルミ準位よりも少し下のエネルギー準位から電子が抜けた状態となる．金属の場合，異なるエネルギー状態への電子の熱分布はボルツマン分布ではなく，**フェルミ・ディラック分布**（Fermi-Dirac distribution）で説明される*．

半導体のバンド理論

図6・12dには，完全に電子で満たされたバンドと空のバンドが小さなバンドギャップで隔てられている場合が示されている．このようなとき**半導体**（semiconductor）の性質が現れ，上位のバンドに電子が熱分布するのに十分なエネルギーがあるか否かにより電気伝導性が変化する．すなわち，温度の上昇とともに電気伝導率は増加する．次項では，半導体の種類と性質についてさらに詳しく学ぶ．

6・9　半導体

真性半導体

ダイヤモンド，ケイ素，ゲルマニウム，α-Sn の巨大分子構造では，各原子は四面体位置にある（**図6・19**参照）．どの元素も4個の原子価軌道と4個の価電子をもつことから，単体全体では完全に満たされたバンドと高エネルギーにある空のバンドが生成する．バンドギャップは分光学的に測定することができる．このとき，電子がバンドギャップを越えて遷移するのに要するエネルギーと吸収する光エネルギーは等しい．C，Si，Ge，α-Sn のバンドギャップはそれぞれ 5.39，1.10，0.66，0.08 eV である．14族の元素を比べると，C は絶縁体であるが，α-Sn の2個のバンドは1個のバンド構造に近づき，それが部分的に満たされるためやや金属的となる．

Si，Ge，α-Sn は**真性半導体**（intrinsic semiconductor）に分類され，温度の上昇とともに高エネルギーのバンドに電子が入る割合が増大する．高エネルギーの**伝導帯**（conduction band）に存在する電子が電荷担体（電荷の運び手を意味する）となり，その結果このような半導体が導体へと転じる．さらに，低エネルギーの**価電子帯**（valence band）から電子が抜けると**正孔**（positive hole）を生じ，この正孔が移動することによっても電気を伝えることができる．

> **半導体**の電荷担体（charge carrier）は正孔あるいは電子であり，これらは電気を伝えることができる．

不純物半導体（n 型，p 型）

13族や15族元素の原子をSiやGeに**ドーピング**（doping）することで，これら半導体の性質を向上させることができる．ドーピングでは 10^6 分の1以下のごく微量の**ドーパント**（添加物）を導入するため，まず非常に純度の高い Si や Ge を製造する必要がある．電気炉で SiO_2 を還元して Si とし，チョクラルスキー（Czochralski）法（**Box 6・3**参照）で溶融物から Si の単結晶を取出す．半導体にドーパントを導入する方法については §28・6 で述べる．

> **不純物半導体**（extrinsic semiconductor）は**ドーパント**（dopant）を含む．ドーパントは半導体にごく微量混入させる不純物であり，電気伝導率を向上させる．

Ga をドーピングした Si では，固体状態で Si（14族）が一部 Ga（13族）で置換され電子欠損サイトを与える．これは，孤立した非占有のエネルギー準位（**アクセプター準位**，acceptor level）を Si のバンド構造に付与することに相当する（p.154，図6・13a）．このアクセプター準位と低エネルギーの満たされたバンドとのバンドギャップは小さく（約0.10 eV），アクセプター準位に対する電子の熱分布が可能となる．Ga 原子の濃度が低く，アクセプター準位が孤立している状況下では，アクセプター準位に存在する電子は半導体の電気伝導性に直接寄与しない．これに対し，価電子帯に生じた正孔は電荷担体となりうる．いったんできた正孔に電子が移動して別の位置に正孔が生じ，さらにそこに電子が移動してまた別の位置に正孔を生じる．あるいは，正孔が電子とは逆の方向に直接動くと考えてもよい．このような仕組みで **p 型半導体**（p-type semiconductor；p は正孔を意味する）ができる．Si に対する他の13族ドーパントには B や Al がある．

---

* フェルミ・ディラック統計の数学的取扱いについてはつぎの文献の付録 17 を参照：M. Ladd (1994) *Chemical Bonding in Solids and Fluids*, Ellis Horwood, Chichester.

6・10 イオンの大きさ　153

応用と実用化
Box 6・3　半導体用高純度シリコンの製造

半導体の製造には高純度シリコン（訳注：学名はケイ素であるが，通常シリコンとよばれる）を使用する必要がある．ケイ素の単体は天然になく，二酸化ケイ素（SiO_2）やケイ酸塩鉱物がおもな原料である．二酸化ケイ素を電気炉で炭素を用いて還元することによりシリコンを抽出できるが，これは不純物が多すぎて半導体製造には使用できない．シリコンの精製法は数多く知られている．なかでも単結晶シリコンを製造する下記2種の方法が重要である．

ゾーンメルト法（帯域融解法，zone melting）

多結晶シリコン棒（ロッド）を用い，棒の長さ方向に垂直な小さな帯域（ゾーン）を融解し，さらに，融解するゾーンを棒の長さ方向に徐々に移動する．厳密に制御された条件下では，融解ゾーンのすぐ後ろの部分が冷やされて単結晶となり，不純物は融解物質とともに棒に沿って移動する．1950年代に初めてこの技術が開発されて以来，この方法は工業的に改良され，シリコン棒に沿って帯域の融解を何度も繰返すことで半導体製造に使える単結晶シリコンが得られる．

チョクラルスキー法

融解したシリコンから単結晶シリコンを引き上げることがチョクラルスキー法（Czochralski process）の原理である．超高純度の$SiHCl_3$の熱分解でまず純度の高いシリコンを生成し，こうして得られた多結晶あるいは粉末シリコンをるつぼに入れ炉内で加熱する．制御された条件で行うと，融解したシリコンから単結晶シリコンを引き上げることができる．引き上げられる単結晶についたワイヤーをるつぼの回転と逆方向に回転させる．このような条件では，結晶中に残る不純物の分布が均一となる．るつぼの材質がきわめて重要である．たとえば，石英製るつぼを用いると，酸素原子がシリコン結晶中に混入する．このような方法で，通常，直径20〜30 cm，長さ1〜2 mの単結晶シリコンのインゴットが得られる．このインゴットをスライスして薄いシリコンウェハーをつくり集積回路製造用に用いる．

半導体工場のクリーンルームで製造される単結晶シリコンのインゴット［Maximilian Stock Ltd/ Science Photo Library/amanaimages］

さらに勉強したい人のための参考文献

J. Evers, P. Klüfers, R. Staudigl and P. Stallhofer (2003) *Angewandte Chemie International Edition*, vol. 42, p. 5684 – 'Czochralski's creative mistake: a milestone on the way to the gigabit era'.

K. A. Jackson and W. Schröter, eds (2000) *Handbook of Semiconductor Technology*, Wiley-VCH, Weinheim.

参照：§14・6（14族元素の水素化物）と§28・6（化学蒸着法）

Asをドーピングしたシリコンでは，Si（14族）がAs（15族）で置換されるため電子が豊富なサイトを生じる．この余剰の電子は伝導帯のすぐ下にある孤立したエネルギー準位（ドナー準位，donor level）に収容される（図6・13b）．このドナー準位と伝導帯のバンドギャップ（約0.10 eV）は小さいため，ドナー準位の電子は伝導帯に熱的に分布し自由に移動することができる．負電荷をもつ電子の移動により電気伝導性が生じ，**n型半導体**（n-type semiconductor；nは負電荷を意味する）として振舞う．シリコンのドーパントとしてはリン原子も同様に用いることができる．

不純物半導体であるn型およびp型半導体は，ドーパントの選択と濃度によりその性質を制御することができる．半導体については§28・6でさらに学ぶ．

6・10　イオンの大きさ

イオン固体の構造について見る前に，イオンサイズについて少し触れ，**イオン半径**（ionic radius）を定義することに

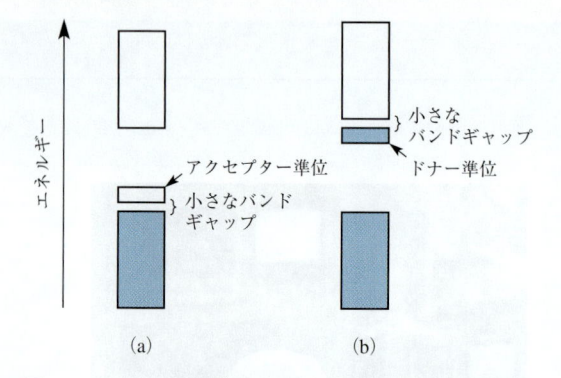

図6・13 (a) p型半導体(たとえば,GaをドーピングしたSi)では,アクセプター準位に電子が熱分布するため低エネルギーバンド(価電子帯)に正孔が発生し,それによる電気伝導性が生じる.(b) n型半導体(たとえば,AsをドーピングしたSi)のドナー準位は伝導帯のエネルギーに近い.

する.たとえば,式6.4に示すイオン化の過程では,有効核電荷が増加するため原子種は収縮する.同様に,たとえば,式6.5に示すイオン化で原子が電子を1個獲得すると,陽子の数と電子の数の不均衡が生じ,陰イオンは元のサイズよりも大きくなる.

$$\text{Na}(g) \longrightarrow \text{Na}^+(g) + e^- \quad (6.4)$$
$$\text{F}(g) + e^- \longrightarrow \text{F}^-(g) \quad (6.5)$$

イオン半径

波動力学の観点から個々のイオンの半径は物理学的意味をまったくもたないが,結晶構造を理解するためには,イオン固体で観測された原子間距離を各イオンに配分した値を**イオン半径**(ionic radius)としてまとめておくと便利である.イオン半径 r_{ion} の値はX線回折データから求めることができる.しかし,このような実験データからは**原子間距離**(internuclear distance)が求められるだけであり,その値を陽イオンと陰イオンのイオン半径の和として採用する(式6.6).

$$\text{格子中の陽イオンとそれに最も近い陰イオンとの原子間距離} = r_{cation} + r_{anion} \quad (6.6)$$

式6.6ではイオンを剛体球とみなし,正負逆の電荷をもつイオンが結晶格子中で接していると仮定する.このような近似は,個々のイオン半径の決定にはある程度の任意性があることを意味し,これまでに多くの方法が提案されてきた.ここではそのうちの3種を以下に紹介する.

Landéは,ハロゲン化リチウムLiXの固体構造において,陰イオンどうしが互いに接していると仮定した(**6.1** および**図6・15a** とその説明を参照).陰イオン–陰イオン間の距離の半分を陰イオンのイオン半径とし,式6.6にこの r_{X^-} と実際に観測されたLi–X間距離を代入することにより r_{Li^+} を決定した.

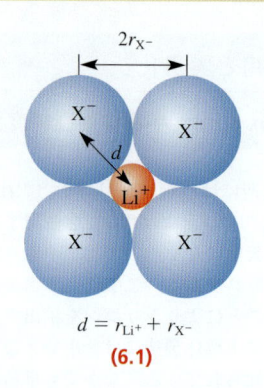

$$d = r_{Li^+} + r_{X^-} \quad (6.1)$$

Paulingは等電子のイオンを含むアルカリ金属のハロゲン化物(NaF, KCl, RbBr, CsI)について系統的な考察を行った.Paulingは原子間距離を2種のイオン半径へと分割するうえで,イオン半径が実効的な核電荷(すなわち,有効核電荷:遮蔽効果のため見かけよりも小さい)に反比例すると仮定した.その際,有効核電荷の見積りにはスレーター則を用いた(**Box 1・6参照**).

Goldschmidtや,さらに最近ではShannonとPrewittは,おもにフッ化物や酸化物の結晶構造を解析し,式6.6に従って計算したイオン対の値が実験で観測された原子間距離を再現するようにイオン半径の組をそれぞれ求めた.これら組の間ではイオン半径の値に若干の差異はあるが,イオン半径がもつ近似的性質から,それぞれの組の中で自己矛盾がなければ何ら重要な問題を生じることはない.さらに,結晶中の異なる環境ではイオンが受ける静電相互作用が変化するため,イオン半径は配位数にある程度依存することが予想される.実際に,同じイオンでも配位数が増加すると r_{ion} は少し大きくなる.

イオンに対するイオン半径の例を**付録6**にまとめた.Si^{4+} や Cl^{7+} などのイオンに対するイオン半径がときおり使用される場合があるが,このようなデータは多分に人工的なものである.SiやClからこれらイオンへの総イオン化エネルギー(それぞれ 9950 kJ mol^{-1}, 39 500 kJ mol^{-1})を考えれば,これらイオンが安定に存在しえないことがわかる.それにもかかわらず,$[ClO_4]^-$ のCl–O間距離から $r_{O^{2-}}$ を差し引くことにより 'Cl^{7+}' のイオン半径が計算されている.

つぎのことにも注意すべきである.結晶中の電子密度分布が精度よく決定された例が少ないながらもある(たとえば,NaCl).しかし,その電子密度の極小位置が一般的に用いられているイオン半径で示されている核からの位置に実際には一致しない.たとえば,LiFやNaClでは,電子密度の極小値は陽イオンからそれぞれ 92 pm と 118 pm 離れたところに見いだされているが,r_{Li^+} や r_{Na^+} として利用されている値はそれぞれ 76 pm と 102 pm である.これは,イオン性固体の構造をイオン半径の比で考えることが,粗い近似でしかないことを端的に示している.このような理由から,**半径比則**(radius ratio rule)の説明はBox 6・4に限ることにする.

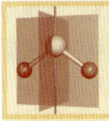

化学の基礎と論理的背景

Box 6・4　半 径 比 則

多くのイオン結晶の構造を，存在するイオンの相対的な大きさとその数から，**第一近似**（a first approximation）として合理的に予測することができる．単原子イオンでは，陽イオンは陰イオンより通常小さい（付録6参照）．ただし，KFやCsFなどの例外があり，いつもそうであるとは限らない．簡単な法則を用いることで，**半径比**（radius ratio）r_+/r_-から陽イオンのとりうる配位数と幾何構造をまず予測することができる．

r_+/r_-の値	陽イオンの予測される配位数	陽イオンの予測される幾何構造
< 0.15	2	直　線
0.15〜0.22	3	平面三角形
0.22〜0.41	4	四面体
0.41〜0.73	6	八面体
> 0.73	8	立方体

ある化学量論比の化合物では，陽イオンの配位様式が予測できれば陰イオンの配位様式も必ず推定できる．半径比を用いた推定がうまくいく場合もあるが，正しく推定できるのはごく限られた場合である．1族元素のハロゲン化物を例に半径比則を見てみよう．LiFでは半径比が0.57であるので，

陽イオン	Li^+	Na^+	K^+	Rb^+	Cs^+
r_+ / pm	76	102	138	149	170

陰イオン	F^-	Cl^-	Br^-	I^-
r_- / pm	133	181	196	220

Li^+は八面体の配位構造をとると予測され，これはNaCl型構造に対応する．実際に1族ハロゲン化物は（CsCl, CsBr, CsIを除いて），298 K, 1 barでNaCl型構造をとる．なお，CsCl, CsBr, CsIはCsCl型構造をとる．半径比則から実際の構造が正しく推定されるのはごく限られた場合である．半径比則からLiBrとLiIの陽イオンは四面体配位構造を，NaF, KF, KCl, RbF, RbCl, RbBr, CsF（CsCl, CsBr, CsIに加えて）の陽イオンは立方体配位構造をとることが予測される．半径比則はどのイオン結晶に対しても一義的な予測を与えるのみであるが，温度や圧力の影響で相転移を起こす化合物もある．たとえば，アモルファス表面に蒸着したCsClの結晶はNaCl型構造をとり，RbClは高圧下でCsCl型構造をとる．

練習問題

1. NaFとKClがそれぞれ等電子のイオンを含む理由を説明せよ．

2. つぎのデータについて説明せよ．Naについてr_{metal} = 191 pm, r_{ion} = 102 pm; Alについてr_{metal} = 143 pm, r_{ion} = 54 pm; Oについてr_{cov} = 73 pm; r_{ion} = 140 pm.

イオン半径の周期的傾向

代表的な族を下にいく場合とdブロック元素の第一列を横にいく場合にみられるイオン半径の傾向を図6・14に示す．いずれもr_{ion}は六配位のイオンに対するものである．1族，2族を下にいくと陽イオンのサイズは大きくなり，同様に17族を下にいくとそれらの陰イオンのサイズも大きくなる．図6・14からアルカリ金属とアルカリ土類金属のハロ

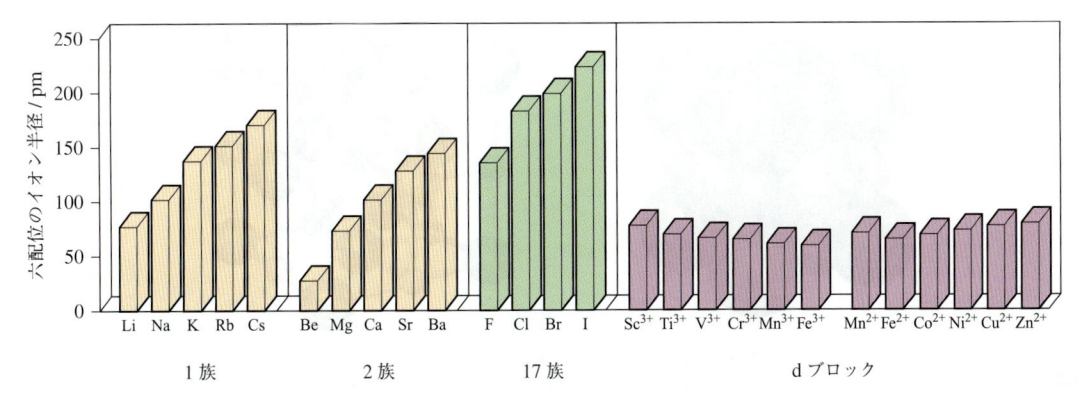

図6・14 1族，2族の金属イオン，17族の陰イオン，第一列dブロック金属イオンに対するイオン半径r_{ion}の傾向

ゲン化物における陽イオンと陰イオンのイオン半径を比較することもできる（§6・11 参照）.

図6・14の右側にはdブロック金属のM^{3+}とM^{2+}について，イオン半径の変動が小さいことが示されている．予想されるように，Fe^{3+}からFe^{2+}あるいはMn^{3+}からMn^{2+}へ価数が減少するとr_{ion}は大きくなる．

6・11 イオン結晶格子

本節では，MXやMX$_2$の一般的組成をもつイオン性化合物やペロブスカイト（perovskite）$CaTiO_3$について見いだされるいくつかの共通した構造について説明する．このような構造のほとんどはX線回折法で決定されている（**Box 6・5** 参照）．イオンによるX線の散乱強度は，総電子数に依存し，イオンの種別によって異なる．それゆえ，一般に異なるイオンを互いに区別することができる．ただし，X線回折法にも限界がある．まず，重原子の近くにある軽原子（H など）の位置を決定するのが難しい場合や決定できない場合がある．中性子線回折（中性子線は核で回折される）は水素原子の位置を決定する手段として補助的に用いられる場合がある．また，一般にX線回折法で結晶中に存在する化学種の酸化状態を決定することはできない．少数の物質（たとえばNaCl）についてのみ，高い精度で電子密度分布が決定されその酸化状態が調べられている．

本節では，孤立したイオンが存在する'イオン'格子について述べる．イオン結晶の構造を考える場合には**剛体球イオンモデル**（spherical ion model）を用いるが，共有結合の寄与が大きい化合物に対し，この考え方が不十分であることを§6・13で学習する．剛体球モデルは結晶構造の基本形を理解するうえで便利であるが，現代の量子論とは相いれないことをよく理解しておく必要がある．**第1章**で学んだように，電子の波動関数は原子核からの距離が増加したところで急にゼロとはならず，最密充塡やその他の結晶でも，有限の電子密度が結晶全体に広がる．したがって，剛体球モデルを用いた固体状態の取扱いはすべて近似に基づくものである．

どの型の構造もその結晶構造をとる1種の化合物の名前をとって称され，'CaOはNaCl型構造をとる'という表現が化学の文献でよくみられる．

塩化ナトリウム（NaCl）型（岩塩型）構造

> MXの組成をもつ塩では，Mの配位数とXの配位数は等しい．

岩塩（rock salt または halite, NaCl）は立方体状の結晶として天然に存在し，純粋であれば無色または白色である．図6・15にNaClの単位格子（§6・2参照）を2種の描画法で示す．図6・15aではイオンが空間を占有する様子がよくわかる．大きなCl^-（r_{Cl^-} = 181 pm）がfcc構造を形成し，Na^+（r_{Na^+} = 102 pm）がその八面体間隙を占めている．この描画法は，イオン結晶格子と剛体球最密充塡構造との関連をよく表しているため，構造を説明する際にしばしば用いられる．しかし，KFなど塩に対してはあまり適当な図とはならない．KFはNaCl型格子をもつが，K^+とF^-はほぼ同じイオン半径をもつ（r_{K^+} = 138 pm, r_{F^-} = 133 pm；**Box 6・4**参照）．図6・15aはどちらかといえば実体をうまく表しているが，単位格子の詳細な配置はほとんど隠され，その描画も難しい．この点で図6・15bのより隙間の多い描画法は便利である．

NaClの実際の構造では単位格子が三次元的に連なっており，格子の頂点，辺，面に位置するイオンは隣接する単位格子の間で共有されている（図6・15b）．このことを念頭に図6・15bを見ると，1個の単位格子中で八面体の配位環境が完全に確認できるのは中心のNa^+だけである．しかし，結

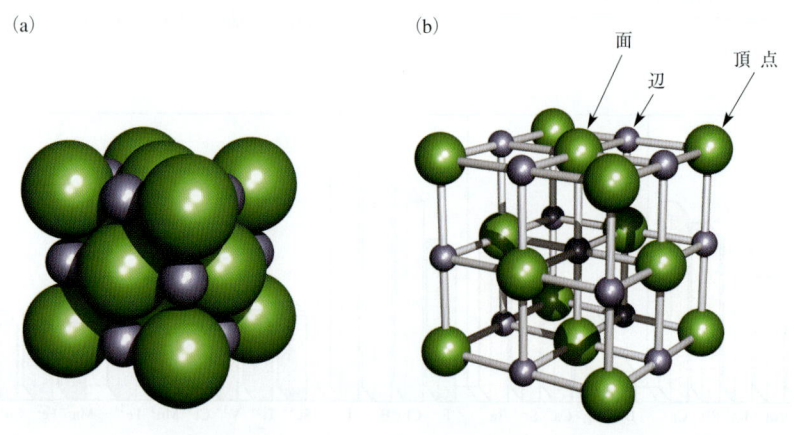

図6・15 NaClの単位格子を示す2種類の図：(a) 空間充塡モデルによる図，(b) イオンの配位環境がよくわかる'球棒'モデル図．Cl^-を緑色，Na^+を紫色で示す．どちらのイオンも同じ環境にあるため，Na^+が頂点に位置する単位格子もこれと等価である．単位格子には，中心（標識なし），面，辺，頂点の4種の位置がある．

晶全体で格子の繰返しを考えると Na$^+$ と Cl$^-$ はどれも六配位である.

図 6・15b が NaCl 型構造の単位格子を表す唯一のものではない. Na$^+$ が頂点に位置し Cl$^-$ が中心の位置を占めるような単位格子図(図 6・15b で Na$^+$ と Cl$^-$ を交換した図)も図 6・15b と等価である. その図では Na$^+$ が fcc 配置にあることがわかる. したがって, NaCl の構造は Na$^+$ と Cl$^-$ それぞれがつくる 2 個の fcc 格子が相互貫入した(入れ子になった)構造として表現することもできる.

NaCl 型の結晶構造をもつ化合物は多く, NaF, NaBr, NaI, NaH や Li, K, Rb のハロゲン化物, CsF, AgF, AgCl, AgBr, MgO, CaO, SrO, BaO, MnO, CoO, NiO, MgS, CaS, SrS, BaS などがある.

例題 6.3 単位格子から化合物の組成を求める

塩化ナトリウムの単位格子の構造(図 6・15b)からその組成が NaCl となることを示せ.

解答 図 6・15b では 14 個の Cl$^-$ と 13 個の Na$^+$ が描かれているが, 真ん中にある 1 個を除いて, その他のイオンはすべて 2 個以上の単位格子で共有されている.

単位格子でイオンが占める位置には以下の 4 種類がある.

- 格子中心の位置(このイオンは完全にこの単位格子に属している)
- 面上の位置(このイオンは 2 個の単位格子に共有される)
- 辺上の位置(このイオンは 4 個の単位格子に共有される)
- 頂点の位置(このイオンは 8 個の単位格子に共有される)

この単位格子に属する Na$^+$ と Cl$^-$ の総数は以下のように計算される.

位置	Na$^+$の数	Cl$^-$の数
中心	1	0
面	0	$(6 \times \frac{1}{2}) = 3$
辺	$(12 \times \frac{1}{4}) = 3$	0
頂点	0	$(8 \times \frac{1}{8}) = 1$
計	4	4

Na$^+$ と Cl$^-$ の比, Na$^+$: Cl$^-$ = 4 : 4 = 1 : 1
この比は NaCl の組成に一致する.

練習問題

1. 塩化セシウムの単位格子の構造(図 6・16)からその組成が CsCl となることを示せ.

2. MgO は NaCl 型構造をとる. 単位格子中に何個の Mg^{2+} と O^{2-} が存在するか答えよ. [答 各 4 個]

3. AgCl は NaCl 型構造をとり, その単位格子は Ag$^+$ が格子の頂点にある場合と Cl$^-$ が頂点にある場合の 2 通りの構造として描ける. このどちらの構造を用いても, 単位格子当たりの Ag$^+$ と Cl$^-$ の数は同じであることを確かめよ.

塩化セシウム(CsCl)型構造

CsCl 構造において, 各イオンは 8 個の反対の電荷をもつイオンに囲まれている. 1 個の単位格子(図 6・16a)中では, 中央のイオンに対する結合だけが明確であるが, 格子を拡張していくと 2 種類の立方格子が互いに相互貫入していることがわかる(図 6・16b). どのイオンも配位数は 8 で, Cs$^+$ と Cl$^-$ が同じ環境にあるため, 立方体の頂点に Cs$^+$ を置いた格子は Cl$^-$ が頂点にあるものと等価である. また, この単位格子の構造が bcc 充填構造に類似していることに注意せよ.

CsCl 型構造をとる化合物は比較的少なく, CsBr, CsI, TlCl, TlBr がその例である. NH$_4$Cl や NH$_4$Br は 298 K で CsCl 型構造をとる. この場合, [NH$_4$]$^+$ を球状のイオンとみなすが(図 6・17), このような近似は, 格子点上で回転していたり, 向きが任意に変化する対称性の高い多くのイオンに適用することができる. NH$_4$Cl と NH$_4$Br はそれぞれ 457 K および 411 K 以上で NaCl 型構造をとる.

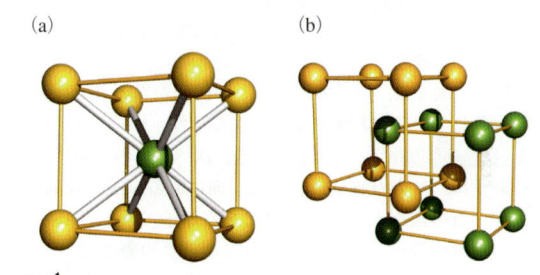

図 6・16 (a) CsCl の単位格子(黄色の線で示す). Cs$^+$ を黄色, Cl$^-$ を緑色で示す. ただし, Cs$^+$ が格子の中心に位置する単位格子を描くこともできる. (b) CsCl の構造は Cs$^+$ と Cl$^-$ それぞれが形成する立方体が互いに相互貫入した(入れ子になった)構造とも理解できる.

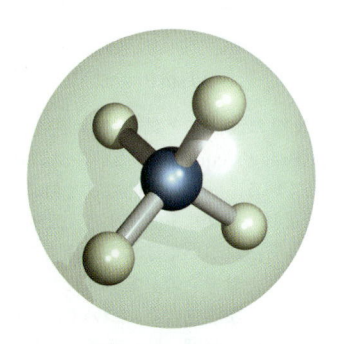

図 6・17 固体の格子構造を考えるうえで, [NH$_4$]$^+$ を球として取扱うことができる. [BF$_4$]$^-$ や [PF$_6$]$^-$ など他のイオンも同様である.

実験テクニック

Box 6・5　X線回折による構造決定

　X線回折法は分子性固体（独立した分子からなる固体）や非分子性固体（イオン性化合物など）の構造決定に広く用いられている．技術が進歩するにつれ，その利用範囲は高分子やタンパク質，その他巨大分子などにも広がっている．このような分析にX線が選ばれる理由は，その波長（約 10^{-10} m）が分子性・非分子性固体中の原子間距離と同じオーダーだからである．その結果，X線は固体中の原子配列と相互作用したときに回折されることになる（以下参照）．

　最もよく使われるX線回折法は単結晶を用いたものであるが，**粉末X線回折**（powder diffraction）も，特に無限格子構造をもつ固体の分析に用いられている．標準的なX線回折計は，X線源，結晶取付け部（ゴニオメーターヘッド），入射X線と結晶面の角度を変化させる回転台（ゴニオメーター），X線検出器で構成される（写真参照）．X線源から**単色化された電磁波**（monochromatic radiation），すなわち，単一波長をもつX線を取出し，単結晶によって散乱（回折）されるX線を検出器で観測する．最近では，電荷結合素子（CCD）を用いた二次元検出器の導入によりデータ収集に要する時間が著しく短縮されている．

　X線は原子核の周囲にある電子により散乱される．原子がX線を散乱する強度（原子散乱因子）はその原子がもつ電子数に依存するため，重原子の近くにある水素原子の位置を決定するのは難しい（しばしば不可能となる）．

　以下の図では，原子の規則正しい配列が黒い点で単純化され示されている．2個の入射波（入射角＝θ）の位相が合っている（同位相の）場合を考える．次ページの図中に示されるように，一方の波は最初の格子面にある原子で反射され，もう一方の波が下段の格子面にある原子で反射されるとする．下段の波が余分に進んだ距離が波長の整数倍（$n\lambda$）に等しいときだけ，これら2個の**散乱波**（scattered wave）は同位相となる．面間隔（結晶における原子が構成する面間の距離）を d とすると，図を参考に三角関数を用いて，

$$\text{下段の波が余分に進んだ距離} = 2d\sin\theta$$

最初同位相にあった2個の波が散乱された後も同位相であるためには，

$$2d\sin\theta = n\lambda$$

この入射X線の波長 λ と結晶の面間隔 d との関係を**ブラッグの式**（Bragg's equation）といい，これがX線回折法の基礎となっている．一定の範囲のθと結晶の方向に関して回折データ（反射データ）を測定する．反射データから結晶構造を導き出す方法については本書の範囲を超えており，詳しくは最後にあげた参考文献を参照されたい．

　独立した分子からなる化合物については，構造決定の結果から分子の構造（原子座標，結合距離，結合角度，二面角など）や結晶格子中での分子配列や分子間相互作用についての

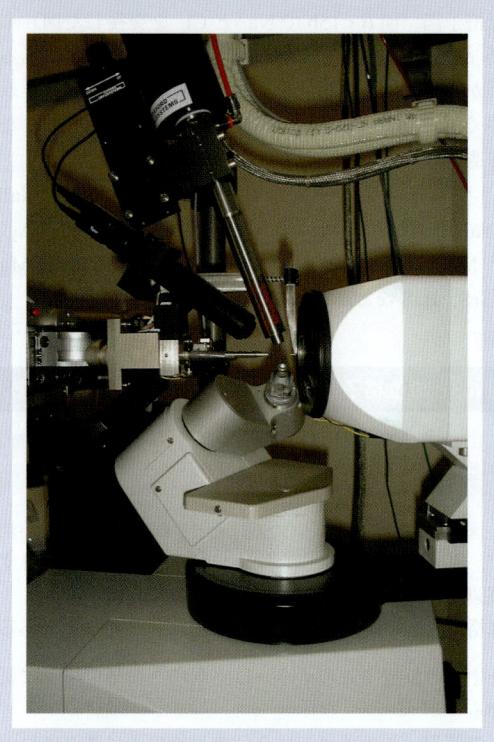

窒素ガス吹付け低温装置（写真の中央上部）を備えたκゴニオ型CCD回折計．X線源と検出器はそれぞれ写真の左側と右側にある．結晶はゴニオヘッド（中央）に取付けられる．中央左の黒い管は顕微鏡．
[C. E. Housecroft]

情報が明らかとなる．分子中の原子は**熱運動**（thermal motion）（**振動**，vibration）をしているが，熱振動を最小限に抑えて初めて精度の高い結合距離・角度が求められるため，X線回折データの測定を行う温度も重要となる．それゆえ，低温でのX線回折による構造決定が今や日常的に行われている．

　本書では数多くの構造図がX線回折法で決定された**原子座標**（atomic coordinate）をもとに描かれている（個々の図の説明を参照せよ）．Cambridge Crystallographic Data Centre（CCSD）（www.ccdc.cam.ac.uk）のようなデータベースは非常に価値のある結晶構造情報を提供している（A. G. Orpen の文献参照）．

さらに勉強したい人のための参考文献

P. Atkins and J. de Paula (2006) *Atkins' Physical Chemistry*, 8th edn, Oxford University Press, Oxford, Chapter 20.［邦訳："アトキンス物理化学（第8版）"，千原秀昭，中村亘男訳，東京化学同人（2009）］

W. Clegg (1998) *Crystal Structure Determination*, OUP

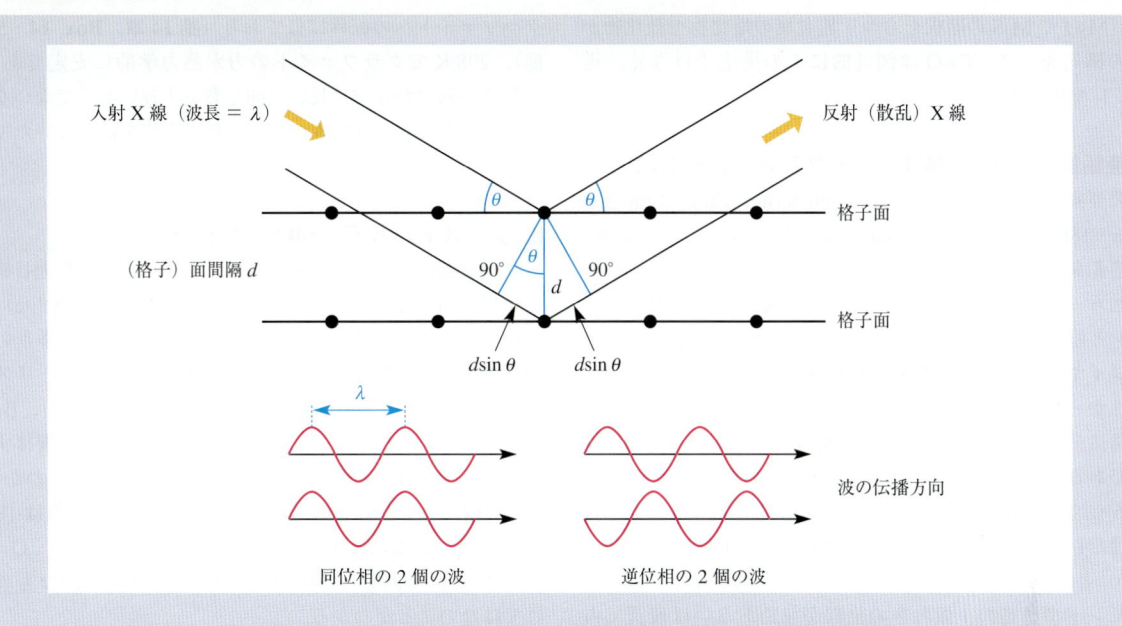

Primer Series, Oxford University Press, Oxford.

W. Clegg (2004) in *Comprehensive Coordination Chemistry II*, eds J. A. McCleverty and T. J. Meyer, Elsevier, Oxford, vol. 2, chapter 2.4 – 'X-ray diffraction'.

C. Hammond (2001) *The Basics of Crystallography and Diffraction*, 2nd edn, Oxford University Press, Oxford.

M. F. C. Ladd and R. A. Palmer (2003) *Structure Determination by X-ray Crystallography*, 4th edn, Kluwer/Plenum, New York.

A. G. Orpen (2002) *Acta Crystallographica*, vol. 58B, p. 398.

蛍石（CaF₂）型構造

> MX_2 の組成をもつ塩では，X の配位数が M の配位数の半分である．

フッ化カルシウムは**蛍石**（fluorite, fluorspar）として天然に存在する．CaF_2 の単位格子を図 6・18a に示す．各陽イオンは八配位で，各陰イオンは四配位である．6 個の Ca^{2+} が 2 個の単位格子に共有され，隣接する 2 個の単位格子を合わせて考えると，Ca^{2+} が八配位の環境にあることが理解できる［**練習**：残りの Ca^{2+} についてはどのように考えれば配位数 8 がイメージできるか］．蛍石型構造をとる化合物には，2 族金属のフッ化物塩，$BaCl_2$，f ブロック金属の二酸化物（CeO_2, ThO_2, PaO_2, UO_2, PrO_2, AmO_2, NpO_2）がある．

逆蛍石型構造

図 6・18a に示す構造で陽イオンと陰イオンを交換した場合，陰イオンの配位数は陽イオンの**2 倍**となり，そのような化合物の組成は M_2X となる．この構造を逆蛍石型構造とい

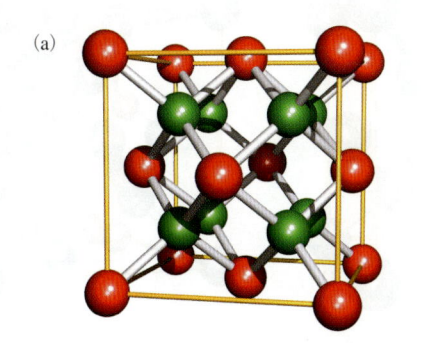

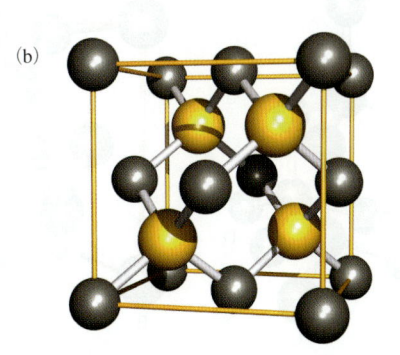

図 6・18 (a) CaF_2 の単位格子．Ca^{2+} を赤色，F^- を緑色で示す．(b) 閃亜鉛鉱（ZnS）の単位格子．Zn^{2+} を灰色，S^{2-} を黄色で示す．両イオンの位置は等価であるため，S^{2-} が灰色の位置に入る単位格子を描くこともできる．

い，M_2O や M_2S の組成をもつ 1 族金属の酸化物や硫化物がこの構造をとる．Cs_2O は例外的にこの構造ではなく，逆 $CdCl_2$ 型構造をとる．

閃亜鉛鉱（ZnS）型構造：ダイヤモンド型網目構造

閃亜鉛鉱（zinc blende または sphalerite，ZnS）の構造を図 6・18b に示す．図 6・18a の構造と比べることにより，閃亜鉛鉱と CaF_2 の構造上の関連性がわかる．図 6・18a から図 6・18b に代わると，陰イオンの半数がなくなり，陽イオンと陰イオンの比が 1：2 から 1：1 に変化する．

ダイヤモンド型網目構造（diamond-type network）との関連性から説明することもできる．図 6・19a にダイヤモンドの構造を示す．どの炭素も四面体構造をとるたいへん堅い構造である．Si，Ge，α-Sn（灰色スズ）もこの型の構造をとる．図 6・19b（図 6・19a との関連がわかるように原子に記号をつけた）は，ダイヤモンド構造が閃亜鉛鉱の単位格子（図 6・18b）と比較できるように描かれている．閃亜鉛鉱ではダイヤモンド型構造の 1 個おきの位置が亜鉛あるいは硫黄で占められている．ここでは，見かけ上イオン性の化合物（ZnS）の構造を共有結合性の化合物と比較していることになるが，結合の性質についてはこれ以上議論しない．すでに述べたように，剛体球イオンモデルは便利な近似であるが，結合の性質（量子力学的考察）を記述するうえでは無力である．ZnS のように多くの化合物の結合は，完全にイオン性でもなければ完全に共有結合性でもない．

閃亜鉛鉱は 1296 K でウルツ鉱に転移する（構造については後で述べる）．閃亜鉛鉱とウルツ鉱は多形である（§6・4 参照）．硫化亜鉛(II) は閃亜鉛鉱やウルツ鉱として天然に存在するが，閃亜鉛鉱の方が豊富に存在し Zn 製造の主鉱石となっている．閃亜鉛鉱は 298 K で 13 kJ mol^{-1} だけ熱力学的に安定であるが，ウルツ鉱から閃亜鉛鉱への転移が非常に遅いため，両鉱石が天然に存在する．これはダイヤモンドからグラファイトへの転移に似ており（第 14 章，Box 14・5 参照），298 K でグラファイトの方が熱力学的に安定である．もしこの転移が非常に長い時間を費やす遅いものでないならば，ダイヤモンドは世界の宝石市場から姿を消していたであろう．

β-クリストバル石（SiO_2）型構造

ウルツ鉱の構造を説明する前に，ダイヤモンド型網目構造と類似の構造をもつ β-クリストバル石（β-cristobalite）について述べる．β-クリストバル石は SiO_2 の数ある多形の一例である（図 14・20 参照）．図 6・19c に示す β-クリストバル石の単位格子を図 6・19b と比較することにより，β-クリストバル石の構造が Si のダイヤモンド型構造で隣接する Si 原子の間に O 原子を付加した構造をもつことがわかる．図 6・19c の理想的な構造では Si−O−Si の結合角は 180°であるが，実際には 147°であり（$(SiH_3)_2O$ の∠Si−O−Si = 144°とほぼ同じ），SiO_2 内の相互作用が<u>静電的なものだけではない</u>ことがわかる．

ウルツ鉱（ZnS）型構造

ウルツ鉱（wurtzite）は ZnS のもう 1 種の多形であり，閃亜鉛鉱の立方対称とは異なり，六方対称性をもつ．図 6・20 に示す単位格子 3 個分を描いた構造では，12 個のイオンが頂点を占め六角柱を形づくっている．亜鉛と硫黄はどちらも四面体構造をとり，Zn^{2+} と S^{2-} を交換した単位格子は図 6・20 と等価である．

ルチル（TiO_2）型構造

ルチル鉱（rutile）は花崗岩中に存在し，TiO_2 の工業原料として重要である（Box 22・3 参照）．図 6・21 にルチルの単位格子を示す．チタンの配位数は 6（八面体），酸素の配位数は 3（平面三角形）であり，ルチルの化学量論比 1：2

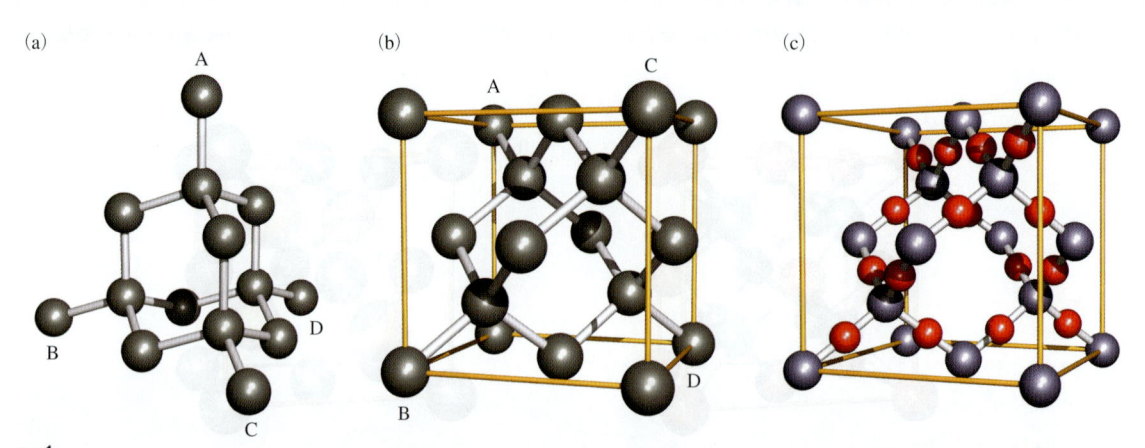

図 6・19　(a) ダイヤモンド型構造の一例．(b) (a) に示した網目状構造を回転させ，閃亜鉛鉱の単位格子（図 6・18b）と比較できるようにした図．標識した原子は (a) のものに対応している．Si，Ge，α-Sn もこの構造をとる．(c) β-クリストバル石（SiO_2）の単位格子．Si を紫色，O を赤色で示す．

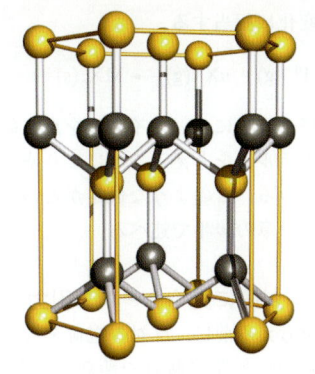

図 6・20 ウルツ鉱（ZnS のもう 1 種の多形）の単位格子 3 個分の六角柱構造．Zn^{2+} を灰色，S^{2-} を黄色で示す．両イオンが四面体構造を有し，それらイオンを交換しても単位格子を描くこともできる．

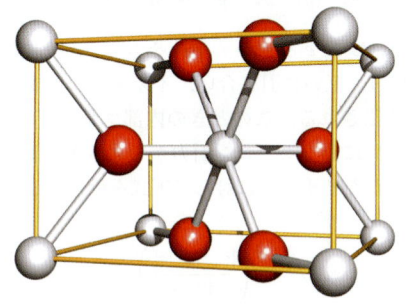

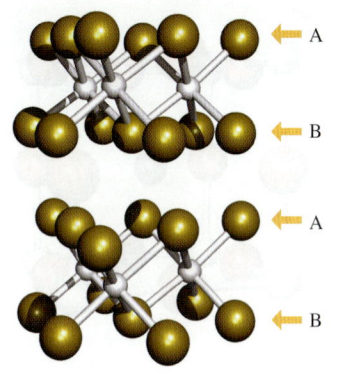

図 6・22 CdI_2 格子における 2 個の'サンドイッチ'層構造の一部．Cd^{2+} を薄灰色，I^- を金色で示す．I^- は hcp 構造を形成している．

図 6・21 ルチル（TiO_2 の多形の 1 種）の単位格子．Ti^{4+} を灰色，O^{2-} は赤色で示す．

> 結晶がその格子構造に関連した面に沿って壊れるとき，その面を**へき開面**（cleavage plane）という．

CdI_2 型の結晶構造をもつ化合物には多数の例があり，$MgBr_2$，MgI_2，CaI_2，d ブロック金属のヨウ化物，$Mg(OH)_2$（**水滑石**，brucite）などの金属水酸化物がある．$Mg(OH)_2$ の構造では［OH］$^-$ を球として扱う．

$CdCl_2$ の構造は CdI_2 の層状構造と類似しているが，Cl^- は立方最密充填構造をとる．このような構造をもつ化合物としては $FeCl_2$，$CoCl_2$ などがある．層状構造をもつ他の例としては**滑石**（talc）や**雲母**（mica）がある（**§14・9** 参照）．

を反映する．図 6・21 の 2 個の O^{2-} は完全に単位格子内に位置するが，他の 4 個の O^{2-} は 2 個の格子間で面を共有する位置にある．

ルチル型構造をもつ化合物には，SnO_2（**スズ石** cassiterite，スズの主鉱石），$\beta\text{-}MnO_2$（**軟マンガン鉱**，pyrolusite），PbO_2 などがある．

CaI_2 と $CdCl_2$：層状構造

MX_2 の組成をもつ化合物の結晶には，いわゆる**層状構造**（layer structure）が多くみられ，六方対称をもつ CdI_2 はその典型例である．この構造では，I^- が hcp 構造を形成し，Cd^{2+} が 1 層おきにその八面体間隙を占めている（図 6・22 では hcp 構造が ABAB 層で示されている）．この格子を無限に拡張すると，'積層サンドイッチ'と称される構造となる．'サンドイッチ'とは，I^- 層・それに平行な Cd^{2+} 層・さらに平行な別の I^- の層の 3 層で構成される部分に相当し，電気的に中性である．'サンドイッチ'間（図 6・22 の中央の層間ギャップ）には弱いファンデルワールス力が働くのみである．このため，CdI_2 結晶は層に沿って明瞭なへき（劈）開面を生じる．

ペロブスカイト（$CaTiO_3$）型構造：複酸化物

ペロブスカイト（perovskite）は**複酸化物**（double oxide）の例であり，単にその組成から［TiO_3］$^{2-}$ を含むと考えるべきではなく，$Ca(II)$ と $Ti(IV)$ が混合した酸化物と考えるべきである．図 6・23a にペロブスカイト単位格子の描き方の一例を示した（章末**問題 6.13** 参照）．単位格子は立方体形で，$Ti(IV)$ はその頂点に位置し，12 個の O^{2-} が辺上に位置する．十二配位の Ca^{2+} は単位格子の中央に位置する．各 Ti(IV) イオンは六配位であり，これは結晶格子中の隣接する単位格子を考えることにより理解できる．

$BaTiO_3$，$SrFeO_3$，$NaNbO_3$，$KMgF_3$，$KZnF_3$ など多くの複酸化物や複フッ化物がペロブスカイト型の結晶格子をもつ．構成するイオンの相対的な大きさによって格子にひずみが生じる場合がある．たとえば，$BaTiO_3$ において，Ba^{2+} は相対的に大きく（$r_{Ca^{2+}} = 100$ pm に対して $r_{Ba^{2+}} = 142$ pm），その結果，Ti–O の短い相互作用が生じるように Ti(IV) を中心とする構造がひずむ．このような構造から $BaTiO_3$ は**強誘電性**（ferroelectric）をもつ（**§28・6** 参照）．

高温超伝導体にはペロブスカイトに類似した構造をもつものがある．その他の複酸化物の格子として**スピネル**（spinel，$MgAl_2O_4$）型構造がある（**Box 13・6** 参照）．

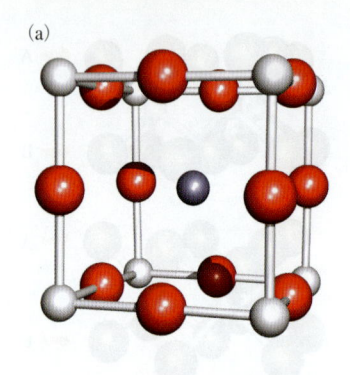

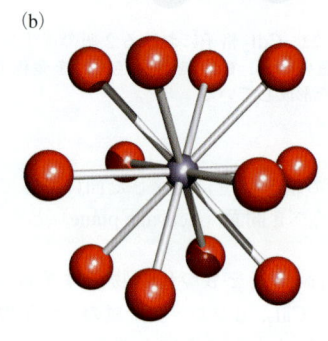

図 6・23 (a) ペロブスカイト（CaTiO₃）単位格子の表し方の一例．(b) Ca^{2+} は十二配位で O^{2-} と接している．原子の色表示：Ca 紫色，O 赤色，Ti 薄灰色．

6・12 半導体の結晶構造

この節では半導体でよくみられる結晶構造について注目する．SiやGeはダイヤモンド型網目構造をとるが，ドーパントを添加しても構造は変化しない．これら構造に関連するのは閃亜鉛鉱型構造であり，GaAs，InAs，GaP，ZnSe，ZnTe，CdS，CdSe，CdTe，HgS，HgSe，HgTe がこの構造をとる．閃亜鉛鉱を含むこれら二元系化合物はいずれも真性半導体である．ウルツ鉱型構造も半導体材料において重要であり，このような構造をもつ化合物の例としてはZnO，CdSe，InN がある．

6・13 格子エネルギー：静電モデルに基づく理論

> 0 K で気相状態の成分イオンから 1 mol のイオン固体が生成するのに伴う内部エネルギー変化をその化合物の **格子エネルギー**（lattice energy）ΔU (0 K) という[*1]．

塩 MX_n の格子エネルギーは，式6.7で定義される反応に伴うエネルギー変化に相当する．

$$M^{n+}(g) + nX^-(g) \longrightarrow MX_n(s) \tag{6.7}$$

イオン固体の格子構造についてイオンを点電荷とする静電モデル（イオンモデル）を考えることにより格子エネルギーを見積ることができる．このような仮定がどの程度有効であるかについてはこの章の後半で述べる．

孤立したイオン対間に働くクーロン引力

イオン格子を考える前に，反対の電荷をもつ2種のイオン M^{z+} と X^{z-} が互いに無限に離れた距離から**孤立したイオン対**（isolated ion-pair）MX を形成する場合について復習しておく．このときの内部エネルギー変化は式6.8で表される．

$$M^{z+}(g) + X^{z-}(g) \longrightarrow MX(g) \tag{6.8}$$

2種のイオンは z_+e と z_-e の電荷をもち（e は電気素量，z_+ と z_- は整数），互いに引き合い，イオン対の生成に伴いエネルギーが放出される．このときの内部エネルギー変化は，2種のイオン間に働くクーロン引力から式6.9のように見積られる．孤立したイオン対に対して下式を仮定する．

$$\Delta U = -\left(\frac{|z_+||z_-|e^2}{4\pi\varepsilon_0 r}\right) \tag{6.9}$$

ここで，$\Delta U =$ 内部エネルギー変化（J単位），$|z_+| =$ 正電荷の価数の絶対値[*2]（たとえば K^+ では $|z_+| = 1$，Mg^{2+} では $|z_+| = 2$），$|z_-| =$ 負電荷の価数の絶対値（たとえば F^- では $|z_-| = 1$，O^{2-} では $|z_-| = 2$），$e =$ 電気素量 $= 1.602 \times 10^{-19}$ C，$\varepsilon_0 =$ 真空の誘電率 $= 8.854 \times 10^{-12}$ F m^{-1}，$r =$ 2種のイオンの原子間距離（m単位）．

イオン格子中のクーロン相互作用

今度は，塩 MX が NaCl 型構造をとる場合について考える．図6.15に示した配位幾何構造（格子が無限に続くことに注意せよ）を見ると，どの M^{z+} も以下の条件を満たすイオンに取囲まれていることがわかる．

- r の距離にある 6 個の X^{z-}
- $\sqrt{2}r$ の距離にある 12 個の M^{z+}
- $\sqrt{3}r$ の距離にある 8 個の X^{z-}
- $2r$ の距離にある 6 個の M^{z+}
  ……

今，1個の M^{z+} を無限遠から格子中のその点に移動したと

[*1] これと逆の過程に対して格子エネルギーを定義する教科書もあるので注意する．その場合は，イオン固体を気相状態の成分イオンに変換するのに必要なエネルギーをさす．

[*2] 実数の絶対値は正の値となる．$|z_+|$ と $|z_-|$ は正の数．

する．その際のクーロンエネルギー（ポテンシャル）変化は式（6.10）で与えられる．

$$\Delta U = -\frac{e^2}{4\pi\varepsilon_0}\left[\left(\frac{6}{r}|z_+||z_-|\right) - \left(\frac{12}{\sqrt{2}r}|z_+|^2\right)\right.$$
$$\left. + \left(\frac{8}{\sqrt{3}r}|z_+||z_-|\right) - \left(\frac{6}{2r}|z_+|^2\right)\cdots\right]$$
$$= -\frac{|z_+||z_-|e^2}{4\pi\varepsilon_0 r}\left[6 - \left(\frac{12|z_+|}{\sqrt{2}|z_-|}\right) + \left(\frac{8}{\sqrt{3}}\right)\right.$$
$$\left. - \left(3\frac{|z_+|}{|z_-|}\right)\cdots\right] \qquad (6.10)$$

イオンの正負電荷の比，$|z_+|/|z_-|$ は，ある特定の構造に対して一定であるので（たとえば NaCl では 1），式 6.10 の角括弧内の級数（数学的にこの和は徐々にある値に収束する）は結晶の幾何構造だけに依存する関数とみなせる．他の結晶格子についても同様に級数を用いてクーロンエネルギー変化を記述でき，特別な場合を除き，級数は $|z_+|$ と $|z_-|$ や r に依存しない．1918 年に Erwin Madelung（マーデルング）がはじめてこのような級数値の計算を行った．さまざまな型の結晶構造に対して求められた級数値を**マーデルング定数** (Madelung contant) A という（**表 6・4** 参照）．この定数を用いると式 6.10 はもう少し単純になり，<u>1 mol 当たりの格子エネルギー（J mol^{-1}）</u>は式 6.11 で表される．

$$\Delta U = -\frac{LA|z_+||z_-|e^2}{4\pi\varepsilon_0 r} \qquad (6.11)$$

ここで，L ＝ アボガドロ定数 ＝ 6.022×10^{23} mol^{-1}
A ＝ マーデルング定数（単位なし）

ここまで M^{z+} を取囲むイオンを考えてきたが，X^{z-} を中心に考えても同じ式が導かれる．

練習問題
図 6・15b で，中央の Na$^+$（紫色）はどれも中心から r の距離にある 6 個の Cl$^-$（緑）に取囲まれている．つぎに近いイオンが，(i) $\sqrt{2}r$ の距離にある 12 個の Na$^+$，(ii) $\sqrt{3}r$ の距離にある 8 個の Cl$^-$，(iii) $2r$ の距離にある 6 個の Na$^+$ である．これらが正しいことを確かめよ．

ボルンの力
イオン格子中で実際に働く力はクーロン相互作用だけではない．イオンは有限の大きさをもち，それらが接近すると電子間や核間の反発を生じる．これを**ボルンの力**（Born force）という．式 6.12 は気相状態のイオンを結晶格子中に配列させた際に生じる反発エネルギーの増加を表す最も単純な式である．

$$\Delta U = \frac{LB}{r^n} \qquad (6.12)$$

表 6・3 [M$^+$][X$^-$] の電子配置で示したイオン性化合物 MX のボルン指数 n．成分イオンに対する値の平均をとることでイオン性化合物の n が決定される．たとえば，MgO では $n = 7$，LiCl では $n = (5 + 9)/2 = 7$．

イオン性化合物 MX のイオンの電子配置	イオン（例）	n（単位なし）
[He][He]	H$^-$, Li$^+$	5
[Ne][Ne]	F$^-$, O^{2-}, Na$^+$, Mg^{2+}	7
[Ar][Ar] または [3d^{10}][Ar]	Cl$^-$, S^{2-}, K$^+$, Ca^{2+}, Cu$^+$	9
[Kr][Kr] または [4d^{10}][Kr]	Br$^-$, Rb$^+$, Sr^{2+}, Ag$^+$	10
[Xe][Xe] または [5d^{10}][Xe]	I$^-$, Cs$^+$, Ba^{2+}, Au$^+$	12

ここで，L ＝ アボガドロ定数，B ＝ **反発係数**（repulsion coefficient），n ＝ **ボルン指数**（Born exponent）．ボルン指数 n（表 6・3）は結晶の圧縮率から求めることができ，関係するイオンの電子配置に依存する．簡単にいえば，n はイオンの大きさによって決まる．

例題 6.4 ボルン指数
表 6・3 の値を用いて BaO に対するボルン指数を求めよ．

解答 Ba^{2+} は Xe と等電子であるため $n = 12$
O^{2-} は Ne と等電子であるため $n = 7$
BaO に対する n の値 ＝ $(12 + 7)/2 = 9.5$

練習問題
表 6・3 のデータを用いよ．
1. NaF に対するボルン指数を計算せよ． ［答 7］
2. AgF に対するボルン指数を計算せよ． ［答 8.5］
3. BaO から SrO になるとボルン指数はどのように変化するか答えよ． ［答 −1］

ボルン・ランデの式
式 6.11 と式 6.12 を組合わせることにより，イオン格子内におけるクーロン相互作用とボルンの力の両者を考慮した格子エネルギーを表す式 6.13 が導き出される．

$$\Delta U(0\,\text{K}) = -\frac{LA|z_+||z_-|e^2}{4\pi\varepsilon_0 r} + \frac{LB}{r^n} \qquad (6.13)$$

平衡位置での距離 $r = r_0$ を用いると，微分 $d\Delta U/dr = 0$ となる．これを利用して B を求めることができる．式 6.13 を r で微分し，これを 0 とすると式 6.14 が得られ，B について整理すると式 6.15 が得られる．

$$0 = \frac{LA|z_+||z_-|e^2}{4\pi\varepsilon_0 r_0^2} - \frac{nLB}{r_0^{n+1}} \qquad (6.14)$$

$$B = \frac{A|z_+||z_-|e^2 r_0^{n-1}}{4\pi\varepsilon_0 n} \qquad (6.15)$$

式 6.15 を式 6.13 に代入すると式 6.16 が得られる．これは結晶格子内のイオン間に働くクーロン引力・クーロン斥力とボルン斥力を考慮した静電モデルに基づく格子エネルギーを表し，**ボルン・ランデの式**（Born–Landé equation）とよばれる．

$$\Delta U(0\,\mathrm{K}) = -\frac{LA|z_+||z_-|e^2}{4\pi\varepsilon_0 r_0}\left(1-\frac{1}{n}\right) \quad (6.16)$$

ボルン・ランデの式はその単純さゆえに化学者がよく用いる式の一つである．化学の分野ではさまざまなケースで，この式を用いて格子エネルギーを見積る（たとえば，仮想的な化合物に対して適用される）．格子エネルギーはしばしば熱化学サイクルの中に組込まれるため，それに関連するエンタルピー変化が必要となる（§6・14 参照）．

マーデルング定数

いくつかの結晶格子に対するマーデルング定数を表 6・4 に示す．すでに述べたように，これらの値は結晶格子内でのイオンの配位環境（近くから遠くまでの隣接イオンの影響）を考慮することにより導き出される．たとえば，NaCl 型構造と CsCl 型構造（図 6・15，図 6・16）に対する値が意外に近いと思うかもしれない．これは単に結晶構造の無限性に由来するものであり，CsCl 型構造では A を与える級数の第 1 項（引力）が 8/6 倍大きいが，第 2 項（斥力）も大きいことに起因している．

表 6・4 で MX_2 構造に対するマーデルング定数は MX 構造に対する定数よりも約 50% 大きい．この差については §6・16 で述べる．

表 6・4 いくつかの型の構造に対するマーデルング定数 A（単位なし）

構造の型	A
塩化ナトリウム（NaCl）型	1.7476
塩化セシウム（CsCl）型	1.7627
ウルツ鉱（α-ZnS）型	1.6413
閃亜鉛鉱（β-ZnS）型	1.6381
蛍石（CaF_2）型	2.5194
ルチル（TiO_2）型	2.408†
ヨウ化カドミウム（CdI_2）型	2.355†

† このような構造では，A の値は結晶の格子定数による影響を若干受ける．

例題 6.5 ボルン・ランデの式を使う

フッ化ナトリウムは NaCl 型構造をとる．静電モデルを用いて NaF の格子エネルギーを見積れ．計算には以下の数値を用いよ．

$L = 6.022 \times 10^{23}\,\mathrm{mol}^{-1}$，$A = 1.7476$，$e = 1.602 \times 10^{-19}$ C，$\varepsilon_0 = 8.854 \times 10^{-12}$ F m^{-1}，NaF のボルン指数 = 7，Na–F 核間距離 = 231 pm

解答 内部エネルギー（格子エネルギー）の変化はボルン・ランデの式より以下のように見積られる．

$$\Delta U(0\,\mathrm{K}) = -\frac{LA|z_+||z_-|e^2}{4\pi\varepsilon_0 r_0}\left(1-\frac{1}{n}\right)$$

$$= 231\,\mathrm{pm} = 2.31 \times 10^{-10}\,\mathrm{m}$$

$$\Delta U_0 = -\left(\frac{\begin{array}{c}6.022 \times 10^{23} \times 1.7476 \times 1\\ \times 1 \times (1.602 \times 10^{-19})^2\end{array}}{4 \times 3.142 \times 8.854 \times 10^{-12} \times 2.31 \times 10^{-10}}\right)$$
$$\times \left(1 - \frac{1}{7}\right)$$

$$= -900\,624\,\mathrm{J\,mol^{-1}}$$
$$\approx -901\,\mathrm{kJ\,mol^{-1}}$$

練習問題

1. C（クーロン），F（ファラド），J（ジュール）の SI 基本単位を C = A s，F = m^{-2} kg^{-1} s^4 A^2，J = kg m^2 s^{-2} とし，上の例題の単位の次元が正しいことを示せ．

2. 静電モデルを用いて KF（NaCl 型構造）の格子エネルギーを見積れ．ただし，K–F 間距離を 266 pm とする．
［答 $-798\,\mathrm{kJ\,mol^{-1}}$］

3. 静電モデルを用いて MgO（NaCl 型構造）の格子エネルギーを見積れ．r_ion の値は付録 6 を参照せよ．
［答 $-3926\,\mathrm{kJ\,mol^{-1}}$］

ボルン・ランデの式の改良

ボルン・ランデの式を用いて得られる格子エネルギーはおおよそのものであり，さらに高い精度で格子エネルギーを予測するために，ボルン・ランデの式にいくつかの改良が加えられている．最も重要なものは，式 6.12 の $1/r^n$ の項を $\mathrm{e}^{-(r/\rho)}$ に置き換えたものであり，これは波動関数が r の指数関数であることを反映した改良である．ρ は結晶の圧縮率を反映するための定数である．このような修正を加えた格子エネルギーの式を**ボルン・マイヤーの式**（Born–Mayer equation）という（式 6.17）．

$$\Delta U(0\,\mathrm{K}) = -\frac{LA|z_+||z_-|e^2}{4\pi\varepsilon_0 r_0}\left(1-\frac{\rho}{r_0}\right) \quad (6.17)$$

すべてのアルカリ金属ハロゲン化物に対する定数 ρ は 35 pm である．ボルン斥力の項に r_0 が含まれることに注意しよう（式 6.16 と式 6.17 を比較せよ）．

格子エネルギー計算でさらに加えられた改良に，**分散エネルギー**（dispersion energy）項と**零点エネルギー**（zero point energy）項（§3・9 参照）の導入がある．**分散力**（dispersion force)*1 は，電子密度の瞬間的なゆらぎが一時的な双極子モーメントを生じ，これが近くにある化学種の双極子モーメントを誘起することで生じる．分散力は瞬間的に誘起された双極子どうしの相互作用（induced-dipole-induced-dipole interaction）のことをさす．これらには方向性がなく，生じる分散エネルギーは核間距離 r と原子（あるいは分子）の**分極率**（polarizability）α に関係している（式6.18）．

$$\text{分散エネルギー} \propto \frac{\alpha}{r^6} \tag{6.18}$$

化学種の分極率は，たとえば，近くにある原子あるいはイオンの電場によってその電子密度（分布）がひずむ度合いを表している．格子構造に対するイオンの剛体球モデルは，イオンの分極をまったく考慮せず，非常に粗い近似を適用している．原子のサイズが増すにつれて分極率は急速に増大し，大きなイオン（あるいは原子や分子）は比較的大きな誘起双極子を生じ，それにより分散力も増大する．α の値は対象とする物質の比誘電率（**誘電定数** dielectric constant，§9・2参照）あるいは屈折率から求めることができる．

NaClの全格子エネルギー（$-766\ \text{kJ mol}^{-1}$）に対する，静電引力，静電斥力とボルン斥力，分散エネルギー，零点エネルギーの寄与はそれぞれ -860，$+99$，-12，$+7\ \text{kJ mol}^{-1}$ である．実際には，最後の2項（これらはいつも互いに相殺し合うことが多い）は無視することができ，それにより生じる誤差は十分に小さい．

まとめ

静電モデルにより導き出された格子エネルギーはしばしば'計算値'といわれ，熱化学サイクルから求めた値と区別される．しかし，r_0 の値がX線回折法で決定した実験値であ

ることから，理想化されたイオンモデルという出発点が忘れられる傾向にあることに注意をしよう．さらに，イオン上の実際の電荷は形式電荷よりかなり小さいと推定されている．それにもかかわらず，このような格子エネルギーの概念は無機化学においてきわめて重要な意味をもつ．

6・14 ボルン・ハーバーサイクルから格子エネルギーを求める

格子エネルギーの定義を考えれば，それが直接計測できない理由は明白である．しかし，それに関連する**格子エンタルピー**（lattice enthalpy）は，**ボルン・ハーバーサイクル**（Born-Haber cycle）といわれる熱化学サイクルを用いて種々の物理化学量と関係づけられる．塩の陰イオンがハロゲン化物イオンの場合，ボルン・ハーバーサイクル中の他のすべての物理化学量は独立に決定されている．§6・16の格子エネルギーの応用例をみればその理由がよくわかるであろう．

一般的な金属ハロゲン化物 MX_n を考える．図6・24は成分元素の標準状態から結晶 MX_n が生成する際の熱化学サイクルを示している．$\Delta_{\text{lattice}}H°(298\ \text{K})$ は標準状態における気相状態のイオンから塩の結晶を生成するときのエンタルピー変化であるが，$\Delta U(0\ \text{K}) \approx \Delta H(298\ \text{K})$ と近似する．同様の近似はイオン化エネルギーや電子親和力に対しても用いられており（§1・10参照），通常このような近似による誤差は比較的小さい*2．$\Delta_{\text{lattice}}H°$ の値は式6.19を用いて決定することができ（総熱量が一定となるヘスの法則），これは実験的に決定されたデータをもとに算出されたという意味から'実験値'とよばれる．

$$\begin{array}{ccc}
M(s) + {}^n/_2 X_2(g) & \xrightarrow{\Delta_a H°(M,s) + n\Delta_a H°(X,g)} & M(g) + nX(g) \\
\Delta_f H°(MX_n, s) \downarrow & & \downarrow \Sigma IE(M,g) \quad \downarrow n\Delta_{EA}H(X,g) \\
MX_n(s) & \xleftarrow{\Delta_{\text{lattice}}H°(MX_n, s)} & M^{n+}(g) + nX^-(g)
\end{array}$$

$\Delta_a H°(M, s)$	= 金属Mの原子化エンタルピー
$\Delta_a H°(X, g)$	= Xの原子化エンタルピー
$\Sigma IE(M, g)$	= $M(g) \to M^+(g) \to M^{2+}(g) \cdots \to M^{n+}(g)$ 過程のイオン化エネルギーの合計
$\Delta_{EA}H(X, g)$	= 電子を1個獲得する際のエンタルピー変化
$\Delta_f H°(MX_n, s)$	= 標準生成エンタルピー
$\Delta_{\text{lattice}}H°(MX_n, s)$	= 格子エンタルピー変化（本文参照）

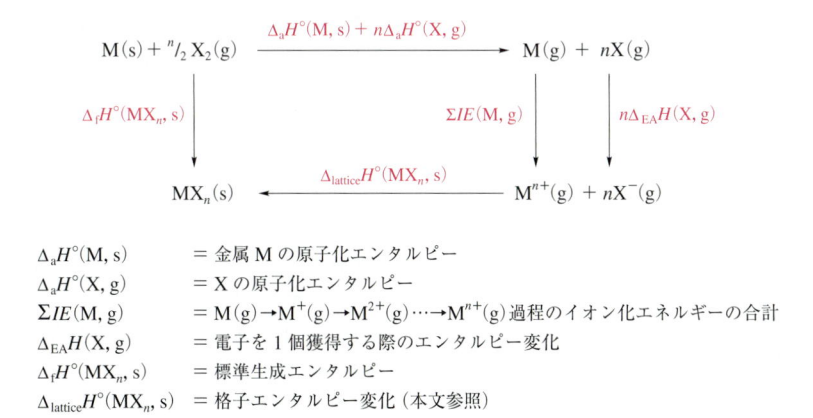

図6・24 MX_n 塩の生成に対するボルン・ハーバー熱化学サイクル．このサイクルからイオン結晶格子 MX_n の生成に伴うエンタルピー変化が求められる．

---

*1 分散力は，ロンドンの分散力ともよばれる．
*2 大きな誤差を生じる場合もある．格子エネルギーと格子エンタルピーの関係に関する詳しい説明は以下参照：H. D. B. Jenkins (2005) *J. Chem. Educ.*, vol. 82, p. 950.

$$\Delta_f H°(MX_n, s) = \Delta_a H°(M, s) + n\Delta_a H°(X, g)$$
$$+ \Sigma IE(M, g) + n\Delta_{EA} H(X, g)$$
$$+ \Delta_{lattice} H°(MX_n, s) \quad (6.19)$$

この式を変形し，格子エネルギーを $\Delta U(0\,\text{K}) \approx \Delta H(298\,\text{K})$ とすると式6.20が得られる．この式の右辺の量はすべて適当なデータ集〔原子化エンタルピー（**付録10**），イオン化エネルギー（**付録8**），電子親和力（**付録9**）〕を引用し，求めることができる．

$$\Delta U(0\,\text{K}) \approx \Delta_f H°(MX_n, s) - \Delta_a H°(M, s) - n\Delta_a H°(X, g)$$
$$- \Sigma IE(M, g) - n\Delta_{EA} H(X, g) \quad (6.20)$$

例題 6.6　ボルン・ハーバーサイクルを利用する

CaF_2 の298 Kにおける標準生成エンタルピーを $-1228\,\text{kJ mol}^{-1}$ として，付録の適当なデータを用い，CaF_2 の格子エネルギーを求めよ．

解答　まず，以下の熱化学サイクルを考える．

```
Ca(s) + F₂(g)  ──Δ_aH°(Ca,s) + 2Δ_aH°(F,g)──→  Ca(g) + 2F(g)
    │                                                │
 Δ_fH°(CaF₂,s)      IE₁ + IE₂(Ca,g)           2Δ_EA H(F,g)
    ↓                                                ↓
  CaF₂(s) ←──Δ_lattice H°(CaF₂,s)～ΔU(0K)──── Ca²⁺(g) + 2F⁻(g)
```

付録から引用すべき値は，

付録10：$\Delta_a H°(\text{Ca}, s) = 178\,\text{kJ mol}^{-1}$
　　　　$\Delta_a H°(\text{F}, g) = 79\,\text{kJ mol}^{-1}$
付録8：$IE_1(\text{Ca}, g) = 590$；$IE_2(\text{Ca}, g) = 1145\,\text{kJ mol}^{-1}$
付録9：$\Delta_{EA} H(\text{F}, g) = -328\,\text{kJ mol}^{-1}$

ヘスの法則を用いて，

$$\Delta U(0\,\text{K}) \approx \Delta_f H°(\text{CaF}_2, s) - \Delta_a H°(\text{Ca}, s)$$
$$- 2\Delta_a H°(\text{F}, g) - \Sigma IE(\text{Ca}, g) - 2\Delta_{EA} H(\text{F}, g)$$
$$\approx -1228 - 178 - 2(79) - 590 - 1145 + 2(328)$$
$$\Delta U(0\,\text{K}) \approx -2643\,\text{kJ mol}^{-1}$$

練習問題

付録のデータを用いよ．

1. $CaCl_2$ の $\Delta_f H°(298\,\text{K})$ を $-795\,\text{kJ mol}^{-1}$ とし，$CaCl_2$ の格子エネルギーを求めよ．　　　　〔答　$-2252\,\text{kJ mol}^{-1}$〕
2. CsF の格子エネルギーを $-744\,\text{kJ mol}^{-1}$ とし，CsF の $\Delta_f H°(298\,\text{K})$ を求めよ．　　　　〔答　$-539\,\text{kJ mol}^{-1}$〕
3. $MgCl_2$ の $\Delta_f H°(298\,\text{K})$ を $-641\,\text{kJ mol}^{-1}$ とし，$MgCl_2$ の格子エネルギーを求めよ．　　　　〔答　$-2520\,\text{kJ mol}^{-1}$〕
4. 問題1～3の計算を行う際に用いた仮定について説明せよ．

6・15　格子エネルギー：'計算値'と'実験値'の比較

ここでは NaCl を典型的な例として取上げる．ボルン・ハーバーサイクルからその $\Delta U(0\,\text{K})$ は $-783\,\text{kJ mol}^{-1}$ と見積もられている．X線回折データから決定した r_0 の実測値を用いてボルン・メイヤーの式により計算した値は $-761\,\text{kJ mol}^{-1}$ であり，§6・13で紹介した手法より精度の高い手法では $-768\,\text{kJ mol}^{-1}$ となる．このような一致は，すべてのアルカリ金属ハロゲン化物（Liのハロゲン化物を含む）と2族金属フッ化物でみられる．これら化合物がすべて完全なイオン性をもつことを示す確実な証拠はない．しかし，計算値と実験値がよく一致することは，これまで学習した静電モデルが，それらの化合物の熱化学を考える基礎になりうることを示している．

層状構造をもつ化合物に対しては状況が異なる．すでに述べたように，CdI_2 の格子構造（図6・22）は，I^- がつくる層からなり，隣接する層と層の間にファンデルワールス力が働いている．この CdI_2 の $\Delta U(0\,\text{K})$ は計算値（$-1986\,\text{kJ mol}^{-1}$）と実験値（$-2435\,\text{kJ mol}^{-1}$）に大きな差があり，静電モデルが不十分であることを示している．同様に，Cu(I) ハロゲン化物（閃亜鉛鉱型構造）や AgI（ウルツ鉱型構造）に対しても静電モデルは十分な結果を与えない．Ag(I) ハロゲン化物では，$\Delta U(0\,\text{K})_{\text{計算値}}$ と $\Delta U(0\,\text{K})_{\text{実験値}}$ との差が，AgF < AgCl < AgBr < AgI の順で大きくなる．より重いハロゲン化物では，格子内における共有結合性の寄与が増大し，その結果，水に対する溶解度は AgF から AgI にいくにつれて低下する（§7・9参照）．

6・16　格子エネルギーの応用

ここでは格子エネルギーの応用について典型的なものを紹介する．後の章ではその他の例についても紹介する．

電子親和力

レーザー光脱離法を用いることで電子親和力を実験により精度よく決定することが可能であるが，電子親和力の表中にはいくつかの計算値，特に，多価イオンに対する計算値が含まれている．計算方法の一例に，静電モデルで算出した格子エネルギーの値を用いてボルン・ハーバーサイクルから推定する方法がある．この方法が有効な化合物は限られる（§6・15参照）．

式6.21の過程の $\Sigma |\Delta_{EA} H°(298\,\text{K})|$ を計算してみよう．

$$\text{O}(g) + 2e^- \longrightarrow \text{O}^{2-}(g) \quad (6.21)$$

静電モデルによる近似がおよそ有効であり，マーデルング定数が既知の構造をもつ金属酸化物に対してはボルン・ハーバーサイクルが適用可能である．酸化マグネシウム(II) はこの条件を満たしている．NaCl 型構造をもち，X線回折法

で r_0 が精度よく決定されており，圧縮率も既知であるため，静電モデルから $\Delta U(0\,\mathrm{K}) = -3975\,\mathrm{kJ\,mol^{-1}}$ と計算される．適切なボルン・ハーバーサイクルを考えたとき，これ以外のすべての物理化学量が独立に決定できるため，反応 6.21 にする $\Sigma|\Delta_{EA}H°(298\,\mathrm{K})|$ の値を導き出すことができる．異なる 2 族金属酸化物に対しても同様に反応 6.21 に対する $\Sigma|\Delta_{EA}H°(298\,\mathrm{K})|$ の値を求めることができる．

O 原子に 2 個の電子を付着する反応は，スキーム 6.22 に示す 2 段階過程を経ると考えられ，2 種の過程に対するエンタルピー変化はそれぞれ -141 および $+798\,\mathrm{kJ\,mol^{-1}}$ とされている．

$$\left.\begin{array}{l}\mathrm{O(g) + e^- \longrightarrow O^-(g)} \\ \mathrm{O^-(g) + e^- \longrightarrow O^{2-}(g)}\end{array}\right\} \quad (6.22)$$

2 段階目はかなり**吸熱的**（endothermic）である．このことから，O^{2-} が存在する唯一の理由は酸化物塩の高い格子エネルギーにあることがわかる．たとえば，Na_2O，K_2O，MgO，CaO の $\Delta U(0\,\mathrm{K})$ はそれぞれ -2481，-2238，-3795，$-3414\,\mathrm{kJ\,mol^{-1}}$ である．

フッ化物親和力

BF_3，AsF_5，SbF_5 などのフッ化物イオン受容体はそれぞれ容易に $[BF_4]^-$，$[AsF_6]^-$，$[SbF_6]^-$ を生成し，各受容体のフッ化物 F^- 親和力はスキーム 6.23 に示す熱化学サイクルを用いて決定することができる．

$$\begin{array}{ccc}\mathrm{KBF_4(s)} & \xrightarrow{\Delta H°_1} & \mathrm{KF(s) + BF_3(g)} \\ {\scriptstyle\Delta_{lattice}H°(KBF_4,\,s)}\Big\uparrow & & \Big\downarrow{\scriptstyle\Delta_{lattice}H°(KF,\,s)} \\ \mathrm{K^+(g) + [BF_4]^-(g)} & \xleftarrow{\Delta H°_2} & \mathrm{K^+(g) + F^-(g) + BF_3(g)}\end{array} \quad (6.23)$$

KBF_4 の高温相は CsCl 型結晶構造をもち，$[BF_4]^-$ を球として扱うことにより静電モデルから格子エネルギーを見積ることができる（図 6・17 参照）．KF の格子エネルギーは既知であり，また，$\Delta H°_1$ は KBF_4 固体の解離圧の温度変化から決定できる．ヘスの法則を用いて算出した $\Delta H°_2$ の値（$-360\,\mathrm{kJ\,mol^{-1}}$）は，$BF_3$ に F^- が結合した際のエンタルピー変化に相当する．

標準生成および不均化エンタルピーを計算する

よく調べられているイオン性化合物では，格子エネルギーが既知で標準生成エンタルピーが未知である場合はほとんどない．しかし，仮想的な化合物に関する理論的研究では，格子エネルギーの計算値を用いてボルン・ハーバーサイクルから $\Delta_f H°(298\,\mathrm{K})$ を求める必要性を生じることがある．たとえば古くは，ネオンが Ne^+Cl^- 塩をつくるか否かという疑問に対し，このような手法が用いられた．Ne^+ の大きさは Na^+ と同程度であるため，NeCl が NaCl 型構造をとると仮定すると，NeCl の格子エネルギーは約 $-840\,\mathrm{kJ\,mol^{-1}}$ と見積られる．これより $\Delta_f H°(NeCl,\,s)$ の値は約 $+1010\,\mathrm{kJ\,mol^{-1}}$ と見積られるが，Ne の非常に高い第一イオン化エネルギー（$2081\,\mathrm{kJ\,mol^{-1}}$）を考えれば，この過程が著しく吸熱的で実際には起こりえないことが理解できる．

さらに後になって，貴ガスの化合物が合成できるか否かについて，格子エネルギーを用いた考察がなされた．O_2 が PtF_6 と反応して $[O_2]^+[PtF_6]^-$ を生じることが見いだされた後，Xe と O_2 の第一イオン化エネルギーが同程度であるため，Xe（**第 18 章**参照）も PtF_6 と反応するのではないかという提案がなされた．18 族元素を下にいくときにみられる第一イオン化エネルギーの傾向を図 6・25 に示す．ラドンは最もイオン化しやすいが放射性であるため，研究室ではキセノンの方がずっと扱いやすい．結局，Xe と PtF_6 は予測どおり反応することが示された．ただし，Neil Bartlett が最初に反応を行ってから 40 年以上たった現在でも，生成物 '$Xe[PtF_6]$' の詳細は明らかではない．

CaF（通常の CaF_2 に比べて）が生成するか否かについても調べられた．CaF の成分元素への分解は熱力学的に不利であるが，**不均化**（disproportionation，式 6.24）が容易に進行する．それゆえ，単純なボルン・ハーバーサイクルはまったく役に立たない．

$$2\mathrm{CaF(s)} \longrightarrow \mathrm{Ca(s) + CaF_2(s)} \quad (6.24)$$

> 化学種が酸化剤としても還元剤としても作用するとき，**不均化**が進行する．

考えるべき熱化学サイクルを式 6.25 に示す．この中で，$\Delta_a H°(Ca,\,s)$ の値（$178\,\mathrm{kJ\,mol^{-1}}$）と Ca に対する IE_1 と

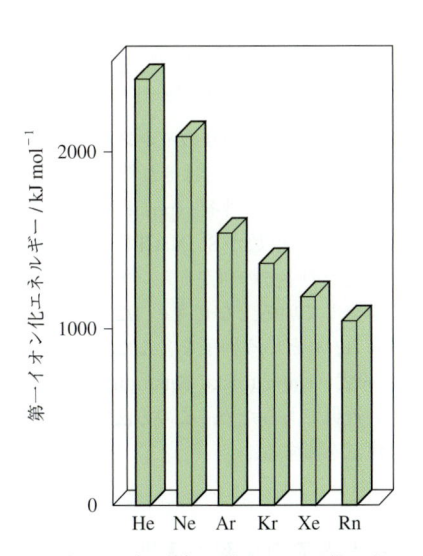

図 6・25 貴ガス（18 族）の第一イオン化エネルギーにみられる傾向

IE_2 との差（-555 kJ mol^{-1}）は，CaF$_2$ の格子エネルギー（-2610 kJ mol^{-1}）の大きさに比べて有意に小さい．

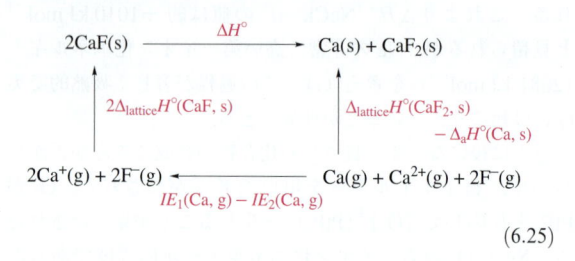

$$2\text{CaF(s)} \xrightarrow{\Delta H^\circ} \text{Ca(s)} + \text{CaF}_2\text{(s)}$$

$$2\Delta_{\text{lattice}}H^\circ(\text{CaF, s}) \uparrow \qquad \uparrow \Delta_{\text{lattice}}H^\circ(\text{CaF}_2\text{, s}) - \Delta_a H^\circ(\text{Ca, s})$$

$$2\text{Ca}^+(g) + 2\text{F}^-(g) \xleftarrow[IE_1(\text{Ca, g}) - IE_2(\text{Ca, g})]{} \text{Ca(g)} + \text{Ca}^{2+}(g) + 2\text{F}^-(g)$$

(6.25)

したがって，不均化に対するエンタルピー変化 ΔH° の大きさと符号は，おもに CaF$_2$ の格子エネルギーと CaF の格子エネルギーの2倍とのバランスで決まる．CaF$_2$ に対する ΔU（0 K）の値が CaF のそれを大幅に上回る理由は以下のとおりである．

- Ca^{2+} の $|z_+|$ は Ca$^+$ の2倍．
- Ca^{2+} の r_0 は Ca$^+$ より小さい．
- MX$_2$ 構造に対するマーデルング定数は MX 構造に対する定数の約 1.5 倍（**表 6・4** 参照）．

最終的な結果として，不均化反応 6.25 に対する ΔH° は負の値をとる．

カプスティンスキー式

仮想的な化合物の格子エネルギーを推定するうえで，どのような型の結晶構造を仮定するかが問題となる．MX と MX$_2$ 型構造に対するマーデルング定数（表 6・4）はおよそ 2：3 の比であることがよく利用されていたが，1956 年に Kapustinskii（カプスティンスキー）は，格子エネルギーを推定するのに現在最もよく知られている一般的な式を導き出した．その一つの形を式 6.26 に示す．

$$\Delta U(0\text{ K}) = -\frac{(1.07 \times 10^5)v|z_+||z_-|}{r_+ + r_-} \quad (6.26)$$

ここで，$v =$ 塩の組成式当たりのイオン数（たとえば，NaCl では 2，CaF$_2$ では 3），r_+，r_- はそれぞれ陽イオンと陰イオンの六配位におけるイオン半径（pm 単位）である．

この式は，ボルン指数が 8（NaCl に対する値）の場合，マーデルング定数の半分の値がボルン・ランデの式中に現れることに端を発している．なぜ A の 1/2 かということが A/v と関連づけられ，v という因子を含んだ式となった．**カプスティンスキー式**（Kapustinskii equation）は有用であるが，そもそも粗い近似であるため，この方法で算出した値を用いる場合には注意を要する．

6・17　固体格子の欠陥：入門

本章のここまでは，対象とする純粋な物質はすべて完全な格子構造をもち，すべての格子位置に正しく原子あるいはイオンが入っているものと暗に仮定していた．このような状態は 0 K でのみあてはまることで，これより高温では常に**格子欠陥**（lattice defect）が存在する．欠陥を生じるのに必要なエネルギーは，それにより構造のエントロピーが増加することで相殺される．格子欠陥にはさまざまな種類があるが，ここではショットキー欠陥とフレンケル欠陥だけを紹介する．固体状態の欠陥についてはさらに**第 28 章**で学ぶ．スピネル型構造と逆スピネル型構造については **Box 13・6** で紹介する．

ショットキー欠陥

ショットキー欠陥（Schottky defect）は結晶格子中の原子あるいはイオンが抜けることで生じるが，化合物の化学量論比は変化せず一定であるため，電気的中性も保たれる．金属格子では1個の原子が抜けて1個の空孔を生じる．イオン格子に対するショットキー欠陥の場合，MX 塩では1個の陽イオンと1個の陰イオンが対で空孔を生じ，MX$_2$ 塩では1個の陽イオンと2個の陰イオンが組となって空孔を生じる．図 6・26 に NaCl 格子のショットキー欠陥を示した．完全な格子（図 6・26a）に対し，イオンが存在すべき位置が空孔となっている（図 6・26b）．

フレンケル欠陥

フレンケル欠陥（Frenkel defect）では，原子あるいはイオンが通常間隙となっている位置に入り，'移動した原子やイオンが占めていた' 格子点は空孔となる．図 6・27 に NaCl 型構造をとる AgBr のフレンケル欠陥を示す．図 6・27a では，中央の Ag$^+$ は Br$^-$ がつくる fcc 構造の八面体間隙に入っている．この Ag$^+$ がもともと空であった四面体間隙に移動し（図 6・27b），格子中にフレンケル欠陥が生じる．陽イオンと陰イオンの大きさの差が比較的大きいときこのタイプの欠陥が可能となる．AgBr では，八面体間隙よりもかなり小さい四面体間隙に陽イオンが収容されなければならない．一般に，フレンケル欠陥は配位数が低く比較的隙間の空いた格

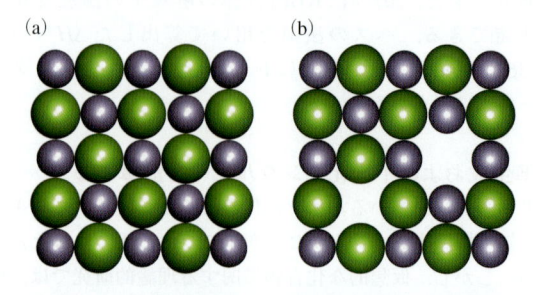

図 6・26　(a) NaCl の完全な構造におけるある面の一部（図 6・15 と比較せよ）．(b) ショットキー欠陥では陽イオンと陰イオンの空孔が生じる．この場合，同数の陽イオンと陰イオンが抜けるため電気的中性が保たれる．原子の色表示：Na 紫色，Cl 緑色．

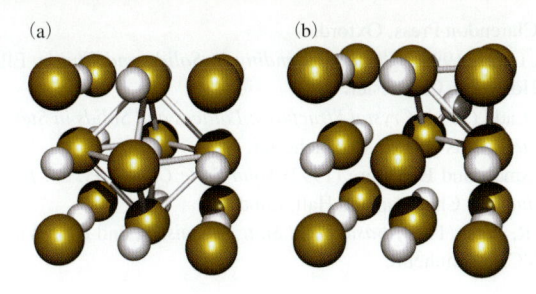

図 6・27 AgBr は NaCl 型構造をとる．(a) 完全な格子では，Br⁻ がつくる立方最密充填構造の八面体間隙に Ag⁺ が入る．(b) AgBr のフレンケル欠陥では，ある Ag⁺ が (a) の構造では本来空孔であった四面体間隙に移動し，そのイオンがもといた中央の八面体間隙は空になる．原子の色表示：Ag 薄灰色，Br 金色．

子で起こりやすい．

ショットキー欠陥とフレンケル欠陥の実験的観測

化学量論的な結晶でショットキー欠陥やフレンケル欠陥が生じていることを分析する方法はいくつかあるが，原理的に最も単純な方法は非常に高い精度で結晶の密度を測定することである．低濃度のショットキー欠陥があると，測定された結晶の密度は，X線回折で決定された単位格子の大きさと構造から計算した密度より小さくなる（章末の問題 6.21, 6.22 参照）．これに対し，フレンケル欠陥では存在する原子あるいはイオンの数に変化がないので，ショットキー欠陥のような密度の差は観測されない．

重要な用語

本章では以下の用語が紹介されている．意味を理解できるか確認してみよう．

- ☐ 最密充填（球あるいは原子の）（close-packing）
- ☐ 立方最密充填（ccp）格子（cubic close-packed lattice, ccp lattice）
- ☐ 六方最密充填（hcp）格子（hexagonal close-packed lattice, hcp lattice）
- ☐ 面心立方（fcc）格子（face-centered cubic lattice, fcc lattice）
- ☐ 単純立方格子（simple cubic lattice）
- ☐ 体心立方（bcc）格子（body-centered cubic lattice, bcc lattice）
- ☐ 配位数（格子中の）（coordination number）
- ☐ 単位格子（unit cell）
- ☐ 間隙（interstitial hole）
- ☐ 多形（polymorph）
- ☐ 相図（phase diagram）
- ☐ 金属結合半径（metallic radius）
- ☐ 合金（alloy）
- ☐ 電気抵抗率（electrical resistivity）
- ☐ バンド理論（band theory）
- ☐ バンドギャップ（band gap）
- ☐ 絶縁体（insulator）
- ☐ 半導体（semiconductor）
- ☐ 真性半導体（intrinsic semiconductor）および不純物半導体（extrinsic semiconductor）
- ☐ n 型半導体（n-type semiconductor）および p 型半導体（p-type semiconductor）
- ☐ ドーピング（半導体の）（doping）
- ☐ イオン半径（ionic radius）
- ☐ NaCl 型構造（NaCl structure type）
- ☐ CsCl 型構造（CsCl structure type）
- ☐ CaF_2（蛍石）型構造（CaF_2 (fluorite) structure type）
- ☐ 逆蛍石型構造（antifluorite structure type）
- ☐ 閃亜鉛鉱型構造（zinc blende structure type）
- ☐ ダイヤモンド型網目構造（diamond network）
- ☐ ウルツ鉱型構造（wurtzite structure type）
- ☐ β-クリストバル石型構造（β-cristobalite structure type）
- ☐ TiO_2（ルチル）型構造（TiO_2 (rutile) structure type）
- ☐ CdI_2 および $CdCl_2$（層状）構造（CdI_2 and $CdCl_2$ (layer) structure）
- ☐ ペロブスカイト型構造（perovskite structure type）
- ☐ 格子エネルギー（lattice energy）
- ☐ ボルン・ランデの式（Born–Landé equation）
- ☐ マーデルング定数（Madelung constant）
- ☐ ボルン指数（Born exponent）
- ☐ ボルン・ハーバーサイクル（Born–Haber cycle）
- ☐ 不均化（disproportionation）
- ☐ カプスティンスキー式（Kapustinskii equation）
- ☐ ショットキー欠陥（Schottky defect）
- ☐ フレンケル欠陥（Frenkel defect）

さらに勉強したい人のための参考文献

球充填とイオン格子の構造

C. E. Housecroft and E. C. Constable (2006) *Chemistry*, 3rd edn, Prentice Hall, Harlow － 第 8, 9 章には入門書的な丁寧な説明がある．

A. F. Wells (1984) *Structural Inorganic Chemistry*, 5th edn, Clarendon Press, Oxford － 第 4, 6 章には基礎から先端に至る物質の丁寧な記述がある．

Dictionary of Inorganic Compounds (1992), Chapman and Hall, London － Vol.4 の導入部に構造のさまざまな型についての記述があり便利である．

構造決定

Box 6・5 中の参考文献をみよ．

合金

A. F. Wells (1984) *Structural Inorganic Chemistry*, 5th edn, Clarendon Press, Oxford － 第 29 章には金属や合金の格子構造が網羅されている．

半 導 体

M. Hammonds (1998) *Chemistry & Industry*, p. 219 – 'Getting power from the sun' ではシリコン半導体の応用についての説明がある．

J. Wolfe (1998) *Chemistry & Industry*, p. 224 – 'Capitalising on the sun' ではシリコンやその他物質の太陽電池への応用について述べられている．

固体状態：より一般的な情報

A. K. Cheetham and P. Day (1992) *Solid State Chemistry*, Clarendon Press, Oxford.

M. Ladd (1994) *Chemical Bonding in Solids and Fluids*, Ellis Horwood, Chichester.

M. Ladd (1999) *Crystal Structures: Lattices and Solids in Stereoview*, Ellis Horwood, Chichester.

L. Smart and E. Moore (1992) *Solid State Chemistry: An Introduction*, Chapman and Hall, London.

A. R. West (1999) *Basic Solid State Chemistry*, 2nd edn, Wiley-VCH, Weinheim.

問　題

6.1 球の立方最密充填と六方最密充填の構造の類似性と違いについて，(a) 配位数，(b) 間隙，(c) 単位格子に特に注意して簡潔に説明せよ．

6.2 以下の各構造について，球の配位数について述べよ．(a) ccp 格子，(b) hcp 格子，(c) bcc 格子，(d) fcc 格子，(e) 単純立方格子．

6.3 (a) 金属 Li は 80 K (1 bar) で相転移を起こし α 相から β 相に変化する．一方の相は bcc 構造で，もう一方は最密充填構造をとる．どちらの相がどちらの構造であるか，理由とともに述べよ．このような構造変化を何というか答えよ．(b) 19 世紀の軍隊の制服にはスズ製のボタンが使用されていたが，寒さ厳しい冬期にはボタンが壊れてしまった．この理由を述べよ．

6.4 表 6・2 を参照せよ．(a) コバルトの標準原子化エンタルピーを定義する反応式を書け．(b) 1 族元素で下へいく場合にみられる標準原子化エンタルピー $\Delta_a H°$ の傾向に関し，そのような傾向となる理由を述べよ．(c) Cs から Bi にかけてみられる $\Delta_a H°$ の傾向について，考えられる理由を簡潔に述べよ．

6.5 '窒素はチタンに溶解し $TiN_{0.2}$ の組成をもつ固溶体を与える．このとき，金属が形成する格子は hcp 構造である．' この文章が意味するところを説明せよ．また，これに基づくと $TiN_{0.2}$ は侵入型あるいは置換型合金のいずれであると考えられるか．関連するデータについては付録 6 と表 6・2 を参照せよ．

6.6 '金属のバンド理論' について説明せよ．

6.7 (a) ダイヤモンドの構造を描き，その結合について説明せよ．(b) ダイヤモンドと同一構造をもつケイ素に対しても同じ結合の考え方が適用できるか．異なる場合には，それに代わる結合様式を描き，提案せよ．

6.8 (a) 電気抵抗率の定義を示せ．また，電気抵抗率と電気伝導率の関係について述べよ．(b) 273〜290 K でダイヤモンド，Si，Ge，α-Sn の電気抵抗率はそれぞれ 1×10^{11}，1×10^{-3}，0.46，11×10^{-8} Ω m である．これら値の傾向について合理的に説明せよ．(c) 温度を変化させた場合，典型的な金属あるいは半導体の電気抵抗率はどのように変化するか述べよ．

6.9 真性半導体と不純物半導体の違いについて，これらにあてはまる具体例をあげて説明せよ．さらに，不純物半導体の分類について説明せよ．

6.10 Al の金属結合半径，共有結合半径，イオン半径 r_{ion} はそれぞれ 143，130，54 pm である．ただし，r_{ion} は六配位に対する値である．(a) これら半径の定義についてそれぞれ説明せよ．(b) これら値の傾向について説明せよ．

6.11 NaCl 型，CsCl 型，TiO_2 型構造について，(a) 配位数，(b) 単位格子，(c) 単位格子間でのイオンの共有，(d) 単位格子に基づくイオン性塩の組成決定について説明せよ．

6.12 つぎの化合物の単位格子には組成式の単位が何個含まれるか求めよ．(a) 蛍石単位格子当たりの CaF_2，(b) ルチル単位格子当たりの TiO_2．

6.13 (a) 図 6・23a に示すペロブスカイト単位格子が $CaTiO_3$ の化学量論比に一致することを確認せよ．(b) ペロブスカイトの単位格子は別の描き方もできる．たとえば，立方格子の中心にある O^{2-} が形成する八面体間隙に Ti(IV) が入るとする．この場合，Ca^{2+} がどの位置を占めると，正しい化学量論比に一致する単位格子となるだろうか．そのような単位格子の図を描け．

6.14 (a) 格子エネルギーの定義を示せ．その定義では，反応にかかわるエンタルピー変化は正となるか負となるか．(b) ボルン・ランデの式を用いて，KBr の格子エネルギーを算出せよ．ただし，$r_0 = 328$ pm とする．また，KBr は NaCl 型構造をとる．その他必要なデータは表 6・3，表 6・4 を参照せよ．

6.15 $\Delta_f H°(298\text{ K}) = -859$ kJ mol^{-1} として $BaCl_2$ の格子エネルギーを計算せよ．必要であれば付録のデータを用いよ．また，計算するうえで用いた仮定について簡潔に説明せよ．

6.16 (a) MgO に対する $\Delta U(0\text{ K})$ と $\Delta_f H°(298\text{ K})$ をそれぞれ -3795 kJ mol^{-1}，-602 kJ mol^{-1} として，以下の反応の $\Delta_{EA} H°(298\text{ K})$ を求めよ．

$$O(g) + 2e^- \longrightarrow O^{2-}(g)$$

その他必要なデータは付録を参照せよ．(b) 付録 9 の電子親和力から得られる値と計算値を比べ，違いがあればその理由を述べよ．

6.17 以下に続く文章についてその理由を考察せよ．
(a) $\Delta_f H°(298\text{ K})$ は LiF，NaF，KF，RbF，CsF となるにつれてより絶対値の小さい負の値となるが，LiI，NaI，KI，RbI，CsI となるにつれてより絶対値の大きい負の値となる．
(b) Ca，Sr，Ba の硫酸塩は同形であるが，金属酸化物 (MO) と SO_3 への分解に対する熱安定性は $CaSO_4 < SrSO_4 < BaSO_4$ の順に大きくなる．

6.18 表 6・3，表 6・4 のデータを用いよ．(a) Cs–Cl 核間距離を 356.6 pm として，CsCl の格子エネルギーを推定せよ．(b) ここでは NaCl 型構造をとる CsCl の多形を考える．Cs–Cl 間

距離を 347.4 pm として格子エネルギーを推定せよ．(c) 問題 (a)，(b) の答からどのような結論を導き出せるか述べよ．

6.19 以下に続く過程のなかでどれが発熱反応と考えられるか，理由とともに述べよ．

(a) $Na^+(g) + Br^-(g) \longrightarrow NaBr(s)$
(b) $Mg(g) \longrightarrow Mg^{2+}(g) + 2e^-$
(c) $MgCl_2(s) \longrightarrow Mg(s) + Cl_2(g)$
(d) $O(g) + 2e^- \longrightarrow O^{2-}(g)$
(e) $Cu(l) \longrightarrow Cu(s)$
(f) $Cu(s) \longrightarrow Cu(g)$
(g) $KF(s) \longrightarrow K^+(g) + F^-(g)$

6.20 NaCl 型構造におけるフレンケル欠陥とショットキー欠陥について説明せよ．

6.21 (a) NaCl の単位格子中には何組のイオン対が存在するか．(b) X 線回折により NaCl 単位格子の 1 辺の長さは 564 pm と決定されている．NaCl 単位格子の体積を求めよ．(c) (b) の答を用いて NaCl の密度を求めよ．(d) (c) の答と実測の密度 2.17 g cm^{-3} を比較し，NaCl の構造に格子欠陥がないことを確かめよ．

6.22 (a) VO，TiO，NiO はすべて欠陥のある NaCl 型構造をもつ．この意味を説明せよ．(b) NiO 中での Ni-O 核間距離は 209 pm である．NiO の単位格子体積を計算し，格子欠陥がないものとして密度を求めよ．NiO に対する実測の密度が 6.67 g cm^{-3} であるとき，NiO 格子中に存在する原子空孔（空格子点）の割合を計算し，%で答えよ．

総合問題

6.23 以下の事実についてなぜそうなるのか理由を説明せよ．
(a) α-Fe 試料の温度を 1 bar で 298 K から 1200 K まで上げたところ，すべての Fe の配位数が 8 から 12 に変化した．
(b) グラファイトは非金属であるが，電極材料としてよく用いられる．
(c) ごく微量のホウ素を添加することでシリコンの半導体としての性質が改質される．

6.24 ReO$_3$ はつぎのような基本的構造をもつ．各 Re(VI) イオンは O^{2-} が構成する八面体位置にある．Re(VI) イオンが形成する立方体が単位格子となり，各 O^{2-} は単位格子の各辺の真ん中に位置する．このような単位格子を描き，それを用いてこの化合物の化学量論比を確かめよ．

6.25 以下の事実についてなぜそうなのか理由を説明せよ．
(a) ナイフのような刃物をつくるのに用いるステンレス鋼の Cr と Ni の含有率はスプーンの製造原料となるステンレス鋼のそれとは異なる．
(b) AgI の格子エネルギーについて，実験値と計算値（ボルン・ランデの式による）の一致は悪いが，NaI についてはよい一致がみられる．
(c) ThI$_2$ は Th^{4+}(I$^-$)$_2$(e$^-$)$_2$ の組成をもつ Th(IV) の化合物として知られる．これが，ThI$_2$ が低い電気抵抗率を示すこととどのように関連するか説明せよ．

6.26 以下の項目 1 に含まれる語句は，項目 2 の語句と対となる．たとえば，項目 1 の'ナトリウム'は項目 2 の'金属'と対になる．各語句について対となる相手をみつけよ．ただし，各語句の対となる組合わせはそれぞれ 1 通りしかない．

項目 1	項目 2
ナトリウム	①逆蛍石構造
ヨウ化カドミウム	②不純物半導体
八面体位置	③複酸化物
ガリウム添加シリコン	④多形
硫化ナトリウム	⑤蛍石構造
ペロブスカイト	⑥金属
フッ化カルシウム	⑦真性半導体
ヒ化ガリウム	⑧層状構造
ウルツ鉱と閃亜鉛鉱	⑨六配位
酸化スズ(IV)	⑩スズ石

7 水溶液中の酸，塩基，イオン

おもな項目

- 水 の 性 質
- モル濃度，重量モル濃度，標準状態，活量
- ブレンステッド酸と塩基
- 酸解離のエネルギー論
- 水和した陽イオン
- 両 性 挙 動
- 配位化合物：入門編
- 溶 解 度 積
- イオン性塩の溶解度
- 共通イオン効果
- 配位化合物の生成
- 安 定 度 定 数

7・1 はじめに

無機化学反応の溶媒として水が重要であることは，水が他の溶媒に比べ入手が容易なことだけでなく，水溶液に関する正確な物理化学データが豊富であることにも起因している．それに対し，非水溶媒の溶液についてはそうしたデータが十分に蓄積されていない．この章ではおもに**平衡**（equilibrium）について考え，§7・2とBox 7・1において，酸塩基平衡の定数に関する計算を概説する．

液体の水は，およそ56 MのH_2Oから成り，それは古典物理化学の研究で見落とされていた事実である．ここでは，慣例に従い，水の**活量係数**（activity coefficient，§7・3参照）（つまり近似的な濃度）が1であるとみなす*．

例題 7.1 水のモル濃度

純水が約56 Mであることを示せ．

解答 水の密度 = 1 g cm^{-3}
したがって，1000 cm^3（または1 dm^3）の質量は1000 gである．
H_2Oは$M_r = 18$なので
 1000 gの物質量（mol：モル数）= 1000/18 = 55.6
    = 1 dm^{3}当たりに含まれるH_2Oの物質量（mol）
したがって，純水中のH_2Oの濃度は約56 mol dm^{-3}である．

練習問題

1. 100 gの純水中に何molのH_2O分子が存在するか．
         [答 5.56 mol]

2. D_2Oの密度が1.105 g cm^{-3}であるとすると，99.9%の重水（重水素水）が約55 Mに相当することを示せ．

7・2 水の性質

構造と水素結合

大気圧下において，固体状態のH_2Oは，二つの多形のうちの一方をとりうるが，そのいずれをとるかは結晶化の条件によって異なる．ここでは，通常の形態の氷のみについて考えてみよう．氷の構造は，中性子線回折を用いて正確に決定されてきた．X線回折はH原子の位置を正確に決めるのに適していない（§6・11の冒頭参照）．氷は無限の三次元構造をとる．構造を強固にする鍵となるのが**分子間水素結合**（intermolecular hydrogen bonding）である（§10・6も参照）．氷には，温度と圧力が異なる条件で結晶化する13種の結晶多形がある．大気圧下において，通常の氷は，図7・1に示す構造で結晶化する．この水素結合ネットワークは，ウルツ鉱型構造（図6・20参照）におけるZnとS原子の両者をO原子で置換した構造とみなせる．各O原子に対して周囲のO原子は四面体形の環境に配置される．各O原子は，2組の非共有電子対と2個のH原子を介して，4本の水素結合を形成する（図7・1）．水素結合は対称性が低く（O−H距離 = 101 pm，175 pm），直線からのずれを生じる．つまり，各H原子はO⋯Oを結ぶ直線上から少しずれたところに位置し，分子内のH−O−H結合角は105°である．ウルツ鉱型構造は隙間が非常に多いため，氷は比較的低い密度をもつ（0.92 g cm^{-3}）．273 Kで融解する際には，結晶格子は

---

* 濃度を表す[ ]と，イオンの存在を表す[ ]を混同してはならない．たとえば，[OH]$^-$は水酸化物イオンを表すが，[OH$^-$]は水酸化物イオンの濃度を表す．

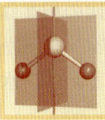

化学の基礎と論理的背景

Box 7・1　平衡定数 K_a, K_b, K_w

水溶液中の酸塩基平衡を扱う際，以下の3種の平衡定数が重要な意味をもつ．

- 酸解離定数 K_a
- 塩基解離定数 K_b
- 水の自己解離定数 K_w

酸塩基平衡に関する重要な式を以下に示す．厳密には活量を用いるべきであるため（本文を参照），濃度を用いた表現は近似式に相当する．さらに，弱酸 HA に関し，平衡状態において，水溶液中の解離した酸（つまり塩基型）の濃度は，初めに添加した酸（酸型）の濃度に比べ無視できるほど小さいと仮定する．弱塩基についても同様の仮定が成り立つ．

水溶液中の弱酸 HA に関し，以下の一般式を適用できる．

$$HA(aq) + H_2O(l) \rightleftharpoons [H_3O]^+(aq) + A^-(aq)$$

$$K_a = \frac{[H_3O^+][A^-]}{[HA][H_2O]} = \frac{[H_3O^+][A^-]}{[HA]}$$

慣習に従い，$[H_2O] = 1$ と仮定する．厳密には，溶媒である H_2O の**活量**（activity）は1である（§7・3参照）．

水溶液中の弱塩基 B については，以下の一般式を適用できる．

$$B(aq) + H_2O(l) \rightleftharpoons BH^+(aq) + [OH]^-(aq)$$

$$K_b = \frac{[BH^+][OH^-]}{[B][H_2O]} = \frac{[BH^+][OH^-]}{[B]}$$

$$pK_a = -\log K_a \quad K_a = 10^{-pK_a}$$
$$pK_b = -\log K_b \quad K_b = 10^{-pK_b}$$
$$K_w = [H_3O^+][OH^-] = 1.00 \times 10^{-14}$$
$$pK_w = -\log K_w = 14.00$$
$$K_w = K_a \times K_b$$
$$pH = -\log [H_3O^+]$$

練習　例1：0.020 M 酢酸水溶液（$K_a = 1.7 \times 10^{-5}$）の pH を計算せよ．

水溶液中の平衡は下式で表せる．

$$MeCO_2H(aq) + H_2O(l) \rightleftharpoons [MeCO_2]^-(aq) + [H_3O]^+(aq)$$

また，K_a は下の式で与えられる．

$$K_b = \frac{[MeCO_2^-][H_3O^+]}{[MeCO_2H][H_2O]} = \frac{[MeCO_2^-][H_3O^+]}{[MeCO_2H]}$$

上記式のように，**平衡濃度**（equilibrium concentration）を取り扱う際，$[H_2O]$ は1であるとみなす．
$[MeCO_2^-] = [H_3O^+]$ であるので，

$$K_a = \frac{[H_3O^+]^2}{[MeCO_2H]}$$

$$[H_3O^+] = \sqrt{K_a \times [MeCO_2H]}$$

$MeCO_2H$ の**初濃度**（initial concentration）は $0.020 \text{ mol dm}^{-3}$ であり，解離の程度が非常に小さいため，平衡状態における $MeCO_2H$ の濃度は約 $0.020 \text{ mol dm}^{-3}$ であるとみなせる．

$$[H_3O^+] = \sqrt{1.7 \times 10^{-5} \times 0.020}$$
$$[H_3O^+] = 5.8 \times 10^{-4} \text{ mol dm}^{-3}$$

最終的に pH の値は以下のように決定される．

$$pH = -\log [H_3O^+]$$
$$= -\log(5.8 \times 10^{-4})$$
$$= 3.2$$

練習　例2：$5.00 \times 10^{-5} \text{ mol dm}^{-3}$ の $Ca(OH)_2$ 水溶液中に存在する $[OH]^-$ の濃度を求めよ．

$5.00 \times 10^{-5} \text{ mol dm}^{-3}$ の濃度において，$Ca(OH)_2$ は完全に解離し，1 mol の $Ca(OH)_2$ 当たり，2 mol の $[OH]^-$ を生じる．

$$[OH^-] = 2 \times 5.00 \times 10^{-5} = 1.00 \times 10^{-4} \text{ mol dm}^{-3}$$

pH を求めるには，$[H_3O^+]$ を求める必要がある．

$$K_w = [H_3O^+][OH^-] = 1.00 \times 10^{-14} \text{ (298 K)}$$
$$[H_3O^+] = \frac{1.00 \times 10^{-14}}{1.00 \times 10^{-4}} = 1.00 \times 10^{-10} \text{ mol dm}^{-3}$$
$$pH = -\log [H_3O^+] = 10.0$$

練習　例3：HCN に対する K_a の値は 4.0×10^{-10} である．$[CN]^-$ に対する pK_b の値を求めよ．

HCN の K_a と $[CN]^-$ の K_b は，下式を用いて関係づけられる．

$$K_a \times K_b = K_w = 1.00 \times 10^{-14} \text{ (298 K)}$$
$$K_b = \frac{K_w}{K_a} = \frac{1.00 \times 10^{-14}}{4.0 \times 10^{-10}} = 2.5 \times 10^{-5}$$
$$pK_b = -\log K_b = 4.6$$

部分的に崩壊し，格子の空洞は部分的に H_2O 分子で占有される．その結果，温度上昇に伴い密度は増加し，277 K において最大となる．277 K から 373 K までの間は，熱膨張が支配的となり，密度は温度上昇とともに減少する（図7・2）．沸点（373 K）においてさえ，依然豊富に水素結合を形成した状態を保持する．このことは，水の蒸発エンタルピーと蒸

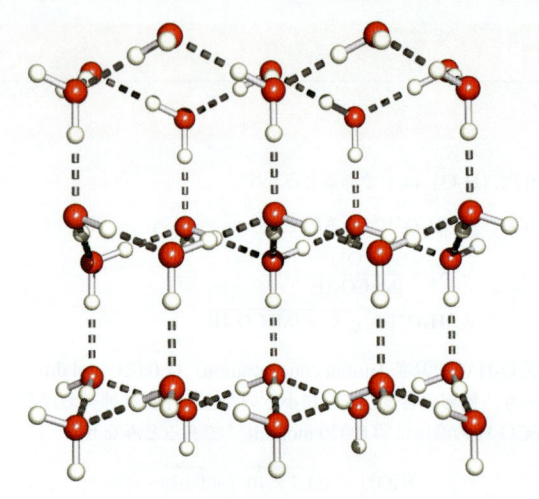

図 7・1 通常の氷の部分構造．H_2O 分子の三次元的な水素結合ネットワークから成る．

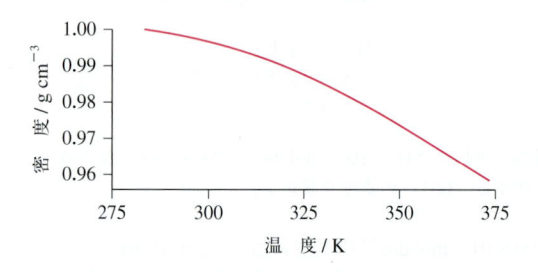

図 7・2 283～373 K における水の密度の温度変化

発エントロピーが高い要因となる（表 7・1，§10・6 参照）．氷や水の水素結合強度は約 25 kJ mol^{-1} であり，バルクの水中において，分子間の水素結合はたえず結合と解離を繰返し（つまり，プロトンは分子間を行き来している状態にあり），特定の H_2O 分子の寿命はおよそ 10^{-12} s にすぎない．$(H_2O)_{10}$ などの水クラスターは，氷中における H_2O 分子の配列様式によく似た構造をもつ．これについては，幾つかの化合物に対する固体状態の構造解析によって確認されている*．

水を溶媒とする系では，水-溶質間相互作用が形成される

表 7・1 水の物理特性

特性	値
融 点/K	273.00
沸 点/K	373.00
融解エンタルピー $\Delta_{fus}H°$ (273 K)/kJ mol^{-1}	6.01
蒸発エンタルピー $\Delta_{vap}H°$ (373 K)/kJ mol^{-1}	40.65
蒸発エントロピー $\Delta_{vap}S°$ (373 K)/J K^{-1} mol^{-1}	109
比誘電率（298 K）	78.39
双極子モーメント μ/debye	1.84

ため，水分子間の水素結合は崩される．水-溶質間の相互作用には，イオン-双極子相互作用（たとえば，NaCl を溶かす場合），または新しく形成される水素結合（たとえば，水と MeOH を混合する場合）がある．

水の自己解離

水は，自己解離するがその程度は非常に低く（式 7.1），自己解離定数 K_w（式 7.2）は，その平衡が十分に左に偏っていることを示している．式 7.1 における自己解離は，**自己プロトリシス**（autoprotolysis）ともよばれる．

$$2H_2O(l) \rightleftharpoons [H_3O]^+(aq) + [OH]^-(aq) \qquad (7.1)$$
水　　オキソニウムイオン　水酸化物イオン

$$K_w = [H_3O^+][OH^-] = 1.00 \times 10^{-14} \quad (298\,K) \qquad (7.2)$$

濃度を用いた式 7.2 は近似を含んでいる．これについては §7・3 で触れる．

水溶液中において，プロトンは溶媒和した状態にあるので，$H^+(aq)$ よりもむしろ $[H_3O]^+(aq)$ と表記する方が正確である．それどころか，オキソニウムイオンはさらに水和し，$[H_5O_2]^+$（図 10・1 参照），$[H_7O_3]^+$，$[H_9O_4]^+$ としても存在するので，$[H_3O]^+$ですら簡略化した式といえる．

> 純粋な液体が部分的にイオンへと解離する場合，その現象を **自己解離**（self ionization）とよぶ．

ブレンステッド酸・塩基としての水

> **ブレンステッド酸**（Brønsted acid）はプロトン供与体として作用し，**ブレンステッド塩基**（Brønsted base）はプロトン受容体として作用する．

平衡式 7.1 は，水がブレンステッド酸，およびブレンステッド塩基の両機能を果たすことを示す．他のブレンステッド酸または塩基が共存する場合，溶液中に存在する各種化学種の酸性度や塩基性度の相対関係によって水の役割は異なる．HCl ガスを水に通気すると，溶解し，平衡式 7.3 が成立する．

$$HCl(aq) + H_2O(l) \rightleftharpoons [H_3O]^+(aq) + Cl^-(aq) \qquad (7.3)$$

塩化水素は水に比べて格段に強い酸である．これは HCl が H_2O にプロトンを供与し，平衡式 7.3 は右側に偏った状態に至ることを意味する．つまり，塩酸はほぼ完全に解離し，**強酸**（strong acid）とよばれる．水はプロトンを受取り，$[H_3O]^+$ を生成する．つまり，水はブレンステッド塩基としてふるまう．その逆反応についてみると，$[H_3O]^+$ は **弱酸**（weak acid）として，Cl$^-$ は **弱塩基**（weak base）としてふ

---

* L. J. Barbour *et al.* (2000) *Chem. Commun.*, p. 859.

るまう．$[H_3O]^+$，および Cl^- は，それぞれ，H_2O の**共役酸**（conjugate acid），および HCl の**共役塩基**（conjugate base）とよばれる．

NH_3 水溶液中において，水はブレンステッド酸として働き，H^+ を供与する（式7.4）．式7.4 において，$[NH_4]^+$ は NH_3 の共役酸であり，H_2O は $[OH]^-$ の共役酸である．逆に，NH_3 は $[NH_4]^+$ の共役塩基であり，$[OH]^-$ は H_2O の共役塩基である．

$$NH_3(aq) + H_2O(l) \rightleftharpoons [NH_4]^+(aq) + [OH]^-(aq) \quad (7.4)$$

式7.5 は，式7.4 の平衡定数 K を与え，NH_3 が水溶液中で**弱塩基**としてふるまうことを示す．これについては例題7.2 でさらに発展させる．

$$K = \frac{[NH_4^+][OH^-]}{[NH_3]} = 1.8 \times 10^{-5} \quad (298\,K) \quad (7.5)$$

共役酸と共役塩基はつぎのように関係づけられる．

$$HA(aq) + H_2O(l) \rightleftharpoons A^-(aq) + [H_3O]^+(aq)$$

共役酸1　共役塩基2　　共役塩基1　共役酸2

共役酸塩基対　　共役酸塩基対

例題 7.2　平衡定数の取扱い

$[NH_4]^+$ の $K_a = 5.6 \times 10^{-10}$ および $K_w = 1.0 \times 10^{-14}$ を用い，平衡 7.4 に対する K の値を求めよ．

解答　初めに，この質問に関係する平衡式を書く．

$$[NH_4]^+(aq) + H_2O(l) \rightleftharpoons NH_3(aq) + [H_3O]^+(aq)$$
$$K_a = 5.6 \times 10^{-10}$$

$$H_2O(l) + H_2O(l) \rightleftharpoons [H_3O]^+(aq) + [OH]^-(aq)$$
$$K_w = 1.00 \times 10^{-14}$$

$$NH_3(aq) + H_2O(l) \rightleftharpoons [NH_4]^+(aq) + [OH]^-(aq) \quad K = ?$$

ここで，各 K に対する式を書く．

$$K_a = 5.6 \times 10^{-10} = \frac{[NH_3][H_3O^+]}{[NH_4^+]} \quad (1)$$

$$K_w = 1.00 \times 10^{-14} = [H_3O^+][OH^-] \quad (2)$$

$$K = \frac{[NH_4^+][OH^-]}{[NH_3]} \quad (3)$$

式 (3) の右辺は，(1) と (2) の右辺を用い以下のように書き換えられる．

$$\frac{[NH_4^+][OH^-]}{[NH_3]} = \frac{[H_3O^+][OH^-]}{\left(\frac{[NH_3][H_3O^+]}{[NH_4^+]}\right)}$$

K_a や K_w の値を代入することにより，下式が得られる．

$$\frac{[NH_4^+][OH^-]}{[NH_3]} = \frac{1.00 \times 10^{-14}}{5.6 \times 10^{-10}} = 1.8 \times 10^{-5}$$

この値は，本文で引用した値と一致する（式7.5）．

練習問題

以下の問題は，すべて例題の平衡に関するものである．
1. 水溶液中において，$[NH_4]^+$ が H_2O よりも強い酸であることを示せ．
2. 水溶液中において，NH_3 が塩基としてふるまうことを示せ．
3. 各平衡について，共役な酸-塩基対を書け．
（ヒント：2 番目の平衡において，H_2O は酸と塩基のいずれとしても働く）

7・3　水溶液に関する定義と単位

本節では，水溶液の研究で一般に用いられる慣習と単位について述べる．それらは幾つかの観点で，他の多くの化学分野における慣習とは異なる．この教科書における取扱いのみならず，実験室における実際の取扱いに際し，近似が適用可能な場合があるが，その限界を知ることは重要である．

モル濃度と重量モル濃度

モル濃度（molarity）1（1 M もしくは 1 mol dm^{-3}）の水溶液は，溶質 1 mol を十分な体積の水に溶解し，全容が 1 dm^3 の溶液を調製したものである．一方，溶質 1 mol を 1 kg の水に溶解した場合，**重量モル濃度**（molality）1 の溶液（1 mol kg^{-1}）であるとみなす．

標準状態

純物質の固体，液体，気体に関する標準状態の概念についてはすでに学んだ．純物質と混合物の如何を問わず，液状物，固体物質，溶媒などの標準状態は，温度 298 K，圧力 1 bar（1 bar = 1.00×10^5 Pa）における物質の状態に相当する．気体の標準状態は，温度 298 K，圧力 1 bar の純粋気体に相当し，理想気体としてふるまう．

溶液中の溶質（a solute in a solution）の標準状態は，**無限に希釈した溶液**（infinitely dilute solution）における溶質の状態と定義される．すなわち，それは，標準重量モル濃度（$m°$），圧力 1 bar において，無限に希釈した溶液の挙動を示す状態（仮想的な状態）である．標準状態では，溶質分子やイオンの間の相互作用は無視できると仮定する．

活量

溶質の濃度がおよそ 0.1 mol dm^{-3} よりも高いとき，溶質分子やイオン間の相互作用による寄与が増し，**実効濃度**

(effective concentration) と真の濃度はもはや同じではなくなる．そこで，**活量** (activity) とよばれる新しい量を定義する必要がある．活量は溶存化学種間の相互作用を加味した濃度である．構成要素 i の**相対活量** (relative activity) a_i は単位をもたず，式 7.6 で定義される．ここで，μ_i は構成要素 i の化学ポテンシャル，μ_i° は i の標準化学ポテンシャル，R は気体定数，T は絶対温度（K）である[*1]．

$$\mu_i = \mu_i^\circ + RT \ln a_i \tag{7.6}$$

> いかなる純物質についても，標準状態における**活量** (activity) を 1 と定義する．

溶質の相対活量は，式 7.7 を用いて重量モル濃度に関係づけられる．ここで γ_i は溶質の活量係数であり，m_i と m_i° はそれぞれ重量モル濃度と標準重量モル濃度に相当する．m_i° は 1 と定義されるため，式 7.7 は式 7.8 へと簡略化される．

$$a_i = \frac{\gamma_i m_i}{m_i^\circ} \tag{7.7}$$

$$a_i = \gamma_i m_i \tag{7.8}$$

水溶液に関するすべての熱力学的表現を活量で厳密に記述すべきであるが，多くの場合，無機化学者や，とりわけ学生は，つぎの二つの基準を満たす状況について扱う．

- 非常に希釈した溶液（$\leq 1.00 \times 10^{-3}$ mol dm^{-3}）に関する問題を解く．
- あまり正確な答が求められていない．

これらの基準を満たす場合，溶質の活量を溶質の濃度と近似してよいであろう．後者は，通常モル濃度を用いて計測される．我々は本書を通してこの近似を用いるが，この近似の制約を必ず心に留めておく必要がある．

7・4 ブレンステッド酸と塩基

> K_a の値が大きいほど，強い酸である．
> pK_a の値が小さいほど，強い酸である．
> K_b の値が大きいほど，強い塩基である．
> pK_b の値が小さいほど，強い塩基である．

カルボン酸: 一塩基酸，二塩基酸，多塩基酸の例

多くの有機化合物に関し，酸性度はカルボキシ基（CO_2H）の存在に関係しており，各化合物について**イオン化が可能な水素原子**（ionizable hydrogen atom）の数を決定することが比較的容易である．酢酸[*2]（**7.1**）は**一塩基酸** (monobasic acid) であり，プロトンを 1 個だけ提供できる．エタン二酸（シュウ酸，**7.2**）はプロトンを 2 個提供することができ，**二塩基酸** (dibasic acid) である．**四塩基酸** (tetrabasic acid，**7.3**)，およびその解離型の陰イオンは，配位化学でよく目にする．この酸の慣用名 (trivial name) はエチレンジアミン-N,N,N',N'-四酢酸（表 7・7 参照）である．ここでは，H_4EDTA と略す．

(7.1)　　　(7.2)

H_4EDTA
(7.3)

平衡 7.9 は水溶液中における $MeCO_2H$ の酸解離を表している．この酸は 298 K において $K_a = 1.75 \times 10^{-5}$ の弱酸である．

$$MeCO_2H(aq) + H_2O(l) \rightleftharpoons [H_3O]^+(aq) + [MeCO_2]^-(aq) \tag{7.9}$$
　　酢酸　　　　　　　　　　　　　　　　　　酢酸イオン
　（エタン酸）　　　　　　　　　　　　　　（エタン酸イオン）

化合物 **7.2** および **7.3** は，水溶液中で段階的に解離する (stepwise dissociation，**逐次解離**)．式 7.10 と式 7.11 はシュウ酸の段階的な解離過程を示している．

$$\begin{array}{c} CO_2H \\ | \\ CO_2H \end{array}(aq) + H_2O(l) \rightleftharpoons [H_3O]^+(aq) + \begin{array}{c} CO_2^- \\ | \\ CO_2H \end{array}(aq)$$

$$K_a(1) = 5.90 \times 10^{-2} \quad (298\,K) \tag{7.10}$$

$$\begin{array}{c} CO_2^- \\ | \\ CO_2H \end{array}(aq) + H_2O(l) \rightleftharpoons [H_3O]^+(aq) + \begin{array}{c} CO_2^- \\ | \\ CO_2^- \end{array}(aq)$$

$$K_a(2) = 6.40 \times 10^{-5} \quad (298\,K) \tag{7.11}$$

[*1] より詳細な解説を必要とする場合，以下を参照せよ：P. Atkins and J. de Paula (2006) *Atkins' Physical Chemistry*, 8th edn, Oxford University Press, Oxford, p. 158.

[*2] $MeCO_2H$ の組織名（systematic name）は ethanoic acid（エタン酸）であるが，IUPAC は acetic acid（酢酸）をその慣用名として承認している．

各解離過程に対して平衡定数（酸解離定数）が割当てられ，多塩基酸に対しては $K_a(1) > K_a(2) > \cdots$ となるのが一般的である．これは陰イオンから H^+ を取去る方が，中性の化学種から H^+ を取去るよりも困難であることに由来する．平衡定数の値は温度に依存するため，平衡定数を記述する際には，その適用温度を併記することが重要である．一般に，引用される平衡定数の値は，通常 293 K または 298 K の値をさす．本書では，特筆のない限り，K_a の値は 298 K の値をさす．

無機化合物の酸

無機化学において，ハロゲン化水素やオキソ酸は，水溶液中の酸性挙動を理解するうえで特に重要である．各ハロゲン化水素は一塩基酸であり（式 7.12 参照），X = Cl，Br，I のすべてに関して平衡は十分に右側に偏るため，これら酸は強酸としてふるまう．いずれについても，$K_a > 1$ である．言い換えると，$pK_a = -\log K_a$ であるため，pK_a が負の値をとることに注目すべきである（pK_a HCl ≈ -7，HBr ≈ -9，HI ≈ -11）．多くの場合，X = Cl，Br，I に関する式 7.12 には正反応の矢印のみを書き，強酸としての挙動を強調する．一方で，フッ化水素は弱酸である（$pK_a = 3.45$）．

$$HX(aq) + H_2O(l) \rightleftharpoons [H_3O]^+(aq) + X^-(aq) \quad (7.12)$$

> IUPAC が定義する**オキソ酸**（oxoacid）とは，"酸素原子を含み，酸素以外の元素を少なくとも1個以上含み，酸素に結合する水素原子を少なくとも1個以上含み，プロトンを失って共役塩基を生成する化合物"をさす．

オキソ酸の例には，次亜塩素酸（HClO），過塩素酸（HClO$_4$），硝酸（HNO$_3$），硫酸（H$_2$SO$_4$），リン酸（H$_3$PO$_4$）がある．オキソ酸に対しては多数のよく認知された慣用名が存在し，IUPAC はそれら慣用名を用いることを推奨している．本書では IUPAC の推奨に従うが，**Box 7・2** においては，組織名の命名法について紹介する．

多種多様なオキソ酸が存在し，後の章ではそれらの多くについて紹介する．また，下記について留意せよ．

- オキソ酸には，一塩基酸，二塩基酸，多塩基酸がある．
- オキソ酸中のすべての水素原子が必ずしも解離可能なわけではない．

硝酸，亜硝酸，次亜塩素酸は一塩基酸の例である．HNO$_3$ は水溶液中でほぼ完全に解離するが（式 7.13 参照），HNO$_2$，HClO は弱酸としてふるまう（式 7.14 と式 7.15 参照）．

$$HNO_3(aq) + H_2O(l) \rightleftharpoons [H_3O]^+(aq) + [NO_3]^-(aq)$$
硝 酸　　　　　　　　　　　　　硝酸イオン
$$pK_a = -1.64 \quad (7.13)$$

$$HNO_2(aq) + H_2O(l) \rightleftharpoons [H_3O]^+(aq) + [NO_2]^-(aq)$$
亜硝酸　　　　　　　　　　　　　亜硝酸イオン
$$pK_a = 3.37 \ (285 \text{ K}) \quad (7.14)$$

$$HClO(aq) + H_2O(l) \rightleftharpoons [H_3O]^+(aq) + [ClO]^-(aq)$$
次亜塩素酸　　　　　　　　　　次亜塩素酸イオン
$$pK_a = 4.53 \quad (7.15)$$

硫酸は二塩基酸である．水溶液中において，第一解離過程は十分に右側に偏っているが（式 7.16），$[HSO_4]^-$ はより弱い酸である（式 7.17）．2種の塩を単離することができる．たとえば，硫酸水素ナトリウム（1–）（NaHSO$_4$），および硫酸ナトリウム（Na$_2$SO$_4$）である．

$$H_2SO_4(aq) + H_2O(l) \rightleftharpoons [H_3O]^+(aq) + [HSO_4]^-(aq)$$
硫 酸　　　　　　　　　　　硫酸水素（1–）イオン
$$pK_a \approx -2.0 \quad (7.16)$$

$$[HSO_4]^-(aq) + H_2O(l) \rightleftharpoons [H_3O]^+(aq) + [SO_4]^{2-}(aq)$$
硫酸イオン
$$pK_a = 1.92 \quad (7.17)$$

化合物データブック中に記載されているすべての酸の化合物について結晶性塩が存在するわけではない．'亜硫酸' はそのよい例である．'亜硫酸' の酸解離定数を入手し，言及することもできるが，純粋な H$_2$SO$_3$ を単離することはできない（式 7.18 と式 7.19）．

$$H_2SO_3(aq) + H_2O(l) \rightleftharpoons [H_3O]^+(aq) + [HSO_3]^-(aq)$$
亜硫酸　　　　　　　　　　亜硫酸水素（1–）イオン
$$pK_a = 1.82 \quad (7.18)$$

$$[HSO_3]^-(aq) + H_2O(l) \rightleftharpoons [H_3O]^+(aq) + [SO_3]^{2-}(aq)$$
亜硫酸イオン
$$pK_a = 6.92 \quad (7.19)$$

'亜硫酸' の水溶液は SO$_2$ を水に溶かすことにより調製できるが（式 7.20），平衡定数はその大部分が SO$_2$ のままで溶け込んでいることを示している．'炭酸' H$_2$CO$_3$ についても同じ状況が生じる（§14・9 参照）．

$$SO_2(aq) + H_2O(l) \rightleftharpoons H_2SO_3(aq) \quad K < 10^{-9} \quad (7.20)$$

上にあげたオキソ酸に関し，各水素原子は遊離酸中の酸素原子に結合し，H 原子数は何塩基酸であるかを表している．しかし，例外もあり，ホスフィン酸の化学式は H$_3$PO$_2$ であるが，O–H 結合は一つしか存在しない（構造式 **7.4**）．それゆえ，H$_3$PO$_2$ は<u>一塩基酸</u>である（式 7.21）．この種の例については，さらに §15・11 で紹介する．

(7.4)

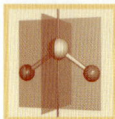

化学の基礎と論理的背景

Box 7・2 体系的なオキソ酸の命名法

2005年に，IUPACは無機酸とその誘導体の体系的な命名法に関する一連の新指針を発表した．多くの無機オキソ酸が日常的に用いられる非体系的な慣用名をもち，IUPACはsulfuric acid（硫酸），nitric acid（硝酸），phosphoric acid（リン酸），boric acid（ホウ酸），perchloric acid（過塩素酸）などの慣用名を廃止することが非現実的であるとしている．しかしながら，これら慣用名は組成や構造に関し，何の情報も与えない．

無機オキソ酸に組織名を与えるには**付加命名法**（additive nomenclature）を用いる．この方法では中心原子の結合様式を示すと同時に，中心原子に結合する官能基を示す．硫酸分子の構造を右上に示す．

その化学式は通常 H_2SO_4 と表記されるが，$SO_2(OH)_2$ はより多くの情報を与える．この化学式の表記法は，中心のS原子が2個のOH基と2個のO原子に結合していることを明確に示す．付加命名法による組織名は同様に組立てられる：dihydroxidodioxidosulfur（dihydroxido = 2OH, dioxide = 2O）．

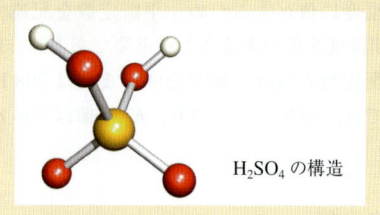

ホスフィン酸（phosphinic acid）は，通常化学式 H_3PO_2 で表記され，下の構造をもつ．

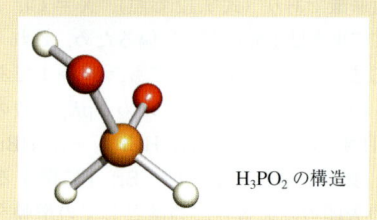

H_2SO_4 の構造

H_3PO_2 の構造

化学式	受入れられている慣用名		付加命名法に基づく組織名	
$H_3BO_3 = B(OH)_3$	ホウ酸	boric acid	トリヒドロキシドホウ素	trihydroxidoboron
$H_2CO_3 = CO(OH)_2$	炭酸	carbonic acid	ジヒドロキシドオキシド炭素	dihydroxidooxidocarbon
$H_4SiO_4 = Si(OH)_4$	ケイ酸	silicic acid	テトラヒドロキシドケイ素	tetrahydroxidosilicon
$HNO_3 = NO_2(OH)$	硝酸	nitric acid	ヒドロキシドジオキシド窒素	hydroxidodioxidonitrogen
$HNO_2 = NO(OH)$	亜硝酸	nitrous acid	ヒドロキシドオキシド窒素	hydroxidooxidonitrogen
$H_3PO_4 = PO(OH)_3$	リン酸	phosphoric acid	トリヒドロキシドオキシドリン	trihydroxidooxidophosphorus
$H_2SO_4 = SO_2(OH)_2$	硫酸	sulfuric acid	ジヒドロキシドジオキシド硫黄	dihydroxidodioxidosulfur
$H_2SO_3 = SO(OH)_2$	亜硫酸	sulfurous acid	ジヒドロキシドオキシド硫黄	dihydroxidooxidosulfur
$HClO_4 = ClO_3(OH)$	過塩素酸	perchloric acid	ヒドロキシドトリオキシド塩素	hydroxidotrioxidochlorine
$HClO_2 = ClO(OH)$	亜塩素酸	chlorous acid	ヒドロキシドオキシド塩素	hydroxidooxidochlorine
$HClO = O(H)Cl$	次亜塩素酸	hypochlorous acid	クロリドヒドリド酸素	chloridohydridooxygen

塩の陰イオン部の化学式	受入れられている慣用名		付加命名法に基づく組織名	
$[BO_3]^{3-}$	ホウ酸	borate	トリオキシドホウ酸(3−)	trioxidoborate(3−)
$[HCO_3]^- = [CO_2(OH)]^-$	炭酸水素	hydrogencarbonate	ヒドロキシドジオキシド炭酸(1−)	hydroxidodioxidocarbonate(1−)
$[CO_3]^{2-}$	炭酸	carbonate	トリオキシド炭酸(1−)	trioxidocarbonate(2−)
$[NO_3]^-$	硝酸	nitrate	トリオキシド硝酸(1−)	trioxidonitrate(1−)
$[NO_2]^-$	亜硝酸	nitrite	ジオキシド硝酸(1−)	dioxidonitrate(1−)
$[H_2PO_4]^- = [PO_2(OH)_2]^-$	リン酸二水素	dihydrogenphosphate	ジヒドロキシドジオキシドリン酸(1−)	dihydroxidodioxidophosphate(1−)
$[HPO_4]^{2-} = [PO_3(OH)]^{2-}$	リン酸水素	hydrogenphosphate	ヒドロキシドトリオキシドリン酸(2−)	hydroxidotrioxidophosphate(2−)
$[PO_4]^{3-}$	リン酸	phosphate	テトラオキシドリン酸(3−)	tetraoxidophosphate(3−)
$[HSO_4]^- = [SO_3(OH)]^-$	硫酸水素	hydrogensulfate	ヒドロキシドトリオキシド硫酸(1−)	hydroxidotrioxidosulfate(1−)
$[SO_4]^{2-}$	硫酸	sulfate	テトラオキシド硫酸(2−)	tetraoxidosulfate(2−)
$[ClO]^-$	次亜塩素酸	hypochlorite	クロリド酸素酸(1−)	chloridooxygenate(1−)

より情報量の豊富な化学式は $PH_2(OH)$ であり，付加命名法による組織名は dihydridohydroxidooxidophosphorus (dihydrido = 2H, hydroxido = OH, oxido = O) である．

よく知られる無機オキソ酸の慣用名と組織名を下記表に幾つかあげた．最後の例（次亜塩素酸）は，中心原子が酸素である化合物をいかに命名するかを示している．

オキソ酸の共役酸または共役塩基についても付加命名規則を再度適用する．それに加え，総電荷を名称に付記する．たとえば，$[H_3SO_4]^+$ は，右の構造をもち，その組織名はトリヒドロキシドオキシド硫黄(1+) (trihydroxidooxidosulfur(1+)) である．硫酸の共役塩基は $[HSO_4]^-$ であり，一般に硫酸水素イオン (hydrogensulfate ion) とよばれる．その化学式は $[SO_3(OH)]^-$ と書くことができ，付加命名法による組織名はヒドロキシドトリオキシド硫酸(1−) (hydroxidotrioxidosulfate(1−)) である．もう一方の表には，オキソ酸に対する共役塩基の例をあげた．組織命名法を用いる際，すべての陰イオンに対して語尾に 'ーate' を用いることに注意せよ．この方法は，たとえば，$[NO_2]^-$ と $[NO_3]^-$ を区別するために nitrite と nitrate の表記を用いた以前の方法とは異

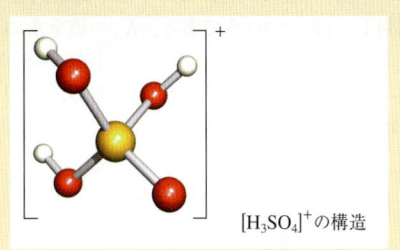

$[H_3SO_4]^+$ の構造

なる．

本書では，無機酸の呼称としてよく知られる慣用名を用いる．**水素名称**（hydrogen name）（水素を含む化合物およびイオンに対するもう一つの命名法）を含む組織命名法に関するすべての詳細，ならびに環状や鎖状構造の取扱いに関しては，以下を参照せよ: *Nomenclature of Inorganic Chemistry (IUPAC 2005 Recommendations)*, senior eds N. G. Connelly and T. Damhus, RSC Publishing, Cambridge, p. 124.

$$H_3PO_2(aq) + H_2O(l) \rightleftharpoons [H_3O]^+(aq) + [H_2PO_2]^-(aq)$$
ホスフィン酸
(7.21)

無機化合物の塩基：水酸化物

無機化合物の塩基の多くは水酸化物であり，**アルカリ** (alkali) という言葉がよく用いられる．1族元素の水酸化物 NaOH, KOH, RbOH, CsOH は強塩基であり，水溶液中でほぼ完全に解離する．ただし，LiOH は上記水酸化物よりも弱い塩基である（$pK_b = 0.2$）．

無機化合物の塩基：窒素塩基

'窒素塩基' という言葉はアンモニアや有機アミン (RNH_2) を意味しがちであるが，NH_3 に関連する多くの重要な窒素塩基がある．アンモニアは水に溶解し，弱塩基として機能し，H^+ を受取り，アンモニウムイオンを生成する（式 7.4）．NH_3 水溶液は，しばしば水酸化アンモニウムとよばれるが，'NH_4OH' の固体試料を単離することは不可能である．塩基に対する解離定数の表はしばしば混乱を生じる．なぜならば，一部の表は K_b や pK_b を引用しているのに対し，K_a や pK_a の値を記載している表もあるからである．K_a と K_b 間の関係については，**Box 7・1** を参照せよ．つまり，'アンモニア' の pK_a 値 9.25 は，本当はアンモニウムイオンの pK_a 値であり，式 7.22 に関係づけられる．一方，pK_b 値 4.75 は平衡 7.4 に関係づけられる．

$$[NH_4]^+(aq) + H_2O(l) \rightleftharpoons [H_3O]^+(aq) + NH_3(aq)$$
$$pK_a = 9.25 \quad (7.22)$$

例題 7.3 弱塩基に対する pK_a と pK_b の関係

水溶液中の NH_3 による加水分解の度合は，K_a または K_b の値を用いて記述できる．pK_a と pK_b の間の関係を推論せよ．

解答 K_b はつぎの平衡を用いて定義される．

$$NH_3(aq) + H_2O(l) \rightleftharpoons [NH_4]^+(aq) + [OH]^-(aq)$$
$$K_b = \frac{[NH_4^+][OH^-]}{[NH_3]}$$

K_a はつぎの平衡を用いて定義される．

$$[NH_4]^+(aq) + H_2O(l) \rightleftharpoons [H_3O]^+(aq) + NH_3(aq)$$
$$K_a = \frac{[NH_3][H_3O^+]}{[NH_4^+]}$$

これら2式を関係づけることにより，下式が得られる．

$$\frac{[NH_4^+]}{[NH_3]} = \frac{K_b}{[OH^-]} = \frac{[H_3O^+]}{K_a}$$
$$K_b \times K_a = [H_3O^+][OH^-]$$

上記式中の右側の積は水の自己解離定数 K_w に等しい．

$$K_b \times K_a = K_w = 1.00 \times 10^{-14}$$

それゆえ，下式が得られる．

$$pK_b + pK_a = pK_w = 14.00$$

練習問題

1. $PhNH_2$ に対する共役酸の pK_a が 4.63 であるとき，$PhNH_2$ の pK_b を求めよ．K_a および K_b はいかなる平衡に対応する

か．　［答　9.37．上述の NH_3 に対する平衡と同様である］
2. N_2H_4 に対し，$pK_b = 6.05$ である．K_b の値を求めよ．

［答　8.91×10^{-7}］

3. ピリジニウムイオンの pK_a は 5.25 である．ピリジンの K_b 値を算出せよ．

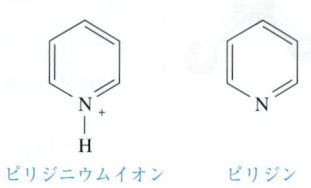

ピリジニウムイオン　　ピリジン

［答　1.78×10^{-9}］

ヒドラジン N_2H_4（**7.5**）は弱いブレンステッド塩基（$pK_b = 6.05$）であり，NH_3 よりも弱い塩基である．また，強酸と反応してヒドラジニウム塩を生成する（式 7.23）．

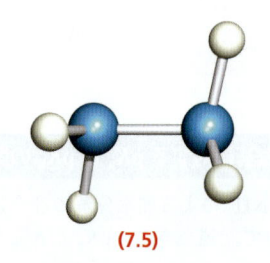

(7.5)

$$N_2H_4(aq) + HCl(aq) \longrightarrow [N_2H_5]Cl(aq) \qquad (7.23)$$

ヒドロキシルアミン NH_2OH の pK_b 値は 8.04 であり，NH_3 や N_2H_4 よりも弱い塩基であることがわかる．

7・5　水溶液中における酸解離のエネルギー論
ハロゲン化水素

水溶液中における各種酸の解離度は，基礎的な教科書においては定性的に取扱われることが多い．ハロゲン化水素の場合，独立に計測可能な熱力学量を用いた正確な取扱いがほぼ可能である．水溶液中における HX（X = F, Cl, Br, I）の解離について考えよう（式 7.24 もしくは 7.25）．

$$HX(aq) + H_2O(l) \rightleftharpoons [H_3O]^+(aq) + X^-(aq) \qquad (7.24)$$
$$HX(aq) \rightleftharpoons H^+(aq) + X^-(aq) \qquad (7.25)$$

図 7・3 に解離の度合に影響を及ぼす諸因子をまとめた．式 7.26 は水溶液中における HX の酸解離定数 K_a を $\Delta G°$ と関係づける式であり，後者はエンタルピー変化とエントロピー変化の両者に依存する（式 7.27）．

水中における酸解離

HX(aq) → H^+(aq) + X^-(aq)

反応過程(1)　反応過程(5)　反応過程(6)

H^+(g) + X^-(g)

反応過程(3)　反応過程(4)

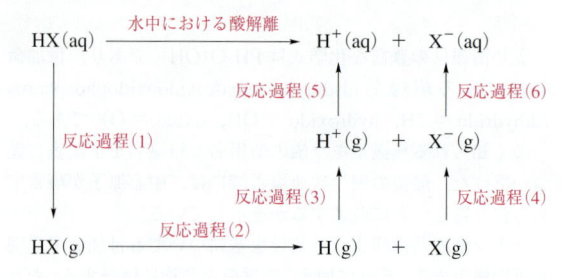

HX(g) 反応過程(2) → H(g) + X(g)

図 7・3　水溶液中のハロゲン化水素 HX（X = F, Cl, Br, I）に対する解離のエネルギー論は複数の仮定を含む上記サイクルで説明される．各過程の意味については本文で述べた．

$$\Delta G° = -RT \ln K \qquad (7.26)$$
$$\Delta G° = \Delta H° - T\Delta S° \qquad (7.27)$$

ヘス（Hess）のサイクルは，図 7・3 の（1）から（6）の各過程の $\Delta H°$ を溶液中の酸解離に対する $\Delta H°$ と関係づける．図 7・3 の反応過程(2)は，気相分子 H—X の結合開裂に相当する．反応過程(3)および(5)は，それぞれ，気相状態にある H 原子のイオン化と気相状態 H^+ イオンの水和に相当する．これら 2 種の過程は，4 個のハロゲン化水素すべてに共通である．反応過程(4)は，気相状態の X 原子に対する電子付着に相当し，それに伴うエンタルピー変化は $\Delta_{EA}H$ である（付録 9 参照）．反応過程(6)は気相状態の X^- の水和に相当する．

反応過程(1)は，幾つかの実験上の問題を生じる．この過程は，気相状態の HX が水に溶け，溶媒和した未解離の HX を生成する逆の過程である．HCl, HBr, HI は水溶液中で基本的に完全に解離するため，反応過程(1)に対するエンタルピー変化とエントロピー変化は，貴ガスやハロゲン化メチルとのあまり適切ではない比較によって見積るほかない．HF は，その希薄水溶液中で弱酸としてふるまうため，反応過程(1)の $\Delta H°$ と $\Delta S°$ を直接見積れると考えがちである．しかしながら，赤外分光法によるデータは，溶液中に存在する化学種が強く水素結合したイオン対 $F^-\cdots HOH_2^+$ であることを示している．

図 7・3 に示すサイクルに基づく計算によって導かれる結果を重点的に取扱う[*]．はじめに，HX(aq) の解離に伴うエンタルピー変化について考えてみよう．反応過程(3)および(5)の $\Delta H°$ 値はハロゲンの種類によらないため，反応過程(1), (2), (4), (6)に対する $\Delta H°$ 値の総和によって反応 7.25 に関する $\Delta H°$ 値の傾向が決まる．図 7・4 は各過程に対する $\Delta H°$ を図示したものであり，反応 7.25 に対するエンタルピー変化の総和は，ハロゲンの違いによって，実質的にはほとんど変わらないことをよく示している．各反応は発熱反応で

---

[*]　より詳細な解説については以下を参照せよ：W. E. Dasent (1984) *Inorganic Energetics*, 2nd edn, Cambridge University Press, Chapter 5.

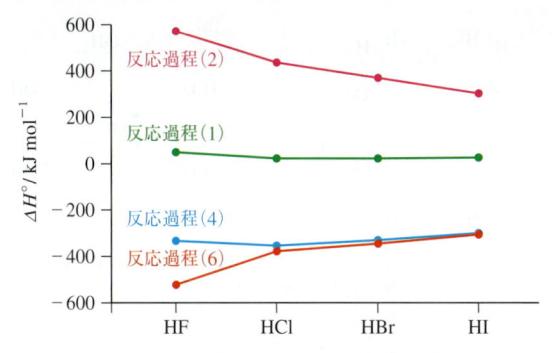

図 7・4 図 7・3 で定義した反応過程 (1), (2), (4), および (6) に対する $\Delta H°$ 値に見られる傾向 [データは以下の文献から引用した: *Inorganic Energetics*, 2nd edn, Cambridge University Press; 関連する文献はこの中の引用文献を参照せよ]

表 7・2 水溶液中におけるハロゲン化水素の解離に対する熱力学的データと pK_a の計算値. $\Delta H°$, $T\Delta S°$, $\Delta G°$, pK_a の値は図 7・3 に示す酸解離過程に対応している. 図 7・3 の反応過程 (3) および (5) に対する $\Delta H°$ 値は, それぞれ, 1312 および -1091 kJ mol^{-1} である.

	HF	HCl	HBr	HI
$\Delta H°$ / kJ mol^{-1}	-22	-63	-71	-68
$T\Delta S°$ / kJ mol^{-1}	-30	-10	-4	$+3$
$\Delta G°$ / kJ mol^{-1}	$+8$	-53	-67	-71
pK_a の計算値	1.4	-9.3	-11.7	-12.4

あり, $\Delta H°$ の序列は HF < HCl < HBr ≈ HI の順である (表 7・2). それに対し, 反応式 7.25 の $T\Delta S°$ を加味すると, 大きな影響が現れる. X = F のとき, 反応 7.25 の $\Delta G°$ は正の値となり, HCl, HBr, HI に対する $\Delta G°$ は負の値となる. pK_a の値は式 7.26 を用いて計算することができ, その計算値を表 7・2 にまとめた. 比較のため, HF に対する pK_a の実験値が 3.45 であることを示しておく. さらに重要な点は, HCl, HBr, HI の pK_a が負の値をとるのに対し, HF の pK_a が正の値をとることである. HF の溶解エンタルピー変化 (反応過程 (1) に対する $-\Delta H°$) は他のハロゲン化水素の溶解エンタルピー変化よりも大きい. つまり HCl, HBr, HI の溶解エンタルピー変化がそれぞれ -18, -21, -23 kJ mol^{-1} であるのに対し, HF のそれは -48 kJ mol^{-1} である. この効果と, H–F 結合がより強固である効果は, 総じて F$^-$ がより大きな負の水和エンタルピー変化をもつ効果をしのぐ. そのため HF は他のハロゲン化水素に比べ, 解離過程に対する $\Delta H°$ が最も小さい負の値をとる (表 7・2). 寄与は小さいながらも, エントロピー項においても同様の効果がみられる. このようにハロゲン化水素の酸性度の大小関係を説明することが容易ではないことがよくわかる. また, 電気陰性度をこの議論に加えることはできない. つまり電気陰性度 (**表 2・2** 参照) の違いから, HF がその系列で最も強い酸であると結論づけるのはいささか単純すぎるため, 注意を要する.

H$_2$S, H$_2$Se, および H$_2$Te

図 7・3 と同様の反応サイクルを H$_2$S, H$_2$Se, および H$_2$Te について構築し, K_a 値を見積ることもできる. 式 7.28〜7.30 は, 第一酸解離過程に対応する.

$$H_2S(aq) + H_2O(l) \rightleftharpoons [H_3O]^+(aq) + [HS]^-(aq)$$
$$pK_a(1) = 7.04 \quad (7.28)$$
$$H_2Se(aq) + H_2O(l) \rightleftharpoons [H_3O]^+(aq) + [HSe]^-(aq)$$
$$pK_a(1) = 3.9 \quad (7.29)$$
$$H_2Te(aq) + H_2O(l) \rightleftharpoons [H_3O]^+(aq) + [HTe]^-(aq)$$
$$pK_a(1) = 2.6 \quad (7.30)$$

値の傾向を説明するのは容易ではなく, いくつかの数値データを実験以外の方法で見積らなければならない. X の原子番号が増加するにつれ X–H 結合強度が減少することは, これらの一見難解と思われがちな観測事実を説明するうえで重要な役割を果たす. つまり, 16 族の下方にいくにつれ, X はより金属性を帯び, その水素化物はより強酸となる.

7・6 オキソ酸 $EO_n(OH)_m$ 系列における傾向

種々の酸化状態をもつ幾つかの元素に関し, 異なる酸素原子数を有する一連のオキソ酸が存在しうる (表 7・3). ある

表 7・3 元素 E に対する一連のオキソ酸 $EO_n(OH)_m$ の例. 実験的に決めた pK_a 値がすべて同じ確度で求められていないことに注意せよ.

酸の化学式	$EO_n(OH)_m$ 表記	E の酸化状態	$pK_a(1)$	ベルの法則により見積られる $pK_a(1)$
HNO$_2$	N(O)(OH)	$+3$	3.37	3
HNO$_3$	N(O)$_2$(OH)	$+5$	-1.64	-2
H$_2$SO$_3$	S(O)(OH)$_2$	$+4$	1.82	3
H$_2$SO$_4$	S(O)$_2$(OH)$_2$	$+6$	~ -3	-2
HClO	Cl(OH)	$+1$	7.53	8
HClO$_2$	Cl(O)(OH)	$+3$	2.0	3
HClO$_3$	Cl(O)$_2$(OH)	$+5$	-1.0	-2
HClO$_4$	Cl(O)$_3$(OH)	$+7$	~ -8	-7

特定の元素を有する一連のオキソ酸にみられる傾向を熱力学的な観点から合理的に説明することはできないが，K_a値を見積もるための経験的な手法はある．なかでも最もよく知られているのが，**ベルの法則**（Bell's rule）であり（式7.31），化学式$EO_n(OH)_m$の酸に対する第一酸解離定数を'水素原子をもたない'O原子の数に関係づける．

$$pK_a \approx 8 - 5n \tag{7.31}$$

表7・3には，実験的に決めたpK_a値とベルの法則から見積もられるpK_a値の比較を示した．ただし，この経験的な手法は，元素Eの変化に基づく影響を考慮していない．

ある一連のオキソ酸$EO_n(OH)_m$（たとえば，HClO，HClO$_2$，HClO$_3$，HClO$_4$）に関し，連続する構成要素のpK_a値（実験値）が4～5程度異なるのは普通である．原子Eに結合したO原子数の増加とともに酸性度が増大することは，共役塩基の共鳴構造において，負の電荷がO原子上に滞在する割合が高まるためと説明される．

7・7　水和陽イオン：構造および酸としての性質
ルイス塩基としての水

本章ではおもに**ブレンステッド酸・塩基**（Brønsted acid and base）を取扱うが，**ルイス酸・塩基**（Lewis acid and base）の定義があることも忘れてはならない．本章で関係するのは，水が溶媒として用いられる場合にルイス塩基として機能する場合である．

> **ルイス酸**は電子受容体であり，**ルイス塩基**は電子供与体である．

金属塩が水に溶解するとき，陽イオン（cation）と陰イオン（anion）は水和する．その過程に対するエネルギー論については§7・9で議論するが，ここでは，個々のイオン（溶解時にイオン結晶格子から解放されるイオン）と溶媒分子間の相互作用について考える．NaClの溶解について考えてみよう．図7・5aに，Na$^+$周りに形成される第一水和殻の構造を図示した．O…Na間の相互作用は**イオン-双極子相互作用**（ion-dipole interaction）によって成り立つのに対し，陰イオンの水和は周囲に存在するH$_2$O分子のH原子とCl$^-$との間の水素結合から成ると解釈される．

> **水和**（hydration）は，溶媒が水の際に起こる溶媒和の特殊例である．

図7・5bはヘキサアクアイオンに対する別の表記法を示す．各O原子は金属イオンM^{n+}に電子対を供与する．各H$_2$O分子はルイス塩基として作用するのに対し，金属イオンはルイス酸として機能する．図7・5aに示すNa$^+$の例と

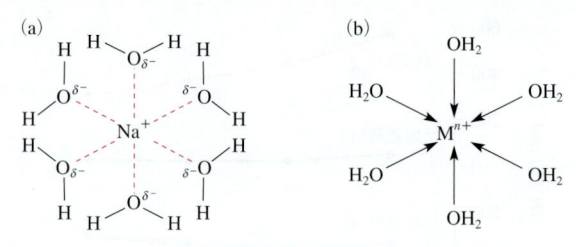

図7・5　(a) Na$^+$の第一水和殻；Na$^+$とH$_2$O分子の間にはイオン-双極子相互作用が働く．(b) 金属-酸素結合が有意な共有結合性をもつならば，第一水和殻は酸素から金属イオンへの配位結合によって記述するのが妥当である．しかしながら，その結合性相互作用には依然としてイオン結合の寄与が含まれる．

は異なり，M-O間の相互作用が本質的に共有結合であることを暗に示している．実際には，金属…酸素間相互作用の性質は金属イオンの性質によって異なり，電気的中性の原理（electroneutrality principle）がその性質に深く関係している（§20・6参照）．

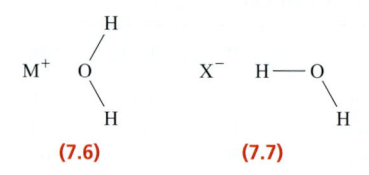

$$(7.6) \qquad (7.7)$$

LiClとNaClの希薄水溶液に対し，第一水和殻が幾何配置7.6および7.7で示されることが詳細な中性子散乱の実験によって確認された．濃厚な溶液において，構造7.6の水分子のなす平面はM^+…O軸に対して約50°の角度をなし（図7・6），イオン-双極子相互作用よりもむしろ陽イオンと非共有電子対の相互作用が支配的であることを示す．

NaClとLiClの陽イオンと陰イオンの両者に関し，第一水和殻に6個のH$_2$O分子が存在する（図7・5）．分光学的な研究により，Cl$^-$と同様に他のハロゲン化物イオンについても水和していることが示されている．しかし，より複雑な陰イオンに対してはほとんど実験データが得られていない．限られた数の水和陽イオンに対し，同位体標識法（tracer method），電子分光法，NMR分光法を用いて配位数や化学量論比について信頼度の高い情報が提供されている．

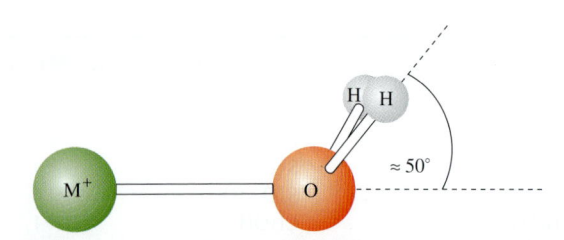

図7・6　[M(OH$_2$)$_6$]$^+$中の各水分子のなす平面がM^+…O軸に対して約50°の傾きをなす際，金属-酸素間の相互作用は酸素の非共有電子対を含むことを意味する．

水和陽イオンのブレンステッド酸としての性質

> 陽イオンに対する溶液の化学において，**加水分解**(hydrolysis)はアクア種からの可逆的なH^+の脱離過程を意味する．しかしながら，加水分解はより広い意味で用いられる．たとえば，つぎの反応も加水分解過程に相当する．
>
> $$PCl_3 + 3H_2O \longrightarrow H_3PO_3 + 3HCl$$

水和陽イオンは配位した水分子からH^+を失うことによりブレンステッド酸として働く（式7.32）．

$$[M(OH_2)_6]^{n+}(aq) + H_2O(l) \rightleftharpoons [H_3O]^+(aq) + [M(OH_2)_5(OH)]^{(n-1)+}(aq) \quad (7.32)$$

平衡の位置（つまり酸の強さ）は，O–H結合が分極する度合(polarized)に依存し，陽イオンの電荷密度の影響を受ける（式7.33）．

$$\text{イオンの電荷密度} = \frac{\text{イオンの電荷}}{\text{イオンの表面積}} \quad (7.33)$$

$$\text{球の表面積} = 4\pi r^2$$

H_2OがM^{n+}に配位すると，電荷は中心金属に引き寄せられ，H原子はバルクの水に比べてより正に帯電する（構造 **7.8** において，δ^+が増大する）．Li^+，Mg^{2+}，Al^{3+}，Fe^{3+}，Ti^{3+}などの小さな陽イオンは高い電荷密度をもち，それらの水和イオン中でH原子は比較的大きな正の電荷をもつ．$[Al(OH_2)_6]^{3+}$および$[Ti(OH_2)_6]^{3+}$のpK_a値（式7.34と7.35）は，陽イオン上の電荷が大きいときの効果を反映している．

$$M^{n+} \leftarrow O \begin{matrix} H \; \delta^+ \\ \\ H \; \delta^+ \end{matrix}$$

(7.8)

$$[Al(OH_2)_6]^{3+}(aq) + H_2O(l) \rightleftharpoons [Al(OH_2)_5(OH)]^{2+}(aq) + [H_3O]^+(aq) \quad pK_a = 5.0 \quad (7.34)$$

$$[Ti(OH_2)_6]^{3+}(aq) + H_2O(l) \rightleftharpoons [Ti(OH_2)_5(OH)]^{2+}(aq) + [H_3O]^+(aq) \quad pK_a = 3.9 \quad (7.35)$$

ヘキサアクアイオンの酸強度を他の酸と比較することは有用である．$MeCO_2H$（式7.9）および$HClO$（式7.15）のpK_aは，$[Al(OH_2)_6]^{3+}$のpK_aと同程度であるのに対し，$[Ti(OH_2)_6]^{3+}$のpK_aはHNO_2（式7.14）のpK_aに近い．

$[Fe(OH_2)_6]^{3+}$に特有の色は紫色であるが，その水溶液はヒドロキソ種である$[Fe(OH_2)_5(OH)]^{2+}$および$[Fe(OH_2)_4(OH)_2]^+$（式7.36と7.37）が生成するため，黄色に見える．第22章の**構造 22.33** とそれに対する解説も参照せよ．

$$[Fe(OH_2)_6]^{3+}(aq) + H_2O(l) \rightleftharpoons [Fe(OH_2)_5(OH)]^{2+}(aq) + [H_3O]^+(aq) \quad pK_a = 2.0 \quad (7.36)$$

$$[Fe(OH_2)_5(OH)]^{2+}(aq) + H_2O(l) \rightleftharpoons [Fe(OH_2)_4(OH)_2]^+(aq) + [H_3O]^+(aq) \quad pK_a = 3.3 \quad (7.37)$$

$[Fe(OH_2)_6]^{3+}$が容易に酸解離する事実は，その化合物が酸の添加により安定化することを意味する．つまり，酸の添加により，平衡7.36は左側に移動する（ルシャトリエの原理に基づく）．

プロトンの脱離は，水溶液中で二量体，あるいは多量体の生成を伴う場合もある．たとえば，$[Cr(OH_2)_6]^{3+}$からH^+が解離した後，その生成物は分子間の縮合をひき起こす（式7.38）．その結果生ずるクロムの化学種（図7・7）は**架橋した*ヒドロキソ配位子**(bridging hydroxo group)をもつ．

$$2[Cr(OH_2)_5(OH)]^{2+}(aq) \rightleftharpoons [(H_2O)_4Cr(\mu\text{-}OH)_2Cr(OH_2)_4]^{4+}(aq) + 2H_2O(l) \quad (7.38)$$

同様の反応がV(III)系でも起こる．V(III)をV(IV)に置

(a)

$$\begin{bmatrix} H_2O & H & OH_2 \\ H_2O \cdots Cr \cdots O \cdots Cr \cdots OH_2 \\ H_2O & O & OH_2 \\ H_2O & H & OH_2 \end{bmatrix}^{4+}$$

(b)

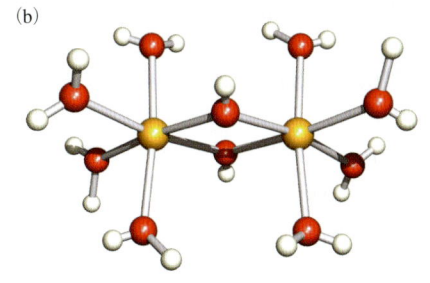

図7・7 (a) 二核陽イオン$[Cr_2(\mu\text{-}OH)_2(OH_2)_8]^{4+}$の概略図．(b) $[Cr_2(\mu\text{-}OH)_2(OH_2)_8][2,4,6\text{-}Me_3C_6H_2SO_3]_4 \cdot 4H_2O$を用いて決定したその陽イオンの構造（X線回折）[L. Spiccia *et al.* (1987) *Inorg. Chem.*, vol. 26, p. 474]．原子の色表示：Cr 黄色，O 赤色，H 白色．

---

* 接頭辞μは指定した配位子が架橋の位置にあることを意味する．μ_3の表記はそれが3個の原子を橋架けすることを意味する．

き換えると，バナジウム原子上の電荷密度は増加する．その結果，配位した単一の H_2O から2個のプロトンが解離し，**7.9** に示す青色のオキソバナジウム(IV)イオン（またはバナジルイオン）が生成する．この陽イオンは'裸の'のバナジウムオキソ種（VO種）ではないが，単に $[VO]^{2+}$ と書くのがむしろ一般的である．

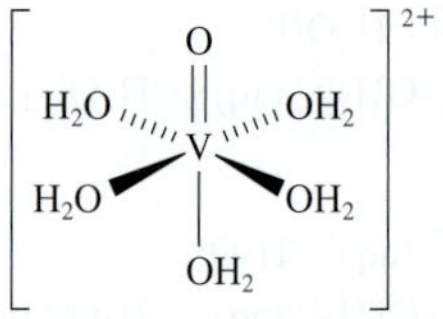

$$\left[\begin{array}{c} O \\ H_2O \cdots V \cdots OH_2 \\ H_2O \quad OH_2 \\ OH_2 \end{array}\right]^{2+}$$

(7.9)

7・8 両性酸化物と水酸化物

両性のふるまい

> 酸化物もしくは水酸化物が酸と塩基のいずれとしても作用することができるならば，それは**両性**（amphoteric）とよばれる．

酸化物と水酸化物のなかには，酸と塩基のいずれとも反応することができるものがある．すなわち，塩基と酸の両機能を果たす．おそらく水が最もよく知られる例であるが，本節においては，金属の酸化物および水酸化物の両性挙動について取扱う．γ型酸化アルミニウム（γ-Al_2O_3）は酸と反応する（式 7.39）と同時に，水酸化物とも反応する（式 7.40）*．

$$\gamma\text{-}Al_2O_3(s) + 3H_2O(l) + 6[H_3O]^+(aq) \longrightarrow 2[Al(OH_2)_6]^{3+}(aq) \quad (7.39)$$

$$\gamma\text{-}Al_2O_3(s) + 3H_2O(l) + 2[OH]^-(aq) \longrightarrow 2[Al(OH)_4]^-(aq) \quad (7.40)$$

ヘキサアクアイオン（**7.10**）は，たとえば，H_2SO_4 と反応させた後，硫酸塩として単離することができる．一方，たとえば水酸化物イオンの供給源が NaOH であるならば，**7.11** に示す $[Al(OH)_4]^-$ を Na^+ 塩として単離することができる．

$$\left[\begin{array}{c} OH_2 \\ H_2O \cdots Al \cdots OH_2 \\ H_2O \quad OH_2 \\ OH_2 \end{array}\right]^{3+} \quad \left[\begin{array}{c} OH \\ Al \\ HO \quad OH \\ OH \end{array}\right]^-$$

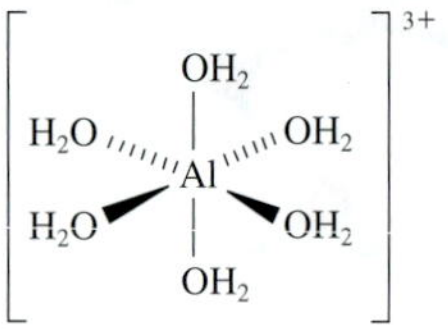

(7.10) 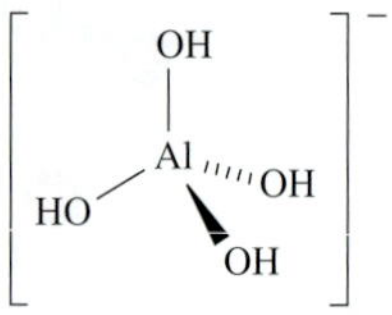 (7.11)

同様に，水酸化アルミニウムは両性である（式 7.41 および 7.42）．

$$Al(OH)_3(s) + KOH(aq) \longrightarrow K[Al(OH)_4](aq) \quad (7.41)$$

$$Al(OH)_3(s) + 3HNO_3(aq) \longrightarrow Al(NO_3)_3(aq) + 3H_2O(l) \quad (7.42)$$

周期表から見た両性に関する傾向

後の章で述べるように，周期表（sおよびpブロック）のある周期を左から右へと横切る際，各元素の酸化物の性質は，塩基性から酸性へと変化すると同時に，元素の性質は金属から非金属へと変化する．いわゆる'対角線'（図7・8）の近くに位置する元素は両性の酸化物と水酸化物を与える．2族において，$Be(OH)_2$ および BeO が両性であるのに対し，$M(OH)_2$ および MO（M = Mg, Ca, Sr, Ba）は塩基性である．pブロック元素の酸化物のうち，Al_2O_3，Ga_2O_3，In_2O_3，GeO，GeO_2，SnO，SnO_2，PbO，PbO_2，As_2O_3，Sb_2O_3，Bi_2O_3 は両性である．13族のなかで，Ga_2O_3 は Al_2O_3 よりも強い酸であるのに対し，In_2O_3 は Al_2O_3 および Ga_2O_3 よりも**強い塩基**である．ただし，In_2O_3 は，既知の化学的性質を考慮する限り，両性の性質よりもむしろ塩基性を示すとみなせる．14族のなかでは，Ge，Sn，Pb の金属(II)および金属(IV)の酸化物は両性である．15族の中では，低酸化状態の酸化物のみが両性の挙動を示し，酸化物 M_2O_5 は酸として挙動する．酸化物 M_2O_3 に関しては，族の下にいくにつれて塩基としての性質が支配的となる．つまり，$Al_2O_3 < Sb_2O_3 < Bi_2O_3$ の順に塩基性は強くなる．

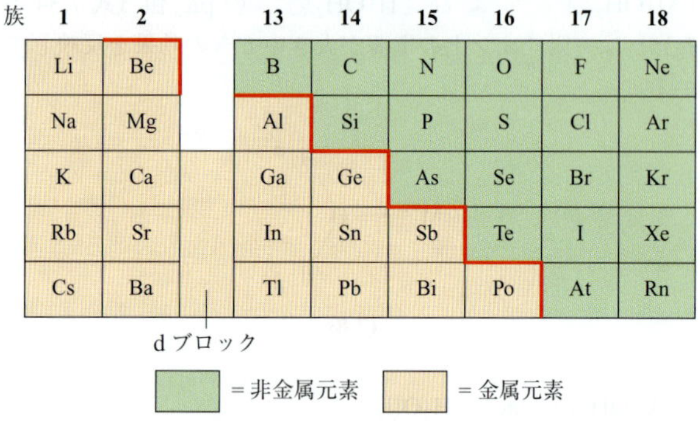

族	1	2	13	14	15	16	17	18
	Li	Be	B	C	N	O	F	Ne
	Na	Mg	Al	Si	P	S	Cl	Ar
	K	Ca	Ga	Ge	As	Se	Br	Kr
	Rb	Sr	In	Sn	Sb	Te	I	Xe
	Cs	Ba	Tl	Pb	Bi	Po	At	Rn

dブロック

■ = 非金属元素　■ = 金属元素

図7・8 いわゆる'対角線'は金属と非金属を分ける．ただし'対角線'の隣に位置する幾つかの元素（たとえば，Si）は半金属とよばれる．

7・9 イオン性塩の溶解度

溶解度と飽和水溶液

イオン性の固体 MX を水に加えると，平衡 7.43 が成立する（ここでは，一価のイオンが生成すると仮定した）．平衡に

---

* α型酸化アルミニウムは酸の攻撃に対する耐性をもつ（§13・7 参照）．

到達したとき，それを**飽和溶液**（saturated solution）とよぶ．

$$MX(s) \rightleftharpoons M^+(aq) + X^-(aq) \quad (7.43)$$

ある特定の温度における固体の**溶解度**（solubility）は，過剰の固体存在下で平衡を成立させたとき，規定量の溶媒に溶解した固体（溶質）の量である．溶解度には幾つかの定義がある．以下はその例である．

- 一定重量の溶媒に溶ける溶質の重さ（100 g の水に溶ける溶質の重量 g）
- 一定重量の溶媒に溶ける溶質の物質量（mol）
- 濃度（mol dm^{-3}）
- 重量モル濃度（mol kg^{-1}）
- モル比

図7・9でKIとNaNO$_3$について示したように，溶解度は温度に強く依存するため，温度を記述することは重要である．それとは対照的に，図7・9は273 Kと373 Kの間でNaClの溶解度が基本的に変わらないことを示している．

> **イオン性塩の溶解度**（solubility of ionic salt）に対する表の値は，一定重量の水に溶かし飽和水溶液を調製するのに要する固体の最大重量に相当する．溶解度は，濃度，重量モル濃度，モル分率などを用いて表される．

298 Kで非常に希釈した溶液に対し，mol kg^{-1}を用いた濃度の数値は，mol dm^{-3}のそれに等しい．それゆえ，難溶性塩の溶解度（下記を参照）は，一般にmol dm^{-3}を用いて表される．

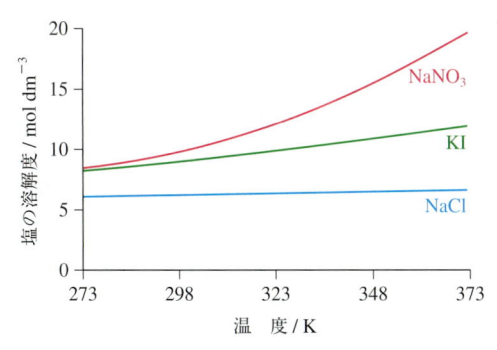

図7・9 ヨウ化カリウムと硝酸ナトリウムの水に対する溶解度の温度依存性．塩化ナトリウムの溶解度は273～373 Kの範囲で基本的に温度依存性を示さない．

難溶性塩と溶解度積

イオン性塩の溶解度がかなり小さいとき（すなわち，飽和溶液がほとんどイオンを含まないとき），その塩は**難溶性**であるという．そのような塩には，AgClやBaSO$_4$などの概して'不溶性'といわれるものも含まれる．式7.44は，

CaF$_2$の溶解時に水溶液中で成立する平衡を示す．

$$CaF_2(s) \rightleftharpoons Ca^{2+}(aq) + 2F^-(aq) \quad (7.44)$$

平衡定数の表記には，厳密には関与する化学種の活量（§7・3参照）を用いるべきである．しかし，ここでは非常に希釈した溶液を扱うため，Kは濃度を用いて表せる（式7.45）．

$$K = \frac{[Ca^{2+}][F^-]^2}{[CaF_2]} \quad (7.45)$$

固体の活量は，慣習に従い，1と定義される．したがって，平衡定数K_{sp}（式7.46）は，溶けたイオンの**平衡濃度**（equilibrium concentration）を用いて表され，**溶解度積**（solubility product）または**溶解度定数**（solubility constant）とよばれる．

$$K_{sp} = [Ca^{2+}][F^-]^2 \quad (7.46)$$

種々の難溶性塩に対するK_{sp}の値を表7・4に示した．

表7・4 難溶性塩に対するK_{sp}値（298 K）の例

化合物	化学式	K_{sp}(298 K)
硫酸バリウム	BaSO$_4$	1.07×10^{-10}
炭酸カルシウム	CaCO$_3$	4.96×10^{-9}
水酸化カルシウム	Ca(OH)$_2$	4.68×10^{-6}
リン酸カルシウム	Ca$_3$(PO$_4$)$_2$	2.07×10^{-33}
水酸化鉄(II)	Fe(OH)$_2$	4.87×10^{-17}
硫化鉄(II)	FeS	6.00×10^{-19}
水酸化鉄(III)	Fe(OH)$_3$	2.64×10^{-39}
ヨウ化鉛(II)	PbI$_2$	8.49×10^{-9}
硫化鉛(II)	PbS	3.00×10^{-28}
炭酸マグネシウム	MgCO$_3$	6.82×10^{-6}
水酸化マグネシウム	Mg(OH)$_2$	5.61×10^{-12}
塩化銀(I)	AgCl	1.77×10^{-10}
臭化銀(I)	AgBr	5.35×10^{-13}
ヨウ化銀(I)	AgI	8.51×10^{-17}
クロム酸銀(I)	Ag$_2$CrO$_4$	1.12×10^{-12}
硫酸銀(I)	Ag$_2$SO$_4$	1.20×10^{-5}

> **例題7.4　溶解度積**
>
> PbI$_2$の溶解度積は8.49×10^{-9}（298 K）である．PbI$_2$の溶解度を計算せよ．

解答　ヨウ化鉛(II)の溶解平衡は下式で与えられる．

$$PbI_2(s) \rightleftharpoons Pb^{2+}(aq) + 2I^-(aq)$$
$$K_{sp} = [Pb^{2+}][I^-]^2$$

1 molのPbI$_2$を溶かすと，1 molのPb^{2+}と2 molのI$^-$が生成し，PbI$_2$の溶解度（mol dm^{-3}）は，溶けたPb^{2+}の濃度に等しい．$[I^-] = 2[Pb^{2+}]$を用いてK_{sp}の表現を書き換えることができ，$[Pb^{2+}]$を以下のように求めることができる．

$$K_{sp} = 4[Pb^{2+}]^3$$
$$8.49 \times 10^{-9} = 4[Pb^{2+}]^3$$
$$[Pb^{2+}] = \sqrt[3]{2.12 \times 10^{-9}} = 1.28 \times 10^{-3} \text{ mol dm}^{-3}$$

したがって，PbI_2 の溶解度は，298 K において 1.28×10^{-3} mol dm^{-3} である．

練習問題

1. Ag_2SO_4 の溶解度積は 1.20×10^{-5}（298 K）である．Ag_2SO_4 に対し，(a) mol dm^{-3} を用いた溶解度と (b) 水 100 g 当たりの溶解度（g）を求めよ．
［答 (a) 1.44×10^{-2} mol dm^{-3}，(b) 100 g 当たり 0.45 g］

2. AgI の溶解度が 2.17×10^{-6} g dm^{-3} のとき，K_{sp} を算出せよ．　　　　　　　　　　　　　　　　［答 8.50×10^{-17}］

3. 炭酸リチウムの K_{sp} は 8.15×10^{-4}（298 K）である．Li_2CO_3 に対し，(a) mol dm^{-3} を用いた溶解度と (b) 100 g の水当たりの溶解度（g）を求めよ．
［答 (a) 5.88×10^{-2} mol dm^{-3}，(b) 100 g 当たり 0.434 g］

4. 水酸化鉄(II) の水に対する溶解度は，298 K で 2.30×10^{-6} mol dm^{-3} である．この過程に対する平衡定数を決定せよ．
$$Fe(OH)_2(s) \rightleftharpoons Fe^{2+}(aq) + 2[OH]^-(aq)$$
［答 4.87×10^{-17}］

イオン性塩溶解時のエネルギー論：$\Delta_{sol}G°$

式 7.47 に示す熱力学的サイクルを用い，固体の塩 MX と飽和水溶液中の各イオンとの平衡を考えてみよう．

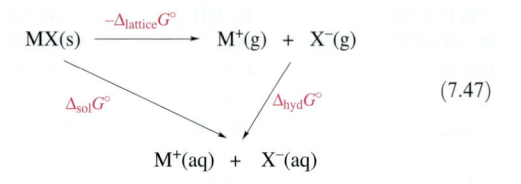

$$\begin{array}{c} MX(s) \xrightarrow{-\Delta_{lattice}G°} M^+(g) + X^-(g) \\ \Delta_{sol}G° \searrow \swarrow \Delta_{hyd}G° \\ M^+(aq) + X^-(aq) \end{array} \quad (7.47)$$

ここで，$\Delta_{lattice}G°$ は，気相状態のイオンからイオン結晶格子を生成する際の標準ギブズエネルギー変化に相当する．$\Delta_{hyd}G°$ は，気相状態のイオンの水和に伴う標準ギブズエネルギー変化に相当し，$\Delta_{sol}G°$ は，イオン性塩の溶解に伴う標準ギブズエネルギー変化に相当する．

このサイクルにおいて，$\Delta_{sol}G°$ は，式 7.48 を用い，溶解過程に対する平衡定数 K と関連づけられる．難溶性塩に関し，平衡定数は K_{sp} で与えられる．

$$\Delta_{sol}G° = -RT \ln K \quad (7.48)$$

原理的には，ギブズエネルギーのデータを用いて K の値を見積ることは可能であり，特に K_{sp} の値を評価するうえで有用である．しかしながら，7.47 のサイクルを用いて $\Delta_{sol}G°$ の値を決定するには二つの問題を生じる．第一に，$\Delta_{sol}G°$ は二つの比較的大きな値の差で与えられる小さな値であり（式 7.49），それら二つの値は通常正確に求められているわけで

はない．$\Delta_{sol}G°$ と K が指数関数で関係づけられるため，状況はさらに悪い．第二に，後述するように水和エネルギーはあまり簡便に見積れる物理量ではない．

$$\Delta_{sol}G° = \Delta_{hyd}G° - \Delta_{lattice}G° \quad (7.49)$$

$\Delta_{sol}G°$ 値を概算するもう一つの方法として式 7.50 を用いる方法がある．この式は関与する化学種の生成エネルギーと MX(s) の溶解（反応式 7.43）に伴うエネルギー変化を関係づける．

$$\Delta_{sol}G° = \Delta_f G°(M^+, aq) + \Delta_f G°(X^-, aq) - \Delta_f G°(MX, s) \quad (7.50)$$

$\Delta_f G°(M^+, aq)$ と $\Delta_f G°(X^-, aq)$ の値は，通常，式 7.51 を用いて標準還元電位（**付録 11** 参照）から決定することができ，幅広い塩に対して $\Delta_f G°(MX, s)$ 値を載せた表が容易に入手可能である．式 7.51 の用途については**第 8 章**で詳細に述べる．**例題 8.9** は特に式 7.51 に関連がある．

$$\Delta G° = -zFE° \quad (7.51)$$

ここで，F = ファラデー定数 = 96 485 C mol^{-1} である．

$\Delta_{sol}G°$ の大きさは，$T\Delta_{sol}S°$ と $\Delta_{sol}H°(X^-, aq)$ の間の大小関係に依存する（式 7.52）．

$$\Delta_{sol}G° = \Delta_{sol}H° - T\Delta_{sol}S° \quad (7.52)$$

熱化学実験（すなわち，イオン性塩の溶解時の発熱量または吸熱量測定）はエンタルピー変化 $\Delta_{sol}H°$ を決定するための方法として用いられる．$\Delta_{sol}G°$ が決定済みであるならば，式 7.52 を用いて $\Delta_{sol}S°$ を導くことができる．これら熱力学的パラメーターが示す傾向について論じるのは容易ではない．なぜならば，さまざまな要因によって $\Delta_{sol}S°$ と $\Delta_{sol}H°$ の符号と値の大きさが支配され，それにより，$\Delta_{sol}G°$ および実際の塩の溶解度が支配されるからである．表 7・5 には，ハロゲン化ナトリウムとハロゲン化銀に対する関連データを示した．NaF から NaBr へと変化する際の溶解度の増加は $\Delta_{sol}G°$ がしだいにより負の大きな値をとることに対応し，$\Delta_{sol}H°$ および $T\Delta_{sol}S°$ 項の両者がこの傾向に寄与する．それとは対照的に，ハロゲン化銀は正反対の挙動を示し，水への溶解度は AgF > AgCl > AgBr > AgI の順に減少する．$T\Delta_{sol}S°$ 項は，AgF から AgI へと変化するに従い，より正の大きな値をとり（すなわち，ハロゲン化ナトリウムと同様の傾向を示し），$\Delta_{sol}H°$ 項もより正の大きな値をとる．これらを式 7.52 に適用すると，$\Delta_{sol}G°$ の値は，AgF，AgCl，AgBr，AgI の順により大きな正の値をとることがわかる（表 7・5）．この結果は，格子エネルギーに対する非静電的な寄与に起因する．それにより AgF から AgI に向かうに従い，水和イオンに比べ固体は段階的に安定となる（**§6・15** 参照）．このようにハロゲン化物のグループを 2 組だけ取扱う場合でさえ，イオン性塩の溶解度を系統的に説明することは容易ではない．

表 7・5 298 K におけるハロゲン化ナトリウムとハロゲン化銀の溶解度,ならびに溶解時のギブズエネルギー変化,エンタルピー変化,エントロピー変化.エントロピー変化は $T\Delta_{sol}S°$ 項の形で与えられる($T = 298$ K).これら化合物の $\Delta_{sol}G°$ の計算において,固体状態の NaBr, NaI, AgF が水和物を生成することに基づく寄与を無視した.

化合物	298 K における水 100 g 当たりの溶解度 / g	298 K における溶解度 / mol dm^{-3}	$\Delta_{sol}G°$ / kJ mol^{-1}	$\Delta_{sol}H°$ / kJ mol^{-1}	$T\Delta_{sol}S°$ / kJ mol^{-1}
NaF	4.2	1.0	+7.9	+0.9	−7.0
NaCl	36	6.2	−8.6	+3.9	+12.5
NaBr	91	8.8	−17.7	−0.6	+17.1
NaI	184	12.3	−31.1	−7.6	+23.5
AgF	182	14.3	−14.4	−20.3	−5.9
AgCl	1.91×10^{-4}	1.33×10^{-5}	+55.6	+65.4	+9.8
AgBr	1.37×10^{-5}	7.31×10^{-7}	+70.2	+84.4	+14.2
AgI	2.16×10^{-7}	9.22×10^{-9}	+91.7	+112.3	+20.6

イオン性塩に対する溶解時のエネルギー論:イオンの水和

イオン性塩の水和に伴うエネルギー変化が塩の溶解度を支配することはすでに述べた(式 7.47).$\Delta_{hyd}G°$ 値とそれに付随するエンタルピー変化およびエントロピー変化が容易に得られる物理量ではないことも述べた.この節では,より詳細に $\Delta_{hyd}G°$,$\Delta_{hyd}H°$,$\Delta_{hyd}S°$ について吟味する.式 7.53 は,これらのパラメーターの関係する一般的な水和過程を示す.

$$\left.\begin{array}{l} M^+(g) \longrightarrow M^+(aq) \\ X^-(g) \longrightarrow X^-(aq) \end{array}\right\} \quad (7.53)$$

根本的な問題は,個々のイオンを分離して研究できないこと,および $\Delta_{hyd}H°$ の実験的な決定が相互作用しないイオン対の組合わせのみに限られることである.これは重大な問題である.

原理的には,電荷 ze と半径 r_{ion}(m)をもつイオンに対する $\Delta_{hyd}G°$(J mol^{-1})の値は,静電気学(electrostatics)に基づく式 7.54 を用いて計算することができる.

$$\Delta_{hyd}G° = -\frac{Lz^2e^2}{8\pi\varepsilon_0 r_{ion}}\left(1 - \frac{1}{\varepsilon_r}\right) \quad (7.54)$$

ここで,$L =$ アボガドロ定数 $= 6.022 \times 10^{23}$ mol^{-1},$e = 1$ 電子当たりの電荷 $= 1.602 \times 10^{-19}$ C,$\varepsilon_0 =$ 真空の誘電率 $= 8.854 \times 10^{-12}$ F m^{-1},および $\varepsilon_r =$ 水の比誘電率(誘電定数)$= 78.7$ である.

実際には,バルクの水に対する比誘電率(§9・2 参照)はイオンに十分に近い値ではなく,また r_{ion} として入手可能な値は水和イオンではなくイオン結晶格子に由来するため,この式は満足のいく結果を与えない.

個々のイオンに対する水和の熱力学的関数を導く最も簡単な方法は,たとえば,[Ph$_4$As]$^+$ や [BPh$_4$]$^-$ などの非常に大きなイオンが同じ $\Delta_{hyd}G°$ 値をもつという仮定に基づく.適切な陽イオン-陰イオンの組合わせを含む各種塩(たとえば,[Ph$_4$As][BPh$_4$],[Ph$_4$As]Cl,K[BPh$_4$])に対するデータを用いれば,個々のイオンに対するデータを導くことができる(たとえば,K$^+$,Cl$^-$ のデータを導ける).しかしながら,[Ph$_4$As][BPh$_4$] の水に対する溶解度が低いため,それを含む系について直接実験値を取得することは容易ではない.それゆえ,この化合物に関するデータは理論に基づいて求められたものである.

水和の熱力学的関数を得るもう一つの方法は $\Delta_{hyd}H°$(H$^+$,g)$= 0$ とする根拠のない仮定に基づく.これを出発点とし,種々のイオン性塩とハロゲン化水素に対する $\Delta_{hyd}H°$ 値を用いることにより,一連の相対水和エンタルピーを矛盾なく求めることができる.より精度の高い方法は $\Delta_{hyd}H°$(H$^+$,g)$= -1091$ kJ mol^{-1} とする見積りに基づく.表 7・6 に示すように,各種イオンに対する $\Delta_{hyd}H°$ の値が高い精度で求められている.

水和エントロピー $\Delta_{hyd}S°$ の値は,気相状態の H$^+$ に対する絶対エントロピー $S°$ に(慣習により)0 を割当てることによって導かれる.抜粋した幾つかのイオンに対する $\Delta_{hyd}S°$ の値を表 7・6 に示した.また,それに対応する $\Delta_{hyd}G°$ の値は $\Delta_{hyd}S°$ と $\Delta_{hyd}H°$ を式 7.52 に代入することによって得られる($T = 298$ K).表 7・6 を吟味することにより,以下に示す幾つかの興味深い点が導かれる.

- 多価のイオンは 1 価のイオンに比べ $\Delta_{hyd}H°$ および $\Delta_{hyd}S°$ がより負の大きな値となる.エンタルピー項がより負の大きな値をとることは,単純な静電引力によって合理的に説明できる.$\Delta_{hyd}S°$ の値がより負の大きな値をとるのは,高い電荷をもつ多価イオンが水和圏により多くの水分子を束縛するためと考えられる.
- ある特定の電荷をもつイオンに限定した場合,$\Delta_{hyd}H°$ と $\Delta_{hyd}S°$ はイオンサイズ(たとえば,r_{ion})に依存する傾向がある.イオンサイズが小さいほど $\Delta_{hyd}H°$ と $\Delta_{hyd}S°$ はいずれもより大きな負の値となる.
- $\Delta_{hyd}H°$ の変化量は,$T\Delta_{hyd}S°$ の変化量にまさる.それゆえ,$\Delta_{hyd}G°$ が最も負の大きな値を与えるのは,イオンサイズが

表 7・6　抜粋した幾つかのイオンに対して精度よく求められた $\Delta_{hyd}H°$, $\Delta_{hyd}S°$, $\Delta_{hyd}G°$ (298 K) の値，およびイオン半径

イオン	$\Delta_{hyd}H°$ / kJ mol^{-1}	$\Delta_{hyd}S°$ / J K^{-1}mol^{-1}	$T\Delta_{hyd}S°$ / kJ mol^{-1} (T = 298 K)	$\Delta_{hyd}G°$ / kJ mol^{-1}	r_{ion} / pm †
H$^+$	−1091	−130	−39	−1052	−
Li$^+$	−519	−140	−42	−477	76
Na$^+$	−404	−110	−33	−371	102
K$^+$	−321	−70	−21	−300	138
Rb$^+$	−296	−70	−21	−275	149
Cs$^+$	−271	−60	−18	−253	170
Mg^{2+}	−1931	−320	−95	−1836	72
Ca^{2+}	−1586	−230	−69	−1517	100
Sr^{2+}	−1456	−220	−66	−1390	126
Ba^{2+}	−1316	−200	−60	−1256	142
Al^{3+}	−4691	−530	−158	−4533	54
La^{3+}	−3291	−430	−128	−3163	105
F$^-$	−504	−150	−45	−459	133
Cl$^-$	−361	−90	−27	−334	181
Br$^-$	−330	−70	−21	−309	196
I$^-$	−285	−50	−15	−270	220

† r_{ion} の値は，固体状態における配位数6の場合に対応する．

小さいとき（同じ電荷のイオン間で比較した場合），および高い電荷をもつとき（同じサイズのイオン間で比較した場合）である．

- およそ同じサイズの単原子イオン（たとえば，K$^+$とF$^-$）に関し，陰イオンは陽イオンよりも強く水和する（$\Delta_{hyd}G°$ はより大きな負の値を示す）．

溶解度：幾つかの結言

ここで式7.47に戻り，観測される塩の溶解度を $\Delta_{lattice}G°$ と $\Delta_{hyd}G°$ の差（式7.49）の大きさ，および関与するイオンのサイズに関係づけてみよう．

まず，$\Delta_{sol}G°$ が一般に比較的小さい値であり，かつ2個の非常に大きな値（$\Delta_{lattice}G°$ と $\Delta_{hyd}G°$）の差で与えられることを再度強調する．さらに，表7・5 が示すように，$\Delta_{sol}G°$ は正と負の値をとれるのに対し，$\Delta_{lattice}G°$ と $\Delta_{hyd}G°$ は常に負の値をとる（式7.47 が適用可能であると仮定した）．

表7・6 に示したように，$\Delta_{hyd}H°$ と $T\Delta_{hyd}S°$ の2項のうち，$\Delta_{hyd}G°$ の大きさを決定する支配的な要因は $\Delta_{hyd}H°$ である．同様に，$\Delta_{lattice}G°$ に関する支配的要因は $\Delta_{lattice}H°$ である．したがって，塩の溶解度と構成イオンのサイズの関係を考えるときには，式7.55と式7.56で与えられる r_{ion}, $\Delta_{hyd}H°$, および $\Delta_{lattice}H°$ の関係に着目する．$\Delta_{hyd}H°$ および $\Delta_{lattice}H°$（式7.47で与えられる過程に関して定義される）に対する実際の値は常に負の値である．

$$\Delta_{lattice}H° \propto \frac{1}{r_+ + r_-} \quad (7.55)$$

$$\Delta_{hyd}H° \propto \frac{1}{r_+} + \frac{1}{r_-} \quad (7.56)$$

ここで，r_+=陽イオンの半径，r_-=陰イオンの半径．

さて，これら2式を類似の結晶格子型をとる一連の塩に応用することを考える．X$^-$が一定でM$^+$が異なる一連のMX塩に関し，もし $r_- \gg r_+$ であれば，式7.55 は $\Delta_{lattice}H°$ にほとんど変化がないことを示す．しかしながら，溶解に際し，もし $r_- \gg r_+$ であれば，r_+ の値によらず，$\Delta_{hyd}H°$（陽イオン）は $\Delta_{hyd}H°$（陰イオン）よりも格段に大きな負の値を示すであろう．つまり，$\Delta_{hyd}H°$(MX) は，おおむね $1/r_+$ に比例するであろう．このように，関連する一連の塩について r_+ が徐々に増加し，$r_- \gg r_+$ のとき，$\Delta_{lattice}H°$ がほぼ一定のままであるのに対し，$\Delta_{hyd}H°$ の値は徐々に増加する．したがって，$\Delta_{sol}H°$（すなわち，$\Delta_{sol}G°$）は徐々に増加し（式7.57），溶解度は減少すると予測される．

$$\Delta_{sol}H° = \Delta_{hyd}H° - \Delta_{lattice}H° \quad (7.57)$$

そのような挙動を示す例としては，ヘキサクロロ白金(IV)酸アルカリ金属塩が知られる．ナトリウム塩の水和物が非常に高い溶解度をもつのに対し，K$_2$[PtCl$_6$], Rb$_2$[PtCl$_6$], Cs$_2$[PtCl$_6$] の 293 K における溶解度は，それぞれ，2.30×10^{-2}, 2.44×10^{-3}, 1.04×10^{-3} mol dm^{-3} である．同様の傾向がヘキサフルオロリン酸アルカリ金属塩（MPF$_6$）についても検証されている．

上記の議論，あるいはそれに類似した議論は定性的なものであるが，一連の**イオン性塩**（ionic salt）の溶解性に関する傾向を評価する有用な指針を与える．式7.55と7.56は静電モデルを仮定するため，'イオン性'である点を強調すべきである．§6・15，および本節の冒頭において，部分的な共有結合性の寄与がハロゲン化銀の溶解度に如何なる影響を及ぼすかを述べた．

7・10 共通イオン効果

ここまでは，単一のイオン性塩 MX を溶かした水溶液について述べてきた．ここでは，一番目の塩の構成イオンと共通するイオンを含む二番目の塩を添加した際の効果について考える．

> 塩 MX を溶質として MY を含む水溶液に添加するとき（イオン M^{n+} は両方の塩に共通である），溶存する M^{n+}（MY 由来）は，純水に溶かすときに比べて MX の溶解度を低減させる効果をもつ．これが**共通イオン効果**（common ion effect）である．

共通イオン効果の起源は，ルシャトリエの原理を適用することによって説明される．式 7.58 において，溶液中に存在する Cl^-（KCl などの水溶性塩由来の Cl^-）は，AgCl の溶解を抑制する．つまり，Cl^- の添加により，その平衡は左に移動する．

$$AgCl(s) \rightleftharpoons Ag^+(aq) + Cl^-(aq) \qquad (7.58)$$

この効果は，緩衝溶液を調製する際，弱酸をその酸の塩と混合する効果に似ている（たとえば，酢酸と酢酸ナトリウム）．

例題 7.5 共通イオン効果

AgCl に対する K_{sp} の値は，298 K において 1.77×10^{-10} である．AgCl の水に対する溶解度と 0.0100 mol dm^{-3} 塩酸水溶液に対する溶解度を比較せよ．

解答 まず，水に対する AgCl の溶解度を決定する．

$$AgCl(s) \rightleftharpoons Ag^+(aq) + Cl^-(aq)$$
$$K_{sp} = [Ag^+][Cl^-] = 1.77 \times 10^{-10}$$

$[Ag^+]$ と $[Cl^-]$ に対する水溶液中の濃度は等しいので，以下のように書ける．

$$[Ag^+]^2 = 1.77 \times 10^{-10}$$
$$[Ag^+] = 1.33 \times 10^{-5} \text{ mol dm}^{-3}$$

それゆえ，AgCl の溶解度は 1.33×10^{-5} mol dm^{-3} である．

ここで，0.0100 mol dm^{-3} HCl 水溶液中における AgCl の溶解度について考える．

HCl は完全に解離するため，$[Cl^-] = 0.0100$ mol dm^{-3} である．

$$AgCl(s) \rightleftharpoons Ag^+(aq) + Cl^-(aq)$$

溶存イオンの初濃度/mol dm^{-3}:	0	0.0100
平衡状態における濃度/mol dm^{-3}:	x	$(0.0100 + x)$

$$K_{sp} = 1.77 \times 10^{-10} = [Ag^+][Cl^-]$$
$$1.77 \times 10^{-10} = x(0.0100 + x)$$

x は明らかに 0.0100 よりも十分に小さいため，$0.0100 + x \approx 0.0100$ と近似できる．

$$1.77 \times 10^{-10} \approx 0.0100 x$$
$$x \approx 1.77 \times 10^{-8} \text{ mol dm}^{-3}$$

したがって，AgCl の溶解度は 1.77×10^{-8} mol dm^{-3} である．

結論：0.0100 mol dm^{-3} HCl 水溶液に対する AgCl の溶解度は，水に対する溶解度の約 1000 分の 1 程度である．

練習問題

K_{sp} データ（298 K）：AgCl, 1.77×10^{-10}；BaSO$_4$, 1.07×10^{-10}

1. 298 K において，水に対する AgCl の溶解度は，5.00×10^{-3} mol dm^{-3} HCl 水溶液に対する溶解度の何倍であるか答えよ． 　　　　　　　　　　　　　　　[答　約 375 倍]

2. 0.0200×10^{-3} mol dm^{-3} KCl 水溶液に対する AgCl の溶解度を求めよ． 　　[答　8.85×10^{-9} mol dm^{-3}]

3. (a) 水，および (b) 0.0150 mol dm^{-3} Na$_2$SO$_4$ 水溶液に対する BaSO$_4$ の 298 K における溶解度を求めよ．
[答　(a) 1.03×10^{-5} mol dm^{-3}, (b) 7.13×10^{-9} mol dm^{-3}]

例題 7.5 は重量分析における共通イオン効果の応用例について示している．銀および塩化物イオンの定量においては，常にそれぞれ，少過剰の共通イオン Cl^- および Ag^+ を含む溶液から AgCl を析出させる．

> **重量分析**（gravimetric analysis）は，研究対象となる試料を沈殿物として分離する定量分析法である．

7・11 配位化合物：はじめに
定義と用語

この節では，水溶液中における**配位子**（ligand）のイオンへの配位に関する幾つかの一般則について紹介する．これらの定義と規則は，後に本書で錯形成について詳細に議論する際にも用いる．配位子という言葉はラテン語 'ligare' に由来し，'結合すること' を意味する．

> **配位化合物**（coordination compound）において，中心原子またはイオンは，ルイス塩基として作用する 1 個または 2 個以上の**分子やイオン**（配位子）により配位され，中心原子またはイオンと**配位結合**（coordinate bond）を形成する．中心原子またはイオンはルイス酸としてふるまう．中心原子またはイオンと直接結合する配位子内の原子を**供与原子**（donor atom または，ドナー原子）とよぶ．

配位化合物の例には d ブロック金属イオンを含むもの（たとえば，[Co(NH$_3$)$_6$]$^{2+}$，**7.12**）や主要 p ブロック元素をもつ化学種（たとえば，[BF$_4$]$^-$，**7.13** と H$_3$B・THF，**7.14**；THF = テトラヒドロフラン）がある．ただし，**7.14** は水溶液中で不安定であり，加水分解を受ける．式 7.59〜7.61 はこれ

ら配位化合物の生成平衡を示す．

> **錯体の構造表記について：**
> - 線は**陰イオン性配位子**とアクセプターとの間の相互作用を示すのに用いられる．
> - 矢印は**中性配位子**からアクセプターに対する電子対の供与を示すのに用いられる．

(7.12)　(7.13)

(7.14)

$$[Co(OH_2)_6]^{2+} + 6NH_3 \rightleftharpoons [Co(NH_3)_6]^{2+} + 6H_2O \quad (7.59)$$
$$BF_3 + F^- \rightleftharpoons [BF_4]^- \quad (7.60)$$
$$BH_3 + THF \rightleftharpoons H_3B \cdot THF \quad (7.61)$$

> ルイス塩基がルイス酸に電子対を供与するとき，**配位結合**が形成され，その結果生じる化学種を**付加体**（adduct）という．たとえば，$H_3B \cdot THF$ における中央の点は付加体が生成したことを示している．

$[BF_4]^-$ において，反応 7.60 で生成する B−F 結合は，他の 3 個の B−F 結合と同一である．すべて 2c−2e（二中心二電子）の共有結合である．構造 **7.12〜7.14** において，中心金属またはイオンと**中性配位子**（neutral ligand）との間の配位結合は矢印を用いて表記されるが，配位子が**陰イオン性**（anionic）の場合には配位結合は線を用いて表記される．この慣習は，たとえば配位化合物の立体化学を描く際に無視されることもある．これについては中心金属に Co(Ⅱ) をもつ八面体形の配位環境を表す **7.12** と **7.15** を比較せよ．

(7.15)

配位化合物の生成に関する研究

水溶液中の錯形成を研究する方法は多数ある．しかし，今，化学的性質の変化を追跡することができ，かつ，その方法があまり信頼のおける方法ではないと仮定しよう．すべての反応が平衡状態にあるとみなせ，化学的調査がそれら平衡定数の相対値のみを与える場合が少なくない．たとえば，NH_3 で飽和した Ag^+ 塩の水溶液中では，ほぼすべての Ag^+ が $[Ag(NH_3)_2]^+$ 錯体として存在する（式 7.62）．

$$Ag^+(aq) + 2NH_3(aq) \rightleftharpoons [Ag(NH_3)_2]^+(aq) \quad (7.62)$$

塩化物イオンを含む水溶液を加えても，AgCl の沈殿は析出しない．しかしながら，ヨウ化物イオンを含む水溶液の添加により，ヨウ化銀の沈殿を生じる．これらの観測事実は以下のように合理的に説明される．AgI（$K_{sp} = 8.51 \times 10^{-17}$）の水に対する溶解度は，AgCl（$K_{sp} = 1.77 \times 10^{-10}$）に比べ格段に低い．AgCl がまったく沈殿しないという事実は，反応 7.62 に対する平衡定数が十分に大きく，生成する AgCl が溶液に溶けることを意味する（つまり，Cl^- と対を形成できる未配位の Ag^+ がほとんど存在しない）．一方，AgI の溶解度は著しく低いため，極少量の生成物ですら沈殿を生じる．

物理的な方法（たとえば，電子分光法，振動分光法，溶解度測定，伝導度測定）はより信頼性の高い情報を与え，錯形成に対する平衡定数の決定を可能にする場合もある．

(a)　(b)

(c)

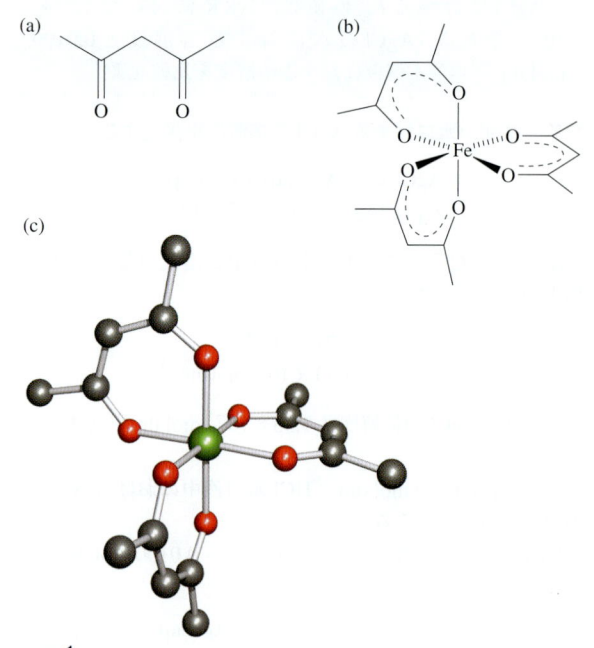

図 7・10　(a) ペンタン-2,4-ジオン（アセチルアセトン），Hacac（表 7・7 参照）の構造．(b) Fe(Ⅲ) は $[acac]^-$ をもつ八面体形錯体を形成する．(c) X 線回折により決定された配位化合物 $[Fe(acac)_3]$ の構造．[J. Iball et al. (1967) Acta Crystallogr., vol. 23, p. 239]．原子の色表示：Fe 緑色，C 灰色，O 赤色．

無電荷（中性）の錯体は通常水にごくわずか溶けるにすぎないが，しばしば有機溶媒には容易に溶ける．たとえば，赤色の錯体である [Fe(acac)$_3$]（図 7・10）（Hacac はアセチルアセトンに対する略称であり，IUPAC による組織名はペンタン-2,4-ジオンである）は，その水溶液からベンゼンまたはクロロホルムへと抽出することができるため，[Fe(acac)$_3$] の生成反応は，水溶液から Fe(III) を抽出する方法に利用される．ペンタン-2,4-ジオンは β-ジケトン（β-diketone）であり，その脱プロトンにより，β-ジケトネート（β-diketonate）である [acac]$^-$（式 7.63）を与える．水溶液中における [Fe(acac)$_3$] の生成過程には，平衡 7.63 と 7.64 が含まれる．

$$K_a = 1 \times 10^{-9} \quad (7.63)$$

$$Fe^{3+}(aq) + 3[acac]^-(aq) \rightleftharpoons [Fe(acac)_3](aq)$$
$$K = 1 \times 10^{26} \quad (7.64)$$

生成する錯体の量は，溶液の pH に依存する．pH が低すぎる場合，H$^+$ と Fe^{3+} は配位子との結合に関し，競合する（すなわち，7.63 の逆反応は 7.64 の正反応と競合する）．pH が高すぎる場合，Fe(III) は Fe(OH)$_3$ として沈殿する．なお，

応用と実用化

Box 7・3　核燃料再利用における溶媒抽出の応用

§3・5 において，核分裂によるエネルギーの生成，および核燃料の再利用について述べた．短寿命の放射性物質が海洋貯蔵の間にいかに崩壊するか，また，いかにしてウランが [UO$_2$][NO$_3$]$_2$ へと変換され，最終的に UF$_6$ へと変換されるかを述べた．この過程を複雑なものとする要因の一つは，再利用する核燃料がウランに加え，プルトニウムの核分裂廃棄物を含むことである．分離を達成するためには，二つの異なる溶媒抽出過程が必要である．

行程 1: 硝酸プルトニウムおよび硝酸ウラニルの核分裂生成物からの分離

分離対象の混合物は，$^{90}_{38}$Sr^{2+} のような金属イオンのほか，[UO$_2$]$^{2+}$ および Pu(IV) の硝酸塩を含む．灯油（おもにドデカンを含む炭化水素の混合物）を金属塩水溶液に加えると，**二相系**（two-phase system）を与える（つまり，これら溶媒は混ざらない）．トリブチルリン酸（TBP = tributyl phosphate，リン酸エステル）を加え，生成するウラン含有錯体とプルトニウムイオン錯体を灯油相へと抽出する．核分裂生成物は水相に残留するため，二つの溶媒相の分離により，核分裂生成物を Pu および U 含有成分から分離することができる．水相からの抽出操作を繰返すことにより，分離効率を高めることができる．

行程 2: 硝酸プルトニウムと硝酸ウラニルの分離

つぎに，灯油相に対し，第二の溶媒抽出操作を施す．スルファミン酸鉄(II)，つまり Fe(NH$_2$SO$_3$)$_2$ を加え，灯油相を水で振とうすることにより，生成する硝酸プルトニウムは水相へと分配される．還元に対して耐性の [UO$_2$][NO$_3$]$_2$ は TBP と錯形成し，有機相にとどまる．したがって，これら 2 個の溶媒相を分離することにより，ウランとプルトニウムの塩を分離することができる．この抽出操作を繰返し行うことにより，きわめて効果的な分離を達成することができる．硝酸を加えることにより，灯油相の [UO$_2$][NO$_3$]$_2$ を水相へと逆抽出することができる．つまり，その条件下において，ウラン-TBP 錯体は解離し，[UO$_2$][NO$_3$]$_2$ は水相へと戻る．

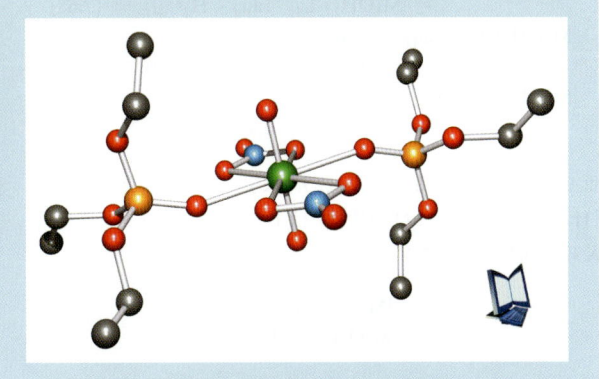

トリブチルリン酸（TBP）

トリエチルリン酸配位子は TBP の類似構造をもち，上図はその錯体である [UO$_2$(NO$_3$)$_2${OP(OEt)$_3$}$_2$] の構造（X 線回折）を示している．これは上で述べた抽出過程で生じる化学種のモデルとみなせる．[データ: B. Kanellakopulos et al. (1993) Z. Anorg. Allg. Chem., vol. 619, p. 593]．原子の色表示: U 緑色，O 赤色，N 青色，P 橙色，C 灰色．

Fe(OH)$_3$ について，$K_{sp} = 2.64 \times 10^{-39}$ である．したがって，Hacac とある有機溶媒（たとえば，CHCl$_3$）を用いて Fe(III) をその水溶液から抽出するには，最適な pH がある．配位子は<u>ルイス塩基</u>であると定義したが，そのほとんどはブレンステッド塩基でもあり，pH を正確に調整することは錯形成を研究するうえできわめて重要である．溶媒抽出は，多くの金属を分析，または工業上の目的から分離するうえで重要である（Box 7・3 参照）．

> **溶媒抽出**（solvent extraction）では，適切な溶媒を利用して物質の抽出を行う．二相溶媒系において，溶質はある溶媒からもう一つの溶媒へと抽出される．その際，抽出溶媒には不純物がもとの溶媒に残留するものを選定する．

7・12 配位化合物の安定度定数

前に述べたように，水溶液中の金属イオンは水和している．アクア種は，M^{z+}(aq) と表記され，しばしばヘキサアクアイオン [M(OH$_2$)$_6$]$^{z+}$ をさす．その溶液に対し中性配位子 L を添加し，一連の錯体 [M(OH$_2$)$_5$L]$^{z+}$，[M(OH$_2$)$_4$L$_2$]$^{z+}$，…，[ML$_6$]$^{z+}$ が生成する場合について考えてみよう．平衡 7.65～7.70 は配位した H$_2$O の L による逐次的な置換反応を示す．

$$[M(OH_2)_6]^{z+}(aq) + L(aq) \rightleftharpoons [M(OH_2)_5L]^{z+}(aq) + H_2O(l) \quad (7.65)$$

$$[M(OH_2)_5L]^{z+}(aq) + L(aq) \rightleftharpoons [M(OH_2)_4L_2]^{z+}(aq) + H_2O(l) \quad (7.66)$$

$$[M(OH_2)_4L_2]^{z+}(aq) + L(aq) \rightleftharpoons [M(OH_2)_3L_3]^{z+}(aq) + H_2O(l) \quad (7.67)$$

$$[M(OH_2)_3L_3]^{z+}(aq) + L(aq) \rightleftharpoons [M(OH_2)_2L_4]^{z+}(aq) + H_2O(l) \quad (7.68)$$

$$[M(OH_2)_2L_4]^{z+}(aq) + L(aq) \rightleftharpoons [M(OH_2)L_5]^{z+}(aq) + H_2O(l) \quad (7.69)$$

$$[M(OH_2)L_5]^{z+}(aq) + L(aq) \rightleftharpoons [ML_6]^{z+}(aq) + H_2O(l) \quad (7.70)$$

反応 7.65 に対する平衡定数 K_1 は式 7.71 で与えられる．[H$_2$O]（厳密には H$_2$O の<u>活量</u>）は 1 であり（§7・3 を参照），K の表現には現れない．

$$K_1 = \frac{[M(OH_2)_5L^{z+}]}{[M(OH_2)_6^{z+}][L]} \quad (7.71)$$

> [M(OH$_2$)$_6$]$^{z+}$ から [ML$_6$]$^{z+}$ が生成する際，配位している水分子が配位子 L で置換する各過程は，それぞれ固有の**逐次安定度定数**（stepwise stability constant）K_1，K_2，K_3，K_4，K_5，および K_6 をもつ．

もう一つの選択肢として，錯体 [ML$_6$]$^{z+}$ に対する全生成過程を考える（式 7.72）．逐次安定度定数（または，逐次生成定数）と全安定度定数（total stability constant）を区別するために，後者については，一般的に記号 β が用いられる．式 7.73 は [ML$_6$]$^{z+}$ に対する β_6 の定義を示す．反応 7.65～7.70 の生成物に対し，それぞれ全安定度定数が定義されるため，β_6 を β と表記するのは不適当である（章末の**問題 7.25** を参照）．それゆえ，単に β ではなく β_6 と記述すべきである．

$$[M(OH_2)_6]^{z+}(aq) + 6L(aq) \rightleftharpoons [ML_6]^{z+}(aq) + 6H_2O(l) \quad (7.72)$$

$$\beta_6 = \frac{[ML_6^{z+}]}{[M(OH_2)_6^{z+}][L]^6} \quad (7.73)$$

K と β の値には関連性がある．平衡 7.72 に対する β_6 は，式 7.74 に従い，6 個の逐次安定度定数を用いて表せる．

$$\left. \begin{array}{l} \beta_6 = K_1 \times K_2 \times K_3 \times K_4 \times K_5 \times K_6 \\ \text{または} \\ \log \beta_6 = \log K_1 + \log K_2 + \log K_3 \\ \quad + \log K_4 + \log K_5 + \log K_6 \end{array} \right\} \quad (7.74)$$

練習問題

平衡 7.65～7.70 に対し，K_1，K_2，K_3，K_4，K_5，K_6 を表す式を書き，$\beta_6 = K_1 \times K_2 \times K_3 \times K_4 \times K_5 \times K_6$ であることを示せ．

> [M(OH$_2$)$_m$]$^{z+}$ と配位子 L から [ML$_n$]$^{z+}$ が生成する反応に関し，全安定度定数 β_n は下式で与えられる（通常，$m = n$ である）．
>
> $$\beta_n = \frac{[ML_n^{z+}]}{[M(OH_2)_m^{z+}][L]^n}$$

> **例題 7.6** [Ni(OH$_2$)$_{6-x}$(NH$_3$)$_x$]$^{2+}$ の生成
>
> ガラス電極を用いた pH 滴定（2 M NH$_4$NO$_3$ 水溶液における pH 滴定）により，[Ni(OH$_2$)$_{6-x}$(NH$_3$)$_x$]$^{2+}$ ($x = 1$～6）に対する逐次安定度定数（303 K）の値は，log K_1 = 2.79, log K_2 = 2.26, log K_3 = 1.69, log K_4 = 1.25, log K_5 = 0.74, log K_6 = 0.03 であると決定された．(a) [Ni(NH$_3$)$_6$]$^{2+}$ に対する β_6(303 K) を計算せよ．(b) $\Delta G°_1$(303 K) を計算せよ．(c) $\Delta H°_1$(303 K) = -16.8 kJ mol^{-1} のとき，$\Delta S°_1$(303 K) を計算せよ．(R = 8.314 J K^{-1} mol^{-1})

(a)
$$\beta_6 = K_1 \times K_2 \times K_3 \times K_4 \times K_5 \times K_6$$
$$\log \beta_6 = \log K_1 + \log K_2 + \log K_3 + \log K_4 + \log K_5 + \log K_6$$
$$\log \beta_6 = 2.79 + 2.26 + 1.69 + 1.25 + 0.74 + 0.03$$
$$= 8.76$$
$$\beta_6 = 5.75 \times 10^8$$

(b) $\Delta G°_1$(303 K) は，[Ni(OH$_2$)$_5$(NH$_3$)]$^{2+}$ に対する逐次生成

過程に対応する.

$$\Delta G_1^\circ(303\text{ K}) = -RT \ln K_1$$
$$= -(8.314 \times 10^{-3} \times 303) \ln 10^{2.79}$$
$$= -16.2 \text{ kJ mol}^{-1}$$

(c)
$$\Delta G_1^\circ = \Delta H_1^\circ - T\Delta S_1^\circ$$
$$\Delta S_1^\circ = \frac{\Delta H_1^\circ - \Delta G_1^\circ}{T}$$
$$\Delta S_1^\circ(303\text{ K}) = \frac{-16.8 - (-16.2)}{303}$$
$$= -1.98 \times 10^{-3} \text{ kJ K}^{-1} \text{ mol}^{-1}$$
$$= -1.98 \text{ J K}^{-1} \text{ mol}^{-1}$$

練習問題

これらは, $[\text{Ni}(\text{OH}_2)_{6-x}(\text{NH}_3)_x]^{2+}$ ($x = 1 \sim 6$) の 303 K における実験値に関する問いである.

1. $\log K_2 = 2.26$ のとき, $\Delta G_2^\circ(303\text{ K})$ を決定せよ.
〔答 -13.1 kJ mol^{-1}〕

2. $\Delta S_1^\circ(303\text{ K}) = -1.98$ J K^{-1} mol^{-1}, および $\log K_1 = 2.79$ のとき, $\Delta H_1^\circ(303\text{ K}) = -16.8$ kJ mol^{-1} であることを確かめよ.

3. $\log K_1 = 2.79$, $\log K_2 = 2.26$, $\log K_3 = 1.69$ のとき, 適切な値を用いて下記平衡に対する $\Delta G^\circ(303\text{ K})$ を決定せよ.
$$[\text{Ni}(\text{OH}_2)_4(\text{NH}_3)_2]^{2+} + \text{NH}_3 \rightleftharpoons [\text{Ni}(\text{OH}_2)_3(\text{NH}_3)_3]^{2+} + \text{H}_2\text{O}$$
〔答 -9.80 kJ mol^{-1}〕

安定度定数の決定

金属イオン M^{z+} と配位子 L を既知の濃度で含む水溶液中に, 分子式のわかる L 配位錯体が 1 種のみ存在する場合を仮定してみよう. その場合, この錯体の安定度定数は, その溶液中に存在する未配位の M^{z+}, L, または L が配位した M^{z+} の濃度を決定することにより直接得られる. 濃度の決定には, ポーラログラフ分析法や電位差滴定法 (適当な選択性電極がある場合), pH 測定法 (配位子が弱酸の共役塩基である場合), イオン交換法, 分光光度法 (つまり, 電子スペクトルの測定とランベルト・ベール則の応用), NMR 分光法, 抽出法などが用いられる.

以前は, 金属錯体の安定度定数を予測するための経験的な手法はごく限られた用途しかなかった. 最近になり, 以下の気相平衡に対する ΔG 値を見積ることのできる DFT (密度汎関数) 理論計算の結果を用いて種々の金属イオン M^{n+} に関して評価がなされている (**Box 5・2** 参照).

$$[\text{M}(\text{OH}_2)_6]^{n+}(g) + \text{NH}_3(g) \rightleftharpoons [\text{M}(\text{OH}_2)_5(\text{NH}_3)]^{n+}(g) + \text{H}_2\text{O}(g)$$

この気相平衡に関する研究は溶媒和の効果を取入れていないにもかかわらず, DFT 計算で得られた ΔG 値は実験値と非常によい相関を示した. このことは実験データを得ることのできない系に対する熱力学データを見積る際に DFT 法が有用となりうることを示す*.

逐次安定度定数における傾向

図 7・11 は, 錯イオン $[\text{Al}(\text{OH}_2)_{6-x}\text{F}_x]^{(3-x)+}$ ($x = 1 \sim 6$) の生成に対し, その逐次安定度定数が F^- 配位子の導入数が増加するにつれ, 減少することを示している. 同様の傾向が例題 7.6 で示した $[\text{Ni}(\text{OH}_2)_{6-x}(\text{NH}_3)_x]^{2+}$ ($x = 1 \sim 6$) の生成についてもみられる. K の値における逐次的な減少は多くの系について典型的な傾向である. しかしながら, この傾向は常に図 7・11 のように単調であるとは限らない (安定度定数については §21・11 でさらに述べる).

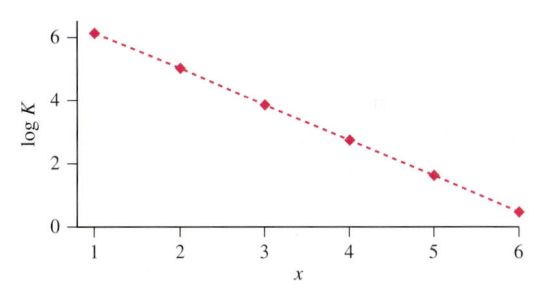

図 7・11 $[\text{Al}(\text{OH}_2)_{6-x}\text{F}_x]^{(3-x)+}$ ($x = 1 \sim 6$) の生成に対する逐次安定度定数

錯形成の熱力学: はじめに

水溶液中における錯形成の熱力学に対する詳細な議論は本書の目的ではないが, 溶液中の配位化合物生成に伴うエントロピー変化, およびいわゆる**キレート効果** (chelate effect) について簡単に解説する. 第 21 章では, 錯形成の熱力学について詳しく述べる.

§7・9 で述べたように, 高い電荷をもつイオンは一価のイオンに比べてより大きな負の $\Delta_{\text{hyd}}S^\circ$ 値をもつ. この現象は高い電荷をもつイオンがその近傍にある H_2O 分子をより強く束縛することによって説明される. 高い電荷をもつ金属イオンと陰イオン間で錯形成が起こり, 電荷が部分的もしくは完全に失われる場合, その過程に対するエンタルピー変化は著しく大きな負の値となる. しかしながら, それに付随して生じるエントロピー変化は著しく大きな正の値となる. これは, 未配位の金属イオンや陰イオン配位子近傍の H_2O 分子に比べ, 錯イオン近傍の H_2O 分子の束縛が弱いためである. それゆえ, 対応する ΔG° 値は, 著しく大きな負の値となり, 非常に安定な錯体を生成することがわかる. たとえば, 反応 7.75 に関する $\Delta S^\circ(298\text{ K})$ は $+117$ J K^{-1} mol^{-1} である. ま

---

* 詳細については以下を参照せよ: R. D. Hancock and L. J. Bartolotti (2005) *Inorg. Chem.*, vol. 44, p. 7175.

た，$\Delta G°$ (298 K) は -60.5 kJ mol^{-1} であり，式7.75の配位子は [EDTA]$^{4-}$ である*．

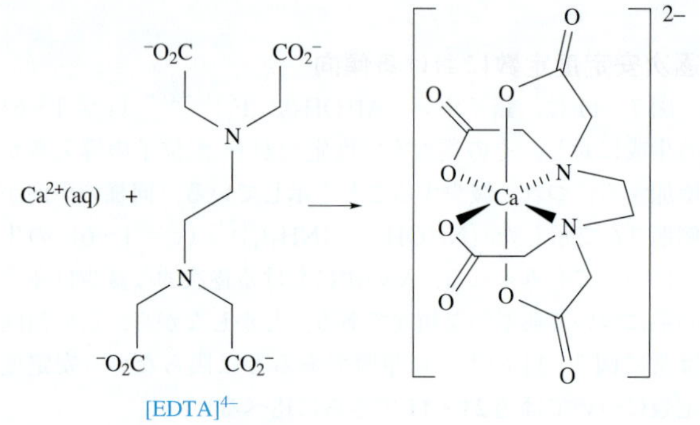

$$Ca^{2+}(aq) + [EDTA]^{4-} \rightarrow [Ca(EDTA)]^{2-} \quad (7.75)$$

エントロピー項の増加には，さらに重要な要因がある．電荷をもたない配位子を比較するとき（たとえば，NH$_3$ と H$_2$NCH$_2$CH$_2$NH$_2$），**多座配位子**（polydentate ligand）は**単座配位子**（monodentate ligand）よりも安定な錯体を形成する．

配位子が金属イオンに配位する際に用いる供与原子の数をその配位子の**配位座数**（denticity）と定義する．単座配位子は1個の供与原子を含み（たとえば，NH$_3$），二座配位子は2個の供与原子を含む（たとえば，[acac]$^-$）．一般に，2個以上の供与原子を有する配位子を多座配位子とよぶ．

多座配位子が金属イオンに配位すると**キレート環**（chelate ring）が生成し，式7.75の [Ca(EDTA)]$^{2-}$ にはキレート環が5個見られる．**キレート**（chelate）という言葉はギリシャ語の**カニのはさみ**（crab's claw）に由来する．表7・7に，よく知られている配位子の例をあげた．en，[ox]$^{2-}$，bpy は金属イオンに配位して五員キレート環を形成する．一方，[acac]$^-$ は配位することにより六員環を与える（図7・10）．五員環および六員キレート環が金属錯体において一般的である．各環は**配位挟角**（bite angle）によって特徴づけられる．

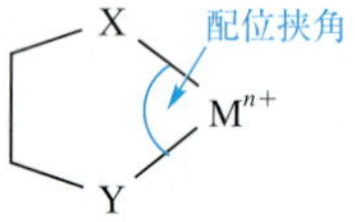

(7.16)

ここで，配位挟角とは，X と Y がキレート配位子の2個の供与原子であるとしたときの，X−M−Y 角で与えられる（構造7.16）．環のひずみのため，三員環や四員環の生成は比較的不利である．

[acac]$^-$ が金属イオンとキレートを形成して得られる六員環（図7・10）は平面性が高く，非局在化したπ結合によって安定化する．bpy や [ox]$^{2-}$ などの配位子もまた金属イオンと相互作用することにより，平面性の高いキレート環を与える．en（7.17）のような飽和ジアミンはより柔軟性に富み，図7・12に示すように [M(en)$_3$]$^{n+}$ 錯体では一般に縮んだ環を形成する．配位子 en の主鎖に炭素原子をもう1個加えると 1,3-プロパンジアミン（pn, 7.18）が得られる．

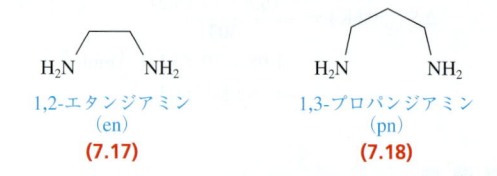

1,2-エタンジアミン（en） (7.17)   1,3-プロパンジアミン（pn） (7.18)

この種の柔軟性に富む飽和の N ドナー配位子に対しては，小さな金属イオンは六員キレート環を形成する配位子を好み，大きな金属イオンは五員キレート環を形成する配位子を好むことが実験的に示されている．一般的な結論として，"五員キレート環は六員キレート環よりも安定である" という記述がよく教科書でみられる．しかしながら，この記述には金属イオンのサイズを考慮した修正が必要である．配位子がジアミンなどの飽和化合物のとき，小さい金属イオンが五員キレート環よりも六員キレート環でより高い安定度を示す傾向は，金属イオンがシクロヘキサン中の sp^3 混成のC原子と置換するモデルによって説明されてきた．この置換を最適なものとするうえで，配位挟角（7.16）は 109.5°（つまり，四面体C原子のもつ角度）に近い値をとるべきであり，M−N 結合長は 160 pm となるべきである．ジアミンが大きな金属イオン（たとえば Pb^{2+}，Fe^{2+}，Co^{2+}）に配位するとき，五員キレート環を形成する配位子をもつものが最も安定な錯体を形成する傾向がある．配位挟角 69°，および M−N 結合

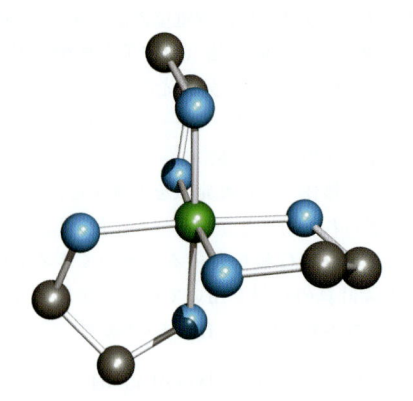

図7・12 錯体 [M(en)$_3$]$^{n+}$ に対する構造モデル．配位子 en が結合し，縮んだキレート環を形成することを示す．原子の色表示：M 緑色，N 青色，C 灰色．

---

* 固体状態において，Ca^{2+} と [EDTA]$^{4-}$ が形成する錯体の配位数は対陽イオンに依存し，七または八配位である．追加の配位サイトは H$_2$O で占められる．[Mg(EDTA)(OH$_2$)]$^{2-}$ についても同様である．

表 7・7 各種配位子の名称と構造

配位子名	略 称	配位座数	構造（供与原子を赤で示した）
水		単座	
アンモニア		単座	
テトラヒドロフラン	THF	単座	
ピリジン	py	単座	
1,2-エタンジアミン†	en	二座	
ジメチルスルホキシド	DMSO	単座	
アセチルアセトナトイオン	[acac]⁻	二座	
オキサラトまたはエタンジオエートイオン	[ox]⁻	二座	
2,2′-ビピリジン	bpy または bipy	二座	
1,10-フェナントロリン	phen	二座	
1,4,7-トリアザヘプタン†1	dien	三座	
1,4,7,10-テトラアザデカン†1	trien	四座	
N,N,N',N'-エチレンジアミン四酢酸イオン†2	[EDTA]⁴⁻	六座	式 7.75 参照

†1 1,2-エタンジアミン，1,4,7-トリアザヘプタン，1,4,7,10-テトラアザデカンの古い命名（今でも使われる）は，エチレンジアミン，ジエチレントリアミン，トリエチレンテトラミンである．
†2 IUPAC の規則に基づく体系名ではないが，これがこの陰イオンに対して広く受入れられた名称である．

長 250 pm が理想的な構造パラメーターである[*1].

ここで，ある金属イオンが，類似する単座および二座の配位子と形成する錯体の安定度を比較し，いわゆるキレート効果について述べる.

意味のある比較を行ううえで，適切な配位子を選択することが重要である．NH_3 分子は配位子 en の半分に対する近似的なモデルである（それを完璧に再現するものではないが）. 式 7.76〜7.78 は，$[Ni(OH_2)_{6-2n}(NH_3)_{2n}]^{2+}$ ($n = 1, 2, 3$) における NH_3 配位子が en 配位子によって置換する平衡に対応する．$\log K$ と $\Delta G°$ は 298 K の平衡に対する値である．

$[Ni(OH_2)_4(NH_3)_2]^{2+}$(aq) + en(aq)
　$\rightleftharpoons [Ni(OH_2)_4(en)]^{2+}$(aq) + $2NH_3$(aq)
　　$\log K = 2.41$　$\Delta G° = -13.7$ kJ mol^{-1}　(7.76)

$[Ni(OH_2)_2(NH_3)_4]^{2+}$(aq) + 2en(aq)
　$\rightleftharpoons [Ni(OH_2)_2(en)_2]^{2+}$(aq) + $4NH_3$(aq)
　　$\log K = 5.72$　$\Delta G° = -32.6$ kJ mol^{-1}　(7.77)

$[Ni(NH_3)_6]^{2+}$(aq) + 3en(aq) $\rightleftharpoons [Ni(en)_3]^{2+}$(aq) + $6NH_3$(aq)
　　$\log K = 9.27$　$\Delta G° = -52.9$ kJ mol^{-1}　(7.78)

各配位子置換反応に関し，$\Delta G°$ は負の値を示し，これらのデータ（もしくは $\log K$ 値）は各キレート錯体の生成がその出発物であるアミン錯体の生成よりも熱力学的に有利であることを示している．この現象はキレート効果とよばれ，一般性をもつ．

> ある金属イオンについて，二座配位子や多座配位子をもつキレート錯体の熱力学的な安定度は，類似の単座配位子をもつ同じ配位数の錯体よりも大きい．これはキレート効果（chelate effect）とよばれる．

7.78 のような反応に対する $\Delta G°$ 値はキレート効果の尺度を与える．

$$\Delta G° = \Delta H° - T\Delta S°$$

また，上式により，寄与する $\Delta H°$ 項や $T\Delta S°$ 項の符号と大きさが重要であることがわかる[*2]．反応 7.78 に対する値は，298 K において $\Delta H° = -16.8$ kJ mol^{-1} および $\Delta S° = +121$ J K^{-1} mol^{-1} であり，$T\Delta S°$ 項は +36.1 kJ mol^{-1} である．したがって，負の $\Delta H°$ 項と正の $T\Delta S°$ 項は全体として負の $\Delta G°$ 値を与える．この場合に限定すれば，$T\Delta S°$ 項は $\Delta H°$ 項よりも大きい．しかし，以下の例が示すように両項がともに増大するのは一般的な傾向ではない．反応 7.79 に対し，

$\Delta G°$ (298 K) = -8.2 kJ mol^{-1} である．このエネルギー項の利得は $T\Delta S° = -8.8$ kJ K^{-1} mol^{-1}，および $\Delta H° = -17.0$ kJ mol^{-1} から生じる．つまり，エンタルピー項のエネルギー利得分がエントロピー項のエネルギー損失を十分に上回っている．

$$Na^+(aq) + L(aq) \rightleftharpoons [NaL]^+(aq) \quad (7.79)$$

ここで

L = Me—O〔O〔O〔O〔O—Me（クラウンエーテル状構造）

反応 7.80 における正反応の進行は，エンタルピー項の点で不利であるが，その寄与はエントロピー項によって大きく打ち消される．たとえば，298 K において，$\Delta H° = +13.8$ kJ mol^{-1}，$\Delta S° = +218$ J K^{-1} mol^{-1}，$T\Delta S° = +65.0$ kJ mol^{-1}，$T\Delta G° = -51.2$ kJ mol^{-1} である．

$$Mg^{2+}(aq) + [EDTA]^{4-} \rightleftharpoons [Mg(EDTA)]^{2-}(aq) \quad (7.80)$$

エンタルピー項とエントロピー項の起源について調べるために，再度反応 7.78 について考えてみよう．キレート効果に対するエンタルピー項の寄与は，以下の効果から生じることが示唆されてきた．

- 2 個の単座配位子を 1 個の二座配位子に置き換えることによって，δ^- の（負に帯電した）供与原子間の静電反発は減少する（一部の配位子は陰イオン性であり，その効果は大きい）．
- 錯形成に伴う配位子−H_2O 間の水素結合相互作用の破壊は溶媒和による安定化を防げる効果がある．そのような水素結合相互作用は，たとえば en よりも NH_3 の方が大きいと予測される．
- 二座配位子もしくは多座配位子は架橋鎖 CH_2CH_2 の誘起効果のため，類似の単座配位よりも強い供与性を示す．たとえば，en は NH_3 に比べ強い供与性を示す．

キレート効果に対するエントロピーの寄与を説明するのは容易である．式 7.81 および 7.82 に 2 種の類似する反応を示す．

$\underline{[Ni(OH_2)_6]^{2+}(aq) + 6NH_3(aq)}$
　　7 個の錯イオンまたは分子
　$\rightleftharpoons \underline{[Ni(NH_3)_6]^{2+}(aq) + 6H_2O(l)}$　(7.81)
　　　　7 個の錯イオンまたは分子

[*1] より詳細な議論は以下を参照せよ．R. D. Hancock (1992) *J. Chem. Educ.* vol. 69, p. 615- 'Chelate ring size and metal ion selection'.

[*2] キレート効果および大環状効果に関するより詳細な解説については以下を参照せよ：M. Gerloch and E. C. Constable (1994) *Transition Metal Chemistry: The Valence Shell in d-Block Chemistry*, VCH, Weinheim (Chapter 8); J. Burgess (1999) *Ions in Solution: Basic Principles of Chemical Interaction*, 2nd edn, Horwood Publishing, Westergate; L. F. Lindoy (1989) *The Chemistry of Macrocyclic Ligand Complexes*, Cambridge University Press, Cambridge (Chapter 6); A. E. Martell, R. D. Hancock and R. J. Motekaitis (1994) *Coord. Chem. Rev.*, vol. 133, p. 39.

$$[\text{Ni(NH}_3)_6]^{2+}(\text{aq}) + 3\text{en(aq)}$$
4個の錯イオンまたは分子

$$\rightleftharpoons [\text{Ni(en)}_3]^{2+}(\text{aq}) + 6\text{NH}_3(\text{aq}) \qquad (7.82)$$
7個の錯イオンまたは分子

式 7.81 において，単座配位子は反応式の左右に含まれ，反応系から生成系に移行する際，分子や錯イオンの総数に変化はない．しかしながら，二座配位子が単座配位子と置き換わる反応 7.82 において，反応系から生成系に移行する際に溶存化学種の総数は増加し，それに対応するエントロピーの増大がある（ΔS は正の値）．エントロピー効果についてみるもう一つの方法を図 7・19 に示した．キレート環を形成する際，配位子はすでに中心金属に固定されているため，金属イオンが 2 番目の供与原子に結合する確率は高い．それに比べ，金属イオンに 2 番目の単座配位子が結合する確率は格段に低い．

(7.19)

錯形成に先立ち，配位子の脱溶媒和に関係するエントロピー効果の寄与も無視できない．

ここまで，単座配位子もしくは非環式の多座配位子の化合物のみを取扱ってきた．配位化学はその対象が広く，**大環状配位子**（macrocyclic ligand，§11・8）の研究も含まれる．クラウンエーテル化合物（たとえば，18-クラウン-6，**7.20**；ベンゾ-12-クラウン-4，**7.21**）および包接型の**クリプタンド配位子**（cryptand ligand；図 11・8 参照）などがその例である．

(7.20) **(7.21)**

錯体の安定度は，大環状配位子がそれに対応する非環式（開環式）の配位子と置き換わることにより向上する．たとえば，錯体 **7.22** と **7.23** の $\log K_1$ 値は，それぞれ，23.9 と 28.0 であり，大環状錯体の熱力学的安定性が格段に高いことがわかる．

(7.22) **(7.23)**

このような**大環状効果**（macrocyclic effect）の起源を一般化するのは容易ではない．**7.22** や **7.23** のような類似する開環式と閉環式の錯体を比較すると，ほとんどの場合において，エントロピー項は，大環状錯体の生成を好む傾向を示す．ただし，$\Delta G°$ 値（つまり，究極の判定規準）は常に大環状錯体の生成を有利とするものであるが，エンタルピー項は常に大環状錯体の生成を有利とするわけではない．大環状化合物の生成については，**第 11 章**でさらに取扱う．

7・13 単座配位子のみをもつ錯体の安定度に及ぼす因子

同じ配位子で異なる中心金属を有する錯体の安定度定数を一つの理論で取扱うことはできない．しかし，幾つかの有用な相関が知られるため，この章ではそのうち最も重要な相関について紹介する．

イオンサイズと電荷

特定の電荷をもつ d ブロックではない金属イオンの錯体に関し，その安定度は陽イオンサイズ（結晶学的に求められるイオンの 'サイズ'）の増加と伴に減少する．したがって，特定の配位子 L をもつ錯体について，安定度は $\text{Ca}^{2+} > \text{Sr}^{2+} > \text{Ba}^{2+}$ の順に減少する．ランタノイドの M^{3+} についても同様の傾向がみられる．

> 同程度のサイズのイオンに関し，特定の配位子をもつ錯体の安定度はイオンの電荷が増大するにつれて著しく増大する．たとえば，$\text{Li}^+ < \text{Mg}^{2+} < \text{Al}^{3+}$ の順に増加する．

2 個（もしくはそれ以上）の酸化状態をもつ金属イオンについては，電荷が大きいほどイオンサイズは小さい．イオンサイズと電荷の効果は互いに強め合う性質がある．それゆえ，高酸化状態の金属イオンを含む錯体は高い安定度をもつ．

ハードとソフトな金属イオンと配位子

配位子に対する金属イオンの電子受容性（すなわち，ルイ

ス酸とルイス塩基の相互作用）を考えるとき，金属イオンを2種のグループに分類することができる．ただし，その識別は単純ではない．以下の平衡7.83と7.84について考えてみよう．

$$Fe^{3+}(aq) + X^-(aq) \rightleftharpoons [FeX]^{2+}(aq) \quad (7.83)$$

$$Hg^{2+}(aq) + X^-(aq) \rightleftharpoons [HgX]^+(aq) \quad (7.84)$$

表7・8に異なるハロゲン化物イオンに対する錯体 $[FeX]^{2+}$ と $[HgX]^+$ の安定度定数を示した．Fe^{3+} 錯体の安定度は $F^- > Cl^- > Br^-$ の順に減少するのに対し，Hg^{2+} 錯体のそれは $F^- < Cl^- < Br^- < I^-$ の順に増加する．より一般的には，Ahrland, Chatt, および Davies により，また，Schwarzenbach により安定度定数の調査が行われ，軽い s および p ブロック金属イオン，他の前周期 d ブロック金属イオン，およびランタノイドとアクチノイドの金属イオンについても Fe^{3+} と同様の傾向が観測されている．これらの金属イオンはまとめて**クラス (a) 陽イオン** (class (a) cation) とよばれる．Hg^{2+} 錯体と同様の傾向は後周期 d ブロック金属イオン，テルル，ポロニウム，タリウムのハロゲン化物錯体について観測されている．これらのイオンはまとめて**クラス (b) 陽イオン** (class (b) cation) とよばれる．同様の傾向が他のドナー原子についてもみられる．O および N ドナーの配位子はクラス (a) 陽イオンとより安定な錯体を形成するのに対し，S および P ドナーの配位子はクラス (b) 陽イオンとより安定な錯体を形成する．

Pearson によってこの一般理論が重要な発展を遂げた際，金属イオン（ルイス酸）と配位子（ルイス塩基）は'ハード (hard, 硬い)' または 'ソフト (soft, 軟らかい)' のいずれかに分類された．**HSAB 則** (principle of hard and soft acids and bases) は錯体の安定性にみられる傾向を合理的に説明するのに用いられる．水溶液中において，クラス (a)，すなわち，ハードな金属イオンが特定の供与原子をもつ配位子と錯形成する際，安定度は以下の順に減少する．

$$F > Cl > Br > I$$
$$O \gg S > Se > Te$$
$$N \gg P > As > Sb$$

表7・8 Fe(III) と Hg(II) のハロゲン化物 $[FeX]^{2+}(aq)$ および $[HgX]^+(aq)$ の生成に対する安定度定数．式7.83および7.84を参照せよ．

金属イオン	log K_1			
	X = F	X = Cl	X = Br	X = I
$Fe^{3+}(aq)$	6.0	1.4	0.5	—
$Hg^{2+}(aq)$	1.0	6.7	8.9	12.9

逆に，クラス (b)，すなわち，ソフトな金属イオンがこれらの供与原子をもつ配位子と錯形成する際，一般に安定度は以下の大小関係となる．

$$F < Cl < Br < I$$
$$O \ll S > Se \approx Te$$
$$N \ll P > As > Sb$$

表7・8は Fe^{3+}（ハードな金属イオン）と Hg^{2+}（ソフトな金属イオン）のハロゲン化物の安定度に対する傾向を示した．

$$F^- \quad Cl^- \quad Br^- \quad I^-$$
ハード ⟶ ソフト

同様に，ハードな N または O ドナー原子をもつ配位子は軽い s および p ブロック金属イオン（Na^+, Mg^{2+}, Al^{3+} など），前周期 d ブロック金属イオン（Sc^{3+}, Cr^{3+}, Fe^{3+} など），f ブロック金属イオン（Ce^{3+}, Th^{4+} など）とより安定な錯体を形成する．一方，ソフトな P および S ドナーをもつ配位子は比較的重い p ブロック金属イオン（Tl^{3+} など）や後周期 d ブロック金属イオン（Cu^+, Ag^+, Hg^{2+} など）を好む傾向がある．

ハードとソフトな酸に関する Pearson の分類は，一連の供与原子を電気陰性度の順に配列したものから派生する．

$$F > O > N > Cl > Br > C \approx I \approx S > Se > P > As > Sb$$

ハードな酸は，この系列の左端の供与原子を含む配位子と最も安定な錯体を形成する．ソフトな酸はその反対側の原子との結合安定性で定める．この方法を用い，表7・9のようにハードとソフトな酸を分類することができる．特定の供与原子をもつ配位子に対する指向性を示さない金属イオンも多数存在し，それらはソフトとハードの '境界領域' に分類される．

'ハード'と'ソフト'な酸という表現は，金属イオンの分極率（§6・13 参照）を描写した際に生じたものである．ハードな酸（表7・9）は，一般に比較的高い電荷密度をもつ小さな一価陽イオンであるか，あるいは，やはり高い電荷密度をもつ多価陽イオンである．これらのイオンは分極率に乏しく，F^- などの分極率に乏しい供与原子を好む．このような配位子は**ハードな塩基** (hard base) とよばれる．ソフトな酸は Ag^+ のような低い電荷密度をもつ大きな一価陽イオンである傾向があり，高い分極率をもつ．それらは，I^- などの高い分極率をもつ供与原子との配位結合の形成を好む．そのような配位子は**ソフトな塩基** (soft base) とよばれる．表7・9に各種のハード配位子とソフト配位子をまとめた．配位子の分類と上述の供与原子の相対的な電気陰性度との関係にも注目せよ．

表 7・9　ハードおよびソフトな金属イオン（ルイス酸）と配位子（ルイス塩基）の例．中間的な挙動を示す金属イオンと配位子についても示した．配位子の略称は表 7・7で定義した．R＝アルキル　Ar＝アリール．

	配位子（ルイス塩基）	中心金属（ルイス酸）
ハード；クラス（a）	F^-, Cl^-, H_2O, ROH, R_2O, $[OH]^-$, $[RO]^-$, $[RCO_2]^-$, $[CO_3]^{2-}$, $[NO_3]^-$, $[PO_4]^{3-}$, $[SO_4]^{2-}$, $[ClO_4]^-$, $[ox]^{2-}$, NH_3, RNH_2	Li^+, Na^+, K^+, Rb^+, Be^{2+}, Mg^{2+}, Ca^{2+}, Sr^{2+}, Sn^{2+}, Mn^{2+}, Zn^{2+}, Al^{3+}, Ga^{3+}, In^{3+}, Sc^{3+}, Cr^{3+}, Fe^{3+}, Co^{3+}, Y^{3+}, Th^{4+}, Pu^{4+}, Ti^{4+}, Zr^{4+}, $[VO]^{2+}$, $[VO_2]^+$
ソフト；クラス（b）	I^-, H^-, R^-, $[CN]^-$（C 配位），CO（C 配位），RNC, RSH, R_2S, $[RS]^-$, $[SCN]^-$（S 配位），R_3P, R_3As, R_3Sb, アルケン，アレーン	酸化状態 0（中性の金属原子）の中心金属，Tl^+, Cu^+, Ag^+, Au^+, $[Hg_2]^{2+}$, Hg^{2+}, Cd^{2+}, Pd^{2+}, Pt^{2+}, Tl^{3+}
中間的なもの	Br^-, $[N_3]^-$, py, $[SCN]^-$（N 配位），$ArNH_2$, $[NO_2]^-$, $[SO_3]^{2-}$	Pb^{2+}, Fe^{2+}, Co^{2+}, Ni^{2+}, Cu^{2+}, Os^{2+}, Ru^{3+}, Rh^{3+}, Ir^{3+}

> **ハードな酸**（ハードな金属イオン）は**ハードな塩基**（ハードな配位子）とより安定な錯体を形成するのに対し，**ソフトな酸**（ソフトな金属イオン）は**ソフトな塩基**（ソフトな配位子）を好む．

HSAB 則は定性的に有用であるが，満足のいく定量的な基礎を欠く．Pearson は酸と塩基をハード-ハード（hard-hard），またはソフト-ソフト（soft-soft）で組合わせることがドナーとアクセプター間の結合を安定化させる付加的な要因に過ぎないと指摘してきた．結合安定化の要因には陽イオンと供与原子のサイズ，電荷，電気陰性度，および軌道間の重なりなどのすべてが含まれる．もう一つの問題として，錯形成時の配位子置換過程があげられる．たとえば，水溶液中において，配位子は H_2O と置換するが，この過程は単なる結合過程ではなく，むしろ，**競争過程**（competitive reaction）とみなせる（式 7.85）．

$$[M(OH_2)_6]^{2+}(aq) + 6L(aq) \rightleftharpoons [ML_6]^{2+}(aq) + 6H_2O(l) \tag{7.85}$$

M^{2+} がハードな酸であると仮定する．水中では，すでにハードな H_2O 配位子と結合している．すなわち，ハード-ハード相互作用が結合安定化に寄与している．もし L がソフトな塩基であれば，配位子置換は有利とはならない．一方，L がハードな塩基であれば，以下に述べる幾つかの競争的な相互作用が働くであろう．

- 水和した L はハード-ハードの $L-OH_2$ 相互作用をもつ．
- 水和した M^{2+} はハード-ハードの $M^{2+}-OH_2$ 相互作用をもつ．
- 生成する錯体はハード-ハードな $M^{2+}-L$ 相互作用をもつ．

概して，この種の反応は，ある程度安定な錯体のみを与え，錯形成に関する ΔH° 値は 0 に近いことが確認されている．

ここで式 7.85 における M^{2+} がソフトな酸であり，L がソフトな塩基である場合について考えよう．競争的な相互作用は以下のとおりである．

- 水和した L は，ソフト-ハードの $L-OH_2$ 相互作用をもつ．
- 水和した M^{2+} はソフト-ハードの $M^{2+}-OH_2$ 相互作用をもつ．
- 生成する錯体はソフト-ソフトの $M^{2+}-L$ 相互作用をもつ．

この場合，実験データは安定な錯体が生成することを示しており，錯形成に対する ΔH° は大きな負の値となる．

重要な用語

本章では以下の用語が紹介されている．意味を理解できるか確認してみよう．

- ☐ 自己解離（self-ionization）
- ☐ 水の自己解離定数（self-ionization constant of water）K_w
- ☐ ブレンステッド酸（Brønsted acid）
- ☐ ブレンステッド塩基（Brønsted base）
- ☐ 共役酸塩基対（conjugate acid and base pair）
- ☐ 重量モル濃度（molality；モル濃度 molarity とは異なる）
- ☐ 溶液中における溶質の標準状態（standard state of a solute in solution）
- ☐ 活　量（activity）
- ☐ 酸解離定数（acid dissociation constant）K_a
- ☐ 塩基解離定数（base dissociation constant）K_b
- ☐ 一塩基酸（monobasic acid），二塩基酸（dibasic acid），多塩基酸（polybasic acid）
- ☐ （酸または塩基の）逐次解離（stepwise dissociation）
- ☐ ベルの法則（Bell's rule）
- ☐ ルイス塩基（Lewis base）
- ☐ ルイス酸（Lewis acid）
- ☐ イオン-双極子相互作用（ion-dipole interaction）
- ☐ （イオンの）水和殻（hydration shell）
- ☐ ヘキサアクアイオン（hexaaqua ion）

- ☐ （水和した金属イオンの）加水分解（hydrolysis）
- ☐ 接頭辞 μ, μ_3 などの利用法
- ☐ 結合の分極（polarization of a bond）
- ☐ イオンの電荷密度（charge density of an ion）
- ☐ 両　性（amphoteric）
- ☐ 周期表上の'対角線（diagonal line）'
- ☐ 飽和溶液（saturated solution）
- ☐ （イオン性固体の）溶解度（solubility）
- ☐ 難溶性（sparingly soluble）
- ☐ 溶解度積（solubility product）
- ☐ 水和の標準エンタルピー（standard enthalpy of hydration；または，ギブズエネルギー，あるいはエントロピー）
- ☐ 溶液の標準エンタルピー（standard enthalpy of solution；または，ギブズエネルギー，あるいはエントロピー）
- ☐ 共通イオン効果（common-ion effect）
- ☐ 重量分析（gravimetric analysis）
- ☐ 溶媒抽出（solvent extraction）
- ☐ （錯体の）逐次安定度定数（stepwise stability constant）
- ☐ （錯体の）全安定度定数（overall stability constant）
- ☐ 配位子（ligand）
- ☐ （配位子の）配位座数（denticity）
- ☐ キレート（chelate）
- ☐ キレート効果（chelate effect）
- ☐ 大環状効果（macrocyclic effect）
- ☐ ハードとソフトな陽イオン（hard and soft cation；酸）および配位子（ligand；塩基）

以下の各組合わせについて，2個の量を関連づける式を記せ．

- ☐ pH，$[H_3O^+]$
- ☐ K_a，pK_a
- ☐ pK_a，pK_b
- ☐ K_a，K_b
- ☐ $\Delta G°$，K
- ☐ $\Delta G°$，$\Delta H°$，$\Delta S°$

さらに勉強したい人のための参考文献

H_2O：構造

A. F. Goncharov, V. V. Struzhkin, M. S. Somayazulu, R. J. Hemley and H. K. Mao (1996) *Science*, vol. 273, p. 218 – An article entitled 'Compression of ice at 210 gigapascals: Infrared evidence for a symmetric hydrogen-bonded phase'.

A. F. Wells (1984) *Structural Inorganic Chemistry*, 5th edn, Clarendon Press, Oxford － 15 章はさまざまな氷の多形に関する記述を含み，H_2O の状態図を示している．

R. Ludwig (2001) *Angewandte Chemie International Edition*, vol. 40, p. 1808 － 氷と水の構造に関する最近の研究を含む総説．

酸塩基平衡：総説

C. E. Housecroft and E. C. Constable (2006) *Chemistry*, 3rd edn, Prentice Hall, Harlow － 16 章は水溶液における酸塩基平衡を含み，pH, pK_a, pK_b に関する計算について解説している．

水溶中のイオン

J. Burgess (1978) *Metal Ions in Solution*, Ellis Horwood, Chichester － 水溶液および非水溶媒中における金属イオンの諸性質が詳細に記述されている．

J. Burgess (1999) *Ions in Solution: Basic Principles of Chemical Interaction*, 2nd edn, Horwood Publishing, Westergate － 水溶液中のイオンの化学に関するとても読みやすい入門書．

W. E. Dasent (1984) *Inorganic Energetics*, 2nd edn, Cambridge University Press, Cambridge － 5 章において，水溶液への塩の溶解に関するエネルギー論が詳細に述べられている．

D. A. Johnson (1982) *Some Thermodynamic Aspects of Inorganic Chemistry*, 2nd edn, Cambridge University Press, Cambridge － 水に対するイオン性塩の溶解性に関する有用な記述を含む．

S. F. Lincoln, D. T. Richens and A. G. Sykes (2004) in *Comprehensive Coordination Chemistry II*, eds J. A. McCleverty and T. J. Meyer, Elsevier, Oxford, vol. 1, p. 515 － '金属アクアイオン'は1族から16族までの元素，およびランタノイド元素のアクアイオンを取扱っている．

Y. Marcus (1985) *Ion Solvation*, Wiley, New York － 題目に関する詳細かつ徹底した解説．

A. G. Sharpe (1990) *Journal of Chemical Education*, vol. 67, p. 309 － ハロゲン化物イオンの溶媒和とその化学的な意味に関する短い総説．

E. B. Smith (1982) *Basic Chemical Thermodynamics*, 3rd edn, Clarendon Press, Oxford － 7 章において，活量の概念について非常にわかりやすく紹介している．

安定度定数

A. E. Martell and R. J. Motekaitis (1988) *Determination and Use of Stability Constants*, VCH, New York － 安定度定数を実験的に決定する方法とその応用について詳細に解説している．

The IUPAC Stability Constants Database (SC-Database)：安定度定数に関する電子情報を提供している．データベースは定期的に更新され，最新の情報を提供している（http://www.acadsoft.co.uk/index.html）．

ハードとソフト

R. G. Pearson (1997) *Chemical Hardness*, Wiley-VCH, Weinheim － この本は化学的な硬さの概念の創始者による著書であり，化学におけるその応用性について解説している．

R. D. Hancock and A. E. Martell (1995) *Advances in Inorganic Chemistry*, vol. 42, p. 89 － 生物学においても金属イオンの挙動が HSAB 則で説明できることを示唆する記述がある．

問題

7.1 クロム酸（H_2CrO_4）に対する $pK_a(1)$ と $pK_a(2)$ の値はそれぞれ 0.74 と 6.49 である．
(a) 各解離過程に対する K_a の値を決定せよ．(b) 水溶液中におけるクロム酸の解離過程を表す式を書け．

7.2 酸 $H_4P_2O_7$ に関する 4 段階の pK_a 値はそれぞれ 1.0，2.0，7.0，9.0 である．水溶液中における解離過程を表す式を書き，各過程にこれら pK_a 値を割当てよ．また，その理由についても述べよ．

7.3 CH_3CO_2H と CF_3CO_2H に関する pK_a 値は 4.75 と 0.23 であり，いずれも温度依存性をほとんど示さない．これら値の違いについて説明せよ．

7.4 (a) $pK_a(1) = 10.71$ と $pK_a(2) = 7.56$ の値は，$H_2NCH_2\text{-}CH_2NH_2$ の共役酸に関するいかなる平衡に対応するか答えよ．
(b) 各過程に対応する pK_b 値を算出せよ．また，各値の算出に必要となる式を書き，平衡との対応関係についても明らかにせよ．

7.5 (a) 化合物 **7.24〜7.28** の水溶液中における解離過程を予測し，その反応式を書け．(b) 化合物 **7.29** が水溶液中で NaOH とどのように反応するかを提案せよ．どのような塩を単離しうるかを述べよ．

7.6 水溶液中においてホウ酸は弱酸として作用し（$pK_a = 9.1$），つぎの平衡が成立する．

$$B(OH)_3(aq) + 2H_2O(l) \rightleftharpoons [B(OH)_4]^-(aq) + [H_3O]^+(aq)$$

(a) $B(OH)_3$ と $[B(OH)_4]^-$ の構造を図示せよ．
(b) $B(OH)_3$ の酸としての挙動はどのように分類されるか．

(c) ホウ酸の分子式は H_3BO_3 とも書けるであろう．この酸の性質を H_3PO_3 の性質と比較せよ．

7.7 NaCN が水に溶解すると，溶液は塩基性となる．HCN の pK_a が 9.31 であると仮定し，この現象を説明せよ．

7.8 水溶液中における $[HCO_3]^-$ の両性の挙動を説明する式を書け．

7.9 つぎの酸化物のいずれが水溶液中で酸性，塩基性，両性を示すであろうか．それぞれについて答えよ．
(a) MgO, (b) SnO, (c) CO_2, (d) P_2O_5, (e) Sb_2O_3, (f) SO_2, (g) Al_2O_3, (h) BeO

7.10 つぎの語句の意味を説明せよ．(a) 飽和溶液，(b) 溶解度，(c) 難溶性塩，(d) 溶解度積（溶解度定数）

7.11 つぎのイオン性塩の K_{sp} を表す式を書け．(a) AgCl, (b) $CaCO_3$, (c) CaF_2

7.12 問 7.11 の解答を用い，(a) AgCl, (b) $CaCO_3$, (c) CaF_2 の溶解度（mol dm^{-3}）を表す式を K_{sp} を用いて書け．

7.13 298 K において，100 g の水に対する $BaSO_4$ の溶解度を計算せよ．ただし，$K_{sp} = 1.07 \times 10^{-10}$ と仮定して計算せよ．

7.14 固体状態の NaF が水に溶解するとき，(a) 塩，および (b) 水分子に関して起こる変化を概説せよ．また，その変化は系のエントロピーにどのような（定性的な）影響を与えるか．

7.15 つぎの二つの平衡に対する log K 値は，それぞれ 7.23 と 12.27 である．

$$Ag^+(aq) + 2NH_3(aq) \rightleftharpoons [Ag(NH_3)_2]^+(aq)$$
$$Ag^+(aq) + Br^-(aq) \rightleftharpoons AgBr(s)$$

(a) AgBr に対する K_{sp} を決定せよ．(b) つぎの反応に対する K を決定せよ．

$$[Ag(NH_3)_2]^+(aq) + Br^-(aq) \rightleftharpoons AgBr(s) + 2NH_3(aq)$$

7.16 (a) 酸である HF, $[HSO_4]^-$, $[Fe(OH_2)_6]^{3+}$, $[NH_4]^+$ に対する共役塩基は何か．
(b) 塩基である $[HSO_4]^-$, PH_3, $[NH_2]^-$, $[OBr]^-$ に対する共役酸は何か．
(c) $[VO(OH)]^+$ に対する共役酸は何か．
(d) $[Ti(OH_2)_6]^{3+}$ の pK_a 値は 2.5 である．$TiCl_3$ が希塩酸に溶解したときのおもな溶存化学種は $[Ti(OH_2)_6]^{3+}$ である．この観測事実について説明せよ．

7.17 (a) KCl が易溶性の塩である要因を論ぜよ（298 K において水 100 g に 35 g 溶ける）．
(b) つぎの実験値を用いて (a) に対する答えを発展させよ．$\Delta_{hyd}H^\circ(K^+, g) = -330$ kJ mol^{-1}, $\Delta_{hyd}H^\circ(Cl^-, g) = -370$ kJ mol^{-1}, $\Delta_{lattice}H^\circ(KCl, s) = -715$ kJ mol^{-1} である．

7.18 クロム酸カリウムは塩化物イオンを定量する滴定の指示薬として用いられる．クロム酸カリウム存在下で硝酸銀水溶液を金属イオンの塩化物塩水溶液（NaCl など）で滴定すると，終点において赤色の Ag_2CrO_4 が析出する．滴定の間に起こる反応の式を書き，表 7・4 の関連データを用いて，指示薬がいかに作用するかを説明せよ．

7.19 緩衝溶液の成り立ちには共通イオン効果が関係する．酢

酸と酢酸ナトリウムを含む溶液に関してどのように緩衝作用が働くかを説明せよ．

7.20 (a) 水および (b) 0.5M KBr 水溶液に対する AgBr (K_{sp} = 5.35×10^{-13}) の溶解度をそれぞれ計算せよ．

7.21 酸化マグネシウムは純水よりも塩化マグネシウム水溶液に溶けやすい．この観測事実の解釈について論ぜよ．

7.22 ソーダ水は水を CO_2 で飽和することによってつくられる．フェノールフタレインを指示薬に用い，ソーダ水をアルカリで滴定すると，終点で無色となる．これについて説明せよ．

7.23 アルカリ土類金属イオン硫酸塩の溶解度は $CaSO_4$ > $SrSO_4$ > $BaSO_4$ の順に減少する．その理由について述べよ．

7.24 次式に従うホスホニウムハロゲン化物の分解に関する熱化学サイクルを構築せよ．

$$PH_4X(s) \rightleftharpoons PH_3(g) + HX(g)$$

また，その結果を用いて最も安定なホスホニウムハロゲン化物がヨウ化物であることを説明せよ．

7.25 (a) 式 7.66 と式 7.68 に対する逐次安定度定数を定義する式を書け．(b) 7.66 と 7.68 の過程で生成する各錯イオンに関し，全体の安定度定数 β_2, および β_4 を定義する式を書け．

7.26 303 K の水溶液中における Al^{3+} と $[acac]^-$ の錯形成（表 7・7）に関し，ガラス電極を用いて pH 測定を行うと，log K_1, log K_2, log K_3 の値がそれぞれ 8.6, 7.9, 5.8 と求まる．(a) これらの値はいかなる平衡に対応するか．(b) $\Delta G°_1$ (303 K), $\Delta G°_2$ (303 K), $\Delta G°_3$ (303 K) の値を決定し，そのうちどの配位子置換反応がより容易に進行するか論ぜよ．

7.27 つぎの各錯体には幾つのキレート環があるか述べよ．ただし，すべての供与原子が配位に関与すると仮定せよ．
(a) [Cu(trien)]$^{2+}$, (b) [Fe(ox)$_3$]$^{3-}$, (c) [Ru(bpy)$_3$]$^{2+}$, (d) [Co(dien)$_2$]$^{3+}$, (e) [K(18-crown-6)]$^+$

総合問題

7.28 つぎの観測結果について論ぜよ．
(a) 錯形成時に，Co(III) は O および N ドナー配位子と強い結合を形成し，P ドナー配位子と適度に強い結合を形成するが，As ドナー配位子とは弱い結合のみを形成する．
(b) つぎの反応に対する log K 値は，X = F のとき 0.7, X = Cl のとき −0.2, X = Br のとき −0.6, X = I のとき −1.3 である．

$$Zn^{2+}(aq) + X^- \rightleftharpoons [ZnX]^+(aq)$$

(c) Cr(III)ハロゲン化物のホスフィン付加体を合成することができるが，その結晶学的な研究は非常に長い Cr−P 結合（247 pm）を示した．

7.29 以下の観測結果を与える理由を提案せよ．
(a) 単座の O ドナー配位子をもつ Pd(II) 錯体は，P, S, As ドナー配位子の錯体ほど多く存在するわけではないが，二座 O,O' ドナー配位子をもつ Pd(II) 錯体は多く存在する．
(b) EDTA^{4-} は，第一列 d ブロック金属イオン M^{2+} ときわめて安定な錯体を形成する（例：Ni^{2+} 錯体に対し，log K = 18.62）．M^{3+} イオンが存在するとき，M^{3+} と EDTA^{4-} の錯体は，同一元素の M^{2+} と EDTA^{4-} の錯体よりもさらに安定である

（たとえば，Cr^{2+} の EDTA 錯体は log K = 13.6 であるのに対し，Cr^{3+} の EDTA 錯体は log K = 23.4 である）．

7.30 (a) 水は両性であると言われる．その理由を説明せよ．
(b) つぎの各化合物に対する共役酸の構造を描け．

(c) Ag_2CrO_4 に関する K_{sp}(298 K) の値は 1.12×10^{-12} である．100 g の水に溶ける Ag_2CrO_4 の重さを求めよ．

7.31 (a) 1族の金属イオンのなかで，Li$^+$ が水溶液中で最も強く水和する．ただし，Li$^+$ の第一配位圏には 4 個の H_2O 分子しか存在しないのに対し，他の 1 族金属イオンの場合には 6 個の H_2O 分子が存在する．この事実について論ぜよ．
(b) 六配位錯体 [Ru(**7.30**)$_2$]$^{2+}$ において，配位子 **7.30** の Ru^{2+} に対する配位様式を提案せよ．この錯体中に形成されるキレート環の数を答えよ．

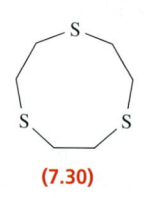

(**7.30**)

(c) [Au(CN)$_2$]$^-$ に対する 298 K における安定度定数は K ≈ 10^{39} である．これに対応する錯生成平衡を書き，その $\Delta G°$ (298 K) を算出せよ．また，算出した値の大きさについても論ぜよ．このシアノ錯体は，つぎの反応に基づき，鉱石から金を抽出するために用いられる．

$$4Au + 8[CN]^- + O_2 + 2H_2O \rightarrow 4[Au(CN)_2]^- + 4[OH]^-$$
$$2[Au(CN)_2]^- + Zn \rightarrow [Zn(CN)_4]^{2-} + 2Au$$

この抽出過程で何が起こるかを説明せよ．

7.32 鉄過剰症は，異常に高濃度の鉄を体が処理しきれない状態となる医学的な症状である．デスフェリオキサミン **7.31** を

(**7.31**)

投与する**キレート療法**（chelation therapy）は，その症状を治療するために用いられる．キレート療法の名前の起源を提案せ

よ．キレート療法が効果的に働くためには鉄イオンはどのような形態をとるべきか．化合物 **7.31** を用いるキレート療法がどのように働くかを提案せよ．ここで，配位子の供与サイトは赤い矢印で示した．また，OH 基は脱プロトン化して配位することができる．

7.33 H$_5$DTPA（Box 3・6 参照）の構造を下図に示した．

(構造式: HOOC-CH$_2$, HO-CO-CH$_2$ 基を持つジエチレントリアミン五酢酸)

(a) H$_5$DTPA の逐次酸解離を示す平衡式を書け．また，どの過程が最も大きな K_a をもつと期待されるか．
(b) [Gd(DTPA)(OH$_2$)]$^{2-}$ において，Gd^{3+} は九配位である．DTPA^{5-} がこの錯体中で中心金属に対してどのように結合するかを図示せよ．また，キレート環がいくつ形成するのかも述べよ．(c) 水溶液中で [M(DTPA)]$^{n+}$ 錯体が生成する際，log K の値はつぎのとおりである．Gd^{3+}, 22.5；Fe^{3+}, 27.3；Ag$^+$, 8.7．これらの値について論ぜよ．

7.34 (a) [Pd(CN)$_4$]$^{2-}$ に対し，log β_4 値は 62.3（水中，298 K）であると決定されている．この値がどのような平衡に対応するか答えよ．
(b) つぎの平衡に対する log K 値は 20.8 である．

$$\mathrm{Pd(CN)_2(s) + 2CN^-(aq) \rightleftharpoons [Pd(CN)_4]^{2-}}$$

この値と (a) で示した数値データを用いて Pd(CN)$_2$ に対する K_{sp} を決定せよ．

7.35 (a) 硫酸銅(II) の水溶液は，[Cu(OH$_2$)$_6$]$^{2+}$ を含む．0.10 mol dm^{-3} CuSO$_4$ 水溶液の pH は 4.17 である．溶液が酸性となる理由を説明し，[Cu(OH$_2$)$_6$]$^{2+}$ に対する K_a を決定せよ．
(b) NH$_3$ を CuSO$_4$ 水溶液に加えると，最終生成物として [Cu(OH$_2$)$_2$(NH$_3$)$_4$]$^{2+}$ 錯体が生成する．しかしながら，NH$_3$ を添加した直後には，いったん Cu(OH)$_2$ ($K_{sp} = 2.20 \times 10^{-20}$) が析出する．この溶液中に [OH]$^-$ が生成する理由を説明せよ．また，なぜ Cu(OH)$_2$ が生成するのか説明せよ．[補足データ：NH$_3$ に対し，$K_b = 1.80 \times 10^{-5}$]

8 酸化と還元

おもな項目

- 概論：酸化還元反応と酸化数
- 還元電位とギブズエネルギー
- 不均化
- 電位図
- フロスト図
- 錯形成や沈殿生成の M^{z+}/M 還元電位に対する影響
- 酸化還元反応の工業プロセスへの応用

8・1 はじめに

本章では，酸化還元過程を含むいろいろな平衡を取扱う．最初にすでに馴染みのある概念として，酸化と還元の定義，酸化数の取扱いについて復習する．

酸化と還元

"酸化"や"還元"という用語はいろいろな異なる定義で用いられているので，臨機応変な対応を要する．

> **酸化**（oxidation）という用語は酸素を得ること，水素を失うこと，または電子を失うことを意味する．**還元**（reduction）という用語は酸素を失うこと，水素を得ること，または電子を得ることを意味する．

酸化と還元は相補的な用語であり，たとえば，反応 8.1 において，マグネシウムは酸化され，酸素は還元される．マグネシウムは**還元剤**（reducing agent または reductant）として働き，O_2 は**酸化剤**（oxidizing agent または oxidant）として働く．

$$2Mg + O_2 \longrightarrow 2MgO \qquad (8.1)$$

（酸化／還元）

この反応は 2 個の半反応 8.2 と 8.3 を用いて記述できるが，いずれの反応も単独には起こらないことに注意しよう．

$$Mg \longrightarrow Mg^{2+} + 2e^- \quad 酸化 \qquad (8.2)$$

$$O_2 + 4e^- \longrightarrow 2O^{2-} \quad 還元 \qquad (8.3)$$

> **レドックス**（redox, 酸化還元）とは還元（reduction）-酸化（oxidation）の略称である．

電解セル（electrolytic cell）においては，電流を流すと酸化還元反応が始まる．その例は，Na と Cl_2 を製造する（式 8.4）**ダウンズ法**（Downs process；§9・12 および図 11・1 を参照）である．

$$\left. \begin{array}{l} Na^+ + e^- \longrightarrow Na \\ Cl^- \longrightarrow \tfrac{1}{2}Cl_2 + e^- \end{array} \right\} \qquad (8.4)$$

ガルバニ電池（galvanic cell）においては，酸化還元反応が自発的に起こり，電流を生じる（§8・2 参照）．

上記の系よりさらに複雑な反応過程が数多くあり，それらを酸化と還元という用語で解釈する際には，十分な注意を要する．酸化数を割り当てると，この過程を理解しやすくなる．

酸化数

酸化数は，化合物の構成元素の各原子に割り当てることができるが，あくまでも形式的である．すでにこの概念には慣れ親しんでいると思うが，演習問題を章末の**問題 8.1** と **8.2** に載せた．元素単体は，Ne のように原子として存在しようが，O_2 や P_4 のように分子として存在しようが，Si のように無限格子として存在しようが，その酸化数を 0 とおくのが前提である．さらに，化合物中の各元素に酸化数を割り当てるときには，**等核結合**（homonuclear bond）を無視して考える．たとえば，H_2O_2 （**8.1**）において，O 原子の酸化数はどちらも -1 である．

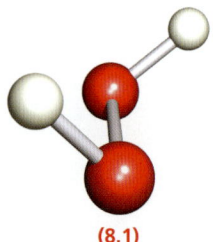

(8.1)

酸化過程はそれにかかわる元素の酸化状態の増加を伴う．逆に還元過程は，酸化状態の減少を伴う．

反応 8.5 において，Cl の酸化数は HCl 中では -1，Cl_2 では 0 であり，この変化は酸化過程に対応している．Mn の酸化状態は $KMnO_4$ においては $+7$，$MnCl_2$ においては $+2$ である．したがって $[MnO_4]^-$ は還元されて Mn^{2+} になる．

$$16HCl(conc) + 2KMnO_4(s) \longrightarrow 5Cl_2(g) + 2KCl(aq) + 2MnCl_2(aq) + 8H_2O(l) \tag{8.5}$$

(還元: $KMnO_4 \to MnCl_2$；酸化: $HCl \to Cl_2$)

一つの反応の酸化過程と還元過程に含まれる酸化数の正味の変化は釣り合わなければならない．反応 8.5 においては，以下のとおりである．

- Mn についての酸化数の正味の変化は $2 \times (-5) = -10$
- Cl についての酸化数の正味の変化は $10 \times (+1) = +10$

化学式によっては，非整数の酸化数を考えるべき場合もあるが，IUPAC はそのような表現を避けることを推奨している[*]．たとえば，$[O_2]^-$ において，O_2 グループを一括して考える方が，それぞれの O 原子に $-\frac{1}{2}$ の酸化数を割り当てるより好ましい．

ある反応の酸化過程と還元過程における酸化数の正味の変化は，釣り合わなければならない．

練習問題

つぎの反応が 1) 還元過程，2) 酸化過程，3) 酸化還元反応，または 4) 酸化や還元を伴わない反応のいずれかに分類されるか答えよ．

1. $2H_2O_2 \longrightarrow 2H_2O + O_2$
2. $[MnO_4]^- + 8H^+ + 5e^- \longrightarrow Mn^{2+} + 4H_2O$
3. $C + O_2 \longrightarrow CO_2$
4. $CaCO_3 \longrightarrow CaO + CO_2$
5. $2I^- \longrightarrow I_2 + 2e^-$
6. $H_2O + Cl_2 \longrightarrow HCl + HOCl$
7. $Cu^{2+} + 2e^- \longrightarrow Cu$
8. $Mg + 2HNO_3 \longrightarrow Mg(NO_3)_2 + H_2$

8・2 標準還元電位 $E°$，ならびに $E°$，$\Delta G°$ と K の関係

半電池とガルバニ電池

半電池（half-cell）の単純なタイプの一つは，ある金属片をその金属のイオンを含む溶液に浸漬している場合であり，たとえば，銅片を Cu(II) 水溶液に浸漬した系である．このような半電池では化学反応は起こらないが，半電池を示す平衡は，（伝統的に）適切な還元過程（式 8.6）を示す．この反応はつぎのように平衡（equilibrium）反応で表される．

$$Cu^{2+}(aq) + 2e^- \rightleftharpoons Cu(s) \tag{8.6}$$

2 種の半電池を組合わせて電気回路をつくり，もしそれらの半電池間に電位差が生じれば酸化還元反応が起こる．その例として図 8・1 にダニエル電池（Daniell cell）を示す．Cu^{2+}/Cu 半電池（式 8.6）が Zn^{2+}/Zn 半電池（式 8.7）と組合わされている（式 8.7）．

ストック表記

$[MnO_4]^-$ における Mn の酸化数は $+7$ だと述べたが，これは Mn^{7+}（静電的な観点からは非常に存在しにくいと考えられる）の存在を意味しているとは限らない．**ストック表記**（Stock nomenclature）は，酸化数を示すのにローマ数字を用いる．たとえば，

$[MnO_4]^-$	テトラオキソマンガン(VII)酸イオン
$[Co(OH_2)_6]^{2+}$	ヘキサアクアコバルト(II)イオン
$[Co(NH_3)_6]^{3+}$	ヘキサアンミンコバルト(III)イオン

このやり方では，孤立した高電荷のイオンの存在を定義することなく中心原子の酸化数を表記することができる．

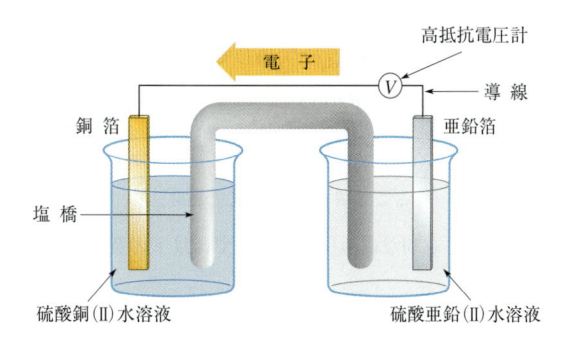

図 8・1 ダニエル電池の構成図．左側のセルでは Cu^{2+} が金属銅にまで還元され，右側のセルでは金属亜鉛が酸化されて Zn^{2+} になる．この電池の図式はつぎのように表記される：$Zn(s) | Zn^{2+}(aq) : Cu^{2+}(aq) | Cu(s)$

---

[*] *IUPAC: Nomenclature of Inorganic Chemistry (Recommendations 2005)*, senior eds N. G. Connelly and T. Damhus, RSC Publishing, Cambridge, p. 66.

$$Zn^{2+}(aq) + 2e^- \rightleftharpoons Zn(s) \tag{8.7}$$

ダニエル電池内の 2 種の溶液は**塩橋**〔salt bridge；たとえば，KCl や KNO_3 水溶液を含むゼラチン（寒天）〕で結ばれており，Cu(II) や Zn(II) 溶液がすぐに混合することを防止しながら半電池間のイオンの輸送が可能になる．ダニエル電池では，酸化還元反応 8.8 が<u>自発的に</u>起こる．

$$Zn(s) + Cu^{2+}(aq) \longrightarrow Zn^{2+}(aq) + Cu(s) \tag{8.8}$$

ダニエル電池は，**ガルバニ電池**（galvanic cell）の一例である．この種の電気化学セルにおいては，電気的な仕事はその系自身で行われる．2 種の半電池間の電位差，E_{cell} は，図 8・1 に示した回路中の電位差計で測定でき（単位はボルト，V），E_{cell} 値はこの電池反応のギブズエネルギーの変化と関係している．式 8.9 は，標準状態下での関係を示しており，$E°_{cell}$ は**標準セル電位**（standard cell potential）である．

$$\Delta G° = -zFE°_{cell} \tag{8.9}$$

ここで，F は**ファラデー定数**（Faraday constant）= 96 485 C mol^{-1}，z は 1 mol の反応で移動する電子の物質量（mol）であり $\Delta G°$ の単位は $J\ mol^{-1}$，$E°_{cell}$ の単位はボルト（V）である．電気化学セルの標準状態とは，つぎのように定義される．

- 電気化学セル中の各成分の単位活量（<u>希薄溶液においては，活量は濃度に近似される．§7・3 を参照</u>）
- 気体成分の圧力は 1 bar（10^5 Pa）[*1]
- 固体成分は標準状態
- 温度は 298 K

生体における電子移動反応については，系の pH は約 7.0 であり，生体標準電極電位，E' を $E°$ の代わりに定義する．これについてはさらに §29・4 でミトコンドリアの電子伝達鎖を例にとり議論する．

電池反応の平衡定数 K は，式 8.10 によって $\Delta G°$ と関係し，式 8.11 によって $E°_{cell}$ と関係している．

$$\Delta G° = -RT \ln K \tag{8.10}$$

$$\ln K = \frac{zFE°_{cell}}{RT} \tag{8.11}$$

ここで $R = 8.314\ J\ K^{-1}\ mol^{-1}$

熱力学的に有利な電池反応においては以下の条件が満たされる．

- $E°_{cell}$ は正
- $\Delta G°$ は負
- $K > 1$

$z = 1$ のとき，$E°_{cell} = 0.6$ V という値は，298 K で $\Delta G° \approx -60\ kJ\ mol^{-1}$ および $K \approx 10^{10}$ に相当する．すなわち，この値は熱力学的に有利な電池反応を示しており，反応が完結する方向へ進む．

例題 8.1　ダニエル電池

ダニエル電池の 298 K での標準セル電位は 1.10 V である．この電位に対応する $\Delta G°$ と K の値を計算し，この電池反応の熱力学的な起こりやすさについて述べよ．

$$Zn(s) + Cu^{2+}(aq) \longrightarrow Zn^{2+}(aq) + Cu(s)$$

($F = 96\ 485\ C\ mol^{-1}$; $R = 8.314 \times 10^{-3}\ kJ\ K^{-1}\ mol^{-1}$)

解答　必要な式は，

$$\Delta G° = -zFE°_{cell}$$

であり，

$$Zn(s) + Cu^{2+}(aq) \longrightarrow Zn^{2+}(aq) + Cu(s)$$

において，z は 2 である．よって，

$$\begin{aligned}
\Delta G° &= -zFE°_{cell} \\
&= -2 \times 96\ 485 \times 1.10 \\
&= -212\ 267\ J\ mol^{-1} \\
&\approx -212\ kJ\ mol^{-1}
\end{aligned}$$

$$\ln K = -\frac{\Delta G°}{RT} = -\frac{-212}{8.314 \times 10^{-3} \times 298}$$

$$\ln K = 85.6$$

$$K = 1.50 \times 10^{37}$$

上記の $\Delta G°$ の負の大きな値ならびに，1 より大きい K の値は，熱力学的に有利であることに対応し，実際に反応が完結する方向に進む．

練 習 問 題

1. ダニエル電池においては，$\log K = 37.2$ である．この電池の $\Delta G°$ を計算せよ．　　　〔答　$-212\ kJ\ mol^{-1}$〕
2. ダニエル電池の $\Delta G°$ は $-212\ kJ\ mol^{-1}$ である．$E°_{cell}$ を計算せよ．　　　〔答　1.10 V〕
3. 298 K においてダニエル電池の $E°_{cell}$ は 1.10 V である．濃度比 $[Cu^{2+}]/[Zn^{2+}]$ を求めよ．　　　〔答　6.90×10^{-38}〕

$E°_{cell}$ は<u>実験的に</u>求めることができる．しかし，実験室では通常 1 mol dm^{-3} より低い濃度の溶液を取扱うので，標準セル電位でない値，E_{cell} を測定するのが普通である．この E_{cell} 値は溶液濃度（厳密には，活量）に依存し，$E°_{cell}$ と E_{cell} は**ネルンスト式**（Nernst equation）によって関係づけられる（**式 8.21** 参照）[*2]．

$E°_{cell}$（およびそれに対応する $\Delta G°$ 値）を，半電池の**標準**

[*1] 標準状態の圧力は 1 気圧（101 300 Pa）としてデータが表にまとめられていることもあるが，$E°$ 値の精度への影響はほとんどない．
[*2] ガルバニ電池とネルンスト式については，つぎを参照せよ．C. E. Housecroft and E. C. Constable (2006) *Chemistry*, 3rd edn, Prentice Hall, Harlow, 第 18 章．詳しくは P. Atkins and J. de Paula (2006) *Atkins' Physical Chemistry*, 8th edn, Oxford University Press, Oxford, 第 7 章．

還元電位（standard reduction potential，標準電極電位ともよばれる）を用いて計算することもできる．この方法は酸化還元反応の熱力学的な起こりやすさを見積る標準的な方法である．

標準還元電位 $E°$ の定義と利用

標準還元電位 $E°$ は単一の電極に対する値である．たとえば，半電池反応 8.6 に対する $E°_{Cu^{2+}/Cu}$ の値は $+0.34$ V である．しかし，個々の電極の電位を測定することは不可能であり，一般的な方法は，このようなすべての電位を**標準水素電極**（standard hydrogen electrode）に対して表すことである．この標準水素電極は 1 bar の水素ガス H_2 と平衡状態にある濃度 1 mol dm^{-3}（厳密には単位活量）の H^+ の溶液に白金線を浸漬した系（式 8.12）である．この電極はすべての温度において標準還元電位 $E° = 0$ V をもつと規定される．

$$2H^+(aq, 1\, mol\, dm^{-3}) + 2e^- \rightleftharpoons H_2(g,\, 1\, bar) \quad (8.12)$$

この半電池の定義によって，もう一つの半電池と組合わせて $E°_{cell}$ を測り，その結果，第二の半電池の $E°$ を求めることができる．この半電池について（慣習による）正しい符号を得るには，式 8.13 を適用しなければならない．

$$E°_{cell} = [E°_{還元過程}] - [E°_{酸化過程}] \quad (8.13)$$

たとえば，金属亜鉛（Zn）を希酸中に入れると H_2 が発生する．したがって，ガルバニ電池中で標準水素電極を Zn^{2+}/Zn 電極と組合わせると，反応 8.14 が自発的に起こる．

$$Zn(s) + 2H^+(aq) \longrightarrow Zn^{2+}(aq) + H_2(g) \quad (8.14)$$

酸化過程は Zn を Zn^{2+} に変える方向であり，還元過程は H^+ が H_2 に変換される反応である．この電池の $E°_{cell}$ の測定値は 0.76 V であり，$E°_{Zn^{2+}/Zn} = -0.76$ V（式 8.15）となる．自発的に起こる反応では E_{cell} は常に正の値なので，上記の場合 E_{cell} には"負の"符号がないことに注意しよう．

$$E°_{cell} = E°_{2H^+/H_2} - E°_{Zn^{2+}/Zn}$$
$$0.76 = 0 - E°_{Zn^{2+}/Zn}$$
$$E°_{Zn^{2+}/Zn} = -0.76\, V \quad (8.15)$$

標準還元電位の例を表 8・1（および**付録 11**）に示す．これらの値のほとんどは直接電位差測定で得られたものであるが，いくつかは熱量測定で得られたものもある．後者の手法は，溶媒が分解するために水溶液中での測定が不可能な場合（例 F_2/F^-）や電極反応が不可逆的（例 O_2, $4H^+$/$2H_2O$）で平衡に達するまで時間が非常にかかる場合に用いられる．表 8・1 では最も正の $E°$ 値をもつ半電池を一番下においている．表 8・1 中で最も強い<u>酸化剤</u>は F_2 である．すなわち F_2 は容易に還元されて F^- になる．逆に，表の一番上にある Li は最も強力な<u>還元剤</u>である．つまり，Li は容易に酸化されて Li^+ になる．

O_2, $4H^+$/$2H_2O$ 電極反応の計算値 $E° = +1.23$ V は，pH 0 でこの電位差を印加することによって水の電気分解が起こりうることを意味する．しかしながら，白金電極を用いても O_2 はまったく発生しない．O_2 が発生する最小の電位は約 1.8 V である．必要な過剰な電位（約 0.6 V）は白金上での O_2 の**過電圧**（overpotential）である．Pt 電極上での H_2 の電解生成に関しては，過電圧がない．他の金属電極では過電圧が必要であり，Hg については約 0.8 V である．一般的に過電圧は発生する気体，電極材料および電流密度に依存する．その過電圧は，電極上で電子移動をする化学種が電解槽で発生する化学種へ変換される活性化エネルギーとして考えられ，その一例を**例題 17.3** に取上げた．いくつかの金属は，H_2 の過電圧が大きいので水や酸から水素を発生しない．

例題 8.2 $E°_{cell}$ の計算への標準還元電位の利用

つぎの 2 種の半反応は電気化学セルを形成するために組合わされる 2 種の半電池に対応する

$$[MnO_4]^-(aq) + 8H^+(aq) + 5e^- \rightleftharpoons Mn^{2+}(aq) + 4H_2O(l)$$
$$Fe^{3+}(aq) + e^- \rightleftharpoons Fe^{2+}(aq)$$

(a) 自発的に起こる電気化学反応とは何か．
(b) $E°_{cell}$ を計算せよ．

解答 (a) 最初に，半反応についての $E°$ 値を確認しよう．

$$Fe^{3+}(aq) + e^- \rightleftharpoons Fe^{2+}(aq) \qquad E° = +0.77\, V$$

$$[MnO_4]^-(aq) + 8H^+(aq) + 5e^- \rightleftharpoons Mn^{2+}(aq) + 4H_2O(l)$$
$$E° = +1.51\, V$$

これらの値の大小関係は，標準状態での水溶液中では $[MnO_4]^-$ の方が Fe^{3+} より強力な酸化剤であることを示す．したがって，自発的に起こる反応は下式で与えられる．

$$[MnO_4]^-(aq) + 8H^+(aq) + 5Fe^{2+}(aq)$$
$$\longrightarrow Mn^{2+}(aq) + 4H_2O(l) + 5Fe^{3+}(aq)$$

(b) 起電力は二つの半電池の標準還元電位の差である．

$$E°_{cell} = [E°_{還元過程}] - [E°_{酸化過程}]$$
$$= (+1.51) - (+0.77)$$
$$= 0.74\, V$$

練習問題

下記の問題については，付録 11 のデータを参照せよ．
1. つぎの二つの半電池を組合わせる場合

$$Zn^{2+}(aq) + 2e^- \rightleftharpoons Zn(s)$$
$$Ag^+(aq) + e^- \rightleftharpoons Ag(s)$$

$E°_{cell}$ を計算せよ．そして自発的な反応が Ag^+ の還元か Ag の酸化かについて説明せよ． ［答 1.56 V］

表 8・1 標準還元電位（298 K）の例．これ以外のデータも含めて付録 11 に記載する．ここで水溶液中の物質濃度はすべて 1 mol dm^{-3} であり，気体成分の圧力は 1 bar（10^5 Pa）である．半電池が［OH$^-$］を含む場合には，$E°$ は［OH$^-$］= 1 mol dm^{-3} であることに留意せよ．その際は $E°_{[OH^-]=1}$ という表記を用いなければならない（Box 8・1 参照）．

還元の半反応式	$E°$ または $E°_{[OH^-]=1}$/V
Li$^+$(aq) + e$^-$ ⇌ Li(s)	−3.04
K$^+$(aq) + e$^-$ ⇌ K(s)	−2.93
Ca^{2+}(aq) + 2e$^-$ ⇌ Ca(s)	−2.87
Na$^+$(aq) + e$^-$ ⇌ Na(s)	−2.71
Mg^{2+}(aq) + 2e$^-$ ⇌ Mg(s)	−2.37
Al^{3+}(aq) + 3e$^-$ ⇌ Al(s)	−1.66
Mn^{2+}(aq) + 2e$^-$ ⇌ Mn(s)	−1.19
Zn^{2+}(aq) + 2e$^-$ ⇌ Zn(s)	−0.76
Fe^{2+}(aq) + 2e$^-$ ⇌ Fe(s)	−0.44
Cr^{3+}(aq) + e$^-$ ⇌ Cr^{2+}(aq)	−0.41
Fe^{3+}(aq) + 3e$^-$ ⇌ Fe(s)	−0.04
2H$^+$(aq, 1 mol dm^{-3}) + 2e$^-$ ⇌ H$_2$(g, 1 bar)	0
Cu^{2+}(aq) + e$^-$ ⇌ Cu$^+$(aq)	+0.15
AgCl(s) + e$^-$ ⇌ Ag(s) + Cl$^-$(aq)	+0.22
Cu^{2+}(aq) + 2e$^-$ ⇌ Cu(s)	+0.34
[Fe(CN)$_6$]$^{3-}$(aq) + e$^-$ ⇌ [Fe(CN)$_6$]$^{4-}$(aq)	+0.36
O$_2$(g) + 2H$_2$O(l) + 4e$^-$ ⇌ 4[OH]$^-$(aq)	+0.40
I$_2$(aq) + 2e$^-$ ⇌ 2I$^-$(aq)	+0.54
Fe^{3+}(aq) + e$^-$ ⇌ Fe^{2+}(aq)	+0.77
Ag$^+$(aq) + e$^-$ ⇌ Ag(s)	+0.80
[Fe(bpy)$_3$]$^{3+}$(aq) + e$^-$ ⇌ [Fe(bpy)$_3$]$^{2+}$(aq) †	+1.03
Br$_2$(aq) + 2e$^-$ ⇌ 2Br$^-$(aq)	+1.09
[Fe(phen)$_3$]$^{3+}$(aq) + e$^-$ ⇌ [Fe(phen)$_3$]$^{2+}$(aq) †	+1.12
O$_2$(g) + 4H$^+$(aq) + 4e$^-$ ⇌ 2H$_2$O(l)	+1.23
[Cr$_2$O$_7$]$^{2-}$(aq) + 14H$^+$(aq) + 6e$^-$ ⇌ 2Cr^{3+}(aq) + 7H$_2$O(l)	+1.33
Cl$_2$(aq) + 2e$^-$ ⇌ 2Cl$^-$(aq)	+1.36
[MnO$_4$]$^-$(aq) + 8H$^+$(aq) + 5e$^-$ ⇌ Mn^{2+}(aq) + 4H$_2$O(l)	+1.51
Co^{3+}(aq) + e$^-$ ⇌ Co^{2+}(aq)	+1.92
[S$_2$O$_8$]$^{2-}$(aq) + 2e$^-$ ⇌ 2[SO$_4$]$^{2-}$(aq)	+2.01
F$_2$(aq) + 2e$^-$ ⇌ 2F$^-$(aq)	+2.87

† bpy = 2,2′-ビピリジン，phen = 1,10-フェナントロリン（**表 7・7** を参照せよ）

2. つぎの電池反応における 2 種の半電池を記し，$E°_{cell}$ を求めよ．

$$2[S_2O_3]^{2-} + I_2 \rightarrow [S_4O_6]^{2-} + 2I^-$$

［答 0.46 V］

3. つぎの 2 種の半電池を組合わせた場合，どのような自発的反応が起こるか記せ．

$$I_2(aq) + 2e^- \rightleftharpoons 2I^-(aq)$$
$$[MnO_4]^-(aq) + 8H^+(aq) + 5e^- \rightleftharpoons Mn^{2+}(aq) + 4H_2O(l)$$

全体の反応に対する $E°_{cell}$ の値を求めよ． ［答 0.97 V］

4. 全体の反応が下記のようになる 2 種の半電池の組合わせを記せ．

$$Mg(s) + 2H^+(aq) \rightarrow Mg^{2+}(aq) + H_2(g)$$

この反応の $E°_{cell}$ の値を求めよ． ［答 2.37 V］

正の $E°_{cell}$ 値は自発的な過程を示すが，このことは対応する $\Delta G°$ 値を考えると理解しやすい（式 8.9）．$\Delta G°$ には，セル電位の大きさと符号だけでなく反応中に移動する電子数も含まれる．たとえば，Fe と Cl$_2$ 水溶液の反応を調べるには，レドックス対 8.16～8.18 を考える．

$$Fe^{2+}(aq) + 2e^- \rightleftharpoons Fe(s) \quad E° = -0.44\,V \quad (8.16)$$
$$Fe^{3+}(aq) + 3e^- \rightleftharpoons Fe(s) \quad E° = -0.04\,V \quad (8.17)$$
$$Cl_2(aq) + 2e^- \rightleftharpoons 2Cl^-(aq) \quad E° = +1.36\,V \quad (8.18)$$

これらのデータは式 8.19 と式 8.20 のどちらの反応が起こりやすいかを示している．

$$Fe(s) + Cl_2(aq) \rightleftharpoons Fe^{2+}(aq) + 2Cl^-(aq)$$
$$E°_{cell} = 1.80\,V \quad (8.19)$$
$$2Fe(s) + 3Cl_2(aq) \rightleftharpoons 2Fe^{3+}(aq) + 6Cl^-(aq)$$
$$E°_{cell} = 1.40\,V \quad (8.20)$$

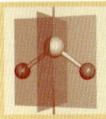

化学の基礎と論理的背景

Box 8・1　標準還元電位の表記

標準状態における電気化学セルにおいて，水溶液中の物質の濃度はいずれも 1 mol dm^{-3} である．したがって，表 8・1 に記載されているどの半電池も濃度 1 mol dm^{-3} の溶存種を含む．このことは 2 種の半電池によって表される O_2 の還元が，電池の状態に依存することを示している．

$$O_2(g) + 4H^+(aq) + 4e^- \rightleftharpoons 2H_2O(l)$$
$$E° = +1.23 \text{ V } ([H^+] = 1 \text{ mol dm}^{-3} \text{ すなわち pH} = 0 \text{ のとき})$$
$$O_2(g) + 2H_2O(l) + 4e^- \rightleftharpoons 4[OH]^-(aq)$$
$$E° = +0.40 \text{ V } ([OH^-] = 1 \text{ mol dm}^{-3} \text{ すなわち pH} = 14 \text{ のとき})$$

同様な状況は，電極電位が pH に依存する他の化学種についても起こる．そこで明確にするために，つぎの表記を用いてきた．電極電位が pH に依存する半電池においては，$E°$ は $[H^+] = 1$ mol dm^{-3} (pH = 0) とする．他の pH 値については，$[H^+]$ または $[OH^-]$ の濃度を，たとえば $E_{[H^+] = 0.1}$ または $E_{[OH^-] = 0.05}$ のように特記する．$[OH^-] = 1$ mol dm^{-3} の場合には標準状態であり，用いられる表記は $E°_{[OH^-] = 1}$ である．

両反応において $E°_{cell}$ 値が正であり，それらの比較から反応 8.19 の方が反応 8.20 より有利であることがわかる．ただし，実際に起こる本当の状況は $\Delta G°$ 値の比較によってのみ明らかになることに注意せよ！　反応 8.19 ($z = 2$) では $\Delta G° = -347$ kJ mol^{-1} であるが，反応 8.20 ($z = 6$) では $\Delta G° = -810$ kJ mol^{-1} である．Fe 1 mol 当たりの $\Delta G°$ はそれぞれ -347 と -405 kJ であり，反応 8.20 の方が反応 8.19 より熱力学的に有利である．この例は，ギブズエネルギーの変化を考えることが，単にセル電位を考えるよりもいかに重要であるかを示している．

還元電位と電池の状態の関係

上述の議論は標準還元電位（Box 8・1 を参照）を対象としている．しかしながら，実際の電池実験はめったに標準状態では行われない．したがって，電池の状態の違いが還元剤や酸化剤として働く反応剤の能力を大きく変化させる．

Zn^{2+}/Zn からなり，$[Zn^{2+}] = 0.10$ mol dm^{-3} すなわち非標準状態にある半電池 (298 K) を考えよう．ネルンスト式（式 8.21）は，存在する化学種の濃度とともにどのように還元電位が変化するかを示している．

$$E = E° - \left\{ \frac{RT}{zF} \times \left(\ln \frac{[還元体]}{[酸化体]} \right) \right\} \quad (8.21)^*$$

ネルンスト式（Nernst equation）

ここで　$R =$ 気体定数 $= 8.314$ J K^{-1} mol^{-1}
　　　　$T =$ 温　度（単位 K）
　　　　$F =$ ファラデー定数 $= 96\,485$ C mol^{-1}
　　　　$z =$ 移動電子数

ネルンスト式を Zn^{2+}/Zn 半電池（$E° = -0.76$ V）に適用すると，$[Zn^{2+}] = 0.10$ mol dm^{-3} において $E = -0.79$ V となる（式 8.22）．そのとき金属 Zn の濃度（厳密には活量）は 1 とする．E がより負の値をとるほど ΔG はより大きな正の値をとるため，Zn^{2+} 濃度が低くなるほど還元しにくくなることを示している．

$$E = E° - \left\{ \frac{RT}{zF} \times \left(\ln \frac{[Zn]}{[Zn^{2+}]} \right) \right\}$$
$$= -0.76 - \left\{ \frac{8.314 \times 298}{2 \times 96\,485} \times \left(\ln \frac{1}{0.10} \right) \right\}$$
$$= -0.79 \text{ V} \quad (8.22)$$

ここで，298 K の水溶液中の $[MnO_4]^-$ の酸化力に及ぼす pH (pH $= -\log[H^+]$) の効果を考えてみよう．半反応 8.23 が H^+ を含むことが重要な要素となる．

$$[MnO_4]^-(aq) + 8H^+(aq) + 5e^- \rightleftharpoons Mn^{2+}(aq) + 4H_2O(l)$$
$$E° = +1.51 \text{ V} \quad (8.23)$$

ネルンスト式を適用すると式 8.24 が導かれる．その際，H_2O の濃度（厳密には活量）は，慣例により 1 とする．

$$E = 1.51 - \left\{ \frac{8.314 \times 298}{5 \times 96\,485} \times \left(\ln \frac{[Mn^{2+}]}{[MnO_4^-][H^+]^8} \right) \right\} \quad (8.24)$$

式 8.24 において，$[H^+] = 1$ mol dm^{-3} で $[Mn^{2+}] = [MnO_4]^- = 1$ mol dm^{-3} のとき，$E = E°$ である．$[H^+]$ が増加すると（すなわち，溶液の pH が低下すると），E の値は正側にシフトする．この $[MnO_4]^-$ の酸化力が薄い酸中より濃い酸中の方が強くなるという事実によって，たとえば $[MnO_4]^-$ は中性溶液では Cl^- を酸化しないが，濃 HCl から Cl_2 を発生することを説明できる．

---

* ネルンスト式はつぎのようにも書くことができる.
$$E = E° - \left\{ \frac{RT}{zF} \times \ln Q \right\}$$
ここで Q（式 8.21 中の商）は，**反応商**（reaction quotient）である.

実験テクニック

Box 8・2　サイクリックボルタンメトリー

非常に多くの無機化学種が電気化学反応を起こしうる．たとえば，dブロック金属中心を含む配位化合物は金属や配位子に起因する酸化還元過程を示すことがよくある．電子移動過程が**可逆的**（reversible）な場合もあり，たとえば鉄(III)/(II)錯体においては金属由来の1電子酸化還元が起こり，その電位は配位子に依存する．

$$[Fe(CN)_6]^{3-} + e^- \rightleftharpoons [Fe(CN)_6]^{4-}$$
$$[Fe(en)_3]^{3+} + e^- \rightleftharpoons [Fe(en)_3]^{2+}$$

"可逆な"という言葉は電極表面での電子移動の速度が速い場合をさし，そのとき電極表面での酸化体と還元体の濃度はネルンスト式（式8.21）で表される．一方，化合物へまたは化合物からの電子移動が遅い場合や，後続の化学反応を伴う場合がある．それらは，それぞれ**電気化学的に不可逆**（electrochemically irreversible），および**化学的に不可逆**（chemically irreversible）といわれる．

多くの実験的な電気化学手法が利用できる．これらの手法には過渡的な状態下でのボルタンメトリー（例：サイクリックボルタンメトリー cyclic voltammetry，以下 CV と略す）や定常状態でのボルタンメトリー〔例：回転ディスク電極（対流ボルタンメトリー）〕，分光電気化学（例：電気化学過程を観察するために紫外可視分光法を併用）がある．ここでは，CV に焦点を当てよう．これは汎用的な手法であり，下記のような情報が得られる．

- 化学種が酸化還元活性か否か
- 化学種が可逆または不可逆な電子移動をするか否か，およびそれはどのような条件か
- 電子移動過程に何電子が含まれるか
- （完全に可逆でない系や不可逆な系についての）電子移動の速度論

CV は，生物無機系を含む広範囲の無機化合物に適用できる．ただし，必ずしも電気化学的に活性な化学種の同定に利用できるとは限らないことに注意しよう．

典型的な CV 実験には，作用電極〔白金，金，ガラス状炭素（グラッシーカーボンともいう）など〕，対極（白金など）および参照電極（AgCl/Ag 電極など，**Box 8・3** 参照）の3電極が用いられる．これらの電極を，適切な溶媒に試料（分析物）を溶かした溶液に浸漬する．測定は，水溶液でも非水溶液（アセトニトリル，ジクロロメタンなど）でも行うことがある．後者の場合は，特に参照電極に注意が必要である．通常の水溶液系の電極は一次参照電極として不適切である．分析物の濃度は一般に低く（通常 mM 以下），溶液の電気伝導度を十分に高くするために $NaClO_4$ や $[^nBu_4N][BF_4]$ などのようなレドックス不活性な支持電解質を加える必要がある．測定対象の電気化学過程は作用電極上で起こる．作用電極に電位を印加し，その電位は一定の電位を保っている参照電極に対して測られる．応答する電流（下記参照）は作用電極から対極へ流れる．

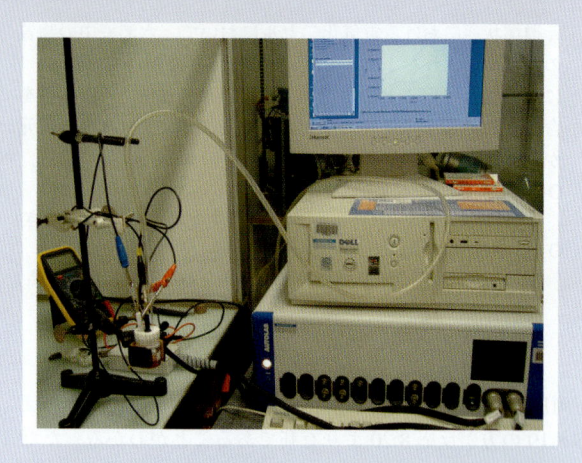

サイクリックボルタンメトリー（CV）測定の典型的な装置構成．電気化学セルは写真の左側にあり，記録した CV を表示するコンピューター制御部をもつポテンシオスタットにつながれている．〔提供：Emma L. Dunphy〕

CV 実験においては，下記のグラフに描いたような時間とともに直線的に変化する電位を作用電極に印加する．CV 実験の結果は印加電位（V）の関数として電流応答（I）をプロットした図として記録される．

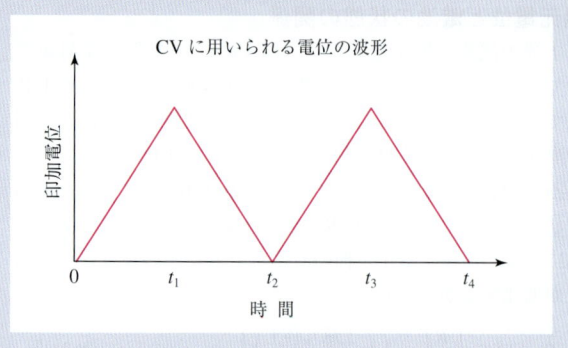

時間 $t=0$ のとき，電位は低く，電流は流れない．$t=0$ と $t=t_1$ の間で走査する電位の範囲としては，測定対象の電気化学過程（もし2種以上の電気化学過程をもつ場合は，複数の電気化学過程）が起こる電位を含むように設定する．たとえば，分析対象が M^{2+} とすると，印加電位が $E_{M^{3+}/M^{2+}}$ に近づくと，下式のように M^{2+} は酸化される．

$$M^{2+} \rightarrow M^{3+} + e^-$$

そして，電流応答が記録される．作用電極の表面上で起こる過程しか観測されない．したがって，電流は一時的に増加するが，その後，作用電極の表面近傍の M^{2+} が M^{3+} に置き換わるにつれて減少する．さらなる酸化は**拡散律速**の過程とな

る．つまり，M^{2+} が近傍の溶液から電極表面へ拡散することなしには，作用電極上での M^{2+} のさらなる酸化は起こりえない．電位掃引を逆転すると（時間 t_1 から t_2 まで），（最初の掃引で作用電極上に生じた）M^{3+} が還元されて M^{2+} になる．電流応答はピークを示した後，減衰する．完全な CV 実験では，電位掃引の往復の組合わせを電極に印加する．

下記の図では，支持電解質として $NaClO_4$ を含むアセトニトリル溶液中でのフェロセン（Cp_2Fe, §24・13節参照）の1回掃引の CV を示す．グラッシーカーボン作用電極，白金対極，および擬似参照電極としての銀線が用いられ，このサイクリックボルタモグラムの掃引速度は $200\ mV\ s^{-1}$ である．

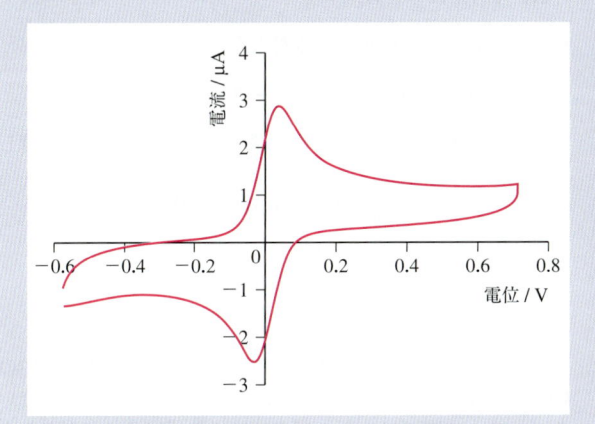

電気化学過程はつぎのように起こる．

$$[Cp_2Fe]^+ + e^- \rightleftharpoons Cp_2Fe$$

これはつぎのようにも書くことができる（Fc はフェロセンを意味する）．

$$Fc^+ + e^- \rightleftharpoons Fc$$

この酸化還元過程は従来，内部，二次参照電極として用いられてきた．したがって参照として用いる際は $E°$ は 0 V と定義される（標準水素電極に対しては $E°_{Fc^+/Fc} = +0.40\ V$）．上記 CV の上下に対称的な形状は，完全に可逆な酸化還元過程に典型的なものである．行きの掃引（上の CV では左から右）は酸化過程に伴う電流の最大値（I_p^{ox}）を示すのに対し，戻りの波は還元に伴う電流の最小値（I_p^{red}）を示す．それらに対応する電位を E_p^{ox} と E_p^{red}（単位 V）とする．これら電位の差 ΔE は次式で与えられる．

$$\Delta E = E_p^{ox} - E_p^{red} \approx \frac{0.059\ V}{z}$$

ここで z は化学的に可逆な電子移動反応に含まれる電子の数である．観測される電気化学過程の還元電位は次式で与えられる．

$$E = \frac{E_p^{ox} + E_p^{red}}{2}$$

E は電気化学セル中の参照電極に対しての値である．

サイクリックボルタンメトリーは，他の方法では検出しにくい化学種を調べるのに用いられる場合がある．たとえば，過渡的な Tl(II) 種 $[Tl_2]^{4+}$（§13・9参照）の観測，フラーリドアニオン $[C_{60}]^{2+}$ や $[C_{60}]^{3+}$ の可逆的な生成（§14・4参照）などである．

さらに勉強したい人のための参考文献

このテーマの勉強を始めるために

A. M. Bond in *Comprehensive Coordination Chemistry II* (2004), eds J. A. McCleverty and T. J. Meyer, Elsevier, Oxford, vol. 2, p. 197 – 'Electrochemistry: general introduction'.

サイクリックボルタンメトリーの進んだ取扱いのために

A. J. Bard and L. R. Faulkner (2000) *Electrochemical Methods: Fundamentals and Applications*, 2nd edn, Wiley, New York.

例題 8.3 還元電位の pH 依存性

つぎの反応の $E°$ が $+1.5\ V$ であるとして，pH 2.5 で $[Mn^{2+}]:[MnO_4]^- = 1:100$ のときの還元電位 E を計算せよ．

$$[MnO_4]^-(aq) + 8H^+(aq) + 5e^- \rightleftharpoons Mn^{2+}(aq) + 4H_2O(l)$$

解答 最初に，pH 2.5 の溶液中での $[H^+]$ を求める．

$$pH = -\log[H^+]$$
$$[H^+] = 10^{-pH} = 10^{-2.5} = 3.2 \times 10^{-3}\ mol\ dm^{-3}$$

つぎに，ネルンスト式を適用する．

$$E = E° - \left\{ \frac{RT}{zF} \times \left(\ln \frac{[Mn^{2+}]}{[MnO_4^-][H^+]^8} \right) \right\}$$

$$= +1.51 - \left\{ \frac{8.314 \times 298}{5 \times 96485} \times \left(\ln \frac{1}{100 \times (3.2 \times 10^{-3})^8} \right) \right\}$$

$$= +1.30\ V$$

練習問題

下の問題は上記例題に示したレドックス対に関するものである．

1. pH = 3.0 で $[Mn^{2+}]:[MnO_4]^- = 1:100$ のとき $E = +1.25\ V$ であることを示せ．

2. $[Mn^{2+}]:[MnO_4]^- = 1000:1$ のとき，$E = +1.45\ V$ を与える溶液の pH を求めよ．　　　［答　0.26］

3. $[Mn^{2+}]:[MnO_4]^- = 1:100$ のとき，pH 1.8 の溶液に対する E を求めよ．　　　［答　1.36 V］

水（[H]$^+$ = 10^{-7} mol dm^{-3}）の H$_2$ への還元，および O$_2$ の H$_2$O への還元（H$_2$O の O$_2$ への酸化の逆）の電位は，水溶液化学において特に重要である．それらは（熱力学と速度論のどちらに酸化還元反応が支配するかに左右されるが）水溶液中に存在できる化学種の性質に関する一般的指針を与えてくれる．還元過程 8.25 については，（定義によって）$E° = 0$ V である．

$$2H^+(aq, 1\,mol\,dm^{-3}) + 2e^- \rightleftharpoons H_2(g, 1\,bar) \qquad (8.25)$$

もし，H$_2$ 圧が 1 bar に保たれているとき，ネルンスト式（式 8.21）を適用して [H$^+$] を変えたときの E を計算できる．中性の水（pH 7）では $E_{[H^+]=10^{-7}} = -0.41$ V であり，pH 14 では $E_{[OH^-]=1} = -0.83$ V である．pH = 7 の水や pH = 14 の 1 M アルカリ水溶液が溶存化学種によって還元されるか否かは，2H$^+$/H$_2$ 対の還元電位に対してその化学種の還元電位が正か負かによる．溶存化学種の反応に優先して起こりうる競合過程としては H$_2$O から H$_2$ への還元があることに留意しよう．1 M アルカリ溶液中の 2H$^+$/H$_2$ 電極反応に対する -0.83 V という電位はそれ自身あまり重要ではない．この条件で水を還元できる多くの M^{z+}/M 系が，水酸化物か水和酸化物の被膜を生成するため，水の還元は妨げられる．強力な還元力をもたない他の系でも，錯形成によって還元電位が変化するので還元をひき起こすことがある．その一例は，アルカリ溶液中での [Zn(OH)$_4$]$^{2-}$ の生成（式 8.26）である．Zn^{2+}/Zn 半電池の $E° = -0.76$ V という値（表 8・1）は，水和 Zn^{2+} だけに適用される．Zn^{2+} が安定なヒドロキソ錯体 [Zn(OH)$_4$]$^{2-}$ の形のときは $E°_{[OH^-]=1} = -1.20$ V（式 8.27）になる．

$$Zn^{2+}(aq) + 4[OH]^-(aq) \longrightarrow [Zn(OH)_4]^{2-}(aq) \qquad (8.26)$$

$$[Zn(OH)_4]^{2-}(aq) + 2e^- \rightleftharpoons Zn(s) + 4[OH]^-(aq)$$
$$E°_{[OH^-]=1} = -1.20\,V \qquad (8.27)$$

つぎに，電気化学セル中に存在する化学種による O$_2$ から H$_2$O への還元，あるいは H$_2$O から O$_2$ への酸化を考えよう．式 8.28 が該当する半反応である．

$$O_2(g) + 4H^+(aq) + 4e^- \rightleftharpoons 2H_2O(l) \quad E° = +1.23\,V \qquad (8.28)$$

298 K で 1 bar の O$_2$ についてネルンスト式を適用すると，半電池の電位は中性水中で $+0.82$ V になり，1 M のアルカリ水溶液中で $+0.40$ V になる．したがって，熱力学的な観点からは，O$_2$ は水の存在下，pH 0（[H$^+$] = 1 mol dm^{-3}）では $+1.23$ V，pH 7 では $+0.82$ V，pH 14 では $+0.40$ V より負な還元電位をもつどんな系も酸化することになる．逆に，pH 0 で $+1.23$ V より正の半電池電位をもつどんな系も，水を O$_2$ などに酸化することになる．

上記のような過程を考えるとき，注意すべき点を強調し過ぎることはない．いま考察した還元過程の半電池の電位が実験条件に強く依存したように，他の電極の還元電位も大きく変動する．標準状態にしか適応していない $E°$ 値の表を用いるときには，このことに留意しておくことが必要である．

例題 8.4 無酸素雰囲気下，酸性水溶液中における Cr^{2+} の酸化

なぜ，Cr^{2+} の酸性水溶液（標準状態を仮定）が H$_2$ を発生するのか，その理由を説明せよ．溶液の pH を上げるとどのような影響があるか．

解答 最初に，この問題に関連した半反応を書き表そう．

$$Cr^{3+}(aq) + e^- \rightleftharpoons Cr^{2+}(aq) \qquad E° = -0.41\,V$$
$$2H^+(aq) + 2e^- \rightleftharpoons H_2(g) \qquad E° = 0\,V$$

つぎの酸化還元反応が起こるだろう．

$$2Cr^{2+}(aq) + 2H^+(aq) \longrightarrow 2Cr^{3+}(aq) + H_2(g)$$

その熱力学的な起こりやすさを調べるために，$\Delta G°$ を計算しよう．

$$E°_{cell} = 0 - (-0.41) = 0.41\,V$$

298 K では，
$$\begin{aligned}\Delta G° &= -zFE°_{cell}\\&= -(2 \times 96485 \times 0.41)\\&= -79.1 \times 10^3\,J\,mol^{-1} = -79.1\,kJ\,mol^{-1}\end{aligned}$$

したがって，この反応は熱力学的に有利であり，水溶液中の Cr^{2+} は 1 M 酸性水溶液中では安定ではないことを示している．[注意：実際には，この反応は速度論的因子に左右されるため，きわめて遅い]

溶液の pH を上げると H$^+$ 濃度が下がる．仮に，[Cr^{3+}]：[Cr^{2+}] 比を 1 に等しいままとして pH 3.0 の場合を考えよう．すると 2H$^+$/H$_2$ 電極は，新しい還元電位をもつ．

$$\begin{aligned}E &= E° - \left\{\frac{RT}{zF} \times \left(\ln\frac{1}{[H^+]^2}\right)\right\}\\&= 0 - \left\{\frac{8.314 \times 298}{2 \times 96485} \times \left(\ln\frac{1}{(1 \times 10^{-3})^2}\right)\right\}\\&= -0.18\,V\end{aligned}$$

ここで，Cr^{3+}/Cr^{2+} は標準状態下のままだと仮定し，つぎの半電池の組合わせを考えなければならない．

$$Cr^{3+}(aq) + e^- \rightleftharpoons Cr^{2+}(aq) \qquad E° = -0.41\,V$$
$$2H^+(aq) + 2e^- \rightleftharpoons H_2(g) \qquad E = -0.18\,V$$
$$E_{cell} = (-0.18) - (-0.41) = 0.23\,V$$

298 K では，
$$\begin{aligned}\Delta G &= -zFE_{cell}\\&= -(2 \times 96485 \times 0.23)\\&= -44.4 \times 10^3\,J\,mol^{-1} = -44.4\,kJ\,mol^{-1}\end{aligned}$$

したがって，この反応の ΔG 値はまだ負のままであるが，pH の増加は Cr^{2+} の酸化を熱力学的に不利にしている．

[注意：pH は別の重要な役割も果たす．pH が 0 よりわずかに大きいだけでも，（特に Cr^{3+} の）水酸化物の沈殿が生じる]

練習問題

1. pH 2.0 で H^+ を H_2 に還元するときの E を計算せよ．なぜこの値は $E°$ と違うのか説明せよ．

2. 半電池：$O_2 + 4H^+ + 4e^- \rightleftharpoons 2H_2O$ について，$E° = +1.23$ V である．298 K で $P(O_2) = 1$ bar のとき，E が pH にどのように依存するか導け．その結果，pH 14 では $E = +0.40$ V であることを示せ．

3. 下記の反応の ΔG (298 K) を算出せよ．

$$2Cr^{2+}(aq) + 2H^+(aq) \rightleftharpoons 2Cr^{3+}(aq) + H_2(g)$$

ただし，pH 2.5 で，$[Cr^{2+}] = [Cr^{3+}] = 1$ mol dm^{-3} とする．($E°_{Cr^{3+}/Cr^{2+}} = -0.41$ V)

[答 -50.2 kJ mol^{-1}]

8・3 M^{z+}/M 還元電位への錯形成や沈殿生成の影響

前節では，$[OH]^-$ 存在下では，Zn^{2+} から Zn への還元電位が，水和 Zn^{2+} イオンの還元電位とは大きく異なることを示した．本節では，この議論を拡張し，金属イオンが沈殿や配位錯体の生成によっていかに還元に対して安定になれるかを議論する．

ハロゲン化銀を含む半電池

標準状態において，Ag^+ は Ag に還元される（式 8.29）が，もし Ag^+ の濃度が低下すると，ネルンスト式を適用することによって還元電位が負にシフトする（すなわち，ΔG が正になる）ことがわかる．その結果，Ag^+ から Ag への還元は起こりにくくなる．言い換えれば，Ag^+ は還元に対して安定化する（章末の**問題 8.10** を参照）．

$$Ag^+(aq) + e^- \rightleftharpoons Ag(s) \quad E° = +0.80 \text{ V} \quad (8.29)$$
$$\Delta G° = -77.2 \text{ kJ (Ag 1 mol 当たり)}$$

実際に，水溶液を希釈して Ag^+ の濃度を低くできるが，安定な錯体の生成や難溶性の塩の沈殿によって Ag^+ を溶液から排除しても Ag^+ 濃度を下げられる（§7・9 参照）．$K_{sp} = 1.77 \times 10^{-10}$ の AgCl の生成（式 8.30）を考えよう．$\Delta G°$ は式 8.10 を用いて導出できる．

$$AgCl(s) \rightleftharpoons Ag^+(aq) + Cl^-(aq) \quad (8.30)$$
$$\Delta G° = +55.6 \text{ kJ (AgCl 1 mol 当たり)}$$

Ag(I) が固体 AgCl の形で存在するとき，その還元は反応 8.31 に従って起こり，平衡 8.29 と 8.31 の間の関係に基づいて差をとることによって，反応 8.31 の $\Delta G°$ が得られる．その結果，この半電池の $E° = +0.22$ V という値が導出される（Box 8・3 参照）．

$$AgCl(s) + e^- \rightleftharpoons Ag(s) + Cl^-(aq) \quad (8.31)$$
$$\Delta G° = -21.6 \text{ kJ (AgCl 1 mol 当たり)}$$

半反応 8.29 と 8.31 の $E°$ 値の差から，水和 Ag^+ として存在するよりも固体 AgCl の形で存在した方が Ag(I) の還元が容易であることがわかる．

ヨウ化銀 ($K_{sp} = 8.51 \times 10^{-17}$) は AgCl よりさらに水に難溶性であり，固体 AgI の形での Ag(I) の還元は AgCl の還元（章末の**問題 8.11** を参照）より熱力学的に不利である．しかしながら，AgCl が KCl 水溶液に溶けるより，AgI が KI 水溶液に溶ける方がずっと容易である．KI 溶液中で存在する化学種は錯体 $[AgI_3]^{2-}$ で，その全安定度定数（**§7・12** を参照）$\approx 10^{14}$ である（式 8.32）．上述と同様な過程に従って，この値を用いて還元過程 8.33 に対応する半電池が $E° = -0.03$ V をもつことを決定できる．

$$Ag^+(aq) + 3I^-(aq) \rightleftharpoons [AgI_3]^{2-}(aq) \quad \beta_3 \approx 10^{14} \quad (8.32)$$
$$[AgI_3]^{2-}(aq) + e^- \rightleftharpoons Ag(s) + 3I^-(aq)$$
$$E° = -0.03 \text{ V} \quad (8.33)$$

ここでも Ag(I) は還元に関して安定化されているが，ここではその程度が大きい．$E°$ 値から $[AgI_3]^{2-}$ と I^-（両方とも 1 mol dm^{-3}）の存在下の Ag は（標準状態下の）H^+ 存在下での H_2 と同程度の強い還元剤であることがわかる．

金属の異なる酸化状態の相対的安定性の制御

溶存種や共存する沈殿物を変えることによって Ag の還元力を"制御"できるように，ある金属の 2 種の酸化状態の相対的安定性を変えることができる．それには，両酸化状態のイオンについての沈殿生成や錯形成による濃度減少を用いる．一例として，Mn^{3+}/Mn^{2+} 対を考えよう．水溶液中では式 8.34 が適切である．

$$Mn^{3+}(aq) + e^- \rightleftharpoons Mn^{2+}(aq) \quad E° = +1.54 \text{ V} \quad (8.34)$$

アルカリ溶液では，両金属イオンが沈殿するが，$Mn(OH)_3$ と $Mn(OH)_2$ の K_{sp} 値はそれぞれ約 10^{-36} と約 2×10^{-13} なので，沈殿生成は Mn(II) よりも Mn(III) の方が完璧である．沈殿は Mn(III) の還元の半電池電位を大きく変える．$[OH^-] = 1$ mol dm^{-3} の溶液中では，式 8.35 の $E°_{[OH^-]=1}$ が示すように，Mn(III) は Mn(II) への還元に対して安定化されている．これを式 8.34 と比べてみよう．

$$Mn(OH)_3(s) + e^- \rightleftharpoons Mn(OH)_2(s) + [OH]^-(aq)$$
$$E°_{[OH^-]=1} = +0.15 \text{ V} \quad (8.35)$$

例題 8.5 Mn(II) の Mn(III) への酸化

式 8.34 と 8.35 および表 8・1 のデータを用いて，O_2 による Mn(II) の酸化は pH 0 では起こらないが，$[OH^-]$ が 1 mol dm^{-3} の溶液では起こる理由を説明せよ．

解答 最初にこの問題に関係する半反応をみつけよ．pH 0 は $[H^+] = 1$ mol dm^{-3} の標準状態に相当することに留意せよ．

実験テクニック

Box 8・3 参照電極

式8.31は塩化銀-銀電極で起こる還元反応を示し，$Cl^-(aq)|AgCl|Ag$（縦線は相境界を表す）の形で記述される．これは金属Mの線を固体塩（MX）で被覆し，その電極をX^-を含む水溶液中に浸漬することによってつくられる半電池の例である．そこでは$[X^-]$は標準状態の単位活量は約$1\,mol\,dm^{-3}$である．

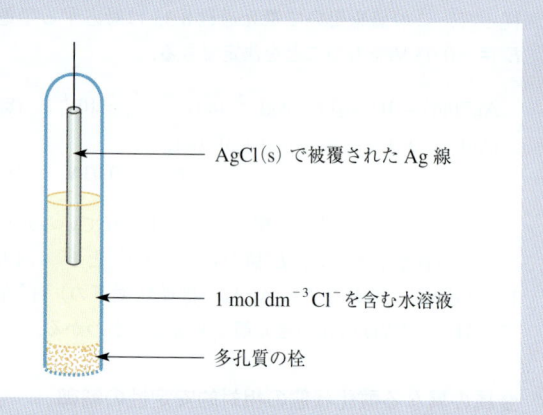

```
AgCl(s)で被覆されたAg線
1 mol dm⁻³ Cl⁻を含む水溶液
多孔質の栓
```

この電極（$E° = +0.222\,V$）は参照電極として用いられ，標準水素電極よりも実験室で取扱うのに格段に便利である．$1\,bar$のH_2のボンベを必要とする電極は日常的な実験作業には不向きである！　他の還元電位は，"塩化銀-銀電極に対して"と記述され，参照電極の標準還元電位を$0\,V$に規定した場合の相対的尺度を与える．

同様な方法でつくることができるもう一つの参照電極は，カロメル（甘こう）電極，$2Cl^-(aq)|Hg_2Cl_2|2Hg$である．この半電池反応は下記のとおりである．

$$Hg_2Cl_2(s) + 2e^- \rightleftharpoons 2Hg(l) + 2Cl^-(aq) \quad E° = +0.268\,V$$

$E°$は標準状態の値である．カロメル電極が$1\,M\,KCl$溶液を用いてつくられる場合，セル電位Eは$298\,K$で$+0.273\,V$である．**飽和カロメル電極**（Saturated Calomel Electrode, SCE）においてはHg_2Cl_2/Hg対はKClの飽和水溶液と接触しており，この半電池は$298\,K$で$E = +0.242\,V$をもつ．"$SCE = 0\,V$に対して"測定される還元電位は，この参照電極を$0\,V$に規定した相対尺度である．電位の値は$0.242\,V$を足すことによって標準水素電極に対する値になるよう変換できる．たとえば，SCEに対して$E°_{Ag^+/Ag} = +0.558\,V$は，標準水素電極に対して$E°_{Ag^+/Ag} = +0.800\,V$である．明らかに，飽和カロメル電極の構成は$Cl^-(aq)|AgCl|Ag$電極の構成ほど単純ではない．水銀は$298\,K$では液体であり，電気回路への接触は，$Hg(I)$塩化物（カロメル）で覆った液体Hgに浸したPt線を通して行われる．KCl水溶液は飽和状態を保つために，過剰のKCl結晶を加えておく．

$Mn(OH)_3(s) + e^- \rightleftharpoons Mn(OH)_2(s) + [OH]^-(aq)$
$\qquad\qquad E°_{[OH^-]=1} = +0.15\,V$

$O_2(g) + 2H_2O(l) + 4e^- \rightleftharpoons 4[OH]^-(aq)$
$\qquad\qquad E°_{[OH^-]=1} = +0.40\,V$

$O_2(g) + 4H^+(aq) + 4e^- \rightleftharpoons 2H_2O(l) \quad E° = +1.23\,V$

$Mn^{3+}(aq) + e^- \rightleftharpoons Mn^{2+}(aq) \quad E° = +1.54\,V$

この還元電位の表（最も正の値のものを最下位に配置）から，$Mn^{3+}(aq)$が掲載された化学種のなかで最も強力な酸化剤であることがわかる．したがって酸性条件下（pH 0）で，O_2は$Mn^{2+}(aq)$を酸化できない．

$[OH^-] = 1\,mol\,dm^{-3}$のアルカリ溶液中では，O_2は$Mn(OH)_2$を酸化できる．

$O_2(g) + 2H_2O(l) + 4Mn(OH)_2(s) \rightleftharpoons 4Mn(OH)_3(s)$
$E°_{cell} = 0.40 - 0.15$
$\qquad = 0.25\,V$
$\Delta G° = -zFE°_{cell}$
$\qquad = -(4 \times 96485 \times 0.25)$
$\qquad = -96485\,J\,mol^{-1}$
$\qquad \approx -96\,kJ\,mol^{-1}$
または

$\Delta G° \approx -24\,kJ$（$Mn(OH)_2$ $1\,mol$当たり）

大きく負である$\Delta G°$値は，$Mn(OH)_2$の酸化が熱力学的に有利であることを示す．

練習問題

1. なぜ$E°$でなく$E°_{[OH^-]=1}$の表記を上記例題の最初の二つの平衡に用いるのか，その理由を説明せよ．

[答　Box 8・1参照]

2. つぎの反応において，$[OH^-] = 1\,mol\,dm^{-3}$，$Mn(OH)_2$ $1\,mol$当たりの$\Delta G° = -24.1\,kJ$とする．この反応の$E°_{cell}$を求めよ．

$$O_2(g) + 2H_2O(l) + 4Mn(OH)_2(s) \rightleftharpoons 4Mn(OH)_3(s)$$

[答　0.25 V]

3. つぎの反応のMn^{3+} $1\,mol$当たりの$\Delta G°$（$298\,K$）を算出せよ．

$$4Mn^{3+}(aq) + 2H_2O(l) \rightarrow 4Mn^{2+}(aq) + O_2(g) + 4H^+(aq)$$

[答　$-30\,kJ\,mol^{-1}$]

応用と実用化

Box 8・4　海中の鉄鋼構造物：犠牲陽極とカソード防食

第 6 章で，鉄鋼の構造的および製造的観点，ならびに亜鉛めっき鋼板に Zn 保護コーティングが施されている事実を記述した．亜鉛めっき鋼板の用途には船体，海水中のパイプライン，石油掘削装置など，海水と接触するものを含む．H_2O, O_2 と電解質（たとえば，海水）の存在下で，鉄鋼は腐食する．被覆した鉄鋼は常に傷つく可能性があり，この表面の欠陥はその下にある鉄がさびることにつながる．しかし，Zn コーティングは**犠牲陽極**（sacrificial anode）として働く．実際の腐食の過程は単純ではないが，つぎのようにまとめられる．

$Zn^{2+}(aq) + 2e^- \rightleftharpoons Zn(s)$　　　$E° = -0.76\,V$
$Fe^{2+}(aq) + 2e^- \rightleftharpoons Fe(s)$　　　$E° = -0.44\,V$
$O_2(g) + 2H_2O(l) + 4e^- \rightleftharpoons 4[OH]^-(aq)$
　　　　　　　　　　　$E_{[OH^-]=10^{-7}} = +0.80\,V$

Zn が存在しない場合には，Fe は酸化され $Fe(OH)_2$ の形で沈殿する．もし O_2 が十分存在すれば，さらなる酸化が起こり，よく目につく赤褐色（さび色）の $Fe_2O_3 \cdot H_2O$ が生成する（§22・9 を参照）．Zn コーティングした鉄鋼では，Zn 表面の傷の領域では Zn の酸化と Fe の酸化が競争的な過程になる．可能な酸化還元過程の $\Delta G°$ を求めると，Zn の酸化の方が Fe の酸化より熱力学的に有利である．したがって鉄鋼の腐食（さび）は抑制される．さらに，Zn^{2+} は $Zn(OH)_2$ ($K_{sp} = 7 \times 10^{-17}$) として沈殿し，傷の領域のまわりに沈着し，さらに鉄鋼を防食する．

Zn コーティングの陽極酸化は鉄鋼構造をある程度保持できるが，海水に長期間接触している鉄鋼のさびから生じる問題は重大である．有用な防御策の一例はたとえば金属塊を海中のパイプラインに付着させることであり，その金属には，海水が電解質でパイプラインの Fe が陰極として働くように，陽極として機能するものが選択される．この防食方法（**カソード防食** cathodic protection として知られる）は犠牲陽極として働く Zn コーティングとは若干異なる．金属塊としてはよく，Mg か Zn が用いられ，陽極酸化が起こるとともに腐食していく．金属塊を定期的に新しいものに変えれば，鉄は決して陽極としては働かない（そして腐食しない）．

海中に半分沈められる掘削装置　[©David Newham / Alamy]

---

4. 上記例題のデータを用いて，水溶液中における Mn(II) の安定性の pH 依存性について簡潔に説明せよ．

---

d ブロック金属のほとんどは，酸性溶液よりむしろアルカリ溶液中では高酸化状態ほど（還元に対して）安定である点で Mn に類似している．これは，高酸化状態にある金属の水酸化物の方が低酸化状態にある金属の水酸化物より格段に溶解度が低いという事実に基づいている．

同様な概念は，異なる酸化状態の金属イオンが同じ配位子をもつ錯体をつくる場合にもあてはまる．一般に，高酸化状態にある金属イオンの方が低酸化状態にある金属イオンよりも大きく安定化される．式 8.36 と式 8.37 は Co(III) のヘキサアクアおよびヘキサアンミン錯体の還元を示す．$M^{z+}(aq)$ は $[M(OH_2)_n]^{z+}(aq)$ を表すことを思い出そう（§7・12 参照）．

$Co^{3+}(aq) + e^- \rightleftharpoons Co^{2+}(aq)$　　　$E° = +1.92\,V$　　(8.36)
$[Co(NH_3)_6]^{3+}(aq) + e^- \rightleftharpoons [Co(NH_3)_6]^{2+}(aq)$
　　　　　　　　　　　　　$E° = +0.11\,V$　　(8.37)

これらのデータから下記のように，$[Co(NH_3)_6]^{3+}$ の全安定度定数（全生成定数）が $[Co(NH_3)_6]^{2+}$ の値より約 10^{30} 倍も大きいことがわかる．

$$[Co(OH_2)_6]^{3+}(aq) + 6NH_3(aq) \xrightarrow{\Delta G°_1} [Co(NH_3)_6]^{3+}(aq) + 6H_2O(l)$$
$$\Delta G°_3 \downarrow \qquad\qquad\qquad\qquad\qquad\qquad \downarrow \Delta G°_4$$
$$[Co(OH_2)_6]^{2+}(aq) + 6NH_3(aq) \xrightarrow{\Delta G°_2} [Co(NH_3)_6]^{2+}(aq) + 6H_2O(l)$$

β_6 を $[Co(NH_3)_6]^{3+}$ の全安定度定数, β_6' を $[Co(NH_3)_6]^{2+}$ の全安定度定数としよう. 熱化学サイクルは $[Co(NH_3)_6]^{2+}$, $[Co(NH_3)_6]^{3+}$, $[Co(OH_2)_6]^{2+}$, $[Co(OH_2)_6]^{3+}$ に関係するように組立てられ, ΔG_1° と ΔG_2° は錯形成に, ΔG_3° と ΔG_4° は酸化還元反応にかかわる.

式 8.36 と式 8.37 に記した還元電位から,

$$\Delta G_3^\circ = -zFE^\circ$$
$$= -(1 \times 96\,485 \times 1.92 \times 10^{-3})$$
$$= -185\,\text{kJ}\,\text{mol}^{-1}$$
$$\Delta G_4^\circ = -zFE^\circ$$
$$= -(1 \times 96\,485 \times 0.11 \times 10^{-3})$$
$$= -11\,\text{kJ}\,\text{mol}^{-1}$$

ヘスの法則より,

$$\Delta G_1^\circ + \Delta G_4^\circ = \Delta G_2^\circ + \Delta G_3^\circ$$
$$\Delta G_1^\circ - 11 = \Delta G_2^\circ - 185$$
$$\Delta G_1^\circ - \Delta G_2^\circ = -174\,\text{kJ}\,\text{mol}^{-1}$$
$$-RT\ln\beta_6 - (-RT\ln\beta_6') = -174$$
$$-\ln\beta_6 + \ln\beta_6' = -\frac{174}{RT}$$
$$-\ln\frac{\beta_6}{\beta_6'} = -\frac{174}{RT} = -\frac{174}{8.314 \times 10^{-3} \times 298}$$
$$= -70.2$$
$$\ln\frac{\beta_6}{\beta_6'} = 70.2$$
$$\frac{\beta_6}{\beta_6'} = e^{70.2} = 3.1 \times 10^{30}$$

Fe^{3+} のヘキサアクアイオンの還元とそのシアノ錯体の還元について同様な比較を行うことができ (式 8.38 と式 8.39), $[Fe(CN)_6]^{3-}$ の全安定度定数が, $[Fe(CN)_6]^{4-}$ の全安定度定数よりも約 10^7 倍大きいという結論を導出できる (章末の**問題 8.13** 参照).

$$Fe^{3+}(aq) + e^- \rightleftharpoons Fe^{2+}(aq) \quad E^\circ = +0.77\,\text{V} \quad (8.38)$$
$$[Fe(CN)_6]^{3-}(aq) + e^- \rightleftharpoons [Fe(CN)_6]^{4-}(aq)$$
$$E^\circ = +0.36\,\text{V} \quad (8.39)$$

1,10-フェナントロリン (phen), 2,2'-ビピリジン (bpy) (**表 7・7**) などの有機配位子は同じ金属がもつ 2 種の酸化状態のうちの低い方を安定化する. このことは, 表 8・1 の該当する半反応の E° 値から明らかである. この事実は phen および bpy 配位子の電子受容性が高いことに基づく[*]. bpy および phen の鉄(Ⅱ)錯体は酸化還元反応の指標として用いられている. たとえば, 強力な酸化剤による Fe^{2+} の酸化還元滴定において, すべての $Fe^{2+}(aq)$ 種は $[Fe(bpy)_3]^{2+}$ や $[Fe(phen)_3]^{2+}$ よりも先に酸化される. 酸化に伴う色変化は $[Fe(bpy)_3]^{2+}$ から $[Fe(bpy)_3]^{3+}$ については赤から薄青色であり, $[Fe(phen)_3]^{2+}$ から $[Fe(phen)_3]^{3+}$ については赤橙色から青色である.

8・4 不均化反応

不均化

酸化還元反応には**不均化** (disproportionation) を伴うものがある (§6・16 参照).

$$2Cu^+(aq) \rightleftharpoons Cu^{2+}(aq) + Cu(s) \quad (8.40)$$

(酸化 / 還元)

$$3[MnO_4]^{2-}(aq) + 4H^+(aq) \rightleftharpoons 2[MnO_4]^-(aq) + MnO_2(s) + 2H_2O(l) \quad (8.41)$$

(酸化 / 還元)

反応 8.40 は, Cu_2O とジメチル硫酸との反応から合成した Cu_2SO_4 を水に加えた際に起こり, 反応 8.41 は酸を K_2MnO_4 の溶液に加えた際に起こる. このような不均化反応の平衡定数は例題 8.6 で扱うように, 還元電位から計算することができる.

例題 8.6 銅(Ⅰ)の不均化

表 8・1 の該当するデータを用いて, つぎの平衡の 298 K における K の値を求めよ.
$$2Cu^+(aq) \rightleftharpoons Cu^{2+}(aq) + Cu(s)$$

解答 表 8・1 の 3 種のレドックス対は Cu(Ⅰ), Cu(Ⅱ) および金属 Cu を含む.

(1) $Cu^{2+}(aq) + e^- \rightleftharpoons Cu^+(aq)$ $E^\circ = +0.15\,\text{V}$
(2) $Cu^{2+}(aq) + 2e^- \rightleftharpoons Cu(s)$ $E^\circ = +0.34\,\text{V}$
(3) $Cu^+(aq) + e^- \rightleftharpoons Cu(s)$ $E^\circ = +0.52\,\text{V}$

Cu(Ⅰ) の不均化は半反応 (1) と (3) の組合わせを用いて表せる. したがって,

$$E^\circ_{\text{cell}} = 0.52 - 0.15$$
$$= 0.37\,\text{V}$$
$$\Delta G^\circ = -zFE^\circ_{\text{cell}}$$
$$= -(1 \times 96\,485 \times 0.37 \times 10^{-3})$$
$$= -35.7\,\text{kJ}\,\text{mol}^{-1}$$
$$\ln K = -\frac{\Delta G^\circ}{RT}$$
$$= \frac{35.7}{8.314 \times 10^{-3} \times 298}$$
$$K = 1.81 \times 10^6$$

---

[*] 詳細な議論については, つぎを参照せよ: M. Gerloch and E. C. Constable (1994) *Transition Metal Chemistry: The Valence Shell in d-Block Chemistry*, VCH, Weinheim, p. 176–178.

この値は，不均化が熱力学的に有利であることを示す．

練習問題

1. Cu(I) の Cu と Cu(II) への不均化において，$K(298\,\text{K}) = 1.81\times10^6$ である．この反応について Cu(I) の 1 mol 当たりの $\Delta G°$ を計算せよ． [答 $-17.8\,\text{kJ}\,\text{mol}^{-1}$]

2. 付録 11 に記載されている Cr^{2+}，Cr^{3+} および Cr 金属を含むレドックス対を考慮して，Cr^{2+} が Cr と Cr^{3+} へ不均化しないことを確認せよ．

3. 付録 11 のデータを用いて，H_2O_2 は O_2 と H_2O への不均化に関して不安定であることを示せ．この不均化について H_2O_2 の 1 mol 当たりの $\Delta G°(298\,\text{K})$ を計算せよ． [答 $-104\,\text{kJ}\,\text{mol}^{-1}$]

不均化に対して安定な化学種

水溶液中の Cu^+ のように不均化に対して不安定な化学種でも，適切な条件下におくと安定化される場合がある．たとえば，Cu^+ は CuCl ($K_{sp} = 1.72\times10^{-7}$；章末の**問題 8.15** を参照) のような難溶性塩として沈殿することによって，あるいは $[Cu(CN)_4]^{3-}$ のような錯イオンの溶液を生成することによって安定化される．$[MnO_4]^{2-}$ (式 8.41) の場合には，溶液をアルカリ性にして不均化を促進する H^+ を除去することで安定化される．

8・5 電位図

水溶液中でいくつかの異なる酸化状態をとる元素については，その溶液化学の明確な描像を得るために多くの異なる半反応を考慮しなければならない．マンガンを例にして考えよう．水溶液中の化学種は Mn(II) から Mn(VII) までの広範囲な酸化状態のマンガンを含んでいる可能性があり，実験的に標準還元電位を決定できる半反応は式 8.42 〜 8.46 で表される．

$$Mn^{2+}(aq) + 2e^- \rightleftharpoons Mn(s) \quad E° = -1.19\,\text{V} \quad (8.42)$$

$$[MnO_4]^-(aq) + e^- \rightleftharpoons [MnO_4]^{2-}(aq)$$
$$E° = +0.56\,\text{V} \quad (8.43)$$

$$MnO_2(s) + 4H^+(aq) + 2e^- \rightleftharpoons Mn^{2+}(aq) + 2H_2O(l)$$
$$E° = +1.23\,\text{V} \quad (8.44)$$

$$[MnO_4]^-(aq) + 8H^+(aq) + 5e^- \rightleftharpoons Mn^{2+}(aq) + 4H_2O(l)$$
$$E° = +1.51\,\text{V} \quad (8.45)$$

$$Mn^{3+}(aq) + e^- \rightleftharpoons Mn^{2+}(aq) \quad E° = +1.54\,\text{V} \quad (8.46)$$

これらの電位は，式 8.47 のような他の半反応の $E°$ 値を導出するのに用いることができる．還元過程によって電子数が異なることに注意しよう．したがって，まず対応する $\Delta G°$ 値を求めてから $E°$ を算出しなければならない．

$$[MnO_4]^-(aq) + 4H^+(aq) + 3e^- \rightleftharpoons MnO_2(s) + 2H_2O(l)$$
$$E° = +1.69\,\text{V} \quad (8.47)$$

練習問題

半反応 8.47 の $E°$ 値が半反応 8.44 および 8.45 の $E°$ 値から得られることを確認せよ．また，その計算の過程では，それらの反応の $\Delta G°$ 値を算出しなければならないことを確認せよ．

標準還元電位は付録 11 のように表にされることが多いが，**電位図** (potential diagam；**ラティマー図** Latimer diagram ともよばれる) や**フロスト図** (Frost–Ebsworth diagram；**§8・6** 参照) の形で表すのも有用である．

図 8・2 は，$[H^+] = 1\,\text{mol}\,\text{dm}^{-3}$ (pH 0) と $[OH^-] = 1\,\text{mol}\,\text{dm}^{-3}$ (pH 14) の条件下での Mn の電位図を表している．右から左に読むと，Mn の酸化状態が減少する方向に化学種が並んでいる．$[MnO_4]^-$ (通常，$KMnO_4$ の形) は汎用の酸化剤であり，式 8.45 または式 8.47 は酸性条件下で適切だと考えられる半反応である．電位図 (酸性溶液) は $[MnO_4]^-$ と MnO_2 の中間に Mn(IV) 種が存在することを示している．しかし $E°$ 値からは $[HMnO_4]^-/MnO_2$ 対の方が $[MnO_4]^-/[HMnO_4]^-$ 対よりも強力な酸化剤 (より負な $\Delta G°$) である．このことは $[MnO_4]^-$ を MnO_2 へ還元する際に $[HMnO_4]^-$ が蓄積されないことを示している．この pH 0 の水溶液中での $[HMnO_4]^-$ の不安定性を考察するには，電位図を用いて不均化 (式 8.48) に関して不安定なことを調べる別の方法がある．

$$3[HMnO_4]^-(aq) + H^+(aq)$$
$$\rightleftharpoons MnO_2(s) + 2[MnO_4]^-(aq) + 2H_2O(l) \quad (8.48)$$

この結論はつぎのように導かれる．図 8・2 の完全な電位図から，酸性溶液中の $[HMnO_4]^-$ の還元と酸化に関係する部分を抽出する．

$$[MnO_4]^- \xrightarrow{+0.90} [HMnO_4]^- \xrightarrow{+2.10} MnO_2$$

この図はつぎの二つの半反応に対応する．

$$[MnO_4]^-(aq) + H^+(aq) + e^- \rightleftharpoons [HMnO_4]^-(aq)$$
$$E° = +0.90\,\text{V}$$

$$[HMnO_4]^-(aq) + 3H^+(aq) + 2e^- \rightleftharpoons MnO_2(s) + 2H_2O(l)$$
$$E° = +2.10\,\text{V}$$

これら二つの半電池を組合わせると，反応 8.48 が $E°_{cell} = 1.20\,\text{V}$ および $\Delta G°(298\,\text{K}) = -231\,\text{kJ}\,\text{mol}^{-1}$ であることが導かれる．このことは反応 8.48 が自発的であることを示している．同様に pH 0 では，Mn^{3+} が MnO_2 と Mn^{2+} への不均化に関して不安定である (式 8.49，章末の**問題 8.29** を参照).

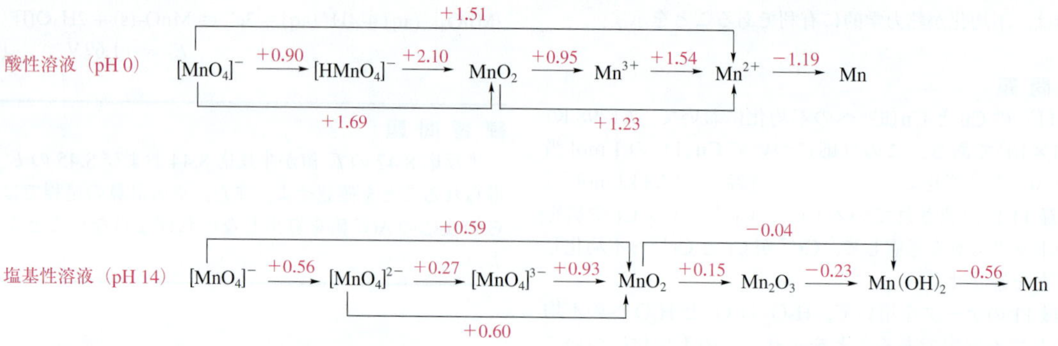

酸性溶液（pH 0）

$$[MnO_4]^- \xrightarrow{+0.90} [HMnO_4]^- \xrightarrow{+2.10} MnO_2 \xrightarrow{+0.95} Mn^{3+} \xrightarrow{+1.54} Mn^{2+} \xrightarrow{-1.19} Mn$$

上部: +1.51（[HMnO_4]^- から Mn^{2+}へ連結）
下部: +1.69（[MnO_4]^- から MnO_2）, +1.23（MnO_2 から Mn^{2+}）

塩基性溶液（pH 14）

$$[MnO_4]^- \xrightarrow{+0.56} [MnO_4]^{2-} \xrightarrow{+0.27} [MnO_4]^{3-} \xrightarrow{+0.93} MnO_2 \xrightarrow{+0.15} Mn_2O_3 \xrightarrow{-0.23} Mn(OH)_2 \xrightarrow{-0.56} Mn$$

上部: +0.59（[MnO_4]^{2-} から MnO_2）, −0.04（MnO_2 から Mn(OH)_2）
下部: +0.60（[MnO_4]^{3-} から MnO_2）

図8・2 pH 0（[H⁺] = 1 mol dm⁻³）およびpH 14（[OH⁻] = 1 mol dm⁻³）の水溶液中のマンガンの電位図（ラティマー図）．このような図においてはpHを特定することが必須であり，その理由は二つの図を比較すれば明らかである．還元電位の単位はVである．

$$2Mn^{3+}(aq) + 2H_2O(l) \rightleftharpoons Mn^{2+}(aq) + MnO_2(s) + 4H^+(aq) \quad (8.49)$$

§8・2で述べたように，半反応の還元電位の値は電気化学セルの状態に依存し，H⁺または[OH]⁻を含む半反応の還元電位はpHに依存する．また，pH依存性の程度は反応1 mol当たりに関与するH⁺または[OH]⁻の物質量（mol）に依存する．それは，図8・2の電位図が，指定されたpH値においてしか適用できないことに関連している．したがって，これらの電位図を用いる際には注意を払う必要があり，すべてのpH値に対応するためには新しい電位図が必要である．

電位図を用いてみると，対象とする酸化還元半反応に寄与する各段階の還元電位の総和によって，一段階反応における還元電位が単純に算出されない場合がある．たとえば，図8・2において，アルカリ溶液中の[MnO_4]^{2-}のMnO_2への還元において，$E° = +0.60$ Vであり，この値は，[MnO_4]^{2-}から[MnO_4]^{3-}への還元の標準還元電位と，[MnO_4]^{3-}からMnO_2への還元の標準還元電位の和ではない．それぞれの段階で移動する電子数を考慮しなければならない．これを行う確実な方法は下記に記述するように，それぞれの段階に対応する$\Delta G°$値を求めることである．

例題8.7　電位図

つぎの電位図は水溶液中での鉄の酸化還元過程の一部をまとめている．$Fe^{3+}(aq)$の金属鉄への還元の$E°$値を算出せよ．

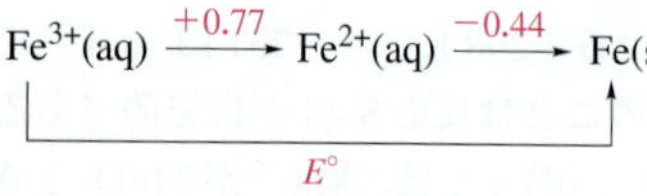

$$Fe^{3+}(aq) \xrightarrow{+0.77} Fe^{2+}(aq) \xrightarrow{-0.44} Fe(s)$$

$E°$

解答 この問題には短絡した部分が含まれているが，最も確実な方法はそれぞれの段階の$\Delta G°$ (298 K)を求めることである．

Fe^{3+}からFe^{2+}へは1電子還元である．

$$\begin{aligned}\Delta G°_1 &= -zFE° \\ &= -[1 \times 96485 \times 10^{-3} \times 0.77] \\ &= -74.3 \text{ kJ } (Fe^{3+} 1 \text{ mol 当たり})\end{aligned}$$

Fe^{2+}からFeへは2電子還元である．

$$\begin{aligned}\Delta G°_2 &= -zFE° \\ &= -[2 \times 96485 \times 10^{-3} \times (-0.44)] \\ &= +84.9 \text{ kJ } (Fe^{2+} 1 \text{ mol 当たり})\end{aligned}$$

つぎに，Fe^{3+}からFeへの還元の$\Delta G°$を求める．

$$\begin{aligned}\Delta G° &= \Delta G°_1 + \Delta G°_2 \\ &= -74.3 + 84.9 \\ &= +10.6 \text{ kJ } (Fe^{3+} 1 \text{ mol 当たり})\end{aligned}$$

Fe^{3+}からFeへは3電子還元である．この過程の標準還元電位は対応する$\Delta G°$の値から求められる．

$$\begin{aligned}E° &= -\frac{\Delta G°}{zF} \\ &= -\frac{10.6}{3 \times 96485 \times 10^{-3}} \\ &= -0.04 \text{ V}\end{aligned}$$

練習問題

1. ここで述べた方法は，計算を行うのに，おそらく"最も確実な"方法であるが，実際にはファラデー定数を数値で置換する作業をしなくて済む．なぜか．

2. 水溶液中のCr^{3+}からCr^{2+}への還元とそれに続くCrへの還元についての電位図を作成せよ．Cr^{3+}/Cr^{2+}対とCr^{2+}/Cr対の$E°$値はそれぞれ−0.41 Vと−0.91 Vである．Cr^{3+}/Cr対の$E°$値を算出せよ．　［答　−0.74 V］

3. pH 0における水溶液中のHNO_2からNOへの還元，さらにN_2Oへの還元に対する電位図を，HNO_2/NO対とNO/N_2O対の$E°$をそれぞれ+0.98および1.59 Vとして作成せよ．そしてつぎの半反応の$E°$を計算せよ．

$$2HNO_2(aq) + 4H^+(aq) + 4e^- \rightleftharpoons N_2O(g) + 3H_2O(l)$$

[答 +1.29 V]

8・6 フロスト図

フロスト図とその電位図との関係

フロスト図*(Frost-Ebsworth diagram)は,一つの元素の異なる酸化状態をもつ化学種間の酸化還元についての関係を図で要約する最も汎用的な方法である.フロスト図では,M(0) から M(N)(Nは酸化状態)を生成する反応の$-\Delta G°$値または,もっと一般的には$-\Delta G°/F$値を,Nの増加に対してプロットする.ここでは

$$\Delta G° = -zFE°$$

の関係から,$-\Delta G°/F = zE°$である.したがってフロスト図は,酸化状態に対する$zE°$のプロットと同じである.図8・3a に [H$^+$] = 1 mol dm^{-3} の水溶液中のマンガンのフロスト図を示す.この電位図は図8・2からつぎのようにして作成される.

- 標準状態にある Mn について,$\Delta G° = 0$.
- Mn(II) について,関係する化学種は Mn^{2+}(aq).Mn^{2+}/Mn 対の $E°$ は -1.19 V.Mn^{2+}(aq) から Mn(s) への還元について,

$$\Delta G° = -zFE° = -2 \times F \times (-1.19) = +2.38F$$
$$-\frac{\Delta G°}{F} = -2.38 \text{ V}$$

- Mn(III) について,関係する化学種は Mn^{3+}(aq).Mn^{3+}/Mn^{2+} 対 $E°$ は $+1.54$ V.Mn^{3+}(aq) から Mn^{2+}(aq) への還元について,

$$\Delta G° = -zFE° = -1 \times F \times 1.54 = -1.54F$$

Mn^{3+}(aq) について,Mn(0) に比べて

$$-\frac{\Delta G°}{F} = -(-1.54 + 2.38) = -0.84 \text{ V}$$

- Mn(IV) について,関係する化学種は MnO$_2$(s).MnO$_2$/Mn^{3+} 対 $E°$ は $+0.95$ V.MnO$_2$(s) から Mn^{3+}(aq) への還元について,

$$\Delta G° = -zFE° = -1 \times F \times 0.95 = -0.95F$$

MnO$_2$(s) について,Mn(0) に比較して

$$-\frac{\Delta G°}{F} = -(-0.95 - 1.54 + 2.38) = +0.11 \text{ V}$$

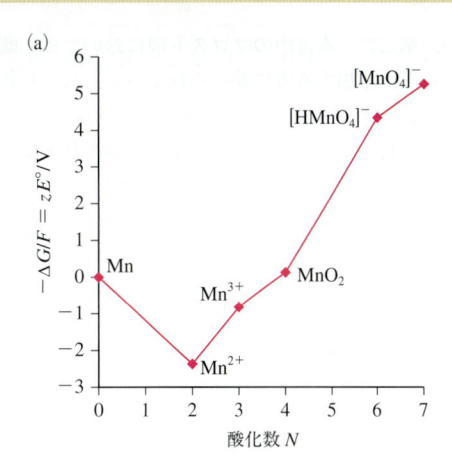

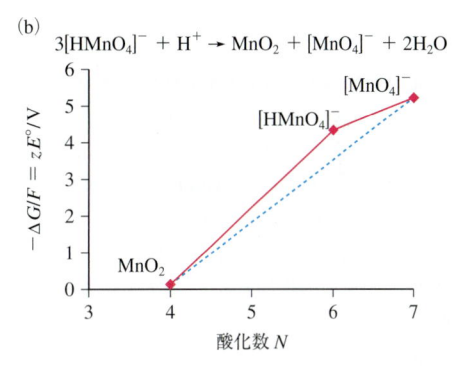

図 8・3 pH 0,すなわち [H$^+$] = 1 mol dm^{-3} の水溶液中のマンガンのフロスト図

同様にして,[HMnO$_4$]$^-$ と [MnO$_4$]$^-$ の$-\Delta G°/F$値はそれぞれ,+4.31 および +5.21 V であることが示される.

負の酸化状態が含まれる場合は,適切な$-\Delta G°/F$値をプロットすることに注意する必要がある.フロスト図のすべてのポイントは,酸化数 0 のとき$-\Delta G°/F = 0$と定義した場合の安定性を表している.したがって,たとえば,$\frac{1}{2}$Br$_2$/Br$^-$ 対における $E° = +1.09$ V から始めて,$\frac{1}{2}$Br$_2$ から Br$^-$ への還元に関して$-\Delta G°/F = +1.09$ V と計算される.フロスト図においては,Br$^- \rightarrow \frac{1}{2}Br_2$ + e$^-$ という反応過程に対応する$-\Delta G°/F$値が必要であり,したがって,$-\Delta G°/F$の妥当な値は-1.09 V である.この考え方はさらに章末の**問題 8.24** で検証する.

フロスト図の解釈

図 8・3a を詳しく眺める前に,いくつかの一般的なフロスト図の要点をみておこう.第一に,この本において図 8・3 および同様な図は **pH 0 の水溶液に限定している**.アルカリ溶液のような他の条件については,それぞれの pH 値に対して,関係する還元電位を用いて新しい図を作成しなければ

---

* A. A. Frost (1951) *J. Am. Chem. Soc.*, vol. 73, p. 2680; E. A. V. Ebsworth (1964) *Education in Chemistry*, vol. 1, p. 123.

ならない．第二に，本書中のフロスト図においては，酸化状態は左から右へ増加する方に並べられている．しかし教科書のなかには，フロスト図を逆の方向に描いているものがあり，異なる資料からの図を比較するときには注意を払う必要がある．第三に，隣接する点を結ぶのが一般的なので，フロスト図は直線を組合わせたプロットして表される．しかし，それぞれの点は化学種を表しており，隣り合う化学種だけでなく，どんな対の化学種の間の関係も考えることができる．最後に，フロスト図はいろいろな化学種の相対的な熱力学的安定性についての情報を与えるが，それらの速度論的安定性については何も言及することはできない．

それでは，図 8·3a を用いて，$[H^+] = 1\ \mathrm{mol\ dm^{-3}}$ の水溶液中の異なる含マンガン種の熱力学的安定性を調べてみよう．

- 図 8·3a 中の最低の点は，pH 0 の水溶液中での Mn の最も安定な酸化状態，すなわち Mn(Ⅱ) を表す．
- プロットを上から下へ動くことは熱力学的に有利な過程を表す．たとえば，pH 0 で，$[MnO_4]^-$ は図 8·3a 中の他のすべての化学種に対して，熱力学的に不安定である．
- 図の右上の方向に向かう化学種は酸化力をもつ．たとえば，$[MnO_4]^-$ は強い酸化剤であり，その酸化力は $[HMnO_4]^-$ より強い．
- プロット上の 2 点を結ぶ直線の傾きから，対応するレドックス対の $E°$ を求めることができる．たとえば，Mn^{2+} と Mn(0) の点を結ぶ直線はつぎの還元反応に対応する．

$$Mn^{2+}(aq) + 2e^- \rightleftharpoons Mn(s)$$

そして，この半反応の $E°$ はつぎのようにして求められる．

$$E° = \frac{直線の傾き}{移動電子数} = \frac{-2.38}{2} = -1.19\ \mathrm{V}$$

2 点間の正の傾きは，対応する還元反応の $E°$ が正であることを示し，負の傾きは還元過程の $E°$ が負であることを示す．

- "凸の"点にある状態は，不均化に対して熱力学的に不安定である．この例は $[HMnO_4]^-$ に焦点を当てた図 8·3b にみられる．$[HMnO_4]^-$ は，それより高いおよび低い酸化状態をもつ 2 種の化学種，すなわち $[MnO_4]^-$ と MnO_2 を結ぶ直線より上に位置しており，"凸の"点にある．図 8·3a においては，Mn^{3+} も "凸の" 点にあり，Mn(Ⅳ) と Mn(Ⅱ) に対して不安定である（式 8·49）．
- "凹の"点にあるどんな状態も不均化に対して安定である．すなわち，MnO_2 は不均化しない．

図 8·4a は，pH 0 の水溶液中のクロムについてのフロスト図である．この図を精査すると，これらの条件下でクロム種についてつぎの結論が導かれる．

- $E°_{[Cr_2O_7]^{2-}/Cr^{3+}}$ は正の値をもつのに対し，$E°_{Cr^{3+}/Cr^{2+}}$ と $E°_{Cr^{2+}/Cr}$ はともに負の値をもつ．
- $[Cr_2O_7]^{2-}$ は強力な酸化剤であり，それ自身は Cr^{3+} と還元される．
- Cr^{3+} は最も安定な状態である．
- 図中のどの化学種も不均化する傾向を示さない．
- Cr^{2+} は還元剤でそれ自身は酸化されて Cr^{3+} となる．

図 8·4b と図 8·4c は $[H^+] = 1\ \mathrm{mol\ dm^{-3}}$ の水溶液中のリンと窒素の電位図を示し，これらの図は例題 8.8 の題材として用いる．この本の後の章ではフロスト図より電位図（ラティマー図）を多用するが，フロスト図は電位図のデータから容易に作成できる（章末の問題 8.24 を参照）．

例題 8.8　フロスト図の利用

図 8·4b を用いて pH 0 の水溶液中のリンの異なる酸化状態の相対的な安定性について説明せよ．

解答　この図の最初の解析はつぎの結論を導く．

- 熱力学的に最も安定な状態は P(V) を含む H_3PO_4 である．
- PH_3，すなわち，P(−Ⅲ)，は熱力学的に最も不安定な化学種である．
- pH 0 の水溶液中では，P_4 は不均化して PH_3 と H_3PO_2 になると予想される（しかし，下記参照）．
- H_3PO_3 は不均化に対して安定である．

PH_3 と H_3PO_3 の点の間，および PH_3 と H_3PO_4 の点の間に直線を引くと，H_3PO_2 が，PH_3 と H_3PO_3 になる不均化および PH_3 と H_3PO_4 になる不均化に対して不安定であることがわかる．このことは，あるフロスト図にすでに表されている直線以外にもみつけることができる事実があることを示している．

練 習 問 題

図 8·4b と図 8·4c を用いて，下記の質問に答えよ．両図は同じ水溶液の状態を表している．

1. N と P とでは，どのように酸化数 +5 の状態の熱力学的安定性が変わるだろうか．

2. N_2 と P_4 の熱力学的安定性について，それぞれ他の N または P を含む化学種と比較して，何がいえるか考察せよ．

3. $E°_{N_2/[NH_3OH]^+}$ および $E°_{[NH_3OH]^+/[N_2H_5]^+}$ の値を見積り，pH 0 の水溶液中での $[NH_3OH]^+$ の熱力学的安定性について考察せよ．　　　　[答　それぞれ約 −1.8 および +1.4 V]

4. N_2O，NO，N_2，HNO_2 のうち，どれが不均化する傾向があるかを述べよ．

5. 第 15 章において，HNO_2 が次式に従って不均化すると記述している．

$$3HNO_2 \longrightarrow 2NO + HNO_3 + H_2O$$

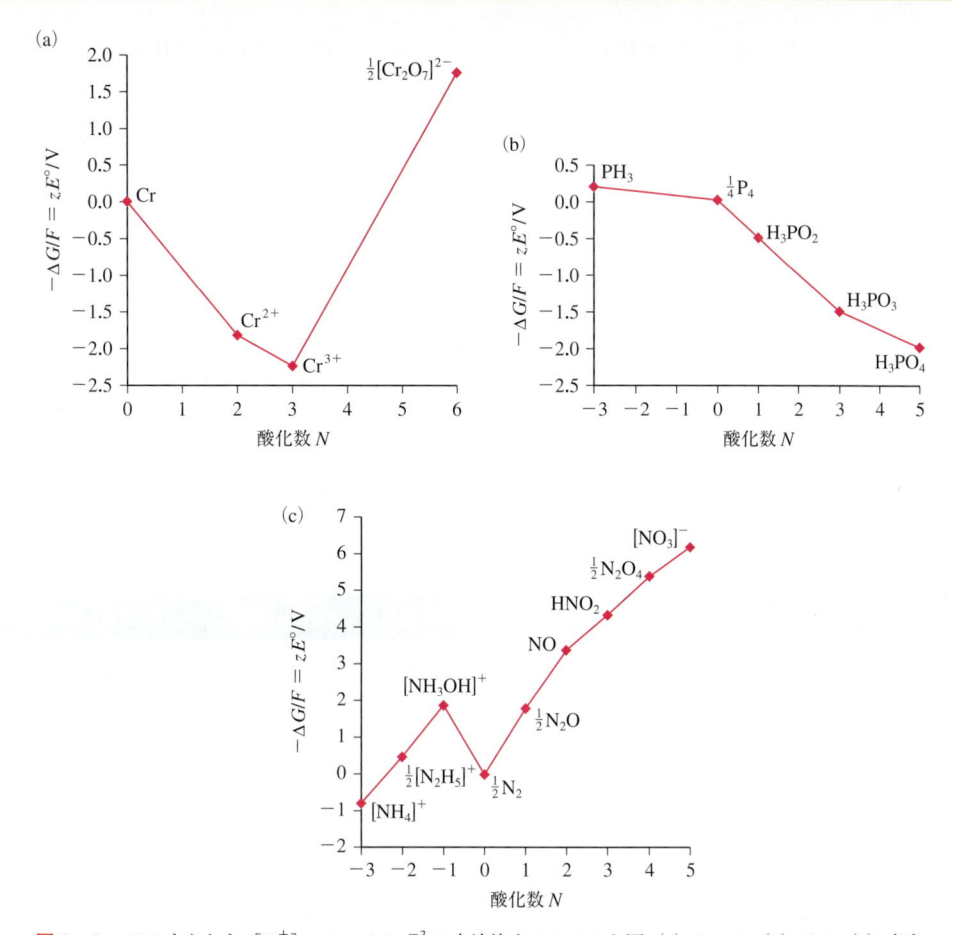

図 8・4 pH 0 すなわち [H$^+$] = 1 mol dm^{-3} の水溶液中のフロスト図. (a) クロム, (b) リン, (c) 窒素

図 8・4c がこの記述と合致していることを示せ.

6. 図 8・4c からつぎの還元過程についての $\Delta G°$ (298 K) を計算せよ.

$$2HNO_2(aq) + 4H^+(aq) + 4e^- \longrightarrow N_2O(g) + 3H_2O(l)$$

[答　約 − 480 ± 10 kJ mol^{-1}]

8・7　標準還元電位と他のいくつかの数量との関係
標準還元電位に影響する因子

本節では, 最初に Na$^+$/Na 対と Ag$^+$/Ag 対の $E°$ の大きさに影響する因子について, $E°$ を他の個々に算出できる熱力学的量に関連させることによって考える. この比較によって, なぜ水溶液中では Na が Ag よりずっと反応性が高いのかが調べられる. そして他の化学種のレドックス対に拡張することができる.

半電池反応 8.51 の標準還元電位は水溶液中で容易に測定可能だが (§8・2参照), 半反応 8.50 は Na アマルガム電極 (アマルガムについては **Box 23・3** を参照) を含むかなり凝った実験セットを用いて調べなければならない.

$$Na^+(aq) + e^- \rightleftharpoons Na(s) \qquad E° = -2.71\,V \qquad (8.50)$$

$$Ag^+(aq) + e^- \rightleftharpoons Ag(s) \qquad E° = +0.80\,V \qquad (8.51)$$

図 8・5 に示したように, M$^+$ の還元に対する一般的な半反応式を, 数段階で起こるように表現できる. すべての標準還元電位は, 慣例によって $\Delta H°$, $\Delta G°$, $\Delta S°$ がすべてゼロと定義される標準水素電極に対して測定されるので, 図 8・5 の右側に示した水素の熱力学サイクル (絶対値も含む) も同時に考慮する必要がある. 表 8・2 は図 8・5 に定義された各段階についての $\Delta H°$ の値を並べている. 正確なやり方では $\Delta G°$ 値を考慮しなければならないが, 第一段の近似ではエントロピー変化 (この場合には, 互いに大きく相殺される) を無視できる. 熱力学的データから $E°$ の計算値を出し, 表 8・2 の右列に掲載した. 半反応 8.50 と 8.51 について, これらの計算値と実験値の間にはよい一致がみられる. ステップ (2) と (3) におけるエンタルピー変化は両方とも負であり, このことは全元素に共通する結果である. $E°$ の符号は

$$M^{z+}(aq) + ze^- \rightleftharpoons M(s) \qquad H^+(aq) + e^- \rightleftharpoons {}^1\!/_2 H_2(g)$$

ステップ(1) 金属イオンの脱水和 ↓ ステップ(3) $-\Delta_a H°$ ↑ ステップ(1) 水素イオンの脱水和 ↓ ステップ(3) $-\Delta_a H°$ ↑

$$M^{z+}(g) \longrightarrow M(g) \qquad H^+(g) \longrightarrow H(g)$$

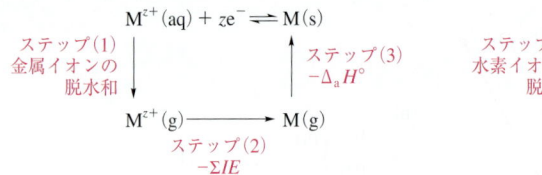

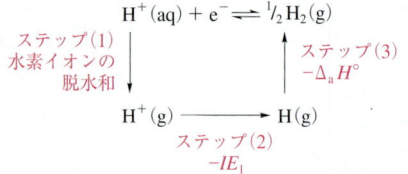

ステップ(2) $-\Sigma IE$ ｜ ステップ(2) $-IE_1$

図 8・5 M^{z+} の M への還元の半反応および H^+ の $1/2 H_2$ への還元の半反応は，熱力学的データが個々に求められる 3 段のステップに分けて考察できる．

[$\Delta H°(2) + \Delta H°(3)$] に対して $\Delta H°(1)$ が相殺する程度に依存する．

他の金属に対しても同様な分析を行うことができる．たとえば，Cu と Zn は隣り合う d ブロック金属であり，Cu^{2+}/Cu と Zn^{2+}/Zn レドックス対の $E°$ 値の差に寄与する因子を調べること，そして熱力学的因子のバランスがダニエル電池（反応 8.8）内で起こる自発的反応をいかに支配するかを明らかにすることは興味深い．表 8・3 には関連する熱力学的データを掲載している．そこでは，$E°_{Cu^{2+}/Cu}$ を $E°_{Zn^{2+}/Zn}$ よりかなり正にしている重大な因子の正体は，Zn に比べて Cu の原子化エンタルピーが大きいことであることが明白である．したがって，純粋に"物理的な"性質としてしばしばみられることが，化学的挙動に影響する重要な役割を演じている．最後に，もし半反応 8.52 の $E°$ の値に影響する因子を考察するとしたら，水和エンタルピーの違いが重要な役割を果たしていることに気づくだろう（ハロゲンの酸化力については，§17・4 を参照）．

$$X_2 + 2e^- \rightleftharpoons 2X^- \qquad (X = F, Cl, Br, I) \tag{8.52}$$

水溶液中のイオンの $\Delta_f G°$ 値

§7・9 において，水溶液中のイオン生成の標準ギブズエネルギーを $E°$ 値から求めることができることを述べた．例題 8.9 では，還元電位データをイオン性塩の溶液の標準ギブズエネルギーの計算へ利用する方法を学ぶ．

例題 8.9 イオン性塩についての $\Delta_{sol}G°$ の算出

$\Delta_f G°(\text{NaBr, s}) = -349.0 \text{ kJ mol}^{-1}$ と仮定して NaBr の $\Delta_{sol}G°$（298 K）の値を算出せよ．($F = 96\,485 \text{ C mol}^{-1}$)

解答 考えるべき過程は，

$$\text{NaBr(s)} \rightleftharpoons \text{Na}^+(\text{aq}) + \text{Br}^-(\text{aq})$$

そして必要な式は，以下のように表される．

$$\Delta_{sol}G° = \Delta_f G°(\text{Na}^+, \text{aq}) + \Delta_f G°(\text{Br}^-, \text{aq}) - \Delta_f G°(\text{NaBr, s})$$

$\Delta_f G°(\text{Na}^+, \text{aq})$ と $\Delta_f G°(\text{Br}^-, \text{aq})$ を求めるためには，(付録 11 から) つぎの過程の標準還元電位が必要である．

表 8・2 水溶液中（pH 0）の Na^+/Na と Ag^+/Ag 対の標準還元電位の大きさに影響する因子．ステップ(1), (2), (3) は図 8・5 中に定義されている．

レドックス対	ステップ(1) の $\Delta H°$/ kJ mol^{-1}	ステップ(2) の $\Delta H°$/ kJ mol^{-1}	ステップ(3) の $\Delta H°$/ kJ mol^{-1}	全体の $\Delta H°$/ kJ mol^{-1}	$E°$ の計算値 /V †
Na^+/Na	404	−496	−108	−200	−2.48
$H^+/\frac{1}{2}H_2$	1091	−1312	−218	−439	0
Ag^+/Ag	480	−731	−285	−536	+1.01

† $E°$ の値は，$-zF (z=1)$ で割って，$E°(H^+/\frac{1}{2}H_2) = 0$ V となるように補正することによって見積もられる．

表 8・3 水溶液中（pH 0）の Cu^{2+}/Cu と Zn^{2+}/Zn 対の標準還元電位の大きさに影響する因子．ステップ(1), (2), (3) は図 8・5 中に定義されている．

レドックス対	ステップ(1) の $\Delta H°$/ kJ mol^{-1}	ステップ(2) の $\Delta H°$/ kJ mol^{-1}	ステップ(3) の $\Delta H°$/ kJ mol^{-1}	全体の $\Delta H°$/ kJ mol^{-1}	$E°$ の計算値 /V †
Zn^{2+}/Zn	2047	−2639	−130	−722	−0.81
$H^+/\frac{1}{2}H_2$	1091	−1312	−218	−439	0
Cu^{2+}/Cu	2099	−2704	−338	−943	+0.34

† $E°$ の値は，$-zF (z=1)$ で割って，$E°(H^+/\frac{1}{2}H_2) = 0$ V となるように補正することによって見積もられる．

$$\text{Na}^+(\text{aq}) + \text{e}^- \rightleftharpoons \text{Na}(\text{s}) \quad E° = -2.71 \text{ V}$$
$$\tfrac{1}{2}\text{Br}_2(\text{l}) + \text{e}^- \rightleftharpoons \text{Br}^-(\text{aq}) \quad E° = +1.09 \text{ V}$$

今,標準還元電位が $\text{Na}^+(\text{aq})$ 生成の逆であることを思い出して,水溶液中のイオンの $\Delta_\text{f} G°$ をそれぞれ求めよう.

$$\Delta G° = -zFE°$$
$$-\Delta_\text{f} G°(\text{Na}^+, \text{aq}) = -\frac{96\,485 \times (-2.71)}{1000} = 261.5 \text{ kJ mol}^{-1}$$
$$\Delta_\text{f} G°(\text{Br}^-, \text{aq}) = -\frac{96\,485 \times 1.09}{1000} = -105.2 \text{ kJ mol}^{-1}$$
$$\begin{aligned}\Delta_\text{sol} G° &= \Delta_\text{f} G°(\text{Na}^+, \text{aq}) + \Delta_\text{f} G°(\text{Br}^-, \text{aq}) - \Delta_\text{f} G°(\text{NaBr}, \text{s})\\ &= -261.5 + (-105.2) - (-349.0)\\ &= -17.7 \text{ kJ mol}^{-1}\end{aligned}$$

練習問題

$E°$ 値については付録 11 を参照.

1. $\Delta_\text{f} G°(\text{NaCl}, \text{s})$ を $-384.0 \text{ kJ mol}^{-1}$ として NaCl についての $\Delta_\text{sol} G°(298 \text{ K})$ の値を計算せよ. [答 -8.7 kJ mol^{-1}]
2. NaF の $\Delta_\text{sol} G°(298 \text{ K})$ は $+7.9 \text{ kJ mol}^{-1}$ である.298 K での $\Delta_\text{f} G°(\text{NaF}, \text{s})$ を求めよ. [答 $-546.3 \text{ kJ mol}^{-1}$]
3. KI の $\Delta_\text{sol} G°(298 \text{ K})$ が -9.9 kJ mol^{-1} である.298 K での $\Delta_\text{f} G°(\text{KI}, \text{s})$ を求めよ. [答 $-324.9 \text{ kJ mol}^{-1}$]

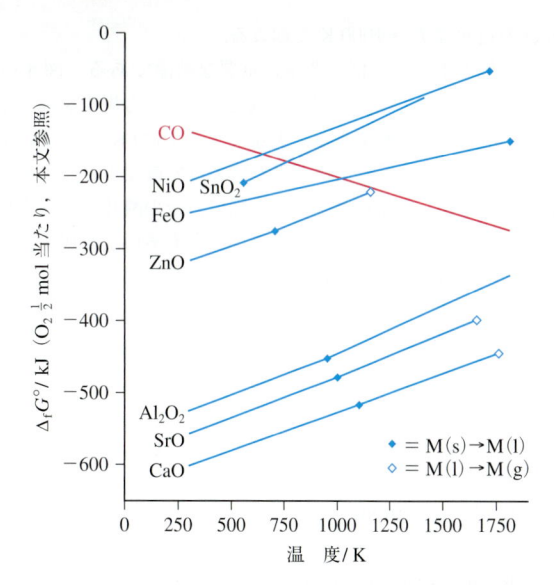

図 8・6 金属酸化物と一酸化炭素(赤線)の標準生成自由エネルギー, $\Delta_\text{f} G°$, がどのように温度によって変化するかを表すエリンガム図.$\Delta_\text{f} G°$ は $\tfrac{1}{2}$ mol の O_2 を含む生成反応に対する値である: $\text{M} + \tfrac{1}{2}\text{O}_2 \rightarrow \text{MO}$, $\tfrac{1}{2}\text{M} + \tfrac{1}{2}\text{O}_2 \rightarrow \tfrac{1}{2}\text{MO}_2$, または $\tfrac{2}{3}\text{M} + \tfrac{1}{2}\text{O}_2 \rightarrow \tfrac{1}{3}\text{M}_2\text{O}_3$.◆ と ◇ の点はそれぞれ,各金属単体の融点と沸点である.

8・8 酸化還元反応を応用した鉱石からの元素抽出

地球環境は常に酸化されやすい状態にあり,天然には多くの元素が酸化物,硫化物,または元素が酸化された状態で含まれている他の化合物として存在する.たとえば,スズは**スズ石**(cassiterite, SnO_2)として存在し,鉛は**方鉛鉱**(galena, PbS)として存在する.鉱石からのこれらの元素の抽出は酸化還元過程に依存している.スズ石を炭素で加熱すると Sn(IV) は Sn(0) に還元され(式 8.53),Pb は方鉛鉱から二段階還元反応 8.54 によって抽出される.

$$\text{SnO}_2 + \text{C} \xrightarrow{\text{加熱}} \text{Sn} + \text{CO}_2 \quad (8.53)$$
$$\text{PbS} \xrightarrow{\text{O}_2, \text{加熱}} \text{PbO} \xrightarrow{\text{C または CO, 加熱}} \text{Pb} \quad (8.54)$$

この種の反応例は数えきれないほどあり,同様な抽出過程が **Box 6・1** と**第 22 章**,**第 23 章**に記述されている.

エリンガム図

図 8・6 に示すような**エリンガム図**(Ellingham diagram)を用いると,抽出過程における還元剤の選択と特別な条件を判断することができる.この図はどのようにいろいろな金属酸化物と CO の $\Delta_\text{f} G°$ が温度によって変化するかを示している.値を相互に比較できるようにするために,$\Delta_\text{f} G°$ としては O_2 $\tfrac{1}{2}$ mol 当たりの生成ギブズエネルギーが表示されている*.したがって,SrO についての $\Delta_\text{f} G°$ は反応 8.55 に基づいており,Al_2O_3 については,反応 8.56 に対応している.

$$\text{Sr} + \tfrac{1}{2}\text{O}_2 \rightarrow \text{SrO} \quad (8.55)$$
$$\tfrac{2}{3}\text{Al} + \tfrac{1}{2}\text{O}_2 \rightarrow \tfrac{1}{3}\text{Al}_2\text{O}_3 \quad (8.56)$$

図 8・6 では,各プロットは直線形(例 NiO)か,2 個の直線領域をもつ(例 ZnO).後者については,金属の融点のところで傾きが変化している.

図 8・6 から,下記の三つの一般的な結果が得られる.

- 温度が上昇するほど,どの金属酸化物も熱力学的に不安定になる(より正の $\Delta_\text{f} G°$).
- CO は温度が高くなるほど熱力学的に安定になる(より負の $\Delta_\text{f} G°$).
- 各温度における酸化物の相対的安定性は,エリンガム図から直接見極められる.

三つ目のポイントは,どのようにエリンガム図が応用できるかを示している.たとえば,1000 K において,CO は SnO_2 より熱力学的に安定なので,炭素は 1000 K において SnO_2 を還元するのに利用できる(式 8.53).一方,炭素による

---

* 他のデータ,たとえば 1 mol 当たりの $\Delta_\text{f} G°$ 値をプロットすることもできる.整合性が重要である.

FeO の還元は $T > 1000\,\text{K}$ で起こる．

二つ目のポイントは，非常に重要な結論である．図 8・6 の酸化物については，金属への還元にいずれも炭素を還元剤として用いることができる．実際に $T > 1800\,\text{K}$ では，図 8・6 のさまざまな金属酸化物が炭素によって還元できる可能性がある．しかし工業的スケールの面で，その酸化物から金属を得るこの方法は産業利用できないことも多い．金属を鉱石から抽出する代替法は，後の章に記述する．

重要な用語

本章では以下の用語が紹介されている．意味を理解できるか，確認してみよう．

- 酸化（oxidation）
- 還元（reduction）
- 酸化数（oxidation number）
- 半反応 half-reaction（半反応式 half-equation）
- 電解セル（electrolytic cell）
- ガルバニ電池（galvanic cell）
- 半電池の標準状態（standard condition for a half-cell）
- 標準水素電極（standard hydrogen electrode）
- 標準還元電位 E°（standard reduction potential）
- 標準セル電位 E°_{cell}（standard cell potential）
- 過電圧（overpotential）
- ネルンスト式（Nernst equation）
- 電位図（potential diagram，ラティマー図 Latimer diagram）
- フロスト図（Frost–Ebsworth diagram）
- エリンガム図（Ellingham diagram）

重要な熱力学的反応式

$E^\circ_{\text{cell}} = [E^\circ_{\text{還元過程}}] - [E^\circ_{\text{酸化過程}}]$

$\Delta G^\circ = -zFE^\circ_{\text{cell}}$

$\Delta G^\circ = -RT \ln K$

$E = E^\circ - \left\{ \dfrac{RT}{zF} \times \left(\ln \dfrac{[\text{還元体}]}{[\text{酸化体}]} \right) \right\}$ （ネルンスト式）

さらに勉強したい人のための参考文献

A. J. Bard, R. Parsons and J. Jordan (1985) *Standard Potentials in Aqueous Solution*, Marcel Dekker, New York －このテーマについての Latimer の有名な取扱いに取って代わる重要なデータ集．

A. M. Bond (2004) in *Comprehensive Coordination Chemistry II*, eds J.A. McCleverty and T.J. Meyer, Elsevier, Oxford, vol. 2, p. 197 － 'Electrochemistry: general introduction' は配位化合物の化学に応用できる原理や方法について述べている．

J. Burgess (1978) *Metal Ions in Solution*, Ellis Horwood, Chichester and Halsted Press, New York －水溶液系および非水溶液系における金属イオンの詳細な取扱い．

J. Burgess (1999) *Ions in Solution: Basic Principles of Chemical Interaction*, 2nd edn, Horwood Publishing, Westergate －酸化還元反応の熱力学的取扱いを含む水溶液系でのイオンの性質についての優れた入門書．

R. G. Compton and G. H. W. Sanders (1996) *Electrode Potentials*, Oxford University Press, Oxford －電気化学における平衡や法則の役に立つ序説．

D. A. Johnson (1982) *Some Thermodynamic Aspects of Inorganic Chemistry*, 2nd edn, Cambridge University Press, Cambridge －溶解度および酸化還元電位についての有用な議論を含む．

W.L. Jolly (1991) *Modern Inorganic Chemistry*, 2nd edn, McGraw-Hill, New York －本章を補足する，非金属を含むいくつかの系についての議論による還元電位の取扱い．

問題

8.1 つぎの化合物やイオンにおいて，各元素の酸化数を示せ．付録 7 のポーリングの電気陰性度が有用であろう．

(a) CaO; (b) H_2O; (c) HF; (d) $FeCl_2$; (e) XeF_6; (f) OsO_4; (g) Na_2SO_4; (h) $[PO_4]^{3-}$; (i) $[PdCl_4]^{2-}$; (j) $[ClO_4]^-$; (k) $[Cr(OH_2)_6]^{3+}$

8.2 つぎの半反応式において，それぞれの金属はどのような酸化数の変化をしているか．

(a) $[Cr_2O_7]^{2-} + 14H^+ + 6e^- \longrightarrow 2Cr^{3+} + 7H_2O$

(b) $2K + 2H_2O \longrightarrow 2KOH + H_2$

(c) $Fe_2O_3 + 2Al \xrightarrow{\text{加熱}} 2Fe + Al_2O_3$

(d) $[MnO_4]^- + 2H_2O + 3e^- \longrightarrow MnO_2 + 4[OH]^-$

8.3 つぎの反応のどれが酸化還元反応か．それらの反応において何が酸化されて何が還元されているかを明示せよ．

(a) $N_2 + 3Mg \xrightarrow{\text{加熱}} Mg_3N_2$

(b) $N_2 + O_2 \longrightarrow 2NO$

(c) $2NO_2 \longrightarrow N_2O_4$

(d) $SbF_3 + F_2 \longrightarrow SbF_5$

(e) $6HCl + As_2O_3 \longrightarrow 2AsCl_3 + 3H_2O$

(f) $2CO + O_2 \longrightarrow 2CO_2$

(g) $MnO_2 + 4HCl \longrightarrow MnCl_2 + Cl_2 + 2H_2O$

(h) $[Cr_2O_7]^{2-} + 2[OH]^- \longrightarrow 2[CrO_4]^{2-} + H_2O$

8.4 問題 8.3 の各酸化還元反応において，酸化状態の正味の増加と減少のバランスがとれていることを確定せよ．

8.5 表 8・1 のデータを用いて，自発的な電池反応過程を書き表し，つぎの半電池の組合わせについて E°_{cell} と ΔG° を計算せよ．

(a) $Ag^+(aq) + e^- \rightleftharpoons Ag(s)$ と $Zn^{2+}(aq) + 2e^- \rightleftharpoons Zn(s)$

(b) $Br_2(aq) + 2e^- \rightleftharpoons 2Br^-(aq)$ と $Cl_2(aq) + 2e^- \rightleftharpoons 2Cl^-(aq)$

(c) $[Cr_2O_7]^{2-}(aq) + 14H^+(aq) + 6e^- \rightleftharpoons 2Cr^{3+}(aq) + 7H_2O(l)$ と $Fe^{3+}(aq) + e^- \rightleftharpoons Fe^{2+}(aq)$

8.6 付録 11 のデータを用いて，定量的につぎの質問に答えよ．

(a) Mg は希 HCl から H_2 を発生するが，Cu は発生しないのはなぜか．

(b) Br_2 は KI 溶液から I_2 を発生するが，KCl 溶液から Cl_2 を発生しないのはなぜか．
(c) Fe^{3+} の酸化剤の役割は，なぜ溶液中の配位子の存在に影響されるのか．
(d) Ag 結晶を成長させる方法として，亜鉛板を $AgNO_3$ の水溶液に浸漬するやり方が用いられるのはなぜか．

8.7 つぎの半反応を考えよ．

$$[MnO_4]^-(aq) + 8H^+(aq) + 5e^- \rightleftharpoons Mn^{2+}(aq) + 4H_2O(l)$$
$$E° = +1.51 \text{ V}$$

$[MnO_4]^-$: Mn^{2+} の濃度比が 100:1 のときの pH 値が (a) 0.5，(b) 2.0，(c) 3.5 ($T=298$ K) における E を求めよ．この pH 範囲において，水溶液中の塩化物イオン，臭化物イオン，ヨウ化物イオンを酸化する過マンガン酸(VII)の能力（それ自身は Mn^{2+} に還元される）はどのように変化するだろうか．

8.8 (a) 付録 11 から適当なデータを用いて，H_2O_2 の不均化の $E°_{cell}$ を求めよ．(b) この過程の $\Delta G°$ を計算せよ．(c) 微量の MnO_2，$[OH]^-$ もしくは金属鉄などを加えない場合には，H_2O_2 をあまり分解せずに貯蔵できるという事実について説明せよ．

8.9 つぎの実験データを用いて，$E°_{Cu^{2+}/Cu}$ を求め，下記のデータを全部用いる必要があるか否かについて説明せよ．

$[Cu^{2+}]$ / mol dm^{-3}	0.001	0.005	0.010	0.050
E / V	0.252	0.272	0.281	0.302

8.10 (a) 銀(I)イオンの濃度が 0.1 mol dm^{-3} (298 K) の半電池における $E_{Ag^+/Ag}$ を計算せよ．(b) この溶液では標準状態で銀(I)イオンは亜鉛によって簡単に還元されるか否か，熱力学的な定量性をふまえて答えよ．

8.11 AgI の K_{sp} が 8.51×10^{-17}，$E°_{Ag^+/Ag} = +0.80$ V として，つぎの還元段階の $E°$ を計算せよ．

$$AgI(s) + e^- \rightleftharpoons Ag(s) + I^-(aq)$$

そして，銀(I)の還元は固体 AgI の形では AgCl の還元より熱力学的に不利であるという §8·3 の記述を確認せよ．

8.12 表 8·1 と §8·3 のデータを用いて，粉末状 Ag を濃 HI 溶液と一緒に加熱したとき，なぜ H_2 が発生するのか説明せよ．

8.13 $[Fe(CN)_6]^{4-}$ の全安定度定数が約 10^{32} であること，および下記のデータをふまえて，$[Fe(CN)_6]^{3-}$ の全安定度定数を計算せよ．

$$Fe^{3+}(aq) + e^- \rightleftharpoons Fe^{2+}(aq) \qquad E° = +0.77 \text{ V}$$
$$[Fe(CN)_6]^{3-}(aq) + e^- \rightleftharpoons [Fe(CN)_6]^{4-}(aq) \qquad E° = +0.36 \text{ V}$$

8.14 付録 11 のデータを用いて，水溶液中での不均化の観点で，つぎの化学種のどれが（またどのような条件下で）熱力学的に不安定かを考察せよ．(a) Fe^{2+}，(b) Sn^{2+}，(c) $[ClO_3]^-$

8.15 つぎの反応の $\Delta G°$ (298 K) を求めよ．

$$2CuCl(s) \rightleftharpoons Cu^{2+}(aq) + 2Cl^-(aq) + Cu(s)$$

その際，以下のデータを用いよ．

$$2Cu^+(aq) \rightleftharpoons Cu^{2+}(aq) + Cu(s) \quad K = 1.81 \times 10^6$$
$$CuCl(s) \rightleftharpoons Cu^+(aq) + Cl^-(aq) \quad K_{sp} = 1.72 \times 10^{-7}$$

$\Delta G°$ 値から沈殿した CuCl の不均化する傾向について何がいえるだろうか．

8.16 式 8.42～8.46 の適切なデータを用いて，式 8.47 の $E°$ の値を算出せよ．

8.17 図 8·2 の電位図に示した各反応段階に対応する半反応式を記せ．

8.18 (a) 付録 11 のデータを用いて，pH 0 の水溶液中のバナジウムの酸化還元過程を示す電位図を作成せよ．(b) 作成した電位図を用いて，どのバナジウム種が不均化に対して不安定かを判断せよ．

8.19 つぎの電位図は，ウランの水溶液中 (pH 0) の電気化学の研究結果をまとめたものである．

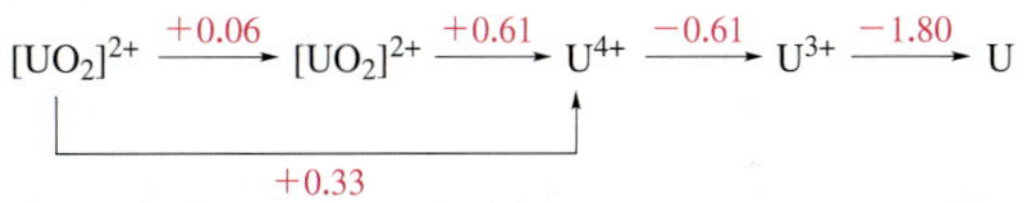

$$[UO_2]^{2+} \xrightarrow{+0.06} [UO_2]^{2+} \xrightarrow{+0.61} U^{4+} \xrightarrow{-0.61} U^{3+} \xrightarrow{-1.80} U$$
$$\underbrace{\qquad\qquad\qquad +0.33 \qquad\qquad\qquad}$$

上の情報を用いてこれらの条件下におけるウランの化学についてできる限り多くのことを考察せよ．

8.20 つぎの電位図は pH 0 の水溶液中の塩素の酸化還元過程を示すものの一部である．(a) $[ClO_3]^-$ を $HClO_2$ に還元する反応の $E°$ 値を算出せよ．(b) なぜこの場合には，$E°$ 値が単純に $+1.15$ V と $+1.28$ V の平均値になるのかを説明せよ．

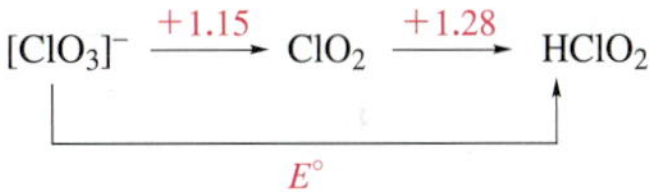

$$[ClO_3]^- \xrightarrow{+1.15} ClO_2 \xrightarrow{+1.28} HClO_2$$
$$\underbrace{\qquad\qquad E° \qquad\qquad}$$

8.21 図 8·5 と同様な熱力学サイクルを構築して，1 族金属の Li から Cs までの $E°$ 値の傾向に寄与する因子について考察せよ．[$\Delta_{hyd}H°$ については表 7·6 を参照せよ．$\Delta_{atom}H°$ については付録 8 と 10 を参照せよ]

8.22 (a) 付録 11 の標準還元電位を用いて，$\Delta_f G°(K^+, aq)$ と $\Delta_f G°(F^-, aq)$ の値を求めよ．(b) さらに，$\Delta_{sol}G°(KF, s) = -537.8$ kJ mol^{-1} のとき，298 K における $\Delta_{sol}G°(KF, s)$ を求めよ．(c) $\Delta_{sol}G°(KF, s)$ の値は KF の水への溶解度について何を意味するか．

8.23 付録 11 のデータおよび PbS の生成の標準ギブズエネルギーが -99 kJ mol^{-1} であることを用いて，この塩の K_{sp} の値を求めよ．

8.24 図 8·7 に示した電位図のデータを用いて，塩素のフロスト図を作成せよ．さらに，Cl^- がこの図に描かれた化学種のなかで最も熱力学的に有利であることを示せ．この図の中で，(a) 最も強い酸化剤，(b) 最も強い還元剤は何か．

$$[ClO_4]^- \xrightarrow{+1.19} [ClO_3]^- \xrightarrow{+1.15} ClO_2 \xrightarrow{+1.28} HClO_2 \xrightarrow{+1.65} HClO \xrightarrow{+1.61} Cl_2 \xrightarrow{+1.36} Cl^-$$

図 8·7 pH 0，すなわち $[H^+] = 1$ mol dm^{-3} の水溶液中の塩素の電位図（ラティマー図）

総合問題

8.25 付録 11 のデータを用いて，つぎの観察事項を定量的に説明せよ．この質問に答えるのにどのような仮定を用いたか．
(a) ジチオン酸イオン $[S_2O_6]^{2-}$ は，MnO_2 を用いてある特定条件下で $[SO_3]^{2-}$ を酸化することによって合成できる．
(b) 酸存在下では，KI と KIO_3 は反応して I_2 を生成する．
(c) Mn^{2+} は H_4XeO_6 の水溶液によってただちに酸化されて $[MnO_4]^-$ になる．

8.26 (a) 下記の電位図（pH 14）を用いて $E°_{O_3^-/O_2}$ を計算せよ．

$$O_3 \xrightarrow{+0.66} O_3^- \xrightarrow{E°} O_2$$
$$\xrightarrow{+1.25}$$

(b) つぎのデータについて考察せよ

$$Cd^{2+}(aq) + 2e^- \rightleftharpoons Cd(s) \qquad E° = -0.40\,V$$
$$[Cd(CN)_4]^{2-}(aq) + 2e^- \rightleftharpoons Cd(s) + 4[CN]^-$$
$$E° = -1.03\,V$$

(c) pH 2 の水溶液に対して図 8・4a はどれほど有効だろうか．

8.27 塩酸中では，HOI は反応して $[ICl_2]^-$ を生じる．下記の電位図を用いて，なぜ HOI が酸性水溶液中で不均化するのに，その酸が HCl 水溶液の場合には不均化しないのかについて説明せよ．

$$[IO_3]^- \xrightarrow{+1.14} HOI \xrightarrow{+1.44} I_2$$
$$[IO_3]^- \xrightarrow{+1.23} [ICl_2]^- \xrightarrow{+1.06} I_2$$

8.28 本問に必要なデータは付録 11 に記載されている．
(a) $[Zn^{2+}] = 0.25\,mol\,dm^{-3}$ の半電池についての $E_{Zn^{2+}/Zn}$ (298 K) を求めよ．
(b) つぎの半反応の還元電位を計算せよ．ただし $[VO]^{2+}$: V^{3+} の濃度比は 1:2 で，溶液の pH は 2.2 とする．

$$[VO]^{2+}(aq) + 2H^+(aq) + e^- \rightleftharpoons V^{3+}(aq) + H_2O(l)$$

8.29 (a) pH 0 の水溶液中で Mn^{3+} は不均化して MnO_2 と Mn^{2+} になる．この過程に含まれる二つの半反応の式を記述せよ．(b) 図 8・2 を用いて，問 (a) の半反応の $E°$ 値を求めよ．(c) pH 0 における Mn^{3+}(aq) の不均化について，$E°_{cell}$ と $\Delta G°$ (298 K) の値を求めよ．この $\Delta G°$ (298 K) の値と関連する反応式を記せ．

8.30 (a) 付録 11 のデータを用いて，298 K における錯体 $[Fe(phen)_3]^{2+}$ と $[Fe(phen)_3]^{3+}$ の全安定度定数の比を求めよ．
(b) 図 8・2 のデータを用いて，pH 14 の水溶液中のマンガンのフロスト図を作成せよ．その図を用いて，これらの条件下での $[MnO_4]^{3-}$ の安定性について考察せよ．

8.31 つぎの各反応において，出発物質と生成物の関係が，還元，酸化，不均化，または非酸化還元，のどれにあたるかを示せ．反応によっては，二つ以上の過程が含まれている場合がある．

(a) $[HCO_3]^- + [OH]^- \rightarrow [CO_3]^{2-} + H_2O$
(b) $Au + HNO_3 + 4HCl \rightarrow HAuCl_4 + NO + 2H_2O$
(c) $2VOCl_2 \rightarrow VOCl_3 + VOCl$
(d) $SO_2 + 4H^+ + 4Fe^{2+} \rightarrow S + 4Fe^{3+} + 2H_2O$
(e) $2CrO_2Cl_2 + 3H_2O \rightarrow [Cr_2O_7]^{2-} + 4Cl^- + 6H^+$
(f) $[IO_4]^- + 2I^- + H_2O \rightarrow [IO_3]^- + I_2 + 2[OH]^-$
(g) $2KCl + SnCl_4 \rightarrow K_2[SnCl_6]$
(h) $2NO_2 + H_2O \rightarrow HNO_2 + HNO_3$

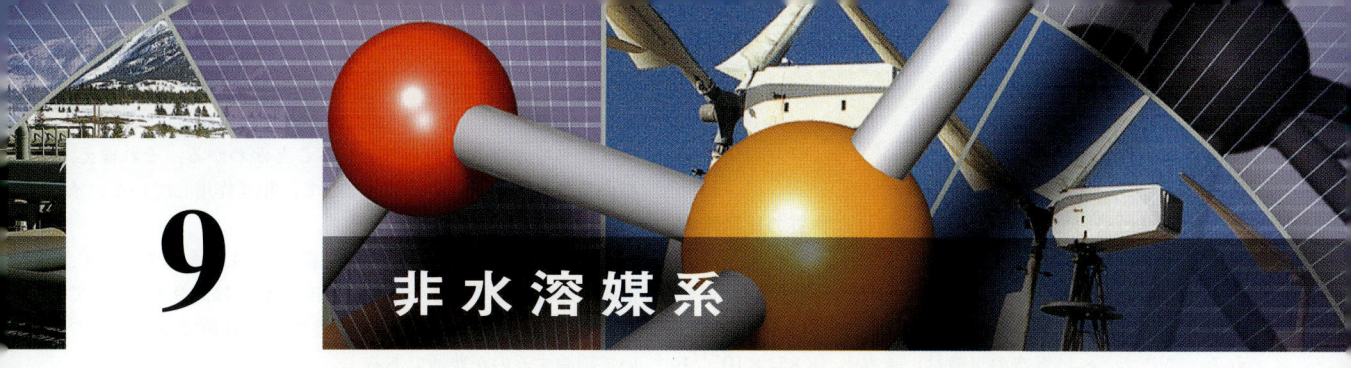

9 非水溶媒系

おもな項目

- 比誘電率
- 非水溶媒中での酸-塩基の挙動
- 液体アンモニア
- 液体フッ化水素
- 硫 酸
- フルオロスルホン酸（フルオロ硫酸）
- 三フッ化臭素
- 四酸化二窒素
- イオン液体
- 超臨界流体

9・1 はじめに

多くの無機化合物の反応は水溶液中で行われるが，必ずしも水が適切な溶媒であるとは限らない．ある種の試薬（たとえばアルカリ金属）は H_2O と反応するし，非極性分子は水に不溶である．この章では，**非水溶媒**（non-aqueous solvent）について述べる．水以外の溶媒としては有機溶媒もよく使われている．その代表例は，ジクロロメタン，ヘキサン，トルエン，およびエーテル（ジエチルエーテル 9.1，テトラヒドロフラン 9.2，ジグリム 9.3 など）などである．

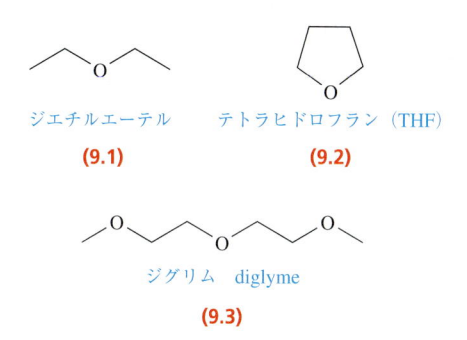

ジエチルエーテル (9.1)
テトラヒドロフラン（THF）(9.2)
ジグリム diglyme (9.3)

これらの溶媒は，無機化学者によって頻繁に使用されるが，見慣れない溶媒としては，液体 NH_3，液体 SO_2，H_2SO_4，BrF_3，および [pyBu][$AlCl_4$] 9.4 のようなイオン液体（§9・12 参照）なども使用されている．

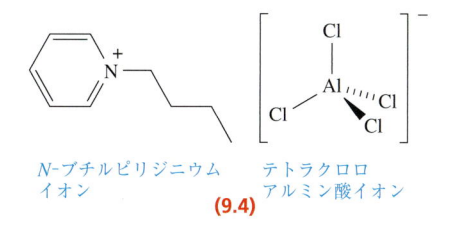

N-ブチルピリジニウムイオン
テトラクロロアルミン酸イオン
(9.4)

ここでは便宜的に，非水溶媒をつぎのように分類して話を進める．

- プロトン性溶媒（protic solvent；例　HF，H_2SO_4，MeOH）
- 非プロトン性溶媒（aprotic solvent；例　N_2O，BrF_3）
- 配位性溶媒（coordinating solvent；例　MeCN，Et_2O，Me_2CO）

> **プロトン性溶媒**は**自己イオン化**（self-ionization，§7・2 参照）し，溶媒和されたプロトンを生じる．**非プロトン性溶媒**は，もしそれが自己イオン化するならば，プロトン以外を生成して自己イオン化する．

非水溶媒の性質や使用を議論するときは，溶媒そのものの高い反応性によって，その使用が制限されることが多いことに留意すべきである．

非水溶媒系に対する定量的なデータは乏しい．また，水よりも比誘電率の小さい溶媒中では，イオン会合のためデータの解釈が難しくなる．この章で，ある程度の一般化を試みるが，非水溶媒中における無機化学は依然情報の蓄積が不十分である．そのため，ここでは代表的な溶媒の性質と使用を中心に議論する．

多くの非水溶媒（たとえば NH_3，EtOH，H_2SO_4）は，**水素結合**（hydrogen bonding）を形成する．X–H···Y 相互作用は，もしそれが局所的な結合を形成し，X–H が Y に対してプロトン供与体として振舞うならば，**水素結合**（hydrogen bond）とよばれる．溶媒分子が分子間で水素結合を形成するか否かは，沸点，蒸発エンタルピー，粘度のみならず，溶媒が特定のイオンや分子を溶媒和する能力にも影響する．水素結合の概念の理解を深めておきたい読者は，第9章を勉強する前に §10・6 を読んでいただきたい．

9・2 比誘電率

非水溶媒についての議論を始める前に，物質の**比誘電率**（relative permittivity，または誘電率 dielectric constant）について定義する必要がある．真空中における二つの単位電荷の間のクーロンポテンシャルエネルギーは，式 9.1 で与えられる．ここで，ε_0 は真空の（絶対）誘電率（8.854×10^{-12} F m^{-1}），e は電子の電荷（1.602×10^{-19} C），r は点電荷間の距離（m）である．

$$\text{クーロンポテンシャルエネルギー} = \frac{e^2}{4\pi\varepsilon_0 r} \tag{9.1}$$

ある物質が二つの電荷間に置かれたとき，二つの電荷に働く力は，その物質の比誘電率に依存した量だけ減少する．このときのクーロンポテンシャルエネルギーは式 9.2 で与えられる．ここで，ε_r は物質の比誘電率である．比誘電率は相対的な量であるので，ε_r は無次元量である．

$$\text{クーロンポテンシャルエネルギー} = \frac{e^2}{4\pi\varepsilon_0 \varepsilon_r r} \tag{9.2}$$

たとえば，298 K における水の誘電率 ε_r は 78.7 であるが，図 9・1 に示すように，ε_r は温度とともに変化する．78.7 という値は実質的に大きな値であり，式 9.2 から，水溶液中では二つの点電荷（または二つのイオン）間に働く力は，真空中に比べてかなり弱められていることがわかる．それゆえ，塩の希薄水溶液は，十分に解離して，相互作用していないイオンを含むと考えることができる．

表 9・1 に水および典型的な有機溶媒の比誘電率を示す．溶媒の**絶対誘電率**（absolute permittivity）は式 9.3 によって求めることができるが，溶媒の性質は相対値である ε_r について議論するのが普通である．

$$\text{物質の絶対誘電率} = \varepsilon_0 \varepsilon_r \tag{9.3}$$

表 9・1 には各溶媒の双極子モーメントも示した．一般に，似通った構造をもつ溶媒について，双極子モーメント μ の値が示す傾向は，比誘電率の値が示す傾向に似ている．イオン‐溶媒間の相互作用は，双極子モーメントの大きい溶媒を用いると有利になる（つまり，塩の溶解を容易にする）．しかし，最大の効果を得るためには，溶媒分子は小さく，また，水が酸素を通して陽イオンと（図 7・5 参照），水素を通して陰イオンと相互作用するのと同様に，溶媒分子の両端がイオンと相互作用できなければならない．それゆえ，アンモニア（$\varepsilon_r = 25.0$, $\mu = 1.47$ D）は，ジメチルスルホキシド（$\varepsilon_r = 46.7$, $\mu = 3.96$ D）やニトロメタン（$\varepsilon_r = 35.9$, $\mu = 3.46$ D）よりも ε_r および μ の値が小さいにもかかわらず，塩をよく溶解させる（§9・6 参照）．

練習問題

本文中で，一般的に，似通った構造をもつ溶媒について，双極子モーメントの値が示す傾向は，比誘電率の値が示す傾向に似ていると説明した．つぎの二つの問題に解答し，その結果に基づいて，この説明について考察せよ．

1. 表 9・1 にあげたすべての溶媒について，ε_r 値に対して μ 値をプロットせよ．

2. 表 9・1 のデータを用いて，H$_2$O, MeOH, EtOH, Et$_2$O の ε_r 値に対して μ 値をプロットせよ．

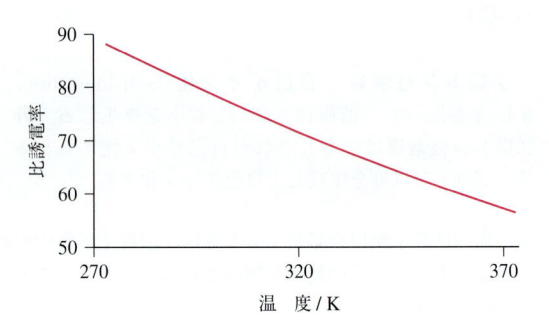

図 9・1 水の比誘電率（誘電率）の温度変化

表 9・1 水と代表的な有機溶媒の 298 K における比誘電率（誘電率）の値．298 K 以外の場合は温度を括弧内に示した．

溶　媒	化学式[†]	比誘電率 ε_r	双極子モーメント μ/debye
ホルムアミド	HC(O)NH$_2$	109　（293 K）	3.73
水	H$_2$O	78.7	1.85
アセトニトリル	MeCN	37.5　（293 K）	3.92
N,N-ジメチルホルムアミド（DMF）	HC(O)NMe$_2$	36.7	3.86
ニトロメタン	MeNO$_2$	35.9　（303 K）	3.46
メタノール	MeOH	32.7	1.70
エタノール	EtOH	24.3	1.69
ジクロロメタン	CH$_2$Cl$_2$	9.1　（293 K）	1.60
テトラヒドロフラン	C$_4$H$_8$O（構造 **9.2**）	7.6	1.75
ジエチルエーテル	Et$_2$O	4.3　（293 K）	1.15
ベンゼン	C$_6$H$_6$	2.3	0

[†]　Me＝メチル；Et＝エチル．

9・3 水から有機溶媒へのイオンの移動に関するエネルギー論

本節では，単純なイオンが水層から比誘電率の高い有機溶媒層へ移動する際のエンタルピー変化およびギブズエネルギー変化について考える．これらのデータは，そのイオンに対し，水とこれら有機溶媒の溶媒としての相対的な能力を示す指針となる．大部分の有機溶媒はある程度水に溶けるか完全に混じり合うので，通常，塩の溶解に対する熱力学的データは，二つの溶媒を別々に考えることによって得られる．イオン移動に対するデータ（$\Delta_{transfer}G°$ および $\Delta_{transfer}H°$）は，二つの溶媒への溶解過程に対応する値の差から求めることができる．ここでは，4種の有機溶媒，メタノール（**9.5**），ホルムアミド（**9.6**），N,N-ジメチルホルムアミド（DMF，**9.7**），アセトニトリル（**9.8**）について考えよう．それぞれの比誘電率および双極子モーメントは表9・1に示した．

メタノール (9.5) ホルムアミド (9.6) DMF (9.7) アセトニトリル (9.8)

§7・9での議論と類似の考え方で，$[Ph_4As]^+$ や $[BPh_4]^-$ のような非常に大きなイオンは，同じ $\Delta_{transfer}G°$ および同じ $\Delta_{transfer}H°$ をもつと仮定できる．$[Ph_4As][BPh_4]$ に加えて，一連の塩 $[Ph_4As]X$ および $M[BPh_4]$ を検討すると，表9・2のデータが得られる．ここで，$\Delta_{transfer}H°$ および $\Delta_{transfer}G°$ は，特定のイオンが水から有機溶媒へ移動する際の値である．正の $\Delta_{transfer}G°$ は移動が不利であることを示し，負の値はそれが有利であることを示す．

表9・2のデータは，立体的に嵩高く無極性の $[Ph_4As]^+$ および $[BPh_4]^-$ は，水中より有機溶媒中でより安定に溶媒和されていることを示している．エンタルピーとエントロピーの効果はいずれも同じ方向に寄与している．それぞれの

溶媒で，$\Delta_{transfer}H°$ および $\Delta_{transfer}G°$ は，ハロゲン化物イオンよりもアルカリ金属イオンの方がより負側の値を示しているが，アルカリ金属イオンの振舞いは，単純ではない．ハロゲン化物イオンに関し，水から有機溶媒への移動は，熱力学的に好ましくない．この一般的傾向について，さらに深く考察することができる．メタノールとホルムアルデヒドは，溶液中でOHまたはNH_2基の水素原子とハロゲン化物イオンとの間で水素結合（§10・6参照）を形成できるが，MeCNおよびDMFにはそのような性質はない．

(9.9)

ハロゲン化物イオンの $\Delta_{transfer}G°$ については，MeOHおよびホルムアミドよりもMeCNおよびDMFの方がかなり大きな正の値となっているだけでなく，ハロゲン化物イオンの間での値の変化もMeCNおよびDMFの方がより大きくなっている．ハロゲン化物イオン（特にF^-およびCl^-）は，水素結合による相互作用が可能な溶媒（もちろん水も含む）中と比較して，水素結合が不可能な溶媒中ではあまり強く溶媒和されないと結論づけられる．この違いは，ハロゲン化物イオンを含む反応の溶媒依存性の原因となる．よく知られる例には，式9.4に示す二分子反応がある．この反応の反応速度は，水中においてはX=FからIに移るにつれて増加するが，N,N-ジメチルホルムアミド中では減少する．

$$CH_3Br + X^- \longrightarrow CH_3X + Br^- \quad (X = F, Cl \text{ または } I) \quad (9.4)$$

フッ化物イオンは，水素結合を形成できない溶液中で'裸'の状態であるとよく記述されるが，この表現は誤解をまねきやすい．フッ化物イオンはDMF中で約$-400\ kJ\ mol^{-1}$の溶媒和ギブズエネルギーをもつため（水中よりも約60 kJ

表 9・2 298 K における水から有機溶媒へのイオン移動の際の $\Delta_{transfer}G°$ および $\Delta_{transfer}H°$ の値

イオン	メタノール		ホルムアミド		N,N-ジメチルホルムアミド		アセトニトリル	
	$\Delta_{transfer}H°$ /kJ mol^{-1}	$\Delta_{transfer}G°$ /kJ mol^{-1}	$\Delta_{transfer}H°$ /kJ mol^{-1}	$\Delta_{transfer}G°$ /kJ mol^{-1}	$\Delta_{transfer}H°$ /kJ mol^{-1}	$\Delta_{transfer}G°$ /kJ mol^{-1}	$\Delta_{transfer}H°$ /kJ mol^{-1}	$\Delta_{transfer}G°$ /kJ mol^{-1}
F^-	12	20	20	25	—	≈60	—	71
Cl^-	8	13	4	14	18	48	19	42
Br^-	4	11	−1	11	1	36	8	31
I^-	−2	7	−7	7	−15	20	−8	17
Li^+	−22	4	−6	−10	−25	−10	—	25
Na^+	−20	8	−16	−8	−32	−10	−13	15
K^+	−19	10	−18	−4	−36	−10	−23	8
$[Ph_4As]^+, [BPh_4]^-$	−2	−23	−1	−24	−17	−38	−10	−33

mol^{-1} より正である），依然として気相中よりもかなり反応性は低い．

練習問題

必要であれば，つぎの問題を試みる前に，§10・6の最初の部分を参照せよ．

1. EtOH は塩化物イオンと水素結合の形成が可能であり，Et$_2$O の場合には不可能である理由を説明せよ．
2. つぎの溶媒のうち臭化物イオンと水素結合を形成することが可能なものを答えよ．MeOH，THF，DMF，MeNO$_2$，H$_2$O　　　　　　　　　　　　　　　　　　[答　MeOH，H$_2$O]
3. 図7・5は，H$_2$O 分子が Na$^+$ に配位している様子を示している．THF および MeCN が溶媒に用いられる際，それらがどのように配位するのかを説明せよ．

9・4　非水溶媒中での酸-塩基の挙動

酸と塩基の強さ

第7章で水溶液中の酸-塩基の挙動について取上げた．その際，ある酸 HX の強さは，HX と [H$_3$O]$^+$ の相対的なプロトン供与能に依存することを学んだ（式 9.5）．

$$HX(aq) + H_2O(l) \rightleftharpoons [H_3O]^+(aq) + X^-(aq) \quad (9.5)$$

同様に，水溶液中の塩基 B の強さは，B と [OH]$^-$ の相対的なプロトン受容能に依存する（式 9.6）．

$$B(aq) + H_2O(l) \rightleftharpoons [BH]^+(aq) + [OH]^-(aq) \quad (9.6)$$

K_a（または K_b）の値は一般に<u>水溶液中</u>での酸のイオン化に対応し，'HCl は強い酸である'という表現は水溶液系を想定している．しかし，HCl が酢酸に溶けている場合は，イオン化の程度は水中よりもはるかに小さく，HCl は弱酸として振舞う．

水平化効果および差別化効果

プロトン受容性の高い非水溶媒（たとえば NH$_3$）は，その溶媒中で酸のイオン化を有利にする．つまり，<u>塩基性溶媒</u>中では，すべての酸は強酸となる．溶解した酸の強さは，プロトン付加した溶媒の酸としての強さを超えることはできないため，このような溶媒は酸に対して**水平化効果**（leveling effect）を示すといわれる．たとえば，水溶液中では，いかなる酸性の化学種も [H$_3$O]$^+$ よりも強い酸として機能することができない．酸性溶媒中（たとえば MeCO$_2$H，H$_2$SO$_4$）では，塩基のイオン化が容易に起こる．このような条件下では，大部分の酸が相対的に弱酸であり，場合によっては塩基としてイオン化することもある．

酢酸に溶けた HCl は弱酸として振舞うと上述した．酢酸中では臭化水素やヨウ化水素も同様に振舞うが，これらのハロゲン化水素の<u>イオン化の程度</u>は HI > HBr > HCl である．これは，これら三つの酸すべてが水溶液中では強酸（つまり完全にイオン化している）として振舞うことと対照的である．つまり，酢酸は，HCl，HBr，および HI の酸としての振舞いに**差別化効果**（differentiating effect）を示すが，水は示さない．

酸性溶媒中の'酸'

酸性の非水溶媒に'酸'を溶解させる効果は劇的である．H$_2$SO$_4$ に溶解したとき，HClO$_4$（水溶液中での pK_a は -8）は実際上イオン化しないが，HNO$_3$ は式 9.7 に従ってイオン化する．

$$HNO_3 + 2H_2SO_4 \rightleftharpoons [NO_2]^+ + [H_3O]^+ + 2[HSO_4]^- \quad (9.7)$$

反応 9.7 は，平衡 9.8〜9.10 の和とみなせる．芳香族化合物のニトロ化に HNO$_3$/H$_2$SO$_4$ 混合物が使われるのは，[NO$_2$]$^+$ が発生するからである．

$$HNO_3 + H_2SO_4 \rightleftharpoons [H_2NO_3]^+ + [HSO_4]^- \quad (9.8)$$
$$[H_2NO_3]^+ \rightleftharpoons [NO_2]^+ + H_2O \quad (9.9)$$
$$H_2O + H_2SO_4 \rightleftharpoons [H_3O]^+ + [HSO_4]^- \quad (9.10)$$

これらのことから，つぎの点に注意する必要がある．<u>ある化合物が'酸'と名づけられていても，それが非水溶媒中では酸として振舞うとは限らない</u>．のちに，我々は超酸とよばれる溶媒系を扱うが，その中では炭化水素化合物でさえプロトン化される（§9・9 参照）．

酸と塩基：溶媒を基準にした定義

ブレンステッド酸はプロトン供与体であり，ブレンステッド塩基はプロトン受容体である．水溶液中では [H$_3$O]$^+$ が生成する．水中の水の自己イオン化は，一つの溶媒分子からもう一つの分子へのプロトンの移動に対応し（式 9.11），これは水の両性挙動を例示している（§7・8 参照）．

$$2H_2O \rightleftharpoons [H_3O]^+ + [OH]^- \quad (9.11)$$

液体アンモニア中（§9・6 参照）でプロトン移動が起こると [NH$_4$]$^+$ が生成する（式 9.12）．したがって，液体アンモニア溶液中においては，酸は [NH$_4$]$^+$ を，一方塩基は [NH$_2$]$^-$ を生じさせる基質であるとも定義できる．

$$2NH_3 \rightleftharpoons [NH_4]^+ + [NH_2]^- \quad (9.12)$$
　　　　　　アンモニウムイオン　アミドイオン

この溶媒を基準とした定義は，自己イオン化を起こすすべての溶媒に広げることができる．

> **自己イオン化する溶媒**中で，酸とは溶媒に特有の陽イオンを生成する物質であり，塩基は溶媒に特有の陰イオンを生成する物質である．

液体四酸化二窒素 N_2O_4 は，式 9.13 に従って自己イオン化する．この溶媒中では，[NO][ClO$_4$] のようなニトロシル塩は酸として振舞い，金属硝酸塩（例 $NaNO_3$）は塩基として振舞う．

$$N_2O_4 \rightleftharpoons [NO]^+ + [NO_3]^- \qquad (9.13)$$

他に，より一般的な記述法がある（例 ブレンステッド，ルイス，ハード，ソフト）ので，いくつかの点で，ここでの酸-塩基という用語の使用は適切ではない．しかし，この用語は非水溶媒系の研究方向を示唆するのに役に立っているため，今後も使われ続けるであろう．

練習問題

1. KOH は水溶液中で塩基として働くのはなぜか．
2. NH_4Cl は液体アンモニア中で酸として働くのはなぜか．
3. 水溶液中で CH_3CO_2H は弱酸として働くが，液体アンモニア中では強酸として水平化される．これらのことから，それぞれの溶媒中での CH_3CO_2H のイオン化の程度について何がわかるか．
4. 液体アンモニア中で $NaNH_2$ が塩基として働くのはなぜか説明せよ．

9・5 自己イオン化および非イオン化非水溶媒

本節以降では，代表的な無機系非水溶媒についてある程度詳細に議論する．議論のために選んだ溶媒は，すべて自己イオン化し，また，二つのカテゴリーに分類できる．

- プロトンを含むもの（NH_3，HF，H_2SO_4，$HOSO_2F$）
- 非プロトン性のもの（BrF_3，N_2O_4）

のちに学習するように，液体 SO_2 は例外的な溶媒の一つである．上で述べた溶媒基準の酸と塩基の定義は，当初，SO_2 に対して提唱されたもので，その自己イオン化プロセスとして式 9.14 が提案されていた．

$$2SO_2 \rightleftharpoons [SO]^{2+} + [SO_3]^{2-} \qquad (9.14)$$

のちに議論する他の自己イオン化平衡と異なり，反応 9.14 は二価イオンへの分離が含まれている．そのため，これらの理由からだけでも，この平衡は達成されそうにないと考えら

れる．塩化チオニル $SOCl_2$（その溶媒中での唯一の報告されている酸）が液体 SO_2 溶媒との間で ^{35}S や ^{18}O を<u>交換しない</u>という事実からも，この平衡は疑問視される．表 9・3 に SO_2 の代表的な性質を示した．また，その液体として存在する温度範囲を，他の溶媒の温度範囲とともに図 9・2 で比較

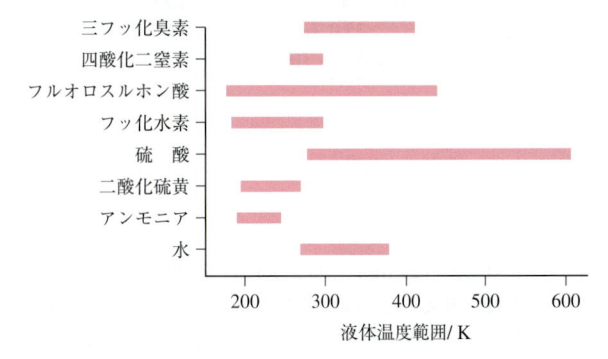

図 9・2 水と代表的な非水溶媒の液体温度範囲

した．液体 SO_2 は有機化合物（たとえばアミン，アルコール，カルボン酸，エステル）および共有結合性の無機物質（たとえば Br_2，CS_2，PCl_3，$SOCl_2$，$POCl_3$）に対して有用で不活性な溶媒であり，また，Ph_3CCl（$[Ph_3C]^+$ を生じる）のような化合物に対する非常によいイオン化溶媒である．それはまた，いくつかの 16 族および 17 族陽イオン性化学種の合成に用いられる．たとえば，$[I_3]^+$ と $[I_5]^+$（式 9.15）は，液体 SO_2 中での AsF_5 と I_2 の反応によって $[AsF_6]^-$ 塩として単離された（生成物は反応試薬の物質比に依存する）．セレンと AsF_5（350 K）または SbF_5（250 K）との液体 SO_2 中での反応は，それぞれ $[Se_4][AsF_6]_2$ または $[Se_8][AsF_6]_2$ を生じる．

$$3AsF_5 + 5I_2 \xrightarrow{\text{液体 } SO_2} 2[I_5][AsF_6] + AsF_3 \qquad (9.15)$$

この章で示した例に加えて，非水溶媒の重要な応用例としては，原子核工学（**Box 7・3** 参照）におけるウランとプルトニウムの分離および多くの金属の分析的な分離が含まれる．超臨界 CO_2 はその応用例が急速に増加している非水溶媒である．この溶媒と他の超臨界液体については §9・13 で議論する．

9・6 液体アンモニア

液体アンモニアは広く研究されてきた．本節では，液体アンモニアの性質とその中で起こる反応について，液体アンモニアと水を比較しつつ議論する．

物理的性質

NH_3 の代表的な性質を，水と比較して表 9・4 に示した．アンモニアは 44.3 K の温度範囲幅で液体となる（図 9・2）．

表 9・3 二酸化硫黄 SO_2 の代表的な物理的性質

性質 / 単位	値
融点 / K	197.5
沸点 / K	263.0
液体の密度 / g cm^{-3}	1.43
双極子モーメント / D	1.63
比誘電率	17.6（沸点）

表 9・4　NH₃ と H₂O の代表的な物理的性質

性 質 / 単 位	NH₃	H₂O
融 点 / K	195.3	273.0
沸 点 / K	239.6	373.0
液体の密度 / g cm⁻³	0.77	1.00
双極子モーメント / D	1.47	1.85
比誘電率	25.0 (融点)	78.7 (298 K)
自己イオン化定数	5.1×10^{-27}	1.0×10^{-14}

水よりも低い沸点は，液体アンモニア中のアンモニアどうしの水素結合（§10・6 参照）の程度が水中の水分子間の水素結合よりも小さいことを示しており，このことはさらに $\Delta_{vap}H°$（NH₃ 23.3 kJ mol⁻¹ および H₂O 40.7 kJ mol⁻¹）の値からも支持される．これは，NH₃ には水素結合を受入れる非共有電子対が 1 組しか存在しないのに対して，H₂O には 2 組あることからも予想される．しかし，実際には，水素結合の程度を単純に非共有電子対の数に結びつけることには，慎重でなければならない．液体アンモニア中で 1 個の N 原子当たり二つの水素結合が存在することが，水素/重水素同位体置換を利用した中性子回折の研究によって，明らかにされている．X 線回折，中性子回折および理論計算では，液体アンモニア中の水素結合は相対的に弱く，液体の水と異なって，広がった水素結合のネットワークを形成しないという結論に至っている．

NH₃ の比誘電率は水と比較してかなり小さく，その結果として液体アンモニアのイオン性化合物を溶かす能力は，通常，水よりもかなり小さい．例外は [NH₄]⁺塩，ヨウ化物塩，硝酸塩で，これらは通常容易に溶ける．たとえば，AgI は水にわずかしか溶けないが，液体アンモニアには容易に溶ける（溶解度 206.8 g/100 g の液体アンモニア）．この事実は，Ag⁺ と I⁻ の両方が溶媒と強く相互作用することを示している（Ag⁺ はアンミン錯体を形成する．§23・12 参照）．水から液体 NH₃ へと溶解性が変化することによって，NH₃ 中で興味深い沈殿反応をひき起こすことがある．水溶液中では BaCl₂ は AgNO₃ と反応して AgCl が沈殿するが，液体アンモニア中では AgCl と Ba(NO₃)₂ が反応して BaCl₂ が沈殿する．AgCl の溶解度は，0.29 g/(100 g の液体アンモニア) に対して，1.91×10^{-4} g/(100 g の水) である．分子性の有機化合物は，一般的に H₂O よりも NH₃ によく溶ける．

自己イオン化

すでに述べたように，液体アンモニアは自己イオン化を起こす（式 9.12）が，K_{self} の小さな値（表 9・4）は，平衡が大きく左に偏っていることを示す．[NH₄]⁺ と [NH₂]⁻ は，アルカリ金属イオンおよびハロゲン化物イオンとほぼ等しいイオン移動度をもつ．これは，水中で [H₃O]⁺ と [OH]⁻ が他の一価イオンよりもかなり大きな移動度をもつ状況と対照的である．

液体アンモニア中での反応

上で，液体アンモニア中と水中では沈殿物が異なる反応について述べた．式 9.16 には別の例を示した．KCl の溶解度は，34.4 g/(100 g の水) に対して 0.04 g/(100 g の液体アンモニア) である．

$$KNO_3 + AgCl \longrightarrow KCl + AgNO_3 \quad \text{液体 NH}_3 \text{ 中} \quad (9.16)$$
（沈殿）

水中での中和反応は，一般式 9.17 に従う．溶媒を基準とした酸と塩基の定義を用いると，液体アンモニア中での中和過程に対して，同様の反応式（式 9.18）を記述できる．

$$\text{酸} + \text{塩基} \longrightarrow \text{塩} + \text{水} \quad \text{水溶液中} \quad (9.17)$$

$$\text{酸} + \text{塩基} \longrightarrow \text{塩} + \text{アンモニア} \quad \text{液体アンモニア中} \quad (9.18)$$

つまり，液体アンモニア中で式 9.19 の反応は中和反応であり，この反応は伝導度測定法，電位差測定法あるいはフェノールフタレイン 9.10 のような指示薬を利用することで追跡できる．この指示薬は無色であるが，[NH₂]⁻ のような強塩基によって脱プロトンされて，赤色の陰イオンを生じる．この陰イオンは，水中で [OH]⁻ によって生成するものと同じである．

$$NH_4Br + KNH_2 \longrightarrow KBr + 2NH_3 \quad (9.19)$$

(9.10)

アミドイオンは強塩基であるので，液体アンモニアは強塩基を必要とする反応の理想的な溶媒である．

§9・4 で議論したように，'酸' の振舞いは溶媒に依存する．水溶液中で，スルファミン酸 H₂NSO₂OH (9.11) は式 9.20 に従って一塩基酸として振舞うが，液体アンモニア中では二塩基酸として作用できる（式 9.21）．

(9.11)

$$H_2NSO_2OH(aq) + H_2O(l)$$
$$\rightleftharpoons [H_3O]^+(aq) + [H_2NSO_2]^-(aq) \quad K_a = 1.01 \times 10^{-1} \tag{9.20}$$

$$H_2NSO_2OH + 2KNH_2 \longrightarrow K_2[HNSO_2] + 2NH_3 \tag{9.21}$$

液体アンモニアの水平化効果のため,この溶媒中で可能な最強の酸は$[NH_4]^+$となる.ハロゲン化アンモニウム類のNH_3溶液は酸として利用可能であり,たとえばシランまたはアルサン(式9.22および式9.23)の合成に使われる.ゲルマンGeH_4は,SiH_4の合成と同様の反応により,Mg_2Geから合成できる.

$$Mg_2Si + 4NH_4Br \longrightarrow SiH_4 + 2MgBr_2 + 4NH_3 \tag{9.22}$$

$$Na_3As + 3NH_4Br \longrightarrow AsH_3 + 3NaBr + 3NH_3 \tag{9.23}$$

液体アンモニアを溶媒とする飽和NH_4NO_3溶液(これは298 Kで1 barより小さな蒸気圧しか示さない)は,多くの金属酸化物およびいくつかの金属そのものを溶解する.金属が溶解するときには,通常,硝酸塩が亜硝酸塩に還元される.水溶液中で不溶の水酸化物を形成する金属は,液体アンモニア中では,たとえば$Zn(NH_2)_2$のような不溶のアミド塩を形成する.$Zn(OH)_2$が過剰の水酸化物イオンの存在下で溶解するように(式9.24),$Zn(NH_2)_2$もアミドイオンと反応して,陰イオン**9.12**を含む塩を形成する(式9.25).

$$Zn^{2+} + 2[OH]^- \longrightarrow Zn(OH)_2 \xrightarrow{\text{過剰の[OH]}^-} [Zn(OH)_4]^{2-} \tag{9.24}$$

$$Zn^{2+} + 2[NH_2]^- \longrightarrow Zn(NH_2)_2 \xrightarrow{\text{過剰の[NH}_2]^-} [Zn(NH_2)_4]^{2-} \tag{9.25}$$

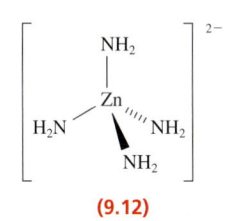

$$\left[\begin{array}{c} NH_2 \\ | \\ H_2N - Zn\cdots NH_2 \\ | \\ NH_2 \end{array}\right]^{2-}$$

(9.12)

液体アンモニア中での金属窒化物の挙動は,水溶液中での金属酸化物の挙動と似ている点が多い.Mg^{2+}とNH_3との錯形成によって$[Mg(NH_3)_6]^{2+}$が生成し,$[Mg(NH_3)_6]Cl_2$として単離される.同様に,液体アンモニア中で,$CaCl_2$は$[Ca(NH_3)_6]Cl_2$を形成する.NH_3の乾燥に無水$CaCl_2$(これは容易に水を吸収する.§12・5参照)が使えないのは,このためである.$[Ni(NH_3)_6]^{2+}$のようなアンミン錯体は,水溶液中でアクア配位子をNH_3で置換することによって合成できる.しかし,すべてのヘキサアンミン錯体がこの方法で直接得られるわけではない.$[V(NH_3)_6]^{2+}$と$[Cu(NH_3)_6]^{2+}$はその例である.$[V(H_2O)_6]^{2+}$は水溶液中で容易に酸化されるため,水溶液中でのV(II)錯体の合成は難しい.液体アンモニア中では,VI_2を溶解すると,八面体構造の$[V(NH_3)_6]^{2+}$を含む$[V(NH_3)_6]I_2$が生成する.$[Cu(NH_3)_6]^{2+}$は水溶液中では得られない(図21・35参照)が,液体アンモニア中では合成可能である.

練習問題

1. 式9.10において,どの反応物が塩基として働いているか.
2. 式9.22において,NH_4Brが酸として働くのはなぜか.
3. 有機物アミンとアミドは液体アンモニア中で酸として働くことができるのはなぜか説明せよ.
4. つぎの反応の生成物を答えよ.
  $R_2NH + KNH_2 \longrightarrow$
  $RC(O)NH_2 + KNH_2 \longrightarrow$
  これらの反応でKNH_2はどのような役割を果たしているか.

sブロック金属の液体アンモニア溶液

すべての1族金属および2族金属のうちCa,Sr,およびBaは液体アンモニアに溶解し,準安定状態の溶液となる.蒸発乾固させれば,1族金属はその溶液から回収できる.2族金属は$[M(NH_3)_6]$の組成をもつ固体として回収可能である.低温では,黄色の$[Li(NH_3)_4]$および青色の$[Na(NH_3)_4]$も単離できる.

これらの金属の希薄溶液は明るい青色を呈している.この色は,吸収スペクトルにおける赤外領域の幅広く強い吸収帯の短波長側の吸収端に由来する.すべてのsブロック金属の溶液の可視領域の電子スペクトルは同一であり,すべての溶液に共通の化学種が存在することを示している.この化学種が,溶媒和電子である(式9.26).

$$M \xrightarrow{\text{液体NH}_3\text{中に溶解}} M^+(\text{solv}) + e^-(\text{solv}) \tag{9.26}$$

それぞれの金属の希薄なアンモニア溶液の体積は,金属と溶媒の体積の和より大きい.これらのデータから,電子が半径300〜400 pmの空間を占めることが示唆されている.非常に薄い金属の溶液は常磁性であり,その磁化率は,一つの金属原子当たり一つの自由電子の存在を仮定した計算値と一致する.

sブロック金属のアンモニア溶液の濃度が増加すると,モル伝導率は当初減少し,約0.05 mol dm^{-3}で最小値に達する.その後,モル伝導率は増大し,飽和溶液では金属それ自身の伝導率と同程度になる.そのような飽和溶液はもはや青色でも常磁性でもなく,ブロンズ色で反磁性である.これらは本質的に'金属類似物'であり,**膨張金属**(expanded metal)とよばれる.伝導率の変化はつぎに示すように濃度に従って説明できる.

- 低濃度での過程は式9.26で示される
- 0.05 mol dm^{-3}付近の濃度では溶媒和金属イオンM^+(solv)と溶媒和電子e^-(solv)が会合する

● **高濃度では金属類似挙動を示す**

しかし，濃度が増加すると溶液の磁化率が減少するという事実を合理的に説明するためには，高濃度域において平衡 9.27 を含めて考える必要がある．

$$2M^+(\text{solv}) + 2e^-(\text{solv}) \rightleftharpoons M_2(\text{solv})$$
$$M(\text{solv}) + e^-(\text{solv}) \rightleftharpoons M^-(\text{solv}) \quad (9.27)$$

水素／重水素同位体置換と中性子回折法を組合わせた研究手法によって，アルカリ金属を液体アンモニアへ添加すると溶媒中の水素結合が切断されることが示された．飽和 Li–NH₃ 溶液（21 mol％の金属含有）中では，NH₃ 分子間の水素結合は残っていない．飽和 Li–NH₃ 溶液は四面体形に配位された Li を含み，飽和 K–NH₃ 溶液は八面体形に配位された K を含む．

アルカリ金属の青色のアンモニア溶液はゆっくりと分解し，溶媒を還元して H₂ を発生する（式 9.28）．

$$2NH_3 + 2e^- \longrightarrow 2[NH_2]^- + H_2 \quad (9.28)$$

式 9.28 は熱力学的に有利であるが，かなりの速度論的障壁が存在する．この分解反応は，多くの d ブロック金属化合物によって触媒される（たとえば，さびた鉄線で溶液を攪拌する）．アンモニウム塩（液体アンモニア中では強酸である）は瞬時に分解する（式 9.29）．

$$2[NH_4]^+ + 2e^- \longrightarrow 2NH_3 + H_2 \quad (9.29)$$

アルカリ金属の希薄アンモニア溶液は，還元剤として広く利用されている．式 9.30 から 9.34（これらの式中での e⁻ は，式 9.26 で生成した電子を表す）がその例であり，他の例は後に示す．式 9.30〜9.34 のそれぞれの反応で示されている陰イオンは，液体アンモニアに溶解されたアルカリ金属に由来する陽イオンとの塩として単離されている．

$$2GeH_4 + 2e^- \longrightarrow 2[GeH_3]^- + H_2 \quad (9.30)$$
$$O_2 + e^- \longrightarrow [O_2]^- \quad (9.31)$$
超酸化物イオン
$$O_2 + 2e^- \longrightarrow [O_2]^{2-} \quad (9.32)$$
過酸化物イオン
$$[MnO_4]^- + e^- \longrightarrow [MnO_4]^{2-} \quad (9.33)$$
$$[Fe(CO)_5] + 2e^- \longrightarrow [Fe(CO)_4]^{2-} + CO \quad (9.34)$$

チントルイオン（Zintl ion, ジントルイオンともいう，§14・7 参照）は，以前は Ge, Sn または Pb を Na–NH₃ 溶液中で還元して合成されていた．その後，大環状配位子クリプタンド-222（crypt-222，§11・8 参照）を添加する改善法が考案された．クリプタンドは Na⁺ を包接するため，$[Na(\text{crypt-}222)]_2[Sn_5]$ 型の塩として単離することが可能になった（式 9.35）．この方法で合成されたチントルイオンとしては，$[Sn_5]^{2-}$（図 9・3），$[Pb_5]^{2-}$, $[Pb_2Sb_2]^{2-}$, $[Bi_2Sn_2]^{2-}$, $[Ge_9]^{2-}$, $[Ge_9]^{4-}$, $[Sn_9Tl]^{3-}$ が知られている．

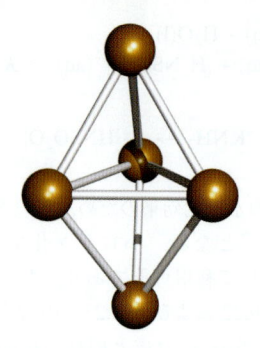

図 9・3 三方両錐形クラスター構造をもつチントルイオン $[Sn_5]^{2-}$

$$Sn \xrightarrow{\text{Na/液体 NH}_3} NaSn_{1.0-1.7}$$
チントル相
$$\xrightarrow{\text{crypt-222/1,2-エタンジアミン}} [Na(\text{crypt-}222)]_2[Sn_5] \quad (9.35)$$

さらに，リチウムのアンモニア溶液中での過剰の Sn または Pb の反応を用いるチントルイオンの改良合成法が開発された．これらの反応では，$[Sn_9]^{4-}$ および $[Pb_9]^{4-}$ の $[Li(NH_3)_4]^+$ 塩が生じる．これらのチントルイオンについては §14・7 で詳細に議論する．

2 族金属 Ca, Sr および Ba は，液体アンモニアに溶解してブロンズ色の化学種 $[M(NH_3)_x]$ を生じる．M = Ca については，中性子回折によって八面体形の $[Ca(ND_3)_6]$ の存在が確認されている．Mg を NH₃ に加えると薄青色の溶液が得られるが，完全に溶解することはなく，これらの溶液から Mg アンミン付加物は単離されていない．しかし，Hg/Mg（22：1）合金と液体アンモニアを混ぜると，$[Mg(NH_3)_6Hg_{22}]$ の結晶が得られる．これは，Hg の格子中に八面体形の $[Mg(NH_3)_6]$ が取込まれた構造をもつ．この物質は，超伝導性（§28・4 参照）を示し，臨界温度 T_c = 3.6 K である．

液体アンモニア中での酸化還元反応

水中と液体アンモニア中での，金属イオンから対応する金属への可逆な還元に対応する標準還元電位を表 9・5 に示す．それらの値の変化の傾向は同様であるが，それぞれの金属イオンの酸化力は溶媒に依存することに注意してほしい．酸化系の標準還元電位は，溶媒が酸化されやすいため，液体アンモニア中では得ることができない．

還元電位，および格子エネルギーと溶解性から導かれる情報から，H⁺ と d ブロック M^{n+} イオンが，H₂O 中よりも NH₃ 中で，より負の溶媒和の絶対標準ギブズエネルギーをもつことがわかる．アルカリ金属イオンに対しては，$\Delta_\text{solv}G°$ の値は二つの溶媒でほぼ等しい．これらのデータは，d ブロック M^{n+} イオンの水溶液に NH₃ を加えると $[M(NH_3)_6]^{n+}$ のよう

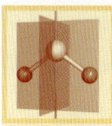

化学の基礎と論理的背景
Box 9・1　$[HF_2]^-$ の構造

　$[HF_2]^-$ または $[DF_2]^-$ (つまり重水素化学種) を含む, $[NH_4][HF_2]$, $Na[HF_2]$, $K[HF_2]$, $Rb[HF_2]$, $Cs[HF_2]$, $Tl[HF_2]$ などの数多くの塩の単結晶構造が, X線や中性子回折法によって決定されてきた.

　その陰イオンは直線形構造となっているが, これはHとF原子が強い水素結合をつくっているためである. 報告されている固体中の構造における F---F 間距離は約 228 pm である. この値は, HF中の H-F 結合長の 2 倍よりも大きい (2×92 pm). H⋯F 水素結合は, 二中心共有結合性の H-F 結合よりも常に弱く長いものである. しかし, これらの値を比較することによって, $[HF_2]^-$ 中の水素結合の強さが推測できる (図 5・29 および図 9・4 も参照せよ).

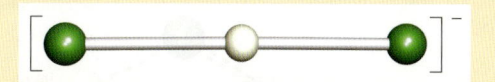

なアンミン錯体が形成されるが, アルカリ金属イオンは水溶液中で NH_3 とは錯形成しないという実験事実と一致する.

表 9・5　水溶液および液体アンモニア溶液中での代表的な標準還元電位 (298 K). それぞれの溶液の濃度は 1 mol dm^{-3} である. 慣習により, H^+/H_2 対の電位が $E° = 0.00$ V と定義されている.

還元半反応式	$E°$/V 水溶液中	$E°$/V 液体アンモニア中
$Li^+ + e^- \rightleftharpoons Li$	−3.04	−2.24
$K^+ + e^- \rightleftharpoons K$	−2.93	−1.98
$Na^+ + e^- \rightleftharpoons Na$	−2.71	−1.85
$Zn^{2+} + 2e^- \rightleftharpoons Zn$	−0.76	−0.53
$2H^+ + 2e^- \rightleftharpoons H_2$ (g, 1 bar)	0.00	0.00
$Cu^{2+} + 2e^- \rightleftharpoons Cu$	+0.34	+0.43
$Ag^+ + e^- \rightleftharpoons Ag$	+0.80	+0.83

9・7　液体フッ化水素
物理的性質
　フッ化水素は石英ガラスをおかし (式 9.36), それによってガラス反応容器を侵食する. そのため, HF が非水溶媒として利用されるようになったのは比較的最近である. HF は, ポリテトラフルオロエテン (PTFE) 容器中で, または, もし完全に無水であれば, Cu またはモネルメタル (ニッケル合金) の容器中で扱うことができる.

$$4HF + SiO_2 \longrightarrow SiF_4 + 2H_2O \quad (9.36)$$

フッ化水素は, 190〜292.5 K の温度範囲で液体である (図 9・2). 比誘電率は 273 K で 84 であり, 200 K では 175 に上昇する. 液体 HF は自己イオン化を起こし (式 9.37), その K_{self} は約 $2×10^{-12}$ (273 K) である.

$$3HF \rightleftharpoons [H_2F]^+ + [HF_2]^- \quad (9.37)$$

ジヒドリドフッ素(1+)イオン　　ジフルオロ水素酸(1−)イオン

$H (\chi^P = 2.2)$ と $F (\chi^P = 4.0)$ の電気陰性度が大きく違うため, 液体中でさまざまな分子間水素結合を形成する. 高エネルギーX線および中性子回折による研究* によって, 296 K の液体 HF 中で, 水素結合で結ばれた分子鎖 (平均して 7 分子/鎖) が存在することが示された. 鎖どうしも水素結合で相互作用する. 気相中でフッ化水素は, 環状の化学種 $(HF)_x$ およびクラスターを形成する.

液体 HF 中での酸-塩基挙動
　§9・4 で導入した溶媒を基準とした定義によると, 液体 HF 中で $[H_2F]^+$ を生じる化学種は酸であり, $[HF_2]^-$ を生成する化学種は塩基である.

　多くの有機化合物は液体 HF に可溶で, たとえばアミンやカルボン酸の場合は, 溶解に伴って有機化学種がプロトン化される (式 9.38). タンパク質は速やかに液体 HF と反応するため, 非常に深刻な皮膚のやけどをひき起こす.

$$MeCO_2H + 2HF \longrightarrow [MeC(OH)_2]^+ + [HF_2]^- \quad (9.38)$$

大部分の無機塩は, 液体 HF に溶かすと対応するフッ化物に変換されるが, それらのうち溶けるものは少ない. s ブロック金属, 銀およびタリウム(I) のフッ化物は, 液体 HF に溶けて $K[HF_2]$ や $K[H_2F_3]$ のような塩を生じるため, 塩基性を示す. 同様に, NH_4F は液体 HF 中で塩基性である. Me_4NF-HF 系の組成と温度をさまざまに変えた研究の結果から, $Me_4NF \cdot nHF$ ($n = 2,3,5,7$) の組成をもつ化合物が生成することが明らかになっている. $n = 2, 3$ および 5 の化合物のX線回折によって, $[H_2F_3]^-$ (図 9・4a), $[H_3F_4]^-$ (図 9・4b), および $[H_5F_6]^-$ の構造が確認されている. それら

---

* S. E. McLain, C. J. Benmore, J. E. Siewenie, J. Urquidi and J. F. C. Turner (2004) *Angew. Chem. Int. Ed.*, vol. 43, p. 1951 – 'The structure of liquid hydrogen fluoride'.

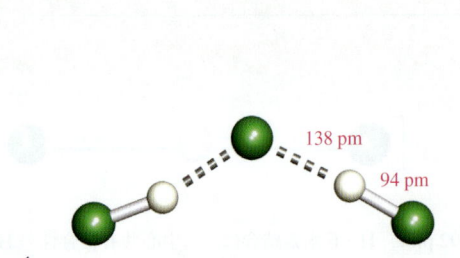

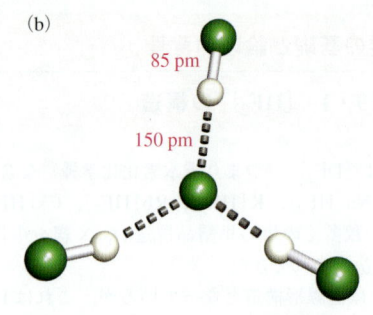

図9・4 (a) [H₂F₃]⁻ および (b) [H₃F₄]⁻ の構造．これらは [Me₄N]⁺塩の低温 X 線回折によって決定された．表示されている距離は似た原子間距離の平均値であり，それぞれの距離の実験誤差は ± 3〜6 pm である [D. Mootz *et al*. (1987) *Z. Anorg. Allg. Chem*., vol. 544, p. 159]．原子の色表示：F 緑色，H 白色．

の中で強い水素結合が形成されている点が重要な特徴である (§10・6 参照)．

分子性のフッ化物のうち，CF_4 と SiF_4 は液体 HF に不溶であるが，AsF_5 や SbF_5 のような F⁻ 受容体は式 9.39 に従って溶解し，非常に強酸性の溶液を生じる．BF_3 のようなより弱い F⁻ 受容体は液体 HF 中で弱い酸として働き (式 9.40)，PF_5 は非常に弱い酸として振舞う (式 9.41)．他方，ClF_3 と BrF_3 は F⁻ 供与体として働き，塩基として振舞う (式 9.42)．

$$EF_5 + 2HF \rightleftharpoons [H_2F]^+ + [EF_6]^- \quad E = As\ \text{または}\ Sb \quad (9.39)$$

$$BF_3 + 2HF \rightleftharpoons [H_2F]^+ + [BF_4]^- \quad (9.40)$$

$$PF_5 + 2HF \rightleftharpoons [H_2F]^+ + [PF_6]^- \quad (9.41)$$

$$BrF_3 + HF \rightleftharpoons [BrF_2]^+ + [HF_2]^- \quad (9.42)$$

HF と溶質が H⁺ 供与体として競争することになるため，液体 HF 中で酸として働くことのできるプロトン酸はほとんどないが，過塩素酸とフルオロスルホン酸 (式 9.43) は酸として働く．

$$HOSO_2F + HF \rightleftharpoons [H_2F]^+ + [SO_3F]^- \quad (9.43)$$

HF は SbF_5 と反応して**超酸** (superacid) を形成する (式 9.44)．超酸は，炭化水素のような非常に弱い塩基でさえプロトン化できる (§9・9)．

$$2HF + SbF_5 \rightleftharpoons [H_2F]^+ + [SbF_6]^- \quad (9.44)$$

液体 HF 中での電気分解

液体 HF 中での電気分解は，フッ素を含む無機および有機化合物の重要な合成経路である．というのは，それらの多くは他の方法では合成が難しいからである．液体 HF 中での陽極での酸化は，半反応式 9.45 に従って進行する．NH_4F を基質として用いると，順次フッ素化された生成物として NFH_2，NF_2H，そして NF_3 が得られる．

$$2F^- \rightleftharpoons F_2 + 2e^- \quad (9.45)$$

陽極酸化によって水は OF_2，SCl_2 は SF_6，酢酸は CF_3CO_2H に変換され，トリメチルアミンからは $(CF_3)_3N$ が生成する．

9・8 硫酸およびフルオロスルホン酸
硫酸の物理的性質

H_2SO_4 の代表的な性質を表 9・6 にまとめた．硫酸は 298 K で液体であり，液体として存在する温度範囲が広い (図 9・2) ため，非水溶媒として広範囲で用いられている．

表 9・6 硫酸 H_2SO_4 の代表的な物理的性質

性質 / 単位	値
融点 / K	283.4
沸点 / K	≈603
液体の密度 / g cm⁻³	1.84
比誘電率	110 (292 K)
自己イオン化定数	2.7×10^{-4} (298 K)

液体 H_2SO_4 の欠点は，その高い粘性 (298 K で水の 27 倍) と高い $\Delta_{vap}H°$ である．これら両方の特性は，広範囲に広がる分子間水素結合に由来し，溶媒を反応混合物から減圧留去することを困難にしている．H_2SO_4 への溶質の溶解は，溶解によって新しくできる相互作用が，元から存在している広範囲の水素結合の損失より大きい場合に限られる．一般的にこれが可能なのは，溶質がイオン性のときだけである．

自己イオン化過程 9.46 の平衡定数の値は非常に大きい．加えて式 9.47 のような他の平衡もわずかに含まれる．

$$2H_2SO_4 \rightleftharpoons [H_3SO_4]^+ + [HSO_4]^-$$
硫酸水素イオン
$$K_{self} = 2.7 \times 10^{-4} \quad (9.46)$$

$$2H_2SO_4 \rightleftharpoons [H_3O]^+ + [HS_2O_7]^- \quad K_{self} = 5.1 \times 10^{-5} \quad (9.47)$$

(9.13)

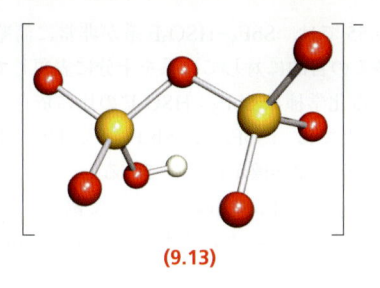

(9.14)

液体 H_2SO_4 中での酸-塩基の挙動

硫酸は強酸性の溶媒であり、他の大部分の'酸'は、その中では中性または塩基として働く。硫酸中での HNO_3 の塩基としての挙動については、すでに述べた。最初のプロトン移動(式 9.8)は'プロトン付加された酸' $[H_2NO_3]^+$ を生成し、このよう場合には、その生成した化学種はしばしば水を放出し(式 9.9)、つづいて放出された H_2O がプロトン化される(式 9.10)。

このような反応の特性は、凝固点降下と伝導度測定を巧妙に組合わせることによって研究できる。凝固点降下法によって、溶質1分子当たり生成する粒子数の総和 ν が求められる。$[H_3SO_4]^+$ と $[HSO_4]^-$ のイオン移動度[*1]は非常に高く、H_2SO_4 中の伝導度はほぼ完全に $[H_3SO_4]^+$ と $[HSO_4]^-$ に起因している。これらのイオンはプロトンスイッチ機構(proton-switching mechanism)によって電流を流すため、イオン自身が粘性溶媒中を移動していく必要はない。伝導度測定から、溶質1分子につき生成する $[H_3SO_4]^+$ または $[HSO_4]^-$ の数 γ がわかる。酢酸の硫酸溶液では、$\nu=2$ および $\gamma=1$ の結果が得られ、これは反応 9.48 と一致する。

$$MeCO_2H + H_2SO_4 \longrightarrow [MeC(OH)_2]^+ + [HSO_4]^- \quad (9.48)$$

硝酸は反応 9.49 に対応して $\nu=4$ および $\gamma=2$ であり、ホウ酸は $\nu=6$ および $\gamma=2$ で、反応 9.50 に一致する。

$$HNO_3 + 2H_2SO_4 \longrightarrow [NO_2]^+ + [H_3O]^+ + 2[HSO_4]^- \quad (9.49)$$

$$H_3BO_3 + 6H_2SO_4 \longrightarrow [B(HSO_4)_4]^- + 3[H_3O]^+ + 2[HSO_4]^- \quad (9.50)$$

$[B(HSO_4)_4]^-$ (**9.14**)が生成するためには、$H[B(HSO_4)_4]$ が硫酸中で強酸として働かなければならない。$H[B(HSO_4)_4]$ は HSO_3F よりもさらに強い酸である(下記参照)。硫酸中での HSO_3F と $H[B(HSO_4)_4]$ のイオン化定数(電離定数)は、それぞれ 3×10^{-3} と 0.4 である。

$H[B(HSO_4)_4]$ という化学種は、まだ純粋な化合物として単離されていないが、この酸の溶液はホウ素を**発煙硫酸**(oleum)に溶かすことによって調製でき(式 9.51、§16・9 参照)、$KHSO_4$ のような強塩基の溶液に対して伝導度滴定できる(式 9.52)。

$$H_3BO_3 + 2H_2SO_4 + 3SO_3 \longrightarrow [H_3SO_4]^+ + [B(HSO_4)_4]^- \quad (9.51)$$

$$H[B(HSO_4)_4] + KHSO_4 \longrightarrow K[B(HSO_4)_4] + H_2SO_4 \quad (9.52)$$

> **伝導度滴定**(conductometric titration)において、終点は、溶液の電気伝導度の変化を観測することで決定される[*2]。

H_2SO_4 溶媒中で強酸として働く化学種はほとんどない。過塩素酸(水溶液中での強力な酸)は本質的に H_2SO_4 中ではイオン化せず、非常に弱い酸として振舞う。

式 9.48 と対照的に、カルボン酸から生成した陽イオンは不安定な場合があり、たとえば HCO_2H や $H_2C_2O_4$ は分解して CO を放出する(式 9.53)。

$$\begin{array}{c}CO_2H\\|\\CO_2H\end{array} + H_2SO_4 \longrightarrow CO + CO_2 + [H_3O]^+ + [HSO_4]^- \quad (9.53)$$

フルオロスルホン酸の物理的性質

表 9・7 に、フルオロスルホン酸(fluorosulfonic acid)[*3] HSO_3F **9.15** の物理的性質をまとめた。フルオロスルホン酸は、液体として存在する温度領域が広く(図 9・2 参照)、

表 9・7 フルオロスルホン酸 HSO_3F の代表的な性質

性 質 / 単位	値
融 点 / K	185.7
沸 点 / K	438.5
液体の密度 / g cm^{-3}	1.74
比誘電率	120 (298 K)
自己イオン化定数	4.0×10^{-8} (298 K)

[*1] イオン移動についてはつぎの文献を参照せよ:P. Atkins and J. de Paula (2006) *Atkins' Physical Chemistry*, 8th edn, Oxford University Press, Oxford, Chapter 21 [邦訳:"アトキンス物理化学(第 8 版)",千原秀昭,中村亘男訳,東京化学同人(2009)];J. Burgess (1999) *Ions in Solution: Basic Principles of Chemical Interactions*, 2nd edn, Horwood Publishing, Westergate, Chapter 2.

[*2] 伝導度滴定についてはつぎの文献を参照せよ:C. E. Housecroft and E. C. Constable (2006) *Chemistry*, 3rd edn, Prentice Hall, Harlow, Chapter 19.

[*3] フルオロ硫酸(fluorosulfuric acid)とよばれることもある.

誘電率が大きい．フルオロスルホン酸は，H_2SO_4 と比較してきわめて粘性が低く（1/16 程度），また HF とは異なって，H_2SO_4 と同様にガラス器具中で扱える．

(9.15)

HSO_3F は式 9.54 に従って自己イオン化する．

$$2HSO_3F \rightleftharpoons [H_2SO_3F]^+ + [SO_3F]^- \quad (9.54)$$

9・9 超 酸（超強酸）

炭化水素でさえプロトン化可能なきわめて強力な酸は**超酸**（superacid, 超強酸ともいう）とよばれ，その例として HF と SbF_5 との混合物（式 9.44）および HSO_3F と SbF_5 の混合物（式 9.55）があげられる．後者は**マジック酸**（magic

$$2HSO_3F + SbF_5 \rightleftharpoons [H_2SO_3F]^+ + [F_5SbOSO_2F]^- \quad (9.55)$$

9.16

(9.16)

acid, 既知の最も強い酸の一つ）とよばれ，この名前で市販されている．フッ化アンチモン(V)は強いルイス酸で，HF からの F^- や HSO_3F からの $[SO_3F]^-$ と付加物を形成する．図 9・5 には，関連する付加物 $SbF_5OSO(OH)CF_3$ の結晶構造を示した．

平衡式 9.55 では，SbF_5-HSO_3F 系が非常に簡略化されているが，多くの目的に対しては系を十分に表現している．系中に存在する化学種は $SbF_5:HSO_3F$ の比に依存し，高濃度の SbF_5 のもとでは，$[SbF_6]^-$，$[Sb_2F_{11}]^{2-}$，HS_2O_6F，および HS_3O_9F のような化学種が存在している．

超酸中において炭化水素は塩基として働き，式 9.56 で例示される反応はカルベニウムイオン*（carbenium ion）の重要な生成経路となっている．

$$Me_3CH + [H_2SO_3F]^+ \longrightarrow [Me_3C]^+ + H_2 + HSO_3F \quad (9.56)$$

マジック酸
中で生成

超酸は幅広く利用されており，$[HPX_3]^+$（X＝ハロゲン），$[C(OH)_3]^+$（炭酸のプロトン化によって生じる），$[H_3S]^+$（§16・5 参照），$[Xe_2]^+$（§18・1 参照），そして陽イオン性金属カルボニル錯体（§23・9 および§24・4 参照）のような化学種の合成に利用されてきた．しかし，旧来の超酸の共

(a)

(b)

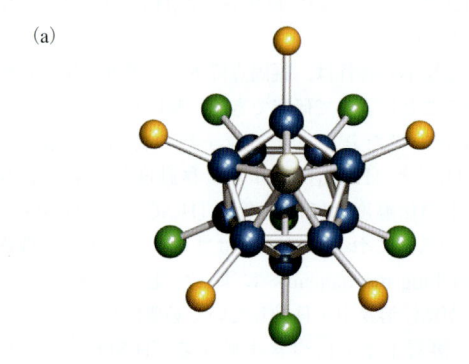

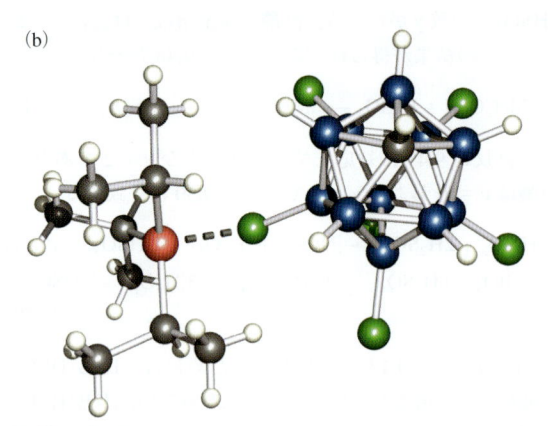

図 9・6 (a) カルバボラン系の超酸の共役塩基である $[CHB_{11}R_5X_6]^-$ (R = H, Me, Cl, X = Cl, Br, I). 原子の色表示：C 灰色，B 青色，H 白色，R 黄色，X 緑色. (b) $^iPr_3Si(CHB_{11}H_5Cl_6)$ の構造（X 線回折）．長い Si-Cl '結合' はイオン対構造に近いことを示している [Z. Xie et al. (1996) J. Am. Chem. Soc., vol. 118, p. 2922]．原子の色表示：C 灰色，B 青色，Cl 緑色，Si ピンク色，H 白色．

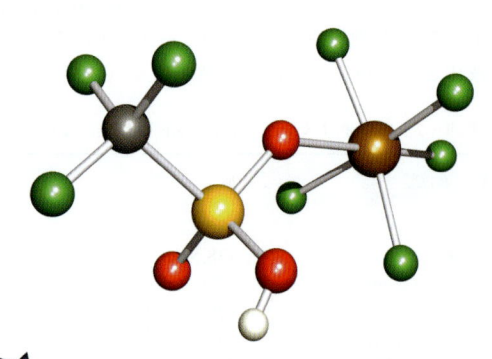

図 9・5 $SbF_5OSO(OH)CF_3$ の固体状態での構造（X 線回折）[D. Mootz et al. (1991) Z. Naturforsch., Teil B, vol. 46, p. 1659]．原子の色表示：Sb 茶色，F 緑色，S 黄色，O 赤色，C 灰色，H 白色．

---

* 正式名称はカルベニウムイオンであるが，カルボカチオン（carbocation）あるいは炭素陽イオンという名称もよく用いられる．また，古い名称であるカルボニウム（carbonium）イオンも依然使われている．

役塩基は，たいてい強い酸化剤であり，強い求核試薬である．そのため，反応混合物中において，反応に関与することがある．最近，新しいタイプの超酸が発見された．すでに確立されてきた超酸と異なり，**カルバボラン酸**（carbaborane acid，またはカルボラン酸 carborane acid）は，化学的に不活性できわめて弱い共役塩基からなる．カルバボランは炭素とホウ素原子を含む分子クラスターであり（§13・11 参照），一価のカルバボラン陰イオンの負電荷はクラスター全体に非局在化している．図9・6 (a) に，カルバボラン陰イオン $[CHB_{11}R_5X_6]^-$（R = H, Me, Cl : X = Cl, Br, I）を示した．これは，新しい超酸群の共役塩基である．陰イオン $[CHB_{11}Cl_{11}]^-$ は化学的に不活性で，知られているなかで配位力が最も弱いが，その共役酸 $HCHB_{11}Cl_{11}$ はフルオロスルホン酸よりも強い，超強力なブレンステッド酸である．反応9.57 では，興味深いシリル陽イオン中間体を生じる（§19・5 参照）．図9・6 (b) には $^iPr_3Si(CHB_{11}H_5Cl_6)$ の構造を示した．その Si-Cl 結合距離は 232 pm で，共有結合半径の和（217 pm）よりもはるかに長い．これは，$^iPr_3Si(CHB_{11}H_5Cl_6)$ が $[^iPr_3Si]^+[CHB_{11}H_5Cl_6]^-$ の構造に近づいていることを示す（ただし，分離したイオン対が明確に存在しているわけではない）．$R_3Si(CHB_{11}R_5X_6)$ と無水液体 HCl を反応させると，湿気に敏感な $HCHB_{11}R_5X_6$ が生成する（式9.58）．これらの超酸は，ほとんどの溶媒をプロトン化する．それらは液体 SO_2 中で扱うことができるが，$[H(SO_2)_2]^+$ の生成を伴った完全なイオン化が起こっているようである（式9.59）．

$$R_3SiH + [Ph_3C]^+[CHB_{11}R_5X_6]^-$$
$$\rightarrow R_3Si(CHB_{11}R_5X_6) + Ph_3CH \quad (9.57)$$

$$R_3Si(CHB_{11}R_5X_6) \xrightarrow{\text{無水液体 HCl}} HCHB_{11}R_5X_6 + R_3SiCl$$
$$\text{カルバボラン超酸} \quad (9.58)$$

$$H(CHB_{11}R_5X_6) \xrightarrow{\text{液体 } SO_2} [H(SO_2)_2]^+ + [CHB_{11}R_5X_6]^-$$
$$(9.59)$$

$HCHB_{11}R_5X_6$ は例外的に強い酸なので，芳香族炭化水素（たとえば C_6H_6，C_6H_5Me，C_6Me_6）をもプロトン化できる．生成する塩は著しく熱的に安定である．たとえば，$[C_6H_7]^+$ $[CHB_{11}Me_5Br_6]^-$ は 423 K で安定である．

9・10 三フッ化臭素

本節および次節では，二つの非プロトン性非水溶媒を扱う．

物理的性質

三フッ化臭素は，298 K で薄黄色の液体である．代表的な物理的性質を表9・8に示した．この化合物については §17・7 で再び議論する．三フッ化臭素はきわめて強力なフッ素化

表 9・8 三フッ化臭素 BrF_3 の代表的な物理的性質

性質/単位	値
融点/K	281.8
沸点/K	408
液体の密度/g cm^{-3}	2.49
比誘電率	107
自己イオン化定数	8.0×10^{-3} (281.8 K)

剤であり，実質的にそれに溶けるすべての化学種をフッ素化する．しかし，石英の塊は BrF_3 に対して速度論的に安定であるので，この溶媒は石英の容器中で扱うことができる．それ以外には，金属（たとえば Ni）容器を使うことができ，その場合，金属表面は金属フッ化物の薄い膜によって保護されている．

提案されている BrF_3 の自己イオン化（式9.60）は，その酸と塩基の単離・同定，およびそれらの伝導度滴定（以下参照）によって実証されている．溶媒を基準とした酸-塩基の

$$2BrF_3 \rightleftharpoons [BrF_2]^+ + [BrF_4]^- \quad (9.60)$$

定義を用いると，BrF_3 中の酸は $[BrF_2]^+$（**9.17**）を生じる化学種であり，塩基は $[BrF_4]^-$（**9.18**）を生じる化学種である．

(9.17)   **(9.18)**

BrF_3 中でのフッ化物塩と分子状のフッ化物の挙動

三フッ化臭素はルイス酸として働き，容易に F^- を受容する．アルカリ金属フッ化物，BaF_2 および AgF を BrF_3 に溶解すると，溶媒と反応して $[BrF_4]^-$ を含む塩，すなわち $K[BrF_4]$（式9.61），$Ba[BrF_4]_2$ および $Ag[BrF_4]$ が生成する．一方，フッ化物である溶質の方が BrF_3 よりも強い F^- 受容体であれば，$[BrF_2]^+$ を含む塩が生成する（式9.62~9.64）．

$$KF + BrF_3 \rightarrow K^+ + [BrF_4]^- \quad (9.61)$$
$$SbF_5 + BrF_3 \rightarrow [BrF_2]^+ + [SbF_6]^- \quad (9.62)$$
$$SnF_4 + 2BrF_3 \rightarrow 2[BrF_2]^+ + [SnF_6]^{2-} \quad (9.63)$$
$$AuF_3 + BrF_3 \rightarrow [BrF_2]^+ + [AuF_4]^- \quad (9.64)$$

$[BrF_2][SbF_6]$ と $Ag[BrF_4]$，または $[BrF_2]_2[SnF_6]$ および $K[BrF_4]$ を含む溶液の伝導度を測定すると，反応物のモル比がそれぞれ 1:1 および 1:2 のときに最小値を示す．これらのデータは，式9.65 および 9.66 の中和反応が起こっていることを示している．

$$[BrF_2][SbF_6] + Ag[BrF_4] \rightarrow Ag[SbF_6] + 2BrF_3 \quad (9.65)$$
酸   塩基

$$[BrF_2]_2[SnF_6] + 2K[BrF_4] \longrightarrow K_2[SnF_6] + 4BrF_3 \quad (9.66)$$
酸　　　　　塩基

BrF$_3$ 中での反応

BrF$_3$ 溶媒中で研究された反応のほとんどはフッ素化反応であり，高度にフッ素化された化学種を生成する．たとえば，Ag[SbF$_6$] は液体 BrF$_3$ 中で1：1のモル比の Ag および Sb 単体から合成できる（式 9.67）．一方，K$_2$[SnF$_6$] は，モル比 2：1 の KCl と Sn を液体 BrF$_3$ 中で混合すると生成する（式 9.68）．

$$Ag + Sb \xrightarrow{BrF_3\text{ 中}} Ag[SbF_6] \quad (9.67)$$

$$2KCl + Sn \xrightarrow{BrF_3\text{ 中}} K_2[SnF_6] \quad (9.68)$$

溶媒留去による反応生成物の分離が難しい H$_2$SO$_4$ と対照的に，BrF$_3$ は減圧下で留去可能である（$\Delta_{vap}H^\circ = 47.8$ kJ mol^{-1}）．他の多くのフッ素化された無機化合物も，式 9.67 あるいは 9.68 と同様の方法で合成できる．式 9.69～9.72 には，さらなる反応例を示した．

$$Ag + Au \xrightarrow{BrF_3\text{ 中}} Ag[AuF_4] \quad (9.69)$$

$$KCl + VCl_4 \xrightarrow{BrF_3\text{ 中}} K[VF_6] \quad (9.70)$$

$$2ClNO + SnCl_4 \xrightarrow{BrF_3\text{ 中}} [NO]_2[SnF_6] \quad (9.71)$$

$$Ru + KCl \xrightarrow{BrF_3\text{ 中}} K[RuF_6] \quad (9.72)$$

この方法で合成した化合物のいくつかは，F$_2$ をフッ素化剤として利用しても合成できる．しかし，F$_2$ を用いた反応は，通常，高い温度を要し，反応の選択性は必ずしもよくない．

BrF$_3$ と同様の振舞いをする非水溶媒で，よい酸化剤でありフッ素化剤である試薬は，ClF$_3$，BrF$_5$ および IF$_5$ である．

練習問題

1. BrF$_3$ に溶かしたとき，AgF はどのように働くか示せ．
　　　　　　　　　　　　　　　　　　　　［答　式 9.61 と類似］
2. AgF と SbF$_5$ を BrF$_3$ に溶かすと，Ag[SbF$_6$] が生成する．この反応における溶媒の役割を述べよ．
3. NaCl と RhCl$_3$ を液体 IF$_5$ に溶かすと，ロジウム(V) の塩が得られる．この生成物の考えられる化学式を記せ．
　　　　　　　　　　　　　　　　　　　　［答　Na[RhF$_6$]］
4. BrF$_3$ に金属タングステンを溶かすと W(VI) 化合物が生成する．(a) 生成物は何か．(b) ある物質の酸化は他の物質の還元を伴う．考えられる還元生成物を記せ．
　　　　　　　　　　　　　　［答　(a) WF$_6$, (b) Br$_2$］

9・11 四酸化二窒素

物理的性質

表 9・9 と図 9・2 から，N$_2$O$_4$ が液体として存在する温度

表 9・9 四酸化二窒素 N$_2$O$_4$ の代表的な物理的性質

性質/単位	値
融点/K	261.8
沸点/K	294.2
液体の密度/g cm^{-3}	1.49 (273 K)
比誘電率	2.42 (291 K)

範囲が非常に狭いことがわかる．この狭い温度範囲と低い比誘電率（これは大部分の無機化合物にとって都合のよくない溶媒であることを意味する）にもかかわらず，N$_2$O$_4$ は合成溶媒として重要である．

$$N_2O_4 \rightleftharpoons [NO]^+ + [NO_3]^- \quad (9.73)$$

N$_2$O$_4$ に対して提案されている自己イオン化過程は式 9.73 に示されている．しかし，伝導度データはこの過程がわずかにしか起こっていないことを示しており，この平衡式に対する物理的な証明は不十分である．しかし，溶媒中で [NO$_3$]$^-$ が存在することは，液体 N$_2$O$_4$ と [Et$_4$N][NO$_3$]（非常に低い格子エネルギーのために可溶である）との間で速い硝酸イオンの交換が起こることによって示されている．溶媒を基準とした酸–塩基の定義によれば，N$_2$O$_4$ 中での酸の挙動は [NO]$^+$ の生成によって，塩基の挙動は [NO$_3$]$^-$ の生成によって特徴づけられる．このとき，平衡 9.73 の反応が想定されている．液体 N$_2$O$_4$ 中での反応のうち，平衡 9.74 に基づいて説明できるものもあるが，この平衡を確認できる物理的証拠はない．

$$N_2O_4 \rightleftharpoons [NO_2]^+ + [NO_2]^- \quad (9.74)$$

N$_2$O$_4$ 中の反応

液体 N$_2$O$_4$ 中で行われる反応は，通常，N$_2$O$_4$ がよい酸化剤であり（**Box 9・2** 参照），ニトロ化剤である性質を利用している．Li や Na のような電気的に陽性な金属は，液体 N$_2$O$_4$ 中で反応して NO を発生する（式 9.75）．

$$Li + N_2O_4 \longrightarrow LiNO_3 + NO \quad (9.75)$$

より反応性の低い金属は，ClNO，[Et$_4$N][NO$_3$] または MeCN のような供与性有機化合物が存在する場合，速やかに反応するであろう．これらの反応はつぎのように説明できる．

- ClNO は液体 N$_2$O$_4$ 中で非常に弱い酸と考えられるため，金属との反応を促進する（式 9.76）．

$$Sn + 2ClNO \xrightarrow{\text{液体 N}_2\text{O}_4\text{ 中}} SnCl_2 + 2NO \quad (9.76)$$

- [Et$_4$N][NO$_3$] は液体 N$_2$O$_4$ 中で塩基として働き，Zn や Al のような金属と反応してニトラト錯体を生成する（式

9・11 四酸化二窒素

応用と実用化

Box 9・2　アポロ計画における燃料としての液体 N_2O_4

アポロ月計画では，月面に着陸し，離陸するために適した燃料が求められていた．その燃料として選ばれたのが，液体 N_2O_4 とヒドラジン（N_2H_4）の誘導体の混合物である．四酸化二窒素は強力な酸化剤であり，たとえば $MeNHNH_2$ に接触すると次式のように瞬時にこれを酸化する．

$$5N_2O_4 + 4MeNHNH_2 \longrightarrow 9N_2 + 12H_2O + 4CO_2$$

この反応は非常に発熱的であり，その動作温度では，生成物はすべて気体である．

安全性は最も重要である．その燃料どうしは，着陸や離陸に必要となる瞬間まで互いに接触させてはならない．加えて，$MeNHNH_2$ はきわめて毒性が高い．

写真：月軌道上のアポロ17号司令船［NASA/Science Photo Library/amanaimages］

9.77)．この錯体は，水溶液系でのヒドロキソ錯体と類似の関係にある．図 9・7 に $[Zn(NO_3)_4]^{2-}$ の構造を示す．

$$Zn + 2[Et_4N][NO_3] + 2N_2O_4$$
$$\longrightarrow [Et_4N]_2[Zn(NO_3)_4] + 2NO \quad (9.77)$$

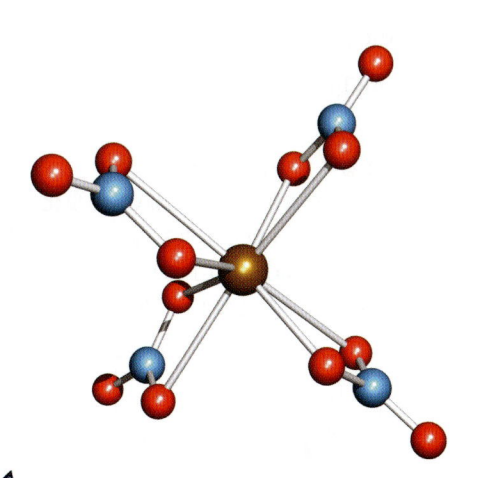

図 9・7　$[Ph_4As]_2[Zn(NO_3)_4]$ 中の $[Zn(NO_3)_4]^{2-}$ の固体状態での構造（X線回折）．それぞれの $[NO_3]^-$ 配位子は，$Zn(II)$ 中心に 2 個の O 原子を介して配位しており，一方の Zn-O 結合は短く（平均 206 pm），他方は長くなっている（平均 258 pm）［C. Bellitto et al. (1976) J. Chem. Soc., Dalton Trans., p. 989］．原子の色表示：Zn 茶色，N 青色，O 赤色．

- 供与性有機分子は，$[NO]^+$ と付加物を形成することで溶媒の自己イオン化の程度を増大し，金属との反応を容易にすると思われる．たとえば，Cu は式 9.78 に従って液体 N_2O_4/MeCN に溶解し，Fe も同様に溶けて $[NO][Fe(NO_3)_4]$ を生じる．

$$Cu + 3N_2O_4 \xrightarrow{\text{MeCN 存在下}} [NO][Cu(NO_3)_3] + 2NO \quad (9.78)$$

$[NO][Cu(NO_3)_3]$，$[NO][Fe(NO_3)_4]$，$[NO]_2[Zn(NO_3)_4]$，および $[NO][Mn(NO_3)_4]$ のような化合物中の $[NO]^+$ の存在は，錯体の赤外スペクトルでの約 2300 cm^{-1} の特徴的な吸収（ν_{NO}）によって確認できる．

水中で化合物の加水分解が起こるのと同様に（§7・7 参照），式 9.79 のような加溶媒分解が液体 N_2O_4 中で起こりうる．このような反応は，金属硝酸塩無水物の合成経路として重要である．

$$ZnCl_2 + 2N_2O_4 \longrightarrow Zn(NO_3)_2 + 2ClNO \quad (9.79)$$

液体 N_2O_4 中で行われる多くの反応では，$[Fe(NO_3)_3]\cdot 1.5N_2O_4$，$[Cu(NO_3)_2]\cdot N_2O_4$，$[Sc(NO_3)_3]\cdot 2N_2O_4$，および $[Y(NO_3)_3]\cdot 2N_2O_4$ のような溶媒和された生成物が得られる．水溶液系から単離された結晶で結晶水分子が存在するのと同様に，N_2O_4 の分子の存在を示唆するこのような化学式表示が正しい場合がある．しかし，溶媒和された化合物の X線回折によって，N_2O_4 分子として存在するのではなく，

[NO]$^+$と[NO$_3$]$^-$が存在することが明らかにされている例もある．結晶学的に同定された初期の例に[Sc(NO$_3$)$_3$]・2N$_2$O$_4$および[Y(NO$_3$)$_3$]・2N$_2$O$_4$があり，これらの組成は[NO]$_2$[Sc(NO$_3$)$_5$]および[NO]$_2$[Y(NO$_3$)$_5$]であることが確認されている．[Y(NO$_3$)$_5$]$^{2-}$中のY(III)中心は，ニトラト配位子が二座配位することで十配位になっており，一方，[Sc(NO$_3$)$_5$]$^{2-}$中のSc(III)中心は，1個の[NO$_3$]$^-$配位子が単座配位することで九配位になっている（§25・7参照）．

練習問題

1. 式9.76で，ClNOが弱い酸として働くのはなぜか．
2. N$_2$O$_4$/MeNO$_2$中での金属ウランとN$_2$O$_4$との反応は，八配位のウランを含む[UO$_2$(NO$_3$)$_3$]$^-$を生成する．(a) [UO$_2$(NO$_3$)$_3$]$^-$の構造を記せ．(b) 対イオンを同定せよ．
   [答 M.-J. Crawford et al. (2005) *Inorg. Chem.*, vol. 44, p. 8481参照]
3. 液体N$_2$O$_4$中でのナトリウムの反応式を書け．
   [答 式9.75と同様である]
4. つぎの反応が中和反応に分類されるのはなぜか．

$$\text{AgNO}_3 + \text{NOCl} \xrightarrow{\text{液体 N}_2\text{O}_4\text{中}} \text{AgCl} + \text{N}_2\text{O}_5$$

9・12 イオン液体

工業プロセスにおいて溶融条件下での反応（溶融反応）は長年利用されている（例 ダウンズ法，図11・1）が，反応溶媒としての**イオン液体**（ionic liquid，**溶融塩** molten saltまたは**融解塩** fused saltともよばれる）の利用は，比較的新しい．いくつかの'溶融塩'は，その語が示唆するように高温で使用されるが，室温で使えるものは，'イオン液体'とよぶ方が適切である．この章ではグリーンケミストリーにかかわる分野についてのみ，簡単に紹介する（Box 9・3参照）．

この分野では，**共融**（eutectic，共晶）という語をよく見かける．共融混合物を形成させる理由は，目的に適した作用温度で溶融系が得られるためである．たとえば，NaClの融点は1073 Kであるが，CaCl$_2$を添加すると，ダウンズ法に見られるように，融点は低下する．

> 共融とは二つの物質が混合した状態であり，それぞれの成分の融点よりも低い明確な融点を示す．共融物は，あたかも一つの物質であるかのように振舞う．

溶融塩溶媒系

NaClのようなイオン性塩が溶融したとき，イオン格子（図6・15参照）は崩壊するが，いくらかの秩序構造はまだ残っている．その証拠はX線回折のパターンから得られ，**動径分布関数**（radial distribution function）から，液体NaCl中のそれぞれのイオンの平均配位数（陽イオン-陰イオン相互作用に関して）は約4である（結晶格子中では6

である）ことが明らかにされている．陽イオン-陽イオンまたは陰イオン-陰イオン相互作用に関して，それらの原子間の距離は，固体中と同様に陽イオン-陰イオン距離よりも長いが，その配位数はより大きくなっている．ただし，固体から液体への相変化に伴って，体積は約10〜15％増大する．溶融状態におけるイオンの数は，§9・8でH$_2$SO$_4$系に対して記述したのと同様な方法で決定でき，溶融NaClで$\nu = 2$である．

他のアルカリ金属のハロゲン化物もNaClと同様に振舞うが，共有結合性の高い結合をもつ金属ハロゲン化物（たとえばHg(II)ハロゲン化物）は，式9.80のような平衡に基づいた溶融状態となる．固体状態においては，HgCl$_2$は分子格子を形成し，HgBr$_2$（ひずんだCdI$_2$型格子）とHgI$_2$は層状構造となっている．

$$2\text{HgBr}_2 \rightleftharpoons [\text{HgBr}]^+ + [\text{HgBr}_3]^- \quad (9.80)$$

非水溶媒における溶媒基準の酸-塩基の記述に従うと，式9.80は，溶融HgBr$_2$中で[HgBr]$^+$を生成する化学種は酸として働き，[HgBr$_3$]$^-$を与える化学種は塩基として働くことを示している．しかし，大部分の溶融塩において，この形式の酸-塩基の定義の適用は妥当ではない．

より扱いやすい作動温度をもつ重要な溶融塩としては，テトラクロロアルミン酸イオン[AlCl$_4$]$^-$を含むものがあげられる（たとえばNaCl-Al$_2$Cl$_6$系）．Al$_2$Cl$_6$の融点は463 K (2.5 bar)であり，それにNaCl（融点 1073 K）を加えた1 : 1混合物の融点は446 Kになる．この系と他のAl$_2$Cl$_6$-アルカリ金属塩化物溶融塩の系においては，平衡9.81と9.82が達成されているが，さらに[Al$_3$Cl$_{10}$]$^-$も副生する（§13・6）．

$$\text{Al}_2\text{Cl}_6 + 2\text{Cl}^- \rightleftharpoons 2[\text{AlCl}_4]^- \quad (9.81)$$

$$2[\text{AlCl}_4]^- \rightleftharpoons [\text{Al}_2\text{Cl}_7]^- + \text{Cl}^- \quad (9.82)$$

室温で液体となるイオン液体化合物

もう一つの確立した有用な系は，Al$_2$Cl$_6$と塩化ブチルピリジニウム[pyBu]Clのような有機物塩から構成されている．反応9.83では[pyBu][AlCl$_4$] **9.4**が生成するが，溶融状態では平衡9.82に従って[Al$_2$Cl$_7$]$^-$ **9.19**が生成する．い

（**9.19**）

くつかの塩の結晶のX線回折の結果，[Al$_2$Cl$_7$]$^-$は，ねじれ形配座または重なり形配座のどちらもとれることが明らかにされている（図9・8）．ラマンスペクトルのデータ（Box 4・

資源と環境

Box 9・3　グリーンケミストリー

我々の環境を守る定常的な活動とともに，'グリーンケミストリー'は現在，研究の最先端にあり，産業にも適用され始めている．米国環境保護局（EPA）は，そのGreen Chemistry Programで，グリーンケミストリーを"汚染を防止する化学ならびに危険物の使用を排除または削減する化学プロセスまたは化学製品の設計"と定義している．欧州化学工業協会（European Chemical Industry Council, CEFIC）は，そのプログラムSustechに基づいて，持続可能な科学技術を開発している．グリーンケミストリーの目標として，再生可能な材料の利用，工業でのより危険性の低い化学薬品の利用，たとえば塩素化有機溶媒または揮発性有機溶媒の新代替溶媒の使用，商業プロセスでのエネルギー消費の削減，工業プロセスで廃棄される化学物質の最小化などがあげられている．

AnastasとWarner（右下の参考文献参照）は，グリーンケミストリーの12の原則を発表している．ここには，研究者および産業界の化学者にとって進めるべき挑戦課題が明らかにされている．

- 廃棄物を出してから処理したり処分するよりは，最初から廃棄物を出さない方がよい．
- プロセスで用いたすべての物質が最大限，最終生成物に取込まれるように，合成法を設計しなければならない．
- 実行可能な限り，人間の健康や環境に対して無毒か毒性のほとんどない物質を使用し，生成するように合成法を設計しなければならない．
- 化学製品は，機能性を保ちながら毒性を減らすように設計しなければならない．
- 補助物質（たとえば溶媒や分離試薬）は可能な限り使わず，使う場合も無毒でなければならない．
- 環境および経済への負担を認識し，エネルギー必要量は最小限にしなければならない．合成は，常温常圧で行わなければならない．
- 技術的および経済的に可能な限り，原材料は枯渇資源ではなく再生可能資源を使用しなければならない．
- 保護/脱保護過程のような不必要な誘導化は，可能な限り避けなければならない．
- 選択性の高い触媒試薬は，化学量論試薬よりも優れている．
- 化学製品は，使用後には環境中に長期にわたって残存せず，無害な分解生成物に分解するよう設計しなければならない．
- 分析手法は，危険物質が生成する前にリアルタイムにプロセス中で監視でき，制御できるように，さらに進歩させなければならない
- 化学プロセスで利用される物質および物質の形状は，化学的な事故，たとえば漏出，爆発，火事などの可能性を最小限にするように選ばれなければならない．

21世紀初頭において，グリーンケミストリーは持続可能な未来に向けた代表的な活動の一つである．論文誌 *Green Chemistry*（英国化学会によって1999年に発刊された）は，この分野の重要な発展について議論する場であり，'グリーンケミストリーのためのイオン液体'は現在市販されている．米国化学会は，グリーンケミストリー研究所と共同して，'化学研究と教育を通して未来の汚染を防ぐ'ために活動している．米国ではグリーンケミストリー大統領賞が1995年に設けられ，学術および商業レベルの両方でのグリーン化技術の開発を促進している（**Box 15・1**参照）．

さらに勉強したい人のための参考文献

P. T. Anastas and J. C. Warner (1998) *Green Chemistry Theory and Practice*, Oxford University Press, Oxford.

M. C. Cann and M. E. Connelly (2000) *Real World Cases in Green Chemistry*, American Chemical Society, Washington, DC.

J. H. Clark and D. Macquarrie, eds (2002) *Handbook of Green Technology*, Blackwell Science, Oxford.

A. Matlack (2003) *Green Chemistry*, p. G7 – 'Some recent trends and problems in green chemistry'.

R. D. Rogers and K. R. Seddon, eds (2002) *Ionic Liquids: Industrial Applications for Green Chemistry*, Oxford University Press, Oxford.

R. A. Sheldon (2005) *Green Chemistry*, vol. 7, p. 267 – 総説：'Green solvents for sustainable organic synthesis: state of the art'.

http://www.epa.gov/greenchemistry
http://www.cefic.be/Templates/shwStory.asp?NID = 478& HID = 53/

'イオン液体'および'超臨界流体'に関する章末の参考文献も参照せよ．

1参照）から，$[Al_2Cl_7]^-$は，Al_2Cl_6-アルカリ金属塩化物系中よりも溶融 Al_2Cl_6-$[pyBu]Cl$ 系中により多く存在することが示されている．

$$Al_2Cl_6 + 2[pyBu]Cl \rightleftharpoons 2[pyBu][AlCl_4] \qquad (9.83)$$

$[pyBu][AlCl_4]$ 系および同様の系（以下参照）の利点は，それらが373K以下で伝導性の液体であることである．それらはイオン液体としてきわめて有用であり，さまざまな無機および有機化合物を溶解する．さらなる有利な性質は，それらの大きな液体温度範囲，高い熱安定性，非揮発性（これ

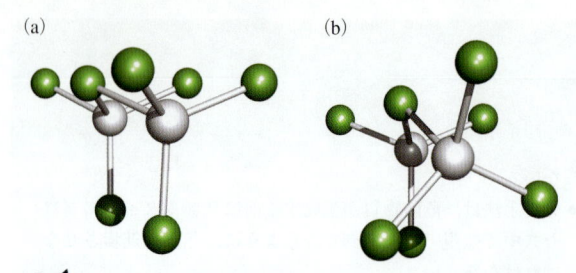

図9・8 結晶学的に決定された $[Al_2Cl_7]^-$ の構造. 化合物 $[(C_6Me_6)_3Zr_3Cl_6][Al_2Cl_7]_2$ 中で, 二つの陰イオンは異なった配座をとっている. (a) 重なり形配座, (b) ねじれ形配座 [F. Stollmaier *et al.* (1981)]. 原子の色表示: Al 灰色, Cl 緑色.

は蒸留による生成物分離を可能にする), そして不燃性である. 揮発性に関して, イオン液体は有機溶媒よりも 'グリーン' である利点 (**Box 9・3** 参照) をもち, 現在では, ディールス・アルダー (Diels-Alder) 反応, フリーデル・クラフツ (Friedel-Crafts) アルキル化およびアシル化反応, そしてヘック (Heck) 反応を含むさまざまな変換反応において有機溶媒の代わりとして利用されている. また, イオン液体は有機金属化合物を溶かす能力をもつため, それらは均一系触媒反応用の溶媒として使用できる場合がある.

イオン液体に利用されている重要な陽イオンには, アルキルピリジニウムイオン (**9.20**), ジアルキルイミダゾリウムイオン (**9.21**), テトラアルキルアンモニウムイオン (**9.22**), そしてテトラアルキルホスホニウムイオン (**9.23**) などがある. イミダゾリウム系のイオン液体は, アルカリ金属や強い塩基 (たとえばグリニャール (Grignard) 試薬, 有機リチウムあるいはアミド試薬) と反応するので, これらの試薬を含む反応には使えない. しかし, ホスホニウム系のイオン液体は強い塩基に耐えるので, たとえば, グリニャール試薬を含む反応で, 伝統的なエーテル溶媒を置き換えられるかもしれない.

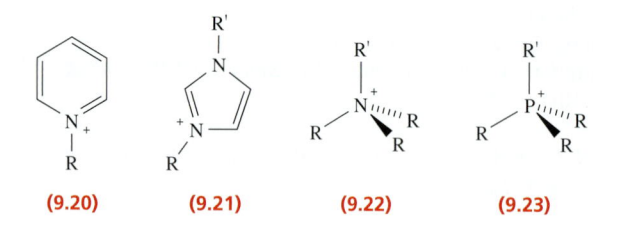

(9.20) **(9.21)** **(9.22)** **(9.23)**

いくつかのイオン液体は, ピリジン, アルキルイミダゾール, NR_3 または PR_3 と適当なアルキル化剤 (これは同時に対イオンを与える) との直接反応によってつくることができる (たとえば式 9.84, 9.85).

(9.84)

(9.85)

化合物の種類は, ルイス酸 (たとえば $AlCl_3$, BCl_3, $CuCl$, $SnCl_2$) との反応, または, 陰イオン交換 (たとえば $[BF_4]^-$, $[PF_6]^-$, $[SbF_6]^-$ または $[NO_3]^-$ との交換) によって拡張できる. ルイス酸との反応では, $[X]Cl$: ルイス酸の比に依存して, 2種類以上の陰イオンが混在する系ができる場合がある (表9・10). イオン液体は, 現在では 'グリーン溶媒'

表9・10 $[X]Cl$とルイス酸の反応から合成されるイオン液体の例. ここで, $[X]^+$はアルキルピリジニウムまたはジアルキルイミダゾリウムイオンである.

イオン液体を形成する試薬	イオン液体中に存在する陰イオン
$[X]Cl + AlCl_3$	Cl^-, $[AlCl_4]^-$, $[Al_2Cl_7]^-$, $[Al_3Cl_{10}]^-$
$[X]Cl + BCl_3$	Cl^-, $[BCl_4]^-$
$[X]Cl + AlEtCl_2$	$[AlEtCl_3]^-$, $[Al_2Et_2Cl_5]^-$
$[X]Cl + CuCl$	$[CuCl_2]^-$, $[Cu_2Cl_3]^-$, $[Cu_3Cl_4]^-$
$[X]Cl + FeCl_3$	$[FeCl_4]^-$, $[Fe_2Cl_7]^-$
$[X]Cl + SnCl_2$	$[SnCl_3]^-$, $[Sn_2Cl_5]^-$

として利用されるので, 使用済み溶媒の廃棄に伴う環境問題の可能性を考慮しておくことは重要である. これは, 加水分解しやすい傾向にあり (たとえば $[AlCl_4]^-$ や $[PF_6]^-$), HCl や HF の発生源となりうる含ハロゲン陰イオンをもつ化合物について, 特に問題となる. **9.24** のようなイオン液体は, アルキル硫酸イオンを含み, ハロゲンを含まないため, よりグリーンな代替物である. 大部分のイオン液体は水に可溶である. 魚に対するそれらの毒性に関する最近の研究は, ある程度の注意を払うことを喚起しており, さらなる毒性評価が必要であることを指摘している*.

(9.24)

フッ素置換されたアルキル鎖をもつ陽イオンの導入は, イオン液体の性質 (たとえば融点, 粘性, 液体範囲) を調整す

---

* C. Pretti *et al.* (2006) *Green Chem.*, vol. 8, p. 238 – 'Acute toxicity of ionic liquids to the zebrafish (*Danio rerio*)'.

もう一つの方法である．イミダゾリウム塩系に加えて，トリアゾリウム塩を含む系が現在注目されている（たとえば構造 **9.25**）．図 9・9 にはそのような構造の一例を示した．こ

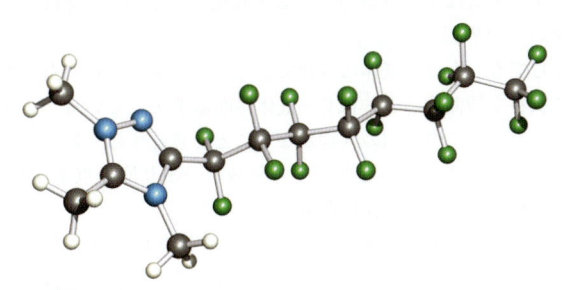

図 9・9 テトラフルオロホウ酸塩中の 1,4,5-トリメチル-3-ペルフルオロオクチル-1,2,4-トリアゾリウム陽イオンの構造（X 線回折）[H. Xue *et al.* (2004) *J. Org. Chem.*, vol. 69, p. 1397]．原子の色表示：C 灰色，N 青色，F 緑色，H 白色．

れらのイオン液体は，約 400 K にわたる広い液体温度範囲をもち，熱安定性が高い．フッ素置換されたアルキル鎖（**9.25** の R_f）の長さが増大するにつれて，固体状態でのパッキングの効率が下がるため，融点が下がる．

R_f	R	X^-
CF_3	CH_3	$[N(SO_2CF_3)_2]^-$
CF_3	$CH_2CH_2CH_2F$	$[N(SO_2CF_3)_2]^-$
C_8F_{17}	CH_3	$[N(SO_2CF_3)_2]^-$
C_8F_{17}	CH_3	$[BF_4]^-$

(9.25)

キラルな陽イオンを含み，純粋な光学異性体がキログラムスケールで合成できるイオン液体も，不斉反応や不斉触媒の溶媒として利用できる可能性をもつ化合物として開発されている．**9.26**（融点 327 K）と **9.27**（融点 < 255 K）がその例であり，両者とも真空中で 423 K まで安定である．

(9.26)　　(9.27)

イオン液体は，有機合成や触媒反応において，広範囲で利用されつつある（章末の'参考文献'参照）．次節では無機化学におけるイオン液体の応用に注目する．

溶融塩 / イオン液体媒体中の反応および応用

溶融金属塩から金属を抽出する工業プロセスは溶融塩の重要な利用例であり，ダウンズ法，溶融 LiCl の電気分解によ る Li の製造，$BeCl_2$ および $CaCl_2$ からの Be および Ca の製造が知られている．

溶融塩溶媒中で行われる反応のすべてについて概説するのは不可能である．そのため，その可能性の幅を示す例をここでは選んだ．いくつかの珍しい陽イオンが，溶融塩中での反応により生成物として単離されている．たとえば，約 570 K の $KCl-BiCl_3$ 溶媒中での Bi と $BiCl_3$ の反応は，$[Bi_9]^{5+}$，$[BiCl_5]^{2-}$，$[Bi_2Cl_8]^{2-}$ から構成される $[Bi_9]_2[BiCl_5]_4[Bi_2Cl_8]$ を生じる．$AlCl_3$ と MCl（M ＝ Na または K）を含む約 530 K の溶融物中での Bi と $BiCl_3$ の反応では，$[Bi_5]^{3+}$（$[Sn_5]^{2-}$ に似た三方両錐形化学種，**図 9・3**）と $[Bi_8]^{2+}$ が生じ，それらは $[AlCl_4]^-$ 塩として単離される．

陰イオン性の d ブロック金属クロロ錯体と有機金属化合物（溶媒によっては安定に存在できない）の電気化学的および分光学的研究は，室温でイオン液体である Al_2Cl_6-塩化エチルピリジニウム，Al_2Cl_6-塩化ブチルピリジニウム，そして Al_2Cl_6-[塩化 1-メチル-3-エチルイミダゾリウム]（1-メチル-3-エチルイミダゾリウム陽イオンは構造 **9.28** に示されている）系中で行うことができる．水溶液中では分解してしまう化学種である $[RuO_2Cl_4]^{2-}$ **9.29** の電子吸収スペクトルの測定は，その一例である．二つ目の例は，マンガ

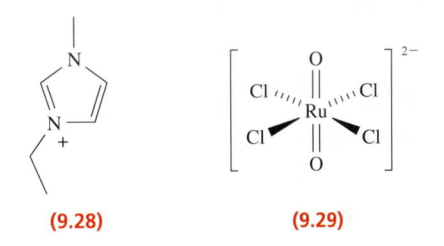

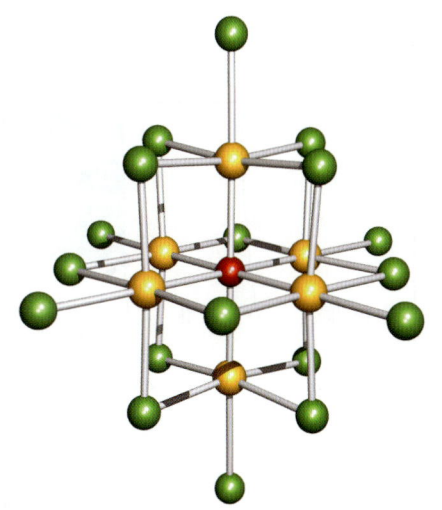

(9.28)　　(9.29)

図 9・10 1-メチル-3-エチルイミダゾリウム塩中の $[Zr_6MnCl_{18}]^{5-}$ の構造（X 線回折）[D. Sun *et al.* (2000) *Inorg. Chem.*, vol. 39, 1964]．原子の色表示：Zr 黄色，Mn 赤色，Cl 緑色．

ンを中心にもつジルコニウム塩化物クラスター $[Zr_6MnCl_{18}]^{5-}$ の単離である（図9・10）．このクラスターおよび関連する化学種は，さらに拡張された構造をもつ固体状態の原料化合物から切出すことができる場合がある．たとえば，固体の $Li_2Zr_6MnCl_{15}$ は，架橋クロロ配位子によって結合された八面体形 Zr_6Mn ユニットをもつ．$Li_2Zr_6MnCl_{15}$ を Al_2Cl_6-塩化1-メチル-3-エチルイミダゾリウム系中で加熱すると，$[Zr_6MnCl_{18}]^{5-}$ の1-メチル-3-エチルイミダゾリウム塩が生成する．イオン液体の利用は，通常の有機溶媒に不溶で，水溶液中では不安定なこのようなクラスターを合成するための一つの手段である．これらの溶融物中の酸化物による汚染（夾雑物）の問題は，毒性の高い気体である $COCl_2$ を添加することによって解決できる．その一例として，Al_2Cl_6-[9.28]Cl 溶融物中での $TiCl_4$ の電気化学的研究があげられる．その系が期待されている $[TiCl_6]^{2-}$ に加えて夾雑物 $[TiOCl_4]^{2-}$ を含んでいる場合，$COCl_2$（§14・8参照）を添加することで，夾雑物がうまく除去される（式9.86）．

$$[TiOCl_4]^{2-} + COCl_2 \longrightarrow [TiCl_6]^{2-} + CO_2 \qquad (9.86)$$

プロトン化された夾雑物もまた問題となるだろう．たとえば，$[Mo_2Cl_8]^{4-}$ を溶融塩溶媒中の $[HMo_2Cl_8]^{3-}$ がある．このような夾雑物は $EtAlCl_2$ を用いることで除去できる．

9・13 超臨界流体

超臨界流体の性質とそれらの溶媒としての利用

1990年代以降，**超臨界流体**（supercritical fluid），特に超臨界二酸化炭素と超臨界水，の性質と応用に関する論文数が著しく増加した．この興味深い研究課題の推進力の一つは，揮発性有機化合物を代替するためのグリーン溶媒の探索である（**Box 9・3** 参照）．**超臨界**（supercritical）という語の意味を，1成分系の圧力-温度相図（図9・11）で説明する．青い実線は相と相の境界を示す．点線は蒸気と気体の区別を示す．蒸気は圧力を増加させると液化できるが，気体はできない．臨界温度 $T_{critical}$ より高い温度では，いかに圧力を高くしても，もはや気体は液化できない．臨界点に達したときに試料を観測すると，液体-気体界面は消失している．これは，もはや二つの相の区別がないことを意味する．臨界温度と臨界圧力より高い温度と圧力領域（つまり臨界点より上）で，物質は超臨界流体になる．

超臨界流体は，溶媒の性質として液体と似た性質を示すが，加えて，気体に似た輸送性を示す．それゆえ，超臨界流体は溶質を溶かすことができるだけでなく，一般的な気体と混ざり合うことができ，固体中の細孔を通過することができる．超臨界流体は粘性が低く，液体よりも高い拡散係数を示す．超臨界流体の密度は，圧力が増大すると増大し，密度が増大すると超臨界流体への溶質の溶解度は劇的に増大する．圧力と温度を変化させることによって性質が調節できるという特性は，これらの流体を抽出試薬として利用するのに有利である．超臨界流体（CO_2）を用いて原料からある物質を抽出するときは，まず，物質を超臨界流体に分配させ，つづいて温度と圧力を変えることで CO_2 を気化させて純粋な溶質を単離する．用いた超臨界流体は，温度と圧力の条件変化を逆転させることで，最終的に再利用できる（**Box 9・4** 中の図参照）．

表9・11は超臨界流体として利用される代表的な化合物の臨界温度および圧力を示す．化合物の入手のしやすさ，低いコスト，無毒性，化学的な安定性と不燃性を総合的に考えると，CO_2 の臨界温度と臨界圧力はとても扱いやすく，超臨界 CO_2（$scCO_2$）溶媒としての価値は高い．Box 9・4 にその工業的な利用例を示す．

$scCO_2$ はさまざまな抽出プロセスにおける有機溶媒の'ク

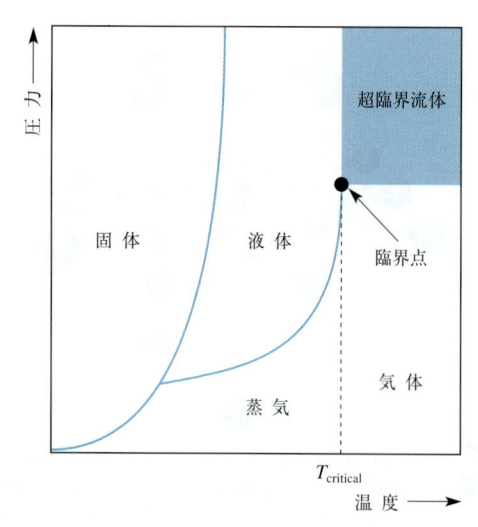

図9・11 単一成分系の簡単な圧力-温度相図

表9・11 超臨界流体として利用される代表的な化合物の臨界温度と臨界圧力

化合物	臨界温度 / K	臨界圧力 / MPa[†]
キセノン	289.8	5.12
二酸化炭素	304.2	7.38
エタン	305.4	4.88
プロパン	369.8	4.25
アンモニア	405.6	11.28
ペンタン	469.7	3.37
エタノール	516.2	6.38
トルエン	591.8	4.11
1,2-エタンジアミン	593.0	6.27
水	647.3	22.05

† bar 単位に変換するときは10倍する．

応用と実用化

Box 9・4 超臨界 CO_2 を用いたクリーンな技術

超臨界 CO_2（$scCO_2$）が重要な役割を果たしている産業分野を，図 9・12 にまとめた．食品，たばこ（ニコチン抽出）および製薬工業での抽出プロセスが中心となっている．超臨界 CO_2 はカフェインの選択的な抽出試薬である．コーヒーや紅茶のカフェイン除去に，超臨界流体は初めて商業的に応用され，つづいてビール工業でのホップの抽出に利用された．溶媒抽出はバッチ処理，または超臨界 CO_2 が下記の図式に従ってリサイクルされる連続処理によって行われている．

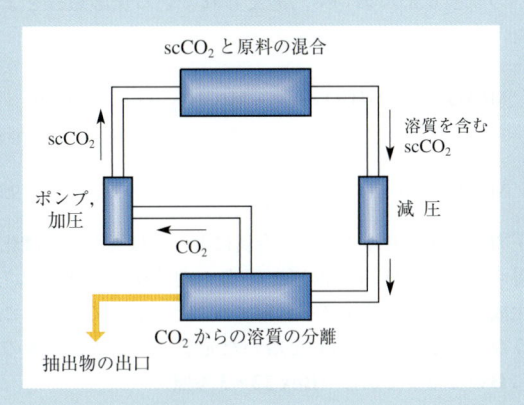

```
         scCO₂と原料の混合
    ┌──────────────┐
    │              │ 溶質を含む
scCO₂↑              ↓scCO₂
    │              │
 ポンプ,           減 圧
 加圧              
    │      CO₂     │
    └──────────────┘
         CO₂からの溶質の分離
         ↓
      抽出物の出口
```

コレステロール（血液中の高レベルのコレステロールは心臓疾患と関係する）は $scCO_2$ に可溶なので，この超臨界流体は卵黄，肉，乳からコレステロールを抽出するのに使われてきた．コレステロールレベルを低減した食料品の生産に，$scCO_2$ は幅広く応用できる可能性がある．コメからの殺虫剤の抽出にも，$scCO_2$ が商業的に利用されている．$scCO_2$ を利用して，ショウガの根，カモミールの葉，バニラの種，ミントの葉，ラベンダーの花，レモンの皮などの植物から風味や香りを抽出する研究が多く行われてきた．食品工業における商業的利用としては，風味や薬味の抽出，たとえば赤唐辛子からの着色剤の抽出があげられる．超臨界 CO_2 は，天然物からの特定化合物の抽出にも利用できる．一つの例は，抗がん剤であるタキソール（taxol）である．これは，太平洋イチイの木の皮から抽出できる（この薬は多段階反応によって合成することもできる）．$scCO_2$ は，健康食品として利用される藍藻類スピルリナ（*Spirulina platensis*）にも利用可能である．スピルリナはタンパク質が豊富で，食品添加物や製薬に利用される．しかし，欠点もあり，スピルリナ粉末は不快な臭いをもつ．スピルリナの有効成分の抽出に $scCO_2$ を用いるとこの臭いも除けることが，研究によって示されている．

超臨界流体クロマトグラフィー（SFC）の技術は，高速液体クロマトグラフィー（HPLC, **Box 14・6** 参照）と似ているが，分離がより高速で，使用する有機溶媒が最小限でよいという，HPLC を上回る大きな利点がある．製薬工業では SFC が光学活性な天然物の分離に利用されている．

有機溶媒の代わりに $scCO_2$ を用いて高純度のポリマーを製造する新しい技術の開発は，活発に研究されている分野であり，ポリマー製造で発生する膨大な量の毒性廃棄物の削減が，ポリマー工業界の重要な狙いである．2002 年，DuPont 社（www.dupont.com）は，$scCO_2$ 技術を利用して製造した初めての商業的な Teflon（テフロン）樹脂を市場に出した．他のフッ素ポリマー製造業者もこれに続くであろう．

発展の可能性に満ちている分野の一つは，洗浄用溶剤としての $scCO_2$ の利用である．衣類のドライクリーニングにはすでに導入されており，その利用は近い将来，さらに広がるであろう．超臨界 CO_2 は，光学および電子機器，さらには過酷な使用に耐えるバルブ，タンク，パイプの洗浄にも利用されている．

超臨界 CO_2 は，材料加工の分野においても利用が始まっている．**超臨界溶液の迅速膨張**（rapid expansion of supercritical solutions，RESS）は，超臨界流体をある溶質で飽和させ，ついでノズルから吹き出させて（圧力を下げることで）迅速に膨張させる方法である．これによって溶質が核形成し（たとえばポリ塩化ビニル PVC などのポリマー），必要に応じて粉末，薄膜，繊維を作製できる．Union Carbide 社は，車などのさまざまな物体に塗料を噴霧するのに，有機溶媒の代わりに $scCO_2$ を利用する方法（UNICARB®）を開発した．

織物工業においても，水の代わりに $scCO_2$ を使える可能性がある．織物を織る間に，織り糸は'サイズ（size）'とよばれる高分子によって被覆され，強化される．伝統的な'サイジング'または'スラッシング（slashing）'処理では大量の水が使われ，過剰のポリマーの除去処理が必要な排水を生じる．加えて，織り糸はサイズ処理の後で乾燥させなければならず，これはかなりのエネルギーを消費する．サイジングの水溶媒を非水溶媒の $scCO_2$ で置換できれば，サイズ処理が均一に行える（伝統的な水を用いた被覆処理法では，いつも均一にできるわけではなかった），乾燥処理が必要ない，$scCO_2$ は使用後に再利用できる，そしてサイジング処理の最後に廃溶媒がまったく出ないという，多くの利点がもたらされる．超臨界 CO_2 は染色にも利用でき，その利用が一般化されれば，織物工業から排出される大量の廃水が出ないようにすることができる．

上記の例においては，超臨界 CO_2 は，有機溶媒の利用の劇的な削減を可能にするクリーンな技術として使われており，21 世紀には，商業プロセスでの超臨界流体の利用が増加するのは必至である．

さらに勉強したい人のための参考文献

N. Ajzenberg, F. Trabelsi and F. Recasens (2000) *Chemical Engineering and Technology*, vol. 23, p. 829—'What's new in industrial polymerization with supercritical solvents?'

リーンな'代替物であるが，非極性である．scCO$_2$ の性質は典型的な非極性有機溶媒と同傾向というわけではないが，その極性化合物の抽出能力は相対的にあまりよくない．極性化合物の溶解は，scCO$_2$ へ臨界未満の共溶媒（調節剤，変性剤）を添加することによって改善できる．H$_2$O と MeOH の二つがよく用いられる．水に可溶な頭部と CO$_2$ に適する尾部をもった界面活性剤を利用すると，scCO$_2$ 中に分散した水のポケットができる．その結果，水溶液の化学を本質的に非水性の環境で行うことができる．この系の有利な点は，水には通常溶けないが scCO$_2$ には溶ける試薬が，水に可溶な試薬と密に接触できるようになることである．

よく研究されている溶媒としては，ほかに超臨界 NH$_3$ と H$_2$O の二つがある．超臨界 NH$_3$ の臨界温度と圧力は利用しやすい（表9・11）が，化学的に非常に反応性が高く，大きなスケールでの応用にはかなり危険を伴う．超臨界 H$_2$O は臨界温度と圧力が相対的に高いため（表9・11），使いにくい．それでもなお，超臨界 H$_2$O には溶媒として重要な利点がある．水の臨界点での密度は 0.32 g cm^{-3} であり，超臨界相での密度は温度と圧力を変化させることで制御できる．臨界未満の H$_2$O と異なり，超臨界 H$_2$O は非極性溶媒のように振舞う．そのため，超臨界 H$_2$O は無機塩に対する良い溶媒ではないが，非極性の有機化合物を溶かすことができる．毒性が高く危険な有機廃棄物の**超臨界水酸化反応**（supercritical water oxidation または**水熱酸化** hydrothermal oxidation）処理はこの性質に基づいている．適当な酸化剤の共存下，scH$_2$O 中の液体有機廃棄物は CO$_2$，H$_2$O，N$_2$，そしてその他の気体生成物に，100%に達する効率で変換される．窒素や硫黄の酸化物のような環境的に好ましくない生成物が生成しない程度にその作用温度は十分低く，排水処理産業においては，汚泥処理に超臨界水酸化反応が利用でき，この目的でつくられた最初の商業プラントが 2001 年に米国テキサス州で操業を始めた．

超臨界流体が商業的に利用された初期の例としては，コーヒーの脱カフェイン（1978 年）とホップの抽出（1982 年）がある．合算すると，これらの利用は，2001 年の世界の超臨界流体を利用した製造プロセスの半分以上を占めている（図9・12）．

無機化学のための溶媒としての超臨界流体

本節では，超臨界水（scH$_2$O）と超臨界アンモニア（scNH$_3$）中で行われる無機反応の代表例を紹介する．この二つの物質の臨界温度と臨界圧力を表9・11に示した．scH$_2$O の重要な応用例は，金属塩からの金属酸化物の水熱合成（または超臨界水熱結晶化）である．式 9.87 と 9.88 には，金属硝酸塩（たとえば M = Fe(III)，Co(II) または Ni(II)）から酸化物への変換反応において，考えられている反応過程をまとめた．

$$M(NO_3)_{2x} + 2xH_2O \xrightarrow{scH_2O} M(OH)_{2x}(s) + 2xHNO_3 \quad \text{加水分解} \quad (9.87)$$

$$M(OH)_{2x}(s) \xrightarrow{scH_2O} MO_x(s) + xH_2O \quad \text{脱 水} \quad (9.88)$$

圧力を変化させることで，金属によっては異なった酸化物が得られる．scH$_2$O の温度と圧力を調節することによって，生成する粒子のサイズを制御することも可能である．このような反応制御は，TiO$_2$ を用いた光学コーティング剤の生産において重要である（**Box 22・3** 参照）．

§**9・6** で，液体アンモニア中でのアンミンおよびアミド金属錯体の生成について述べた．FeCl$_2$ と FeBr$_2$ は，scNH$_3$ 中，670 K で錯体 [Fe(NH$_3$)$_6$]X$_2$（X = Cl，Br）を形成する．一方，Fe または Mn と I$_2$ を scNH$_3$ 中で反応させると，[M(NH$_3$)$_6$]I$_2$（M = Fe または Mn）が生成するが，600 MPa および 670〜870 K の条件下では，Mn と scNH$_3$ の反応によって窒化マンガン Mn$_3$N$_2$ が生成する．反応混合物に I$_2$，K または Rb を加えると，アンミンまたはアミド錯体の単結晶を成長させることができ，結果として，Mn$_3$N$_2$ より優先して [Mn(NH$_3$)$_6$]I$_2$，K$_2$[Mn(NH$_2$)$_4$]，または Rb$_2$[Mn(NH$_2$)$_4$] が得られる．同様に γ-Fe$_4$N は，scNH$_3$ 中で [Fe(NH$_3$)$_6$]I$_2$ から 600〜800 MPa，730〜850 K で得られる．773 K，600 MPa での CrI$_2$ の scNH$_3$ 中での反応は，陽イオン **9.30** を含む [Cr$_2$(NH$_3$)$_6$(μ-NH$_2$)$_3$]I$_3$ を生成する．

$$\left[\text{Cr}_2(\text{NH}_3)_6(\mu\text{-NH}_2)_3 \right]^{3+}$$

(9.30)

超臨界アンモニアは，複雑な組成の金属硫化物の形成に有用な溶媒であることがわかっている．そのような金属硫化物としては，K$_2$Ag$_6$S$_4$（反応 9.89），KAgSbS$_4$，Rb$_2$AgSbS$_4$，

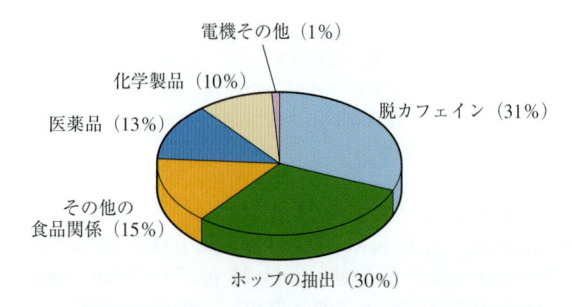

図9・12 超臨界流体プロセスを利用した全世界の商業生産（2001 年，96 億ドル）の内訳（%）［データ: Kline & Company, Inc., www.klinegroup.com］

- 脱カフェイン（31%）
- ホップの抽出（30%）
- その他の食品関係（15%）
- 医薬品（13%）
- 化学製品（10%）
- 電機その他（1%）

KAg_2SbS_4, KAg_2AsS_4, $RbAg_2SbS_4$ などがあげられる. $scNH_3$ を利用することによって, これらの金属硫化物固体を, $SrCu_2SnS_4$ のような関連化合物の合成に使われてきた従来法よりも低い温度で合成できるようになった.

$$K_2S_4 + 6Ag \xrightarrow{scNH_3} K_2Ag_6S_4 \qquad (9.89)$$

このタイプの化合物の K^+ または Rb^+ を Fe^{2+} (式9.90), Mn^{2+}, Ni^{2+}, La^{3+} (式9.91) または Yb^{3+} (式9.92) で置き換えると, その生成物は $[M(NH_3)_n]^{2+}$ または $[M(NH_3)_n]^{3+}$ を含んだものになる. 式9.91 および式9.92 の La^{3+} と Yb^{3+} 化合物は, ホモレプチックなランタノイドアンミン錯体の初めての例である.

$$16Fe + 128Cu + 24Sb_2S_3 + 17S_8 \xrightarrow{scNH_3} 16[Fe(NH_3)_6][Cu_8Sb_3S_{13}] \qquad (9.90)$$

$$La + Cu + S_8 \xrightarrow{scNH_3} [La(NH_3)_8][Cu(S_4)_2] \qquad (9.91)$$

$$Yb + Ag + S_8 \xrightarrow{scNH_3} [Yb(NH_3)_9][Ag(S_4)_2] \qquad (9.92)$$

> ホモレプチック錯体 (homoleptic complex) は $[ML_x]^{n+}$ の組成をもち, すべての配位子が同一である. ヘテロレプチック錯体 (heteroleptic complex) では, 金属に結合している配位子は同一ではない.

重要な用語

本章では以下の用語が紹介されている. 意味を理解できるか確認してみよう.

- ☐ 非水溶媒 (non-aqueous solvent)
- ☐ 比誘電率 (relative permittivity)
- ☐ 配位性溶媒 (coordinating solvent)
- ☐ プロトン性溶媒 (protic solvent)
- ☐ 非プロトン性溶媒 (aprotic solvent)
- ☐ 溶媒を基準とした酸-塩基 (solvent-oriented acid and base)
- ☐ 水平化効果 (leveling effect)
- ☐ 差別化効果 (differentiating effect)
- ☐ 伝導度滴定 (conductiometric titration)
- ☐ 超 酸 (superacid)
- ☐ イオン液体 (ionic liquid；溶融塩 molten salt または融解塩 fused salt)
- ☐ 共 融 (eutectic, 共晶)
- ☐ 超臨界流体 (supercritical fluid)

さらに勉強したい人のための参考文献

概論：非水溶媒

C. C. Addison (1980) *Chemical Reviews*, vol. 80, p. 21 －非水溶媒中における N_2O_4 と HNO_3 の利用について注目した文献.

J. R. Chipperfield (1999) *Non-aqueous Solvents*, Oxford University Press, Oxford － OUP Primer シリーズの1冊で, 非水溶媒に関する良い入門書.

R. J. Gillespie and J. Passmore (1971) *Accounts of Chemical Research*, vol. 4, p. 413 －多価陽イオンの調製における非水溶媒 (HF, SO_2 および HSO_3F) の利用に注目した文献.

K. M. Mackay, R. A. Mackay and W. Henderson (2002) *Modern Inorganic Chemistry*, 6th edn, Blackie, London －第6章で非水溶媒について概説している.

G. Mamantov and A.I. Popov, eds (1994) *Chemistry of Non-aqueous Solutions: Recent Advances*, VCH, New York －非水溶媒に関する最新のトピックスを含む総説集.

T. A. O'Donnell (2001) *European Journal of Inorganic Chemistry*, p. 21 －さまざまなイオン化溶媒中における無機溶質の化学種同定について概観した総説.

液体 NH_3 中の金属

J. L. Dye (1984) *Progress in Inorganic Chemistry*, vol. 32, p. 327.

P. P. Edwards (1982) *Advances in Inorganic Chemistry and Radiochemistry*, vol. 25, p. 135.

超 酸

R. J. Gillespie (1968) *Accounts of Chemical Research*, vol. 1, p. 202.

G. A. Olah, G. K. S. Prakash and J. Sommer (1985) *Superacids*, Wiley, New York.

G. A. Olah, G. K. S. Prakash and J. Sommer (1979) *Science*, vol. 206, p. 13.

C. A. Reed (2005) *Chemical Communications*, p. 1669.

イオン液体

J. H. Davies, Jr and P. A. Fox (2003) *Chemical Communications*, p. 1209.

C. M. Gordon (2001) *Applied Catalysis A*, vol. 222, p. 101.

C. L. Hussey (1983) *Advances in Molten Salt Chemistry*, vol. 5, p. 185.

H. Olivier-Bourbigou and L. Magna (2002) *Journal of Molecular Catalysis A*, vol. 182-183, p. 419.

K. R. Seddon (1997) *Journal of Chemical Technology and Biotechnology*, vol. 68, p. 351.

R. Sheldon (2001) *Chemical Communications*, p. 239.

C. E. Song (2004) *Chemical Communications*, p. 1033.

P. Wasserscheid and W. Keim (2000) *Angewandte Chemie International Edition*, vol. 39, p. 3772.

H. Xue and J. M. Shreeve (2005) *European Journal of Inorganic Chemistry*, p. 2573.

超臨界流体

D. Bröll, C. Kaul, A. Krämer, P. Krammer, T. Richter, M. Jung, H. Vogel and P. Zehner (1999) *Angewandte Chemie International Edition*, vol. 38, p. 2998.

M. J. Clarke, K. L. Harrison, K. P. Johnston and S. M. Howdle (1997) *Journal of the American Chemical Society*, vol. 199, p. 6399.

J. A. Darr and M. Poliakoff (1999) *Chemical Reviews*, vol. 99, p. 495：この文献と同じ号中の他の文献も, 超臨界流体のさまざまな側面を扱っている.

M. A. McHigh and V. J. Krukonis (1994) *Supercritical Fluid Extraction, Principles and Practice*, 2nd edn, Butterworth-Heinemann, Stoneham.

P. Raveendran, Y. Ikushima and S. L. Wallen (2005) *Accounts of Chemical Research*, vol. 38, p. 478.

P. Wasserscheid and T. Welton, eds (2002) *Ionic Liquids in Synthesis*, Wiley-VCH, Weinheim.

H. Weingärtner and E. U. Franck (2005) *Angewandte Chemie International Edition*, vol. 44, p. 2672.

問 題

9・1 (a) 有機化学でよく使われる非水溶媒を4種あげ、それぞれの溶媒中で行われる反応例を一つずつ示せ。(b) 一般的な有機および無機合成における水および非水溶媒の使用の相対的な重要性を評価せよ。

9・2 溶媒の比誘電率について説明せよ。ある反応の溶媒を選択するときに、この性質がどんな情報をもたらすか。

9・3 つぎの溶媒のどれが極性をもつか。(a) アセトニトリル、(b) 水、(c) 酢酸、(d) フルオロスルホン酸、(e) ジクロロメタン、(f) 三フッ化臭素、(g) ヘキサン、(h) THF、(i) DMF、(j) 液体二酸化硫黄、(k) ベンゼン

9・4 液体アンモニア中でのつぎの反応（左辺に示した比で反応させる）で期待される生成物を答えよ。

(a) $ZnI_2 + 2KNH_2 \longrightarrow$
(b) (a) の亜鉛を含む生成物と過剰の KNH_2
(c) $Mg_2Ge + 4NH_4Br \longrightarrow$
(d) $MeCO_2H + NH_3 \longrightarrow$
(e) $O_2 \xrightarrow{Na/液体 NH_3}$
(f) $HC\equiv CH + KNH_2 \longrightarrow$

反応 (d) は、水溶液中での $MeCO_2H$ の挙動とどのように違うか。

9・5 つぎの実験事実を説明せよ。
(a) 亜鉛はナトリウムアミドの液体 NH_3 溶液に水素を発生しながら溶解する。得られた溶液にヨウ化アンモニウムを少量ずつ加えると、白色沈殿が生じる。その沈殿に過剰のヨウ化アンモニウムを加えると溶解する。
(b) 水に K を加えると激しく反応する。液体アンモニアに K を加えると明るい青色の溶液が得られ、ゆっくりと水素が発生する。

9・6 液体 NH_3 中での化学反応の初期の研究において、窒素化合物の液体アンモニア中での挙動は、酸素を含む類似の化学種の水中での挙動と似ていると指摘されていた。たとえば、$K[NH_2]$ は $K[OH]$ の類似種であり、$[NH_4]Cl$ は $[H_3O]Cl$ の類似種である。つぎの含酸素化合物に対応する含窒素化合物は何か。(a) H_2O_2、(b) HgO、(c) HNO_3、(d) $MeOH$、(e) H_2CO_3、(f) $[Cr(OH_2)_6]Cl_3$

9・7 つぎの実験事実を説明せよ。AlF_3 は液体 HF にほとんど溶けないが、これに NaF を加えると溶ける。その溶液に BF_3 を加えると沈殿が生成する。

9・8 つぎのそれぞれの化合物を液体 HF に溶かしたときに起こる反応の式を記せ。(a) ClF_3、(b) MeOH、(c) Et_2O、(d) CsF、(e) SrF_2、(f) $HClO_4$

9・9 $H_2S_2O_7$ は H_2SO_4 中で一塩基酸として働く。(a) $H_2S_2O_7$ を H_2SO_4 に溶かしたときに起こる反応の式を記せ。(b) $H_2S_2O_7$ の酸としての強さを、そのイオン化定数 1.4×10^{-2} に基づいて評価せよ。

9・10 つぎの化学種は H_2SO_4 中でどのように振舞うか、反応式を記せ：(a) H_2O、(b) NH_3、(c) HCO_2H（分解する場合）、(d) H_3PO_4 ($\nu = 2;\gamma = 1$ のとき)、(e) HCl ($\nu = 3;\gamma = 1$ のとき)

9・11 硝酸の水溶液中と硫酸溶液中の挙動について、二つの溶媒中での HNO_3 を利用した無機および有機化学反応の例をあげて、比較せよ。

9・12 つぎの実験事実を説明せよ。
(a) アルケン $Ph_2C=CH_2$ を液体 HCl に溶解させると、その溶液は伝導性となる。この溶液を BCl_3 の HCl 溶液を用いて伝導度滴定したとき、$Ph_2C=CH:BCl_3$ が 1:1 のときにちょうど終点に達した。
(b) ある N_2O_4 の H_2SO_4 溶液を測定したところ、$\nu = 6$、$\gamma = 3$ であった。

9・13 $[BrF_2]^+$ (**9.17**) および $[BrF_4]^-$ (**9.18**) の構造は、VSEPR モデルと一致することを確かめよ。

9・14 $AsCl_3$ はつぎの式に従ってわずかにイオン化していること、ならびに $AsCl_3$ 系中に酸と塩基が存在することを示すにはどのようにすればよいか。

$$2AsCl_3 \rightleftharpoons [AsCl_2]^+ + [AsCl_4]^-$$

9・15 (a) $[Al_2Cl_7]^-$ (**9.19**) 中の結合について記せ。
(b) 平衡 9.81 と 9.82 は $NaCl-Al_2Cl_6$ 系の平衡の一部分であり、そのほかに $[Al_3Cl_{10}]^-$ が存在する。$[Al_3Cl_{10}]^-$ はどのようにして生成するか。反応式を記し、この陰イオンの構造を示せ。

9・16 $[BiCl_5]^{2-}$ および $[Bi_2Cl_8]^{2-}$ の構造を記せ。これらの生成については §9・12 に記述されている。

9・17 (a) よく使われるイオン液体の例を三つあげよ。どのような一般的な性質が、イオン液体をグリーンケミストリーにおいて魅力的にしているのか。
(b) グリニャール反応で使われるエーテルの代わりの溶媒として、イミダゾリウム塩はなぜ適さないのか。
(c) 金属塩化物を用いたイオン液体中で、水との反応は金属オキソ塩化物と HCl を生じる。どうすれば金属オキソ塩化物を除くことができるか。

9・18 $ZnCl_2$ を塩化(2-クロロエチル)トリメチルアンモニウム XCl に加えるとイオン液体が生成する。$ZnCl_2:XCl = 2:1$ のとき、高速原子衝撃質量分析 (FAB-MS) によって、$m/z = 171$、307 および 443 の $[Zn_xCl_y]^{2-}$ が検出された。これらの化学種を推定し、その生成を説明する一連の平衡反応を記せ。

9・19 (a) 相図を用いて、超臨界流体の意味を説明せよ。超臨界流体を利用した商業プロセスの例をあげよ。
(b) CO_2 は '温室効果ガス' (Box 14・9 参照) に分類されるにもかかわらず、超臨界 CO_2 の利用は環境に優しいとみなされるのはなぜか。

総合問題

9・20 (a) 化合物 ClF_3, BF_3, SbF_5, SiF_4 のうち, 液体 HF 中で酸として働くのはどれか. また, この挙動を説明する化学式を記せ.
(b) 塩 $[S_8][AsF_6]_2$ はつぎの反応から単離できる.

$$S_8 + 3AsF_5 \xrightarrow{\text{液体 HF}} [S_8][AsF_6]_2 + AsF_3$$

この反応で AsF_5 はどのような役割を果たしているか.
(c) H_2O 中での Na の反応を最初に考え, 液体 N_2O_4 中で Na がどのように反応するか答えよ.

9・21 ガリウムを KOH の液体 NH_3 溶液に溶かすと, Ga(III) のアミド錯体の塩 K[I] が生成する. 1 当量の K[I] を真空中で 570 K に加熱すると 2 当量の NH_3 が発生し, Ga(III) イミド錯体 K[II] が生成する. K[I] を NH_4Cl を用いて部分的に中和すると $Ga(NH_2)_3$ が得られる. 塩 K[I] および K[II] を推定し, K[I] の熱分解および部分中和反応の化学反応式を記せ. ヒント: イミド (imido) 錯体は形式的に NH^{2-} 配位子を含む.

9・22 (a) $SbCl_3$ はその融点以上で非水溶媒として利用できる. この溶媒の可能な自己イオン化過程を示せ.
(b) 液体 N_2O_4 中での NOCl と $AgNO_3$ の反応が中和反応に分類されるのはなぜか. この反応の化学式を記し, 水溶液中での HCl と $Ca(OH)_2$ の反応と比較せよ.
(c) Cr^{3+} は, pH 7 の水溶液中では $Cr(OH)_3$ として沈殿し, 強酸性水溶液 (たとえば $HClO_4$) 中では $[Cr(OH_2)_6]^{3+}$ を, 塩基性水溶液中では $[Cr(OH)_4]^-$ を形成する. 液体 NH_3 中で pH を変化させたとき, どのような Cr(III) 化学種が存在するか示せ.

9・23 つぎの実験事実に対する説明を示せ.
(a) 水溶液中で $AgNO_3$ と KCl は反応して AgCl の沈殿を生じるが, 液体 NH_3 中では KNO_3 と AgCl が反応して KCl の沈殿を生成する.
(b) Mg は, 濃度の高い NH_4I の液体 NH_3 溶液に溶ける.
(c) 大部分の通常の '酸' は, 液体 H_2SO_4 中で塩基として働く.
(d) $HClO_4$ は, 水中では完全にイオン化していて, 純粋な酢酸 (氷酢酸) 中では非常に解離している. 液体 HSO_3F 中ではつぎの反応が起こる.

$$KClO_4 + HSO_3F \longrightarrow KSO_3F + HClO_4$$

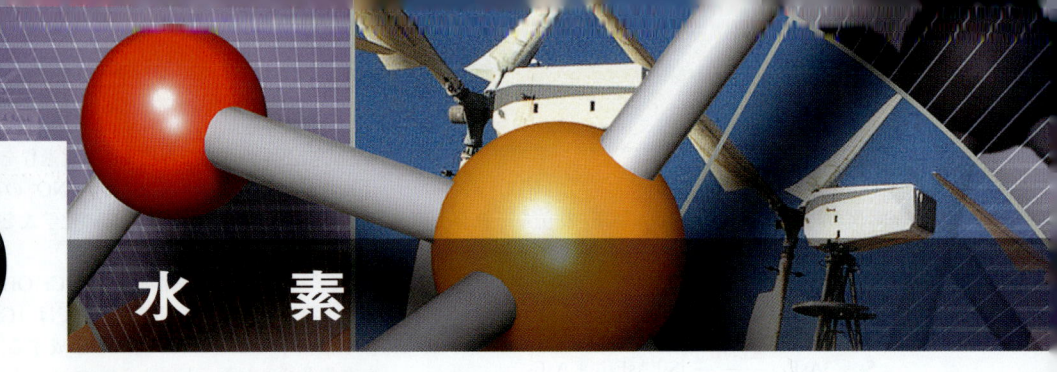

10 水　素

おもな項目

- プロトンとヒドリドイオン
- 水素の同位体
- 二水素（水素分子）
- 極性および非極性 E–H 結合
- 水素結合
- 二元水素化物の分類

1	2		13	14	15	16	17	18
H								He
Li	Be		B	C	N	O	F	Ne
Na	Mg		Al	Si	P	S	Cl	Ar
K	Ca		Ga	Ge	As	Se	Br	Kr
Rb	Sr	dブロック	In	Sn	Sb	Te	I	Xe
Cs	Ba		Tl	Pb	Bi	Po	At	Rn
Fr	Ra							

10・1　水素：最も単純な原子

　水素原子は，原子核を構成する 1 個の**プロトン**（proton，水素イオン hydrogen ion）と 1 個の電子からなる．この単純な原子構造のため，水素は理論化学において重要であり，原子や結合の理論の発展に中心的役割を果たしてきた（**第1章**および**第2章**参照）．^{1}H 核磁気共鳴（NMR）は水素原子核の性質に基づいている（**§3・11** 参照）．

　本章では，水素にかかわる概念をプロトン H^+ やヒドリドイオン H^- の性質，H_2 の特徴や反応性，そして二元水素化物まで広げてみよう．

　二元化合物（binary compound）とは，2 種の元素だけから構成されている化合物である．

10・2　プロトン H^+ とヒドリドイオン H^-

プロトン（水素イオン）

　式 10.1 で定義される水素のイオン化エネルギーは 1312 kJ mol^{-1} と大きく，プロトンは通常の状態では存在できない．

$$H(g) \longrightarrow H^+(g) + e^- \tag{10.1}$$

しかし，**第7章**で述べたように，**水和プロトン**（hydrated proton）または**オキソニウムイオン**＊（oxonium ion）$[H_3O]^+$ は水溶液中の重要な化学種であり，その標準水和エンタルピー変化は $\Delta_{hyd}H°(H^+, g) = -1091$ kJ mol^{-1} である（**§7・9**参照）．オキソニウムイオン $[H_3O]^+$ (**10.1**) は，それを含む種々の塩の結晶構造の研究により，十分に同定さ

$$\left[\begin{array}{c} H-O\cdots H \\ | \\ H \end{array} \right]^+ \quad \textbf{(10.1)}$$

れてきた．$[H_5O_2]^+$（図 10・1）や $[H_9O_4]^+$ も酸水和物結晶中に存在することが知られており，一般的な水和プロトンの一群 $[H(OH_2)_n]^+$（$n=1$ から 20 程度）に属す．それらについては **§10・6** で水素結合を学ぶ際に再度扱う．

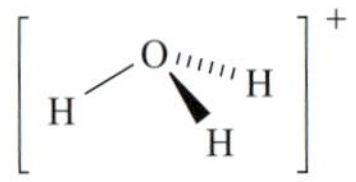

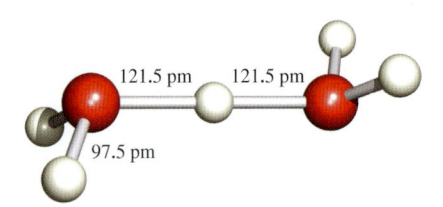

図 10・1 $[V(OH_2)_6][H_5O_2][CF_3SO_3]_4$ に含まれる $[H_5O_2]^+$ の構造（中性子回折により決定）[F.A. Cotton et al. (1984) *J. Am. Chem. Soc.*, vol. 106, p. 5319]

　ある化合物の結晶が溶液から成長するとき**結晶溶媒**（solvent of crystallization）を含むことがあり，その溶媒が水のとき化合物は**水和物**（hydrate）とよばれる．溶媒和した化合物の組成では，存在する結晶溶媒を化学量論比で示す．たとえば $CuSO_4 \cdot 5H_2O$ は，硫酸銅(II)五水和物，あるいは硫酸銅(II)–水（1/5）である．

＊（訳注）　ヒドロニウムイオン（hydronium ion），オキシダニウムイオン（oxidanium ion）ともいう．

ヒドリドイオン

水素原子に対して電子が付着する際のエンタルピー変化 $\Delta_{EA}H$（298 K）（§1・10 参照）は -73 kJ mol^{-1} である（反応式 10.2）．

$$H(g) + e^- \longrightarrow H^-(g) \qquad (10.2)$$

アルカリ金属水素化物（§10・7 および §11・4 参照）は，すべて塩化ナトリウム型構造で結晶化する．ヒドリドイオン H$^-$ のイオン半径は，回折の結果と金属イオンのイオン半径（付録6）から，式 10.3 を用いて見積ることができる．その値は LiH 中の 130 pm から CsH 中の 154 pm までの範囲で変化し，フッ化物イオン F$^-$ のイオン半径（133 pm）に近い．

$$核間距離 = r_{陽イオン} + r_{陰イオン} \qquad (10.3)$$

水素原子（共有結合半径 r_{cov} = 37 pm）がヒドリドイオンになると大きさが増すが，それは 2 番目の電子が 1s 原子軌道に入るときの電子間反発によるものである．LiH のヒドリドイオン半径が小さいことは共有結合の寄与があることを示唆しているが，実際には，各 1 族金属水素化物の格子エネルギーの計算値と実験値はよい一致を示し（§6・13～6・16 参照），どの化合物にも静電モデルが適用できる．

Be を除く s ブロック金属の水素化物は，金属を水素 H$_2$ とともに加熱することにより得られる．

$$\frac{1}{2}H_2(g) + e^- \longrightarrow H^-(g) \quad \Delta_rH = \frac{1}{2}D(H-H) + \Delta_{EA}H$$
$$= \Delta_aH^\circ + \Delta_{EA}H$$
$$= +145 \text{ kJ mol}^{-1} \qquad (10.4)$$

ヒドリドイオンとフッ化物イオンの大きさが同程度であることを考慮し，反応式 10.4 のエンタルピー変化 Δ_rH を F$_2$ と Cl$_2$ からそれぞれ F$^-$ と Cl$^-$ が生成する際の値（それぞれ -249 および -228 kJ mol^{-1}）と比較すると，なぜイオン性水素化物が比較的不安定でその構成元素単体に分解するのかを理解できる．高酸化状態にある金属の塩のような水素化物はめったに存在しない（§10・7 にも二元水素化物について記述がある）．

10・3 水素の同位体

軽水素と重水素

水素には 3 種の同位体，**軽水素**（プロチウム，protium），**重水素**（ジュウテリウム，deuterium）および**トリチウム**（三重水素，tritium）がある．それらのおもな性質を表 10・1 にまとめる．他の元素の同位体の場合と比べ，水素の同位体は物理的性質も化学的性質も大きく異なる．H と D の違いや H$_2$O と D$_2$O などの化合物の違いは質量の差異に起因し，それは基本振動数や零点エネルギー（図 3・7 と例題 3.4 を参照）などに影響を及ぼす．H$_2$, HD および D$_2$ の基本振動は，それぞれ 4159, 3630 および 2990 cm^{-1} である．したがっ

表 10・1　水素の同位体のおもな性質

	軽水素	重水素	トリチウム
記号[†]	^{1}H または H	^{2}H または D	^{3}H または T
天然存在率	99.985%	0.0156%	< 1 (10^{17} 原子中)
同位体質量 /u	1.0078	2.0141	3.0160
核スピン	$\frac{1}{2}$	1	$\frac{1}{2}$

[†] 厳密には，^{1}H は $^1_1$H，^{2}H は $^2_1$H，^{3}H は $^3_1$H と書かなくてはいけないが，簡略化した記号として一般的に用いられる．

て，H$_2$ および D$_2$ の零点エネルギーは，それぞれ 26.0 および 18.4 kJ mol^{-1} となる（下の練習問題を参照）．これらの分子の，原子波動関数の重なりに対応する全電子結合エネルギーは同じである．したがって，零点エネルギーの違いを反映して D-D 結合の結合解離エネルギー（たとえば図 3・7）は H-H 結合よりも 7.6 kJ mol^{-1} 大きくなる．同じように，X-D 結合（X は種々の元素）は対応する X-H 結合よりも強く，この違いが速度論的な同位体効果の要因となる（§3・9 参照）．

練習問題

1. 単純な調和振動子において，分子の振動エネルギー E_v は量子化されており，振動エネルギー準位は次式で与えられる：

$$E_v = \left(v + \frac{1}{2}\right)h\nu$$

ここで，v は振動量子数，h はプランク定数，ν は振動数である．H$_2$ および D$_2$ の零点エネルギーが，それぞれ 24.9 および 17.9 kJ mol^{-1} であることを示せ．
[データ：$h = 6.626 \times 10^{-34}$ J s^{-1}，$c = 2.998 \times 10^{10}$ cm s^{-1}，$L = 6.022 \times 10^{23}$ mol^{-1}]

2. 上の問で示されている H$_2$ および D$_2$ の零点エネルギーの値が本文中に記されている値と異なる理由を説明せよ．

重水素化物

重水素で標識された重水は [^{2}H$_2$]水，あるいは水-d_2 と表記される．他の標識された化合物についても同様である．重水の化学式は，^{2}H$_2$O あるいは D$_2$O と表記される．

水素 H を D に置換した化合物は，^{1}H NMR 分光法における溶媒などの，さまざまな用途に用いられる（Box 3・4 参照）．完全に重水素化された化合物の場合，H$_2$O と D$_2$O に関する表 10・2 が示すように，H を D で置換すると化合物の性質は明らかに影響を受ける．沸点の違いは，H$_2$O よりも D$_2$O の方が分子間の水素結合が強いことを示している（§7・2 および §10・6 参照）．D$_2$O のおもな工業的用途は，核反応における減速材である．つまり，D は H よりも中性子捕獲断面積がずっと小さいので，D$_2$O は中性子束を減衰させることなく，核反応で生成する高速中性子（§3・4 参照）

表 10・2 H_2O と D_2O（重水）のおもな性質

性 質	H_2O	D_2O
融点 / K	273.00	276.83
沸点 / K	373.00	374.42
密度が最大になる温度 / K [†1]	277.0	284.2
密度の最大値 / g cm^{-3}	0.999 95	1.105 3
比誘電率(298 K)	78.39	78.06
K_w(298 K)	1×10^{-14}	2×10^{-15}
対称伸縮振動[†2] $\bar{\nu}_1$（気体状分子）/ cm^{-1}	3657	2671

†1 図7・2を参照せよ.
†2 対称伸縮振動については，SO_2 について図4・12に示されている.

のエネルギーを減少させるために適した材料である．

多くの全置換あるいは部分置換された重水素化合物が市販されており，重水素標識（deuterium labeling，§3・9参照）の程度は質量分析，（水に変換後の）密度測定，あるいは赤外スペクトルにより決定できる．

トリチウム（三重水素）

トリチウム（表10・1）は上層の大気に存在し，宇宙から飛来する中性子による式10.5の反応により天然に生成する．トリチウム（§3・8参照）は人工的には，速い中性子を含重水素化合物に衝突させて合成されていたが，現在は ^6_3Li を多く含む重水素化リチウム，LiF，あるいは Mg/Li から合成されている（式10.6）．

$$^{14}_{7}N + ^{1}_{0}n \longrightarrow ^{12}_{6}C + ^{3}_{1}H \tag{10.5}$$

$$^{6}_{3}Li + ^{1}_{0}n \longrightarrow ^{4}_{2}He + ^{3}_{1}H \tag{10.6}$$

トリチウムは放射性で，半減期が12.3年の弱い β 壊変を起こす．化学や生命科学の両分野の研究では，これをトレーサー（訳注：反応追跡用の標識のこと）として広く利用している．放射能が弱いこと，早く排泄されること，そして弱い臓器に集中する傾向がないことから，毒性が最小の放射性同位体の一つとなっている．トリチウムの主要な用途は，核融合兵器の起爆用である．

10・4 二水素（水素分子）H_2
存 在

水素は宇宙で最も量の多い元素であり，地球上では酸素とケイ素に次いで3番目に多い元素である．水や有機分子中（炭化水素類，植物，動物など）で炭素と結合して存在している．地球の大気圏には（図15・1b），H_2 は体積で1 ppm以下しか存在しないが，木星，海王星，土星，天王星などの大気圏には多量に存在する（Box 10・1参照）．

物理的性質

二水素 H_2 は，298 K，1 bar 下では無色無臭の気体であ

らゆる溶媒にほとんど溶解せず，理想気体にきわめて近い挙動を示す．H_2 の固体構造は，hcp（六方最密充填）格子からなる（§6・3参照）．しかし，融点，融解エンタルピー，沸点および蒸発エンタルピーはすべて小さく（表10・3），水素分子間にはわずかなファンデルワールス力のみしか働いていないことと一致する．H_2 の共有結合は二原子分子の単結合としては異常に強い．

表 10・3 H_2 のおもな物性

物 性	値
融点 / K	13.66
沸点 / K	20.13
蒸発エンタルピー / kJ mol^{-1}	0.904
融解エンタルピー / kJ mol^{-1}	0.117
密度(273 K) / g dm^{-3}	0.090
結合解離エンタルピー / kJ mol^{-1}	435.99
原子間距離 / pm	74.14
標準エントロピー(298 K) / J K^{-1} mol^{-1}	130.7

H_2 における各 H 核は，$+\frac{1}{2}$ あるいは $-\frac{1}{2}$ の核スピンをもつ．このことから $(+\frac{1}{2}, +\frac{1}{2})$（これは $(-\frac{1}{2}, -\frac{1}{2})$ と等価）あるいは $(+\frac{1}{2}, -\frac{1}{2})$ のスピン配置をもつ2種の H_2 を想定できる．前者をオルト二水素（ortho-dihydrogen），後者をパラ二水素（para-dihydrogen）という．0 K では，H_2 は低エネルギー状態のパラ二水素の形でのみ存在する．温度が高くなると，オルト型とパラ型の平衡状態になる．水素の沸点（20.1 K）では，オルト二水素の濃度は 0.21 %であるが，室温で通常の二水素は 75 %のオルト型と 25 %のパラ型で構成されている．室温より高い温度では常にこの割合をとるので，オルト二水素のみを得ることはできない．パラ二水素とオルト二水素の物性はほとんど同じであるが，顕著な相違点の1例は，熱伝導性がオルト型よりもパラ型の方が50 %高い値を示すことである．オルト二水素からパラ二水素への変換は発熱的（670 J g^{-1}）なので，液化過程で H_2 の蒸発を促す．液体水素の貯蔵方法の研究において（Box 10・2参照），パラ二水素とオルト二水素の割合を正確に調整し

資源と環境

Box 10・1 水素の金属的な性質

土星，天王星，木星，海王星の大気には，水素が豊富に存在する．土星や木星の中心（核）は極限状態の水素で形成されており，おそらく金属的な性質をもっている．しかし，地球上で水素に金属的な性質をもたせるのは，非常に難しいことである．1996 年の米国 Livermore 研究所からの報告には，薄層の液体水素に時に強大な衝撃圧力を与えたときに，金属水素の形成と一致する導電性変化の様子が記述されている．この実験では，93 GPa（GPa＝ギガパスカル＝10^9 Pa）の圧力下で液体水素の抵抗率が約 0.01 Ω m であると実測されている（抵抗率については §6・8 参照）．衝撃圧力が 140 GPa まで増加すると，液体水素の抵抗率は 5×10^{-6} Ω m まで下がり，この値は実験可能な最大圧力の 180 GPa まで保たれる．5×10^{-6} Ω m の抵抗率は，典型的な液体金属の値である．比較として，たとえば 273 K の常圧下で液化している水銀の抵抗率は 9.4×10^{-7} Ω m である．低圧下では，液体水素は H_2 分子を含み，バンドギャップ（§6・8 参照）が非常に大きく（約 15.0 eV），電気的絶縁体となる．液体 H_2 に衝撃的な圧縮で巨大な圧力をかけると，バンドギャップが顕著に小さくなる．この構造体は，半導体状態を経由して，最終的にはバンドギャップが約 0.3 eV の典型的な金属の電気伝導率を示すことになる．巨大圧力は H_2 分子の約 10％の解離をもひき起こす．これらの結果は，木星の内部構造の最新モデルに適用されている．木星の半径は 71 400 km であり，表面に比較的近い 7000 km 程度のところで，液体水素が金属的になる圧力・温度条件に達すると推測される．地球表面の 5×10^{-5} T（T＝テスラ）と比較して，木星の表面の磁場は約 10^{-3} T である．地球の磁場は磁性をおびた鉄の核によるものであるが，木星の磁場は流動的な水素核に起因しており，その高い磁場強度は惑星表面に比較的近いところで金属状態となっていることと一致している．

固体水素に金属的性質を与える実験は長い間成功していなかった．超高圧下では，H_2（通常は非極性分子である）は電荷の再配置を起こし，結合へのイオン性の寄与（共鳴形 H^+－H^- で表現される）が重要になる．この注目すべき知見は，固体状態で金属的な水素を形成する試みが成功に至らない理由を説明するのに役立つであろう．

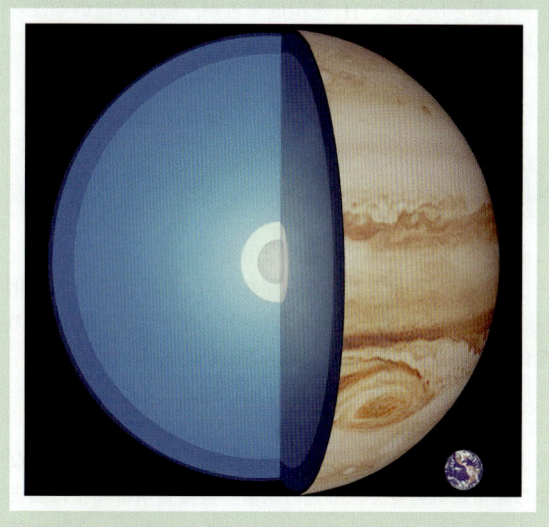

木星の内部構造の断面図．地球は同じスケールで右下に示してある．核は硬い岩（灰色），氷（白色）そして液体の金属水素（青色）で構成されている．[Mark Garlick/Science Photo Library/amanaimages]

さらに勉強したい人のための参考文献
P. P. Edwards and F. Hensel (1997) *Nature*, vol. 388, p. 621 – 'Will solid hydrogen ever be a metal?'
W. J. Nellis (2000) *Scientific American*, May issue, p. 84 – 'Making metallic hydrogen'.
www.llnl.gov/str/Nellis.html

測定することに，現在注目が集まっている[*]．

合成と利用

実験室では，二水素 H_2 は電解質を加えた水の電気分解で生成できるが（H_2 は陰極で発生する），少量の水素を最も簡便に発生させる方法には，希酸と適当な金属（たとえば Fe, Zn）との反応（反応式 10.7），両性水酸化物を形成する金属（たとえば，Zn, Al）とアルカリ性水溶液との反応（反応式 10.8），あるいは金属水素化物と水との反応（反応式 10.9）などがある．

$$Zn(s) + 2HCl(aq) \longrightarrow ZnCl_2(aq) + H_2(g) \quad (10.7)$$

$$2Al(s) + 2NaOH(aq) + 6H_2O(l) \\ \longrightarrow 2Na[Al(OH)_4](aq) + 3H_2(g) \quad (10.8)$$

$$CaH_2(s) + 2H_2O(l) \longrightarrow Ca(OH)_2(aq) + 2H_2(g) \quad (10.9)$$

1 族金属は水から H_2 を遊離させるが（反応式 10.10），この反応は激しすぎるため生成法には適さない．熱力学的には

---

[*] D. Zhou, G. G. Ihas and N. S. Sullivan (2004) *J. Low Temp. Phys.*, vol. 134, p. 401 – 'Determination of the *ortho-para* ratio in gaseous hydrogen mixtures'.

同様に反応すると予測される他の多くの金属は，表面に不溶性金属酸化物の薄膜を形成して，**速度論的に不活性**となる．このとき金属は**不動態化**（passivation）されている．Be は不動態化されており，加熱しても水と反応しない．他の2族金属は水と反応して H_2 を生成するが，族の下にいくほどその反応性は増大し，Mg は冷水とは反応しない．

$$2K + 2H_2O \longrightarrow 2KOH + H_2 \tag{10.10}$$

> たとえば水との反応を妨げる金属酸化物で表面が被覆されると，その金属は**不動態化**される．

二水素にはいろいろな産業的な用途がある．なかでもハーバー法（§15・5 と §27・8 参照），不飽和脂肪酸の水素化（たとえばマーガリンなどの製造），およびメタノールなどの有機化合物の製造は最も重要である（反応式 10.11）．

$$CO + 2H_2 \xrightarrow[\text{約 550 K, 50 bar}]{\text{Cu/ZnO 触媒}} CH_3OH \tag{10.11}$$

このような産業利用において，H_2 は系中で生成される（なぜなら非常に低密度で低沸点の水素の運搬費用は非常に高価だからである）．反応式 10.11 における反応物は，2種の気体を合わせて**合成ガス**（synthesis gas）とよばれる．この混合物は**水性ガスシフト反応**（water-gas shift reaction）によって工業的に製造される．すなわち，炭素や炭化水素（例，CH_4）を水蒸気と反応させ，続いて生じた CO の一部を水蒸気と反応させる（式 10.12）．

$$\left. \begin{array}{l} CH_4 + H_2O \xrightarrow{\text{1200 K, Ni 触媒}} CO + 3H_2 \\ CO + H_2O \xrightarrow{\text{700 K, 酸化鉄触媒}} CO_2 + H_2 \end{array} \right\} \tag{10.12}$$

二酸化炭素 CO_2 は K_2CO_3 などの溶液に吸収させて取除き，必要であれば加熱により再生できる．生成混合物中の H_2 と CO の比率は変えることができるので，この反応は合成ガスの生成にも H_2 の生成にも利用できる．式 10.12 では**不均一系触媒**（heterogeneous catalyst）が用いられているが，**均一系触媒**（homogeneous catalyst）を用いることもできる（第27章参照）．式 10.12 は原料として CH_4 を用いた場合を示している．メタンは石油由来の原料であり，原油のクラッキングにより生成するいくつかの低分子量炭化水素の一つである．石炭などの石油に代わる炭素資源が利用できれば，水性ガスシフト反応が原料の供給状況に適合できることを意味している．

将来，化石燃料資源が枯渇すると，H_2 は主要な代替エネルギー源となるかもしれないし，原子力に取って代わることもありうる．このような変化は**水素経済**（hydrogen economy）とよばれるものをひき起こすだろう．エネルギーは直接的に燃焼によりつくられたり（H_2 と O_2 は爆発的に結合するが，この反応はスペースシャトルの発射に用いられている），電気化学的に燃料電池でつくられたりするようになるだろう（**Box 10・2**）．H_2 は燃焼しても，H_2O しか生成しない．したがって，水素はクリーンな燃料となる．なぜなら H_2O は"温室効果ガス"ではなく，1997 年の京都議定書（**Box 14・8**）の排出規制物質に含まれていない．水は H_2 燃焼の生成物としてだけでなく，H_2 を生成する魅力的な原材料でもある．しかし，水から水素を生成するためには，エネルギーを大量に投入する必要があるが，そのために太陽光をエネルギー源とすることは環境の立場からは受入れ可能である．たとえば，太陽電池で捕集されるエネルギーを水の電気分解に用いることができる（**Box 14・3**）．H_2O の光分解による H_2 の製造（photolytic production）も可能ではあるが，水自身は光を吸収せず透過することから触媒が必要となる．式 10.13 はそのような過程を示している．ここで，触媒 A は 2 種の酸化状態をとり，酸化型を A(ox)，還元型を A(red) とす

$$\left. \begin{array}{l} H_2O + 2A(ox) \xrightarrow{h\nu} \frac{1}{2}O_2 + 2H^+ + 2A(red) \\ 2H^+ + 2A(red) \longrightarrow H_2 + 2A(ox) \end{array} \right\} \tag{10.13}$$

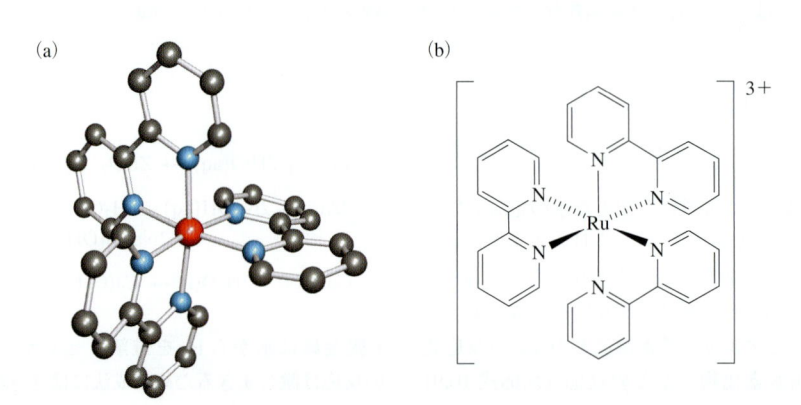

図 10・2 (a) $[Ru(bpy)_3][PF_6]_3$ について X 線回折によって明らかにされた $[Ru(bpy)_3]^{3+}$ 部分の構造 [M. Biner *et al.* (1992) *J. Am. Chem. Soc.*, vol. 114, p. 5197]．(b) $[Ru(bpy)_3]^{3+}$ の構造の模式図．原子の色表示：Ru 赤色，C 灰色，N 青色．水素原子は省略した．

資源と環境

Box 10・2　燃料電池は内燃機関エンジンに取って代わるか

1839年にWilliam Grove（グローブ）はPt電極を用いて水を電気分解してO_2とH_2を発生させる電解セルで，電流を切っても弱い電流が流れ続けていることをみつけた．だが，この電流は電気分解を行った際の電流と相反する方向であった．これは，"燃料電池（fuel cell）"の現象を初めて観察した例とされているが，この名前は1889年までは用いられていなかった．つぎの化学反応で生みだされる化学エネルギーは，電気エネルギーに効率的に変換される．

$$2H_2 + O_2 \longrightarrow 2H_2O \quad \text{白金を触媒とする}$$

20世紀に，燃料電池から電気エネルギーを得る研究の取組みが数多く行われてきた．アルカリ電解質型燃料電池（KOH電解質，炭素電極，白金触媒，および燃料としてH_2を利用）およびリン酸型燃料電池（H_3PO_4電解質水溶液，白金被覆炭素電極，およびH_2燃料）は，ジェミニ，アポロ，およびスペースシャトル計画の電気エネルギーの製造と飲料水の供給に用いられて成功を収めてきた．

H_2の燃焼ではH_2Oのみを生じるため，H_2は環境的にクリーンな燃料であり，原理的には何百万という車両の次世代燃料として理想的である．1997年以来，世界中の多くの都市は，ダイムラーベンツ社（Daimler-Benz）のノーエミッション（CO_2排出ゼロ）バス"Nebus"を導入している．そのバスは屋根に設置した高圧タンクにためたH_2で走る燃料電池を搭載している．2001年末，ダイムラークライスラー社（DaimlerChrysler）は，アムステルダム，バルセロナ，ハンブルグ，ロンドン，ルクセンブルグ，マドリード，レイキャビクで限定台数の燃料電池バスを運行するCUTE（Clean Urban Transport for Europe）プロジェクトを立上げた．しかし，この技術を全世界の交通システムに広げること，ないしは一部の国々に拡張していくことでさえ明らかな障害がある．第一の障害として，市場の競争原理を保つため，自動車工業からの新しい製品はいずれも，少なくとも内燃機関エンジン車と同等の効率を示さなくてはならない．性能だけでなく，コスト，燃料貯蔵，安全性などの因子も考慮しなければならない．しかし，H_2の一般的な認識は，それが爆発性気体であることで，ほとんどの消費者にはおそらくガソリン（炭化水素燃料）よりH_2の方が危険だと信じられている．第二の障害として，現在の車両移動システムに対する社会基盤（インフラストラクチャー（インフラ），たとえば，燃料の配達や補給）は，炭素系燃料用に設計されているので，水素系燃料に変換するには莫大なコストを投じなければならない．

環境汚染を抑制する法律によって大きく推進された結果，20世紀の終わりには自動車工業において燃料電池開発は重要な課題となった．自動車工業における現段階での目標は，2020年までに数百万台もの車両に電力を供給できる燃料電池の開発である．自動車業界が乗越えなくてはならない問題は，水素燃料を運搬し貯蔵するための化学物質を何にするか決めることである．H_2が理想的な答である．なぜなら，燃焼した際に，完全に汚染性のない排出物しか出ないからである（これを"ゼロエミッション"という）．単位質量当たり，H_2は120 MJ kg^{-1} のエネルギーを発生する．しかし，実際に我々が許容できる程度の距離にある燃料補給スタンド間を走らせるのにどれくらいの体積のH_2を自動車に搭載しなければならないかという観点からも考える必要がある．水素の貯蔵法の可能性は二つある．高圧ガスボンベに詰める方法か，冷蔵システム（20 Kでの液化水素）を用いる方法であ

2003年アイスランド，レイキャビクで運行している燃料電池バス［Martin Bond/Science Photo Library/amanaimages］

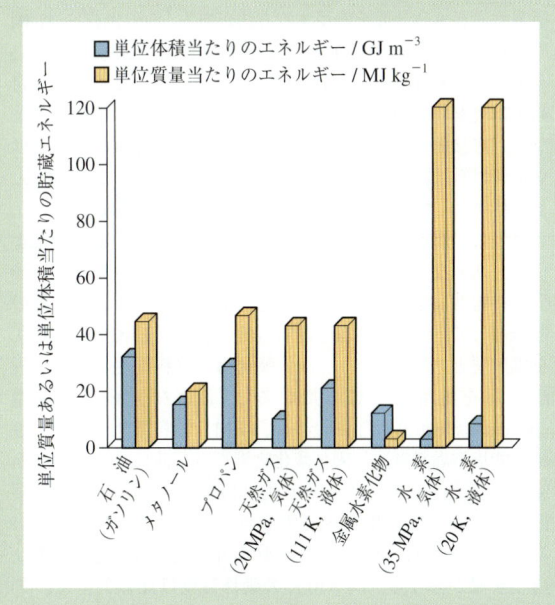

［データ：B. McEnaney (2003) *Chemistry in Britain*, vol. 39 (January issue), p. 24］

る．単位体積当たりの H_2 が保持するエネルギー容量は，35 MPa で約 2.8 GJ m^{-3}，あるいは 20 K の液体水素は約 8.5 GJ m^{-3} である．前ページの棒グラフは，単位質量当たりの貯蔵エネルギーの観点では，水素が数多くの炭素系燃料に比較して，非常に優れた燃料であることを示している．しかし，単位体積当たりの貯蔵エネルギーの観点では，水素の方が不利であることも示している．

米国エネルギー省は，燃料電池を電源とする車両における H_2 の貯蔵エネルギーの目標値として 9 GJ m^{-3} を提案している．高圧 H_2 ガスではこの目標値に達しないが，上述のグラフは侵入型金属水素化物（§10・7 参照）が 12 GJ m^{-3} ほどの吸蔵能力をもち，車両の水素貯蔵の現実的な選択肢となりうることを示す．もう一つの可能性は，活性炭素（**Box 14・2** 参照）やカーボンナノチューブ（§28・8 参照）のようなその構造体の空孔中に水素を吸収できる炭素系材料を用いることである．それらの材料の最大水素貯蔵量がどの程度なのかは明らかになっておらず，この領域の研究は非常に活発に行われている．2002 年末に米国トヨタ自動車販売は，カリフォルニア大学の Irvine 校と Davis 校に 2 台の燃料電池搭載車を寄付することを公表した．プレス発表（http://pressroom.toyota.com）でこの取組みを，"政府，企業，および高等教育から構成され，ともに製品，社会基盤（インフラ）そして消費者に受入れられる挑戦に取組むカリフォルニア燃料電池共同体の設立に向けた第一歩である"と位置づけた．トヨタ FCHV の水素貯蔵方法は，高圧（35 MPa）貯蔵タンクの利用である．この燃料電池でつくられた電気エネルギーは，自動車の電気モーターを動かすとともに，二次（＝充電可能な）電力供給源となるニッケル・水素電池を再充電する．

水素を直接燃料として用いる代替法の一つに，メタノールなどの炭素系燃料を自動車に貯蔵し，それを水素に変換する搭載型燃料処理装置を使用する方法がある．この過程には，副生成物である CO や CO_2 そして窒素や NO_x を形成するという欠点がある（**Box 15・7** 参照）．したがって，このような自動車は廃棄物ゼロというよりは廃棄物低減という位置づけとなる．直接的よりも間接的な水素供給を用いる利点は，もはや水素燃料補給スタンドを設置する必要性がないことである．その結果として，インフラ整備にかかる費用を削減できる．

最後に，燃料電池そのものについて述べよう．既述したように，基となるグローブ燃料電池およびアルカリ型とリン酸型燃料電池は宇宙技術に用いられている．これ以外の 3 種の電池として，溶融炭酸塩型燃料電池（溶融塩 Li_2CO_3/Na_2CO_3 を電解質として用いる），固体酸化物型燃料電池（固体金属酸化物を電解質として用いる），および固体高分子型（polymer electrolyte membrane，PEM）燃料電池がある．溶融炭酸塩型燃料電池と固体酸化物型燃料電池には高い作動温度が必要とされる（それぞれ約 900 K と 1300 K）．自動車産業においては，PEM 燃料電池の開発が最も注目されている．この電池は，プロトン伝導性高分子膜，炭素電極および白金触媒からなる．約 350 K の動作温度は比較的低く，これは溶融炭酸塩型燃料電池と固体酸化物型燃料電池よりも始動時間を短くできることを意味する．PEM 燃料電池は，実

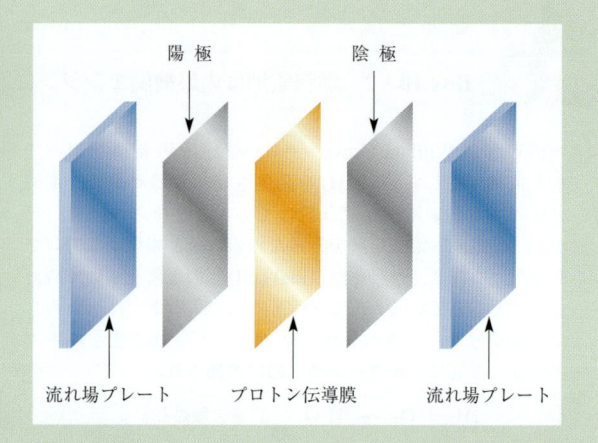

際には電池の積層した構造となっている．各電池は膜/電極接合体（membrane electrode assembly，MEA）とよばれ，プロトン伝導膜により隔離された白金を塗布した炭素繊維紙の陰極と陽極で構成される．プロトン伝導膜は，一般的には Nafion（ナフィオン）でつくられる（Nafion は全フッ素化された高分子で主鎖に沿ってスルホン酸基が結合している）．この MEA ユニット（上図参照）は，炭素繊維やポリプロピレンでつくられた流れ場プレートで直列につながれ，そこを H_2 や空気が通る（H_2 は陽極に，O_2 は陰極に流す）．陽極と陰極での反応はそれぞれ次のとおりである．

$$H_2 \longrightarrow 2H^+ + 2e^-$$
$$O_2 + 4H^+ + 4e^- \longrightarrow 2H_2O$$

プロトンが膜を横断通過することによって，エネルギーを発生させる下記の電池反応全体が進行する．

$$2H_2 + O_2 \longrightarrow 2H_2O$$

各電池が生みだす電圧は約 0.7 V なので，電気モーターを駆動するために十分なエネルギーを生みだすには，電池を積層させることが必要である．

燃料電池のより深い考察，および将来的に燃料電地自動車を実現可能な選択肢にするために解決しなければならない設計や製造工程の問題点については，下記の文献を参照せよ．

さらに勉強したい人のための参考文献

K.-A. Adamson and P. Pearson (2000) *Journal of Power Sources*, vol. 86, p. 548 – 'Hydrogen and methanol: a comparison of safety, economics, efficiencies and emissions'.

C. Handley, N. P. Brandon and R. van der Vorst (2002) *Journal of Power Sources*, vol. 106, p. 344 – 'Impact of the European Union vehicle waste directive on end-of-life options for polymer electrolyte fuel cells'.

G. Hoogers and D. Thompsett (1999) *Chemistry & Industry*, p. 796 – 'Releasing the potential of clean power'.

B. McEnaney (2003) *Chemistry in Britain*, vol. 39 (January issue), p. 24 – 'Go further with H_2'.

B.D. McNichol, D.A.J. Rand and K.R. Williams (2001)

Journal of Power Sources, vol. 100, p. 47 – 'Fuel cells for road transportation purposes – yes or no?'
D. zur Megede (2002) *Journal of Power Sources*, vol. 106, p. 35 – 'Fuel processors for fuel cell vehicles'.
R. M. Ormerod (2003) *Chemical Society Reviews*, vol. 32, p. 17 – 'Solid oxide fuel cells'.

る．この反応に適した光触媒の研究は活発に行われており，その一例である錯体 $[Ru(bpy)_3]^{3+}$（図 10・2）は可逆な酸化還元過程 10.14 を示す（図 23・21 と議論を参照）．

$$[Ru(bpy)_3]^{3+} + e^- \rightleftharpoons [Ru(bpy)_3]^{2+} \tag{10.14}$$

> **光過程**（photolytic process, **光分解** photolysis）とは光によって開始される反応である．反応式では，矢印の上に $h\nu$ を示す．反応物は**光分解された**（photolysed）といわれる．

光合成は太陽光をエネルギー源としている．クロロフィルを含む植物による CO_2 と H_2O から炭水化物と O_2 への変換反応は，H_2O の光分解とそれに続く H_2 による CO_2 の還元と等価である．この天然の過程は H_2 を発生する過程に改変できる．ある種の藍藻類はこの目的のために効果的である．

これら H_2 の発生方法は，まだ実験段階であるが大きな可能性と重要性を秘めている．

反応性

二水素（H_2）は，通常の条件（常温常圧）下では反応性はそれほど高くない．そのような反応性の低さは熱力学的というよりも速度論的要因によるものであり，H–H 結合の強さに起因する（表 10・3）．H_2 と O_2 の分岐連鎖反応は，火花（スパーク）によって誘発され，その結果起こる爆発（あるいは小さいスケールでの'ポン'という破裂）は，H_2 の定性実験としてよく知られる．式 10.15〜10.19 は単純化した反応スキームの一部である．分岐反応の効率が高いので急速で爆発的な反応がもたらされる．これがロケット燃料に適している理由である．

$H_2 \longrightarrow 2H^\bullet$	開始反応 (10.15)
$H_2 + O_2 \longrightarrow 2OH^\bullet$	開始反応 (10.16)
$H^\bullet + O_2 \longrightarrow OH^\bullet + {}^\bullet O^\bullet$	分岐反応 (10.17)
${}^\bullet O^\bullet + H_2 \longrightarrow OH^\bullet + H^\bullet$	分岐反応 (10.18)
$OH^\bullet + H_2 \longrightarrow H_2O + H^\bullet$	成長反応 (10.19)

ハロゲンは H_2 と反応するが（式 10.20），17 族の下方ほど反応性は低くなる．低温においても F_2 はラジカル連鎖反応により H_2 と爆発的に反応する．Cl_2 と H_2 の光誘起起反応において，開始段階では Cl–Cl 結合の均等開裂により $Cl^\bullet$ ラジカルが生じる（式 10.21）．この $Cl^\bullet$ は一連のラジカル連鎖反応段階のある段階において H_2 と反応して $H^\bullet$ と HCl を生じる．すなわち，HCl は成長段階でも停止段階でも生成する．

$$H_2 + X_2 \longrightarrow 2HX \quad X = F, Cl, Br, I \tag{10.20}$$

$$Cl_2 \xrightarrow{h\nu} 2Cl^\bullet \tag{10.21}$$

H_2 と Br_2 あるいは I_2 との反応は，高温条件のみ起こり，その際，最初に X_2 の切断が起こる．I_2 と異なり Br_2 の場合には，その機構はラジカル連鎖である（一連の反応式 10.22）．

$$\left.\begin{array}{l} Br_2 \longrightarrow 2Br^\bullet \\ Br^\bullet + H_2 \longrightarrow HBr + H^\bullet \\ H^\bullet + Br_2 \longrightarrow HBr + Br^\bullet \\ HBr + H^\bullet \longrightarrow Br^\bullet + H_2 \\ 2Br^\bullet \longrightarrow Br_2 \end{array}\right\} \tag{10.22}$$

H_2 は加熱下では多くの金属と反応して金属水素化物 MH_n を生じるが，これらの水素化物は化学量論的であるとは限らない（たとえば $TiH_{1.7}$，§6・7 参照）．放電により H_2 は一部原子に開裂するが，それは特に低圧下で顕著である．それにより反応活性な水素原子が生じ，H_2 と直接反応しない元素（たとえば，Sn や As）との結合を容易につくることができる．

N_2 と H_2 の反応（式 10.23）は，工業的に非常に重要である．しかし，この反応は非常に遅く，必ず N_2 と H_2 の混合物が残る．温度と圧力の調整と触媒の利用が必須である（触媒および工業的応用の詳細については**第 27 章**で述べる）．

$$3H_2(g) + N_2(g) \rightleftharpoons 2NH_3(g) \tag{10.23}$$

触媒表面と H_2 の相互作用により H–H 結合が弱められ，その開裂が促進される（図 10・3）．工業的規模で実施されている膨大な種類の不飽和有機化合物の水素化は，Ni, Pd, Pt などの金属の表面で進行する．均一系触媒の利用は，年々重要性が増してきており，その一例は反応式 10.24 の**ヒドロホルミル化反応**（hydroformylation process）である．

$$RHC=CH_2 + H_2 + CO \xrightarrow{Co_2(CO)_8 \text{触媒}} RCH_2CH_2CHO \tag{10.24}$$

10・5 極性および非極性 E−H 結合

EH_n（E は任意の元素）の組成をもつ化合物を**水素化物**（hydride）と称する．この表現は H^-（少なくとも $H^{\delta-}$）として存在することを示唆するようであるが，E と H の電気陰性度の差は E–H 結合が非極性にもなり，図 10・4 に示す 2 種の極性のどちらにもなりうることを意味している．H は $\chi^P = 2.2$ なので，E が p ブロック元素のときには E–H 結合（B–H，C–H，Si–H，P–H など）の多くは本質的に非極性である．金属は電気陽性なので，M–H 結合における H 原

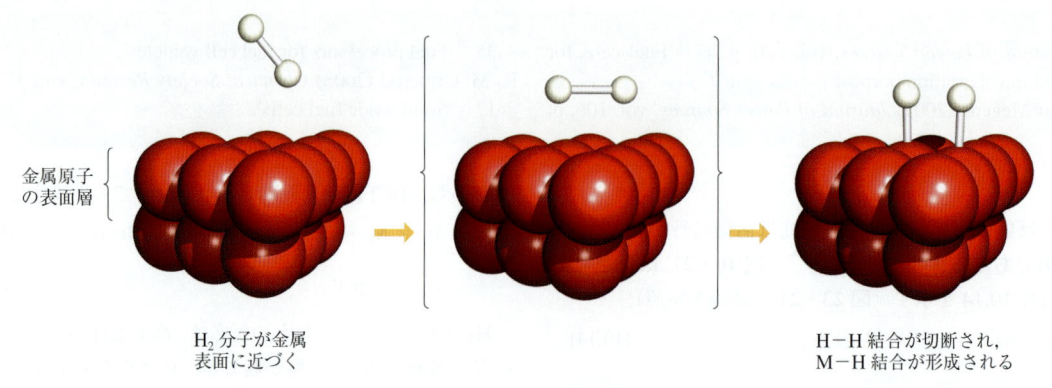

図 10・3　H$_2$ 分子が金属表面と相互作用して吸着水素原子を形成する過程を示す模式図．この図では，反応過程の詳細な機構を割愛している．不均一触媒に関する詳細は**第 27 章**で述べる．

子は部分電荷 δ^- をおびる．対照的に，N，O および F は H より電気陰性であり，H 原子は部分電荷 δ^+ をおびる．

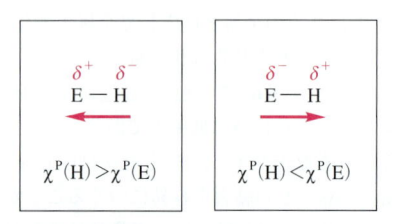

図 10・4　極性 E-H 結合における双極子モーメントの方向は相対的な電気陰性度の大小関係に依存する．ポーリングの電気陰性度 χ^P は**付録 7** に掲載．

E-H 結合の極性や結合特性は，分子内でその結合がどのような環境におかれるかによっても影響を受ける．CH$_3$CO$_2$H（pK_a = 4.75）と CF$_3$CO$_2$H（pK_a = 0.23）の pK_a 値の違いはその一例である．

10・6　水 素 結 合

水素結合

水素結合（hydrogen bond）は電気陰性な原子に結合した水素原子と非共有電子対をもつ電気陰性な原子との間で形成される．

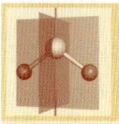

化学の基礎と論理的背景

Box 10・3　[H$_3$]$^+$ イオン

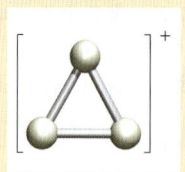

正三角形の [H$_3$]$^+$ は理論化学的に新規なものとみなされ，実際に，数多くの理論研究の対象となってきた．しかし架空の物質ではない．木星は，金属水素について探究する課題を示すだけでなく（**Box 10・1**），興味深いスペクトルデータも提供し，その解析から [H$_3$]$^+$ が実在することが証明されている．木星の大気はおもに H$_2$ で構成されており，[H$_3$]$^+$ の形成は，木星の磁気圏で生じた（非常に高い運動エネルギーをもつ）荷電粒子と H$_2$ 分子の衝突でひき起こされる H$_2$ のイオン化によって説明される．

$$H_2 \longrightarrow [H_2]^+ + e^-$$

さらに，H$_2$ と [H$_2$]$^+$ の衝突により [H$_3$]$^+$ が生成することが提案されている．

$$H_2 + [H_2]^+ \longrightarrow [H_3]^+ + H$$

木星や天王星の大気におけるこの陽イオン [H$_3$]$^+$ の化学は，今後の研究課題である．

さらに勉強したい人のための参考文献

L. M. Grafton, T. R. Geballe, S. Miller, J. Tennyson and G. E. Ballester (1993) *Astrophysical Journal*, vol. 405, p. 761 – 'Detection of trihydrogen(1+) ion from Uranus'.

S. Miller and J. Tennyson (1992) *Chemical Society Reviews*, vol. 22, p. 281 – '[H$_3$]$^+$ in space'.

J. Tennyson and S. Miller (2001) *Spectrochimica Acta Part A*, vol. 57, p. 661 – 'Spectroscopy of H$_3^+$ and its impact on astrophysics'.

種々の化合物の物理データおよび固体構造に関するデータから，分子間水素結合形成の証拠が得られている．この相互作用は，電気陰性な原子に結合した水素原子と非共有電子対をもつ電気陰性な原子との間に生じる．すなわち，X−H⋯Y と表され，Y は X と同じである場合も異なる場合もありうる．電気陰性な原子 X については，有意な水素結合相互作用が存在するために高い電気陰性度をもつ必要はない．すなわち，F−H⋯F, O−H⋯F, N−H⋯F, O−H⋯O, N−H⋯O, O−H⋯N, および N−H⋯N のようなこれまでの水素結合様式に加えて，今日ではもっと弱い水素結合，特に C−H⋯O 相互作用が小分子や生体系における固体構造において重要な役割を示すことが認識されている．現在さまざまな相互作用が水素結合に分類されているのは，水素結合の定義がそれほど厳密でないことを意味している．下記のような，電気陰性度の概念に直接基づいていない新しい水素結合の定義が，最近 Steiner によって提案された*．

> X−H⋯Y において結合が X−H に局在し，X−H が Y に対してプロトン供与体として働く場合，X−H⋯Y 相互作用は**水素結合**（hydrogen bond）とよばれる．

現在では，"水素結合"という用語は，広範囲な相互作用の種類を網羅し，その相互作用の強さも幅広いことが認識されている．表 10・4 にその例を示す．

氷の水素結合ネットワークについてはすでに述べた（§7・2 参照）．そこではほとんどの水素結合相互作用と同様に，水素原子は相互作用している 2 個の原子間の中点からずれて非対称的に位置する（**非対称水素結合**，asymmetrical hydrogen bond）．カルボン酸の連結（**Box 10・4** 参照）は，水素結合に起因する．典型的な X−H⋯Y 相互作用においては，X−H 共有結合は，水素結合がない場合の X−H 結合

よりもわずかに長くて弱い．このような場合，水素結合相互作用は，δ^+ の電荷をもって共有結合している H と，隣接原子の非結合電子対との間の静電相互作用という見方ができる．いくつかの実験結果では，純粋な静電モデルでは説明できず，水素結合が強くなるほど共有結合の寄与の重要性が増すことを示している．

水素結合の結合解離エンタルピーの典型的な値を表 10・4 に示す．この表のデータは，各化学種を独立に計算して得られたものである．したがって，これらのエンタルピー値は，固体結晶格子内の分子間水素結合に適用する際には概算値でしかない．正確なエンタルピー値を直接測定することはできない．水素結合を実験的に見積る方法の例として，気相のカルボン酸二量体の解離について考える（式 10.25）．

$$\text{R−C}\begin{matrix}\text{O−H}\cdots\text{O}\\\cdots\\\text{O}\cdots\text{H−O}\end{matrix}\text{C−R} \rightleftharpoons 2\text{RCO}_2\text{H} \qquad (10.25)$$

平衡 10.25 の位置は温度に依存し，この反応のエンタルピー $\Delta H°$ は K_p の温度依存性から得られる．

$$\frac{d(\ln K)}{dT} = \frac{\Delta H°}{RT^2}$$

ギ酸（メタン酸）では，式 10.25（R = H）における結合解離エンタルピー $\Delta H°$ は $+60 \text{ kJ mol}^{-1}$ であることがわかり，この値は水素結合 1 mol 当たり $+30$ kJ とも表記できる．この値を水素結合エネルギーとして用いることが多いが，厳密には正確でない．水素結合が切断されたときに他の結合がわずかに変化するからである（図 10・5a および図 10・5b）．

いくつかの水素結合相互作用では，[HF$_2$]$^-$（図 10・8 参照）や [H$_5$O$_2$]$^+$（図 10・1）などのように水素原子が 2 個の非水素原子間の中点に対称的に位置している（**対称水素結**

表 10・4 異なる様式の水素結合における結合解離エンタルピーの典型値（気相の化学種について算出されている†）

水素結合の分類	水素結合（⋯）		結合解離エンタルピー / kJ mol^{-1}
対 称	F⋯H⋯F	（[HF$_2$]$^-$ 中，式 10.26 参照）	163
対 称	O⋯H⋯O	（[H$_5$O$_2$]$^+$ 中，構造 **10.2** 参照）	138
対 称	N⋯H⋯N	（[N$_2$H$_7$]$^+$ 中，構造 **10.4** 参照）	100
対 称	O⋯H⋯O	（[H$_3$O$_2$]$^-$ 中，構造 **10.3** 参照）	96
非対称	N−H⋯O	（[NH$_4$]$^+$⋯OH$_2$ 中）	80
非対称	O−H⋯Cl	（OH$_2$⋯Cl$^-$ 中）	56
非対称	O−H⋯O	（OH$_2$⋯OH$_2$ 中）	20
非対称	S−H⋯S	（SH$_2$⋯SH$_2$ 中）	5
非対称	C−H⋯O	（HC≡CH⋯OH$_2$ 中）	9
非対称	C−H⋯O	（CH$_4$⋯OH$_2$ 中）	1〜3

† T. Steiner (2002) *Angew. Chem. Int. Ed.*, vol. 41, p. 48 からデータを引用．

---

* T. Steiner (2002) *Angew. Chem. Int. Ed.*, vol. 41, p. 48.

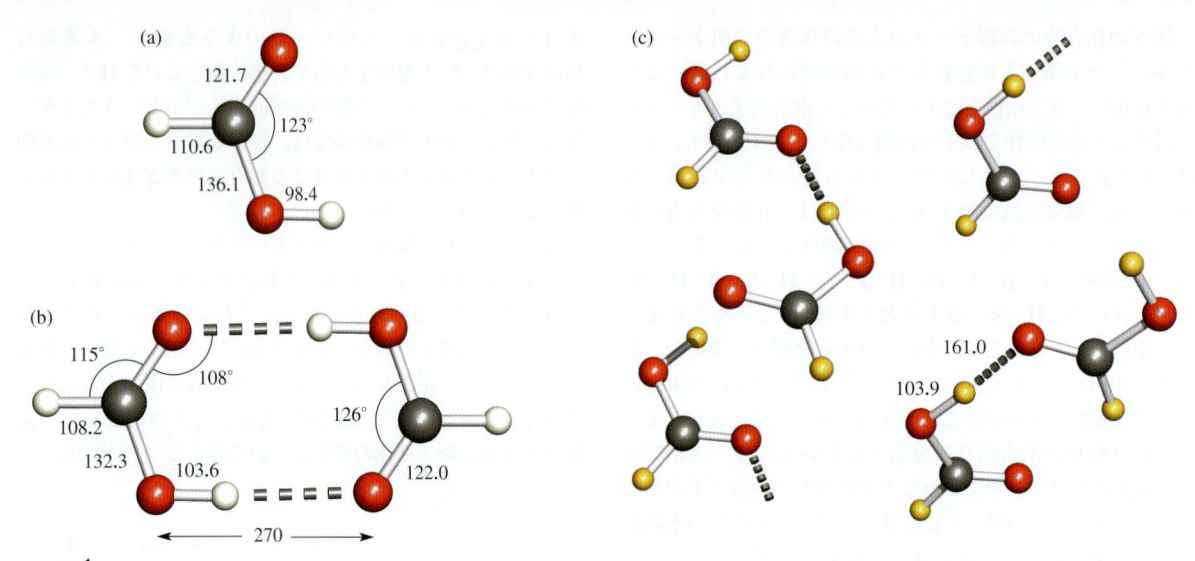

図 10・5 気体状態で，ギ酸は (a) 単量体および (b) 二量体として存在しており，電子線回折によってその構造は決定されている．(c) 固体状態ではより複雑に入組んだ構造が生成するが，その構造は重水素化したギ酸 DCO$_2$D の中性子回折によって明らかにされている．ここでは，単位格子における分子充填様式の一部を示す．[A. Albinati *et al.* (1978) *Acta Crystallogr., Sect. B*, vol. 34, p. 2188]．距離の単位は pm．原子の色表示：C 灰色，O 赤色，H 白色，D 黄色．

合，symmetrical hydrogen bond)．[HF$_2$]$^-$ を生成する際に (式 10.26)，H−F はもとの共有結合に比べてかなり伸び，2 個の等価な H⋯F 相互作用を生じる．

$$HF + F^- \longrightarrow [HF_2]^- \tag{10.26}$$

対称的な X⋯H⋯X 相互作用における結合は 3c-2e 相互作用，すなわち，§5・7 で B$_2$H$_6$ について記述した非局在化した相互作用の観点で理解するのが最も妥当である．各 H⋯F 結合は比較的強く (表 10・4)，その結合解離エンタルピーは F$_2$ の F−F 結合 (158 kJ mol^{-1}) と同程度の強さである (HF の結合解離エンタルピー 570 kJ mol^{-1} と比較してみよ)．共有結合的な性質をもつ強くて対称的な水素結合は，通常，同種類の原子間に生じる (表 10・4 参照)．よくみられる例では，電子供与原子 (X) と受容原子 (Y) の区別がつかないような酸とその共役塩基との間の相互作用が含まれる．たとえば，式 10.26 や構造 **10.2**～**10.5** がその例である．

(10.2) [H$_3$O]$^+$ + H$_2$O

(10.3) H$_2$O + [OH]$^-$

(10.4) [NH$_4$]$^+$ + NH$_3$

(10.5) RCO$_2$H + [RCO$_2$]$^-$

中性子回折によって，付加体 **10.6** が 90 K において強くて対称的な N⋯H⋯O 水素結合 (O−H = N−H = 126 pm) をもつことが明らかにされた．しかし，この系は 200 K から 20 K に温度を下げると，水素原子が酸素原子の方に移動することが観測されており，その状況は複雑である*．

(10.6)

水素結合の強度を示す定性的な表現としては，"強い"，"中程度の" (あるいは "普通の")，および "弱い" が用いられる．たとえば，強い O⋯H⋯O 相互作用では O⋯O 距離が

---

* 詳細は以下参照．T. Steiner, I. Majerz and C. C. Wilson (2001) *Angew. Chem. Int. Ed.*, vol. 40, p. 2651.

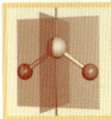

化学の基礎と論理的背景

Box 10・4　固体状態における分子間水素結合：カルボン酸

図7・1は固体状態における H_2O 分子間の水素結合がいかに強固なネットワークを形成するかを示している．カルボン酸分子間の水素結合は，固体状態における凝集化をひき起こし（図 10・5），フマル酸やベンゼン-1,4-ジカルボン酸のような官能基を2個もつカルボン酸には，リボン状の配列を形成する潜在能力をもつ．

フマル酸

ベンゼン-1,4-ジカルボン酸
（テレフタル酸）

ネットワーク構造を形成するこの潜在能力は，さらにカルボキシ基が付加するにつれて増加するが，固体状態で二次元や三次元のネットワークが形成される場合には，官能基の相対配置が重要になる．ベンゼン-1,3,5-トリカルボン酸（トリメシン酸）は3個の CO_2H 基をもち，それらは C_6 環に対称的に配置されている．

ベンゼン-1,3,5-トリカルボン酸

固体状態では，この分子は水素結合相互作用によって互いに結びつき，シート構造を形成する．このシートは相互に貫入して空洞を含む複雑な配列を形成する．その構造の一部（X線回折により決定）を下図に示す．

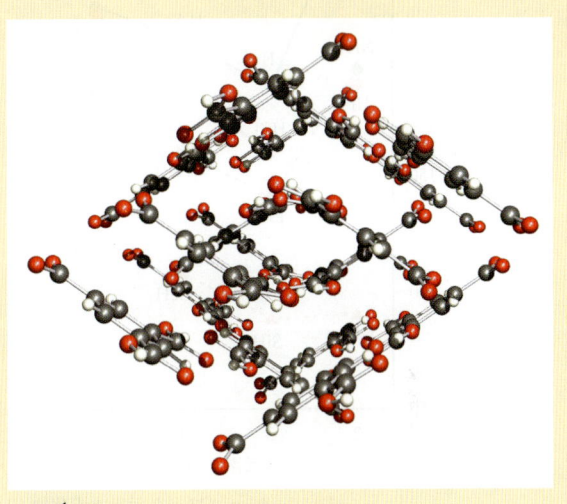

原子の色表示： C 灰色, O 赤色, H 白色.

官能基としてカルボキシ基をもつ分子は有機系以外にもある．たとえば，フマル酸の C=C 二重結合は低酸化状態の金属中心と相互作用することができ（第24章参照），$Fe(CO)_4(\eta^2\text{-}HO_2CCHCHCO_2H)$ のような有機金属化合物を形成する．ここで接頭辞である η^2 は，フマル酸の C=C 結合の2個の炭素原子が鉄中心に結合していることを示す（Box 19・1参照）．水素結合は下図に示すように隣接する2分子間で生じ，そのような相互作用は固体状態の格子を通して広がり，拡張した三次元配列を与える．

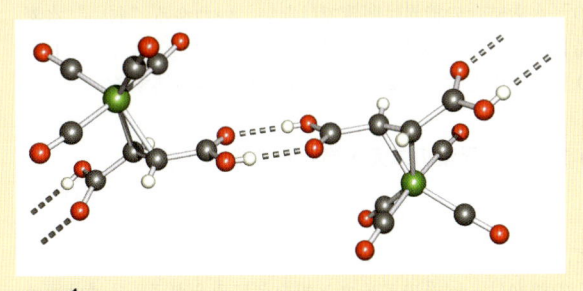

原子の色表示： Fe 緑色, O 赤色, C 灰色, H 白色.

さらに勉強したい人のための参考文献

J. S. Moore and S. Lee (1994) *Chemistry & Industry*, p. 556 – 'Crafting molecular based solids'.

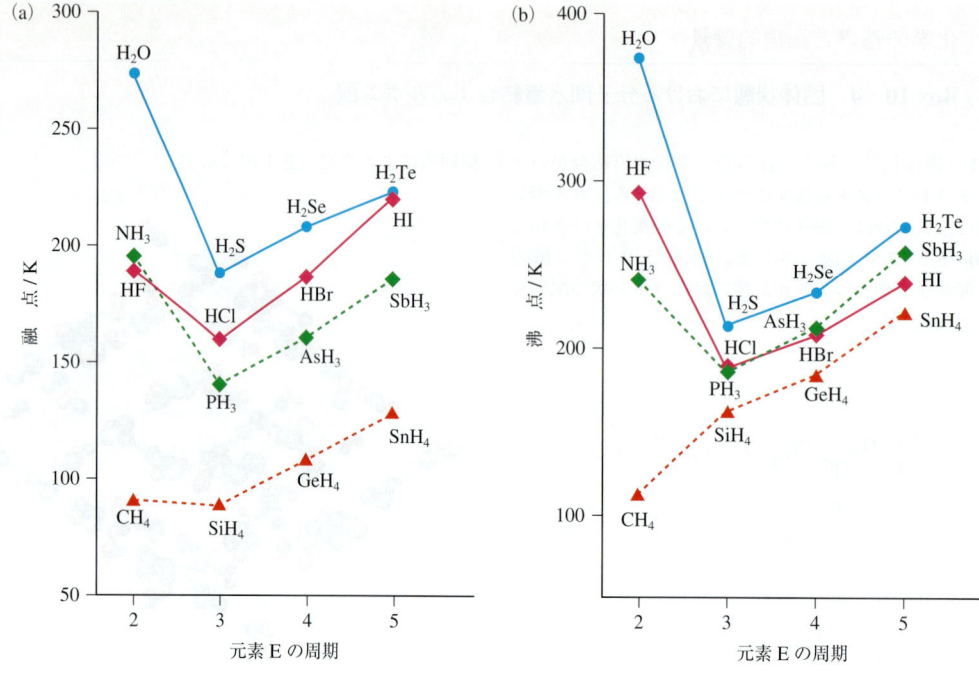

図 10・6 p ブロック元素水素化物 EH_n の (a) 融点，および (b) 沸点の傾向

240 pm 程度と短く，中程度の O−H⋯O 相互作用では O⋯O 距離がそれより長く 280 pm 程度までの値をとる．正確な中性子および X 線回折データ*から，O−H⋯O 相互作用において，O⋯O 距離が 280 pm から 240 pm に短くなるにつれて，非対称的で静電相互作用的な水素結合から対称的で共有結合的な相互作用への変化を伴うことが明らかにされている．通常，強い水素結合は直線形（すなわち，X−H−Y 結合角が 180° に近い）をとり，"中程度の" 水素結合では X−H−Y 結合角が 130〜180° の範囲にある．"強い" と "中程度の" 水素結合の境界は明確ではない．いわゆる "弱い" 水素結合は，弱い静電相互作用あるいは分散力を伴い，C−H⋯O 相互作用も含まれる．これらについては後述する．

p ブロック元素の二元水素化物の沸点，融点および蒸発エンタルピーの傾向

　一連の関連する分子性化合物では，分子が大きくなるほど，分子間の分散力が増大するので融点や沸点が上昇する．この傾向は，同系のアルカン類などにみられる．しかし，p ブロックの水素化物 EH_n の融点や沸点の比較から，水素結合が存在することの証拠を得ることができる．図 10・6 では，E が 14 族元素の場合は融点と沸点が予想される傾向に沿っているのに対し，15，16，17 族元素の場合は各族の最初の元素が異常な挙動を示す．すなわち，NH_3，H_2O および HF の融点や沸点は，高周期誘導体から予想される値よりもはる

かに高い値である．図 10・7 に示すように，蒸発エンタルピー $\Delta_{vap}H$ も同様な傾向にある．図 10・6 および図 10・7

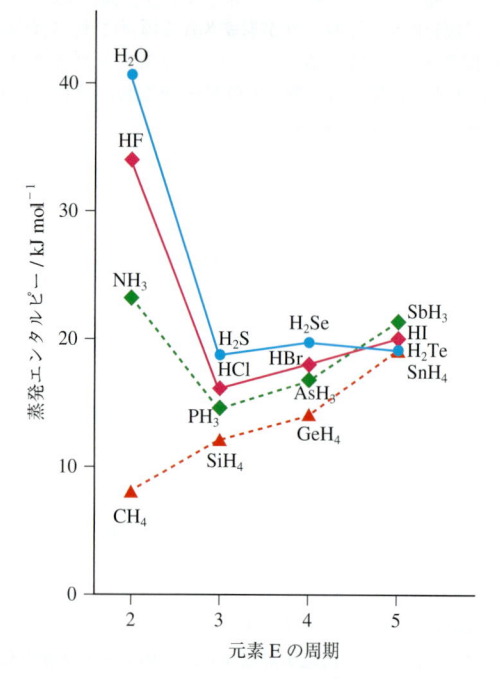

図 10・7 p ブロック元素水素化物 EH_n の $\Delta_{vap}H$（液体の沸点での測定）の傾向

---

* P. Gilli *et al.* (1994) *J. Am. Chem. Soc.*, vol. 116, p. 909.

をみると，HF より H_2O の水素結合の方が強いと推測しがちである．事実，H_2O の場合は全般的に値が顕著に高いようにみえる．しかし，これは正しい結論ではない．沸点と $\Delta_{vap}H$ の値は液体および気体の状態間の差を反映している．H_2O は液体状態では水素結合しているが気体状態では水素結合していないのに対し，HF は両状態で強い水素結合を形成している証拠がある．

液体から気体に状態変化する多くの液体は，蒸発エントロピーが似た値を示す．すなわち，それらは**トルートンの法則**(Trouton's rule) に従う (式 10.27)．トルートンの経験則からのずれを示すことは，図 10・6 および図 10・7 のデータを評価する別の方法である．HF，H_2O，NH_3 に対する蒸発エントロピー $\Delta_{vap}S$ はそれぞれ 116，109，97 $J\,K^{-1}\,mol^{-1}$ である．水素結合は，各液体のエントロピーを減少させるとともに，水素結合が関与しない場合に比べて液体から気体へと状態変化する際のエントロピー変化を増大させる．

液体⇌気体において $\quad \Delta_{vap}S = \dfrac{\Delta_{vap}H}{bp}$

$$\approx 88\,J\,K^{-1}\,mol^{-1} \quad (10.27)$$

赤外スペクトル

水和物，アルコールやカルボン酸の赤外スペクトルでは，3500 cm^{-1} 付近に ν(OH) モードに帰属される特徴的な吸収が観察される (図 4・13 参照)．この吸収帯に特有のブロードな形状は，O-H (水素結合した水素原子) 結合が関与することに起因する．同じ分子で水素結合をもつ場合ともたない場合 (たとえば液体の水と水蒸気) の伸縮振動を比較すると，水素結合をもたない方が高波数側にシフトする．同様な差が，他の水素結合系においても観測される．

固体状態の構造

水素結合の存在は，すでに氷 (§7・2) やカルボン酸 (Box 10・4) で述べたように，多くの化合物の固体構造に重要な影響を与える．いくつかの単純なカルボン酸の固体構造は，普通にイメージするよりも複雑である．図 10・5c に重水素化したギ酸の固体状態で分子配列様式の一部を示す．DCO_2D 分子の配置は単純な二量体よりずっと拡張した水素結合ネットワークの集合を形成している．酢酸の固体構造も同様に複雑である．

固体状態の HF の構造はジグザグ鎖 (図 10・8a) からなる

が，水素原子の位置は正確には解明されていない．HF については，水素結合相互作用は液体と気体の両状態で存在する (§9・7)．$[HF_2]^-$ を含む多数の塩に関する構造パラメータが入手でき，それには重水素化した化学種の中性子回折データも含まれている．この陰イオンは直線形で，2 個のフッ素原子の間に水素原子が対称的に位置する (図 10・8b)．H-F 間距離は比較的短く，強い水素結合が存在していることと一致している (表 10・4 およびこれまでの記述を参照)．

§10・2 で $[H_3O]^+$ について述べた際に，$[H_5O_2]^+$ および $[H_9O_4]^+$ についても言及した．これら化学種は一般式 $[H(OH_2)_n]^+$ で表される集団の一員である．溶液中で，これらのイオンの生成はプロトン移動を含む反応に関与している．水素原子の位置を正確に決定できる中性子回折を含む固体状態の研究で，$[H_5O_2]^+$，$[H_7O_3]^+$，$[H_9O_4]^+$，$[H_{11}O_5]^+$ および $[H_{13}O_6]^+$ についての構造データが報告されている．いずれのイオンにおいても，水素結合は重要な役割を果たしている．$[V(OH_2)_6][H_5O_2][CF_3SO_3]_4$ (図 10・1 参照) 中の $[H_5O_2]^+$ の中性子回折データは，対称的な $O\cdots H\cdots O$ 水素結合相互作用を明示している．酸 10.7 の三水和物の中性子回折の研究により，酸 10.7 の共役塩基に加えて $[H_7O_3]^+$ が存在することが示されている．$[H_7O_3]^+$ ユニット内において，$O\cdots O$ 距離は 241.4 pm および 272.1 pm である．この系で，$[H_7O_3]^+$ は $[H_5O_2]^+\cdot H_2O$ と表すことができ，$[H_5O_2]^+$ ユニットの中に 1 個の "強い" 水素結合があり，$[H_5O_2]^+$ ユニットと H_2O ユニット間に 1 個の "通常の" 水素結合が形成されている．$[H(OH_2)_n]^+$ を安定化するためにクラウンエーテルが用いられてきたが，安定化の要因は大環状配位子中の O 原子と $[H(OH_2)_n]^+$ の H 原子との間の水素結合の形成である．2 例を図 10・9 に示す．その一方では 1 個のクラウン

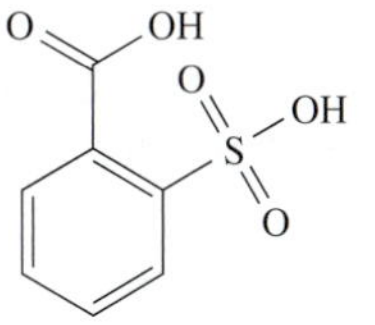

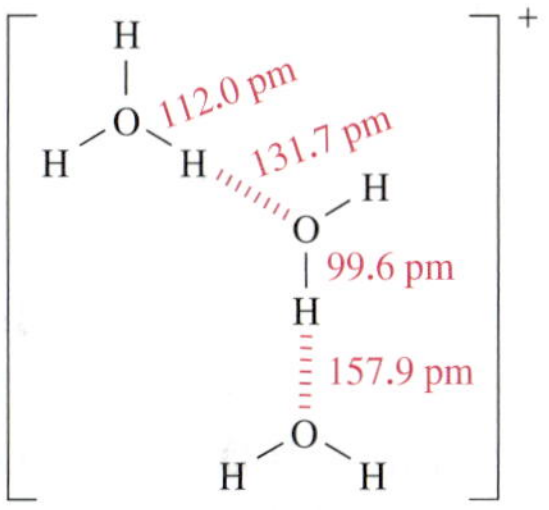

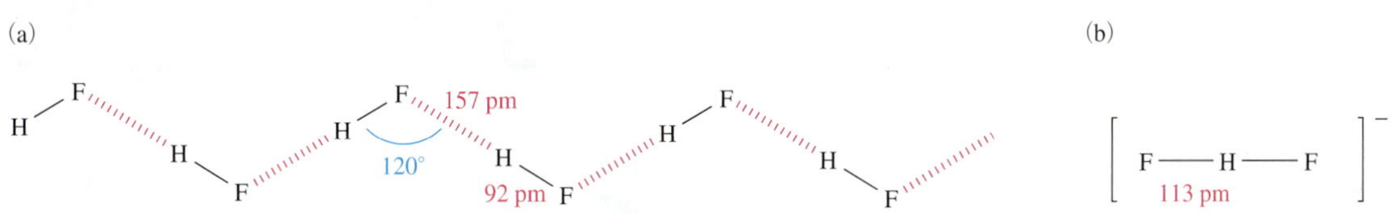

(10.7) (10.8)

図 10・8 (a) ジグザグ鎖からなる HF の固体状態の構造．(b) K^+ 塩における $[HF_2]^-$ の X 線回折および中性子回折により決定された構造 (Box 9・1 参照)．

266　10. 水　素

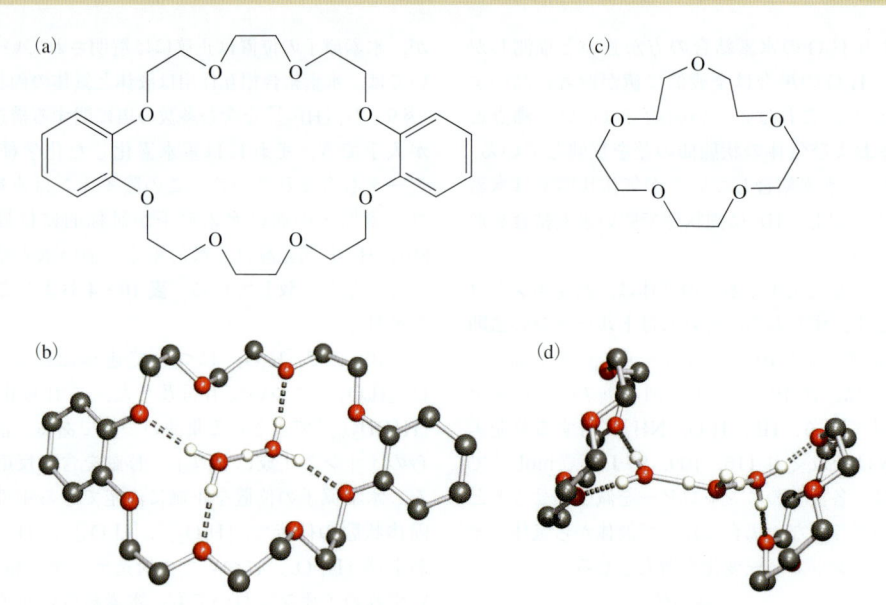

図 10・9 クラウンエーテルへの水素結合による $[H_5O_2]^+$ および $[H_7O_3]^+$ の固体状態における安定化．(a) ジベンゾ-24-クラウン-8 の構造．(b) X 線回折により決定された $[AuCl_4]^-$ 塩における $[(H_5O_2)(\text{dibenzo-24-crown-8})]^+$ の構造．(c) 15-クラウン-5 の構造．(d) 中性子回折により決定された $[AuCl_4]^-$ 塩における $[(H_7O_3)(\text{15-crown-5})]^+$ の構造．$[H_5O_2]^+$ および $[H_7O_3]^+$ とクラウンエーテル間の水素結合を破線で示し，クラウンエーテルの水素原子は見やすさのために省略している．原子の色表示：C 灰色，O 赤色，H 白色．［文献：(a) M. Calleja *et al*. (2001) *Inorg. Chem*., vol. 40, p. 4978, (b) M. Calleja *et al*. (2001) *New J. Chem*., vol. 25, p. 1475］

エーテル内に $[H_5O_2]^+$ が包含されており，もう一方ではクラウンエーテルと $[H_7O_3]^+$ が交互に連なった鎖状構造の集合体である．後者については，中性子回折で決定された結合長（構造 **10.8**）は 2 種の非対称的な水素結合の存在を示し，その結果は $[H_7O_3]^+$ が $[H_3O]^+ \cdot 2H_2O$ のように分割して考えられることと一致する．すべての場合にあてはまるように，あるイオンを一つの詳細な化学構造式で表すことはできない．固体構造中で $[H(OH_2)_n]^+$ のおかれている環境や結晶充塡が詳細な結合の表現に影響するからである．$[H_{14}O_6]^{2+}$（**10.9**）は，珍しい二価陽イオン種 $[H_2(OH_2)_n]^{2+}$ の例である．

(10.9)

水素結合は一般には F，O あるいは N を含むが，これまで述べたように，それらに限定されるものではない．一例は HCN の固体構造であり，C−H···N 相互作用をもつ直鎖構造をとる．別の例は，アセトンとクロロホルムの間で形成される 1 : 1 の錯体，および $[HCl_2]^-$ を含む塩の存在である．弱くて非対称的な C−H···O 水素結合（**表 10・4** 参照）は，小分子間の相互作用から生体系における相互作用まで広範囲の固体構造の集合体において重要な役割を担っている．結晶格子において，Me_2NNO_2 分子は鎖状に配列しており，図 10・10 に示すように C−H···O 水素結合がこの規則正しい配列の要因となっている．

最後に，いわゆる**二水素結合**（dihydrogen bond）に言及しよう．これは $H^{\delta+}$ と $H^{\delta-}$ の状態にある 2 個の水素原子の間で生じる弱い静電相互作用である．水素結合の分類の観点

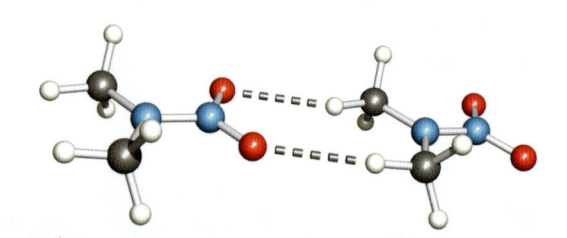

図 10・10 中性子回折によって決定された Me_2NNO_2 の固体構造中の水素結合鎖の一部［A. Filhol *et al*. (1980) *Acta Crystallogr., Sect. B*, vol. 36, p. 575］．原子の色表示：C 灰色，N 青色，O 赤色，H 白色．

では，$H^{\delta+}$原子は水素結合供与体として，一方$H^{\delta-}$は水素結合受容体として働く．たとえば，付加体$H_3B\cdot NH_3$の固体構造において，水素の位置は中性子回折を用いて正確に決定されている．BとNのポーリングの電気陰性度はそれぞれ2.0と3.0であり，このことから極性結合として$N^{\delta-}-H^{\delta+}$および$H^{\delta-}-B^{\delta+}$の存在が示唆される．$H_3B\cdot NH_3$の結晶では，分子は図10・11に示すように充塡し，$N-H^{\delta+}\cdots H^{\delta-}-B$の最近接距離202 pmは2個の水素原子ファンデルワールス半径の和（240 pm）よりも明らかに短い．密度汎関数理論（DFT，Box 5・2参照）を用いて，固体$H_3B\cdot NH_3$の$H^{\delta+}\cdots H^{\delta-}$相互作用は約13 kJ mol^{-1}と見積られた．

本書の後の方で，水素結合を含む固体構造の他の例にも触れる．そのなかには水素結合したホスト分子がかご構造をつくり，ゲスト分子を包接している**クラスレート**（clathrate）とよばれるホスト-ゲスト系がある．その例は**図12・8**，**§17・4**，**図18・1**，および**Box 14・7**に示されている．

生体系における水素結合

水素結合は生体系で重要な働きをしており，その説明をせずに水素結合の話を終わりにすることはできない．生体系で最もよく知られる水素結合は，DNA（デオキシリボ核酸）の二重らせん構造の形成である．アデニンとチミンの構造はそれらの間で水素結合が形成されるのに最適であり，相補

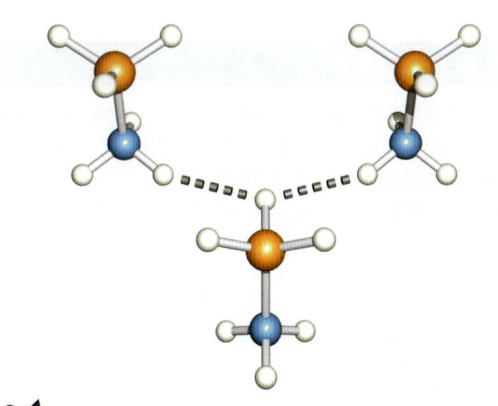

図10・11 $H_3B\cdot NH_3$の固体構造でみられる近接した$N-H^{\delta+}\cdots H^{\delta-}-B$相互作用（202 pm）．図中で水素結合を破線で示す．構造は中性子回折により決定された［W. T. Klooster *et al.* (1999) *J. Am. Chem. Soc.*, vol. 121, p. 6337］．原子の色表示：B 橙色，N 青色，H 白色．

アデニン-チミン（A-T）塩基対

グアニン-シトシン（G-C）塩基対

図10・12 左側に1本のDNA鎖における2個のユニットを図示している．DNAはデオキシリボ核酸縮合体で，4種の塩基にはアデニン（A），グアニン（G），シトシン（C），およびチミン（T）がある．右側に隣接したDNA鎖においてどのように相補的塩基対が水素結合を通して相互作用するのかを図示している（**図10・15参照**）．

的塩基対とよばれる．グアニンとシトシンはもう1種類の塩基対を形成する（図10・12）．DNA鎖におけるこれらの塩基対間の水素結合によって二重らせん構造が形成される（章末の問題10.18を参照）*．

例題 10.1 水素結合

つぎの異なる溶媒の組合わせのなかで，溶媒分子間の水素結合が存在しうるのはどれか．(a) Et_2O と THF，(b) EtOH と H_2O，(c) $EtNH_2$ と Et_2O．
最も可能性のある水素結合の構造を図示せよ．

解答 いずれの分子の組合わせにおいても，(i) 各分子中の電気陰性な原子，および (ii) 分子1個中の電気陰性な原子に直接結合するH原子，をみつけよう．

(a) Et_2O と THF

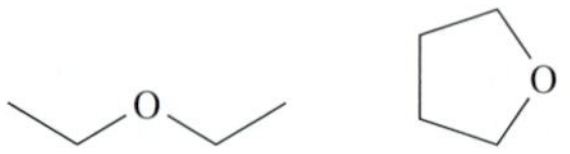

水素結合は存在しそうにない．

(b) EtOH と H_2O

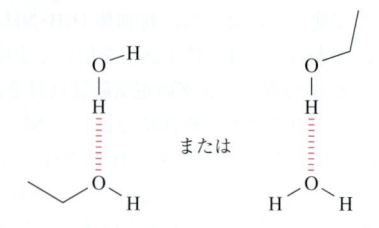

水素結合は可能である．

(c) $EtNH_2$ と Et_2O

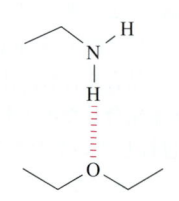

水素結合は可能である．

練習問題

1. $EtNH_2$ と EtOH が混ざり合う理由を説明せよ．
2. 固体状態におけるベンゼン-1,4-ジカルボン酸の構造に

応用と実用化

Box 10・5　ニッケル・水素電池

金属水素化物の水素貯蔵の性質は電池技術に応用されており，1980年代から1990年代の間にニッケル・水素（NiMH）電池の開発につながった．NiMH電池には $LaNi_5$ あるいは $M'Ni_5$（M'は"ミッシュ金属"で，典型的には La，Ce，Nd および Pr の合金．表25・1参照）などの合金を用いる．これらの合金は水素を吸収し，$LaNi_5H_6$ などの水素化物として貯蔵できる．合金のニッケル成分には，一般に Co，Al および Mn が添加されている．NiMH電池では，陰極に合金が，陽極に $Ni(OH)_2$ が用いられ，電解液に 30% KOH 水溶液が用いられる．陰極は最終形の合金を製造した後に水素で充電される．この電解セルの動作はつぎのようにまとめることができる．

陽極反応: $Ni(OH)_2 + [OH]^- \underset{放電}{\overset{充電}{\rightleftarrows}} NiO(OH) + H_2O + e^-$

陰極反応: $M + H_2O + e^- \underset{放電}{\overset{充電}{\rightleftarrows}} MH + [OH]^-$

全反応: $Ni(OH)_2 + M \underset{放電}{\overset{充電}{\rightleftarrows}} NiO(OH) + MH$

この電池は陽極と陰極間で水素の出し入れを繰返して，約500回の充放電ができる．充電中，水素は陽極から陰極に移動し，合金内に貯蔵される．放電中，水素は合金から放出され，陰極から陽極に移動する．NiMH電池とNiCd電池（§22・2）は仕組みと放電の特性が類似しているが，新しいNiMH電池がノートパソコンや携帯電話などの携帯電子デバイスのNiCd電池に徐々に置き換わってきた．NiMH電池は同電圧で作動するNiCd電池より約40%電気容量が高い．さらに，NiCd中のCdが毒性をもつのに対しNiMH電池は環境汚染物質を生じない．電気自動車への電力供給源やハイブリッド電気自動車（電気と内部燃焼エンジンの組合わせ）の二次動力源として働くNiMH電池の開発は自動車業界の現課題である．しかし，燃料電池が未来の"クリーンな"輸送手段の強力な競争相手となっている（**Box 10・2** 参照）．

さらに勉強したい人のための参考文献

NiMH電池のリサイクルについて論じている論文はつぎを参照: J. A. S. Tenório and D. C. R. Espinosa (2002) *Journal of Power Sources*, vol. 108, p. 70.

---

* DNA の議論については以下参照．C. K. Mathews, K. E. van Holde and K. G. Ahern (2000) *Biochemistry*, 3rd edn, Benjamin/Cummings, New York, Chapter 4.

水素結合はどのような影響を及ぼすか説明せよ．

[答 Box 10・4 参照]

3. CH_3CO_2H はヘキサン中でおもに二量体として存在するのに，水中では単量体として存在するのはなぜか説明せよ．
[ヒント：ヘキサンと水が水素結合に関与する可能性を比較せよ]

10・7 二元水素化物：分類と一般的な性質

多くの水素化物の詳しい化学については後の章で記述する．

分　類

二元水素化物（binary hydride）を位置づけるのに便利なおもな4種の分類は以下のとおりである．

- 金属類似
- 塩型（塩類似）
- 分子性
- 共有（結合）性，拡張構造をもつ

多くの水素化物はこれらの中間あるいは境界の範疇に分類される．

金属類似水素化物

水素原子は十分小さくて金属格子間の空孔を占めることができ，さまざまな金属（合金も含む）が H_2 を吸収し，格子空孔に水素原子が位置する金属水素化物を生成する．これらのいわゆる**金属類似水素化物**（metallic hydride，あるいは**侵入型水素化物** interstitial hydride）において，金属-水素結合の生成は，H_2 の H-H 結合の解離を伴い，金属格子を膨張させる（下記参照）．チタンやハフニウムと H_2 との反応では，不定比水素化物，$TiH_{1.7}$，$HfH_{1.98}$ および $HfH_{2.10}$ が生成する．ニオブは組成が NbH_x（$0 < x \leq 1$）の一連の不定比水素化物を形成し，含水素量が低い場合は Nb 金属の bcc（体心立方）構造が保たれる．これらの金属水素化物の興味深い性質は加温したときに水素を脱離できることであり，これが"水素吸蔵容器"として使われる理由である（**Box 10・2** の棒グラフを参照）．パラジウムは，大量の H_2 や D_2 を可逆的に吸収できる（しかし，他の気体に対してはまったくその性質はない）点でユニークである．すなわち，パラジウムは常温でその 900 倍の体積に相当する H_2 を吸収できる．中性子回折の研究により，吸収した H は立方最密充塡構造の Pd 格子の八面体形空孔を占有することが示されている．室温では，PdH_x は 2 種の相をもつ．α 相の水素濃度は低いが（$x \approx 0.01$），β 相の水素濃度は $x \approx 0.6$ である．2 種の異なる単位格子の大きさ（α-PdH_x は 389.0 pm，β-PdH_x は 401.8 pm）は，水素含量の増加とともに金属格子が膨張することを示す．吸収された水素は金属中で高い移動度をもつ．パラジウム隔膜のこのような水素に関する高選択性と透過性は H_2 の分離精製，たとえば，半導体産業用 H_2 の超高純度化に用いられる．薄膜を利用する場合が多いが，293 K，20 bar における α-PdH_x 相から β-PdH_x 相への転位に伴う金属格子の膨張は膜の劣化を促進する．

塩型水素化物

塩型水素化物（saline hydride；塩類似水素化物，salt-like hydride）は 1 族金属および Be を除く 2 族金属を H_2 と加熱することで生成する．どの化合物も白色で，高い融点を示す（たとえば，LiH の融点は 953 K であり，NaH の融点は 1073 K で分解を伴う）．1 族水素化物は NaCl 型構造で結晶化し，ボルン・ハーバーサイクルから得られた格子エネルギーと，X 線および圧縮率から得られた格子エネルギーとがよく一致していることから，H^- の存在が示される（**§10・2** 参照）．溶融 LiH の電気分解で陽極（anode）から水素を発生するという事実も，H^- の存在の証拠である（式 10.28）．

$$\left. \begin{array}{l} 2H^- \longrightarrow H_2 + 2e^- \quad \text{陽　極} \\ Li^+ + e^- \longrightarrow Li \quad \text{陰　極} \end{array} \right\} \quad (10.28)$$

1 族水素化物の反応性は原子番号と金属イオンの大きさが増すほど高くなり，それに伴い標準生成エンタルピー $\Delta_f H°$ は増大する（より負でない方向に変化する）．そして LiH の $\Delta_f H°$ 値は，他のアルカリ金属水素化物の値よりも著しく負である．表 10・5 はこの傾向に寄与する因子を示している．この系列中で水素化物イオンは共通の因子なので，$\Delta_f H°$ 値の傾向に準じるように，格子エネルギー $\Delta_{lattice} H°$ がどの程度 $\Delta_f H°$ とイオン化エネルギー IE_1 の和を相殺するかを見極める必要がある（式 10.29）．H^- の大きさは F^- と近いので，この傾向はアルカリ金属フッ化物でみられる傾向と一致して

$$M(s) \xrightarrow{\Delta_a H°} M(g) \xrightarrow{IE_1} M^+(g)$$

$$\tfrac{1}{2}H_2(g) \xrightarrow{\Delta_a H°} H(g) \xrightarrow{\Delta_{EA} H°} H^-(g)$$

$$\left. \right\} \xrightarrow{\Delta_{lattice} H°} MH(s)$$

$$\xrightarrow{\Delta_f H°} \quad (10.29)$$

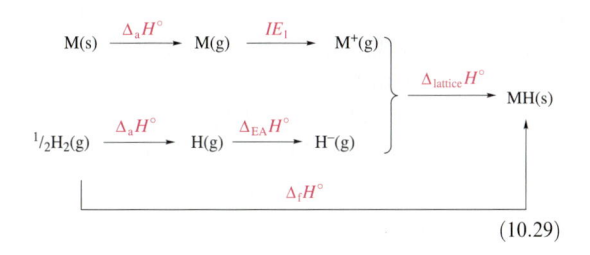

表 10・5 アルカリ金属水素化物 MH の標準生成エンタルピー $\Delta_f H°$(MH) は，金属の標準原子化エンタルピー $\Delta_a H°$(298 K)，金属のイオン化エネルギー IE_1，MH の格子エネルギー $\Delta_{lattice} H°$(298 K) の大小関係に依存する．

金属	$\Delta_a H°$(M) / kJ mol^{-1}	IE_1(M) / kJ mol^{-1}	$\Delta_{lattice} H°$ / kJ mol^{-1}	$\Delta_f H°$(MH) / kJ mol^{-1}
Li	161	521	−920	−90.5
Na	108	492	−808	−56.3
K	90	415	−714	−57.7
Rb	82	405	−685	−52.3
Cs	78	376	−644	−54.2

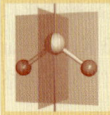

化学の基礎と論理的背景

Box 10・6　イットリウム水素化物の注目すべき光学特性

1996年, *Nature* 誌に掲載された論文に, 厚さ 500 nm のイットリウム膜 (空気酸化を防ぐために 5〜20 nm のパラジウム薄膜を被覆したもの) を室温で 10^5 Pa の H_2 ガスにさらした実験が報告された. H_2 は Pd 層を拡散透過するので, Pd 層は H_2 を H に解離するのを触媒し, 生じた H はイットリウム格子に侵入する. つづいて下記の一連の現象が起こる.

- 最初, イットリウム薄膜は反射する表面, すなわち鏡である.
- 水素原子が格子に侵入した数分後, 部分的に反射する表面が観測され, それは YH_2 の生成に基づく.
- さらに, 水素が侵入して $YH_{2.86}$ の組成に達すると, その表面は黄色で透明になる.

これらの注目すべき変化は可逆的である. 金属格子中の水素原子の保持は単純ではない. その理由はイットリウム原子の格子が初期の fcc (面心立方) 構造から hcp (六方最密) 構造に相転移を起こすためである. なお, fcc 格子は β-YH_2 相に存在する.

これらの観測の詳細, および鏡から非反射体への変化を説明する写真は, つぎの論文を参照せよ: J. N. Huiberts, R. Griessen, J. H. Rector, R. J. Wijngaarden, J. P. Dekker, D. G. de Groot and N. J. Koeman (1996) *Nature*, vol. 380, p. 231.

いる.

　塩型水素化物は H_2O (式 10.30), NH_3, EtOH などのプロトン性溶媒とただちに反応し, このことは H^- が非常に強い塩基であることを示している. NaH および KH は脱プロトン化試薬として広く用いられている (たとえば反応式 10.31).

$$NaH + H_2O \longrightarrow NaOH + H_2 \quad (10.30)$$

$$Ph_2PH + NaH \longrightarrow Na[PPh_2] + H_2 \quad (10.31)$$

　塩型水素化物である LiH, NaH および KH は最もよく用いられるが, 湿気に弱いので, 無水の条件下で反応を行わなければならない. 特に注目すべき反応は, LiH と Al_2Cl_6 間の反応によるテトラヒドリドアルミン酸(1−)リチウム, Li[AlH$_4$] (水素化アルミニウムリチウムまたは lithal ともよばれる) の生成, および NaH と B(OMe)$_3$ あるいは BCl$_3$ との反応 (式 10.32 および 10.33) によるテトラヒドリドホウ酸(1−)ナトリウム (水素化ホウ素ナトリウムとしてよく知られている, §13・5参照) の生成である. Li[AlH$_4$], Na[BH$_4$], および NaH は, 反応 10.34 および 10.35 に示すように, 還元試薬として広く用いられている.

$$4NaH + B(OMe)_3 \xrightarrow{520\ K} Na[BH_4] + 3NaOMe \quad (10.32)$$

$$4NaH + BCl_3 \longrightarrow Na[BH_4] + 3NaCl \quad (10.33)$$

$$ECl_4 \xrightarrow{Li[AlH_4]} EH_4 \quad E = Si, Ge\ または\ Sn \quad (10.34)$$

$$[ZnMe_4]^{2-} \xrightarrow{Li[AlH_4]} [ZnH_4]^{2-} \quad (10.35)$$

分子性水素化物とそれらから誘導される錯体

　孤立した分子構造をもつ共有結合性水素化物は, Al (§13・5) と Bi を除く 13 族から 17 族の p ブロック元素群で生成する. BiH_3 は熱的に不安定であり, 198 K 以上で分解し, PoH_2 についてはほとんど知られていない. ハロゲン, 硫黄, 窒素の水素化物は, それらの単体を適切な条件下 (たとえば反応 10.23) で H_2 と反応させることで合成される. 残りの元素の水素化物は適切な金属塩と水, 酸水溶液, または液体 NH_3 中の NH_4Br と反応させることによって生成する. 特徴的な合成については後の章で紹介する.

　分子性水素化物 (molecular hydride) のほとんどが揮発性で, VSEPR モデル (§2・8参照) に適合する単純な構造をとる. しかし, BH_3 (**10.10**) は, 気相で存在することは知られているが, 二量化して B_2H_6 (**10.11**) となる. GaH_3 も同様な性質を示す. B_2H_6 と Ga_2H_6 については, §13・5 で述べる.

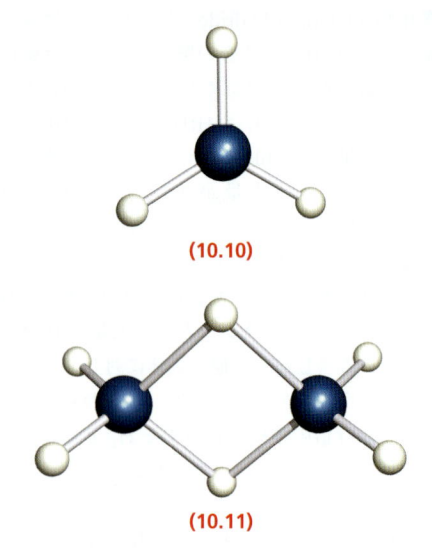

(10.10)

(10.11)

　p ブロック元素の陰イオン性の分子性ヒドリド錯体には, 四面体形の [BH_4]$^-$ や [AlH_4]$^-$ がある. LiAlH$_4$ と NaAlH$_4$ はともにゆっくり分解し, それぞれ Li$_3$AlH$_6$ と Na$_3$AlH$_6$ を生成すると同時に Al を与える. 重原子の存在下で水素原子の位置を決定することは難しいので (**Box 6・5**参照), 重水

素化した化合物の構造を決定することが常套手段となっている．Li_3AlD_6 と Na_3AlD_6 はともに孤立した八面体形 $[AlD_6]^{3-}$ を含む．BeD_2 と 2 当量の LiH を 833 K, 3 GPa において，固相で反応させることにより（図 10・14 参照），Li_2BeD_4 が生成する．中性子回折および X 線回折データによって，四面体形 $[BeD_4]^{2-}$ の存在が明らかにされている．

分子性ヒドリド錯体は 7～10 族（マンガンを除く）の d ブロック金属で知られており，対イオンは一般に 1 族あるいは 2 族金属イオンである（K_2ReH_9, Li_4RuH_6, Na_3RhH_6, Mg_2RuH_4, Na_3OsH_7 および Ba_2PtH_6 など）．これらの化合物の固体構造（その構造決定には典型的手法である重水素化化合物を用いる）には，孤立した金属水素化物陰イオンがそれらの間の間隙を占有する陽イオンとともに存在する．Mg_2NiH_4 の $[NiH_4]^{4-}$ は四面体形である．X 線回折データから，$[CoH_5]^{4-}$（図 10・13a）は正方錐構造であり，$[IrH_5]^{4-}$ も類似の構造をとることが確定した．これらのペンタヒドリド錯体は Mg_2CoH_5 および M_2IrH_5（M = Mg, Ca, Sr）の塩として単離されている．八面体形の $[FeH_6]^{4-}$, $[RuH_6]^{4-}$, および $[OsH_6]^{4-}$ を含む塩の安定化にも，アルカリ土類金属イオンは用いられている（図 10・13b）．Mg_3ReH_7 には孤立したヒドリドイオンと八面体形の $[ReH_6]^{5-}$ が含まれる．しかし，固体状態の Na_3OsH_7 と Na_3RuH_7 には，それぞれ五方両錐形の $[OsH_7]^{3-}$ および $[RuH_7]^{3-}$ が含まれている．エタノール中での $Na[ReO_4]$ と Na の反応により Na_2ReH_9 が生成し，その陰イオンの K^+ と $[Et_4N]^+$ の塩は Na_2ReH_9 からのメタセシス（metathesis, 複分解）によって合成される．ヒドリド錯体 K_2TcH_9 は，$[TcO_4]^-$ とカリウムを 1,2-エタンジアミンを含むエタノール中で反応させることにより合成できる．

> **メタセシス反応**は交換反応である．たとえば
> $$AgNO_3 + NaCl \longrightarrow AgCl + NaNO_3$$

$K_2[ReH_9]$ の中性子回折データから，三面冠三角柱形環境にある九配位のレニウム原子が確認されている（図 10・13c）．なお，$[TcH_9]^{2-}$ は $[ReH_9]^{2-}$ と同様の構造をもつと考えられる．$[ReH_9]^{2-}$ では 2 種類の水素環境があるにもかかわらず，溶液の ^1H NMR スペクトルは 1 本のシグナルしか示さない．このことは，NMR 分光法の時間スケールにおいて，ジアニオンは立体化学的に固定されていないことを示している（§3・11 参照）．パラジウム(II) および白金(II) は，それぞれ平面正方形の $[PdH_4]^{2-}$ および $[PtH_4]^{2-}$ を形成する．塩 $K_2[PtH_4]$ は H_2 雰囲気下（1～10 bar, 580～700 K）で KH に Pt を反応させることで合成される．'K_3PtH_5' もこの反応で生成するが，構造データは $[PtH_4]^{2-}$ とヒドリドイオンの存在を示している．高圧の H_2 は $Li_5[Pt_2H_9]$ を合成する際にも用いられるが，この錯体はいったん合成されると安定で H_2 を放出しない．$[Pt_2H_9]^{5-}$ の構造を図 10・13d に示

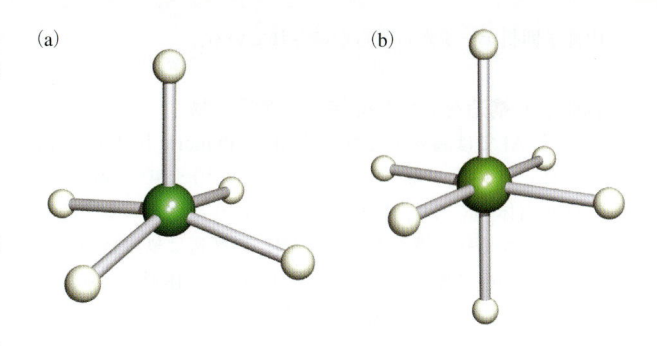

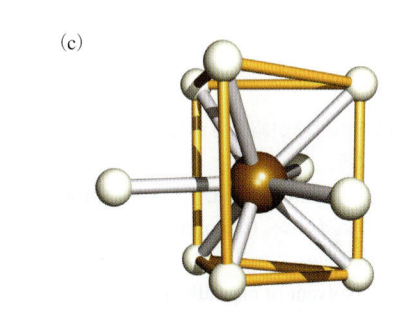

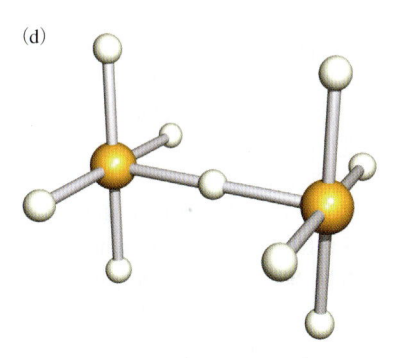

図 10・13　(a) $[CoH_5]^{4-}$, (b) $[FeH_6]^{4-}$, (c) $[ReH_9]^{2-}$ および (d) $[Pt_2H_9]^{5-}$ の構造

す．Pt(IV) 錯体である $K_2[PtH_6]$ は Pt スポンジと KH を 1500～1800 bar, 水素雰囲気下，775 K で加熱すると得られる．中性子回折から，重水素化した $[PtD_6]^{2-}$ は八面体形であることが示されている．直線形 $[PdH_2]^{2-}$ は，Na_2PdH_2 や Li_2PdH_2 中に存在し，Pd(0) を含む．KH と Pd スポンジの 620 K での反応では，化学式 K_3PdH_3 の化合物が生成する．この化合物が孤立した H^- と直線形 $[PdH_2]^{2-}$ を含むことが

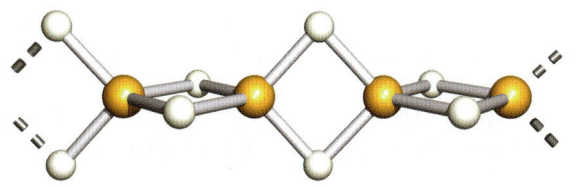

図 10・14　BeH_2 の高分子鎖構造の一部．Be 原子を黄色で示す．

272   10. 水素

中性子回折データから明らかにされている．

拡張した構造をもつ共有結合性水素化物

BeとAlでは**高分子性水素化物**（polymeric hydride，白色固体）が生成する．BeH_2 の場合（図10・14），各Be中心は四面体形であり，B_2H_6 で述べたような様式の多中心結合が存在する鎖状構造をとる．AlH_3 の構造は無限格子からなり，その中で各Al(III)中心は AlH_6 の八面体形をとり，水素原子は2個のAl中心を架橋している．

重要な用語

本章では以下の用語が紹介されている．意味を理解できるか確認してみよう．

- ☐ 水素イオン（hydrogen ion，プロトン proton）
- ☐ オキソニウムイオン（oxonium ion）
- ☐ 水和物（hydrate）
- ☐ 結晶溶媒（solvent of crystallization）
- ☐ ヒドリドイオン（hydride ion）
- ☐ 軽水素（protium，プロチウム）
- ☐ 重水素（deuterium，ジュウテリウム）
- ☐ トリチウム（tritium，三重水素）
- ☐ 重水素標識（deuterium labeling）
- ☐ 不動態化（passivation）
- ☐ 合成ガス（synthesis gas）
- ☐ 水性ガスシフト反応（water-gas shift reaction）
- ☐ 不均一系触媒（heterogeneous catalyst）
- ☐ 均一系触媒（homogeneous catalyst）
- ☐ 水素経済（hydrogen economy）
- ☐ 燃料電池（fuel cell）
- ☐ 水素結合（hydrogen bonding）
- ☐ 非対称水素結合（asymmetrical hydrogen bond）
- ☐ 対称水素結合（symmetrical hydrogen bond）
- ☐ HF，H_2O および NH_3 の特異的性質
- ☐ トルートンの法則（Trouton's rule）
- ☐ 二元化合物（binary compound）
- ☐ 金属類似水素化物（metallic hydride，侵入型水素化物 interstitial hydride）
- ☐ 塩型水素化物（saline hydride，塩類似水素化物 salt-like hydride）
- ☐ 分子性水素化物（molecular hydride）
- ☐ 高分子性水素化物（polymeric hydride）
- ☐ メタセシス（metathesis）

さらに勉強したい人のための参考文献

水素／二水素

M. Kakiuchi (1994) 'Hydrogen: inorganic chemistry' in *Encyclopedia of Inorganic Chemistry*, ed. R.B. King, Wiley, Chichester, vol. 3, p. 1444 －同位体および同位体効果の詳しい議論を含む解説書．

水素結合

G. Desiraju and T. Steiner (1999) *The Weak Hydrogen Bond in Structural Chemistry and Biology*, Oxford University Press, Oxford －水素結合に関する最近の見方がよく説明され，引用も豊富にある．

G. R. Desiraju (2005) *Chemical Communications*, p. 2995 –'C–H···O and other weak hydrogen bonds. From crystal engineering to virtual screening'.

P. Gilli, V. Bertolasi, V. Ferretti and G. Gilli (1994) *Journal of the American Chemical Society*, vol. 116, p. 909 – 'Covalent nature of the strong homonuclear hydrogen bond. Study of the O–H···O system by crystal structure correlation methods'.

A. F. Goncharov, V. V. Struzhkin, M. S. Somayazulu, R. J. Hemley and H. K. Mao (1996) *Science*, vol. 273, p. 218 – 'Compression of ice at 210 gigapascals: infrared evidence for a symmetric hydrogen-bonded phase'.

G.A. Jeffery (1997) *An Introduction to Hydrogen Bonding*, Oxford University Press, Oxford －水素結合に関する新しい概念を紹介する教科書．

K. Manchester (1997) *Chemistry & Industry*, p. 835 – 'Masson Gulland: hydrogen bonding in DNA' は DNA 中の水素結合の重要性について歴史的観点から概説したもの．

T. Steiner (2002) *Angewandte Chemie International Edition*, vol. 41, p. 48 －固体状態の水素結合に関する優れた総説．

金属水素化物

W. Grochala and P.P. Edwards (2004) *Chemical Reviews*, vol. 104, p. 1283 – 'Thermal decomposition of the non-interstitial hydrides for the storage and production of hydrogen'.

問 題

10.1 表10・2に与えられている $\bar{\nu}(O-H)$ および $\bar{\nu}(O-D)$ の値の差が，HおよびDの同位体質量に対応することを確認せよ．

10.2 (a) ^1H NMR分光法で重水素化した溶媒を用いる必要性がある理由を説明せよ．(b) THF-d_8 および DMF-d_7 の分子構造を描け．

10.3 重水素について $I = 1$ である．完全に重水素化した $CDCl_3$ の試料を用いたとき，^{13}C NMRスペクトルで観測されるシグナルを予測せよ．

10.4 99.6%重水素化したアセトニトリル-d_3 溶媒を用いた ^1H NMR において，δ 1.94 に多重線が観測される．どうしてこのような多重線が観察され，またそのシグナルはどのような形状になるか答えよ ［D, $I=1$; H, $I=\frac{1}{2}$］．

10.5 純粋な HD の試料をどのように合成するか，またどのようにその純度を確認するか答えよ．

10.6 0.01 mol dm^{-3} t-ブチルアルコールの CCl_4 溶液の赤外ス

ペクトルは 3610 cm^{-1} に鋭いピークを示す．同様の溶液を 1.0 mol dm^{-3} で調製すると，そのピーク強度は著しく弱くなるが，3330 cm^{-1} に非常に強くブロードなピークが現れる．これらの現象を説明せよ．

10.7 固体状態の CsCl は低温で HCl を吸着するが，LiCl は吸着しない．その理由を説明せよ．

10.8 [H$_9$O$_4$]$^+$ の推定構造を描け．

10.9 水素結合の重要性について簡潔に述べよ．

10.10 (a) KH と NH$_3$ との反応式および KH とエタノールとの反応式を記せ．(b) 上記の各反応における共役酸と共役塩基の組合わせを示せ．

10.11 つぎの過程の反応式を示すとともに，それに適した条件も述べよ．
(a) 水の電気分解，(b) 溶融 LiH の電気分解，(c) CaH$_2$ と水の反応，(d) 希硝酸と Mg の反応，(e) H$_2$ の燃焼，(f) CuO と H$_2$ の反応

10.12 H$_2$O$_2$ 溶液は漂白剤として用いられる．H$_2$O$_2$ が分解して H$_2$O と O$_2$ になるとき，$\Delta G° = -116.7$ kJ mol^{-1} である．H$_2$O$_2$ が長時間分解せず，保存できるのはなぜか．

10.13 水素化マグネシウムはルチル型格子をもつ．(a) ルチルの単位格子を図示せよ．(b) この構造における Mg 原子と H 原子の配位数と幾何構造について説明せよ．

10.14 本章に記載されている水素化アルミニウムの無限構造から，その化学量論比が 1:3 であることを確認せよ．

10.15 適切な BeH$_2$ の結合について論ぜよ．さらに，それと Ga$_2$H$_6$ の結合様式の関係について述べよ．

10.16 下記のデータの傾向について説明せよ．
(a) 気相中の CH$_4$, NH$_3$ および H$_2$O について，それぞれ ∠H−C−H = 109.5°, ∠H−N−H = 106.7°, ∠H−O−H = 104.5° である．
(b) 気相中の NH$_3$ および NH$_2$OH の双極子モーメントは，それぞれ 1.47 および 0.59 D である．
(c) NH$_3$, N$_2$H$_4$, PH$_3$, P$_2$H$_4$, SiH$_4$, および Si$_2$H$_6$ の $\Delta_{vap}H$ と沸点の比は，それぞれ 97.3, 108.2, 78.7, 85.6, 75.2, および 81.9 J K^{-1} mol^{-1} である．しかし，HCO$_2$H の場合の値は 60.7 J K^{-1} mol^{-1} である．

10.17 [NMe$_4$][HF$_2$] および [NMe$_4$][H$_2$F$_3$] の構造は，X線回折により決定されている．下の表では構造データの一部を示しており，すべての F−H−F の結合角は 175° から 178° の間にある．このデータから，[NMe$_4$][HF$_2$] および [NMe$_4$][H$_2$F$_3$] 中の陰イオンの構造を図示し，これらの化学種の結合についてどのようなことがいえるか説明せよ．

構造情報	[NMe$_4$][HF$_2$]	[NMe$_4$][H$_2$F$_3$]
F−H 距離	112.9/112.9 pm	89/143 pm
F---F---F 結合角	−	125.9°

10.18 図 10・12, 図 10・15 の情報を用い，2種のオリゴヌクレオチド 5′-CAAAGAAAAG-3′ および 5′-CTTTTCTTTG-3′ が形成する二重らせん構造の様子について説明せよ（3′ や 5′ の番号付けや C, A, G および T の定義については図 10・12 を参照のこと）．

10.19 (a) KMgH$_3$ は CaTiO$_3$ 型構造で結晶化する．KMgH$_3$

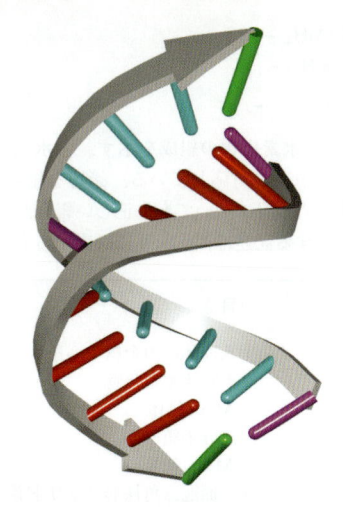

図 10・15 5′-CAAAGAAAAG-3′ と 5′-CTTTTCTTTG-3′ の配列をもつ 2 個のオリゴヌクレオチドの二重らせん構造．この構造は X 線回折により決定された [M. L. Kopka *et al.* (1996) *J. Mol. Biol.*, vol. 334, p. 653]．各オリゴヌクレオチドの骨格は，シークエンス（配列）の C3′ 末端に向かう矢印で示し，核酸塩基をはしごのように示す．核酸塩基の色表示：G 緑色，A 赤色，C 紫色，T 水色．

の単位格子を図示せよ．また，各原子の配位数を答えよ．
(b) KMgH$_3$(s) の標準生成エンタルピーは −278 kJ mol^{-1} (298 K) である．298 K における KMgH$_3$ の $\Delta_{lattice}H°$ 値を算出せよ．

総合問題

10.20 (a) 亜鉛と希薄な無機酸との反応で H$_2$ が生成するのに対し，銅との反応では H$_2$ が生成しない．付録 11 のデータを用い，その理由を定量的に説明せよ．
(b) [H$_{13}$O$_6$]$^+$ には複数の異性体が存在する．構造決定されている [(H$_5$O$_2$)(H$_2$O)$_4$]$^+$ においては，強い水素結合をもつ [H$_5$O$_2$]$^+$ が [H$_{13}$O$_6$]$^+$ の中心に位置する．このイオンの構造を描き，その図中に結合の様子を付記せよ．
(c) 気相の SbH$_3$ の赤外スペクトルは 1894, 1891, 831 および 782 cm^{-1} に吸収帯を示す．この事実が SbH$_3$ が D_{3h} 対称よりもむしろ C_{3v} 対称をとる証拠となる理由を示せ．

10.21 (a) H$_2$O(g) への H$^+$(g) の付加に伴うエンタルピー変化は −690 kJ mol^{-1} で，$\Delta_{hyd}H°$(H$^+$, g) = −1091 kJ mol^{-1} であるとき，水中での [H$_3$O]$^+$(g) の溶媒和に伴うエンタルピー変化を計算せよ．
(b) ニッケル・水素電池がどのように作動するか，充電および放電中の各電極における反応とともに説明せよ．

10.22 (a) Sr$_2$RuH$_6$ は，CaF$_2$ 型構造の Ca^{2+} を八面体形 [RuH$_6$]$^{4-}$ に置き換え，F$^-$ を Sr^{2+} に置き換えた格子として結晶化する．CaF$_2$ の単位格子を図示せよ．また，Sr$_2$RuH$_6$ においては，各 [RuH$_6$]$^{2-}$ が立方体形に配置した 8 個の Sr^{2+} に囲まれている様子についても図示せよ．
(b) つぎの反応の生成物を答えよ．

$SiCl_4 + LiAlH_4 \longrightarrow$

$Ph_2PH + KH \longrightarrow$

$4LiH + AlCl_3 \xrightarrow{Et_2O}$

10.23 項目 1 に水素化物の組成を示す．各水素化物は項目 2 に示す説明のどれかに対応している．適切な組合わせを示せ．ただし，いずれの項目についても，正しい組合わせは 1 組しかない．構造に関する記述は固体状態に対応するものである．

項目 1	項目 2
BeH_2	①八面体形の金属中心をもつ三次元格子
$[PtH_4]^{2-}$	②不定比水素化物
NaH	③M(0)錯体
$[NiH_4]^{4-}$	④高分子鎖
$[PtH_6]^{2-}$	⑤M(IV)錯体
$[TcH_9]^{2-}$	⑥三面冠三角柱形ヒドリド錯体
$HfH_{2.1}$	⑦平面正方形錯体
AlH_3	⑧塩型水素化物

10.24 つぎの実験事実について考察せよ．

(a) フッ化アンモニウムは氷と固溶体を形成する．

(b) つぎに示す液体の粘性は下記の順に低下する．
　　$H_3PO_4 > H_2SO_4 > HClO_4$

(c) ギ酸は $60.7\ J\ K^{-1}\ mol^{-1}$ のトルートン定数をもつ．

(d) フマル酸（Box 10・4 をみよ）とその幾何異性体であるマレイン酸の pK_a 値は以下のとおりである．

	pK_a(1)	pK_a(2)
フマル酸	3.02	4.38
マレイン酸	1.92	6.23

11 1族元素：アルカリ金属

おもな項目

- 存在，抽出および利用
- 物理的性質
- 金　属
- ハロゲン化物
- 酸化物および水酸化物
- オキソ酸塩：炭酸塩および炭酸水素塩
- 水溶液の化学（大環状配位子の錯体を含む）
- 非水溶液中での配位化学

1	2		13	14	15	16	17	18
H								He
Li	Be		B	C	N	O	F	Ne
Na	Mg		Al	Si	P	S	Cl	Ar
K	Ca		Ga	Ge	As	Se	Br	Kr
Rb	Sr	dブロック	In	Sn	Sb	Te	I	Xe
Cs	Ba		Tl	Pb	Bi	Po	At	Rn
Fr	Ra							

11・1 はじめに

アルカリ金属（リチウム，ナトリウム，カリウム，ルビジウム，セシウムおよびフランシウム）は周期表1族の元素であり，中性原子における原子価殻電子配置の基底状態は ns^1 である．フランシウムは安定核種をもたず，最も寿命が長い $^{223}_{87}\text{Fr}$ でさえ半減期が21.8分と短いため，アルカリ金属の議論から除外されることが多い．

アルカリ金属元素の化学のうち，つぎに掲げる項目については，これまでに述べてきた．

- 金属のイオン化エネルギー（§1・10）
- 金属結晶の構造（§6・3）
- 金属半径 r_metal（§6・5）
- 金属の融点と標準原子化エンタルピー（§6・6）
- イオン半径 r_ion（§6・10）
- NaClおよびCsCl型イオン結晶の構造（§6・11）
- MX塩の溶解のエネルギー論（§7・9）
- 標準還元電位 $E°_{\text{M}^+/\text{M}}$（§8・7）
- MX塩の水相から有機相への抽出のエネルギー論（§9・3）
- 液体アンモニア中のアルカリ金属（§9・6）
- 塩型水素化物 MH（§10・7）

11・2 存在，抽出および利用

存　在

ナトリウムとカリウムは，地球の生物圏で豊富に存在する元素である（それぞれ，存在率は2.6%と2.4%）が，天然には金属状態では存在しない．ナトリウムとカリウムのおもな原料は**岩塩**（rock salt，ほぼ純粋なNaCl），天然の鹹水および海水，**カリ岩塩**（sylvite，KCl），**シルビナイト**（sylvinite，カリ岩塩と岩塩の混合物）および**カーナル石**（carnallite，KCl・MgCl$_2$・6H$_2$O）である（Box 11・1参照）．これら以外にナトリウムあるいはカリウムを含む鉱物として**ホウ砂**（borax，Na$_2$[B$_4$O$_5$(OH)$_4$]・8H$_2$O，§13・2および§13・7参照）および**チリ硝石**（Chile saltpeter，NaNO$_3$，§15・2参照）があげられる．これらは産業的には，それぞれホウ素および窒素の原料として重要である．NaClは他の多くの無機薬品と異なり天然に豊富に存在するため，合成する必要はない．海水を濃縮するとさまざまな塩の混合物を生じるが，これは主成分のNaClを得る現実的な方法である．ナトリウムおよびカリウムとは対照的に，リチウム，ルビジウムおよびセシウムの天然存在率は低い（Rb＞Li＞Csの順）．これらはさまざまなケイ酸塩鉱物中に存在する．その一例として**リチア輝石**（スポジュメン spodumene，LiAlSi$_2$O$_6$）があげられる．

抽　出

アルカリ金属のなかで産業的に最も重要な元素であるナトリウムは，**ダウンズ法**（Downs process）により製造される．

資源と環境

Box 11・1　カリウム塩：資源と産業的需要

　鉱業製品の統計には"カリ"と"酸化カリウム換算量"の項目がある．"カリ"の用語はさまざまな水溶性カリウム塩をさす．歴史的には，この用語は木材の灰分のうち，K_2CO_3 や KOH など，水溶性の成分を表していた．しかし，現在この語には多くの曖昧さがつきまとう．"カリ"は炭酸カリウムやカリウムを含む肥料をさし，"カセイカリ"は水酸化カリウムを示す．農業用語では"肥料用塩化カリ"は塩化カリウム(95%以上)と塩化ナトリウムの混合物をいう．カリウム工業においては製品のカリウム含有量を K_2O 換算百分率で定義する．カリウムの世界生産量は1900年の32万トンから2005年の3100万トンに増加した．主要生産国はカナダ，ロシア，ベラルーシおよびドイツである．米国など主要工業国は，産業的需要に応えるため，大量の"カリ"を輸入しなければならない．下のグラフは2000年から2005年にかけての米国のカリウム塩国内生産量および輸入量の K_2O 換算量を示したものである．"カリ"のおよそ95%が肥料にあてられる．

米国ユタ州のカリ鉱山　[©Sunpix Travel/Alamy]

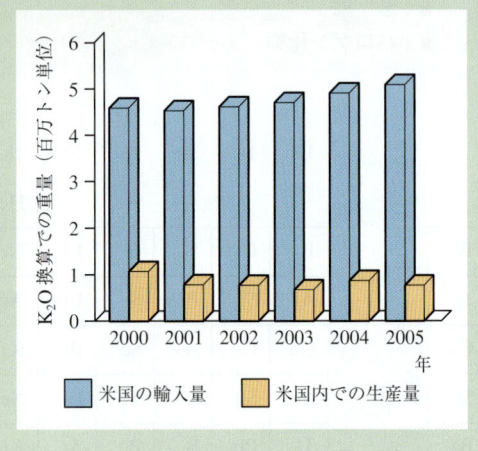

[データ：米国地質調査所]

溶融 NaCl（§9・12 参照）は，以下のように電気分解される．

　陰極反応：$Na^+(l) + e^- \longrightarrow Na(l)$
　陽極反応：$2Cl^-(l) \longrightarrow Cl_2(g) + 2e^-$
　全 反 応：$2Na^+(l) + 2Cl^-(l) \longrightarrow 2Na(l) + Cl_2(g)$

　純粋な NaCl の融点が 1073 K と高いため，$CaCl_2$ を加えて融解温度を下げることにより，実際の操作は約 870 K にて行われる．図11・1に示した電解槽の構成で重要な点は，生成した金属ナトリウムと Cl_2 ガスとが反応して再び NaCl に戻らないようにすることである．

　金属リチウムも電気分解プロセスにより LiCl から製造される．LiCl は，リチア輝石（$LiAlSi_2O_6$）を CaO とともに加熱して得た LiOH を，塩化物に転換することにより得られる．金属カリウムも電気分解により KCl から得ることができるが，より効率的な方法は向流分留塔を用いて溶融 KCl に金属ナトリウム蒸気を作用させることである．これにより Na-K 合金が得られるが，分留によりナトリウムとカリウムが分離される．同様に，金属ルビジウムおよび金属セシウムは RbCl および CsCl から得られる．RbCl および CsCl の一部はリチア輝石からリチウムを得る際の副生成物として得られる．

　少量であれば，金属ナトリウム，カリウム，ルビジウムおよびセシウムは，アジ化物を熱分解することにより得られる．

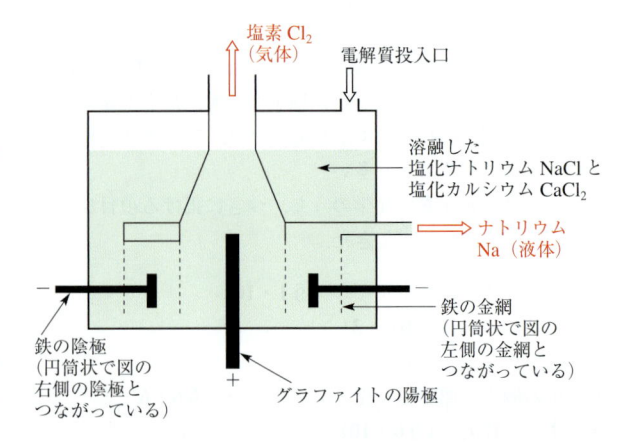

図11・1 ダウンズ法（塩化ナトリウムを原料とするナトリウムの工業的製法）において使用される電解槽の概略図．生成物（ナトリウムおよび塩素）が再結合して塩化ナトリウムに戻ることを防ぐため，互いを分離している．

(式 11.1). アジ化ナトリウムは自動車のエアバッグを膨らませるのに用いられている（**式 15.4** 参照）. リチウムの場合は, 生成したリチウム金属と窒素ガスが反応して窒化物 Li_3N が生成するので, 同様の反応により金属を得ることはできない（**式 11.6** 参照）.

$$2NaN_3 \xrightarrow{570\,K,\,真空} 2Na + 3N_2 \qquad (11.1)$$

アルカリ金属およびその化合物のおもな用途

金属リチウムの密度は 0.53 g cm^{-3} であり, この値はこれまでに知られているすべての金属のなかで最も小さい. リチウムは合金や一部のガラスおよびセラミックス（陶磁器）の製造に用いられている. 炭酸リチウムは双極性障害（躁鬱病）の治療薬として用いられるが, 多量のリチウム塩は中枢神経に障害を与える.

ナトリウム, カリウムおよびそれらの化合物には多くの用途があるが, そのいくつかの例を以下にあげる. ナトリウムとカリウムの合金は原子炉の冷却剤として用いられる. ナトリウムと鉛の合金のおもな用途はアンチノック剤として用いられる四エチル鉛の製造であったが, 無鉛ガソリンの需要が高まるに従い, この用途の重要性は失われつつある. ナトリウムの化合物は, 製紙, ガラス, 洗剤, 化学および金属工業などでさまざまな用途に用いられる. 図 11・2 に塩化ナトリウムおよび水酸化ナトリウムの用途をまとめた. 2004 年の全世界での塩化ナトリウムの製造量は 2.08 億トンであり, そのうちの 5580 万トンが米国で使用されている. 塩化ナトリウムの主要な用途は, 水酸化ナトリウムと塩素ガスの製造（**Box 11・4** 参照）と炭酸ナトリウムの製造（**§11・7** 参照）である. また, かなりの量が冬期の道路凍結防止剤として使用されている（図 11・2a および **Box 12・5**）. しかし, 塩化ナトリウムの腐食作用に加え, 道路周辺の植生への影響や水源への流出といった環境面での問題に注目が集まりつつある. そのため, 塩類の使用を減らした道路保守方法の導入（カナダなど）や, 凍結防止剤として塩化ナトリウムの代わりに酢酸カルシウムマグネシウムを使用すること（**Box 12・5** 参照）などが行われ始めている.

ナトリウムとカリウムはいずれも, 高等動物のさまざまな電気生理学的機能に関与している. ナトリウムイオンとカリウムイオンの濃度比は細胞内外で異なっている. 細胞膜内外でのこれらのイオンの濃度勾配により膜電位が生じ, それが神経細胞および筋肉細胞における刺激の伝播を担っている. それゆえ, バランスのとれた食物はナトリウム塩とカリウム塩の両方を含んでいる. カリウムは植物においても必須の栄養素であり, カリウム塩は広く肥料に用いられている. 電池におけるリチウムとナトリウムの利用は **Box 11・3** で取上げ, 呼吸用マスクにおける過酸化カリウムの利用は **§11・6** で述べる.

多くの有機合成反応では, 金属リチウム, 金属ナトリウムおよびそれらの化合物を使用する. 特に $Na[BH_4]$ および $Li[AlH_4]$ は広く利用されている. アルカリ金属およびその化合物は触媒としても使われる. たとえば, **式 10.11** で示した水素と一酸化炭素からのメタノールの合成反応で, 触媒にセシウムをドープすると効率が上がることが知られている.

11・3 物理的性質

一般的性質

原子半径およびイオン半径が元素の物理的および化学的性質に与える影響は, 他のどの族よりもアルカリ金属において顕著にみられる. それゆえ, 1 族の金属元素は一般的傾向を示すための例として頻繁に用いられる. 1 族金属元素のいくつかの物理的性質を表 11・1 にまとめた. これらのデータから導き出されるいくつかの重要な項目を以下にあげる. なお, イオンの水和に関するエネルギー論については **§7・9** で詳しく説明した.

- 原子番号の増加に伴い, 原子半径は増加し, 金属結合の強さは減少する（**§6・8** 参照）.
- イオン化エネルギーは Li ＞ Na ＞ K ＞ Rb ＞ Cs の順であり（**図 1・15** 参照）, これは原子サイズの増加による効果が, 核電荷の増加による効果を上回っていることを示している. すべてのアルカリ金属において第二イオン化エネ

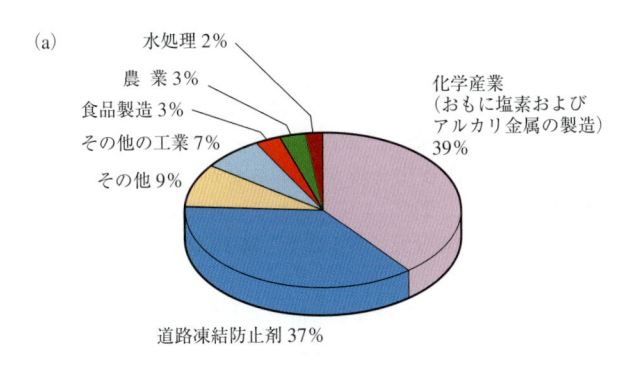

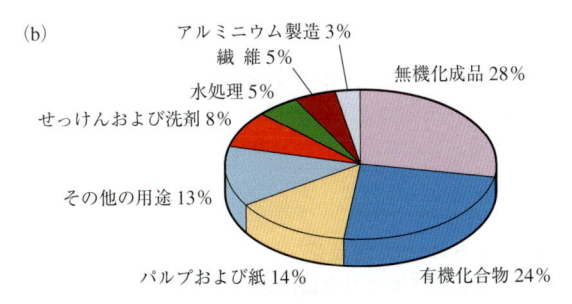

図 11・2 (a) 2005 年における米国での塩化ナトリウムの用途［データ: 米国地質調査所］. (b) 1995 年における西ヨーロッパでの水酸化ナトリウムの工業的用途［データ: *Ullmann's Encyclopedia of Industrial Chemistry* (2002), Wiley-VCH, Weinheim］

表 11・1　アルカリ金属とそのイオンの代表的な物理的性質

性　質	Li	Na	K	Rb	Cs
原子番号　Z	3	11	19	37	55
基底状態の電子配置	[He]$2s^1$	[Ne]$3s^1$	[Ar]$4s^1$	[Kr]$5s^1$	[Xe]$6s^1$
原子化エンタルピー　$\Delta_a H^\circ$(298 K)/kJ mol^{-1}	161	108	90	82	78
M_2 分子中の M－M 結合の 298 K における解離エンタルピー / kJ mol^{-1}	110	74	55	49	44
融　点　mp / K	453.5	371	336	312	301.5
沸　点　bp / K	1615	1156	1032	959	942
標準融解エンタルピー　$\Delta_{fus} H^\circ$(mp)/kJ mol^{-1}	3.0	2.6	2.3	2.2	2.1
第一イオン化エネルギー　IE_1 / kJ mol^{-1}	520.2	495.8	418.8	403.0	375.7
第二イオン化エネルギー　IE_2 / kJ mol^{-1}	7298	4562	3052	2633	2234
金属半径　r_{metal} / pm$^{\dagger 1}$	152	186	227	248	265
イオン半径　r_{ion} / pm$^{\dagger 2}$	76	102	138	149	170
M^+ の標準水和エンタルピー　$\Delta_{hyd} H^\circ$(298 K) / kJ mol^{-1}	-519	-404	-321	-296	-271
M^+ の標準水和エントロピー　$\Delta_{hyd} S^\circ$(298 K) / J K^{-1} mol^{-1}	-140	-110	-70	-70	-60
M^+ の標準水和ギブズエネルギー　$\Delta_{hyd} G^\circ$(298 K) / kJ mol^{-1}	-477	-371	-300	-275	-253
M^+ の標準還元電位　$E^\circ_{M^+/M}$ / V	-3.04	-2.71	-2.93	-2.98	-3.03
NMR 核（存在率/%，核スピン）	^{6}Li(7.5, $I=1$)　^{7}Li(92.5, $I=\frac{3}{2}$)	^{23}Na(100, $I=\frac{3}{2}$)	^{39}K(93.3, $I=\frac{3}{2}$)　^{41}K(6.7, $I=\frac{3}{2}$)	^{85}Rb(72.2, $I=\frac{5}{2}$)　^{87}Rb(27.8, $I=\frac{3}{2}$)	^{133}Cs(100, $I=\frac{7}{2}$)

†1　この値は，体心立方構造における八配位原子の場合．**付録 6** の十二配位原子と比較せよ．　　†2　六配位の場合

ギーは非常に大きく，通常の条件下では 2 価の陽イオンは存在しない．

- 標準還元電位 $E^\circ_{M^+/M}$ は以下の各過程でのエネルギー変化に関係している．

$$M(s) \longrightarrow M(g) \quad \text{原子化（昇華）}$$
$$M(g) \longrightarrow M^+(g) \quad \text{イオン化}$$
$$M^+(g) \longrightarrow M^+(aq) \quad \text{水　和}$$

1 族においては，原子番号の増加に伴うこれらのエネルギーの変化がほぼ打消し合っており，結果として標準還元電位 $E^\circ_{M^+/M}$ はほぼ等しい値となる．リチウムが水と反応しにくいのは，<u>熱力学的要因</u>ではなく，<u>速度論的要因</u>による．リチウムは硬くて融点の高い金属であり，同族のより重い元素よりも水中への拡散が遅く，それゆえ反応も緩やかに起こる．

練習問題

表 11・1 のデータを用いて，下式の還元反応に伴うエン

$$M^+(aq) + e^- \longrightarrow M(s)$$

タルピー変化が M = Na では -200 kJ mol^{-1}，M = K では -188 kJ mol^{-1}，M = Rb では -189 kJ mol^{-1} であることを示し，$E^\circ_{M^+/M}$ に関する本文中の議論について考察せよ．

化合物中で，1 族金属元素は，ほとんどの場合一価の陽イオンとなっているが，一価の陰イオン（Na$^-$，K$^-$，Rb$^-$ および Cs$^-$）を含む化合物がわずかながら知られている（**§11・8** 参照）．また，1 族金属原子の有機金属化学は近年発展を遂げている分野であるので，**第 19 章**でさらに議論する．

静電気力に基づいて計算した格子エネルギーが実測値をよく再現することから，ナトリウム，カリウム，ルビジウムおよびセシウムの化学においては，イオン性化合物が主要な位置を占めていることがわかる．リチウムはいわゆる"異常な"挙動を示し，マグネシウムとの**対角関係**（diagonal relationship）があることも，同様のエネルギー論的考察から説明できる．このことについては **§12・10** にてさらに詳しく述べる．

原子スペクトルと炎色反応

気相状態では，アルカリ金属は単原子分子あるいは二原子分子 M_2 として存在している（**例題 11.1** 参照）．M－M 共有結合の強度は，原子番号が増えるにつれて弱くなる（表 11・1）．M 原子の最外殻の ns^1 電子は簡単に励起されるため，その緩和に伴う発光の観測も容易である．**§20・8** では，ナト

応用と実用化

Box 11・2　セシウムで時を刻む

1993年，米国立標準技術研究所（NIST）はNIST-7とよばれるセシウムを用いた原子時計の使用を開始した．NIST-7は100万年に1秒の誤差で国際標準時を刻んだ．この時計は，Cs原子の基底状態と特定の励起状態との間の遷移の際に放出される電磁波の周波数を基準としている．

1995年，フランスのパリ天文台にて最初の新型セシウム原子時計が作製された．1999年，同じ型のセシウム原子時計NIST-F1が米国にも導入され，米国の時刻および周波数の基準となった．NIST-F1は2000万年に1秒の誤差しか生じないという精度で動く．旧型のセシウム原子時計では室温のCsを測定しているが，新型のセシウム原子時計はレーザーを用いてCs原子の速度を落とすとともに温度を絶対零度近くまで下げている．NIST-F1の動作原理についてはウェブ上のオンライン動画 http://www.nist.gov/physlab/div847/grp50/primary-frequency-standards.cfm に詳しく説明されている．現在の原子時計研究では，中性原子あるいは$^{88}Sr^+$などの単一イオンの光学的遷移の利用を検討している．この分野の進歩は，1999年にフェムト秒レーザー（**Box 26・2**参照）を利用した光学式カウンターが利用できるようになってから実現可能になった．

さらに勉強したい人のための参考文献

P. Gill (2001) *Science*, vol. 294, p. 1666 – 'Raising the standards'.

M. Takamoto, F.-L. Hong, R. Higashi and H. Katori (2005) *Nature*, vol. 435, p. 321 – 'An optical lattice clock'.

R. Wynands and S. Weyers (2005) *Metrologia*, vol. 42, p. S64 – 'Atomic fountain clocks'.

コロラド州ボールダーの米国立標準技術研究所内のセシウム原子時計 NIST-F1．[Donald Sullivan博士/米国立標準技術研究所]

リウムの原子スペクトルのうち**ナトリウムD線**（sodium D-line）を旋光度測定に使用する方法について述べる．アルカリ金属の塩を濃塩酸で処理して揮発性の金属塩化物とし，ブンゼンバーナーの酸化炎（外炎）で強熱することにより，独特の炎色反応が観測される．リチウムは深紅色，ナトリウムは黄色，カリウムは紫色（赤みがかった薄紫色），ルビジウムは赤みがかった紫色，セシウムは青色を示す．この**炎色反応**（flame test）はM^+の存在を調べる**定性分析**（qualitative analysis）として使われる．**定量分析**（quantitative analysis）のためには，原子特有のスペクトルを用いた**炎光分析**（flame photometry）または**原子吸光分析**（atomic absorption spectroscopy）を用いる．

例題 11.1　Na₂分子

2個のナトリウム原子からNa$_2$分子が生成することを説明する分子軌道図を，ナトリウムの原子価殻の軌道およびそれらの軌道を占める電子のみを用いて作成せよ．また，その結果を用いてNa$_2$分子の結合次数を決定せよ．

解答　ナトリウムの原子番号は11である．

ナトリウム原子の基底状態の電子配置は$1s^22s^22p^63s^1$つまり[Ne]$3s^1$である．

ナトリウム原子の原子価殻の軌道は3sである．

Na$_2$分子の分子軌道図は下図のとおりとなる．

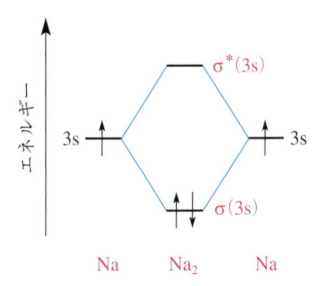

結合次数は結合性分子軌道を占める電子の数から反結合性分子軌道を占める電子の数を引いたものを2で割ったものである．

したがって，Na$_2$分子の結合次数は$\frac{1}{2} \times (2-0) = 1$である．

練習問題

1. Na$_2$分子の結合を分子軌道を使って考えるとき，1s, 2sおよび2p軌道やそこに収容される電子を考えに入れなくて

よいのはなぜか．
2. Na_2 分子の分子軌道図を用いて Na_2 分子が常磁性であるか反磁性であるかを考えよ．　　　　　　　　　［答　反磁性］
この練習問題の発展問題が章末の問題 11.5 にある．

放射性同位体

Fr のほかに放射能をもつものに 0.02 ％の天然存在率をもつ ^{40}K がある．^{40}K はスキーム 11.2 に従い壊変する．β 壊変と電子捕獲による壊変双方を合わせた半減期は 12.5 億年である．

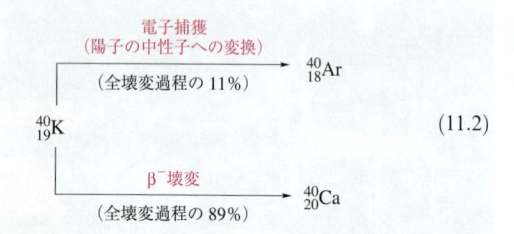

$$^{40}_{19}K \xrightarrow[\text{（全壊変過程の 11 ％）}]{\text{電子捕獲（陽子の中性子への変換）}} {}^{40}_{18}Ar$$
$$^{40}_{19}K \xrightarrow[\text{（全壊変過程の 89 ％）}]{\beta^- \text{壊変}} {}^{40}_{20}Ca \quad (11.2)$$

^{40}K の壊変のため，人体は非常にわずかではあるが放射能をもつ．^{40}K から ^{40}Ar への壊変は，黒雲母（biotite），角閃石（hornblende），火山岩などの鉱物の年代測定に用いられている．マグマが冷えた後では，^{40}K の壊変により生成した ^{40}Ar は鉱物中に封じ込められる．岩石中の ^{40}Ar の量は，試料を粉砕・加熱して封じ込められたアルゴンガスを開放し，質量分析することにより測定する．一方，^{40}K の量は原子吸光分析により測定する．試料の年代は ^{40}K と ^{40}Ar の比から推定することができる*．**Box 3・2** では，チェルノブイリの原発事故で放出されたセシウムの放射性同位体について述べた．

NMR 活性核種

各アルカリ金属元素は，それぞれ少なくとも一つの NMR 活性核種をもつ（表 11・1）が，それらのいくつかは感度が不十分なため通常の測定にはなじまない．s ブロック金属元素の NMR 測定の例としては §3・11 および例題 19.1 を参照されたい．

11・4　金　属

外　観

リチウム，ナトリウム，カリウムおよびルビジウムは銀白色であるが，セシウムは黄金色をおびている．これらの金属はいずれも軟らかいが，その中ではリチウムが最も硬い．硬さの傾向は融点の傾向と一致する（表 11・1）．セシウムは特に融点が低く，温暖な気候のもとでは室温でも液体となる．

反応性

液体アンモニア中での金属の挙動についてはすでに述べた（§9・6 参照）．おもな生成物はアルカリ金属アミド（**式 9.28** 参照）である．$LiNH_2$，$NaNH_2$ および KNH_2 は有機合成において重要な反応試薬である．固体状態において，これらのアミドは立方最密充填した $[NH_2]^-$ がつくる四面体の隙間のうちの半分を M^+ が占めた構造をとる．

> **例題 11.2　$NaNH_2$ の構造**
>
> $NaNH_2$ の結晶構造は，アミドが面心立方構造（fcc）をとり，その四面体の隙間のうちの半分を Na^+ が占めていると近似できる．この構造はどの構造型に対応するか．

解答　$[NH_2]^-$ の面心立方（立方最密充填）構造は，イオンを球とみなすと下図の単位格子（単位胞）で表すことができる．

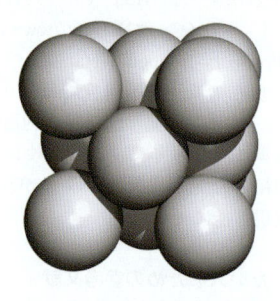

単位格子中には八つの四面体形の隙間がある．ナトリウムイオンはそれらのサイトのうちの半分を下図のように占める．

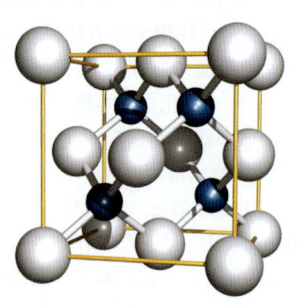

$NaNH_2$ の結晶構造は閃亜鉛鉱（zinc blende，ZnS）型である（図 6・18b と比較せよ）．

練習問題

1. $NaNH_2$ の単位格子を描いた図を用いて，この化合物中の Na^+ と $[NH_2]^-$ の比が 1：1 であることを確認せよ．
2. $NaNH_2$ の単位格子を描いた図を用い，$[NH_2]^-$ の配位数を求めよ．その値が Na^+ の配位数とどのような関係にあるべきかを考え，解答を確認せよ．

---

*　^{40}K と ^{40}Ar を用いた年代測定についての興味深い考察は以下を参照せよ：W. A. Howard (2005) *J. Chem. Educ.*, vol. 82, p. 1094.

応用と実用化

Box 11・3 アルカリ金属電池

ナトリウム硫黄電池は溶融ナトリウムの正極，液体硫黄の負極および β-アルミナ固体電解質（§28・3 参照）から構成され，570〜620 K で動作する．電池反応式は

$$2\text{Na}(l) + n\text{S}(l) \longrightarrow \text{Na}_2\text{S}_n(l) \qquad E_{\text{cell}} = 2.0\,\text{V}$$

で表される．極性を反転して電池の再充電を行う場合には，逆反応が起こる．1990 年代，ナトリウム硫黄電池は電気自動車（EV）への応用が検討された．その例として，フォード社の電気自動車 Ecostar がある．ナトリウム硫黄電池の動作温度が高いことは，自動車業界にとっては欠点であり，現在，電気自動車やハイブリッド自動車で使用される電池は他のものに取って代わられている（**Box 10・5** 参照）．しかしながら，ナトリウム硫黄電池は自己放電速度が非常に遅いという利点がある．そのため，エネルギー貯蔵システム用の固定ナトリウム硫黄電池は，特に日本で，現在も活用されている．2005 年の愛知万博では，太陽電池と燃料電池による発電と，ナトリウム硫黄電池によるエネルギー貯蔵を組合わせた電力供給システムの試験運用が行われた．効率的な貯蔵システムにより，エネルギーの需要と供給のバランスがうまくとられていた．

リチウムは，絶対値の大きな負の還元電位など，電池材料として適した特徴をいくつかもつ．たとえば正極にリチウムを，負極に FeS_2 を使用するリチウム硫化鉄電池（起電力 1.5 V）は，カメラなどに使われる．エネルギー密度が高く再充電可能なリチウムイオン電池の開発が，電池技術における最近の重要な進歩であり，最初に市場に出たのは 1991 年であった．リチウムイオン電池の起電力は 3.6 V であり，LiCoO_2 の正極とグラファイト（黒鉛）の負極とが固体電解質で隔てられている．電池が充電されるときには，Li^+ が固体電解質中を移動する．市販のリチウムイオン電池では通常，電解質として炭酸アルキルを溶媒とする LiPF_6 溶液が用いられる．リチウムイオン電池は放電された状態のものが製造される．固体の LiCoO_2 は α-NaFeO_2 型構造をとり，そこでは酸素原子はほぼ立方最密充塡をしている．その八面体の隙間を M(I) または M(III)（LiCoO_2 では Li^+ および Co^{3+}）が，それぞれ異なる金属が層をなすように占めている．充電時，Li^+ はこの層から出て，電解質中を通って，グラファイトの層間へと移動する（§14・4 参照）．放電時，Li^+ は酸化物格子中に戻る．全反応式はつぎのように表される．

$$\text{LiCoO}_2 + 6\text{C}(\text{グラファイト}) \underset{\text{放電}}{\overset{\text{充電}}{\rightleftharpoons}} \text{LiC}_6 + \text{CoO}_2$$

コバルト原子は酸化還元活性であり，Li^+ が LiCoO_2 から脱離する際に Co(III) から Co(IV) に酸化される．リチウムイオン電池の重要な点は，正極・負極いずれもが Li^+ を取込むホストとなりうることであり，充電と放電の際に Li^+ が両極を行き来する．それゆえこのシステムは"ロッキングチェ

ノートパソコン，デジタルカメラおよび携帯電話．いずれも充電可能なリチウムイオン電池を使用している．右側はデジタルカメラのバッテリーパック．[提供：E. C. Constable]

アー"電池ともよばれる．再充電可能なリチウムイオン電池はノートパソコン，携帯電話や MP3 プレーヤー（デジタルオーディオプレーヤー）など，小型電子機器の電池市場を寡占している．2005 年，ソニーは新世代のリチウムイオン電池（ネクセリオン）を開発した．コバルトのみからなる LiCoO_2 電極の代わりに混合金属酸化物 $\text{Li}(\text{Ni, Mn, Co})\text{O}_2$ が，グラファイトの代わりにスズ系材料からなる電極が使われている．初期の利用は，家庭用ビデオカメラに限られていた．

コバルトを含むリチウムイオン電池の弱点は，比較的高い価格にある．現在の研究戦略は電池の性能を上げ，価格を下げる代替電極材料を探すことを目標としている．二つの有力候補が LiMn_2O_4 と LiFePO_4 である．LiMn_2O_4 はスピネル型構造（**Box 13・6** 参照）をとり，グラファイト電極と組合わせてリチウムイオン電池をつくる．全反応式は以下のようにまとめられる．

$$\text{LiMn}_2\text{O}_4 + 6\text{C}(\text{グラファイト}) \underset{\text{放電}}{\overset{\text{充電}}{\rightleftharpoons}} \text{LiC}_6 + \text{Mn}_2\text{O}_4$$

このタイプのリチウムイオン電池の想定される応用には，ハイブリッド自動車がある．最新の研究の一部は，低価格で環境負荷の低い電極材料である LiFePO_4 の利用に集中している．

さらに勉強したい人のための参考文献

P.G. Bruce (1997) *Chemical Communications*, p. 1817 – 'Solid-state chemistry of lithium power sources'.

T. Oshima, M. Kajita and A. Okuno (2004) *International*

Journal of Applied Ceramic Technology, vol. 1, p. 269 – 'Development of sodium-sulfur batteries'.

J. R. Owen (1997) *Chemical Society Reviews*, vol. 26, p. 259 – 'Rechargeable lithium batteries'.

M. Thackeray (2002) *Nature Materials*, vol. 1, p. 81 – 'An unexpected conductor'.

M. S. Whittingham (2004) *Chemical Reviews*, vol. 104, p. 4271 – 'Lithium batteries and cathode materials'.

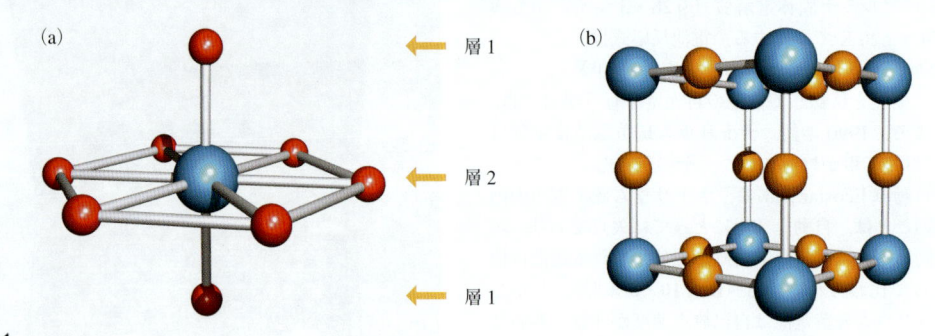

図 11・3　(a) 窒化リチウム Li_3N 固体の構造．N^{3-} と Li^+ が 1：2 の比でつくる層（層 2）と Li^+ のみからなる層（層 1）が交互に積み重なっている．層 1 の Li^+ は層 2 の N^{3-} の真上にあり，N^{3-} は六方両錐八配位である．Li^+ には，層 1 にあるものと層 2 にあるものとの 2 種類があり，層 1 の Li^+ には窒素原子が 2 個配位し，層 2 の Li^+ には窒素原子が 3 個配位する（章末の問題 11.12 参照）．(b) 窒化ナトリウム Na_3N の単位格子．Na_3N は逆 ReO_3 型構造をとる．原子の色表示：N 青色，Li 赤色，Na 橙色．

　大気中の酸素や水分との反応を防ぐために，リチウム，ナトリウムおよびカリウムは炭化水素溶媒中に保存されるが，過度にさらされることがなければ大気中で扱うことができる．しかし，ルビジウムおよびセシウムは不活性雰囲気下で扱う必要がある．リチウムは水と速やかに反応する（式 11.3）だけなのに対し，ナトリウムは激しく，カリウム，ルビジウムおよびセシウムは猛烈に激しく反応し，発生した水素ガスが燃焼する．

$$2Li + 2H_2O \longrightarrow 2LiOH + H_2 \quad (11.3)$$

　ナトリウムは炭化水素系およびエーテル系溶媒の乾燥に用いられるが，<u>決してハロゲンを含む溶媒に用いてはならない</u>（式 **14.47** 参照）．余ったナトリウムは注意深く処分しなければならない．通常は，2-プロパノール（イソプロピルアルコール）とナトリウムとから水素ガスと $NaOCHMe_2$ が発生する反応を利用する．この反応は水や分子量のより小さいアルコールとの反応よりも穏やかで安全な反応である．少量のナトリウムを処分する際には，その代わりに，植木鉢などの陶器製の容器に満たした砂の中にナトリウムを埋め，上から水を注ぐという方法もある．このようにするとナトリウムから水酸化ナトリウムへの反応は穏やかに進み，生成した水酸化ナトリウムは砂の成分である二酸化ケイ素と反応してケイ酸ナトリウムとなる*．

　1 族元素の金属はすべて常温でハロゲンと反応し（式 11.4），加熱下では水素と反応する（式 11.5）．金属水素化物生成のエネルギー論は本質的に金属ハロゲン化物生成のエネルギー論と同じであり，ボルン・ハーバーサイクル（Born-Haber cycle）によって表される（§**6・14** 参照）．

$$2M + X_2 \longrightarrow 2MX \quad X = ハロゲン \quad (11.4)$$
$$2M + H_2 \longrightarrow 2MH \quad (11.5)$$
$$6Li + N_2 \longrightarrow 2Li_3N \quad (11.6)$$

　リチウムは自発的に窒素と反応し，常温（298 K）で式 11.6 に従い，赤茶色で湿気に敏感な窒化リチウムとなる．固体の Li_3N は興味深い構造（図 11・3a）をとっており，高いイオン伝導性を示す（§**28・3** 参照）．それ以外のアルカリ金属の窒化物の合成は困難であり，2002 年になってようやくその最初の例が報告された．真空チャンバー中で冷却したサファイヤ基板上に原子状のナトリウムと窒素を蒸着させ，それを室温まで加熱することにより窒化ナトリウム Na_3N（非常に湿気に敏感である）が得られる．Na_3N は Na^+ が二配位，N^{3-} が八面体形六配位の逆 ReO_3 型構造（ReO_3 の構造については図 **22・4** 参照）をとっており，Li_3N の構造（図 11・3）とは大きく異なる．アルカリ金属と酸素との反応については §**11・6** で述べる．

　リチウムおよびナトリウムを炭素とともに加熱すると，アセチリド化合物 M_2C_2 が得られる．これらは，金属とアセチレンを液体アンモニア中で反応させることによっても得られる．カリウム，ルビジウムあるいはセシウムをグラファイトと反応させると，グラファイトの層間にアルカリ金属が入り

---

* H. W. Roesky (2001) *Inorg. Chem.*, vol. 40, p. 6855 – 'A facile and environmentally friendly disposal of sodium and potassium with water'.

表 11・2 アルカリ金属ハロゲン化物 MX の標準生成エンタルピー（$\Delta_f H°$）と格子エネルギー（$\Delta_{lattice} H°$）

M	$\Delta_f H°(MX)/kJ\ mol^{-1}$				$\Delta_{lattice} H°(MX)/kJ\ mol^{-1}$			
	ハロゲン化物イオンのサイズの増加 →				ハロゲン化物イオンのサイズの増加 →			
	F	Cl	Br	I	F	Cl	Br	I
Li	−616	−409	−351	−270	−1030	−834	−788	−730
Na	−577	−411	−361	−288	−910	−769	−732	−682
K	−567	−436	−394	−328	−808	−701	−671	−632
Rb	−558	−435	−395	−334	−774	−680	−651	−617
Cs	−553	−443	−406	−347	−744	−657	−632	−600

（金属イオンのサイズの増加 ↓）

込んだ一連の**層間化合物**（intercalation compound）MC$_n$（n は 8，24，36，48 および 60）が得られる（**構造 14.2** および **図 14・4a** 参照）．組成が同じものどうしは，金属が異なっていても同じ構造をとり，似通った性質を示す．高圧下では MC$_{4-6}$（M＝K, Rb, Cs）が得られる．これらとは異なり，リチウムをグラファイトの層間に導入すると，常圧では LiC$_6$，LiC$_{12}$，LiC$_{18}$ および LiC$_{27}$ が，高圧では LiC$_{2-4}$ が得られる（リチウムイオン電池技術の基礎については **Box 11・3** を参照せよ）．ナトリウム-グラファイト層間化合物の生成についてはもっと複雑である．高温でグラファイトにナトリウム金属蒸気を反応させると NaC$_{64}$ が得られる．グラファイトの層間化合物については，**§14・4** において再び触れる．

アルカリ金属は水銀に溶けて**アマルガム**（amalgam）をつくる（**Box 23・3** 参照）．ナトリウムアマルガム（ナトリウムの割合が低いときのみ液体）は，水素ガス発生反応の過電圧が大きいために水溶液中でも使用できるので，無機および有機化学における用途の広い還元剤である．

アルカリ金属を扱う新しい技術としては，金属をシリカゲルに吸着させ，その強力な還元作用を活用するものがある．カラムの充填剤として用いて，連続的に還元反応を行うという用途が考えられ，製薬産業などでの利用が見込まれる．アルカリ金属を吸着したシリカゲル粉末は，水と定量的に反応して水素ガスを発生する．この粉末の扱いおよび保存は簡便であるため，'必要なときに必要なだけ' 供給する水素ガス発生源となりうる*.

11・5 ハロゲン化物

アルカリ金属ハロゲン化物 MX（構造については**第 6 章**参照）は，アルカリ金属とハロゲンとを直接反応させることにより得られ（式 11.4），すべてのハロゲン化物は絶対値の大きな負の標準生成エンタルピー $\Delta_f H°$ をもつ．表 11・2 にみ

られるように，フッ化物においては，アルカリ金属の原子番号が大きくなるにつれて標準生成エンタルピーの絶対値が小さくなるのに対し，塩化物，臭化物およびヨウ化物は逆の傾向を示す．同じ金属に対しては，つねに，フッ化物，塩化物，臭化物，ヨウ化物の順で標準生成エンタルピーの絶対値が小さくなっていく．これらの傾向は，MX の生成に関するボルン・ハーバーサイクル（**図 6・24** 参照）を式 11.7 に従って考えることにより説明できる．

$$\Delta_f H°(MX, s) = \underbrace{\{\Delta_a H°(M, s) + IE_1(M, g)\}}_{\text{金属に依存する項}} + \underbrace{\{\Delta_a H°(X, g) + \Delta_{EA} H(X, g)\}}_{\text{ハロゲンに依存する項}}$$
$$+ \Delta_{lattice} H°(MX, s) \quad (11.7)$$

上式の右辺のうち，アルカリ金属フッ化物において，金属に応じて変化する量は $\Delta_a H°(M)$，イオン化エネルギー $IE_1(M)$ と格子エネルギー $\Delta_{lattice} H°(MF)$ であり，塩化物，臭化物およびヨウ化物についても同様である．$\Delta_a H°(M)$ と $IE_1(M)$ との和はアルカリ金属イオンの生成熱に相当し，Li$^+$ で 681 kJ mol^{-1}，Na$^+$ で 604 kJ mol^{-1}，K$^+$ で 509 kJ mol^{-1}，Rb$^+$ で 485 kJ mol^{-1}，Cs$^+$ では 454 kJ mol^{-1} である．フッ化物イオンに対して $\Delta_f H°(MF)$ の値は，$\{\Delta_a H°(M) + IE_1(M)\}$ と $\Delta_{lattice} H°(MF)$ のバランスによって決まる．塩化物イオン，臭化物イオン，ヨウ化物イオンに対しても同様である（表 11・2）．このデータをみると，フッ化物イオンに対してはアルカリ金属元素の変化に伴う $\{\Delta_a H°(M) + IE_1(M)\}$ の変化量は，$\Delta_{lattice} H°(MF)$ の変化量よりも小さい．一方，塩化物イオン，臭化物イオン，ヨウ化物イオンに対しては $\{\Delta_a H°(M) + IE_1(M)\}$ の変化量は $\Delta_{lattice} H°(MX)$ の変化量よりも大きい．これは，格子エネルギーが $1/(r_+ + r_-)$ に比例する（**§6・13** 参照）ため，半径 r_- のハロゲン化物イオンに対して金属イオンの半径 r_+ が変化したときに起こる $\Delta_{lattice} H°(MX)$ の変化量は，r_- が最小のとき（フッ化物

---

* J. L. Dye *et al.* (2005) *J. Am. Chem. Soc.*, vol. 127, p. 9338 – 'Alkali metals plus silica gel: powerful reducing agents and convenient hydrogen sources'.

イオンの場合）最も大きく，r_- が最大のとき（ヨウ化物イオンの場合）最も小さくなるからである．一方，同一の金属に対しては（式11.7），$\{\Delta_aH°(X) + \Delta_{EA}H(X)\}$（フッ化物イオン：$-249$ kJ mol^{-1}，塩化物イオン：-228 kJ mol^{-1}，臭化物イオン：-213 kJ mol^{-1}，ヨウ化物イオン：-188 kJ mol^{-1}）の変化は，$\Delta_{lattice}H°(MX)$ の変化に打消される．M$^+$ のサイズが大きくなるにつれて，$\Delta_fH°(MF)$ と $\Delta_fH°(MI)$ の差が顕著に小さくなることを表 11・2 にて確認せよ．

アルカリ金属ハロゲン化物の水への溶解度は，格子エネルギーと水和のギブズエネルギー（$\Delta_{sol}G°$ と $\Delta_{hyd}G°$ については，§7・9 を参照）との微妙なバランスによって決まる．アルカリ金属ハロゲン化物のなかで最も高い格子エネルギーをもつ LiF は，ほんのわずかしか水に溶けないが，それ以外のハロゲン化物の溶解度の関係については本書の範囲を超える*．LiCl，LiBr，LiI と NaI は，酸素を含む有機溶媒に溶解する．たとえば LiCl は THF およびメタノールに溶解する．これらすべての場合において，溶媒の酸素原子が Li$^+$ や Na$^+$ に配位していると考えられている（§11・8 を参照）．LiI と NaI は，液体アンモニアによく溶け，錯体をつくる．錯体 [Na(NH$_3$)$_4$]I は不安定ではあるが単離されており，正四面体形配位の Na$^+$ を含んでいる．

気相中ではアルカリ金属ハロゲン化物は，ほぼイオン対とみなせるものを形成しているが，測定された M–X 結合距離や双極子モーメントの値は，共有結合の寄与が重要であることを示している．共有結合の寄与は特にリチウムのハロゲン化物において大きい．

11・6　酸化物および水酸化物

酸化物，過酸化物，超酸化物，亜酸化物およびオゾン化物

1 族元素の金属を十分な量の空気あるいは酸素の中で加熱したとき，おもに得られるものが何であるかは，金属によって異なる．リチウムの場合には **酸化物**（oxide）Li$_2$O（式 11.8），ナトリウムの場合は **過酸化物**（peroxide）Na$_2$O$_2$（式 11.9），そしてそれ以外では **超酸化物**（superoxide）KO$_2$，RbO$_2$，CsO$_2$（式 11.10）が得られる．

$$4Li + O_2 \longrightarrow 2Li_2O \quad \text{酸化物の生成} \quad (11.8)$$
$$2Na + O_2 \longrightarrow Na_2O_2 \quad \text{過酸化物の生成} \quad (11.9)$$
$$K + O_2 \longrightarrow KO_2 \quad \text{超酸化物の生成} \quad (11.10)$$

酸化物 Na$_2$O，K$_2$O，Rb$_2$O および Cs$_2$O は，空気の供給を制限して金属を酸化することにより得られるが，この製法で得られるものは純度が低いため，過酸化物または超酸化物の熱分解による製法の方が優れている．酸化物の色は無色から橙色である（Li$_2$O および Na$_2$O は無色，K$_2$O は淡黄色，Rb$_2$O は黄色，Cs$_2$O は橙色）．これら酸化物はすべて強塩基であり，塩基性度は Li$_2$O が最も低く，Cs$_2$O が最も高い．リチウムの過酸化物は，水酸化リチウムのエタノール溶液に過酸化水素を作用させることにより得られるが，加熱すると分解する．ナトリウムの過酸化物（酸化剤として広く使用されている）は，空気中，アルミニウムトレーの上でナトリウム金属を加熱することにより得られる．純粋な Na$_2$O$_2$ は無色であるが，微量の NaO$_2$ を含むため，わずかに黄色みをおびて見えることが多い．超酸化物と過酸化物はそれぞれ常磁性の [O$_2$]$^-$ および反磁性の [O$_2$]$^{2-}$ を含む（章末の **問題 11.3** 参照）．超酸化物は不対電子 1 個に相当するおよそ 1.73 μ_B の磁気モーメントをもつ．

低い温度で Rb および Cs を部分的に酸化すると，Rb$_9$O$_2$ や Cs$_{11}$O$_3$ などの **亜酸化物**（suboxide）が得られる．これらの構造は，中心に酸素原子をもつ金属イオンの八面体からなり，それらの八面体が面を共有している（図 11・4）．亜酸

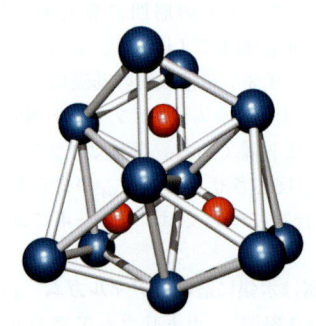

図 11・4 亜酸化物 Cs$_{11}$O$_3$ は，中心に酸素原子をもつ 3 個の Cs$_6$O 八面体が，面を共有した構造をとる．原子の色表示：Cs 青色，O 赤色．

化物 Rb$_6$O，Cs$_7$O および Cs$_4$O もまた，Rb$_9$O$_2$ および Cs$_{11}$O$_3$ クラスター構造をもつ．これらの結晶中には，Rb$_9$O$_2$ または Cs$_{11}$O$_3$ ユニットに含まれないアルカリ金属原子もみられる．したがって，Rb$_6$O，Cs$_7$O および Cs$_4$O の化学式はそれぞれ，Rb$_9$O$_2$·Rb$_3$，Cs$_{11}$O$_3$·Cs$_{10}$ および Cs$_{11}$O$_3$·Cs と表記した方が，わかりやすいかもしれない．これら亜酸化物クラスターの化学式は，各原子の酸化状態に対して誤解をまねきやすい．いずれの化合物においても存在するのは M$^+$ および O^{2-} である．たとえば Rb$_9$O$_2$ は (Rb$^+$)$_9$(O^{2-})$_2$·5e$^-$ と表記するのが実態をよりよく表している．この化学式が示唆するとおり，これらの亜酸化物中には自由電子が存在する．

アルカリ金属元素の酸化物，過酸化物，超酸化物は式 11.11～式 11.13 に従って水と反応する．KO$_2$ の用途の一つとして，呼吸用マスクがある．KO$_2$ は水分を吸収して，呼吸のための酸素ガス O$_2$ と，呼気中の CO$_2$ を吸収する KOH

---

* 詳細については，W. E. Dasent (1984) *Inorganic Energetics*, 2nd edn, Cambridge University Press, Cambridge の第 5 章を参照せよ．

を生成する（式 11.14）.

$$M_2O + H_2O \longrightarrow 2MOH \qquad (11.11)$$
$$M_2O_2 + 2H_2O \longrightarrow 2MOH + H_2O_2 \qquad (11.12)$$
$$2MO_2 + 2H_2O \longrightarrow 2MOH + H_2O_2 + O_2 \qquad (11.13)$$
$$KOH + CO_2 \longrightarrow KHCO_3 \qquad (11.14)$$

過酸化ナトリウムも CO_2 と反応して Na_2CO_3 を与えるので，潜水艦など限られた空間中の空気の浄化に適しているが，それより KO_2 の方が効果的である．

1族元素の過酸化物は式 11.15 に従って熱分解するが，それらの熱安定性は陽イオンのサイズによって異なる．Li_2O_2 が最も不安定であり，Cs_2O_2 が最も安定である．加熱による過酸化物と酸素への分解反応に対する超酸化物の安定性も，同様の傾向を示す．

$$M_2O_2(s) \longrightarrow M_2O(s) + \tfrac{1}{2}O_2(g) \qquad (11.15)$$

オゾン化物（ozonide）MO_3 は，常磁性で折れ線形構造をもつ $[O_3]^-$（§16・4参照）を含む．すべてのアルカリ金属についてオゾン化物塩が知られている．それらの塩 KO_3，RbO_3，CsO_3 は過酸化物または超酸化物とオゾンとの反応により得られるが，この方法では LiO_3 や NaO_3 に対する収率が低い．リチウムおよびナトリウムのオゾン化物は，液体アンモニア中で Li^+ または Na^+ 型のイオン交換樹脂と CsO_3 とを反応させることにより得られる．オゾン化物は爆発性である．

> **イオン交換樹脂**（ion-exchange resin）は酸性基または塩基性基をもつ固体であり，樹脂を通過する溶液と陽イオンまたは陰イオンを交換する．その重要な用途は水の浄化である（**Box 16・3参照**）．

水酸化物

2004年，世界中で4500万トンの水酸化ナトリウム（**カセイソーダ**, caustic soda）が使用され，およそ 1/3 が米国にて製造された（Box 11・4参照）．NaOH は有機化学反応においても無機化学反応においても，安価な塩基が必要とされるときに利用される．その工業的用途を図 11・2b にまとめた．固体の水酸化ナトリウム（融点 591 K）は，通常フレーク状またはペレット状で扱われ，水に溶かすと，かなり発熱する．水酸化カリウム（融点 633 K）の合成法および性質は水酸化ナトリウムにかなり類似している．KOH は NaOH よりもエタノールによく溶け，低濃度のエトキシドイオン（式 11.16）を生じるため，エタノール性水酸化カリウムは有機合成で利用される．

$$C_2H_5OH + [OH]^- \rightleftharpoons [C_2H_5O]^- + H_2O \qquad (11.16)$$

1族元素の水酸化物の結晶構造は複雑であるが，KOH の高温相の構造は塩化ナトリウム型であり，$[OH]^-$ は回転していて球状とみなすことができる．

アルカリ金属水酸化物の酸および酸性酸化物との反応（§7・4参照）については特筆すべき点はない（章末の**問題 11.23**参照）．ただし，反応 11.17 にみられるように，一酸化炭素との反応は，金属ギ酸塩（メタン酸塩）を与えるという点で興味深い．

$$NaOH + CO \xrightarrow{450\ K} HCO_2Na \qquad (11.17)$$

多くの非金属化合物は，アルカリ金属水酸化物の水溶液との反応により不均化する．P_4 は PH_3 と $[H_2PO_2]^-$ に，S_8 は S^{2-} とオキソ酸の混合物に，Cl_2 は Cl^- と $[OCl]^-$ または $[ClO_3]^-$ に不均化する（§17・9も参照すること）．両性金属元素および安定な水酸化物をつくらない非金属元素は，アルカリ金属水酸化物の水溶液と反応して，反応 11.18 の例のように，水素ガスとオキソ酸を与える．

$$2Al + 2NaOH + 6H_2O \longrightarrow 2Na[Al(OH)_4] + 3H_2 \qquad (11.18)$$

11・7　オキソ酸塩：炭酸塩および炭酸水素塩

ほとんどすべてのオキソ酸のアルカリ金属塩の性質は，オキソ酸イオンの性質によって決まり，陽イオンの性質にはよらない．それゆえ，オキソ酸塩の性質は，対応する酸の項で述べ，ここでは炭酸塩および炭酸水素塩のみについて述べる．Li_2CO_3 は水にはほとんど溶けないが，それ以外の1族元素の炭酸塩は水によく溶ける．

多くの国では炭酸ナトリウム（ソーダ灰）および炭酸水素ナトリウム（重炭酸ソーダあるいは重曹とよばれることが多い）は，**ソルベー法**（Solvay process, 図 11・5）により製造されるが，天然資源の**トロナ**（trona, $Na_2CO_3 \cdot NaHCO_3 \cdot 2H_2O$）が容易に得られる場合には，トロナからの製造に置き換えられつつある．ちなみに，世界最大のトロナ鉱床は米国ワイオミング州のグリーンリヴァー盆地にある．図 11・5 にあるように，ソルベー法で NH_3 は再利用されるが，最大の副生成物である $CaCl_2$ は，冬期の道路の融雪剤として使用される（Box 12・5参照）ほかは，ほとんどが海洋などに廃棄される．2004年に，全世界で約4000万トンの炭酸ナトリウムが製造され，そのうち1270万トンは中国，1100万トンは米国で製造された．2005年の米国の消費量は約650万トンであり，残りは輸出された．その用途を図 11・6 に示す．炭酸水素ナトリウムは，ソルベー法の直接の生産物であるが，炭酸ナトリウム水溶液に二酸化炭素ガスを通じることや，トロナを飽和炭酸水に溶かすという製法もある．炭酸水素ナトリウムの用途には，発泡剤，食品添加剤（ベーキングパウダーなど），医薬品中の発泡剤がある．ソルベー社は工場などから排出される二酸化硫黄や塩化水素の中和など，環境汚染防止に炭酸水素ナトリウムを利用するプロセスを開発した．

炭酸塩および炭酸水素塩の性質には，ナトリウム塩とそれ

資源と環境

Box 11・4　クロルアルカリ工業

クロルアルカリ工業（chloralkali industry，ソーダ工業）は，NaCl 水溶液（鹹水）の電気分解により莫大な量の NaOH および Cl_2 を製造する．

陽極：$2Cl^-(aq) \longrightarrow Cl_2(g) + 2e^-$
陰極：$2H_2O(l) + 2e^- \longrightarrow 2[OH]^-(aq) + H_2(g)$

標準還元電位から考えると，塩化物イオン Cl^- を酸化するよりも水を酸化する方が容易であるように思われるが，実際には陰極で O_2 ではなく Cl_2 が発生することに注意されたい．これは，O_2 発生の際の**過電圧**（overpotential）の結果である．詳細な説明は例題 17.3 に記した．

以下の3種類の製造法が用いられている．

- アマルガム法：水銀を陽極として用いる．
- 隔膜電解法：アスベスト製の隔膜を用いて鉄の陽極とグラファイトまたは白金めっきしたチタンを陰極に用いる．
- イオン交換膜法：Na^+ に対して高い透過性をもち，Cl^- や $[OH]^-$ に対する透過性が低い陽イオン交換膜を陽極と陰極の間に置く．

現在，毎年 4500 万トンの Cl_2 がクロルアルカリプロセスで製造されている．これは全世界での需要の 95% である．1 トンの Cl_2 をつくるにあたって，1.1 トンの水酸化ナトリウムも製造される．主要生産国は，米国・西ヨーロッパおよび日本である．日本のクロルアルカリ工業はほとんど完全にイオン交換膜法を用いているが，米国では隔膜法が主流であり，西ヨーロッパ各国ではいまだにアマルガム法が用いられている．環境の見地からは，クロルアルカリ工業はアマルガム法や隔膜法からイオン交換膜法に移行することが求められている．EU（欧州連合）ではアマルガム法は徐々に廃止されつつあり，2020 年を目標にイオン交換膜法に移行することとなっている．しかしながら，アマルガム法の電解槽中の水銀の廃棄は容易ではない．この問題の深刻さは，アマルガム法を用いたクロルアルカリ工場の電解槽室の一部を撮影した上の写真を見れば見当がつくだろう．クロルアルカリ工業の直面する問題は，水銀やアスベスト製隔膜の使用のみではない．紙・パルプ工業およびクロロフルオロカーボンの製造における塩素ガスの需要は減少しつつある．後者はオゾン層保護のためのモントリオール議定書の結果である．しかしながら，Cl_2 の全体としての需要は高いままである．その多くはクロロエテン（ポリ塩化ビニル PVC の原料）の製造に用いられている．Cl_2 の用途を図 17・2 にまとめた．

電気分解の結果得られる水酸化ナトリウム水溶液は，濃縮

アマルガム法で Cl_2 と NaOH を製造する工場で電解槽を点検する技術者［James Holmes, Hays Chemicals/Science Photo Library/amanaimages］

して白色透明の固体の水酸化ナトリウム（カセイソーダ）を与える．それは，融解・型どりして，棒状・フレーク状またはペレット状となる．水酸化ナトリウムの用途を図 11・2b にまとめた．

クロルアルカリ工業は，興味深い市場動向を示す．食塩水の電気分解は一定のモル比の水酸化ナトリウムと塩素を与えるが，これらの二つの化学薬品に対する需要は異なっており，相関もない．興味深いことに，二つの化学薬品の価格は相反する傾向を示す．景気が後退するときには NaOH の需要よりも Cl_2 の需要の方が急激に下がる．その結果として，Cl_2 の在庫が増え，価格が下がる．逆に，景気が好転すると，Cl_2 の需要は NaOH の需要よりも急速に増大するため，NaOH の在庫が増え，価格が低下する．それら全体の効果を考慮することが，クロルアルカリ工業全体の長期的安定性にとって重要である．

さらに勉強したい人のための参考文献

N. Botha (1995) *Chemistry & Industry*, p. 832 – 'The outlook for the world chloralkali industry'.
R. Shamel and A. Udis-Kessler (2001) *Chemistry & Industry*, p. 179 – 'Critical chloralkali cycles continue'.
ヨーロッパのクロルアルカリ工業についての最新情報：www.eurochlor.org

以外のアルカリ金属塩とで，いくつかの注目すべき相違点がある．ソルベー法のプロセスにみられるように，$NaHCO_3$ は沈殿するため，容易に NH_4Cl と分離できるが，$KHCO_3$ ではそうはいかない．それゆえ，K_2CO_3 は，$KHCO_3$ を経由せず，KOH と CO_2 を反応させることにより製造される．K_2CO_3 はガラスやセラミックスの原料として用いられる．$KHCO_3$ は，水処理やワイン製造の際の緩衝溶液に用いられる．炭酸リチウムはほとんど水に溶けない（§11・2 も参

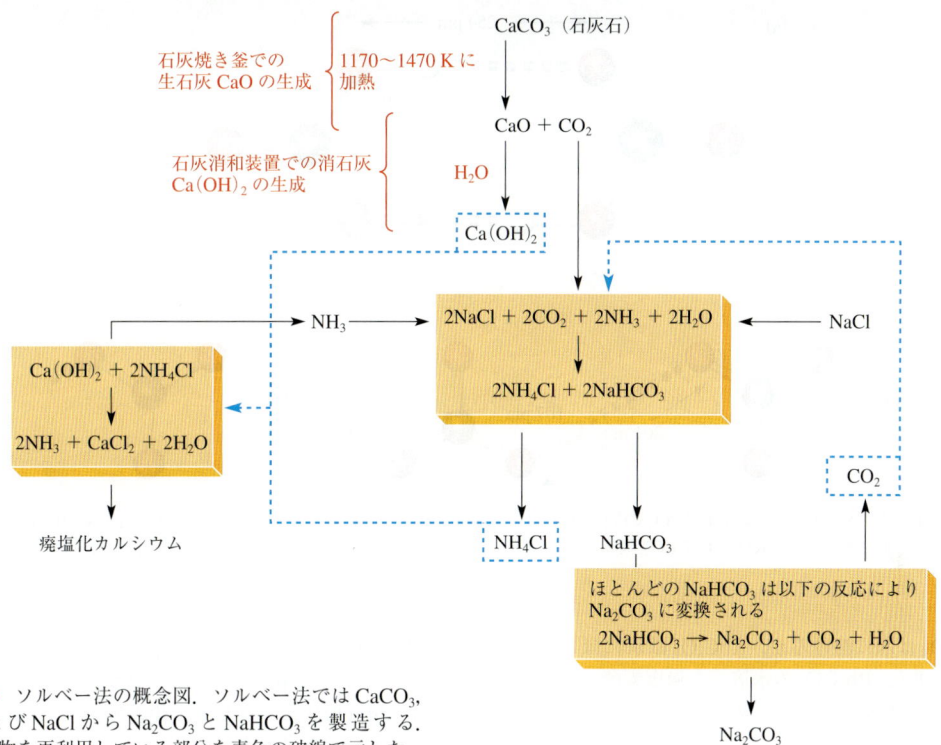

図 11・5 ソルベー法の概念図. ソルベー法では $CaCO_3$, NH_3 および $NaCl$ から Na_2CO_3 と $NaHCO_3$ を製造する. 中間生成物を再利用している部分を青色の破線で示した.

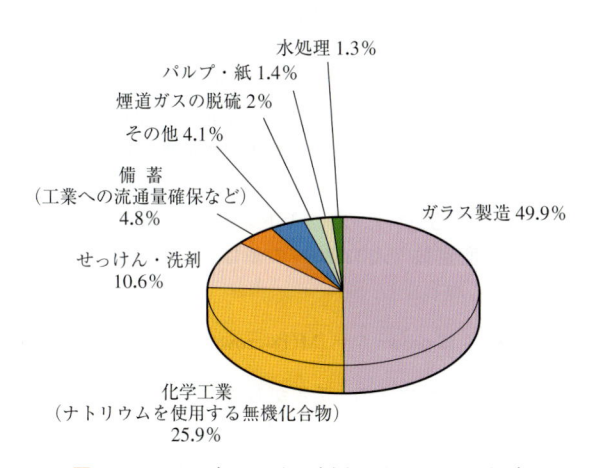

図 11・6 2004 年における米国での Na_2CO_3 の用途
[データ: 米国地質調査所]

照). また, 炭酸水素リチウム $LiHCO_3$ は, 現在まで単離されていない. 1 族金属炭酸塩の反応 (式 11.19) に対する熱安定性は, 原子番号が大きく, イオン半径が大きな元素ほど高い. この傾向を支配しているのは, 格子エネルギーである. この傾向は, アルカリ金属のオキソ酸塩に共通にみられる.

$$M_2CO_3 \xrightarrow{\text{加熱}} M_2O + CO_2 \qquad (11.19)$$

$NaHCO_3$ と $KHCO_3$ の固体の構造中には水素結合がみられる (§10・6 参照). $KHCO_3$ では, 陰イオンが対をつくっているのに対し (図 11・7a), $NaHCO_3$ には, 無限鎖状構造がみられる (図 11・7b 参照). いずれの場合においても, 水素結合は非対称的である (訳注: 非対称的な水素結合については §10・6 参照).

ケイ酸ナトリウムは産業的に非常に重要であり, §14・2 および §14・9 で詳しく述べる.

11・8 水溶液の化学（大環状配位子の錯体を含む）

水和イオン

水和したアルカリ金属イオンについては §7・7 および §7・9 で述べた. LiF や Li_2CO_3 などの Li^+ 塩は, 水にほとんど溶けないが, サイズの大きな陰イオンの Li^+ 塩は水によく溶ける. それに対して, 大きな陰イオンの K^+, Rb^+ および Cs^+ 塩は, たいてい水にほとんど溶けない. 例として, $MClO_4$ や $M_2[PtCl_6]$ （$M = K$, Rb, Cs）があげられる.

> **例題 11.3　水溶液中の塩**
>
> Rb_2CO_3 から $RbClO_4$ を合成し, 単離するにはどうすればよいだろうか.

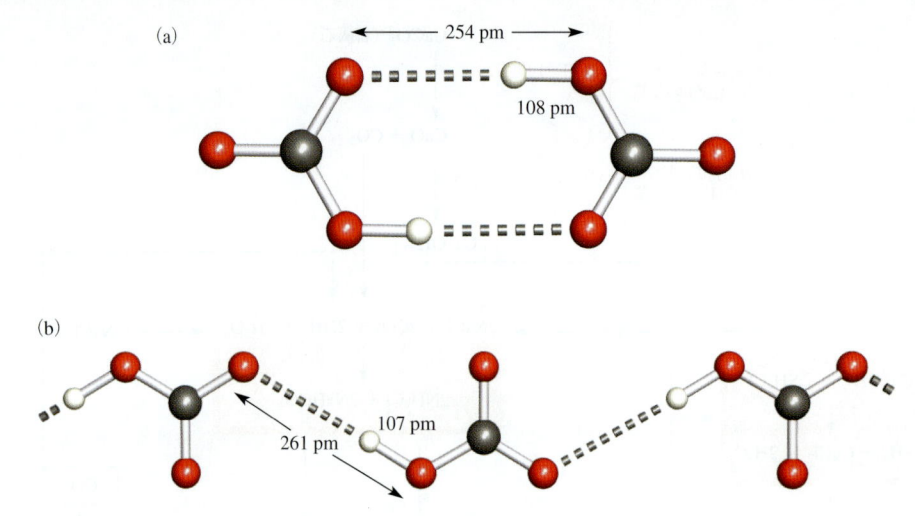

図 11・7 NaHCO₃ および KHCO₃ の固体中では，水素結合により陰イオンが会合している．(a) NaHCO₃ では二量体が形成される．(b) KHCO₃ では無限鎖状構造が形成される．原子の色表示: C 灰色，O 赤色，H 白色．

解答 Rb_2CO_3 は水に溶けるが，$RbClO_4$ は水にほとんど溶けない．それゆえ，Rb_2CO_3 の水溶液を過塩素酸で中和して $RbClO_4$ を析出させるのが適切である．**注意！** 過塩素酸塩は爆発する危険性がある．

練習問題

各問に対する解答は，本文中に記述されている．

1. $CsNO_3$ と過塩素酸の反応は，$CsClO_4$ の合成法として適しているか．
2. Li_2CO_3 と $NaClO_4$ の水溶液中での反応により $LiClO_4$ を沈殿させることは，$LiClO_4$ の単離法として適しているか．
3. 硫酸ナトリウムの水への溶解度（100 g の水に溶解する Na_2SO_4 の質量）は，273 K から 305 K までは増加するのに対し，305 K から 373 K にかけてはわずかに減少する．この事実について，考察せよ．（ヒント：関与する固体は 1 種類だけだろうか）

希薄溶液では，アルカリ金属イオンはほとんど錯体を形成しないが，錯体をつくる場合（たとえば $[P_2O_7]^{4-}$ や $[EDTA]^{4-}$ とは錯体をつくる．**表7・7**参照），その安定度定数の順は $Li^+ > Na^+ > K^+ > Rb^+ > Cs^+$ となる．それに対し，アルカリ金属イオンが**イオン交換樹脂**（ion-exchange resin）に吸着される場合，吸着の強さの順は，たいてい $Li^+ < Na^+ < K^+ < Rb^+ < Cs^+$ である．

錯イオン

単純な無機配位子と異なり，**ポリエーテル**（polyether）類，特に**環状ポリエーテル**（cyclic polyether）類は，アルカリ金属イオンと強く錯形成する．**クラウンエーテル**（crown ether）類は環状エーテルで，代表例に 1,4,7,10,13,16-ヘキサオキサシクロオクタデカン（図 11・8a，慣用名 18-クラウン-6，18-crown-6）がある．慣用名は，環を形成する全原子の数（炭素原子と酸素原子の数の和）と，環の中の酸素原子の数に基づいて命名する．図 11・8b に，$[K(18-crown-6)]^+$ の構造を示す．六つの酸素原子が K^+ に配位している．18-クラウン-6 の環の中心の空孔（cavity）の半径は 140 pm であり*，アルカリ金属イオンの半径の範囲（Li^+ の 76 pm から Cs^+ の 170 pm，**表 11・1**）と同程度である．K^+ の半径（138 pm）が最も近いため，アセトン中での $[M(18-crown-6)]^+$ の安定度定数（式 11.20）の値は，$K^+ > Rb^+ > Cs^+ \approx Na^+ > Li^+$ の順となる．

$$M^+ + 18\text{-crown-6} \rightleftharpoons [M(18\text{-crown-6})]^+ \quad (11.20)$$

さまざまなクラウンエーテルがあり，それぞれ異なる大きさの空孔をもつ．18-クラウン-6，15-クラウン-5，12-クラウン-4 の空孔の半径はそれぞれ約 140 pm，90 pm，60 pm とされている．ただし，コンホメーションが変わると空孔の大きさも変わるため，これらの半径が常に上述の値から変化しないというわけではない．それゆえ，M^+ の半径が配位子 L の空孔の半径と適合しないからといって，錯体 $[ML]^+$ が形成しないと安易に結論づけるのは危険である．たとえば，M^+ のイオン半径が配位子 L の空孔の半径よりわずかに大きい場合には，M^+ が L の配位原子がつくる平面からずれた場所にくるような錯体が得られる．その例として

---

* 空孔の大きさ（cavity size）の概念は，見かけほど単純ではない．詳細な議論については，章末の"参考文献"の"大環状配位子"の項にあげた文献を参照せよ．

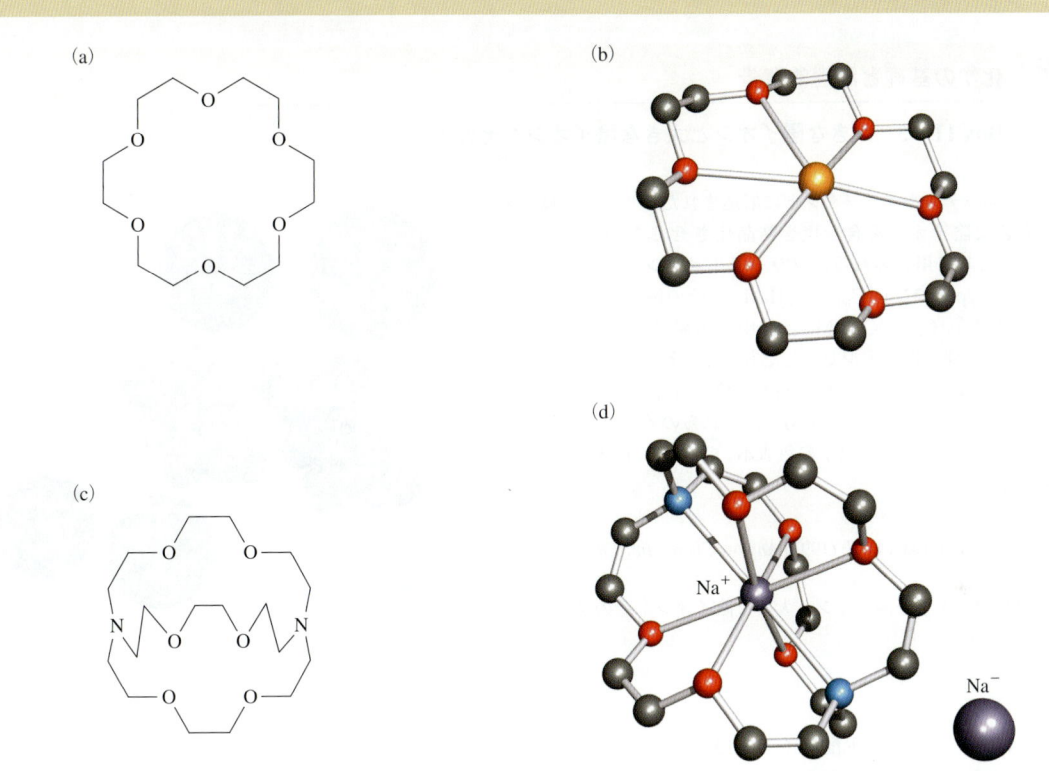

図11・8 (a) 大環状ポリエーテル 18-crown-6 の構造. (b) [Ph₃Sn]⁻塩の結晶における [K(18-crown-6)]⁺の構造. X線回折の結果. [T. Birchall *et al.* (1988) *J. Chem. Soc., Chem. Commun.*, p. 877]. (c) クリプタンド配位子 crypt-222 の構造. (d) [Na(crypt-222)]⁺Na⁻の構造. X線回折の結果. [F.J. Tehan *et al.* (1974) *J. Am. Chem. Soc.*, vol. 96, p. 7203]. 原子の色表示: K 橙色, Na 紫色, C 灰色, N 青色, O 赤色.

[Li(12-crown-4)Cl] (**11.1**) があげられる. また, [Li(12-crown-4)₂]⁺のように, 金属イオンが二つの配位子にサンドイッチされた錯体ができる場合もある. なお, これらは, 溶液から結晶化した錯体の例であることに注意されたい.

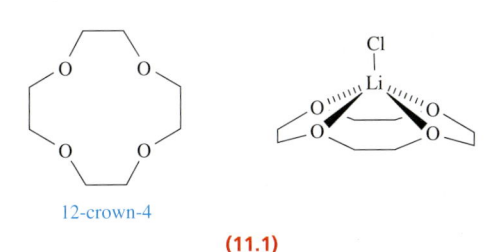

12-crown-4

(**11.1**)

配位子の空孔の大きさと金属イオンの大きさの適合という概念は, 配位子の金属に対する選択性を議論する際に重要である. [M(18-crown-6)]⁺錯体に対して式 11.20 に基づいて考えたように, 錯体の選択性は, 安定度定数により見積られる. [KL]⁺錯体の安定度定数は, 他の [ML]⁺錯体 (M は Li, Na, Rb, Cs) の安定度定数より高い場合が多い. これは, 大きさの適合の概念が唯一の重要な要因ではないことを示し

ている. クラウンエーテルが金属イオンに配位するとき, 金属イオンを含む五員環が形成されるが, K⁺が五員環形成に最も都合のよい大きさをもつ (§7・12 参照) ことが, K に対する選択性の高さの原因である*. これらの大環状配位子との錯体は, 類似の鎖状の配位子 (訳注: ポリエチレングリコール類のこと) との錯体よりもかなり安定である (§7・12 参照).

アルカリ金属イオンのクラウンエーテル錯体は, 大きなサイズをもち疎水的であるため, その塩は有機溶媒に溶けやすい. たとえば KMnO₄ は水溶性であるがベンゼンには不溶であるのに対し, [K(18-crown-6)][MnO₄] はベンゼンに溶ける. 18-crown-6 のベンゼン溶液と KMnO₄ の水溶液を混ぜ合わせると, 紫色が水相からベンゼン相に移動する. ベンゼン相において陰イオンはほとんど溶媒和せず, それゆえ反応性が高まるので, 有機合成化学において非常に有用である.

> クリプタンド (cryptand) は, 空孔をもつ多環式配位子である. 配位子が金属イオンと錯形成してできた錯体をクリプテート (cryptate) とよぶ.

---

* より詳細な議論については, つぎを参照: R. D. Hancock (1992) *J. Chem. Educ.*, vol. 69, p. 615 – 'Chelate ring size and metal ion selection'.

化学の基礎と論理的背景

Box 11・5 大きな陽イオンと大きな陰イオン：その1

クラウンエーテルやクリプタンドに取込まれたアルカリ金属イオンは，大きな陰イオンを含む塩を結晶化させるための"大きな陽イオン"として用いられる．フラーリドイオン $[C_{60}]^{2-}$ を含む化合物 $[K(crypt-222)]_2[C_{60}]\cdot 4C_6H_5Me$ がその例である．右図は $[K(crypt-222)]_2[C_{60}]\cdot 4C_6H_5Me$ 結晶中での陽イオンおよび陰イオンの配列を空間充塡モデルで示したものである．見やすくするため，溶媒分子は除いている．$[K(crypt-222)]^+$ は，-2 価のフラーリドイオンとほぼ同様の大きさであり，これらのイオンが結晶格子中で効率よく充塡できる．原子の色表示：C 灰色，K 橙色，N 青色，O 赤色．

[データ：T. F. Fassler *et al.* (1997) *Angew. Chem., Int. Ed.*, vol. 36, p. 486]

Box 24・2 大きな陽イオンと大きな陰イオン：その2 も参照．

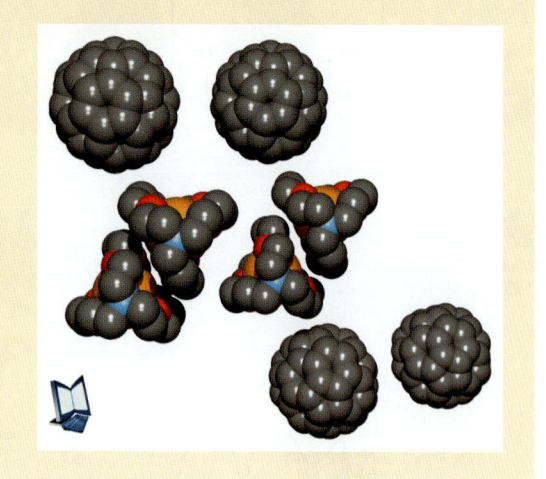

図 11・8c に，クリプタンド配位子 4,7,13,16,21,24-ヘキサオキサ-1,10-ジアザビシクロ[8.8.8]ヘキサコサンを示す．その慣用名はクリプタンド-222（cryptand-222）または crypt-222 であり，222 という表記は各鎖中の配位原子となる酸素原子の数を示す．クリプタンド-222 は，アルカリ金属イオンを取込む二環式配位子の代表例である．クリプタンド類は取込んだ金属イオンをクラウンエーテルよりも完全に保護し，陽イオン選択性が高い．クリプタンド-211, -221 および -222 は空孔半径が 80, 110, 140 pm であり，それぞれ Li^+, Na^+, K^+ と最も安定な錯体をつくる（イオン半径については**表 11・1** 参照）．

$$2Na \rightleftharpoons Na^+ + Na^- \qquad (11.21)$$

クリプタンド-222 が式 11.21 の平衡を右に移動させる効果は絶大である．エチルアミンに溶解したナトリウムにクリプタンド-222 を加えると，反磁性で黄金色をおびた化合物 $[Na(crypt-222)]^+Na^-$ （図 11・8d）が得られる．その結晶構造から，**ナトリウム化物イオン**（sodide）のイオン半径約 230 pm が得られ，それがヨウ化物イオンと同等の大きさをもつことが明らかになった．クリプタンド-222 の酸素原子を NMe 基に置き換えた配位子 **11.2** は，K^+ を取囲むのに最適である．この配位子はクリプタンド-222 よりも**アルカリド錯体**（alkalide complex）の熱安定性を増加させるため，アルカリド錯体の研究に利用される．たとえば $[Na(crypt-222)]^+Na^-$ は約 275 K 以下で扱わなければならないのに対し，$[K(11.2)]^+Na^-$ や $[K(11.2)]^+K^-$ は 298 K においても安定である．

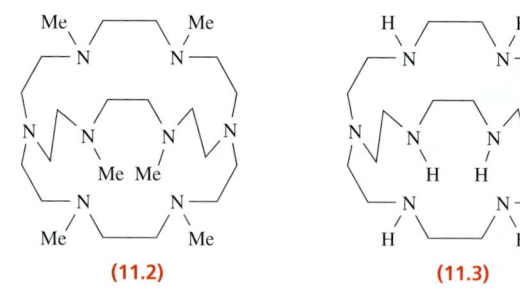

(11.2)

(11.3)

クリプタンド-222 の酸素原子を NH 基ではなく NMe 基で置換する（配位子 **11.3** ではなく **11.2** を用いる）理由は，NH 基が M^- と反応して水素ガスを発生するからである．液体アンモニア-メチルアミン混合溶媒中で起こる反応 (11.22) がその例である．生成した Ba^{2+} は脱プロトンした配位子に取囲まれる．

$$Ba + Na + 11.3 \rightarrow [Ba^{2+}(11.3-H)^-]Na^-$$
$$(11.3-H)^- = 配位子 11.3 が脱プロトンしたもの \qquad (11.22)$$

この反応は複雑であるが，その生成物には興味深い点がある．固体状態では，Na^- は Na-Na 距離が 417 pm の $[Na_2]^{2-}$ という二量体をつくっている（図 11・9）．この二量体は $[Ba(11.3-H)]^+$ との間の N-H⋯Na^- 水素結合により安定化されている（章末の**問題 11.26a** 参照）．最初にナトリウム化水素 'H^+Na^-' が合成された際には，H^+ を保護して強塩基やアルカリ金属との反応に対して速度論的に安定化するために，配位子 **11.4** が用いられた．配位子 **11.4** の空間充塡モ

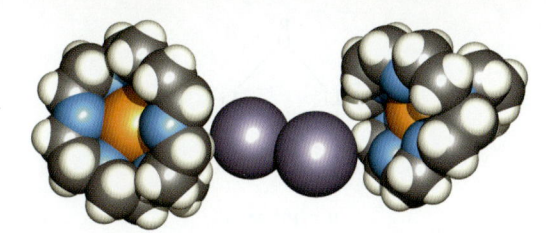

11・8 水溶液の化学　291

図11・9 [BaL]Na・2MeNH$_2$ 結晶における，2個の [BaL]$^+$ の間に挟まれた [Na$_2$]$^{2-}$ 二量体の空間充塡モデル．L は配位子 (**11.3**−H)$^-$ を示す（式 11.22 参照）．この構造は X 線回折で決定された．また，窒素原子に結合した水素原子は省かれている．[M.Y. Redko *et al*. (2003) *J. Am. Chem. Soc*., vol. 125, p. 2259]．原子の色表示：Na 紫色，Ba 橙色，N 青色，C 灰色，H 白色．

(11.4)

デルが示すように，この配位子は球状で，配位サイトとなる窒素原子は中心の空孔を向いている．

Rb$^-$ や Cs$^-$ の**アルカリド**（アルカリ金属化物イオン，alkalide）では，クリプタンドと金属のモル比は 1：2 である．配位子の比率が大きくなると，常磁性で黒色の**エレクトリド**（電子化物，electride）が得られる．たとえば [Cs(crypt-222)$_2$]$^+$e$^-$ では，電子が半径約 240 pm の空孔に閉じ込められている．[Cs(15-crown-5)$_2$]$^+$e$^-$，[Cs(18-crown-6)$_2$]$^+$e$^-$ や [Cs(18-crown-6)(15-crown-5)]$^+$e$^-$・18-crown-6 など，クラウンエーテルを用いたエレクトリドも知られている．電子を収容する空孔の配置はこれらの化合物の電気伝導性に大きな影響を与える．[Cs(18-crown-6)(15-crown-

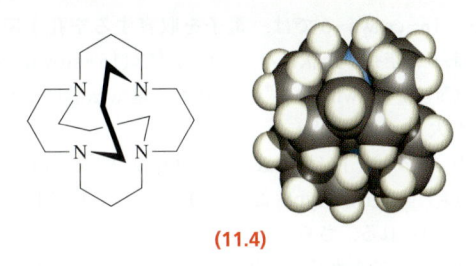

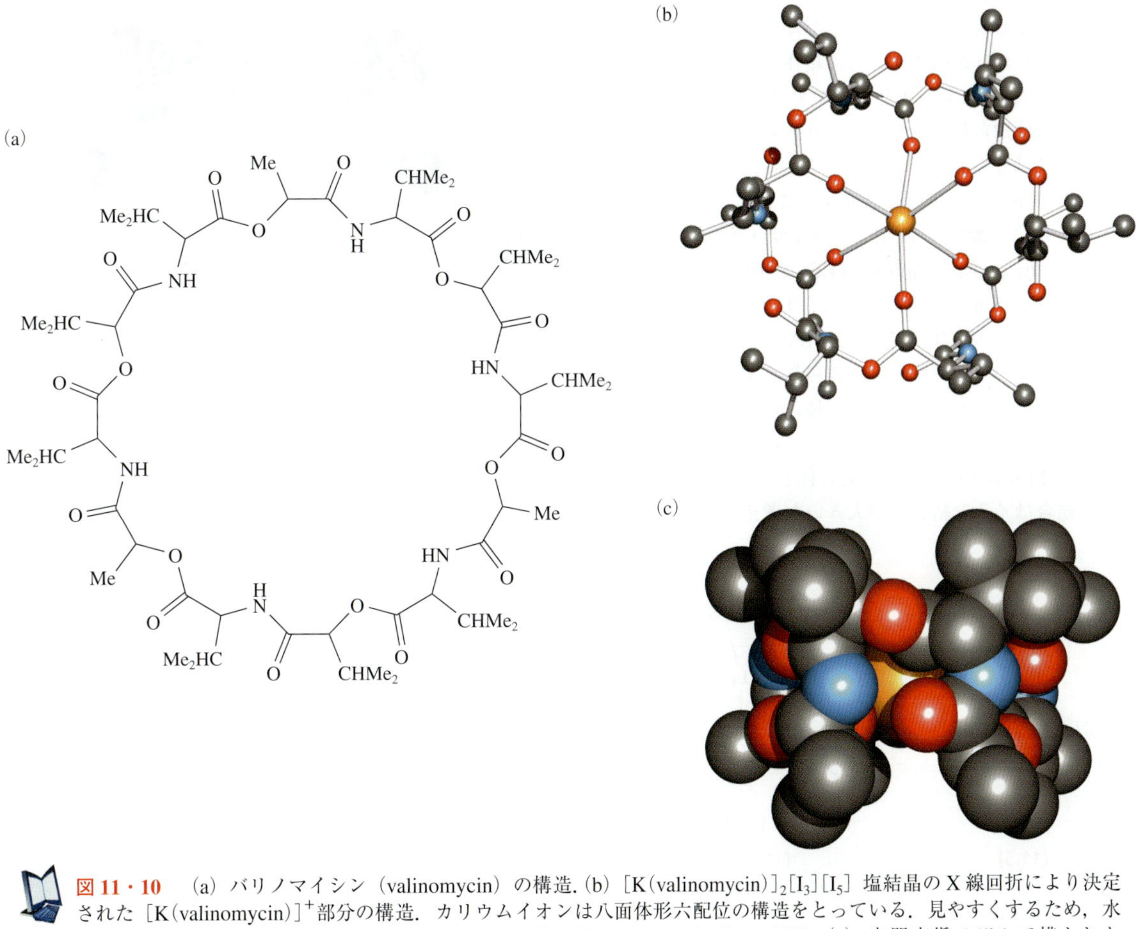

図11・10 (a) バリノマイシン (valinomycin) の構造．(b) [K(valinomycin)]$_2$[I$_3$][I$_5$] 塩結晶の X 線回折により決定された [K(valinomycin)]$^+$ 部分の構造．カリウムイオンは八面体形六配位の構造をとっている．見やすくするため，水素原子は省いている．[K. Neupert-Laves *et al*. (1975) *Helv. Chim. Acta*, vol. 58, p. 432]．(c) 空間充塡モデルで描かれた [K(valinomycin)]$^+$ の構造．外周部が疎水的であることがわかる．原子の色表示：O 赤色，N 青色，C 灰色，K$^+$ 橙色．

5)]$^+$e$^-$·18-crown-6 では，電子を収容する空孔が環状になっており，空孔が鎖状になっている [Cs(15-crown-5)$_2$]$^+$e$^-$ や [Cs(18-crown-6)$_2$]$^+$e$^-$ よりも，電気伝導度がおよそ 10^6 倍も大きい．

クリプタンドは，LiO$_3$ や NaO$_3$ などを [Li(crypt-211)][O$_3$] や [Na(crypt-222)][O$_3$] として結晶化するためにも用いられる．さらには，チントル（ジントル）イオン (Zintl ion) はアルカリ金属塩の単離にも用いられる（§9·6 および §14·7 参照）．ナトリウムおよびカリウムのクリプテートは Na$^+$ および K$^+$ の生体膜透過に関与する物質（環状ポリペプチドであるバリノマイシンなど）のモデル化合物として興味がもたれる．バリノマイシン（図 11·10a）はある種の微生物中に存在し，K$^+$ と選択的に結合する．図 11·10b はバリノマイシンが 6 個のカルボニル基を使って K$^+$ に八面体形に配位する様子を示す．カリウムのバリノマイシン錯体は外周部が疎水的（図 11·10c）なため脂溶性であり，細胞膜の脂質二重層を透過できる＊．

11·9 非水溶液中での配位化学

非水溶液中で形成される，酸素または窒素を配位原子とする配位子とアルカリ金属イオンとの錯体が数多く知られるようになってきたが，Li より重いアルカリ金属元素の化学はいまだ十分には知られていない．それらの錯体の多くは空気および水分に対して不安定である．これらは一般に，配位子の存在下でアルカリ金属塩を合成することにより得られる．たとえば，嵩高い配位子 HMPA（ヘキサメチルホスホロアミド hexamethylphosphoramide, 11.5）を用いることにより，無限構造をもつ LiCl 格子ではなく，11.6 に示す立方体形 Li$_4$Cl$_4$ 骨格をもつ錯体 [|LiCl(HMPA)|$_4$] が得られる．[Li$_2$Br$_2$(HMPA)$_3$]（11.7）の例にみられるように，より大きなハロゲンを用いると，生成する錯体に含まれる金属数が減少する傾向がある．これらの錯体における結合様式は興味深い．化合物 11.6 は Li$^+$ と Cl$^-$ の集合体とみなすことができ，その間の結合はイオン結合性が大きいと考えられる．

(11.5)
(11.6)
R = P(NMe$_2$)$_3$

(11.7)
R = P(NMe$_2$)$_3$

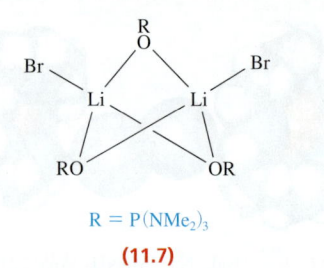

一般式 RR′NLi（R および R′ はアルキル，アリール，シリルなど）で表されるアミドリチウム錯体は非常に多様な構造を示す．こちらにおいてもアミド配位子の嵩高さが錯体の安定化を担っている．しばしばみられる構造単位として平面環状 Li$_2$N$_2$ があり，無限構造や [|^{t}BuHNLi|$_8$]（図 11·11）のようなクラスター状分子内のはしご形構造中に現れる．

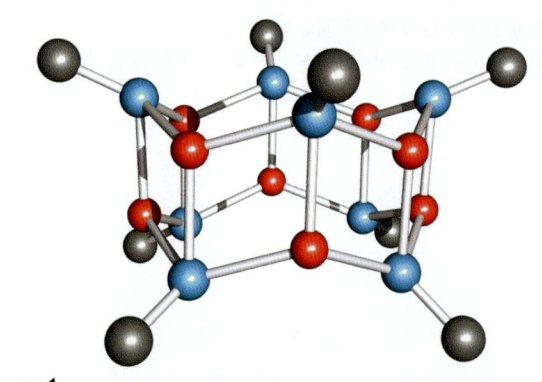

図 11·11 X 線回折により決定された [|LiNH^{t}Bu|$_8$] の構造．見やすくするため，水素原子およびメチル基の炭素原子は省いている．[N. D. R. Barnett *et al.* (1996) *J. Chem. Soc., Chem. Commun.*, p. 2321]．原子の色表示：Li 赤色，N 青色，C 灰色．

重要な用語

本章では以下の用語が紹介されている．意味を理解できるか確認してみよう．

- ☐ アマルガム（amalgam）
- ☐ 過酸化物イオン（peroxide ion）
- ☐ 超酸化物イオン（superoxide ion）
- ☐ オゾン化物イオン（ozonide ion）
- ☐ イオン交換（ion-exchange），イオン交換樹脂（ion-exchange resin）
- ☐ クラウンエーテル（crown ether）
- ☐ クリプタンド（cryptand）
- ☐ アルカリド（alkalide）
- ☐ エレクトリド（electride）

＊ 関連する事項は以下に概説されている：E. Gouaux and R. MacKinnon (2005) *Science*, vol. 310, p. 1461 – 'Principles of selective ion transport in channels and pumps'.

さらに勉強したい人のための参考文献

N. N. Greenwood and A. Earnshaw (1997) *Chemistry of the Elements*, 2nd edn, Butterworth-Heinemann, Oxford － 第4章は1族金属元素の無機化学について，よくまとめられている．

W. Hesse, M. Jansen and W. Schnick (1989) *Progress in Solid State Chemistry*, vol. 19, p. 47 － アルカリ金属の酸化物，過酸化物，超酸化物，オゾン化物についての総説．

A. G. Massey (2000) *Main Group Chemistry*, 2nd edn, Wiley, Chichester － 第4章は1族金属元素の化学を網羅している．

A. Simon (1997) *Coordination Chemistry Reviews*, vol. 163, p. 253 － アルカリ金属亜酸化物の合成，結晶化，構造の詳細についての総説．

A. F. Wells (1984) *Structural Inorganic Chemistry*, 5th edn, Clarendon Press, Oxford － アルカリ金属化合物の構造について詳細に述べられており，図も豊富である．

大環状配位子

以下の五つの参考文献は，大環状配位子の効果について，わかりやすく述べている．

J. Burgess (1999) *Ions in Solution: Basic Principles of Chemical Interactions*, 2nd edn, Horwood Publishing, Chichester, Chapter 6.

E. C. Constable (1996) *Metals and Ligand Reactivity*, revised edn, VCH, Weinheim, Chapter 6.

E. C. Constable (1999) *Coordination Chemistry of Macrocyclic Compounds*, Oxford University Press, Oxford, Chapter 5.

L. F. Lindoy (1989) *The Chemistry of Macrocyclic Ligand Complexes*, Cambridge University Press, Cambridge, Chapter 6.

A. E. Martell, R. D. Hancock and R. J. Motekaitis (1994) *Coordination Chemistry Reviews*, vol. 133, p. 39.

つぎの参考文献はアルカリ金属のクラウンエーテル錯体の配位化学について述べている．

J. W. Steed (2001) *Coordination Chemistry Reviews*, vol. 215, p. 171.

アルカリドとエレクトリド

M. J. Wagner and J. L. Dye (1996) in *Comprehensive Supramolecular Chemistry*, eds J. L. Atwood, J. E. D. Davies, D. D. Macnicol and F. Vögtle, Elsevier, Oxford, vol. 1, p. 477 － 'Alkalides and electrides'.

Q. Xie, R. H. Huang, A. S. Ichimura, R. C. Phillips, W. P. Pratt Jr and J. L. Dye (2000) *Journal of the American Chemical Society*, vol. 122, p. 6971 － エレクトリド[Rb(crypt-222)]$^+$e$^-$ の構造，多形および電気伝導度について述べた論文で，先行する研究についての参考文献も豊富に引用されている．

問題

11.1 (a) 1族金属原子の元素名および元素記号を順に示せ．解答は本章最初のページで確認すること．(b) 1族金属原子の基底状態の電子配置を一般的な表記法で示せ．

11.2 アルカリ金属元素において，第二イオン化エネルギーが第一イオン化エネルギーに比べて非常に大きくなる理由を説明せよ．

11.3 (a) アルカリ金属および (b) アルカリ金属塩化物の固体構造を示し，原子番号が大きくなるとともにみられる傾向について述べよ．

11.4 1族元素について，原子番号が大きくなるとともに (a) 融点および (b) イオン半径 r_+ が示す傾向について述べよ．

11.5 (a) 二原子分子 M_2 (M = Li, Na, K, Rb, Cs) 中の結合について，原子価結合法および分子軌道法に基づいて説明せよ．(b) 表11・1に示した金属－金属結合の解離エネルギーにみられる傾向について説明せよ．

11.6 (a) ^{40}K の電子捕獲による壊変の化学式を示せ．(b) 1 g の ^{40}K がこの反応式に従って壊変するときに生成する気体の体積を求めよ．(c) ^{40}K の壊変は岩石試料の年代測定法に用いられる．この方法の原理について述べよ．

11.7 以下の現象について説明せよ．
(a) アルカリ金属窒化物の中で，分解して成分元素に戻る反応が最も起こりにくいものは窒化リチウムである．
(b) 水溶液中でのアルカリ金属イオンの移動度の大きさは以下の順序である．

$$Li^+ < Na^+ < K^+ < Rb^+ < Cs^+$$

(c) 反応 $M^+(aq) + e^- \rightleftharpoons M(s)$ に対する標準還元電位 $E°$ は，すべてのアルカリ金属イオンに対してほぼ一定の値をとる（表11・1参照）．

11.8 LiI と NaF の混合物を加熱したときに，何が起こるか．

11.9 赤外スペクトルの測定には，試料をアルカリ金属ハロゲン化物とともに乳鉢で擦りつぶし，ディスク状にしたものを用いることが多い．$K_2[PtCl_4]$ の赤外スペクトルが KBr ディスクで測定した場合と KI ディスクで測定した場合とで異なる理由を述べよ．

11.10 下式の反応を用いて有機化合物中の塩素原子をフッ素原子で置換する反応において，NaF よりも KF の方がより適している理由を述べよ．

$$\mathrm{-\!\!\!-C-Cl} + MF \longrightarrow \mathrm{-\!\!\!-C-F} + MCl$$

11.11 硫酸ナトリウムの水への溶解度が，305 K までは温度の上昇とともに増加し，それ以上の温度では温度の上昇とともに減少する理由を述べよ．

11.12 図11・3aをもとに，それが三次元に周期的に充填した構造を考え，(a) 層2における Li^+ と N^{3-} の比が 2:1 であること，(b) 化合物の化学量論が Li_3N となることを示せ．

11.13 $[O_2]^-$ および $[O_2]^{2-}$ の分子軌道図を描き，$[O_2]^-$ が常磁性であることと $[O_2]^{2-}$ が反磁性であることを示せ．

11.14 反応 11.21 は，どの種類の反応に分類されるか．それぞれの化学種の酸化状態の変化を考え，解答が正しいことを確かめよ．また，同じ種類の反応に分類される反応の例を二つあ

げよ．

11.15 以下のイオンの化学式を示せ．
(a) 超酸化物イオン，(b) 過酸化物イオン，(c) オゾン化物イオン，(d) アジ化物イオン，(e) 窒化物イオン，(f) ナトリウム化物イオン

11.16 アルカリ金属およびその化合物の利用法について，関連する工業的プロセスとともに簡潔にまとめよ．

11.17 アルカリ金属シアン化物（MCN）は擬ハロゲン化物とみなすことができる．(a) シアン化物イオンの構造を示し，その中にみられる結合を説明せよ．(b) NaCN が塩化ナトリウム型構造をとるとしたとき，その構造について説明せよ（訳注：実際には，塩化ナトリウム型構造からひずんだ構造をとる）．

11.18 ナトリウムが液体アンモニアに溶解するときに何が起こるか，説明せよ．

11.19 以下の反応について，化学反応式を示せ．
(a) 水素化ナトリウムと水の反応
(b) 水酸化カリウムと酢酸の反応
(c) アジ化ナトリウムの熱分解
(d) 過酸化カリウムと水の反応
(e) フッ化ナトリウムと三フッ化ホウ素の反応
(f) 溶融臭化カリウムの電気分解
(g) 塩化ナトリウム水溶液の電気分解

11.20 以下の現象に対する説明を考えよ．
(a) 過酸化ナトリウムは無色であると記述されているのに，実際の過酸化ナトリウムの試料は黄色であることが多い．
(b) 超酸化ナトリウムは常磁性である．

11.21 (a) Rb_6O および Cs_6O 八面体の面共有から，Rb_9O_2 および $Cs_{11}O_3$ という組成の化合物が，どのようにして導かれるかを説明せよ．
(b) セシウムの亜酸化物 Cs_7O には $Cs_{11}O_3$ クラスターが含まれる．このことについて説明せよ．

11.22 (a) 以下の化合物のうち，298 K において最も水に溶けにくいものはどれか．Li_2CO_3，LiI，Na_2CO_3，$NaOH$，Cs_2CO_3，KNO_3
(b) 以下の化合物のうち，298 K において水に加えると分解するものはどれか．$RbOH$，$NaNO_3$，Na_2O，Li_2SO_4，K_2CO_3，LiF
(c) Li_2CO_3 の溶解度積は $K_{sp} = 8.15 \times 10^{-4}$ である．Li_2CO_3 の水への溶解度を求めよ．

総合問題

11.23 以下の反応の生成物を示し，化学反応式を完成させよ．なお，必要に応じて反応式の左辺に示した各化合物の係数も調整すること．
(a) $KOH + H_2SO_4 \longrightarrow$
(b) $NaOH + SO_2 \longrightarrow$
(c) $KOH + C_2H_5OH \longrightarrow$
(d) $Na + (CH_3)_2CHOH \longrightarrow$
(e) $NaOH + CO_2 \longrightarrow$
(f) $NaOH + CO \xrightarrow{450\,K}$
(g) $H_2C_2O_4 + CsOH \longrightarrow$
(h) $NaH + BCl_3 \longrightarrow$

11.24 (a) 窒化ナトリウム Na_3N は合成が困難な化合物であり，2002 年にようやく得られた．窒化ナトリウム固体の生成エンタルピー $\Delta_f H°(Na_3N, s)$ を付録 8 および 10 のデータと以下の $\Delta H(298\,K)$ に対する推定値を用いて求めよ．

$$N(g) + 3e^- \longrightarrow N^{3-}(g) \qquad \Delta_{EA}H = +2120\,kJ\,mol^{-1}$$
$$3Na^+(g) + N^{3-}(g) \longrightarrow Na_3N(s) \qquad \Delta_{lattice}H° = -4422\,kJ\,mol^{-1}$$

得られた値を用いて，窒化ナトリウムの熱力学的安定性について議論せよ．
(b) $RbNH_2$ の高温相の結晶構造は立方最密充填した $[NH_2]^-$ と，その八面体形の隙間を埋める Rb^+ からなる．この構造は，どの結晶構造の型に対応するか．$RbNH_2$ の単位格子の図を描き，単位格子中の各イオンの数を考え，$RbNH_2$ の化学量論を確認せよ．

11.25 (a) 窒化リチウム Li_3N と水との反応生成物は何か．また，その反応式を示せ．
(b) 化合物 A は 1 族金属 M と酸素 O_2 との反応により得られる．A と水との反応により得られるのは MOH のみであるが，M を適切な条件下で水と反応させると MOH の他に別の化合物 B も得られる．M，A，B は何であるか．また，以上の反応の反応式を示せ．さらに，M と O_2 の反応を，他の 1 族金属と O_2 の反応と比較せよ．

11.26 (a) 反応 11.22 から得られる結晶性化合物は $[Na_2]^{2-}$ 単位を含む．$[Na_2]^{2-}$ の分子軌道図を示し，その結合次数を求めよ．本文中の記述を参考に，分子軌道モデルと実験データとの相違について考察せよ．
(b) Na^+，K^+ および Rb^+ の水和エンタルピーは，それぞれ $-404\,kJ\,mol^{-1}$，$-321\,kJ\,mol^{-1}$ および $-296\,kJ\,mol^{-1}$ である．この傾向について説明せよ．

11.27 (a) アセトン中における $[M(18\text{-}crown\text{-}6)]^+$ 錯体の安定度定数を下に示す．このデータについて考察せよ．

M^+	Li^+	Na^+	K^+	Rb^+	Cs^+
$\log K$	1.5	4.6	6.0	5.2	4.6

(b) 7 種の塩 $NaNO_3$，$RbNO_3$，Cs_2CO_3，Na_2SO_4，Li_2CO_3，$LiCl$ および LiF のうち，水に溶けやすいものはどれか．$LiCl$ と LiF を例にとり，塩の溶解度に影響を与える要因について考察せよ．

11.28 下表の左の列（項目 1）に，1 族金属あるいはその化合物を示す．それぞれを，右の列（項目 2）の記述と対応づけよ．

項目 1	項目 2
Li_3N	①爆発的に水と反応し，H_2 を発生する
NaOH	②水にはほとんど溶けない
Cs	③逆蛍石型構造を示す代表的な化合物である
Cs_7O	④1 族金属元素のうちで第一イオン化エネルギーが最も大きい
Li_2CO_3	⑤各元素を直接反応させることにより形成され，層状構造を示す
$NaBH_4$	⑥気体を発生することなく硝酸を中和する
Rb_2O	⑦還元剤として使われる
Li	⑧亜酸化物である

12　2族金属元素

おもな項目

- 存在，製法および用途
- 物理的性質
- 金　属
- ハロゲン化物
- 酸化物および水酸化物
- オキソ酸塩
- 水溶液中の錯イオン
- アミドまたはアルコキシ配位子との錯体
- 対角関係

1	2		13	14	15	16	17	18
H								He
Li	**Be**		B	C	N	O	F	Ne
Na	**Mg**		Al	Si	P	S	Cl	Ar
K	**Ca**		Ga	Ge	As	Se	Br	Kr
Rb	**Sr**	dブロック	In	Sn	Sb	Te	I	Xe
Cs	**Ba**		Tl	Pb	Bi	Po	At	Rn
Fr	**Ra**							

12・1　はじめに

2族元素（ベリリウム，マグネシウム，カルシウム，ストロンチウム，バリウムおよびラジウム）の間の関係はアルカリ金属元素の間の関係によく似ている．しかし，リチウムがそれ以外のアルカリ金属元素と異なった挙動を示す以上に，ベリリウムの性質はそれ以外の2族金属元素とは異なっている．たとえば，Li^+とNa^+は同一の対イオンに対して同じ型の結晶構造をとることが多いが，Be(II)とMg(II)は，そうではない．化合物中でベリリウムは，共有結合をつくるか，水和イオン$[Be(OH_2)_4]^{2+}$となることが多い．単体の原子化エンタルピー（付録10）およびイオン化エネルギー（付録8）が大きく，2価陽イオンの電荷密度が高い（イオン半径が小さいことによる）ために，水和していないBe^{2+}は得られにくい．また，2族金属元素のうち，$[EDTA]^{4-}$（表7・7）と錯体をつくらないのはベリリウムのみである．

カルシウム，ストロンチウム，バリウムおよびラジウムは，まとめて**アルカリ土類金属**（alkaline earth metals）とよばれ

る．そのうち，ラジウムについてはあまり記述することがない．ラジウムは放射性元素で，半減期の最も長い核種は$^{238}_{92}U$を前駆核種とする壊変系列（ウラン系列，図3・3参照）中に現れる$^{226}_{88}Ra$（α壊変，半減期1622年）である．^{226}Raはがんの放射線療法のために使われていたが，近年は他の核種が用いられることが多くなってきている．ラジウムの元素および化合物の性質は，カルシウム，ストロンチウムおよびバリウムの性質を外挿することにより推測できる．

2族金属元素の化学のうち，以下に掲げる項目については，これまでに述べた．

- 金属のイオン化エネルギー（§1・10）
- 二原子分子Be_2の結合（§2・3）
- $BeCl_2$の結合（§2・8および§5・2）
- 金属の結晶構造（表6・2）
- ハロゲン化物および酸化物の構造（§6・11；CaF_2，CdI_2および$NaCl$型構造を参照）
- CaFのCaおよびCaF_2への不均化反応に関する格子エネルギーに基づく考察（§6・16）
- CaF_2などの塩の溶解度積（§7・9）
- 金属イオンの水和（§7・9）
- 塩型水素化物MH_2（§10・7）

12・2　存在，製法および用途

存　在

ベリリウムの主要な鉱物資源はケイ酸塩鉱物である緑柱石（ベリル beryl，$Be_3Al_2[Si_6O_{18}]$）である（ケイ酸塩については§14・9参照）．また，エメラルド（emerald）やアクアマリン（aquamarine）などの宝石をはじめとして，数多くの天然鉱物にも含まれる．マグネシウムとカルシウムはそれ

それ地殻中で8番目および5番目に豊富な元素である．また，マグネシウムは海水中で3番目に豊富な元素である（訳注：水の水素および酸素は除く）．マグネシウム，カルシウム，ストロンチウムおよびバリウムは，鉱物中に広く分布するとともに，可溶性塩として海水中に存在する．これらの資源として重要な鉱物には苦灰石（ドロマイト dolomite, $CaCO_3 \cdot MgCO_3$），菱苦土石（マグネサイト magnesite, $MgCO_3$），カンラン（橄欖）石（olivine, $(Mg,Fe)_2SiO_4$），カーナル石（carnallite, $KCl \cdot MgCl_2 \cdot 6H_2O$），炭酸カルシウム，セッコウ（石膏）（gypsum, $CaSO_4 \cdot 2H_2O$），天青石（celestite, $SrSO_4$），ストロンチアン石（strontianite, $SrCO_3$）および重晶石（baryte, $BaSO_4$）があげられる．なお，炭酸カルシウムは，チョーク（chalk），石灰石（limestone）あるいは大理石（marble）として産出する．ベリリウム，ストロンチウムおよびバリウムの天然存在率は，マグネシウムおよびカルシウムに比べるとはるかに小さい（図12・1）．

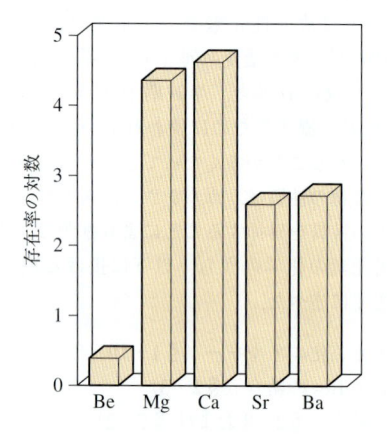

図12・1 地殻における2族元素の存在率（ラジウムは除く）．縦軸は ppm で表した存在率の対数．

製　法

2族元素の金属で，大規模に生産されているのはマグネシウムのみである（Box 12・1参照）．混合金属炭酸塩である苦灰石を熱分解して MgO と CaO の混合物とし，ニッケル容器中でフェロシリコン（ferrosilicon）により還元する（反応式12.1）．マグネシウムは減圧蒸留により回収する．

$$2MgO + 2CaO + FeSi \xrightarrow{1450\,K} 2Mg + Ca_2SiO_4 + Fe \quad (12.1)$$

もう一つの重要なプロセスは，海水から得た $MgCl_2$ の溶融塩電解により金属マグネシウムを得る方法である．最初の段階では $Ca(OH)_2$（消石灰，slaked lime）を加えることにより $Mg(OH)_2$ を沈殿させる（表7・4参照）．なお消石灰は $CaCO_3$ から製造する（$CaCO_3$ はさまざまな石灰質鉱物より製造される，図11・5参照）．$Mg(OH)_2$ を塩酸で中和（式12.2）し，水分を蒸発させることにより $MgCl_2 \cdot xH_2O$ が得られる．これを 990 K で加熱して無水塩化物を得る．溶融 $MgCl_2$ を電気分解し（式12.3），マグネシウムを固化することにより，金属を得る．

$$2HCl + Mg(OH)_2 \longrightarrow MgCl_2 + 2H_2O \quad (12.2)$$

$$\left. \begin{array}{l} \text{陰極反応：} \quad Mg^{2+}(l) + 2e^- \longrightarrow Mg(l) \\ \text{陽極反応：} \quad 2Cl^-(l) \longrightarrow Cl_2(g) + 2e^- \end{array} \right\} \quad (12.3)$$

ベリリウムの製造過程では，まず，緑柱石を Na_2SiF_6 とともに加熱して得られる水溶性の BeF_2 を，$Be(OH)_2$ として沈殿させる．それを BeF_2 としたのちに還元する（式12.4），または NaCl を融剤として融解した $BeCl_2$ を電気分解することにより金属を得る．

$$BeF_2 + Mg \xrightarrow{1550\,K} Be + MgF_2 \quad (12.4)$$

金属カルシウムは $CaCl_2$ または CaF_2 の溶融塩を電気分解することにより得られる．ストロンチウムとバリウムは酸化物をアルミニウムで還元するか，塩化物（$SrCl_2$ または $BaCl_2$）

資源と環境

Box 12・1　物質のリサイクル：マグネシウム

20世紀終盤以降，物質リサイクルの重要性が高まっており，その化学産業への影響も無視できなくなりつつある．マグネシウムの全消費量の大きな割合をアルミニウム-マグネシウム合金が占めている（図12・2参照）ため，アルミ缶のリサイクルにより，マグネシウムも大量に回収される．1965年から2004年にかけての米国におけるマグネシウムの全消費量およびリサイクルされたマグネシウムの量の変化を示す右のグラフに見られるように，リサイクル量は増加している．[データ：米国地質調査所]

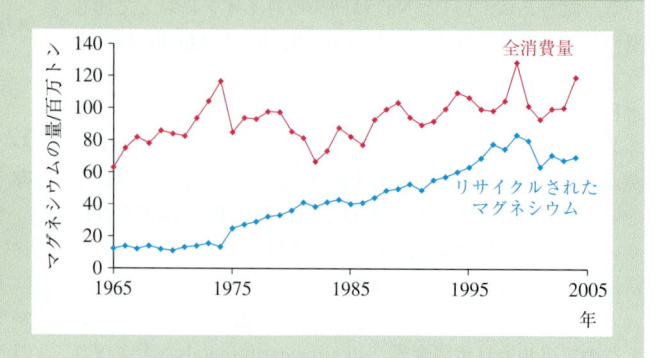

を電気分解することにより得られる．

2族金属およびその化合物のおもな用途

注意！ ベリリウムおよび水溶性のバリウム化合物は毒性が非常に高い．

ベリリウムは最も軽い金属の一つで，反磁性であり，熱伝導性が高く融点も高い（1560 K）．これらの性質と空気酸化されにくいことにより，ベリリウムは工業的利用において重要な物質である．ベリリウムは高速航空機，ミサイル，通信衛星などの機体部品に用いられる．また，電子密度が低いために電磁波をあまり吸収しないので，X線管球の窓材としても用いられる．原子力産業では，ベリリウムの融点の高さと，中性子捕獲断面積の小ささ（§3・4参照）を利用している．

図12・2にマグネシウムのおもな用途をまとめた．マグネシウム–アルミニウム合金では，マグネシウムが機械的強度，耐腐食性および加工性を向上させている．マグネシウム–アルミニウム合金は航空機の機体および自動車の車体，そして軽量工具に用いられる．図12・2に示すその他の用途には照明弾，花火，そして写真撮影のためのフラッシュライトや，制酸剤（**マグネシア乳** milk of magnesia, $Mg(OH)_2$）や緩下剤（**エプソム塩** Epsom salt, $MgSO_4 \cdot 7H_2O$）などの医薬への利用がある．Mg^{2+} および Ca^{2+} は生体内での二リン酸–三リン酸変換反応の触媒となる（**Box 15・11**参照）．Mg^{2+} は緑色植物中のクロロフィルの必須成分である（§12・8参照）．

カルシウム化合物の用途は金属カルシウムの用途よりもはるかに多い．2004年におけるCaO，$Ca(OH)_2$，$CaO \cdot MgO$，$Ca(OH)_2 \cdot MgO$ および $Ca(OH)_2 \cdot Mg(OH)_2$ の世界生産量はおよそ1260億トンであった．酸化カルシウム（生石灰または石灰）は石灰石の か（煆）焼により製造され（**図11・5**参照），そのおもな用途は建設用モルタルの原料である．乾燥した砂とCaOの混合物は貯蔵および輸送に適している．そ

こに水を加えると CO_2 が吸収されて $CaCO_3$ となり，モルタルが固まる（スキーム 12.5）．モルタル中の砂はつなぎとして働く．

$$CaO(s) + H_2O(l) \longrightarrow Ca(OH)_2(s) \quad \Delta_r H^\circ = -65 \text{ kJ mol}^{-1}$$
生石灰　　　　　　　　消石灰
$$Ca(OH)_2(s) + CO_2(g) \longrightarrow CaCO_3(s) + H_2O(l)$$
(12.5)

その他の石灰の重要な用途として，製鉄業（**Box 6・1**参照），パルプおよび紙の製造，そしてMgの製造がある．鉄鋼，ガラス，セメントおよびコンクリート産業（**Box 14・10**参照）およびソルベー法（**図11・5**）は膨大な量の炭酸カルシウムを必要とする．近年は，$CaCO_3$ および $Ca(OH)_2$ の脱硫プロセスへの利用（**Box 12・2**参照）が環境保全の観点から重要になっている．大量の $Ca(OH)_2$ がさらし粉 $Ca(OCl)_2 \cdot Ca(OH)_2 \cdot CaCl_2 \cdot 2H_2O$（§17・2および§17・9参照）の製造および水処理（**式12.28**参照）に用いられている．

フッ化カルシウムは天然では 蛍石（ホタルイシ）（fluorspar）として存在し，産業的にはHFの製造（式12.6）および F_2 の製造（§17・2参照）の原材料として重要である．それより量は少ないが，CaF_2 は製鉄における融剤（訳注：鉄の純度を上げるために用いるCaOを融解させる），電極被膜の接合，ガラスの製造などに用いられる．また，一部の分光光度計では，CaF_2 からつくられたプリズムや窓材が用いられている．

$$CaF_2 + 2H_2SO_4 \longrightarrow 2HF + Ca(HSO_4)_2 \quad (12.6)$$
濃硫酸

ストロンチウムの原料鉱石として重要なものは天青石（celestite, 硫酸塩）とストロンチアン石（strontianite, 炭酸塩）である．ストロンチウムの主要な用途はカラーテレビのブラウン管画面のガラスへの添加である．そのガラスには，酸化ストロンチウム（SrO）換算でおよそ8％のストロンチウムが含まれており，ブラウン管（cathode ray tube, CRT）から発生するX線を遮蔽する役割を果たしている．しかし，近年CRTの代わりにフラットパネルディスプレイを用いたテレビが増えているため，ストロンチウムに対する需要は劇的に減少している．その他のストロンチウムの用途には，フェライト磁石や花火（§12・3の'炎色反応'参照）がある．

重晶石（barite または baryte）は硫酸バリウムの鉱石である．2005年における世界生産量はおよそ76億トンであり，その半数以上を中国が供給している．重晶石はおもに，油井やガス井掘削のための掘削泥水の比重を高めるために用いられている*．また，量ははるかに少ないが，X線の透過率が

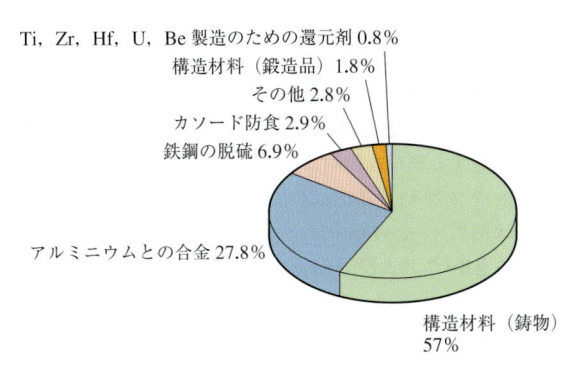

図12・2 米国における2004年のマグネシウムの用途［データ：米国地質調査所］．カソード防食については**Box 8・4**参照．

- Ti, Zr, Hf, U, Be 製造のための還元剤 0.8%
- 構造材料（鍛造品）1.8%
- その他 2.8%
- カソード防食 2.9%
- 鉄鋼の脱硫 6.9%
- アルミニウムとの合金 27.8%
- 構造材料（鋳物）57%

＊（訳注）　掘削泥水とは掘削効率を上げるために掘削面に循環させる液体のこと．重晶石を加えることにより比重を高め，周囲の地層から湧出する流体との圧力のバランスをとる．

資源と環境

Box 12・2　SO₂の排出を抑制する脱硫プロセス

環境汚染に対する意識の向上に伴って，さまざまな排出源からの排気ガスおよび化石燃料そのものから硫黄を取除くための**脱硫プロセス**（desulfurization process）が進歩している．排気ガスからの脱硫の目的は，SO_2の大気への排出を防ぐことである．世界中で工業的に行われている脱硫プロセスのうち，重要な方法の一つに，$Ca(OH)_2$または$CaCO_3$による硫酸の中和反応を利用するものがある．写真に示した石炭火力発電所などから排出されるSO_2を含む排気ガスは，消石灰$Ca(OH)_2$または石灰石$CaCO_3$を含む吸収剤に導かれる．そこで起こる反応は以下のとおりである．

$$SO_2 + H_2O \rightleftharpoons H^+ + [HSO_3]^-$$
$$H^+ + [HSO_3]^- + \tfrac{1}{2}O_2 \rightarrow 2H^+ + [SO_4]^{2-}$$
$$2H^+ + [SO_4]^{2-} + Ca(OH)_2 \rightarrow CaSO_4 \cdot 2H_2O$$

または

$$2H^+ + [SO_4]^{2-} + H_2O + CaCO_3 \rightarrow CaSO_4 \cdot 2H_2O + CO_2$$

この方法の利点は，生成するセッコウ $CaSO_4 \cdot 2H_2O$ が無害なだけでなく利用価値があることである．セッコウは焼きセッコウ（**§12・7**参照）やセメント（**Box 14・10**参照）などの原料となる．もう一つの脱硫プロセスでは，$Ca(OH)_2$や$CaCO_3$の代わりにアンモニアを用い，硫黄を最終的に$[NH_4]_2[SO_4]$の形で取除く．$[NH_4]_2[SO_4]$は肥料として利用されるため，このプロセスにおいても生成物は産業的に有用である．

Box 16・5および**Box 23・5**にも関連事項が記載されている．

さらに勉強したい人のための参考文献
D. Stirling (2000) *The Sulfur Problem: Cleaning Up Industrial Feedstocks*, Royal Society of Chemistry, Cambridge.

英国 North Yorkshire 州 Drax にある石炭火力発電所は 1993 年から 1996 年にかけて導入された脱硫システムを採用している．[©Anthony Vizard; Eye Ubiquitous/CORBIS/amanaimages]

低いことを利用して，消化管のレントゲン写真撮影の際に服用する造影剤として用いられている．バリウムは真空管のゲッター（訳注：真空度を上げるためにガラスの内側に蒸着する金属）としても用いられるが，これは金属バリウムの酸素や窒素ガスに対する反応性が高いことを利用している．

12・3　物理的性質

一般的性質

2族元素の主要な物理的性質を表12・1にまとめた．Ra は放射能が強いため，いくつかのデータは得ることができない．表12・1から以下の一般的傾向が読み取れる．

- 原子番号の増加に伴い IE_1 および IE_2 が減少する傾向（**§1・10**参照）は，Ba と Ra の間で破綻する．これは，熱力学的な 6s 軌道の不活性電子対効果（**Box 13・3**参照）によるものである．

- IE_3 の値が大きいため，M^{3+} はできにくい．
- r_{ion}（イオン半径）のみから判断すれば，BeF_2 や BeO においてベリリウムは Be^{2+} として存在することが予想されるが，実際にはそうではない．
- 2族元素の融点や $\Delta_a H°$ などの性質が不規則な傾向を示すことに対する簡単な説明はない．
- レドックス対 M^{2+}/M に対する $E°$ の値はほぼ一定である（Be は例外）．その理由は，1族金属元素の場合と同じである（**§8・7**および**§11・3**参照）．

炎色反応

アルカリ金属元素と同様，2族金属元素の発光スペクトルは容易に観測され，炎色反応（**§11・3**参照）が Ca，Sr および Ba を含む化合物を区別するのに用いられる．Ca は赤橙色（ただし，青色のガラスを透かしてみると薄緑色），Sr は深紅色（ただし，青色のガラス越しに見ると青紫色），Ba は澄んだ薄緑色である．

表 12・1　2族金属元素 M およびそのイオン M^{2+} の物理的性質

性　質	Be	Mg	Ca	Sr	Ba	Ra
原子番号 Z	4	12	20	38	56	88
基底状態の電子配置	$[He]2s^2$	$[Ne]3s^2$	$[Ar]4s^2$	$[Kr]5s^2$	$[Xe]6s^2$	$[Rn]7s^2$
原子化エンタルピー $\Delta_aH°(298\ K)/kJ\ mol^{-1}$	324	146	178	164	178	130
融　点 mp/K	1560	923	1115	1040	1000	973
沸　点 bp/K	≈ 3040	1380	1757	1657	1913	1413
標準融解エンタルピー $\Delta_{fus}H°(mp)/kJ\ mol^{-1}$	7.9	8.5	8.5	7.4	7.1	－
第一イオン化エネルギー $IE_1/kJ\ mol^{-1}$	899.5	737.7	589.8	549.5	502.8	509.3
第二イオン化エネルギー $IE_2/kJ\ mol^{-1}$	1757	1451	1145	1064	965.2	979.0
第三イオン化エネルギー $IE_3/kJ\ mol^{-1}$	14850	7733	4912	4138	3619	3300
金属結合半径 r_{metal}/pm [†1]	112	160	197	215	224	－
イオン半径 r_{ion}/pm [†2]	27	72	100	126	142	148
M^{2+} の標準水和エンタルピー $\Delta_{hyd}H°(298\ K)/kJ\ mol^{-1}$	－2500	－1931	－1586	－1456	－1316	－
M^{2+} の標準水和エントロピー $\Delta_{hyd}S°(298\ K)/J\ K^{-1}\ mol^{-1}$	－300	－320	－230	－220	－200	－
M^{2+} の標準水和ギブズエネルギー $\Delta_{hyd}G°(298\ K)/kJ\ mol^{-1}$	－2410	－1836	－1517	－1390	－1256	－
M^{2+} の標準還元電位 $E°_{M^{2+}/M}/V$	－1.85	－2.37	－2.87	－2.89	－2.90	－2.92

†1　十二配位の原子に対する値．　　†2　Be^{2+} に対しては四配位の，それ以外に対しては六配位の原子に対する値．

放射性同位体

ウランの核分裂生成物である ^{90}Sr は半減期 29.1 年で β 線を放出して壊変する．原子力発電所の事故や放射性廃棄物の不法投棄があると，牧草，牛乳を経由して ^{90}Sr が体内に摂取され，リン酸カルシウムとともに骨の中に取込まれるおそれがある*．^{226}Ra については §12・1 を参照されたい．

練習問題

1. $^{90}_{38}Sr$ は β 粒子を放出して壊変する．壊変の核化学反応式を記せ．
2. 前問の反応の生成物もまた，放射性核種である．それは β 粒子を放出して $^{90}_{40}Zr$ へと壊変する．この事実をもとに，前問に対する解答が正しいかを確認せよ．
3. $^{90}_{38}Sr$ は $^{235}_{92}U$ の核分裂生成物である．下の核化学反応式を完成させ，もう一つの核分裂生成物が何であるかを求めよ．

$$^{235}_{92}U + ^{1}_{0}n \longrightarrow ^{90}_{38}Sr + ? + 3^{1}_{0}n$$

[ヒント：例題 3.3 をみよ]

4. 環境中に放出された場合，$^{90}_{38}Sr$ が特に危険であると考えられる理由は何か．

12・4　金　属

外　観

ベリリウムとマグネシウムは灰色がかった金属であるのに対し，それ以外の 2 族元素の金属は軟らかく，銀色である．これらの金属は展性および延性を示すが，かなりもろい．いずれの金属も，空気中では速やかに表面の光沢が失われる．

反応性

ベリリウムとマグネシウムは表面に不動態をつくり（式 12.7），常温では酸素や水に対して速度論的に安定である．しかし，マグネシウム**アマルガム**（amalgam）は，表面に酸化物被膜が生成しないため，水と反応して水素を発生する．金属マグネシウムは水蒸気や熱水と反応する（式 12.8）

$$2Be + O_2 \longrightarrow 2BeO \quad (12.7)$$
酸化物不動態被膜が金属を覆う

$$Mg + 2H_2O \longrightarrow Mg(OH)_2 + H_2 \quad (12.8)$$
水蒸気

ベリリウムとマグネシウムは，酸化力をもたない酸に容易に溶解する．ベリリウムは希硝酸とは反応するが，濃硝酸との反応では不動態をつくり，反応が進行しない．一方，マグネシウムは濃硝酸，希硝酸いずれとも反応する．マグネシウムはアルカリ水溶液と反応しないのに対し，ベリリウムは**両性**（amphoteric）水酸化物をつくる（§12・6 参照）．

金属カルシウム，金属ストロンチウムおよび金属バリウムの化学的性質は，大まかにいうと金属ナトリウムに似ているが，反応性はやや低い．これらは水や酸と反応して水素を発生する．また，液体アンモニウムに溶け，溶媒和電子を含む青色の液体を生じるという点も，ナトリウムに似ている．これらの溶液からは $[M(NH_3)_6]$（M = Ca, Sr, Ba）が単離

---

* 詳細については以下参照：D. C. Hoffman and G. R. Choppin (1986) *J. Chem. Educ.*, vol. 63, p. 1059 － 'Chemistry related to isolation of high-level nuclear waste'.

されるが、それらは徐々に分解してアミドとなる（式 12.9）．

$$[M(NH_3)_6] \longrightarrow M(NH_2)_2 + 4NH_3 + H_2 \quad M = Ca, Sr, Ba \tag{12.9}$$

2 族元素の金属は，加熱すると酸素，窒素，硫黄やハロゲンと化合する（式 12.10〜12.13）．

$$2M + O_2 \xrightarrow{\text{加熱}} 2MO \tag{12.10}$$

$$3M + N_2 \xrightarrow{\text{加熱}} M_3N_2 \tag{12.11}$$

$$8M + S_8 \xrightarrow{\text{加熱}} 8MS \tag{12.12}$$

$$M + X_2 \xrightarrow{\text{加熱}} MX_2 \quad X = F, Cl, Br, I \tag{12.13}$$

2 族元素のうち，原子番号の小さなものとそれ以外のものとの違いは，水素化物および炭化物の生成において最も顕著に現れる．水素とともに加熱すると，カルシウム，ストロンチウムおよびバリウムは塩型水素化物 MH_2 をつくるのに対し，マグネシウムは高圧下でのみ反応する．それに対し，BeH_2（無限構造，図 10・14）はアルキルベリリウムからつくられる（§ 19・3 参照）．ベリリウムは高温で炭素と反応して，逆蛍石型構造（§ 6・11 参照）をとる化合物 Be_2C を与える．一方，それ以外の 2 族元素は炭化物 MC_2 を与える．MC_2 は $[C≡C]^{2-}$ を含み，一軸方向に伸びた NaCl 型構造をとる．Be_2C は式 12.14 に従って水と反応するが，Be 以外の 2 族元素の炭化物に水を加えると，加水分解してアセチレン（C_2H_2）を与える（式 12.15 および Box 12・3）．水素化カルシウム CaH_2 は乾燥剤として用いられる（Box 12・4 参

照）が，CaH_2 と水との反応は非常に発熱的である．

$$Be_2C + 4H_2O \longrightarrow 2Be(OH)_2 + CH_4 \tag{12.14}$$

$$MC_2 + 2H_2O \longrightarrow M(OH)_2 + C_2H_2$$
$$M = Mg, Ca, Sr, Ba \tag{12.15}$$

炭化物 Mg_2C_3（CO_2 と等電子構造の直線状イオン $[C_3]^{4-}$，**12.1**，を含む）は，MgC_2 の加熱または 950 K で，Mg 金属粉末をペンタン蒸気と反応させることにより得られる．Mg_2C_3 と水との反応からはプロピン（メチルアセチレン）$CH_3C≡CH$ が得られる．

$$[C=C=C]^{4-}$$
(12.1)

12・5　ハロゲン化物
ハロゲン化ベリリウム

無水ハロゲン化ベリリウムは共有結合性の化合物である．フッ化物 BeF_2 は $[NH_4]_2[BeF_4]$ の熱分解によりガラス（昇華点 1073 K）として得られる．$[NH_4]_2[BeF_4]$ は過剰のフッ化水素酸中で酸化ベリリウムとアンモニアを反応させて得られる．溶融フッ化ベリリウムはほとんど電気を流さない．フッ化ベリリウムの固体が β-クリストバル石構造（§ 6・11 参照）をとることは，この化合物が共有結合性固体であることと矛盾しない．フッ化ベリリウムは水によく溶け，$[Be(OH_2)_4]^{2+}$ の生成（§ 12・8 参照）は熱力学的に有利である．

無水塩化ベリリウム（融点 688 K，沸点 793 K）は式

応用と実用化

Box 12・3　炭化カルシウム CaC_2 の世界生産量

CaC_2 の世界生産量は減少傾向にある．市場調査によると，有機工業化学の原料がアセチレン（エチン；CaC_2 から生産される）から，エチレン（エテン；原油の精製過程で，特定の留分を接触分解（クラッキング）することにより得られる）へと移行していることが一因であるとされている．しかし，地域によってはさまざまな要因により，異なった傾向がみられる（右のグラフ参照）．たとえば南アフリカでは（石油ではなく）石炭の埋蔵量が利用可能資源の大半を占めているため，CaC_2 の生産量が 1962 年から 1982 年にかけて増加した．1970 年代にみられた東欧における増加は，西側諸国と歩調を合わせるように，現在は減少に転じている．全体として，現在みられる CaC_2 生産量の減少は，世界中の多くの地域で石油が入手しやすくなったことによるものである．米国と日本においては CaC_2 の主要な用途はアセチレンの製造であるが，西欧では含窒素肥料であるカルシウムシアナミド CaNCN の製造（次式）

$$CaC_2 + N_2 \xrightarrow{1300 \text{ K}} CaNCN + C$$

が CaC_2 の最大の用途となっている．

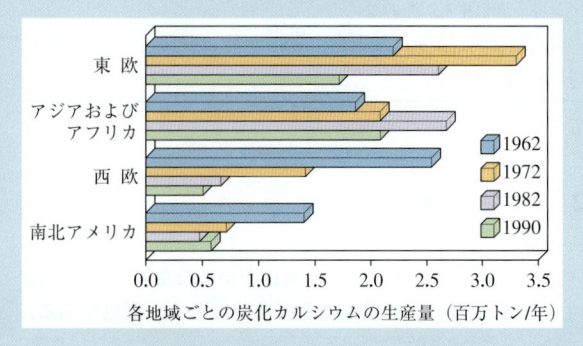

各地域ごとの炭化カルシウムの生産量（百万トン/年）

［データ：*Ullmann's Encyclopedia of Industrial Chemistry* (2002), Wiley-VCH, Weinheim］

応用と実用化

Box 12・4　乾燥剤として用いられる無機元素および化合物

乾燥剤（drying agent）は，可逆的に水と反応するものと，非可逆的に水と反応するものとに分けて考えると，理解しやすい．前者は（通常加熱することにより）再生することができるのに対し，**脱水剤**（dehydrating agent）ともよばれる後者は再生することができない．乾燥剤を選択するときには，以下の点に気をつけなければならない．

- 乾燥しようとする物質が乾燥剤と反応しないこと．
- 多くの脱水剤は水と激しく反応するため，水分を多量に含む溶媒の乾燥に用いてはならない．そのような場合には，予備的な乾燥を行うこと．
- 過塩素酸マグネシウム $Mg(ClO_4)_2$ は非常に強力な乾燥剤であるが，爆発性であるため使用を避けるのが賢明である．

乾燥剤や脱水剤の多くは 1 族または 2 族金属元素の化合物である．硫酸，モレキュラーシーブおよびシリカゲル（§14・2 参照）もまた水を吸収するために広く使われている．五酸化リン（§15・10 参照）は非常に強い脱水剤である．

溶媒の乾燥・予備的乾燥のための試薬

水を吸収して水和物となるような無水塩は，一般に溶媒の乾燥剤として適している．$MgSO_4$，$CaCl_2$，$CaSO_4$，Na_2SO_4 や K_2CO_3 は吸湿性であり，これらのなかでも特に $CaSO_4$ と $MgSO_4$ は溶媒と反応しにくく，非常に効率的な乾燥剤である．

水と非可逆的に反応する乾燥剤

これに分類される乾燥剤には金属カルシウムおよび金属マグネシウム（アルコールの乾燥に用いる），水素化カルシウム（多くの溶媒に使えるが，低級アルコールおよびアルデヒドには使えない），$LiAlH_4$（炭化水素およびエーテル類の乾燥に用いる）そして金属ナトリウムがある．金属ナトリウムは炭化水素やエーテル類に対する非常に強力な脱水剤である（ワイヤー状に押し出して使用する）．しかし，アルコールなどと反応し，ハロゲン系溶媒の乾燥には適さない．

デシケーターおよび乾燥管で使用する乾燥剤

デシケーター中で試料を乾燥するのに適している乾燥剤は $CaCl_2$，$CaSO_4$，KOH および P_2O_5 である．気体は適切な乾燥剤を詰めた乾燥管の中を通すことにより乾燥させることができるが，気体と乾燥剤との反応の可能性について注意を払う必要がある．P_2O_5 はデシケーターの乾燥剤としてよく使われるが，水分と反応すると無水物粉末の表面に茶色の粘稠性の層を形成し，脱水能力が損なわれてしまう（§15・10 参照）．

12.16 に従って合成される．この金属塩化物無水塩の合成法は，水溶液から得た水和物を脱水する方法が使えない場合には一般的な方法である．ベリリウムの場合は $[Be(OH_2)_4]^{2+}$ が生成しており，$[Be(OH_2)_4]Cl_2$ の脱水からは塩化物は得られず，水酸化物が得られる（式 12.17）．

$$2BeO + CCl_4 \xrightarrow{1070\ K} 2BeCl_2 + CO_2 \quad (12.16)$$

$$[Be(OH_2)_4]Cl_2 \xrightarrow{加熱} Be(OH)_2 + 2H_2O + 2HCl \quad (12.17)$$

> **潮解性**（deliquescent）の化合物とは，周囲の大気中から水分を吸収し，最後には吸収した水分に自身が溶解して溶液となってしまうものをいう．

気相中 1020 K 以上で塩化ベリリウムは直線形構造の単量体となっている．より低い温度の気相には，平面構造の二量体も存在する．ハロゲン化ベリリウムの気相中の構造については，この節の後半で再び触れる．塩化ベリリウムは無限鎖状構造を示す**潮解性**の無色結晶をつくる．この結晶中でベリリウム原子は四面体四配位をとっており，Be−Cl 間距離は単量体における距離よりも長い（図 12・3）．§5・2 において $BeCl_2$ における結合を sp 混成に基づいて説明した．無限鎖状構造中のベリリウム原子は sp^3 混成となっており，図 12・3c に示すように，各塩素原子は非共有電子対を隣のベリリウム原子の空の混成軌道に供与して，局在化した σ 軌道をつくる．この構造からわかるように，塩化ベリリウムはルイス酸性を示し，$[BeF_4]^{2-}$，$[BeCl_4]^{2-}$，$BeCl_2\cdot 2L$（L として，エーテル，アルデヒド，ケトン）などの付加物をつくる．$BeCl_2$ は $AlCl_3$ などと同様に，フリーデル・クラフツ（Friedel–Crafts）反応の触媒となる．

$BeCl_2$ は $[Ph_4P]Cl$ と 1:1 のモル比で反応し，図 12・3d に示す構造の陰イオンを含む化合物 $[Ph_4P]_2[Be_2Cl_6]$ を与える．$[Be_2Cl_6]^{2-}$ の架橋部の Be−Cl 間距離（210 pm）は，末端部の Be−Cl 間距離（196 pm）よりも長い．これは，無限鎖状構造をとる $BeCl_2$ 結晶中の Be−Cl 間距離が，気相の $BeCl_2$ 分子中の Be−Cl 間距離よりも長いことに対応している（図 12・3）．$BeCl_2$ が $[Ph_4P]Cl$ と 1:2 のモル比で反応すると，四面体形の $[BeCl_4]^{2-}$ を含む化合物 $[Ph_4P]_2[BeCl_4]$ が生成する．

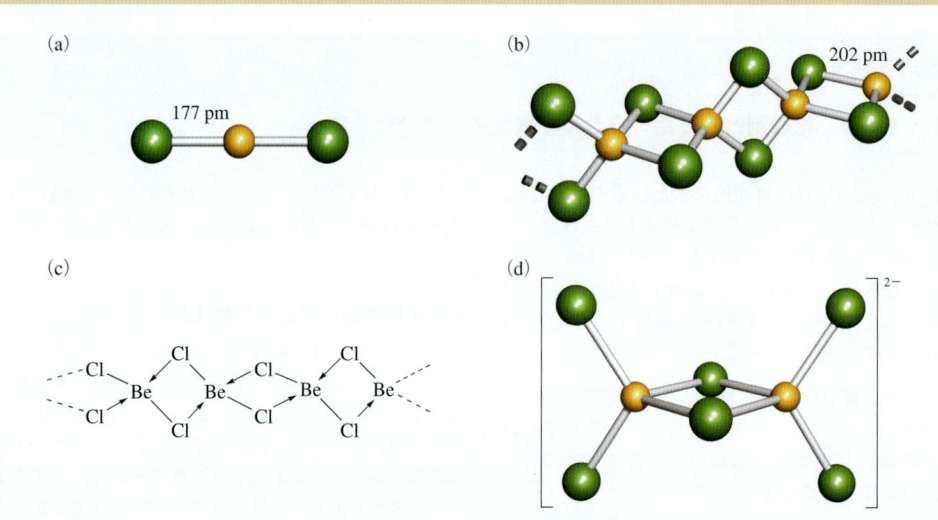

図 12・3 (a) 気相における $BeCl_2$ の直線形構造. (b) $BeCl_2$ 固体中の無限構造は BeH_2 の構造（図 10・14）と似ているが, これら二つの化合物にみられる結合は同じではない. (c) $BeCl_2$ は, Be–Cl 間に二中心二電子結合をつくるために十分な数の価電子をもつ. (d) X 線構造解析により求められた $[Ph_4P]_2[Be_2Cl_6]$ 結晶中の $[Be_2Cl_6]^{2-}$ の構造 [B. Neumüller et al. (2003) Z. Anorg. Allg. Chem., vol. 629, p. 2195]. 末端の Be–Cl 結合距離は平均 196 pm であり, 架橋 Be–Cl 結合距離は平均 210 pm である. 原子の色表示: Be 黄色, Cl 緑色.

例題 12.1　$BeCl_2$ のルイス酸性

$BeCl_2$ の二量体の構造を予想し, その構造を塩化ベリリウムのルイス酸性と関連づけて説明せよ.

解答　ベリリウム原子は原子価殻に 8 個の電子を収容できる. $BeCl_2$ 単量体ではベリリウム原子は原子価殻に電子を 4 個しかもっていないため, 一組または二組の非共有電子対を受入れ, ルイス酸として働くことができる. 一方, 各塩素原子は三組の非共有電子対をもつ. $BeCl_2$ 二量体は, 下図のように塩素原子が非共有電子対をベリリウム原子に供与することにより形成する.

ここで, 各ベリリウム原子は平面三角形構造をとる.

練習問題

1. 単量体 $BeCl_2$, 二量体 $(BeCl_2)_2$, 無限構造 $(BeCl_2)_n$ においてベリリウム原子のまわりの構造が直線, 平面三角形, 四面体と変化することを説明せよ. ［答　ベリリウム原子の原子価殻の電子数が 4, 6, 8 と変化するため］

2. $BeCl_2$ をジエチルエーテル溶液から再結晶すると, ルイス酸‒ルイス塩基錯体が得られる. 予想される生成物の構造を示し, $BeCl_2$ の電子対受容能をもとに説明せよ.
［答　四面体形の $BeCl_2 \cdot 2Et_2O$ が得られる. ジエチルエーテルの酸素原子が非共有電子対をベリリウムに供与する］

Mg, Ca, Sr および Ba のハロゲン化物

2 価のマグネシウム, カルシウム, ストロンチウムおよびバリウムのフッ化物はイオン性化合物であり, 融点が高く, 水にほとんど溶けない. 水への溶解度は, 陽イオンのサイズが大きくなるにつれてわずかに増加する（MgF_2, CaF_2, SrF_2 および BaF_2 に対する溶解度積 K_{sp} はそれぞれ 7.42×10^{-11}, 1.46×10^{-10}, 4.33×10^{-9} および 1.84×10^{-7} である）. MgF_2 はルチル型構造（図 6・21 参照）をとるが, CaF_2, SrF_2 および BaF_2 は蛍石型構造（図 6・18 参照）をとる. BeF_2 とは異なり, Mg, Ca, Sr および Ba のフッ化物はルイス酸性を示さない.

2 族元素ハロゲン化物分子の気相中での構造を表 12・2 に示すが, その理論的理由はいまだよくわかっていない. ここでは, 直線から 20° 以上折れ曲がった構造と直線形構造とのエネルギー差が $4\ kJ\ mol^{-1}$ 以下であるとき, '擬直線状' と

表 12・2 2 族金属元素の二ハロゲン化物 MX_2 単量体の構造. '擬直線状' については本文の説明を参照せよ.

金属	ハロゲン化物			
	F	Cl	Br	I
Be	直線	直線	直線	直線
Mg	直線	直線	直線	直線
Ca	擬直線状	擬直線状	擬直線状	擬直線状
Sr	折れ線	擬直線状	擬直線状	擬直線状
Ba	折れ線	折れ線	折れ線	擬直線状

記述した．このなかで最も大きく折れ曲がっているのはBaF$_2$分子で，実験および理論計算によると結合角は110〜126°の範囲にあり，その構造を直線にするためには約21 kJ mol^{-1}のエネルギーが必要であると計算されている．原子番号の大きな2族元素とフッ素，塩素および臭素との化合物の構造が折れ曲がりやすい（表12・2参照）ことは，逆分極（inverse polarization）または核分極（core polarization）とd軌道の寄与の二つの理由により説明されている．逆分極は分極しやすい金属イオンがF$^-$やCl$^-$（そしてまれにBr$^-$）により分極されるときにみられる．その様子を12.2に図解した．ここで'逆 (inverse)' という語は，サイズが大きくて分極しやすい陰イオンが陽イオンにより分極されること（§6・13参照）と区別するために用いられている．

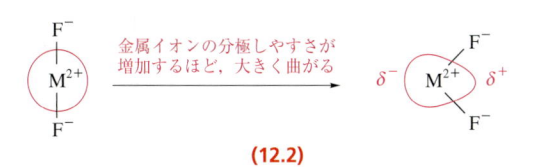

(12.2)

もう一つの説明では，CaX$_2$，SrX$_2$およびBaX$_2$の結合に対するd軌道の寄与が強調される．表12・2にみられるように，ベリリウムとマグネシウムの二ハロゲン化物はいずれも気相中では直線形構造をとる．ベリリウムとマグネシウムでは，結合に用いることのできる原子軌道はs軌道とp軌道のみである．二つのX原子の軌道の逆位相での組合わせと，M原子のnp軌道との相互作用を模式図12.3に示す．この図からわかるように，M−X結合に対する軌道の重なりはMX$_2$分子が直線形構造をとるときに最大となる．カルシウム，ストロンチウムおよびバリウムにおいては，それぞれ，空の 3d, 4d または 5d 軌道を使うことができる．その際，模式図12.4に示す2種類の相互作用を考える必要がある（ここで，x, y, z軸の方向は任意にとった）．二つのX原子の軌道の同位相の組合わせとM原子のd_{z^2}軌道との相互作用は，MX$_2$分子が直線であるとき最も大きいが，分子が折れ曲がっても消えはしない．一方，二つのX原子の軌道の逆位相の組合わせは，MX$_2$分子が折れ曲がっているときにはM原子のd_{yz}軌道と重なり合うが，分子の形が直線状になったときにはこの相互作用は消える．これら二つの相互作用を総合的に考えると，MX$_2$分子が折れ曲がっているとき，M原子の軌道とX原子の軌道が最も効果的に重なり合うと考えられる．MX$_2$分子が折れ曲がることには逆分極とd軌道の寄与の両方が影響していると考えられ，表12・2に示したMX$_2$分子の形にみられる傾向に対する説明はいまだ議論の対象となっている*．

マグネシウムおよびカルシウムのハロゲン化物は気相中で，大部分は単量体 MX$_2$ として存在するが，一部は二量体 M$_2$X$_4$ となっている．電子線回折のデータによると，カルシウムのハロゲン化物では5%弱がCa$_2$X$_4$となっており，1065 Kにおいて臭化マグネシウム気体のうち12%はMg$_2$Br$_4$となっている．

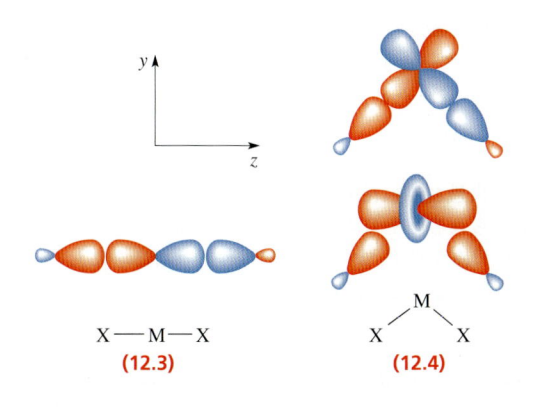

例題 12.2　MX$_2$分子の直線状および折れ曲がり構造

VSEPR 理論を用いて，気相中のSrF$_2$分子の構造を予想せよ．

解答　Srは2族元素であり，原子価殻の電子を2個もつ．
それぞれのF原子は電子1個を結合に使う．
SrF$_2$分子においてSr原子の原子価殻は二組の結合電子対をもち，非共有電子対をもたない．したがって，VSEPR理論によればSrF$_2$分子は直線状分子となる．

練 習 問 題

1. 実験結果と比較しながら，VSEPR理論を用いて，SrF$_2$分子の構造について解説せよ．　　［答　本文を参照せよ］
2. BeCl$_2$，BaF$_2$，MgF$_2$の分子のうち，VSEPR理論による気相分子の構造予測と実験結果とが一致するものはどれか．
［答　本文を参照せよ］
3. Mg$_2$Br$_4$分子の構造を予測せよ．
［答　例題12.1のBe$_2$Cl$_4$分子と同様の構造である］

マグネシウムの塩化物，臭化物およびヨウ化物は，水溶液から結晶化すると水和物となる．しかし，それを加熱しても，加水分解が起こるため，無水塩は得られない．そのため，無水塩は反応12.18に従って合成する．

$$\text{Mg} + \text{X}_2 \longrightarrow \text{MgX}_2 \qquad \text{X} = \text{Cl, Br, I} \qquad (12.18)$$

X—M—X
(12.3)

M
X   X
(12.4)

---

* M. Kaupp (2001) *Angew. Chem. Int. Ed.*, vol. 40, p. 3534; M. Hargittai (2000) *Chem. Rev.*, vol. 100, p. 2233.

> 吸湿性（hygroscopic）の化合物とは，周囲の大気中から水分を吸収するが，溶液とはならないものをいう．

無水 MCl_2，MBr_2 および MI_2（M は Ca，Sr および Ba）は，対応する水和物を脱水することにより得られる．これらの無水ハロゲン化物は**吸湿性**である．そのうち，塩化カルシウム（ソルベー法の副生成物として生産される．図 11・5 参照）は実験室用の乾燥剤（**Box 12・4** 参照）や，道路の凍結防止および除塵（Box 12・5 参照）に用いられる．無水ハロゲン化物の固体の多くは，CdI_2 型構造（図 6・22）のように複雑な層状構造を示す．それらの多くはエーテルやピリジンなどの極性溶媒にいくらか溶解し，そこから数多くの溶媒和物結晶が得られている．trans-$[MgBr_2(py)_4]$，trans-$[MgBr_2(THF)_4]$，cis-$[MgBr_2(diglyme)(THF)]$（図 12・4a）そして trans-$[CaI_2(THF)_4]$ などの X 線構造解析により，金属イオンが八面体形の配位構造をとることが確認されている．$[MgBr_2(THF)_2]$ においては，鎖状構造をつくることにより八面体形配位構造が完成している（図 12・4b）．ここで py はピリジンを，THF はテトラヒドロフランを示す（表 7・7 参照）．原子番号の大きな金属原子はサイズが大きいため，より大きな配位数が可能となる．たとえば trans-$[SrBr_2(py)_5]$（**12.5**）や trans-$[SrI_2(THF)_5]$（**12.6**）では五方両錐形配位構造がみられる．$MgBr_2$ は有機合成化学においてエステル化反応の触媒として用いられる．また，脂肪族過酸化物をケトンに変える触媒である $MgBr_2 \cdot 2Et_2O$ が市販されている．

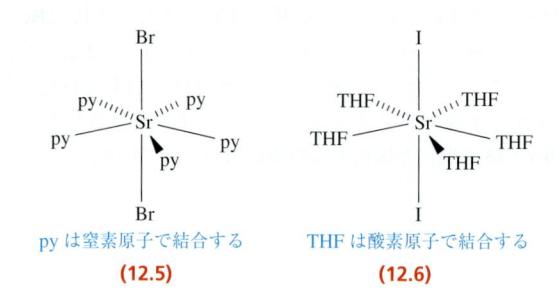

py は窒素原子で結合する　　　THF は酸素原子で結合する
(12.5)　　　　　　　　　　　　**(12.6)**

12・6　酸化物および水酸化物

酸化物および過酸化物

酸化ベリリウム BeO は金属ベリリウムまたはその化合物を酸素中で燃焼することにより得られる．BeO は不溶性の白色固体でウルツ鉱型構造（図 6・20 参照）をとる．それ以外の 2 族元素の酸化物は通常，炭酸塩の熱分解により得られる（式 12.19．T は二酸化炭素の分圧が 1 bar になる温度を示す）．

$$MCO_3 \xrightarrow{T\,K} MO + CO_2 \quad \begin{cases} M = Mg & T = 813\ K \\ Ca & 1173\ K \\ Sr & 1563\ K \\ Ba & 1633\ K \end{cases} \quad (12.19)$$

2 族元素の酸化物の融点を図 12・5 に示す（p.306）．MgO，CaO，SrO および BaO は NaCl 型構造をとり，原子番号の増加に伴う融点の低下は，陽イオンのサイズの増加に伴う格子エネルギーの低下によるものである（表 12・1）．MgO は融点が高いため，耐火性材料として使用される（**Box 12・6** 参照）．

> **耐火性材料**（refractory material）は炉の内張として用いられる．それらは融点が高く，電気伝導度が低く，熱伝導率が高く，炉の運転温度のような高温においても化学的に安定でなければならない．

MgO に水を作用させると，水にほとんど溶けない $Mg(OH)_2$ が徐々に生成する．カルシウム，ストロンチウムおよびバリウムの酸化物は速やかに発熱的に水と反応し，大気中の CO_2 を吸収する（式 12.5）．CaO を炭化カルシウムに変換し

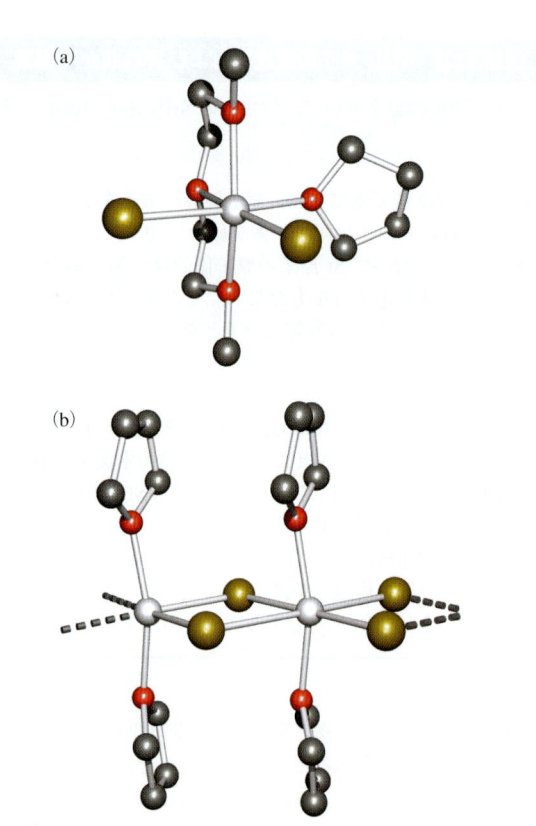

📖 **図 12・4**　(a) $[MgBr_2(diglyme)(THF)]$ の構造（diglyme = $CH_3OCH_2CH_2OCH_2CH_2OCH_3$）[N. Metzler et al. (1994) Z. Naturforsch., Teil B, vol. 49, p. 1448]．(b) $[MgBr_2(THF)_2]$ の構造 [R. Sarma et al. (1977) J. Am. Chem. Soc., vol. 99, p. 5289]．いずれも X 線回折で求められた．水素原子は省略した．原子の色表示：Mg 薄灰色，Br 金色，O 赤色，C 灰色．

資源と環境

Box 12・5　道路の凍結防止および除塵

　§11・2において，冬期の道路凍結防止のために塩化ナトリウムが世界的に使用されていると述べた．米国では2004年に約1900万トンが道路の凍結防止に用いられた．塩化ナトリウムを利用する最大の利点は価格の安さにある．欠点としては，腐食性であること（橋梁などコンクリート構造物や自動車などを腐食する）と，雪解け水に溶けて流れ出すことである．水道水への混入や，魚類や植生への影響などの環境問題が懸念されており，現在その解明が進められている．塩化ナトリウムは気温が-6℃（267 K）以上のとき，凍結防止剤として最も効率よく働く．

　塩化カルシウムも道路の凍結防止剤として広く利用されている．塩化カルシウムは無水塩として用いられた場合，-32℃（241 K）という低温でも効果が失われないという点で塩化ナトリウムよりも優れている．もう一つの利点は，雪や氷が融けてできた水に無水 $CaCl_2$ が溶ける反応が発熱的であるため，さらに周囲の雪や氷の融解を促進することである．$CaCl_2$ は水溶液としても利用できる．重量百分率で32%の $CaCl_2$ を含む溶液は，気温が-18℃（255 K）以上のとき使うことができる．$CaCl_2$ の欠点は，NaCl に比べて高価であることと腐食作用がはるかに強いことである．折衷策として，NaCl を $CaCl_2$ 溶液であらかじめ湿らせておき，それを道路に散布することが広く行われている．

　NaCl と $CaCl_2$ は長年使用されてはいるが，環境への悪影響および腐食作用のため，理想的な道路凍結防止剤とは言いがたい．航空機の除氷には，腐食性の塩化物系凍結防止剤は適さず，その代わりにグリコール類が用いられている．NaCl および $CaCl_2$ の有望な代替品として，酢酸のカルシウムとマグネシウムの複塩（CMA）が 1970 年代に提案された．CMA は苦灰石を煆焼してつくる $CaO \cdot MgO$ に酢酸を作用させて製造されるが，この方法で製造していては高価になりすぎて，積雪したり凍結した道路に大量に散布したりすることは不可能である．現在安価な製造方法が研究されており，乳清のラクトース（乳糖）など，有機物の食材廃棄物を酸化・発酵する方法が提案されている．ラクトースは *Lactobacillus plantarum* という細菌によって乳酸へと変換され，さらに *Propionibacterium acidipropionici* により酢酸とプロピオン酸へと変換される．

　北米で生産される $CaCl_2$ のうち約 21% が道路の凍結防止に用いられる．それ以外に，27% が未舗装道路の除塵に用いられている．これは無水 $CaCl_2$ の吸湿性を利用している．無水 $CaCl_2$，フレーク状の $CaCl_2$（78% の $CaCl_2$ と 22% の水分からなる）または $CaCl_2$ 水溶液（散布後に乾燥する）をほこりっぽい道路に散布することにより，路面が水分を蓄えることができ，ほこりの粒子が凝集する．ほこり粒子の凝集は，ほこりの飛散を減らすだけでなく，道路表面の劣化を遅らせる効果もある．たとえばカナダでは未舗装道路に大規模に $CaCl_2$ を使用しており，2000 年には全国でおよそ 10 万トンが使用された．

多雪地域では塩あるいはあらかじめ湿らせた塩が大量に道路に散布される．［©Nik Keevil/Alamy］

さらに勉強したい人のための参考文献

R. E. Jackson and E. G. Jobbágy (2005) *Proceedings of the National Academy of Sciences*, vol. 102, p. 14487 — 'From icy roads to salty streams'.

た後，加水分解する反応（式 12.20）は工業的に重要である（**Box 12・3**参照）が，有機化合物の前駆体としてのアセチレン（エチン）の重要性は，エチレン（エテン）に取って代わられつつある．

$$CaO + 3C \xrightarrow{2300\ K} CaC_2 + CO$$
$$CaC_2 + 2H_2O \longrightarrow Ca(OH)_2 + C_2H_2 \quad (12.20)$$

2族金属元素のうち，マグネシウム，カルシウム，ストロンチウムおよびバリウムの過酸化物 MO_2 が知られている．これまでのところ，BeO_2 合成の試みは成功しておらず，ベリリウムのいかなる過酸化物も実験的には確認されていない[*]．1族元素の過酸化物と同様，M^{2+} のサイズが増加するにつれて，反応 12.21 の分解反応に対する安定性が増す．この傾向は，2族元素 M のイオン半径が大きくなるにつれて，

---

[*] R. J. F. Berger, M. Hartmann, P. Pyykkö, D. Sundholm and H. Schmidbaur (2001) *Inorg. Chem.*, vol. 40, p. 2270 — 'The quest for beryllium peroxides'.

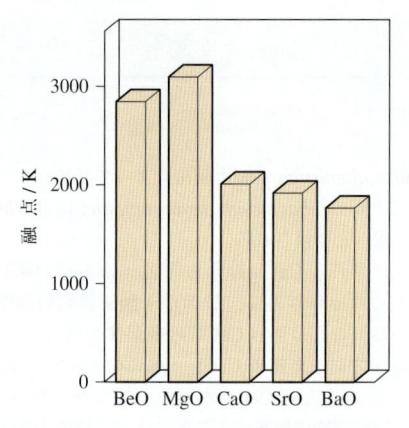

図12・5 2族金属元素の酸化物の融点

と O_2 を 850 K で反応させると BaO_2 が得られる．純粋な BaO_2 はこれまでに単離されておらず，市販品は BaO および $Ba(OH)_2$ を含む．過酸化物は酸と反応して過酸化水素を発生する（式 12.23）．

$$SrO_2 + 2HCl \longrightarrow SrCl_2 + H_2O_2 \qquad (12.23)$$

MO と MO_2 の格子エネルギーの差が小さくなることによる（$\Delta_{lattice}H°(MO, s)$ は常に $\Delta_{lattice}H°(MO_2, s)$ よりも絶対値が大きな負の値となる．**例題 12.3** 参照）．

$$MO_2 \longrightarrow MO + \tfrac{1}{2}O_2 \quad (M = Mg, Ca, Sr, Ba) \qquad (12.21)$$

これら過酸化物はすべて強力な酸化剤である．過酸化マグネシウム（歯磨き粉の添加剤として使われる）は，炭酸マグネシウムまたは酸化マグネシウムを過酸化水素と反応させてつくられる．過酸化カルシウムは反応式 12.22 に従って合成した $CaO_2 \cdot 8H_2O$ を注意深く脱水することにより得られる．

$$Ca(OH)_2 + H_2O_2 + 6H_2O \longrightarrow CaO_2 \cdot 8H_2O \qquad (12.22)$$

SrO と O_2 を 200 bar，600 K で反応させると SrO_2 が，BaO

例題 12.3　カプスティンスキー式の利用

SrO と SrO_2 の格子エネルギーはそれぞれ，-3220 kJ mol^{-1} および -3037 kJ mol^{-1} である．(a) これらの値はどのような過程に対して定義されているか．(b) これらの値の相対的大小関係が，カプスティンスキー式に基づく予想と一致することを示せ．

解答　(a) 格子エネルギーは，気体のイオンから 1 mol の結晶をつくる際のエネルギー変化を表し，負の値となる．

$$Sr^{2+}(g) + O^{2-}(g) \longrightarrow SrO(s)$$
$$Sr^{2+}(g) + [O_2]^{2-}(g) \longrightarrow SrO_2(s)$$

(b) 本問のこの部分では §6・16 の最後に紹介した下記のカプスティンスキー式を用いて考える．

$$\Delta U(0\,\text{K}) = -\frac{(1.07 \times 10^5)v|z_+||z_-|}{r_+ + r_-}$$

ただし，v = 塩の化学式に含まれるイオンの数
$|z_+|$ = 陽イオンの価数の絶対値
$|z_-|$ = 陰イオンの価数の絶対値
r_+ = 陽イオン半径（pm）
r_- = 陰イオン半径（pm）

応用と実用化
Box 12・6　耐火性材料 MgO

商業化されている耐火性酸化物を探したならば，MgO（マグネシア，magnesia）が真っ先にみつかるだろう．MgO は融点が高く（3073 K），長時間 2300 K 以上にさらされても劣化せず，比較的安価である．マグネシアは煉瓦状に加工され，製鉄用の炉の内張として用いられる．耐火煉瓦にクロムを添加すると，熱衝撃に対する耐性が向上する．マグネシア煉瓦は暖房装置の蓄熱材としても用いられる．MgO は非常に熱伝導性が高いが，同時に熱を蓄える能力も高い．暖房装置では，深夜料金が適用される時間帯に電熱線で煉瓦を温め，その熱を長時間にわたって徐々に放出することにより部屋を暖房する．

写　真：製鉄所の溶鉱炉　[©PHOTOTAKE Inc./Alamy]

SrO および SrO$_2$ に対しては，各化合物において $v = 2$

$$|z_+| = 2 \quad |z_-| = 2$$
$$r_+ = 126 \text{ pm (付録6参照)}$$
$$= 両方の化合物に共通の定数$$

となるため，変数は陰イオンの半径 r_- のみとなる．それゆえ下式が導かれる．

$$\Delta U(0\text{ K}) \propto -\frac{1}{126 + r_-}$$

イオン半径は [O$_2$]$^{2-}$ の方が O^{2-} より大きいため，上式に従えば $\Delta U(\text{SrO}_2)$ の絶対値は $\Delta U(\text{SrO})$ の絶対値よりも小さくなる．この傾向は問題文中のデータと一致している．

練習問題

必要な場合には，本書巻末の付録各表のデータを用いること．

1. カプスティンスキー式を用いて 0 K における下式の過程に対するエネルギー変化量を求めよ．

$$\text{SrO}(s) \longrightarrow \text{Sr}^{2+}(g) + \text{O}^{2-}(g)$$

[答 3218 kJ mol^{-1}]

2. MgO，CaO および SrO の格子エネルギーの値は，それぞれ -3795 kJ mol^{-1}，-3414 kJ mol^{-1} および -3220 kJ mol^{-1} である．これらの値にみられる傾向がカプスティンスキー式に矛盾しないことを示せ．

3. CaO と CaO$_2$ の格子エネルギーの差は 270 kJ mol^{-1} である．MgO と MgO$_2$ の格子エネルギーの差は 270 kJ mol^{-1} よりも大きいか小さいか．カプスティンスキー式を用いて理由を説明せよ．

[答 大きい]

水酸化物

ベリリウム以外の 2 族元素の水酸化物が塩基性を示すのと異なり，ベリリウムの水酸化物は両性水酸化物である．過剰な [OH]$^-$ の存在下で Be(OH)$_2$ はルイス酸として振舞い，四面体形の錯イオン **12.7** を生じる（式 12.24）．しかし，Be(OH)$_2$ は式 12.25 のように酸としても働く．

(12.7)

$$\text{Be(OH)}_2 + 2[\text{OH}]^- \longrightarrow [\text{Be(OH)}_4]^{2-} \quad (12.24)$$

$$\text{Be(OH)}_2 + \text{H}_2\text{SO}_4 \longrightarrow \text{BeSO}_4 + 2\text{H}_2\text{O} \quad (12.25)$$

M(OH)$_2$（M = Mg，Ca，Sr，Ba）の水への溶解度は，原子番号が大きくなるにつれ増え，水酸化物の酸化物と水への熱分解に対する安定性も同様の傾向を示す．Ca(OH)$_2$，Sr(OH)$_2$ および Ba(OH)$_2$ が強塩基性であるのに対し，Mg(OH)$_2$ は弱塩基である．**ソーダ石灰**（soda lime）は水酸化ナトリウム NaOH と水酸化カルシウム Ca(OH)$_2$ の混合物であり，酸化カルシウムと水酸化ナトリウムの濃厚水溶液からつくられる．ソーダ石灰は水酸化ナトリウムよりも取扱いが容易で，市販されている．その用途は，二酸化炭素の吸収や，ソーダ石灰とともに加熱するとアンモニアを発生する [NH$_4$]$^+$ 塩，アミド，イミドおよび類縁化合物の定性分析などである．

12・7 オキソ酸塩

本節では 2 族金属元素のオキソ酸塩のうち，特に興味深いものと重要なものに限って記述する．

強酸であるオキソ酸のベリリウム塩の多くは，水溶性の水和物として結晶化する．炭酸ベリリウムは加水分解して [Be(OH$_2$)$_4$]$^{2+}$（§ 12・8 参照）を含む塩を与える．無水 BeCO$_3$ は，CO$_2$ 雰囲気下で沈殿させることによってのみ単離することができる．Be(OH)$_2$ の加水分解のしやすさは，Be(OH)$_2$ に酢酸を作用させて得られる塩基性酢酸ベリリウムが Be(CH$_3$CO$_2$)$_2$ でなく [Be$_4$(μ_4-O)(μ-O$_2$CCH$_3$)$_6$] の組成をもつことからも察することができる．図 12・6 に示すように，[Be$_4$(μ_4-O)(μ-O$_2$CCH$_3$)$_6$] の中心の酸素原子は 4 個のベリリウム原子と結合しており，各ベリリウム原子は四面体形配位となっている．類似の構造は 12.26 に示す一連の反応により得られる塩基性硝酸塩 [Be$_4$(μ_4-O)(μ-O$_2$NO)$_6$] にもみられる．

$$\text{BeCl}_2 \xrightarrow{\text{N}_2\text{O}_4} [\text{NO}]_2[\text{Be(NO}_3)_4] \xrightarrow{323\text{ K}} \text{Be(NO}_3)_2 \xrightarrow{398\text{ K}} [\text{Be}_4(\mu_4\text{-O})(\mu\text{-O}_2\text{NO})_6] \quad (12.26)$$

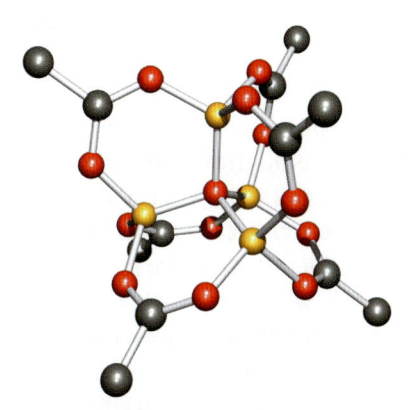

図 12・6 X 線回折により求められた塩基性酢酸ベリリウム [Be$_4$(μ_4-O)(μ-O$_2$CCH$_3$)$_6$] の構造 [A. Tulinsky et al. (1959) Acta Crystallogr., vol. 12, p. 623]．水素原子は省略した．原子の色表示：Be 黄色，C 灰色，O 赤色．

ベリリウム以外の2族金属元素の炭酸塩は水にほとんど溶けない．それらの熱安定性（式12.19）は陽イオンの半径の増加とともに大きくなり，その傾向は格子エネルギーに基づいて説明される．炭酸塩は純水よりもCO_2を含む水によく溶けるが，これは$[HCO_3]^-$が生成するためである．しかし，$M(HCO_3)_2$で表される塩は単離されない．**硬水**（hard water）とはMg^{2+}やCa^{2+}を含む水で，これらのイオンはセッケンに含まれるステアリン酸イオンと化合して，家庭の浴槽や流しなどに付着する不溶性の金属セッケン（セッケンかす）となる．水の**一時硬度**（temporary hardness）は炭酸水素塩によるもので，煮沸（式12.27の平衡を右辺に傾かせて$CaCO_3$を沈殿させる．Mgについても同様）または適量の$Ca(OH)_2$を加える（式12.28に従い$CaCO_3$を沈殿させる）ことによって除くことができる．

$$Ca(HCO_3)_2(aq) \rightleftharpoons CaCO_3(s) + CO_2(g) + H_2O(l) \quad (12.27)$$
$$Ca(HCO_3)_2(aq) + Ca(OH)_2(aq) \longrightarrow 2CaCO_3(s) + 2H_2O(l) \quad (12.28)$$

永久硬度（permanent hardness）は，硫酸塩など，炭酸水素塩以外に由来するものである．硬水は陽イオン交換樹脂（§11・6参照）に通すことにより**軟化**（water softening）することができる．洗濯洗剤にはMg^{2+}やCa^{2+}を取除くためのビルダー（洗浄助剤）が含まれる．かつては縮合リン酸がビルダーとして用いられていたが，環境への影響（Box 15・11参照）が懸念されるため，ゼオライト（§14・9参照）が好まれるようになってきた．

炭酸カルシウムは自然界では**方解石**（calcite）および準安定の**アラレ（霰）石**（aragonite）の2種類の結晶形で存在する．方解石中では，各Ca^{2+}が$[CO_3]^{2-}$の酸素原子6個に囲まれているのに対し，アラレ石中では各Ca^{2+}は$[CO_3]^{2-}$の酸素原子9個に囲まれている．2種類の結晶形の間のエネルギー差は$5\,kJ\,mol^{-1}$以下であり，方解石が熱力学的に安定な多形である．しかし，アラレ石は方解石への転移に対して速度論的に安定である．アラレ石は実験室的には熱水溶液から$CaCO_3$を沈殿させることにより得られる．

マグネシウムおよびカルシウムの硫酸塩は応用面で重要であり，$CaSO_4$の利用については§16・2で触れる．硫酸カルシウム水和物（$CaSO_4 \cdot 2H_2O$）は**セッコウ**（石膏）（gypsum）とよばれ，天然に産出するとともに$Ca(OH)_2$や$CaCO_3$を用いた脱硫プロセスの生成物でもある（Box 12・2参照）．セッコウの結晶は互いに水素結合で結びつけられた層からなっており，へき（劈）開しやすい．セッコウをおよそ400 Kまで加熱すると，**焼きセッコウ**（plaster of Paris）とよばれる0.5水和物 $CaSO_4 \cdot \frac{1}{2}H_2O$ が得られる．焼きセッコウに水を加えると，体積がやや膨張し，二水和物に戻る（Box 12・7参照）．硫酸バリウムはほとんど水に溶けず（溶解度積 $K_{sp} = 1.07 \times 10^{-10}$），$BaSO_4$の白色沈殿の生成は水溶液中の硫酸イオンの定量に用いられる（式12.29）．

$$BaCl_2(aq) + [SO_4]^{2-}(aq) \longrightarrow BaSO_4(s) + 2Cl^-(aq) \quad (12.29)$$

リン酸カルシウムについては§15・2で述べる．

> 水和物 $X \cdot nH_2O$ のうち，$n = \frac{1}{2}$ および $n = 1\frac{1}{2}$ であるものを**半水和物**（hemihydrate）および**セスキ水和物**（sesquihydrate）という．

12・8 水溶液中の錯イオン

水和したベリリウムを含む化学種

水溶液中でベリリウムが$[Be(OH_2)_4]^{2+}$という形をとりやすいことについてはすでに触れた．配位水と溶媒の交換速度はNMRの時間スケールに比べれば十分遅いため，質量数17の酸素を濃縮した水を用いることによって水和イオンの性質を調べることが可能である．四面体形配位（Be−O距離は162.0 pm）は，$[Be(OH_2)_4][O_2CC\equiv CCO_2]$の結晶構造（図12・7）により確かめられた．$Be^{2+}$の電荷密度が高いため，ベリリウム塩の溶液は酸性である（§7・7参照）．反応12.30は，Be^{2+}が酸性を示すことの理由としては単純化しすぎている．実際には，式12.31に例示される多核錯体やヒドロキシ基で架橋された化学種なども同時に存在している．

$$[Be(OH_2)_4]^{2+} + H_2O \rightleftharpoons [Be(OH_2)_3(OH)]^+ + [H_3O]^+ \quad (12.30)$$

$$4[Be(OH_2)_4]^{2+} + 2H_2O \rightleftharpoons 2[(H_2O)_3Be-O-Be(OH_2)_3]^{2+} + 4[H_3O]^+ \quad (12.31)$$

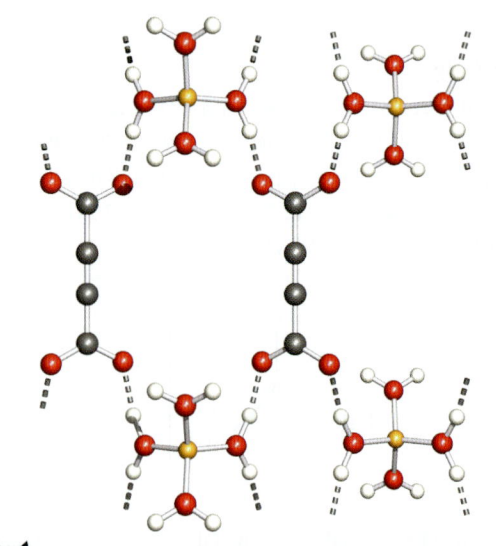

図12・7 $[Be(OH_2)_4][O_2CC\equiv CCO_2]$の結晶構造．$[Be(OH_2)_4]^{2+}$陽イオンと$[O_2CC\equiv CCO_2]^{2-}$陰イオンの間の水素結合を点線で示す．この構造は中性子回折により求められた [C. Robl et al. (1992) J. Solid State Chem., vol. 96, p. 318]．原子の色表示：Be 黄色，C 灰色，O 赤色，H 白色．

応用と実用化

Box 12・7　セッコウプラスター（石膏漆喰）

　最も古いセッコウプラスターの使用例は紀元前約6000年のアナトリア（現在のトルコの一部）とシリアに遡る．紀元前3700年頃にはエジプト人たちはピラミッドの内部にセッコウプラスターを使用していた．セッコウ $CaSO_4 \cdot 2H_2O$ は世界中で大量に採掘されており，煆焼すると β 型の 0.5 水和物 $CaSO_4 \cdot \frac{1}{2}H_2O$ となる．0.5 水和物は**焼きセッコウ**（plaster of Paris）とよばれるが，その英語名に "Paris" が含まれているのはセッコウの石切場であったパリのモンマルトルの丘に由来する．0.5 水和物に適切な量の水を注意深く加えると，最初は泥状となり，やがて $CaSO_4 \cdot 2H_2O$ が結晶化して固化する．結晶は針状で互いに絡み合うように成長するため，セッコウは強度があり建設業での使用に適している．長期間にわたって保存した焼きセッコウは水分を吸収し，再水和することによって劣化する．セッコウプラスターの硬化過程は添加物により促進または遅延される．たとえばクエン酸を 0.1% 以下加えるだけで，結晶化は遅くなる．壁塗り用のセッコウプラスターには，焼きセッコウに添加物があらかじめ配合されている．建設業では成型済みのセッコウボードやセッコウタイルをよく使う．セッコウボードは，約 0.5 mm の厚紙の上に焼きセッコウに水を混ぜたものを流し込み，その上からもう 1 枚の厚紙をかぶせた後にセッコウを乾燥させてつくる．セッコウボードの中にガラスファイバー（**Box 13・5 参照**）を混ぜたガラス繊維強化板をつくることもできる．セッコウボードは耐火性があるため間仕切り壁に適している．

　2004 年に全世界で 1.1 億トンのセッコウが製造された．米国国内では 2004 年に 2950 万トンの成型されたセッコウ製品が販売され，使用されている．下のグラフはその内訳を示す．米国の平均的な新築家屋は 570 m^2 以上のセッコウボードを使用している．

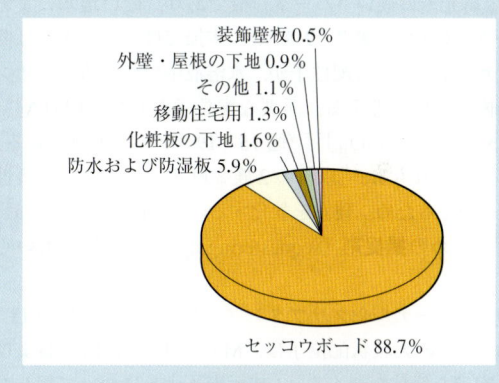

- 装飾壁板 0.5%
- 外壁・屋根の下地 0.9%
- その他 1.1%
- 移動住宅用 1.3%
- 化粧板の下地 1.6%
- 防水および防湿板 5.9%
- セッコウボード 88.7%

［データ：米国地質調査所］

水和した Mg^{2+}，Ca^{2+}，Sr^{2+} および Ba^{2+} を含む化学種

　水溶液中で Be^{2+} が四配位構造をとるのに対し，それ以外の 2 族金属元素は第一配位圏に 6 個またはそれ以上の水分子を収容することができる．^{17}O で標識した水溶液中における ^{17}O NMR のデータは $[Mg(OH_2)_6]^{2+}$ の存在を示しており，さまざまな塩の結晶構造解析はその構造が八面体形であることを裏付けている．$[Mg(OH_2)_6]^{2+}$ は水溶液中である程度解離している（pK_a = 11.44）．

　$[Ca(OH_2)_n]^{2+}$（$n \geq 6$）の配位数は溶液の濃度に依存する．$CaCl_2 \cdot 6H_2O$ や $CaBr_2 \cdot 6H_2O$ などの固体中には八面体形の $[Ca(OH_2)_6]^{2+}$ が存在するが，$CaK[AsO_4] \cdot 8H_2O$ 中には $[Ca(OH_2)_8]^{2+}$ がみられる．よりイオン半径の大きい Sr^{2+} および Ba^{2+} も 6 個よりも多くの水分子を配位子とすることができる．水溶液中に $[M(OH_2)_8]^{2+}$（M = Sr, Ba）が存在することは EXAFS（**Box 27・2 参照**）により確かめられた．$[Sr(OH_2)_8][OH]_2$ および $[Ba(OH_2)_8][OH]_2$ の単結晶構造解析によると，ひずんだ正方逆プリズム形配位の $[M(OH_2)_8]^{2+}$ が水素結合ネットワークに取囲まれている．これに似た配位構造が，空隙中に取込まれた $[Sr(OH_2)_8]^{2+}$（図 12・8）と多数の水素結合をもつ**ホスト-ゲスト錯体**中でみられている．水和した Ca^{2+}，Sr^{2+} および Ba^{2+} はあまり加水分解しないため，それらの強酸塩は中性である．

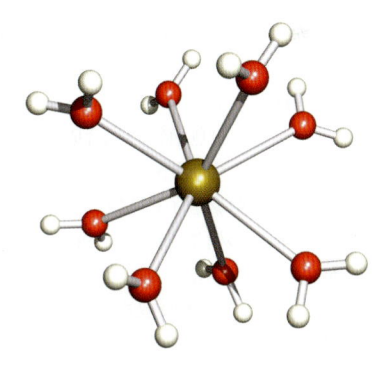

図 12・8　ホスト-ゲスト化合物中に存在する $[Sr(OH_2)_8]^{2+}$ のひずんだ正方逆プリズム形構造．結晶構造は X 線回折により決定された［M. J. Hardie *et al.* (2001) *Chem. Commun.*, p. 1850］．原子の色表示：Sr 金色，O 赤色，H 白色．

　より大きな分子（ホスト）がつくる構造の空隙をより小さな分子（ゲスト）が埋めることによりつくられる化合物を**ホスト-ゲスト化合物**（host-guest complex）といい，ホスト分子とゲスト分子の間には分子間相互作用

が働いている．クラウンエーテルやクリプタンドに取込まれた金属イオン（イオン-双極子相互作用が働いている）や，水素結合によりつくられたかご状構造にゲスト分子が取込まれてできる**クラスレート**（clathrate）とよばれる一連の化合物，ホスト分子がつくるチャネル構造中にゲスト分子がファンデルワールス力により取込まれる**包接化合物**（inclusion compound）などがその例である．

水以外の配位子をもつ錯体

2族金属元素は硬い（ハード）酸であり，硬い塩基による配位を受けやすい（**表7・9参照**）．本節では，酸素または窒素をドナー原子とする配位子が，水溶液中でつくる陽イオン性の錯体について考える．重要な配位子として $[EDTA]^{4-}$（**式7.75参照**）と $[P_3O_{10}]^{5-}$（**図15・19参照**）があげられる．これらはいずれも Be^{2+} 以外の2族金属元素イオンと水溶性の錯体をつくるため，硬水を軟化する際に Mg^{2+} および Ca^{2+} を取除くための**捕捉剤**（sequestering agent）として用いられる．

クラウンエーテルやクリプタンド（**§7・12** および **§11・8参照**）などの大環状配位子は，Mg^{2+}，Ca^{2+}，Sr^{2+} および Ba^{2+} と安定な錯体をつくる．1族元素イオンについて記したのと同様に，陽イオンのサイズ（表12・1）と配位子の空孔サイズとの適合に応じた選択性がみられる．それゆえ，水溶液中におけるクリプタンド-222（空孔半径 140 pm）の錯生成定数は $Ba^{2+} > Sr^{2+} \gg Ca^{2+} > Mg^{2+}$ の順となる．大環状配位子として重要なものに**ポルフィリン**（porphyrin）類がある．その最も基本的な化合物を図12・9a に示す．ポルフィリンの二つの NH 基が脱プロトンすると，-2 価のポルフィリナト配位子となる．緑色植物の光合成中心色素であるクロロフィルは，ポルフィリナト配位子誘導体の中心の平面正方形に配置した4個の窒素原子に Mg^{2+} が取込まれたものである．クロロフィル a の構造を図12・9b に示す．環状構造全体に共役が広がっているため，可視光領域（$\lambda_{max} = 660$ nm）に吸収をもつ．その光吸収を契機として Mn や Fe を含む化合物の関与する複雑な光合成反応が進行する．ここで，酸化還元反応に関与するのは Mg^{2+} ではなく，配位子であることに注意されたい．光合成については，**図22・17** において再び触れる．

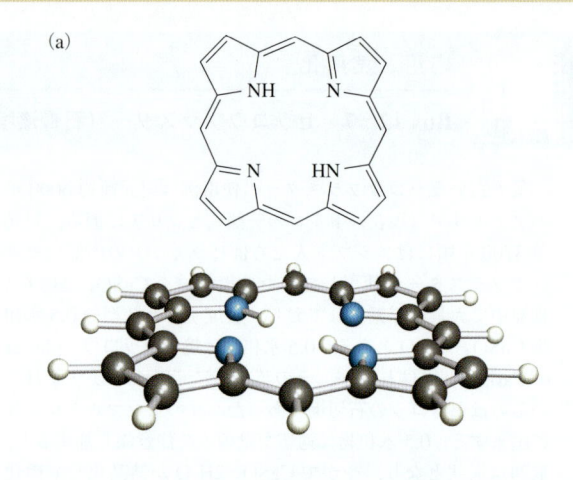

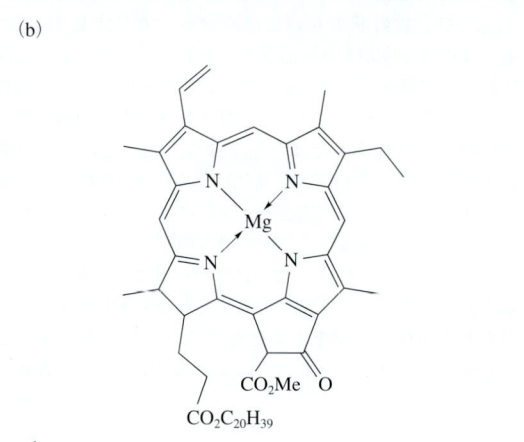

図12・9 (a) ポルフィリンの構造. (b) クロロフィル a の構造.

練習問題

フラーレン C_{60} および C_{70} が液体アンモニア中のバリウムによって還元されると，$[Ba(NH_3)_7]^{2+}$ および $[Ba(NH_3)_9]^{2+}$ を対イオンとするフラーリド塩が得られる．これらの陽イオンの構造を予測せよ．なお，フラーレン C_{60} および C_{70} については第14章において触れる．

　　　　　[答　図10・13c および図20・9を参照せよ]

12・9　アミドまたはアルコキシ配位子との錯体

§12・5 において trans-$[CaI_2(THF)_4]$ および trans-$[SrBr_2(py)_5]$ など，2族元素のハロゲン化物錯体について紹介した．現在，窒素または酸素をドナー原子とする配位子と2族金属元素との錯体の報告例は増え続けており，特に立体的に混み合った**アミド配位子**（amido ligand）または**アルコキシ配位子**（alkoxy ligand）をもつものの増加が著しい．

嵩高いビス(トリメチルシリル)アミド配位子に対して，各 M^{2+} イオンは少なくとも1種類の錯体を形成する．気相の $[Be\{N(SiMe_3)_2\}_2]$ 分子は直線状の N−Be−N ユニットをもつ．一方，固体中の $[Mg\{N(SiMePh_2)_2\}_2]$ では $\angle$ N−Mg−N = 162.8° となっている．直線からのずれは正電荷をおびた金属中心と芳香環電子との間の弱い双極子相互作用のためであるといわれている．二量体 $[M\{N(SiMe_3)_2\}_2]_2$ や溶媒和した単量体 $[Ba\{N(SiMe_3)_2\}_2(THF)_2]$ においては，三配位や四配位の Mg(II)，Ca(II)，Sr(II) および Ba(II) がみられる．$[Ca\{N(SiMe_3)_2\}_2]_2$ の構造を，図12・10a に示

12・10　LiとMgおよびBeとAlにみられる対角関係

§11・3において，リチウム元素およびその化合物はそれ以外の1族元素と比較すると異常な性質を示し，リチウムとマグネシウムの間には**対角関係**（diagonal relationship）がみられると述べた．本節では，対角関係について詳しく述べるとともに，ベリリウムとアルミニウムの間にみられる対角関係についても記述する．周期表中でのLi, Be, MgおよびAlの位置を12.8に示す．

(12.8)

表12・3に1族，2族および13族の第2, 第3および第4周期元素の性質をいくつか示す．リチウムの性質をナトリウム，カリウムおよびマグネシウムの性質と比較すると，リチウムの性質がナトリウムやカリウムよりはマグネシウムにより類似していることを読み取ることができる．同様に，ベリリウム，マグネシウム，カルシウム，アルミニウムの性質を比較すると，ベリリウムの物理的性質はマグネシウムやカルシウムよりはアルミニウムに近いことが表12・3からうかがえる．Li^+は小さく，周囲の原子を分極する能力が大きいため，その化合物は共有結合性が大きくなる．Li^+とBe^{2+}を比較すると，Be^{2+}の方がイオン半径が小さいが，Be^{2+}とMg^{2+}を比較するとMg^{2+}の方がイオン半径が大きい．それらの効果が打消し合って，Li^+とMg^{2+}ではイオン半径がほぼ等しくなる（表12・3）．その結果，リチウムとマグネシウムは，族は異なるが互いに似た性質を示す．Li^+とMg^{2+}の間にみられる対角関係は，Be^{2+}とAl^{3+}の間および，Na^+, Ca^{2+}, Y^{3+}の間にも同様にみられる．

リチウムとマグネシウム

リチウムの化学的性質のうちで，リチウム以外のアルカリ金属元素よりはマグネシウムとの類似が認められるものには，以下の例があげられる．

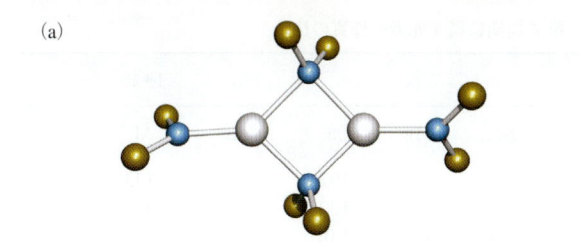

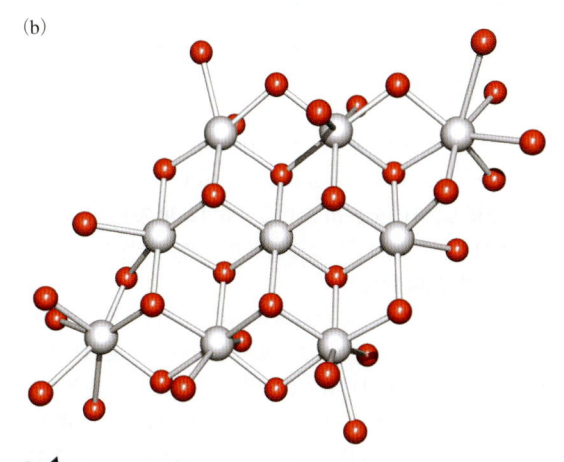

- リチウムはN_2と反応して窒化物Li_3Nを与える．マグネシウムはN_2と反応してMg_3N_2を与える．
- リチウムはO_2と反応すると，過酸化物や超酸化物（式11.8～11.10参照）よりはむしろ酸化物Li_2Oをつくる．マグネシウムも酸化物MgOをつくる．リチウムおよびマ

図12・10　(a) $[Ca_2\{N(SiMe_3)_2\}_2\{\mu-N(SiMe_3)_2\}_2]$の構造．ただし，メチル基は省略してある．(b) $[Ca_9(OCH_2CH_2OMe)_{18}(HOCH_2CH_2OMe)_2]$の構造．ただし，中心部の$Ca_9(\mu_3-O)_8(\mu-O)_8O_{20}$のみを示す．配位子のうち4個は末端配位をしており，合計4個の酸素原子はカルシウムイオンに配位していない［文献：(a) M. Westerhausen *et al.* (1991) *Z. Anorg. Allg. Chem.*, vol. 604, p. 127. (b) S. C. Goel *et al.* (1991) *J. Am. Chem. Soc.*, vol. 113, p. 1844］．いずれの構造もX線回折により求められた．原子の色表示： Ca 薄灰色，O 赤色，N 青色，Si 金色．

す．同様の構造は，Mg, SrおよびBaの類縁化合物や，$[Mg\{N(CH_2Ph)_2\}_2]_2$において結晶学的に確認されている．

アルカリ土類金属元素のアルコキシ誘導体は古くから知られてはいたが，その化学は1990年以降飛躍的に発展した．カルシウム，ストロンチウムおよびバリウムを用いた高温超伝導体（第28章参照）を**化学蒸着**（化学気相成長 chemical vapor deposition, CVD）により合成するための原料として，アルコキシドが注目を集めたのがその発端である．単核錯体としては $[Ca(OC_6H_2-2,6-^tBu_2-4-Me)_2(THF)_3]$ など，一般式 $[M(OR)_2(THF)_3]$ で表される化合物が多く知られている．また，BaI_2 を THF 中 $K[OC_6H_2(CH_2NMe_2)_3-2,4,6]$ で処理することにより得られる $[Ba_4(\mu_4-O)(\mu-OC_6H_2(CH_2NMe_2)_3-2,4,6)_6]$ や，金属カルシウムをヘキサン中でメトキシエタノールと反応させて得られる $[Ca_9(OCH_2CH_2OMe)_{18}(HOCH_2CH_2OMe)_2]$（図12・10b）など，興味深い多核錯体も数例報告されている．

表 12・3 1族, 2族, 13族の第2, 第3, 第4周期に属す元素の性質の抜粋

性 質	1族			2族			13族		
	Li	Na	K	Be	Mg	Ca	B	Al	Ga
金属結合半径 r_{metal} / pm [†1]	157	191	235	112	160	197	—	143	153
イオン半径 r_{ion} / pm [†2]	76	102	138	27	72	100	—	54	62
ポーリングの電気陰性度 χ^P	1.0	0.9	0.8	1.6	1.3	1.0	2.0	1.6	1.8
$\Delta_{atom}H°(298\ K)$ / kJ mol^{-1}	161	108	90	324	146	178	582	330	277

[†1] 十二配位の原子に対する値(表11・1も参照)
[†2] Beについては四配位の, それ以外の元素については六配位の原子に対する値. イオン半径は1族元素については+1価の, 2族元素については+2価の, 13族元素については+3価の陽イオンに対する値

- グネシウムの過酸化物は, LiOH または Mg(OH)$_2$ を過酸化水素 H$_2$O$_2$ と反応させることにより得られる.
- リチウムおよびマグネシウムの炭酸塩は加熱すると容易に分解して, それぞれ Li$_2$O と CO$_2$ または MgO と CO$_2$ を与える. リチウム以外の1族金属イオンの炭酸塩は, 原子番号が大きくなるほど熱安定性が増す(**式11.19** およびその解説を参照).
- リチウムおよびマグネシウムの硝酸塩を加熱すると, 式 12.32 および式 12.33 に従って分解し, 酸化物を与えるのに対し, ナトリウムなど, より原子番号の大きなアルカリ金属の硝酸塩は, 式 12.34 に従って熱分解し, 亜硝酸塩を与える.

$$4LiNO_3 \xrightarrow{加熱} 2Li_2O + 2N_2O_4 + O_2 \quad (12.32)$$

$$2Mg(NO_3)_2 \xrightarrow{加熱} 2MgO + 2N_2O_4 + O_2 \quad (12.33)$$

$$2MNO_3 \xrightarrow{加熱} 2MNO_2 + O_2 \quad (M = Na, K, Rb, Cs) \quad (12.34)$$

- Li$^+$ と Mg^{2+} は, より原子番号の大きな同族元素のイオンよりも, 強く水和する.
- フッ化リチウムおよびフッ化マグネシウムは水にほとんど溶けないが, より原子番号の大きな1族元素のフッ化物は水溶性である.
- 水酸化リチウムは, リチウム以外のアルカリ金属水酸化物と比較すると, 水への溶解度がはるかに小さい. 水酸化マグネシウムもまた, 水にほとんど溶けない.
- 過塩素酸リチウムは, リチウム以外のアルカリ金属過塩素酸塩よりも, はるかによく水に溶ける. また, マグネシウムおよびそれよりも原子番号の大きな2族金属の過塩素酸塩も水によく溶ける.

ベリリウムとアルミニウム

ベリリウムの化学的性質のうちで, ベリリウム以外の2族元素よりはアルミニウムとの類似が認められるものには, 以下の例があげられる.

- Be^{2+} は水溶液中で水和して [Be(OH$_2$)$_4$]$^{2+}$ となるが, そこで Be^{2+} は, もともと分極している O−H 結合をさらに強く分極し, H$^+$ を放出させる(**式12.30** 参照). 同様に, [Al(OH$_2$)$_6$]$^{3+}$ も Al^{3+} による分極のため, 酸性を示す(pK_a = 5.0, **式7.34** 参照).
- ベリリウムもアルミニウムも塩基の水溶液と反応し H$_2$ を発生する. マグネシウムは塩基の水溶液とは反応しない.
- Be(OH)$_2$ も Al(OH)$_3$ も両性であり, 酸とも塩基とも反応する(Be(OH)$_2$ の反応については**式12.24** および**式12.25** 参照, Al(OH)$_3$ の反応については**式7.41** および**式7.42** 参照). より原子番号の大きな2族元素の水酸化物は塩基性である.
- 塩化ベリリウムおよび塩化アルミニウムは湿度の高い空気中で塩化水素ガスを発生し, 煙霧を生じる.
- ベリリウムとアルミニウムはいずれも複雑なハロゲン化物をつくり, それらはフリーデル・クラフツ反応の触媒となる.

上にあげた以外にも, ベリリウムとアルミニウムの反応性を比較すれば, 類似点を見いだすことができるだろう(**§12・4** および **§13・4** 参照).

重要な用語

本章では以下の用語が紹介されている. 意味を理解できるか確認してみよう.

- ☐ 潮解性(deliquescent)
- ☐ 吸湿性(hygroscopic)
- ☐ 耐火性材料(refractory material)
- ☐ 水の永久硬度(permanent hardness)と一時硬度(temporary hardness)
- ☐ 水の軟化剤(water-softening agent;捕捉剤 sequestering agent)
- ☐ 半水和物(hemihydrate)
- ☐ セスキ水和物(sesquihydrate)
- ☐ ホスト−ゲスト化合物(host-guest complex)
- ☐ クラスレート(clathrate)

- 包接化合物 (inclusion compound)
- ポルフィリン (porphyrin)
- アミド配位子 (amido ligand)
- アルコキシ配位子 (alkoxy ligand)

さらに勉強したい人のための参考文献

K. M. Fromm (2002) *Crystal Engineering Communications*, vol. 4, p. 318 － 2族金属元素ヨウ化物の結合のイオン結合性と共有結合性に関する問題に対して，構造データに基づいて考察した論文．

N. N. Greenwood and A. Earnshaw (1997) *Chemistry of the Elements*, 2nd edn, Butterworth-Heinemann, Oxford －第 5 章において 2 族金属元素の無機化学について詳細に述べている．

A. G. Massey (2000) *Main Group Chemistry*, 2nd edn, Wiley, Chichester －第 5 章で 2 族金属元素について扱っている．

A. F. Wells (1984) *Structural Inorganic Chemistry*, 5th edn, Clarendon Press, Oxford － 2 族金属元素およびその化合物の構造化学について包括的な記述がある．

特集記事

K. M. Fromm and E. D. Gueneau (2004) *Polyhedron*, vol. 23, p. 1479 － 'Structures of alkali and alkaline earth metal clusters with oxygen donor ligands' (CVD に関する記述を含む総説)．

D. L. Kepert, A. F. Waters and A. H. White (1996) *Australian Journal of Chemistry*, vol. 49, p. 117 － 'Synthesis and structural systematics of nitrogen base adducts of group 2 salts' (この主題を扱う一連の論文のうちの第 8 報)．

S. Mann (1995) *Chemistry & Industry*, p. 93 － 'Biomineral and biomimetics: smart solutions to living in the material world'．

問題

12.1 (a) 2族金属元素の元素名および元素記号を順に記せ．本章の最初のページを見て解答を確認せよ．これらの元素のうち，アルカリ土類金属に分類されるものはどれか．(b) 各金属の基底状態の電子配置を示す一般的な表記を示せ．

12.2 表 7・4 のデータを用いて $Ca(OH)_2$ と $Mg(OH)_2$ の溶解度を比較せよ．その結果を用いて，海水からのマグネシウムの抽出について説明せよ．

12.3 (a) マグネシウムを窒素雰囲気下で加熱したときに起こる反応の化学反応式を示せ．(b) その生成物は水とどのような反応をするか．

12.4 炭化マグネシウム MgC_2 の構造は一軸方向に伸びた NaCl 型構造である．(a) この伸びがなぜ起こるのかを説明せよ．(b) 同様に NaCl 型構造を示す化合物であるシアン化ナトリウム NaCN の結晶構造には，そのような伸びはみられない．このことについて考察せよ．

12.5 以下の反応の化学反応式を完成させよ．
(a) $[NH_4]_2[BeF_4]$ の熱分解
(b) NaCl と $BeCl_2$ との反応
(c) BeF_2 の水への溶解

12.6 (a) 1020 K 以下で気相中に存在する $BeCl_2$ の二量体の構造を予想せよ．Be 原子がどのような混成をとっていると考えるのが適切か．(b) $BeCl_2$ はジエチルエーテルに溶けて単量体の $BeCl_2 \cdot 2Et_2O$ をつくる．その構造を予想し，そこにみられる結合について説明せよ．

12.7 MgF_2 は TiO_2 型の構造をとる．(a) MgF_2 の単位格子を図示せよ．(b) 結晶構造に基づいて，組成式が MgF_2 となることを確認せよ．

12.8 表 12・4 に示したデータにみられる傾向について議論せよ．

12.9 (a) 無水 $CaCl_2$ や CaH_2 が乾燥剤として働く機構を示せ．(b) $BeCl_2$ と $CaCl_2$ の結晶構造および性質を比較せよ．

12.10 以下の値を求めるためには，どのようにすればよいか．
(a) つぎの固体反応の標準反応エンタルピー $\Delta_r H°$

$$MgCl_2 + Mg \longrightarrow 2MgCl$$

(b) つぎの反応の標準反応エンタルピー $\Delta_r H°$

$$CaCO_3 (方解石) \longrightarrow CaCO_3 (アラレ石)$$

12.11 (a) 反応式 12.23 に現れる互いに共役な酸と塩基の対を示せ．
(b) BaO_2 は水とどのように反応するか．

12.12 (a) SrO および BaO の水との反応の標準反応エンタルピー $\Delta_r H°$ をそれぞれ求めよ．ただし以下の値を用いること．$SrO(s)$, $BaO(s)$, $Sr(OH)_2(s)$, $Ba(OH)_2(s)$ および $H_2O(l)$ の標準生成エンタルピー $\Delta_f H°$ はそれぞれ -592.0, -553.5, -959.0, -944.7 および $-285.5\ kJ\ mol^{-1}$．
(b) それらの値を CaO と水との反応 (式 12.5) の標準反応エンタルピー $\Delta_r H°$ と比較し，三つの値にみられる傾向が何に支配されているかについて考察せよ．

12.13 (a) CO_2 の定性分析方法を示せ．(b) そこではどのような反応を利用しているか．(c) CO_2 が存在する場合にはどのような現象がみられるか．

12.14 表 12・5 のデータ (次ページ) について議論せよ．それ以外に必要なデータがあるときには本書記載のデータを用いること．

12.15 リチウムとマグネシウムの間にいわゆる '対角関係' がみられることの原因について，簡潔に説明せよ．

12.16 MgO が純水よりも $MgCl_2$ 水溶液によく溶ける理由に

表 12・4 問題 12.8 のためのデータ

金属 M	$\Delta_f H°$ / kJ mol^{-1}			
	MF_2	MCl_2	MBr_2	MI_2
Mg	-1113	-642	-517	-360
Ca	-1214	-795	-674	-535
Sr	-1213	-828	-715	-567
Ba	-1200	-860	-754	-602

表 12・5 問題 12.14 のためのデータ．錯体 $[M(crypt\text{-}222)]^{n+}$ の錯生成定数 K の対数．

M^{n+}	Na^+	K^+	Rb^+	Mg^{2+}	Ca^{2+}	Sr^{2+}	Ba^{2+}
$\log K$	4.2	5.9	4.9	2.0	4.1	13.0	>15

について述べよ．

12.17 Mg^{2+} が八面体形の $[Mg(OH_2)_6]^{2+}$ をつくるのに対し，Be^{2+} が四面体形の $[Be(OH_2)_4]^{2+}$ をつくる理由について述べよ．

12.18 水溶液中で $Ca(OH)_2$ と H_2**12.9** を反応させると，錯体 $[Ca(H_2O)_2($**12.9**$)]$ が得られる．この錯体は結晶中で対称心をもつ二量体となっており，各 Ca^{2+} は八配位である．二量体の中心には $Ca_2(\mu\text{-}O)_2$ ユニットがあり，その架橋酸素原子は **12.9** のカルボキシ基の酸素原子である．各カルボキシ基は，2 個の酸素のうち片方のみでカルシウム原子に配位している．この二量体の構造を推定せよ．

(H$_2$**12.9**)

総 合 問 題

12.19 以下の事実について，その理由を説明せよ．
(a) 1 mol の BaO 結晶がその構成イオンからつくられるときに放出されるエネルギーは，1 mol の MgO 結晶がその構成イオンからつくられるときに放出されるエネルギーよりも小さい．（注：BaO も MgO も NaCl 型構造をとる）
(b) BeF_2 は共有結合性固体であるにもかかわらず，水によく溶ける．
(c) 金属ベリリウムは 298 K では六方最密構造であるが，1523 K 以上ではベリリウム単体中の各ベリリウム原子の配位数は 8 となる．

12.20 以下の記述に対して，解説せよ．
(a) Na_2S の固体は CaF_2 の結晶構造と関連した構造をとる．
(b) $[C_3]^{4-}$，CO_2 および $[CN_2]^{2-}$ は等電子構造の化学種である．
(c) $Be(OH)_2$ はほとんどまったく水に溶けない．しかし，過剰の水酸化物イオンを含む水には溶解する．
(d) MgO は耐火性材料として利用される．

12.21 以下の反応の生成物を示し，化学反応式を完成させよ．また，これらのなかで工業的に重要な反応について解説せよ．
(a) $CaH_2 + H_2O \longrightarrow$
(b) $BeCl_2 + LiAlH_4 \longrightarrow$
(c) $CaC_2 + H_2O \longrightarrow$
(d) $BaO_2 + H_2SO_4 \longrightarrow$
(e) $CaF_2 + H_2SO_4$（濃硫酸）$\longrightarrow$
(f) $MgO + H_2O_2 \longrightarrow$
(g) $MgCO_3 \xrightarrow{\text{加熱}}$
(h) $Mg \xrightarrow{\text{空気中，加熱}}$

12.22 (a) 2 族の金属元素である **M** は，液体アンモニアに溶解し，その溶液から化合物 **A** が単離される．化合物 **A** は NH_3 および気体 **B** を放出しながら，徐々に分解して化合物 **C** となる．金属 **M** は炎色反応で深紅色を示すが，その炎を青色のガラス越しに見ると青紫色に見える．**M**，**A**，**B** および **C** は何であるか答えよ．
(b) 2 族の金属元素である **X** は，自然界に炭酸塩として豊富に存在する．金属 **X** は冷水と反応し，強塩基性の化合物 **D** を生じる．**D** の水溶液は CO_2 の定性分析に用いられる．金属 **X** は H_2 と化合して，乾燥剤として用いられる塩型水素化物を与える．**X** および **D** は何か．また，**X** と水との反応および **X** の水素化物と水との反応の反応式を示せ．さらに，化合物 **D** の水溶液を用いて CO_2 の定性分析を行う手順について説明せよ．

12.23 (a) 無水 CaI_2 を 253 K において THF から再結晶すると六配位の錯体が得られる．一方，無水 BaI_2 を 253 K において THF から再結晶すると七配位の錯体が単離される．それぞれの錯体について，可能な異性体の構造を示し，それらの間の安定性を決める要因について考察せよ．また，CaI_2 と BaI_2 の THF 錯体の配位数が異なる原因について説明せよ．
(b) 以下の化合物を，水にほとんど溶けないもの，水と反応することなく水に溶解するもの，水と反応するものの 3 種類に分類せよ．また，水と反応するものについては，反応生成物を示せ．$BaSO_4$，CaO，$MgCO_3$，$Mg(OH)_2$，SrH_2，$BeCl_2$，$Mg(ClO_4)_2$，CaF_2，$BaCl_2$，$Ca(NO_3)_2$

12.24 下表の左の列（項目 1）の各化合物を，右の列（項目 2）の記述と対応づけよ．各化合物に対して適切な記述は一つしかない．

項目 1	項目 2
$CaCl_2$	固体では無限構造をつくっている
BeO	ソーダ石灰とよばれる
$Be(OH)_2$	強い酸化剤である
CaO	硫酸イオンの定性分析に用いられる
CaF_2	吸湿性の固体で，凍結防止材として用いられる
$BaCl_2$	両性化合物である
$BeCl_2$	生石灰とよばれる
MgO_2	結晶構造はウルツ鉱型である
$Ca(OH)_2$/NaOH	無機化合物の典型的な構造型の一つが，この化合物の鉱物名からとられている

13　13 族 元 素

おもな項目

- 存在，抽出および利用
- 物理的性質
- 単　体
- 単純な水素化物
- ハロゲン化物およびハロゲン化物錯体
- 酸化物，オキソ酸，オキソアニオンおよび水酸化物
- 含窒素化合物
- アルミニウムからタリウムまで；オキソ酸の塩と水溶液の化学
- 金属ホウ化物
- 電子不足ボランとカルバボランクラスター：序論

1	2		13	14	15	16	17	18
H								He
Li	Be		B	C	N	O	F	Ne
Na	Mg		Al	Si	P	S	Cl	Ar
K	Ca	dブロック	Ga	Ge	As	Se	Br	Kr
Rb	Sr		In	Sn	Sb	Te	I	Xe
Cs	Ba		Tl	Pb	Bi	Po	At	Rn
Fr	Ra							

13・1　はじめに

13族元素—ホウ素，アルミニウム，ガリウム，インジウム，タリウム—は，多様な性質をもつ．Bは非金属，Alは金属だがBとは多くの化学的類似性があり，さらに重い元素の単体は本質的に金属としての挙動を示す．アルミニウムとベリリウムの対角関係は§12・10に記述した．M(III)は13族元素に特徴的な酸化状態だが，Bを除く全元素ではM(I)状態をとり，Tlではこの酸化状態の方が安定である．タリウムは13族以外の元素であるアルカリ金属やAg，Hg，Pbとも類似性を示し，Dumas（デュマ）に"元素のなかのカモノハシ"と記述させたほどである．

重い元素と対照的に，Bは非常に多くの"電子不足クラスター化合物"をつくり，その結合が原子価結合理論では難問となる．これらの化合物は§13・11で紹介する．

13・2　存在，抽出および利用

存　在

13族元素の相対的な存在率を図13・1に示す．ホウ素のおもな資源は**ホウ砂**（borax），$Na_2[B_4O_5(OH)_4] \cdot 8H_2O$ および**ケルナイト**（kernite）$Na_2[B_4O_5(OH)_4] \cdot 2H_2O$ であり，それらの大規模な堆積物がカリフォルニア州モハーヴェ砂漠で商業的に採鉱されている．アルミニウムは地殻で最も豊富な金属であり，**粘土**（clay），**雲母**（mica），**長石**（feldspar）のようなアルミノケイ酸塩（§14・9とBox 16・4を参照）中や**ボーキサイト**（bauxite，水和した酸化物）および量は少ないが**氷晶石**（cryolite）$Na_3[AlF_6]$ 中に存在する．ガリウム，インジウム，タリウムはさまざまな鉱物中に硫化物として少量存在する．

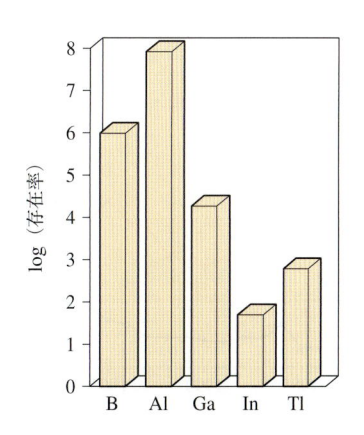

図13・1　13族元素の地殻中の相対的な存在率．データは対数表示している．存在率の単位は，十億分率（ppb）．

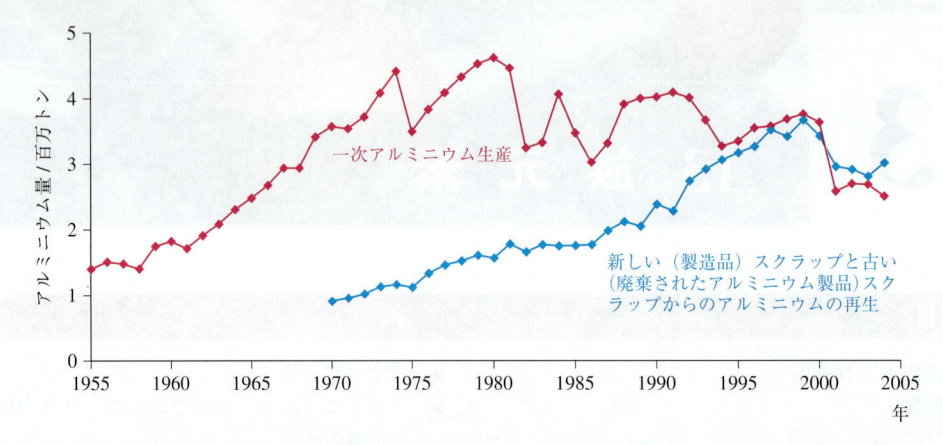

図 13・2 米国の 1955〜2004 年の間のアルミニウム生産. リサイクルアルミニウムの寄与は 20 世紀後半に市場にますます重要性をもたらしており, 今では一次生産を上回っている. [データ: 米国地質調査所]

抽 出

13 族元素のなかで最大の商業的重要性をもつのは Al であり, すべての金属のなかで Fe に次いでよく用いられている. 図 13・2 には 1955 年からの米国 (世界一の生産国) における Al 生産量の急激な増加を示されているとともに, アルミニウムリサイクルの重要度の増加が強く表れている. 大量に入手可能なアルミノケイ酸塩鉱物からの単離はきわめて難しい. したがって, ボーキサイトと氷晶石がおもな鉱石であり, 抽出過程では両者を用いる. 天然のボーキサイトは酸化物の混合物 (不純物は Fe_2O_3, SiO_2, TiO_2) であり, **バイヤー法** (Bayer process) を用いて精製する. 加圧下で天然鉱石を熱 NaOH 水溶液に加えた後 (この操作で Fe_2O_3 が分離), 溶液に $Al_2O_3 \cdot 3H_2O$ の種結晶を加えて冷却するか, または CO_2 気流で処理すると, 結晶性 $\alpha\text{-}Al(OH)_3$ が沈殿する. それを加熱して無水 Al_2O_3 (**アルミナ**, alumina) を製造する. 溶融 Al_2O_3 の電気分解によって, 陰極に Al が生成するが, その融点が高い (2345 K) ので, 実用的で経済的なのは 1220 K で融解する電解質として氷晶石とアルミナの混合物を用いる方法である. この抽出法は消費電力が大きく高価なため, Al 製造は水力発電と連携することが多い.

ホウ砂からホウ素を抽出する第一段階は, ホウ酸への変換 (式 13.1) とそれに続く酸化物への変換 (式 13.2) である.

$$Na_2[B_4O_5(OH)_4] \cdot 8H_2O + H_2SO_4 \longrightarrow 4B(OH)_3 + Na_2SO_4 + 5H_2O \quad (13.1)$$

$$2B(OH)_3 \xrightarrow{\text{加熱}} B_2O_3 + 3H_2O \quad (13.2)$$

低純度のホウ素は, その酸化物の Mg による還元とそれに続くアルカリ, 塩酸, フッ化水素酸による洗浄によって得られる. 生成物は非常に硬い黒色固体で, 電気伝導率が低く, ほとんどの酸と反応しない. しかし, 濃 HNO_3 や溶融アルカリにはゆっくりと侵食される. 純ホウ素は水素による BBr_3 の気相還元, または B_2H_6 や BI_3 の熱分解によって得られる. 異なる条件下で少なくとも 4 種の同素体が得られるが, それらの間の転移は非常に遅い. ホウ素ファイバーの製造については, §28・7 で述べる.

20 世紀後期の世界的な Ga 製造の増加 (図 13・3) は, 電子機器部品用のヒ化ガリウム (GaAs) の需要の増大と一致している. Ga のおもな資源は天然のボーキサイトであり, その中で Ga は Al と共存している. ガリウムは Zn 製造工場の残留物からも得られる. 電子工業の発展により, インジウムの需要は顕著に増大した. インジウムは硫化亜鉛鉱石, **スファレライト** (sphalerite; 別名 **閃亜鉛鉱** zinc blende, 図 6・18 を参照) に産する. In は Zn とサイズが同程度なため, これらの鉱物中では Zn を一部置換している. したがって, ZnS からの亜鉛の抽出 (§22・2 参照) により, 副生成物としてインジウムが得られる. In のリサイクルは重要性を増しており, 特に ZnS の天然埋蔵量の低い日本などでは著しい. タリウムは Cu, Zn, Pb 鉱石の溶融製錬の副生成物として得られるが, 需要は少ない.

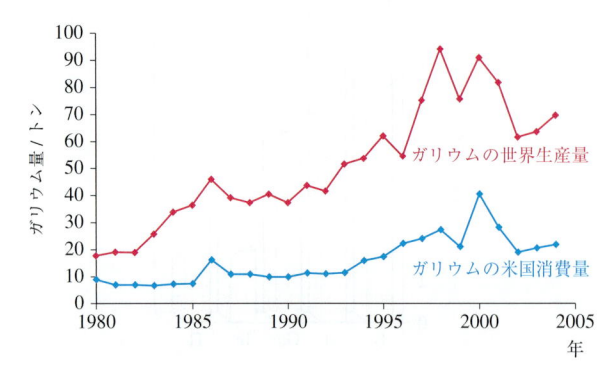

図 13・3 ガリウムの 1980 年から 2004 年までの世界生産量 (推定) と米国消費量 [データ: 米国地質調査所]

13族元素単体および化合物の主要な用途

Alの汎用的な応用例を図13・4aに示す．その強度はCuやMgとの合金化で増すことができる．酸化アルミニウム（§13・7参照）には多くの重要な用途がある．**コランダム**（corundum，鋼玉；α-アルミナ）と**エメリー**（emery；鉄酸化物，**磁鉄鉱** magnetite と **赤鉄鉱** hematite を混合したコランダム）はきわめて硬く，研磨剤として用いられる．コランダムより硬い天然鉱物はダイヤモンドだけである．ルビー，サファイア，トパーズ，アメジスト，エメラルドなどの宝石は Al_2O_3 中に微量の金属塩が存在した結果生まれたものである．たとえば Cr(Ⅲ) によってルビーが赤色を呈する．人工結晶は溶鉱炉中でボーキサイトから製造でき，人工ルビーはレーザー用部品として重要である．Al_2O_3 のγ形は，触媒やクロマトグラフィーの固定相として用いられる．Al_2O_3 ファイバーについては §28・7 で述べる．

商業的に最も重要なホウ酸塩は $Na_2[B_4O_5(OH)_4]\cdot 8H_2O$（ホウ砂）と $Na_2[B_4O_5(OH)_4]\cdot 2H_2O$（ケルナイト）の2種である．図13・4bにはホウ素の応用例を示す（量は酸化ホウ素に換算して表示している）．ホウケイ酸ガラスは高屈折率なためメガネレンズに適している．ホウ砂は何世紀にもわたって陶器の釉薬として用いられ，現在でも陶磁器工業に用いられている．複数の金属を一緒に溶融する場合，溶融点で良好な金属－金属接合を確実に行うには金属酸化物の被膜を除去する必要がある．溶融ホウ砂と金属酸化物との反応が，ホウ砂を釉薬の融剤として用いる所以である．ホウ酸 $B(OH)_3$ は大スケールで難燃剤としてガラス工業に用いられ（**Box 17・1** 参照），緩衝溶液の成分や防菌剤としても利用される．ガラス工業での B_2O_3 の用途については **Box 13・5** で述べる．単体のホウ素は，耐衝撃鋼の製造や，^{10}B が高い中性子吸収断面積をもつため（§3・5参照），核反応器用の制御棒に用いられる．アモルファス（無定形）ホウ素は花火に用いられ，燃焼したときに特徴的な緑色を発する．この緑色はおそらく BO_2 ラジカルの電子励起状態からの発光に起因している．

ガリウムとインジウムのリン化物，ヒ化物およびアンチモン化物は，半導体産業において重要な用途がある（§6・9，§28・6，Box 14・3，Box 19・3を参照）．それらはトランジスター材料や電卓などの発光ダイオード（LED）に用いられる．発光色はバンドギャップに依存する（**表28・5** 参照）．図13・3に示すように，2004年に米国は世界で生産されるガリウムの31%を消費した．このほとんどすべてが，GaAsの形で用いられた．36%はLED，レーザーダイオード，光検出器および太陽電池であり，46%が，たとえば高性能コンピューターなどの集積回路への応用であった．残りの18%のほとんどが研究開発に用いられたが，現在，研究開発の多くの興味はGaNに注がれている．エレクトロニクス産業と結びついた市場は世界の局所的な経済変動の影響を受けやすい．これは図13・3に明白に表れている．米国における2000年と2001年の間のガリウム（特にGaAs）の需要の減少は，携帯電話の売上げの低下に起因する．最近の需要の増加はGaN部品をもつデバイスの導入に関係しており，GaN半導体レーザーを装備したDVDプレーヤーはその例である．インジウムの最大用途は薄膜コーティングである．たとえば，ノートパソコン，フラットパネルディスプレイおよび液晶ディスプレイには，インジウム－スズ酸化物（ITO）のコーティングが用いられている．2005年にはそのようなコーティングは米国で消費されるインジウムの70%を占めた．インジウムは無鉛ハンダや半導体に用いられたり，ガラス，セラミックス，金属を接合するシール材に（なぜなら In は濡れない材料をつなぐ能力をもつので）利用されるほか，ヘッドライトのまぶしさを軽減する特殊な鏡の作製にも用いられる．インジウム－スズ酸化物（ITO）は **Box 13・7** に取上げる．

硫酸タリウム（Tl_2SO_4）は，以前はアリやネズミを駆除するために用いられたが，今日では Tl 化合物の非常に高い毒性が広く認識されている．含 Tl 化学種は，すべて注意して取扱わなければならない．タリウムの世界規模での生産量（2004年 12 000 kg）はガリウム（図13・3）やインジウムの生産量よりもずっと少ない．Tl の重要な用途は，セレン整流器用の半導体材料，γ線検出器用や赤外線の検出および透過装置用の Tl 活性化 NaCl と NaI 結晶である．放射性同位体 ^{201}Tl （$t_{1/2} = 12.2$ 日）は循環器イメージング用に用いられる．

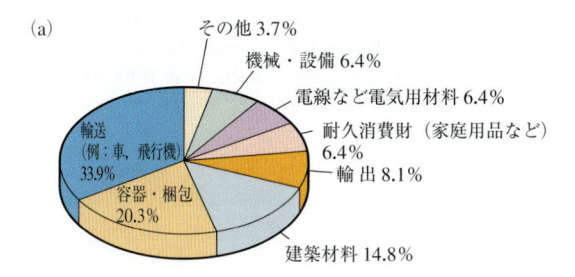

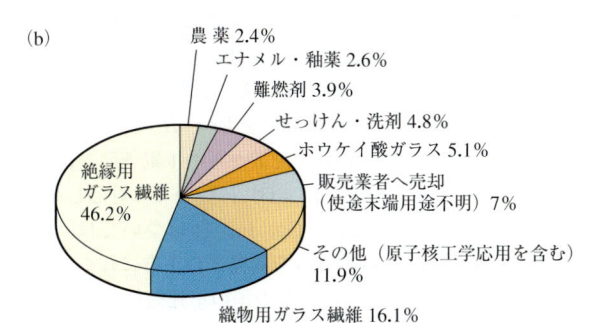

図 13・4 (a) 2004年の米国におけるアルミニウムの用途．中国，ロシア，カナダ，米国は世界最大のアルミニウム生産国である．(b) 2004年の米国におけるホウ素の用途．データは酸化ホウ素として換算．［データ：米国地質調査所］

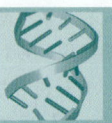

生物と医薬

Box 13・1　ホウ砂とホウ酸：必需性と毒性

1923 年に初めてホウ素が植物の必須微量栄養素であることが認識された．他の微量栄養素は，Mn, Zn, Cu, Mo, Fe, Cl である．ホウ素の欠乏は，頂芽の枝枯病，発育不全，ある種の野菜の空洞病，茎の中空化，穀物（例，コムギ）の結実不良など，さまざまな問題をひき起こす．ホウ素欠乏症は砂質土壌や有機物が低濃度の土壌で流行しやすい．そしてホウ素濃度が低い土壌では，作物の生産量が減少する．中性（または中性に近い）条件では，ホウ素はホウ酸 $B(OH)_3$ とホウ酸イオン $[B(OH)_4]^-$ として存在する．ホウ素の精細な機能は未だ解明されていないが，細胞壁において重要な役割を果たすという証拠がある．一次壁はペクチン性多糖（pectic polysaccharide：主要な単糖ユニットとしてガラクツロン酸をもつ），セルロースおよびヘミセルロースで構成されている．主要なペクチン性多糖の一つはラムノガラクツロナン II（RG-II）である．1996 年に，RG-II が 1：2 ホウ酸-ジオールエステルで架橋結合した二量体として存在することが解明された．

ペクチンを架橋するホウ酸エステルは，高等植物の通常の成長や発育に必須だと考えられている．よって，ホウ素欠乏はこの問題に影響を与えることになるので，ホウ砂（$Na_2[B_4O_5(OH)_4] \cdot 8H_2O$）のようなホウ酸肥料を作物に与えることが重要である．しかし，植物にとって過剰のホウ素は毒になり得るし，特に穀類は敏感なため，バランスを考慮しなければならない．

ホウ酸やホウ砂の動物生命への毒性は，それらが殺虫剤，すなわちアリやゴキブリ駆除に用いられるほど，かなり高い．ホウ砂はカビの胞子形成を妨げる役目を果たすため，防かび剤としても用いられる．ホウ砂の毒性レベルは比較的低いが，配慮すべきことがある．たとえば，ホウ砂と蜜は，子供たちの歯痛を和らげるのに用いられたが，もはやこの使用は推奨できない．

2 種の可能なジアステレオ異性体の一つ

さらに勉強したい人のための参考文献

L. Bolaños, K. Lukaszewski, I. Bonilla and D. Blevins (2004) *Plant Physiology and Biochemistry*, vol. 42, p. 907 – 'Why boron?'.

M.A. O'Neill, S. Eberhard, P. Albersheim and A.G. Darvill (2001) *Science*, vol. 294, p. 846 – 'Requirement of borate cross-linking of cell wall rhamnogalacturonan II for *Arabidopsis* growth'.

13・3　物理的性質

表 13・1 に 13 族元素の代表的な物理的性質を示す．以下にイオン化エネルギーについて述べ，M^{3+} イオンについても触れるが，おそらく数例の三フッ化物以外には，通常の条件下での 13 族化合物中に遊離の M^{3+} イオンが生成した例は知られていない．

電子配置と酸化状態

13 族元素は外殻電子配置 ns^2np^1 をもち，IE_2 と IE_3 の差よりも IE_1 と IE_2 の差（すなわち，p 電子の除去と s 電子の除去の比較に相当）の方が大きいが，13 族元素の電子構造と貴ガスの電子構造の関係は，第 11 章と第 12 章で述べた 1 族および 2 族元素の場合よりも複雑である．Ga と In については，価電子 3 個の除去後に生じる化学種の電子構造は，それぞれ $[Ar]3d^{10}$ と $[Kr]4d^{10}$ であるのに対し，Tl の対応する化学種は電子配置 $[Xe]4f^{14}5d^{10}$ をもつ．IE_4 値（表 13・1）は，B と Al については貴ガス配置からの 1 電子除去に対応するが，重い 3 元素（Ga, In, Tl）については対応しない．そのため IE_3 と IE_4 の差は，Ga, In, Tl については，B や Al ほど大きくない．13 族元素を周期表の下方に行くにつれて，IE_2 値，IE_3 値ならびに両者の差の不連続性を生じているが（表 13・1），これは d および f 電子（遮蔽効果が低いため，§1・7 を参照）により核電荷の増加が相殺されないことに起因している．この効果は，Al^{3+} と Ga^{3+} の r_{ion} の差が比較的小さいことにも反映している．Tl については相対

論効果（relativistic effect）（**Box 13・2** 参照）も考慮すべきである．

13族元素を周期表の下方に行くと，GaとTlにおいて IE_2 と IE_3 が増加する傾向がみられる（表13・1）．その結果，両元素において+1の酸化状態は著しく安定性が上がる．Tlの場合には塩のような三ハロゲン化物はTlF$_3$ だけであり，+1酸化状態の安定性は**熱力学的6s不活性電子対効果**（thermodynamic 6s inert pair effect, **Box 13・3** 参照）とよばれ，§2・8で述べた**立体化学的不活性電子対効果**（stereochemical inert pair effect）と区別される．同様な効果はPb（14族）とBi（15族）でもみられ，最安定な酸化状態はそれぞれ+4と+5よりむしろ+2と+3となる．表13・1に高周期の13族元素の M^{3+}/M と M^+/M レドックス対の $E°$ 値を示したが，この族の M^+ 状態は元素ごとに異なる電位で存在することがわかる．

13族元素では+3（全元素）および+1（Ga, In, Tl）の酸化状態が特徴的だが，ほとんどの13族元素が，たとえば B_2Cl_4 と $GaCl_2$ のように+2の形式酸化状態をもつとみなせる化合物も形成する．しかし注意を要する．B_2Cl_4 における+2の酸化状態はB-B結合の存在に起因し，$GaCl_2$ は混合酸化状態の化学種 $Ga[GaCl_4]$ である．

例題 13.1　TlF と TlF$_3$ の熱化学

気相中の構成イオンからの結晶性TlFおよびTlF$_3$ を生成する際のエンタルピー変化はそれぞれ -845 kJ mol^{-1} および -5493 kJ mol^{-1} である．本書の付録のデータを用いてつぎの反応のエンタルピー変化を算出せよ．

$$\text{TlF(s)} + \text{F}_2\text{(g)} \longrightarrow \text{TlF}_3\text{(s)}$$

解答　$\Delta H°$ をつぎの反応の標準エンタルピー変化とする．
$$\text{TlF(s)} + \text{F}_2\text{(g)} \longrightarrow \text{TlF}_3\text{(s)} \quad \text{(i)}$$

TlF と TlF$_3$ についてのエンタルピー変化（おおむね格子エネルギーに等しい），すなわち下式（ii），（iii）に対するエンタルピー変化が与えられると仮定する．ただしいずれにおいても格子エネルギーは負であるとする．

$$\text{Tl}^+\text{(g)} + \text{F}^-\text{(g)} \longrightarrow \text{TlF(s)} \quad \text{(ii)}$$

$$\text{Tl}^{3+}\text{(g)} + 3\text{F}^-\text{(g)} \longrightarrow \text{TlF}_3\text{(s)} \quad \text{(iii)}$$

表 13・1　13族元素，Mおよびそのイオンの物理的性質

性　質	B	Al	Ga	In	Tl
原子番号 Z	5	13	31	49	81
基底状態の電子配置	[He]$2s^22p^1$	[Ne]$3s^23p^1$	[Ar]$3d^{10}4s^24p^1$	[Kr]$4d^{10}5s^25p^1$	[Xe]$4f^{14}5d^{10}6s^26p^1$
原子化エンタルピー $\Delta_aH°$ (298 K) / kJ mol^{-1}	582	330	277	243	182
融点 bp / K	2453 †1	933	303	430	576.5
沸点 mp / K	4273	2792	2477	2355	1730
標準融解エンタルピー $\Delta_{fus}H°$ (mp) / kJ mol^{-1}	50.2	10.7	5.6	3.3	4.1
第一イオン化エネルギー IE_1 / kJ mol^{-1}	800.6	577.5	578.8	558.3	589.4
第二イオン化エネルギー IE_2 / kJ mol^{-1}	2427	1817	1979	1821	1971
第三イオン化エネルギー IE_3 / kJ mol^{-1}	3660	2745	2963	2704	2878
第四イオン化エネルギー IE_4 / kJ mol^{-1}	25 030	11 580	6200	5200	4900
金属半径，r_{metal} / pm †2	−	143	153	167	171
共有結合半径 r_{cov} / pm	88	130	122	150	155
イオン半径 r_{ion} / pm †3	−	54 (Al^{3+})	62 (Ga^{3+})	80 (In^{3+})	89 (Tl^{3+}) 159 (Tl$^+$)
標準還元電位 $E°$ (M^{3+}/M) / V	−	−1.66	−0.55	−0.34	+0.72
標準還元電位 $E°$ (M$^+$/M) / V	−	−	−0.2	−0.14	−0.34
NMR活性核 （存在率%，核スピン）	^{10}B (19.6, $I=3$) ^{11}B (80.4, $I=\frac{3}{2}$)	^{27}Al (100, $I=\frac{5}{2}$)	^{69}Ga (60.4, $I=\frac{3}{2}$) ^{70}Ga (39.6, $I=\frac{3}{2}$)	^{113}In (4.3, $I=\frac{9}{2}$)	^{203}Tl (29.5, $I=\frac{1}{2}$) ^{205}Tl (70.5, $I=\frac{1}{2}$)

†1　β-斜方六面体形ホウ素．
†2　Al, In と Tl（その構造は最密充填である）についての値のみ，厳密に比較できる：Gaについては本文（§6・3）を参照せよ．
†3　化学的条件における単純な陽イオン性ホウ素の存在については証拠がない．M^{3+}についての r_{ion} は六配位の値，Tl$^+$についての r_{ion} は八配位の値を参照している．

式 (i), (ii), (iii) を互いに関連づける適切な熱化学サイクルを組立てると以下のようになる．

$$TlF(s) + F_2(g) \xrightarrow{\Delta H°} TlF_3(s)$$

$$\downarrow \Delta_{lattice}H°(TlF, s) \qquad \uparrow \Delta_{lattice}H°(TlF_3, s)$$

$$Tl^+(g) + F^-(g) + F_2(g) \qquad Tl^{3+}(g) + 3F^-(g)$$

$$\downarrow IE_2 + IE_3 \qquad \uparrow 2\Delta_{EA}H°(F, g)$$

$$Tl^{3+}(g) + F^-(g) + F_2(g) \xrightarrow{2\Delta_a H°(F, g)} Tl^{3+}(g) + F^-(g) + 2F(g)$$

ヘスの法則をこのサイクルに適用すると次式が得られる．

$$\Delta_{lattice}H°(TlF, s) + \Delta H° = IE_2 + IE_3 + 2\Delta_a H°(F, g)$$
$$+ 2\Delta_{EA}H°(F, g)$$
$$+ \Delta_{lattice}H°(TlF_3, s)$$

$$\Delta H° = IE_2 + IE_3 + 2\Delta_a H°(F, g) + 2\Delta_{EA}H°(F, g)$$
$$+ \Delta_{lattice}H°(TlF_3, s) - \Delta_{lattice}H°(TlF, s)$$

IE, $\Delta_a H°$, $\Delta_{EA}H°$ の値をそれぞれ付録 8, 10, 9 より抽出し，以下のようにして $\Delta H°$ を求めることができる．

$$\Delta H° = 1971 + 2878 + (2 \times 79) - (2 \times 328) - 5493 + 845$$
$$= -297 \text{ kJ mol}^{-1}$$

練習問題

1. $TlF(s)$ については，$\Delta_f H° = -325 \text{ kJ mol}^{-1}$ である．この値と例題の反応 (i) に対する $\Delta H°$ を用いて，$\Delta_f H°(TlF_3, s)$ の値を求めよ． [答 -622 kJ mol^{-1}]

2. IE_1, IE_2, IE_3 がすべて正の値（それぞれ 589, 1971, 2878 kJ mol^{-1}）をとるのに対し，$\Delta_{EA}H°(F, g)$ は負の値（-328 kJ mol^{-1}）をとる．その理由を説明せよ． [答 §1・10 を参照せよ]

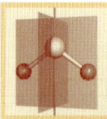

化学の基礎と論理的背景

Box 13・2 相 対 論 効 果

数多くある重元素についての一般的傾向のなかで，量子論に基づいて説明されるのは以下の二つである．

- 6s 電子のイオン化エネルギーは異常に高く，Cd(0), In(I), Sn(II), Sb(III) に比べ Hg(0), Tl(I), Pb(II), Bi(III) は著しく安定化されている．
- 通常，結合エネルギーは p ブロック元素の族では周期表の下方ほど小さくなるが，d ブロック金属の族では単体においても化合物においても族の下方ほど大きくなることが多い．

これらの観測事実は，（決して単純ではないが）アインシュタインの相対性理論と量子力学を組合わせることにより説明できる．その場合，上記の観測事実は**相対論効果**（relativistic effect）によるものとみなされる．ここでは化学的一般化に焦点を絞る．

相対論によれば，粒子の質量 m は，その速度 v が光速 c に近づくと静止質量 m_0 よりも増大し，下式で与えられる．

$$m = \frac{m_0}{\sqrt{1 - \left(\dfrac{v}{c}\right)^2}}$$

1 電子系においては，原子のボーア模型（その短絡化にもかかわらず，イオン化エネルギーについて正しい値を与える）を用いることによって，電子の速度が下式で表される．

$$v = \frac{Ze^2}{2\varepsilon_0 nh}$$

ここで Z は原子番号，e は電子の電荷，ε_0 は真空の透過率，h はプランク定数である．

$n = 1$ かつ $Z = 1$ のとき，v はおよそ $(1/137)c$ に過ぎないが，$Z = 80$ では，v/c はおよそ 0.58 に至り，$m \approx 1.2 m_0$ となる．ボーア半径は下式で与えられる．

$$r = \frac{Ze^2}{4\pi\varepsilon_0 mv^2}$$

したがって，m の増加は 1s ($n = 1$) 軌道の半径を約 20% 収縮させることになる．これを**相対論的収縮**（relativistic contraction）という．他の s 軌道も同様に影響を受けるため，Z が大きいとき，s 軌道と他の原子の軌道との重なり合いが減少する．詳細な取扱いを行うと，核に近い位置の電子密度が低い p 軌道は s 軌道より影響が小さいことが示される．一方，d 軌道は，収縮した s 軌道と p 軌道によって核電荷からより効果的に遮蔽されており，**相対論的拡張**（relativistic expansion）を余儀なくされる．同様の考え方が f 軌道にも適用できる．s 軌道の相対論的収縮は原子番号の大きい元素において，s 電子と核の間に引力による余剰のエネルギーが存在することを意味する．これが，6s 電子の高いイオン化エネルギーに表れており，熱力学的 6s 不活性電子対効果の要因である．これについては **Box 13・3** でさらに取扱う．

さらに勉強したい人のための参考文献
P. Pyykkö (1988) *Chemical Reviews*, vol. 88, p. 563 – 'Relativistic effects in structural chemistry'.

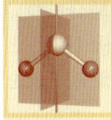

化学の基礎と論理的背景
Box 13・3　熱力学的 6s 不活性電子対効果

ここでは金属ハロゲン化物 MX_n から MX_{n+2} への変換に焦点を絞る．

$$MX_n + X_2 \longrightarrow MX_{n+2}$$

最も単純なケースは，両ハロゲン化物がともにイオン性固体であり，エネルギー変化にはつぎの項目が含まれる．

- MX_n の格子エネルギーの吸収
- $M_n^+(g)$ を $M^{(n+2)+}(g)$ に変換するために要する $IE_{(n+1)} + IE_{(n+2)}$ の吸収
- $2X^-(g)$ の生成エンタルピーの放出
  （X = F, Cl, Br, I についてはほとんど一定である．付録 9，10 を参照せよ）
- MX_{n+2} の格子エネルギーの放出

ある M について，MX_n と MX_{n+2} の格子エネルギーの差は X = F のとき最大なので，もしカリウム，マグネシウムなどの塩型ハロゲン化物 MX_{n+2} が生成する場合，それはフッ化物だと考えられる．この考え方は TlF の TlF_3 への変換や PbF_2 の PbF_4 への変換をうまく説明できる．

しかしながら，もしハロゲン化物が共有結合性化合物ならば，変換時のエネルギー変化は大きく異なる．この場合には，MX_{n+2} 中の M–X 結合エネルギーの n+2 倍のエネルギーが放出されるが，MX_n 中の M–X 結合エネルギーの n 倍のエネルギーおよび $2\Delta_f H^\circ(X, g)$ が吸収されなければならない．その際には $IE_{(n+1)}$ および $IE_{(n+2)}$ は含まれていない．変換が可能か否かを決めるうえで最も重要な量は，2 種のハロゲン化物の M–X 結合エネルギーである．利用可能な実験データは限定されているが，MX_n と MX_{n+2} の両方における M–X 結合エネルギーが F > Cl > Br > I の順で減少し，また常に MX_n の方が MX_{n+2} より大きな M–X 結合エネルギーをもつことを示す．これらの結果を総合すると，X = F における MX_{n+2} の生成が最も起りやすいことがわかる（原子価状態にある原子のデータはほとんど利用できないので，基底状態にある原子の結合エネルギーを利用することは好ましくないが，やむを得ず用いる．原理的には，M のある原子価状態から別の状態への昇位に対応するエネルギーと，それに続く各原子価状態の M の M–X 結合形成時に放出されるエネルギーを表す項を考慮する方が望ましいが，本書で取扱う範囲を超えている）．

MX_n から MX_{n+2} への変換の第三の可能性で実際に最もよくみられるのは，MX_n がイオン性固体で MX_{n+2} が共有結合性化合物の場合である．この場合は，さらに多くの物理量を含み，取扱いが複雑すぎる点が問題である．代表的な例として TlCl から $TlCl_3$ への変換および $PbCl_2$ から $PbCl_4$ への変換があげられる．

最後に，M について，その族を下方に向かう際の効果について考慮しなければならない．一般に，化合物のイオン化エネルギー（付録 8 を参照）および格子エネルギーは原子半径やイオン半径（付録 6 を参照）の増加とともに減少する．Tl, Pb, Bi の s 価電子にみられるように，熱力学的 6s 不活性電子対効果が最も明白に表れるのは，実際にイオン化エネルギーの増大があるところである．共有結合形成が含まれている際には，不活性電子対効果について真に満足のいく議論をすることは依然不可能であるが，それでもこの問題の体系化を試みることは良い科学的思考の訓練となる．

NMR 活性な核種

すべての 13 族元素が，少なくとも 1 個の MNR 活性な同位体（表 13・1）をもつ．特に，含ホウ素化合物の ^{11}B NMR 分光法による同定は日常的に行われている（例，図 3・10）．^{205}Tl 核も容易に観測できる．Tl^+ は Na^+ や K^+ と同様に振舞うため，Tl^+ によるこれらの 1 族金属イオンとの置換を用い，Na^+ や K^+ を含む生体系の研究に ^{205}Tl NMR 分光法を応用できる．

13・4　単体
存　在

不純物を含む（アモルファス：無定形）ホウ素は褐色粉末である．純粋な単体は光沢のある銀灰色結晶を与える．B は高融点と低電気伝導率などの性質により重要な耐火材となる（§12・6 を参照）．アルミニウムは硬い白色金属である．熱力学的には空気や水と反応するはずだが，きわめて薄い $10^{-6}\sim10^{-4}$ mm 厚の酸化物膜の形成により耐性を示す．それより厚い Al_2O_3 膜は Al を陽極に用いて H_2SO_4 を電気分解することによって得られる．そこで生成した陽極酸化アルミナは色素や顔料を付着して，強固で装飾性の仕上げ塗りになる．ガリウムは銀白色の金属であり，著しく幅の広い液体相の温度領域（303〜2477 K）をもつ．インジウムとタリウムは柔らかい金属であり，In は曲げると高周波数の"鳴き声"を発する異常な性質をもつ．

単体の構造

13 族金属の構造を §6・3 と表 6・2 に示す．ホウ素の"同素体（allotrope）"として示された最初の物質は α-四面体形と記述されていたが，化学式は炭化物 $B_{50}C_2$ または窒化物 $B_{50}N_2$ に訂正された．化学式に C や N が含まれているのは，

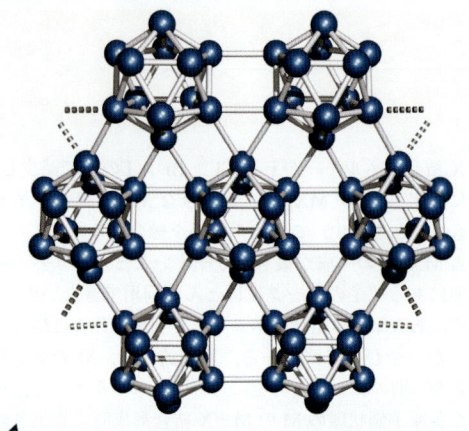

図 13・5 α–菱面体形のホウ素の無限格子の 1 層の一部分。共有結合して強固な無限格子をつくる B_{12} 二十面体のビルディングブロックを示す。

在化している。ホウ素クラスター化合物における結合については、§13・11 で再度説明するが、ここでは、図 13・5 と 13・6 において各 B 原子の結合は B に許される価電子数を超えている点に注意しよう。

α–菱面体形のホウ素は、B_{12} 二十面体どうしが B–B 共有結合することにより生じる無限格子で構成されている。この格子は、各二十面体をほぼ球体とみなし、B_{12} 二十面体の ccp（立方最密充填）配列として全体の構造をとらえることで容易にイメージできるであろう。その 1 層を図 13・5 に示す。これは無限の共有結合性格子であり、**第 6 章**で述べた最密金属格子とは異なることに注意せよ。

β–菱面体形のホウ素は、B_{84} ユニットどうしが B_{10} ユニットで連結された構造をもつ。各 B_{84} ユニットは図 13・6 に示す部分ユニットの組合わせの視点で眺めるとわかりやすい。それらの相互の関係については、図説明に記されているが、興味深い点は、図 13・6c に示した B_{60} 部分ユニットとフラーレン C_{60}（**図 14・5**）との構造の関係である。α– および β–菱面体形 B の共有結合性格子はいずれもきわめて強固であるため、ホウ素結晶は非常に硬く、融点が高い（β–菱面体形 B では 2453 K）。

反応性

ホウ素は通常の条件では化学的に不活性である。ただし F_2 により侵食される。高温では、ほとんどの非金属（例外には H_2 がある）、ほとんどの金属、および NH_3 と反応する。

合成条件下で混入する C または N の存在に基づいている。この炭化物の相は、β–菱面体形の B と関連した構造をもつ炭化ホウ素 B_4C（より正確な化学式は $B_{13}C_2$）とは異なる。B の標準状態は β–菱面体形であるが、α–菱面体形の B の構造は β–菱面体形の構造を説明する出発点として役立つ。同素体である α– および β–菱面体形の両者とも、二十面体の B_{12} ユニット（図 13・5 および 13・6a）をもつ。単体 B における結合は共有結合性であり、各 B_{12} ユニット内に非局

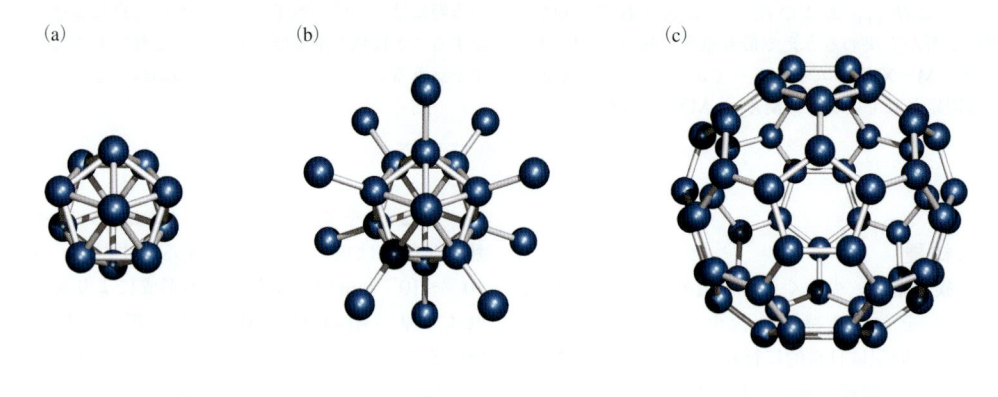

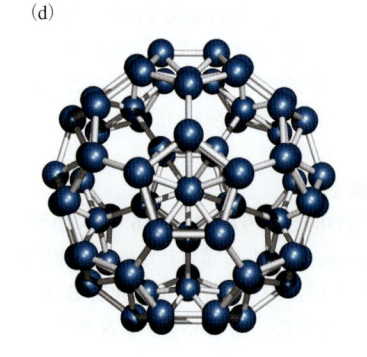

図 13・6 β–菱面体形ホウ素の無限格子のおもなビルディングブロックである B_{84} ユニットの構築。(a) ユニットの中心には B_{12} 二十面体があり、(b) 12 個の各ホウ素原子にもう 1 個のホウ素が共有的に結合している。(c) B_{60} かごが B_{84} ユニットの外側の '皮' となっている。(d) 最終的な B_{84} ユニットは共有結合で結ばれたサブユニット $(B_{12})(B_{12})(B_{60})$ として記述できる。

特に重要なのは，金属ホウ化物（§13・10 参照）と窒化ホウ素（§13・8 参照）の生成である．

高周期13族元素の反応性はホウ素とは対照的である．アルミニウムは容易に空気中で酸化され（上を参照），希薄な無機酸に溶解するが（例，反応13.3），濃 HNO_3 では表面に不動態をつくる．NaOH や KOH 水溶液とは反応して，H_2 を発生する（反応13.4）．

$$2Al + 3H_2SO_4 \longrightarrow Al_2(SO_4)_3 + 3H_2 \quad (13.3)$$
希薄，水溶液

$$2Al + 2MOH + 6H_2O \longrightarrow 2M[Al(OH)_4] + 3H_2$$
$$(M = Na, K) \quad (13.4)$$

Al は，ハロゲンとは室温で反応して Al(III) ハロゲン化物を，N_2 とは加熱状態で反応して Al(III) 窒化物を生じる．アルミニウムは金属酸化物の還元に利用されることも多い．その例は**テルミット法**（thermite process）（式13.5）であり，非常に発熱的な反応である．

$$2Al + Fe_2O_3 \longrightarrow Al_2O_3 + 2Fe \quad (13.5)$$

ガリウム，インジウム，タリウムはほとんどの酸に溶解して，Ga(III)，In(III)，Tl(I) の塩を生じるが，Ga だけがアルカリ水溶液から H_2 を発生する．この3種の金属すべてが，室温またはそれより少し高い温度でハロゲンと反応する．その生成物は MX_3 型であるが，反応 13.6 と 13.7 は例外である．

$$2Tl + 2Br_2 \longrightarrow Tl[TlBr_4] \quad (13.6)$$
$$3Tl + 2I_2 \longrightarrow Tl_3I_4 \quad (13.7)$$

13・5 単純な水素化物

中性水素化物

13族元素は，価電子3個を用いて水素化物 MH_3 を生成すると予想される．BH_3 の存在は気相中では確認されているが，二量化する傾向をもち，実際には B_2H_6（ジボラン(6) diborane(6)，**13.1**）が最も単純なホウ素水素化物といえる．

(13.1)

すでに B_2H_6 の構造と結合については述べたので（§10・7 と §5・7），3c-2e（非局在化した三中心二電子）B–H–B 相互作用があることを思い出すだろう．下に示す例題 13.2 では，B_2H_6 の ^{11}B および ^1H NMR スペクトルを解析する．

例題 13.2　多核 NMR 分光法：B_2H_6

B_2H_6 の (a) ^{11}B および (b) ^1H NMR スペクトルを予測せよ．(c) B_2H_6 のプロトンデカップルした ^{11}B NMR スペクトルはどのように観測されるのだろうか [^1H, 100 %, $I = \frac{1}{2}$; ^{11}B, 80.4 %, $I = \frac{3}{2}$]．以下の情報も必要である．

- ^1H NMR スペクトルにおいて，^{10}B（表 13・1 を参照）とのカップリングは，第一次近似として無視できる．
- ボラン類の NMR スペクトルには以下の傾向がみられる．

$$J(^{11}B - {}^1H_{末端}) > J(^{11}B - {}^1H_{架橋})$$

解答　(a) 最初に，B_2H_6 の構造を描く．そこには B の環境が一つ，H の環境が二つある．

つぎに ^{11}B NMR スペクトルを考える．シグナルは一つだが，各 ^{11}B 核は 2 個の末端 ^1H 核と 2 個の架橋 ^1H 核とカップルするので，シグナルは三重線の三重線として表れる．

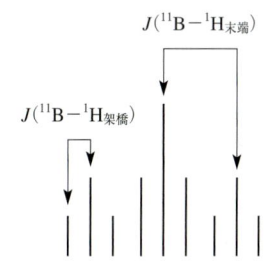

観測されるスペクトルは，$J(^{11}B - {}^1H_{末端})$ と $J(^{11}B - {}^1H_{架橋})$ の値に依存する．

(b) ^1H NMR スペクトルでは，相対的な積分値が 2 : 4（架橋 H : 末端 H）の 2 組のシグナルが現れるだろう．

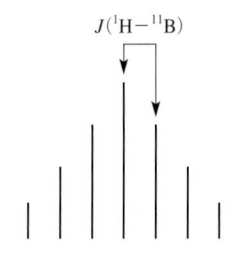

まず末端プロトンによるシグナルを考える．^{11}B は $I = \frac{3}{2}$ であり，$+\frac{3}{2}$，$+\frac{1}{2}$，$-\frac{1}{2}$，$-\frac{3}{2}$ の値をもつ4種のスピン状態がある．それぞれの末端 ^1H はこの4種のスピン状態をもつ ^{11}B 核を "見る" 可能性は等価であり，その結果として ^1H

シグナルは同強度の4本の線に分かれる．つまり強度が1:1:1:1の多重線を与える．

つぎに架橋プロトンによるシグナルを考える．この場合，^1H核は2個の^{11}B核とカップルするので，それら2個の^{11}B核の結合した核スピンは七つの方位をもつことになるが，それらは等価な確率ではない．したがって，シグナルは強度が1:2:3:4:3:2:1の多重線を与える．

(c) プロトンデカップルした^{11}B NMRスペクトル（これは$^{11}B\{^1H\}$NMRスペクトルと記述される）は，すべての$^{11}B-^1H$カップリングが取除かれるので，一重線を示す（§3・11，具体例3を参照）．

練習問題

1. 上記例題の (a) に示したスペクトルを参照せよ．
(i) シグナルのどの部分が，$^{11}B-^1H_{末端}$スピン-スピンカップリングによる三重線であるかを答えよ．(ii) スペクトルにおいて，前問で答えた部分以外のどこから$J(^{11}B-^1H_{末端})$と$J(^{11}B-^1H_{架橋})$の値を算出できるかを示せ．

2. 上記例題の (b) に示したスペクトルを参照せよ．
(i) まず1個目の^{11}B核とのカップリングを考え，さらに2個目の^{11}B核とのカップリングの効果を加えることによって，強度比が1:2:3:4:3:2:1となることを確定せよ．
(ii) スペクトルにおいて，前問で答えた部分以外のどこから$J(^1H-^{11}B)$の値を求めることができるかを示せ．

3. $[BH_4]^-$イオンは四面体構造をもつ．なぜ^1H NMRスペクトルが強度比1:1:1:1の多重線を示すのに，^{11}B NMRスペクトルは強度が二項係数比の五重線を示すのか，その理由を説明せよ． ［答 §3・11の具体例4を参照せよ］

単量体であるAlH_3は低温マトリックス中で単離されている．Al_2H_6 (3.5〜6.5 K の固体H_2マトリックス中にレーザー蒸発したAl原子を単離することにより生成) の存在は，振動スペクトルデータによって検証されている．Al_2H_6の$2AlH_3$への解離エンタルピーは，質量分析データから138 ± 20 kJ mol^{-1}と見積られた．この値はB_2H_6が$2BH_3$に解離するときの値（後述の式13.18を参照）と同程度である．X線および中性子回折データから水素化アルミニウムは常温，固体状態において，各Al中心が八面体形に位置し，Al–H–Al 3c-2e 相互作用を含む三次元ネットワークから構成されることが示された．水素化アルミニウムについては，B_2H_6とGa_2H_6の記述の後に再び触れることにする．ジガランGa_2H_6は1990年代初期に詳細な同定が行われ，その電子線回折データに基づいてB_2H_6と構造的に近いことが示された（Ga–H$_{末端}$ = 152 pm，Ga–H$_{架橋}$ = 171 pm，Ga–H–Ga = 98°）．InとTlの中性二元水素化物の存在はまだ確認

されていない．13族元素の水素化物はきわめて空気や湿気に敏感であり，それらの取扱いには，全ガラス製装置を用いる高真空テクニックが必要である．

(13.2)

ジボラン(6)は有機合成化学における重要な試薬であり，反応13.8は有用な実験室レベルで行う合成に有用である．この反応の溶媒として用いられる**ジグリム**（diglyme）の構造を**13.2**に示す．

$$3Na[BH_4] + 4Et_2O \cdot BF_3 \xrightarrow{\text{ジグリム, 298 K}} 2B_2H_6 + 3Na[BF_4] + 4Et_2O \quad (13.8)$$

この反応はB_2H_6合成の標準的方法であるが，問題点がないわけでない．たとえば$Na[BH_4]$のジグリムへの溶解度が温度によって大きく変化するので，反応温度を注意深く制御しなければならない．また，溶媒を簡単には再生できない*．一方，BF_3のトリグリム（**13.3**）付加体を前駆体として用いる反応13.9は定量的にB_2H_6を生成し，上記の反応13.8と比べて改善されている．反応13.9は大スケールでの合成に用いることができ，溶媒のトリグリムは再生可能である．このトリグリムの代わりにテトラグリムを用いることもできる．

$$3Na[BH_4] + 4(\mathbf{13.3}) \cdot BF_3 \xrightarrow{\text{トリグリム, 298 K}} 2B_2H_6 + 3Na[BF_4] + 4(\mathbf{13.3}) \quad (13.9)$$

(13.3)

B_2H_6の工業的合成に用いられているのは，反応13.10である．

$$2BF_3 + 6NaH \xrightarrow{450\ K} B_2H_6 + 6NaF \quad (13.10)$$

ジボラン(6)は無色気体（沸点 180.5 K）で，水と反応して急速に分解する（式13.11）．他の水素化ホウ素類と同じように（**§13・11**を参照），B_2H_6の$\Delta_fH°$の値（+36 kJ mol^{-1}）はわずかに正であり，B_2H_6と空気またはO_2との混合物は発火や爆発を起こしやすい（反応13.12）．

$$B_2H_6 + 6H_2O \longrightarrow 2B(OH)_3 + 6H_2 \quad (13.11)$$

$$B_2H_6 + 3O_2 \longrightarrow B_2O_3 + 3H_2O$$
$$\Delta_rH° = -2138\ kJ\ (B_2H_6\ 1\ mol\ 当たり) \quad (13.12)$$

ジガランGa_2H_6は反応13.13によって合成され，低温で白色固体（融点 223 K）として凝結するが，243 K以上では分解する．

---

*これらの問題の議論，反応法の改良については以下を参照せよ．J. V. B. Kanth and H. C. Brown (2000) *Inorg. Chem.*, vol. 39, p. 1795.

$$GaCl_3 \xrightarrow{Me_3SiH} \underset{Cl}{\overset{Cl}{\underset{|}{\overset{|}{H_2Ga-GaH_2}}}} \xrightarrow[240\ K]{Li[GaH_4]} Ga_2H_6 \quad (13.13)$$

図 13・7 に B_2H_6 および Ga_2H_6 の反応例をまとめている. B_2H_6 はよく調べられているのに対して, Ga_2H_6 が注目されてきたのは最近なので, すべての反応のタイプを比較できるわけではない. しかしつぎの 3 点は重要である.

- Ga_2H_6 は速やかに分解して構成元素の単体を生じるが, B_2H_6 は違う.
- Ga_2H_6 と B_2H_6 はいずれも HCl と反応するが, ボランの場合には, 末端 H のみが Cl に置換されるのに対して, Ga_2H_6 では末端および架橋 H 原子の両方とも置換される.
- Ga_2H_6 と B_2H_6 はいずれもルイス塩基と反応するところが似ている.

この最後の項目のルイス塩基との反応はよく調べられている. 図 13・7 に記した 2 種類の反応は, ルイス塩基の立体効果が反応経路を決める重要な因子であることを示している. たとえば, 2 個の NH_3 分子は同一の B か Ga 中心を攻撃することができ, その結果 E_2H_6 分子の不均等開裂 (asymmetric cleavage) をひき起こす. それに対して, もっと立体的に嵩高いルイス塩基は均等開裂 (homolytic cleavage) をひき起こす傾向がある (式 13.14).

$$[EH_2(NH_3)_2]^+[EH_4]^- \xleftarrow[\text{不均等開裂}]{NH_3} \underset{H}{\overset{H}{\underset{|}{\overset{|}{H_2E-EH_2}}}}$$

E = B または Ga

$$\downarrow NMe_3 \text{ 均等開裂}$$

$$2\ Me_3N\cdot EH_3 \quad (13.14)$$

ガラボラン $GaBH_6$ は, 空気や湿気がない条件下で, $H_2Ga(\mu\text{-}Cl)_2GaH_2$ (式 13.13 を参照) と $Li[BH_4]$ とを 250 K で反応させることにより合成できる. $GaBH_6$ は気相においては B_2H_6 や Ga_2H_6 と類似の分子構造 (13.4) をもつ. しかし固体状態ではらせん鎖を形成する (図 13・8).

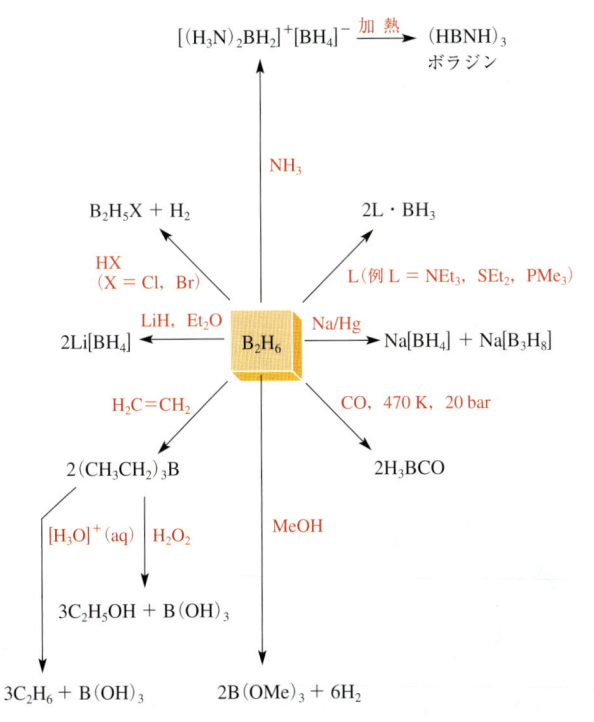

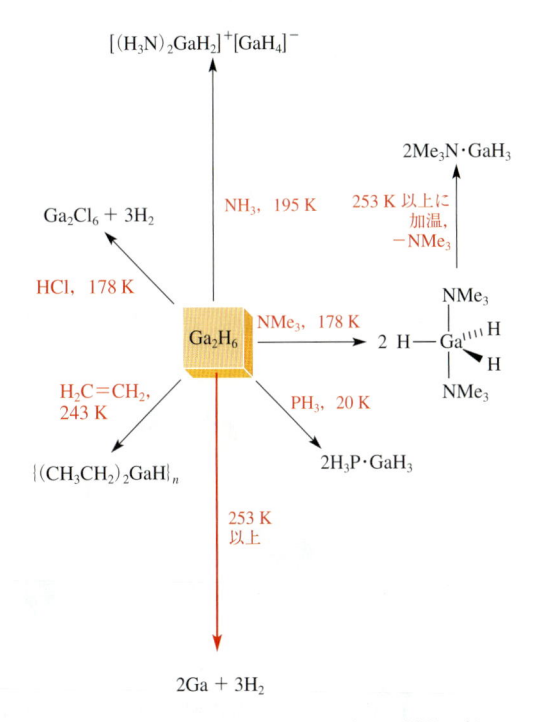

(13.4)

図 13・7 B_2H_6 と Ga_2H_6 の反応の例. Ga_2H_6 は 253 K 以上でガリウムと水素分子に分解するので, その反応はすべて低温で行わなければならない. ボラジン (図の左上) については §13・8 で議論する.

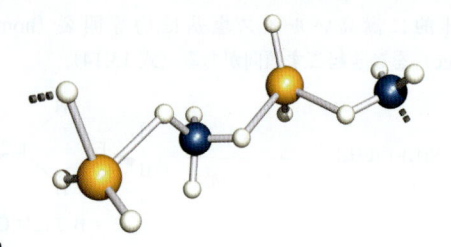

図 13・8 結晶性 GaBH₆ のポリマー構造の一本鎖の一部（110 K における X 線回折）[A.J. Downs et al. (2001) Inorg. Chem., vol. 40, p. 3484]．原子の色表示：B 青色，Ga 黄色，H 白色．

GaBH₆ は 343 K 以上で分解する（式 13.15）．また NH₃ と反応して不均等開裂を起こす（式 13.16）．この反応は低温（195 K）で行われるが，生成物は室温（298 K）でも安定である．一方 NMe₃ や PMe₃ と反応するときには，GaBH₆ の均等開裂が起こる（式 13.17）．

$$2\text{GaBH}_6 \xrightarrow{>343\text{ K}} 2\text{Ga} + \text{B}_2\text{H}_6 + 3\text{H}_2 \qquad (13.15)$$

$$\text{GaBH}_6 + 2\text{NH}_3 \xrightarrow{195\text{ K}} [\text{H}_2\text{Ga}(\text{NH}_3)_2]^+[\text{BH}_4]^- \qquad (13.16)$$

$$\text{GaBH}_6 + 2\text{EMe}_3 \longrightarrow \text{Me}_3\text{E·GaH}_3 + \text{Me}_3\text{E·BH}_3 \\ (\text{E} = \text{N または P}) \qquad (13.17)$$

低温では，H₂Ga(μ-Cl)₂GaH₂ を Ga₂H₆ や GaBH₆ の前駆体として用いることができるが，H₂Ga(μ-Cl)₂GaH₂ を熱分解（室温，真空中）すると，混合原子価化合物 Ga⁺[GaCl₃H]⁻ を生成する．さらに高温では，式 13.18 に示すように，分解する．

$$2\text{H}_2\text{Ga}(\mu\text{-Cl})_2\text{GaH}_2 \longrightarrow 2\text{Ga} + \text{Ga}^+[\text{GaCl}_4]^- + 4\text{H}_2 \qquad (13.18)$$

GaH₃ のアミン付加体は，化学蒸着（chemical vapor deposition, CVD；§28・6 を参照）の前駆体として利用できるため興味深い物質である．第三級アミン付加体 R₃N-GaH₃ は，解離して R₃N と GaH₃ を生じる．後者はさらに分解して Ga と H₂ になる．第二級および第一級アミンの付加体は，RH₂N·GaH₃（R = Me，ᵗBu：図 13・9）について示したように，H₂ を遊離する場合がある．

B₂H₆ の反応の多くはその過程に単離できない BH₃ を含み，B₂H₆ から 2BH₃ への解離エンタルピーは 150 kJ mol⁻¹ と見積もられている．この値を用いると，BH₃，三ハロゲン化ホウ素（BX₃）およびトリアルキルホウ素のルイス酸としての強度を比較でき，NMe₃ のような単純なルイス塩基に対しては，BH₃ が BX₃ と BMe₃ の中間に位置することが示される．しかし BH₃ だけが CO や PF₃ と付加体を生成する．CO と PF₃ の両者とも，電子供与体（C または P 中心に位置する非共有電子対を用いる）と電子受容体（CO または PF₃ の空の反結合性軌道を用いる）の両方の能力をもつ．OC·BH₃ と F₃P·BH₃ の生成は，BH₃ も両方の能力をもつことを示す．その電子受容は空の原子軌道の観点で容易に理解できる．すなわち，B は 4 個の最外殻原子軌道をもつが，BH₃ の結合には 3 個しか用いられず，残りの 1 個は空の軌道となる．一方，BH₃ による電子供与は，有機化合物のメチル基について提案されたのと同様に**超共役**（hyperconjugation）によ

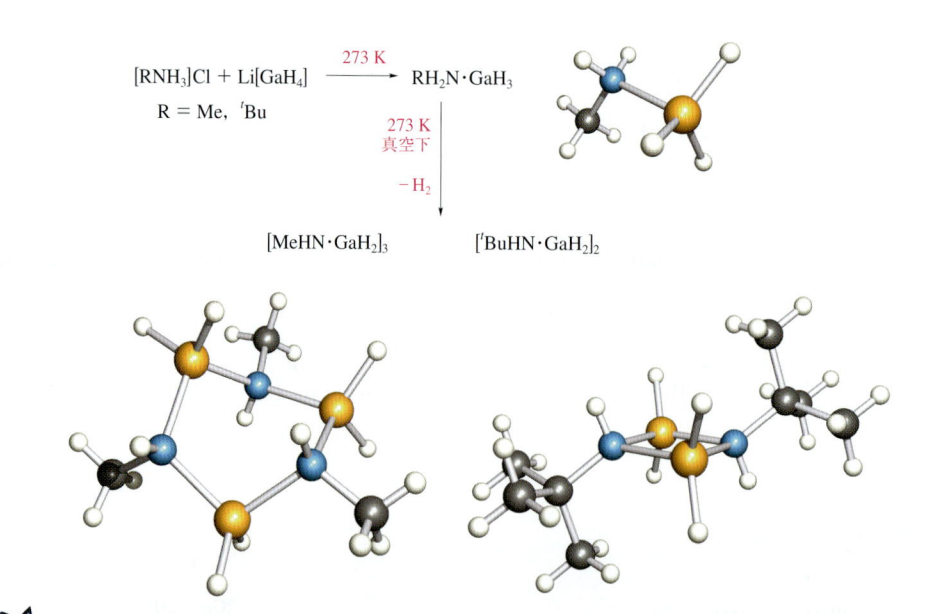

$$[\text{RNH}_3]\text{Cl} + \text{Li}[\text{GaH}_4] \xrightarrow{273\text{ K}} \text{RH}_2\text{N·GaH}_3$$
$$\text{R} = \text{Me, }^t\text{Bu}$$
$$\downarrow 273\text{ K}\ \text{真空下}\ -\text{H}_2$$
$$[\text{MeHN·GaH}_2]_3 \qquad [^t\text{BuHN·GaH}_2]_2$$

図 13・9 付加体 RH₂N·GaH₃（R = Me, ᵗBu）の生成およびそれに続く H₂ の発生による環状化合物（その大きさは R に依存する）の生成．生成物の構造は X 線回折によって決定された [S. Marchant et al. (2005) Dalton Trans., p. 3281]．原子の色表示：Ga 黄色，N 青色，C 灰色，H 白色．

るものである*.

付加体 $H_3N \cdot BH_3$ は固体状態において，いわゆる**二水素結合**（dihydrogen bond；図10・11と議論を参照）の興味深い例となっている．

例題 13.3　$L \cdot BH_3$ における結合

付加体 $OC \cdot BH_3$ において，BH_3 がいかに電子受容体としても，電子供与体としても振舞うかを説明せよ．

解答　まず，$OC \cdot BH_3$ の構造を考えよう．

図2・14 に示した CO の分子軌道において，HOMO はおもに炭素の性質をもつ．この MO は外側を向いており，第一次近似では炭素原子の非共有電子対である．

$OC \cdot BH_3$ 分子において B 原子は四面体形をとり，4個の sp^3 混成軌道を形成する．3本の B−H σ結合の形成には三つの sp^3 混成軌道と B の価電子3個が用いられる．そしてB上には電子受容体として働くことができる空の sp^3 混成軌道が一つ残る．その軌道に2個の電子を受容すると，B原子のまわりの電子のオクテット則を満たす．

2個の電子が充填したCOのHOMOにより，COは電子供与体として働く

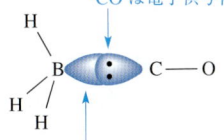

B原子の空の sp^3 混成軌道により，BH_3 は電子受容体として働く

CO の LUMO は，π^* 軌道である（図2・14）．この軌道の存在により，電子受容体として働くことができる．電子はB−H σ結合から供与される（超共役）．

B−H σ軌道はC 2p軌道のローブと重なり合うことができる

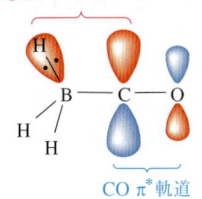

CO π^* 軌道

ただし，CO から BH_3 へのσ供与の方が支配的である．

[注意：超共役の程度は正確にはわかっていないが，σ供与よりずっと重要性が低い．つぎを参照せよ．A. S. Goldman and K. Krogh-Jespersen (1996) *J. Am. Chem. Soc.*, vol. 118, p. 12159.]

練習問題

$OC \cdot BH_3$ の構造は以下のように示される．これは描くことができるいくつかの共鳴構造の一つである．図中に示した電荷分布について根拠を説明せよ．

水素化アルミニウムは反応 13.19 によって合成される．その際の溶媒としては，Et_2O を使用できるが，エーテラート錯体 $(Et_2O)_n AlH_3$ が生成するため，反応系は複雑になる．

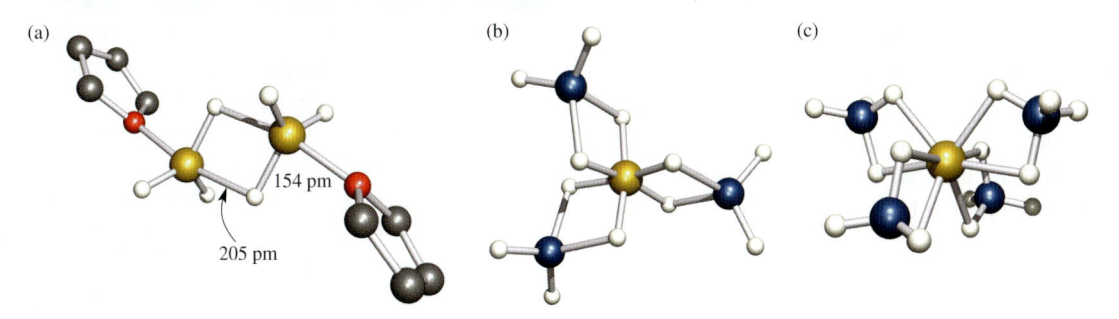

図 13・10　(a) $[Al_2H_6(THF)_2]$ の構造（173 K での X 線回折）．THF 配位子に含まれる水素原子は省略した．(b) 分光化学的研究から予測される $[Al(BH_4)_3]$ の構造．(c) 塩 $[Ph_3MeP][Al(BH_4)_4]$ における $[Al(BH_4)_4]^-$ の構造（X 線回折）．原子の色表示：B 青色，Al 金色，H 白色，O 赤色，C 灰色．［文献：(a) I. B. Gorrell *et al.* (1993) *J. Chem. Soc., Chem. Commun.*, p. 189，(b) D. Dou *et al.* (1994) *Inorg. Chem.*, vol. 33, p. 5443］

---

* 超共役の議論については，つぎを参照．M.B. Smith and J. March (2000) *March's Advanced Organic Chemistry: Reactions, Mechanisms and Structure*, 5th edn, Wiley, New York.

$3Li[AlH_4] + AlCl_3 \longrightarrow \frac{4}{n}[AlH_3]_n + 3LiCl$ (13.19)

$[AlH_3]_n$ は 423 K 以上の高温では不安定で,分解して元素単体を生じるが,この熱不安定性を利用して Al 薄膜を生成できる.水素化アルミニウムはルイス塩基と反応して,たとえば,$Me_3N \cdot AlH_3$ を生じる(**反応13.26** 参照).そこでは Al 中心は四面体形配位をとっている.p ブロック元素では一般的だが,同族の重い元素ほど高い配位数をとる傾向がある.その一例は,$THF \cdot AlH_3$ であり,固体状態では非対称な Al−H−Al 架橋をもつ二量体である(図 13・10a).

InH_3 の存在は 2004 年に確認されたが(マトリックス単離された InH_3 の赤外スペクトルデータに基づく),TlH_3 は未だ単離されていない.ホスフィン電子供与体を含む多くの InH_3 付加体が単離されてきた.**13.5** や **13.6** はその例であり,固体状態(298 K)では安定だが,溶液中では分解する*.

(13.5)   (13.6)
Cy = シクロヘキシル

$[MH_4]^-$ イオン

§10・7 において,$[BH_4]^-$ と $[AlH_4]^-$ の合成と還元剤としての性質について述べ,反応 13.8 と 13.9 に $Na[BH_4]$($[BH_4]^-$ を含む最も重要な塩)が B_2H_6 の前駆体として利用されることを示した.テトラヒドリドホウ酸(1−)ナトリウムは非揮発性の白色結晶性固体であり,NaCl 型構造をもつ典型的なイオン性固体である.乾燥空気中では安定である.水には可溶であるが,熱力学的にではなく速度論的に水中で安定である.Et_2O には不溶だが,THF やポリエーテルには可溶である.$Na[BH_4]$ は塩としての性質を示すが,他のいくつかの金属の誘導体は共有結合的な性質を示し,M−H−B 3c-2e 相互作用をもつ.その一例は $[Al(BH_4)_3]$(図 13・10b)であり,そこでは $[BH_4]^-$ が,構造 **13.7** のように**二座配位子**(bidentate ligand)として振舞う.*trans*-$[V(BH_4)_2(Me_2PCH_2CH_2PMe_2)_2]$ においては,各 $[BH_4]^-$

(13.7)   (13.8)

は**単座配位子**(monodentate ligand, **13.8**)として B−H−V 架橋を形成し,$[Zr(BH_4)_4]$ においては,十二配位の Zr(IV) 中心が 4 個の**三座配位子**(tridentate, **13.9**)によって取囲まれている.錯形成においては,中心金属の還元を伴う場合(反応 13.20)も伴わない場合(反応 13.21)もある.

(13.9)

$2[VCl_4(THF)_2] + 10[BH_4]^-$
$\longrightarrow 2[V(BH_4)_4]^- + 8Cl^- + B_2H_6 + H_2 + 4THF$ (13.20)

$HfCl_4 + 4[BH_4]^- \longrightarrow [Hf(BH_4)_4] + 4Cl^-$ (13.21)

$[Al(BH_4)_3]$ はテトラヒドリドホウ酸(1−)イオンのアルミニウム(III)錯体としてよく知られているが,その錯体 $[Ph_3MeP][Al(BH_4)_4]$(図 13・10c)の構造が X 線回折を用いて初めて解明されたのは 1994 年のことである.この錯体は反応 13.22 によって合成されるが,八配位の Al(III) 中心を含む分子の初めての例であり,配位環境はおよそ十二面体形である(**図 20・9** を参照).

$[Al(BH_4)_3] + [BH_4]^- \longrightarrow [Al(BH_4)_4]^-$ (13.22)

溶液中では,$[BH_4]^-$ を含む多くの共有結合性錯体が,NMR 分光法の時間スケールで観測可能な動的挙動をする.たとえば,$[Al(BH_4)_3]$ の ^1H NMR スペクトルは室温で 1 本のシグナルしか示さない.

例題 13.4　$[BH_4]^-$ を含む錯体の動的挙動

$[Ph_3MeP][Al(BH_4)_4]$ 溶液の室温での ^{11}B NMR スペクトルは,強度が二項係数比の明確に分離した五重線(δ −34.2 ppm, $J = 85$ Hz)を示す.298 K でのこの化合物の ^1H NMR スペクトルは,δ 7.5〜8.0(多重線),2.8(二重線,$J = 13$ Hz)および 0.5 ppm(非常にブロード)にシグナルを示す.後者のシグナルは試料を 203 K まで冷却してもブロードなままである.これらのデータを解釈せよ.なお $[Al(BH_4)_4]^-$ の固体状態での構造を図 13・10 に示し,NMR データを表 3・3 に記す.

解答　まず,出発点として固体状態での構造を考えよ.しかし NMR スペクトルは溶液中での試料と関係していることに留意せよ.

---

* 三水素化インジウム錯体を概観する場合は,つぎの文献を参照せよ. C. Jones (2001) *Chem. Commun.*, p. 2293.

^{1}H NMR スペクトルにおける $\delta\,7.5\sim8.0$ ppm の多重線は [Ph$_3$MeP]$^+$ の Ph プロトンに帰属され，$\delta\,2.8$ ppm の二重線は ^{31}P 核（$I=\frac{1}{2}$，100%）とカップルした Me プロトンに帰属される．$\delta\,0.5$ ppm のシグナルはホウ素に結合したプロトンに由来する．

固体状態においては，各 [BH$_4$]$^-$ は 2 個の Al-H-B 相互作用を介して結合している．H 環境には末端（8H）と架橋（8H）の 2 種類がある．^{11}B に結合した ^{1}H 核についての 1 本のブロードなシグナルは，末端プロトンと架橋プロトンを交換するフラクショナル（動的）な過程があることと一致している．

^{11}B NMR スペクトルで強度が二項係数比の五重線が観測されたことは，各 ^{11}B 核（すべてが等価な環境にある）が NMR 時間スケールで等価な（すなわち，動的過程にある）4 個の ^{1}H 核とカップルしていることと一致する．

練習問題

H$_3$Zr$_2$(PMe$_3$)$_2$(BH$_4$)$_5$（化合物 **A**）の固体構造の概念図を下に示す．そこには三座の [BH$_4$]$^-$ が 4 個，二座の [BH$_4$]$^-$ が 1 個，架橋ヒドリド配位子が 3 個含まれている．

273 K において，**A** の ^{11}B NMR スペクトルは 2 組の五重線（$\delta\,-12.5$ ppm, $J=88$ Hz および $\delta\,-9.8$ ppm, $J=88$ Hz，相対積分値 3：2）を示す．^{1}H NMR スペクトル（273 K）は，$\delta\,3.96$ ppm に 1 組の三重線（$J=14$ Hz, 3H），$\delta\,1.0$ ppm に 1 組の三重線（$J=3$ Hz, 18H），および相対積分値 3：2 の 2 組の 1：1：1：1 四重線（$J=88$ Hz）を示す．これらのスペクトルデータを解釈し，スピン-スピン結合が何に起因するかをそれぞれ説明せよ．核スピンデータについては表 3・3 を参照せよ． ［答 つぎを参照せよ． J. E. Gozum *et al.* (1991) *J. Am. Chem. Soc.*, vol. 113, p. 3829］

塩 Li[AlH$_4$] は還元剤や水素化剤として広く用いられている．反応 13.23 や 13.24 によって白色固体として得られ，乾燥空気中では安定だが，水で分解する（式 13.25）．

$$4\text{LiH} + \text{AlCl}_3 \xrightarrow{\text{Et}_2\text{O}} 3\text{LiCl} + \text{Li[AlH}_4\text{]} \tag{13.23}$$

$$\text{Li} + \text{Al} + 2\text{H}_2 \xrightarrow{250\,\text{bar},\,400\,\text{K},\,\text{エーテル}} \text{Li[AlH}_4\text{]} \tag{13.24}$$

$$\text{Li[AlH}_4\text{]} + 4\text{H}_2\text{O} \rightarrow \text{LiOH} + \text{Al(OH)}_3 + 4\text{H}_2 \tag{13.25}$$

水素化アルミニウムの付加体は [AlH$_4$]$^-$ から得ることができ（例，反応 13.26），なかには有機化学における重要な還元剤や重合触媒になるものがある．

$$3\text{Li[AlH}_4\text{]} + \text{AlCl}_3 + 4\text{Me}_3\text{N} \rightarrow 4\text{Me}_3\text{N}\cdot\text{AlH}_3 + 3\text{LiCl} \tag{13.26}$$

化合物 Li[EH$_4$]（E = Ga, In, Tl）は低温で合成され（例，反応 13.27）が，熱的に不安定である．

$$4\text{LiH} + \text{GaCl}_3 \rightarrow \text{Li[GaH}_4\text{]} + 3\text{LiCl} \tag{13.27}$$

13・6 ハロゲン化物およびハロゲン化物錯体

ハロゲン化ホウ素：BX$_3$ および B$_2$X$_4$

三ハロゲン化ホウ素は，普通の条件下では単量体で平面三角形構造（**13.10**）をもち，対応する Al 化合物よりも格段に揮発性が高い．三フッ化ホウ素 BF$_3$ は無色気体（沸点 172 K）で，BCl$_3$（融点 166 K，沸点 285 K）と BBr$_3$（融点 227 K，沸点 364 K）は無色液体である．一方，BI$_3$ は白色固体（融点 316 K）である．低温 X 線回折データに基づくと，BCl$_3$ と BI$_3$ は，固体状態では孤立した平面三角形分子である．

	B-X 距離
X = F	131 pm
X = Cl	174 pm
X = Br	189 pm
X = I	210 pm

(13.10)

BF$_3$ の一般的な合成法を式 13.28 に示す．この方法では，生成する H$_2$O は過剰に存在する H$_2$SO$_4$ によって吸収される．三フッ化ホウ素は湿潤空気中では激しく発煙し，過剰の H$_2$O によって一部加水分解される（式 13.29）．低温で BF$_3$ を少量の H$_2$O と作用させると，付加体 BF$_3\cdot$H$_2$O および BF$_3\cdot$2H$_2$O が得られる．

$$\text{B}_2\text{O}_3 + 3\text{CaF}_2 + 3\text{H}_2\text{SO}_4 \xrightarrow{\text{濃硫酸}} 2\text{BF}_3 + 3\text{CaSO}_4 + 3\text{H}_2\text{O} \tag{13.28}$$

$$4\text{BF}_3 + 6\text{H}_2\text{O} \rightarrow 3[\text{H}_3\text{O}]^+ + 3[\text{BF}_4]^- + \text{B(OH)}_3 \tag{13.29}$$

純粋なテトラフルオロホウ酸 HBF$_4$ は単離できないが，Et$_2$O 溶液，または組成表示が [H$_3$O][BF$_4$]$\cdot$4H$_2$O の水溶液とし

て購入できる．また反応 13.30 によって合成できる．

$$B(OH)_3 + 4HF \longrightarrow [H_3O]^+ + [BF_4]^- + 2H_2O \quad (13.30)$$

テトラフルオロホウ酸は非常に強い酸である．HF と BF_3 の混合物は，非常に強いプロトン供与体であるが，HF と SbF_5 の混合物（§9・7 参照）ほどは強くない．$[BF_4]^-$ を含む塩は合成化学において頻繁に使用されている．$[BF_4]^-$（$[PF_6]^-$ 構造 **15.33** と類似）は金属への配位はできるが，配位力は非常に弱い．したがって陽イオンを沈殿させるのに "化学的な影響を及ぼさない（innocent）" 陰イオンとしてよく用いられる．$KF + BF_3$ と KBF_4 の安定性に関しては §6・16 を参照せよ．

$[BF_4]^-$ は固体反応 13.31 を用いて $[B(CN)_4]^-$ に変換できる．そして反応 13.32 と 13.33 に例示したように，$Li[B(CN)_4]$ からさまざまな塩を得ることができる．

$$K[BF_4] + 4KCN + 5LiCl \xrightarrow[\text{溶媒なし}]{573\ K} Li[B(CN)_4] + 5KCl + 4LiF \quad (13.31)$$

$$Li[B(CN)_4] \xrightarrow{HCl,\ {}^nPr_3N} [{}^nPr_3NH][B(CN)_4] + LiCl \quad (13.32)$$

$$[{}^nPr_3NH][B(CN)_4] + MOH \xrightarrow{H_2O} M[B(CN)_4] + H_2O + {}^nPr_3N$$
$$M = Na,\ K \quad (13.33)$$

練習問題

1. $[BF_4]^-$ が属する点群は何か，答えよ．$[BF_4]^-$ が 2 本の赤外活性な T_2 振動モードをもつ理由を説明せよ．

[答 図 4・16 とそれに付随する説明を参照せよ]

2. $[Bu_4N][B(CN)_4]$ の $CDCl_3$ 溶液の ${}^{13}C$ NMR スペクトルでは（溶媒のシグナルおよび $[Bu_4N]^+$ のシグナルに加えて）1：1：1：1 の多重線がそれより強度の低い 1：1：1：1：1：1：1 の多重線と重なっている．両方のシグナルとも δ 122.3 ppm を中心とし，2 組の多重線の結合定数はそれぞれ 71 Hz および 24 Hz である．このスペクトルパターンが表れる理由を述べよ． [答 §3・11，具体例 4 を参照．スペクトルの図は E. Bernhardt *et al.* (2000) *Z. Anorg. Allg. Chem.*, vol. 626, p. 560 を参照]

三フッ化ホウ素はエーテル類，ニトリル類，およびアミン類とさまざまな錯体を生成し，その付加体 $Et_2O \cdot BF_3$（**13.11**）が市販されている．この付加体は 298 K では液体であるため，BF_3 の等価体として簡便に取扱うことができ，フリーデル・クラフツ型アルキル化およびアシル化などの有機反応における触媒として広く応用されている．

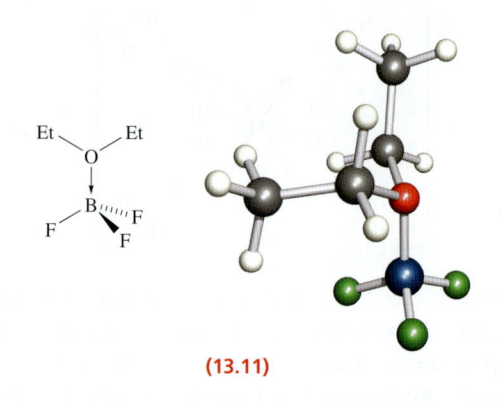

BCl_3 および BBr_3 は，それぞれ B と Cl_2 および B と Br_2 との反応で生成するが，BI_3 は反応 13.34 あるいは 13.35 で合成される．これら 3 種の三ハロゲン化物はすべて水で分解し（式 13.36），また遊離プロトンをもつ無機または有機化

(13.11)

合物と反応して，HX（X = Cl，Br，I）を生成する．したがって，BF_3 は NH_3 と付加体を形成するが，BCl_3 は液体 NH_3 と反応して $B(NH_2)_3$ を生成する．付加体 $H_3N \cdot BCl_3$ は，主生成物が $(ClBNH)_3$ である BCl_3 と NH_4Cl の反応（式 13.61 参照）から低収率ではあるが単離でき，不活性雰囲気下では室温で安定である．$H_3N \cdot BCl_3$ は，固体状態ではエタンのようなねじれた（staggered）配座をとり，N−H⋯Cl 相互作用を含む分子間水素結合をもつ．

$$BCl_3 + 3HI \xrightarrow{\text{加熱}} BI_3 + 3HCl \quad (13.34)$$

$$3Na[BH_4] + 8I_2 \longrightarrow 3NaI + 3BI_3 + 4H_2 + 4HI \quad (13.35)$$

$$BX_3 + 3H_2O \longrightarrow B(OH)_3 + 3HX \quad X = Cl,\ Br,\ I \quad (13.36)$$

$[BCl_4]^-$，$[BBr_4]^-$，$[BI_4]^-$ は $[BF_4]^-$ とは異なり，$[{}^nBu_4N]^+$ のようなサイズの大きな陽イオンの存在下でのみ安定である．

BF_3，BCl_3 および BBr_3 のうちの 2 種か 3 種を含む混合物においては，ハロゲン原子の交換が起こり，BF_2Cl，$BFBr_2$，$BFClBr$ などを生じる．それらの生成は ${}^{11}B$ および ${}^{19}F$ NMR 分光法を用いて観察できる（章末の**問題 3.32** を参照）．

BF_3，BCl_3，BBr_3 による付加体生成の熱力学については数多くの研究が行われてきた．気相中における NM_3（ルイス塩基 L）との反応から，付加体の安定性の順序は $L \cdot BF_3 < L \cdot BCl_3 < L \cdot BBr_3$ であることが示された．これと同じ順序が，ニトロベンゼン溶液中での反応 13.37 における $\Delta_r H^\circ$ 値でも示されている．

$$\text{py(soln)} + BX_3(g) \longrightarrow \text{py} \cdot BX_3(\text{soln}) \quad \text{py} = \text{（ピリジン構造）} \quad (13.37)$$

この順序はハロゲンの電気陰性度から予測される順序と逆であるが，付加体生成時の結合の変化を考えることによって，合理的に説明できる．BX_3 において，B−X 結合には π 結合性が一部含まれている（図 13・11a，§5・3 参照）．ルイス塩基 L との反応では，B 中心での立体化学が平面三角形

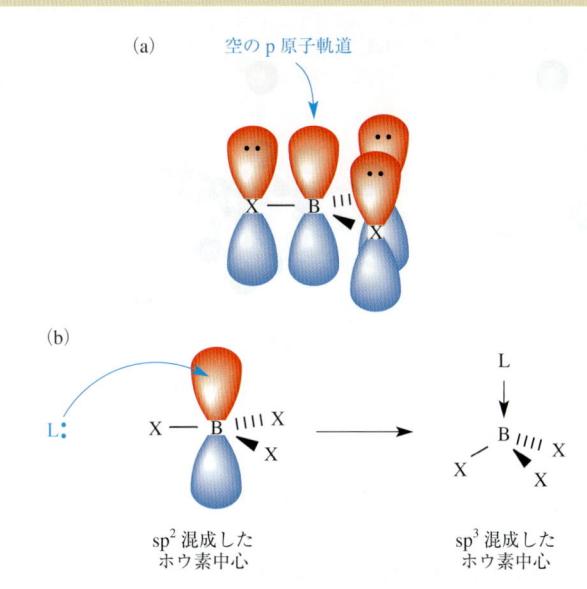

図 13・11 (a) 平面三角形 BX_3 における部分的な π 結合の生成は，充填した X 原子上の p 原子軌道からホウ素上の空の 2p 原子軌道への電子密度の供与の観点で考えることができる．(b) BX_3 とルイス塩基 L との反応は平面三角形（sp^2 ホウ素中心）から四面体形（sp^3 ホウ素中心）分子への変化を起こす．

から四面体形へと変化するので，B–X 結合への π 結合性の寄与は失われる（図 13・11b）．実際に，B–F 結合距離は BF_3 における 130 pm から $[BF_4]^-$ における 145 pm へ伸びることが観察されており，上記の考え方を支持している．付加体の生成は形式的には，(i) 平面三角形から三方錐形 B への変形，および (ii) 1 個の L → B 配位結合の形成，の 2 段階で起こるとみなすことができる．第一段階は吸熱的であるが，第二段階は発熱的である．三方錐形の BX_3 中間体は単離できず，仮想的状態でしかない．観測される付加体の安定性の順序は，π 結合性（BF_3 で最大）の欠如に伴う項と L → B 結合の生成に伴う項のエネルギー差に基づいて理解できる．BX_3 中の B–X 結合距離（BF_3 130 pm, BCl_3 176 pm, BBr_3 187 pm）の増加の方が X の r_{cov}（F 71 pm, Cl 99 pm, Br 114 pm）の増加より大きいという事実が，BX_3 における π 結合性の度合が $BF_3 > BCl_3 > BBr_3$ の順序であることを示している．

上記の三ハロゲン化ホウ素中の π 結合の存在こそが，なぜ重い 13 族元素のハロゲン化物が多量体（例 Al_2Cl_6）なのに，これらの分子が単量体なのかの理由であるといわれてきた．各族の第一列元素を含む化合物の π 結合の方が，常に，二列目以降の元素の化合物の π 結合よりも強い（例，C と Si（第 14 章），N と P（第 15 章）の化学を比較せよ）．BF_3，BCl_3 および BBr_3 のルイス酸強度の違いについては，別の説明の仕方もある．それは，B–X 結合へのイオン性の寄与（図 5・10）が BF_3 において最大であり，BBr_3 で最小であることに基づく．そのため，BX_3 から $L \cdot BX_3$ に変わる

際の B–X 結合の伸長に伴う再配向エネルギーは $BF_3 > BCl_3 > BBr_3$ の順になり，$L \cdot BF_3$，$L \cdot BCl_3$，$L \cdot BBr_3$ のうち $L \cdot BF_3$ の生成が最も不利となる．CO のように非常に弱いルイス塩基については，BX_3 から $OC \cdot BX_3$ になっても BX_3 ユニットの幾何構造はほとんど変化しない．この場合，観測される錯体安定性は $OC \cdot BF_3 > OC \cdot BCl_3$ であり，BX_3 分子の極性に左右される BX_3 のルイス酸強度と合致している．

13 族元素のなかで，B だけが $X_2B–BX_2$ 型のハロゲン化物を生成する．しかし，それらと B 以外の元素の $LX_2M–MX_2L$（M = Al, Ga；L = ルイス塩基）型の付加体（例，構造 **13.18**）とは近い関係にある．298 K では，B_2Cl_4 は不安定な無色液体であり，BCl_3 と Cu 蒸気を液体 N_2 で冷却した表面に共凝縮させることによって合成される．B_2Cl_4 は SbF_3 との反応によって B_2F_4（298 K で無色気体）に変換される．化合物 B_2Br_4 は容易に加水分解される液体で，B_2I_4 は薄黄色固体である．固体状態で B_2F_4 と B_2Cl_4 は平面形（D_{2h}，**13.12**）である．気相では B_2F_4 は平面形を保つが，B_2Cl_4 は

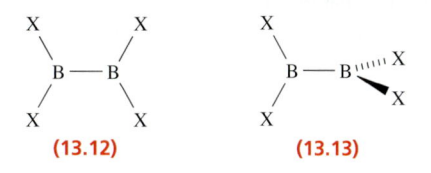

(13.12)　　(13.13)

ねじれた構造をもつ（D_{2d}，**13.13**）．B_2Br_4 は気相，液相，固相でねじれた構造をとる．これらの異なる構造をとる理由を説明するのは容易ではない．

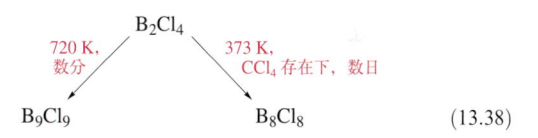

$$B_9Cl_9 \xleftarrow{720\text{ K,}\ 数分} B_2Cl_4 \xrightarrow{373\text{ K,}\ CCl_4\ 存在下,\ 数日} B_8Cl_8 \quad (13.38)$$

B_2X_4（X = Cl, Br, I）の熱分解によって，BX_3 と B_nX_n 型（X = Cl, $n = 8 \sim 12$；X = Br, $n = 7 \sim 10$；X = I, $n = 8$ または 9）のクラスター化合物が生じる．反応条件を精密に調節することによって，ある程度，選択的な合成を達成できる（例，式 13.38）が，複数の生成物が混在しやすいため，これらのクラスターの一般的な合成ルートとして確立することは難しい．B_9X_9（X = Cl, Br, I）については，ラジカル機構が提案されている反応 13.39 と 13.40 を用いて，上記の反応より高収率で合成することができる．

$$B_{10}H_{14} + \tfrac{26}{6}C_2Cl_6 \xrightarrow[470\text{ K, 2 日}]{封管中,} B_9Cl_9 + BCl_3 + \tfrac{26}{3}C + 14HCl \quad (13.39)$$

$$B_{10}H_{14} + 13X_2 \xrightarrow[470\text{ K, 20 時間}]{オートクレーブ中,} B_9X_9 + BX_3 + 14HX$$
(X = Br または I)
(13.40)

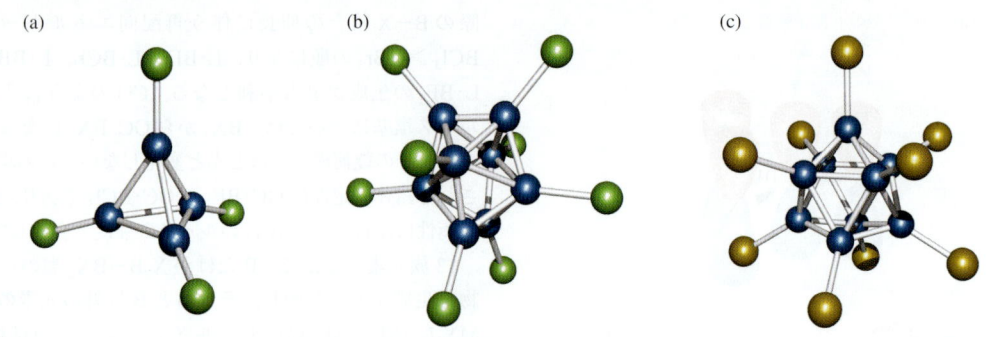

図 13・12 B_nX_n ($X = Cl, Br, I$) 分子群はクラスター構造をもつ．(a) B_4Cl_4 は四面体形骨格，(b) B_8Cl_8 は十二面体クラスター骨格，(c) B_9Br_9 は三面冠三角柱形骨格をもつ．原子の色表示：B 青色，Cl 緑色，Br 金色．

B_9X_9 を I^- を用いて還元すると，最初にアニオンラジカル $[B_9X_9]^{\cdot-}$ が生じ，つぎに $[B_9X_9]^{2-}$ が生じる．B_9Cl_9，B_9Br_9，$[Ph_4P][B_9Br_9]$ および $[Bu_4N]_2[B_9Br_9]$ については，固体状態の構造が決定され，どのクラスターも三面冠三角柱形 (tricapped trigonal prismatic) 構造 (図 13・12c) をもつことが明らかになった．この結果は，式 13.41 に示したような多段階の酸化還元を行っても構造が維持されるという，主族クラスター骨格の特殊な例であることを示している．ただし，各還元段階で，クラスター骨格内の結合距離が大きく変化する．

$$B_9Br_9 \xrightarrow{1e^- 還元} [B_9Br_9]^{\cdot-} \xrightarrow{1e^- 還元} [B_9Br_9]^{2-}$$
三面冠三角柱形クラスター骨格の保持

(13.41)

クラスター B_4Cl_4 は Hg 存在下，BCl_3 ガス中で放電することによって得られる．図 13・12 に B_4Cl_4 と B_8Cl_8 の構造を示す．B_4Cl_4 の反応はクラスター骨格を保持しながら（例，反応 13.42），またはその骨格の断片化を起こしながら（例，反応 13.43）進行する．B_8Cl_8 の反応はかごの拡張を伴う（例，反応 13.44）ことが多い．例外はフリーデル・クラフツ臭素化であり，B_8Br_8 が生成する．

$$B_4Cl_4 + 4Li^tBu \longrightarrow B_4{}^tBu_4 + 4LiCl \quad (13.42)$$

$$B_4Cl_4 \xrightarrow{480\,K,\ CFCl_3} BF_3 + B_2F_4 \quad (13.43)$$

$$B_8Cl_8 \xrightarrow{AlMe_3} B_9Cl_{9-n}Me_n \quad n = 0-4 \quad (13.44)$$

これらのクラスターの結合の解析には常に問題がつきまとう．末端 B–X 結合は局在した 2c–2e 相互作用と考えられる．そうすると，残る価電子の数は，B_n 骨格中の B–B 相互作用が局在しているとみなした場合には，不足することに

なる．この問題については，§13・11 末で再度取扱う．

Al(III)，Ga(III)，In(III)，Tl(III) ハロゲン化物とそれらの錯体

Al, Ga, In, Tl の三フッ化物は不揮発性固体であり，その最も優れた合成法は，金属（またはその単純な化合物の一つ）を F_2 でフッ素化することである．AlF_3 は反応 13.45 によっても合成される．

$$Al_2O_3 + 6HF \xrightarrow{970\,K} 2AlF_3 + 3H_2O \quad (13.45)$$

これらの三フッ化物は，いずれも融点が高く，無限構造をもつ．AlF_3 においては，各 Al 中心は八面体形で 6 個の F 原子で囲まれ，各 F 原子が 2 個の Al 中心を架橋している．八面体形 AlF_6 ユニットは他の Al フッ化物にもみられる構造である．Tl_2AlF_5 は，AlF_6 八面体が互いに対角の頂点を共有して一次元に連結してできるポリマー鎖を含む（**13.14** か **13.15** で表される）．また，$TlAlF_4$ と $KAlF_4$ では，AlF_6 八面

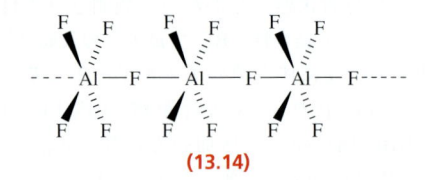

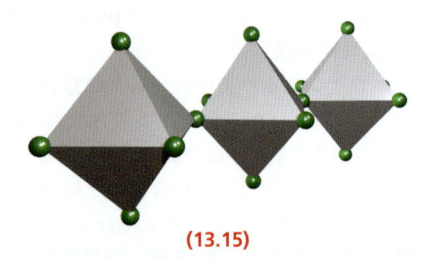

(13.14)

(13.15)

体は互いに 4 個の頂点を共有して結合し，層状構造を形成する．塩である $[pyH]_4[Al_2F_{10}]\cdot 4H_2O$（$[pyH]^+$＝ピリジニウムイオン）では，2 個の稜共有（edge-sharing）八面体 AlF_6 ユニットを含む．その構造を 2 種の表記法で構造 **13.16**

構造をとる．固体の AlCl$_3$ は八面体形 AlCl$_3$ ユニットが連結した層状構造をもつ．気体状態では二量体構造となり，その二量体分子は無機溶液中でも存在する．高温でのみ単量体 MX$_3$ への解離が起こる．単量体では 13 族金属中心のまわりは平面三角形構造であるが，二量体ではハロゲン原子の非共有電子対による X → M 配位結合形成によって四面体形構造が生じる（図 13・14）．

水を固体 AlCl$_3$ に注ぐと，激しい加水分解が起こるが，希薄な水溶液では［Al(OH$_2$)$_6$］$^{3+}$（式 7.34 参照）と Cl$^-$ が存在する．Et$_2$O のような配位性溶媒中で，AlCl$_3$ は 13.11 と構造的に類似した Et$_2$O·AlCl$_3$ のような付加体を生成する．AlX$_3$（X = Cl, Br, I）は，NH$_3$ とは H$_3$N·AlX$_3$ を生成し，（H$_3$N·BCl$_3$ の場合と同様に）固体状態では，N–H···X 相互作用を含む分子間水素結合が存在する（AlCl$_3$ 付加体の商業的応用については Box 13・4 に特集する）．Cl$^-$ の AlCl$_3$ への付加によって四面体形［AlCl$_4$］$^-$ が生成するが，この反応はフリーデル・クラフツアシル化およびアルキル化に重要であり，最初の段階の反応は式 13.47 に要約される．

$$RC\overset{+}{\equiv}O + [AlCl_4]^- \xleftarrow{RC(O)Cl} AlCl_3 \xrightarrow{RCl} R^+ + [AlCl_4]^- \quad (13.47)$$

ガリウムとインジウムの三塩化物および三臭化物も付加体を生成する．配位数は 4，5 または 6 で化学式は［MCl$_6$］$^{3-}$，［MBr$_6$］$^{3-}$，［MCl$_5$］$^{2-}$，［MCl$_4$］$^-$，［MBr$_4$］$^-$（M = Ga, In）および L·GaX$_3$，L$_3$·InX$_3$（L = 中性ルイス塩基）である．［InCl$_5$］$^{2-}$ の正方錐構造はその［Et$_4$N］$^+$ 塩の X 線回折によって確定した．この構造は VSEPR モデルによって予想される

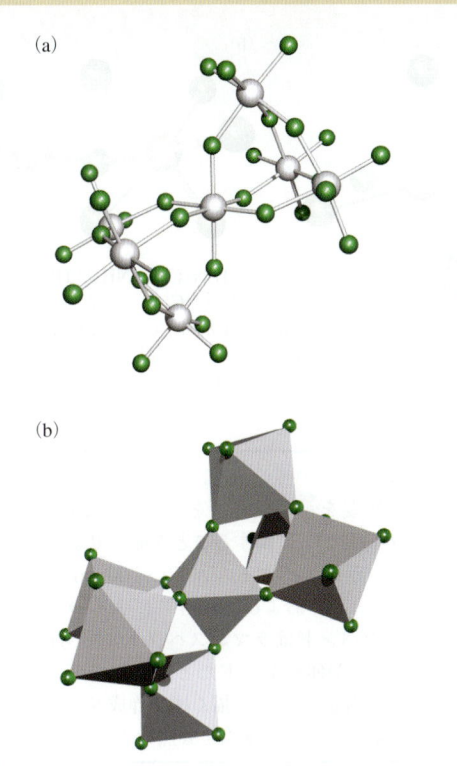

図 13・13 塩［NH(CH$_2$CH$_2$NH$_3$)$_3$］[H$_3$O][Al$_7$F$_{30}$] 中の［Al$_7$F$_{30}$］$^{9-}$ の（X 線回折）構造．[E. Goreshnik et al. (2002) Z. Anorg. Allg. Chem., vol. 628, p. 162]．(a) 構造の球棒モデル（原子の色表示：Al 薄灰色，F 緑色）および (b) 頂点共有八面体形 AlF$_6$ ユニットを示す多面体表示．

に示す．孤立した陰イオンである［Al$_7$F$_{30}$］$^{9-}$（図 13・13）や化合物［NH(CH$_2$CH$_2$NH$_3$)$_3$］$_2$[Al$_7$F$_{29}$]·2H$_2$O 中でポリマー鎖を形成する［Al$_7$F$_{29}$］$^{8-}$ には頂点共有（corner-sharing）AlF$_6$ ユニットが含まれている．

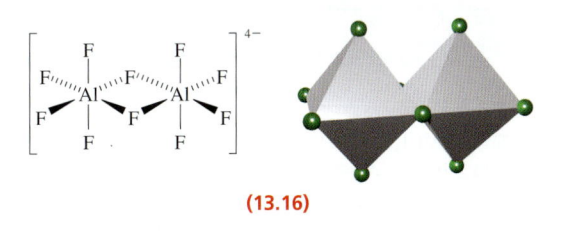

(13.16)

氷晶石（cryolite）Na$_3$[AlF$_6$]（§13・2 を参照）は天然に産するが，商業用に人工合成もされる（反応 13.46）．氷晶石の固体状態の構造は，ペロブスカイト型構造に関連している．

$$Al(OH)_3 + 6HF + 3NaOH \longrightarrow Na_3[AlF_6] + 6H_2O \quad (13.46)$$

化合物 MX$_3$（M = Al, Ga, In；X = Cl, Br, I）は各元素単体の直接的な化合によって得られる．それらは比較的揮発性が高く，固体状態では層状構造または二量体 M$_2$X$_6$ を含む

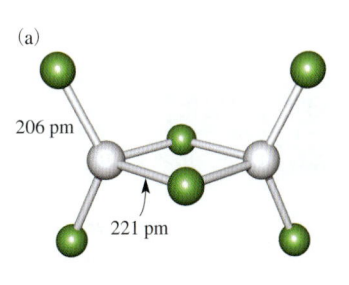

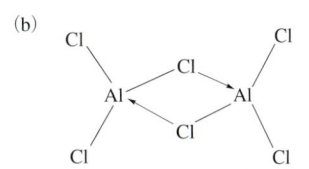

図 13・14 (a) 気相で決定された結合距離とともに示した Al$_2$Cl$_6$ の構造．Al$_2$Br$_6$，Al$_2$I$_6$，Ga$_2$Cl$_6$，Ga$_2$Br$_6$，Ga$_2$I$_6$，および In$_2$I$_6$ 中でも同様に，末端 M–X 結合距離は架橋 M–X 結合距離より短い．AlCl$_3$ 単量体においては，Al–Cl 距離は 206 pm．原子の色表示：Al 薄灰色，Cl 緑色．(b) Al への Cl 非共有電子対供与を示す Al$_2$Cl$_6$ 中の結合．

ものではないが，一般に五配位幾何構造間のエネルギー差は小さいことが多く，どちらの幾何構造が優先されるかは結晶パッキング力などに左右される．

Tl(Ⅲ)ハロゲン化物は軽い13族元素のハロゲン化物より安定性が低い．$TlCl_3$ と $TlBr_3$ は非常に不安定で Tl(Ⅰ)ハロゲン化物へ変化しやすい（式13.48）．

$$TlBr_3 \longrightarrow TlBr + Br_2 \qquad (13.48)$$

化合物 TlI_3 はアルカリ金属三ヨウ化物と同形（isomorphous）であり，実際に三ヨウ化タリウム(Ⅰ)，**13.17** である．しかし過剰な I^- と処理すると，興味深い酸化還元反応が起こり，$[TlI_4]^-$ が生成する（§**13・9**参照）．複数の酸化状態をとるすべての金属の二元ハロゲン化物では一般的な特徴として，フッ化物からヨウ化物の方にいくほど，高い酸化状態の安定性が落ちる．これはイオン性化合物については，格子エネルギーの観点で容易に説明できる．MX と MX_3 (X＝ハロゲン)についての格子エネルギー値の差は最小陰イオンで最大である（**式6.16**参照）．

$$Tl^+ \quad \begin{bmatrix} I\text{---}I\text{---}I \end{bmatrix}^-$$
(13.17)

タリウム(Ⅲ) は，$TlCl_3$ に塩化物塩を付加して合成される塩化物錯体では4を超える高い配位数をとる．$[H_3N(CH_2)_5NH_3][TlCl_5]$ の陰イオンについて正方錐構造が決定された（図13・15a）．$K_3[TlCl_6]$ において，陰イオンは予測される八面体構造をとり，$Cs_3[Tl_2Cl_9]$ の陰イオン中の Tl(Ⅲ) 中心も八面体構造をとる（図13・15b）．

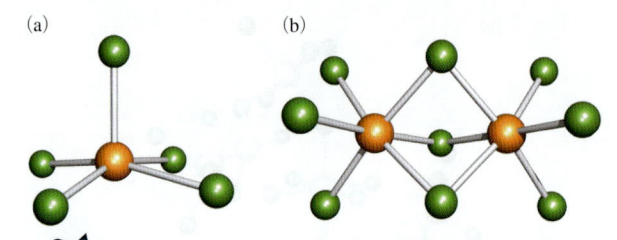

図 13・15 (a) 塩 $[H_3N(CH_2)_5NH_3][TlCl_5]$ 中のX線回折で決定された $[TlCl_5]^{2-}$ 部分の構造 [M.A. James *et al.* (1996) *Can. J. Chem.*, vol. 74, p. 1490]．(b) $Cs_3[Tl_2Cl_9]$ 中の $[Tl_2Cl_9]^{3-}$ 部分の結晶学的に決定された構造．原子の色表示：Tl 橙色，Cl 緑色．

練習問題
1. §**4・4**に概要を示した方法を用いて，AlI_3 と Al_2I_6 がそれぞれ点群 D_{3h} と D_{2h} に属することを確認せよ．
2. AlI_3 蒸気の赤外スペクトルが 50～700 cm^{-1} の領域で測定された．427，147 および 66 cm^{-1} に3本の吸収が観測され，66 cm^{-1} のバンドはラマンスペクトルでも観測される．427 cm^{-1} の吸収が伸縮モードだと仮定して，上記3本のバンドを帰属し，振動モードを描く図を作成せよ．
[答　図4・14と付随する議論を参照せよ]

低酸化状態の Al，Ga，In，Tl ハロゲン化物

ハロゲン化アルミニウム(Ⅰ) は，ハロゲン化 Al(Ⅲ) と Al を 1270 K で反応させ，そのあと急冷することによって生成する．赤色の AlCl は，金属アルミニウムを HCl と 1170 K で処理することによっても生成する．この一ハロゲン化物は

応用と実用化

Box 13・4　ルイス酸による顔料の可溶化

コーティング，印刷および情報保存への顔料の利用が拡大しているが，顔料は不溶性のために薄膜作製が困難である．それに対して色素の方が取扱いやすい．Xerox 社の研究で，ルイス酸錯体がある顔料を可溶化し，薄膜を作製するのに利用できることがわかった．たとえば，下に示す感光性のペリレン誘導体は $AlCl_3$ と付加体を生成する．錯形成は $MeNO_2$ 溶液中で起こり，つぎにその溶液は表面コート用に利用できる．水で洗浄するとルイス酸を除去でき，感光性顔料の薄膜が残る．ルイス酸による顔料の可溶化（Lewis acid pigment solubilization：LAPS）法は多層光伝導体の作製に用いられ，画期的な技術革新の未来を担っていると期待される．

さらに勉強したい人のための参考文献
B. R. Hsieh and A. R. Melnyk (1998) *Chemistry of Materials*, vol. 10, p. 2313 – 'Organic pigment nanoparticle thin film devices via Lewis acid pigment solubilization'.

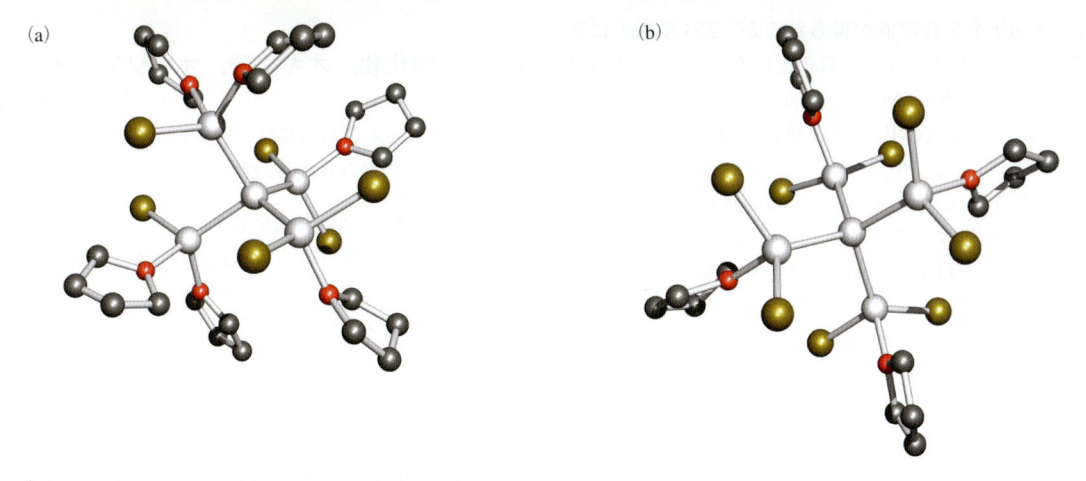

図 13・16 アルミニウム次ハロゲン化物 'Al$_5$Br$_7$・5THF' における (a) [Al$_5$Br$_6$(THF)$_6$]$^+$ および (b) [Al$_5$Br$_8$(THF)$_4$]$^-$ の構造（X線回折）[C. Klemp et al. (2000) Angew. Chem. Int. Ed., vol. 39, p. 3691]. 原子の色表示：Al 薄灰色, Br 金色, O 赤色, C 灰色.

不安定で不均化を起こしやすい（式 13.49）．

$$3AlX \longrightarrow 2Al + AlX_3 \quad (13.49)$$

AlBr と PhOMe を 77 K で反応させ，その後 243 K まで加温すると，[Al$_2$Br$_4$(OMePh)$_2$] **13.18** が生じる．この化合物は空気および湿気に敏感であり，298 K で分解するが，上述の化合物 X$_2$B-BX$_2$ と密接に関連している．[Al$_2$I$_4$(THF)$_2$]（**13.19**, THF: テトラヒドロフラン）の結晶は，AlI を THF およびトルエンと共凝縮することによって生成する準安定な AlI・THF のトルエン溶液から析出する．**13.18** と **13.19** における Al-Al 結合距離は

(13.18)

(13.19)

それぞれ 253 pm および 252 pm であり，単結合の距離 (r_{cov} = 130 pm) と一致する．AlBr を THF およびトルエンと共凝縮すると，その溶液から [Al$_{22}$Br$_{20}$(THF)$_{12}$] および [Al$_5$Br$_6$(THF)$_6$]$^+$[Al$_5$Br$_8$(THF)$_4$]$^-$（図 13・16）を単離できる．その際，金属アルミニウムも析出する．[Al$_{22}$Br$_{20}$(THF)$_{12}$]（**13.20**）の構造は二十面体形の Al$_{12}$ 骨格からなる．これら 12 個の Al 原子のうちの 10 個が AlBr$_2$(THF) ユニットと結合しており，THF ドナーは，残りの 2 個の Al 原子に配位している．かご状 Al$_{12}$ 骨格内の Al-Al 距離は 265～276 pm の範囲にあるが，Al$_{12}$ 骨格外の Al との Al-Al 距離は 253 nm である．Al$_{12}$ 骨格内とその外側の Al 原子に対する形式酸化状態は，それぞれ 0 と +2 であるとみなされる．化合物 Ga$_2$Br$_4$py$_2$（py；ピリジン）は **13.18** および **13.19** と類似した構造をもち，その Ga-Ga 結合距離 242 pm は単結合（r_{cov} = 122 pm）に相当する．

Al（赤色）は，末端の AlBr$_2$(THF) ユニットと結合している Al 原子を表す

(13.20)

塩化ガリウム(I) は，GaCl$_3$ を 1370 K で加熱すると生じるが，純粋な化合物としては単離されていない．臭化ガリウム(I) も高温で合成できる．薄緑色で不溶性粉末の 'GaI' は，金属 Ga と I$_2$ を加えたトルエン溶液に超音波を当てることによって合成できる．この物質はガリウム次ハロゲン化物の混合物のようであり，Ga$_2$[Ga$_2$I$_6$] はその主成分である．GaBr を 77 K でトルエンおよび THF と共凝縮すると，

準安定な GaBr を含む溶液が得られるが，253 K 以上に加温すると，不均化して Ga と $GaBr_3$ になる．しかし 195 K でその溶液に $Li[Si(SiMe_3)_3]$ を加えると，低酸化状態のガリウムを含む複数の化学種を単離できる（式 13.50）．$Ga_{22}\{Si(SiMe_3)_3\}_8$ は，中心の Ga 原子が Ga_{13} かごで囲まれた構造からなり，そのかごの 8 個の正方形面を $Ga\{Si(SiMe_3)_3\}$ ユニットが面冠している[*1]．有機金属 Ga 種の前駆体として GaBr と GaI を利用する例を §19・4 に記す[*2]．

$$GaBr + LiR \quad R = Si(SiMe_3)_3$$
THF-トルエンとの共凝縮
(i) 195 K
(ii) 298 K まで加温

(13.50)

GaCl₃ を Ga とともに加熱すると，化学量論が 'GaCl₂' の化合物が生成するが，この化合物は結晶学的および磁気的データから $Ga^+[GaCl_4]^-$ であることが示されている．In(I)/In(III) の混合原子価化合物である $In[InCl_4]$ は，Ga 類縁体と同様な方法で合成される．InCl は $InCl_3/In$ の反応混合物から単離することができ，ひずんだ NaCl 型構造をもつ，InCl は，ほとんどの有機溶媒に実質不溶である．

ハロゲン化タリウム(I) TlX は，いくつかの点でハロゲン化銀(I) と類似した安定な化合物である．フッ化タリウム(I) は水に易溶であるが，TlCl, TlBr および TlI は水にほとんど溶けない．この溶解性の傾向は，ハロゲン化物イオンが大きくなるにつれて 'イオン性' 格子中の共有結合性の寄与が増加することに起因している．この傾向はハロゲン化銀(I) にみられる傾向と一致している（§6・15 参照）．固体状態では，TlF はひずんだ NaCl 型構造をとるが，TlCl と TlBr は CsCl 型構造をとる．TlI は二形（dimorphic）である．443 K 以下では黄色形で，NaCl 型構造に基づいているが，隣接する層が互いにずれた構造をとる．一方，443 K 以上では赤色形で，CsCl 型構造の結晶になる．高圧下では TlCl, TlBr および TlI は金属的な性質を示す．

13・7 酸化物，オキソ酸，オキソアニオンおよび水酸化物

p ブロック元素においては一般的に，族の下方ほど塩基性が高くなる傾向がみられる．たとえば，

- ホウ素酸化物は強い酸性を示す．
- アルミニウムとガリウムの酸化物は両性（amphoteric）である．
- インジウムとタリウムの酸化物は強い塩基性を示す．

酸化タリウム(I) は水に溶解し，生じる水酸化物は KOH と同程度に強力な塩基である．

ホウ素の酸化物，オキソ酸およびオキソアニオン

ホウ素のおもな酸化物 B_2O_3 は，ホウ酸を赤熱下で脱水させることによってガラス状固体として（式 13.2），または制御された条件下での脱水反応によって結晶として得られる．後者の結晶は平面形 BO_3 ユニット（B-O = 138 pm）からなる三次元の共有結合性構造をもつ．BO_3 ユニットは O 原子を共有するが，隣どうしで交互にねじれており，堅固な格子をつくっている．高圧下，803 K では，さらに高密度な相への転移が起こり，密度は 2.56 から 3.11 g cm⁻³ まで増加する．第二の多形は四面体形 BO_4 ユニットを含むが，その 3 個の O 原子が 3 個の BO_4 ユニットで共有されているので不規則な構造をとる．B_2O_3 を B と 1273 K で熱すると BO が生成する．その構造はまだ解明されていないが，水と反応して $(HO)_2BB(OH)_2$（図 13・18 を参照）を生成することから，B-B 結合をもつことが示唆される．B_2O_3 の多形の例である平面三角形および四面体形の B はホウ素-酸素系の化学においてよくみられる．

B_2O_3 の商業的な重要性はホウケイ酸ガラス工業での利用である（**Box 13・5** を参照）．B_2O_3 はルイス酸として，高価値の触媒である．B_2O_3 と P_4O_{10} の反応で生成する BPO_4 はアルケンの水和とアミドのニトリルへの脱水を触媒する．BPO_4 の構造は SiO_2 中の Si 原子が交互に B 原子と P 原子によって置換されたものとみなせる（§14・9 参照）．

例題 13.5 等電子関係

BPO_4 の構造は，SiO_2 の構造において Si 原子が交互に B 原子と P 原子によって置換された構造に相当する．この記述と等電子の概念との関連性について説明せよ．

[*1] メタロイド Al および Ga クラスター分子に関するさらなる情報はつぎを参照せよ．H. Schnöckel (2005) *Dalton Trans.*, p. 3131; A. Schnepf and H. Schnöckel (2002) *Angew. Chem. Int. Ed.*, vol. 41, p. 3532.

[*2] GaI の概要については，つぎを参照せよ．R.J. Baker and C. Jones (2005) *Dalton Trans.*, p. 1341 – '"GaI": A versatile reagent for the synthetic chemist'.

解答 周期表における B, P および Si の位置を考えてみよう.

	13	14	15
	B	C	N
	Al	Si	P
	Ga	Ge	As

価電子だけを考えると, B^- は Si と等電子的, P^+ は Si と等電子的, BP は Si_2 と等電子的である.

したがって, SiO_2 の固体構造における Si 原子 2 個を B と P 原子で置換しても系の価電子数には影響を与えない.

練習問題

1. リン化ホウ素 BP は閃亜鉛鉱型構造で結晶化する. この構造と単体のケイ素の構造との関係について説明せよ.
[答 図 6・19 を参照, そして上述した等電子関係を考えよ]

2. $[CO_3]^{2-}$ と $[BO_3]^{3-}$ が等電子的である理由を説明せよ. それらは等構造的か.
[答 B^- は C と等電子的;両方とも平面三角形]

3. $[B(OMe)_4]^-$, $Si(OMe)_4$ および $[P(OMe)_4]^+$ について, 互いに等電子的であるか, ならびに等構造であるかについて説明せよ. [答 B^-, Si, および P^+ は等電子的(価電子に関して);すべて四面体形]

B_2O_3 に水がゆっくりと取込まれて $B(OH)_3$(オルトホウ酸またはホウ酸)を生成するが, 1270 K 以上で溶融 B_2O_3 は急激に水蒸気と反応して $B_3O_3(OH)_3$ を与える(メタホウ酸, 図 13・17a). 工業的には, ホウ酸はホウ砂から得られ(反応 13.1), $B(OH)_3$ を加熱すると $B_3O_3(OH)_3$ に変化する. オルトおよびメタの両ホウ酸がともに層状構造をもち, それ

応用と実用化

Box 13・5 ガラス工業における B_2O_3

西欧と米国におけるガラス工業は, 世界で消費される B_2O_3 の約半分を占める(図 13・4b を参照). 溶融 B_2O_3 は金属酸化物に溶解し, 金属ホウ酸塩を生成する. Na_2O や K_2O と溶融させると高粘性の溶融相を形成し, それを急冷するとガラスができる. 適切な金属酸化物を融合すると着色した金属ホウ酸塩ガラスになる. ホウケイ酸ガラスは商業的に格別に重要であり, B_2O_3 と SiO_2 を一緒に溶融させてつくられるが, 金属酸化物成分を加える場合もある. ホウケイ酸ガラスの代表例は**パイレックス**(Pyrex)であり, ガラス食器やほとんどの実験用ガラス器具の製造に用いられる. パイレックスガラスは含まれる SiO_2 の割合が高く線膨張係数が低いため, 熱した後に急冷しても割れない. またアルカリや酸への耐食性もある. 屈折率は 1.47 であり, 純粋なパイレックスガラス製品を重量比 16/84 の $MeOH/C_6H_6$ 混合液に浸漬すると, 混合液と区別がつかなくなる("消失した"かのようにみえる). これはガラス製品の 1 片がパイレックスでできているか否かを調べる素早い方法である. 石英ガラスの線膨張係数はパイレックスガラスより小さい(3.3 に対して 0.8)が, 石英ガラスに対してホウケイ酸ガラスがきわめて優位な点は, その加工性である. 石英ガラスの軟化点(したがって, ガラスを加工したり, 吹いたりできるようになる温度)は 1983 K であるが, パイレックスの軟化点は 1093 K である.

右に示す写真はアリゾナ大学ミラー研究所である. この研究所は, 光学用および赤外望遠鏡用の大型で軽量な鏡の製造に特化している. 各鏡はハチの巣型のデザインをもち, ホウケイ酸からつくられる. 溶融, 型入れがなされ, 回転炉でスピンキャストされ, 最後に研磨される. ここで示す 8.4 メートル幅をもつ鏡は, このタイプの最初の例であり, Large Binocular Telescope(巨大双眼望遠鏡, アリゾナ州 Mount Graham)のために 1997 年に完成した.

ガラス繊維は 2 種のカテゴリーに分類できる. 一つは織物用繊維でもう一つは断熱用ガラス繊維である. 織物用繊維には, アルミノホウケイ酸ガラスが最も広く応用されている. この繊維は高い張力と低い熱膨張率をもち, 補強プラスチックに利用されている. 断熱用ガラス繊維は ≈55~60% SiO_2, ≈3% Al_2O_3, ≈10~14% Na_2O, 3~6% B_2O_3, および CaO, MgO, ZrO_2 などの他の成分を含む.

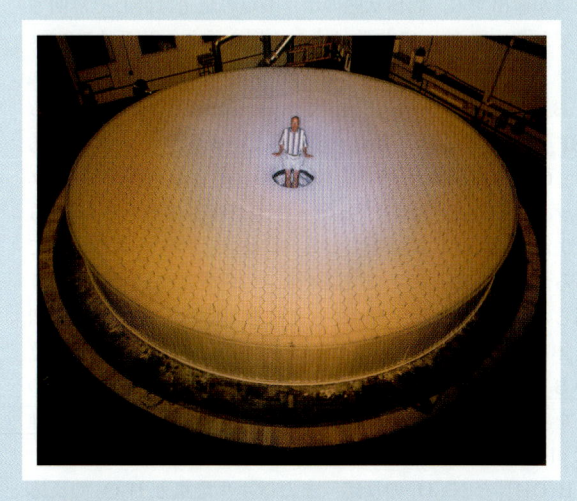

研究者の Roger Angel と Large Binocular Telescope(巨大双眼望遠鏡)のためのホウケイ酸ガラス鏡
[David Parker/Science Photo Library/amanaimages]

らの結晶中では分子が水素結合で連結している．$B(OH)_3$ の滑らかな触感，ならびにその潤滑剤としての用途は，その層状構造に由来する（図 13・17b）ためである．$B(OH)_3$ は水溶液中で弱酸としてふるまうが，ブレンステッド酸（式 13.51）というよりむしろルイス酸である．1,2-ジオールとのエステル生成により酸強度が増加する（式 13.52）．自然界におけるホウ酸エステルの重要性は **Box 13・1** で紹介した．

$$B(OH)_3(aq) + 2H_2O(l) \rightleftharpoons [B(OH)_4]^-(aq) + [H_3O]^+(aq)$$
$$pK_a = 9.1 \quad (13.51)$$

(13.52)

二ボロン酸 $B_2(OH)_4$ は B_2Cl_4 の加水分解によって得られる．ホウ酸と同じように，二ボロン酸は層状構造の結晶を与え，各層は水素結合した分子で構成されている（図 13・18）．

多くのホウ酸陰イオンが存在し，天然には**コールマン石**（colemanite, $Ca[B_3O_4(OH)_3]\cdot H_2O$），**ホウ砂**（borax, $Na_2[B_4O_5(OH)_4]\cdot 8H_2O$），**ケルナイト**（kernite, $Na_2[B_4O_5(OH)_4]\cdot 2H_2O$）および**ウレキサイト**（ulexite, 曹灰硼石，$NaCa[B_5O_6(OH)_6]\cdot 5H_2O$）のような金属ホウ酸塩化合物が産出する．固体状態のホウ酸塩の構造は詳しく解明されており，図 13・19 に陰イオンの例を示す．平面形 BO_3 ユニットにおいては B–O ≈ 136 pm であるが，四面体形 BO_4 においては B–O ≈ 148 pm である．この増加は BF_3 から $[BF_4]^-$ へ変わる際の観測事実（§ 13・6 参照）と同様であり，O の非共有電子対を含む B–O π 結合が平面形 BO_3 ユニットに存在しており，このπ結合が四面体形 BO_4 になると失われることに関係している．固体状態のデータは豊富であるが，水溶液中のホウ酸陰イオンの性質についてはあまり知られていない．^{11}B NMR 分光法を用いて平面三角形と四面体形 B の差を区別することができ，そのデータは三配位の B のみを含む化学種が溶液中で不安定であり，四配位の B をもつ化学種へ素早く変換されることを示す．溶存化学種は pH や温度にも依存する．

$B(OH)_3$ と Na_2O_2 の反応，またはホウ酸塩と H_2O_2 の反応で，ペルオキソホウ酸ナトリウム（一般的には，過ホウ酸ナトリウムとして知られている）が生じる．これは洗剤の主要成分であり，水中で加水分解して H_2O_2 を生じるため，脱色

図 13・17 (a) メタホウ酸 $B_3O_3(OH)_3$ の構造．(b) ホウ酸（オルトホウ酸）$B(OH)_3$ の固体状態の格子 1 層の一部の図式表現．各分子内の共有結合は太線で示され，分子間水素結合は赤の破線で示されている．水素結合は非対称で，O–H = 100 pm，O⋯O = 270 pm である．

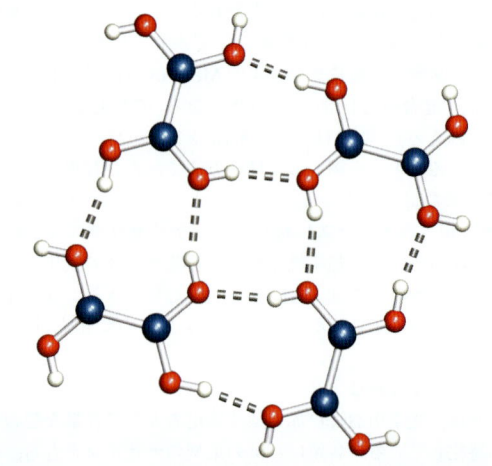

図 13・18 X 線回折によって決定された $B_2(OH)_4$ の固体構造の 1 層の一部．[R. A. Baber *et al.* (2003) *New J. Chem.*, vol. 27, p. 773]．この構造は水素結合相互作用のネットワークによって保持されている．

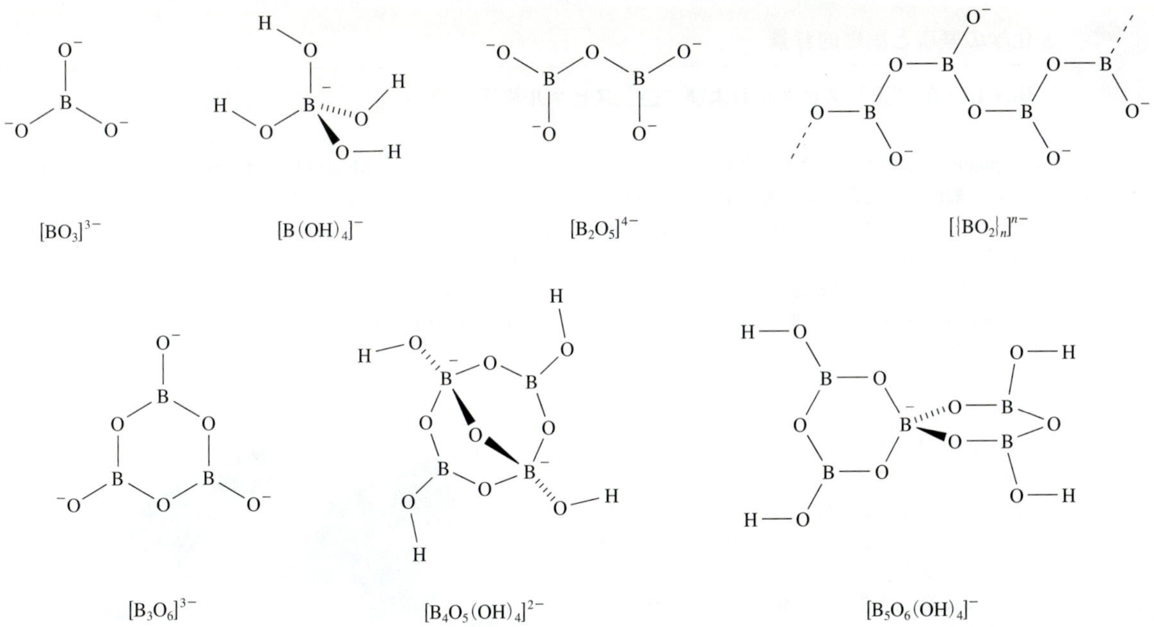

13・7 酸化物，オキソ酸，オキソアニオンおよび水酸化物   339

[BO₃]³⁻   [B(OH)₄]⁻   [B₂O₅]⁴⁻   [{BO₂}ₙ]ⁿ⁻

[B₃O₆]³⁻   [B₄O₅(OH)₄]²⁻   [B₅O₆(OH)₄]⁻

図 13・19 ホウ酸陰イオンの例．平面三角形および四面体形の B 原子があり，各四面体形 B は負電荷をおびている．$[B_4O_5(OH)_4]^{2-}$ は，鉱物，ホウ砂，ケルナイトに存在している．二ホウ酸イオン $[B_2O_5]^{4-}$ 中の B-O-B 結合角は共存する陽イオンによって異なる．たとえば，$Co_2B_2O_5$ では ∠B-O-B = 153°，$Mg_2B_2O_5$ では ∠B-O-B = 131.5° である．

剤として働く．ペルオキソホウ酸ナトリウムは，工業的スケールではホウ砂の電解酸化によって製造される．ペルオキソホウ酸ナトリウムの固体構造は X 線回折によって決定されており，陰イオン **13.21** を含むこの化合物は $Na_2[B_2(O_2)_2(OH)_4] \cdot 6H_2O$ と表される．

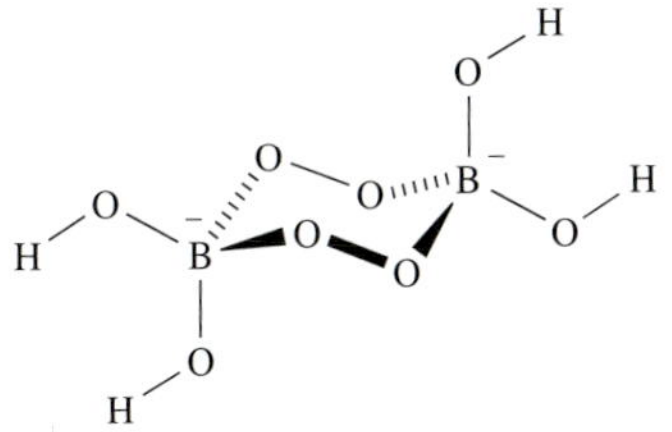

(13.21)

アルミニウムの酸化物，オキソ酸，オキソアニオンおよび水酸化物

酸化アルミニウムは 2 種の形，α-アルミナ（コランダム，corundum）および γ-Al_2O_3（活性アルミナ）として産出する．α-Al_2O_3 の固体状態の構造は，八面体間隙サイトの 3 分の 2 を占める陽イオンと O^{2-} の hcp（六方最密充填）配列からなる．α-アルミナは非常に硬く，比較的反応性が低い（たとえば，耐酸性がある）．その密度（4.0 g cm⁻³）は欠陥のあるスピネル型構造をもつ γ-Al_2O_3 の密度（3.5 g cm⁻³）（**Box 13・6** と **§21・10** を参照）より高い．α 型は $Al(OH)_3$ または AlO(OH) を約 1300 K で脱水することによって得られるが，720 K 以下での γ-AlO(OH) の脱水では γ-Al_2O_3 が生成する．$Al(OH)_3$ と AlO(OH) はともに天然に，**ダイアスポア**（diaspore）α-AlO(OH)，**ベーム石**（boehmite）γ-AlO(OH)，および**ギブス石**（gibbsite）のような鉱物として産する．α-$Al(OH)_3$（バイヤライト bayerite）は天然には存在しないが，反応 13.53 によって人工的に合成できる．Al 塩の溶液に NH_3 を加えると γ-AlO(OH) の沈殿が生じる．

$$2Na[Al(OH)_4](aq) + CO_2(g)$$
$$\longrightarrow 2Al(OH)_3(s) + Na_2CO_3(aq) + H_2O(l) \quad (13.53)$$

γ-Al_2O_3，AlO(OH) および $Al(OH)_3$ の触媒的性質および吸着性によって，このグループの化合物は商業的にはかり知れないほど貴重なものになっている．$Al(OH)_3$ の用途の一つは**媒染剤**（mordant）であり，色素を吸着して織物を染色するのに用いられる．γ-Al_2O_3 および $Al(OH)_3$ の両性の性質は反応 13.54〜13.57 に示されている．式 13.56 は，$Al(OH)_3$ を過剰のアルカリに溶解した際に**アルミン酸イオン**（aluminate）が生成することを示す．

$$\gamma\text{-}Al_2O_3 + 3H_2O + 2[OH]^- \longrightarrow 2[Al(OH)_4]^- \quad (13.54)$$
$$\gamma\text{-}Al_2O_3 + 3H_2O + 6[H_3O]^+ \longrightarrow 2[Al(OH_2)_6]^{3+} \quad (13.55)$$
$$Al(OH)_3 + [OH]^- \longrightarrow [Al(OH)_4]^- \quad (13.56)$$
$$Al(OH)_3 + 3[H_3O]^+ \longrightarrow [Al(OH_2)_6]^{3+} \quad (13.57)$$

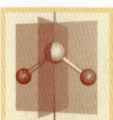

化学の基礎と論理的背景

Box 13・6 "正"スピネルおよび"逆"スピネル格子

スピネル（spinel）とよばれる大きな鉱物群の組成は一般式 AB_2X_4（X は一般的には酸素，金属 A と B の酸化状態はそれぞれ +2 と +3）で示される．その代表例には $MgAl_2O_4$（スピネルそのものであり，それに基づいてこの集団の名前がつけられた），$FeCr_2O_4$（**クロム鉄鉱** chromite）および Fe_3O_4（**磁鉄鉱** magnetite, Fe(II)Fe(III)混合酸化物）がある．スピネル族は，硫化物，セレン化物およびテルル化物も含み，+4 と +2 の金属イオンを含む場合もある．その例は $TiMg_2O_4$ であり，一般的には Mg_2TiO_4 と書かれる．下記の議論では，A^{2+} と B^{3+} を含むスピネル型化合物に焦点を絞る．

スピネル格子は，幾何学的にはそれほど単純ではなく，O^{2-} の立方最密配列とその四面体間隙の 8 分の 1 に A^{2+} が充填し，八面体間隙の半分に B^{3+} が充填したものとみなすことができる．単位格子は 8 個の組成式ユニットをもち，$[AB_2X_4]_8$ と記される．

少なくとも金属のうちの 1 種が d ブロック元素である混合金属酸化物 AB_2X_4（例 $CoFe_2O_4$）には，スピネル格子内 A^{2+} サイトの半分を B^{3+} で置き換えることで形成される**逆スピネル**（inverse spinel）型構造をもつものがある．

八面体サイトの占有は規則性をもつものと不規則なものがあるため，構造のタイプを単純に"正スピネル"や"逆スピネル"に分類することはできない．パラメーター λ は X^{2-} の最密配列の間隙サイトへの陽イオンの分布情報を与えるのに用いられる．λ は四面体間隙を占める B^{3+} の割合を示す．正スピネルにおいては $\lambda = 0$ で，逆スピネルでは $\lambda = 0.5$ である．したがって $MgAl_2O_4$ では $\lambda = 0$ であり，$CoFe_2O_4$ では $\lambda = 0.5$ である．他のスピネル型化合物は，0 と 0.5 の間の λ 値をもつ．たとえば，$MgFe_2O_4$ では $\lambda = 0.45$ であり，$NiAl_2O_4$ では $\lambda = 0.38$ である．正スピネル型構造と逆スピネル型構造のどちらが優位になるかを支配する因子については §21・10 で議論する．

Fe_3O_4 の逆スピネル型構造で単位格子と Fe 中心の四面体形および八面体形の環境を示す．各四面体および八面体の頂点は O 原子によって占められている．

クロマトグラフィーの固定相としての用途には，酸性，中性および塩基性のタイプのアルミナが市販されている．

多くのスピネル族（**Box 13・6**）やナトリウム β-アルミナ（**§28・3** を参照）を含むたくさんの Al と他の金属の混合酸化物の電気的および磁気的性質はきわめて重要な工業的用途をもつ．この節では $3CaO \cdot Al_2O_3$ を取上げるが，それはセメント製造における重要な役割をもち，孤立したアルミン酸イオンを含む．アルミン酸カルシウムは CaO と Al_2O_3 から合成され，その生成物は反応物の化学量論比に依存する．混合酸化物 $3CaO \cdot Al_2O_3$ は Ca^{2+} と $[Al_6O_{18}]^{18-}$ からなり，固体状態では環状陰イオン（**13.22**）を含み，それと Ca^{2+} は，Ca--O 相互作用を通して連結しておりひずんだ八面体形環境にある．この酸化物は**ポルトランドセメント**（Portland cement）（**§14・10** を参照）の主要成分で，$[Al_6O_{18}]^{18-}$ は $[Si_6O_{18}]^{12-}$（**§14・9** を参照）と等構造である．固体格子中のこれらの構造単位は，セメントの固化に不可欠な水和物生成を容易にする非常に開いた構造を形成する．

(13.22)

Ga, In, Tl の酸化物

重い 13 族金属元素の酸化物とその関連化合物は Al 化合物ほど関心をもたれていない．Al と同様に，ガリウムは Ga_2O_3, $GaO(OH)$, $Ga(OH)_3$ の複数の多形を形成し，それらの化合物は両性である．これは，In_2O_3, $InO(OH)$, $In(OH)_3$ が塩基性であるのとは対照的である．タリウムは

応用と実用化

Box 13・7　インジウム–スズ酸化物 (ITO) の異常な性質

インジウム–スズ酸化物 (ITO) は酸化スズをドープした酸化インジウムである．ITO の薄膜は商業的に高価値の性質を示す．それは透明で，電気伝導性で，赤外線を反射する．ITO の応用はさまざまであり，コンピューターのフラットパネルディスプレイ用，建築用ガラスパネルのコーティング用，そしてエレクトロクロミックデバイス用のコーティング剤として用いられる．自動車や航空機のフロントガラスや自動車の後部窓をコーティングすると，氷結を溶かすために電気的に熱することができる．ステルス機のような航空機のコックピット円蓋上の ITO (または関連物質) の薄膜は，飛行機のこの部分をレーダー探知されないようにし，ステルス機のレーダー捕捉を防御する精巧なデザインに寄与している．

宇宙船の外表面はすべて電気伝導性にすることによって，静電気の蓄積から防御されている．右上の写真は太陽観測衛星ユリシーズ (Ulysses；NASA と European Space Agency の共同ベンチャー) を示す．宇宙船の外側表面は多重層の絶縁膜と電気伝導性 ITO の層 (金色のブランケット) によって覆われている．ユリシーズは 1990 年に発射され 2008 年

太陽観測衛星ユリシーズ．[NASA Headquarters − Greatest Images of NASA (NASA-HQ-GRIN)]

に 3 度目の太陽極軌道を周回する役割を担っている．

関連情報：Box 23・4 エレクトロクロミズムを応用した'スマート'ウィンドウを参照．

M(I) 状態の酸化物をつくるという点で，この族のなかで特異的な存在である．Tl_2O は Tl_2CO_3 を N_2 中で加熱すると生成し，水と反応する (式 13.58)．

$$Tl_2O + H_2O \longrightarrow 2TlOH \qquad (13.58)$$

タリウム(III) は酸化物 Tl_2O_3 を形成するが，単純な水酸化物は形成しない．Tl_2O_3 は水に不溶であり，酸中では分解する．水和酸化物 $Tl_2O_3 \cdot xH_2O$ は，濃 NaOH 溶液中や $Ba(OH)_2$ 存在下で $Ba_2[Tl(OH)_6]OH$ を生成する．その固体状態では，$[Tl(OH)_6]^{3-}$ は Ba^{2+} および $[OH]^-$ と結合して K_2PtCl_6 に類似の構造をとる (§23・11 参照)．

13・8　含窒素化合物

BN ユニットは C_2 と等電子的であり，多くの炭素系物質のホウ素–窒素類縁体が存在する．しかしながら BN と CC ユニットとは構造的類似性が有効であっても，化学的に等価ではない．この違いを生じる理由は，電気陰性度 $\chi^P(B) = 2.0$, $\chi^P(C) = 2.6$，および $\chi^P(N) = 3.0$ を考慮すれば理解できる．

窒化物

窒化ホウ素 BN は硬く (昇華点 2603 K)，化学的にきわめて安定な化合物であり，セラミックス材料 (例，るつぼ製造) に用いられる．ホウ砂と $[NH_4]Cl$，B_2O_3 と NH_3，および $B(OH)_3$ と $[NH_4]Cl$ の組合わせの高温反応により合成される．高純度の窒化ホウ素は BF_3 または BCl_3 を NH_3 と反応させることによって得られる．BN 薄膜の作製については §28・6 に述べる．窒化ホウ素によく見られる構造は六角形の環を含む規則的な層状構造 (図 13・20, **図 14・4** と比較せよ) である．それらの層は B 原子が隣接層の N 原子と上下で重なるように，互い違いに連続して配列している．層内の B–N 距離は層間の B–N 距離より格段に短い (図 13・20)．表 13・2 には，B–N 結合をもつ他の化合物の B–N 距離との比較を示す．窒化ホウ素の B–N 結合は，ホウ素–窒素単結合とみなされる $Me_3N \cdot BBr_3$ のような付加体の B–N 距離より短く，六員環に直交した N 2p (占有) および B 2p (空) 軌道の重なり合いに基づく BN 中の π 結合の存在を意味する．層間距離 330 pm はファンデルワールス相互作用と一致しており，窒化ホウ素は優れた潤滑剤となる．グラファイトとは異なり，BN は白色で絶縁体である．この違いはバンド理論 (§6・8 参照) の観点で，B–N 結合が極性をもつため，窒化ホウ素の方がグラファイトよりバンドギャップが格段に大きくなると解釈できる．

層状構造の BN を触媒量の Li_3N または Mg_3N_2 の存在下，50 kbar 以上の条件下で約 2000 K に加熱すると，さらに高密度の多形で閃亜鉛鉱型構造 (§6・11 参照) をもつ立方晶型 BN へ転位する．表 13・2 に示すように，立方晶型 BN

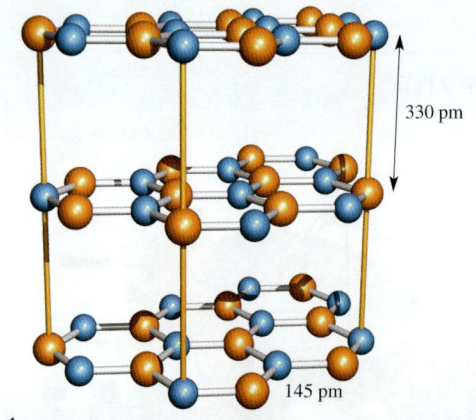

図 13・20 一般的な窒化ホウ素，BN の多形の層構造の一部．隣接層の六角形環は互い違いに重なり合い，B 原子と N 原子は重なっている．これは黄色線で強調されている．

のB-N結合距離はR_3N・BR_3付加体における値と同程度であり，層状形 BN（表 13・2 で六方晶型 $(BN)_n$）の値よりも長い．この事実も，層状形 BN の層内に π 結合が存在することを支持する．立方晶型 BN は，ダイヤモンド（**図 6・19**）に類似した構造をもっており，両物質は同程度に硬い．立方晶型 BN の結晶はボラゾン（borazon）とよばれ，研磨剤として利用されている．ウルツ鉱型構造をもつ窒化ホウ素の第三の多形は，層状形 BN を約 12 kbar で圧縮することによって生じる．

13 族金属のなかで，Al だけが直接 N_2 と反応して（1020 K），窒化物を生成する．AlN はウルツ鉱型構造をもち，熱い希アルカリ溶液で加水分解されて NH_3 を生じる．ガリウムとインジウムの窒化物もウルツ鉱型構造で結晶化するが，B や Al の窒化物よりも反応性が高い．半導体産業への応用において，13 族金属窒化物およびそれらと関連した MP，MAs，MSb（M = Al, Ga, In）化合物の重要性が拡大している（**§19・4** も参照）．

三元系ホウ素窒化物

三元系のホウ素の窒化物（すなわち，$M_xB_yN_z$ 型）は，ホウ素-窒素の化学としては比較的歴史の浅い物質系である．六方晶型 BN と Li_3N や Mg_3N_2 との高温反応ではそれぞれ Li_3BN_2 と Mg_3BN_3 を生じる．Na_3BN_2 を合成するには，Na_3N を出発物質として入手するのが難しいため，反応 13.59 が用いられる（**§11・4** 参照）．

$$2Na + NaN_3 + BN \xrightarrow{1300\ K,\ 4GPa} Na_3BN_2 + N_2 \quad (13.59)$$

Li_3BN_2，Na_3BN_2 および Mg_3BN_3 の構造決定によって，孤立した $[BN_2]^{3-}$ の存在が確認されている．したがって，Mg_3BN_3 は化学式を $(Mg^{2+})_3[BN_2]^{3-}(N^{3-})$ と記述する方が正しい．$[BN_2]^{3-}$（**13.23**）は CO_2 と等電子的かつ等構造である．

$$\overset{-}{N}=B=\overset{-}{N}$$
(13.23)

d ブロック金属イオンを含む三元系ホウ素窒化物はあまり調べられていない．一方，ランタノイド金属化合物については詳細な研究がなされており，その例には $[BN_2]^{3-}$，$[BN_3]^{6-}$，$[B_2N_4]^{8-}$，$[B_3N_6]^{9-}$ を含む $Eu_3(BN_2)_2$，$La_3[B_3N_6]$，$La_5[B_3N_6][BN_3]$，$Ce_3[B_2N_4]$ がある．ランタノイド（Ln）化合物である $Ln_3[B_2N_4]$ は，単位化学式当たり伝導電子を 1 個もち，$(Ln^{3+})_3[B_2N_4]^{8-}(e^-)$ と表記される．これらのニトリドホウ酸塩化合物は粉末のランタノイド金属，金属窒化物および六方晶型 BN を加熱する（1670 K 以上）か，Li_3BN_2 と $LaCl_3$ のメタセシス（複分解）反応によって生成する．イオン $[BN_3]^{6-}$ と $[B_2N_4]^{8-}$ は，それぞれ $[CO_3]^{2-}$ と $[C_2O_4]^{2-}$ と等電子類縁体である．$[BN_3]^{6-}$ 中の B-N 結合は互いに等価であり，**13.24** に示す共鳴構造の組合わせはこの描像と一致する．この結合様式は N 2p と B 2p 軌道との π 相互作用を含む非局在化結合モデルを用いて描くこともできる．同様に，共鳴構造の組または非局在化結合モデル

表 13・2 中性化合物におけるホウ素-窒素結合距離．全データは X 線回折によって決定された得られた値（≤ 298 K）

化学種	B-N 距離 / pm	注 釈
$Me_3N \cdot BBr_3$	160.2	単結合
$Me_3N \cdot BCl_3$	157.5	単結合
立方晶型 $(BN)_n$	157	単結合
六方晶型 $(BN)_n$	144.6	層内距離，**図 13・20** を参照，一部の π 結合の寄与
$B(NMe_2)_3$	143.9	一部の π 結合の寄与
$Mes_2\bar{B}=\bar{N}H_2$	137.5	二重結合
$Mes_2\bar{B}=\bar{N}=\bar{B}Mes_2$ †	134.5	二重結合
$^tBu\bar{B}\equiv\bar{N}\,^tBu$	125.8	三重結合

† Mes = 2,4,6-$Me_3C_6H_2$

13・8 含窒素化合物   343

> **実験テクニック**
>
> **Box 13・8 透過型電子顕微鏡（TEM）**
>
> 透過型電子顕微鏡（TEM）は物質の内部構造を観察する技術を提供し，高解像度の透過型電子顕微鏡（HRTEM）は原子レベルの像を観察できる．試料は超薄切片（200 nm 以下）にする必要があり，装置を作動させるには高真空が必要である．生物試料も調べることができるが，特別な試料作製が必要である．透過型電子顕微鏡においては，LaB_6 単結晶または高温に熱したタングステンフィラメントから出る高エネルギー（通常 100～400 keV）の電子ビームをエネルギー源として用いる．電子ビームの焦点は，いくつかの"コンデンサーレンズ"（すなわち，光学顕微鏡用の従来のレンズではなく，磁場によるレンズである）によって試料に合わせられる．ビームの一部は透過するが，他の電子は散乱する．透過したビームはいくつかの対物レンズを通って拡大像をつくり，蛍光面に投影される．永久保存用イメージが電荷結合素子（charge-coupled detector, CCD）を用いて記録される．TEM 像には異なるコントラストの領域が現れ（右図を参照），それらは異なる構造として解釈される．暗い領域は原子質量が大きい試料部分に対応する．
>
> TEM はナノスケール物質（nanoscale material）をイメージするのに最適である．たとえば，右の TEM 像は，オートクレーブ中において BBr_3 と NaN_3 との反応で生成した窒化ホウ素の中空球体を示している．
>
> $$BBr_3 + 3NaN_3 \xrightarrow{373\ K,\ 8\text{時間}} BN + 3NaBr + 4N_2$$
>
> X 線光電子分光（**Box 5・1** を参照）を用いて生成物の純度と組成が解析され，TEM は生じた窒化ホウ素の形状を調べるのに用いられている．その像は，試料の 30～40％が BN の中空球体（各球体が非常に明確な境界をもつ）からなることを明確に示している．その球体の外径は 100～200 nm の範囲にあり，壁の厚みは 10 nm 以下である．そのような中空窒化ホウ素の生成に関する研究は，ドラッグデリバリーや生物試剤のカプセル化に用いる中空ナノ粒子開発の先駆的展開の一例である．BN 中空球体は，窒化ホウ素や炭素のナノチューブ（**§28・8** を参照）と同様に，水素貯蔵材料（**Box 10・2** を参照）としての可能性ももつ． 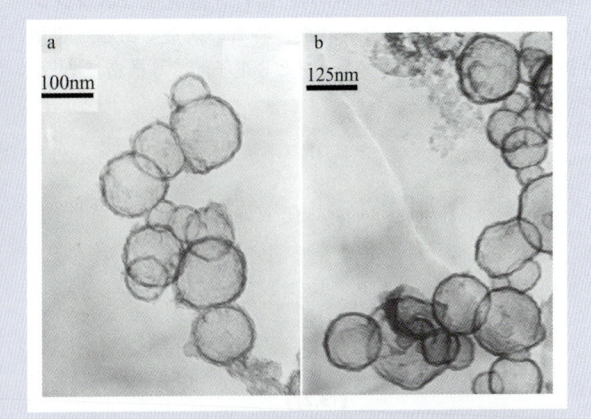
>
> 窒化ホウ素の中空球体の TEM 像．図 a では 100 nm，および図 b では 125 nm スケールバーで各球体の直径を見積ることができる．X. Wang *et al.* (2003) *Chem. Commun.*, p. 2688. ［王立化学協会］
>
> **さらに勉強したい人のための参考文献**
> E. M. Slayter and H. S. Slayter (1992) *Light and Electron Microscopy*, Cambridge University Press, Cambridge.

は $[B_2N_4]^{8-}$（**13.25**）および $[B_3N_6]^{9-}$（章末の**問題 13.31c** を参照）の結合を表す際にも必要となる．

$La_3[B_3N_6]$，$La_5[B_3N_6][BN_3]$ および $La_6[B_3N_6][BN_3]N$ の固体構造では，$[B_3N_6]^{9-}$ がいす形配座の B_3N_3 六員環（構造 **13.26**，B 原子は橙色で表示）を含んでいる．各ホウ素原子は平面上にあり，窒素との π 結合に関与できる．

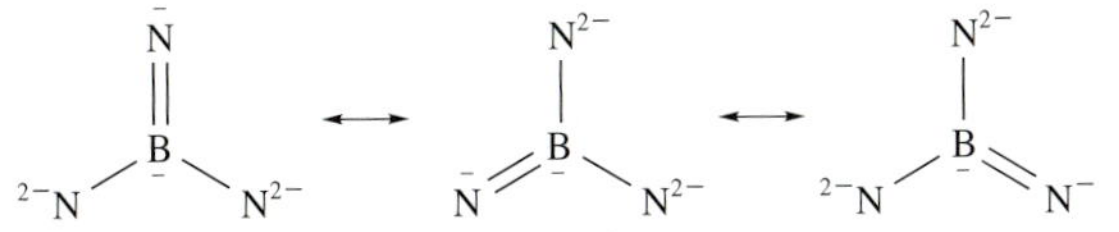

(13.24)

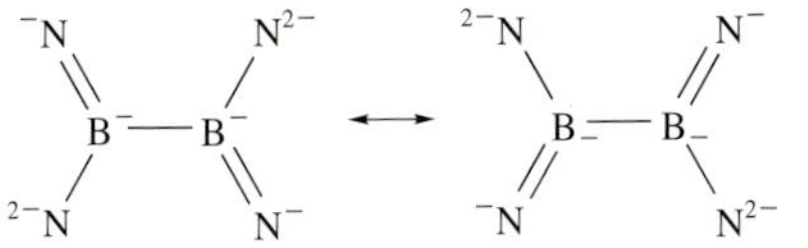

(13.25)

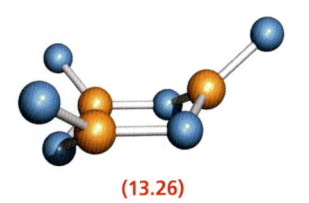

(13.26)

練習問題

化合物 $Mg_2[BN_2]Cl$ は $D_{\infty h}$ 点群に属す $[BN_2]^{3-}$ を含み，$Mg_2[BN_2]Cl$ のラマンスペクトルは $1080\ cm^{-1}$ に 1 本のシ

グナルを示す．(a) $[BN_2]^{3-}$ はどのような形か．(b) 観測されたラマン線を与える振動モードは何か．(c) なぜこの振動モードは赤外活性ではないのか．　　[答　構造 **13.23**，図 3・11 およびそれに付随する本文を参照]

B−N または B−P 結合を含む分子

付加体 $R_3N\cdot BH_3$ における B−N 単結合が生成については既述した．ここで，窒素−ホウ素多重結合をもつ化合物にも議論を広げよう．

層状形窒化ホウ素に六角形の B_3N_3 骨格構造は**ボラジン** (borazine) とよばれる化合物群に特有の構造である．親化合物 $(HBNH)_3$ **13.27** はベンゼンと等電子的で等構造である．

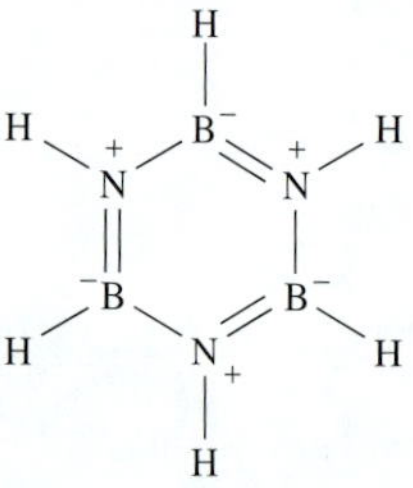

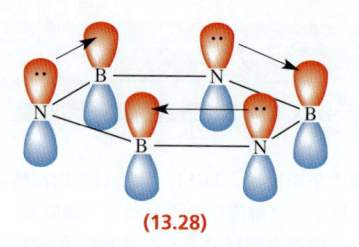

(13.28)

るにもかかわらず，B ($\chi^P = 2.0$) と N ($\chi^P = 3.0$) の相対的な電気陰性度を考慮すると，B が求核試薬の攻撃を受けやすく，N は求電子試薬との反応を好むことが理解できる（図 13・21）．したがって，ボラジンの反応性はベンゼンの反応

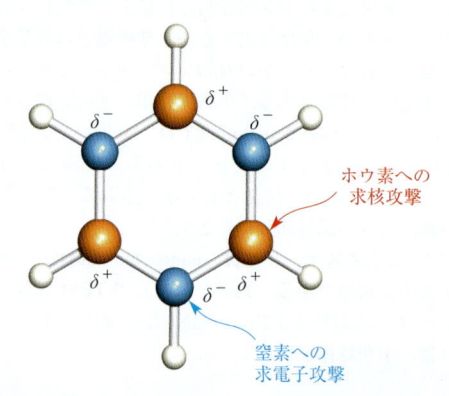

(13.27)

図 13・21　ボラジンにおいては，ホウ素と窒素の電気陰性度の差によって B 原子（橙色）と N 原子（青色）がそれぞれ求核攻撃および求電子攻撃を受けやすい電荷分布になる．

それは反応 13.60 によって B_2H_6（図 **13・7**）から，あるいは BCl_3 から得られる B-クロロ誘導体から（式 13.61）合成される．

$$NH_4Cl + Na[BH_4] \xrightarrow{-NaCl, -H_2} H_3N\cdot BH_3 \xrightarrow{加熱} (HBNH)_3 \quad (13.60)$$

$$BCl_3 + 3NH_4Cl \xrightarrow{420\,K,\ C_6H_5Cl} (ClBNH)_3$$

$$\xrightarrow{Na[BH_4]} (HBNH)_3 \quad (13.61)$$

反応 13.61 において NH_4Cl の代わりに塩化アルキルアンモニウムを用いると，N-アルキル誘導体 $(ClBNR)_3$ が生成し，さらに $Na[BH_4]$ と処理することによって $(HBNR)_3$ に変換できる．

ボラジンは無色液体（融点 215 K，沸点 328 K）で芳香をもち，物性はベンゼンと似ている．平面形 B_3N_3 環内の B−N 距離は等価で（144 pm），層状形 BN における距離に近い（表 13・2）．これは，**13.28** に示すように環のまわりの N 非共有電子対の非局在化の程度と一致する．構造 **13.27** にはボラジンの共鳴式の1例を示すが，それはベンゼンのケクレ構造と相似形である*．形式的な電荷分布図のようであ

性ときわめて対照的である．しかし，C_6H_6 が，たとえば，HCl や H_2O の付加に対して速度論的に不活性であることは留意しなければならない．式 13.62 と 13.63 はボラジンの代表的な反応を示し，化学式は B 置換体であるか，N 置換体であるかを表している．たとえば $(ClHBNH_2)_3$ は B に結合した Cl をもつ（すなわち B 置換体である）．

$$(HBNH)_3 + 3HCl \longrightarrow (ClHBNH_2)_3 \quad 付加反応 \quad (13.62)$$

$$(HBNH)_3 + 3H_2O \longrightarrow \{H(HO)BNH_2\}_3 \quad 付加反応 \quad (13.63)$$

これら反応の生成物はいずれもいす形配座をとる（シクロヘキサンと比較せよ）．$(ClHBNH_2)_3$ を $Na[BH_4]$ と反応させると $(H_2BNH_2)_3$ が生成する（図 13・22a）．

---

* 最近の理論研究は N の非共有電子対が局在している可能性を示唆している．つぎの文献を参照せよ．J. J. Engelberts, R. W. A. Havenith, J. H. van Lenthe. L.W. Jenneskens and P.W. Fowler (2005) *Inorg. Chem.*, vol. 44, p. 5266.

(13.29)

デュワーボラジン誘導体 **13.29** は立体的に嵩高い置換基を導入することによって安定化できる．図 13・22b に N,N',N''-^{t}Bu$_3$-B,B',B''-Ph$_3$B$_3$N$_3$ の構造を示す．B$_3$N$_3$ 骨格の'開いた本'配座はデュワーベンゼンの C$_6$ ユニットの配座とよく似ている．図 13・22b 中の結合距離を表 13・2 の値と比較することによって，**13.29** における真ん中の B－N 結合が典型的な単結合よりも長いこと，4 個の 155 pm の距離（図 13・22b）は単結合に対して予測される値に近いこと，そして，2 個の残りの B－N 結合距離が二重結合に相当することがわかる．デュワーボラジンはイミノボラン類 RBNR′（**13.30**）の環化三量化によって合成されているが，その環化三量化の過程は単純ではない＊．現在，RBNR′ 化合物群が知られており，嵩高い置換基や低温に保持することによって，速度論的に安定化して多量化を抑えることができる．たとえば，^{t}BuBN^{t}Bu（立体的に大きい t-ブチル基をもつ）の半減期（寿命）は 323 K で 3 日である．イミノボラン類は **13.31** 型の化合物から適当な化学種を遊離させることによって合成でき（例，式 13.64），それは三重結合に相当する非常に短い B－N 結合をもつ（表 13・2）．

(13.30)　　　**(13.31)**

$$\underset{\text{Cl}}{\overset{R}{\underset{|}{B}}}=\overset{R'}{\underset{\text{SiMe}_3}{\overset{|}{N}}} \xrightarrow{\text{加熱, } \sim 10^{-3}\,\text{bar}} \text{Me}_3\text{SiCl} + \text{RB}\equiv\text{NR}' \quad (13.64)$$

化合物 **13.31** は 13.65 や 13.66 などの反応を用いて合成できる．また，反応 13.67 は構造解析されている Mes$_2$BNH$_2$ の合成に用いられた．Mes$_2$BNH$_2$（表 13・2）の B－N 距離は二重結合を示唆し，C$_2$B と NH$_2$ ユニットを含む平面は B と N の 2p 原子軌道が π 結合形成に必要な重なり合いを十分に起こす共平面に近い状態にある．

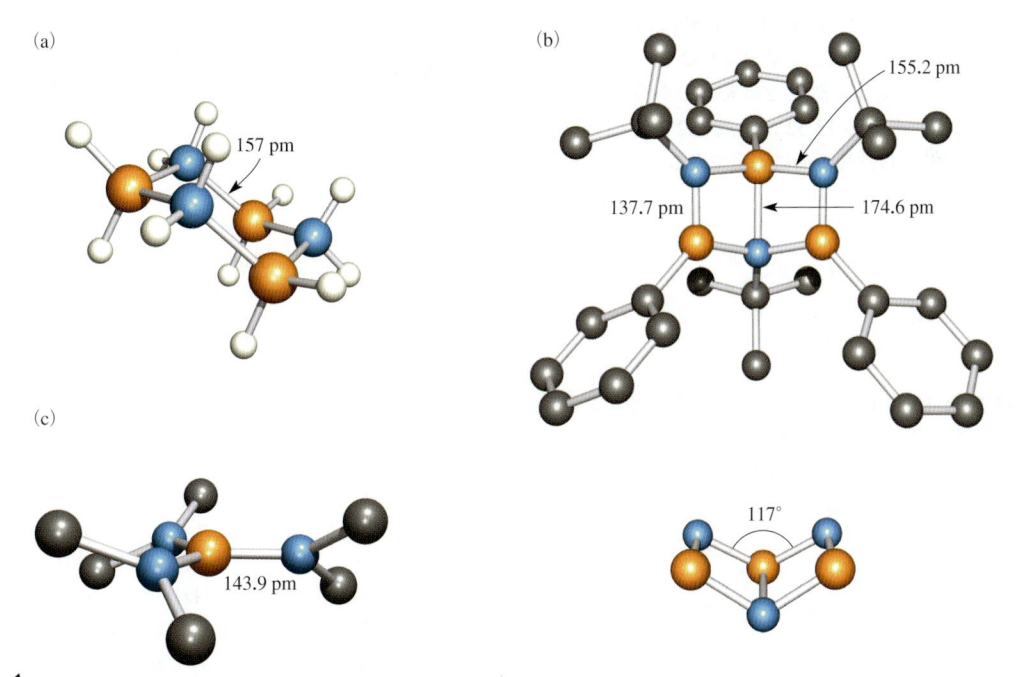

図 13・22 X 線回折で決定された構造．(a) B$_3$N$_3$H$_{12}$．(b) デュワーボラジン誘導体 N,N',N''-^{t}Bu$_3$-B,B',B''-Ph$_3$B$_3$N$_3$．(c) B(NMe$_2$)$_3$．(b) と (c) における H 原子は省略．原子の色表示：B 橙色，N 青色，C 灰色，H 白色．〔文献：(a) P. W. R. Corfield et al. (1973) *J. Am. Chem. Soc.*, vol. 95, p. 1480, (b) P. Paetzold et al. (1991) *Z. Naturforsch., Teil B*, vol. 46, p. 853, (c) G. Schmid et al. (1982) *Z. Naturforsch., Teil B*, vol. 37, p. 1230, 157 K で決定された構造〕

＊ 詳しい解説については，つぎを参照せよ．P. Paetzold (1987) *Adv. Inorg. Chem.*, vol. 31, p. 123.

$$M[BH_4] + [R_2NH_2]Cl \longrightarrow H_2BNR_2 + MCl + 2H_2 \quad (13.65)$$

$$R_2BCl + R'_2NH + Et_3N \longrightarrow R_2BNR'_2 + [Et_3NH]Cl \quad (13.66)$$

$$Mes_2BF \xrightarrow[-NH_4F]{\text{液体 } NH_3,\ Et_2O} Mes_2BNH_2 \quad (13.67)$$

$$Mes = \text{メシチル}$$

B−N π 結合の形成を考察するとき，B(NMe$_2$)$_3$ の構造を考えることは有意義である．図 13・22c に示すように，各 B および N 原子は平面三角形環境にあり，B−N 結合距離は予測されるように部分的 π 結合性を示す（表 13・2）．一方，固体構造では図 13・22c に示すように NMe$_2$ ユニットのねじれが明らかに表れており，有効な 2p−2p 原子軌道の重なり合いに対して不利に働く．おそらく，そのようなねじれは，立体的な相互作用に起因し，観察された B(NMe$_2$)$_3$ の構造は立体的効果と電子的効果が絶妙に調和した興味深い例である．

(13.32)

嵩高くない置換基をもつ化合物 **13.31** は容易に二量化する．たとえば，Me$_2$BNH$_2$ は環化二量体 **13.32** を生成する．Me$_2$BNH$_2$ は室温では気体（沸点 274 K）であり，容易に H$_2$O と反応するが，二量体 **13.32** は融点 282 K の固体であり，加水分解に対しては速度論的に安定である．

(13.33)

化合物 **13.30** と **13.31** はそれぞれアルキンとアルケンの類縁体である．アレンの類縁体 **13.33** もたとえばスキーム 13.68 に従い合成できる．[Mes$_2$BNBMes$_2$]$^-$ の結晶学的データは B−N 結合距離が二重結合性をもつことと一致し（表 13・2），かつ構造 **13.33** に示すように C$_2$B ユニットを含む 2 個の平面が相互に直交していることを示している．これら観測事実により，B−N 間の π 結合性が支持される．

$$Mes_2BNH_2 \xrightarrow[-^nBuH]{Et_2O\ 中\ 2^nBuLi} \{Li(OEt_2)NHBMes_2\}_2$$

$$\downarrow {\scriptstyle 2Mes_2BF\ /\ Et_2O,\ -2LiF}$$

$$[Li(OEt_2)_3][Mes_2BNBMes_2] \xleftarrow[-^nBuH]{Et_2O\ 中\ ^nBuLi} (Mes_2B)_2NH \quad (13.68)$$

B−P 結合をもつ化合物群も知られており，それらの化学は上述の B−N 結合をもつ化合物の化学とある程度の関連性をもつ．ただし，いくつかの重要な違いがあり，その 1 例はリンを含むボラジンの類縁体が単離されていないことである．**13.31** の類縁体である R$_2$BPR$'_2$ 型の単量体は R と R$'$ が嵩高い置換基の場合において知られている．

420 K では，付加体 Me$_2$PH·BH$_3$ は脱水素反応を起こし，主生成物として (Me$_2$PBH$_2$)$_3$ を，副生成物として (Me$_2$PBH$_2$)$_4$ を与える．これらの化合物のフェニル置換の類縁体についての構造的データは，**13.34** と **13.35** が固体状態でそれぞれいす形と舟形配座をとることを示している．これらの環状化合物も Ph$_2$PH·BH$_3$ を触媒量のロジウム(I)化合物 [Rh$_2$(μ-Cl)$_2$(cod)$_2$]（配位子 cod については **構造 24.22** を参照）の存在下，400 K で加熱することによって得られる．しかし，それ以下の温度（360 K）では，環化反応が抑制され，Ph$_2$PHBH$_2$PPh$_2$BH$_3$ (**13.36**) が生成する．

(13.34) **(13.35)**

(13.36)

練習問題

LiHPhP·BH$_3$ と Me$_2$HN·BH$_2$Cl との反応では含ホウ素生成物 **A** が生成する．**A** の質量スペクトルにおいて最大質量のピークは $m/z = 180$ である．**A** の溶液の ^{31}P NMR スペクトルでは δ −54.8 ppm (J 344 Hz) にブロードな二重線が現れ，^{11}B{^{1}H} NMR スペクトルでは δ −12.8 ppm (J 70 Hz) と −41.5 ppm (J 50 Hz) に 2 組の二重線が現れる．^{1}H NMR スペクトルは δ 7.77〜7.34 ppm に多重線，δ 4.7，2.0 および 0.7 ppm にブロードなシグナルが，δ 2.61 ppm (J 35, 5.8 Hz) に二重線の二重線が，および二重線の六重線 (J 345, 6 Hz) を示す．これらの実験データに合致する **A** の構造を考察せよ．また，^{31}P NMR スペクトルで二重線のブロードニングが起こる理由を説明せよ． ［答 C. A. Jaska et al.,

(2004) *Inorg. Chem.*, vol. 43, p. 1090 を参照]

13族金属－窒素結合をもつ分子

M－N配位結合（M＝重い13族元素）の形成はR₃N·GaH₃（§13・5参照），trans-[GaCl₂(py)₄]⁺のような多数の錯体中にみられ，**13.32**に類似の環状構造をもつ(Me₂AlNMe₂)₂にも含まれる．この配位結合形成により，Al$_x$N$_y$クラスター化合物の一群が**13.69**や**13.70**などの反応で得られる．クラスターのいくつかの基本骨格構造を図13・23に示すが，Al$_x$N$_y$かご中の結合は電子が局在化した描像で理解できる．

$$nM[AlH_4] + nR'NH_2 \longrightarrow (HAlNR')_n + nMH + 2nH_2 \quad M = Li, Na \quad (13.69)$$

$$nAlR_3 + nR'NH_2 \longrightarrow (RAlNR')_n + 2nRH \quad (13.70)$$

Al$_x$N$_y$クラスターと類似したGaを含むかご状化合物も数多く知られており，さらにTl₂(MeSi)₂(N ^{t}Bu)₄ **13.37**のようなTl－Nクラスターの例も知られている．しかし，**13.37**およびその関連化合物においてTl原子は末端置換基をもたず，熱力学的6s不活性電子対効果が現れた一例である．

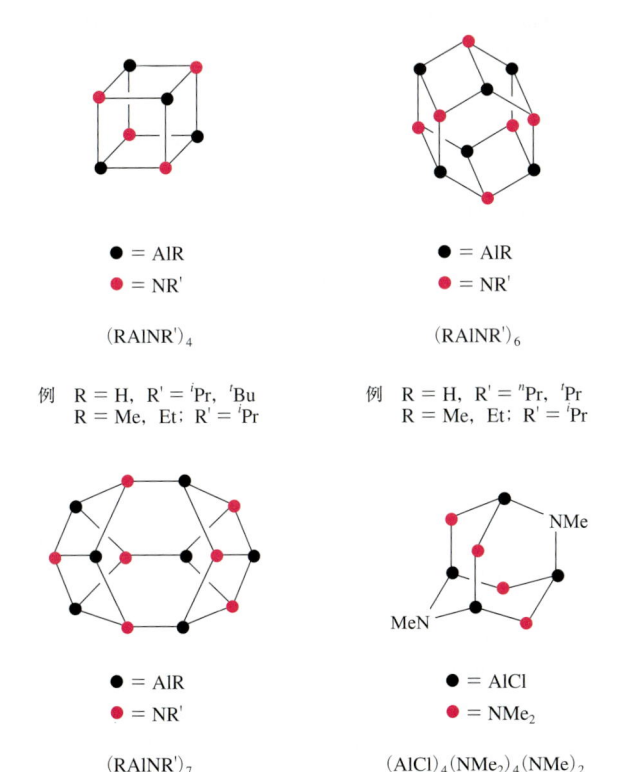

例 (RAlNR')₄: R = H, R' = ^{i}Pr, ^{t}Bu; R = Me, Et; R' = ^{i}Pr

例 (RAlNR')₆: R = H, R' = ^{n}Pr, ^{i}Pr; R = Me, Et; R' = ^{i}Pr

例 (RAlNR')₇: R = Me, R' = Me, Et

(AlCl)₄(NMe₂)₄(NMe)₂

図 13・23 代表的なアルミニウム－窒素クラスター化合物の構造．各かごにおいて局在化した結合のスキームが適切である（章末の**問題 13.24**を参照）．

(**Box 13・3**を参照).

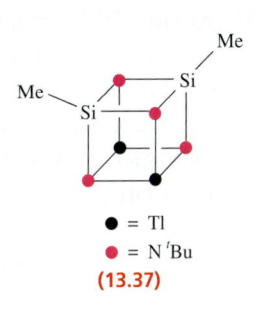

(13.37): ● = Tl, ● = N ^{t}Bu

ホウ素にみられる多重結合をもつ化合物は，重い13族元素では一般的ではない．

13・9　アルミニウムからタリウムまで； オキソ酸の塩，水溶液の化学と錯体

硫酸アルミニウムとミョウバン

最も重要な溶解性のAlのオキソ酸は疑いなく，Al₂(SO₄)₃·16H₂Oと複塩の硫酸塩MAl(SO₄)₂·12H₂O（ミョウバン，alum）である．ミョウバンにおいて，M⁺は通常K⁺，Rb⁺，Cs⁺，[NH₄]⁺であるが，Li⁺，Na⁺，Tl⁺の化合物も存在する．Al³⁺は別のM³⁺で置換できるが，そのサイズはAl³⁺と同程度でなければならず，Ga, In（Tlは含まれない），Ti, V, Cr, Mn, Fe, Coなどが置換可能な金属である．ミョウバン中の硫酸イオンは[SeO₄]²⁻で置換することができる．ミョウバンは天然には**ミョウバン頁岩**（alum shale）として産するが，結晶成長実験に用いられることからよく知られている．美しい八面体形結晶が特徴的であり，例として，無色のKAl(SO₄)₂·12H₂Oや紫色のKFe(SO₄)₂·12H₂Oがある．後者の紫色は[Fe(OH₂)₆]³⁺の存在に起因しており，すべてのミョウバンにおいてM³⁺は6個のアクア配位子をもつ八面体形となる．組成式中の他の水分子は結晶格子中に水素結合で保持されており，水和陽イオンと陰イオンをつないでいる．硫酸アルミニウムは，リン酸イオンやコロイド状物質を除去する目的で，水の浄化に用いられる（**Box 16・3**参照）．なお，これらの成分はAl³⁺のもつ高電荷のため，その凝固体の析出が加速される．ただし，ヒトがAl塩を摂取することは，アルツハイマー病が発症する要因となる疑いがあると指摘されている．

> ミョウバンの一般式はM^{I}M^{III}(SO₄)₂·12H₂Oである．

アクアイオン

M³⁺アクアイオン（M＝Al, Ga, In, Tl）は酸性で（**式7.34**を参照），酸性度はこの族の下方ほど増大する．これらの塩の溶液は容易に加水分解されるので，弱酸の塩（たとえば，炭酸塩やシアン化物塩）は水溶液中で存在できない．

NMR 分光学を用いた溶液化学の研究から，酸性媒体中では Al(III) が八面体形 $[Al(OH_2)_6]^{3+}$ として存在するが，pH を上げると水和した $[Al_2(OH)_2]^{4+}$ や $[Al_7(OH)_{16}]^{5+}$ などの重合体を生成することが示されている．さらに pH が増加すると，$Al(OH)_3$ が沈殿し，アルカリ溶液では，アルミン酸陰イオン $[Al(OH)_4]^-$ （四面体形）と $[Al(OH)_6]^{3-}$ （八面体形）および $[(HO)_3Al(\mu\text{-}O)Al(OH)_3]^{2-}$ のような重合体が存在する．Ga(III) 水溶液の化学は Al(III) 水溶液の化学と似ているが，ガリウムは両性ではない（§13・7 参照）．

水溶液中での酸化還元反応

M^{3+}/M 対についての標準還元電位（表 13・1）が示すように，水溶液中において，Al^{3+}(aq) は，それより重い M^{3+} に比べ格段に還元されにくい．これは，イオン半径の小さい Al^{3+} の方が水和ギブズエネルギーが負の大きな値をとり，水和による安定化を強く受けることに関係している．しかし Al^{3+}/Al 対と Ga^{3+}/Ga 対の $E°$ 値に差を生じる原因となる重要な因子（スキーム 13.71）は，最初の 3 段階のイオン化エネルギーの総和が大きく増加することである（表 13・1）．

$$M^{3+}(aq) \xrightarrow{-\Delta_{hyd}H°} M^{3+}(g) \xrightarrow{-\Sigma IE_{1-3}} M(g) \xrightarrow{-\Delta_a H°} M(s) \quad (13.71)$$

In(I) は，希 $HClO_4$ 中での In 陽極の酸化によって低濃度で得ることができるが，その溶液は容易に H_2 を放出して In(III) を生成する．In^{3+}/In^+ 対（式 13.72）の $E°$ 値は -0.44 V であると実測されている．

$$In^{3+}(aq) + 2e^- \longrightarrow In^+(aq) \quad E° = -0.44 \text{ V} \quad (13.72)$$

$Ga^{3+}(aq)/Ga^+(aq)$ 対については，$E° = -0.75$ V であり，Ga^+ を Ga^{3+} に酸化するのが容易であるため，Ga^+ 水溶液中にはごく微量にしか存在しない．化合物 $Ga^+[GaCl_4]^-$ （§13・6 の最後を参照）は水溶液中での Ga^+ の供給源として用いることができるが，Ga^+ は不安定であり，$[I_3]^-$，水溶液中の Br_2, $[Fe(CN)_6]^{3-}$ および $[Fe(bpy)_3]^{3+}$ を速やかに還元する．

例題 13.6 電位図

インジウムの酸性溶液（pH = 0）中の電位図は下記のとおりである．標準還元電位を単位 V で示している．

$$In^{3+} \xrightarrow{-0.44} In^+ \xrightarrow{-0.14} In$$
$$\underset{E°}{\longleftrightarrow}$$

In^{3+}/In 対の $E°$ 値を求めよ．

解答 最も厳密な方法は各段階について $\Delta G°$(298 K) を算出し，つぎに In^{3+}/In 対の $E°$ を計算することである．しかしながら，各段階の $\Delta G°$ を見積る必要はない．その代わりに，ファラデー定数を用いて $\Delta G°$ の値を示せばよい（例題 8.7 を参照）．

In^{3+} の In^+ への還元は 2 電子過程である．

$$\Delta G°_1 = -[2 \times F \times (-0.44)] = +0.88F \text{ J mol}^{-1}$$

In^+ の In への還元は 1 電子過程である．

$$\Delta G°_2 = -[1 \times F \times (-0.14)] = +0.14F \text{ J mol}^{-1}$$

つぎに，In^{3+} の In への還元についての $\Delta G°$ を求める．

$$\Delta G° = \Delta G°_1 + \Delta G°_2 = +0.88F + 0.14F = +1.02F \text{ J mol}^{-1}$$

In^{3+} から In への還元は 3 電子過程であり，$E°$ は対応する $\Delta G°$ の値から求められる．

$$E° = -\frac{\Delta G°}{zF} = -\frac{1.02F}{3F} = -0.34 \text{ V}$$

練習問題

1. ガリウムの電位図（pH = 0）は以下のとおりである．

$$Ga^{3+} \xrightarrow{-0.75} Ga^+ \xrightarrow{E°} Ga$$
$$\underset{-0.55}{\longleftrightarrow}$$

Ga^+/Ga 対の $E°$ 値を計算せよ． ［答 -0.15 V］

2. タリウムの電位図（pH = 0）は以下のとおりである．

$$Tl^{3+} \xrightarrow{E°} Tl^+ \xrightarrow{-0.34} Tl$$
$$\underset{+0.72}{\longleftrightarrow}$$

Tl^{3+} から Tl^+ への還元に対する $E°$ 値を求めよ．
［答 $+1.25$ V］

3. pH = 0 における Ga, In および Tl のフロスト図を作成せよ．また，作成した図を用いてつぎの項目について述べよ．(a) Ga^{3+}, In^{3+}, Tl^{3+} に関する酸化力の大小関係．(b) 各元素の +1 酸化状態の相対的安定性．

1 M $HClO_4$ 中における Tl(III) から Tl(I) への還元の $E°$ 値は $+1.25$ V であり，Tl(III) は強力な酸化剤である．しかしながら，$E°$ 値は存在する陰イオンや生成する錯体にも依存する（§8・3 参照）．Tl(I) は（アルカリ金属イオンのように）水溶液中では安定な錯体をほとんど形成しないが，Tl(III) はさまざまな陰イオンと安定な錯体を形成する．たとえば，溶液中に Cl^- が存在する場合を考えよう．TlCl はかなり難溶性であるが，Tl(III) は水溶性錯体 $[TlCl_4]^-$ を形成し，$[Cl^-] = 1$ mol m^{-3} では，$E°(Tl^{3+}/Tl^+) = +0.9$ V である．タリウム(III) は Cl^- より I^- との方が安定な錯体を形成するので，$[I^-]$ が大きいとき $E°(Tl^{3+}/Tl^+)$ が $E°(I_2/2I^-)$ （$+0.54$ V）より正電位にあるにもかかわらず $[TlI_4]^-$ が溶液中で生成する．TlI は難溶性である．したがって，Tl^{3+}/Tl^+ と $I_2/2I^-$ の還元電位の値そのものからは水溶液中の I^- は

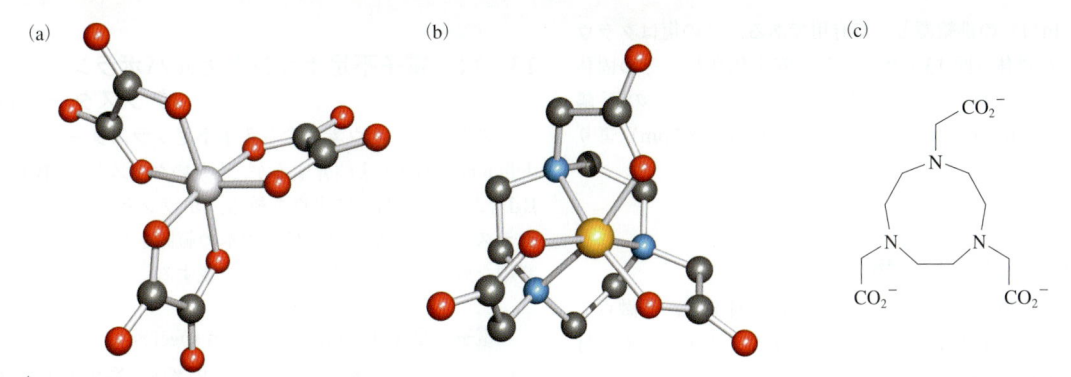

図 13・24 X 線回折で決定された構造.(a) アンモニウム塩中の $[Al(ox)_3]^{3-}$.(b) $[GaL]$.(c) 上記の錯体中の配位子の構造.(a) と (b) において H 原子は省略.原子の色表示:Al 薄灰色,Ga 黄色,O 赤色,C 灰色,N 青色.[文献:(a) N. Bulc *et al.* (1984) *Acta Crystallogr., Sect. C*, vol. 40, p. 1829,(b) C. J. Broan *et al.* (1991) *J. Chem. Soc., Perkin Trans.*, 2, p. 87]

Tl(Ⅲ) を Tl(Ⅰ) に還元すると予測されるが(**付録 11 を参照**),I$^-$ が高濃度に存在する条件下では Tl(Ⅲ) が安定化される.実際に TlI$_3$(構造 **13.17** を参照)の溶液(それには $[I_3]^-$,すなわち $I_2 + I^-$ を含む)に I$^-$ を加えると,Tl(Ⅰ) から Tl(Ⅲ) への酸化反応 13.73 が進行する.

$$TlI_3 + I^- \longrightarrow [TlI_4]^- \qquad (13.73)$$

アルカリ溶液中では,TlOH は水溶性で水和 Tl$_2$O$_3$(それは溶液中では Tl^{3+} と $[OH]^-$ と平衡にある)は水に難溶性($K_{sp} \approx 10^{-45}$)なので,この場合も Tl(Ⅰ) は容易に酸化される.

水溶液中における Tl^{3+} の Tl$^+$ への 2 電子還元の電気化学的データ〔サイクリックボルタンメトリーや回転ディスクボルタンメトリー(対流ボルタンメトリー)で得られる,**Box 8・2 参照**〕は,電極近傍において反応中間体として Tl(Ⅱ)種 $[Tl-Tl]^{4+}$ が生成することを示している.

M^{3+} の配位錯体

13 族金属イオンの配位錯体の報告例は年々増大している.八面体形配位が普通であり,$[M(acac)_3]$(M = Al,Ga,In),$[M(ox)_3]^{3-}$(M = Al,Ga,In),および *mer*-$[Ga(N_3)_3(py)_3]$(配位子の略号と構造については**表 7・7**を参照)がその例である.図 13・24a には $[Al(ox)_3]^{3-}$ の構造を示す.錯体 $[M(acac)_3]$ は $[Fe(acac)_3]$(**図 7・10** を参照)の類似構造をもつ.**§7・11** では,$[Fe(acac)_3]$ の生成に対する $[H^+]$ の影響を議論した.同様な議論が 13 族金属イオンの錯体にも適用できる.

8-ヒドロキシキノリンの脱プロトン反応で生じる,二座配位子 **13.38** はさまざまな応用に用いられる.たとえば,Al^{3+} は八面体形錯体 $[Al(\mathbf{13.38})_3]$ として有機溶媒中に抽出でき,生じた錯体は重量分析で金属を定量するのに適した秤量可能な形である.

カルボキシ基やリン酸基を側鎖に有する大環状配位子の錯体は,生体への応用に適した高い安定性をもつ金属錯体の開発の観点で注目を集めてきた.放射性同位体を含む腫瘍探索用の錯体はその例である(**Box 3・3 参照**).^{67}Ga(γ-エミッター,$t_{1/2} = 3.2$ 日),^{68}Ga(β$^+$-エミッター,$t_{1/2} = 68$ 分),^{111}In(γ-エミッター,$t_{1/2} = 2.8$ 日)をそのような錯体に含有させると,放射性医薬品としての見込みが出てくる.図 13・24c には,Ga(Ⅲ) や In(Ⅲ) と非常に安定な錯体(log $K \geq 20$)を形成するよく研究された配位子の例を示す.図 13・24b,c に示すように,この配位子が M^{3+} を 3 個の N ドナー原子で取囲む配位環境によって,*fac* 配置の形成が余儀なくされる.

§13・6 で InCl はほとんどの有機溶媒に難溶性であることを述べた.逆に,InSO$_3$CF$_3$ はさまざまな溶媒に可溶である

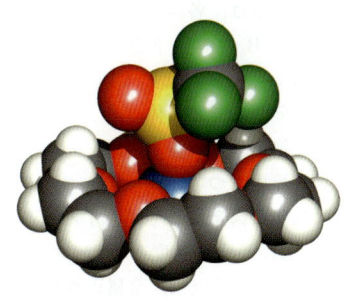

(13.38)

図 13・25 $[In(18\text{-crown-}6)][CF_3SO_3]$ の構造(X 線回折で決定された)[C. G. Andrews *et al.* (2005) *Angew. Chem. Int. Ed.*, vol. 44, p. 7453]. 空間充填モデルを見ると,In(Ⅰ) 中心のクラウンエーテル中への埋包,および In$^+$ と $[CF_3SO_3]^-$ との相互作用がわかる.原子の色表示:In 青色,O 赤色,C 灰色,S 黄色,F 緑色.

るため，In(I) の供給源として有用である．この塩はクラウンエーテル錯体（図13・25）として安定化され，その固体状態の構造解析では，In−O(トリフラート) の距離 (237 pm) が In−O(エーテル) の距離（平均 287 pm）よりも短い．

13・10 金属ホウ化物

金属ホウ化物の固体はきわめて硬く，不揮発性，高融点であり，化学的に不活性な物質である．また，工業的に耐熱材として，ロケットの先端コーンやタービンの羽根，すなわち，極度なストレス，ショックおよび高温への耐性が必要な部品に用いられる．ホウ化物 LaB_6 と CeB_6 は優れた熱イオン電子放出源であり，それらの単結晶は電子顕微鏡のカソード材料として用いられる（**Box 13・8** 参照）．

金属ホウ化物の合成経路は，その構造と同様にさまざまである．一部は高温での単体どうしを直接化合して合成され，残りは金属酸化物からつくられる（例，反応 13.74 と 13.75）．

$$Eu_2O_3 \xrightarrow{\text{炭化ホウ素 / 炭素，加熱}} EuB_6 \tag{13.74}$$

$$TiO_2 + B_2O_3 \xrightarrow{\text{Na，加熱}} TiB_2 \tag{13.75}$$

金属ホウ化物にはホウ素と金属のいずれか一方が多い場合がある．一般的には，B が豊富な MB_3, MB_4, MB_6, MB_{10}, MB_{12}, M_2B_5, M_3B_4 の一群と，M が豊富な M_3B, M_4B, M_5B, M_3B_2, M_7B_3 の一群がある．これらの化学式はホウ素と金属の形式酸化状態をもとに予測できるものとは関係がない．

これらの物質の構造は非常に多様であり，ここでそのすべての内容を網羅することはできない．しかしながら，表13・3 に示すように，ホストの金属格子内の B 原子の配置を基準構造により整理すると便利である．MB_6 ホウ化物（例，CaB_6）の構造は，Cl^- を B_6 ユニットで置換した CsCl 型構造と考えられる．しかし，隣接する 2 個の B_6 八面体ユニット間の B−B 距離は，各ユニット内の B−B 距離と同程度であるため，この B_6 ユニットを"孤立イオン"とみなすモデルは適切でない．MB_{12}（例，UB_{12}）型の構造は，同様に NaCl 中の Cl^- を B_{12} 二十面体ユニットで置換した NaCl 型構造を用いて記述できる（表13・3）．

金属ホウ化物の概要について簡単に述べたが，それでもホウ素の化学では複雑な構造によく遭遇することが理解できよう．2001 年に MgB_2 が臨界温度 $T_c = 39$ K をもつ超伝導体であることが発見されて*以来，金属ホウ化物の研究に対する興味は増す一方である．超伝導については **§28・4** で説明する．

13・11 電子不足ボランとカルバボランクラスター：序論

この節では，ホウ素を含む**電子不足クラスター**（electron-deficient cluster）を紹介するが，小さいクラスター $[B_6H_6]^{2-}$, B_5H_9 および B_4H_{10} に焦点を絞る．ボランとカルバボランのクラスターの詳細な扱いはこの本の範囲を超えており，より詳細な解説をこの章末の文献に記載する．

> **電子不足種**（electron-deficient species）は，局在化した結合の構成に必要な電子数より少ない価電子をもつ．クラスター（cluster）において原子はかご状構造をつくる．

1912 年から 1936 年までの Alfred Stock（ストック）の先駆的な研究により，ホウ素はさまざまな核数をもつ広範囲な水素化物を形成することが明らかにされた．その初期の研究によって，中性および陰イオンのホウ素水素化物の数が大幅に増加した．比較的小さい 3 種のボランの構造を図 13・26 に示す．現在，つぎのホウ素水素化物クラスター群などが，確認されている．

- *closo*-クラスターにおいては，複数の原子で閉じたデルタ多面体かご構造が形成されており，一般式 $[B_nH_n]^{2-}$ をもつ（例：$[B_6H_6]^{2-}$）．
- *nido*-クラスターにおいては，閉殻デルタ多面体である *closo*-クラスターの 1 個の頂点が占められていない開いたかごが形成されている．一般式は B_nH_{n+4}, $[B_nH_{n+3}]^-$ などである（例：B_5H_9, $[B_5H_8]^-$）．
- *arachno*-クラスターにおいては，閉殻デルタ多面体である *closo*-クラスターの 2 個の頂点が占められていない開いたかごが形成されている．一般式は B_nH_{n+6}, $[B_nH_{n+5}]^-$ などである（例：B_4H_{10}, $[B_4H_9]^-$）．
- *hypho*-クラスターにおいては，閉殻デルタ多面体である *closo*-クラスターの 3 個の頂点が占められていない開いたかごが形成されている．一般式 B_nH_{n+8}, $[B_nH_{n+7}]^-$ などであるが，あまり実例がない．
- *conjuncto*-クラスターは，2 個以上のかごが，共有した原子，外側での結合，共有した稜または共有した面を通して連結した構造である（例：$\{B_5H_8\}_2$）．

> **デルタ多面体**（deltahedron）とは三角形面しかもたない多面体である（例，八面体）．

かつて，ホウ素水素化物を高エネルギー燃料として用いる可能性に強い関心が寄せられた．実際には確実に B_2O_3 へ完

---

* J. Nagamatsu, N. Nakagawa, T. Muranaka, Y. Zenitani and J. Akimitsu (2001) *Nature*, vol. 410, p. 63 − 'Superconductivity at 39 K in magnesium boride'.

表 13・3 固体金属ホウ化物の構造の分類

ホウ素原子組織化の形態	ホウ素間の結合を表す図	各構造型にあてはまる金属ホウ化物の例
孤立 B 原子		Ni_3B, Mn_4B, Pd_5B_2, Ru_7B_3
B 原子対	B—B	Cr_5B_3
鎖	(ジグザグ鎖)	V_3B_4, Cr_3B_4, HfB, CrB, FeB
連結した二重鎖	(二重鎖)	Ta_3B_4
シート	(六角シート)	MgB_2, TiB_2, CrB_2, Ti_2B_5, W_2B_5
連結した B_6 八面体（本文を参照）	(八面体)	Li_2B_6, CaB_6, LaB_6, CeB_6
連結した B_{12} 二十面体（本文と図 **13・5** を参照）	(二十面体)	ZrB_{12}, UB_{12}

（二十面体に隣接する B—B は示していない）

全燃焼させることは難しく, 不揮発性重合体が排気ダクトを詰まらせる傾向があり, 燃料応用への関心は薄らいだ. それでもボラン類は構造化学者や理論化学者にとっては依然魅力的な研究対象である.

(13.39)

高次ボランは, 気相で B_2H_6 を制御した条件下で熱分解することによって合成できる. B_2H_6 の高温-低温反応器 (すなわち, 極端な温度差をもつ二つの領域間の界面が提供される反応容器) 中での熱分解によって, 温度界面に依存して B_4H_{10}, B_5H_{11}, B_5H_9 などが生成する. デカボラン(14) $B_{10}H_{14}$ は, B_2H_6 を 453〜490 K の定常状態で加熱することによって生成する. そのような方法では, ボラン間の相互変換が起こり生成物が複雑となるため, 選択的な合成法の開発が望まれている. B_2H_6 と $Na[BH_4]$ の反応 (式 13.76) で $[B_3H_8]^-$ (**13.39**) を含む $Na[B_3H_8]$ が生成する. これは, B_4H_{10}, B_5H_9 および $[B_6H_6]^{2-}$ の有用な前駆体である (式 13.77〜13.79).

$$B_2H_6 + Na[BH_4] \xrightarrow{\text{ジグリム中 363 K}} Na[B_3H_8] + H_2 \quad (13.76)$$

$$4Na[B_3H_8] + 4HCl \longrightarrow 3B_4H_{10} + 3H_2 + 4NaCl \quad (13.77)$$

$$5[B_3H_8]^- + 5HBr \xrightarrow{-H_2} 5[B_3H_7Br]^-$$
$$\xrightarrow{373 K} 3B_5H_9 + 4H_2 + 5Br^- \quad (13.78)$$

$$2Na[B_3H_8] \xrightarrow{\text{ジグリム中 435K}} Na_2[B_6H_6] + 5H_2 \quad (13.79)$$

(ジグリムについては構造 **13.2** を参照)

反応 13.79 における $Na_2[B_6H_6]$ の生成は, $Na_2[B_{10}H_{10}]$ と $Na_2[B_{12}H_{12}]$ の生成と競合し (式 13.80 と 13.81), $Na_2[B_6H_6]$ を低収率でしか与えない. 反応 13.76 に従い溶液中で生成する $Na[B_3H_8]$ を出発原料として, 反応 13.79〜13.81 の組合わせにより, $[B_6H_6]^{2-}$: $[B_{10}H_{10}]^{2-}$: $[B_{12}H_{12}]^{2-}$ がおよそモル比 2 : 1 : 15 で得られる.

$$4Na[B_3H_8] \xrightarrow{\text{ジグリム中 435 K}} Na_2[B_{10}H_{10}] + 2Na[BH_4] + 7H_2 \quad (13.80)$$

$$5Na[B_3H_8] \xrightarrow{\text{ジグリム中 435 K}} Na_2[B_{12}H_{12}] + 3Na[BH_4] + 8H_2 \quad (13.81)$$

$Na[B_3H_4]$ 溶液の合成法を反応 13.82 に変え, ジグリム中で 36 時間加熱還流することにより, $Na_2[B_6H_6]$ がさらに高い収率で得られる.

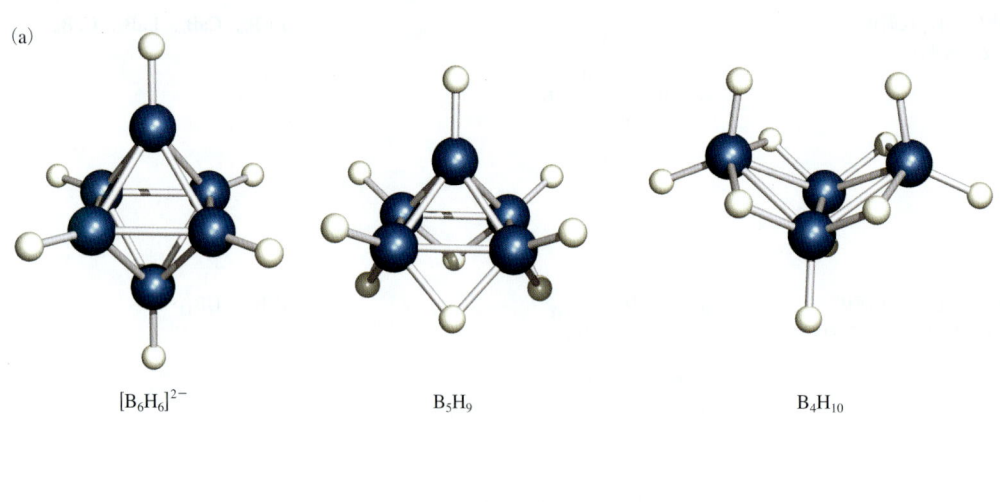

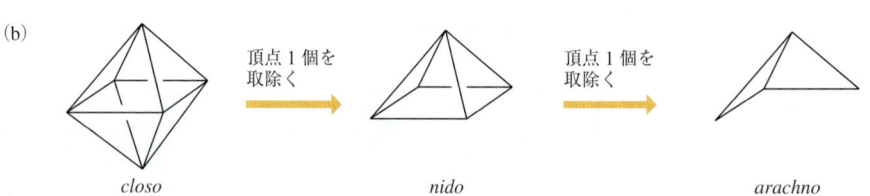

(a)

$[B_6H_6]^{2-}$ B_5H_9 B_4H_{10}

(b)

closo →頂点 1 個を取除く→ *nido* →頂点 1 個を取除く→ *arachno*

図 13・26 (a) $[B_6H_6]^{2-}$, B_5H_9 および B_4H_{10} の構造. 原子の色表示: B 青色, H 白色. (b) $n = 6$ をもつ *closo* デルタ多面体かごからの *nido* ($n = 5$) と *arachno* ($n = 4$) かごの誘導の説明図.

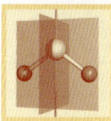

化学の基礎と論理的背景

Box 13・9　ボランの命名法

ボランの名称は，ホウ素原子の数，水素原子の数，および全体の電荷を示す．ホウ素原子の数はギリシャ文字の接頭辞（di-, tri-, tetra-, penta-, hexa- など）で示され，9 個および 11 個の場合には例外的にラテン語の nona- および undeca- が用いられる．水素原子の数は名称の最後につけた括弧内にアラビア数字で示される（右の例を参照）．イオンの電荷は名称の最後に示され，陰イオンの表記法は中性ボランの表記法と区別される（下記の例を参照）．接頭辞としては，クラスターの群（closo-, nido-, arachno-, conjuncto- など）を記述する必要がある．

- $[B_6H_6]^{2-}$　*closo*-ヘキサヒドロヘキサホウ酸(2−)
  closo-hexahydrohexaborate(2−)
- B_4H_{10}　*arachno*-テトラボラン(10)
  arachno-tetraborane(10)
- B_5H_9　*nido*-ペンタボラン(9)　*nido*-pentaborane(9)
- B_6H_{10}　*nido*-ヘキサボラン(10)　*nido*-hexaborane(10)

$$5Na[BH_4] + 4Et_2O\cdot BF_3 \xrightarrow{\text{ジグリム中 373 K}}$$
$$2Na[B_3H_8] + 2H_2 + 3Na[BF_4] + 4Et_2O \quad (13.82)$$

ジアニオン $[B_6H_6]^{2-}$ は閉じた八面体形 B_6 かご状の構造（図 13・26a）をとり，*closo*-クラスターである．各 B 原子はかご内の他の 4 個の B 原子，および 1 個の末端 H 原子と結合している．B_5H_9（図 13・26a）は，B 原子の正方錐形かご状の構造をとり，各原子は末端の H 原子をもつ．残り 4 個の H 原子はかごの正方形面のまわりの B−H−B 架橋部位を占めている．図 13・26a には 2 個の稜共有 B_3 三角形の開いた骨格をもつ B_4H_{10} の構造を示す．内側の B 原子はそれぞれ 1 個の末端 H 原子をもち，2 個の末端 H 原子はそれぞれ外側の B 原子に結合している．残りの 4 個の H 原子は B−H−B 架橋部位に含まれている．カリウム塩，ナトリウム塩および 1-アミノグアニジニウム塩の X 線回折データによって，$[B_6H_6]^{2-}$ の B−B 結合距離は等しいが（172 pm），B_5H_{10} においては，H 架橋した B−B 稜の長さ（ベーサル−ベーサル，172 pm）に比べ，架橋していない B−B 稜の長さ（アピカル−ベーサル，166 pm）の方が短いことが示されている．B_5H_9 中のアピカル位およびベーサル位原子は構造 **(13.40)** に定義されている．同様な状況が B_4H_{10} にも観察される（電子線回折データから H 架橋した B−B 稜の長さは 187 pm，架橋していない B−B 稜の長さは 174 pm）．これら 3 種のかご中の B−B 距離は幅広い分布をもち，B の共有結合半径（r_{cov} = 88 pm）の 2 倍と比較することにより結合の有無を評価することが重要である．長めの B−B 稜は他のクラスター（例，$B_{10}H_{14}$ 中で 197 pm）でも観察されるが，その距離でも結合性の相互作用であるとみなされる．

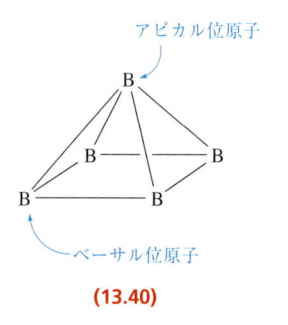

形式的には，$[B_6H_6]^{2-}$ 構造の B_6 八面体形かごから 1 個の頂点を取除くと，B_5H_9 の構造と同等であるとみなせる（図 13・26b）．同様に，B_4H_{10} 中の B_4 かごはもう 1 個の頂点を取除いた B_5H_9 の構造と同等であるとみなせる．頂点を除去するごとに架橋の H 原子を追加する必要がある．これらの現象をよく吟味することにより，以下に述べるボランの結合論が導かれる．第一に，含ホウ素クラスターおよびその関連化合物は局在化した結合モデルでは容易に表せない構造を示す点があげられる．これは，価電子の分布を表す際に，2c-2e および 3c-2e 相互作用を用いるのが適切である．B_2H_6，$[BH_4]^-$，および $[B_3H_8]^-$ の状況とは対照的である*．この問題をうまく解決する方法は，電子の非局在化について考え，かつ，分子軌道理論を駆使することである（**Box 13・10** を参照）．この問題を解決する歩みは，Wade（ウェイド），Williams（ウィリアムス）および Mingos（ミンゴス）が発展させた一連の半経験則によって大きく進展した．最初の**ウェイド則**（Wade's rule）はつぎのように要約され，そこに現れる "親" デルタ多面体は図 13・27 に示されている．

- n 個の頂点をもつ *closo*-デルタ多面体形クラスターかごは，$(n+1)$ クラスター結合 MO を占める $(n+1)$ 組の電

(13.40)
アピカル位原子
ベーサル位原子

---

* W. N. Lipscomb（リプスコム）がつくった **styx則** とよばれる原子価結合法では，ボランの結合ネットワークを 3c-2e B−H−B 相互作用，3c-2e B−B−B 相互作用，2c-2e B−B 結合および BH_3 ユニットを用いて構築する方法が提供されるが，この方法は限定した数のクラスターにしか簡単には適用できない．

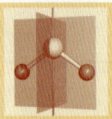

化学の基礎と論理的背景

Box 13・10　$[B_6H_6]^{2-}$ における結合

§24・5においては，**アイソローバル則**（isolobal principle），および異なるクラスター**断片**（fragment）間の結合の性質の相関関係について述べる．含ホウ素クラスターにおける結合，より一般的には有機金属クラスターにおける結合は，分子軌道理論を用いて取扱うのが適切である．この Box では，いかに 6 個の BH ユニットの**フロンティア軌道**（frontier orbital，すなわち最高被占軌道と最低空軌道）が結合して $[B_6H_6]^{2-}$ の 7 個のクラスター結合 MO を与えるのかを示す．この closo-陰イオンは O_h 対称性をもつ（右上図）．

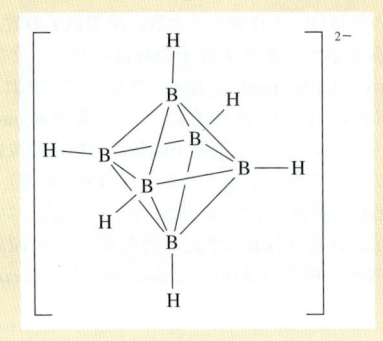

局在した B−H 結合軌道（σ_{BH}）およびそれに対応する反結合性軌道を考慮した後，BH 断片には 3 個の軌道が残り，それらはフロンティア軌道として分類される（右下図）．

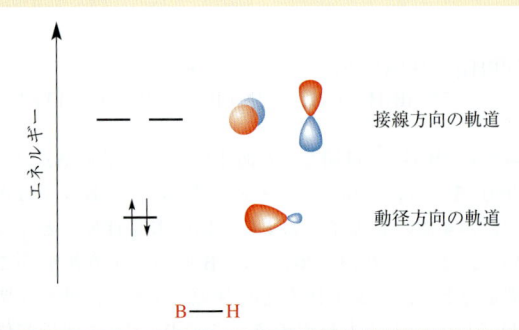

もし，その BH 断片を右上の構造図中に示した配置においたと考えたとき，3 個のフロンティア軌道は 1 個の**動径方向**（radial）の軌道（B_6 かごの中心方向を向く軌道）と 2 個の**接線方向**（tangential）の軌道（クラスター表面上に横たわる軌道）に分類される．6 個の B−H ユニットが一緒になると，全部で（6×3）の軌道が結合して 18 個の MO を与える．そのうちの 7 個はクラスター結合の性格をもつ．これらの結合性 MO を与える相互作用を下に示す．11 個の非結合性および反結合性 MO はこの図では省略した．

一度，分子軌道の相互作用図をつくり上げると，$[B_6H_6]^{2-}$ 中の利用可能な電子は，最低エネルギーに位置する MO を占めていくことができる．各 BH ユニットは 2 個の電子を供給し，さらに 2−の電荷が 2 個の電子を与える．したがって，合計で 7 組の電子対が利用可能であり，それらは下図に示した 7 個の結合性 MO を完全に占有する．これをウェイド則に関係づけることにより，6 個のクラスター頂点をもつ closo-かごについては 7 組の電子対が割り当てられることが MO 法によって示される．

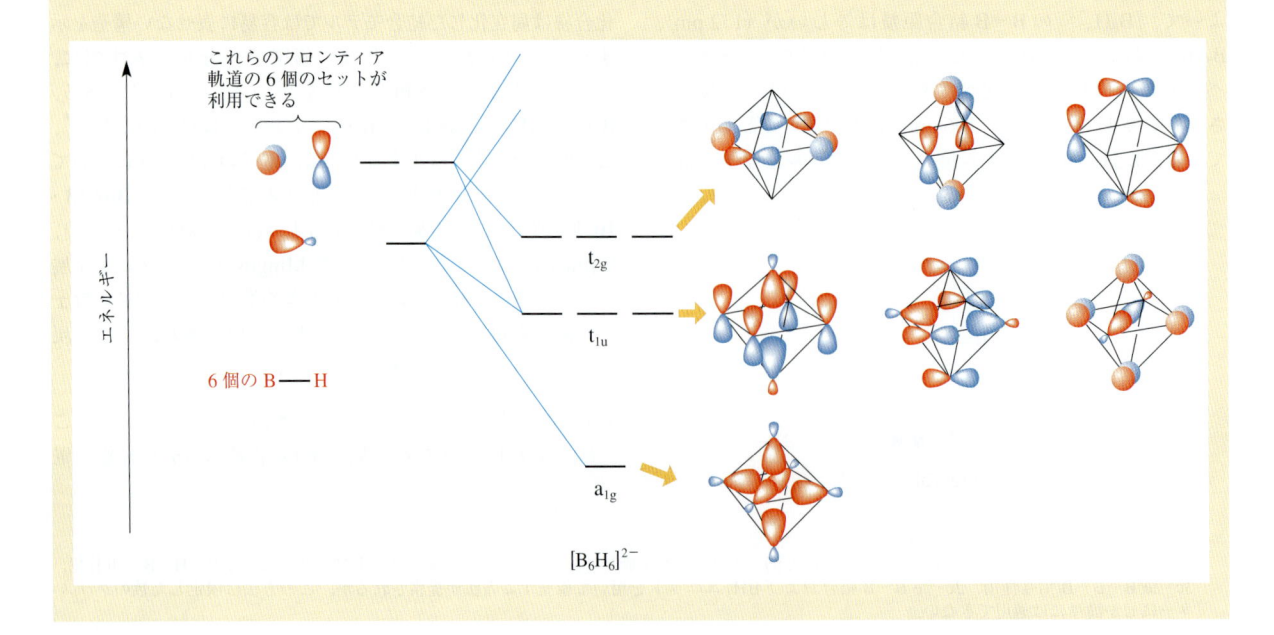

13・11 電子不足ボランとカルバボランクラスター：序論   355

子対を必要とする．

- n 個の頂点をもつ"親の"closo-かごから，開いたかごのセット（nido, arachno および hypho）を誘導することができ，それぞれ，$(n+1)$ 組の電子対が $(n+1)$ クラスター結合 MO を占める．
- n 個の頂点をもつ"親の"closo-かごから派生する nido-クラスターは $(n-1)$ 個の頂点と $(n+1)$ 組の電子対をもつ．
- n 個の頂点をもつ"親の"closo-かごから派生する arachno-クラスターは $(n-2)$ 個の頂点と $(n+1)$ 組の電子対をもつ．
- n 個の頂点をもつ"親の"closo-かごから派生する hypho-クラスターは $(n-3)$ 個の頂点と $(n+1)$ 組の電子対をもつ．

ボラン中の利用できるクラスター結合電子数を決める際には，最初にクラスターをフラグメントに分割し，各フラグメント中でクラスター結合に寄与できる価電子数を決める．その方法の一例をつぎに示す．

- いくつの {BH} ユニット（すなわち，各 B 原子が末端 H 原子をもつとみなす）が存在するかを決める．各 {BH} ユニットは，かごの結合に 2 個の電子を供給する（3 個のホウ素の価電子のうち 1 個は局在化した末端 B–H 結合を形成するのに用いられ，残りの 2 個がクラスター結合に用いられる）．
- 上記に加えていくつの余りの H 原子が存在するかを数える．各 H 原子は 1 電子を供与する．
- クラスターフラグメント中で利用できる電子数を合算し，全電荷も考慮に入れて全電子数を決める．
- 全電子数が $(n+1)$ 組の電子対に対応するので，親デルタ多面体の頂点は n 個であると決定できる．
- 各 {BH} ユニットが親デルタ多面体の 1 個の頂点を占め，空のまま残された頂点の数からクラスターの構造群（closo, nido など）を決めることができる．環境の異なる頂点があるときは，結合数が最大の B 原子，または，"面冠された"構造の面冠部の頂点が最初の非占有軌道となる傾向がある（例，図 13・27 中の $n=9$ および 10）．
- 追加の H 原子は，クラスターの開いた面の B–B 稜に沿った架橋部位におくか，もしくは，特に結合数が少ない B 原子がある場合には，その余っている末端結合部位におく．

例題 13.7 構造の合理的説明のためのウェイド則の利用

$[B_6H_6]^{2-}$ がなぜ八面体形かご状の形をとるのか，説明せよ．

解答 6 個の {BX} ユニットがあり，追加の H 原子はない．{BX} ユニットはそれぞれ 2 個の価電子を提供する．

2– の電荷から，2 個の電子を追加する．

結合に利用できるかごの全電子数
　　　　= $(6 \times 2) + 2 = 14$ 電子 = 7 対

したがって，$[B_6H_6]^{2-}$ は 6 個の {BX} ユニットを結合するのに 7 組の電子対をもつ．

このことは，n 個の頂点に対して $(n+1)$ 対の電子があることに相当し，$[B_6H_6]^{2-}$ は closo-かごで，6 個の頂点をもつデルタ多面体である．すなわち，この系は八面体にあてはまる（図 13・27 参照）．

練習問題

図 13・27 を参照せよ．

1. $[B_{12}H_{12}]^{2-}$ のホウ素かごが二十面体構造をとる理由を合理的に説明せよ．

2. 観察されたホウ素かご $[B_{10}H_{10}]^{2-}$ の二面冠正方逆プリズム構造はウェイド則に合致しているか．

3. つぎの各項目に関して，ウェイド則を用いてホウ素かごの構造を合理的に説明せよ．(a) B_5H_9 (正方錐形)，(b) B_4H_{10} (2 個の稜が融合した三角形，図 13・26)，(c) $[B_6H_9]^-$ (五方両錐形)，(d) B_5H_{11} (3 個の稜が融合した三角形の開いたネットワーク)．

例題 13.8 ウェイド則を構造の予測に用いる

$[B_5H_8]^-$ がとりそうな構造を予測せよ．

解答 5 個の {BH} ユニットと 3 個の追加 H 原子がある．

各 {BH} ユニットは 2 個の価電子を提供する．

1– の電荷からの 1 電子がある．

結合に利用できるかごの全電子数
　　　　= $(5 \times 2) + 3 + 1 = 14$ 電子 = 7 対

7 組の電子対は 6 個の頂点をもつ親デルタ多面体と一致する．すなわち $(n+1) = 7$ であるため $n = 6$．

親デルタ多面体は八面体であり，$[B_5H_8]^-$ の B_5 かごは八面体から 1 個の頂点を取除いた構造になる．

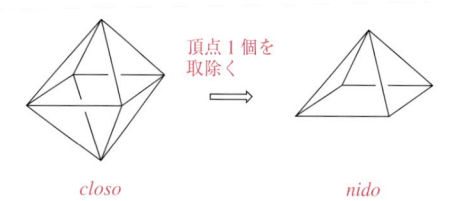

closo　　　　　　　　　nido

3 個の余分な H 原子は，B_5 かごの開いた（正方形の）面 4 個の B–B 稜のうちの 3 個に沿って B–H–B 架橋をつくる．$[B_5H_8]^-$ について予測される構造は下記のとおりである．

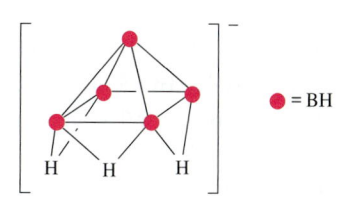

● = BH

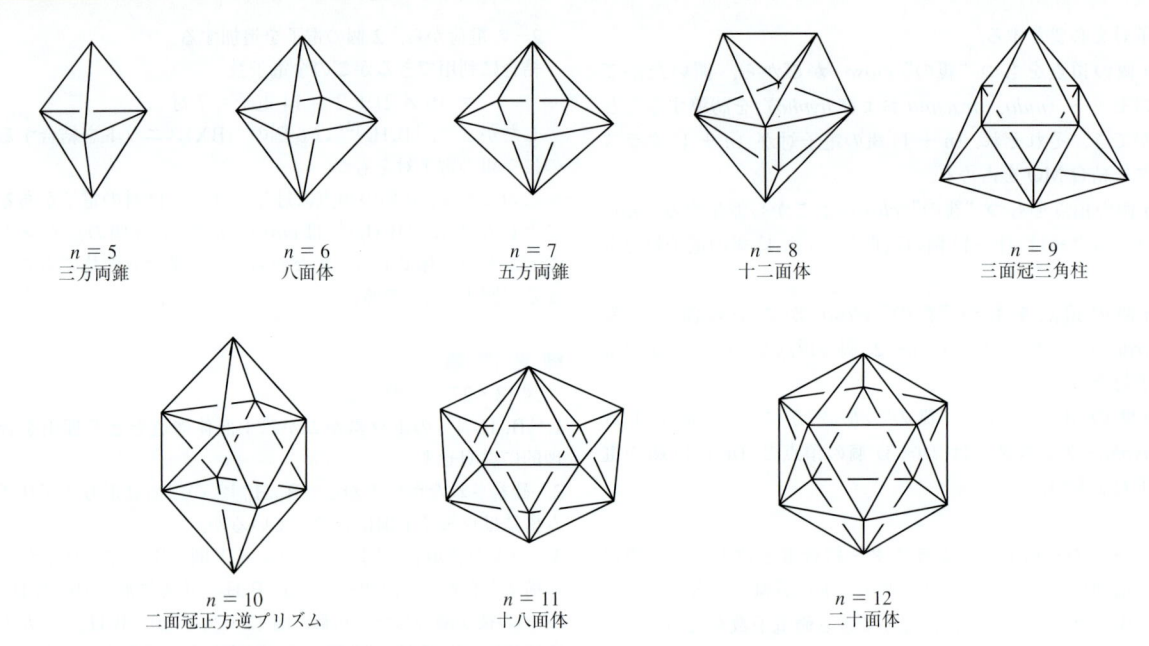

$n = 5$ 三方両錐	$n = 6$ 八面体	$n = 7$ 五方両錐	$n = 8$ 十二面体	$n = 9$ 三面冠三角柱

$n = 10$ 二面冠正方逆プリズム	$n = 11$ 十八面体	$n = 12$ 二十面体

図 13・27 5個から12個までの頂点をもつデルタ多面体かご構造．これらはボランクラスター構造を合理的に説明するウェイド則による帰属に用いられる親かご構造である．単純ではないが，(より) 一般的な方法として，これらのかごから頂点を取除いて *nido*-骨格をつくるときには，三方両錐からは結合数3の頂点 (3個の B 原子と結合をもつ頂点)，八面体または二十面体からは頂点のいずれか，三面冠三角柱または二面冠正方逆プリズムからは'キャップ'の箇所，そして残りのデルタ多面体からは結合している B 原子の数が最も多い頂点を取除く．13個の頂点をもつかごについては図 13・32 を参照せよ．

練習問題

図 13・27 を参照せよ．

1. ウェイド則に基づいてつぎの分類を確かめよ．
   (a) $[B_9H_9]^{2-}$, *closo*, (b) B_6H_{10}, *nido*, (c) B_4H_{10}, *arachno*,
   (d) $[B_8H_8]^{2-}$, *closo*, (e) $[B_{11}H_{13}]^{2-}$, *nido*
2. つぎの化合物の最も妥当な構造を予測せよ．
   (a) $[B_9H_9]^{2-}$, (b) B_6H_{10}, (c) B_4H_{10}, (d) $[B_8H_8]^{2-}$
   [答 (a) 三面冠三角柱, (b) 五方両錐, (c) 図 13・26 参照, (d) 十二面体]

ボランクラスターがかかわる反応のタイプは，かごの構造群と大きさに依存する．クラスター $[B_6H_6]^{2-}$ と $[B_{12}H_{12}]^{2-}$ は *closo*-ヒドロホウ酸ジアニオンの例であり，B_5H_9 と B_4H_{10} は，それぞれ小さな *nido*- および *arachno*-ボランである．

$[B_6H_6]^{2-}$ の化学の発展は比較的遅かったが，最近では，合成経路 (式 13.82 とそれに付随した本文を参照) が改善されたため，このジアニオンはずっと利用しやすくなっている．$[B_6H_6]^{2-}$ の反応性は，ブレンステッド塩基 ($pK_b = 7.0$) としての能力に影響される．(HCl を用いる) $Cs_2[B_6H_6]$ のプロトン化によって $Cs[B_6H_7]$ を生じる．これは *closo*-ヒドロホウ酸ジアニオンに典型的な反応である．さらに，$[B_6H_7]^-$ (**13.41**) に付加したプロトンは，通常見られない B_3 面を面冠する三重に架橋した (μ_3 部位) を占める．^{1}H および ^{11}B NMR スペクトルは μ_3-H 原子が動的挙動とを示し (つまりすべての B_3 面上を速やかに遍歴していることを示し)，それゆえ，6個の $BH_{末端}$ ユニットは一見すべて等価であるように観測される (章末の**問題 13.34a** を参照).

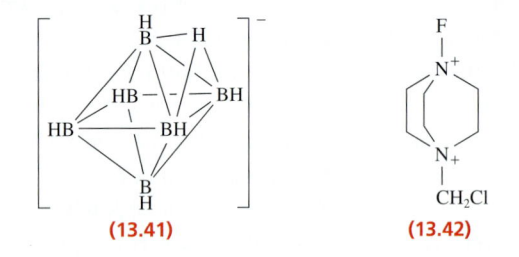

(13.41)   (13.42)

強塩基性溶液中では X_2 と反応して $[B_6H_6]^{2-}$ の塩素化，臭素化，およびヨウ素化が起こり，混合物が生成する (式 13.83)．$[B_6H_6]^{2-}$ の一フッ素化は XeF_2 を用いて行うことができるが，その反応はプロトン化によって複雑になり，生成物として $[B_6H_5F]^{2-}$ および $[B_6H_5(\mu_3\text{-}H)F]^-$ が得られる．フッ素化剤として **13.42** を用いると，$[B_6H_5(\mu_3\text{-}H)F]^-$ が選択的に生成する．

$$[B_6H_6]^{2-} + nX_2 + n[OH]^- \longrightarrow$$
$$[B_6H_{(6-n)}X_n]^{2-} + nH_2O + nX^- \quad (X = Cl, Br, I) \quad (13.83)$$

$[B_6H_6]^{2-}$ が H^+ を捕捉する傾向はアルキル化反応などを行う条件に影響を及ぼす．この場合は中性溶液を用いなければならず，$[B_{10}H_{10}]^{2-}$ や $[B_{12}H_{12}]^{2-}$ がアルキル化される酸性条件とは対照的である．それでも，スキーム 13.84 が示すように，反応は単純な 1 段の経路ではない．

$$[Bu_4N]_2[B_6H_6] + RX \xrightarrow[-[Bu_4N]X]{CH_2Cl_2 \text{ 中}} [Bu_4N][B_6H_5(\mu_3\text{-}H)R]$$

$$\downarrow \text{CsOH (エタノール溶液)}$$

$$Cs_2[B_6H_5R] \text{ (沈殿)}$$

(13.84)

過酸化ジベンゾイルによる $[B_6H_6]^{2-}$ の酸化は，意外なことに conjuncto-クラスター **13.43** を生じる．**13.43** を $Cs[O_2CMe]$，つぎに CsOH と処理すると面冠のプロトンを 1 個ずつ取除き，まず $[\{B_6H_5(\mu_3\text{-}H)\}\{B_6H_5\}]^{3-}$ が生じ，つぎに $[\{B_6H_5\}_2]^{4-}$ になる．

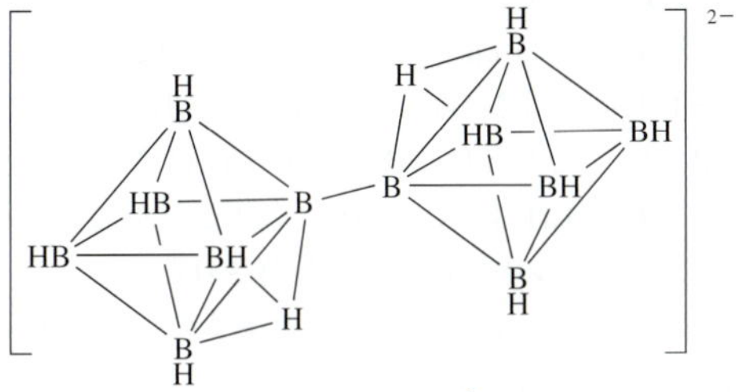

$[\{B_6H_5(\mu_3\text{-}H)\}_2]^{2-}$

(13.43)

$[B_{12}H_{12}]^{2-}$（および $[B_{10}H_{10}]^{2-}$）の化学はよく調べられており，求電子置換反応が支配的に起こるが，求核試薬との反応も起こる．$[B_{12}H_{12}]^{2-}$（**13.44**）の二十面体かごの頂点はすべて等価であるため，最初の置換サイトの位置優位性はない．$[B_{12}H_{12}]^{2-}$ と Cl_2 や Br_2 との反応では，$[B_{12}H_{(12-x)}X_x]^{2-}$（$x = 1\sim12$）を生成し，$x$ が増加するにつれて置換の速度は減少する．また，その速度は $X = Cl$ から $X = Br$ になると減少し，$X = I$ ではさらに減少する．I_2 を用いるヨウ素化ではある程度の置換は起こるが，$[B_{12}I_{12}]^{2-}$ の合成には，I_2 と ICl の混合物を用いる必要がある．$[B_{12}H_{12}]^{2-}$ の全フッ素化は，$K_2[B_{12}H_{12}]$ を無水液体 HF 中，340 K で加熱し（$[B_{12}H_8F_4]^{2-}$ が生成），つぎにこの反応混合物を 298 K で 20% F_2/N_2 で処理することによって達成できる．この塩の陽イオンは交換でき，構造決定されている $[CPh_3]_2[B_{12}F_{12}]$（図 13・28）をはじめとする多種多様な塩が生成する．§9・9 では，$[CHB_{11}Cl_{11}]^-$ のようなハロゲン化したカルバボラン陰イオンについて紹介した．この陰イオンは弱塩基であり，配位力はきわめて弱い．$[CPh_3]_2[B_{12}F_{12}]$ における陽イオン-陰イオン相互作用（図 13・28 にその様子を強調した）は $[B_{12}F_{12}]^{2-}$ が弱く配位する陰イオンとして振舞うことと一致している．各 BF⋯C 距離は 309 pm であり，それは C と F のファンデルワールス半径の和より 11 pm しか短くない．

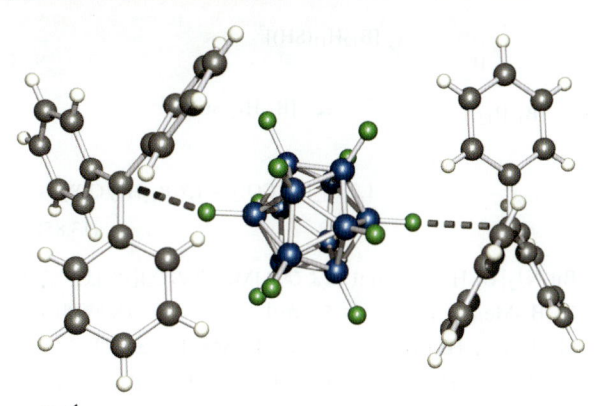

スキーム 13.85 には $[B_{12}H_{12}]^{2-}$ の置換反応の例をさらに記し，かごの頂点原子の番号づけをした図を構造 **13.45** に示す．各反応において，二十面体の B_{12} かご構造は保持されている．CO は 2 電子供与体なので，それを H 原子（1 電子を与える）の代わりに導入すると，クラスター全体の電荷に影響を及ぼす（スキーム 13.85）．チオール $[B_{12}H_{11}(SH)]^{2-}$（スキーム 13.85）はホウ素中性子捕捉療法（BNCT）を用いるがん治療へ応用されるため，特に重要である[*]．

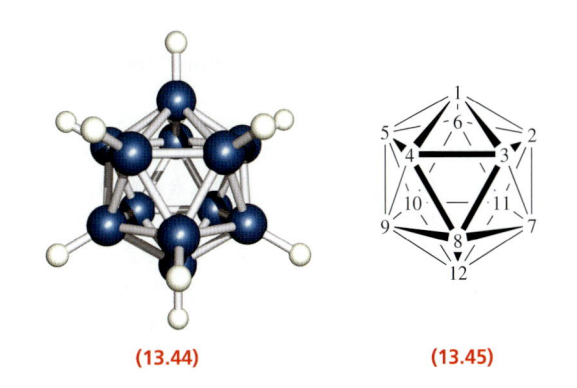

図 13・28 固体状態では，$[CPh_3]_2[B_{12}F_{12}]$ 中のイオンは弱い BF⋯C 相互作用（BF⋯C = 309 pm）しか示さず，$[B_{12}F_{12}]^{2-}$ が弱く配位する陰イオンとして振舞うことと一致する．[S.V. Ivanov et al. (2003) *J. Am. Chem. Soc.*, vol. 125, p. 4694]．原子の色表示：B 青色，F 緑色，C 灰色，H 白色．

(13.44)   (13.45)

---

[*] つぎを参照せよ．M. F. Hawthorne (1993) *Angew. Chem. Int. Ed.*, vol. 32, p. 950 – 'The role of chemistry in the development of boron neutron capture therapy of cancer'; R. F. Barth, J. A. Coderre, M. G. H. Vicente and T. E. Blue (2005) *Clin. Cancer Res.*, vol. 11, p. 3987 – 'Boron neutron capture therapy of cancer: current status and future prospects'.

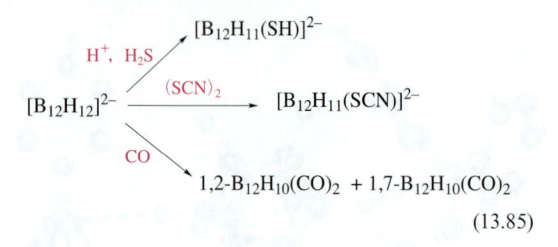

$$[B_{12}H_{12}]^{2-} \begin{array}{l} \xrightarrow{H^+,\ H_2S} [B_{12}H_{11}(SH)]^{2-} \\ \xrightarrow{(SCN)_2} [B_{12}H_{11}(SCN)]^{2-} \\ \xrightarrow{CO} 1,2\text{-}B_{12}H_{10}(CO)_2 + 1,7\text{-}B_{12}H_{10}(CO)_2 \end{array}$$
(13.85)

$[Bu_4N]_2[B_{12}H_{12}]$ と MeI および $AlMe_3$ との反応では，最初に $[B_{12}Me_{(12-x)}I_x]^{2-}$ ($x \leq 5$) が生じ，その後の長時間の加熱によって，$[B_{12}Me_{12}]^{2-}$ および $[B_{12}Me_{11}I]^{2-}$ が生じる．スキーム 13.86 には $H_2B_{12}(OH)_{12}$ および $[B_{12}(OH)_{12}]^{2-}$ の塩の生成反応を示す．

$$Cs_2[B_{12}H_{12}] \xrightarrow{30\%\ H_2O_2} Cs_2[B_{12}(OH)_{12}] \xrightarrow{MCl(M = Na,\ K,\ Rb)} M_2[B_{12}(OH)_{12}]$$
$$\downarrow HCl(aq),\ 423\ K$$
$$H_2B_{12}(OH)_{12}$$
(13.86)

$[B_{12}(OH)_{12}]^{2-}$ は水素結合に利用できる末端 OH 基を 12 個もつが，そのアルカリ金属塩は水に非常に易溶というわけではない．この一見不思議な観察事実は，Na^+，K^+，Rb^+，Cs^+ 塩の固体構造を考えると理解できる．これらの固体はすべて，高次に組織化された M^+---OH 相互作用に加えて広大な水素結合ネットワークをもつ．観察された低溶解性は溶解過程の平衡定数 K の値が小さいことに対応する．$\ln K$ は $\Delta_{sol}G^\circ$ と関係づけられるため（§7・9を参照），低溶解性であることは，式 13.87 の熱力学サイクルに示すように，水和のギブズエネルギーが各塩の格子エネルギーを相殺するには不十分であることに基づいている．

$$M_2[B_{12}(OH)_{12}](s) \xrightarrow{-\Delta_{lattice}G^\circ} 2M^+(g) + [B_{12}(OH)_{12}]^{2-}(g)$$
$$\downarrow \Delta_{sol}G^\circ \qquad\qquad \downarrow \Delta_{hyd}G^\circ$$
$$2M^+(aq) + [B_{12}(OH)_{12}]^{2-}(aq)$$
(13.87)

$H_2B_{12}(OH)_{12}$（図 13・29）の水への溶解度が低いことも，その固体状態における広大な分子間水素結合の観点で合理的に説明される．$B(OH)_3$ のルイス酸性（式 13.51）と対照的に，$H_2B_{12}(OH)_{12}$ はブレンステッド酸であり，固体の $H_2B_{12}(OH)_{12}$ はプロトン伝導体（298 K で $1.5 \times 10^{-5}\ \Omega^{-1}\ cm^{-1}$）である．固体中の比較的固定された陰イオンの間をプロトンが"飛び移る"というグロータス（Grotthuss）機構に基づいてプロトン移動が起こることが提案されている[*]．

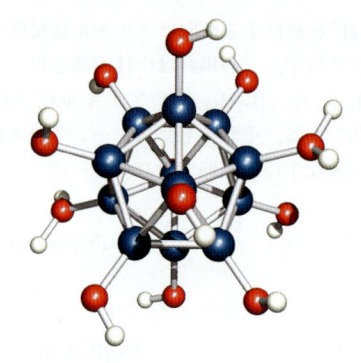

図 13・29 X 線回折で決定された $H_2B_{12}(OH)_{12}$ の構造 [D. J. Stasko *et al.* (2004) *Inorg. Chem.*, vol. 43, p. 3786]．共役塩基 $[B_{12}(OH)_{12}]^{2-}$ のプロトン化のサイトは，図の左側と右側に一つずつ存在する．原子の色表示：B 青色，O 赤色，H 白色．

B_5H_9 および B_4H_{10} の反応性は詳しく研究されており，その典型的な反応を図 13・30 と図 13・31 に示す．*nido*-B_5H_9 クラスターは *closo*-$[B_6H_6]^{2-}$ より反応性が高く，*arachno*-B_4H_{10} ではさらにかごの破壊や切断を含む反応が起こりやすい．たとえば，B_4H_{10} は H_2O によって加水分解される．一方，B_5H_9 は水中でゆっくりとしか加水分解されないが，アルコール中では完全に分解される．

arachno-B_4H_{10} とルイス塩基との多くの反応が知られている．図 13・31 は NH_3（小さい塩基）による切断ではイオン性塩を生じ，より立体的に嵩高い塩基では中性の付加体を生じることを示している．これらの反応を B_2H_6 の反応（式 13.14）と比較してみよう．一方，一酸化炭素や PF_3 は B_4H_{10} と反応して H_2 を発生するが，B_4 かごの骨格は保持される．B_4H_{10} と B_5H_9 はともに NaH または KH を用いて脱プロトン化することができ，いずれの場合でも H^+ の脱離は架橋部位で起こる．この選択性はボラン類においてきわめて一般的であり，H^+ の脱離によって B-H-B 架橋から B-B 結合の相互作用へ 2 電子が再分配されると説明される．B_5H_9 と求電子試薬との反応では，最初の攻撃が頂点 B 原子に対して起こる（図 13・30）．頂点の方向と直交する水平方向に置換した誘導体を与える異性化が起こるが，^{10}B 標識を用いた研究により，置換基の移動というよりむしろ B_5 かごの再配列によることが示された．B_4H_{10} と B_5H_9 はともにエチンと反応して新しいクラスター化合物の群である，**カルバボラン**（carbaborane，より一般的にはカルボラン carborane という）を生成する．構造的には，カルバボランはボランに類似しており，その構造はウェイド則を用いて合理的に説明できる（CH ユニットは BH ユニットより 1 個多い電子を結合に提供する）．図 13・30 と 13・31 のカルバボラン生成物

---

[*] プロトン伝導体の概念と性質の概説についてはつぎを参照．T. Norby (1999) *Solid State Ionics*, vol. 125, p. 1.

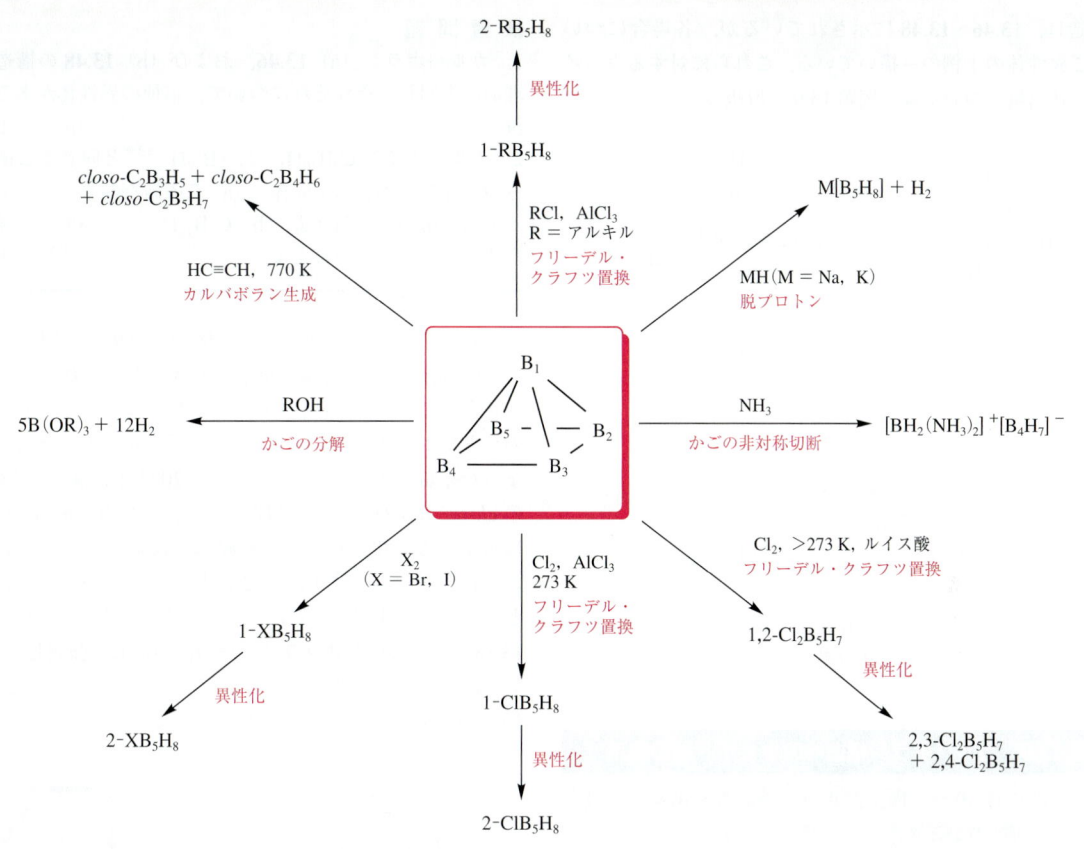

図 13・30 $nido$-ボラン B_5H_9 の反応の例. 中央の構造中の番号は B_5 骨格を保持する生成物中の置換位置を示すためのものである.

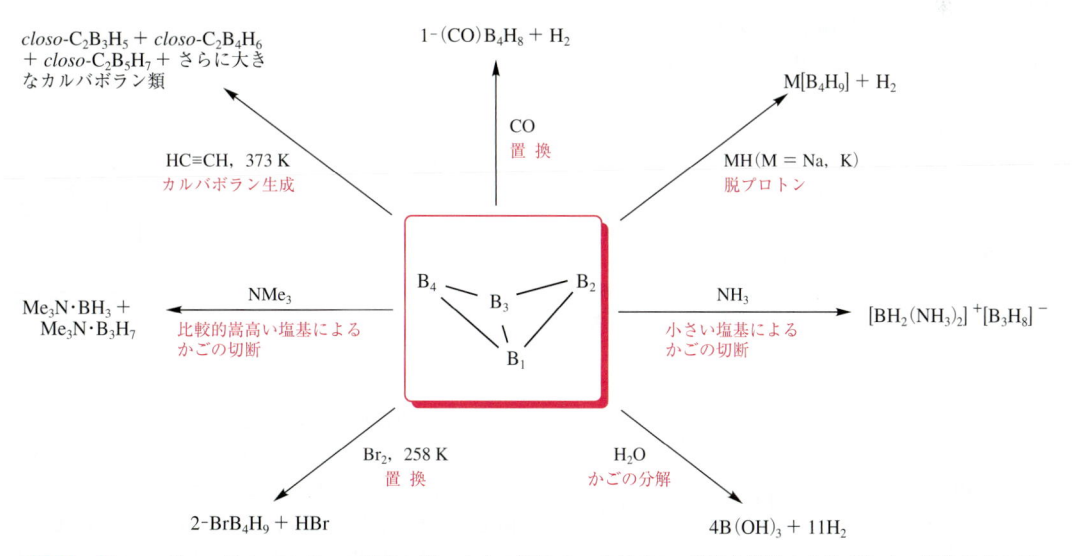

上部反応マップ（B_5H_9 中央）:
- 上（異性化）: 2-RB_5H_8 ← 1-RB_5H_8 ← (RCl, $AlCl_3$, R = アルキル, フリーデル・クラフツ置換)
- 右上: $M[B_5H_8] + H_2$ (MH(M = Na, K), 脱プロトン)
- 右: $[BH_2(NH_3)_2]^+[B_4H_7]^-$ (NH_3, かごの非対称切断)
- 右下: 1,2-$Cl_2B_5H_7$ (Cl_2, >273 K, ルイス酸, フリーデル・クラフツ置換) → 異性化 → 2,3-$Cl_2B_5H_7$ + 2,4-$Cl_2B_5H_7$
- 下: 1-ClB_5H_8 (Cl_2, $AlCl_3$, 273 K, フリーデル・クラフツ置換) → 異性化 → 2-ClB_5H_8
- 左下: 1-XB_5H_8 (X_2 (X = Br, I)) → 異性化 → 2-XB_5H_8
- 左: $5B(OR)_3 + 12H_2$ (ROH, かごの分解)
- 左上: $closo$-$C_2B_3H_5$ + $closo$-$C_2B_4H_6$ + $closo$-$C_2B_5H_7$ (HC≡CH, 770 K, カルバボラン生成)

中央構造: B_1, B_2, B_3, B_4, B_5

図 13・31 $arachno$-ボラン B_4H_{10} の反応の例. 中央の構造中の番号は B_4 骨格を保持する生成物中の置換位置を示すためのものである.

下部反応マップ（B_4H_{10} 中央）:
- 上: 1-(CO)$B_4H_8 + H_2$ (CO, 置換)
- 右上: $M[B_4H_9] + H_2$ (MH(M = Na, K), 脱プロトン)
- 右: $[BH_2(NH_3)_2]^+[B_3H_8]^-$ (NH_3, 小さい塩基によるかごの切断)
- 右下: $4B(OH)_3 + 11H_2$ (H_2O, かごの分解)
- 下: 2-BrB_4H_9 + HBr (Br_2, 258 K, 置換)
- 左: $Me_3N·BH_3$ + $Me_3N·B_3H_7$ (NMe_3, 比較的嵩高い塩基によるかごの切断)
- 左上: $closo$-$C_2B_3H_5$ + $closo$-$C_2B_4H_6$ + $closo$-$C_2B_5H_7$ + さらに大きなカルバボラン類 (HC≡CH, 373 K, カルバボラン生成)

中央構造: B_1, B_2, B_3, B_4

の構造は，**13.46**～**13.48** に示されているが，各場合についてかご異性体の 1 例のみ描いている．これらに対するウェイド則の適用例については，例題 13.9 で取扱う．

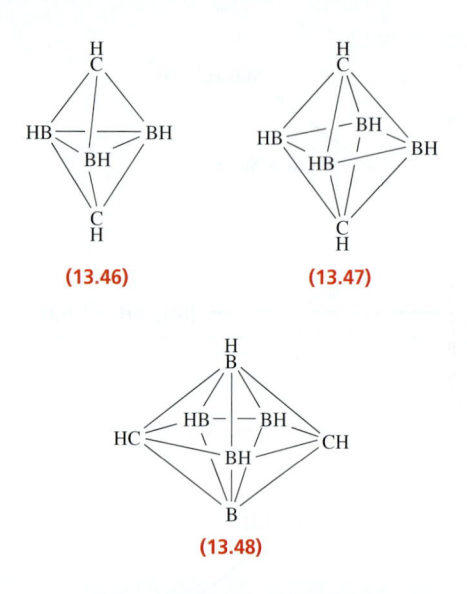

(13.46)

(13.47)

(13.48)

例題 13.9　カルバボラン構造へのウェイド則の適用

(a) $C_2B_4H_6$ のかご構造が八面体である理由を説明せよ．(b) 何種のかご異性体が可能であるか答えよ．

解答　(a) $C_2B_4H_6$ には，4 個の {BH} ユニット，2 個の {CH} ユニット，および 0 個の追加 H 原子がある．

各 {BH} ユニットは，2 個の価電子を提供する．
各 {CH} ユニットは，3 個の価電子を提供する．

結合に利用できるかごの全電子数 = (4 × 2) + (2 × 3)
= 14 電子 = 7 対

したがって，$C_2B_4H_6$ は 6 個のクラスターユニットを結合するのに 7 組の電子対をもつ．

n 個の頂点に対して $(n+1)$ 組の電子対が存在するため，$C_2B_4H_6$ は *closo*-かごであり，6 個の頂点のデルタ多面体，すなわち八面体があてはまる（図 13・27 参照）．

(b) 八面体においてすべての頂点は等価である．2 個の炭素および 4 個のホウ素原子の配置には 2 種の可能性があり，2 種のかご異性体が存在することになる．

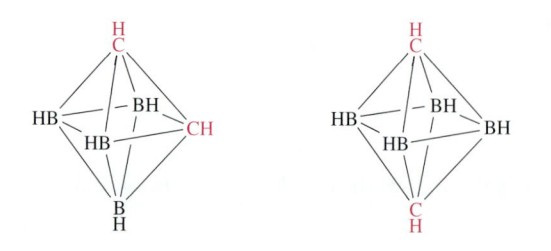

どちらの異性体が優先的に存在するかを，ウェイド則を用いて言及することはできない．

練習問題

1. カルバボラン (a) **13.46**，および (b) **13.48** の構造を合理的に説明し，それぞれについて，何種の異性体があるかを決定せよ．　　　　　　　　　　　　　[答 (a) 3, (b) 4]
2. カルバボラン $C_2B_{10}H_{12}$ は，$[B_{12}H_{12}]^{2-}$ と同じかご構造をもつ（図 13・27，二十面体）．(a) この観察結果についてウェイド則を用いて説明せよ．(b) $C_2B_{10}H_{12}$ については何種の異性体が可能であるか答えよ．　　　　　　　[答 (b) 3]

これまでウェイド則を用いて構造の導出や説明に図 13・27 の'親デルタ多面体'を用いてきたが，それらデルタ多面体としては，12 頂点の二十面体が最大である．単一かごのヒドロホウ酸ジアニオン $[B_nH_n]^{2-}$ は $n > 12$ については，まったく知られていない．しかし，2003 年に最初の 13 頂点の *closo*-カルバボランが報告された．その構造を図 13・32a に示す．この化合物の合成戦略は 2 段階（スキーム 13.88）の過程からなる．最初に，12 頂点の *closo*-かごを還元すると，ウェイド則と一致するようにかごが開く．スキーム 13.88 で，この中間体クラスターの開いた面を強調している．第二段階で，この開いたかごを含ホウ素の断片で閉じると，13 頂点の *closo*-クラスターが完成する．

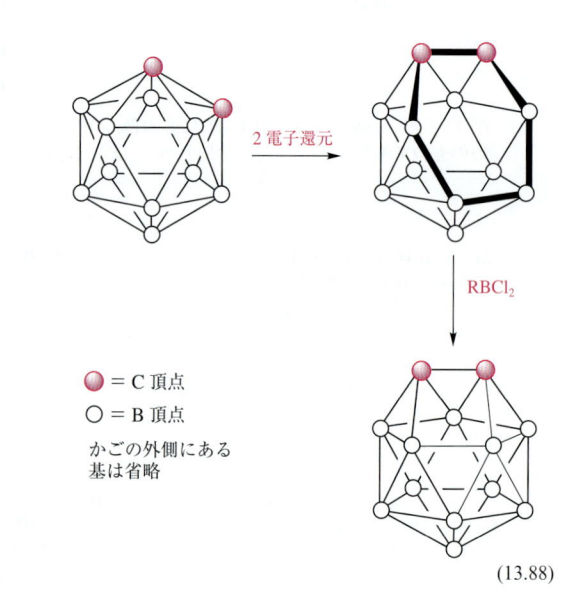

(13.88)

実際に，2 個の C 原子は，反応中にクラスターが再配列や分解を起こさないように'連結して'いなければならない．この'連結'は，図 13・32 において，クラスター炭素原子 2 個を架橋する有機物断片に対応する．かごに直接結合しているフェニル置換基は，スキーム 13.88 の第二段階でホウ素原子 1 個が導入されるサイトの標識となる．興味深いことに，この 13 頂点の *closo*-カルバボランの最初の例は，デルタ多面体ではない多面体構造をとり，その多面体は二十一面体（図 13・32）である．これは，仮想的な *closo*-$[B_{13}H_{13}]^{2-}$ に

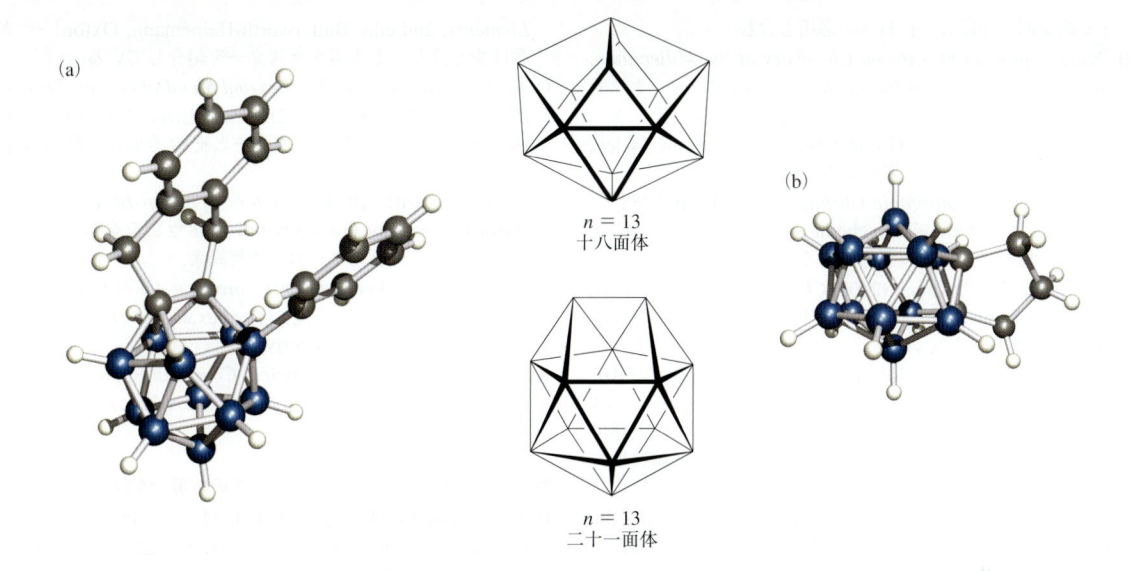

図 13・32 (a) 13 個の頂点をもつカルバボラン，1,2-μ-{C$_6$H$_4$(CH$_2$)$_2$}-3-Ph-1,2-C$_2$B$_{11}$H$_{10}$ の構造（X 線回折）[A. Burke et al. (2003) *Angew. Chem. Int. Ed.*, vol. 42, p. 225]．このカルバボランは二十一面体に適合し，closo-[B$_{13}$H$_{13}$]$^{2-}$ については十八面体が予測される（本文を参照）．(b) X 線回折で決定された 14 個の頂点をもつ closo-1,2-(CH$_2$)$_3$-1,2-C$_2$B$_{12}$H$_{12}$ の構造 [L. Deng et al. (2005) *Angew. Chem. Int. Ed.*, vol. 44, p. 2128]．原子の色表示：B 青色，C 灰色，H 白色．

ついて理論的に予測される最低エネルギー構造のデルタ多面体（十八面体，図 13・32）とは大きく異なる．

最初の 14 頂点のカルバボランの合成にも，スキーム 13.88 と同様な戦略が用いられた（2005 年）．第一段階で，隣り合う炭素原子が (CH$_2$)$_3$ 鎖でつながった 12 頂点の closo-カルバボランが 4 電子還元を経て，arachno-クラスターを生成する．この開いたかごと HBr$_2$B·SMe$_2$ との反応は，2 種の競合する反応経路をもつ．それらは，(i) 2 電子一段階の酸化を伴うホウ素頂点 1 個の付加による closo-C$_2$B$_{11}$ クラスターの生成過程と，(ii) 2 個のホウ素頂点の付加による closo-14 頂点かごの生成過程である．後者については，これまでに 2 種の異性体が観測され，その 1 種の異性体の構造的データにより，二面冠六方柱かご（図 13・32b）であることが確定した．

このホウ素クラスターに関する序論を終える前に，B$_n$X$_n$（X＝ハロゲン）タイプのハロゲン化ホウ素に少しだけ触れよう．これらはデルタ多面体構造からなるが，ウェイド則には従わない．ウェイド則に従えば，B$_8$X$_8$ 中の各 {BX} ユニットがかご結合に 2 電子ずつ提供すると考えられるが，この方法では総電子数は 16（電子対 8 組）となり，観測された閉じた十二面体かご（図 13・12b）を与える条件を満たすことはできない．同様に，B$_4$Cl$_4$ は四面体構造（図 13・12a）をもつが，単純な電子の足し算はクラスター結合にはたった 4 組の電子対しか提供しない．このような明確なウェイド則からの逸脱は，B$_n$ クラスターの（空の）結合性 MO が，末端ハロゲンの被占 p 原子軌道との相互作用を許容する対称性

をもつために起こる．すなわち末端ハロゲン原子からホウ素への電子供与が可能となる．したがって，ウェイド則は多くの場合にきわめて有用だが，明白な例外も存在するので，さらに詳細な結合の解析が必要であることに留意すべきである．

重要な用語

本章では以下の用語が紹介されている．意味を理解できるか確認してみよう．

- ☐ 熱力学的 6s 不活性電子対効果（thermodynamic 6s inert pair effect）
- ☐ 相対論効果（relativistic effect）
- ☐ 媒染剤（mordant）
- ☐ 環状二量体（cyclodimer）
- ☐ ミョウバン（alum）
- ☐ 電子不足クラスター（electron-deficient cluster）
- ☐ デルタ多面体（deltahedron）
- ☐ ウェイド則（Wade's rule）

さらに勉強したい人のための参考文献

S. Aldridge and A. J. Downs (2001) *Chemical Reviews*, vol. 101, p. 3305 － 特に 13 族元素に関連した主族元素の水素化物の総説．

A. J. Downs, ed. (1993) *The Chemistry of Aluminium, Gallium, Indium and Thallium*, Kluwer, Dordrecht － これらの元素の

化学と商業面を網羅し，材料への応用も含む．

R. B. King (editor) (1999) *Boron Chemistry at the Millennium*, Special Issue (vol. 289) of *Inorganica Chimica Acta* － ホウ素の無機化学について広範囲の内容を網羅している．

A. G. Massey (2000) *Main Group Chemistry*, 2nd edn, Wiley, Chichester － 第7章は13族元素の化学を網羅している．

H. W. Roesky (2004) *Inorganic Chemistry*, vol. 43, p. 7284 － 'The renaissance of aluminum chemistry' はアルミニウムの化学の最近の発展について概説している．

H. W. Roesky and S. S. Kumar (2005) *Chemical Communications*, p. 4027 － 'Chemistry of aluminium(I)' は単核および四核のAl(I)化合物を解説している．

D. F. Shriver and M.A. Drezdon (1986) *The Manipulation of Air-sensitive Compounds*, 2nd edn, Wiley-Interscience, New York － 13族元素の多くの化合物がきわめて空気や湿気に敏感である：この本はそのような化合物を取扱う方法を詳細に解説している．

A. F. Wells (1984) *Structural Inorganic Chemistry*, 5th edn, Clarendon Press, Oxford － 13族元素の単体や化合物の構造化学の詳細な解説を含む．

ボランクラスター

N. N. Greenwood (1992) *Chemical Society Reviews*, vol. 21, p. 49 － 'Taking stock: the astonishing development of boron hydride cluster chemistry'.

N. N. Greenwood and A. Earnshaw (1997) *Chemistry of the Elements*, 2nd edn, Butterworth-Heinemann, Oxford － 第6章は少し詳しくホウ素クラスターを紹介している．

C. E. Housecroft (1994) *Boranes and Metallaboranes: Structure, Bonding and Reactivity*, 2nd edn, Ellis Horwood, Hemel Hempstead － ホウ素クラスターとその誘導体の明解な序説と図解．

C. E. Housecroft (1994) *Clusters of the p-Block Elements*, Oxford University Press, Oxford － ホウ素を含むpブロック元素からなるクラスターの入門解説書．

W. Preetz and G. Peters (1999) *European Journal of Inorganic Chemistry*, p. 1831 － 総説：'The hexahydro-closo-hexaborate dianion $[B_6H_6]^{2-}$ and its derivatives'.

K. Wade (1971) *Electron Deficient Compounds*, Nelson, London － ホウ素水素化物および関連した電子不足化合物の古典的な解説．

特に13族元素に関連した主族金属の水素化物の総説

B. Blaschkowski, H. Jing and H.-J. Meyer (2002) *Angewandte Chemie International Edition*, vol. 41, p. 3322 － 'Nitridoborates of the lanthanides: synthesis, structure principles and properties of a new class of compounds'.

A. J. Downs and C. R. Pulham (1994) *Chemical Society Reviews*, vol. 23, p. 175 － 'The hydrides of aluminium, gallium, indium and thallium: a re-evaluation'.

P. Paetzold (1987) *Advances in Inorganic Chemistry*, vol. 31, p. 123 － 'Iminoboranes'.

問題

13.1 (a) 13族の各元素の名前と元素記号を原子番号順に記せ．答をこの章の最初のページを参照して確認せよ．(b) 金属的，非金属的挙動の観点で，元素を分類せよ．(c) 各元素の基底状態の電子配置を示す一般的な表記を示せ．

13.2 表13・1のデータを用いてTlの電位図を描き，$E°(Tl^{3+}/Tl^+)$の値を算出せよ．

13.3 13族元素（表13・1）についてのIE_1，IE_2，IE_3の値の変動を示すグラフをプロットせよ．そして2族元素（表12・1）についてのIE_1とIE_2の値の変動を示す同様なグラフをプロットせよ．2族元素と13族元素のIE_2の傾向の違いについて説明せよ．

13.4 元素単体を鉱石から抽出するときに用いるつぎの過程について化学反応式を記せ．(a) 酸化ホウ素のMgによる還元，(b) 固体Al_2O_3とFe_2O_3の混合物への熱NaOH水溶液の添加の結果，(c) CO_2と$Na[Al(OH)_4]$水溶液との反応．

13.5 つぎのNMRスペクトルを予想せよ．(a) $[BH_4]^-$の^{11}B NMRスペクトル，(b) $[BH_4]^-$の^1H NMRスペクトル，(c) 付加体$BH_3·PMe_3$の^{11}B NMRスペクトル，(d) $THF·BH_3$の$^{11}B\{^1H\}$ NMRスペクトル．[^1H, 100%, $I = 1/2$；^{31}P, 100%, $I = \frac{1}{2}$；^{11}B, 80.4%, $I = \frac{3}{2}$，^{10}Bは無視せよ]

13.6 テルミット法を式13.5に示した．$\Delta_fH°(Al_2O_3, s, 298\,K) = -1675.7\,kJ\,mol^{-1}$，$\Delta_fH°(Fe_2O_3, s, 298\,K) = -824.2\,kJ\,mol^{-1}$のとき，この反応の$\Delta_fH°$を算出せよ．そして，この値と$\Delta_{fus}H(Fe, s) = 13.8\,kJ\,mol^{-1}$との関連性について考察せよ．

13.7 BH_3が二量化する際に，2個のBH_3分子がそれぞれルイス塩基およびルイス酸として働く状況について説明せよ．

13.8 Ga_2H_6とGa_2Cl_6における結合を描け．両者とも**13.49**のタイプの構造をもつ．

X＝H または Cl
(13.49)

13.9 一般的な付加体$L·BH_3$の相対的安定性の序列は，L：$Me_2O < THF < Me_2S < Me_3N < Me_3P < H^-$である．つぎの各問に答えるのに加えて，自分の解答案を確定するために，NMR分光法をどのように用いるかを示せ．
(a) Me_3Nを$THF·BH_3$のTHF溶液に加えると何が起こるか．
(b) Me_2Oは$Me_3P·BH_3$のMe_3Pと置換可能だろうか．
(c) $[BH_4]^-$はTHF溶液中で置換反応に関して安定だろうか．
(d) $Ph_2PCH_2CH_2PPh_2$を$THF·BH_3$のTHF溶液に，後者が過剰となるように加えた場合に，何が生成するかを考察せよ．

13.10 (a) 含ガリウム生成物**A**が，つぎのEt_2O溶媒中での反応によって得られた．

(構造式) N·GaH₂Cl + Me₂N–Li–NMe₂ (中央にN)

A の室温，溶液 ^{1}H NMR スペクトルはつぎのシグナルを示した：δ 4.90 (s, 2H), 3.10 (t, 4H), 2.36 (t, 4H), 2.08 (s, 12H) ppm. そして，^{13}C NMR スペクトルは 3 本のシグナルを δ 61.0, 50.6 および 45.7 ppm に示した．**A** の質量スペクトルにおける最大質量のピークは $m/z = 230$ であった．**A** の構造データから Ga 原子が 5 配位であることが明らかになった．**A** を同定し，その構造を提案せよ．

(b) 上記 (a) の化合物 **A** はルイス塩基として働くことができる．その理由を合理的に説明し，**A** と $Me_3N\cdot GaH_3$ との反応生成物を予測せよ．

13.11 $K[B(CN)_4]$ と ClF_3 との液体 HF 中における反応では $K[B(CF_3)_4]$ が生成する．この塩の ^{11}B NMR スペクトルにおいて，13 本線のパターンが観測される理由を説明せよ．この多重線の真ん中と端の線の相対的な強度比を見積れ．

13.12 濃 H_2SO_4 中における $K[B(CF_3)_4]$ の加溶媒分解 (solvolysis) では $(F_3C)_3BCO$ を生じる．(a) この加溶媒分解過程についての化学反応式を書け．(b) 気相において，$(F_3C)_3BCO$ は C_{3v} 対称性よりむしろ C_3 対称性をもつ．この事実を合理的に説明し，C_3 点群に属すこの分子の構造を描け．

13.13 つぎの事実についての解釈を述べよ．
(a) $Na[BH_4]$ は $Na[AlH_4]$ に比べて H_2O による加水分解が非常に遅い．
(b) B_2H_6 の水蒸気による加水分解の速度は次式で与えられる．

$$速度 \propto (P_{B_2H_6})^{\frac{1}{2}}(P_{H_2O})$$

(c) 指示薬ブロモクレゾールグリーン (pH 範囲 3.8〜5.4) に対してホウ酸の飽和水溶液は応答せず，$K[HF_2]$ の溶液は酸性を示す．しかし，過剰なホウ酸を $K[HF_2]$ の溶液に添加すると，ブロモクレゾールグリーンに対してアルカリ性になる．

13.14 つぎの反応における生成物を推定せよ．
(a) $BCl_3 + EtOH \longrightarrow$
(b) $BF_3 + EtOH \longrightarrow$
(c) $BCl_3 + PhNH_2 \longrightarrow$
(d) $BF_3 + KF \longrightarrow$

13.15 (a) 氷晶石の化学式を記せ．(b) ペロブスカイトの化学式を記せ．(c) 氷晶石はペロブスカイトによく似た三次元構造をもつことが知られている．この 2 種の化合物の化学量論が一見適合しないにもかかわらず，なぜ類似の三次元構造をもつことが可能かを考察せよ．

13.16 (a) $[MBr_6]^{3-}$, $[MCl_5]^{2-}$ および $[MBr_4]^-$ (M = Ga または In) の構造を考察せよ．(b) $[Et_4N]_2[InCl_5]$ 塩において，陰イオンは $[H_3N(CH_2)_5NH_3][TlCl_5]$ 塩中の $[TlCl_5]^{2-}$ と同様の正方錐構造をもつ．上記 (a) の答を用いてこれらの観察事実について考察せよ．(c) $[H_3N(CH_2)_5NH_3][TlCl_5]$ および $Cs_3[Tl_2Cl_9]$ を合成する方法を示せ．(d) 二塩化ガリウムに関して化学式 $GaCl_2$ と $Ga[GaCl_4]$ を区別するために，磁性のデータがどのように役に立つか説明せよ．

13.17 つぎの観察事実についてそれぞれ考察せよ．
(a) AlF_3 は無水 HF にはほとんど溶けないが，KF が存在すると溶解する．さらに BF_3 をその溶液に通すと，AlF_3 が再沈殿する．
(b) 四塩化ゲルマニウム，三塩化ガリウムの濃塩酸溶液，および溶融した三塩化ガリウムのラマンスペクトルはつぎの散乱線を示す．

	波 数/cm^{-1}			
$GeCl_4$	134	172	396	453
$GaCl_3$/HCl	114	149	346	386
$GaCl_2$	115	153	346	380

(c) アルカリ金属の三塩化物塩と同形の TlI_3 を NaOH 水溶液と処理すると，水和 Tl_2O_3 が定量的に沈殿する．

13.18 図 13·10c は，$[Ph_3MeP][Al(BH_4)_4]$ 中に存在する $[Al(BH_4)_4]^-$ の固体構造に対応する．これらの構造データに基づいて，溶液中でのこの化合物について記録された以下の観察結果を説明せよ．
(a) 298 K における，$[Ph_3MeP][Al(BH_4)_4]$ の ^{1}H NMR スペクトルは，陽イオンに帰属されるシグナルに加えて，1 本のブロードなシグナルを示す．このシグナルのパターンは 203 K でも保持されている．(b) 同じ化合物の ^{11}B NMR スペクトル (298 K) においては，五重線が観測される．(c) $[Ph_3MeP][Al(BH_4)_4]$ の赤外スペクトルにおいては，架橋 Al–H–B および末端 B–H 相互作用による吸収がともに観測される．

13.19 図 13·18 では $B_2(OH)_4$ の 4 個の水素結合分子が示されている．単一分子の $B_2(OH)_4$ はどのような点群に属すか．

13.20 (a) H_3BO_3 の水溶液中における挙動は HCl や H_2SO_4 のような無機酸に典型的なものではない．適切な例を用いて，これらの異なる挙動を描け．
(b) ホウ砂の化学式は $Na_2B_4O_7\cdot 10H_2O$ と書かれていることがある．この表記法の妥当性について，構造を厳密に考えて意見を述べよ．

13.21 なぜ単純に Al_2O_3 を単に 'アルミナ' とよばないのが重要であることを示す顕著な例を示しながら，α- および γ-アルミナの物理的および化学的性質を比較せよ．

13.22 (a) つぎの反応の生成物を予測せよ．

$3EtB(OH)_2 \xrightarrow{-3H_2O}$

$ClB(NMe_2)_2 \xrightarrow{2Na}$

$K[(C_2F_5)_3BF] + SbF_5 \longrightarrow$

(b) $PhB(OH)_2$ は固体状態で二量体を形成する．二量体はさらに集合して三次元ネットワークを形成する．このような集合がどのように起こるのか説明せよ．

13.23 ボラジンの結合と反応性について，ベンゼンとの類似性と相違性という観点に焦点を絞って簡潔に説明せよ．

13.24 図 13·23 に描いたアルミニウム–窒素化合物について，適切な結合様式を説明せよ．

13.25 $GaCl_3$ は (等モル量の) $KP(H)Si^tBu_3$ と反応して KCl と四員環の環状化合物で，38.74% C, 7.59% H, 19.06% Cl を含有する 2 種の異性体を生じる．この生成物を同定し，異性体を示す構造図を描け．

13.26 ウェイド則を用いて，B_5H_9，$[B_8H_8]^{2-}$，$C_2B_{10}H_{12}$ および $[B_6H_9]^-$ の最も妥当な構造を予測せよ．可能性がある場合には，かご異性体の存在について記せ．

13.27 (a) B_5H_9 の2電子還元とその後のプロトン化は B_5H_{11} を合成する有用な経路である．この反応の間に，B_5 かごはどのような構造変化を起こすと予想されるか．また，そう考える理由も説明せよ．

(b) $[B_3H_8]^-$ (**13.39**) の溶液 ^{11}B NMR スペクトルが1組の，強度が二項係数比の九重線を示す．この観測事実について説明せよ．

(c) B_5H_9 の光分解からは，$B_{10}H_{16}$ が3種の異性体の混合物として生成する．この生成物は分子間の反応に基づく H_2 発生により生じる．この生成物の性質，そして3種の異性体が生成する理由を推定せよ．

13.28 つぎの反応の生成物として最も妥当なものを，化学量論比も含めて予測せよ．

(a) $B_5H_9 + Br_2 \xrightarrow{298\ K}$
(b) $B_4H_{10} + PF_3 \longrightarrow$
(c) $1\text{-}BrB_5H_8 \xrightarrow{KH,\ 195\ K}$
(d) $2\text{-}MeB_5H_8 \xrightarrow{ROH}$

13.29 $Ag_2[B_{12}Cl_{12}]$ の結晶は，逆蛍石型配置に基づく構造をとると述べられている場合がある．各 $[B_{12}Cl_{12}]^{2-}$ を球とみなして，$Ag_2[B_{12}Cl_{12}]$ の単位格子を表す図を描け．この理想的な構造において各 Ag^+ が占める間隙の種類は何か．

総合問題

13.30 (a) 水溶液中で Ga^+ が $[I_3]^-$，Br_2，$[Fe(CN)_6]^{3-}$，および $[Fe(bpy)_3]^{3+}$ と反応する．各反応について化学反応式をそれぞれ記せ．

(b) Tl^{3+} と ^{13}C を濃縮した $[CN]^-$ をそれぞれ 0.05 mol dm^{-3} および 0.31 mol dm^{-3} 含む酸性溶液の ^{205}Tl NMR スペクトルは，強度が二項分布の五重線 (δ 3010 ppm, J 5436 Hz) および四重線 (δ 2848 ppm, J 7954 Hz) を示す．溶液中に存在する化学種を指摘し，そう考える理由を合理的に説明せよ（核スピンデータについては表 3・3 を参照）．

13.31 (a) なぜ図 13・1 に示すデータが対数スケールで表示してあるのか述べよ．地殻における Al (図 13・1) と Mg (図 12・1) の相対的存在率を算出せよ．

(b) 反応 13.18 において酸化還元を起こしている元素どうしの酸化状態の変化がつり合っていることを示せ．

(c) $La_5(BN_3)(B_3N_6)$ 中の $[B_3N_6]^{9-}$ は，各 B 原子が平面三角形に近い環境にあるいす形配座をとる（構造 **13.26** を参照）．環中の B−N 結合距離は 148 pm で，環外の B−N の平均結合距離 143 pm である．$[B_3N_6]^{9-}$ に関し，全体の結合に最も寄与すると考える構造に焦点を当て，その共鳴構造を描け．

13.32 (a) $[HAl(BH_4)_2]_n$ の NMR スペクトルデータは，溶液中で2種の構造が存在することを示す．一方はおそらく二量体であり，もう一方は，それより高級なオリゴマーである．各化学種中のホウ素原子は等価であり，^{11}B NMR スペクトルでは各化学種は強度が二項係数比の五重線を示す．それらのシグナルの化学シフトは，Al 原子周りが八面体環境であることを示している．これらの観察事実と一致する二量体 $[HAl(BH_4)_2]_2$ の構造を推定するとともに，上記 NMR データが，分子の静的状態と動的状態のいずれを示唆するものであるかを考察せよ．

(b) 付加体 **A** の元素分析結果は，15.2% B，75.0% Cl，4.2% C および 5.6% O である．**A** の ^{11}B NMR スペクトルは相対強度 1：3 の 2 本のシグナル (δ −20.7 および +68.9 ppm) を示す．δ −20.7 ppm のシグナルは四面体環境にある B 原子に特徴的だが，δ +68.9 ppm のシグナルは平面三角形のホウ素と一致する．赤外スペクトルには，2176 cm^{-1} に特徴的な吸収帯がみられる．**A** を同定し，その構造を描け．

13.33 (a) ケイ素にホウ素またはガリウムをドープするとどのような種類の半導体が得られるか．簡単なバンド理論を用い，Si の半導体としての性質が B または Ga のドーピングによってどのように変化するかを説明せよ．

(b) Ga^{3+} と In^{3+} の配位化学として活発な研究分野は，放射医療剤に適する錯体の探索である．どうして配位子 **13.50** が Ga^{3+} に配位しやすく，**13.51** が In^{3+} に配位しやすいのかについて考察せよ．

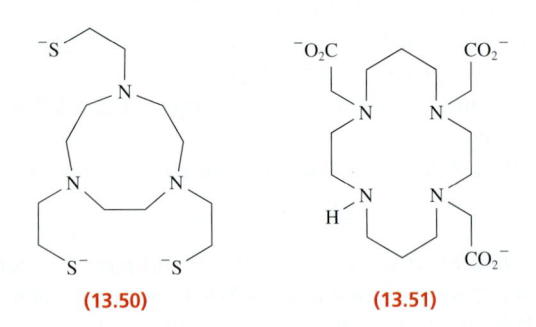

(13.50)   (13.51)

13.34 (a) 297 K において，$[Ph_4As][B_6H_7]$ の CD_2Cl_2 溶液の ^{11}B NMR スペクトルは，1組の二重線 (δ −18.0 ppm, J = 147 Hz) を示す．^{1}H NMR スペクトルにおいては，2種のシグナルが観測される (δ −5.5 ppm, ブロード；δ +1.1 ppm, 1：1：1：1 四重線)．223 K では，^{11}B NMR スペクトルは δ −14.1 および −21.7 ppm にシグナル (相対積分値 1：1) を示す．温度を下げても ^{1}H NMR スペクトルにはほとんど変化がない．$[B_6H_7]^-$ の固体構造を描き，溶液 NMR スペクトルデータを合理的に説明せよ．

(b) Ga 金属と NH_4F の 620 K での反応では，H_2 と NH_3 を発生し，酸化状態 +3 のガリウムを含むアンモニウム塩 **X** が生じる．**X** の固体構造は，頂点共有 GaF_6 八面体からなるシートからなり，その間に孤立した陽イオンが挿入されている．ただし，頂点の共有は面内でしか起こらない．**X** を同定せよ．Ga と NH_4F との反応で **X** が生じる化学反応式を記せ．また，**X** の化学量論が固体構造においてどのように維持されているのかを図を用いて説明せよ．

14　14 族 元 素

おもな項目

- 産出，単離および利用
- 物理的性質
- 単 体
- 水素化物
- 炭化物，ケイ化物，ゲルマニウム化合物，スズ化合物および鉛化合物
- ハロゲン化物とハロゲン化物錯体
- 酸化物，オキソ酸および水酸化物（ケイ酸塩を含む）
- シリコーン
- 硫 化 物
- シアン，窒化ケイ素および窒化スズ
- ゲルマニウム，スズおよび鉛のオキソ酸塩の水溶液中の化学

1	2		13	**14**	15	16	17	18
H								He
Li	Be		B	**C**	N	O	F	Ne
Na	Mg		Al	**Si**	P	S	Cl	Ar
K	Ca	dブロック	Ga	**Ge**	As	Se	Br	Kr
Rb	Sr		In	**Sn**	Sb	Te	I	Xe
Cs	Ba		Tl	**Pb**	Bi	Po	At	Rn
Fr	Ra							

す．ケイ素とゲルマニウムは半金属[*1]（semi-metal）に分類され，それらの半導体的な性質については既述した（§6・9参照）．

14族の全元素は+4の酸化状態をとるが，族の下方ほど+2の酸化状態の安定性が増す．カルベンはC(II)のよい例であるが，反応中間体としてのみ存在する[*2]．二ハロゲン化ケイ素は高温でのみ安定であるが，Ge(II)およびSn(II)状態の安定性はよく知られており，Pb(II)はPb(IV)よりも安定である．この観点から，Pbは周期表で隣接するTlやBiと類似しており，それらは13，14および15族の一番重い元素の一般的な特徴である6s電子の不活性さをもっている（Box 13・3参照）．

炭素は地球上の生命に必須であり（Box 14・9参照），その化合物のほとんどは，有機化学の範疇に含まれる．それでも形式的に"無機"として分類されるCの化合物は多く，有機金属種（organometallic species）にまで広がっている（第19章および24章参照）．

14・1　はじめに

14族元素である炭素，ケイ素，ゲルマニウム，スズおよび鉛は，非金属のCから金属的性質を示すPbまで連続的に変化するが，Pbの酸化物は両性である．pブロックを金属と非金属に分けるいわゆる**対角線**（diagonal line）はSiとGeの間を通り，Siが非金属でGeが金属であることを示す．しかし，この区別は絶対的なものではない．固体状態で，SiとGeは共有結合からなるダイヤモンド型構造（図6・19a参照）をとっているものの，その電気抵抗（§6・8参照）はダイヤモンドの値よりも明らかに低く，金属的挙動を示

14・2　産出，単離および利用

産　出

図14・1は，地殻における14族元素の相対的な存在率を示す．長い歴史をもつ2種の炭素の結晶性同素体であるダイヤモンドと黒鉛（グラファイト）は，非晶性炭素（たとえば

[*1] IUPACの勧告では，メタロイド（metalloid）より半金属（semi-metal）の語の方が推奨されている．
[*2] （訳注）カルベン（二価の炭素化合物）は通常不安定な化学種であるが，両側をアダマンチル基のような嵩高い置換基で保護したり，非共有電子対を有する窒素原子を置換基として導入して安定化をはかることによって，安定に取出すことができるカルベンも合成されている．後者のうち環状誘導体である N-ヘテロ環状カルベン（N-heterocyclic carbene；略称NHC）は最近有機金属化合物や均一系錯体触媒の配位子として多用されている．

資源と環境

Box 14・1　リサイクル：スズと鉛

　スズと鉛のリサイクル，特に後者については，膨大なスケールで行われている．Box 6・1 で，スチール缶のリサイクルについて言及した．スチール缶を被覆するために用いられるスズは，特殊な脱スズ過程を用いて再生される．2004年米国では，61％のスズ被覆スチール缶がリサイクルされた．ヨーロッパでは，リサイクルされたブリキ板の量が確実に増加している．2002年ドイツでは包装用ブリキ板の約80％がリサイクルされた．

　鉛（酸）蓄電池は再生される金属のおもな供給源である．2004年に米国でつくられた精製鉛の約88％がリサイクル金属から得られており，そのほとんどが，車や工業的なものから出る使用済電池から得られている．

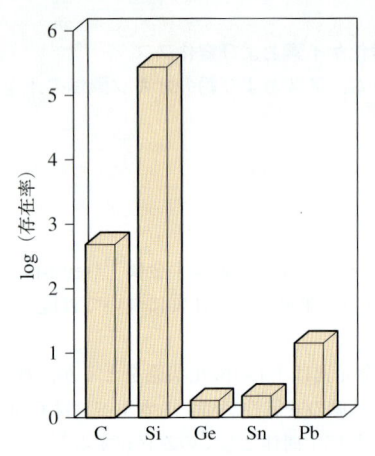

図14・1　地殻中の14族元素の相対存在率．データは対数表記してある．存在率の単位はppm．

石炭）と同様に天然に存在する．ダイヤモンドは，火成岩中に存在する（たとえば南アフリカのキンバリーの火道管）．二酸化炭素は地球の大気の0.04％にすぎず，光合成に非常に重要な物質であるが，主要な炭素源ではない．1990年代には，炭素の分子性同素体である**フラーレン**（fullerene，**§14・4 参照**）がオーストラリア，ニュージーランドおよび北米の多くの堆積物に存在することが発見された．煤はフラーレンとそれに類似した炭素種（ナノチューブ，同心殻フラーレン，開いた構造の半フラーレン殻）を含む．燃料が豊富な状態で煤を生成すると多環芳香族炭化水素の成長が促進され，それらは凝集して粒子となる．しかしながら，フラーレンやカーボンナノチューブの化学が現在発展しているのは，実験室での合成に依存しており，これについては**§14・4**（フラーレン）および**§28・8**（カーボンナノチューブ）で述べる．

　ケイ素は天然には単体では存在しないが，砂，石英，水晶，燧石（火うち石），めのう，シリカ鉱物（**§14・9 参照**）の形として地殻の25.7％を占めている（SiはOに次いで2番目に多く存在する元素である）．これに対し，Geは鉱物（たとえば亜鉛鉱）や石炭の中にわずかに存在するのみで，地殻に1.8 ppmしか含まれていない．スズを主成分に含む鉱物はスズ石（SnO_2; cassiterite）である．重要な鉛の鉱物は，方鉛鉱（PbS; galena），硫酸塩鉱（$PbSO_4$; anglesite）および白鉛鉱（$PbCO_3$; cerussite）である．

単離と製造

　黒鉛の供給は天然黒鉛だけでは不足しており，約 2800 K でコークス（高い温度で炭化された石炭）の粉末をシリカとともに加熱してできた人工黒鉛により補われている．米国で使われる約30％の工業用ダイヤモンドは人工物である（**Box 14・5 参照**）．ダイヤモンド薄膜は化学蒸着法を用いて生成させることができ（**§28・6 参照**），現在，水熱合成も研究されている[*]．アモルファスカーボン（無定形炭素：合成ゴムに用いられるカーボンブラック）は，空気の供給を抑えた条件下で石油を燃焼してつくられる．

　ケイ素（それほど高純度ではないもの）は，シリカ SiO_2 をCあるいはCaC_2とともに電気炉中で加熱して抽出される．低純度のGeは，亜鉛鉱物から亜鉛を抽出する過程で集められた煙塵から，あるいは水素（H_2）や炭素（C）を用いて酸化ゲルマニウムを還元することによって得られる．電子工業や半導体工業に用いるためには，超高純度のSiやGeが必要であり，それらは帯域溶融法（zone-melting technique，**Box 6・3 および §28・6**）を用いて得られる．

　スズはスズ石（SnO_2; cassiterite）を加熱中，炭素（C）で還元することで得られるが（**§8・8 参照**），これと同様の方法を硫化物から鉛を抽出する際には適用できない．なぜなら $\Delta_f G°$（CS_2, g）が $+67$ kJ mol^{-1} で，熱力学的に可能な過程には高温反応 14.1 あるいは 14.2 が含まれているからである．SnとPbの両方とも電気分解で精製される．SnとPbのリサイクルについてはBox 14・1で取上げる．

---

[*] たとえば以下参照：X.-Z. Zhao, R. Roy, K. A. Cherian and A. Badzian (1997) *Nature*, vol. 385, p. 513 − 'Hydrothermal growth of diamond in metal−C−H_2O systems'; R. C. DeVries (1997) *Nature*, vol. 385, p. 485 − 'Diamonds from warm water'.

$$2PbS + 3O_2 \longrightarrow 2PbO + 2SO_2$$
$$PbO + C \longrightarrow Pb + CO$$
または
$$PbO + CO \longrightarrow Pb + CO_2$$
(14.1)

$$PbS + 2PbO \longrightarrow 3Pb + SO_2$$
(14.2)

利用

ダイヤモンドは最も硬い物質として知られており，市場では高価な宝石であることのほかに，切削剤や研磨剤として用いられている(**Box 14・5**参照)．ダイヤモンドと黒鉛の構造の違いは，物性(§14・3参照)や用途に顕著に反映されている．産業に活用されている黒鉛の性質は，化学的不活性，高温に対する安定性，電気や熱の伝導性(これは方向依存性がある，§14・4参照)および潤滑剤としての作用(図14・2)である．その熱的および電気的性質により，黒鉛は耐火材(§12・6参照)およびバッテリーや燃料電池に適した材料である．燃料電池技術(**Box 10・2**参照)の重要性が増すにつれて高純度黒鉛の需要の増加をもたらすだろう．他の新技術も黒鉛の市場に影響する．たとえば，黒鉛布(柔軟性のある黒鉛，flexible graphite)は比較的新しい製品であり，その応用が増加している．カーボンブラックは商業的に非常に重要であり，炭化水素(たとえば，天然ガスや石油)を制御された条件下で部分燃焼して製造される．カーボンブラックの形状はよく調べられており，黒鉛のような微細構造をもつ粒子の集合から構成されている．カーボンブラックのおもな用途は，加硫処理したゴムの強化であり，生産量の66％が自動車のタイヤに用いられる．他の重要な用途は，印刷用インク，ペンキおよびプラスチックである．炭(木を加熱してつくったもの)および獣炭(骨を用いてつくったもの)は黒鉛の微結晶からなり，獣炭の場合にはリン酸カルシウムに担持された状態で得られる．**活性炭**(activated charcoal)の吸着性は，商業的に重要である(**Box 14・2**参照)．強い伸張強度をもつ炭素繊維(1750 K以上で配向性有

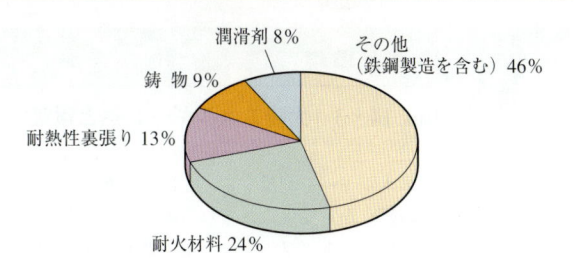

図14・2 2004年の米国における黒鉛の利用．(データは米国地質調査所)

応用と実用化

Box 14・2 活性炭: 多孔構造の利用

活性炭は無定形(アモルファス)炭素を細かく粉砕したものであり，酸化と脱水の両方を促進する試薬の存在下で有機物質(たとえば，泥炭や木材)を燃やして製造される．活性炭は広い内部表面積をもつ多孔構造を有する．ミクロ孔(microporous)物質は2 nm以下のサイズの孔をもち，マクロ孔(macroporous)物質には大きさが50 nm以上の孔の活性炭が分類され，メソ孔(mesoporous)物質はそれらの間に入る．最大内部表面積($700\,m^2\,g^{-1}$以上)は，ミクロ孔物質で見いだされている．疎水表面が小分子を吸着する能力が活性炭の広範にわたる応用の鍵である(ゼオライトの多孔構造および応用と比較すべきである．§14・9および§27・7参照)．

初期の活性炭の大スケールでの応用は，第一次世界大戦におけるガスマスクであった．レンジフード，移動用あるいは卓上用の実験用ドラフトに用いられている種々のガスフィルターには，活性炭フィルターが用いられている．製造される活性炭のうち約20％は砂糖工場で消費されており，脱色剤として用いられている．水の精製では大量の活性炭を消費する．

活性炭が多孔性の構造をもつことから，特にパラジウムのようなdブロック金属を含浸させ，優れた不均一系触媒として応用されている．工業的なスケールでは，たとえばホスゲン(式14.50)の製造で用いられ，実験室における合成でも広く利用される．その一例をつぎに示す．

$$4CoCl_2 + O_2 + 4[NH_4]Cl + 20NH_3 \xrightarrow{\text{活性炭}} 4[Co(NH_3)_6]Cl_3 + 2H_2O$$

活性炭の多孔性骨格は，たとえばSiO_2，TiO_2およびAl_2O_3などの他の細孔材料をつくるための鋳型として用いることができる．酸化物をまず超臨界CO_2(§9・13)に溶解し，そしてその超臨界液体中で活性炭の鋳型を被覆する．この炭素の鋳型は酸素プラズマや，870 Kでの大気中での焼成により除去され，活性炭テンプレートの構造を模写したマクロ孔構造をもつナノポーラス(ナノnanoは孔の大きさの目安)金属酸化物が残る．

さらに勉強したい人のための参考文献

A. J. Evans (1999) *Chemistry & Industry*, p. 702 — 'Cleaning air with carbon'.

H. Wakayama, H. Itahara, N. Tatsuda, S. Inagaki and Y. Fukushima (2001) *Chemistry of Materials*, vol. 13, p. 2392 — 'Nanoporous metal oxides synthesized by the nanoscale casting process using supercritical fluids'.

資源と環境

Box 14・3　太陽エネルギー：熱と電気

太陽からのエネルギーを利用することは，当然のことながら，環境問題の観点から受け入れられるエネルギー製造方法である．熱交換ユニット（ソーラーパネルとしてよく知られている）による変換は，水泳プールの温度を上げる熱エネルギーの供給や，家庭への湯の供給に用いられる．光電池システム（太陽電池とよばれることが多い）によるエネルギー変換に，半導体が利用される．当初，NASAの宇宙計画が，太陽電池を開発する背景のきっかけとなり，人工衛星や他の宇宙船への応用は今も設計技術の最先端であり続けている．しかし，現在，私たちはみな太陽電池電卓などの道具を利用しており，太陽電池の恩恵を被っている．シリコンがこの市場を支配する主力材料となっている．典型的な電池の薄さは 200～350 μm であり，これは n-ドープ層（太陽光が当たる面），p-ドープ層，および上下の表面に接触する金属網から構成される．金属網は導線と接続される．光を電池に当てると，n-p接合の電子は p 型から n 型シリコンに移動し，ホール（hole，§6・9）は反対方向に動く．これが回路に電気の流れをひき起こす．電池1個当たりの出力は小さいので，役に立つ電圧の供給を生みだすには，たくさんの電池を一緒に稼働させる必要がある．太陽エネルギーを利用して家庭用や同様の用途のために必要な電力を供給する場合には，天候や日照時間が設備導入の際に配慮すべき重要な条件である．

太陽電池に用いられる他の半導体には，GaAs（例，宇宙衛星），CdTe（太陽電池開発に有望な新材料），および TiO_2（有機色素を被覆した TiO_2 膜を用いる新設計のグレッツェルセル Grätzel cell に使用）などがある．

モハーヴェ砂漠の太陽エネルギープラントの太陽光発電パネル [Roger Ressmeyer/CORBIS/amanaimages]

さらに勉強したい人のための参考文献

R. Eisenberg and D. G. Nocera, eds (2005) *Inorganic Chemistry*, vol. 44, p. 6799 － 一連の最先端の論文については 'Forum on Solar and Renewable Energy' として出版されている．

M. A. Green (2001) *Advanced Materials*, vol. 13, p. 1019 － 'Crystalline silicon photovoltaic cells'.

M. Hammonds (1998) *Chemistry & Industry*, p. 219 － 'Getting power from the sun'.

K. Kalyanasundaram and M. Grätzel (1999) in *Optoelectronic Properties of Inorganic Compounds*, ed. D. M. Roundhill and J. P. Fackler, Plenum Press, New York, p. 169 － 'Efficient photovoltaic solar cells based on dye sensitization of nanocrystalline oxide films'.

機高分子繊維を加熱して生成）は，繊維の伸びる方向に平行に配向した黒鉛結晶を含んでおり，プラスチックなどの材料を強化するために用いられる．炭素複合材料は，繊維で強化され，化学的に不活性な材料であり，高い強度，硬度，熱安定性，熱衝撃に対する高耐久性をもち，高温においてもその機械的特性を保持する．このような性質のため，スペースシャトルの本体部分の外壁に用いられるようになった（§28・7参照）．

ケイ素はおもに製鉄工業（Box 6・1 参照），および電子工業や半導体工業（§6・8，§6・9，§28・6 および Box 14・3 参照）で利用されている．シリカ SiO_2 は，産業上，非常に重要な物質である．ガラスの主成分であり，膨大な量の砂が世界中の建築産業で消費されている．石英ガラス（溶融した SiO_2 を冷やしてつくられる）は，急激な温度変化に耐えることができ，特殊な用途がある．§14・9 ではさまざまな種類のガラスについて述べる．シリカゲル（無定形のシリカで，ケイ酸ナトリウム水溶液を酸と反応させてつくられる）は，乾燥剤，クロマトグラフィーの固定相および不均一系触媒として用いられる．アルカリ金属を還元剤として用いる際には，シリカゲルに金属を吸着させて取扱いを容易にすることがある（§11・4参照）．注意！ シリカの粉塵を吸引すると肺の病気，珪肺（silicosis）をひき起こす可能性がある．水和したシリカは海の珪藻の外骨格を形成しているが，他の生物系における Si の役割は未解明である[*]．ケイ酸塩およびアルミノケイ酸塩の用途については §14・9 で述べる．

ゲルマニウムの商業的な需要は少ないが重要である．おも

---

[*] 示唆に富む記事は以下を参照せよ：J. D. Birchall (1995) *Chem. Soc. Rev.*, vol. 24, p. 351 － 'The essentiality of silicon in biology'.

な用途は，ポリエチレンテレフタレート（PET）の重合触媒，光ファイバー，赤外線（暗視）光学機器，電気および太陽光発電業界である．GeO_2 の光学特性により光学機器への応用が増えている．光学機器に用いられる Ge の 60% 以上がリサイクルされている．2004 年，米国では約 25 000 kg の Ge が消費された．この値と比較すると，スズや鉛の需要はずっと多い（2004 年に米国で Sn は 3.9 万トン，Pb は 150 万トン）．スチール缶のスズめっきは防食能を高めることができ，それがスズの主用途である．しかし，スズ金属は軟らかく，ピューター（しろめ；スズと鉛などの合金），ハンダ用金属，青銅およびダイカスト合金のようなスズ合金は，純スズよりも商業価値が高い．高品質の窓ガラスは，通常ピルキントン法（Pilkington process）により製造されるが，そこには平滑な表面をつくるために溶融したスズに溶融したガラスを浮かせる工程が含まれる．酸化スズはエナメルや塗料（§ 28・4 参照）に用いられる乳白剤であり，そのガスセンサーにおける応用は **Box 14・13** にトピックスとして取上げる．スズをベースにした化学物質を難燃材として用いることの重要性が増大している（**Box 17・1** 参照）．

鉛は軟らかい金属で，配管産業で広く使用されてきたが，この金属の毒性の認識が広まるにつれてこの用途は減少している（**Box 14・4** 参照）．同様に，塗料中の Pb の使用も減少してきた．また，"環境に優しい"（environmentally friendly）無鉛燃料が普及し，有鉛燃料はもはや使われなくなっている（図 14・3）．酸化鉛は商業的に非常に重要であり，たとえば"鉛クリスタル lead crystal"ガラスなどの製造に用いられる．鉛丹（red lead）Pb_3O_4 は，顔料および鋼や鉄の防錆用コーティングとして用いられる．鉛の最大の需要は鉛（酸）蓄電池への利用である．その電池反応は，半反応 14.3 および 14.4 の組合わせであり，通常の自動車用の 12 V のバッテリーはこの電池を 6 個直列に接続したものである．

$$PbSO_4(s) + 2e^- \rightleftharpoons Pb(s) + [SO_4]^{2-}(aq) \quad E° = -0.36\,V \quad (14.3)$$

$$PbO_2(s) + 4H^+(aq) + [SO_4]^{2-}(aq) + 2e^- \rightleftharpoons PbSO_4(s) + 2H_2O(l) \quad E° = +1.69\,V \quad (14.4)$$

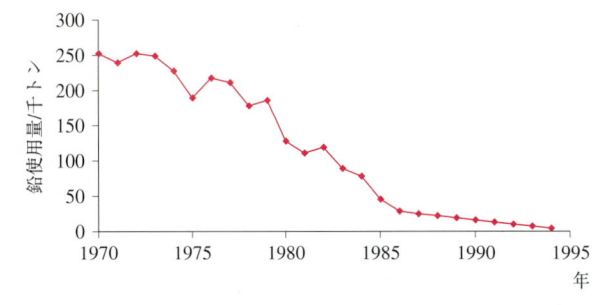

図 14・3 米国の統計による自動車の有鉛燃料の利用の減少．燃料に含まれる鉛添加物の量は 1970 年に最大値を示している．[データ：米国地質調査所]

鉛酸蓄電池は，自動車工業だけでなく，工業用フォークリフト，採鉱用車両および空港の地上配送車両の動力源や病院などにおける非常用電源として用いられている．

14・3 物理的性質

表 14・1 に 14 族元素のおもな物理的性質を示す．表 13・1 と比較すると，13 族と 14 族の性質の傾向には，いくつかの類似性がみられる．

イオン化エネルギーと陽イオンの生成

周期表の 14 族を下方にいくに従い，イオン化エネルギーの傾向に以下に示す二つの特徴がみられる．

- 各元素の IE_3 値は IE_2 値に比べ大きく増加する．
- Ge と Pb の IE_3 値と IE_4 値の傾向に不連続性がある（すなわち増加する）．

各元素の第一から第四までのイオン化エネルギーの合計は，いずれの元素も M^{4+} イオンの生成が起こりにくいことを示唆している．たとえば，SnF_4 および PbF_4 はともに不揮発性の固体であるが，どちらも固体状態で対称性をもつ三次元構造をとっていない．SnO_2 と PbO_2 の両方ともルチル型構造をとっているが，PbO_2 が褐色であるという事実は，$Pb^{4+}(O^{2-})_2$ という形式的な表現では説明できない．SnO_2 については，ボルン・ハーバーサイクルを用いて見積られた格子エネルギーと静電モデルから算出した値がよく一致するが，PbO_2 については一致しない．すなわち，M^{4+} のイオン半径の値（表 14・1）は注意して取扱わなくてはならない．

14 族元素の陽イオンを含む水溶液の化学はおもに Sn と Pb に限られており（§ 14・13 参照），表 14・1 には，これらの金属のみの $E°$ の値を示している．

練習問題

1. 表 14・1 には，すべての 14 族元素について共有結合半径が並べられているが，イオン半径は Ge，Sn および Pb の場合のみである．この理由について説明せよ．なぜ，Sn と Pb については M^{4+} と M^{2+} の半径が記載されているのに，Ge についてはないのか．

2. Sn^{4+} の r_{ion} の値はどのくらい正しいと思うか．理由とともに答えよ．

3. 表 14・1 には C，Si および Ge について電気化学的データが掲載されていない．この理由について説明せよ．

4. どの 14 族元素についても，IE_3 の値は IE_2 よりも明らかに大きい．その理由を説明せよ．

エネルギーと結合についての考察

表 14・2 に実験的に見積られた共有結合エンタルピー項

表 14・1　14族元素，M およびそのイオンのおもな物理的性質

性　質	C	Si	Ge	Sn	Pb
原子番号　Z	6	14	32	50	82
基底状態の電子配置	$[\text{He}]2s^22p^2$	$[\text{Ne}]3s^23p^2$	$[\text{Ar}]3d^{10}4s^24p^2$	$[\text{Kr}]4d^{10}5s^25p^2$	$[\text{Xe}]4f^{14}5d^{10}6s^26p^2$
原子化エンタルピー $\Delta_aH°$ (298 K)/kJ mol^{-1}	717	456	375	302	195
融　点　mp/K	> 3823 [†3]	1687	1211	505	600
沸　点　bp/K	5100	2628	3106	2533	2022
標準溶融エンタルピー $\Delta_{fus}H°$ (mp)/kJ mol^{-1}	104.6	50.2	36.9	7.0	4.8
第一イオン化エネルギー IE_1/kJ mol^{-1}	1086	786.5	762.2	708.6	715.6
第二イオン化エネルギー IE_2/kJ mol^{-1}	2353	1577	1537	1412	1450
第三イオン化エネルギー IE_3/kJ mol^{-1}	4620	3232	3302	2943	3081
第四イオン化エネルギー IE_4/kJ mol^{-1}	6223	4356	4411	3930	4083
金属半径　r_{metal}/pm	—	—	—	158	175
共有結合半径　r_{cov}/pm [†1]	77	118	122	140	154
イオン半径　r_{ion}/pm [†2]	—	—	53 (Ge^{4+})	74 (Sn^{4+}); 93 (Sn^{2+})	78 (Pb^{4+}); 119 (Pb^{2+})
標準還元電位　$E°(M^{2+}/M)$/V	—	—	—	−0.14	−0.13
標準還元電位　$E°(M^{4+}/M^{2+})$/V	—	—	—	+0.15	+1.69 [†4]
NMR 活性種（%存在率，核スピン）	^{13}C (1.1, $I=\frac{1}{2}$)	^{29}Si (4.7, $I=\frac{1}{2}$)	^{73}Ge (7.8, $I=\frac{9}{2}$)	^{117}Sn (7.6, $I=\frac{1}{2}$); ^{119}Sn (8.6, $I=\frac{1}{2}$)	^{207}Pb (22.6, $I=\frac{1}{2}$)

†1　C, Si, Ge および Sn の値は，四配位のダイヤモンド型構造に対応するものである．Pb の値についても四配位に対応するものである．
†2　六配位の場合の値．　　†3　ダイヤモンドに対する値．
†4　つぎの半反応に対する値：PbO$_2$(s) + 4H$^+$(aq) + [SO$_4$]$^{2-}$(aq) + 2e$^-$ ⇌ PbSO$_4$(s) + 2H$_2$O(l).

の値を示す．このような結合エネルギーを基にして 14 族元素の化学を説明しようとするときには，つぎの二つの理由により注意が必要である．

- 多くの熱力学的に有利な反応が，速度論的に規制される．
- 結合エンタルピー項を有効に用いるためには，全反応を考えなければならない．

第一の点は，CH$_4$ および SiH$_4$ の燃焼は熱力学的に進行しやすいが，SiH$_4$ は空気中で自然発火しやすいのに対し，CH$_4$ は空気中では放電によって活性化障壁を超えたエネルギーを与えたときにのみ爆発することを考えると理解できる．第二の点を理解するには，反応 14.5 を考えよう．

$$\text{H}_3\text{C-H} + \text{Cl-Cl} \longrightarrow \text{H}_3\text{C-Cl} + \text{H-Cl} \quad (14.5)$$

表 14・2 を見ると，$E(\text{C−H}) > E(\text{C−Cl})$ であるが，H−Cl 結合（431 kJ mol^{-1}）が Cl−Cl 結合（242 kJ mol^{-1}）よりも明らかに強いので，反応 14.5 が進行することがエネルギー的に有利であることがわかる．

> **カテネーション**（catenation）とは，炭化水素の C−C 結合あるいはポリ硫化物の S−S 結合のように，同じ元素の原子間に共有結合を形成する傾向のことである．

C−C 結合の特異な強さは炭素化合物におけるカテネーションが一般的であるという事実に寄与している．しかし，熱力学的な要因と同様に速度論的な要因も含まれていることに注意する必要があり，複雑な現象には速度論的要因を詳細に考察することが必要である．

表 14・2　共有結合のエンタルピー項の実測値（kJ mol^{-1}）．単結合の値は，四面体環境にある 14 族元素の場合を示す．

C−C	C=C	C≡C	C−H	C−F	C−Cl	C−O	C=O
346	598	813	416	485	327	359	806
Si−Si			Si−H	Si−F	Si−Cl	Si−O	Si=O
226			326	582	391	466	642
Ge−Ge			Ge−H	Ge−F	Ge−Cl	Ge−O	
186			289	465	342	350	
Sn−Sn			Sn−H		Sn−Cl		
151			251		320		
					Pb−Cl		
					244		

- C−C 結合の開裂が律速段階の場合でも，重要なのは，エンタルピー項よりもむしろ結合解離エネルギー（零点エネルギー，§3・9 参照）である．
- 反応は，結合の生成と開裂が同時に起こる二分子過程であることが多く，そのような場合，反応速度は反応物と生成物の結合エンタルピー項間の差に関係しないことがある．

14 族の重い方の元素と対照的に，C は 4 を超える配位数をとらない傾向がある．$[SiF_6]^{2-}$ や $[Sn(OH)_6]^{2-}$ のような錯体が知られているが，類似した炭素の化合物はない．CCl_4 は加水分解に対して速度論的に不活性だが，$SiCl_4$ は水により容易に加水分解される事実は，昔から会合的な遷移状態を安定化できる Si の 3d 軌道を利用できることに基づくと考えられてきた．この観点は，この現象が立体的な効果によるものであるという疑義がある．すなわち，Si−Cl 結合の場合に比較して C−Cl 結合が短いために単に C 中心に接近できにくくなるという解釈である．

Si およびさらに重い 14 族元素の (p−d)π 結合の果たしうる役割は，議論の余地のある課題（§5・7 参照）であり，これについては §14・6 で述べる．一方，同核の二重あるいは三重結合を形成する (p−p)π 結合は，炭素の化学において非常によくみられるが，この族の重い方の元素ではあまり重要ではない．類似の状況は 15 および 16 族でもみられる．メシチル誘導体 **14.1** は，Si=Si 結合を含むことが同定された最初の化合物であった．**14.1** のラマンスペクトルにおける 529 cm^{-1} の吸収帯は ν(Si=Si) 振動に帰属され，固体状態の構造では Si−Si 結合距離 216 pm は r_{cov} の 2 倍（2 × 118 pm）よりも短い．このような化学種は，メシチル（**14.1**），CMe_3 あるいは $CH(SiMe_3)_2$ のような嵩高い置換基の存在により重合が抑制され，安定化されている．

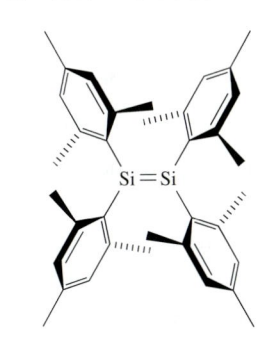

Mesityl = Mes = 1,3,5-trimethylphenyl
(14.1)

14.1 の中心の Si_2C_4 部位は平面であるために，面に垂直な 3p 軌道が重なって π 結合が形成される．嵩高いメシチル基は，立体的な相互作用を最小にするために，"パドル・ホイール paddle wheel" 構造をとる[*1]．これに対し，Si_2H_4（その存在の証拠は質量分析で得られている）の理論的研究では，非平面構造がエネルギー的に安定であることが示唆されている．同じトランス形の折れ曲がり構造は，実験的には Sn_2R_4 化合物の場合に得られている（図 **19・19** およびその図題を参照）．仮想的 HSi≡SiH の理論的な研究は，非直線構造の方がエチン類似構造よりもエネルギー的に有利であることを示唆している．

Si≡Si 結合を含む初めての化合物が 2004 年に単離され，構造決定された．反応 14.6 の生成物（還元剤は挿入化合物 KC_8 である．構造 **14.2** 参照）は，非常に嵩高いシリル置換基によって速度論的および熱力学的に安定化されている．ジシリン（disilyne）は非直線構造であり，理論的予測と合致する．Si≡Si 結合（206 pm）は，典型的な Si=Si 結合（214〜216 pm）よりも約 4% 短く，典型的な Si−Si 結合（2 × r_{cov} = 236 pm）よりも約 13% 短い．この短さの程度は，C−C から C=C や C≡C になる際に観測される程度よりも明らかに小さく，C と比較して Si では有効な π 軌道の重なりが小さいことと一致している．

$$\text{(Me}_3\text{Si)}_2\text{HC} \quad Br \quad Br \quad \text{CH(SiMe}_3)_2$$
$$^i\text{Pr}-\text{Si}-\text{Si}-\text{Si}-\text{Si}-^i\text{Pr}$$
$$\text{(Me}_3\text{Si)}_2\text{HC} \quad Br \quad Br \quad \text{CH(SiMe}_3)_2$$

$$\downarrow KC_8 \text{ (4 当量)}, \text{THF 中}$$

$$\text{(Me}_3\text{Si)}_2\text{HC} \quad\quad\quad \text{CH(SiMe}_3)_2$$
$$^i\text{Pr}-\text{Si}-\text{Si}\equiv\text{Si}-\text{Si}-^i\text{Pr}$$
$$\text{(Me}_3\text{Si)}_2\text{HC} \quad\quad\quad \text{CH(SiMe}_3)_2$$
(14.6)

Si≡Si = 206 pm; ∠Si-Si-Si = 137°

^{29}Si NMR スペクトルによって，RSi≡SiR ユニットの形成を判断できるようになったため，ジシレン（disilene）のリチウムナフタリドによる脱ハロゲン反応（式 14.7）によってジシリンが生成することが確認できるようになった[*2]．

$$\begin{array}{c} R \quad Cl \\ Si=Si \\ Cl \quad R \end{array} \xrightarrow{LiC_{10}H_8, \text{THF 中}} RSi\equiv SiR \quad (14.7)$$

R = $SiMe(Si^iBu_3)_2$

[*1] 二番目に構造決定された多形では，メシチル基の配置が異なる：R. Okazaki and R. West (1996) *Advances in Organometallic Chemistry*, vol. 39, p. 231.

[*2] Si≡Si 形成については以下参照：N. Wiberg et al. (2004) *Z. Anorg. Allg. Chem.*, vol. 630, p. 1823; A. Sekiguchi et al. (2004) *Science*, vol. 305, p. 1755; M. Karni et al. (2005) *Organometallics*, vol. 24, p. 6319.

資源と環境

Box 14・4 鉛の毒性

鉛の塩は猛毒である．可溶な鉛塩の摂取は激しい中毒をひき起こし，この金属の供給源に長い間さらされると（たとえば，古い水道管や含鉛顔料），慢性中毒に至る可能性がある．有鉛ガソリンにアンチノック剤として添加される Et_4Pb のような有機鉛(IV)化合物は，神経系を攻撃する．関連した研究の一つに，1962 年から 1991 年に道路わきのブドウ園で育ったブドウから製造されたワインの分析で，鉛の含有量の減少と無鉛ガソリンの導入の間に相関があることが示されている．$[EDTA]^{4-}$（**式 7.75** とその説明文参照）のような金属イオン封鎖剤（sequestering agent）は体内の Pb^{2+} の錯形成に使われ，自然排出によって取除かれる．

金属間の接合（電子部品における金属接合も含む）には，伝統的に SnPb ハンダが用いられてきた．しかし，欧州連合（EU）において，新しい電子および電気機器においては鉛，カドミウム，水銀，六価クロムおよびポリ臭素化物難燃剤（**Box 17・1** 参照）の使用を禁止する新たな環境にかかわる法律が 2006 年に施行された．これは，電子部品のハンダづけに対して重大な影響を及ぼす．共晶 SnPb ハンダは，多くの有用な性質を示し（たとえば，低融点，扱いやすく廉価），研究開発の主導権を握るために，これらの性質を再現できる無鉛ハンダ用の合金を見いだすことは挑戦的な課題である．Sn を基本として Ag，Bi，Cu および Zn を合金化用金属とするハンダが，最も有望な候補である．これらのなかで SnAgCu ハンダ（Ag は 3～4 質量％で，Cu は 0.5～0.9 質量％）が，電子工業において最も広く代用されている材料である．しかし，SnAgCu ハンダは，共晶 SnPb ハンダよりも約 2.5 倍以上高価である．もっと廉価な代用品は SnCu ハンダであるが，その欠点は，融点が SnAgCu 系材料よりも高いことである．

電子回路基板のハンダづけ［©Gert Lavsen/Alamy］

さらに勉強したい人のための参考文献

H. Black (2005) *Chemistry & Industry*, issue 21, p. 22 — 'Leadfree solder'.

R. A. Goyer (1988) in *Handbook on Toxicity of Inorganic Compounds*, eds H. G. Seiler, H. Sigel and A. Sigel, Marcel Dekker, New York, p. 359 — 'Lead'.

R. Lobinski *et al.* (1994) *Nature*, vol. 370, p. 24 — 'Organolead in wine'.

K. Suganuma (2001) *Current Opinion in Solid State and Materials Science*, vol. 5, p. 55 — 'Advances in lead-free electronics soldering'.

化合物 $^tBu_3SiSiBr_2SiBr_2Si^tBu_3$ は，式 14.6 における前駆体の類縁体である．この化合物は $(^tBu_2MeSi)_2SiLi_2$ と反応してシクロトリシレンを生成するが，さらに芳香族性をもつシクロトリシレニリウムカチオンに変換される．

CとSiの間の $(p-p)\pi$ 結合の形成もまた，まれである．一例を式 14.8 に示す．1999 年，$C\equiv Si$ 結合の初めての例が気相分子の $HC\equiv SiF$ および $HC\equiv SiCl$ に見いだされた．これらの化学種は，中性化-再イオン化質量分析を用いて検出されたが，単離はされていない．

$$\underset{H}{\overset{Mes_2FSi}{>}}C=C\underset{H}{\overset{H}{<}} \xrightarrow[-LiF]{^tBuLi} \underset{Mes}{\overset{Mes}{>}}Si=C\underset{^tBu}{\overset{H}{<}} \qquad (14.8)$$

Ge=C 二重結合は 1987 年に初めて報告され，それ以降，数多くの例が報告されている．その中には 298 K で安定な $Mes_2Ge=CHCH^tBu$ が含まれている．Ge=Ge 結合の形成は，**§19・5** で述べる．

NMR 活性種

表 14・1 に 14 族元素の NMR 活性核種を示す．^{13}C の同位体存在率は 1.1 ％しかないが，^{13}C NMR 分光法の利用は非常に重要である．存在率が低いということは，試料中の ^{13}C 同位体をエンリッチしない限りは，たとえば ^1H NMR スペクトルでサテライトピークを観測することができないので，NMR 活性種としての ^{13}C の利用は直接観測すなわち ^{13}C NMR 分

光法しかない．^{1}H のような観測対象の核種と ^{29}Si や ^{119}Sn とのカップリングによって生じるサテライトピークは，化合物の同定に役立つ（§3・11 の具体例5を参照）．^{29}Si 核種の直接観測は，含 Si 化合物を同定する常套手段である．^{119}Sn NMR 分光（直接観測では，^{119}Sn は ^{117}Sn より一般的に好ましい）もまた重要である．化学シフトの範囲が広く，^{1}H，^{13}C 以外の種々のヘテロ核種と同様に，δ 値により配位環境に関する情報が得られることが多い．

メスバウアー分光

^{119}Sn 核種は，メスバウアー分光法（§3・12）に適しており，同位体シフト値は Sn(II) と Sn(IV) の環境の違いを区別するために利用される．スペクトルデータから Sn 中心の配位数について情報が得られることもある．

例題 14.1　NMR 分光法

SnMe$_4$ の ^{1}H NMR スペクトルは，二つの二重線（ダブレット）が重なった1本の一重線（シングレット）を示す．二重線の結合定数は 52 および 54 Hz であり，全部で5本のシグナルはおよそ 4:4:84:4:4 のパターンを示す．スペクトルの説明のために表 14・1 を用いよ．

解答 Me$_4$Sn において，12個すべてのプロトンは等価であり，1本のシグナルが予測される．Sn は2個の NMR 活性核種，^{117}Sn(7.6%，$I=\frac{1}{2}$) と ^{119}Sn(8.6%，$I=\frac{1}{2}$) をもつ．^{1}H 核は ^{117}Sn 核と結合して二重線を与え，^{119}Sn 核と結合してもう1組の二重線を与える．シグナル線の相対強度はスピン活性核種の存在量に反映されるので:

- ^{1}H 核種の 83.8% は，スピン活性ではない Sn 同位体を含む分子に存在し，これらのプロトンは一重線として現れる．
- ^{1}H 核種の 7.6% は，^{117}Sn を含む分子に存在し，これらのプロトンは二重線として現れる．
- ^{1}H 核種の 8.6% は，^{119}Sn を含む分子に存在し，これらのプロトンは二重線として現れる．

二重線の結合定数は 52 および 54 Hz である．表 14・1 のデータから，これらを特定の核種のカップリングに帰属することは不可能である〔実際には，$J(^{117}\text{Sn}-^1\text{H}) = 52$ Hz，$J(^{119}\text{Sn}-^1\text{H}) = 54$ Hz である〕．

練習問題

データについては表 14・1 を参照せよ．^{1}H および ^{19}F も 100% で $I=\frac{1}{2}$ とする．

1. Me$_3$SnCl の ^{13}C NMR は強度が二項係数比でない非二項分布の5本の線を含む．一番外側の線間の幅は 372 Hz である．このデータを説明せよ．　〔答 例題と同様にして，$J(^{119}\text{Sn}-^{13}\text{C}) = 372$ Hz〕

2. 化学シフト値は考慮しないで，Me$_4$Sn と Me$_4$Si の高分解能 ^{1}H NMR の違いをどのように予測するか．

〔答 スピン活性核種の存在率（%）を考慮せよ〕

3. なぜ SiH$_3$CH$_2$F の ^{29}Si NMR スペクトルは，三重線（J 2.5 Hz）の二重線（J 25 Hz）の四重線（J 203 Hz）となるのか説明せよ．　〔答 ^{29}Si は直接結合している ^{1}H，炭素を介して結合している ^{19}F，および炭素を介して結合している ^{1}H とカップリングしているため〕

4. 化合物 Sn(CH$_2$CH$_2$CH$_2$CH$_2$SnPh$_2$R)$_4$（R = Ph，Cl あるいは H）の ^{119}Sn{^{1}H}NMR スペクトルはつぎのようになる：R = Ph：$\delta-11.45$，-99.36 ppm，R = Cl：$\delta-10.46$，-17.50 ppm，R = H：$\delta-11.58$，-136.65 ppm．各スペクトルにおいて，$\delta-11$ ppm に近いシグナルは強度が低い．(a) スペクトルを帰属し，置換基 R の違いによる影響について説明せよ．(b) Sn(CH$_2$CH$_2$CH$_2$CH$_2$SnPh$_3$)$_4$ の ^{13}C{^{1}H}NMR スペクトルにおいて，直接 Sn が結合している CH$_2$ 基のシグナルは δ 8.3 および 10.7 ppm に現れる．各シグナルは2対のサテライトピークをもつ．これらのピークの起源は何か．

〔答 H. Schumann *et al.* (2006) *J. Organomet. Chem.*, vol. 691, p. 1703 参照〕

14・4　炭素の同素体

黒鉛とダイヤモンド：構造と性質

ダイヤモンドの硬い構造についてはすでに述べた（図 6・19a）．ダイヤモンドは，この元素単体の熱力学的に最安定な形態ではなく，準安定（metastable）な形態である．室温では，ダイヤモンドの黒鉛（グラファイト）への変換は熱力学的に有利であり（式 14.9），298 K での炭素の標準状態は黒鉛である．しかし，反応 14.9 は限りなく遅い．

$$\text{C(ダイヤモンド)} \longrightarrow \text{C(黒鉛)}$$
$$\Delta_r G^\circ (298 \text{ K}) = -2.9 \text{ kJ mol}^{-1} \quad (14.9)$$

> **準安定**という状態は，ほかの状態に比べて熱力学的には不安定であったとしても，観測できるほどの変化がみられない場合のことをさす．

ダイヤモンドは黒鉛よりも密度が高く（$\rho_\text{黒鉛} = 2.25$；$\rho_\text{ダイヤモンド} = 3.51$ g cm^{-3}），このことにより高圧下で黒鉛から人工ダイヤモンドを生成することが可能である（Box 14・5 参照）．黒鉛は2種の構造形態をとる．"一般的な"形は α-黒鉛であり，擦りつぶすと β 形に変換される．$\beta \rightarrow \alpha$ 転移は 1298 K 以上で起こる．これらの両形とも層状構造をとり，図 14・4a に "一般的な" 黒鉛を示す（図 13・20 の窒化ホウ素と黒鉛の構造とを比較せよ）．層内の C−C 結合距離は等しく（142 pm），一方，層間の C−C 結合距離は 335 pm である．C の $r_\text{cov} = 77$ pm と $r_v = 185$ pm の値とこの距離を比べると，各層内には共有結合があるのに対し，隣接した層間には弱いファンデルワールス相互作用だけが働いていることがわかる．黒鉛はすぐに劈開し，潤滑剤として用いられる．

応用と実用化

Box 14・5 ダイヤモンド：天然物と人工物

宝石としてのダイヤモンドの市場価値はよく知られており，2004年の天然の宝石品質のダイヤモンドの世界生産量を右下のチャートに示す．このチャートには工業用の天然ダイヤモンド（宝石品質ほどでないもの）の産出量も示されている．ダイヤモンドは既知物質のなかで最も硬いため，研磨剤や切削工具，ドリル用刃などに広く応用されている．これらの利用は，探鉱用ドリルの刃から電子工業における結晶のウェハー薄板への切出し用ダイヤモンド鋸(のこぎり)まで多岐にわたっている．ダイヤモンドは，耐腐食用および耐摩損用コーティング，電子回路の放熱板，および特殊なレンズに適した電気的，光学的および熱的（298 K で最も熱伝導率の高い物質）な性質を示す．実験室における応用はダイヤモンドアンビルセルであり，そこではピストンのチップ上のダイヤモンドを一緒に加圧して，200 GPa まで圧力を上げることができる．この値は地球中心部の圧力に相当する．ダイヤモンドの間にあるステンレスのガスケットが試料室となる．ダイヤモンドは赤外線，可視光線，および近紫外線，ならびに X 線照射を透過するため，ダイヤモンドアンビルセルは超高圧相の鉱物の研究のためのスペクトル装置や X 線回折測定装置と組合わせて用いることができる．

ダイヤモンドの工業的用途には人工ダイヤモンドがその一部を担っている．人工ダイヤモンドの生産量は，採鉱による天然物の量より明らかに多い．2004年には，112 000 kg の人工ダイヤモンドが製造され，ほぼこの量の半分は米国で生産された．12.5×10^3 MPa 以上の圧力と約 3000 K の温度の条件下で，黒鉛はダイヤモンドに変換される．人工ダイヤモンドは溶融金属（たとえば鉄）の中に黒鉛を溶解し，高い圧力 P と温度 T の下でこの混合物を結晶化することによってつくられる．冷却後，金属を酸に溶解させると，約 0.05 から 0.5 mm の大きさの人工ダイヤモンドが残る．これらの工業用ダイヤモンドのおもな用途には，切削や研磨（たとえば，シリンダー内側の平滑化），鋸の歯，研磨粉がある．天然に産するダイヤモンドに比べ人工ダイヤモンド製造の重要性は 1950 年から劇的に上昇した．世界的に人工ダイヤモンドの製造を牽引しているのは米国だが，宝石用ダイヤモンドの埋蔵地域はおもにアフリカ，オーストラリア，カナダおよびロシアである．カナダの埋蔵物の開拓が現在拡大している．

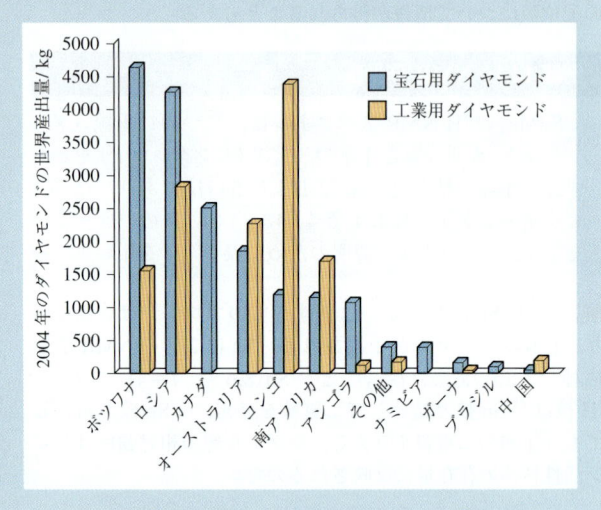

[データ: 米国地質調査所. 5 カラットを 1 g として換算]

これらの事実は直接的に弱い層間の相互作用に基づくものである．α-黒鉛の電気伝導率（§6・8を参照）は方向依存性があり，層と平行な方向の抵抗率は 1.3×10^{-5} Ω m (293 K) であるが，層に垂直な方向では約 1 Ω m である．各 C は 4 個の価電子をもち，三つの σ 結合を形成し，非局在化した π 結合に寄与する 1 電子を残している．分子性の π 軌道は各層内に広がり，結合性 MO はすべて占有されているが，空の非結合性 MO とのエネルギー差が非常に小さいので，層に平行な方向の電気伝導性は金属に近づく．これに対して，ダイヤモンドの抵抗率は 1×10^{11} Ω m であり，優れた絶縁体である．

黒鉛はダイヤモンドよりも反応性が高い．黒鉛は 970 K 以上では酸素雰囲気下で酸化されるが，ダイヤモンドは 1170 K 以上にならないと燃焼しない．黒鉛は熱濃硝酸と反応し，芳香族化合物 $C_6(CO_2H)_6$ を生成する．黒鉛が 720 K で F_2 と反応すると（あるいは HF の存在下低温において），高分子性の一フッ化炭素 $CF_n (n \leq 1)$ が生成するが，970 K では生成物は単量体の CF_4 である．CF_n として表記される物質のフッ素の含有量は多様で，色もさまざまである．n が 1.0 程度のときには白色となる．一フッ化炭素は層状構造をとり，潤滑剤として用いられ，高温での大気酸化に対しては黒鉛よりも耐性がある．層の部分構造を図 14・4b に示す．理想的な化合物 CF の場合，各 C 原子は四面体形であり，層内の各 C–C 結合距離は 154 pm である．面間距離は 820 pm で，α-黒鉛における距離の 2 倍より長い．

黒鉛：挿入化合物

黒鉛は明らかに多くの**挿入** (intercalation；ラメラ lamellar あるいは**黒鉛状** graphitic) 化合物を形成する特徴的な性質をもっており，炭素の層が離れたり層間に原子やイオンが侵入して形成される．

挿入化合物（intercalation compound）は，層状構造をもつ固体ホスト物質に，化学種（原子あるいは分子）が共有結合を形成せずに可逆的に取込まれることによって生じる．

黒鉛層の平面性を保持した挿入化合物には二つの一般的なタイプがある．

- 金属による黒鉛の還元を伴う挿入（1族；Ca, Sr, Ba；いくつかのランタノイド金属）
- Br_2，HNO_3 あるいは H_2SO_4 のような酸化剤による黒鉛の酸化を伴う挿入

§11・4 の終わりに，Li, Na, K, Rb あるいは Cs が黒鉛に挿入されるときの異なった反応条件とリチウム挿入のリチウムイオン電池への応用について述べた．ここでは，カリウムの挿入について詳しく見てみよう．

黒鉛を過剰量のカリウムで処理し，その後，未反応の金属を水銀で洗い流した）とき，$K^+[C_8]^-$ の組成の銅色をした常磁性物質が得られる．層間の K^+ の侵入は，黒鉛骨格の構造変化をもたらす．すなわち，最初はねじれ形*（staggered）の層（図 14・4a）だったのが，重なり形（eclipsed）で積み重なった層になり，層間距離は 335 から 540 pm に広がる．K^+ は，重なり形で積み重なった方向から見た構造 **14.2** で示されるように一つおきの C_6 環の中心上に位置している．

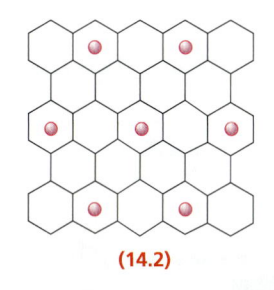

(14.2)

KC_8 の電気伝導度は，α-黒鉛よりも高く，非局在化したπ電子系へ電子が付加することと一致している．KC_8 を加熱すると金属が消失するにつれて一連の分解物が生成する（式 14.10）．これらの物質の構造は関連しており，K^+ の層間に 1 層，2 層，3 層，4 層あるいは 5 層の炭素の層が存在する．

$$KC_8 \xrightarrow{加熱} KC_{24} \xrightarrow{加熱} KC_{36} \xrightarrow{加熱} KC_{48} \xrightarrow{加熱} KC_{60}$$
銅のような色 　　　　　　　　　　　　　　　　　　　　　　青色
(14.10)

このようなアルカリ金属の挿入化合物はきわめて反応性が高く，大気中で発火したり，水との接触で爆発したりする．

酸化剤存在下で強酸により生成した挿入化合物では，炭素層は電子を失い，正電荷をおびる．たとえば，黒鉛の硫酸水素化物 $[C_{24}]^+[HSO_4]^- \cdot 24H_2O$ は，黒鉛に濃硫酸と少量の HNO_3 あるいは CrO_3 を作用させて得られる．関連した化合物が酸として $HClO_4$ を用いたときに得られ，この挿入化合物においては炭素の平面層どうしは 794 pm 離れ，その層間に $[ClO_4]^-$ と酸分子が入る．この物質のカソード還元あるいは黒鉛との反応によって，$HClO_4$ が段階的に脱離し，それに応じた一連の化合物が生じる．これらの物質は黒鉛よりもよい電気伝導体であり，その理由は，正孔機構（§6・9）を用いて説明できる．

黒鉛が酸化されている他の挿入化合物は，Cl_2, Br_2, ICl および KrF_2, UF_6, $FeCl_3$ のようなハロゲン化物と反応して生成する．黒鉛と $[O_2]^+[AsF_6]^-$ の反応では，塩 $[C_8]^+[AsF_6]^-$ が生成する．

いくつかの黒鉛挿入化合物は触媒活性を示すので，実用的な重要性がある．たとえば，KC_8 は水素化反応の触媒である．

フラーレン：合成と構造

1985 年，Kroto, Smalley および共同研究者は，10 000 K 以上で黒鉛にレーザーを照射すると，複数の新しい炭素同素体がつくられることを発見した．これらの分子の構造がジオデシックドームとよばれる建築物に似ていることから，その設計で知られる建築家 Buckminster Fuller の名にちなんで，**フラーレン**（fullerene）と名づけられた．分子性フラーレンのファミリーは C_{60}, C_{70}, C_{76}, C_{78}, C_{80} および C_{84} などを

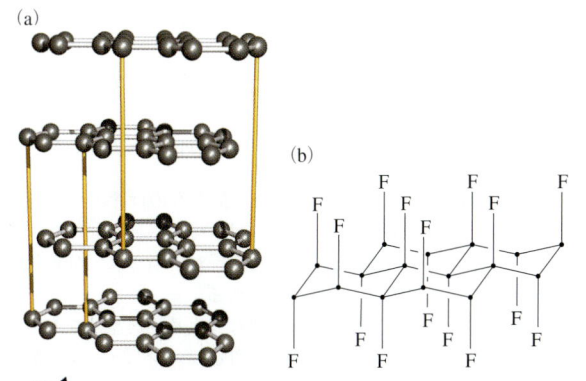

図 14・4 (a) α-黒鉛（"一般的な"黒鉛）の無限層格子の部分構造．層は互いに平行で，一つおきの層にある原子は互いに上下に重なる配置にある．これは図中で黄色線で強調してある．(b) 予想される CF_n（$n=1$）構造の 1 層の一部分．

---

*（訳注）ねじれ形とは，本来，C—C 結合に関する回転で生じるコンホメーションについて定義したものであるが，隣接原子が互いに立体反発を緩和したコンホメーションに対して一般的に適用される．つまり，この場合，層がねじれているわけではなく，C 原子が互いに避け合った状態にあるという意味である．

実験テクニック

Box 14・6 高速液体クロマトグラフィー (HPLC)

　高速液体クロマトグラフィー (high-performance liquid chromatography, HPLC) は 1960 年代に初めて開発され，化合物（分析物）の分離のために，分析スケール，分取スケールあるいは半分取スケールで行うことができる．液体クロマトグラフィーでは，固定相（固体，シリカを用いることが多い）に移動相（溶媒に溶かした試料）が導入される．試料中の各成分は，異なる結合力で固定相に吸着した後，異なる速度で固定相から溶出する．平衡は固定相の表面に結合した化学種と溶液中の化学種の間に生じ，ある化学種が固定相あるいは移動相のどちらに優先的に含まれるかはつぎの平衡定数 K で決まる．

$$K = \frac{a_{\text{固定相}}}{a_{\text{移動相}}}$$

低濃度において，活量係数 a は濃度に近似できる．

　順相 HPLC において，固定相はカラムに充塡したシリカ (10 μm 以下の均一粒子直径) のような極性をもつ吸着剤である．溶媒は通常，無極性か低極性である．分析物は極性に従ってカラムから溶出し，無極性の成分が最初に溶出する．化合物の置換基の立体的特徴は，溶出速度に明らかに影響する．逆相 HPLC では，固定相の表面が疎水性になるように化学修飾されている．この修飾は通常，下式のようにアリール基あるいは長鎖アルキル基を表面に結合させることにより行われる．

R = Me または Et
R' = $(CH_2)_{17}CH_3$, $(CH_2)_7CH_3$, $(CH_2)_nPh$　n = 0, 3, 6

上に示す R′ 基において，最も一般的なものはオクタデシル鎖である．逆相 HPLC では一般に極性溶媒（通常，MeOH，MeCN あるいは THF と混合した水）が用いられ，分析物は極性の高い順にカラムから溶出される．

　HPLC 法を右上に示した流れ図にまとめ，典型的な HPLC 装置を写真で示す．すべての操作部品はコンピューター制御される．

　溶媒（写真の上方にある瓶の中）は使用前に脱気する．ポンプに流入する混合溶媒がプログラムされた組成をとるように，各溶媒の流速は制御される．ポンプは約 40 MPa の高圧まで作動し，ポンプの流速は随意に変えられる．分析物の挿入後，移動相がクロマトグラフィーのカラムに入る．写真ではこのカラムは開いたドアのチャンバー内にある．溶出した画分は，検出器を用いてモニターされる．検出器は紫外・可視分光器であることが多い．他の検出方法には，蛍光光度法，赤外分光法，円二色性分光法，および質量分析がある．結果

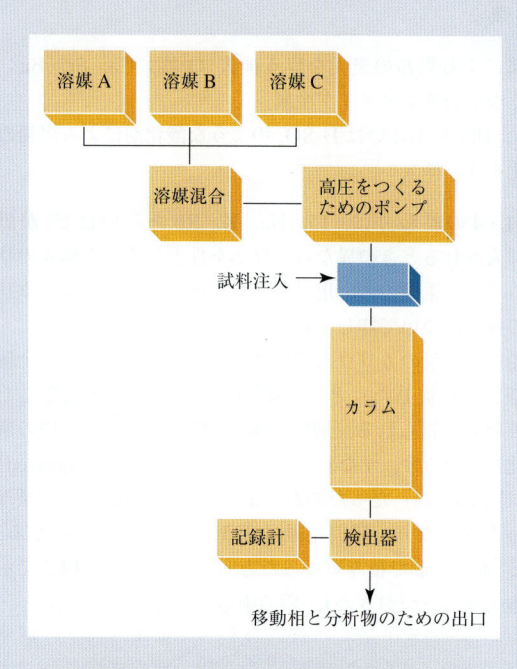

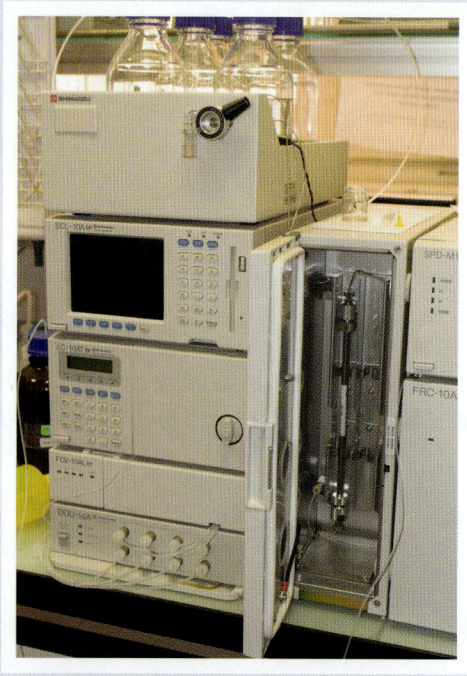

HPLC の一部分: クロマトグラフィーのカラムは開いている扉の内側に設置されている．[E. C. Constable 提供]

14・4 炭素の同素体   377

は，溶出時間に対する吸光度（たとえば，紫外・可視検出器を用いた場合）で記録される．

分析用 HPLC は 5〜100 μL の試料，3〜25 cm 長で 2〜4 mm 直径のカラムおよび粒径が 3〜10 μm の固定相を用いる．分取 HPLC は 1 g までの試料に対応でき，直径 10〜150 mm で 25 cm 長以上のカラムを用いる．HPLC 法はこれまでフラーレンの分離に非常に役に立っており，分取スケールのフラーレンの分離用に特別に設計された固定相を充塡したカラムは市販されている．Cosmosil™Buckyprep カラム（Nacalai Tesque Inc. 社製）はその一例である．

含む．フラーレンのいくつかの合成法が開発されている．C_{60} および C_{70} の標準的な合成経路は，クレッチマー・ハフマン（Krätschmer-Huffmann）法によるものであり，1990 年に初めて報告された．約 130 mbar のヘリウム雰囲気下で 2 本の黒鉛棒に電気放電をして蒸発させ，その蒸気を凝縮させて生成する黒鉛状の煤(すす)（混合物）中に含まれる主成分は C_{60} および C_{70} である．この煤をベンゼンで抽出すると赤色の溶液が得られ，それをクロマトグラフィー（一般的には高速液体クロマトグラフィー：HPLC，**Box 14・6** 参照）にかけることにより C_{60} および C_{70} を分離できる．C_{60} のヘキサンあるいはベンゼン溶液は赤紫色で，C_{70} の場合には赤色である．これら C_{60} および C_{70} は現在市販されており，それらの化学的性質の研究，解明が促進されている．

図 14・5a に C_{60} の構造を示す．C_{60} の X 線回折の研究は数多くなされてきたが，分子がほぼ球状であるために，原子配置のディスオーダー（§ 19・3 参照）の問題が解決できていない．C_{60} 分子は I_h 点群に属し，五員環および六員環で連結した原子のほぼ球状のネットワークで構成されている．^{13}C NMR が 1 個のシグナル（δ +143 ppm）しか示さないという事実から示唆されるように，すべての C 原子は等価である．五員環どうしは互いに隣接しないように配置されている．したがって，C_{60}（安定な分子種として単離できる最小のフラーレン）は，**孤立五員環則**（isolated pentagon rule, IPR）を満たしている*．六員環により五員環が離されていることは，結合も示している図 14・5b の構造からも容易にわかる．各 C 原子は，ほぼ平面三角形構造で 3 個の C 原子と共有結合している．"球" の比較的大きな表面は，各 C 原子が平面から少ししかひずんでいないことを意味する．C_{60} には 2 種の C–C 結合がある．2 個の六員環の連結部位（6,6-エッジ）の長さは 139 pm であり，六員環と五員環の間（5,6-エッジ）はこれより長く 145.5 pm である．これらの違いは，局在化した二重結合および単結合の存在を示唆しており，似たような結合の説明が他のフラーレン類に対してもあてはまる．C=C 二重結合の存在の化学的証明については次項で述べる．C_{60} のつぎに，IPR を満たす小さなフラーレンは C_{70} である．C_{70} 分子は D_{5h} 対称をもち，ほぼ楕円形である（図 14・6）．六員環および五員環から成り立っており，C_{60} の場合と同様に五員環どうしは決して隣接しない．C_{70} の ^{13}C NMR スペクトルは，溶液中で 5 種の炭素の環境があることを示し，固体状態の構造を支持している（図 14・6a）．

フラーレン：反応性

効率的な合成が可能になって以来，フラーレン（特に

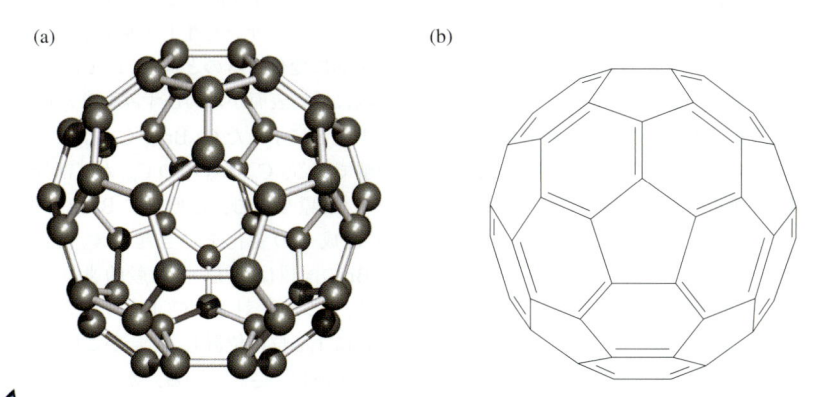

(a) (b)

図 14・5 (a) フラーレン C_{60} の構造；炭素の五員環と六員環からなるほぼ球状の分子．［ベンゼンが溶媒和した $C_{60}\cdot 4C_6H_6$ の 173 K における X 線回折；M. F. Meidine *et al.* (1992) *J. Chem. Soc., Chem. Commun.*, p. 1534］ (b) (a) と同じ配置で図示した C_{60} の構造式．ただし，紙面から手前の部分のみを示しており，炭素-炭素間の単結合と二重結合が局在化したモデルとして表現している．

---

* IPR の出所は以下参照：H. W. Kroto (1985) Nature, vol. 318, p. 354.

(a) タイプ (1)
タイプ (2)
タイプ (3)
タイプ (4)
タイプ (5)
タイプ (4)
タイプ (3)
タイプ (2)
タイプ (1)

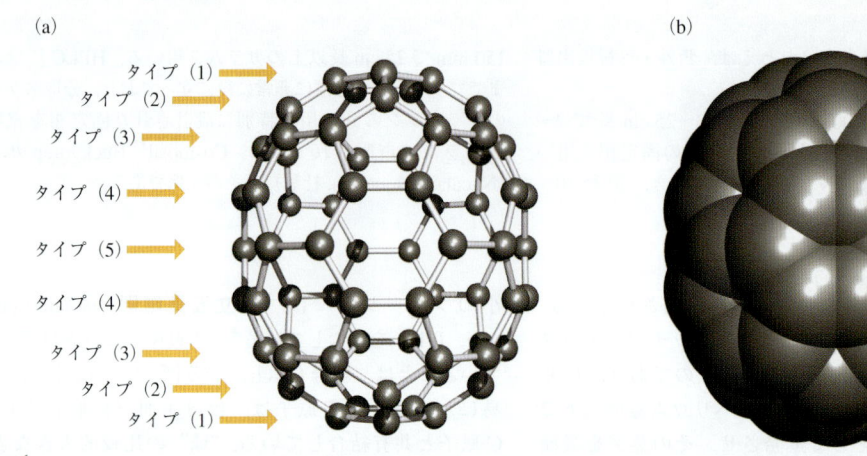

(b)

図 14・6 $C_{70}\cdot 6S_8$ の X 線回折により得られた C_{70} の構造 [H. B. Bürgi *et al.* (1993) *Helv. Chim. Acta*, vol. 76, p. 2155] (a) 5 種類の炭素原子を示した球棒モデル表記. (b) 楕円体分子の空間充填モデル表記.

C_{60}) の研究が飛躍的に発展した. ここで C_{60} の化学的特性を簡単に紹介する. その有機金属誘導体は, §24・10 で取上げ, さらに詳しい解説は章末の参考文献に記載されている.

C_{60} のプロトン化は, $HCHB_{11}R_5X_6$ (たとえば X = Cl) のような超酸によってのみ観測できる (§9・9 参照). $[HC_{60}]^+$ の溶液は ^{13}C NMR で 1 本の鋭いピークを示し, これは NMR の時間スケールより速い速度でフラーレン上をプロトンが移動していることを示唆している. 固体状態の NMR 分光データ (すなわち静止した構造) は, プロトン化された sp^3 C 原子 (δ 56 ppm) が sp^2 陽イオンサイト (δ 182 ppm) に直接結合していることを示している.

図 14・5b の構造表記は連結したベンゼン環を示しているが, C_{60} の化学はベンゼンの化学とは異なっている. しかし, C_{60} はわずかに芳香族的な性質を示し, その反応性は局在化した二重結合および C–C 単結合の存在を反映する傾向がある. たとえば, C_{60} は付加反応を受ける. バーチ (Birch) 還元 (すなわち, 液体アンモニウム中での Na による還元) によって, 主生成物として $C_{60}H_{32}$ を含むポリ水素化フラーレンの混合物を生じ (式 14.11), キノンにより再酸化される. 反応 14.12 は $C_{60}H_{36}$ の選択的な合成経路を示し, そこで

$$C_{60} \xrightarrow[\text{2. }^t\text{BuOH}]{\text{1. Li/液体 NH}_3} C_{60}H_{18} + \cdots\cdots + C_{60}H_{36}$$

(14.11)

の水素移動剤は 9,10-ジヒドロアントラセン (DHA) である. 水素化反応の選択的合成法であるのに加えて, $9,9',10,10'$-$[D_4]$ジヒドロアントラセンを使用すると選択的に重水素化できる.

$$C_{60}H_{18} \xleftarrow[\text{24 時間}]{\text{623 K, 封管中,}\text{120 当量の DHA,}} C_{60} \xrightarrow[\text{数分}]{\text{623 K, 封管中,}\text{120 当量の DHA,}} C_{60}H_{36}$$

DHA =

(14.12)

F_2, Cl_2 および Br_2 の付加も起こり, ハロゲン化の程度や選択性は反応条件に依存する (図 14・7). F 原子は小さいため, C_{60} の C 原子に隣接した F_2 の付加, たとえば, 1,2-$C_{60}F_2$ の形成は可能である. しかし, Cl_2 および Br_2 の付加において, ハロゲン原子は離れた C 原子に結合しやすい. すなわち, $C_{60}Br_8$ および $C_{60}Br_{24}$ では (図 14・8a), Br 原子間では互いに 1,3 位あるいは 1,4 位に位置する. ベンゼンからシクロヘキサンを生じる場合は, 平面から舟形あるいは, いす形に変化するのと同様に, C_{60} に置換基を付加させると球状に近い表面からのひずみをひき起こす. これについては図 14・8 に示した $C_{60}Br_{24}$, $C_{60}F_{18}$ および $C_{60}Cl_{30}$ の構造から理解できる. $C_{60}Br_{24}$ 中の C_{60} かご部分は, 舟形といす形の両方の C_6 環を含む. C 原子に Br を付加することは sp^2 から sp^3 混成への変化をひき起こす. C_{60} かごの表面に結合する Br の配置は, 互いに比較的遠いところに位置する傾向にある. これに対し, $C_{60}F_{18}$ の場合 (図 14・8b), F 原子は互いに 1,2 位に位置し, C_{60} かごはフッ素付加を伴った位置で"平面化"されている. かごの平面化した部分の中心に平面の C_6 環が位置する (図 14・8b の下の部分の中心にみられる). この環は等価な C–C 結合距離 (137 pm) からなり, 芳香族性を示す. この環は等価な sp^3 混成の C 原子により取囲まれ, 各 C 原子が F 原子に結合している. かごのひずみは $C_{60}Cl_{30}$ においてより顕著である. この高い塩素化の度合によって, sp^3 混成の C 原子からなる十五員環が 2 個生成

14・4 炭素の同素体　379

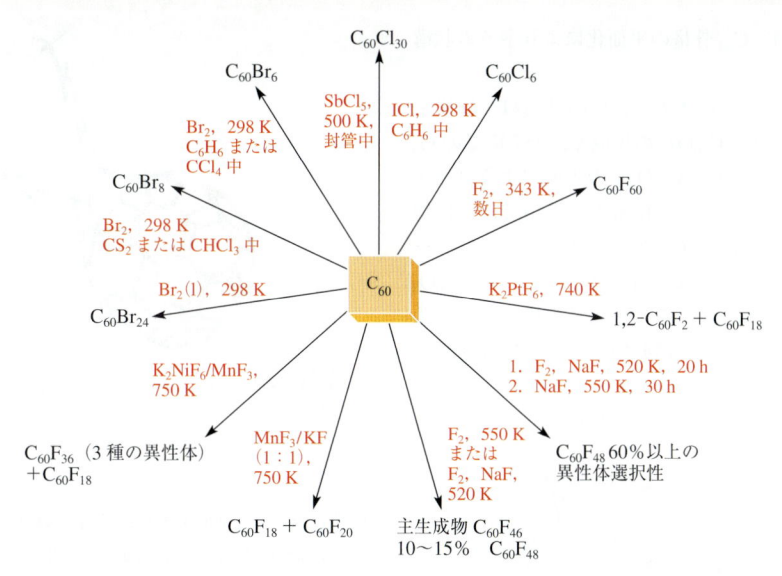

```
                        C₆₀Cl₃₀
        C₆₀Br₆            ↑            C₆₀Cl₆
            ↖    SbCl₅,  ICl, 298 K    ↗
    Br₂, 298 K  500 K,   C₆H₆ 中
    C₆H₆ または  封管中
    CCl₄ 中
C₆₀Br₈ ←
    Br₂, 298 K                F₂, 343 K,
    CS₂ または CHCl₃ 中         数日        → C₆₀F₆₀
            Br₂(l), 298 K    ┌─────┐
C₆₀Br₂₄ ←──────────────────│ C₆₀ │────────────→ 1,2-C₆₀F₂ + C₆₀F₁₈
                           └─────┘   K₂PtF₆, 740 K
            K₂NiF₆/MnF₃,         1. F₂, NaF, 520 K, 20 h
            750 K                2. NaF, 550 K, 30 h
        ↙         MnF₃/KF      F₂, 550 K       ↘
C₆₀F₃₆（3種の異性体）(1:1),    または         C₆₀F₄₈ 60%以上の
   +C₆₀F₁₈         750 K       F₂, NaF,        異性体選択性
                                520 K
                    ↓            ↓
            C₆₀F₁₈ + C₆₀F₂₀   主生成物 C₆₀F₄₆
                              10〜15%  C₆₀F₄₈
```

図 14・7 C_{60} のハロゲン化反応の例．生成物 $C_{60}X_n (2 \leq n \leq 58)$ の異性体の数は少なく見積ったとしてもかなり多いはずであるが，そのうちのいくつかの反応（NaF あるいは F_2 を用いたフッ素化反応のような場合）は驚くほど選択性が高い．

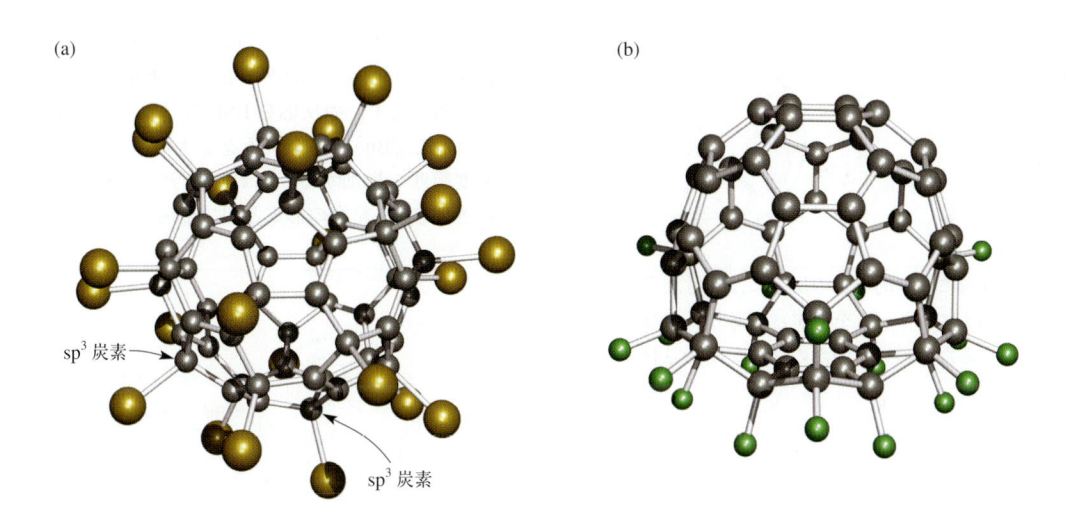

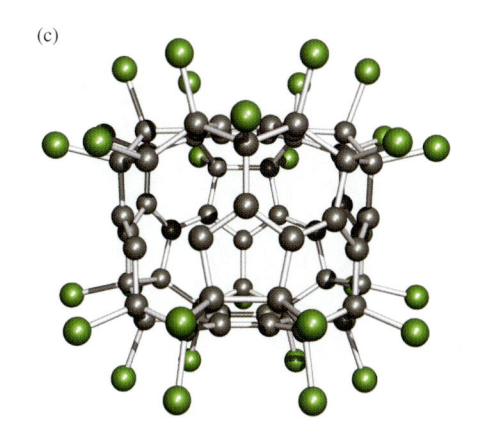

図 14・8 (a) 143 K で X 線回折により決定した $C_{60}Br_{24}$ の構造．置換基を導入すると C_{60} の表面は変形する．$C_{60}Br_{24}$ の構造と類似した図 14・5 (a) の C_{60} の構造と比較せよ．(b) $C_{60}F_{18}$ の構造（100 K における X 線回折）．すべての F 原子はフラーレンの平面化した部分に結合していることに注意すること．(c) X 線回折による $C_{60}Cl_{30}$ の構造．原子の色表示：C 灰色，Br 黄色，F 緑色（図 b），Cl 緑色（図 c）．［文献：(a) F. N. Tebbe *et al.* (1992) *Science*, vol. 256, p. 822, (b) I. S. Neretin *et al.* (2000) *Angew. Chem. Int. Ed.*, vol. 39, p. 3273, (c) P. A. Troshin *et al.* (2005) *Angew. Chem. Int. Ed.*, vol. 44, p. 234］

し（図 14・8c の上下），C_{60} 骨格の平面化によりドラム状構造になる．

C_{60} のエン（ene）様（オレフィン様）の性質は，O 原子の付加によるエポキシド（$C_{60}O$）の生成や，257 K での O_3 の付加によるオゾニド中間体（$C_{60}O_3$）の生成のようなさまざまな反応に反映されている．炭化水素溶媒中では，付加は 2 個の六員環の連結部位（6,6-結合），すなわち，スキーム 14.13 に示されるように C=C 結合部位で起こる．$C_{60}O_3$ が O_2 を失うと $C_{60}O$ になるが，この生成物の構造は反応条件に依存する．296 K では，生成物は 6,6-結合を O が架橋して結合したエポキシドである．一方，光反応はかご構造を開環し，O は 5,6-結合を架橋する（スキーム 14.13）．

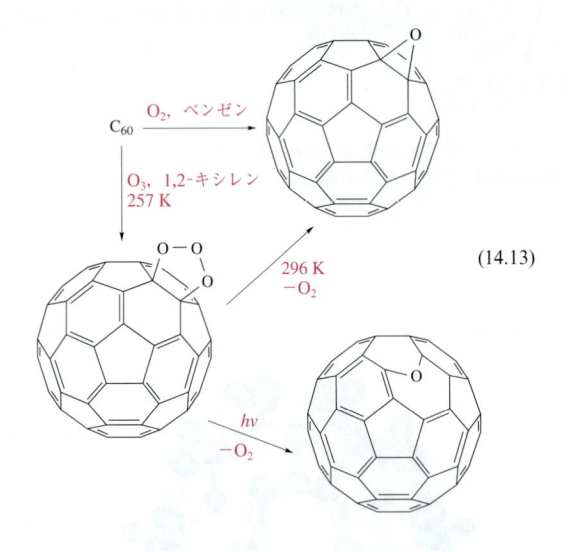

図 14・9 X 線回折により決定された $C_{62}(C_6H_4\text{-}4\text{-}Me)_2$ の構造のスティック表記［W. Qian et al. (2003) J. Am. Chem. Soc., vol. 125, p. 2066］

(14.13)

の点で示した 2 個の炭素原子は最終的に C_{62} 骨格の中に連結される原子である．図 14・9 は生成物 $C_{62}(C_6H_4\text{-}4\text{-}Me)_2$ の構造を示し，4 個の六員環によって囲まれた四員環の存在が確認される．

C_{60} とフリーラジカルとの反応は速やかに起こる．たとえば，RSSR の光反応は RS• を生成し，これは C_{60} と反応して $C_{60}SR•$ を与えるが，この生成物は C_{60} への逆反応を起こしやすい．ラジカル種 $C_{60}Y•$ の安定性は Y の立体環境に大きく依存する．$^tBu•$（ハロゲン化 t-ブチルの光反応によって生成する）と C_{60} の反応を ESR スペクトルで追跡すると，ラジカル $C_{60}{}^tBu•$ に由来するシグナルの強度は 300～400 K の温度範囲で増加する．これらのデータは，2 個のかご間の可逆な C–C 結合の形成と開裂を起こす平衡 14.15 と一致する．

二重結合の性質に典型的な他の反応には，付加環化生成物の生成（式 14.14 にスキームを示す）があり，かなり特殊な誘導体を合成するためのいくつかの反応が開発されている．

(14.14)

テトラジン 14.3 と C_{60} のディールス・アルダー反応とそれに続く分子間付加環化反応と N_2 の脱離*により，C_{60} かごに C_2 ユニットが挿入される．構造 14.3 において，ピンク色

(14.3)

(14.15)

---

* 反応経路の詳細は以下を参照せよ：W. Qian et al. (2003) J. Am. Chem. Soc., vol. 125, p. 2066.

メタノフラーレン $C_{60}CR_2$ は C_{60} の 5,6- または 6,6-端での反応によって生成する. 6,6-付加生成物については, C_{60} とジフェニルジアゾメタンの反応生成物は $C_{61}Ph_2$ (式 14.16)

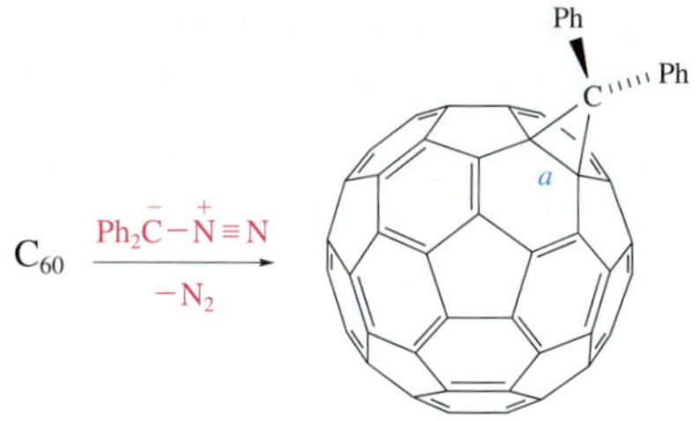

$$C_{60} \xrightarrow[-N_2]{Ph_2\overset{-}{C}-\overset{+}{N}\equiv N} \quad (14.16)$$

であり, 初期の構造データは反応式 14.16 中の a で記した C−C 結合の開裂を伴う CPh_2 ユニットの付加による"かごの拡張"の例であることを示唆した. しかし, この結論は, NMR スペクトルデータや理論計算と食い違っていた. その後, 化合物 14.4 の低温での X 線回折の研究により, 6,6-端で架橋したメタノフラーレンはシクロプロパン環と C_{60} が C−C 結合を共有する構造をもつことが確認された.

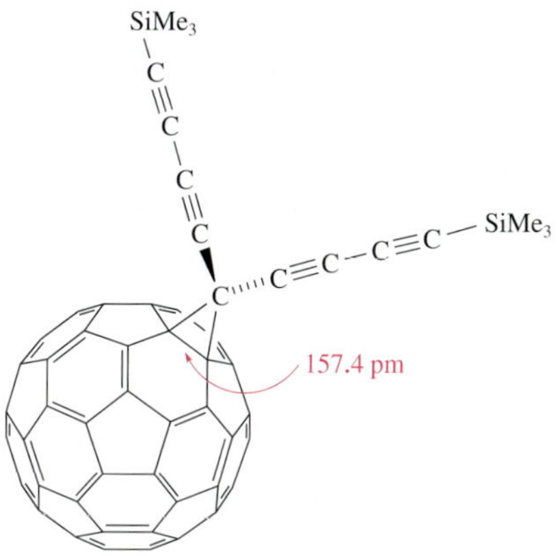

(14.4) 157.4 pm

C_{60} の理論研究から LUMO が三重縮重し, HOMO−LUMO (§2・7 参照) の差は比較的小さいことが明らかにされている. これは C_{60} の還元が起こりやすいことを支持している. 式 14.17 のように適切な電子供与性分子が C_{60} に 1 電子を移動した電荷移動錯体が数多く合成されている. この特異な化合物は 16 K に冷やすと強磁性体になるため, 重要である (図 21・30).

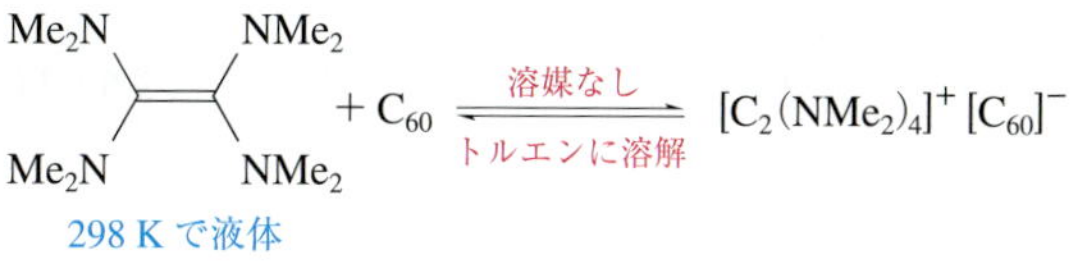

298 K で液体, 溶媒なし / トルエンに溶解
$[C_2(NMe_2)_4]^+[C_{60}]^-$ (14.17)

C_{60} の電気化学的還元により, 一連のフラーリド (fulleride) イオン $[C_{60}]^{n-}$ ($n=1\sim 6$) が生成する. 213 K における可逆な一電子過程の半波電位 (サイクリックボルタンメトリーを用いて得られ, フェロセニウム/フェロセン対 (Fc^+/Fc) = 0 V を基準にして測定する; フェロセンについては Box 8・2 を参照) をスキーム 14.18 に示す.

$$C_{60} \underset{}{\overset{-0.81\,V}{\rightleftharpoons}} [C_{60}]^- \underset{}{\overset{-1.24\,V}{\rightleftharpoons}} [C_{60}]^{2-} \underset{}{\overset{-1.77\,V}{\rightleftharpoons}} [C_{60}]^{3-}$$
$$\underset{}{\overset{-2.22\,V}{\rightleftharpoons}} [C_{60}]^{4-} \underset{}{\overset{-2.71\,V}{\rightleftharpoons}} [C_{60}]^{5-} \underset{}{\overset{-3.12\,V}{\rightleftharpoons}} [C_{60}]^{6-}$$
(14.18)

C_{60} を液体 NH_3 中 213 K で Rb/NH_3 溶液を用いて滴定すると (§9・6 参照), 5 段の連続的な還元過程が観測され, 生じた $[C_{60}]^{n-}$ 陰イオンは振動分光法および電子分光法により研究されてきた. $[M^+]_3[C_{60}]^{3-}$ の組成をもついくつかのアルカリ金属フラーリド塩は低温で超伝導体 (superconductor) になる (§28・4). M_3C_{60} フラーリドの構造は, 最密充填したほぼ球状の C_{60} かごで構成された格子中の空隙を M^+ イオンが占有しているという見方で解釈できる. K_3C_{60} および Rb_3C_{60} の場合, $[C_{60}]^{3-}$ は ccp 格子に配置され, 陽イオンは八面体孔および四面体孔を占有する (図 14・10). 物質が超伝導性を示す温度は臨界温度 (critical temperature) T_c とよばれる. K_3C_{60} および Rb_3C_{60} の T_c の値は, それぞれ 18 K および 28 K であり, Cs_3C_{60} (C_{60} は bcc 格子をとる) の場合は T_c=40 K である. Na_3C_{60} は構造的に K_3C_{60} および Rb_3C_{60} と似ているが, 超伝導性を示さない. 常磁性の $[C_{60}]^{2-}$ 陰イオンは, $[K(crypt-222)]^+$ 塩として単離されている (反応 14.19 および §11・8).

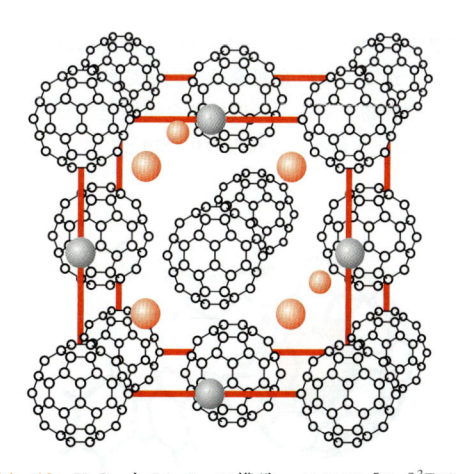

図 14・10 K_3C_{60} と Rb_3C_{60} の構造. ここで $[C_{60}]^{3-}$ は fcc 格子に配置されており, M^+ イオンは八面体孔 (灰色) と四面体孔 (赤色) を占有している. 単位格子中のいくつかの陽イオンは $[C_{60}]^{3-}$ 陰イオンに隠れて見えていない.

$$C_{60} \xrightarrow[\text{トルエン/crypt-222}]{\text{DMF/K}} [K(\text{crypt-222})]_2[C_{60}] \quad (14.19)$$

固体状態で，$[C_{60}]^{2-}$ かごは六方充填で層を形成するが，かご間はかなり離れている．$[K(\text{crypt-222})]^+$ 陽イオンはフラーリド陰イオンの層間に位置する．

C_{60} は容易に還元されるが，酸化することは困難である．極限まで乾燥した溶媒 (CH_2Cl_2) と非常に酸化されにくく求核性の低い電解質 ($[^n\text{Bu}_4\text{N}][\text{AsF}_6]$) を用いたサイクリックボルタンメトリー (**Box 8・2**) により，3 段の可逆な酸化過程が観測された (式 14.20)．$[C_{60}]^{2+}$ は非常に不安定で，第三の酸化過程は低温でのみしか研究できない．

$$C_{60} \xrightleftharpoons{+1.27\text{ V}} [C_{60}]^+ \xrightleftharpoons{+1.71\text{ V}} [C_{60}]^{2+} \xrightleftharpoons{+2.14\text{ V}} [C_{60}]^{3+} \quad (14.20)$$

触媒量の KCN 存在下で C_{60} を高速振動で擦りつぶす固体状態の反応により，C_{60} の $[2+2]$ 付加環化による二量化が起こり C_{120} (**14.5**) が得られる．C_{120} 分子を短時間 450 K に加温すると，C_{60} に解離する．高温，高圧条件下では，C_{60} かご間で $[2+2]$ 付加環化が繰返し起こり，ポリマー化したフラーレン鎖やネットワーク構造が生成する．一度生成すると，それらの物質は常圧常温下で安定であり，興味深い電気的および磁気的特性を示す (室温以上で強磁性，**図 21・30** 参照)．

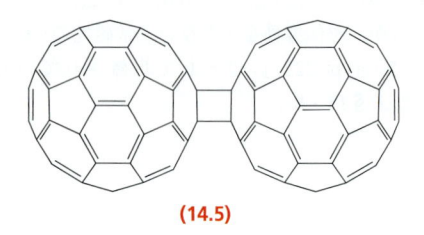

(14.5)

金属内包フラーレン (endohedral metallofullerene) は，フラーレンかごの中に金属原子が内包されている注目すべき一連の化合物である．一般的な金属内包フラーレン類は $M_x@C_n$ と表記される．これらの化合物としては，$Sc_2@C_{84}$，$Y@C_{82}$，$La_2@C_{80}$ および $Er@C_{60}$ などが知られている．一般に，大きいフラーレンは C_{60} よりも安定な化合物を生成する．化合物は適切な金属酸化物あるいは金属炭化物を含浸させた黒鉛棒の蒸発によって合成される．^{13}C および ^{139}La NMR を用いることにより，$La_2@C_{80}$ 中の 2 個のランタン原子がフラーレンかごのなかで円運動をしていることが明らかになった．"孔"をもつフラーレン誘導体は H_2 や He のような気体種がかごを出入りできるように設計できる．構造 **14.6** の例で，He 原子 (任意半径で **14.6** に描いている) は，右側の開放部を経由してかごを出入りできる．

カーボンナノチューブ

カーボンナノチューブ (carbon nanotube) は 1991 年に発見され，その構造は黒鉛様シートを巻いたイメージの伸長したかごからなる．すなわち，フラーレンとは異なり，ナノチューブは六員環が縮環したネットワークからなる．ナノチューブは非常に柔軟性があり，材料科学において大きな可能性を秘めている．それゆえ，この領域の研究は非常に話題性のあるものとなっている．章末の参考文献はこの分野への入門用であり，§28・8 でナノチューブのいくつかの局面をとりあげる．

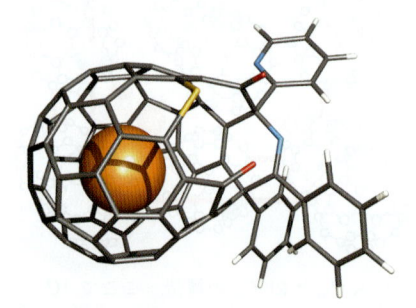

原子の色表示：C 灰色，H 白色，O 赤色，N 青色，S 黄色，He 橙色

(14.6)

練習問題

化合物 **14.6** からヘリウムが抜け出す速度は，^{3}He NMR スペクトル (^{3}He, $I=\frac{1}{2}$) を用いて検出されている．この方法ではシグナルの積分値を内部標準として加えられた既知量の $^3\text{He}@C_{60}$ のシグナルと比較して測定する．データを以下に示す．

温度 / K	303	313	323	333
k / s^{-1}	4.78×10^{-6}	1.62×10^{-5}	5.61×10^{-5}	1.40×10^{-4}

[データ：C. M. Stanisky *et al.* (2005) *J. Am. Chem. Soc.*, vol. 127, p. 299]

アレニウス式 (Box 27・1) を用いて，^{3}He が抜け出す際の活性化エネルギーを見積れ．　　[答　95.5 kJ mol^{-1}]

14・5　ケイ素，ゲルマニウム，スズおよび鉛の構造と化学的性質

構　造

Si, Ge, Sn および Pb の固体状態の構造，ならびにこの族の下に行くとともに半導体から金属的になる傾向はすでに述べた．

- Si, Ge および α-Sn のダイヤモンド型格子 (§6・11 および図 6・19)
- Sn の多形 (§6・4)
- Pb の構造 (§6・3)

- 半導体的性質（§6・9）

化学的性質

ケイ素は炭素よりも非常に反応性が高い．高温でSiは，O_2, F_2, Cl_2, Br_2, I_2, S_8, N_2, P_4, CおよびBと化合して二元化合物を形成する．Siは，アルカリ水溶液からH_2を遊離させる（式14.21）が，濃HNO_3とHFの混合物以外の酸に対しては不溶である．

$$Si + 4[OH]^- \longrightarrow [SiO_4]^{4-} + 2H_2 \quad (14.21)$$

14族を下にいくほど，元素の電気陽性度や反応性は増加する．一般に，GeはSiと類似した挙動を示すが，より電気陽性であり，濃HNO_3中で反応し（GeO_2を生成する），アルカリ水溶液とは反応しない．GeとHClあるいはH_2Sとの反応はそれぞれ$GeCl_4$あるいはGeS_2を生成する．SnとO_2との反応（SnO_2を生じる）あるいはSnと硫黄との反応（SnS_2を生じる）には高温が必要であるが，金属Snはハロゲンとは速やかに反応してSnX_4を生成する．スズは，希HClあるいはH_2SO_4にほとんどおかされないが，希HNO_3とは反応して$Sn(NO_3)_2$およびNH_4NO_3を生成する．また濃酸と反応し，$SnCl_2$（HClから），$SnSO_4$およびSO_2（H_2SO_4から）を生成する．熱アルカリ水溶液は，金属を式14.22に従いSn(IV)に酸化する．

$$Sn + 2[OH]^- + 4H_2O \xrightarrow{-2H_2} \left[\begin{array}{c} OH \\ HO-Sn-OH \\ HO \quad OH \\ OH \end{array} \right]^{2-} \quad (14.22)$$

自然発火性（pyrophoric）化合物は，自然に火がつきやすい．

Pbは細かく粉砕されると自然発火性であるが，バルクの金属塊はたとえばPbOなどの被膜を形成して不動態化され，大気中でのO_2との反応は約900K以上でしか起こらない．鉛は希釈された無機酸とゆっくり反応し，熱濃HClからH_2をゆっくりと発生し，濃HNO_3と反応して$Pb(NO_3)_2$および窒素酸化物を生じる．Pbとハロゲンとの反応は§14・8を参照せよ．

例題14.2　14族元素とハロゲンとの反応性

F_2中でSiを加熱したときに起こる反応の化学反応式を書け．この反応の生成物は$\Delta_f H°(298\,K) = -1615\,kJ\,mol^{-1}$の気体である．この値と本書の付録のデータを用いてSi-F結合エンタルピーを算出し，表14・2に与えられた値と比較せよ．

解答　F_2はSiをSi(IV)に酸化し，その反応は以下の通り．

$$Si(s) + 2F_2(g) \longrightarrow SiF_4(g)$$

結合エンタルピー項を求めるために，気相状態のSiF_4がやはり気相状態の原子に分解する式を書くことから始め，$\Delta_f H°(SiF_4, g)$とともに適切な熱化学サイクルを組立てる．

$$\begin{array}{ccc} SiF_4(g) & \xrightarrow{\Delta H°} & Si(g) + 4F(g) \\ \nwarrow & & \nearrow \\ \Delta_f H°(SiF_4, g) & & \Delta_a H°(Si) + 4\Delta_a H°(F) \\ & Si(s) + 2F_2(g) & \end{array}$$

$\Delta H°$は4本のSi-F結合が開裂するときのエンタルピー変化（気相反応）に相当する．ヘスの法則により，

$$\Delta H° + \Delta_f H°(SiF_4, g) = \Delta_a H°(Si, g) + 4\Delta_a H°(F, g)$$

原子化エンタルピーは**付録10**にまとめられている．

$$\begin{aligned} \Delta H° &= \Delta_a H°(Si, g) + 4\Delta_a H°(F, g) - \Delta_f H°(SiF_4, g) \\ &= 456 + (4 \times 79) - (-1615) \\ &= 2387\,kJ\,mol^{-1} \end{aligned}$$

$$Si-F\,結合エンタルピー = \frac{2387}{4} = 597\,kJ\,mol^{-1}$$

これは表14・2にある$582\,kJ\,mol^{-1}$の値によく一致している．

練習問題

1. GeはF_2と反応して気相状態のGeF_4を生成する．表14・2および付録10のデータを用い，$\Delta_f H°(GeF_4, g)$を見積れ．　［答　$-1169\,kJ\,mol^{-1}$］

2. PbがCl_2と反応した際，$PbCl_4$よりも$PbCl_2$が生成する理由を述べよ．　［答　Box 13・3参照］

14・6　水素化物

炭化水素（すなわち炭素水素化物）の広範囲にわたる化学はこの本の範囲を超えているが，14族高周期元素の水素化物と炭化水素を比較する際には以下の点に注目すべきである．

- 表14・2にC-ClあるいはC-O結合と比較して，C-H結合が強いことを示しており，この傾向は高周期元素とは異なっている．
- CH_4の塩素化は容易に起こらないが，SiH_4はCl_2と激しく反応する．
- 加水分解に関してCH_4は安定であるのに対し，SiH_4は水と速やかに反応する．
- SiH_4は大気中で自然に燃焼するが，CH_4の298KでのO_2と反応しない．後者はCH_4が速度論的に安定であることが主因であるが，$\Delta_c H°$はCH_4よりもSiH_4の燃焼の方が発熱的であることを示す．
- 高周期の14族元素よりもCのカテネーションは一般的であり，炭化水素類はSi, Ge, SnおよびPbの類縁体より

例題 14.3　14族元素水素化物の結合エンタルピー

Cのカテネーションは，Si，GeおよびSnよりも一般的である理由を説明せよ．飽和炭化水素分子の化合物群形成がこのことと関連しているのはなぜか．

解答　Si–Si, Ge–GeおよびSn–Sn結合の場合と比べて，C–Cの非常に高い結合エンタルピー（表14・2）は，炭素原子間の結合を含む化合物の生成がSi–Si, Ge–GeおよびSn–Sn結合を含む類似化合物よりも熱力学的な利得が大きいことを意味する．14族を下にいくと，主量子数が大きくなり，原子価殻の軌道がより広がるため，軌道の重なりは小さくなる．

飽和炭化水素の幹部分はC–C結合から構成されている．すなわち，それらの生成はカテネーションしやすいということに依存している．炭化水素を形成することを好むもう一つの要因は，C–H結合の強さである（Si–H, Ge–HあるいはSn–Hよりも強い，表14・2参照）．14族を下にいくと，水素化物は熱力学的に安定性が減少し，E–H結合の加水分解のような反応に対する速度論的な障壁が低くなる．

練習問題

1. 表14・2の結合エンタルピーの値を用いてつぎの反応の$\Delta H°$の値を算出せよ．

$$SiH_4(g) + 4Cl_2(g) \longrightarrow SiCl_4(g) + 4HCl(g)$$
$$CH_4(g) + 4Cl_2(g) \longrightarrow CCl_4(g) + 4HCl(g)$$

追加データ：付録10を参照せよ．HClの結合解離エンタルピーは432 kJ mol^{-1}である．結果について考察せよ．
［答　-1020；-404 kJ mol^{-1}］

2. 298 KでO$_2$による反応に関してCH$_4$が速度論的に安定であるが，熱力学的に不安定である事実を用いて，つぎの反応のおよそのエネルギー図を作成せよ．

$$CH_4(g) + 3O_2(g) \longrightarrow 2CO_2(g) + 2H_2O(l)$$

エネルギー図に示す相対的なエネルギー変化について考察せよ．　［答　反応座標に対してEをプロットし，反応物と生成物の相対的なエネルギー準位を示せ．$\Delta_r H$は負となり，E_aは比較的大きい］

二元水素化物

シラン（silane）SiH$_4$は，SiCl$_4$あるいはSiF$_4$とLi[AlH$_4$]の反応により生成する．工業的にはSiH$_4$は粉末ケイ素から製造される．このためにはまず620 KでHClを作用させてSiHCl$_3$をつくる．触媒（たとえばAlCl$_3$）の上を通過させると，SiHCl$_3$はSiH$_4$およびSiCl$_4$に変換される．SiH$_4$は半導体の純粋なSiの原料（式14.23）であるため，大量生

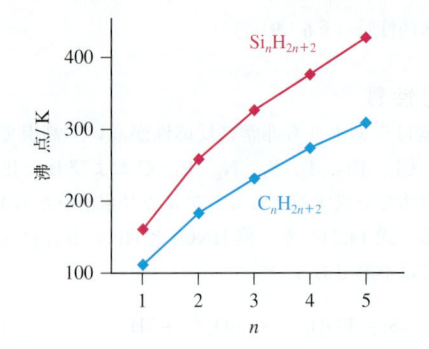

図14・11　直鎖状シランSi_nH_{2n+2}および炭化水素C_nH_{2n+2}の沸点

産が必要である（§6・9，Box 6・3および§28・6参照）．直鎖あるいは分枝鎖構造をとるシラン類Si_nH_{2n+2}は$1 \leq n \leq 10$のものが知られており，図14・11では直鎖シランのうち最初の5種のシランの沸点を，炭化水素類似体の場合と比較した．シランは大気中で爆発的に燃焼する（式14.24）．

$$SiH_4 \xrightarrow{\text{加熱}} Si + 2H_2 \quad (14.23)$$
$$SiH_4 + 2O_2 \longrightarrow SiO_2 + 2H_2O \quad (14.24)$$

Mg$_2$Siを酸水溶液と反応させると，微量のより高級シランを含むSiH$_4$, Si$_2$H$_6$, Si$_3$H$_8$およびSi$_4$H$_{10}$の混合物が得られるが，選択性が低いことから実用的な価値はほとんどないことを示している．CO$_2$レーザーをSiH$_4$に照射すると，SiH$_4$は選択的にSi$_2$H$_6$に変換される．シランは水に不溶な無色の気体で，アルカリと速やかに反応し（式14.25），Na, K（式14.26），RbおよびCsとM[SiH$_3$]型の化合物を生成する．結晶性塩K[SiH$_3$]はNaCl型構造をとり，たとえば式14.27に示すように重要な合成試薬となっている．

$$SiH_4 + 2KOH + H_2O \longrightarrow K_2SiO_3 + 4H_2 \quad (14.25)$$
$$2SiH_4 + 2K \xrightarrow{\text{MeOCH}_2\text{CH}_2\text{OMe 中}} 2K[SiH_3] + H_2 \quad (14.26)$$
$$Me_3ESiH_3 + KCl \xleftarrow{\underset{E = Si, Ge, Sn}{Me_3ECl}} K[SiH_3] \xrightarrow{MeI} MeSiH_3 + KI \quad (14.27)$$

ゲルマン（germane）類Ge$_n$H$_{2n+2}$（直鎖および分枝鎖状異性体）は$1 \leq n \leq 9$のものが知られている．GeH$_4$は，SiH$_4$よりも反応性が低く，水に不溶な無色の気体（沸点184 K，分解点488 K）である．Na[BH$_4$]にGeO$_2$を作用させると高級ゲルマン類も生じるが，GeH$_4$が生成する．このタイプの化合物の合成にいろいろな周波数での放電が利用されるようになり，GeH$_4$の高級ゲルマン類への変換やSiH$_4$とGeH$_4$の混合物からGe$_2$H$_6$, GeSiH$_6$およびSi$_2$H$_6$への変換に用いられている．SiとGeの混合水素化物，たとえばGeSiH$_6$およびGeSi$_2$H$_8$はMg$_2$GeおよびMg$_2$Siの混合物を

資源と環境

Box 14・7　メタンハイドレート

ガスハイドレート（クラスレート clathrate の一例）は，ホスト（host；かごのような配置をとる水素結合した H_2O 分子の三次元集合体）とゲスト分子（guest；ホストの格子の空孔を占有する CH_4 のような小分子）で構成される結晶性固体である．このハイドレートは，3種の構造タイプ，構造 I（最も一般的），構造 II あるいは構造 H，のどれかの形で結晶化する．各構造形において，水分子は互いに連結した"かご"からなる水素結合ネットワークを形成し，そのかごは酸素原子の位置で定義される．構造 I のハイドレートは，五角形の面を共有した十二面体（20 個の H_2O 分子，下の図で右側部分）と十四面体（24 個の H_2O 分子，下の図で左側部分）のかごからなる立方単位格子をもつ．

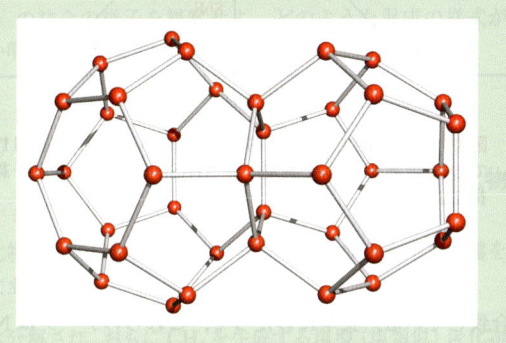

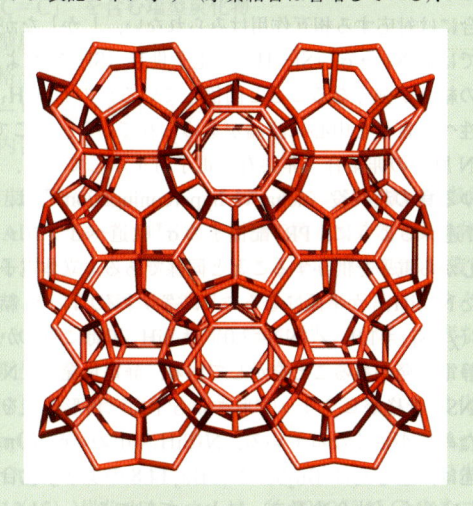

ガスハイドレートは，天然には北極および深海の大陸縁辺に存在する．その重要性は，結晶性塊中に気体を捕獲できる能力をもつことであり，これによって天然ガスの"貯蔵タンク"のように働く．このような堆積物は燃料源として開発できるが，一方で現在クラスレート中に捕獲されている膨大な量の CH_4 をむやみに放出させると，"温暖化"効果を促進することになる（Box 14・9 参照）．地球上で天然に存在する有機化合物ベースの炭素の全量は約 $19\,000 \times 10^{15}$ トンと見積られている．このことに加え，炭素は炭酸塩のように無機鉱物中にも広く存在している．下の円グラフは，有機化合物ベースの炭素材料からの実効的な炭素源としてのメタンハイドレートの相対的な重要性を示している．

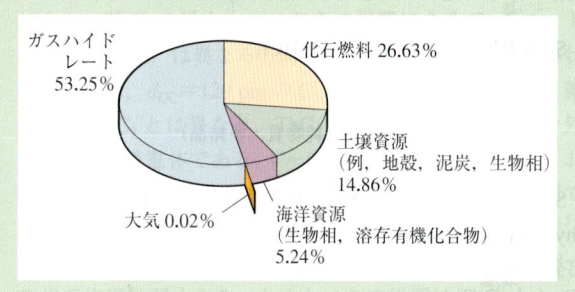

構造 I のハイドレートの三次元ネットワークの一部をスティック表記で下に示す（水素結合は省略している）．

［データ：米国地質調査所］

ガスハイドレート 53.25%
化石燃料 26.63%
土壌資源（例，地殻，泥炭，生物相）14.86%
大気 0.02%
海洋資源（生物相，溶存有機化合物）5.24%

さらに勉強したい人のための参考文献

S.-Y. Lee and G. D. Holder (2001) *Fuel Processing Technology*, vol. 71, p. 181 – 'Methane hydrates potential as a future energy source'.

M. Max and W. Dillon (2000) *Chemistry & Industry*, p. 16 – 'Natural gas hydrate: a frozen asset?'

酸に作用させても合成できる．液体アンモニア中で GeH_4 とアルカリ金属 M を反応させると $M[GeH_3]$ が生成し，$[SiH_3]^-$ と同様に $[GeH_3]^-$ は合成的に有用である．たとえば，反応 14.28 は，$K[GeH_3]$ から純粋な $GeSiH_6$ を生成するために用いられることを示しており，$GeSiH_6$ は混合 Ge/Si 薄膜を成長させるために用いることができる．

$$K[GeH_3] + H_3SiOSO_2CF_3 \longrightarrow GeSiH_6 + K[CF_3SO_3] \tag{14.28}$$

広く用いられている．一般に TiC，WC，V_2C，Nb_2C およびそれらの関連化合物は侵入型化合物とよばれるが，これは決して弱い結合を意味しているわけではない．固体の炭素を孤立した炭素原子に変換することは非常に吸熱的な過程であり，強い W−C 結合の形成によってこのエネルギー分を相殺しなければならない．類似した考え方は侵入型窒化物にもあてはまる（§15・6 参照）．

$r_{metal} < 130$ pm の遷移金属（たとえば Cr, Fe, Co, Ni など）は C−C 結合を含む複雑な構造をもつさまざまな化学量論比（たとえば，Cr_3C_2，Fe_3C など）の炭化物を生成する．Cr_3C_2（反応 14.36 で生成）の場合，Cr 原子は，稜を共有した三角柱形の三次元構造を形成しており，単結合に相当する C−C 距離の炭素鎖がこの構造を貫通するように配置されている．

$$3Cr_2O_3 + 13C \xrightarrow[H_2 \text{存在下}]{1870 \text{ K,}} 2Cr_3C_2 + 9CO \qquad (14.36)$$

このタイプの炭化物は，水や希酸によって加水分解し，炭化水素と H_2 の混合物を生成する．

ケイ化物

金属ケイ化物（直接，単体の組合わせを高温処理して合成される）の構造はさまざまであり，その構造のより詳しい考察は本書の範囲を超えている[*1]．それらの固体状態の構造型にはつぎのような例がある．

- 孤立した Si 原子（例，Mg_2Si，Ca_2Si）
- Si_2 ユニット（例，U_3Si_2）
- Si_4 ユニット（例，NaSi，KSi，CsSi）
- Si_n 鎖状物質（例，CaSi）
- Si 原子の平面あるいはひずんだ六角形ネットワーク（例，β-USi_2，$CaSi_2$）
- Si 原子の三次元ネットワーク（例，$SrSi_2$，α-USi_2）

アルカリ金属ケイ化物中に存在する Si_4 ユニットは注目に値する．$[Si_4]^{4-}$ は P_4 と等電子的であり，数種の 1 族金属ケイ化物の固体状態の構造には四面体形 $[Si_4]^{4-}$ が含まれるが，それらは孤立した陰イオンではない．Cs_4Si_4 の構造は孤立した四面体形 $[Si_4]^{4-}$ でおよそ表現することができるが，かなり強い陽イオン-陰イオン間の相互作用が存在する．ケイ化物 K_3LiSi_4 は Li^+ で連結されて無限鎖を形成する四面体 Si_4 ユニットをもち，K_7LiSi_8 では，構造 14.10 に示すように，2 個の Si_4 ユニットが結びつけられており，これが，さらに K^+ が関与して相互作用する．M_4Si_4（M=1 族金属）中の四面体形クラスターは溶液に抽出できないので，固体状態ケイ化物でのこのユニットの存在することと次節で述べるチ

ントルイオン形成の間には明確な違いがある．

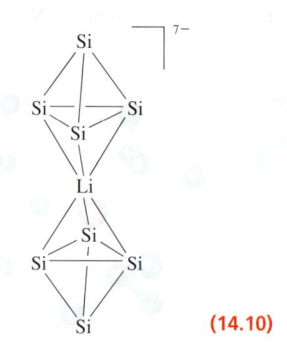

(14.10)

ケイ化物は硬い材料だが，融点は一般的に金属炭化物より低い．Mg_2Si を希酸と反応させるとシラン類（§14・6 参照）の混合物が生成する．ケイ化物には，耐火材料として有用なものもある（例，Fe_3Si と $CrSi_2$）．Fe_3Si は，熱安定性を高めるために磁気テープや磁気ディスクに用いられている．

Si, Ge, Sn および Pb のチントルイオン

ゲルマニウム，スズおよび鉛は，固体状態で金属と二元化合物を形成しない．これに対し，14 族金属元素クラスターを含むチントル相（Zintl phase）およびチントルイオン（Zintl ion）（§9・6 参照）の形成はこれらの元素に特徴的である．歴史的にチントル相は，Ge, Sn あるいは Pb の液体アンモニア中での Na による還元によって合成されてきた．$[Sn_5]^{2-}$ の合成（式 9.35）はチントルイオン合成の代表例であり，アルカリ金属（図 11・8 参照）と結合する包接型配位子 crypt-222 の利用は，チントルイオンの化学を発展させるために重要な役割を担ってきた．たとえば，$[K(crypt-222)]_2[Sn_5]$ および $[Na(crypt-222)]_4[Sn_9]$ のような塩を単離できる．近年の技術は壊れやすい化合物（たとえば，熱的に不安定な化合物）の低温 X 線回折の実験を可能にした．そのため，液体アンモニウム中でリチウムの溶液に過剰量の Pb あるいは Sn を直接反応させることによって得られる $[Li(NH_3)_4]_4[Pb_9] \cdot NH_3$ および $[Li(NH_3)_4]_4[Sn_9] \cdot NH_3$ などの塩の研究が現在は可能になった[*2]．ケイ素を含むチントルイオンの溶液中での単離は 2004 年まで報告がなかった．$K_{12}Si_{17}$ あるいは $Rb_{12}Si_{17}$（固体状態で $[Si_4]^{4-}$ および $[Si_9]^{4-}$ ユニットを含むことが知られている金属間化合物）を液体アンモニウムに溶解し，crypt-222 を加えると赤色溶液となり，そこから $[K(crypt-222)]_3[Si_9]$ および $[Rb(crypt-222)]_3[Si_9]$ の（NH_3 で溶媒和された）結晶を単離できる．興味深いことに，$M_{12}Si_{17}$ の前駆体は $[Si_9]^{4-}$ を含むが，溶液から単離される化学種は $[Si_9]^{3-}$ である．$[Si_9]^{2-}$（$[K(18-crown-6)]_2[Si_9]$ として単離される）および $[Si_5]^{2-}$（$[Rb(crypt-222)]_2[Si_5]$ として単離される）を得るには，穏

[*1] さらに詳細は以下参照：A. F. Wells (1984) *Structural Inorganic Chemistry*, 5th edn, Clarendon Press, Oxford, p. 987.

[*2] N. Korber and A. Fleischmann (2001) *J. Chem. Soc., Dalton Trans.*, p. 383.

14・7 炭化物，ケイ化物，ゲルマニウム化物，スズ化物および鉛化物

(a) (b)

(c)

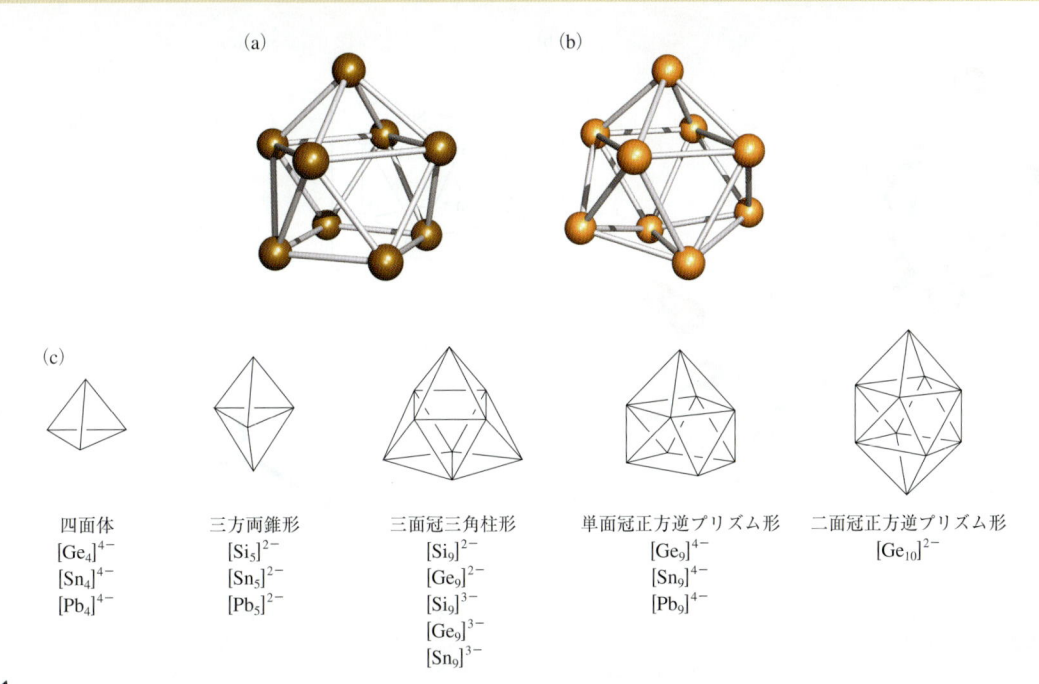

四面体	三方両錐形	三面冠三角柱形	単面冠正方逆プリズム形	二面冠正方逆プリズム形
$[Ge_4]^{4-}$	$[Si_5]^{2-}$	$[Si_9]^{2-}$	$[Ge_9]^{4-}$	$[Ge_{10}]^{2-}$
$[Sn_4]^{4-}$	$[Sn_5]^{2-}$	$[Ge_9]^{2-}$	$[Sn_9]^{4-}$	
$[Pb_4]^{4-}$	$[Pb_5]^{2-}$	$[Si_9]^{3-}$	$[Pb_9]^{4-}$	
		$[Ge_9]^{3-}$		
		$[Sn_9]^{3-}$		

📖 **図14・13** X線回折により得られた構造 (a) $[Na(crypt-222)]_4[Sn_9]$ の $[Sn_9]^{4-}$，(b) $[K(crypt-222)]_3[Ge_9]\cdot PPh_3$ の $[Ge_9]^{3-}$．crypt-222を含むクリプタンドの説明については §11・8 を参照，(c) 代表的なチントルイオンの骨格構造．図 14・14 も参照すること．[文献：(a) J. D. Corbett et al. (1977) J. Am. Chem. Soc., vol. 99, p. 3313, (b) C. Belin et al. (1991) New J. Chem., vol. 15, p. 931]

やかな酸化剤（たとえば，Ph_3P あるいは Ph_3GeCl）の存在が必要である．

反磁性チントルイオンには，$[M_4]^{4-}$（M = Ge, Sn, Pb），$[M_5]^{2-}$（M = Si, Sn, Pb），$[M_9]^{4-}$（M = Ge, Sn, Pb），$[M_9]^{2-}$（M = Si, Ge），$[Ge_{10}]^{2-}$（§14・7 の最後にある議論を参照），$[Sn_8Tl]^{3-}$，$[Sn_9Tl]^{3-}$ および $[Pb_2Sb_2]^{2-}$ がある．常磁性イオンの代表例は $[M_9]^{3-}$（M = Si, Ge, Sn）である．$[Sn_5]^{2-}$ の構造は図 9・3 に示した．図 14・13 に，$[Sn_9]^{4-}$ および $[Ge_9]^{3-}$ の構造を示し，いくつかの 14 族チントルイオンのおもなデルタ多面体群を図示する．図 14・13 は，三面冠三角柱構造をもつ $[M_9]^{3-}$ クラスターを示しているが，そのかごは結合が伸長をするためにかなりひずんでおり，三面冠三角柱構造と単面冠正方逆プリズム構造との中間的な構造をとる．これらのイオンの結合は非局在化しており，反磁性クラスターの場合は観測された構造を説明するためにウェイド則（§13・11 参照）が用いられる．ウェイド則はボランクラスターのために開発された．$\{BH\}$ ユニットはクラスター結合に対して 2 電子を提供し，同様に 14 族原子は非共有電子対がかごの外側に局在化している場合には，クラスター結合に 2 電子を提供する．このように結合を考察するにあたり，1個の Si, Ge, Sn あるいは Pb 原子は $\{BH\}$ ユニットと等価とみなせる．より厳密ないい方をすれば，各14族原子は $\{BH\}$ ユニットとアイソローバル（isolobal，等電子的）である（§24・5 参照）．

例題 14.4　チントルイオンの構造

図 14・13a に示した $[Sn_9]^{4-}$ の構造を説明せよ．

解答　9個の Sn 原子があり，各原子は非共有電子対をもつと考えて 2 個の価電子を提供する．

4− の電荷からの 4 電子がある．

かごの結合にかかわる電子の総数 = $(9 \times 2) + 4$
                                      = 22 電子 = 11 対

すなわち，$[Sn_9]^{4-}$ は，11 組の電子対によって 9 個の Sn 原子を結合させている．

このことは，n 個の頂点に対して $(n+2)$ 対の電子があることを意味し，$[Sn_9]^{4-}$ はニド型かご（*nido*-cage）構造であり，頂点の 1 箇所が空の 10 個の頂点をもつデルタ多面体である（図 13・27）．これは観察された単面冠正方逆プリズム構造に対応する．

練習問題

1. 図 13・27 および 14・13c を参照し，つぎの構造を説明せよ．(a) $[Ge_4]^{4-}$，(b) $[Sn_5]^{2-}$，(c) $[Ge_9]^{2-}$，(d) $[Ge_{10}]^{2-}$
2. $[Sn_5]^{2-}$ と $[Pb_5]^{2-}$ が等構造である理由を説明せよ．
3. $[Sn_5]^{2-}$ が $C_2B_3H_5$ と同じクラスター構造をとるのはなぜか．[ヒント：例題 13.9 を復習せよ]

反応条件はチントルイオンの選択的な生成のために重要

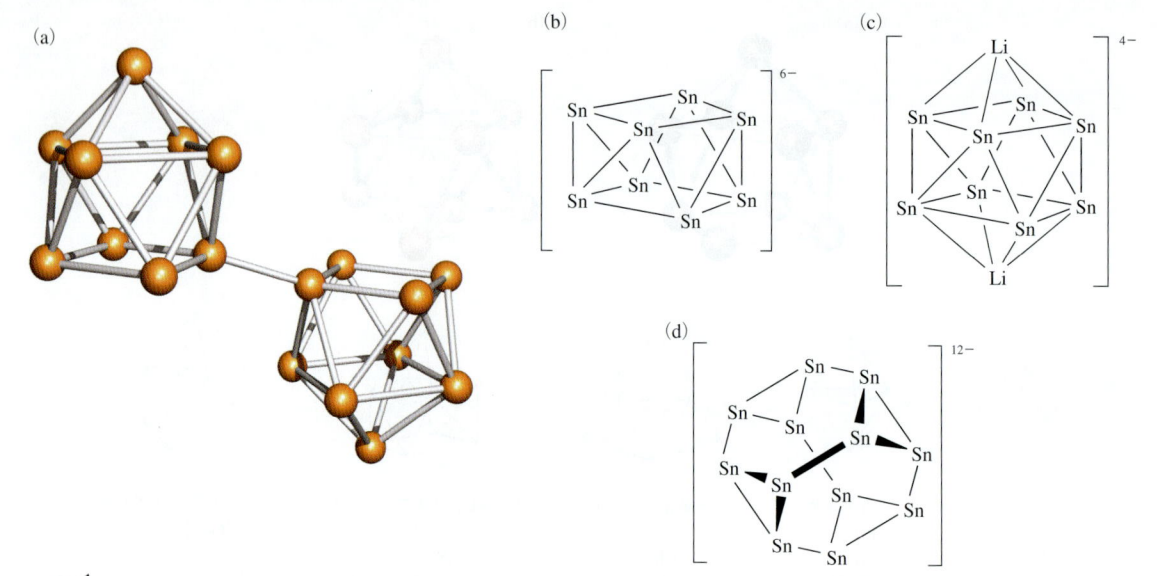

図 14・14 (a) $Cs_4[K(crypt\text{-}222)]_2[(Ge_9)_2]\cdot 6en$ (en = 1,2-エタンジアミン) の $[(Ge_9)_2]^{6-}$ の構造 (X 線回折). (b) $Rb_4Li_2Sn_8$ の arachno-$[Sn_8]^{6-}$ クラスター. (c) $Rb_4Li_2Sn_8$ の固体状態の構造は Li^+ が開いたかごをキャップして $[Li_2Sn_8]^{4-}$ を形成している (本文参照). (d) $CaNa_{10}Sn_{12}$ の開いた形の $[Sn_{12}]^{12-}$ クラスター. かご内に Ca^{2+} を含む. [文献: (a) L. Xu *et al.* (1999) *J. Am. Chem. Soc.*, vol. 121, p. 9245]

である. たとえば, KSn_2 は 1,2-エタンジアミン中で crypt-222 (§11・8 参照) と反応して, 常磁性 $[Sn_9]^{3-}$ を含んだ $[K(crypt\text{-}222)]_3[Sn_9]$ を生成する. しかし反応時間は 2 日以内でなくてはならず, それを超えると反磁性 $[Sn_9]^{4-}$ を含む $[K(crypt\text{-}222)]_4[Sn_9]$ が生成する. 常磁性クラスター $[Sn_9]^{3-}$ および $[Ge_9]^{3-}$ の双方ともひずんだ三面冠三角柱構造をとる (図 14・13b). $Cs_2K[Ge_9]$ を 1,2-エタンジアミンと crypt-222 の混合物に加えると, $[Ge_9]^{3-}$ ラジカルのカップリングが起こり, $Cs_4[K(crypt\text{-}222)]_2[(Ge_9)_2]$ を生成する. 形式的には, このカップリングは各 $[Ge_9]^{3-}$ かご上の 1 組の非共有電子対の酸化を含む. $[(Ge_9)_2]^{6-}$ の構造 (図 14・14a) は, 2 個の非局在化した単面冠正方逆プリズムクラスターが局在化した二中心二電子 Ge–Ge 結合により結び合わされた構造をもつ. ウェイド則はつぎのように $[(Ge_9)_2]^{6-}$ 中の各かごに適用できる.

- Ge 原子のうち 8 個はそれぞれ非共有電子対をもち, クラスター結合に 2 電子を供与する.
- かご間 Ge–Ge 結合に含まれる Ge 原子は, クラスター結合に 3 電子を供与する (1 電子はかごの外側の Ge–Ge 結合に使われる).
- 6– の電荷は各かごに 3 電子を供与する.
- 全電子数はかご 1 個当たり, 16 + 3 + 3 = 22 電子である.
- 11 組の電子対は 9 個の Ge 原子の結合に用いられ, そのため各かごはニド (nido) クラスターに分類され, 観測される単面冠正方逆プリズムと一致する (図 14・14a).

図 14・13 に示すチントルイオンはクロソ (closo) およびニド (nido) クラスターである. 化合物 $Rb_4Li_2Sn_8$ および $K_4Li_2Sn_8$ は arachno-$[Sn_8]^{6-}$ を含み (図 14・14b), 金属スズとそれぞれのアルカリ金属を直接溶融させて合成された. $Rb_4Li_2Sn_8$ の X 線回折の研究では, arachno-$[Sn_8]^{6-}$ クラスターが, 図 14・14c に示すように開いたかごを効果的に閉じる Li^+ と相互作用することで, 安定化することが示されている. さらに, 各 Li^+ は隣り合うクラスターの Sn–Sn 辺と相互作用し, その結果としてチントルイオン間の空孔中の Rb^+ と, 互いに結合したかごのネットワークを形成する. 小さい陽イオンと大きい陽イオンの組合わせはこの系の安定性の重要な要因である. 同じ戦略が, 他の開殻チントルイオン $[Sn_{12}]^{12-}$ (図 14・14d) の安定化にも用いられている. このイオンは化学量論量の Na, Ca および Sn を溶融することによって生成する. 生成物は $CaNa_{10}Sn_{12}$ であり, 固体状態で Ca^{2+} は $[Sn_{12}]^{12-}$ クラスターの中心の部分に位置することで安定化している. Sr^{2+} が Ca^{2+} と置き換わった類似の系も合成されている.

単離されるチントルイオンが増えるにつれて, ウェイド則の範囲で結合を説明する試みが難しくなっている. たとえば, PPh_3, $AsPh_3$, As あるいは Sb を用いて $[Ge_9]^{4-}$ を酸化すると, $[(Ge_9)_3]^{6-}$ が生じる (式 14.37 および 14.38). この $[(Ge_9)_3]^{6-}$ 陰イオン (図 14・15) は, 3 個の三面冠三角柱構

$$3Rb_4[Ge_9] + 3EPh_3 \longrightarrow Rb_6[(Ge_9)_3] + 3Rb[EPh_2] + 3RbPh$$
$$(E = P, As) \quad (14.37)$$

$$3[Ge_9]^{4-} + 14E \longrightarrow [(Ge_9)_3]^{6-} + 2[E_7]^{3-} \quad (E = As, Sb)$$
$$(14.38)$$

14・8　ハロゲン化物およびハロゲン化物錯体　391

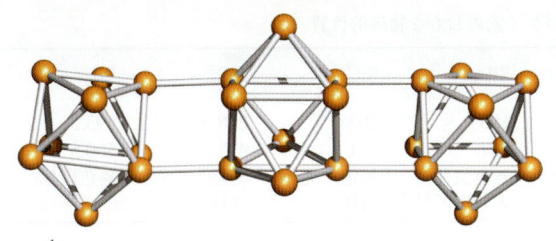

図 14・15　[Rb(crypt-222)]$_6$[(Ge$_9$)$_3$]・3en（en＝1,2-エタンジアミン）中の [(Ge$_9$)$_3$]$^{6-}$ の構造（X線回折）［A. Ugrinov et al. (2002) J. Am. Chem. Soc., vol. 124, p. 10990］

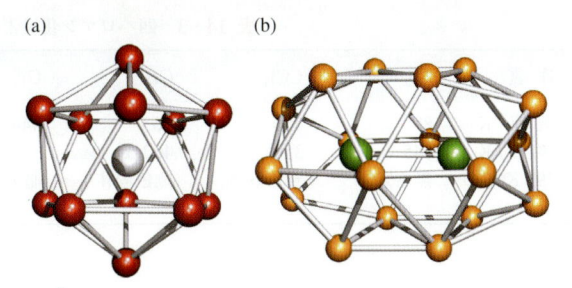

図 14・16　(a) [Pt@Pb$_{12}$]$^{2-}$ の構造，および (b) [Pd$_2$@Ge$_{18}$]$^{4-}$ の構造．両構造は [K(crypt-222)]$^+$ 塩のX線回折により決定された．原子の色表示：Pb 赤色，Ge 橙色，Pt 淡灰色，Pd 緑色．［文献：(a) E. N. Esenturk et al. (2004) Angew. Chem. Int. Ed., vol. 43, p. 2132, (b) J. M. Goicoechea et al. (2005) J. Am. Chem. Soc., vol. 127, p. 7676］

造のかごから成り，かご間は2本のGe-Ge結合で結ばれている．

かごのカップリングは，Rb$_4$[Ge$_9$] の飽和1,2-エタンジアミン溶液中でも起こり，18-crown-6 の添加により [Rb(18-crown-6)]$_8$[(Ge$_9$)$_4$] が生成する．[(Ge$_9$)$_4$]$^{8-}$ は構造的に [(Ge$_9$)$_3$]$^{6-}$ と類似しており（図14・15），そこでは4個のGe$_9$ かごが全長2 nmの鎖状構造を形成している．この構造観察により，この系は"ナノロッド（nanorod）"とよばれる．

Box 13・10 のウェイド則の説明において，ボラン類のクラスター結合形成における中心方向および接線方向にはり出した軌道の関与を述べた．各 B 原子の外側に向いた軌道は外側（exo）の B-H σ 結合の形成に用いられる．同じように，ほとんどのチントルイオンの場合，各原子に局在化した非共有電子対は外側に向いた軌道に存在する．2個の [Ge$_9$]$^{3-}$ かごの酸化的カップリングで [(Ge$_9$)$_2$]$^{6-}$（図14・14a）が生成する場合，2個のかごを結合し，形式的にはクラスター1個当たり1組の非共有電子対の酸化によって生じる局在化した単結合は，各クラスターに関して中心から外側に向いている．しかし，[(Ge$_9$)$_3$]$^{6-}$（図14・15）および [(Ge$_9$)$_4$]$^{8-}$ の場合，クラスター間の結合は半径方向を向かず，プリズムの稜に平行に位置している．さらに，[(Ge$_9$)$_3$]$^{6-}$ および [(Ge$_9$)$_4$]$^{8-}$ のクラスター結合における Ge-Ge 間距離は，[(Ge$_9$)$_2$]$^{6-}$ の場合より著しく長い．この事実は [(Ge$_9$)$_3$]$^{6-}$ および [(Ge$_9$)$_4$]$^{8-}$ のかごをつなぐ結合の結合次数が1以下であり，結合が局在化していないことを示唆している．したがって，ウェイド則をこのトリクラスター系の各かごに適用することはできない．

10原子クラスターの唯一の例である [Ge$_{10}$]$^{2-}$ を図14・13に示す．[Ge$_{10}$]$^{2-}$ は1991年に報告されたが，その構造解析は結晶学的なディスオーダーにより困難であった（Box 15・5参照）．同じ元素だけからなり，かご原子数が9より多いチントルイオンは侵入型原子を加えることによって安定化される．このような内包型チントルイオン（[M@E$_n$]$^{x-}$ と略記する．ここで M は侵入型原子）にはつぎのものがある．

- Pb 原子が二面冠正方逆プリズム配置をとる [Ni@Pb$_{10}$]$^{2-}$（図14・13c）
- Pb 原子が二十面体形配置をとる [Pt@Pb$_{12}$]$^{2-}$（図14・16a）
- 図14・16bに示す構造の [Pd$_2$@Ge$_{18}$]$^{4-}$

これらの化合物の合成法（式14.39〜14.41）は類似しており，出発物質として [E$_9$]$^{4-}$ と酸化状態0の金属 M を用いて行われる．式14.39では cod はシクロオクタ-1,5-ジエン（構造 **24.20**）である．

$$\text{K}_4[\text{Pb}_9] + \text{Ni(cod)}_2 \xrightarrow[\text{1,2-エタンジアミン中　トルエン中}]{\text{crypt-222}} [\text{K(crypt-222)}]_2[\text{Ni@Pb}_{10}] \quad (14.39)$$

$$\text{K}_4[\text{Pb}_9] + \text{Pt(PPh}_3)_4 \xrightarrow[\text{1,2-エタンジアミン中　トルエン中}]{\text{crypt-222}} [\text{K(crypt-222)}]_2[\text{Pt@Pb}_{12}] \quad (14.40)$$

$$\text{K}_4[\text{Ge}_9] + \text{Pd(PPh}_3)_4 \xrightarrow[\text{1,2-エタンジアミン中　トルエン中}]{\text{crypt-222}} [\text{K(crypt-222)}]_4[\text{Pd}_2@\text{Ge}_{18}] \quad (14.41)$$

陰イオンである [Ni@Pb$_{10}$]$^{2-}$ および [Pt@Pb$_{12}$]$^{2-}$ は，中心の M(0) 原子が価電子をクラスター結合に提供しないと仮定するとウェイド則に従う．例題14.4 に示されている過程に従うと，[Ni@Pb$_{10}$]$^{2-}$ は $(10×2)+2 = 22$ クラスター結合電子をもつ．11電子対は10個の頂点をもつ closo-かご構造と一致する．[Pd$_2$@Ge$_{18}$]$^{4-}$ はそのような大きな一つのかご構造からなるデルタ多面体をもつ点で珍しい．

14・8　ハロゲン化物およびハロゲン化物錯体

ハロゲン化炭素

C および Si の四ハロゲン化物の物理的性質を表14・3に

表 14・3　四ハロゲン化炭素およびケイ素のおもな物理的性質

性 質	CF_4	CCl_4	CBr_4	CI_4	SiF_4	$SiCl_4$	$SiBr_4$	SiI_4
融 点 / K	89	250	363	444 (分解)	183	203	278.5	393.5
沸 点 / K	145	350	462.5	—	187	331	427	560.5
298 K での外観	無色気体	無色液体	無色固体	暗赤色固体	無色気体, 大気中で臭う	無色, 臭う液体	無色, 臭う液体	無色固体

まとめる．四ハロゲン化炭素類は，以下の点で重い方の 14 族元素の場合と大きく異なる．それらは水や希薄アルカリ溶液に対して不活性であり，ハロゲン化金属と錯形成をしない．歴史的には，C とそれ以外の元素の違いは C 原子の原子価殻に d 軌道が存在しないことに帰せられてきた．これについては §14・3 で述べた電子的効果と立体的効果の議論を振り返ってみよう．しかし，注意が必要である．水の攻撃に対して不活性な CX_4 の場合，"C の d 軌道の欠損"は反応が五配位の中間体を経由して起こることを前提としている（すなわち，ハロゲン化ケイ素の加水分解において提案されたものと同じである）．もちろん，起こらない反応の機構を構築することは不可能である．確かに CF_4 および CCl_4 は，加水分解に関して熱力学的に不安定である．式 14.42 の $\Delta_r G°$ の値を $SiCl_4$ の加水分解の $\Delta_r G°$ の値 $-290\,kJ\,mol^{-1}$ と比べよう．

$$CCl_4(l) + 2H_2O(l) \longrightarrow CO_2(g) + 4HCl(aq)$$
$$\Delta_r G° = -380\,kJ\,mol^{-1} \quad (14.42)$$

四フッ化炭素はきわめて不活性で，SiC および F_2 の反応によって合成される．この場合の二次生成物 SiF_4 は NaOH 水溶液を通すことによって取除かれる．式 14.43 に黒鉛の入っていないカルシウムシアナミド（構造 14.9）からの簡便な実験室スケールの CF_4 の合成を示す．この際，NF_3 の生成を抑制するために極少量の CsF を加える．

$$CaNCN + 3F_2 \xrightarrow{CsF,\ 298\,K,\ 12\,h} CF_4 + CaF_2 + N_2 \quad (14.43)$$

反応を制御せずに有機化合物のフッ素化を行うと，膨大な熱が発生するために，通常は分解が起こる（式 14.44）．

$$\equiv\!C\!-\!H + F_2 \longrightarrow \equiv\!C\!-\!F + HF$$
$$\Delta_r H° = -480\,kJ\,mol^{-1} \quad (14.44)$$

したがって，すべてフッ素化した有機化合物の合成には，不活性な溶媒中（その気化が発生する熱を消費する），金あるいは銀めっきした銅製の反応容器（同様に熱を吸収するが，同時に触媒としての役割もする）がよく用いられる．他の方法には，フッ素化剤として CoF_3 や AgF_2 を用いる方法や，液体 HF 中での電気分解による方法がある（§9・7 参照）．

フッ化炭素類（§17・3 も参照）は対応する炭化水素類と近い沸点をもつが，粘性が高い．これらは濃アルカリおよび濃酸に対して不活性で，非極性の有機溶媒にしか溶解しない．これらのおもな利用は高温における潤滑剤である．フロン*（フレオン Freon ともいう）とはクロロフルオロカーボン（chlorofluorocarbon, CFC），ヒドロクロロフルオロカーボン（hydrochlorofluorocarbon, HCFC）およびヒドロフルオロカーボン（hydrofluorocarbon, HFC）であり，たとえばスキーム 14.45 の初めの段階のように塩素の部分的な置換によって合成される．CFC はエアロゾルの高圧ガス，空調，家具磨きの泡，冷媒や溶媒に幅広く用いられているが，Box 14・8 に述べられているようにオゾン層の減少に関与しているため，これらの使用を緊急に減らしていくことを考えなければならない．

$$CHCl_3 \xrightarrow[SbCl_5,\ SbF_3]{HF} CHF_2Cl \xrightarrow{970\,K} C_2F_4 + HCl \quad (14.45)$$

2 種の重要なポリマーが塩化フッ化化合物から製造されている．商品名テフロン（Teflon）あるいは PTFE の単量体は，反応 14.45 により合成される C_2F_4（テトラフルオロエテン）であり，重合は有機過酸化物触媒を用いて，水中で重合させる．テフロンは不活性な白色固体であり，570 K まで安定である．家庭にも広く応用され，たとえば台所用品の焦げつき防止コーティングなどに用いられている．単量体 $CF_2=CFCl$ は，市販の高分子 Kel-F の製造に用いられる．テフロンと Kel-F の両者は，シール用テープやワッシャー，ガスボンベのバルブやレギュレーターの部品，撹拌子のコーティング，真空中で操作するためのガラスジョイントのスリーブなどの実験室用品に用いられる．

四塩化炭素（表 14・3）は 520～670 K での CH_4 の塩素化あるいは一連の反応 14.46（この反応で CS_2 は再利用される）によって製造される．

$$\left.\begin{array}{l} CS_2 + 3Cl_2 \xrightarrow{Fe\ 触媒} CCl_4 + S_2Cl_2 \\ CS_2 + 2S_2Cl_2 \longrightarrow CCl_4 + 6S \\ 6S + 3C \longrightarrow 3CS_2 \end{array}\right\} \quad (14.46)$$

＊（訳注）フロンというよび方は，日本でつけられた俗称であり，世界的にはフレオン（Freon; DuPont 社の商標）とよばれることが多い．

以前は，CCl_4 は無機化合物の塩素化溶媒として広く用いられていた．しかし，その高い毒性と光化学的あるいは熱的分解によって生成する $CCl_3^{\bullet}$ および $Cl^{\bullet}$ の生成のために，その製造と使用が環境法規により制限されている．CCl_4 と Na はきわめて激しく反応するため（式 14.47）は，ナトリウムをハロゲン化溶媒の乾燥に用いてはならない．

$$CCl_4 + 4Na \longrightarrow 4NaCl + C \qquad \Delta_r G^{\circ} = -1478 \text{ kJ mol}^{-1} \tag{14.47}$$

反応 14.48 および 14.49 は，それぞれ CBr_4 および CI_4 の製法である（表 14・3）．両化合物とも毒性で，容易に分解して各元素の単体になる（$\Delta_f G^{\circ}(CBr_4, s, 298 \text{ K}) = +47.7$ kJ mol^{-1}）．CI_4 は H_2O 存在下でゆっくりと分解し，CHI_3 と I_2 となる．

$$3CCl_4 + 4AlBr_3 \longrightarrow 3CBr_4 + 4AlCl_3 \tag{14.48}$$

$$CCl_4 + 4C_2H_5I \xrightarrow{AlCl_3} CI_4 + 4C_2H_5Cl \tag{14.49}$$

塩化カルボニル（**ホスゲン** phosgene）**14.11** は，猛毒性の無色気体（沸点 281 K）で，息苦しくなるような臭いをもち，第一次世界大戦時には化学兵器として使われた．この化合物は反応 14.50 により合成され，ジイソシアネート（ポリウレタン製造用），ポリカーボネートおよび 1-ナフチル-N-メチルカルバメート **14.12**（殺虫剤）の工業的製造に用いられる．

$$CO + Cl_2 \xrightarrow{活性炭触媒} COCl_2 \tag{14.50}$$

(14.11) **(14.12)** **(14.13)**

SbF_3 で $COCl_2$ をフッ素化すると，$COClF$ および COF_2 が生じる．COF_2 は $COCl_2$ と同様に水に不安定で，NH_3（尿素，**14.13** を生じる）およびアルコール（エステルを生じる）と反応する．$COCl_2$ と SbF_5 の反応では直線状陽イオン $[ClCO]^+$ が生じる．凝縮相でのこのイオンの存在は振動分光研究によって明らかにされている．しかし，COF_2 と SbF_5 間の反応では，$[FCO]^+[SbF_6]^-$ よりもむしろ付加物 $F_2CO \cdot SbF_5$ が生成する．

ハロゲン化ケイ素

Si のフッ化物と塩化物は数多く知られているが，ここでは SiF_4 および $SiCl_4$（表 14・3）およびそれらのいくつかの誘導体を中心に述べる．ケイ素は Cl_2 と反応して $SiCl_4$ を生成し，SiF_4 は SbF_3 を用いた $SiCl_4$ のフッ素化，あるいは反応 14.51 によって得られる．式 13.28 および 15.81 と比較しよう．

$$SiO_2 + 2H_2SO_4 + 2CaF_2 \longrightarrow SiF_4 + 2CaSO_4 + 2H_2O \tag{14.51}$$

SiF_4 および $SiCl_4$ は，ともに四面体構造の分子である．これらは水と速やかに反応するが，前者は部分的にしか加水分解されない（式 14.52 および 14.53 を比較せよ）．制御された条件での $SiCl_4$ の加水分解は，中間体 $SiCl_3OH$ を経て $(Cl_3Si)_2O$ を生成する．

$$2SiF_4 + 4H_2O \longrightarrow SiO_2 + 2[H_3O]^+ + [SiF_6]^{2-} + 2HF \tag{14.52}$$

$$SiCl_4 + 2H_2O \longrightarrow SiO_2 + 4HCl \tag{14.53}$$

等モル量の $SiCl_4$ と $SiBr_4$ を無溶媒条件下，298 K で反応させると，$SiCl_4$，$SiBrCl_3$，$SiBr_2Cl_2$，$SiBr_3Cl$ および $SiBr_4$ の平衡混合物が生成し（章末の**問題 3.28** 参照），それらは分別蒸留によって分離できる．ルイス塩基の N-メチルイミダゾール（MeIm）は $SiCl_4$ および $SiBr_2Cl_2$ と反応し，*trans*-$[SiCl_2(MeIm)_4]^+$ をそれぞれ塩化物および臭化物として生成する（図 14・17a）．これは $[SiCl_2]^{2+}$ を安定化する方法の一例である．

ヘキサフルオロケイ酸イオン $[SiF_6]^{2-}$（図 14・17b）が生成することは，Si が F^- 受容体として働き，配位数が 4 を超過できることを示している．ヘキサフルオロケイ酸塩の最も汎用的な合成法は HF 水溶液中での SiF_4 と金属フッ化物の反応である．K^+ および Ba^{2+} 塩は難溶性である．水溶液中で，ヘキサフルオロケイ酸は強酸であるが，純粋な H_2SiF_6 は単離されていない．$[SiF_5]^-$（図 14・17c）は，SiO_2 と HF 水溶液との反応で生成し，テトラアルキルアンモニウム塩として単離できる．四塩化ケイ素はアルカリ金属塩化物とは反応しないが，格子エネルギーの考察によれば，非常に大きな第四級アンモニウム陽イオンを用いれば $[SiCl_6]^{2-}$ を安定化できると考えられている．

ゲルマニウム，スズおよび鉛のハロゲン化物

Ge と Si の四ハロゲン化物には多くの類似性があり，GeX_4（$X = F, Cl, Br$ あるいは I）は元素単体を直接化合させて合成される．298 K で GeF_4 は無色の気体，$GeCl_4$ は無色の液体，GeI_4 は赤橙色の固体（融点 417 K）であり，$GeBr_4$ は 299 K で融解する．各化合物は加水分解して HX を遊離する．$SiCl_4$ と異なり，$GeCl_4$ は Cl^- と反応する（たとえば反応 14.54）．

$$GeCl_4 + 2[Et_4N]Cl \xrightarrow{SOCl_2 中} [Et_4N]_2[GeCl_6] \tag{14.54}$$

Si(II) のハロゲン化物 SiF_2 および $SiCl_2$ は，約 1500 K で Si に SiF_4 あるいは $SiCl_4$ を作用させることによって生成する

資源と環境

Box 14・8　CFC とモントリオール議定書

　オゾン層は地表から 15～30 km の大気中に層をなしている．O_3 は電磁波スペクトルの紫外領域を強く吸収するため，太陽から発生する紫外線放射から地球の生物を防御している．ヒトへの紫外線照射の影響の 1 例は，皮膚がんである．クロロフルオロカーボン（chlorofluorocarbon，CFC）は，オゾン層を破壊する働きをする環境汚染物質である．1987 年に，"オゾン層を破壊する物質に関するモントリオール議定書" が成立し，CFC の利用を廃止するために法律が制定された．CFC のほぼ完全な廃止は先進国では 1996 年までに求められ，発展途上国は 2010 年までにこの計画に追随することが求められている．下のグラフは，1986 年の CFC のヨーロッパの消費量を標準（100%）とし，これらの化学物質（たとえば，エアロゾル噴射剤，冷媒）の使用が 1986 年から 1993 年の間どのように減少してきたかを示す．CFC の漸次いることができる．CFC よりも環境に対する負荷は低いものの，HCFC もまたオゾンを激減させるので（オゾンを破壊するものとして "クラスII" に分類されている），2020 年までに漸次廃止される予定である．ヒドロフルオロカーボンは，ほとんどあるいはまったくオゾンを激減する効果がないようであり，冷媒およびエアロゾルの噴霧剤にも用いることができる．

　オゾンの損失はまず南極を覆う成層圏で検出され，"オゾンホール" の成長は現在，衛星写真および地上の機器によって観測されている．南極を覆うオゾンの激減をひき起こす化学的事象および環境学的状況は，つぎのようにまとめることができる．まず初めに，CFC の放出は成層圏に至り，高いエネルギーの紫外線照射により分解される．南極の上空では，冬の極低温条件で，極の成層圏の雲（HNO_3 の溶けた氷を含む）が "極渦" を生成する．この雲の表面では，HCl と $ClONO_2$（CFC が分解した後の長寿命な塩素担体）が塩素の活性種に変換される：

$$HCl + ClONO_2 \longrightarrow HNO_3 + Cl_2$$
$$H_2O + ClONO_2 \longrightarrow HNO_3 + HOCl$$
$$HCl + HOCl \longrightarrow H_2O + Cl_2$$
$$N_2O_5 + HCl \longrightarrow HNO_3 + ClONO$$
$$N_2O_5 + H_2O \longrightarrow 2HNO_3$$

南極の冬に日光はない．春になって日光が戻ると（すなわち，9月）Cl_2 の光反応は塩素ラジカル $Cl^{\cdot}$ の生成をもたらし，これが触媒的な O_3 の分解をひき起こす．

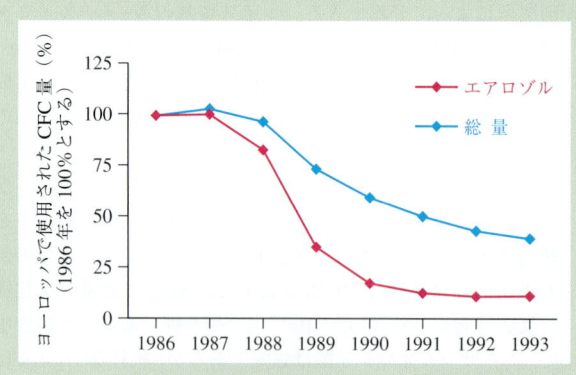

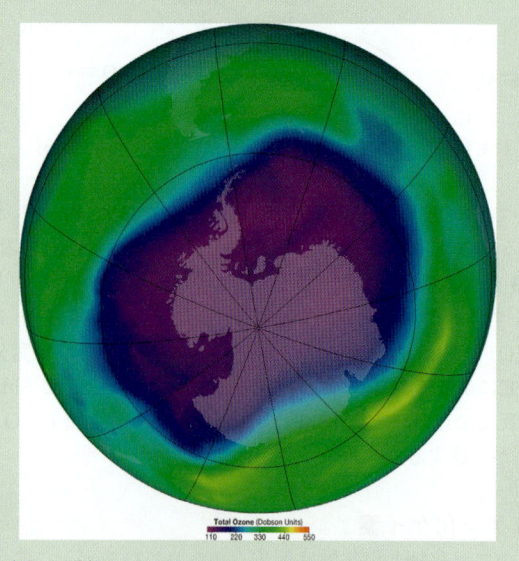

[データ：Chem. Ind., 1994, p. 323]

　廃止は，その大部分が CFC ベースの噴霧剤を用いてきた喘息の吸入剤の製造に影響を与えた．この吸入剤は，ヒドロフルオロアルカン（HFA）噴霧剤を用いる新しい製品に置き換えられつつある．

　CFC だけがオゾンを破壊する化学物質ではない．他の "クラスI" のオゾン破壊物質には，CH_2ClBr，CBr_2F_2，CF_3Br，CCl_4，$CHCl_3$ および CH_3Br が含まれる．かつては，臭化メチルが殺虫剤として農業に広く利用された（**Box 17・3** 参照）．たとえば土壌を処理するための代替となる殺虫剤は，2005 年からの CH_3Br の利用を禁止したモントリオール議定書（発展途上国では 2015 年から）に従うために開発が続けられている．この禁止に対する厳密に制限した状況下での例外が現在（2005～2006）認められている．たとえば，米国環境保護局は CH_3Br の代替品がまだ使用できないところでは "危機的な状況下での使用" を許可している．

　経過措置として，ヒドロクロロフルオロカーボン（hydrochlorofluorocarbon，HCFC）を CFC の代替として冷媒に用

南極を覆うオゾン層のホールの擬似カラー衛星写真．2006 年 9 月 24 日撮影［NASA］

$$2\text{ClO}^\bullet \longrightarrow \text{Cl}_2\text{O}_2$$
$$\text{Cl}_2\text{O}_2 \xrightarrow{h\nu} \text{Cl}^\bullet + \text{ClO}_2^\bullet$$
$$\text{ClO}_2^\bullet \longrightarrow \text{Cl}^\bullet + \text{O}_2$$
$$\text{Cl}^\bullet + \text{O}_3 \longrightarrow \text{ClO}^\bullet + \text{O}_2$$

この $\text{OCl}^\bullet$ は反応のサイクルに戻り,上に示す5段階からなる全体の反応は,下式となる.

$$2\text{O}_3 \longrightarrow 3\text{O}_2$$

臭素の役割はつぎの連続的な反応式にまとめられる.

$$\text{ClO}^\bullet + \text{BrO}^\bullet \longrightarrow \text{Cl}^\bullet + \text{Br}^\bullet + \text{O}_2$$
$$\text{Cl}^\bullet + \text{O}_3 \longrightarrow \text{ClO}^\bullet + \text{O}_2$$
$$\text{Br}^\bullet + \text{O}_3 \longrightarrow \text{BrO}^\bullet + \text{O}_2$$

最近の研究データは,CFC 放出を規制した結果として,成層圏の塩素のレベルが安定化していることを示しており,オゾンホールの成長は遅くなっているのかもしれない.

関連情報

環境保護局からの最新情報:http://www.epa.gov/ozone/title6/phaseout/mdi/

国際連合開発計画のモントリオール議定書の詳細:http://www.undp.org/montrealprotocol/

欧州環境局からの関連情報:http://themes.eea.europa.eu/

が,不安定な化学種であるため,それは重合して環化生成物になる.これに対して,Ge は安定な二ハロゲン化物を生成する.GeF_2,GeCl_2 および GeBr_2 は Ge を GeX_4 と加熱した際に生成するが,生成物は加熱により不均化する(式14.55).

$$2\text{GeX}_2 \xrightarrow{\text{加熱}} \text{GeX}_4 + \text{Ge} \qquad (14.55)$$

GeF_2 と F^- の反応で $[\text{GeF}_3]^-$ が得られる.MGeCl_3 の組成をもつ数種の化合物が存在し,ここで M^+ はアルカリ金属イオン,第四級アンモニウムイオンまたはホスホニウムイオンである(たとえば,式 14.56~14.58).$[\text{BzEt}_3\text{N}][\text{GeCl}_3]$($\text{Bz}=$ベンジル)および $[\text{Ph}_4\text{P}][\text{GeCl}_3]$ の結晶構造解析により,十分分離した三方錐形の $[\text{GeCl}_3]^-$ の存在が確認された.これに対し,CsGeCl_3 はペロブスカイト型構造をとり,298 K でひずんでいるが 328 K 以上ではひずみがない構造となる(図 6・23).CsGeCl_3 は半導体性化合物群 CsEX_3(E = Ge, Sn, Pb;X= Cl, Br, I)に属す.

$$\text{Ge(OH)}_2 \xrightarrow{\text{CsCl, 濃 HCl}} \text{CsGeCl}_3 \qquad (14.56)$$

$$\text{GeCl}_2(1,4\text{-dioxane}) + \text{Ph}_4\text{PCl}$$
$$\longrightarrow [\text{Ph}_4\text{P}][\text{GeCl}_3] + 1,4\text{-dioxane} \qquad (14.57)$$

$$\text{Ge + RbCl} \xrightarrow{6\text{ M HCl 中}} \text{RbGeCl}_3 \qquad (14.58)$$

+4 に比べて +2 の酸化状態が安定となる傾向は族の下にいくほど増し,この変化は熱力学的 6s 不活性電子対効果(**Box 13・3**)に起因する.GeX_4 群の化合物は GeX_2 よりも安定であるが,ハロゲン化物 PbX_2 は PbX_4 よりも安定である.四フッ化スズ(吸湿性の結晶を形成する)は SnCl_4 と HF との反応で合成される.298 K において,SnF_4 は白色固体で,八面体配置の Sn 原子をもつシート構造 **14.14** をとる.978 K では SnF_4 は昇華し,四面体形分子を含む蒸気になる.四フッ

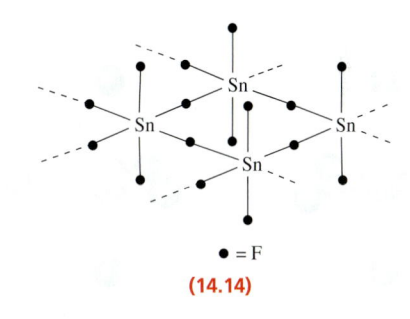

(14.14) ●=F

化鉛(融点 870 K)は固体状態で SnF_4 と同じ構造をとり,F_2 あるいはフッ化ハロゲンを PbF_2 あるいは $\text{Pb(NO}_3)_2$ などの Pb(II) 化合物と反応させることによって合成される.

フッ化スズ(II)は水溶性で,水溶液中で合成できる.これに対して PbF_2 はほとんど水に溶けない.PbF_2 の構造の一つは CaF_2 型構造であるが(図 6・18a),SnF_2 は固体状態で構造は折れ曲がった Sn_4F_8 環 **14.15** からつくられており,この

(14.15) 205 pm / 218 pm

構造において各 Sn 原子は三方錐形構造をとり,1 組の非共有電子対が存在することと一致している.構造 **14.14** および **14.15** において,Sn−F 架橋結合は末端結合よりも長く,この特徴はこの種の構造に一般的な特徴である.後で説明するように,多くのスズフッ化物が固体状態で F−Sn−F 架橋を形成する傾向を示す.

スズ(IV)の塩化物,臭化物およびヨウ化物は対応する元素単体どうしの化合で生成し,これらの Si および Ge 類縁

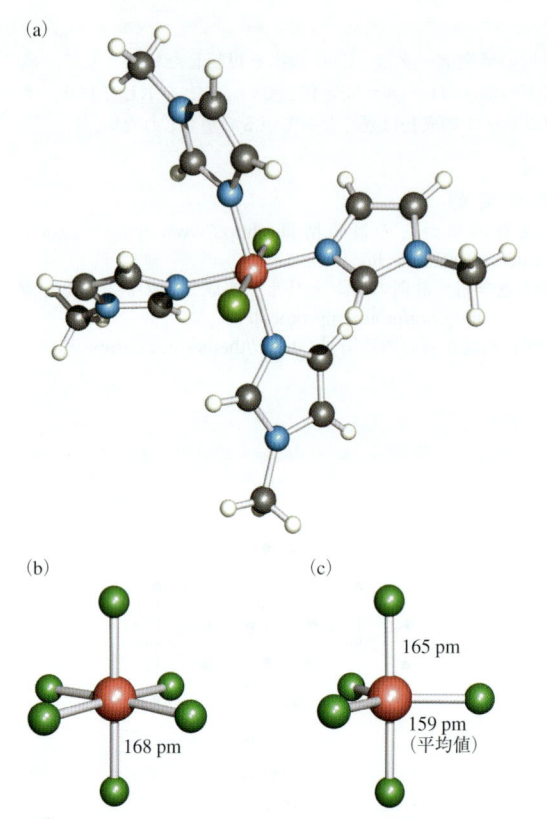

図 14・17 (a) [SiCl$_2$(MeIm)$_4$]Cl$_2$·3CHCl$_3$ 塩（MeIm ＝N-メチルイミダゾール）中の trans-[SiCl$_2$(MeIm)$_4$]$^{2+}$, (b) [C(NH$_2$)$_3$]$_2$[SiF$_6$] 塩中の八面体 [SiF$_6$]$^{2-}$ および (c) [Et$_4$N][SiF$_5$] 中の三方両錐形 [SiF$_5$]$^-$ についてのX線回折による固体状態の構造. 原子の色表示：Si ピンク色，F 緑色，N 青色，C 灰色，H 白色.［文献：(a) K. Hensen et al. (2000) *J. Chem. Soc., Dalton Trans.*, p. 473, (b) A. Waskowska (1997) *Acta Crystallogr., Sect. C*, vol. 53, p. 128, (c) D. Schomburg et al. (1984) *Inorg. Chem.*, vol. 23, p. 1378］

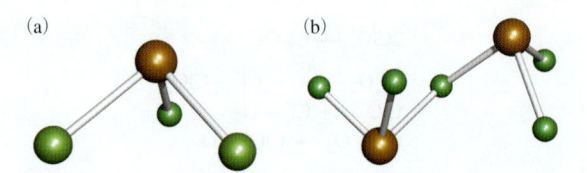

図 14・18 [Co(en)$_3$][SnCl$_2$F][Sn$_2$F$_5$]Cl の固体状態のX線構造解析. (a) [SnCl$_2$F]$^-$ および (b) [Sn$_2$F$_5$]$^-$（表 7・7 参照）. 各 Sn 原子は三方錐の頂点に位置する［I. E. Rakov et al. (1995) *Koord. Khim.*, vol. 21, p. 16］. 原子の色表示：Sn 茶色, F 小さい緑色, Cl 大きい緑色.

体と類似した性質を示す. これらの化合物は加水分解して, HX を放出するが, SnCl$_4$·4H$_2$O のような水和物もまた単離できる. Sn と HCl との反応で SnCl$_2$ が得られるが, この白色固体は水によって部分的に加水分解される. 水和物 SnCl$_2$·2H$_2$O は市販されており, 還元剤として用いられる. SnCl$_2$ は固体状態で折れ曲がった層構造をとるが, 気相では孤立した折れ曲がった分子として存在する.

Sn(IV) のハロゲン化物はルイス酸であり, ハロゲン化物イオン（たとえば, 反応 14.59）を受容する能力は, SnF$_4$ > SnCl$_4$ > SnBr$_4$ > SnI$_4$ の順である.

$$2KCl + SnCl_4 \xrightarrow{\text{HCl 水溶液存在下}} K_2[SnCl_6] \quad (14.59)$$

同様に, SnCl$_2$ は Cl$^-$ を受容して三方錐形の [SnCl$_3$]$^-$ となるが, 固体状態で孤立した陰イオンとして存在するかどうかは共存する陽イオンによる（前述の CsGeCl$_3$ を参照）. [SnF$_5$]$^-$ は SnF$_4$ から得られるが, 固体状態においては架橋 F 原子と八面体形の Sn 中心をもつ高分子状構造をとり, 架橋 F 原子は互いにシス配置している. 架橋構造は [Sn$_2$F$_5$]$^-$ と [Sn$_3$F$_{10}$]$^{4-}$ の Na$^+$ 塩でも同様に形成され, それらは NaF と SnF$_2$ の水溶液での反応により生成する. 図 14・18 に [SnCl$_2$F]$^-$ および [Sn$_2$F$_5$]$^-$ の構造を示す.

四塩化鉛は, 冷やした濃 H$_2$SO$_4$ と [NH$_4$]$_2$[PbCl$_6$] の反応により油状液体として得られる. 後者は NH$_4$Cl 水溶液中に飽和させた PbCl$_2$ に Cl$_2$ を通じることによって得られる. [PbCl$_6$]$^{2-}$ が容易に得られることは, 錯形成により高い酸化状態が安定化される典型的な例である（§8・3 参照）. これに対して, PbCl$_4$ は穏やかに熱すると水により加水分解され, PbCl$_2$ と Cl$_2$ に分解する. Pb(II) のハロゲン化物は Pb(IV) 誘導体よりかなり安定であり, 298 K で結晶性固体である. これらは可溶なハロゲン化物と可溶な Pb(II) 塩の水溶液を混合することで沈殿させることができる（たとえば, 式 14.60）. 水に易溶な Pb(II) 塩はほとんどないことに留意せよ.

$$Pb(NO_3)_2(aq) + 2NaCl(aq) \longrightarrow PbCl_2(s) + 2NaNO_3(aq) \quad (14.60)$$

塩化鉛(II) は, [PbCl$_4$]$^{2-}$ を生成するために, 水よりも塩酸によく溶ける. 固体状態で, PbCl$_2$ は九配位の Pb 中心をもつ複雑な構造をとるが, PbF$_2$ は蛍石型構造をとる（図 6・18a）. 黄色の二ヨウ化物は CdI$_2$ 構造をとる（図 6・22）. [Pb$_3$I$_{10}$]$^{4-}$（図 14・19a）, [Pb$_7$I$_{22}$]$^{8-}$, [Pb$_{10}$I$_{28}$]$^{8-}$ および [Pb$_5$I$_{16}$]$^{6-}$（図 14・19b）のような孤立したヨウ化鉛酸陰イオンは関連する高分子状のヨウ化鉛酸塩類[*]と同様に, [R$_3$N(CH$_2$)$_4$NR$_3$]$^{2+}$ (R = Me, ^{n}Bu) または [P(CH$_2$Ph$_4$)]$^+$ のような大きな陽イオンの存在下で PbI$_2$ と NaI を反応させることで生成する. この反応では反応種の化学量論, 反応条件および対イオンを変えることによって特定の生成物を得ることができる. これらのヨウ化鉛酸塩において, Pb(II) 中心は, 八面体あるいは正方錐形の環境にある（図 14・19）.

---

[*] 例は以下を参照せよ：H. Krautscheid, C. Lode, F. Vielsack and H. Vollmer (2001) *J. Chem. Soc., Dalton Trans.*, p. 1099.

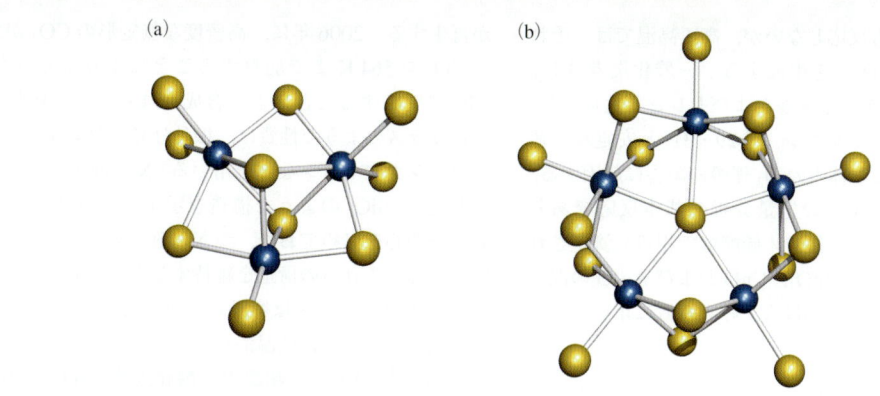

図 14・19 X 線回折による構造．(a) [^{n}Bu$_3$N(CH$_2$)$_4$N^{n}Bu$_3$]$^{2+}$塩の中の [Pb$_3$I$_{10}$]$^{4-}$．(b) [^{n}BuN(CH$_2$CH$_2$)$_3$N^{n}Bu]$_3$[Pb$_5$I$_{16}$]・4DMF 塩中の [Pb$_5$I$_{16}$]$^{6-}$．原子の色表示：Pb 青色，I 黄色．[文献：(a) H. Krautscheid *et al.* (1999) *J. Chem. Soc., Dalton Trans.*, p. 2731, (b) H. Krautscheid *et al.* (2000) *Z. Anorg. Allg. Chem.*, vol. 626, p. 3]

例題 14.5　14 族のハロゲン化物：構造とエネルギー論

SnF$_4$ は 978 K で昇華する．昇華の際に生じる変化と昇華エンタルピーに寄与している過程を説明せよ．

解答　昇華はつぎの過程である．

$$\text{SnF}_4(s) \longrightarrow \text{SnF}_4(g)$$

固体状態で，SnF$_4$ はシート構造をとっており（構造 **14.14** 参照），このとき各 Sn は八面体形構造をもつ．気相では，SnF$_4$ は孤立した四面体形分子として存在している．昇華の際は，SnF$_4$ ユニットは固体状態の構造体から解き放たれなければならず，これは Sn–F–Sn 架橋が切断されて末端 Sn–F 結合への変化する過程が含まれる．これらの過程で生じるエンタルピー変化はつぎのようになる：

- Sn–F 結合の切断に伴うエントロピー変化（吸熱過程）
- 相互作用している Sn–F–Sn 架橋相互作用の半分が末端 Sn–F 結合（1 分子当たり 2 個）に変換するのに伴うエンタルピー変化
- 八面体形から四面体形構造の変化を起こす際の Sn 原子の混成の変化に伴うエンタルピー変化および末端 Sn–F 結合における Sn–F 結合力の変化

練習問題

1. 328 K 以上で CsGeCl$_3$ はペロブスカイト型構造をとり，298 K で構造はひずんでいるが，ペロブスカイトの基本構造は維持される．固体状態の CsGeCl$_3$ は孤立した [GeCl$_3$]$^-$ を含むかどうか答え，説明せよ．
〔答　図 6・23 および関連した議論参照〕

2. ハロゲン化物 PbX$_2$ は PbX$_4$ よりも安定である理由を説明せよ．
〔答　Box 13・5〕

3. 反応 14.54 および 14.57 において，どの反応物がルイス酸でどの反応物がルイス塩基か，説明を付して答えよ．その生成物の一般名を答えよ．
〔答　酸＝電子受容体；塩基＝電子供与体；付加体〕

14・9　酸化物，オキソ酸および水酸化物

炭素の酸化物とオキソ酸

14 族の下方の元素と異なり，炭素は安定で揮発性の単量体の酸化物，CO および CO$_2$ を形成する．CO$_2$ と SiO$_2$ の違いについては表 14・2 の熱化学的データを用いて説明できる．すなわち，C=O 結合エンタルピーの値は C–O 結合の場合の 2 倍以上であるが，Si=O 結合の結合エンタルピーの値は，Si–O 結合の場合の 2 倍より小さい．これらの違いについては，C=O 結合が Si=O 結合と比較して (p–p)π の寄与によって強いことから理解できる．また過去においては，Si–O 結合が C–O 結合に対して (p–d)π 結合によって強いことが議論されていた（ただし，§14・6 節末のコメントを参照すること）．しかし，エンタルピー項の解釈にかかわらず，これらのデータ（気化に伴うエンタルピー変化およびエントロピー変化を無視すれば，SiO$_2$ は分子状 O=Si=O への変換に関して安定なのに対して，よほど極端な条件におかない限り，CO$_2$ は四配位 C 原子や C–O 単結合を含む高分子種の形成に対して安定であることが示されている．

一酸化炭素は無色気体で，酸素の供給が制限された条件下で C を燃やすことで生成する．少量であればメタン酸（ギ酸）の脱水反応によっても合成できる（式 14.61）．CO は 1070 K 以上に加熱したコークスによる CO$_2$ の還元，あるいは水性ガスシフト反応によって合成される（§10・4）．工業的には，CO は非常に重要で，**第 27 章**ではこれに関連する触媒プロセスについて述べる．炭素の酸化に関する熱力学は，すでに §8・8 で議論したように冶金においてきわめて重要である．

$$\text{HCO}_2\text{H} \xrightarrow{\text{濃 H}_2\text{SO}_4} \text{CO} + \text{H}_2\text{O} \quad (14.61)$$

一酸化炭素は，通常の状態では，水にほとんど溶解せず水酸

化ナトリウム水溶液とも反応しないが，高圧高温では，それぞれ HCO_2H と $Na[HCO_2]$ を生成する．一酸化炭素は F_2，Cl_2，Br_2（式 14.50 のように），硫黄およびセレンと化合する．CO の高い毒性は，ヘモグロビン（§29・3）と安定な錯体を形成し，その結果起こる体内の O_2 運搬の阻害に起因する．CO の CO_2 への酸化は，CO の定量分析の基本反応であり（式 14.62），生じた I_2 は分離後チオ硫酸塩で相殺し滴定される．CO は，同様に常温で MnO_2，CuO および Ag_2O の混合物によって酸化され，この反応は人工呼吸装置に用いられている．

$$I_2O_5 + 5CO \longrightarrow I_2 + 5CO_2 \tag{14.62}$$

CO と CO_2 の代表的な物性を表 14・4 に示し，結合のモデルを §2・7 および §5・7 に示した．CO の結合は既知の安定な分子の中で最も強く，C−O 間の (p−p)π 結合の効果が大きいことを立証している．しかし，この結合を考慮しても，CO の双極子モーメントが非常に小さい要因について簡単に説明できない．すでに図 2・14 で分子軌道論を用いた CO の結合について述べた．CO 分子の HOMO は，おもに C 原子に中心をもつ外側を向いた軌道から構成される．その結果として，CO は BH_3 のような電子不足分子に電子供与体として働く（例題 13.3 参照）．より重要なことは，CO が有機金属化学において担う役割であり，その金属原子への結合能力については第 24 章で取上げる．

過剰量の O_2 下で，C は燃焼して CO_2 になる．通常の温度および圧力下で，CO_2 は C=O 二重結合をもつ直線分子として存在する．CO_2 分子の固体相は低温高圧下でつくられる．最も一般的に目にする例は**ドライアイス**（dry ice）であり，これはまず 6 MPa の圧力で液化 CO_2 とし，それから（高圧下を維持しながら）195 K の凝固点まで液化 CO_2 を冷却して製造されている．40 GPa の圧力下でレーザー加熱により 1800 K に CO_2 分子相をさらすと，結晶性石英と構造的に類似した固体相の形成が起こる．圧力を下げていくと，三次元構造は 1 GPa 程度まで保たれ，この条件で CO_2 分子が再生する．2006 年に，高密度な無定形の CO_2 が分子性固体 CO_2 を 564 K まで加熱することにより得られた 40〜64 GPa に圧縮することにより合成される．この新しい相の無定形ガラスのような性質は，振動分光法および高輝度（たとえばシンクロトロンなどを用いる）X 線回折データから同定された*．SiO_2 のような構造を示す CO_2 相の発見は，最近新たな関心を集めており，つぎの超えるべきハードルは，通常の条件でこれらの構造を維持する方法を見いだすことであろう．ドライアイスは容易に昇華するが（表 14・4），実験室で用いるためには低温浴などの断熱容器の中であれば保存できる（表 14・5）．**超臨界二酸化炭素**（supercritical CO_2）は，用途の多い溶媒として広く研究されている（§9・13）．気相 CO_2 の小規模な実験室で合成するには通常 14.63 のような反応が用いられる．CO_2 の工業的な製造については図 11・5 および §10・4 を参照せよ．

$$CaCO_3 + 2HCl \longrightarrow CaCl_2 + CO_2 + H_2O \tag{14.63}$$

二酸化炭素は地球環境における主要な酸の源であり，水への低い溶解性は生化学的および地球化学的に非常に重要である．二酸化炭素の水溶液中では，つぎの平衡に対する $K \approx 1.7 \times 10^{-3}$ の値から明らかなように，溶質のほとんどは H_2CO_3 というよりも分子状 CO_2 として存在している．

$$CO_2(aq) + H_2O(l) \rightleftharpoons H_2CO_3(aq)$$

CO_2 の水溶液は弱い酸でしかないが，H_2CO_3（炭酸）が非常に弱い酸であるということにはならない．H_2CO_3 の $pK_a(1)$ の値は，通常 6.37 とされている．しかし，この見積りは，溶液中のすべての酸が H_2CO_3 あるいは $[HCO_3]^-$ として存在しているとみなしたときの値であり，実際には大部分が溶解した CO_2 として存在している．このことを考慮すると，H_2CO_3 の"実際の" $pK_a(1)$ が約 3.6 であるとの結論になる．さらに，生物学的および工業的に重要な事項は，水と CO_2 の化合が比較的遅い過程であるという事実である．これは，フェノールフタレインを指示薬として用いて NaOH 水溶液に CO_2 飽和溶液を滴定する際に観察することができる．CO_2 の中和は，二つの経路によって起こる．pH < 8 の場合，おもな経路は擬一次反応である直接的水和（式 14.64）であり，pH > 10 の場合，おもな経路は水酸化物イオンの攻撃による反応（式 14.65）である．CO_2 と $[OH]^-$ の両方に一次である経路 14.65 の全体の速度は経路 14.64 よりも大きい．

$$\left. \begin{array}{l} CO_2 + H_2O \longrightarrow H_2CO_3 \\ H_2CO_3 + [OH]^- \longrightarrow [HCO_3]^- + H_2O \end{array} \right\} \begin{array}{l} \text{ゆっくり} \\ \text{非常に速い} \end{array} \tag{14.64}$$

表 14・4 CO および CO_2 のおもな性質

性質	CO	CO_2
融点 / K	68	—
沸点 / K	82	195（昇華）
$\Delta_f H°$ (298 K) / kJ mol^{-1}	−110.5	−393.5
$\Delta_f G°$ (298 K) / kJ mol^{-1}	−137	−394
結合エネルギー / kJ mol^{-1}	1075	806
C−O 結合距離 / pm	112.8	116.0
双極子モーメント / D	0.11	0

---

* 石英に類似した CO_2 については以下参照：V. Iota et al. (1999) Science, vol. 283, p. 1510；無定形シリカに類似した CO_2 については以下参照：M. Santoro et al. (2006) Nature, vol. 441, p. 857.

資源と環境

Box 14・9 "温暖化"ガス（温室効果ガス）

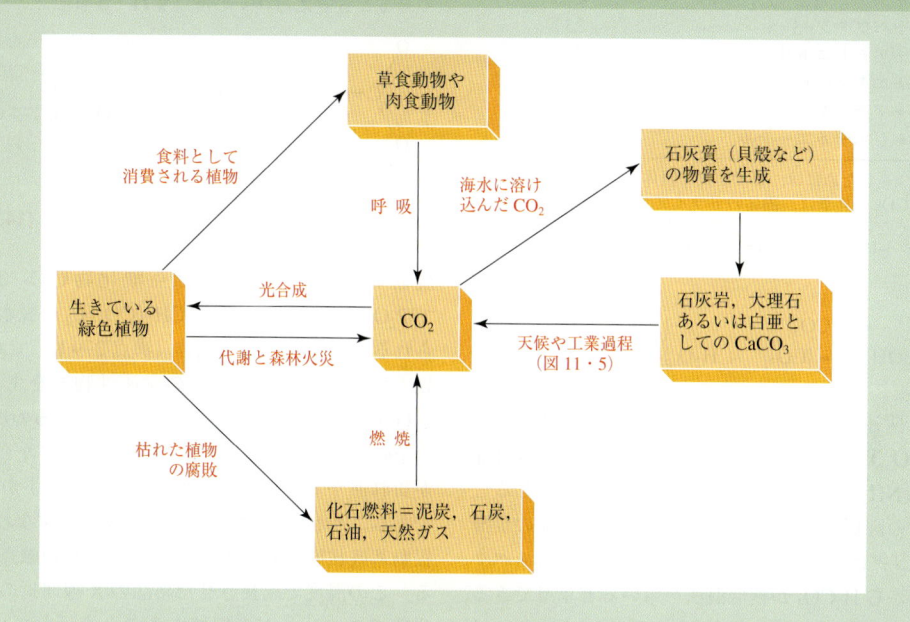

```
食料として                      石灰質（貝殻など）
消費される植物  草食動物や       の物質を生成
               肉食動物
                    呼 吸   海水に溶け
                            込んだ CO₂
生きている  光合成                         石灰岩，大理石
緑色植物           CO₂                    あるいは白亜と
        代謝と森林火災       天候や工業過程   してのCaCO₃
                            （図11・5）
枯れた植物      燃 焼
の腐敗
               化石燃料＝泥炭, 石炭,
               石油, 天然ガス
```

二酸化炭素は，通常，地球の大気の約 0.04% の体積を占め，そこから炭素サイクルにより取除かれたり戻ったりする．

このバランスは微妙であり，近年の化石燃料の燃焼の増加およびセメント製造用の石灰石の分解の結果として起こる大気中の CO_2 含有量の増加が "加速的温暖化効果 (enhanced greenhouse effect)" を導き，大気の温度を上昇させる恐れをひき起こしている．この現象が起こるのは，地球の表面に届く太陽光が，電磁波スペクトルの可視領域に最大エネルギーをもち，その領域では大気が透明だからである．しかし，地球の熱照射のエネルギー最大値は赤外領域であり，その赤外エネルギーを CO_2 が強く吸収する (図4・11参照)．大気の CO_2 組成のわずかな増加でさえも，北極，南極の氷床や氷河の大きさへの影響や，ほんのわずかな温度変化に対しても反応速度が敏感であるために，重大な影響を及ぼす．この危険性は，本来光合成によって大気の CO_2 組成を減少させる熱帯雨林の伐採や火災によって，加速される．

2番目の主要な "温暖化" ガスは CH_4 であり，有機物質の嫌気的条件下での分解によって生成する．古い名称である "沼のガス (marsh gas)" は，沼から CH_4 の泡が放出されることに由来している．水田のような浸水地帯は大量の CH_4 を生成し，反芻する動物 (たとえば，ウシ，ヒツジ，ヤギ) も大量の CH_4 を放出する．後者は自然の過程ではあるが，世界中の飼育動物の数の増加は，大気への CH_4 放出の増加を自然にまねいている．

1997年の京都議定書は，先進工業国に "温暖化ガス" である CO_2，CH_4，N_2O，SF_6，水素化フッ化炭素類およびペルフルオロカーボン類 (Box 14・8 参照) の放出レベルを減少させることを誓約させる国際的な同意書である．放出標的は全6種にわたっており，それらの地球温暖化の能力に応じて重みをつけられている．たとえば，SF_6 は放出量は少ないが，大気中で長寿命であり，地球温暖化の能力は CO_2 の能力よりも著しく高い．1990年の放出レベルを基準として約5%削減の目標が2008〜2012年までに達成されなくてはならない．この目標は参加したすべての国の平均値である．

さらに勉強したい人のための参考文献

N. Doak (2002) *Chemistry & Industry*, Issue 23, p. 14 − 'Greenhouse gases are down'.

G. D. Farquhar (1997) *Science*, vol. 278, p. 1411 − 'Carbon dioxide and vegetation'.

J. G. Ferry (1997) *Science*, vol. 278, p. 1413 − 'Methane: small molecule, big impact'.

A. Kendall, A. McDonald and A. Williams (1997) *Chemistry & Industry*, p. 342 − 'The power of biomass'.

J. D. Mahlman (1997) *Science*, vol. 278, p.1416 − 'Uncertainties in projections of human-caused climate warming'.

A. Moss (1992) *Chemistry & Industry*, p. 334 − 'Methane from ruminants in relation to global warming'.

欧州環境局からの情報：http://www.eea.europa.eu/
The Carbon Dioxide Information Analysis Center (CDIAC：二酸化炭素情報解析センター) は，温暖化ガス放出と地球環境の変化の傾向について最新情報を提供している．http://cdiac.esd.ornl.gov

Box 14・10 セメントとコンクリート，**Box 16・6** 火山からの排出物も参照．

表 14・5 ドライアイスを含む低温浴†

浴組成	温度/K
ドライアイス+エタン-1,2-ジオール	258
ドライアイス+ヘプタン-3-オン	235
ドライアイス+アセトニトリル	231
ドライアイス+エタノール	201
ドライアイス+アセトン	195
ドライアイス+ジエチルエーテル	173

† 低温浴をつくるためには，まず溶媒に固体 CO_2 の細片を加える．初期の CO_2 の昇華は，固体のドライアイスが残る温度まで浴温度が低くなると止まる．浴温度は小片のドライアイスを時折加えることで保たれる．表 15・1 も参照．

$$CO_2 + [OH]^- \longrightarrow [HCO_3]^- \quad \text{ゆっくり}$$
$$[HCO_3]^- + [OH]^- \longrightarrow [CO_3]^{2-} + H_2O \quad \text{非常に速い}$$
(14.65)

遊離の炭酸に関連して，243 K で無水 HCl を Me_2O に懸濁させた $NaHCO_3$ と反応させたときに不安定なエーテル付加物が生成し，$[NH_4][HCO_3]$ の熱分解で H_2CO_3 が生じるという質量分析の証拠があったが，1993 年まで，遊離の炭酸が単離された証拠はなかった．しかし現在では，赤外スペクトルのデータから H_2CO_3 が極低温法を用いると単離できることが示されている．この方法は，$KHCO_3$（あるいは Cs_2CO_3）および HCl のガラス状 MeOH 溶液の層を 78 K で急冷して互いに接触させ，その反応混合物を 300 K まで昇温する方法である．水が存在しないときは H_2CO_3 が変化せずに昇華できる．常温常圧の条件下では，H_2CO_3 は，まだよく研究された化学種とはいえない*．

炭酸イオンは平面で D_{3h} 対称をもち，すべての C–O 結合距離は 129 pm である．$(p–p)\pi$ 相互作用を含む非局在化した結合の描像が適切であり，VB 理論では 3 種の共鳴構造として記述される．その共鳴構造の一つは 14.16 である．$[CO_3]^{2-}$ の C–O 結合距離は CO_2 の場合より長く（表 14・4），結合次数 1.33 と一致する．1 族金属の炭酸塩（§11・7 を参照）を除くほとんどの金属炭酸塩は水に難溶である．過酸化物塩を合成する一般的な方法は K_2CO_3 を $K_2C_2O_6$ に変換するのに用いることができる．253 K で K_2CO_3 水溶液を高い電流密度で電気分解することによって，ペルオキソ炭酸イオン 14.17 を含むと推測される塩が生成する．別法としては，263 K で CO_2 と 86% H_2O_2 水溶液中の KOH との反応を用いる．生成物の色はさまざまであり，その色はおそらく KO_3 のような不純物の存在に依存する．電気分解法で青色の物質が得られるが，第二の合成法の生成物は橙色である．ペルオキソ炭酸塩は，CO_2 と超酸化物の反応における中間体であるとも考えられている（§11・6 参照）．

(14.16)

(14.17)

(14.18) 115 pm, 125 pm

炭素の 3 番目の酸化物は亜酸化物 C_3O_2 であり，430 K で P_2O_5 を用いてマロン酸 $CH_2(CO_2H)_2$ を脱水することで得られる．C_3O_2 は室温で気体（沸点 279 K）であるが，288 K 以上では重合して赤褐色の常磁性物質を生成する．通常 C_3O_2 の構造が"擬直線"と説明されているのは，この気体状分子の赤外分光法および電子線回折データから，中心 C 原子が折れ曲がるためのエネルギー障壁がわずか 0.37 kJ mol^{-1} であることが示されているためである．すなわち，この値は振動基底状態の値と非常に近い．C_3O_2 の融点は 160 K である．この温度で成長させた結晶の X 線回折の研究は，固体状態でこの分子が直線であることを示している（構造 14.18）．しかし，そのデータはこの分子が不規則構造（ディスオーダー）で（Box 15・5），C–C–C 結合角が 170° に近い折れ曲がった構造であると解釈できることを示している．すなわち，"擬直線"の記述と一致する．化学種 $[OCNCO]^+$，$[NCNCN]^-$ および $[N_5]^+$ は，C_3O_2 と等電子的であるが，これらは"擬直線"の C_3O_2 とは同じ構造ではない．明らかに非直線である構造が $[OCNCO]^+$（$[OCNCO]^+[Sb_3F_{16}]^-$ の場合に ∠C–N–C=131°），ジシアナミドイオン $[NCNCN]^-$（$Cs[NCNCN]$ の場合に ∠C–N–C=124°），および $[N_5]^+$（§15・5 参照）で観測されている．

例題 14.6 ルイス構造

(a) 直線形 C_3O_2 のルイス構造を描け．(b) 直線形と非直線形（中心原子で折れ曲がっている）の $[OCNCO]^+$ および $[NCNCN]^-$ について考えられるルイス構造を考察せよ．下に示す固体状態のデータを見て，これらの構造について論じよ．

$[OCNCO]^+[Sb_3F_{16}]^-$　　∠C–N–C = 131°,
　　∠O–C–N = 173°, C–O = 112 pm, C–N = 125 pm

$Cs[NCNCN]$　∠C–N–C = 124°, ∠N–C–N = 172°,
　　平均 C–N$_{term}$ = 115 pm, 平均 C–N$_{center}$ = 128 pm

---

* R. Ludwig and A. Kornath (2000) Angew. Chem. Int. Ed., vol. 39, p. 1421 およびその中の文献 – 'In spite of the chemist's belief: carbonic acid is surprisingly stable' を参照せよ．

解答 (a) C_3O_2 のルイス構造は

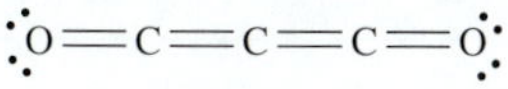

$$:\ddot{O}=C=C=C=\ddot{O}:$$

(b) C と N^+,O と N^- そして N と O^+ の間の等電子関係を考慮することで,とりうるルイス構造を描くことができる.

したがって,直線 C_3O_2 から始めて,直線形 $[OCNCO]^+$ および $[NCNCN]^-$ のルイス構造は下のようになる.

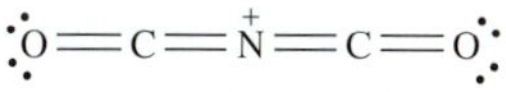

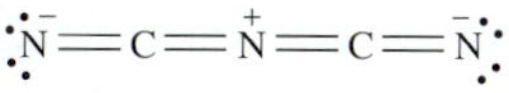

$$:\ddot{O}=C=\overset{+}{N}=C=\ddot{O}: \qquad :N\equiv C=\overset{-}{N}=C\equiv N:$$

しかし,観測された中心原子での結合角は,研究された固体状態の塩においてイオンが非直線であることを示す.それぞれのイオンについて,もし負電荷が中心のN原子に局在化しているとすると,非直線構造に一致したルイス構造を下に示すように描くことができる.

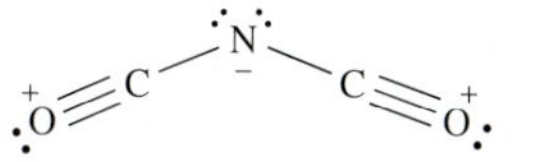

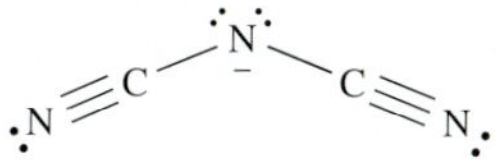

$$\overset{+}{:}O\equiv C-\ddot{N}-C\equiv O\overset{+}{:} \qquad :N\equiv C-\ddot{\overset{-}{N}}-C\equiv N:$$

$[OCNCO]^+$ および $[NCNCN]^-$ の塩で観測される結合距離は,上のルイス構造と一致している.

シュウ酸(§7・4参照)の二段階の脱プロトンによって,シュウ酸イオン $[C_2O_4]^{2-}$ が生じる.多くのシュウ酸塩が市販されている.無水アルカリ金属シュウ酸塩の固体状態の構造は金属イオンサイズの増加に対応する.$Li_2C_2O_4$,$Na_2C_2O_4$,$K_2C_2O_4$ および $Rb_2C_2O_4$ の多形の一つでは,$[C_2O_4]^{2-}$ は平面である(14.19).$Rb_2C_2O_4$ の二番目の多形および $Cs_2C_2O_4$ では,$[C_2O_4]^{2-}$ がねじれ形配置になっている(14.20).一般にシュウ酸塩は,固体状態で平面形の陰イオンになる傾向がある.C−C 結合距離(157 pm)は単結合と合致し,平面構造が π 非局在化の結果ではなく,結晶格子内での分子間相互作用の結果であることを示している.

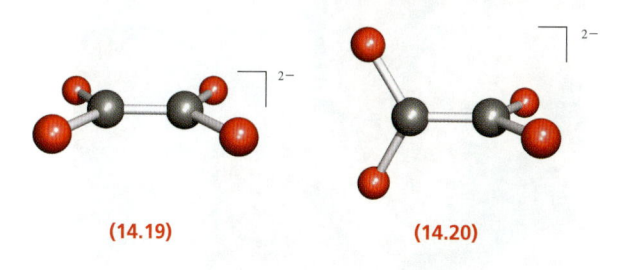

(14.19) (14.20)

シリカ,ケイ酸塩およびアルミノケイ酸塩

シリカ(二酸化ケイ素)SiO_2 は,不揮発性の固体で,多様な形で存在しているが,そのほとんどはよく 14.21 のように表示される四面体形 SiO_4 ユニットから構成される三次元構造を形成している.14.21 の右側の表現は,SiO_4 ユニットの多面体表示法の一つであり,三次元ケイ酸塩構造中での四面体形ユニットのつながり方を表現するときによく用いられる.各ユニットは隣のユニットと酸素原子を共有し $Si-O-Si$ 架橋構造を形成する.常圧では 3 種類の多形が存在する.それらの多形は特定の温度範囲内では安定に存在するが,おのおのについてさらに低温と高温でそれぞれ α および β とよばれる変形構造が知られている(図 14・20).β−クリストバル石(cristobalite)型構造とダイヤモンド型構造との関係については**図 6・19** に示した.シリカの多形の構造とクリストバル石は四面体形 SiO_4 ユニットから構成されている点で似ているが,ユニットの配列が異なるために,異なった独自の構造となる.α−石英は,らせん状に連なった鎖状構造をとるが,らせん構造に掌性(左右の区別)があるために光学活性となる.α−石英は**圧電性**(piezoelectric)を示すので,周波数制御用の発振器や制御フィルターならびにマイクやスピーカーなどの電気機械装置に用いられる.

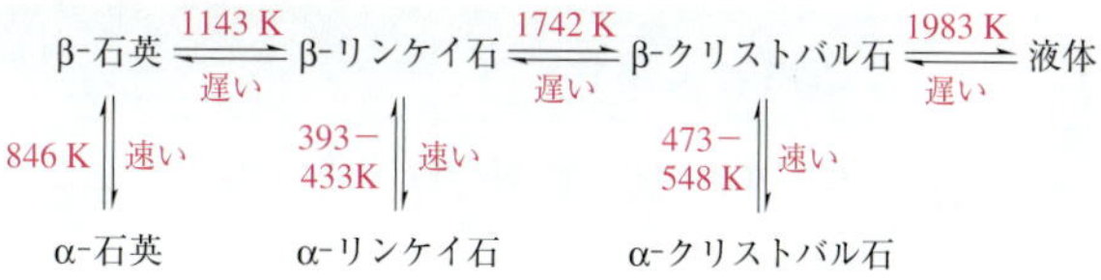

β−石英 $\underset{\text{遅い}}{\overset{1143\ K}{\rightleftharpoons}}$ β−リンケイ石 $\underset{\text{遅い}}{\overset{1742\ K}{\rightleftharpoons}}$ β−クリストバル石 $\underset{\text{遅い}}{\overset{1983\ K}{\rightleftharpoons}}$ 液体

846 K ↕ 速い   393−433 K ↕ 速い   473−548 K ↕ 速い

α−石英   α−リンケイ石   α−クリストバル石

図 14・20 SiO_2 の多形間の転移温度

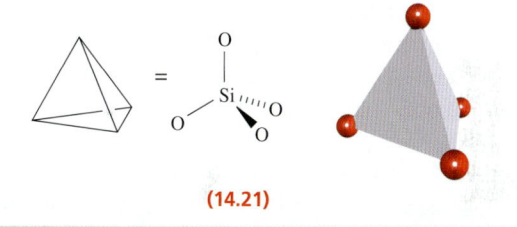

(14.21)

> **圧電性**結晶とは,電場を生じる結晶(力学的応力に応じて結晶の両面に電荷を生じさせる結晶)ないし電場を印加したときに原子の位置が変化するような結晶である.そのような結晶は点対称構造であってはならず,たとえば四面体形に原子配列する必要がある.電気振動を機械振動に変えたり,その逆の作用をする結晶の能力は,水晶発振器などに応用されている.

ある多形から別の多形に転移する過程の初期段階には,$Si-O$ 結合が切断される過程が含まれているため,そのような段階を含まないある多形の α 形と β 形の間の転移よりも高い温度を必要とする.液体シリカを冷やすと,四面体形 SiO_4 ユニットが不規則につながった非晶質のガラスとなる.B_2O_3,SiO_2,GeO_2,P_2O_5 や As_2O_5 などの限られた酸化物だけがガラスとなるが,これは,不規則配列となるためには,非酸素元素の配位数が 3 ないし 4 であること(二配位では鎖状構造となり五配位以上では硬すぎる構造となる)と,2 個の非酸素原子間にはただ 1 個の酸素原子しか架橋しないこと(より多くの酸素原子で架橋されるとやはり硬すぎる構造となる)が要件であるためである.シリカを 1750 K

応用と実用化

Box 14・10 材料化学：セメントとコンクリート

古代ローマ人は，石灰，アルミナを含んだ火山灰，および粘土を用いて耐久性のあるモルタルを製造していたが，1824年になって初めて十分な性能を発揮するポルトランドセメント（Portland cement）が世に出された．その製造法は Josef Aspidin によって特許化された．"ポルトランド"という名前がつけられたのは，Aspidin によって製造されたセメントが英国南西部のポートランド島で産出する自然石に似ていたからである．セメントは乾燥した粉末の形で製造，保管されるが，いったん水和されるとレンガや石を固めるモルタルとして使用される．セメントを細かい砂や粗い石のような骨材と組合わせるとコンクリートとなる．

セメント製造に欠かせないのは石灰石（$CaCO_3$）とシリカ（SiO_2），これに加えて少量のアルミナ（Al_2O_3）と Fe_2O_3 である．まず $CaCO_3$ を 1070 K で か(煆)焼すると CaO となる．つづいてこれを SiO_2, Al_2O_3 ならびに Fe_2O_3 と回転炉で 1570〜1720 K に加熱する．この温度で焼結が起こって（部分的に溶融して），$3CaO \cdot SiO_2$（'C_3S'），$2CaO \cdot SiO_2$（'C_2S'），$3CaO \cdot Al_2O_3$（'C_3A'），$4CaO \cdot Al_2O_3 \cdot Fe_2O_3$（'$C_4AF$'）などの混合酸化物*からなるクリンカー（焼塊）となる（' 'で囲まれた略号はセメント工業で一般に使用されている）．この系の相図は複雑で，この Box の最後にあげた参考文献に詳しく解説されている．冷まされたクリンカーは粉砕されて，石膏（$CaSO_4 \cdot 2H_2O$）が加えられる．石膏は硬化時間（下記参照）を調整するために加えられる．典型的なポルトランドセメントの組成は下記の範囲内にある：55〜60% $3CaO \cdot SiO_2$, 15〜18 % $2CaO \cdot SiO_2$, 2〜9 % $3CaO \cdot Al_2O_3$, 7〜14 % $4CaO \cdot Al_2O_3 \cdot Fe_2O_3$, 5〜6 % 石膏および <1 % Na_2O ないし K_2O．建築用白色セメントでは，鉄の含有量を減らし，'C_3A' を 1% にして 'C_3S' と 'C_2S' の量を増やさなければならない．地下水などの高濃度の硫酸塩にさらされる環境で使用されるセメントについては，'C_3A' 含量を低減する必要がある．これは硫酸塩がアルミン酸カルシウム水和物と反応すると，物質の体積が 220% に増えて構造物が破壊されるためである．

セメント粉末の水和反応は，セメントが水に不溶な硬い物質に変化する最後の段階に含まれている．水和過程は発熱的であり，その反応式は $3CaO \cdot SiO_2$ については下記のとおりである．

$$2(3CaO \cdot SiO_2) + 6H_2O \longrightarrow 3CaO \cdot 2SiO_2 \cdot 3H_2O + 3Ca(OH)_2$$

この反応式はセメント工業で汎用されている略号を使うとつぎのようになる．

$$2\text{'}C_3S\text{'} + 6\text{'}H\text{'} \longrightarrow \text{'}C_3S_2H_3\text{'} + 3\text{'}CH\text{'}$$

'C_3S' の水和エンタルピーは 500 kJ kg^{-1} であり，'C_2S'，'C_3A' および 'C_4AF' の水和エンタルピーは，それぞれ 250, 850 および 330 kJ kg^{-1} である．硬化過程はいくつかの段階からなる．乾燥したセメントに水を加えると，まず急速かつ非常に発熱的にイオンが溶解して水和物が生成する．つづいて緩慢な過程と最後の発熱過程を経て硬化プロセスが完結する．'C_3S'，'C_2S' および 'C_3A' の硬化速度は異なる（'C_3A' > 'C_3S' > 'C_2S' ≈ 'C_4AF'）．石膏を加えると硬化は遅くなる．これは 'C_3A' についてはとりわけ重要である．

セメントやコンクリートの硬化は，結局 Si－O－Si 架橋構造の形成に起因しており，硬化したセメントの構造は複雑である．水和された 'C_3S' や 'C_2S' は広がった網目状構造となっており，繊維状の部分，水酸化カルシウムおよび水和されていないセメント粒子と混在している．通常セメントゲル（cement gel）とよばれるこの構造には，材料全体の 1/4 にも及ぶ体積の空孔が存在する．セメントにはいくつもの NMR 活性な核（^{1}H, ^{29}Si, ^{27}Al および ^{23}Na）が含まれており，なかでも固体マジック角回転（magic angle spinning；MAS）NMR 分光法は構造解析に有効である．

セメントはコンクリート中の結合剤であり，できあがった材料の 15〜25 % の重量を占めている．水とセメントを混ぜるとセメントペースト（cement paste）となり，さらに細かかったり粗かったりする骨材を加えることによってコ

硬化したコンクリート（青色部分）中に生じた石膏の結晶（茶色）の，色づけした走査型電子顕微鏡写真
[Pascal Goetgheluck/Science Photo Library/amanaimages]

---

* 鉱物や関連化合物の組成は，慣用的に酸化物として表記されている．たとえば，$MgAl_2O_4$ や Fe_3O_4（Box 13・6 参照）のようなスピネル型鉱物は，それぞれ $MgO \cdot Al_2O_3$ や $FeO \cdot Fe_2O_3$ のように表現される．これらの表記は，金属中心の酸化状態を示すうえでは有用である．しかしながら，$MgAl_2O_4$ や $MgO \cdot Al_2O_3$ のような表記からはいずれにしても固体の構造については何の情報も得られない．

ンクリートになる．大部分のコンクリートは**生コンクリート**（ready-mixed concrete）として生産され，生コン車（ミキサー車）によって建築現場まで運ばれる．生コン車のドラムが回転しているのは，使用前に早く固まってしまうのを防ぐためである．コンクリートの質はセメントと水の比率でほぼ決まり，骨材はセメントによって完全に覆われていなければならない．コンクリートの性能は添加物によって調整できる．世界中どこでも採れる原料から生産できることならびにその強度と順応性に加えて，コンクリートには耐火性がある．コンクリートは世界中で今やなくてはならない建築材料の一つである．

セメント工業界は重要な環境問題に直面している．それは $CaCO_3$ をか焼する際に大気中へ CO_2 が放出されることである（**Box 14・9** 参照）．1997 年の京都議定書に従うためには，CO_2 放出を低減する方法の開発が，セメント業者の喫緊の問題となっている．

さらに勉強したい人のための参考文献

D. C. MacLaren and M. A. White (2003) *Journal of Chemical Education*, vol. 80, p. 623 – 'Cement: its chemistry and properties'.

R. Rehan and M. Nehdi (2005) *Environmental Science & Policy*, vol. 8, p. 105 – 'Carbon dioxide emissions and climate change: policy implications for the cement industry'.

前後に加熱すると，可塑性が出てくるために酸素-水素炎中ではガラス細工できるようになる．**石英ガラス**（silica glass）は，シリカの熱膨張係数が小さいために，温度変化に対して非常に鈍感である．**ホウケイ酸ガラス**（borosilicate glass，**Box 13・5** 参照）は，B_2O_3 を 10〜15% 含み，その融点は石英ガラスより低い．窓，瓶，その他多くのガラス製品には**ソーダ石灰ガラス**（ソーダガラス，soda-lime glass）が使われている．これは砂，炭酸ナトリウム，石灰を溶融させて製造し，その組成は SiO_2 70〜75%，Na_2O 12〜15% に加えて CaO および MgO からなっている．Na_2O を加えることにより，シリカの網目状構造中の架橋 Si–O–Si 構造の一部が切断されて末端 Si–O 構造に変化する．Na^+ は，三次元網目状構造の中の隙間に位置し，末端 $Si-O^-$ 基によって配位されている．ソーダ石灰ガラスの融点はホウケイ酸ガラスの融点より低い．再生ガラス（**カレット**，cullet）の利用は新品のガラスの製造においてその重要性を増しており，この傾向は続くであろう．

これまで解説してきたすべての形のシリカでは，Si–O 結合距離は約 160 pm，Si–O–Si 結合角は約 144° であり，$(H_3Si)_2O$（図 14・12）に近い値となっている．シリカを超高圧下で加熱すると，六配位ケイ素を含むルチル型構造（図 6・21）になる．その Si–O 結合距離は 179 pm であり，$r_{cov}(Si) = 118$ pm と $r_{cov}(O) = 73$ ppm の和より短くなっている．この形のシリカは，通常の形のシリカと比べて密度が高く反応性が低い．シリカは HF 以外の酸によってはおかされず，HF と反応すると $[SiF_6]^{2-}$ が生じる．

$Si(OR)_4$ 型のエステル（反応式 14.66）は知られているが，'**ケイ酸**（silicic acid）' H_4SiO_4 は十分には確認されていない．

$$SiCl_4 + 4ROH \longrightarrow Si(OR)_4 + 4HCl \qquad (14.66)$$

通常のシリカは非常にゆっくりとしかアルカリと反応しないが，SiO_2 を金属水酸化物，酸化物あるいは炭酸塩と溶融すると，容易に**ケイ酸塩**（silicate）が生じる．さまざまなケイ酸塩が知られており，後述する**アルミノケイ酸塩**（aluminosilicate）とともに，自然界ならびに商業や工業目的においてきわめて重要である．

さまざまな組成のナトリウムケイ酸塩は，砂（鉄(III) などを含む不純な石英）を Na_2CO_3 とともに約 1600 K に加熱することによって得られる．ナトリウム含量が高い場合（Na：Si＝3.2〜4.1：1）は水に溶け，得られたアルカリ性溶液（**水ガラス**，water glass）中には $[SiO(OH)_3]^-$ や $[SiO_2(OH)_2]^{2-}$ などのイオンが含まれている．水ガラスは，pH を調整したり脂肪分を加水分解する洗浄剤として，商業的に使用されている．ナトリウム含量が低い場合には，ケイ酸塩イオンは大きな高分子量体となり，そのナトリウム塩は水には溶けない．さまざまな化学種間の平衡は，pH > 10 では速やかに達成され，弱アルカリ溶液中では遅くなる．

地殻はその大部分がシリカおよびケイ酸塩鉱物より形成され，それらはすべての岩や，岩が砕けてできる砂，粘土なら

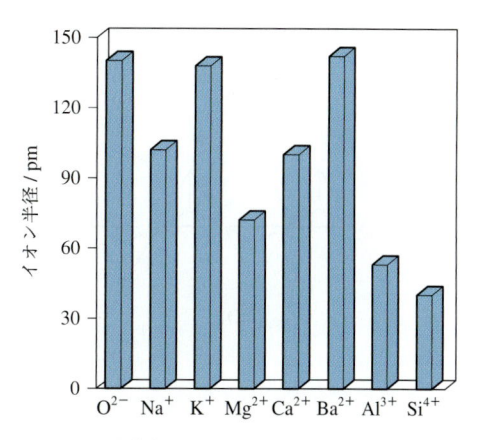

図 14・21 ケイ酸塩に含まれる代表的なイオンのイオン半径．これらのデータは，ケイ酸塩の陽イオン交換を説明するときに有用である．

びに土壌の主要構成成分となっている．大部分の無機建築材料はケイ酸塩鉱物からできており，砂岩，花崗岩（glanite）および粘板岩（slate）などの天然ケイ酸塩，さらにはセメントやコンクリート（**Box 14・10** 参照）や通常のガラス（上記参照）などの加工製品に含まれている．粘土は窯業で用いられており，雲母は電気絶縁体として使われている．

シリカの構造は純粋なイオンモデルに基づいて考察するのがならいとなっている．しかしながら，Si^{4+} と記述するものの，イオン化エネルギーの観点からはそのようなことはありそうになく，また通常観察される約 140°の Si–O–Si 結合角もつじつまが合わない．図 14・21 で，ケイ酸塩に含まれることが多いイオンのイオン半径を比較した．'Si^{4+}' イオンに対する値は推定値である．Al^{3+} と Si^{4+} の大きさは近いので，容易に置換してアルミノケイ酸塩を生じる．しかし Al^{3+} が Si^{4+} を置換すると，全体で中性を保つには余分に一価の陽イオンが取込まれる必要がある．たとえば，正長石（orthoclase）$KAlSi_3O_8$ においては，陰イオンが SiO_2 と関連していることはすぐに見てとれ（$[AlSi_3O_8]^-$ と Si_4O_8 は等電子的である），$[AlSi_3O_8]^-$ が石英と似た構造で，石英中の 1/4 のケイ素原子がアルミニウム原子に置換され，K^+ が比較的空いた格子中の空隙を占めた構造となっていることがわかる．二重に置換されることもよくあり，たとえば $\{Na^+ + Si^{4+}\}$ は $\{Ca^{2+} + Al^{3+}\}$ によって置換される（図 14・21 に示されたイオン半径の比較を参照せよ）．

圧倒的大多数のケイ酸塩は四面体形 SiO_4 ユニット（**14.21**）を基本構造とし，これらが酸素原子を共有することによって，**14.22** のような小さな構造から環状構造，無限に連なった鎖状構造，無限に広がった層状構造，さらには三次元網目状構造を形成する．1個の酸素原子を共有することによって四面体の一つの頂点のみが共有される．稜線を共有する構造では，2個の O^{2-} が近づきすぎるきらいがある．

ケイ酸塩でよく見受けられる金属イオンについて，O^{2-} に対する配位数は，4(Be^{2+})，4 または 6(Al^{3+})，6(Mg^{2+}, Fe^{3+}, Ti^{4+})，6 または 8(Na^+)，そして 8(Ca^{2+}) である．

(14.22)

図 14・22 にはいくつかのケイ酸塩の構造が示されている．$[Si_2O_7]^{6-}$ の構造を **14.22** に示した．最も単純なケイ酸塩は $[SiO_4]^{4-}$ を含むものであり，Mg_2SiO_4（カンラン（橄欖）石，olivine）や β 相や γ 相の合成 Ca_2SiO_4（$2CaO \cdot SiO_2$；Box 14・10 参照）などがある．スカンジウムの主要原料

$[SiO_4]^{4-}$ $[Si_3O_9]^{6-}$ $[Si_4O_{12}]^{8-}$ $[Si_6O_{18}]^{12-}$

$[SiO_3]_n^{2n-}$

$[Si_4O_{11}]_n^{6n-}$

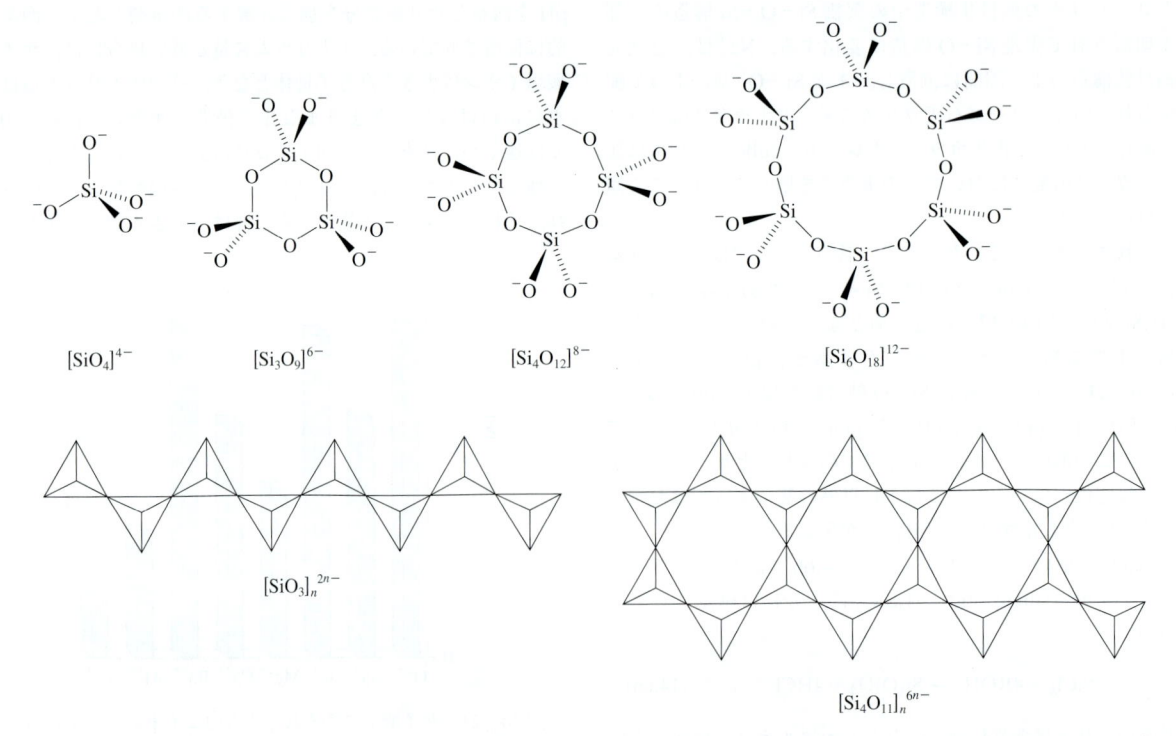

図 14・22 代表的なケイ酸塩の構造．環のコンホメーションは考慮されていない．高分子構造では，各四面体は構造 **14.21** に示された SiO_4 ユニットに対応している（図 14・24 も参照のこと）．

応用と実用化

Box 14・11　繊維状アスベストの興亡

　市場でアスベストといえば，緑閃石（actinolite），アモサイト（茶石綿，amosite），直閃石（anthophyllite），クリソタイル（温石綿または白石綿，chrysotile），クロシドライト（青石綿，crocidolite），透閃石（tremolite）などの鉱物の繊維状のものをさす．これらの繊維は，編んだり織ったりできるとともに耐熱性や高い引っ張り強度があることから，耐火材料，ブレーキの内張，プレハブ建築用ボード，屋根瓦，絶縁材料など多岐にわたって利用されてきた．下に示すグラフからもわかるように，アスベストの世界生産量は 1970 年代半ばにピークを迎え，その後減少してきた．今日採取されているアスベストの大部分はクリソタイルであり，ロシア，中国，カザフスタンが主要生産地である．現在でも使われている用途の大部分は，屋根用素材，詰め物ならびにブレーキの内張などの摩擦関連用品である．アスベスト使用量の劇的な減少はその甚大な健康障害と関連している．呼吸障害である石綿症（asbestosis）は，日常的にアスベストにさらされる環境で働く労働者がアスベスト繊維を吸入することによって発症する．厳格な法律によってアスベストの使用は規制されており，老朽化した建物の取壊しや改築の際にしばしば大量のアスベストが発見されるが，これは特殊な技能をもった技術者によってでなければ清浄化できない．多くの国々では，法整備に伴ってアスベストの使用量は減少し続けている．たとえば日本では 2008 年までにアスベストの使用が完全に禁止された．その一方で，2000 年以降アジア，独立国家共同体（旧ソ連）ならびに南アフリカの一部では使用量が増加しており，このために，下図に示したように世界生産量は近年増加に転じている．

［データ：米国地質調査所］

さらに勉強したい人のための参考文献

I. Fenoglio, M. Tomatis and B. Fubini (2001) *Chemical Communications*, p. 2182 – 'Spontaneous polymerisation on amphibole asbestos: relevance to asbestos removal'.

B. Fubini and C. Otero Areán (1999) *Chemical Society Reviews*, vol. 28, p. 373 – 'Chemical aspects of the toxicity of inhaled mineral dusts'.

アスベストに関する米国環境保護局からのアスベストに関する情報については，http://www.epa.gov/asbestos/ を参照せよ．

写 真：クリソタイルアスベスト繊維の走査型電子顕微鏡写真
［SciMAT/Science Photo Library/amanaimages］

であるトルトベイト鉱石（thortveitite）$Sc_2Si_2O_7$ には孤立した $[Si_2O_7]^{6-}$ が含まれている．$[Si_3O_9]^{6-}$ や $[Si_6O_{18}]^{12-}$ などの環状イオンはそれぞれ $Ca_3Si_3O_9$（珪灰石，α-wollastonite）や $Be_3Al_2Si_6O_{18}$（緑柱石，beryl）に含まれている．一方 $[Si_4O_{12}]^{8-}$ は合成塩である $K_8Si_4O_{12}$ に含まれている．短い鎖状構造のケイ酸塩は多くはなく，$[Si_3O_{10}]^{8-}$ がいくつか

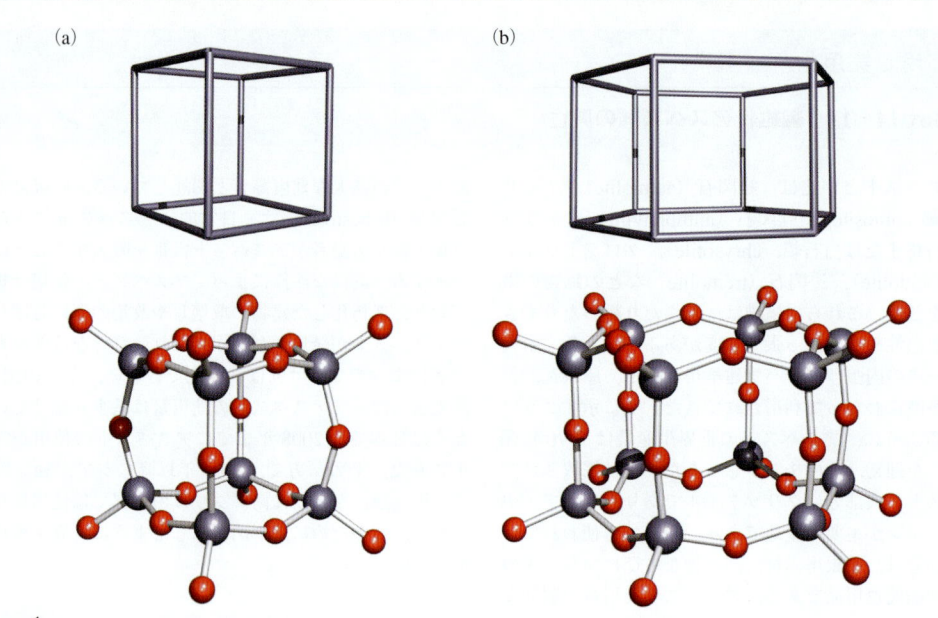

図 14・23 X 線結晶構造解析によって明らかにされた (a) $[Me_4N]_8[Si_8O_{20}]\cdot 65H_2O$ 塩中の $[Si_8O_{20}]^{8-}$ ならびに (b) $K_{12}[\alpha\text{-シクロデキストリン}]_2[Si_{12}O_{30}]\cdot 36H_2O$ 塩中の $[Si_{12}O_{30}]^{12-}$ の構造.(a) および (b) 中のケイ素原子に注目すると，それぞれ立方体構造，六角柱構造となっている．原子の色表示：Si 紫色，O 赤色．[文献：(a) M. Wiebcke *et al*. (1993) *Microporous Materials*, vol. 2, p. 55, (b) K. Benner *et al*. (1997) *Angew. Chem. Int. Ed*., vol. 36, p. 743]

の鉱物に含まれているくらいである．かご形構造は合成されたケイ酸塩に含まれており，図 14・23 に二つの例を示した．

四面体形 SiO_4 ユニットの 4 個の頂点のうちの 2 個が共有されると，Si：O 比が 1：3 の無限鎖状構造（図 14・22）が形成される．そのような鎖状構造は $CaSiO_3$（β-珪灰石）や $CaMg(SiO_3)_2$（透輝石 diopside, $[SiO_3]_n^{2n-}$ 鎖からなる輝石 pyroxene 鉱物群の一種）にみられる．これらの鉱物は無限に連なる鎖状構造からなっているが，鎖状構造の相対配置は異なっている．**アスベスト**（asbestos, **Box 14・11** 参照）は繊維状鉱物の一群であり，$Ca_2Mg_5(Si_4O_{11})_2(OH)_2$（透閃石 tremolite）などのように，図 14・22 と 14・24 に示した二連鎖状構造のケイ酸塩 $[Si_4O_{11}]_n^{6n-}$ を含んでいるものがある．鎖状構造がさらに拡張して架橋すると，$[Si_2O_5]^{2-}$ の組成の層状構造が形成される．層状構造中の環のサイズはさまざまである．このような層状構造は雲母（mica）に見られ，薄いシートに剝がれる性質に反映されている．その軟らかい性質でよく知られている**滑石**（talc）の組成は $Mg_3(Si_2O_5)_2(OH)_2$ となっている．ここでは，各 Mg^{2+} は $[Si_2O_5]^{2-}$ 層構造と $[OH]^-$ からなる複合層構造に挟まれて，{Si_2O_5}$^{2-}$ {OH^-} {Mg^{2+}}$_3$ {OH^-} {$Si_2O_5^{2-}$} の配列が構成されている．この鉱物は中性であり，このためサンドイッチ構造と平行な方向に対しては劈開しやすくなっている．この劈開の性質のため滑石はパーソナルケア製品の乾燥滑剤（タルカムパウダー）として使われている．

四面体 SiO_4 ユニットの 4 個のすべての酸素原子が共有されて無限につながると SiO_2 の組成になるが（上記参照），Si_nO_{2n} 中の Si の一部を Al で置換すると $[AlSi_{n-1}O_{2n}]^-$ や $[Al_2Si_{n-2}O_{2n}]^{2-}$ などの陰イオンになる．正長石（orthoclase, $KAlSi_3O_8$），曹長石（albite, $NaAlSi_3O_8$），灰長石（anorthite, $CaAl_2Si_2O_8$）および重土長石（celsian, $BaAl_2Si_2O_8$）などの鉱物がこのグループに属する．長石（feldspar）は K^+，Na^+，Ca^{2+} あるいは Ba^{2+} のアルミノケイ酸塩であり，岩を構成する重要な鉱物である．長石には正長石，重土長石，曹長石，灰長石などがある．准長石（feldspathoid）鉱物は長石に似ているが，シリカの含有量が少ない．方ソーダ石（sodalite）$Na_8[Al_6Si_6O_{24}]Cl_2$（**Box 16・4** 参照）がその一例である．長石，准長石ともに無水物である．**ゼオライト**（zeolite）はアルミノケイ酸の重要な一群の化合物であるが，水を吸収する性質がある点で長石や准長石とは異なる．長石

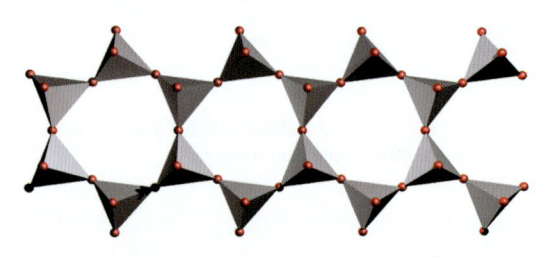

図 14・24 透角閃石における一般式 $[Si_4O_{11}]_n^{6n-}$ で示される二重鎖の部分構造を示す．この構造と図 14・22 を比較せよ．赤色の丸は酸素原子を示し，四面体形 O_4 ユニットは 1 個の Si 原子を取囲んでいる．

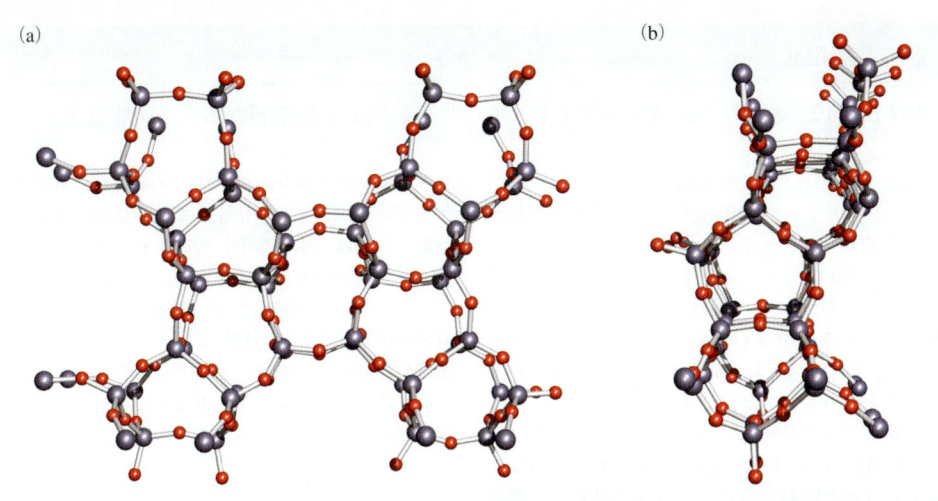

図14・25 H-ZSM-5ゼオライトの構造は，ゲスト分子の取込みが可能な空孔が存在する点でゼオライトの典型的な構造となっている．(a)と(b)はホストとなる空孔を90°回転した方向から見た図である．構造は1,4-ジクロロベンゼンを包接したゼオライトについてX線回折により決定された．原子の色表示：(Si, Al) 紫色，O 赤色．[文献：H. van Koningsveld et al. (1996) Acta Crystallogr., Sect. B, vol. 52, p. 140]

の場合，構造中の陽イオンを収容する空孔はきわめて小さい．ゼオライトの場合は空孔が非常に大きく，陽イオンのみならず H_2O，CO_2，MeOH および炭化水素を取込むことができる．商業的および工業的に，ゼオライトは天然物，合成品を問わずきわめて重要である．Al：Si 比はさまざまな組合わせがあり，Al 豊富な系は吸水性があるため，実験室では乾燥剤（分子ふるい，モレキュラーシーブ）として使用される．種類の異なるゼオライトはサイズが異なる空孔やチャネルを含むので，選択的な分子吸着が起こる．ケイ素が豊富なゼオライトは親油性である．ゼオライトは触媒としても広く用いられており（§27・6 および §27・7 参照），たとえば $Na_n[Al_nSi_{96-n}O_{192}]\cdot \approx 16H_2O$ ($n<27$) の組成の ZSM-5 はベンゼンのアルキル化，キシレンの異性化およびメタノールの炭化水素（自動車燃料）への転換反応を触媒する．図14・25 は H-ZSM-5[*1]中の空孔を示している．Al を Si で置換しても中性を保つようにするには，O^- を末端 OH 基に変換することによって達成される．これらの置換基は非常に酸性が強いので，イオン交換材料（§11・6 参照）として優れ，たとえば水の浄化や粉せっけんとして応用されている（§12・7 参照）．

> ゼオライトは，結晶性の水和されたアルミノケイ酸塩で，規則正しく配列されたチャネル構造ないし空孔を含む骨格構造となっている．空孔には水分子と陽イオン（通常1族ないし2族金属イオン）が取込まれている．

ゲルマニウム，スズおよび鉛の酸化物，水酸化物およびオキソ酸

Ge，Sn および Pb の二酸化物は不揮発性の固体である．二酸化ゲルマニウムは SiO_2 に非常によく似ており，石英型およびルチル型構造として存在する．濃塩酸には溶解して $[GeCl_6]^{2-}$ を生じ，アルカリ溶液中では**ゲルマニウム酸塩**（germanate）となる．ゲルマニウム酸塩はケイ酸塩ほど重要ではないが，多くのケイ酸塩に対応するゲルマニウム酸塩が存在する一方で，現在のところ対応するケイ酸塩が存在しないゲルマニウム酸塩（たとえば反応式 14.67 の生成物）もある．

$$5GeO_2 + 2Li_2O \xrightarrow{\text{溶融状態}} Li_4[Ge_5O_{12}] \quad (14.67)$$

ゼオライトのような空隙構造をもったゲルマニウム酸塩は今のところ比較的少ないが，この領域はこれから発展していくであろう[*2]．Si と Ge はともに 14 族元素であるが，ケイ酸塩中の基本構造よりゲルマニウム酸塩中の基本構造の方がバラエティーに富んでいる．ケイ酸塩中では四面体形 SiO_4 ユニットしか存在しない（図 14・22〜14・25）のに対して，Ge はサイズが大きいために GeO_4（四面体形），GeO_5（正方錐形ないし三方両錐形），GeO_6（八面体形）などの構造をとりうる．図 14・26 には四，五および六配位の Ge 原子を含むゲルマニウム酸塩 $[Ge_{10}O_{21}(OH)][N(CH_2CH_2NH_3)_3]$ の三次元網目構造の一部を示した．ゲルマニウム酸塩は，三次元網目構造を誘導するアミン $N(CH_2CH_2NH_2)_3$ を用いた水

[*1] ゼオライトは，該当する研究ないし会社名に基づいた略号によって表記される．たとえば，ZSM は Zeolite Socony Mobil からきている．
[*2] たとえば以下の論文を参照：M. O'Keefe and O. M. Yaghi (1999) Chem. – Eur. J., vol. 5, p. 2796; L. Beitone, T. Loiseau and G. Férey (2002) Inorg. Chem., vol. 41, p. 3962; J. Dutour, G. Férey and C. Mellot-Draznieks (2006) Solid State Sci., vol. 8, p. 241 および引用文献．

応用と実用化

Box 14・12　カオリン，スメクタイト，ホルマイト粘土：陶磁器から天然吸収材まで

結晶性の粘土（アルミノケイ酸塩鉱物）は構造に従って分類される．カオリナイト（kaolinite）などの**カオリン粘土**（kaolin clay）や白陶土（チャイナクレー，china clay）中の粘土は，四面体形 SiO_4 ユニットが連なった層と八面体形 AlO_6 が連なった層が互い違いに積層した構造となっている．ナトリウムモンモリロン石（sodium montmorillonite，$Na[Al_5MgSi_{12}O_{30}(OH)_6]$）のような**スメクタイト**（smectite）粘土も層状構造をとっているが，アルミノケイ酸層の間に Na^+，Ca^{2+} や Mg^{2+} などの陽イオンが挟み込まれている．層間の相互作用は弱いので，水分子が侵入して格子が広がる．モンモリロン石は水を吸収すると，その体積は数倍に膨れる．パリゴルスカイト（palygorskite）などの**ホルマイト**（hormite）粘土も，四面体形 SiO_4 ユニットからなる鎖状構造が八面体形の AlO_6 ないし MgO_6 ユニットで結び合わされた構造をとっている．この粘土は並外れた吸着能と吸収能を示す．

産業界では鉱物に基づいた分類以外の名称も用いられている．**球状粘土**（ball clay）は特に陶磁器製造に適したカオリンの一種である．2004 年に米国で産出された球状粘土の 35％はタイル製造に使用され，26％は衛生陶器に，22％はさまざまな陶磁器類に使用された．白くて柔らかいカオリナイトは製紙工業においてコーティング材や填料（フィラー，filler）としてきわめて重要である．2004 年に米国で産出された 780 万トンのカオリンのうち 38％が米国内の製紙産業によって消費され，26％が同じ用途のために国外に輸出された．世界的に見ると，2004 年に 4440 万トンのカオリン型粘土が産出され，おもな産出国は米国，ウズベキスタン，チェコ共和国であった．

スメクタイト粘土は**ベントナイト**（bentonite）ともよばれるが，これは粘土が採れる石に由来した名称である．2004 年に米国では 410 万トンのベントナイトが産出されたが，これは全世界の産出量の 39％に相当する．**フラー土**（Fuller's earth）とは，商業取引の際用いられるホルマイト粘土の別称である．2004 年に米国では 340 万トン産出され，これは全世界の産出量の 64％に相当する．スメクタイトおよびホルマイト粘土の用途は吸水性を利用したものであり，吸水すると膨潤する．掘削流体（drilling fluid）として用いられるのは，チキソトロピー（thixotropy）とよばれるナトリウムモンモリロン石の水中での並外れた可逆的な性質に根ざしている．ドリルが止まっている状態およびドリルの回転が遅いときは，水が格子に吸収されて電荷をおびたアルミノケイ酸の層が再配列するために，粘土の懸濁水は非常に粘稠になる．ドリルの回転が速いときは，層間の静電的な相互作用が破壊されて液体の粘性が低下する．フラー土はきわめて効果的な吸収材であり，その二つのおもな用途は，ペットのトイレ砂とガソリンスタンドなどにおける小規模の油漏れ回収に使われる顆粒である．［統計データ：米国地質調査所］

英国セントオーステルにおけるカオリン採掘場の航空写真
［©Jason Hawkes/CORBIS/amanaimages］

熱（合成）法によって合成される．この方法はゲルマニウム塩とゼオライトの合成両者に適用されている．固体構造を見ると，プロトン化されたアミンは，ゲルマニウム酸塩骨格と $N–H \cdots O$ 水素結合を介して相互作用している．

一酸化ゲルマニウムは，$GeCl_2$ とアンモニア水との反応で得られる黄色の水和物を脱水するか，$GeCl_2$ と水から得られる $Ge(OH)_2$ を加熱して合成される．両性の性質を示す一酸化物は GeO_2 ほどには十分性質が研究されておらず，高温では不均化する（反応式 14.68）

$$2GeO \xrightarrow{970\ K} GeO_2 + Ge \qquad (14.68)$$

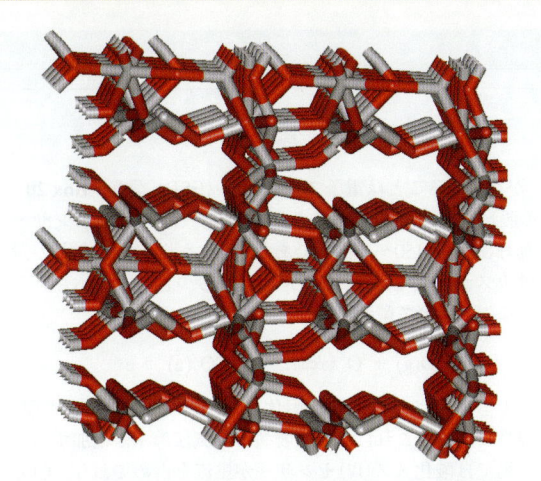

14・9 酸化物，オキソ酸および水酸化物   409

図 14・26 [Ge₁₀O₂₁(OH)][N(CH₂CH₂NH₃)₃] の無機骨格部分のスティック表示．[N(CH₂CH₂NH₃)₃]³⁺ は表示されていないが，網目構造中の空孔のうち最も大きな空孔中に存在している．構造は X 線回折により決定された．原子の色表示：Ge 灰色，O 酸素．[文献：L. Beitone *et al.* (2002) *Inorg. Chem.*, vol. 41, p. 3962]

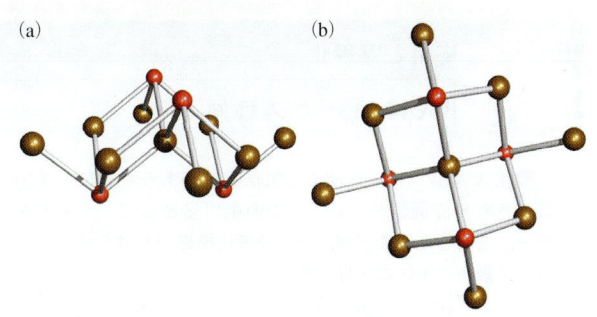

図 14・27 SnO および赤色形 PbO の (a) ある層の一部を側面から見た図と (b) その上部から見た図．原子の色表示：Sn, Pb 茶色，O 赤色．

これとは対照的に，PbO_2 は酸性の性質のみを示し，アルカリで処理すると $[Pb(OH)_6]^{2-}$ が生じる．$K_2[Sn(OH)_6]$ や $K_2[Pb(OH)_6]$ のような結晶性の塩を単離できる．

一酸化物の SnO（通常の状況では青黒色）と PbO（赤色形；リサージ litharge，密陀僧）は，正方錐形配列の頂点の位置に金属イオンが配置して層状構造を形成している（図 14・27）．各金属イオン中心の非共有電子対は層間の空間に向かって張り出しており，電子的効果によりこのような非対称な構造がもたらされている．リサージは PbO のより重要な形であるが，黄色形も存在する．PbO は金属を 820 K 以上の温度で空気中で加熱することにより得られるが，SnO は酸化に対して不安定であるので，シュウ酸スズ(II) を熱分解するのが最もよい合成法である．PbO は $Pb(OH)_2$ を脱水することによっても得られる．SnO と PbO はともに両性化合物であるが，GeO の場合とは異なってそれらから派生するオキソアニオン種は十分には同定されていない．14 族元素のうち鉛のみについて混合酸化状態の酸化物が知られてい

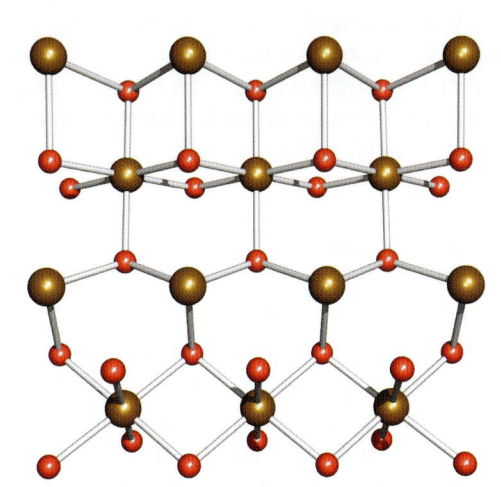

> **水熱（合成）法**（hydrothermal method）は，水中，閉鎖系で，温度 298 K 以上，圧力 1 bar 以上の条件で行われる不均一反応である．そのような条件下では，反応物の溶解や通常の条件では溶解性が低い生成物の単離が容易になる．

固体状態の SnO_2 および PbO_2 はルチル型構造（図 6・21）をとっている．SnO_2 は天然にスズ石（cassiterite）として産出するが，Sn の酸化によっても容易に得られる．酸化スズ(IV) は透明な電気伝導体である点で珍しい．**Box 14・13** では，SnO_2 の抵抗変化型ガスセンサーとしての利用が解説されている．PbO_2 をつくるためには，Pb(II) 化合物をアルカリ性次亜塩素酸塩のような強力な酸化剤で処理する必要がある．PbO_2 は，加熱すると一連の酸化物を経て PbO に分解する（反応式 14.69）．反応の最終段階で，この反応条件下では生成する O_2 が除去されるために，Pb_3O_4 の分解が優先する．これは，PbO から Pb_3O_4 をつくる際の反応条件（§14・9 の最後の部分を参照）とは対照的である．

$$PbO_2 \xrightarrow{566\ K} Pb_{12}O_{19} \xrightarrow{624\ K} Pb_{12}O_{17} \xrightarrow{647\ K} Pb_3O_4 \xrightarrow{878\ K} PbO \quad (14.69)$$

SnO_2 は合成したては多くの酸に溶けるが（反応式 14.70），両性の性質を示し，アルカリとも反応する．反応 14.71 は強いアルカリ条件下で起こり，スズ酸塩を生じる．

$$SnO_2 + 6HCl \longrightarrow 2[H_3O]^+ + [SnCl_6]^{2-} \quad (14.70)$$

$$SnO_2 + 2KOH + 2H_2O \longrightarrow K_2[Sn(OH)_6] \quad (14.71)$$

図 14・28 Pb_3O_4（$2PbO \cdot PbO_2$ と同じ）中の $\{Pb^{(IV)}O_6\}$ 八面体ユニットと $\{Pb^{(II)}O_3\}$ 三方錐ユニットが結合して形成される鎖状構造の一部分．原子の色表示：Pb 茶色，O 赤色．

応用と実用化

Box 14・13　ガス検知

酸化スズ(IV)は，透明で電気伝導性があるために産業的にはきわめて価値が高い．三つの主用途として，ガスセンサー，透明導電性酸化物，および酸化触媒があげられる．ここでは最初の用途に注目する．

酸化スズ(IV)は，大きなバンドギャップ（3.6 eV）をもったn型半導体に分類される．定比化合物としてはSnO_2は絶縁体である．しかしながら酸素の欠陥が生じるために不定比化合物（§28・2参照）となり，その結果電気伝導性を示す．電気伝導性は，バンド構造を変化させるPdなどによるドーピングによって増大させることができる（§6・8参照）．COのような還元性気体が存在するとSnO_2の電気伝導率は増加する．これが抵抗変化型ガスセンサーにSnO_2が使われる由縁である．何らかの気体に対して電気伝導率の変化を示す酸化物としては，ほかにIn_2O_3, GeO_2, TiO_2, Mn_2O_3, CuO, ZnO, WO_3, MoO_3, Nb_2O_5やCeO_2がある．市販されているセンサーにはSnO_2とZnOが最もよく用いられている．毒性ガスの検知にはたとえば赤外分光法が用いられるが，そのような方法は産業や家庭における環境をモニターするのには必ずしも適していない．固体によるガス検知は，連続的にガス濃度をチェックできることと比較的安価な点で有利である．CO，炭化水素ないし溶媒蒸気（アルコール，ケトン，エステルなど）などのガスをppmレベルで検出するセンサーは，今や地下駐車場，自動排気システム，火災報知器やガス漏れ検知器として一般に使われている．標的ガスが微量でも存在すると，SnO_2の電気伝導率が大きく増加し，その変化に基づいてガス濃度を測定でき，所定のしきい値を超えると信号ないし警報を発するようになっている．

還元性ガスによる電気伝導率の増加はO_2によっても影響される．センサー中のSnO_2は，大きな表面積をもった多孔性の厚いフィルムの形で使用される．O_2がSnO_2の表面に吸着すると，伝導帯から電子が引き寄せられる．約420 K以下では吸着した酸素はO_2^-として存在するが，この温度以上ではO^-とO^{2-}として存在する．常磁性種であるO_2^-やO^-が存在することは電子スピン共鳴（ESR）分光（Box 20・1参照）によって明らかにされている．SnO_2ガスセンサーの動作温度は450〜750 Kであり，COや炭化水素などの還元性ガスが存在すると，SnO_2表面からつぎの式で示されるような過程を経て酸素原子が失われる．

$$CO(g) + O^-(表面) \longrightarrow CO_2(g) + e^-$$

このとき放出された電子は固体に導かれて（§28・3参照）伝導帯に戻る．これによって物質の電気伝導率が増加する．

市場では酸化スズ(IV)センサーが主流を占めており，CO, CH_4, C_2H_5OH蒸気，H_2およびNO_xを検出するのに使うことができる．その他のセンサー化合物として以下のものがある．

- ZnO, Ga_2O_3およびTiO_2/V_2O_5: CH_4検出
- La_2CuO_4, Cr_2O_3/MgOおよび$Bi_2Fe_4O_9$: エタノール蒸気検出
- ZnO, Ga_2O_3, ZrO_2およびWO_3: 水素検出
- ZnO, AlとInでドープしたTiO_2およびWO_3: NO_x検出
- ZnO, Ga_2O_3, Co_3O_4およびPtをドープしたTiO_2: CO検出
- WO_3: ppbレベルでのO_3検出

さらに勉強したい人のための参考文献

M. E. Franke, T. J. Koplin and U. Simon (2006) *Small*, vol. 2, p. 36 — 'Metal and metal oxide nanoparticles in chemiresistors: does the nanoscale matter?'

W. Göpel and G. Reinhardt (1996) in *Sensors Update*, eds H. Baltes, W. Göpel and J. Hesse, VCH, Weinheim, vol. 1, p. 47 — 'Metal oxides sensors'.

J. Riegel, H. Neumann and H.-W. Wiedenmann (2002) *Solid State Ionics*, vol. 152-153, p. 783 — 'Exhaust gas sensors for automotive emission control'.

る．Pb_3O_4（鉛丹，red lead）は，過剰の空気存在下でPbOを720〜770 Kで加熱することにより得られ，$2PbO \cdot PbO_2$と表記する方がふさわしい．Pb_3O_4の固体構造は，$\{Pb^{(IV)}O_6\}$八面体形が稜線を共有して鎖状構造を形成し，それらが三方錐構造の$\{Pb^{(II)}O_3\}$によってつなぎ合わされた構造となっている（図14・28）．硝酸とは反応式14.72に従って反応するが，氷酢酸で処理すると$Pb(CH_3CO_2)_2$と$Pb(CH_3CO_2)_4$の混合物が得られる．後者は有機化学において重要な試薬であり，2種類の酢酸塩は結晶化により分離できる．

$$Pb_3O_4 + 4HNO_3 \longrightarrow PbO_2 + 2Pb(NO_3)_2 + 2H_2O \quad (14.72)$$

14・10　シロキサンとポリシロキサン（シリコーン）

シロキサンは有機金属化合物として取扱われることが多いが，ケイ酸塩と構造的に類似しているので本章で取上げるのにふさわしい化合物である．Me_nSiCl_{4-n}（$n=1〜3$）を加水分解すると$Me_nSi(OH)_{4-n}$誘導体が生じると予想するかもしれない．炭素誘導体からの連想では，高温での脱水反応を除外すればMe_3SiOHは安定に存在し，$Me_2Si(OH)_2$や$MeSi(OH)_3$は脱水してそれぞれ$Me_2Si=O$や$MeSiO_2H$を生じると考えるかもしれない．しかしながら§14・9冒頭で述べたとおり，1個のSi=O結合は2個のSi-O結合よ

りエネルギー的に不利である．したがって Me_nSiCl_{4-n} ($n=1～3$) を加水分解すると，シロキサン (siloxane) が生じる (反応式 14.73)．シロキサンとは，**14.23～14.25** に示した

$$2Me_3SiOH \longrightarrow Me_3SiOSiMe_3 + H_2O \qquad (14.73)$$

(14.23)   (14.24)   (14.25)

(14.26)

(14.27)

四面体形ユニットが O 原子を介して Si−O−Si 架橋構造を形成してできあがったオリゴマーである．ジオールの縮合によって鎖状構造 (**14.26**) や環状構造 (**14.27**) が形成される．$MeSiCl_3$ を加水分解すると架橋したポリマーが生成する．**シリコーン**[*] (silicone) ともよばれる**ポリシロキサン** (polysiloxane) はいろいろな構造をとっており，用途もさまざまである (**Box 14・14** 参照)．製造過程において重合過程を制御することが重要であることはいうまでもない．メチルケイ素塩化物混合物を重合するか，環状オリゴマーの鎖状ポリマーへの変換触媒となる硫酸を加水分解反応の初期生成物に加えて加熱して平衡状態に到達させると，末端 $OSiMe_3$ 基の再配列が起こる．たとえば，$HOSiMe_2(OSiMe_2)_nOSiMe_2OH$ と $Me_3SiOSiMe_3$ を平衡状態にもっていくと，$Me_3Si(OSiMe_2)_n$-$OSiMe_3$ ポリマーが生成する．Me_2SiCl_2 と $MeSiCl_3$ を共加水分解して 520 K に加熱すると，堅くて不活性なシリコーン樹脂が得られる．架橋の割合を減少させるように生成物を調整すると**シリコーンゴム** (silicone rubber) ができる．

14・11 硫　化　物

C, Si, Ge および Sn の二硫化物には，元素の金属性の増加に伴った性質の変化が認められる．二硫化物の性質を表 14・6 にまとめた．鉛(IV) は酸化力が強いため S^{2-} と共存できないので，PbS_2 は知られていない．

二硫化炭素は炭を硫黄とともに 1200 K に加熱する方法，または CH_4 と硫黄の蒸気を 950 K で Al_2O_3 上を通す方法によって合成される．吸入ないし皮膚から吸収されると非常に毒性が高く，またきわめて易燃性であるが，レーヨンやセロファンの製造においては優れた溶媒となっている．二硫化炭素は水には溶けないが，CO_2 と H_2S への加水分解に関してはわずかではあるが熱力学的に不安定である．しかしながらこの反応の速度論的障壁は非常に高いので，反応は非常に遅い．CO_2 とは異なり，CS_2 は高圧では重合して **14.28** に示した鎖状構造の黒色固体となる．CS_2 は 1 族金属硫化物溶液と振り混ぜると溶解して，すぐに $[CS_3]^{2-}$ **14.29** を含むトリチオ炭酸塩 (trithiocarbonate) M_2CS_3 になる．このイオンは $[CO_3]^{2-}$ の硫黄誘導体である．$[CS_3]^{2-}$ は，CS_2 と 1 族

表 14・6 ES_2 ($E=C, Si, Ge, Sn$) の諸性質

性質	CS_2	SiS_2	GeS_2	SnS_2
融点/K	162	1363 (昇華)	870 (昇華)	873 (分解)
沸点/K	319	—	—	—
298 K における外観	揮発性液体, 悪臭	白色の針状結晶	白色粉末ないし結晶	黄金色結晶
298 K における構造	直線状分子 S=C=S	固体, 鎖状構造[†]	Ge_3S_3 の三次元格子で軸を共有し, 大環状体を形成[†]	CdI_2 型構造 (**図 6・22** 参照)

[†] 高温高圧では，SiS_2 と GeS_2 は β-クリストバル石型構造 (**図 6・19c** 参照) となる．

---

[*] (訳注) ケイ素 (silicon) とシリコーン (silicone) の英語名はまぎらわしいが，それぞれ元素とポリマーを示すまったく異なった用語である．日本語ではこれらを明確に区別するために後者を"シリコーン"と表記しているが，たとえばシリコンゴム (元来正しくはシリコーンゴム) のように慣用的には混同されていることも多い．

応用と実用化

Box 14・14　シロキサンポリマー（シリコーン）のさまざまな用途

市場ではシリコーンとして名が通っているシロキサンポリマーの用途は広く，パーソナルケア製品，グリース，封止材（シーラント），ワニス（varnish），防水材料，合成ゴム，ソフトコンタクトレンズなどに用いられるガス透過性膜などがその例である．医用への応用も重要性を増しているが，豊胸手術にシリコーンを用いることについては議論をよんでいる．これは低分子量のシロキサンが周囲の体内組織に移動して病気を発症するという主張に基づくものである．

シロキサン界面活性剤はパーソナルケア製品にも不可欠な材料である．毛髪の柔らかさや滑らかさを改善するためのシャンプーやコンディショナーの成分であり，ヒゲそりクリーム，練り歯磨き，発汗抑制剤，化粧品，ヘアースタイリングジェルならびに浴剤に使われている．このような用途に適しているのは，小さい表面張力，乳濁液をつくる水溶性ないし分散性，および低毒性などの性質がうまく組合わさっているからである．これらの性質には，グリース，封止材，ゴムなどに要求される性質と対照的なものも含まれている．シロキサン界面活性剤は，極性置換基を含み，メチル化されたケイ素原子を含む骨格から形成されている．たとえば，親水性のポリエーテル部分はポリマーの水中での使用を可能にし，この性質はシャンプーやヘアコンディショナーとして使用する場合には前提条件となる．

な表面積をもつ煙霧状シリカ（fumed silica）が通常使用される．架橋反応はエラストマーの硬化（架橋）段階（curing, vulcanization）で進行し，ポリマーによっては高温でも室温でも起こりうる．石膏や表面がカーブした木材などの複製をつくるときには，最初に表面に塗布したポリシロキサンペーストを室温で架橋させる．硬化の後エラストマーを表面から剥がして型をつくり，これから複製をつくる．現在'ホット'なナノサイエンスの領域で大きな可能性を秘めている応用の一つにソフトリソグラフィー（soft lithography）がある．この技術は，1998 年に Whitesides によって初めて開発され，微小構造やナノ構造の複製に利用されている．複製する構造ないしパターンを液状 PDMS で被覆し，続いて硬化させてシロキサンエラストマーをつくる．取外すと，できあがった PDMS エラストマーは，構造を複製するときの高分解能の'スタンプ'として利用できる．詳しくは次ページの参考文献を参照せよ．

シリコーン溶液（silicone fluid）は，潤滑剤，油圧油，撥水剤，動力伝達用フルード（power transmission fluid），塗料添加剤など多岐にわたって使用されている．なかでも液状のポリジメチルシロキサン（polydimethylsiloxane, PDMS）{－SiMe$_2$O－}$_n$ とポリメチルフェニルシロキサン（polymethylphenylsiloxane）{-SiMePhO-}$_n$ は重要である．有機置換基を変更するのはポリマーの性質を調整する一つの方法である．たとえば，フェニル基を導入すると PDMS より耐熱性に優れたポリマーが得られるし，フルオロアルキル基を導入すると潤滑剤として低温でも使えるようになる．

シリコーンゴム（silicone rubber）あるいはエラストマー（elastomer）は架橋されたポリマーであり，フィラーを添加すると引っ張り強度が増す．フィラーとしては，極端に大き

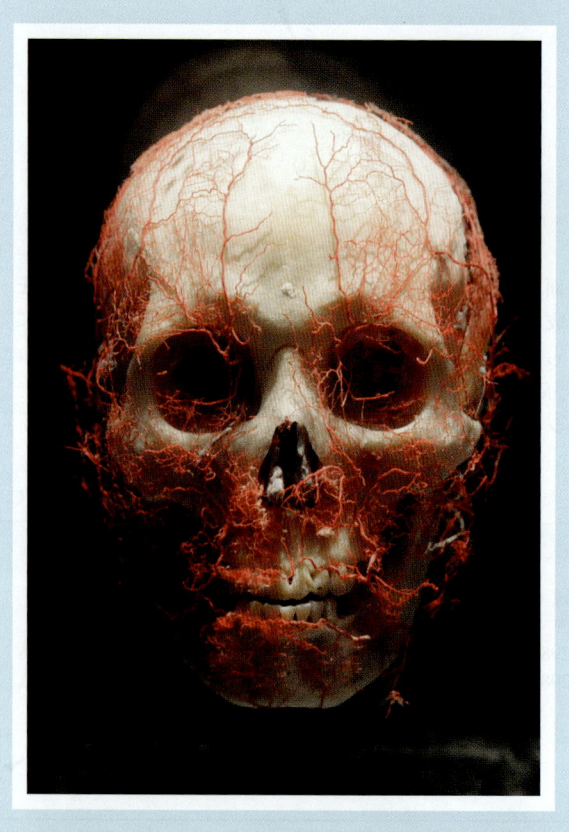

2005 年にニューヨーク市で開催された 'Bodies … The Exhibition' 展で展示された頭蓋骨を取巻く血管．人体標本の組織は液状ポリシロキサンを用いて硬化させることにより永久に保存される．［©Nancy Kaszerman/ZUMA/Corbis/amanaimages］

さらに勉強したい人のための参考文献

J. E. Mark, H. R. Allcock and R. West (2005) *Inorganic Polymers*, 2nd edn, Oxford University Press, Oxford — Chapter 4: 'Polysiloxanes and related polymers'.

G. A. Ozin and A. C. Arsenault (2005) *Nanochemistry*, RSC Publishing, Cambridge, Chapter 2 — 'Chemical patterning and lithography'.

J. Rogers and R. G. Nuzzo (2005) *Materials Today*, vol. 8, p. 50 — 'Recent progress in soft lithography'.

Y. Xia and G. M. Whitesides (1998) *Angewandte Chemie International Edition*, vol. 37, p. 550 — 'Soft lithography'.

金属水酸化物を極性溶媒中で反応させることによっても得られる。$[CS_3]^{2-}$ 塩は容易に単離することができ、たとえば Na_2CS_3 は黄色針状結晶（融点 353 K）である。酸 H_2CS_3 は塩を塩酸で処理すると油状物として水相から分離され、水溶液中では弱酸である：$pK_a(1) = 2.68$, $pK_a(2) = 8.18$.

$$BaCS_3 + 2HCl \xrightarrow{273\ K} BaCl_2 + H_2CS_3 \quad (14.74)$$

(14.28)　　(14.29)

CS_2 に放電させると C_3S_2 **14.30**（**14.18** と比較せよ）が生じる。C_3S_2 は赤い液体で、室温で分解して黒いポリマー $(C_3S_2)_x$ となる。加熱すると C_3S_2 は爆発する。CO とは対照的に CS は短寿命のラジカル種で 113 K で分解するが、高層大気中には存在している。

$$S{=}C{=}C{=}C{=}S$$
(14.30)

$[C_2S_4]^{2-}$ についてはいくつかの塩が知られており、たとえば反応式 14.75 に従ってつくられる。しかしシュウ酸に対応する酸は単離されていない。

$$[CH_3CS_2]^- + 2[S_x]^{2-} \longrightarrow [C_2S_4]^{2-} + [HS]^- + H_2S + [S_{2x-4}]^{2-} \quad (14.75)$$

$[Et_4N]_2[C_2S_4]$ 中の陰イオンは D_{2d} 対称の構造となっており、二つの CS_2 平面がなす角度は 90° となっているのに対し（構造 **14.31**）、$[Ph_4P]_2[C_2S_4] \cdot 6H_2O$ ではこの二面角は 79.5° である。これらの構造データを関連するシュウ酸イオン $[C_2O_4]^{2-}$（構造 **14.19** および **14.20**）のデータと比べると興味深い。

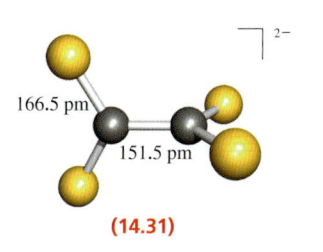

166.5 pm　151.5 pm
(14.31)

二硫化ケイ素は Si と硫黄蒸気の反応でつくられる。この化合物の構造（表 14・6）と SiS_2 の化学反応性に関しては SiO_2 との類似性は認められない。SiS_2 は容易に加水分解される（反応式 14.76）。

$$SiS_2 + 2H_2O \longrightarrow SiO_2 + 2H_2S \quad (14.76)$$

Ge と Sn の二硫化物（表 14・6）は、Ge(IV) および Sn(IV) 化合物の酸性溶液に H_2S を通ずることにより沈殿として得られる。反応式 14.77 に従って合成される $[Ge_4S_{10}]^{4-}$（**14.32**）のようにクラスター構造をとっているものもある。

$$4GeS_2 + 2S^{2-} \xrightarrow{Cs^+ を含む水溶液} [Ge_4S_{10}]^{4-} \quad (14.77)$$

スズ(IV) について多くの孤立したチオスズ酸イオンを含む化合物が知られている。たとえば Na_4SnS_4 は四面体形 $[SnS_4]^{4-}$ を含み、$Na_4Sn_2S_6$ と $Na_6Sn_2S_7$ はそれぞれ陰イオン **14.33** と **14.34** からなる。

(14.32)

(14.33)　　(14.34)

Ge、Sn および Pb の一硫化物はすべて水溶液から沈殿させることにより得られる。GeS と SnS はともに黒リン（§15・4 参照）と同様な層構造に基づく結晶を形成する。硫化鉛(II) は天然に方鉛鉱（galena）として産出し、NaCl 型結晶構造をとっている。この化合物は黒色沈殿として析出する（$K_{sp} \approx 10^{-30}$）ので、この性質は H_2S の定性試験（反応式 14.78）として利用されている。PbS の色と非常に低い溶解性は、これが純粋にイオン的な化合物ではないことを示

している.

$$Pb(NO_3)_2 + H_2S \longrightarrow PbS\text{（黒色沈殿）} + 2HNO_3 \quad (14.78)$$

純粋な PbS は，S 豊富な場合は p 型半導体となり，Pb 豊富な場合は n 型半導体となる（固体が不定比化合物を形成する性質については §28・2 で説明する）．この化合物は**光伝導性**（photoconductivity）を示すので，光伝導セル，トランジスターおよび写真の露出計に応用されている.

> **光伝導体**（photoconductor）は，価電子帯から伝導帯への励起に伴って光を吸収する．したがって光を当てると電気伝導度が上昇する．

例題 14.7 スズと鉛の硫化物

$K_{sp} = 10^{-30}$ としたときに PbS の溶解度を求めよ．得られた答は反応式 14.78 に示したように沈殿することと一致するか.

解答 K_{sp} はつぎの平衡反応式に対応するものである．

$$PbS(s) \rightleftharpoons Pb^{2+}(aq) + S^{2-}(aq)$$

$$K_{sp} = 10^{-30} = \frac{[Pb^{2+}][S^{2-}]}{[PbS]} = [Pb^{2+}][S^{2-}]$$

$$[Pb^{2+}] = [S^{2-}]$$

したがって K_{sp} の値を代入すると，

$$[Pb^{2+}]^2 = 10^{-30}$$

$$[Pb^{2+}] = 10^{-15}\,\mathrm{mol\,dm^{-3}}$$

したがって，このきわめて小さい溶解度から反応式 14.78 において PbS が沈殿として析出することがわかる．

練習問題

1. 方鉛鉱中の Pb^{2+} と S^{2-} の配位環境を説明せよ．
   [答 NaCl 型構造，図 6・15 参照]
2. SnS の水への溶解度が $10^{-13}\,\mathrm{mol\,dm^{-3}}$ である．K_{sp} の値を求めよ. [答 10^{-26}]
3. 鉛不足な PbS および鉛豊富な PbS はそれぞれ p 型および n 型半導体である．これら 2 種類の半導体の違いを説明せよ. [答 図 6・13 および関連する解説参照]

14・12 シアン，窒化ケイ素および窒化スズ

14 族元素と窒素の間に形成される結合を論ずる際，とりわけ重要な化合物が二つある：シアン（ジシアン）C_2N_2 と窒化ケイ素である．窒化スズ(IV) の方が歴史は浅い．

シアンとその誘導体

CN・ラジカルはその化学がハロゲン原子 X の化学に類似していることから**擬ハロゲン**（pseudo-halogen）とよばれ，X_2, HX および X^- に対応する C_2N_2, HCN および $[CN]^-$ が存在する．C_2N_2 および HCN は熱力学的に不安定で，構成元素単体に分解したり，水による加水分解を受けたりする．また O_2 により酸化されるが，速度論的には C_2N_2 および HCN および $[CN]^-$ の三者は安定であるので十分に同定され，それらの化学は広く研究されている.

シアン（cyanogen；ジシアン dicyan ともよばれる）C_2N_2 は毒性のあるきわめて可燃性の気体であり（融点 245 K，沸点 252 K），強力な酸化剤とは爆発的に反応する場合がある．$\Delta_fH^\circ(C_2N_2, 298\,K) = +297\,\mathrm{kJ\,mol^{-1}}$ であるが，純粋な C_2N_2 は分解することなく長期保存できる．反応式 14.79 と 14.80 に二つの合成法を示した．反応 14.80 では $[CN]^-$ の擬ハロゲン的特徴が表れており，I^- が酸化されて I_2 になるように，$[CN]^-$ も Cu(II) によって酸化されて C_2N_2 になる．工業的には，HCN の銀触媒による空気酸化によって製造されている．

$$Hg(CN)_2 + HgCl_2 \xrightarrow{570\,K} C_2N_2 + Hg_2Cl_2 \quad (14.79)$$

$$2CuSO_4 + 4NaCN \xrightarrow{\text{水溶液, 加熱}} C_2N_2 + 2CuCN + 2Na_2SO_4 \quad (14.80)$$

シアンは 14.35 に示した直線構造をとっており，C–C 間距離が短くなっていることからかなり電子が非局在化していることがわかる．空気中で非常に高温の紫色炎で熱すると燃焼し（反応式 14.81），ハロゲンと同様に，アルカリによって加水分解され（反応式 14.82），高温では CN・に開裂する．

$$N\equiv C \underset{137\,\mathrm{pm}}{\overset{116\,\mathrm{pm}}{-\!\!\!-\!\!\!-}} C\equiv N$$

(14.35)

$$C_2N_2 + 2O_2 \longrightarrow 2CO_2 + N_2 \quad (14.81)$$

$$C_2N_2 + 2[OH]^- \longrightarrow [OCN]^- + [CN]^- + H_2O \quad (14.82)$$

シアン化水素（hydrogen cyanide）HCN (**14.36**) は，きわめて毒性の高い可燃性の無色揮発性液体（融点 260 K，沸点 299 K）で，強い水素結合を形成するためにその誘電率は大きい．特徴的な苦いアーモンドのような臭いがする．純粋な液体は，重合して高分子量ポリマーが混じった $HC(NH_2)(CN)_2$ と $(H_2N)(NC)C=C(CN)(NH_2)$ を生じ，H_3PO_4 のような安定剤を加えないと爆発的に重合すること

$$H \underset{106.5\,\mathrm{pm}}{\overset{115\,\mathrm{pm}}{-\!\!\!-\!\!\!-}} C\equiv N$$

(14.36)

(14.37)

生物と医薬

Box 14・15　植物に含まれているシアン化水素

　数多くの植物（キャッサバ，サトウキビ，シロツメクサのいくつかの品種など）や果物は，HCN の天然の発生源である．HCN は，**アミグダリン**（amygdalin，アーモンド，モモやアンズの種，リンゴの種などに含まれる）や**リナマリン**（linamarin，キャッサバに含まれる）などのシアノグルコシド（cyanoglucoside）に由来する．植物からの HCN の放出（シアン発生 cyanogenesis）は特定の酵素の存在下で起こる．たとえば，リナマラーゼ（linamarase）という酵素はキャッサバ植物の細胞壁に存在する．キャッサバの根を擦りつぶしたり噛んだりするとリナマラーゼが放出され，それがシアン発生物質であるリナマリンに作用する．まず $Me_2C(OH)CN$ が放出され，これから速やかに HCN が放出される．キャッサバは，デンプンの原料となる熱帯地域で栽培される重要な根菜で，タピオカ製造に使用される．キャッサバには甘い味がするものと苦い味がするものがある．HCN の含有量は種類によって異なるが，$250〜900\ mg\ kg^{-1}$ である（致死量は体重 1 kg 当たり HCN 1 mg である）．苦いキャッサバは最も多くのシアノグルコシドを含んでいるので，これを食料品とするには注意深く細断，加圧，加熱する必要がある．この処理によってシアノグルコシドは分解され，食料として人々の口に入る前に HCN は除去される．植物にとってシアノグルコシドが有利なことは，昆虫や齧歯類から身を守ってくれる点である．

さらに勉強したい人のための参考文献

D. A. Jones (1998) *Phytochemistry*, vol. 47, p. 155 — 'Why are so many plants cyanogenic?'

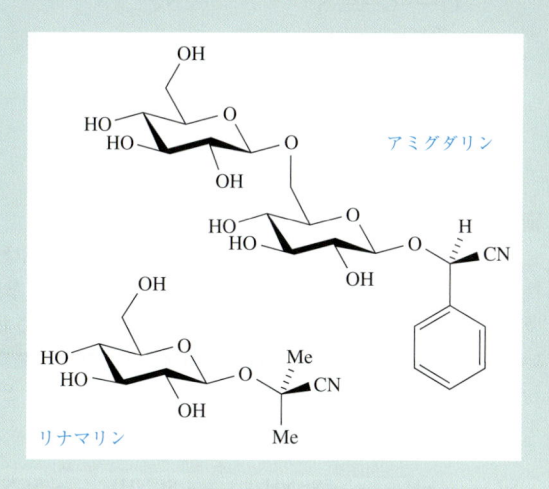

アンズの種にはアミグダリンが含まれている．
[C. E. Housecroft]

がある．微量の H_2O と NH_3 が共存すると，HCN からアデニン（adenine，**14.37**）が生じ，還元すると $MeNH_2$ になる．HCN は地球の原始大気中に存在した小分子の一つであり，多くの生物学的に重要な化合物の元となったと考えられている．シアン化水素は，少量の場合は NaCN に酸を加えて合成され，工業的には反応式 14.83 あるいは 14.84 に従って製造されている．

$$2CH_4 + 2NH_3 + 3O_2 \xrightarrow[1250-1550\ K,\ 2\ bar]{Pt/Rh} 2HCN + 6H_2O \quad (14.83)$$

$$CH_4 + NH_3 \xrightarrow[1450-1550\ K]{Pt} HCN + 3H_2 \quad (14.84)$$

HCN は有機合成にしばしば利用されるのみならず，工業的にも非常に重要であり，その多くはナイロン製造のための 1,4-ジシアノブタン（1,4-dicyanobutane，アジポニトリル adiponitrile）やアクリル繊維製造のためのシアノエテン（cyanoethene，アクリロニトリル acrylonitrile）に使用されている．

　水溶液中では HCN は弱酸（$pK_a = 9.31$）として作用し，ゆっくりと加水分解される（反応式 14.85）．**シアン化水素酸**（hydrocyanic acid）の古い名称が**青酸**（prussic acid）である．

$$HCN + 2H_2O \longrightarrow [NH_4]^+ + [HCO_2]^- \quad (14.85)$$

$$2HCN + Na_2CO_3 \xrightarrow{水溶液} 2NaCN + H_2O + CO_2 \quad (14.86)$$

HCN を Na_2CO_3, $NaHCO_3$ や $Na[HCO_2]$ などで中和すると，この酸の最も重要な塩である NaCN が生じる．工業的には反応式 14.86 に従って製造され，有機化学において多用されている（C−C 結合形成反応など）．Ag や Au の抽出にも使用されている（Ag と Au の抽出ならびに $[CN]^-$ 廃液の処理については反応式 23.4 および Box 23・2 を参照せよ）．298 K において NaCN と KCN は NaCl 型結晶構造をとっており，$[CN]^-$ は結晶格子中のある点を中心に自由に回転しており（あるいはバラバラに配向している），その結果このイオンの有効半径は約 190 pm となっている．低温では対称性の低い構造への転移が起こり，たとえば NaCN は 283 K 以下で立方構造から六方構造に転移する．NaCN と KCN の結晶は潮解性を示し，両者とも水に溶けて強い毒性を示す．KCN と硫黄を溶融するとチオシアン酸塩 KSCN になる．

$[CN]^-$ は，穏やかな酸化剤で処理するとシアンになるが（反応式 14.80），より強い酸化剤である PbO や中性の $[MnO_4]^-$ で処理するとシアン酸イオン (cyanate) **14.38** になる（式 14.87）．シアン酸カリウムを加熱するともとのシアン化物に戻る（反応式 14.88）．

$$PbO + KCN \longrightarrow Pb + K[OCN] \quad (14.87)$$

$$2K[OCN] \xrightarrow{加熱} 2KCN + O_2 \quad (14.88)$$

$$O=C=N^- \longleftrightarrow {}^-O-C\equiv N$$
(14.38)

14.38 からは，HOCN（シアン酸 cyanic acid またはシアン酸化水素 hydrogen cyanate）と HNCO（イソシアン酸 isocyanic acid, **14.39**）の 2 種類の酸が生じる．HOCN と HNCO は

O=C=N
121 pm, 117 pm, 99 pm
H, 128°
(14.39)

平衡関係にないことが確かめられている．イソシアン酸 ($pK_a=3.66$) は尿素を加熱して得られ，速やかに三量化するものの（反応式 14.89），加熱すると単量体が再生する．

$$O=C(NH_2)_2 \xrightarrow[-NH_3]{加熱} OCNH \xrightleftharpoons[加熱]{三量化} (シアヌル酸のケト形互変異性体) \quad (14.89)$$

雷酸 (fulminate) イオン $[CNO]^-$ はシアン酸イオンの異性体である．雷酸塩を還元するとシアン化物が得られるが，シアン化物を酸化しても雷酸塩は得られない．遊離の酸は速やかに重合するが，Et_2O 中低温では短時間ならば安定に存在する．金属雷酸塩はきわめて爆発性に富んでいる．危険な起爆薬である雷酸水銀(II)は反応式 14.90 に従って合成される．

$$2Na[CH_2NO_2] + HgCl_2 \longrightarrow Hg(CNO)_2 + 2H_2O + 2NaCl \quad (14.90)$$

塩化シアン (cyanogen chloride), **14.40**（融点 266 K, 沸点 286 K）は，Cl_2 と NaCN ないし HCN との反応により合成できるが，速やかに三量化して塩化シアヌル **14.41** になる．**14.41** は染料や除草剤の製造原料になる．

Cl—C≡N
116 pm, 163 pm
(14.40)

(14.41)

窒化ケイ素

窒化ケイ素 (silicon nitride) Si_3N_4 はセラミックスや耐熱性材料として，またウィスカー結晶として（§28・6 参照）多方面で応用されているので，本章でとりあげるにふさわしい化合物である．窒化ケイ素は白色の反応不活性で非晶質の粉末であり，反応式 14.91 に従う方法を用いるか，Si と N_2 を 1650 K 以上に加熱して合成する．

$$SiCl_4 + 4NH_3 \xrightarrow{-4HCl} Si(NH_2)_4 \xrightarrow{加熱} Si(NH)_2 \xrightarrow{加熱} Si_3N_4 \quad (14.91)$$

α- および β-Si_3N_4 の二つの主要な多形が存在し，Si と N がそれぞれ四面体構造とほぼ平面三角形構造の Si と N からなる無限鎖状構造から構成されている．より密度が高くて堅い γ-Si_3N_4 は高温高圧処理（15 GPa, >2000 K）により得られる．この多形はスピネル型構造（**Box 13・6** 参照）をとっており，立方最密充填配置された N 原子が形成する八面体空隙の 2/3 および四面体空隙の 1/3 を Si 原子が占めた構造となっている．Box 13・6 で解説したスピネル型酸化物は，$(A^{II})(B^{III})_2O_4$ のように +2 および +3 酸化状態の金属イオンを含んでいたが，γ-Si_3N_4 ではすべての Si 原子の酸化状態は同一の +4 である．新しい耐火材料としてはほかに Si_2N_2O があり，これは Si と SiO_2 を N_2/Ar 雰囲気下 1700 K に加熱してつくられる．Si と N が交互に配列した折れ曲がった六角形の網状構造を形成し，この網状シートが Si−O−Si 結合によって結びつけられている．

窒化スズ(IV)

窒化スズ(IV) (tin(IV)nitride) Sn_3N_4 は 1999 年に初めて単離されたが，液体 NH_3 中 SnI_4 と KNH_2 を反応させた後，得られた固体生成物を 573 K で焼きなまして合成された．Sn_3N_4 の構造は，上述の γ-Si_3N_4 に似たスピネル型構造である．窒化スズ(IV) は常温常圧でスピネル型構造をとる初めての窒化物である．

14・13　ゲルマニウム，スズおよび鉛のオキソ酸塩の水溶液中の化学

GeO_2 をアルカリ性水溶液に溶かすと，$[Ge(OH)_6]^{2-}$ 種が溶液中に生成する．GeO_2 を塩酸で処理すると $[GeCl_6]^{2-}$ が生じる．GeO_2 を塩酸水溶液中 H_3PO_2 で還元してから pH を大きくすると $Ge(OH)_2$ が沈殿するが，条件を制御すると水溶液中で Ge(II) 種を保持できる．反応式 14.92 に従って系中で発生させられた 0.2〜0.4 mol dm^{-3} 濃度の Ge(II) の 6 M 塩酸水溶液は数週間安定に存在する．

$$Ge^{IV} + H_2O + H_3PO_2 \longrightarrow H_3PO_3 + Ge^{II} + 2H^+ \quad (14.92)$$

表 14・1 に M^{4+}/M^{2+} と M^{2+}/M (M=Sn, Pb) 間の標準還元電位を示した．$E°(Sn^{4+}/Sn^{2+}) = +0.15 V$ という値から Sn(II) 塩の水溶液が O_2 によって容易に酸化されることがわかる．さらに，Sn^{2+} 種の加水分解すると $[Sn_2O(OH)_4]^{2-}$ や $[Sn_3(OH)_4]^{2+}$ などは多岐にわたる種が生成する．したがって，Sn(II) 塩の水溶液を通常酸性条件で取扱うと錯イオンが生成する．たとえば，$SnCl_2$ を希塩酸に溶かすと $[SnCl_3]^-$ が生じる．アルカリ溶液中ではおもに $[Sn(OH)_3]^-$ が存在する．Sn(IV) 種に錯化するに十分な量の酸が存在しないと，Sn(IV) 種はさまざまに加水分解する．たとえば，塩酸水溶液中では Sn(IV) は $[SnCl_6]^{2-}$ として存在するが，高い pH のアルカリ水溶液中では，おもに $[Sn(OH)_6]^{2-}$ として存在し，$K_2[Sn(OH)_6]$ のような八面体形イオンの塩を単離できる．

Sn(II) 誘導体と比べて Pb(II) 塩は加水分解と酸化に対して安定である．最も重要で<u>可溶性</u>のオキソ酸塩は $Pb(NO_3)_2$ と $Pb(CH_3CO_2)_2$ である．多くの水溶性 Pb(II) 塩が $[NH_4][CH_3CO_2]$ と CH_3CO_2H の混合物に溶解するという事実は，Pb(II) が酢酸イオンによって強く錯化されるということを表している．大概の Pb(II) オキソ酸は，ハロゲン化物と同様に水にはほとんど溶けない．$PbSO_4$ ($K_{sp}=1.8\times 10^{-8}$) は濃硫酸に溶解する．

Pb^{4+} イオンは水溶液中では存在せず，表 14・1 に示した $E°(Pb^{4+}/Pb^{2+})$ の値は，なじみの深い鉛(酸)蓄電池 (lead-acid battery，<u>反応式 14.3 および 14.4 参照</u>) の半反応 14.93 に対応するものである．反応式 14.93 において，半電池電位が $[H^+]$ に対して四次の依存性を示すことから，Pb(II) と Pb(IV) の相対的安定性が溶液の pH に依存することが容易に理解できる (§8・2 参照)．

$$PbO_2(s) + 4H^+(aq) + 2e^- \rightleftharpoons Pb^{2+}(aq) + 2H_2O(l)$$
$$E° = +1.45 V \quad (14.93)$$

したがって，PbO_2 は濃塩酸を Cl_2 に酸化するが，アルカリ溶液中で Cl_2 は Pb(II) を酸化して PbO_2 を生じる．熱力学的には，pH=0 で PbO_2 が水を酸化できることや，鉛酸蓄電池の有効性が O_2 発生に関する大きな過電圧が存在することに依存していることなど留意すべき点がある．

$Pb(SO_4)_2$ の黄色結晶は，Pb 陽極を用いてかなり濃い濃度の硫酸を電気分解することによっても得られる．しかしながら，酢酸鉛(IV) や $[NH_4]_2[PbCl_6]$ と同様に (§14・8 参照)，$Pb(SO_4)_2$ は冷水中では PbO_2 に加水分解される．錯イオン $[Pb(OH)_6]^{2-}$ は，PbO_2 が高濃度の KOH 水溶液中に溶けた際に生成するが，希薄溶液中では PbO_2 が再沈殿する．

重要な用語

本章では以下の用語が紹介されている．意味を理解しているか確認してみよう．

- ☐ カテネーション (catenation)
- ☐ 準安定 (metastable)
- ☐ チントルイオン (Zintl ion)
- ☐ 発火性 (pyrophoric)
- ☐ 圧電性 (piezoelectric)
- ☐ 水熱合成法 (hydrothermal method)
- ☐ 光伝導体 (photoconductor)

さらに勉強したい人のための参考文献

14 族元素：概説

N. N. Greenwood and A. Earnshaw (1997) *Chemistry of the Elements*, 2nd edn, Butterworth-Heinemann, Oxford － 8〜10 章で 14 族元素の化学が詳しく解説されている．

A. G. Massey (2000) *Main Group Chemistry*, 2nd edn, Wiley, Chichester － 8 章では 14 族元素の化学が解説されている．

P. J. Smith, ed. (1998) *Chemistry of Tin*, 2nd edn, Blackie, London －スズの化学のすべての観点について詳しく解説されている．

炭素：フラーレンとナノチューブ

R. C. Haddon, ed. (2002) *Accounts of Chemical Research*, vol. 35, issue 12 － 'Carbon nanotubes' (この領域のさまざまな要点について解説されたこの論文誌の特集号)．

Th. Henning and F. Salama (1998) *Science*, vol. 282, p. 2204 － 'Carbon in the universe'．

A. Hirsch (1994) *The Chemistry of the Fullerenes*, Thieme, Stuttgart．

H. W. Kroto (1992) *Angewandte Chemie International Edition*, vol. 31, p. 111 － 'C_{60}: Buckminsterfullerene, the celestial sphere that fell to earth'．

S. Margadonna and K. Prassides (2002) *Journal of Solid State*

Chemistry, vol. 168, p. 639 － 'Recent advances in fullerene superconductivity'.
K. Prassides, ed. (2004) *Structure & Bonding*, vol. 109 －この論文誌のこの巻すべてが 'Fullerene…properties' というテーマで特集されている．
C. A. Reed and R. D. Bolskov (2000) *Chemical Reviews*, vol. 100, p. 1075 － 'Fulleride anions and fullerenium cations'.
J. L. Segura and N. Martín (2000) *Chemical Society Reviews*, vol. 29, p. 13 － '[60]Fullerene dimers'.
C. Thilgen, A. Herrmann and F. Diederich (1997) *Angewandte Chemie International Edition*, vol. 36, p. 2268 － 'The covalent chemistry of higher fullerenes: C_{70} and beyond'.

チントルイオン

J. D. Corbett (2000) *Angewandte Chemie International Edition*, vol. 39, p. 671 － 'Polyanionic clusters and networks of the early p-element metals in the solid state: beyond the Zintl boundary'.
T. F. Fässler (2001) *Coordination Chemistry Reviews*, vol. 215, p. 347 － 'The renaissance of homoatomic nine-atom polyhedra of the heavier carbon-group elements Si－Pb'.
T. F. Fässler (2001) *Angewandte Chemie International Edition*, vol. 40, p. 4161 － 'Homoatomic polyhedra as structural modules in chemistry: what binds fullerenes and homonuclear Zintl ions?'.

ケイ酸塩，ポリシロキサンおよびゼオライト

J. E. Mark, H. R. Allcock and R. West (2005) *Inorganic Polymers*, 2nd edn, Oxford University Press, Oxford － 4章：'Polysiloxanes and related polymers'.
P. M. Price, J. H. Clark and D. J. Macquarrie (2000) *Journal of the Chemical Society, Dalton Transactions*, p. 101 － 'Modified silicas for clean technology'. を主題にした総説.
J. M. Thomas (1990) *Philosophical Transactions of the Royal Society*, vol. A333, p. 173 －ゼオライトとその応用について概説したベーカー講演（王立協会での物理化学講演）であり，よく説明されている．
A. F. Wells (1984) *Structural Inorganic Chemistry*, 5th edn, Clarendon Press, Oxford － 23章でケイ酸塩の構造について詳説されている．

その他の項目

M. J. Hynes and B. Jonson (1997) *Chemical Society Reviews*, vol. 26, p. 133 － 'Lead, glass and the environment'.
P. Jutzi (2000) *Angewandte Chemie International Edition*, vol. 39, p. 3797 － 'Stable systems with a triple bond to silicon or its homologues: another challenge'.
N. O. J. Malcolm, R. J. Gillespie and P. L. A. Popelier (2002) *Journal of the Chemical Society, Dalton Transactions*, p. 3333 － 'A topological study of homonuclear multiple bonds between elements of group 14'.
R. Okazaki and R. West (1996) *Advances in Organometallic Chemistry*, vol. 39, p. 231 － 'Chemistry of stable disilenes'.
S. T. Oyama (1996) *The Chemistry of Transition Metal Carbides and Nitrides*, Kluwer, Dordrecht.
W. Schnick (1999) *Angewandte Chemie International Edition*, vol. 38, p. 3309 － 'The first nitride spinels－New synthetic approaches to binary group 14 nitrides'.
A. Sekiguchi and H. Sakurai (1995) *Advances in Organometallic Chemistry*, vol. 37, p. 1 － 'Cage and cluster compounds of silicon, germanium and tin'.

6章の章末の"さらに勉強したい人のための参考文献"の"半導体"の部分も参照せよ．

問 題

14.1 (a) 14族元素の名前と元素記号を順に書き，本章の最初のページを見て解答を採点せよ．(b) 14族元素を金属，半金属および非金属に分類せよ．(c) 各元素の基底状態における電子配置を答えよ．

14.2 14族元素について，族が下がるにつれて (a) 融点，(b) $\Delta_{atom}H°$ (298 K) および (c) $\Delta_{fus}H°$ (mp) の値が変化する傾向について説明せよ．

14.3 グラファイト（黒鉛）の構造が，(a) 潤滑剤として利用されること，(b) グラファイト電極のデザイン，(c) 非常に高圧下ではダイヤモンドがより安定な同素体であることと，どのように関連しているか説明せよ．

14.4 図 14・10 は K_3C_{60} の単位格子を示している．この構造情報に基づいてこのフラーリド化合物の組成を確認せよ．

14.5 C_{60} の一部が C=C 結合としての反応性を示す例を 4 例あげよ．

14.6 つぎの観察結果について説明せよ．
(a) 炭化物 Mg_2C_3 と CaC_2 を水で処理するとそれぞれプロピンとエチンを生じ，ThC_2 は水と反応して C_2H_2，C_2H_6 および H_2 を主成分とする混合物を生じるのに，TiC に水を加えても何の反応も起こらない．
(b) 液体アンモニア中で Mg_2Si と $[NH_4]Br$ を反応させるとシランが生じる．
(c) 化合物 **14.42** のアルカリ水溶液による加水分解反応速度は，対応する Si－D 誘導体の加水分解速度と同じである．

Me₂Si－Si(Me₂)
 | |
Me₂Si－Si(Me₂)
         ＼Me
           H

(14.42)

14.7 (a) $N(SiMe_3)_3$ 中の NSi_3 骨格が平面構造となっている理由を考察せよ．
(b) 198 K において CO_2 と SiO_2 が等構造ではない理由について考察せよ．どのような条件下にすれば，CO_2 がシリカのような構造をとりうるであろうか．

14.8 つぎの分子ないしイオンの形状を推定せよ．
(a) ClCN，(b) OCS，(c) $[SiH_3]^-$，(d) $[SnCl_5]^-$，(e) Si_2OCl_6，(f) $[Ge(C_2O_4)_3]^{2-}$，(g) $[PbCl_6]^{2-}$，(h) $[SnS_4]^{4-}$

14.9 $[Sn_9Tl]^{3-}$ は二面冠正方逆プリズム構造である．(a) この

構造がウェイド則を満たすことを確認せよ．(b) $[Sn_9Tl]^{3-}$ について，二面冠正方逆プリズム構造を保持したままでいくつの異性体が可能か．

14.10 14族元素の水素化物の構造および化学反応性について特徴を比較し，さらに BH_3 と CH_4 ならびに AlH_3 と SiH_4 の構造および化学反応性の違いを説明できる適当な例をあげよ．

14.11 つぎの反応に対応する反応式を書け．(a) $GeCl_4$ の加水分解．(b) $SiCl_4$ と NaOH 水溶液の反応．(c) CsF と GeF_2 の反応．(d) SiH_3Cl の加水分解．(e) SiF_4 の加水分解．(f) $[Bu_4P]Cl$ と $SnCl_4$ の 2:1 反応．各反応において 14 族元素を含む生成物の推定構造を描け．

14.12 つぎに示すハロゲン化物陰イオンの ^{119}Sn NMR のカップリング（多重線）について説明し，可能な場合は，データに基づいて立体異性体を区別せよ［^{19}F 100% $I=\frac{1}{2}$］．(a) $[SnCl_5F]^{2-}$ 二重線；(b) $[SnCl_4F_2]^{2-}$ 異性体 A，三重線；異性体 B，三重線；(c) $[SnCl_3F_3]^{2-}$ 異性体 A，三重線の二重線：異性体 B，四重線；(d) $[SnCl_2F_4]^{2-}$ 異性体 A，五重線：異性体 B，三重線の三重線；(e) $[SnClF_5]^{2-}$ 五重線の二重線；(f) $[SnF_6]^{2-}$ 七重線．

14.13 つぎの実験操作でできるものを予想せよ．
(a) Sn を濃 NaOH 水溶液中で加熱する．
(b) SO_2 を PbO_2 上に通す．
(c) CS_2 を NaOH 水溶液と振り混ぜる．
(d) SiH_2Cl_2 を水によって加水分解する．
(e) $ClCH_2SiCl_3$ と $Li[AlH_4]$ を 4:3 のモル比で Et_2O 中で反応させる．

14.14 つぎの各物理量を見積る方法を一つ提案せよ．
(a) GeO_2（石英型）$\longrightarrow GeO_2$（ルチル型）の ΔH°．
(b) Si のポーリングの電気陰性度の値 χ^P．
(c) 実験室で合成した $Pb(MeCO_2)_4$ の純度．

14.15 図 8・6 を参考にして，(a) 500 K, (b) 750 K, (c) 1000 K において炭素が SnO_2 から Sn の抽出に使用できるか推定し，その理由を説明せよ．

14.16 つぎの事実について説明せよ．
(a) 輝石 $CaMgSi_2O_6$ と $CaFeSi_2O_6$ が同形である．
(b) 長石 $NaAlSi_3O_8$ が $CaAl_2Si_2O_8$ を 10% まで含むことがある．
(c) リチア輝石鉱物 $LiAlSi_2O_6$ は透輝石 $CaMgSi_2O_6$ と同形であるが，加熱すると Li^+ が隙間に入り込んだ石英構造の多形に転移する．

14.17 表 14・7 には CO_2, CS_2 および $(CN)_2$ 中の異種原子間結合の対称および逆対称伸縮振動がまとめられているが，分子は I, II, III とだけ示されている．
(a) I, II, III がどれに対応するか答えよ．
(b) 表 14・7 に示された伸縮モードが赤外活性か不活性か答えよ．

表 14・7　問題 14.17 用のデータ

化合物	$\bar{\nu}_1$（対称伸縮振動）/cm^{-1}	$\bar{\nu}_3$（逆対称伸縮振動）/cm^{-1}
I	2330	2158
II	658	1535
III	1333	2349

14.18 KCN の水溶液を硫酸アルミニウムの溶液に加えると $Al(OH)_3$ の沈殿が生じる事実について説明せよ．

14.19 つぎの化合物の加水分解生成物を推定せよ．(a) シアン酸，(b) イソシアン酸，(c) チオシアン酸．

14.20 $Ba[CSe_3]$ の固体試料について，$[CSe_3]^{2-}$ の伸縮振動とその帰属は，802（E', 伸縮），420（A_2''），290（A_1'）および 185（E', 変角）cm^{-1} であった．
(a) この帰属結果に基づいて $[CSe_3]^{2-}$ の形状を答えよ．(b) $[CSe_3]^{2-}$ の振動モードを図示せよ．(c) 赤外活性な振動はどれか答えよ．

14.21 つぎの分子状化学種の属す点群を答えよ．
(a) SiF_4, (b) $[CO_3]^{2-}$, (c) CO_2, (d) SiH_2Cl_2

14.22 つぎの図をもとに，C_{60} が I_h 点群に属すことを確認せよ．

総合問題

14.23 (a) Sn_2R_4 の結合の記述法（図 19・19 参照）にならって，仮想分子である $HSi\equiv SiH$ の下記の折れ曲がり構造の結合様式について考察せよ．

$$\begin{array}{c} \quad\quad\quad H \\ H-Si\equiv Si \end{array}$$

(b) $[FCO]^+$ は直線構造か折れ曲がり構造か答え，その理由を説明せよ．
(c) SnF_2 の α 形は環状四量体である．この四量体の結合状態を記述し，環が平面構造ではないことについて説明せよ．

14.24 つぎに示した二つの欄の項目を正しく組合わせよ．両欄の項目は 1:1 で対応する．

項目 1	項目 2
SiF_4	① 298 K でダイヤモンド型構造の半導体
Si	② チントルイオン
Cs_3C_{60}	③ Ca^{2+} 塩はセメントの構成成分である
SnO	④ 溶かしても分解しない水溶性塩
$[Ge_9]^{4-}$	⑤ 298 K で気体の四面体形分子
GeF_2	⑥ 酸性の酸化物
$[SiO_4]^{4-}$	⑦ 両性の酸化物
PbO_2	⑧ 八面体形 Sn 中心を含む層状構造からなり 298 K で固体
$Pb(NO_3)_2$	⑨ 40 K で超伝導性を示す
SnF_4	⑩ カルベンの類縁体

14.25 (a) $[SnF_5]^-$ はシス位のF原子が架橋した鎖状ポリマー構造をとっている．ポリマーの繰返し単位の構造を描け．各Sn中心の配位環境ならびにポリマー中で，全体の組成Sn：F＝1：5が保持されていることを説明せよ．
(b) PbI_2，$Pb(NO_3)_2$，$PbSO_4$，$PbCO_3$，$PbCl_2$，$Pb(CH_3CO_2)_4$ のうち水溶性のものはどれか答えよ．
(c) ClCN の赤外スペクトルでは 1917，1060 および 230 cm^{-1} に吸収がある．これらの振動を帰属し，帰属について説明せよ．

14.26 つぎの反応式の生成物を答えよ．ただし，左辺は必ずしも正しい化学量論関係を示しているわけではない．

(a) $GeH_3Cl + NaOCH_3 \longrightarrow$
(b) $CaC_2 + N_2 \xrightarrow{\text{加熱}}$
(c) $Mg_2Si + H_2O/H^+ \longrightarrow$
(d) $K_2SiF_6 + K \xrightarrow{\text{加熱}}$
(e) $1,2\text{-}(OH)_2C_6H_4 + GeO_2 \xrightarrow{\text{NaOH/MeC}}$
(f) $(H_3Si)_2O + I_2 \longrightarrow$
(g) $C_{60} \xrightarrow{O_3,\ 257\ K\ キシレン中} \xrightarrow{296\ K}$
(h) $Sn \xrightarrow{\text{熱 NaOH 水溶液}}$

14.27 (a) K_3C_{60} と KC_8 の固体構造について記述せよ．興味をひく物理的ならびに化学的性質について述べよ．
(b) 酢酸鉛(Ⅱ)が H_2S の定性試験に用いられることについて説明せよ．
(c) $[Et_4N]_2[C_2S_4]$ 塩中の $[C_2S_4]^{2-}$ 部分は非平面構造となっており，二つの CS_2 平面がなす角は 90°である．この陰イオンの多くの塩とは対照的に $[C_2O_4]^{2-}$ は平面構造になっている．これらの陰イオンの属する点群を答え，帰属について説明せよ．

14.28 $K_4[Pb_9]$ の 1,2-エタンジアミン溶液と $[Pt(PPh_3)_4]$ を crypt-222 共存下で反応させると，白金を含んだチントルイオン $[Pt@Pb_{12}]^{2-}$ が生じ，その ^{207}Pb NMR スペクトルでは擬三重線のシグナル（$J_{^{207}Pb^{195}Pt} = 3440$ Hz）が観察された．
(a) 反応における crypt-222 の役割を答えよ．
(b) 三重線の強度に留意して ^{207}Pb NMR の概略図を描け．さらに，そのようなシグナルとなる理由を説明し，概略図のどの部分で $J_{^{207}Pb^{195}Pt}$ を読み取ればよいか示せ．
(c) $[Pt@Pb_{12}]^{2-}$ の ^{195}Pt NMR スペクトルのシグナルは二項分布に従わない多重線となる．そのようなカップリングパターンになる理由について説明せよ．多重線シグナルのうち隣り合う吸収間の分裂を Hz 単位で答えよ．
［データ：^{207}Pb，天然存在率 22.1％，$I = \frac{1}{2}$：^{195}Pt，天然存在率 33.8％，$I = \frac{1}{2}$］

14.29 (a) 反応式 14.47 には Na と CCl_4 の反応を示した．つぎのデータから，298 K において $\Delta_r G° = -1478$ kJ mol^{-1} となることを確かめよ．データ：$\Delta_f G°(NaCl, s) = -384$ kJ mol^{-1}，$\Delta_f H°(CCl_4, l) = -128.4$ kJ mol^{-1}，$S°(CCl_4, l) = 214$ J K^{-1} mol^{-1}，$S°(C, gr) = +5.6$ J K^{-1} mol^{-1}，$S°(Cl_2, g) = 223$ J K^{-1} mol^{-1}．
(b) β-クリストバル石と非晶質の石英ガラスの構造の類似点と相違点を説明せよ．

15　15族元素

おもな項目

- 産出，抽出，用途
- 物理的性質
- 単体
- 水素化物
- 窒化物，リン化物，ヒ化物
- ハロゲン化物，オキソハロゲン化物およびハロゲン化物錯体
- 窒素の酸化物
- 窒素のオキソ酸
- リン，ヒ素，アンチモン，ビスマスの酸化物
- リンのオキソ酸
- ヒ素，アンチモン，ビスマスのオキソ酸
- ホスファゼン
- 硫化物，セレン化物
- 水溶液の化学と錯体

1	2		13	14	15	16	17	18
H								He
Li	Be		B	C	**N**	O	F	Ne
Na	Mg		Al	Si	**P**	S	Cl	Ar
K	Ca	dブロック	Ga	Ge	**As**	Se	Br	Kr
Rb	Sr		In	Sn	**Sb**	Te	I	Xe
Cs	Ba		Tl	Pb	**Bi**	Po	At	Rn
Fr	Ra							

15・1　はじめに

15族元素である窒素，リン，ヒ素，アンチモンおよびビスマスは，**ニクトゲン**（pnictogens）とよばれる．

13，14，15族元素には，たとえば，族の下方にいくにつれて，金属的性質の増大や低酸化状態の安定性の増大など，ある程度一般的な類似性はあるが，15族元素（窒素，リン，ヒ素，アンチモン，ビスマス）の単体とそれらの化合物の性質を統一的に解釈することは難しい．非金属元素と金属元素を形式的に区別する"対角線"（図7・8）は，AsとSbの間に引かれるが，その区別はそれほど明確ではなく，慎重に取扱うべきである．

15族元素の単純なイオンについての化学はほとんど研究されていない．水と反応する金属の窒化物やリン化物は，通常N^{3-}やP^{3-}を含んでいると考えられるが，静電的な観点からは，これらのイオン的な表現が正しいかどうかは疑わしい．化学的環境で存在することがはっきりしている単純な陽イオンはBi^{3+}だけであり，15族の化学のほとんどすべてが共有結合性化合物に関するものである．このような化学種はイオン性化合物に比べて，熱化学的原理を確立することがはるかに難しい．加えてそれらは，共有結合の形成あるいは解離を含む置換反応（たとえば，NF_3の加水分解，$[H_2PO_2]^-$の重水素化）に対しても，電子移動を伴う酸化還元に対しても，速度論的にはずっと不活性である．たとえば，窒素は多種のオキソ酸やオキソアニオンを形成し，水溶液中では，+5から−3までのすべての酸化状態で存在しうる（たとえば，$[NO_3]^-$，N_2O_4，$[NO_2]^-$，NO，N_2O，N_2，NH_2OH，N_2H_4，NH_3）．これらの化学種の間の関係をまとめる際には，標準還元電位の表（通常，熱力学データから計算されたもの）あるいは，電位図（ポテンシャル図，§8・5参照）を用いる．それらは反応の熱力学的な情報を提供するが，速度論については何の情報も与えてくれない．リンの化学についてもおおむね同じことがいえる．15族の上位2元素，N，Pについての化学は，As，Sb，Biよりはるかに広範囲に及ぶが，ここでは既知のNおよびPの無機化合物の一部のみを取上げる．ここでの議論では，これまでの章より速度論的要素を強調する必要があろう．

ヒ素はきわめて毒性が強く，殺人事件とのかかわりは，小説でも現実でもよく知られている．ある地下水では，高濃度に溶解した無機ヒ素が，おもに$[HAsO_4]^{2-}$および$[H_2AsO_3]^-$として天然に存在し，人為的ではない毒性学的問題となっている（Box 15・1参照）．存在するヒ素の化学

資源と環境

Box 15・1　木材保存産業におけるヒ素の役割の変化

ヒ素の毒性はよく知られている．この元素の特徴は，犯罪小説において幾度となく毒として重要な役割を果たしてきた．致死量は 130 mg 程度である．この毒性にもかかわらず，ヒ素は農薬として，もっと有効な有機化合物に置き換えられる 20 世紀半ばまで用いられていた．その後，ヒ素のこのような使用は減少したが，クロム化ヒ酸銅（chromated copper arsenate, CCA）の形での木材保存剤の利用は，1970 年代から 2000 年の間，おおむね増大していた（下のグラフ参照）．広範囲の建築用途の木材に，高圧下で CCA 処理を施すことにより，昆虫や幼虫の侵入による腐食に対して高い抵抗力をもつ製品が得られてきた．典型的には，高圧処理された木材 1 m^3 に約 0.8 kg のヒ素が含まれ，その結果，建築や造園に用いられた総量は，重要な環境リスクをもたらすものとなる．高圧処理した木材が焼却処分されると，残灰は高濃度のヒ素を含むことになる．腐敗した木材は，地中にヒ素を放出する．これに加え，木材保存剤からのクロムの廃棄物もまた毒性がある．

2002 年の米国グリーンケミストリー大統領賞（**Box 9・3** 参照）は，クロム化ヒ酸銅の代替として，銅をベースとした"環境的に進化した木材保存剤"の開発に贈られた．新しい保存剤は，銅(II)錯体と第四級アンモニウム塩を含む．市場への導入は，木材保存剤業界の政策変更をもたらした．2003 年には，米国のメーカーは，ヒ素ベースの製品から代替木材保存剤への変更を開始した．これは，以下のグラフで，2004 年に CCA を含む木材保存剤の使用が劇的に減少していることからわかる．オーストラリア，ドイツ，日本，スイス，スウェーデンを含む多くの他の国々でも CCA の使用が禁止された．

さらに勉強したい人のための参考文献

D. Bleiwas (2000) US Geological Survey, http://minerals.usgs.gov/minerals/mflow/d00-0195/ － 'Arsenic and old waste'.

C. Cox (1991) *Journal of Pesticide Reform*, vol. 11, p. 2 － 'Chromated copper arsenate'.

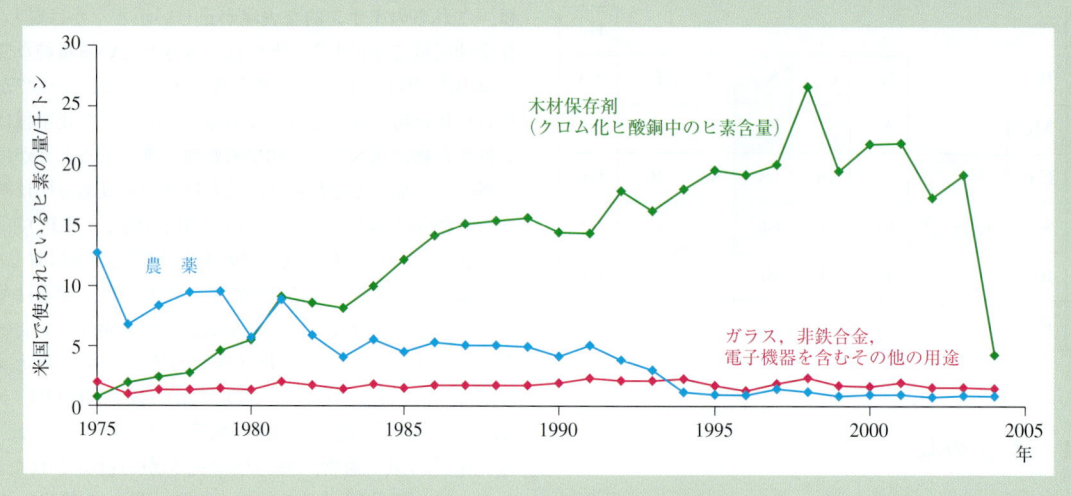

［データ：米国地質調査所］

種は pH や酸化還元条件に依存する．地表水の典型的な酸化的条件とは反対に，地下水は還元的条件にあることが多く，ヒ素はおもに As(III) として存在する．現在 (2007 年)，世界の人口のおよそ 3 分の 1 が，飲み水として，深く掘った井戸からの地下水に頼っている．このやり方では，天然に産出するヒ素が飲み水に混入する危険性があり，その深刻な例がガンジス川流域で起こった*．鉛(II)や水銀(II)同様，ヒ素(III)はソフトな金属中心であり，タンパク質中の含硫黄残基と相互作用する．

15・2　産出，抽出および用途

産　出

図 15・1a は地殻における 15 族元素の相対存在率を示す．

＊　地下水のヒ素の問題をまとめたものとしては，以下を参照せよ：J. S. Wang and C. M. Wai (2005) *J. Chem. Ed.*, vol. 81, p. 207 － 'Arsenic in drinking water － a global environmental problem'.

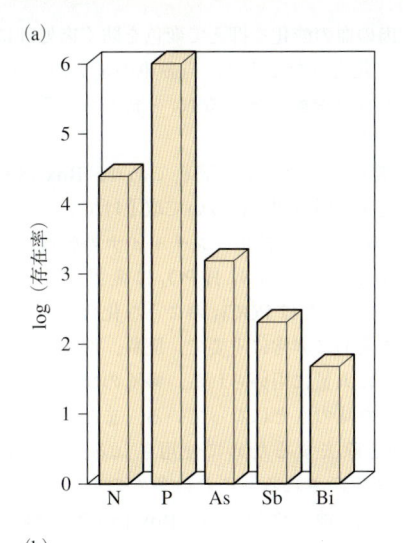

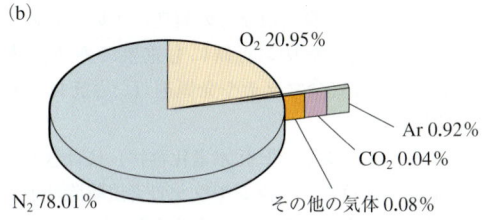

図15・1 (a) 地殻中の15族元素の相対存在率. データは対数目盛でプロットしてある. 相対存在率の単位は10億(10^9)分の1 (ppb). (b) 地球大気の主要成分 (体積百分率).

天然に存在する N_2 は地球の大気の(体積で)78%を占めており(図15・1b), 約0.36%の ^{15}N を含む. この ^{15}N は同位体標識に有用であり, ^{13}C で示した(§3・10)のと同様に, 化学交換過程によって濃縮された形で得られる. 大気中には利用可能な N_2 があり, 生命体は窒素を必要としているため(窒素はタンパク質として存在する), 植物が N_2 を吸収する **窒素固定** (fixing of nitrogen) は非常に重要である. マメ科植物根粒細菌の機能をまねた人工窒素固定プロセス開発の試み(§29・4参照)はまだ成功していないが, N_2 は他の方法で固定できる. たとえば, NH_3 への工業的な変換(§15・5参照)や, 金属配位窒素の NH_3 への変換(§27・4参照)がある. 植物によって取込まれた窒素がうまく"固定"された唯一の天然資源は, 南米の砂漠に産出する粗 $NaNO_3$ **チリ硝石** (Chile saltpeter, sodaniter) である.

リンは, 植物や動物の組織の主要な構成要素である. リン酸カルシウムは骨や歯に存在し, 核酸のリン酸エステル(たとえば DNA, 図10・12参照)は, 生物学的に非常に重要である(Box 15・11参照). リンは天然には **アパタイト** (apatite) $Ca_5X(PO_4)_3$ の形で産出し, **フルオロアパタイト** (fluorapatite, X = F), **クロロアパタイト** (chlorapatite, X = Cl), **ヒドロキシアパタイト** (hydroxyapatite, X = OH) は重要な鉱石である. アパタイトを含む鉱石である **リン鉱石** (phosphate rock) のおもな産出地は, 北アフリカ, 北米, アジア, および中東である. ヒ素は単体の形でも産出するが, 市販の原料は, **硫ヒ鉄鉱** (mispickel, arsenopyrite, FeAsS), **鶏冠石** (realgar, As_4S_4) および **雄黄** (orpiment, As_2S_3; 石黄ともいう) である. 天然のアンチモンはまれで, 唯一の産業用の鉱石は **輝安鉱** (stibnite, Sb_2S_3) である. ビスマスは単体のほか, 鉱石の **輝蒼鉛鉱** (bismuthinite, Bi_2S_3) や **ビスマイト** (bismite, Bi_2O_3) として産出する.

抽 出

N_2 の工業的な分離は, §15・4で議論する. リン鉱石の採鉱は大量に行われており(2005年には, 全世界で1億4800万トンが採掘された), 大部分は肥料の生産(**Box 15・10**参照)と動物飼料の添加剤に使用されている. 単体のリンは, リン鉱石(組成は $Ca_3(PO_4)_2$ に近い)から, 電気炉で砂とコークスとともに加熱することにより抽出される(式15.1). リンの蒸気が留出し, 水冷下で凝縮されて白リンを生じる.

$$2Ca_3(PO_4)_2 + 6SiO_2 + 10C \xrightarrow{\approx 1700\,K} P_4 + 6CaSiO_3 + 10CO \quad (15.1)$$

ヒ素 As のおもな原料は FeAsS であり, 単体は加熱(式15.2)して昇華した As を濃縮することにより得られる. もう一つの方法は, 硫化ヒ素を空気酸化して As_2O_3 を得たあと, C で還元する方法である. As_2O_3 は Cu や Pb の精錬所の排気粉塵からも大量に回収される.

$$FeAsS \xrightarrow{\text{加熱(空気非存在下)}} FeS + As \quad (15.2)$$

アンチモン Sb は鉄クズを用いた輝安鉱の還元(式15.3)により, あるいは, Sb_2O_3 に変換した後, C で還元することにより得られる.

$$Sb_2S_3 + 3Fe \longrightarrow 2Sb + 3FeS \quad (15.3)$$

ビスマス Bi は, 硫化物または酸化物の鉱石から炭素還元を含むプロセスにより抽出される(鉱石が Bi_2S_3 のときは酸化物経由)が, Pb, Cu, Sn, Ag, Au の精錬過程で副産物としても得られる.

練習問題

1. $Bi_2O_3(s)$ および $CO(g)$ の $\Delta_r G°$ (298 K) が, それぞれ, −493.7 および −137.2 kJ mol^{-1} で与えられるとき, つぎの反応の $\Delta_r G°$ (298 K) を計算せよ.

$$Bi_2O_3(s) + 3C(gr) \longrightarrow 2Bi(s) + 3CO(g)$$

工業的に Bi_2O_3 から Bi を抽出するのに炭素が用いられることを考慮して, 得られた答について考察せよ.

[答 +82.1 kJ mol^{-1}]

2. ビスマスは 544 K で融解する．$\Delta_f G°(Bi_2O_3)$ の値はつぎの式を用いて見積られる（$kJ\,mol^{-1}$ の単位）．

$T = 300 - 525\,K: \quad \Delta_f G°(Bi_2O_3) = -580.2 + 0.410T$
$\qquad\qquad\qquad\qquad\qquad\qquad - 0.0209T\log T$

$T = 600 - 1125\,K: \quad \Delta_f G°(Bi_2O_3) = -605.5 + 0.478T$
$\qquad\qquad\qquad\qquad\qquad\qquad - 0.0244T\log T$

CO(g) について，$\Delta_r G°(300\,K) = -137.3\,kJ\,mol^{-1}$，および $\Delta_r G°(1100\,K) = -209.1\,kJ\,mol^{-1}$．これらのデータを用いて，CO と Bi_2O_3 の $\Delta_r G°$（O_2 の 1/2 mol 当たりの kJ で）の温度変化を 300〜1100 K の範囲で示すグラフを作成せよ．C を還元剤に用いて Bi_2O_3 から Bi を抽出する観点から，このグラフの重要性は何か．　　　［答　図 8・6 および関連する議論を参照せよ］

用　途

米国では，N_2 は化学工業製品の 2 番目にランクされ，大量の N_2 が NH_3 に変換されている（**Box 15・3** 参照）．気体の N_2 は不活性ガスとして工業的（たとえば，電子産業におけるトランジスタの生産中など）にも，実験室においても広く用いられている．液体 N_2（沸点 77 K）は重要な冷媒であり（表 15・1），凍結過程に用いられる．窒素ベースの化学薬品はきわめて重要で，窒素肥料（**Box 15・3** 参照），硝酸（**Box 15・8** 参照），および硝酸塩，ニトログリセリン（**15.1**）やトリニトロトルエン（TNT，**15.2**）などの爆発物，亜硝酸塩（たとえば，肉の血の酸化を抑えて変色を防ぐ肉処理に），シアン化物，アジ化物（たとえば，自動車のエアバッグで，分解によりエアバックを膨らませる N_2 を発生させる[*1]，式 **15.4** 参照）などがある．

リンの最も重要な応用はリン酸肥料であり，**Box 15・10** にその利用と関連する環境問題について取上げている．骨灰（リン酸カルシウム）は陶磁器ボーンチャイナの製造に用いられる．ほとんどの白リンは H_3PO_4 に変換されるか，P_4O_{10}，P_4S_{10}，PCl_3，または $POCl_3$ のような化合物に変換される．リン酸は工業的に非常に重要で，肥料，洗剤，および食品添加物の生産に大量に用いられる．多くのソフトドリンクのすっきりとした味のもとになっている．また，鉄や鋼の表面から酸化物を除去するために使用される．三塩化リンも，大量に工業生産される．これは多くの有機リン化合物の前駆体となり，神経作用物質（**Box 15・2**），難燃剤（**Box 17・1**），および殺虫剤などの製造に用いられる．リンは鉄鋼製造（製鉄）やリン青銅にも重要である．赤リン（**§15・4** 参照）は安全マッチや発煙剤（たとえば，花火や煙幕）に用いられる．

ヒ素の塩やアルシン類（ヒ化水素化合物）にはきわめて強い毒性があり，除草剤，ヒツジやウシの害虫駆除洗液，害虫駆除剤（殺虫剤）などにおけるヒ化合物の使用は，近年縮小している．（**Box 15・1**）．アンチモン化合物は，毒性は低いが，大量に摂取すると肝臓障害を起こす．酒石酸アンチモニルカリウム（**吐酒石**，tartar emeric）は，嘔吐と去痰のために医薬品として用いられたが，現在は，より毒性の低い薬剤に置き換えられている．ビスマスは毒性の低い重金属の一つであり，塩基性炭酸塩（BiO）$_2CO_3$ のような化合物は，潰瘍治療などの胃の治療薬に用いられている．

ヒ素は，半導体の添加剤（**§6・9** 参照）であり，GaAs は固体素子や半導体に広く用いられている．As の利用は，半導体産業，合金（たとえば，As は Pb の強度を増大させる）ならびに電池の分野に及ぶ（**Box 15・1** 参照）．Sb_2O_3 は塗料，接着剤，プラスチックおよび難燃剤（**Box 17・1** 参照）に使用される．Sb_2S_3 の用途には，光電子素子や電子写真記録材料，難燃剤などがある．ビスマスのおもな用途は，合金（たとえば Sn 合金）や化粧品（たとえばクリームや頭髪染料）中の BiOCl のような含ビスマス化合物である．ほかには，酸化触媒や高温超伝導体に利用される．Bi_2O_3 はガラスやセラミックス工業において多くの用途がある．鉛無添加ハンダ（**Box 14・4** 参照）への移行で，ビスマス含有ハンダ，たとえば Sn/Bi/Ag 合金の利用が増大した．Pb に代わるものとして，たとえば，狩猟ゲーム用の弾丸などに，Bi が広く利用されるようになってきている[*2]．

(15.1) O$_2$NO–CH$_2$–CH(ONO$_2$)–CH$_2$–ONO$_2$

(15.2) 2,4,6-トリニトロトルエン

表 15・1 代表的な液体 N_2 を含む低温浴[†]

浴の内容	温 度 / K
液体 N_2 ＋シクロヘキサン	279
液体 N_2 ＋アセトニトリル	232
液体 N_2 ＋オクタン	217
液体 N_2 ＋ヘプタン	182
液体 N_2 ＋ヘキサ-1,5-ジエン	132

[†] 液体 N_2 のスラッシュ浴（みぞれ氷浴，slush bath）を準備するには，溶媒をたえず撹拌しながらその中に液体 N_2 を注ぐ．表 **14・5** も参照せよ．

[*1]（訳注）日本では 1999 年にアジ化ナトリウムが毒物及び劇物取締法により毒物に指定され，現在はエアバッグに使用されていない．

[*2] 研究ではビスマスは毒性の副作用がないことが示された．R. Pamphlett, G. Danscher, J. Rungby and M. Stoltenberg (2000) *Environ. Res. Section A*, vol. 82, p. 258 – 'Tissue uptake of bismuth from shotgun pellets'．

表 15・2 15族元素とそれらのイオンの物理的性質

性 質	N	P	As	Sb	Bi
原子番号 Z	7	15	33	51	83
基底状態の電子配置	[He]$2s^22p^3$	[Ne]$3s^23p^3$	[Ar]$3d^{10}4s^24p^3$	[Kr]$4d^{10}5s^25p^3$	[Xe]$4f^{14}5d^{10}6s^26p^3$
標準原子化エンタルピー $\Delta_aH°$ (298 K) / kJ mol^{-1}	473†	315	302	264	210
融 点 mp/K	63	317	887(昇華)	904	544
沸 点 bp/K	77	550	—	2023	1837
標準融解エンタルピー $\Delta_{fus}H°$ (mp) / kJ mol^{-1}	0.71	0.66	24.44	19.87	11.30
第一イオン化エネルギー IE_1 / kJ mol^{-1}	1402	1012	947.0	830.6	703.3
第二イオン化エネルギー IE_2 / kJ mol^{-1}	2856	1907	1798	1595	1610
第三イオン化エネルギー IE_3 / kJ mol^{-1}	4578	2914	2735	2440	2466
第四イオン化エネルギー IE_4 / kJ mol^{-1}	7475	4964	4837	4260	4370
第五イオン化エネルギー IE_5 / kJ mol^{-1}	9445	6274	6043	5400	5400
金属半径 r_{metal} / pm	—	—	—	—	182
共有結合半径 r_{cov} / pm (三配位)	75	110	122	143	152
イオン半径 r_{ion} / pm (六配位)	171(N^{3-})	—	—	—	103(Bi^{3+})
NMR活性な核 (%存在率,核スピン)	^{14}N(99.6, $I=1$) ^{15}Na(0.4, $I=\frac{1}{2}$)	^{31}P(100, $I=\frac{1}{2}$)	^{75}As(100, $I=\frac{3}{2}$)	^{121}Sb(57.3, $I=\frac{5}{2}$) ^{123}Sb(42.7, $I=\frac{7}{2}$)	^{209}Bi(100, $I=\frac{9}{2}$)

† 窒素では $\Delta_aH° = \frac{1}{2} \times N_2$ の解離エネルギー.

15・3 物理的性質

表15・2に,15族元素のおもな物理的性質をまとめる.イオン化エネルギーに関する知見は,以下のとおりである.

- p電子を取去るとかなり急激に増大する.
- PとAsの間ではほんの少しだけ減少する(AlとGaの間,およびSiとGeの間で類似の挙動).
- s電子の引抜きに対しては,InとTlの間およびSnとPbの間と同様に,SbとBiの間で増大がある(**Box 13・3**参照).

$\Delta_aH°$の値は,NからBiへゆっくりと減少する.これは,13族および14族における傾向と同様である.

例題 15.1 15族元素の熱化学データ

298 Kにおいて,つぎの反応過程のエンタルピー変化の値は,それぞれ,ほぼ0および2120 kJ mol^{-1}である.これらのデータについて考察せよ.

$$N(g) + e^- \longrightarrow N^-(g)$$

および

$$N(g) + 3e^- \longrightarrow N^{3-}(g)$$

解答 Nの基底状態の電子配置は,$1s^22s^22p^3$であり,つぎの過程

$$N(g) + e^- \longrightarrow N^-(g)$$

では,電子が2p原子軌道に付加され,スピン対を形成する.N原子の価電子と,入ってきた電子との間の反発相互作用は,正のエンタルピー項を生じるだろう.これは,原子核と入ってきた電子の間の引力に関係する負のエンタルピー項によって相殺される.窒素の場合,これらの二つの項は本質的に競合し合うものである.

つぎの過程,

$$N(g) + 3e^- \longrightarrow N^{3-}(g)$$

は,非常に吸熱的である.1番目の電子の付加の後,N^-と入ってきた電子との間の電子反発が主要な項となり,つぎの過程を吸熱的にする.

$$N^-(g) + e^- \longrightarrow N^{2-}(g)$$

同様に,つぎの過程は非常に吸熱的である.

$$N^{2-}(g) + e^- \longrightarrow N^{3-}(g)$$

練習問題

1. ビスマスの第一から第五番目までのイオン化エネルギー(703, 1610, 2466, 4370, および5400 kJ mol^{-1})にみられる傾向について考察せよ. [答 §1・10およびBox 13・3を参照せよ]

2. 15族中のIE_1の値(N, 1402; P, 1012; As, 947; Sb, 831; Bi, 703 kJ mol^{-1})の傾向を説明せよ. [答 §1・10を参照せよ]

3. NからO,およびPからSにいくとIE_1の値が減少するのはなぜか. [答 §1・10およびBox 1・7を参照せよ]

応用と実用化

Box 15・2　含リン神経作用物質

20世紀後半，有機リン神経作用物質の開発は，実際に使用するためだけではなく，テロ活動や戦争で使用されるかもしれないという脅威とも結びつくようになった．サリン，ソマン，およびVXのような神経作用物質は，室温で液体であるにもかかわらず，しばしば"神経ガス"とよばれる．1997年の化学兵器会議で，各国は化学兵器の開発，製造，貯蔵，および使用を禁止すること，ならびに2012年までに化学兵器とその製造設備を破壊することに同意した．神経作用物質を破壊する方法を開発する際に生じる問題は，最終物質が無害であることを確かめることである．たとえばサリンは，室温でNa_2CO_3水溶液を用いて加水分解でき，NaFと有機リン酸のナトリウム塩を生じる．

神経作用物質VXの加水分解はもっと困難である．室温でのNaOH水溶液との反応は遅いので，360 Kで数時間をかけて加水分解しなければならない．さらに，加水分解にはページの一番下に示すスキームに従って二つの経路がある．P-S結合が残っている生成物は，非常に毒性が高い．加水分解の段階で，水溶性廃液は安全を確かめなければならない．

野外における化学試薬の素早い検出は必須である．しかしながら，ガスあるいは液体クロマトグラフィーのような信頼できる分析技術は，実験室外で日常的に使用するには適さない．簡便に調査できる一つの方法は，フルオロリン酸化合物（たとえばサリン）の加水分解で遊離するHFを利用することである．この反応は$Me_2NCH_2CH_2NMe_2$配位子を含む銅(II)錯体によって触媒される．

反応は，多孔性シリコン（銅(II)触媒を含む）の薄膜上で行われ，その表面は酸化処理されている．HFが生じるとSiO$_2$表面と反応し，気体のSiF$_4$を生じる．

$$SiO_2 + 4HF \longrightarrow SiF_4 + 2H_2O$$

多孔性シリコンは発光性であり，上記の反応は多孔性シリコンの発光スペクトルの変化となって現れ，R$_2$P(O)F試薬の検出法になる．研究された他の検出方法には，カーボンナノチューブを神経性物質のセンサーに応用した例がある．VXに化学構造が似たモデル物質を用いて，チオール含有生成物がカーボンナノチューブの電極触媒活性を利用することにより，検出できることが示された．

さらに勉強したい人のための参考文献

K. A. Joshi, M. Prouza, M. Kum, J. Wang, J. Tang, R. Haddon, W. Chen and A. Mulchandani (2006) *Analytical Chemistry*, vol. 78, p. 331 – 'V-type nerve agent detection using a carbon nanotube-based amperometric enzyme electrode'.

J. P. Novak, E. S. Snow, E. J. Houser, D. Park, J. L. Stepnowski and R. A. McGill (2003) *Applied Physics Letters*, vol. 83, p. 4026 – 'Nerve agent detection using networks of single-walled carbon nanotubes'.

H. Sohn, S. Létant, M. J. Sailor and W. C. Trogler (2000) *Journal of the American Chemical Society*, vol. 122, p. 5399 – 'Detection of fluorophosphonate chemical warfare agents by catalytic hydrolysis with a porous silicon interferometer'.

Y.-C. Yang, J. A. Baker and J. R. Ward (1992) *Chemical Reviews*, vol. 92, p. 1729 – 'Decontamination of chemical warfare agents'.

Y.-C. Yang (1999) *Accounts of Chemical Research*, vol. 32, p. 109 – 'Chemical detoxification of nerve agent VX'.

結合性に関する考察

化学結合に関しては，14族と15族で類似した特徴がみられる．表15・3に，15族元素の代表的な共有結合のエンタルピー項を示す．単結合に関するデータは，ほとんど14族（表14・2）と類似した傾向を示している．たとえば，NはPより強くHと結合するが，F，Cl，Oとの結合は弱い．表15・3の結果は，N$_2$，NO，HCN，[N$_3$]$^-$および[NO$_2$]$^+$（**15.3**〜**15.7**）に対応する安定なPの類似体がないことと合わせて考えると，強い(p–p)π結合は15族の1番目の元素であるNのみに重要であることがわかる*．

$$N \equiv N \quad \dot{N}=O \quad H-C \equiv N$$
$$\text{(15.3)} \quad \text{(15.4)} \quad \text{(15.5)}$$

$$\overset{-}{N}=\overset{+}{N}=N \quad O=\overset{+}{N}=O$$
$$\text{(15.6)} \quad \text{(15.7)}$$

窒素とそれより重い15族元素の化学の間の違い（たとえば，PF$_5$，AsF$_5$，SbF$_5$，BiF$_5$は存在するが，NF$_5$は存在しない）については，N原子が単に小さすぎてそのまわりに5個の原子を配置できないという事実に基づいて説明できる．歴史的には，この違いは，P，As，SbおよびBiにおいてはd軌道が利用できるが，Nでは利用できないことに帰されてきた．しかしながら，たとえ電気陰性な原子が存在しても，現在ではこれらの軌道は，15族（およびそれ以降の）元素の超原子価化合物において何の重要な役割も果たさないと考えられている．第5章で見たように，pブロック元素の超原子価分子における結合性は，nsおよびnp軌道の原子価

表 15・3 いくつかの共有結合エンタルピー項（kJ mol^{-1}）．単結合の値は，三配位環境にある15族元素に基づき，三重結合の値は，適当な二原子分子の解離の値である．

N−N	N=N	N≡N	N−H	N−F	N−Cl	N−O
160	≈ 400†	946	391	272	193	201
P−P		P≡P	P−H	P−F	P−Cl	P−O
209		490	322	490	319	340
As−As			As−H	As−F	As−Cl	As−O
180			296	464	317	330
					Sb−Cl	
					312	
					Bi−Cl	
					280	

$\dagger$ 本文参照．

の組で説明することができる．ただし三方両錐形や八面体形のpブロック元素の化学種を記述するのにsp^{3}dやsp^{3}d^{2}混成スキームを用いることについては，注意すべきである．酸化状態が+5のP，As，Sb，Biの化合物（たとえば，PCl$_5$，[PO$_4$]$^{3-}$，[SbF$_6$]$^-$）の分子構造の表示において2個の原子間を結ぶ一本線は必ずしも二中心二電子結合の存在を意味しない．同様に，二重線の表現は，必ずしも相互作用が共有結合のσとπの寄与からなることを意味しない．たとえば，Me$_3$POとPF$_5$の構造はつぎのように描くのが便利である．

---

* [PO$_2$F$_2$]$^-$からF$^-$を引抜くことによって[PO$_2$]$^+$を合成する試みについての記事は，以下を参照せよ：S. Schneider, A. Vij, J. A. Sheehy, F. S. Tham, T. Schroer and K. O. Christe (1999) *Z. Anorg. Allg. Chem.*, vol. 627, p. 631.

イオンや分子の電荷分布を議論するときは，電荷分離した化学種が果たす役割を示す方がより現実的である．すなわち，つぎのように描く．さらにPF_5は，二つのアキシアル位の

P–F結合と三つのエクアトリアルP–F結合の等価性が説明できるように，一連の共鳴構造によって表現されるべきである．分子の結合性より構造に注目したいときは，電荷分離した表現は，しばしば幾何構造が曖昧になるので，必ずしもベストな選択とはいえない．この問題は，上記のPF_5の電荷分離した表現をみると容易にわかる，上の図では，PF_5の三方両錐形構造は明らかではない．

14族と15族の最も大きな差は，N≡N（N_2における）やN–N（N_2H_4における）結合が，C≡CやC–C結合に比べて相対的に強いことにある（**表15・3と表14・2**）．参照する化合物を選ぶのが難しいため，N=N結合エンタルピー項の値にはいくらか不確定さがある．しかし，表15・3に示したN=Nのおよその値は，N–N結合の値の2倍より大きく，C=C結合がC–C結合の2倍の強さよりずっと弱いことと対照的である（表14・2）．N_2は，N–N結合を含む化学種へのオリゴマー化に対して熱力学的に安定であるが，HC≡HはC–C結合の化学種に対して熱力学的に不安定である（章末の**問題15.2**参照）．同様に，P_2の四面体形P_4への二量化は熱力学的に好まれる．非常に強いN≡N結合（これは多くの窒素化合物を吸熱的にし，残りのほとんどの化合物をわずかに発熱的にする）に貢献するσ性とπ性の寄与は**§2・3**で議論した．しかしながら，N–N単結合が特に弱いことは言及しておかなければならない．O–O（H_2O_2において146 kJ mol^{-1}）およびF–F（F_2において159 kJ mol^{-1}）結合も非常に弱く，それぞれ同族のS–SやCl–Cl結合よりずっと弱い．N_2H_4，H_2O_2，およびF_2において，N，O，F原子は非共有電子対をもち，N–N，O–O，F–F結合は，隣り合う原子の非共有電子対間の反発によっ

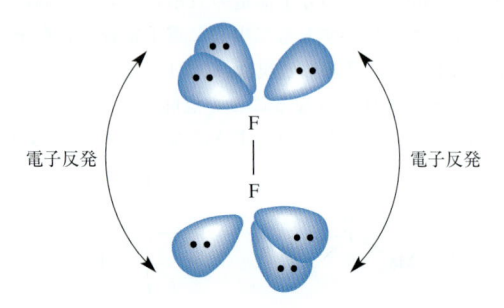

図15・2 F_2中のF–F結合を弱めると考えられている電子反発の模式図．これは，N–NやO–O単結合にも起こる現象の最も単純な例を示している．

て弱められると考えられている（図15・2）．より大きな原子（たとえばCl_2）上の非共有電子対はかなり離れており，相互反発は小さい．N_2中の各N原子も非結合性の非共有電子対をもつが，それらは互いに離れて配向している．表15・3はN–O，N–F，N–Clもかなり弱いことを示しており，これらのデータを合理的に説明するのにも，非共有電子対間の相互作用を用いることができる．しかしながら，Nが非共有電子対をもたない原子（たとえばH）と単結合で結合しているとき，結合は強い，このような議論を進める際に，異核結合においては部分的なイオン性に起因する別のエネルギーの寄与があることを思い出す必要がある（**§2・5参照**）．

Nとそれ以降の15族元素の間のもう一つの重要な違いは，Nが強い水素結合を形成する能力をもつことである（**§10・6**および**§15・5参照**）．これは，Nが他の15族元素に比べて大きな電気陰性度（$\chi^P = 3.0$）をもつことに起因する（χ^P値: P, 2.2; As, 2.2; Sb, 2.1; Bi, 2.0）．第二周期元素の水素結合能は，16族（たとえば，O–H···OやN–H···O相互作用）や17族（たとえば，O–H···FやN–H···F相互作用）にもみられる．14族の最初の元素である炭素にとって，弱い水素結合（たとえば，C–H···O相互作用）は，分子系および生体系の固体状態の構造において重要である．

NMR活性な核

NMR活性な核は表15・2に掲載されている．^{31}P NMR分光法は，ごく普通にPを含む化学種に用いられる．たとえば，**第3章の具体例1，2，4**，および章末の**問題3.29**を参照せよ．化学シフトは普通，85%のH_3PO_4水溶液の$\delta = 0$に対して報告される．しかし，トリメチルホスファイト$P(OMe)_3$のような他の基準も使用される．^{31}Pの化学シフトの幅は広い．

練習問題

307 Kにおいて，$[PF_5(CN)]^-$のCD_2Cl_2溶液の^{31}P NMRスペクトルは，六重線（$\delta -157.7$ ppm，$J_{PF} 744$ Hz）からなる．178 Kで，同じ陰イオンの^{19}F NMRスペクトルは二つのシグナルを示す（$\delta -47.6$ ppm，二重線の二重線；$\delta -75.3$ ppm，五重線の二重線）．そこからつぎの結合定数が得られる：$J_{PF(axial)} 762$ Hz, $J_{PF(eq)} 741$ Hz, $J_{FF} 58$ Hz. (a) これらの観測結果を合理的に説明せよ．(b) ^{19}F NMRスペクトルを示す図を描き，それぞれの結合定数の値がどのように読み取られるか答えよ． ［答 307 K，動的；178 K，静的；**§3・11参照**］

放射性同位体

天然に存在するリンの同位体は^{31}Pである．16の放射性同位体が知られているが，^{32}Pが最も重要である（**式3.12**お

および式 3.13 参照)，その半減期は 14.3 日であり，トレーサーとしてちょうどよい．

15・4 単体
窒素
窒素分子(二窒素，dinitrogen)は工業的には液体空気の分別蒸留により得られ，その製品には少しの Ar と痕跡量の O_2 が含まれる．酸素分子は，少量の水素を添加して白金触媒上を通すことにより除くことができる．ガス透過膜を用いる N_2 と O_2 の分離は重要性が高まっており，液体空気の分別蒸留による N_2 の精製より低コストの代替法である．分別蒸留法と比べて，膜分離法は少量のガス製造に向いているが，製造された N_2 は純度が低い(典型的には，0.5～5%の O_2 を含む)．それにもかかわらず，ガス透過膜の利用は，果物や野菜の貯蔵や運搬のため，あるいは実験室での少量または低流速の不活性ガスの製造のような応用に大変適している．膜は，特定のガスを選択的に透過する高分子材料からつくられている．選択性を決める要素は，ガスの膜中への溶解性と膜を透過する拡散速度である．N_2/O_2 混合物が膜表面を通過するとき，O_2 は膜を透過し，透過性の低いガス(N_2)が濃縮された気流が残る．必要とする N_2 が少量の場合には，アジ化ナトリウムの熱分解(式 15.4)や，反応 15.5 または 15.6 により合成できる．後者は爆発の危険があるため注意して行わなければならない．亜硝酸ナトリウム(NH_4NO_2)は潜在的に爆発性である．強力な酸化剤でダイナマイトの成分でもある硝酸アンモニウムも同様である．車のエアバッグでは，電気衝撃によって NaN_3 の分解を開始する*．

$$2NaN_3(s) \xrightarrow{\text{加熱}} 2Na + 3N_2 \qquad (15.4)$$

$$NH_4NO_2(aq) \xrightarrow{\text{加熱}} N_2 + 2H_2O \qquad (15.5)$$

$$2NH_4NO_3(s) \xrightarrow{>570\,K} 2N_2 + O_2 + 4H_2O \qquad (15.6)$$

窒素分子は一般的には反応しないが，常温でゆっくり Li と結合する(式 11.6)．また加熱すると，2 族の金属，Al(§13・8)，Si，Ge(§14・5)，および多くの d ブロック金属と反応する．CaC_2 と N_2 との反応は，窒素肥料のカルシウムシアナミドを工業的に製造するのに用いられる(式 14.32 および式 14.33)．N_2 に対して不活性な多くの元素(たとえば，Na，Hg，S)でも，N_2 気流を放電することにより生成する原子状窒素とは反応する．水酸化バナジウム(II)や水酸化マグネシウムによって，N_2 は常温でヒドラジン(N_2H_4)に還元される．N_2 と H_2 の反応は本章で後ほど考察する．

N_2 が配位する d ブロック金属は多く知られている(図 15・91，式 23.98，式 23.99 および考察)．N_2 は CO と等電子構造であり，N_2 配位子を含む錯体における結合性は，金属カルボニル化合物と同様に記述できる(第 24 章参照)．

リン
リン(phosphorus)は複雑な同素体生成挙動を示す．結晶と非晶質の両方を含む 12 種の形態が報告されている．結晶性白リン(white phosphorus)は四面体形 P_4 分子(図 15・3a)を含み，P-P 距離(221 pm)は単結合(r_{cov} = 110 pm)に合致する．白リンは単体の標準状態として定義されているが，実際には準安定状態(式 15.7)である(§14・4 参照)．

$$\text{P} \xleftarrow{\Delta_f H^\circ = -39.3\,\text{kJ mol}^{-1}} \tfrac{1}{4}\text{P}_4 \xrightarrow{\Delta_f H^\circ = -17.6\,\text{kJ mol}^{-1}} \text{P}$$
$$\text{黒色} \qquad\qquad \text{白色} \qquad\qquad \text{赤色}$$
$$(15.7)$$

白リンの安定性が低い要因は，おそらく 60°の結合角に起因するひずみと考えられる．

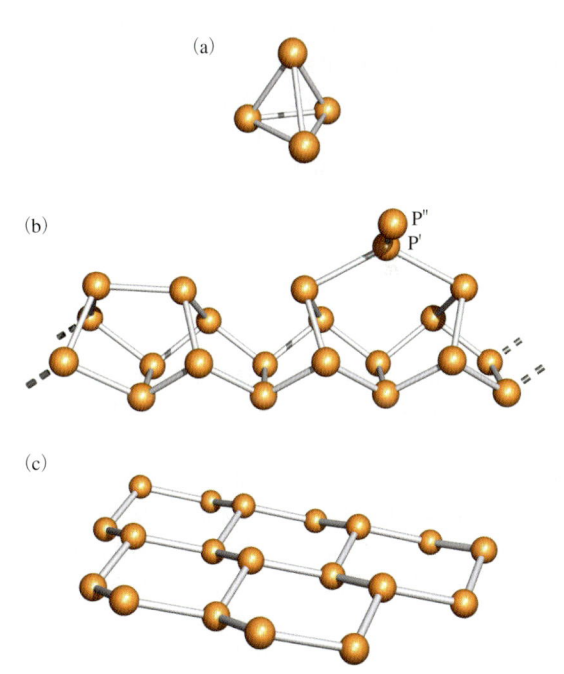

図 15・3 (a) 白リン中に見いだされる四面体形 P_4 分子．(b) ヒットルフのリンの無限格子中に存在する原子の鎖状配列の一部．繰返し単位は 21 原子を含む．P′ および P″ は，隣接する鎖中の等価な原子であり，P′−P″ 結合を通して鎖はつながっている．(c) 黒リンおよび，ヒ素，アンチモン，ビスマスの菱面体形同素体中に存在するひだ形六員環の層の一部．

---
* A. Madlung (1996) *J. Chem. Educ.*, vol. 73, p. 347 — 'The chemistry behind the air bag'.

白リンは反応 15.1 により製造され，この同素体を不活性ガス中，約 540 K で加熱することにより**赤リン**（red phosphorus）が生成する．赤リンには数種の結晶形が存在するが，おそらくすべてが無限格子である*．**ヒットルフのリン**（Hittorf's phosphorus，**紫リン** violet phosphorus ともよばれる）は，赤リンのなかで詳しく調べられた形態であり，その複雑な構造は，インターロック鎖として最もよく記述できる（図 15・3b）．結合していない鎖が互いに平行に並んで層を形成し，ある層内の鎖は，その隣の層の鎖と直角に位置し，図 15・3b に示される P′-P″ 結合によって連結されている．すべての P-P 結合距離は約 222 pm で，共有単結合であることを示している．ヒットルフのリンの結晶を得る一つの方法は，市販の非晶質赤リンを真空中，I_2 触媒の存在下で昇華させることである．これらの条件下で，別の同素体である繊維状赤リンも結晶化する．ヒットルフのリンと繊維状赤リンはともに，図 15・3b に示された鎖からなる．ヒットルフのリンではこれらの鎖の対が互いに垂直配向で連結しているが，繊維状赤リンでは互いに平行に位置している．**黒リン**（black phosphorus）は最も安定な同素体で，白リンを高圧下で加熱することにより得られる．その外観や電気伝導性はグラファイトに似ており，ひだ形六員環の二重層格子をもっている（図 15・3c）．層内の P-P 距離は 220 pm で，層間の最も短い P-P 距離は 390 pm である．融解すると，すべての同素体は P_4 分子を含む液体になる．P_4 分子は蒸気中にも存在するが，1070 K 以上または高圧下では P_4 は P_2 （**15.8**）と平衡状態になる．

187 pm
P≡≡≡P
(15.8)

リンの同素体間での化学的な相違はほとんど反応の活性化エネルギーの違いによるものである．黒リンは速度論的に不活性で，空気中では 670 K でも発火しない．赤リンは反応性においては白リンと黒リンの中間である．赤リンは毒性がなく，有機溶媒に不溶で，アルカリ水溶液と反応せず，空気中，520 K 以上で発火する．ハロゲン，硫黄および金属と反応するが，白リンほど激しくない．白リンは軟らかいワックス状の固体であり，光にさらすと黄色になる．それは非常に毒性が強く，血や肝臓に容易に吸収される．白リンはベンゼン，PCl_3，CS_2 に溶解するが，水にはほとんど不溶であり，酸化を防ぐために水中に貯蔵される．湿った空気中では，<u>化学発光酸化</u>を起こし，緑色光を放ちながら，ゆっくり P_4O_8 と少量の O_3 を生成する（§15・10）．この過程に含まれる連鎖反応はきわめて複雑である．

> **化学発光反応**（chemiluminescent reaction）は，発光を伴う反応である．

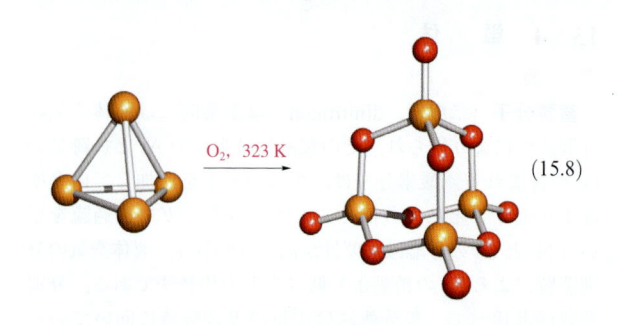

$$P_4 \xrightarrow{O_2,\ 323\ K} P_4O_{10} \quad (15.8)$$

323 K 以上で，白リンは燃えて酸化リン(V)（式 15.8）を生じる．空気の供給が制限された条件では，P_4O_6 が生成する．白リンはすべてのハロゲンと激しく化合し，P_4 と X_2 の相対量に依存して，PX_3 (X = F, Cl, Br, I) または PX_5 (X = F, Cl, Br) を生じる．濃 HNO_3 は P_4 を H_3PO_4 に酸化し，熱 NaOH 水溶液とは式 15.9 の反応が起こる．少量の H_2 および P_2H_4 も生成する．

$$P_4 + 3NaOH + 3H_2O \longrightarrow 3NaH_2PO_2 + PH_3 \quad (15.9)$$

$$23P_4 + 12LiPH_2 \longrightarrow 6Li_2P_{16} + 8PH_3 \quad (15.10)$$

反応 15.10 では Li_2P_{16} が生じるが，P_4 : $LiPH_2$ の比を変えることで Li_3P_{21} や Li_4P_{26} が得られる．リン化物イオン $[P_{16}]^{2-}$，**15.9**，$[P_{21}]^{3-}$，**15.10** および $[P_{26}]^{4-}$ の構造は，ヒットルフのリンおよび繊維状赤リンの一本鎖と類似点がある（図 15・3b）．

$$[P_{16}]^{2-} \quad (15.9)$$

$$[P_{21}]^{3-} \quad (15.10)$$

N_2 同様，P_4 は d ブロック金属錯体の配位子として働く．P_4 のさまざまな配位形態を構造 **15.11〜15.13** に示す．

---

* 最近の詳細については，以下を参照せよ: H. Hartl (1995) *Angew. Chem. Int. Ed.*, vol. 34, p. 2637 — 'New evidence concerning the structure of amorphous red phosphorus'; M. Ruck *et al.* (2005) *Angew. Chem. Int. Ed.*, vol. 44, p. 7616 — 'Fibrous red phosphorus'.

(15.11)　(15.12)

(15.13)

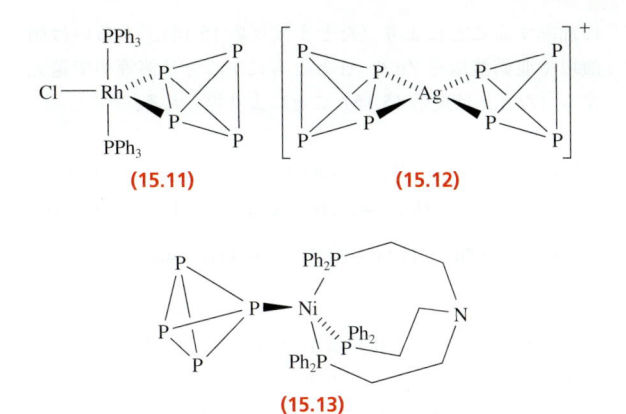

ヒ素，アンチモン，ビスマス

ヒ素の蒸気は As_4 分子を含むが，この分子はおそらく不安定な黄色固体の As にも構成単位として含まれている．比較的低い温度では，Sb の蒸気は分子状の Sb_4 を含む．室温，常圧では，Sb および Bi は灰色固体で，黒リンに似た拡張した構造をもっている（図 15・3c）．族の下方ほど，層内の結合距離は予想どおり増大するが，層間の距離は同じように増大するわけではないので，各原子の配位数は実際には 3 （図 15・3c）から 6（層内の 3 原子とつぎの層の 3 原子）へ変化する．

ヒ素，アンチモンおよびビスマスは空気中で燃え（式 15.11），ハロゲンとも化合する（§15・7 参照）．

$$4M + 3O_2 \xrightarrow{加熱} 2M_2O_3 \quad M = As, Sb\ \text{または}\ Bi \quad (15.11)$$

それらは酸化力のない酸にはおかされないが，濃 HNO_3 と反応して，それぞれ，H_3AsO_4（水和した As_2O_5），水和 Sb_2O_5 および $Bi(NO_3)_3$ を生じる．また，濃 H_2SO_4 と反応して，それぞれ，As_4O_6，$Sb_2(SO_4)_3$ および $Bi(SO_4)_3$ を生じる．どの単体もアルカリ水溶液とは反応しないが，As は溶融 NaOH におかされる（式 15.12）．

$$2As + 6NaOH \longrightarrow 2Na_3AsO_3 + 3H_2 \quad (15.12)$$
ヒ酸ナトリウム

15・5　水 素 化 物

三水素化物 EH_3（E = N，P，As，Sb，Bi）

15 族元素はいずれも三水素化物を生成する．それらのおもな性質を表 15・4 に示す．BiH_3 は不安定であるためデータに欠落がある．沸点（図 10・6b，表 15・4）が規則的でないことは，窒素が水素結合を形成している強い証拠の一つである．さらなる証拠としては，NH_3 が大きな $\Delta_{vap}H°$ 値をもつことや他の三水素化物より高い表面張力をもつことがあげられる．これらの化合物の熱的な安定性は族を下るほど減少し（BH_3 は 228 K 以上で分解する），この傾向は結合エンタルピー項に反映される（表 15・3）．アンモニアは負の $\Delta_fH°$ 値をもつ唯一の三水素化物である（表 15・4）．

例題 15.2　15 族水素化物の結合エンタルピー

$PH_3(g)$ の $\Delta_fH°$ が $+5.4\ \text{kJ mol}^{-1}$ のとき，PH_3 における P–H 結合エンタルピー項の値を計算せよ．[その他のデータは付録 10 を参照せよ]

解答　P–H 結合エンタルピー項が $PH_3(g)$ の標準原子化エンタルピーから決定できることを考慮して，適切なヘスの熱化学サイクルを構築せよ．

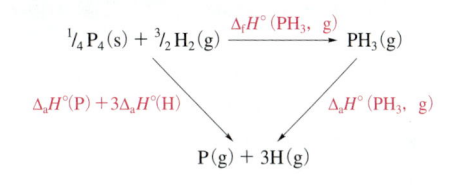

$$\begin{array}{ccc}
\frac{1}{4}P_4(s) + \frac{3}{2}H_2(g) & \xrightarrow{\Delta_fH°(PH_3,\ g)} & PH_3(g) \\
{\scriptstyle \Delta_aH°(P)+3\Delta_aH°(H)} \searrow & & \swarrow {\scriptstyle \Delta_aH°(PH_3,\ g)} \\
& P(g) + 3H(g) &
\end{array}$$

表 15・4　15 族三水素化物 EH_3 の主要データ

	NH_3	PH_3	AsH_3	SbH_3	BiH_3
名称（括弧内は IUPAC 推奨名）†	アンモニア ammonia （アザン azane）	ホスフィン phosphine （ホスファン phosphane）	アルシン arsine （アルサン arsane）	スチビン stibine （スチバン stibane）	ビスムタン bismuthane
融点 /K	195.5	140	157	185	206
沸点 /K	240	185.5	210.5	256	290（推定値）
$\Delta_{vap}H°$(bp) / kJ mol^{-1}	23.3	14.6	16.7	21.3	—
$\Delta_fH°$(298 K) / kJ mol^{-1}	−45.9	5.4	66.4	145.1	277（推定値）
双極子モーメント / D	1.47	0.57	0.20	0.12	—
E–H 結合距離 / pm	101.2	142.0	151.1	170.4	—
∠H–E–H / deg	106.7	93.3	92.1	91.6	—

† NH_3，PH_3，AsH_3，SbH_3 については，慣用名が一般的に使われている．ビスムタンは IUPAC 名で，慣用名は特にない．

$$\Delta_f H°(\text{PH}_3, \text{g}) + \Delta_a H°(\text{PH}_3, \text{g})$$
$$= \Delta_a H°(\text{P, g}) + 3\Delta_a H(\text{PH}_3, \text{g})$$

単体の標準原子化エンタルピーは付録10に掲載されている.

$$\Delta_a H°(\text{PH}_3, \text{g})$$
$$= \Delta_a H°(\text{P, g}) + 3\Delta_a H°(\text{H, g}) - \Delta_f H°(\text{PH}_3, \text{g})$$
$$= 315 + 3(218) - 5.4$$
$$= 963.6 ≒ 964 \text{ kJ mol}^{-1} \text{ (有効数字 3 桁で)}$$
$$\text{P−H 結合エンタルピー項} = \frac{964}{3} = 321 \text{ kJ mol}^{-1}$$

練習問題

1. 表 15·3 と付録 10 のデータを用いて, $\Delta_f H°(\text{NH}_3, \text{g})$ の値を計算せよ. 　　[答 -46 kJ mol^{-1}]

2. 表 15·4 と付録 10 のデータを用いて, BiH$_3$ における Bi−H 結合エンタルピー項の値を計算せよ.
[答　196 kJ mol^{-1}]

3. 表 15·4 と付録 10 のデータを用いて, BiH$_3$ における As−H 結合エンタルピー項の値を計算せよ.　[答　297 kJ mol^{-1}]

アンモニア (ammonia) は, Li や Mg の窒化物に H$_2$O を作用させることにより (式 15.13), [NH$_4$]$^+$ 塩を塩基とともに加熱することにより (たとえば反応 15.14), あるいは硝酸塩や亜硝酸塩を Zn や Al とともにアルカリ溶液中で還元する (たとえば反応 15.15) ことにより得られる.

$$\text{Li}_3\text{N} + 3\text{H}_2\text{O} \longrightarrow \text{NH}_3 + 3\text{LiOH} \qquad (15.13)$$

$$2\text{NH}_4\text{Cl} + \text{Ca(OH)}_2 \longrightarrow 2\text{NH}_3 + \text{CaCl}_2 + 2\text{H}_2\text{O} \qquad (15.14)$$

$$[\text{NO}_3]^- + 4\text{Zn} + 6\text{H}_2\text{O} + 7[\text{OH}]^- \longrightarrow \text{NH}_3 + 4[\text{Zn(OH)}_4]^{2-} \qquad (15.15)$$

N 以降の元素の三水素化物は 15.16 の方法か, あるいはリン化物, ヒ化物, アンチモン化物およびビスマス化物の酸加水分解 (たとえば反応 15.17) により合成するのが最もよい. ホスフィンも反応 15.18 により合成され, [PH$_4$]I は P$_2$I$_4$ から合成される (§15·7 参照).

$$\text{ECl}_3 \xrightarrow{\text{Li[AlH}_4\text{], Et}_2\text{O 中}} \text{EH}_3 \quad \text{E = P, As, Sb, Bi} \qquad (15.16)$$

$$\text{Ca}_3\text{P}_2 + 6\text{H}_2\text{O} \longrightarrow 2\text{PH}_3 + 3\text{Ca(OH)}_2 \qquad (15.17)$$

$$[\text{PH}_4]\text{I} + \text{KOH} \longrightarrow \text{PH}_3 + \text{KI} + \text{H}_2\text{O} \qquad (15.18)$$

NH$_3$ の工業的製造法 (Box 15·3) には, ハーバー法 (Haber process, 反応 15.19) があり, それに必要な H$_2$ の製造 (§10·4 参照) はプロセス全体のコストを大きく左右する.

応用と実用化

Box 15·3　アンモニア: 工業の巨人

　アンモニアは巨大スケールで生産されており, おもな生産国は中国, 米国, インドおよびロシアである. 右のグラフは, 1985 年から 2005 年の間の世界および米国における NH$_3$ の生産傾向を示している.

　農業には土壌の養分供給のために大量の化学肥料が必要である. これは, 同じ土地を毎年穀物生産に利用するためには非常に重要となる. 主要な栄養分は, N, P, K (これら 3 種は大量に必要である), Ca, Mg, S および微量の他元素である. 2005 年に米国では, 直接的な利用と他の窒素系肥料への変換を合わせると, 全 NH$_3$ の約 90 % に達した. NH$_3$ そのものに加えて, 窒素の豊富な化合物 CO(NH$_2$)$_2$ (尿素) は, [NH$_4$][NO$_3$] や [NH$_4$]$_2$[HPO$_4$] (これは N と P 養分の両方を供給できる) とともに特に重要である. それらと比べると [NH$_4$]$_2$[SO$_4$] の市場は小さい. 米国で生産される NH$_3$ の残りの 10 % は, 合成繊維工業 (たとえば, ナイロン-6, ナイロン-66 およびレーヨン), 火薬工業 (**15.1** および **15.2** 参照), 樹脂およびその他の化学薬品に用いられている.

　リンを含む化学肥料は **Box 15·10** で取上げる.

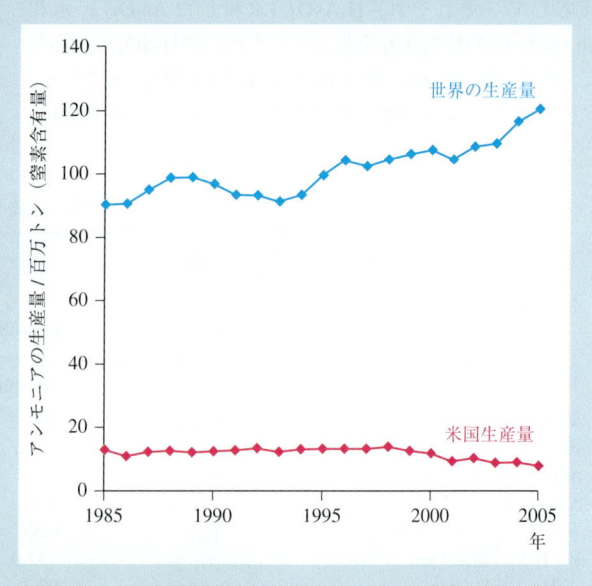

[データ: 米国地質調査所]

$$N_2 + 3H_2 \rightleftharpoons 2NH_3 \quad \begin{cases} \Delta_r H^\circ(298\,K) = -92\,kJ\,mol^{-1} \\ \Delta_r G^\circ(298\,K) = -33\,kJ\,mol^{-1} \end{cases}$$
(15.19)

ハーバー法は，平衡系に対する物理化学原理の古典的な応用例の一つである．反応における気体分子の物質量の減少は，$\Delta_r S^\circ(298\,K)$ が負であることを意味する．工業化のためには，NH_3 を最適な収量で，しかも適切な速度で生成しなければならない．温度の上昇は反応速度を増大させるが，進行反応が発熱的であるために収量は減少する．一定温度では，高圧で操作することにより平衡収量と反応速度がともに増大する．適切な触媒（§27・8）の存在も速度を増大させる．律速段階は，N_2 が触媒に化学吸着した N 原子へ解離する過程である．最適化された反応条件は，$T = 723\,K$, $P = 20\,260\,kPa$ において，不均一触媒として K_2O, SiO_2, Al_2O_3 を混合した Fe_3O_4 を添加した場合である．Fe_3O_4 は還元され，触媒活性な α-Fe になる．生成した NH_3 は，液化するか H_2O に溶かして比重 0.880 の飽和溶液とする．

例題 15.3 NH₃ 生成の熱力学

つぎの平衡

$$\tfrac{1}{2}N_2(g) + \tfrac{3}{2}H_2(g) \rightleftharpoons NH_3(g)$$

において $\Delta_r H^\circ(298\,K)$ および $\Delta_r G^\circ(298\,K)$ の値は，それぞれ，-45.9 および $-16.4\,kJ\,mol^{-1}$ である．$\Delta_r S^\circ(298\,K)$ を計算し，その値について考察せよ．

解答 負の値は，平衡が左から右側にいくと物質量が減少することと対応する．

$$\Delta_r G^\circ = \Delta_r H^\circ - T\Delta_r S^\circ$$
$$\Delta_r S^\circ = \frac{\Delta_r H^\circ - \Delta_r G^\circ}{T}$$
$$= \frac{-45.9 - (-16.4)}{298}$$
$$= -0.0990\,kJ\,K^{-1}\,mol^{-1}$$
$$= -99.0\,J\,K^{-1}\,mol^{-1}$$

練習問題

つぎの練習問題は，すべて例題に与えられた平衡に関するものである．

1. 298 K における $\ln K$ を決定せよ． [答 6.62]
2. 700 K において，$\Delta_r H^\circ$ および $\Delta_r G^\circ$ は，それぞれ -52.7 および $+27.2\,kJ\,mol^{-1}$ である．これらの条件下での $\Delta_r S^\circ$ を決定せよ． [答 $-114\,J\,K^{-1}\,mol^{-1}$]
3. 700 K における $\ln K$ を決定せよ． [答 -4.67]
4. 工業的合成における最適温度が 723 K であるとして，問 3 に対する答について考察せよ．

アンモニアは刺激臭のある無色の気体である．表 15・4 に，おもな性質と三方錐形分子 **15.14** の構造データがまとめられている．この分子の反転障壁は，非常に低い（$24\,kJ\,mol^{-1}$）．NH_3 の酸化生成物は反応条件に依存する．反応 15.20 は O_2 中での燃焼で起こるが，約 1200 K において，Pt/Rh 触媒存在下，接触時間約 1 ms では，低発熱反応 15.21 が起こる．この反応は HNO_3 の工業的製造過程の一部となっている（§15・9 参照）．

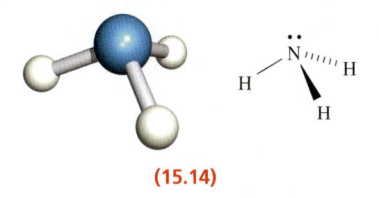

(15.14)

$$4NH_3 + 3O_2 \longrightarrow 2N_2 + 6H_2O \quad (15.20)$$
$$4NH_3 + 5O_2 \xrightarrow{Pt/Rh} 4NO + 6H_2O \quad (15.21)$$

NH_3 の水への溶解度は他のどの気体よりも大きい．それは明らかに，NH_3 と H_2O との水素結合形成のためである．反応 15.22 の平衡定数（298 K）は，溶解した NH_3 のほとんどすべてが非イオン化していることを示し，希薄溶液でさえも特徴的な NH_3 臭がすることと一致する．$K_w = 10^{-14}$ なので，強酸の $[NH_4]^+$ 塩（たとえば，NH_4Cl）の水溶液は少し酸性（式 15.23）である（平衡 15.22 および 15.23 に関する計算は**例題 7.2** 参照，pK_a と pK_b の関係については**例題 7.3** 参照）．

$$NH_3(aq) + H_2O(l) \rightleftharpoons [NH_4]^+(aq) + [OH]^-(aq)$$
$$K_b = 1.8 \times 10^{-5} \quad (15.22)$$
$$[NH_4]^+(aq) + H_2O(l) \rightleftharpoons [H_3O]^+(aq) + NH_3(aq)$$
$$K_a = 5.6 \times 10^{-10} \quad (15.23)$$

アンモニウム塩は，たとえば式 15.24 のような中和反応により容易に合成できる．工業的には，ソルベー法（Solvay process, 図 11・5）もしくは反応 15.25 と 15.26 を用いて合成される．硫酸アンモニウムと硝酸アンモニウムはともに重要な肥料であり，NH_4NO_3 はいくつかの爆薬の成分でもある（**式 15.6 参照**）．

$$NH_3 + HBr \longrightarrow NH_4Br \quad (15.24)$$
$$CaSO_4 + 2NH_3 + CO_2 + H_2O \longrightarrow CaCO_3 + [NH_4]_2[SO_4] \quad (15.25)$$
$$NH_3 + HNO_3 \longrightarrow NH_4NO_3 \quad (15.26)$$

NH_4NO_3 の爆発は，他の爆発によって誘発されうる．同様に，過塩素酸アンモニウム NH_4ClO_4 も，$[NH_4]^+$ 陽イオンの陰イオンによる酸化に関して準安定である．NH_4ClO_4 は，固体ロケット燃料に用いられ，たとえば，スペースシャトル

のブースターロケットに用いられている．

> すべての**過塩素酸塩**（perchlorate salt）は潜在的に爆発性なので，厳重に注意して取扱わなければならない．

"工業用試薬の炭酸アンモニウム"（気付け薬に用いられる）は，実際には $[NH_4][HCO_3]$ と $[NH_4][NH_2CO_2]$（カルバミン酸アンモニウム）の混合物である．後者は NH_3 と CO_2 の反応により合成される．強い NH_3 臭がするのはカルバミン酸がきわめて弱い酸だからである（スキーム 15.27）．純粋なカルバミン酸（H_2NCO_2H）は単離できず，332 K で完全に NH_3 と CO_2 に解離する．

$$\underbrace{[NH_4]^+(aq) + [H_2NCO_2]^-(aq)}_{\text{強塩基と弱酸の塩}}$$
$$\rightleftharpoons NH_3(aq) + \{H_2NCO_2H(aq)\}$$
$$\Updownarrow$$
$$NH_3(aq) + CO_2(aq) \qquad (15.27)$$

アンモニウム塩は，対応する K^+，Rb^+，Cs^+ 塩と類似の構造で結晶化することが多い．$[NH_4]^+$ は，$r_{ion} = 150$ pm の球に近似でき（図 6・17 参照），Rb^+ に近い大きさである．しかしながら，固体状態で $[NH_4]^+$ を含む水素結合があると，アンモニウム塩は対応するアルカリ金属塩とは異なる構造になる．たとえば，NH_4F は NaCl 型構造ではなくウルツ鉱型をとる．$[NH_4]^+$ 塩の多くは，$[NH_4]^+$ と H_2O との水素結合形成がおもな要因となって水に溶ける．例外は $[NH_4]_2[PtCl_6]$ である．

ホスフィン（phosphine, 表 15・4）はきわめて毒性が高く，NH_3 と異なり水にはほとんど溶けない無色の気体である．P–H 結合の極性は H_2O と水素結合を形成するのに十分ではない．NH_3 と対照的に，PH_3 の水溶液は中性であるが，液体 NH_3 中では PH_3 は酸として作用する（たとえば，式 15.28）．

$$K + PH_3 \xrightarrow{\text{液体 } NH_3} K^+ + [PH_2]^- + \tfrac{1}{2}H_2 \qquad (15.28)$$

ハロゲン化ホスホニウム PH_4X は，PH_3 を HX で処理することにより得られるが，通常の条件下ではヨウ化物のみが安定である．塩化物は 243 K 以上では不安定であり，臭化物は 273 K で分解する．$[PH_4]^+$ は水によって分解される（式 15.29）．ホスフィンはルイス塩基として作用し，いろいろな付加体（低酸化状態の d ブロック金属中心を含む）が知られている．たとえば，$H_3B\cdot PH_3$，$Cl_3B\cdot PH_3$，$Ni(PH_3)_4$（243 K 以上で分解）および $Ni(CO)_2(PH_3)_2$ がある．PH_3 が燃焼すると H_3PO_4 を生じる．

$$[PH_4]^+ + H_2O \longrightarrow PH_3 + [H_3O]^+ \qquad (15.29)$$

水素化物 AsH_3 や SbH_3 は，PH_3 と性質が類似しているが（表 15・4），元素単体へ分解しやすい．AsH_3 や SbH_3 の熱的な不安定性はマーシュ試験（Marsh test）に利用されている．これは法医学的科学捜査で用いられた古典的な分析手法で，そこではヒ素やアンチモンを含む物質がまず AsH_3 や SbH_3 に変換され，それから熱分解される（式 15.30）．黒褐色の残渣を NaOCl 水溶液で処理することにより As（反応する，15.31）と Sb（反応しない）が区別される．

$$2EH_3(g) \xrightarrow{\text{加熱}} 2E(s) + 3H_2(g) \qquad E = As, Sb \qquad (15.30)$$

$$5NaOCl + 2As + 3H_2O \longrightarrow 2H_3AsO_4 + 5NaCl \qquad (15.31)$$

AsH_3 と SbH_3 はともに猛毒性の気体で，SbH_3 は爆発しやすく，ともに PH_3 より塩基性が低いが，AsF_5 や SbF_5 の存在下で HF によりプロトン化されうる（式 15.32）．塩 $[AsH_4][AsF_6]$，$[AsH_4][SbF_6]$ および $[SbH_4][SbF_6]$ は，空気および湿度に敏感な結晶で，298 K 以下でも分解する．

$$AsH_3 + HF + AsF_5 \longrightarrow [AsH_4]^+ + [AsF_6]^- \qquad (15.32)$$

水素化物 E_2H_4（E = N, P, As）

ヒドラジン（hydrazine）N_2H_4 は無色の液体で（融点 275 K，沸点 386 K），水や多くの有機溶媒に溶解し，腐食性と毒性がある．その蒸気は，空気と爆発性の混合物を生成する．$\Delta_f H°(N_2H_4, 298\ K) = +50.6$ kJ mol^{-1} だが，常温での N_2H_4 は N_2 や H_2 に対して速度論的に安定である．ヒドラジンのアルキル誘導体（式 15.41 参照）は，たとえばアポロ計画において，N_2O_4 と混合してロケット燃料に用いられてきた*．N_2H_4 は農業やプラスチック工業での用途や，腐食を最小限にするために，工場のボイラー水からの酸素の除去（反応して N_2 と H_2O になる）に用いられる．ヒドラジンは NH_3 の不完全酸化（式 15.33）を含むラシヒ反応（Raschig reaction, 工業的合成の基盤）により得られる．生成した N_2H_4 を消費する副反応 15.34 を抑制するために，のりやゼラチンが加えられる．この添加剤は反応 15.34 を触媒する痕跡量の金属イオンを取除く．

$$\left.\begin{array}{l} NH_3 + NaOCl \longrightarrow NH_2Cl + NaOH \quad \text{速い} \\ NH_3 + NH_2Cl + NaOH \longrightarrow N_2H_4 + NaCl + H_2O \quad \text{遅い} \end{array}\right\} \quad (15.33)$$

$$2NH_2Cl + N_2H_4 \longrightarrow N_2 + 2NH_4Cl \qquad (15.34)$$

---

* O. de Bonn, A. Hammerl, T. M. Klapötke, P. Mayer, H. Piotrowski and H. Zewen (2001) *Z. Anorg. Allg. Chem.*, vol. 627, p. 2011 – 'Plume deposits from bipropellant rocket engines: methylhydrazinium nitrate and *N*, *N*-dimethylhydrazinium nitrate'.

ヒドラジンは市販品としては，ラシヒ反応で一水和物として得られ，このままの形で多くの目的に用いられる．脱水は困難である．無水 N_2H_4 を製造する直接的な方法を反応 15.35 に示す．

$$2NH_3 + [N_2H_5][HSO_4] \longrightarrow N_2H_4 + [NH_4]_2[SO_4] \quad (15.35)$$

水溶液中で N_2H_4 は，通常 $[N_2H_5]^+$（ヒドラジニウム）塩を形成するが，$[N_2H_6][SO_4]$ のような $[N_2H_6]^{2+}$ の塩もいくつか単離されている．pK_b 値を式 15.36 および 15.37 に記すが，第一段階は N_2H_4 が NH_3 より弱い塩基であることを示している（式 15.22）．

$$N_2H_4(aq) + H_2O(l) \rightleftharpoons [N_2H_5]^+(aq) + [OH]^-(aq)$$
$$K_b(1) = 8.9 \times 10^{-7} \quad (15.36)$$
$$[N_2H_5]^+(aq) + H_2O(l) \rightleftharpoons [N_2H_6]^{2+}(aq) + [OH]^-(aq)$$
$$K_b(2) \approx 10^{-14} \quad (15.37)$$

N_2H_4 と $[N_2H_5]^+$ はともに還元剤であり，反応 15.38 はヒドラジンの検出に用いられる．

$$N_2H_4 + KIO_3 + 2HCl \longrightarrow N_2 + KCl + ICl + 3H_2O \quad (15.38)$$

ロケット燃料における N_2H_4 の利用について先述したが，爆薬や推進燃料（'高エネルギー物質'）がもつ貯蔵エネルギーは，通常，有機骨格の酸化，もしくは高い正の生成エンタルピーに由来する．ヒドラジニウム塩 $[N_2H_5]_2$**15.15**（反応 15.39 により合成される）における $\Delta_f H°(s, 298\,K) = +858\,\text{kJ mol}^{-1}$（あるいは 3.7 kJ g^{-1}）は，高エネルギー密度物質の顕著な例であることを示している．

$$Ba[\textbf{15.15}] + [N_2H_5]_2[SO_4] \longrightarrow [N_2H_5]_2[\textbf{15.15}] \cdot 2H_2O$$
$$\xrightarrow{\text{373 K，真空中}} [N_2H_5]_2[\textbf{15.15}] \quad (15.39)$$

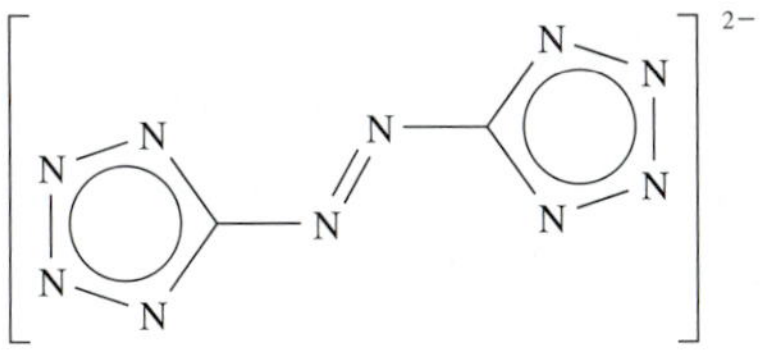

5,5'-アゾテトラゾラートジアニオン
(15.15)

図 15・4a に N_2H_4 の構造を示す．N_2H_4 に可能な立体配座のうち，電子線回折や赤外スペクトルデータから，気相ではゴーシュ形が好まれることが確かめられた．P_2H_4 も気相でゴーシュ形（図 15・4a および 15.4b）をとる．固体では，P_2H_4 はねじれ形（図 15・4c）をとるが，関連する N_2F_4 は両方の配座を示す．重なり形配座（非共有電子対間の反発が最大になる）は観測されない．

ジホスファン（diphosphane）P_2H_4 は，無色の液体（融点 174 K，沸点 329 K）で毒性があり，自然発火はしない．加熱すると，より高次のホスファンになる．ジホスファンは，PH_3 を生成するいくつかの反応（たとえば反応 15.9）において少量成分として生成し，凍結混合物中で濃縮することにより PH_3 から分離される．それは塩基性の性質をまったく示さない．

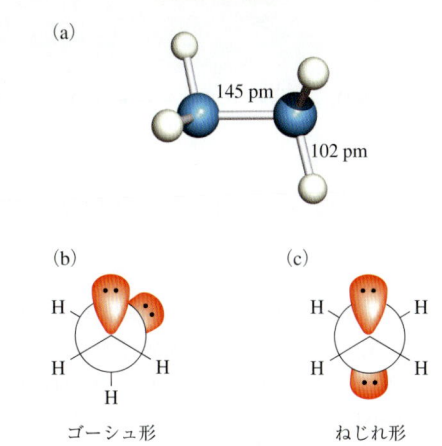

$[P_3H_3]^{2-}$ は反応 15.40 で生成し，$[Na(NH_3)_3(P_3H_3)]^-$ 中ではナトリウム中心に配位することによって安定化される．固体状態では，$[P_3H_3]^{2-}$ 中の H 原子はすべてトランス配置にある（図 15・5）．

$$5Na + 0.75P_4 + 11NH_3$$
$$\xrightarrow{\text{Na，液体 NH}_3\text{ 中，238 K}} [Na(NH_3)_5]^+[Na(NH_3)_3(P_3H_3)]^-$$
$$+ 3NaNH_2 \quad (15.40)$$

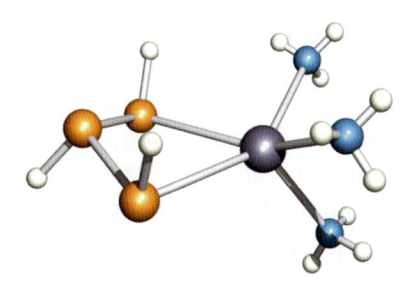

図 15・4 (a) N_2H_4 の構造およびニューマン投影図，(b) 観測されるゴーシュ配座と (c) 可能なねじれ形配座．重なり形配座も可能である．

図 15・5 $[Na(NH_3)_5]^+[Na(NH_3)_3(P_3H_3)]^-$ 中の陰イオンの固体状態の構造（123 K における X 線回折）[N. Korber *et al.* (2001) *J. Chem. Soc., Dalton Trans.*, p. 1165]．3 個の P 原子のうちの 2 個は，ナトリウム中心に配位している（Na－P = 308 pm）．原子の色表示：P 橙色，Na 紫色，N 青色，H 白色．

クロラミンとヒドロキシルアミン

NH_3 と（N_2 で薄めた）Cl_2 あるいは，NaOCl 水溶液との反応（反応 15.33 の第一段階）で**クロラミン**（chloramine）

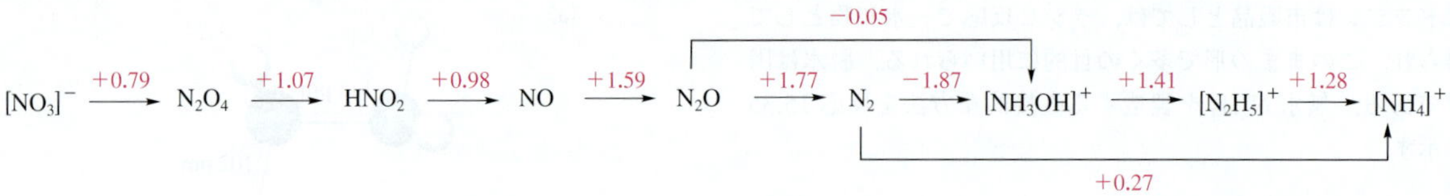

$$[NO_3]^- \xrightarrow{+0.79} N_2O_4 \xrightarrow{+1.07} HNO_2 \xrightarrow{+0.98} NO \xrightarrow{+1.59} N_2O \xrightarrow{+1.77} N_2 \xrightarrow{-1.87} [NH_3OH]^+ \xrightarrow{+1.41} [N_2H_5]^+ \xrightarrow{+1.28} [NH_4]^+$$

(上に -0.05 が $N_2O \to N_2$ を飛び越える経路, 下に $+0.27$ が $[NH_3OH]^+ \to [NH_4]^+$ を飛び越える経路)

図 15・6 pH = 0 における窒素の電位図. 窒素のフロスト図は, **図 8・4c** に示されている.

15.16 を生じ, これは, 窒素酸化物を含む水の臭いの元になる化合物である. クロラミンは不安定で激しい爆発性があり, 希薄溶液 (たとえば H_2O や Et_2O 中) で取扱われることが多い. Me_2NH との反応 (式 15.41) でロケット燃料の 1,1-ジメチルヒドラジンを生じる.

$$\begin{array}{c} \ddot{N} \\ H \diagup | \diagdown Cl \\ 107° \quad 103° \\ H \end{array} \quad (15.16)$$

$$NH_2Cl + 2Me_2NH \longrightarrow Me_2NNH_2 + [Me_2NH_2]Cl \quad (15.41)$$

NH_2Cl の希薄水溶液は取扱いが簡便だが, NH_2Cl を無溶媒で用いるのは, 不安定で爆発の危険があるので実用的でない. したがって, $[NH_3Cl]^+$ を含む塩の合成や単離のような見かけ上単純な反応が重要となる. 強いルイス塩基存在下での $(Me_3Si)_2NCl$ と HF の反応を用いると, 純粋な NH_2Cl を使わなくて済む. NH_2Cl が生成するや否や, ただちに $[NH_3Cl]^+$ になる (スキーム 15.42).

$$(Me_3Si)_2NCl + 2HF \longrightarrow 2Me_3SiF + \{NH_2Cl\}$$
$$\bigg\downarrow \text{ただちに HF および } SbF_5 \text{ と反応する}$$
$$[NH_3Cl]^+[SbF_6]^- \quad (15.42)$$

反応 15.43 は, ヒドロキシルアミン (hydroxylamine) NH_2OH の合成経路の一つであり, 通常, 塩 (たとえば硫酸塩) または水溶液として取扱われる. 遊離の塩基はその塩から MeOH 中 NaOMe で処理することにより得られる.

$$2NO + 3H_2 + H_2SO_4 \xrightarrow{\text{白金担持活性炭触媒}} [NH_3OH]_2[SO_4] \quad (15.43)$$

純粋な NH_2OH は, 白色で吸湿性の結晶であり (§ **12・5** 参照), 306 K で融解し, より高温では爆発する. NH_2OH は NH_3 や N_2H_4 より弱い塩基である. その反応の多くは, 水溶液中で起こるさまざまな酸化還元反応に基づく. たとえば, NH_2OH は酸性溶液中で Fe(III) を還元する (式 15.44) が, アルカリの存在下では Fe(II) を酸化する (式 15.45).

$$2NH_2OH + 4Fe^{3+} \longrightarrow N_2O + 4Fe^{2+} + H_2O + 4H^+ \quad (15.44)$$

$$NH_2OH + 2Fe(OH)_2 + H_2O \longrightarrow NH_3 + 2Fe(OH)_3 \quad (15.45)$$

より強力な酸化剤 (たとえば $[BrO_3]^-$) は, NH_2OH を HNO_3 に酸化する. N_2O の生成は, 速度論的要因が熱力学的要因に勝った興味深い例である. 図 15・6 の電位図を考慮すると (§ **8・5** 参照), 熱力学的には, $[NH_3OH]^+$ (すなわち酸性中の NH_2OH) に弱い酸化剤を作用させたとき, 予想される生成物は N_2 であるが, 実際の反応は, 15.46 のように段階的に起こると考えられる. NH_2OH は写真の現像液中の抗酸化剤として利用される.

$$\left.\begin{array}{l} NH_2OH \longrightarrow NOH + 2H^+ + 2e^- \\ 2NOH \longrightarrow HON=NOH \\ HON=NOH \longrightarrow N_2O + H_2O \end{array}\right\} \quad (15.46)$$

図 15・6 はまた, pH = 0 で $[NH_3OH]^+$ は不安定で, N_2 と $[NH_4]^+$ または $[N_2H_5]^+$ に不均化することを示している. 事実, ヒドロキシルアミンは, N_2 と NH_3 にゆっくり分解する.

例題 15.4　電位図およびフロスト図の利用

(a) 図 15・6 中のデータを用いて, つぎの還元過程の $\Delta G°$ (298 K) を計算せよ.

$$2[NH_3OH]^+(aq) + H^+(aq) + 2e^- \longrightarrow [N_2H_5]^+(aq) + 2H_2O(l)$$

(b) 図 8・4c 中のフロスト図を用いて, 上と同じ過程の $\Delta G°$ (298 K) を計算せよ.

解答　(a) 電位図より, この半反応の $E°$ は $+1.41$ V である.

$$\Delta G° = -zFE°$$
$$= -2 \times (96\,485 \times 10^{-3}) \times 1.41 = -272 \text{ kJ mol}^{-1}$$

(b) $[NH_3OH]^+$ と $[N_2H_5]^+$ の点を結んだ線の傾きは,

$$\approx \frac{1.9 - 0.5}{1} = 1.4 \text{ V である}.$$

$$E° = \frac{\text{線の傾き}}{1 \text{ mol 当たり移動した電子数 } N} = \frac{1.4}{1} = 1.4 \text{ V}$$

$$\Delta G° = -zFE°$$
$$= -2 \times (96\,485 \times 10^{-3}) \times 1.4 = -270 \text{ kJ mol}^{-1}$$

練習問題

1. 窒素のフロスト図（図 8·4c）では，$[NH_3OH]^+$（pH 0 で）が不安定で，不均化することがどのように表されるか説明せよ。　　　　　　　［答　§8·6 の箇条書きの項目参照］

2. 図 15·6 のデータを用いて，つぎの還元過程の $E°$ を計算せよ。

$$[NO_3]^-(aq) + 4H^+(aq) + 3e^- \longrightarrow NO(g) + 2H_2O(l)$$

［答　+0.95 V］

3. 塩基性の溶液（pH = 14）において，つぎの過程の $E°_{[OH^-]=1}$ は +0.15 V である。つぎの還元過程の $\Delta G°$(298 K) を計算せよ。

$$2[NO_2]^-(aq) + 3H_2O(l) + 4e^- \rightleftharpoons N_2O(g) + 6[OH]^-(aq)$$

［答　-58 kJ mol^{-1}］

関連する問題は例題 8.8 の後にもある。

アジ化水素とアジ化物塩

　アジ化ナトリウム（sodium azide）は，溶融ナトリウムアミドから反応 15.47 により（あるいは 450 K で $NaNH_2$ と $NaNO_3$ との反応により）得られる。そして，NaN_3 を H_2SO_4 で処理することによりアジ化水素が生じる。

$$2NaNH_2 + N_2O \xrightarrow{460 \text{ K}} NaN_3 + NaOH + NH_3 \quad (15.47)$$

アジ化水素（hydrogen azide, ヒドラゾ酸 hydrazoic acid）は無色の液体（融点 193 K，沸点 309 K）で，爆発性が高く（$\Delta_f H°$(l, 298 K) = $+264 \text{ kJ mol}^{-1}$），毒性も強い。HN_3 の水溶液は弱酸性である（式 15.48）。

$$HN_3 + H_2O \rightleftharpoons [H_3O]^+ + [N_3]^- \quad pK_a = 4.75 \quad (15.48)$$

HN_3 の構造を図 15·7a に示す。図 15·7b の共鳴構造を考えると，この分子内の NNN 部分の非対称性を説明できる。アジ化物イオンは CO_2 と等電子構造であり，$[N_3]^-$ の対称的な構造（図 15·7c）は，図 15·7d の結合描写と一致する。種々のアジ化物が知られている。Ag(I)，Cu(II)，Pb(II) のアジ化物は水に不溶で，爆発性がある。$Pb(N_3)_2$ は爆発性が低いので点火剤に用いられる。一方，1 族金属アジ化物は，加熱するとそれほど激しくなく分解する（式 11.2 および 15.4）。NaN_3 と Me_2SiCl との反応で，共有結合化合物 Me_3SiN_3 を生じるが，これは有機合成の有用な試薬である。エタノールの存在下，Me_3SiN_3 を $[PPh_4]^+[N_3]^-$ と処理することで反応 15.49 が起こる。生成物中の $[N_3HN_3]^-$ は，水素結合

$$[PPh_4][N_3] + Me_3SiN_3 + EtOH \longrightarrow [PPh_4][N_3HN_3] + Me_3SiOEt \quad (15.49)$$

により安定化される（$[FHF]^-$ と比べよ，**図 10·8**）。この陰イオン中の H 原子の位置は正確にはわかっていないが，

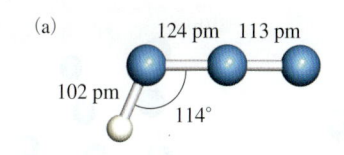

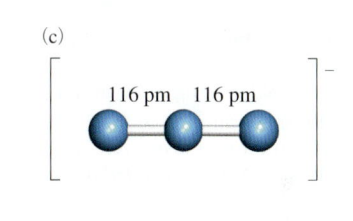

図 15·7　(a) HN_3 の構造。(b) HN_3 においておもに寄与する共鳴形。(c) アジ化物イオンの構造（イオンは対称的であるが，結合距離は異なる塩では少し変化する）。(d) $[N_3]^-$ の主要な共鳴構造。原子の色表示：N 青色，H 白色。

$[PPh_4][N_3HN_3]$（図 15·8）の固体状態の構造パラメーターから，非対称な N−H···N 相互作用があることが十分に確認できる（N···N = 272 pm）。

　アジド基は，CN・ のように（とはいっても CN・ ほどではないが），ハロゲンとの類似性を示し，擬ハロゲンの一例といえる（**§14·12** 参照）。しかしながら，N_6 分子（すなわち，N_3・の二量体で X_2 の類似体）はまだ得られていない。ハロゲン化物イオンのように，アジ化物イオンは，金属錯体においても非金属錯体でもともに幅広く配位子として振舞う。たとえば，$[Au(N_3)_4]^-$，trans-$[TiCl_4(N_3)_2]^{2-}$，cis-$[Co(en)_2(N_3)_2]^+$，trans-$[Ru(en)_2(N_2)(N_3)]^+$（これは二窒素 (N_2) 錯体の例で

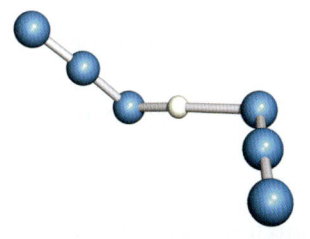

図 15·8　$[PPh_4]^+[N_3HN_3]^-$ 中の陰イオンの固体状態の構造（203 K における X 線回折）[B. Neumüller et al. (1999) Z. Anorg. Allg. Chem., vol. 625, p. 1243]. 原子の色表示：N 青色，H 白色。

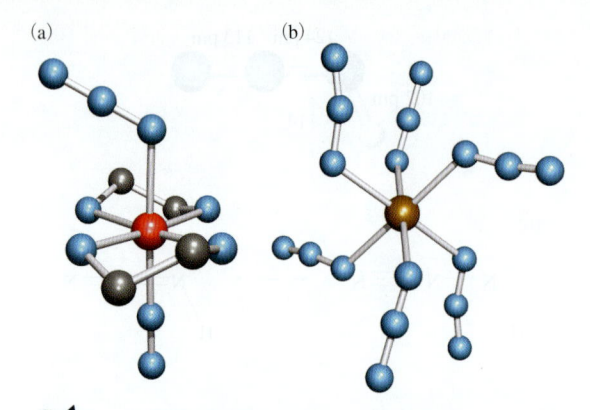

図15・9 (a) [PF$_6$]$^-$ 塩中の *trans*-[Ru(en)$_2$(N$_2$)(N$_3$)]$^+$（H 原子は省略），および (b) [Ph$_4$P]$^+$ 塩中として構造決定された [Sn(N$_3$)$_6$]$^{2-}$ の構造（X 線回折）．原子の色表示：N 青色，Ru 赤色，Sn 茶色，C 灰色．[文献：(a) B. R. Davis *et al.* (1970) *Inorg. Chem.*, vol. 9, p. 2768, (b) D. Fenske *et al.* (1983) *Z. Naturforsch.*, Teil B, vol. 38, p. 1301]

もある：図15・9a), [Sn(N$_3$)$_6$]$^{2-}$（図15・9b), [Si(N$_3$)$_6$]$^{2-}$, [Sb(N$_3$)$_6$]$^-$, [W(N$_3$)$_6$]$^-$, [W(N$_3$)$_7$]$^-$ および [U(N$_3$)$_7$]$^{3-}$ がある．

HF 中 195 K で，HN$_3$ と [N$_2$F][AsF$_6$]（反応15.66で合成される）とを反応させると，[N$_5$][AsF$_6$] が生成する．[N$_5$]$^+$ の合成を設計することは簡単ではない．N≡N および N=N 結合をあらかじめ形成する前駆体が重要であるが，気体の N$_2$ は不活性すぎるので考慮の対象にならない．HF 溶媒は発熱反応の熱溜めとなり，生成物は爆発の可能性がある．[N$_5$][AsF$_6$] は [N$_5$]$^+$ の塩の初めての例として，大変興味深いが，あまり安定でなく爆発しやすい．対照的に，[N$_5$][SbF$_6$]（式15.50）は 298 K で安定であり，衝撃に対して耐性がある．固体の [N$_5$][SbF$_6$] は，NO, NO$_2$, および Br$_2$ を酸化するが（スキーム15.51），Cl$_2$ や O$_2$ は酸化しない．

$$[\text{N}_2\text{F}]^+[\text{SbF}_6]^- + \text{HN}_3 \xrightarrow[\text{(ii) 298 K に加温}]{\text{(i) 液体 HF, 195 K}} [\text{N}_5]^+[\text{SbF}_6]^- + \text{HF} \quad (15.50)$$

$$[\text{N}_5]^+[\text{SbF}_6]^- \begin{cases} \xrightarrow{\text{NO}} [\text{NO}]^+[\text{SbF}_6]^- + 2.5\text{N}_2 \\ \xrightarrow{\text{NO}_2} [\text{NO}_2]^+[\text{SbF}_6]^- + 2.5\text{N}_2 \\ \xrightarrow{\text{Br}_2} [\text{Br}_2]^+[\text{SbF}_6]^- + 2.5\text{N}_2 \end{cases} \quad (15.51)$$

液体 HF 中，[N$_5$][SbF$_6$] と SbF$_6$ の反応で [N$_5$][Sb$_2$F$_{11}$] が生じる．その固体状態の構造が決定され，V 字形 [N$_5$]$^+$ が見いだされた（中心の N−N−N 角 = 111°）．N−N 結合距離は，末端および中心結合において，それぞれ 111 pm（N$_2$ 中とほとんど同じ）および 130 pm（MeN=NMe 中より少し大きい）である．共鳴安定化（構造15.17）は [N$_5$]$^+$ の安定性にとって重要な要因であり，すべての N−N 結合がある程度の多重結合性をおびる．青色で示された3種の共鳴構造には，6個の価電子（セクステット）をもつ末端 N 原子が1個か2個含まれる．これらを含めることにより 168° の N$_{\text{terminal}}$−N−N$_{\text{central}}$ 結合角が説明できる．

(15.17)

15・6 窒化物，リン化物，ヒ化物，アンチモン化物およびビスマス化物

窒化物

窒化物の分類は単純ではないが，ほとんどすべての窒化物がつぎのグループのいずれかに入る．しかし，ホウ化物や炭化物でみたように，一般化しようとするときには注意が必要である．

- 1族，2族金属およびアルミニウムの塩型窒化物
- p ブロック元素の共有結合性窒化物（BN, C$_2$N$_2$, Si$_3$N$_4$, Sn$_3$N$_4$, S$_4$N$_4$ にとって §13・8, §14・12, および §16・10 参照）
- d ブロック金属の侵入型窒化物
- 2族金属の過窒化物

'塩型窒化物' の分類は N^{3-} の存在を意味するが，§15・1 で議論したように，これはありそうにない．しかしながら，イオン組成上は，通常，Li$_3$N, Na$_3$N（§11・4 参照），Be$_3$N$_2$, Mg$_3$N$_2$, Ca$_3$N$_2$, Ba$_3$N$_2$ および AlN と考える．塩類似窒化物は加水分解により NH$_3$ を放出する．窒化ナトリウムは非常に吸湿性で，試料には NaOH が混入することが多い（反応15.52）．

$$\text{Na}_3\text{N} + 3\text{H}_2\text{O} \longrightarrow 3\text{NaOH} + \text{NH}_3 \quad (15.52)$$

p ブロック元素の窒化物のなかで，Sn$_3$N$_4$ および Si$_3$N$_4$ の γ 相はスピネル型窒化物の最初の例である（§14・12 参照）．

dブロック金属の窒化物は，見かけ上金属に類似したハードで不活性な固体であり，高融点で電気伝導性がある（Box 15・4 参照）．それらは，高温で N_2 あるいは NH_3 と金属あるいは金属ハロゲン化物から合成できる．ほとんどは窒素原子が金属の最密充塡格子の八面体間隙を占める構造をとる．これらの空孔が全部占有されると，化学量論的に MN の組成になる（たとえば，TiN，ZrN，HfN，VN，NbN）．dブロックの最前方の前周期金属の窒化物 MN では，金属原子の立方最密充塡と NaCl 型構造が好まれる．

過窒化物は $[N_2]^{2-}$ イオンを含むものであり，バリウム塩やストロンチウム塩が知られている．BaN_2 は，920 K，5600 bar の N_2 下でそれぞれの単体から合成される．その構造は ThC_2（§14・7 参照）に関係しており，孤立した $[N_2]^{2-}$ を含み，その N—N 距離 122 pm は，N=N 結合に一致する．2 種の窒化ストロンチウム，SrN_2 および SrN は，920 K において，それぞれ，400 および 5500 bar の N_2 下で Sr_2N からつくられる．SrN_2 の構造は Sr_2N 層状構造から誘導され，層間の八面体間隙の半分が $[N_2]^{2-}$ で占有されている．SrN_2 は，N_2（高圧で）によって，Sr が +1.5 の形式酸化数から +2 へ酸化され，同時に N_2 は $[N_2]^{2-}$ へ還元されることにより形成されると考えられる．高圧の N_2 下では構造中のすべての八面体間隙は $[N_2]^{2-}$ によって占有されるようになり，最終的な生成物 SrN は $(Sr^{2+})_4(N^{3-})_2(N_2^{2-})$ という組成で表すのが適切である．

リン化物

ほとんどの元素はリンと化合して固体状態の二元リン化物を生じる．例外は Hg，Pb，Sb および Te である．組成が BiP の固体が報告されているが，ビスマス単体とリン単体の混合物とは異なるリン化物が生成しているかどうかは確認さ

応用と実用化

Box 15・4　材料化学：金属および非金属窒化物

dブロック金属の窒化物は硬く，酸化を含む化学攻撃に対して耐性があり，融点が高い．これらの性質のために，TiN，ZrN および HfN のような窒化物は，高速切削工具の保護のための貴重な材料となる．実際の被覆はきわめて薄い（典型的には 10 μm 以下）が，それにもかかわらず，厳しい作業環境下で稼働する道具の寿命を著しく伸ばす．窒化物コーティングは化学蒸着の技術を適用し（§28・6 参照），スチール工具と N_2 を反応させて Fe_3N や Fe_4N の表面層を形成させることにより行われる．

セラミック切削工具材料にはアルミナや窒化ケイ素が含まれる．これら二つの加工材料のうち，Si_3N_4 は高温でより強度が増大し，高温での熱安定性，および低熱膨張率および高伝導性をもつ．その他の性質として，きわめて高い耐熱性と耐酸化性がある．これらの利点にかかわらず，Si_3N_4 は高密度で加工することが困難で，粉末の Si_3N_4 を最終的な材料に変換する（すなわち，焼結過程，sintering process）ためには添加剤（たとえば，MgO，Y_2O_3）が必要である．粉末の Si_3N_4 はおもに α 相からなり，β 相に対して準安定状態である．α-Si_3N_4 から β-Si_3N_4 への変換は焼結中に起こり，長く伸びた粒を生じる．これらの粒は粉末母材中で成長し，強化ミクロ構造をもつ物質となる．窒化ケイ素は切削工具（たとえば，鋳造鉄の切削用）や，工作機械用スピンドルのようなベアリングに広く用いられる．Si_3N_4 はこのような熱的性質により，セラミックヒーター素子に使われる．1980 年代半ば以来，窒化ケイ素はディーゼルエンジンにおけるプラグを加熱するのに用いられた．'グロープラグ'は，ディーゼルエンジンの燃焼炉を加熱するのに用いられ，運転開始時における点火を助ける．上記に示した写真のように，Si_3N_4 ヒー

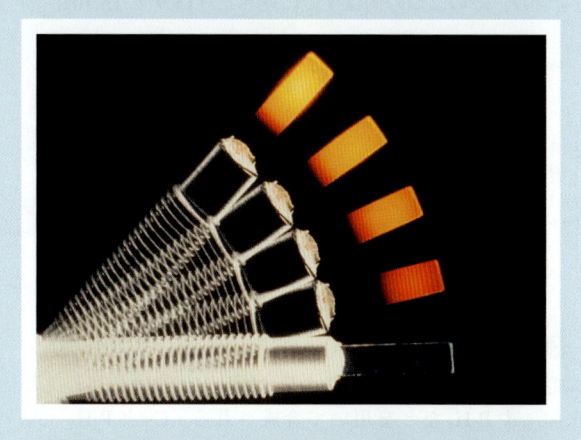

数秒間で室温から 600 ℃ に温度が上がる窒化ケイ素（セラミック）ヒーターの様子を示す瞬間連続写真 [Kyocera Industrial Ceramics Corp., Vancouver, WA]

ターは常温から約 600 ℃（約 900 K）へ数秒で温度を上げることができる．窒化ケイ素加熱素子は，たとえば，湯沸かし器など家庭用にも用いられる．

TiN，ZrN，HfN あるいは TaN は，半導体素子の拡散障壁として用いられる．障壁層（厚さ約 100 nm）は半導体層（たとえば GaAs や Si）と金属保護膜（たとえば，Au や Ni）との間に形成され，金属原子が素子に拡散しないようにする．

関連情報：§28・6 の窒化ホウ素，窒化ケイ素，およびセラミックコーティングに関する議論を参照せよ．

れていない*．固体状態のリン化物の形は非常にさまざまで，簡単には分類できない．dブロック金属のリン化物は反応不活性な傾向があり，高融点で電気伝導性のある金属的な外観の化合物である．それらの組成は金属の酸化状態により曖昧なことが多く，構造は孤立したP中心，P_2基，あるいは，環状，鎖状，層状のP原子を含む．

1族や2族の金属は，それぞれM_3PおよびM_3P_2の化合物を形成する．それらは水で加水分解し，イオン性であるとみなされる．アルカリ金属も鎖やかご状のP原子の基を含むリン化物を形成する．かごとしては$[P_7]^{3-}$ (**15.18**) あるいは$[P_{11}]^{3-}$ (**15.19**) が知られている．LiPの組成をもつリン化リチウムはらせん状の鎖からなり，$Li_n[P_n]$ と表す方が正しい．$[P_n]^{n-}$鎖はS_nと等電子的である（**Box 1・1** および**図4・20** 参照）．鎖内P–P距離は221 pmであり，単結合 (r_{cov} = 110 pm) にふさわしい値である．K_4P_3は$[P_3]^{4-}$鎖を含み，Rb_4P_6は$[P_6]^{4-}$の環をもつ．Cs_3P_7は$[P_7]^{3-}$のかごを含み，Na_3P_{11}は$[P_{11}]^{3-}$のかごをもつが，後者の二例は三価のリンを多く含む化学種の例である．$[P_7]^{3-}$のかごを含む他の例にはBa_3P_{14}やSr_3P_{14}がある．一方で，BaP_{10}，CuP_7，Ag_3P_{11}，MP_4(M = Mn, Tc, Re, Fe, Ru, Os) およびTlP_5のようなリン化物は，P原子がより拡張した配列構造を含む．その二つの例はすでに述べた（**15.9** と **15.10**）．

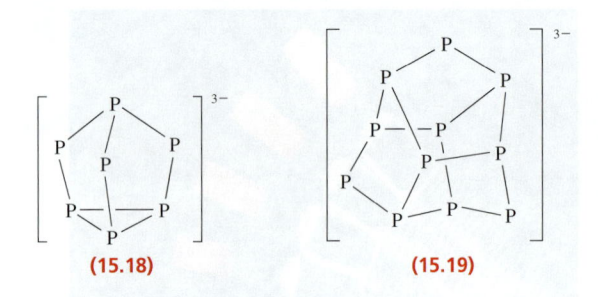

(15.18)　**(15.19)**

金属リン化物の合成の最も一般的な方法は，金属を赤リンと加熱することである．アルカリ金属リン化物は$LiPH_2$ (式15.10) やP_2H_4などを用いて合成される．CsとP_2H_4 (式15.53) を反応させた後，液体NH_3から再結晶することにより$CsP_4 \cdot 2NH_3$が得られる．これは，平面の$[P_4]^{2-}$環を含む．

$$6P_2H_4 + 10Cs \longrightarrow Cs_2P_4 + 8CsPH_2 + 4H_2 \quad (15.53)$$

P–P結合距離は215 pmで典型的な単結合 (220 pm) より短いが，二重結合よりは長い（**§19・6** 参照）．環状の$[P_4]^{2-}$は6π芳香族系で，結合性については以下の練習問題で探究しよう．

練習問題

$[P_4]^{2-}$の三つの被占軌道が以下に示されている．e_g軌道は最高被占軌道である．P_4環はxy平面に配向しているとする．

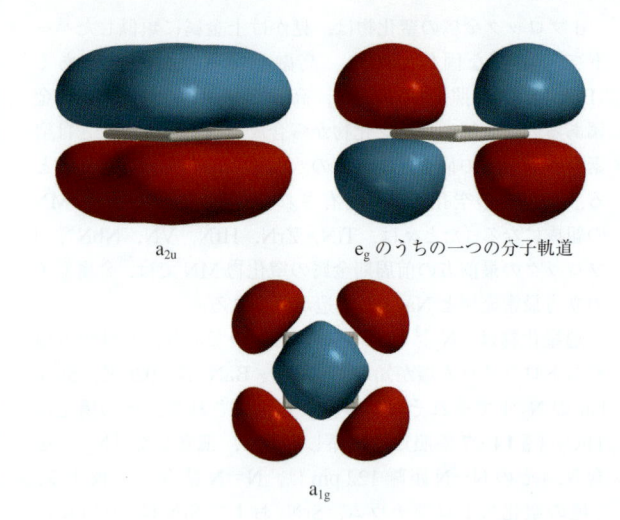

a_{2u}　　e_gのうちの一つの分子軌道

a_{1g}

(a) $[P_4]^{2-}$が完全な正方形と仮定して，図4・10を用いて，$[P_4]^{2-}$がD_{4h}点群に属することを確かめよ．
(b) 付録3の適切な表を用いて，a_{1g}およびa_{2u}と記された分子軌道の対称性が与えられた記号に一致することを確かめよ．
(c) $[P_4]^{2-}$はいくつの被占軌道をもつか（価電子のみを考慮せよ）．
(d) なぜa_{1g}軌道がσ結合性軌道に分類されるのか説明せよ．
(e) $[P_4]^{2-}$のπ軌道はリンの$3p_z$軌道の組合わせから構成される．いくつのπ軌道があるか．これらのπ軌道を示す図を描け．これらの分子軌道の相対エネルギーを示すエネルギー準位図を描け．　　[答 (c) 11, (e) $[P_4]^{2-}$は，$[C_4H_4]^{2-}$と等電子的，図24・28参照]

ヒ化物，アンチモン化物，ビスマス化物

金属ヒ化物，アンチモン化物およびビスマス化物は，金属と15族元素単体の直接化合させて合成される．リン化物と同様，分類は簡単ではなくさまざまな構造や形がある．したがってここでは典型例を取上げる．

ヒ化ガリウム GaAs は重要なIII-V族半導体であり（**§28・6** 参照），閃亜鉛鉱型構造として結晶化する（**図6・18b** 参照）．湿った空気中でゆっくりと加水分解が起こるので，半導体素子は必ず空気から保護されなければならない．窒素が"被覆ガス"としてよく用いられる．GaAs は 298 K で 1.42 eV のバンドギャップをもち，赤外領域で発光する素子をつくるのに用いることができる．この有望な光学的性質と合わせて，ヒ化ガリウムは高い電子移動度を示し（8500 $cm^2 V^{-1} s^{-1}$，ケイ素の 1500 $cm^2 V^{-1} s^{-1}$ と比較せよ），Siにまさる利点となるが，素子としての利用には多くの欠点もある．(i)

---

* G. C. Allen *et al*. (1997) *Chem. Mater.*, vol. 9, p. 1385 – 'Material of composition BiP'.

GaAs は Si より高価である．(ii) GaAs のウェハー（薄板）は Si からつくられたものより脆い．(iii) GaAs は熱伝導性が Si より低く，GaAs 素子の熱溜めになってしまう．

ヒ化ニッケル NiAs は，よく知られた結晶構造型にその名が用いられている．その構造をとるのは多くの d ブロック金属のヒ化物，アンチモン化物，硫化物，セレン化物およびテルル化物である．この構造では As 原子は六方最密充填（hcp）で，Ni 原子は八面体間隙を占めている．このような記述はイオン結晶格子の概念を思い出させるかもしれないが，NiAs における結合は決して純粋にイオン的であるわけではない．図 15・10 に NiAs の単位格子（単位胞）

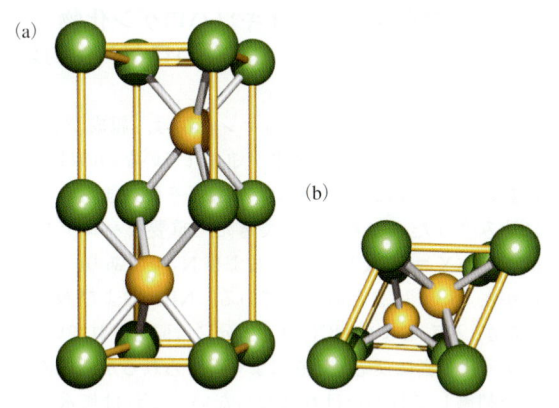

図 15・10 ヒ化ニッケル（AsNi）格子の単位格子（黄色線で示されている）の図．原子の色表示：Ni 緑色，As 黄色．図 (a) は，As 中心の三角柱配位環境を強調したものであり，(b) ((a) の図を上から眺めたもの）は，単位格子が直方形でないことをより明確に示している．

を示す．As 原子の hcp 配置における八面体間隙中の Ni 原子の位置は，As 中心の配位環境が三角柱形であることを意味する．各 Ni 原子は，243 pm の距離で 6 個の As と隣接するが，隣接する 2 個の Ni はわずか 252 pm の距離にある（r_{metal}(Ni) = 125 pm と比べよ）．構造全体に Ni−Ni 結合があるのはほぼ確かである．これは NiAs が電気伝導性を示すことと対応する．

$[As_7]^{3-}$ や $[Sb_7]^{3-}$ を含むヒ化物やアンチモン化物は，たとえば反応 15.54 や 15.55 によって合成される．これらのチントルイオンは構造的に $[P_7]^{3-}$（15.18）と関連しており，それらの結合は局在化した二中心二電子相互作用により記述される．

$$3Ba + 14As \xrightarrow{1070 \text{ K}} Ba_3[As_7]_2 \quad (15.54)$$

$$Na/Sb \text{ 合金} \xrightarrow[\text{crypt-222}]{1,2\text{-エタンジアミン}} [Na(crypt\text{-}222)]_3[Sb_7] \quad (15.55)$$

15 族元素を組入れた異原子チントルイオンは，$[K(crypt\text{-}222)]_2[Pb_2Sb_2]$，$[K(crypt\text{-}222)]_2[GaBi_3]$，$[K(crypt\text{-}222)]_2[InBi_3]$ および $[Na(crypt\text{-}222)]_3[In_4Bi_5]$ の化合物中に存在する．これらはすべて反応 15.55 と同様に（たいてい 1,2-エタンジアミンの溶媒和物として）合成される．$[Pb_2Sb_2]^{2-}$，$[GaBi_3]^{2-}$ および $[InBi_3]^{2-}$ は四面体形である．$[In_4Bi_5]^{3-}$ は単面冠正方逆プリズム形構造をとっており，その中で Bi 原子は面冠の位置に 1 個と反対側の空いた面を 4 個占めている．これらの構造はウェイド則を満たす*（§13・11 参照）．非クラスター種 $[E_n]^{x-}$ の例には $[Bi_2]^{2-}$，$[As_4]^{4-}$，$[Sb_4]^{4-}$ および $[Bi_4]^{4-}$ がある．$[Bi_2]^{2-}$ は $K_5In_2Bi_4$ 相（K, In, Bi の化学量論混合物を加熱することによりつくられる）の 1,2-エタンジアミン溶液において少量成分として生成し，$[K(crypt\text{-}222)]_2[Bi_2]$ 塩として結晶化する．Bi−Bi 距離は 284 pm と短く，二重結合に相当する．$[Bi_2]^{2-}$ は，$[Cs(18\text{-crown-}6)]_2[Bi_2]$ 塩中にも存在する．M_5E_4（M = K, Rb, Cs, E = As, Sb, Bi）相は真空下でそれぞれの単体を加熱し，混合物をゆっくり冷却することにより生成する．それらは $[E_4]^{4-}$ 鎖と追加の電子を含む注目すべきものである．すなわち，その組成は $[M^+]_5[E_4^{4-}][e^-]$ と書き表され，付加された電子は構造全体に非局在化している．

ビスマスの陽イオンクラスターの合成は §9・12 で述べた．$[Bi_5]^{3+}$ はベンゼン中，$GaCl_3$ あるいは AsF_5 を用いて Bi を酸化することによっても得られる．$[Bi_5]^{3+}$，$[Bi_8]^{2+}$ および $[Bi_9]^{5+}$ は昔から知られているが，アンチモンのみからなる多原子陽イオンの性質が十分に調べられた例は，2004 年になって初めて報告された．$[Sb_8][GaCl_3]_2$ 塩は $GaCl_3$/ベンゼン溶液中，$Ga^+[GaCl_4]^-$ を用いて $SbCl_3$ を還元することにより合成された．$[Sb_8]^{2+}$ は，$[Bi_8]^{2+}$ と同構造の正方逆プリズム形構造をとり（図 15・11a），ウェイド則を満たす（すなわち，22 骨格電子のアラクノかご（arachno-cage）構造）．図 15・11b は，$[Pd@Bi_{10}]^{4+}$ にみられる Pd が中心にある五方逆プリズムクラスターを示す．このクラス

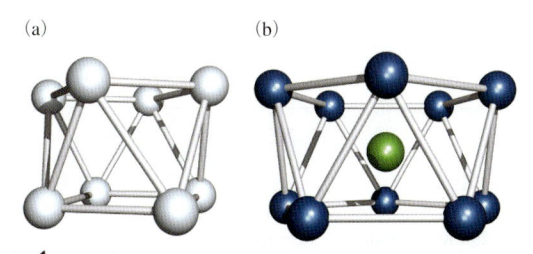

図 15・11 (a) $[Sb_8]^{2+}$，$[Bi_8]^{2+}$ の正方逆プリズム構造．(b) Pd を中心にもつ $[Pd@Bi_{10}]^{4+}$ の五方逆プリズム構造．

---

* ウェイド則に従わない関連クラスターの例については以下参照：L. Xu and S. C. Sevov (2000) *Inorg. Chem.*, vol. 39, 5383.

ターは図 14・16 に示された内包チントルイオンと関連がある．パラジウムが Pd(0) で，クラスターの結合に電子的寄与がないと仮定すると，$[Pd@Bi_{10}]^{4+}$ は 26 骨格電子のアラクノかご構造である．

例題 15.5 ヘテロ原子チントルイオン中の電子を数える

$[GaBi_3]^{2-}$ の四面体形をウェイド則ではどのように説明できるか．

解答 クラスター中の主族元素のおのおのがクラスターの外側に局在化した（すなわち，クラスターの結合に含まれない）非共有電子対を保持していると仮定すると，クラスターの結合に利用できる電子はつぎのとおりである．

Ga（13 族）は 1 電子を与える．
Bi（15 族）は 3 電子を与える．
全体の 2− の電荷が 2 電子を与える．
クラスターの総電子数 = 1 + (3×3) + 2 = 12 電子
$[GaBi_3]^{2-}$ は 6 個の電子対をもち，これで 4 個の原子を結合している．したがって $[GaBi_3]^{2-}$ は，5 個の頂点をもつ三方両錐形の頂点が 1 個欠けたニド（nido）クラスターと分類される．これは観測された四面体形に一致する．

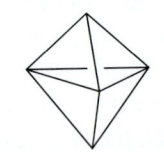

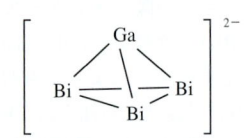

クロソ-三方両錐形構造

練習問題

1. $[Pb_2Sb_2]^{2-}$ が四面体形をもつ理由をウェイド則ではどのように説明できるか．$[Pb_2Sb_2]^{2-}$ はどんなクラスターに分類されるか． ［答 6 組の骨格電子対，ニド］
2. 以下に示される $[In_4Bi_5]^{3-}$ の単面冠正方逆プリズム形構造が構築される理由をウェイド則で説明せよ．$[In_4Bi_5]^{3-}$ はどんなクラスターに分類されるか．

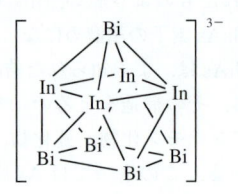

3. 四面体形の $[Pb_2Sb_2]^{2-}$ や $[InBi_3]^{2-}$ において，理論的に異性体はありうるか． ［答 異性体はありえない］

15・7 ハロゲン化物，オキソハロゲン化物およびハロゲン化物錯体

ハロゲン化窒素

窒素の最も高次の分子性ハロゲン化物は，組成が NX_3 のものである．五ハロゲン化窒素が知られていないのは，小さい窒素原子の周りに五つのハロゲン原子を配置するのは立体的に込み合うためと考えられてきた．重要なハロゲン化窒素は NX_3（X = F, Cl），N_2F_4 および N_2F_2 であり，主要な性質が表 15・5 にまとめられている．NBr_3 および NI_3 は存在するが，NF_3 および NCl_3 ほど十分には同定されていない．

三フッ化窒素は反応 15.56 によりつくられるが，この反応は十分制御して行わなければならない．これは無水 NH_4F/HF 混合物の電気分解によってもつくられる．

$$4NH_3 + 3F_2 \xrightarrow{Cu 触媒} NF_3 + 3NH_4F \quad (15.56)$$

NF_3 は三ハロゲン化窒素中最も安定で，唯一，$\Delta_fH°$ が負の値をもつ（表 15・5）．それは無色の気体で，酸やアルカリへの耐性がある．しかし H_2 共存下で火花放電をすることにより分解する（式 15.57）．加水分解の起こりにくさは，四ハロゲン化炭素の場合と同程度である（§14・8）．

$$2NF_3 + 3H_2 \longrightarrow N_2 + 6HF \quad (15.57)$$

表 15・5 フッ化窒素類と三塩化窒素の主要データ

	NF_3	NCl_3	N_2F_4	cis-N_2F_2	trans-N_2F_2
融点/K	66	< 233	108.5	< 78	101
沸点/K	144	< 344; 368 K で爆発	199	167	162
$\Delta_fH°$(298 K)/kJ mol^{-1}	−132.1	230.0	−8.4	69.5	82.0
双極子モーメント/D	0.24	0.39	0.26 †	0.16	0
N−N 結合距離/pm	−	−	149	121	122
N−X 結合距離/pm	137	176	137	141	140
結合角/deg	∠F−N−F 102.5	∠Cl−N−Cl 107	∠F−N−F 103 ∠N−N−F 101	∠N−N−F 114	∠N−N−F 106

† ゴーシュ配座（図 15・4 参照）

気相の NF_3 の構造は三方錐形（**15.20**）で，分子の双極子モーメントは非常に小さい（表 15・5）．NH_3 や PF_3 とは対照的に，NF_3 は電子供与性を示さない．

(**15.20**)

例題 15.6　NX_3 分子の双極子モーメント

NH_3 が極性をもつ理由を説明せよ．双極子モーメントの向きを答えよ．

解答　NH_3 は N 原子上に非共有電子対をもつ三方錐形分子である．

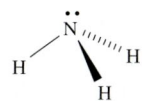

N と H のポーリングの電気陰性度の値は，それぞれ 3.0 と 2.2 である（付録 7 参照）．したがって N-H 結合は $N^{\delta-}$-$H^{\delta+}$ と書き表すことができ，極性がある．分子の双極子モーメントは非共有電子対によって強められる．

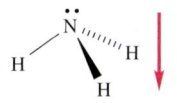

（SI 規則により，矢印は δ^- から δ^+ への双極子モーメントを示している．§2・6 参照）

練習問題

1.　気相分子の NH_3（$\mu = 1.47\,D$）と NF_3（$\mu = 0.24\,D$）の双極子モーメントには，著しい違いがある理由を合理的に説明せよ．　　　　［答　§2・6 の例 3 参照］

2.　NHF_2（$\mu = 1.92\,D$）の双極子モーメントが NF_3（$\mu = 0.24\,D$）より大きい事実を説明せよ．

3.　NH_3 と NHF_2 の双極子モーメントの方向性がどのように異なるか述べよ．その理由を示せ．

三塩化窒素は 298 K で油状の黄色の液体であるが，吸熱性が強く，激しく爆発する性質がある（表 15・5）．NF_3 と NCl_3 の安定性の違いは，N-F の結合が N-Cl より相対的に強く，一方で Cl_2 が F_2 より結合が強いことにある．三塩化窒素は反応 15.58 により合成される．適切な有機溶媒で NCl_3 を抽出することにより平衡が右側に移動する．NCl_3 は湿気による加水分解で HOCl を生成するので，空気で薄めてさらし粉用に使用される（§17・9 参照）．アルカリは式 15.59 に従って NCl_3 を加水分解する．

$$NH_4Cl + 3Cl_2 \rightleftharpoons NCl_3 + 4HCl \quad (15.58)$$

$$2NCl_3 + 6[OH]^- \longrightarrow N_2 + 3[OCl]^- + 3Cl^- + 3H_2O \quad (15.59)$$

三臭化窒素は NCl_3 より反応性が高く，175 K の低い温度でも爆発する．それは反応 15.60 により合成される．NCl_3 を Br_2 で処理して NBr_3 をつくろうとしてもうまくいかない．

$$(Me_3Si)_2NBr + 2BrCl \xrightarrow{\text{ペンタン中，186 K}} NBr_3 + 2Me_3SiCl \quad (15.60)$$

三ヨウ化窒素は IF を $CFCl_3$ 中で窒化ホウ素と反応させることによりつくられた．NI_3 は 77 K で安定であり，赤外，ラマン，^{15}N NMR スペクトルにより調べられたが，それより高い温度では非常に爆発性である（$\Delta_f H°(NI_3, g) = +287$ kJ mol^{-1}）．濃アンモニア水と $[I_3]^-$ の反応で，$NH_3\cdot NI_3$ を生じるが，それは爆発性の黒色結晶で（$\Delta_f H°(NH_3\cdot NI_3, s) = +146$ kJ mol^{-1}），NH_3，N_2 および I_2 に分解する．

2 種のフッ化窒素，N_2F_4 および N_2F_2 は，反応 15.61 および 15.62 を用いて得られる．これらのフッ化物の性質を表 15・5 にまとめる．両フッ化物とも爆発性である．

$$2NF_3 \xrightarrow{\text{Cu, 670 K}} N_2F_4 + CuF_2 \quad (15.61)$$

$$2N_2F_4 + 2AlCl_3 \xrightarrow{203\,K} \textit{trans-}N_2F_2 + 3Cl_2 + N_2 + 2AlF_3$$

$$\downarrow 373\,K$$

$$\textit{cis-}N_2F_2 \quad (15.62)$$

N_2F_4 の構造は，ゴーシュとトランス（ねじれ形）の両配座（図 15・4）が液相および気相中に存在することを除くと，ヒドラジンに似ている．298 K 以上の温度で，N_2F_4 は可逆的に青いラジカル $NF_2^{\bullet}$ に解離し，このラジカルは多くの興味深い反応を示す（たとえば，式 15.63〜15.65）．

$$2NF_2 + S_2F_{10} \longrightarrow 2F_2NSF_5 \quad (15.63)$$

$$2NF_2 + Cl_2 \longrightarrow 2NClF_2 \quad (15.64)$$

$$NF_2 + NO \longrightarrow F_2NNO \quad (15.65)$$

二フッ化二窒素 N_2F_2 はトランスおよびシス体（**15.21** および **15.22**）の両方が存在し，シス異性体の方が熱力学的には安定であるが，反応性も高い．反応 15.62 は $\textit{trans-}N_2F_2$ を合成する選択的な方法である．加熱により異性化して異性体の混合物が得られるが，AsF_5 で処理することにより，$\textit{cis-}N_2F_2$ を単離できる（反応 15.66）．

(**15.21**)　　　　(**15.22**)

異性体混合物

$$\begin{cases} cis\text{-}N_2F_2 \xrightarrow{AsF_5} [N_2F]^+[AsF_6]^- \xrightarrow{NaF/HF} cis\text{-}N_2F_2 \\ trans\text{-}N_2F_2 \xrightarrow{AsF_5} 反応しない \end{cases}$$
(15.66)

反応 15.66 は,AsF_5 や SbF_5 のような強い受容体へ N_2F_2 が F^- を供与できることを示している.N_2F_4 も同様に反応する(式 15.67 および 15.68).陽イオン $[NF_4]^+$ は反応 15.69 で生成する.AsF_5 や SbF_5 の性質については後述する.

$$N_2F_4 + AsF_5 \rightarrow [N_2F_3]^+[AsF_6]^- \quad (15.67)$$

$$N_2F_4 + 2SbF_5 \rightarrow [N_2F_3]^+[Sb_2F_{11}]^- \quad (15.68)$$

$$NF_3 + F_2 + SbF_5 \rightarrow [NF_4]^+[SbF_6]^- \quad (15.69)$$

練習問題

以下のデータを用いて,つぎの反応の $\Delta_r H°$ (298 K) を決定せよ.また,なぜ吸熱的な化合物 $NI_3 \cdot NH_3$ が生成するのか考察せよ.

$$3I_2(s) + 5NH_3(aq) \rightarrow NI_2 \cdot NH_3(s) + 3NH_4I(aq)$$

データ:$\Delta_f H°$(298K):NH_3(aq),-80;NH_4I(aq),-188;$NI_3 \cdot NH_3$(s),$+146$ kJ mol^{-1}.

[答 D. Tudela (2002) *J. Chem. Educ.*, vol. 79, p. 558 を参照]

窒素のオキソフッ化物とオキソ塩化物

窒素のオキソフッ化物およびオキソ塩化物がいくつか知られているが,すべて不安定な気体もしくは液体で,すぐに加水分解する.**ハロゲン化ニトロシル**(nitrosyl halide)FNO,ClNO および BrNO は,それぞれ,NO と F_2,Cl_2 および Br_2 との反応により生成する.気相分子の構造の詳細を 15.23 に示す.短い N-O 結合は二重結合性というよりはむ

	X		
	F	Cl	Br
a/pm	152	198	214
b/pm	113	114	115
α/°	110	113	117

(15.23)

しろ三重結合性を示し,15.24 の共鳴構造のうち左側の共鳴構造の寄与が明らかに重要である.FNO と ClNO の結晶は化合物の濃縮試料から得られ,固体の構造がそれぞれ 128 K および 153 K で決定された.気相における構造と比べて,結晶中の FNO 分子は短い N-O(108 pm)と長い N-F(165 pm)結合をもつ.同様の傾向が ClNO でもみられる(固体:N-O = 105 pm,N-Cl = 219 pm).これらのデー

$$N \equiv \overset{+}{O} \quad \longleftrightarrow \quad N = O$$
$$X^- \qquad \qquad \qquad X$$

X = F, Cl, Br

(15.24)

タは,気体から固体の XNO になると,15.24 の共鳴対のうち $[NO]^+X^-$ 形の方が主要になることを示す.

フッ化ニトロイル(nitroyl fluoride)FNO_2,および塩化ニトロイル $ClNO_2$ は,それぞれ N_2O_4 のフッ素化反応(15.70),および ClNO の酸化(たとえば,Cl_2O や O_3 を用いる)により合成される.両方とも平面形の分子である.FNO_2 は $[NO_3]^-$ と等電子的である.

$$N_2O_4 + 2CoF_3 \xrightarrow{570\ K} 2FNO_2 + 2CoF_2 \quad (15.70)$$

オキソハロゲン化物 FNO,ClNO,FNO_2 および $ClNO_2$ は,反応例 15.71～15.73 のように,適当なフッ化物や塩化物と結合して $[NO]^+$ や $[NO_2]^+$ を含む塩を生じる.複雑なフッ化物も液体 BrF_3 中で簡便に合成される(§9·10 参照).

$$FNO + \underset{\text{ハロゲン化物受容体}}{AsF_5} \rightarrow [NO]^+[AsF_6]^- \quad (15.71)$$

$$ClNO + SbCl_5 \rightarrow [NO]^+[SbCl_6]^- \quad (15.72)$$

$$FNO_2 + BF_3 \rightarrow [NO_2]^+[BF_4]^- \quad (15.73)$$

共有結合性ハロゲン化物からイオン性ハロゲン化物に変化するおもな要因は,ハロゲン化物が受容体に付加する際のエンタルピー変化にあると考えられている.

強力なフッ素化剤である IrF_6 と FNO の反応で,オキソフッ化窒素(V)F_3NO が生成する.520 K 以上で,F_3NO は FNO と F_2 との平衡状態にある.共鳴構造,15.25 および 15.26 で結合を表すことができ,短い N-O 結合(116 pm)と長い N-F 結合(143 pm)は,15.26(および類似構造)からの寄与が重要であることを示唆している.

(15.25)   (15.26)

F_3NO は,BF_3 や AsF_5 のような強い F^- 受容体との反応で,塩 $[F_2NO]^+[BF_4]^-$ や $[F_2NO]^+[AsF_6]^-$ を生じる.$[AsF_6]^-$ 塩(**Box 15·5** 参照)において,$[F_2NO]^+$ は平面形であり(構造 15.27),N(2p)-O(2p) π 結合の形成と対応する(図 15·28).

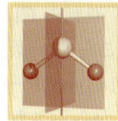

化学の基礎と論理的背景

Box 15・5　結晶構造のディスオーダー：FおよびO原子を含むディスオーダー

Box 6・5でX線回折法を紹介し，この本全体を通して，単結晶構造決定の結果を使用してきた．ただしすべての構造決定がそのまま使えるわけではない．いくつかは原子位置のディスオーダーを含み，この問題はたとえば，C_{60}の構造解明を困難にしている（§14・4）．OとF原子は大きさが似ており，電子的な性質も類似しているため，構造のディスオーダーは，オキソフッ化物において普通に生じる．したがってオキソフッ化物XF_xO_yを含む分子の結晶において，得られた原子位置は，ある分子ではFが占めているが，別の分子ではOが占めているかもしれない．全体の結果は，おのおのの位置のOとFによる部分的占有というモデルで示される．部分的占有の結果，真のX−FとX−O結合長や結合角を決定することが困難になる．化合物 $[F_2NO]^+[AsF_6]^-$ はこの問題点について古くから知られた例である．初めて合成され同定されたのは1969年であり，その構造は2001年になって報告された．結晶性 $[F_2NO][AsF_6]$ 中の $[F_2NO]^+$ はディスオーダーしており，おのおのの 'F' の位置のフッ素の占有度は，それぞれ（100%ではなく）78%と77%である．'O' の位置のフッ素の占有度は，(0%ではなく)45%である．以下の参考文献にあげた論文は，意味のあるN−OおよびN−F結合距離や，F−N−FおよびF−N−O結合角を得るためには，どのように構造データを取扱うことができるかを示している．結晶性の $[F_2NO][AsF_6]$ は陽イオンと陰イオンの交互無限鎖からなる．図に示すように，各陽イオンのN原子と隣接する$[AsF_6]^-$のF原子は近接している．

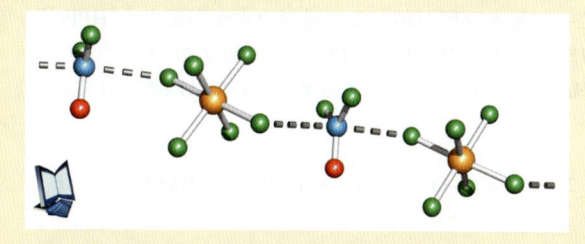

原子の色表示：N 青色，O 赤色，F 緑色，As 橙色．

さらに勉強したい人のための参考文献

A. Vij, X. Zhang and K. O. Christe (2001) *Inorganic Chemistry*, vol. 40, p. 416 − 'Crystal structure of $F_2NO^+ AsF_6^-$ and method for extracting meaningful geometries from oxygen/fluorine disordered crystal structures'.

結晶学的ディスオーダーのその他の例は，以下を参照せよ．§14・4, C_{60}, §14・9, C_3O_2, §15・13, $(NPF_2)_4$, §16・10, $Se_2S_2N_4$, Box 16・2, $[O_2]^-$, 図 19・4, Cp_2Be, §24・13, $(\eta^5-Cp)_2Fe$.

(15.27)　(15.28)

ハロゲン化リン

リンはハロゲン化物 PX_3（$X = F, Cl, Br, I$）や PX_5（$X = F, Cl, Br$）を形成する．PI_5は知られていない．ほとんどは単体どうしの直接的な反応で合成され，どの元素が過剰にあったかによって生成物が決まる．PF_3は反応15.74によってつくる必要があるが，PF_5は，KPF_6から簡便に合成される（以下参照）．これらのハロゲン化物はすべて水で加水分解する（たとえば式15.75），PF_3の反応だけは非常に遅い．

$$PCl_3 + AsF_3 \longrightarrow PF_3 + AsCl_3 \quad (15.74)$$

$$PCl_3 + 3H_2O \longrightarrow H_3PO_3 + 3HCl \quad (15.75)$$

三ハロゲン化物はどれも三方錐形構造 **15.29** をとる．三フッ化リンは非常に毒性があり，無色無臭の気体である．それは金属やBH_3のようなルイス酸と錯形成能がある（CO類似，

X	a/pm	α/°
F	156	96.5
Cl	204	100
Br	222	101
I	243	102

(15.29)

§24・2参照）．その毒性はヘモグロビンとの錯形成に起因する．酸としてHF/SbF_5を用いると，PF_3のプロトン化が起こるが（式15.76），AsF_3では類似の反応は起こらない．$[HPF_3][SbF_6]\cdot HF$は熱的には不安定であるが，低温の構造データでは，四面体形 $[HPF_3]^+$ は，P−H = 122，およびP−F = 149 pm の結合距離をもつことが示されている．

$$PF_3 + HF + SbF_5(過剰量) \xrightarrow[213 K で結晶化]{無水 HF, 77 K;} [HPF_3][SbF_6]\cdot HF \quad (15.76)$$

MeCN 中で PF$_3$ は Me$_4$NF と反応して [Me$_4$N][PF$_4$] を与える．[PF$_4$]$^-$ は両くさび形（disphenoidal）で，VSEPR 理論と矛盾しない．すなわち，その構造は非共有電子対が一つのエクアトリアル位を占めた三方両錐形から誘導される．溶液中で [PF$_4$]$^-$ は立体化学的に剛直ではなく，F 原子の交換機構はおそらくベリー擬回転によるだろう（図 3・13 参照）．[PF$_4$]$^-$ を等モル量の水で処理すると，式 15.77 に従って加水分解が起こる．過剰の水があると，[HPF$_5$]$^-$ (15.30) も [HPO$_2$F]$^-$ (15.31) へ加水分解されるが，[HPO$_2$F]$^-$ のさらなる加水分解については観測されていない．

$$2[PF_4]^- + 2H_2O \xrightarrow{MeCN,\ 293\ K} [HPF_5]^- + [HPO_2F]^- + 2HF \quad (15.77)$$

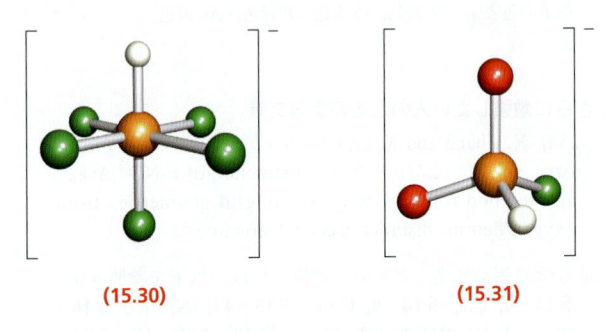

(15.30)　　　　　(15.31)

三塩化リンは無色の液体（融点 179.5 K，沸点 349 K）で，湿った空気中で蒸発し（発煙し）（式 15.75），毒性がある．おもな反応をスキーム 15.78 に示す．

$$PCl_3 \begin{cases} \xrightarrow{O_2} POCl_3 \\ \xrightarrow{X_2(X=ハロゲン)} PCl_3X_2 \\ \xrightarrow{NH_3} P(NH_2)_3 \end{cases} \quad (15.78)$$

PF$_5$ は，単結晶 X 線回折データ（109 K）から三方両錐形構造 15.32 をもつことが示されている．溶液中では，分子は NMR 分光の時間スケールでは動的で，^{19}F NMR スペクトルには 1 組の二重線が観測され，すべての ^{19}F の環境は等価で ^{31}P 核と結合していることを示している．この分子が立体化学的に剛直でないことは，ベリー擬回転（図 3・13 参

158 pm ← アキシアル
152 pm ← エクアトリアル

(15.32)

照）のもう一つの例といえる．気相の PCl$_5$ は，過剰の Cl$_2$ が存在して PCl$_5$ が PCl$_3$ と Cl$_2$ に熱的解離が起こらない条件下で，分子状の三方両錐形構造（P–Cl$_{ax}$ = 214 pm，P–Cl$_{eq}$ = 202 pm）をとることが電子線回折データから示される．しかし固体状態では，四面体形イオン [PCl$_4$]$^+$ (P–Cl = 197 pm) と八面体形イオン [PCl$_6$]$^-$ (P–Cl = 208 pm) が存在し，化合物は CsCl 型構造として結晶化する（図 6・16）．対照的に，PBr$_5$（気相では PBr$_3$ と Br$_2$ に解離する）は [PBr$_4$]$^+$Br$^-$ の形で結晶化する．混合ハロゲン化物 PF$_3$Cl$_2$ は特に興味深い．それは PF$_3$ と Cl$_2$ から気体（沸点 280 K）として得られ，エクアトリアルの Cl 原子を含む分子構造をもつ．ところが，AsCl$_3$ 中で PCl$_5$ と AsF$_3$ が反応すると，固体の生成物 [PCl$_4$]$^+$[PF$_6$]$^-$ が単離される（融点約 403 K）．固体の PI$_5$ は単離されず*，[PI$_4$]$^+$[AsF$_6$]$^-$ (PI$_3$ と [I$_3$]$^+$[AsF$_6$]$^-$ の反応から) および [PI$_4$]$^+$[AlCl$_4$]$^-$ (PI$_3$, ICl, および AlCl$_3$ の反応から) が単離され，四面体形 [PI$_4$]$^+$ の存在が確認された．PBr$_3$ と [I$_3$][AsF$_6$] の反応で，[PBr$_4$][AsF$_6$]，[PBr$_3$I][AsF$_6$]，および少量の [PBr$_2$I$_2$][AsF$_6$] の混合物が生じる．[PBr$_4$][AsF$_6$] は，PBr$_3$ を [Br$_3$]$^+$[AsF$_6$]$^-$ で処理することにより選択的に合成できる．

五フッ化リンは強いルイス酸で，アミンやエーテルと安定な錯体を形成する．ヘキサフルオロリン酸イオン [PF$_6$]$^-$ 15.33 は，水溶液中で H$_3$PO$_4$ を濃 HF と反応させることによりつくられる．[PF$_6$]$^-$ は [SiF$_6$]$^{2-}$ と等電子，等構造である（図 14・17b）．[NH$_4$][PF$_6$] のような塩類が市販されており，[PF$_6$]$^-$ は大きい有機物および錯体陽イオンの塩を沈殿させるのに利用される．固体の KPF$_6$（図 15・12 のようにつく

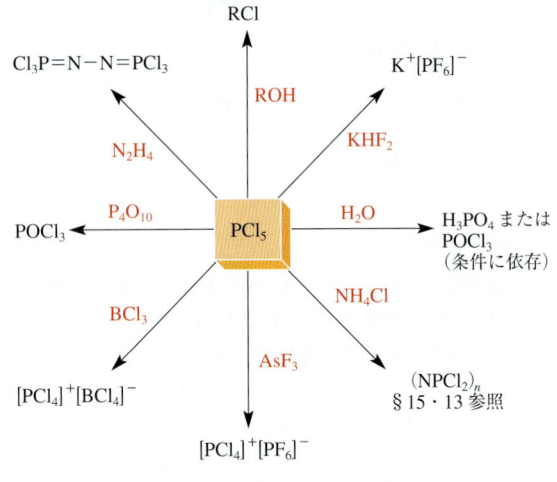

図 15・12　PCl$_5$ のおもな反応

---

* $\Delta_fH°([PI_4]^+I^-,\ s) = +180\ kJ\ mol^{-1}$ と見積られる: I. Tornieporth-Oetting *et al.* (1990) *J. Chem. Soc., Chem. Commun.*, p. 132.

られる）は加熱すると分解して，PF_5 を生成し，この経路は PF_5 を合成する有用な手段となる．五塩化リンは重要な試薬であり，工業的には PCl_3 と Cl_2 の反応によってつくられる．おもな反応を図 15・12 に示す．

(15.33)

ハロゲン化物 P_2X_4 のうち最も重要なものは，赤色結晶の P_2I_4 である（融点 398 K）．それは CS_2 中，白リンと I_2 を反応させることによってつくられる．固体状態では，P_2I_4 分子はトランス（ねじれ形）配座をとる（図 15・4）．その反応の多くで，P_2I_4 の P-P 結合の切断が起こる．たとえば，P_2I_4 の加水分解で単核生成物，PH_3, H_3PO_4, H_3PO_3, および H_3PO_2 の混合物が得られる．

(15.34)

$[P_2I_5]^+$（15.34）の塩はスキーム 15.79 に従って得られる．これらの塩において，$[P_2I_5]^+$ は固体状態でのみ存在する．試料の CS_2 溶液の ^{31}P NMR スペクトルは，δ +178 ppm に一重線を示し，$[P_2I_5]^+$ というよりむしろ PI_3 の形で存在すると考えられる．それに対して $[Al\{OC(CF_3)_3\}_4]^-$ を含む溶液では，$[P_2I_5]^+$ の ^{31}P NMR スペクトルが得られている（例題 15.7 の後の練習問題 1 参照）．

$$P_2I_4 + I_2 + EI_3 \xrightarrow{CS_2}$$
$$ [P_2I_5]^+[EI_4]^- \quad (15.79)$$
$$2PI_3 + EI_3 \xrightarrow{CS_2}$$
$$ E = Al,\ Ga,\ In$$

例題 15.7　ハロゲン化リンの ^{31}P NMR スペクトル

$[P_3I_6]^+$ は，P_2I_4 と PI_3 および $Ag[Al\{OC(CF_3)_3\}_4]\cdot CH_2Cl_2$ の反応で生成する．溶液の ^{31}P NMR スペクトルは，相対強度 1:2 の三重線と二重線を示す（J = 385 Hz）．NMR データに対応する $[P_3I_6]^+$ の構造を示せ．

解答　まず，^{31}P のスピン量子数と天然存在率を見よ（表 3・3），$I = \frac{1}{2}$, 100%.

隣接する ^{31}P 核は結合し，スペクトル中の三重線と二重線の存在は，$[P_3I_6]^+$ における P-P-P 骨格と一致する．両末端の P 原子は等価なので，つぎの構造が提案される．

練習問題

1. $[P_2I_5]^+$ の ^{31}P NMR スペクトルには，なぜ 2 組の強度の等しい二重線（J = 320 Hz）が含まれるのか合理的に説明せよ．

2. PI_3, $PSCl_3$ および Zn 粉末を長時間反応させると，生成物の一つとして P_3I_5 が得られる．P_3I_5 の溶液の ^{31}P NMR スペクトルは，δ 98 ppm に二重線と δ 102 ppm に三重線を示す．これらの値を P_2I_4 の δ 106 ppm と比較して P_3I_5 の構造を示し，その理由を述べよ．　　　　[答　K. B. Dillon *et al.* (2001) *Inorg. Chim. Acta*, vol. 320, p. 172 参照]

3. $[HPF_5]^-$ の溶液の ^{31}P NMR スペクトルは 20 本の多重線からなり，3 種の結合定数が得られる．$[HPF_5]^-$ の構造に基づいて，これらのスピン-スピン結合定数の由来を説明せよ．
[ヒント：構造 **15.30** 参照]

章末の問題 3.29, 15.32a および 15.35a も参照せよ．

三塩化ホスホリル $POCl_3$

リンのオキソハロゲン化物のうち最重要なものは $POCl_3$ であり，PCl_3 と O_2 との反応で合成される．**三塩化ホスホリル**（phosphoryl trichloride）は無色の発煙性液体（融点 275 K，沸点 378 K）で，水により容易に加水分解して HCl を放出する．その蒸気には孤立した分子（15.35）が含まれる．$POCl_3$ には，リン酸化剤と塩素化剤，およびリン酸エステルの合成試薬など，数多くの用途がある．その例は章末**問題 15.39b** に示されている．

(15.35)

ヒ素およびアンチモンのハロゲン化物

ヒ素はハロゲン化物 AsX_3 (X = F, Cl, Br, I) および AsX_5 (X = F, Cl) を生成する．三ハロゲン化物 $AsCl_3$, $AsBr_3$ および AsI_3 は，それぞれの単体どうしを直接化合させてつくられる．反応 15.80 は $AsCl_3$ 合成の別経路である．AsF_3（融点 267 K，沸点 330 K）は（他の三ハロゲン化物と

同様に）水で加水分解されるにもかかわらず，その合成に反応 15.81 が用いられる．反応中に生成した水は，過剰の H_2SO_4 で除かれる．この反応を，反応 12.28 および 13.43 と比較してみよ．AsF_3 は湿気があるとシリカと反応するので，ガラス容器を用いるのは好ましくない．

$$As_2O_3 + 6HCl \xrightarrow{濃塩酸} 2AsCl_3 + 3H_2O \qquad (15.80)$$

$$As_2O_3 + 3H_2SO_4 + 3CaF_2 \xrightarrow{濃硫酸} 2AsF_3 + 3CaSO_4 + 3H_2O \qquad (15.81)$$

固体，液体および気体状態において，AsF_3 および $AsCl_3$ は分子状で三方錐形構造をもつ．適当な試薬に対して，AsF_3 は F^- の供与体あるいは受容体として作用する（式 15.82 および 15.84）．これを BrF_3（§9・10）や $AsCl_3$（式 15.84）の挙動と比較すると，非水溶媒として利用できることがわかる．

$$AsF_3 + KF \longrightarrow K^+[AsF_4]^- \qquad (15.82)$$

$$AsF_3 + SbF_5 \longrightarrow [AsF_2]^+[SbF_6]^- \qquad (15.83)$$

$$2AsCl_3 \rightleftharpoons [AsCl_2]^+ + [AsCl_4]^- \qquad (15.84)$$

水溶液中で，$AsCl_3$ を Me_2NH および過剰の HCl と反応させると，陰イオン 15.36 を含む $[Me_2NH_2]_3[As_2Cl_9]$ が得られる*．

(15.36)

$[AsX_4]^+$（X = F, Cl, Br, I）を含む塩には，安定な化合物の $[AsF_4][PtF_6]$ や $[AsCl_4][AsF_6]$，不安定な化合物の $[AsBr_4][AsF_6]$ や $[AsI_4][AlCl_4]$ がある．弱配位性の陰イオン $[AsF(OTeF_5)_5]^-$ や $[As(OTeF_5)_6]^-$（たとえば酸化還元反応 15.85）を用いることによって，固体中で $[AsBr_4]^+$ を安定化できる．

$$AsBr_3 + BrOTeF_5 + As(OTeF_5)_5 \xrightarrow{[OTeF_5]^-受容体} [AsBr_4]^+[As(OTeF_5)_6]^- \qquad (15.85)$$

唯一安定なヒ素の五ハロゲン化物は AsF_5 である（反応 15.86 により合成される）．$AsCl_5$ は 173 K，紫外線照射下で $AsCl_3$ を Cl_2 と処理することによりつくることはでき，150

K における $AsCl_5$ の X 線回折データにより，固体中で孤立した三方両錐形分子の存在が確かめられた（As–Cl_{ax} = 221 pm, As–Cl_{eq} = 211 pm）．もし $AsCl_5$ の合成中に水か HCl が存在したら，単離される結晶性生成物は $[H_5O_2]_5[AsCl_6]Cl_4$ および $[H_5O_2][AsCl_6]\cdot AsOCl_3$ となる．これらは 253 K 以下で安定であり，水素結合した $[H_5O_2]^+$ と $[AsCl_6]^-$ を含む．$[H_5O_2][AsCl_6]\cdot AsOCl_3$ は $[H_5O_2][AsCl_6]$ と $AsOCl_3$ が共結晶化した結果である．これは単量体で四面体形の $AsOCl_3$ の例であるが，一方で，固体の $AsOCl_3$（195 K で $AsCl_3$ と O_3 の反応によりつくられる）は二量体 15.37 を含む．おのおのの As 原子は三方両錐形の環境にある．

(15.37)
As–Cl_{ax} = 218 pm
As–Cl_{eq} = 211 pm

AsF_5 は 298 K で無色の気体であり，15.32 に類似した分子構造をもつ．

$$AsF_3 + 2SbF_5 + Br_2 \longrightarrow AsF_5 + 2SbBrF_4 \qquad (15.86)$$

五フッ化ヒ素は F^- の強い受容体（すなわち，反応 15.66, 15.67, 15.71）で，$[AsF_6]^-$ を含む多くの錯体が知られている．AsF_5 の興味深い反応の一つは，金属 Bi と反応して $[Bi_5][AsF_6]_3$ を生じることであり，これは三方両錐形クラスター $[Bi_5]^{3+}$ を含む．$[AsF_6]^-$ は AsF_5 が F^- を受取って形成される通常の化学種であるが，$[As_2F_{11}]^-$ 付加体も単離されている．$[(MeS)_2CSH]^+[As_2F_{11}]^-$（$(MeS)_2CS$，HF および AsF_5 から生成）の X 線回折データより，$[As_2F_{11}]^-$ は構造的に $[Sb_2F_{11}]^-$ に類似していることが確かめられた（図 15・13b）．

三ハロゲン化アンチモンは低融点の固体であり，三方錐形分子を含むが，各 Sb 中心は，付随的な長距離の分子間 Sb⋯X 相互作用をもつ．三フッ化物および三塩化物は，Sb_2O_3 をそれぞれ濃 HF または HCl と反応させることにより得られる．SbF_3 はフッ素化剤として広く用いられる．たとえば B_2Cl_4 を B_2F_4（§13・6）に，$CHCl_3$ を CHF_2Cl（式 14.45）に，$COCl_2$ を $COClF$ や COF_2（§14・8）に，$SiCl_4$ を SiF_4（§14・8）に，$SOCl_2$ を SOF_2（§16・7）に変換する．しかしながら，反応は SbF_3 が酸化剤（式 15.87）としても作用するため複雑である．SbF_3 と MF（M＝アルカリ金属）との反応により，たとえば，K_2SbF_5（$[SbF_5]^{2-}$ を

---

* $[E_2X_9]^{3-}$（E = As, Sb, Bi, X = Cl, Br）の固体状態の構造における陽イオンの大きさの効果については，以下の文献を参照せよ：M. Wojtaś, Z. Ciunik, G. Bator and R. Jakubas (2002) *Z. Anorg. Allg. Chem.*, vol. 628, p. 516.

15・7 ハロゲン化物，オキソハロゲン化物およびハロゲン化物錯体   449

含む，**15.38**），KSb$_2$F$_7$（孤立した SbF$_3$ と [SbF$_4$]$^-$ を含む，**15.39**），KSbF$_4$（この中の陰イオンは [Sb$_4$F$_{16}$]$^{4-}$，**15.40**），および CsSb$_2$F$_7$（[Sb$_2$F$_7$]$^-$ を含む，**15.40**）などの塩が得られる．

$$3C_6H_5PCl_2 + 4SbF_3 \longrightarrow 3C_6H_5PF_4 + 2SbCl_3 + 2Sb \quad (15.87)$$

(15.38) (15.39)

(15.40) (15.41)

五フッ化アンチモン（融点 280 K, 沸点 422 K）は，SbF$_3$ と F$_2$ から，あるいは反応 15.88 により合成される．固体状態で，SbF$_5$ は四量体（図 15・13a）であり，液体の高い粘性も Sb-F-Sb 架橋が存在することにより説明できる．五塩化アンチモン（融点 276 K, 沸点 352 K）は，単体から，あるいは Cl$_2$ と SbCl$_3$ の反応により合成される．液体の SbCl$_5$ は孤立した三方両錐形分子を含み，この分子は 219 K と融点の間の固体中にも存在する．PCl$_5$ や AsCl$_5$ と同様，SbCl$_5$ のアキシアル位の結合は，エクアトリアルの結合より長い（243 K の固体で，233 および 227 pm）．219 K 以下で，固体は SbCl$_5$ 分子の二量化を含む可逆的な変化を起こす（**15・42**）．

(15.42)

$$SbCl_5 + 5HF \longrightarrow SbF_5 + 5HCl \quad (15.88)$$

すでにきわめて強力なフッ化物イオン受容体としての SbF$_5$ の役割を示した（たとえば，**反応 9.44，9.55，15.68，15.69，15.83**）が，同様に，SbCl$_5$ は最強の塩化物イオン受容体の一つとしても知られている（たとえば，反応 15.72，15.89）．SbF$_5$ や SbCl$_5$ がアルカリ金属フッ化物や塩化物と反応する

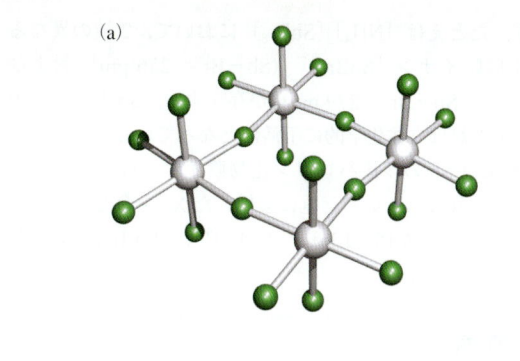

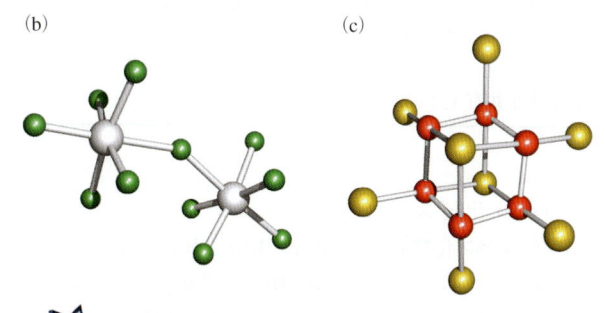

図 15・13 固体状態の構造．(a) {SbF$_5$}$_4$, (b) *t*-ブチル塩における [Sb$_2$F$_{11}$]$^-$ （X 線回折）および，(c) [{MeC(CH$_2$PPh$_2$)$_3$}NiI]$_2$[As$_6$I$_8$] 中の [As$_6$I$_8$]$^{2-}$ （X 線回折）．{SbF$_5$}$_4$ や [Sb$_2$F$_{11}$]$^-$ 中の架橋 Sb-F 結合は，末端結合より約 15 pm 長い．原子の色表示：Sb 銀色，As 赤色，F 緑色，I 黄色．[文献：(a) S. Hollenstein *et al.* (1993) *J. Am. Chem. Soc.*, vol. 115, p. 7240, (b) P. Zanello *et al.* (1990) *J. Chem. Soc., Dalton Trans.*, p. 3761]

と，M[SbF$_6$] や M[SbCl$_6$] 型の化合物を生じる．

$$SbCl_5 + AlCl_3 \longrightarrow [AlCl_2]^+[SbCl_6]^- \quad (15.89)$$

SbCl$_5$ に Cl$^-$ が付加すると常に [SbCl$_6$]$^-$ を生じるが，SbF$_5$ が F$^-$ を受取ると，Sb-F-Sb 架橋の形成によりさらに会合が起こる．したがって生成物は，[SbF$_6$]$^-$，[Sb$_2$F$_{11}$]$^-$（図 15・13b）あるいは，[Sb$_3$F$_{16}$]$^-$ を含む．これらの Sb 中心は八面体配置をとっている．SbF$_5$ が F$^-$ の強力な受容体であることを利用して，いくつかの珍しい陽イオン，[O$_2$]$^+$，[XeF]$^+$，[Br$_2$]$^+$，[ClF$_2$]$^+$ および [NF$_4$]$^+$ などが単離できる．Cs[SbF$_6$] と CsF （モル比 1 : 2）を 573 K で 45 時間加熱すると，Cs$_2$[SbF$_7$] が生成する．振動分光学的および理論的な結果から，[SbF$_7$]$^{2-}$ は五方両錐形構造をもつことが明らかにされた．

SbCl$_3$ が CsCl の存在下，Cl$_2$ によって部分的に酸化されると，暗青色の Cs$_2$SbCl$_6$ が沈殿する．黒色の [NH$_4$]$_2$[SbBr$_6$] も同様に得られる．これらの化合物は反磁性なので Sb(IV) は含まれない．実際には [SbX$_6$]$^{3-}$ と [SbX$_6$]$^-$ を含む混合原子価状態の化学種である．化合物の暗い色は，2 種の陰イオン間の電子移動と関連した光吸収に起因する．Cs$_2$SbCl$_6$ および [NH$_4$]$_2$[SbBr$_6$] の固体状態の構造は，類似した特徴

を示す．たとえば $[NH_4]_2[SbBr_6]$ において，2種の異なる八面体形陰イオン，$[SbBr_6]^-$（Sb−Br = 256 pm）および $[SbBr_6]^{3-}$（Sb−Br = 279 pm）が存在する．Sb(III) 種中の非共有電子対は立体化学的に不活性となっている．

As および Sb の多核ハロゲン化物陰イオンは多く知られており，それらは二重，三重に架橋した X^- を含む．たとえば，$[As_6I_8]^{2-}$（図 15・13c），$[As_8I_{28}]^{4-}$，$[Sb_5I_{18}]^{3-}$ および $[Sb_6I_{22}]^{4-}$ がある．

練習問題

$[SbBr_6]^-$ および $[SbBr_6]^{3-}$ が正八面体形構造であるとすると，それらはどの点群に属するか．これらのイオンの一方は，Sb 中心に立体化学的に不活性な非共有電子対をもち，他方は非共有電子対をもたないのはなぜか．

ハロゲン化ビスマス

三ハロゲン化物 BiF_3，$BiCl_3$，$BiBr_3$，BiI_3 はすべて性質が十分明らかにされているが，Bi(V) で知られているのは BiF_5 のみである．これらはすべて 298 K で固体である．気相では，三ハロゲン化物は分子状（三方錐形構造）である．固体状態で，β-BiF_3 は九配位の Bi(III) 中心を含む．$BiCl_3$ と $BiBr_3$ は分子状であるが，付随的に他分子との間に 5 箇所の長い $Bi\cdots X$ 接触がある．BiI_3 において，Bi 原子は I 原子の hcp（六方最密充填）配置のなかで八面体配位座を占める．三ハロゲン化物は高温で，単体どうしの反応により生成する．三ハロゲン化物はいずれも水により加水分解されて，層状構造をもった不溶性化合物 BiOX を生じる．BiF_3 は 880 K で F_2 と反応して BiF_5 を生じる．これは強力なフッ素化剤である．BiF_5 を過剰の MF（M = Na, K, Rb, Cs）と 503〜583 K で 4 日間加熱すると，$M_2[BiF_7]$ が生成する．Bi(V) が Bi(III) に還元されないように，反応は低圧の F_2 下で行われる．BiF_5 を 195 K で過剰の FNO で処理すると，$[NO]_2[BiF_7]$ を生じる．しかし，これは熱的に不安定で，室温まで温めると $[NO][BiF_6]$ が生成する．$[BiF_7]^{2-}$ は，振動分光および理論計算により五方両錐形構造に帰属されている．

三ハロゲン化物はルイス酸であり，多くのエーテルを含むドナー–アクセプター錯体を形成する．たとえば，fac-$[BiCl_3(THF)_3]$，mer-$[BiI_3(py)_3]$（py = ピリジン），cis-$[BiI_4(py)_2]^-$，$[BiCl_3(py)_4]$ (15.43) および図 15・14 に示される大環状配位子錯体がある．ハロゲン化物イオンとの反応で，$[BiCl_5]^{2-}$（正方錐形），$[BiBr_6]^{3-}$（八面体形），$[Bi_2Cl_8]^{2-}$ (15.44)，$[Bi_2I_8]^{2-}$（構造的には 15.44 と類似）および $[Bi_2I_9]^{3-}$ (15.45) を生じるビスマス(III) もいくつかのより高次の多核ハロゲン錯体を形成する．たとえば，$[Bi_4Cl_{16}]^{4-}$ やポリマー種の $[\{BiX_4\}_n]^{n-}$ および $[\{BiX_5\}_n]^{2n-}$ があり，いずれの場合においても Bi 原子は八面体環境にある．

py は N で結合
(15.43) **(15.44)**

(15.45)

例題 15.8　15 族金属ハロゲン化物の酸化還元（レドックス）化学

反応 15.85 において，どの化学種が酸化され，どの化学種が還元されているか．酸化状態の変化に関して，反応式がつり合っていることを確かめよ．

解答　考慮する反応は，

$$AsBr_3 + BrOTeF_5 + As(OTeF_5)_5 \longrightarrow [AsBr_4]^+[As(OTeF_5)_6]^-$$

酸化状態：		
	$AsBr_3$	As, +3; Br, −1
	$BrOTeF_5$	Br, +1; Te, +6
	$As(OTeF_5)_5$	As, +5; Te, +6
	$[AsBr_4]^+$	As, +5; Br, −1
	$[As(OTeF_5)_6]^-$	As, +5; Te, +6

酸化還元反応には As と Br が含まれる．$AsBr_3$ 中の As は $[AsBr_4]^+$ になるとともに酸化され，一方，$BrOTeBF_5$ 中の Br は $[AsBr_4]^+$ になるとともに還元される．

酸化：As(+3) から As(+5) へ　酸化状態の変化＝+2
還元：Br(+1) から Br(−1) へ　酸化状態の変化＝−2

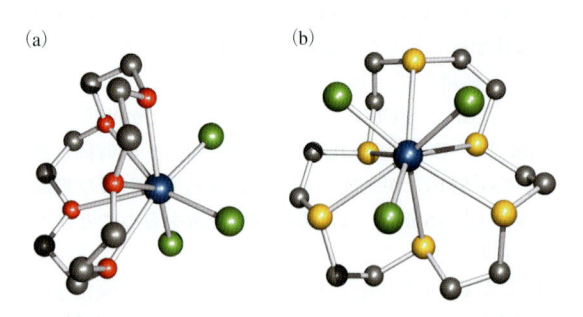

図 15・14　(a) $[BiCl_3(15\text{-crown-}5)]$ および (b) $[BiCl_3L]$（L = 1,4,7,10,13,16-ヘキサチアシクロオクタデカン）の構造．Bi(III) 中心の高配位数に注目せよ．水素原子は省略されている．原子の色表示：Bi 青色，O 赤色，S 黄色，Cl 緑色，C 灰色．[文献：(a) N. W. Alcock et al. (1993) Acta Crystallogr., Sect. B, vol. 49, p. 507, (b) G. R. Willey et al. (1992) J. Chem. Soc., Dalton Trans., p. 1339]

表 15・6 窒素酸化物の主要データ

	N$_2$O	NO	N$_2$O$_3$	NO$_2$	N$_2$O$_4$	N$_2$O$_5$
名 称	一酸化二窒素[†] dinitrogen monoxide	一酸化窒素[†] nitrogen monoxide	三酸化二窒素 dinitrogen trioxide	二酸化窒素 nitrogen dioxide	四酸化二窒素 dinitrogen tetraoxide	五酸化二窒素 dinitrogen pentaoxide
融 点 / K	182	109	173	—	262	303
沸 点 / K	185	121	277 分解	—	294	305 昇華
物理的外観	無色気体	無色気体	青色固体または液体	褐色気体	無色固体または液体 (本文参照)	無色固体. 273 K 以下で安定
$\Delta_f H°$ (298 K) / kJ mol^{-1}	82.1 (g)	90.2 (g)	50.3 (l) 83.7 (g)	33.2 (g)	−19.5 (l) 9.2 (g)	−43.1 (s)
気体分子の双極子モーメント / D	0.16	0.16	—	0.315	—	—
磁気的性質	反磁性	常磁性	反磁性	常磁性	反磁性	反磁性

[†] N$_2$O と NO の慣用名は,それぞれ,亜酸化窒素 (nitrous oxide),酸化窒素 (nitric oxide) である.

したがって酸化状態の変化に関して,式はつり合っている.

練習問題

1. 反応 15.56 において,どの元素が酸化され,どの元素が還元されているか.酸化状態の変化に関して反応がつり合っていることを確かめよ. 　　　[答 N, 酸化；F, 還元]
2. 反応 15.59 において,どの元素が酸化還元の変化をしているか.酸化状態の変化に関して反応がつり合っていることを確かめよ. 　　　[答 N, 還元；Cl の半分, 酸化]
3. 反応 15.71, 15.72, および 15.73 は酸化還元反応か. それぞれの式における反応物と生成物中の N 原子の酸化状態を決定して確かめよ. 　　　[答 酸化還元ではない]
4. 反応 15.87 は酸化還元過程であることを確かめよ.また,該当する元素の酸化状態の変化に対して式がつり合っていることを確かめよ.

15・8 窒素の酸化物

14 族と同様,15 族の最初の元素の N は,(p−p)π 結合が重要となる酸化物を形成する点に特徴がある.表 15・6 に窒素酸化物の主要な性質をまとめている.不安定ラジカルの NO$_3$ は含まれていない.NO$_2$ は N$_2$O$_4$ と平衡状態で存在する.

一酸化二窒素 N$_2$O

一酸化二窒素 (dinitrogen monoxide, 表 15・6) は普通固体の硝酸アンモニウムの分解 (式 15.90, 反応 15.6 と比較せよ) により合成されるが,水溶液の反応 15.91 は純粋な生成物を得るのに有用である.NH$_2$OH の N$_2$O への酸化に関する詳細は §15・5 を参照せよ.

$$NH_4NO_3 \xrightarrow{450-520\ K} N_2O + 2H_2O \quad (15.90)$$

$$NH_2OH + HNO_2 \longrightarrow N_2O + 2H_2O \quad (15.91)$$

一酸化二窒素はかすかに甘い臭いがする.それは水に溶けて中性溶液を与えるが,特に顕著には反応はしない.平衡 15.92 の位置は左に大きく偏っている.

$$N_2O + H_2O \rightleftharpoons H_2N_2O_2 \quad (15.92)$$

$$\overset{-}{N}=\overset{+}{N}=O \qquad \overset{}{N}\equiv\overset{+}{N}-O^-$$
　113 pm　119 pm
　　　(15.46)　　　　　　　　(15.47)

一酸化二窒素は毒性のない気体で,298 K で反応性はかなり低い.N$_2$O 分子は直線形で,結合は構造 15.46 のように表されるが,結合距離から構造 15.47 の共鳴構造の寄与もある程度示唆される.過去において,N$_2$O ('笑気ガス') は麻酔剤として広く用いられた.しかし副作用があり,代わりの麻酔剤が利用できるようになってその利用は著しく減少した[*].一酸化二窒素は,ホイップクリーム製造機の圧縮ガスとして今でも利用されている.その反応性は,温度が上がると高くなる.N$_2$O は支燃性であるが,460 K で NaNH$_2$ と反応する (式 15.47).この反応は市販の NaN$_3$ 合成に用いられており,起爆剤として用いられる Pb(N$_3$)$_2$ のような他のアジ化物の前駆体となる.

一酸化窒素 NO

一酸化窒素 (nitrogen monoxide, 表 15・6) は工業的に

---

[*] U. R. Jahn and E. Berendes (2005) *Best Practice & Research Clinical Anaesthesiology*, vol. 19, p. 391 − 'Nitrous oxide − an outdated anaesthetic'.

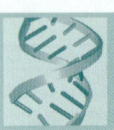

生物と医薬

Box 15・6　生物学における一酸化窒素

生体系においてNOが果たしている役割について活発な研究が行われており，1992年にサイエンス誌はNOを'今年の分子'と名づけた．1998年のノーベル生理学・医学賞は，心循環系におけるシグナル分子としての一酸化窒素に関する発見に対して，Robert F. Furchgott, Louis J. Ignarro, および，Ferid Muradへ贈られた（http://www.nobel.se/medicine/laureates/1998/press.html）．

一酸化窒素は，生体内でヘムを含む酵素 **NOシンターゼ**（NO synthase）によってつくられる．体内のNOの酵素レセプター（グアニル酸シクラーゼ，guanylyl cyclase）もヘム部分を含む．これらのヘムグループに加えて，NOは，たとえばミオグロビンやヘモグロビン中のヘム鉄原子に配位するかもしれない（ミオグロビンやヘモグロビンの詳細は§29・3参照）．ヘム鉄中心にNOが結合したウマ心臓ミオグロビンの構造は，単結晶X線回折によって決定された．構造は右の図に示されている．タンパク質はリボンで表示し，ヘム単位は球棒モデルで表示している．タンパク質の二次構造のαヘリックスは赤色，ターンは緑，コイルは銀白色で示している．構造データからFe-N-O単位は非直線形（Fe-N-O角＝147°）であることがわかる．

NOの分子サイズの小ささは，それが細胞壁を通り抜けて容易に拡散することを意味する．NOは生物系で伝達分子として働き，血圧の制御，筋肉の弛緩や神経伝達のような哺乳類の機能に積極的な役割を果たすと考えられる．NOによって発現する注目すべき性質は，細胞毒性をもつことである（すなわち，特定の細胞を選択的に破壊できる）．またそれはがん細胞を殺すための生体免疫系の能力に影響を与える．

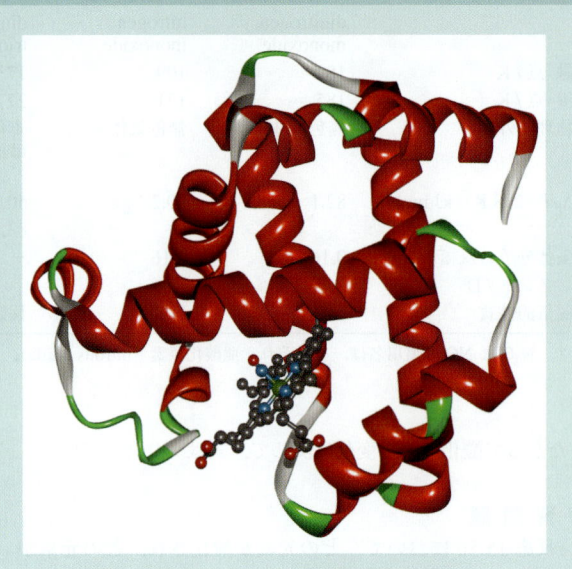

NOが結合した鉄(II)ウマ心臓ミオグロビンの構造．ヘム単位の色表示：Fe 緑色，N 青色，O 赤色，C 灰色．[データ：D. M. Copeland et al. (2003) *Proteins: Structure, Function and Genetics*, vol. 53, p. 182]

さらに勉強したい人のための参考文献

J. A. McCleverty (2004) *Chemical Reviews*, vol. 104, p. 403 – 'Chemistry of nitric oxide relevant to biology'.

E. Palmer (1999) *Chemistry in Britain*, January issue, p. 24 – 'Making the love drug'.

R. J. P. Williams (1995) *Chemical Society Reviews*, vol. 24, p. 77 – 'Nitric oxide in biology: its role as a ligand'.

1998年ノーベル生理学・医学賞受賞者による総説：*Angewandte Chemie International Edition* (1999) vol. 38, pp. 1856, 1870, 1882.

Box 29・2 "吸血昆虫サシガメのNO利用法"も参照せよ．

はNH_3からつくられるが（式15.93），実験室では，HNO_3か亜硝酸塩（たとえばKNO_2）を水溶液中H_2SO_4存在下で還元することによりつくられる（反応15.94または15.95）．

$$4NH_3 + 5O_2 \xrightarrow{1300\ K,\ Pt\ 触媒} 4NO + 6H_2O \quad (15.93)$$

$$[NO_3]^- + 3Fe^{2+} + 4H^+ \rightarrow NO + 3Fe^{3+} + 2H_2O \quad (15.94)$$

$$[NO_2]^- + I^- + 2H^+ \rightarrow NO + H_2O + \tfrac{1}{2}I_2 \quad (15.95)$$

反応15.94は$[NO_3]^-$検出用の褐輪反応の基になるものである．試験液に同溶液量の$FeSO_4$水溶液を添加した後，分離下層を形成するように冷却した濃H_2SO_4をゆっくり加える．もし$[NO_3]^-$が存在するとNOが遊離し，2層の間に褐色の輪が形成される．茶色の呈色は$[Fe(NO)(OH_2)_5]^{2+}$の生成によるものであり，このイオンはNOを配位子とする多くの**ニトロシル錯体**（nitrosyl complex）（§21・4および§24・2参照）の一例である．$[Fe(NO)(OH_2)_5]^{2+}$の赤外スペクトルは$1810\ cm^{-1}$に，$\nu(NO)$に帰属される吸収を示す．これは，Fe(I)に配位した$[NO]^+$というよりはむしろ，Fe(III)に結合した$[NO]^-$配位子という表現が適切である．Fe(III)の存在は，メスバウアースペクトルデータによっても支持される．$[Fe(OH_2)_6]^{2+}$とNOの反応については，**Box 26・1**で再度取上げる．化合物$[Et_4N]_5[NO][V_{12}O_{32}]$は$[NO]^-$が非配位の形で存在する異常な例である．$[V_{12}O_{32}]^{4-}$（§22・6参照）は椀形の構造で，かごの中でゲストの$[NO]^-$を捕

資源と環境

Box 15・7　NO$_x$：対流圏汚染物質

'NO$_x$'（'ノックス' と発音される）は，天然（土壌からの放出や稲妻）および人工物の両方から生じる一連の窒素酸化物をさす．おもな人工の原因物質は，車や飛行機の放出物，および巨大発電所である．NO$_x$ は，たとえばアジピン酸の製造のようないくつかの工業プロセスにおいても放出される．アジピン酸はナイロン-66 の工業的合成における試薬の一つであり，硝酸を用いたシクロヘキサノールやシクロヘキサノンの酸化により製造される．

$$\text{シクロヘキサノン} \xrightarrow[-N_2O,\ -H_2O]{HNO_3(aq),\ Cu\ および\ [NH_4][VO_3]\ 触媒} HO_2C\text{-(CH}_2\text{)}_4\text{-CO}_2H\ (\text{アジピン酸})$$

アジピン酸製造は大量であるため，ここからの N$_2$O の放出は深刻である．1990 年代以来，N$_2$O が大気圏に到達しないように制限基準が設定された．熱や触媒（たとえば，CuO/Al$_2$O$_3$）による分解で，N$_2$O は N$_2$ および O$_2$ に変換される．

20 世紀の最後の年に，環境認識の高まりにより，排出ガス規制が設定された．排出が制限されたのは，微粒子性物質と CO，炭化水素および NO$_x$ である．対流圏（地表からの高度 0～12 km）中の NO$_x$ は，HO$^{\bullet}$ や O$_3$ 濃度を増大させる．大気圏上層中の NO$_x$ は紫外線に対するバリアとして働くが，低い高度での NO$_x$ 濃度の増大はヒトの肺組織に有害となる．大都市（有名なのはロサンゼルスやメキシコシティ）の上空で生成する光化学スモッグは，おもに O$_3$ からなり，自動車排ガスからの揮発性有機化合物（volatile organic compound, VOC）と NO$_x$ が関係する．対流圏でのオゾン生成は，通常，CO あるいは VOC と HO$^{\bullet}$ ラジカルや大気中の O$_2$ との反応で開始される．一例を次式に示す．

$$CO + HO^{\bullet} + O_2 \longrightarrow HO_2^{\bullet} + CO_2$$

これに一連のラジカル反応（ここではラジカルとして NO と NO$_2$ を示す）が続き，O$_3$ の生成に至る．

$$HO_2^{\bullet} + ON^{\bullet} \longrightarrow HO^{\bullet} + NO_2^{\bullet}$$
$$NO_2^{\bullet} \xrightarrow{h\nu} ON^{\bullet} + O$$
$$O_2 + O \longrightarrow O_3$$

反応全体で NO も HO$^{\bullet}$ も破壊されず，各ラジカルは反応の連鎖に再投入されることに注意せよ．以下の写真は，チリのサンチアゴの光化学スモッグ生成におけるこれらの反応の有害な影響を示す．サンチアゴ，メキシコシティおよびサンパウロがラテンアメリカで最も汚染された都市である．

チリ，サンチアゴ上空のスモッグ［©Nataliya Hora/Alamy］

さらに勉強したい人のための参考文献

M. G. Lawrence and P. J. Crutzen (1999) *Nature*, vol. 402, p. 167 — 'Influence of NO$_x$ emissions from ships on tropospheric photochemistry and climate'.

L. Ross Raber (1997) *Chemical & Engineering News*, April 14 issue, p. 10 — 'Environmental Protection Agency's Air Standards: pushing too far, too fast?'

S. Sillman (2004) in *Treatise on Geochemistry*, eds H. D. Holland and K. K. Turekian, Elsevier, Oxford, vol. 9, p. 407 — 'Tropospheric ozone and photochemical smog'.

M. H. Thiemens and W. C. Trogler (1991) *Science*, vol. 251, p. 932 — 'Nylon production: an unknown source of atmospheric nitrous oxide'.

R. P. Wayne (2000) *Chemistry of Atmospheres*, Oxford University Press, Oxford.

以下も参照せよ．**Box 11・3** 無公害電気自動車の電池，**§27・8** と**図 27・17** 触媒コンバーター．

捉するホストとして作用する．ホストとゲストの間には弱いファンデルワールス相互作用のみが働いている．

$$\overset{\bullet}{N}=O$$
115 pm

(15.48)

構造 **15.48** は NO がラジカルであることを示す．NO$_2$ とは異なり，NO は，高圧で低温まで冷却しない限り二量化しない．反磁性固体中では長い N−N 結合（218 pm）をもつ二量体が存在する．温度の増加とともに反応速度は減少するため，二量体は反応 15.96 の中間体と考えられる．

$$2\text{NO} + \text{Cl}_2 \longrightarrow 2\text{ClNO} \quad \text{反応速度} \propto (P_{\text{NO}})^2(P_{\text{Cl}_2})$$
$$2\text{NO} + \text{O}_2 \longrightarrow 2\text{NO}_2 \quad \text{反応速度} \propto (P_{\text{NO}})^2(P_{\text{O}_2})$$
(15.96)

NOとO$_2$との反応は硝酸工業（§15・9）において重要であるが，NOは酸性溶液中で[MnO$_4$]$^-$によっても直接HNO$_3$に酸化される．NOの還元は還元剤に依存し，たとえばSO$_2$では生成物はN$_2$Oである．しかしスズと酸で還元すると，生成物はNH$_2$OHである．NOは熱力学的に不安定であるが（表15・6），1270 K以下ではそれほど速いN$_2$とO$_2$への分解は起こらず，助燃性も低い．$\Delta_f H°$(298 K)の正の値は，高温でNOの生成が好まれることを意味し，このことはモーターや飛行機の燃料の燃焼中に重要となる．その際NOは生成するいくつかの酸化物の一つである．それらの酸化物はまとめてNO$_x$と記述され（Box 15・7参照），大都市のスモッグ生成の要因となる．

1800年代初期から知られているNOの反応として，亜硫酸イオンとの反応による[O$_3$SNONO]$^{2-}$の生成がある．このイオンの共鳴構造の一つを図15・49に示す．K$^+$塩における原子間結合距離は，S–Nが単結合でN–N結合が二重

K$^+$塩について
S–N = 175 pm
N–N = 128 pm
N–O = 129, 132 pm

(15.49)

結合性をもつことと一致するが，同時に，N–O結合には多重結合性があることも示唆する．[O$_3$SNONO]$^{2-}$は，中間の二量体ONNOの一段階付加により生成するのではなく，[SO$_3$]$^{2-}$にNOが段階的に付加して生成すると考えられている．

反応15.71および15.72に[NO]$^+$（ニトロシル）陽イオンを含む塩の生成を示した．多くの塩が知られており，X線回折データからN–O距離106 pmで，NO（115 pm）より短いことが確認された．結合の分子軌道計算はこの観測結果に一致する（章末問題15.20参照）．NOから[NO]$^+$になると，結合強度が増加してNO振動数が増加する（1876 cm^{-1}から約2300 cm^{-1}へ）．すべてのニトロシル塩は水で分解される（式15.97）．

$$[\text{NO}]^+ + \text{H}_2\text{O} \longrightarrow \text{HNO}_2 + \text{H}^+ \quad (15.97)$$

三酸化二窒素 N$_2$O$_3$

三酸化二窒素（dinitrogen trioxide，表15・6および図15・15）は，低温での反応15.98により暗青色液体として得られる．しかし195 Kでも解離が起こり，NOとN$_2$O$_4$へ戻る．

$$2\text{NO} + \text{N}_2\text{O}_4 \rightleftharpoons 2\text{N}_2\text{O}_3 \quad (15.98)$$

三酸化二窒素は亜硝酸HNO$_2$の**酸無水物**（acid anhydride）で水に可溶である（式15.99）．

$$\text{N}_2\text{O}_3 + \text{H}_2\text{O} \longrightarrow 2\text{HNO}_2 \quad (15.99)$$

> **酸無水物**は，酸の1個またはそれ以上の分子が，1個またはそれ以上の水分子を失ったとき生成する．

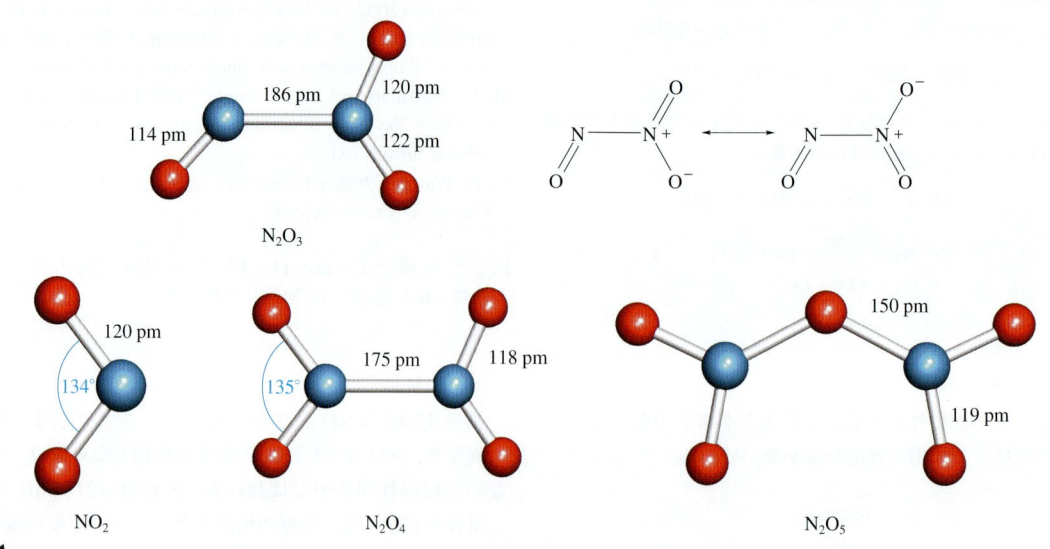

図15・15 N$_2$O$_3$（共鳴構造を含む），NO$_2$，N$_2$O$_4$およびN$_2$O$_5$の分子構造．N$_2$O$_3$，N$_2$O$_4$およびN$_2$O$_5$の分子は平面形である．N$_2$O$_3$およびN$_2$O$_4$中のN–N結合は，特に長い（図15・4のN$_2$H$_4$と比較せよ）．原子の色表示：N 青色，O 赤色．

四酸化二窒素 N_2O_4，および二酸化窒素 NO_2

四酸化二窒素（dinitrogen tetraoxide）と二酸化窒素（nitrogen dioxide，表 15・6 および図 15・15）は，平衡状態 15.100 として存在し，一緒に議論するべきである．

$$N_2O_4 \rightleftharpoons 2NO_2 \quad (15.100)$$

固体は無色，反磁性であり，N_2O_4 のみが存在することと一致する．この二量体が解離して褐色の NO_2 ラジカルを生じる．固体の N_2O_4 は融解すると黄色の液体になる．その色は少量の NO_2 の存在に起因する．294 K（沸点）において，褐色の蒸気には 15% の NO_2 が含まれる．蒸気の色は温度が上昇するとより濃くなり，413 K で N_2O_4 はほぼ完全に解離する．413 K 以上では NO_2 が NO と O_2 に解離するので，色は再び薄くなる．NO_2 または N_2O_4 の実験室レベルでの合成は，普通，乾燥した硝酸鉛(II) の熱分解を用いて行われる（式 15.101）．褐色の NO_2 ガスが約 273 K まで冷却されると，N_2O_4 が黄色の液体として凝縮する．

$$2Pb(NO_3)_2(s) \xrightarrow{\text{加熱}} 2PbO(s) + 4NO_2(g) + O_2(g) \quad (15.101)$$

四酸化二窒素は強力な酸化剤（たとえば，**Box 9・2** 参照）であり，298 K で Hg を含む多くの金属をおかす．NO_2 または N_2O_4 は水と反応して亜硝酸と硝酸の 1:1 混合物を与え（式 15.102），亜硝酸は不均化する（下記参照）．これらの酸が生成するので大気中の NO_2 は腐食性があり，'酸性雨' の原因となる（**Box 16・5** 参照）．濃 H_2SO_4 中で N_2O_4 はニトロシルおよびニトロイル陽イオンを生じる（式 15.103）．N_2O_4 のハロゲンとの反応は §15・7 に述べた．N_2O_4 の非水溶媒としての利用は §9・11 で概説した．

$$2NO_2 + H_2O \longrightarrow HNO_2 + HNO_3 \quad (15.102)$$

$$N_2O_4 + 3H_2SO_4 \longrightarrow [NO]^+ + [NO_2]^+ + [H_3O]^+ + 3[HSO_4]^- \quad (15.103)$$

ニトロイル陽イオン **15.50** は直線形で，NO_2（図 15・15）および $[NO_2]^-$（∠O−N−O = 115°）の折れ曲がり構造と対照的である．

$$\overset{+}{O}=N=O$$
115 pm
(15.50)

五酸化二窒素 N_2O_5

五酸化二窒素（dinitrogen pentaoxide，表 15・6 および図 15・15）は，HNO_3 の酸無水物であり，反応 15.104 により合成される．

$$2HNO_3 \xrightarrow[\text{(脱水剤)}]{P_2O_5} N_2O_5 + H_2O \quad (15.104)$$

N_2O_5 は無色，潮解性の結晶を形成するが（§12・5 参照），273 K 以上でゆっくり分解して，N_2O_4 と O_2 を生じる．固体状態で，N_2O_5 は $[NO_2]^+$ と $[NO_3]^-$ からなるが，蒸気は平面形の分子を含む（図 15・15）．この蒸気を 93 K まで急激に冷却することにより分子性固体を生成しうる．五酸化二窒素は水と激しく反応して HNO_3 を生じ，強力な酸化剤である（たとえば反応 15.105）．

$$N_2O_5 + I_2 \longrightarrow I_2O_5 + N_2 \quad (15.105)$$

15・9 窒素のオキソ酸

$H_2N_2O_2$ の異性体

$[N_2O_2]^{2-}$ のナトリウム塩の水溶液は，有機亜硝酸塩から反応 15.106 により，または，ナトリウムアマルガムによる $NaNO_2$ の還元によりつくられる．Ag^+ を添加すると $Ag_2N_2O_2$ が沈殿する．この塩をジエチルエーテル中で無水 HCl と処理すると，次亜硝酸 $H_2N_2O_2$ が生成する*．

$$RONO + NH_2OH + 2EtONa$$
$$\longrightarrow Na_2N_2O_2 + ROH + 2EtOH \quad (15.106)$$

遊離の $H_2N_2O_2$ は弱酸である．$H_2N_2O_2$ は潜在的に爆発性であり，自発的に N_2O と H_2O に分解する．次亜硝酸イオン $[N_2O_2]^{2-}$ はトランス形およびシス形の両方が存在する．トランス配置は速度論的により安定であり，$Na_2N_2O_2 \cdot 5H_2O$ の固体状態の構造において確かめられた．シス形は固体 Na_2O を気体 N_2O と加熱することにより，$Na_2N_2O_2$ として

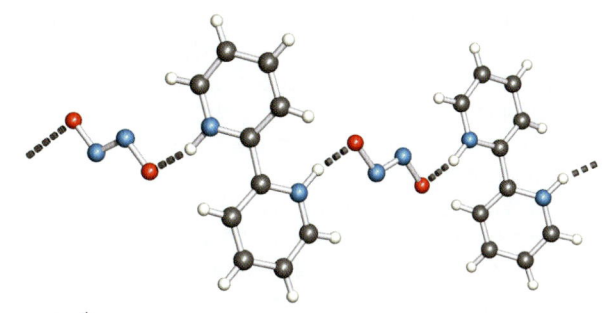

図 15・16 $[N_2O_2]^{2-}$ のビピリジニウム塩の固体状態の構造における水素結合鎖の一部．構造は 173 K における X 線回折により決定された [N. Arulsamy *et al.* (1999) *Inorg. Chem.*, vol. 38, p. 2716].

---

* 次亜硝酸（hyponitrous acid）は慣用名として使われているが，IUPAC ではもはや推奨されていない．推奨されているのは，**ジアゼンジオール**（diazenediol）であり，これはジアゼン（HN=NH）中の各 H 原子を OH 基によって置換することにより誘導される．

得られる．$H_2N_2O_2$ の分光学的データもトランス配置を示す（構造 **15.51**）．2,2′-ビピリジニウム塩は $[N_2O_2]^{2-}$ の O 原子と 2,2′-ビピリジニウム陽イオン（**15.52**）の NH 基との間の O⋯H−N 水素結合相互作用により，固体状態で鎖を形成する（図 15・16）．

酸とニトロカルバミン酸カリウムとの反応でニトロアミド（nitramide）が生成する（式 15.107）．これは次亜硝酸の異性体である．ニトロアミドは構造が明らかにされており，1 個の N 原子は三角形（O_2NN）で，もう 1 個は三方錐形（H_2NN）である．化合物は潜在的に爆発性であり，塩基触媒で N_2O と H_2O に分解する．

$$\text{ニトロカルバミン酸イオン} \xrightarrow[-CO_2]{H^+} \text{ニトロアミド} \quad (15.107)$$

亜硝酸 HNO_2

亜硝酸（nitrous acid）は溶液中と気相においてのみ知られている．気相中では構造 **15.53** をもつ．弱酸（pK_a = 3.37）であり，溶液中での不均化に対して不安定である（式 15.108）．水溶液中での反応 15.109 によって合成される．この場合，反応試薬は水に溶けるが，生成物の金属塩は不溶となるようなものが選択される．$AgNO_2$ は不溶だが，他の金属亜硝酸塩は水に溶ける．

応用と実用化

Box 15・8　HNO_3 および $[NH_4][NO_3]$ の商業的需要

硝酸（スキーム 15.113）の工業生産は大量に行われており，アンモニアの製造と密接に関連している．生産される硝酸の約 80 % が肥料へ変換するために用いられ，$[NH_4][NO_3]$ がおもな生産品となる．

$$NH_3 + HNO_3 \longrightarrow [NH_4][NO_3]$$

市販レベルの $[NH_4][NO_3]$ は約 34 % の窒素を含む．肥料としては，取扱いが容易なペレットの形で製造される．水によく溶けるので土壌に効率よく取込まれる．

硝酸アンモニウムは他にも重要な応用がある．工業生産の約 25% は直接火薬に用いられるが，硝酸アンモニウムは容易に得られるので悪用されることもある．たとえば，1995 年にオクラホマシティにおける爆破事件で用いられた．$[NH_4][NO_3]$ は潜在的に爆発性であるため，運搬するときに非常に危険な化学薬品である．

硝酸は，通常，50～70 重量% HNO_3 を含む水溶液として生産され，肥料工業で使用するのに大変適している．しかしながら，たとえば火薬の生産における硝酸塩試薬として使うには，98 重量% 以上の HNO_3 を含む酸が必要である．硝酸と水は共沸混合物となるので（本文参照），通常の蒸留法は役に立たない．代わりの方法には，濃 H_2SO_4 を用いた脱水や，最終段階に以下の式を含む NH_3 の酸化（式 15.21 およびスキーム 15.113 の第一段階）による脱水がある．

$$2N_2O_4 + O_2 + 2H_2O \rightleftharpoons 4HNO_3$$

Box 15・3 アンモニア：工業の巨人も参照せよ．

硝酸アンモニウムの爆発的分解［Charles D. Winters/Photo Researchers, Inc./amanaimages］

資源と環境

Box 15・9　窒素サイクル：排水中の硝酸塩および亜硝酸塩

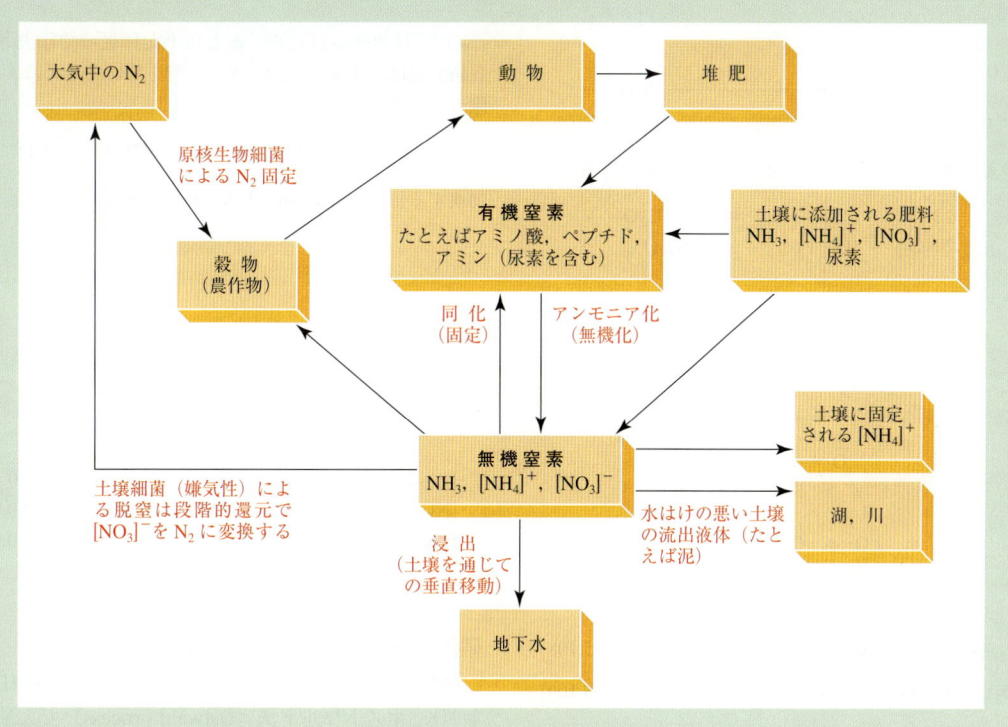

```
                                    動物 ──→ 堆肥
大気中のN₂                            │         │
   │   原核生物細菌                   ↓         ↓
   │   によるN₂固定          有機窒素            土壌に添加される肥料
   │                         たとえばアミノ酸，ペプチド，  ←──  NH₃，[NH₄]⁺，[NO₃]⁻，
   ↓                         アミン（尿素を含む）              尿素
  穀物
  （農作物）              同化        アンモニア化
       ↑               （固定）      （無機化）
       │                    ↓           ↓                          土壌に固定
       │                                                            される[NH₄]⁺
       │                  無機窒素                         ──→
       │                  NH₃，[NH₄]⁺，[NO₃]⁻                        湖，川
  土壌細菌（嫌気性）によ                                    水はけの悪い土壌
  る脱窒は段階的還元で                                      の流出液体（たと
  [NO₃]⁻をN₂に変換する        浸 出                         えば泥）
                          （土壌を通じて
                           の垂直移動）
                                ↓
                              地下水
```

［出典：D. S. Powlson and T. M. Addiscott (2004) in *Encyclopedia of Soils in the Environment*, ed. D. Hillel, Elsevier, Oxford, vol. 3, p. 21］

　地球規模の窒素サイクルは複雑である．それは，海洋，地上，および大気圏の間での化学変化と窒素移動を含み，天然および人工の窒素源がかかわっている．上記の図は，簡略化した窒素サイクルで，農業に関連した過程を強調している．**アンモニア化**（ammonification）と**同化**（吸収, assimilation）の過程は，それぞれ含窒素有機化合物のNH₃への加水分解と，含窒素無機化学種をバイオマス中に存在する有機化合物に変換することである．地表水中の硝酸塩（つまり，天然に生じる以上のレベルのもの）は，腐敗槽，工業的および食品加工工場からの廃棄物とともに，硝酸塩ベースの肥料や分解有機物（上記スキーム参照）などに由来する．

　排水中の$[NO_3]^-$のレベルは法律によって規制されている．世界保健機関（WHO），環境保護局（米国）および欧州共同体（EC）により推奨制限値が定められている．亜硝酸塩は毒性があるため，除去する必要がある．飲料水中の硝酸塩や亜硝酸塩のおもな問題の一つは，メトヘモグロビン血症（methaemoglobinemia）と関係していることである．この病気はおもに幼児がかかり，血液の酸素運搬能が通常より低くなってしまう．したがって通称"青色児症候群"とよばれる．体内で，消化系中の細菌は$[NO_3]^-$を$[NO_2]^-$に変換する．生成した$[NO_2]^-$はヘモグロビン（**§29・2**参照）中のFe^{2+}を不可逆的にFe^{3+}に酸化する．生成物はメトヘモグロビンとよばれ，この状態では鉄はもはやO_2とは結合しない．

　硝酸塩は溶解性が高く，沈殿法により水溶液から取除くことはできない．硝酸塩を除去する方法は，陰イオン交換，逆浸透（**Box 16・3**参照）および酵素による脱硝がある．

　イオン交換は，硝酸塩を含む水を塩化物イオンが吸着した樹脂を詰めた槽に通す．最も一般的な水浄化装置では，樹脂は陰イオンを $[SO_4]^{2-} > [NO_3]^- > Cl^- > [HCO_3]^- > [OH]^-$ の順に優先的に結合する．したがって，硝酸イオンを含む水を樹脂に通すと，$[NO_3]^-$はCl^-に交換されて表面に吸着する．しかしながら，水がかなりの量の硫酸塩を含むと$[SO_4]^{2-}$が優先的に結合し，樹脂の$[NO_3]^-$除去能力が低下する．したがって硫酸塩の多い廃棄物には特別の樹脂を用いる必要がある．イオン交換プロセスでCl^-の樹脂がすべてイオン交換されたときには，樹脂に塩水（NaCl水溶液）を通すことによってシステムが再生される．

　酵素を用いた硝酸塩の除去（脱硝）は，嫌気性細菌が$[NO_3]^-$や$[NO_2]^-$をN_2に還元できることを利用している．次ページに示すように反応過程は多段階で起こり，各段階ごとに特定の酵素を含む．

[NO₃]⁻ →(硝酸レダクターゼ)→ [NO₂]⁻ →(亜硝酸レダクターゼ)→ NO →(一酸化窒素レダクターゼ)→ N₂O →(亜酸化窒素レダクターゼ)→ N₂

全体の還元は，以下の半反応でまとめることができる．

$$2[NO_3]^- + 12H^+ + 10e^- \rightleftharpoons N_2 + 6H_2O$$
$$2[NO_2]^- + 8H^+ + 6e^- \rightleftharpoons N_2 + 4H_2O$$

[NO₂]⁻を除去するその他の方法では，酸化過程を含む．

$$[NO_2]^- + [OCl]^- \longrightarrow [NO_3]^- + Cl^-$$
$$[NO_2]^- + H_2O_2 \longrightarrow [NO_3]^- + H_2O$$

[NO₃]⁻に変換されたら，あとは上記に従って除去される．亜硝酸塩は，尿素やスルファミン酸を用いた還元によっても除去できる．

$$[NO_2]^- + H_2NSO_3H \longrightarrow N_2 + [HSO_4]^- + H_2O$$

関連する情報は **Box 16・3** 水の浄化を参照せよ．

構造 (15.53): H–O–N=O
96 pm, 143 pm, 117 pm
∠O–N–O = 111°
∠H–O–N = 102°

$$3HNO_2 \longrightarrow 2NO + HNO_3 + H_2O \quad (15.108)$$

$$Ba(NO_2)_2 + H_2SO_4 \xrightarrow{水溶液中} BaSO_4 + 2HNO_2 \quad (15.109)$$

亜硝酸ナトリウムは，反応 15.110 のようなジアゾニウム化合物の合成において重要な試薬である．この反応では，HNO₂ が溶液中で生成する．アルカリ金属硝酸塩は，そのまま加熱，あるいはもっとよいのは Pb とともに加熱すると亜硝酸塩を生じる（反応 15.111）．

$$PhNH_2 \xrightarrow{NaNO_2, HCl, <273 K} [PhN_2]^+Cl^- \quad (15.110)$$

$$NaNO_3 + Pb \xrightarrow{加熱} NaNO_2 + PbO \quad (15.111)$$

亜硝酸は [MnO₄]⁻ のような強力な酸化剤により [NO₃]⁻ に酸化される．つぎに示すように HNO₂ の還元生成物は還元剤に依存する．

- I⁻ または Fe²⁺ で NO が生成する．
- Sn²⁺ で N₂O が生成する．
- NH₂OH は SO₂ による還元により得られる．
- NH₃ はアルカリ溶液中 Zn により生成する．

希薄溶液中で HNO₂ は I⁻ を I₂ に酸化するが，HNO₃ は反応しないことから，反応全体が熱力学的というよりは速度論的に制御されていることがわかる．式 15.112 は，これらの酸化還元反応の $E°_{cell}$ の値が類似していることを示す．亜硝酸は希硝酸より"強い"というよりは"速い"酸化剤といえる．

$$I_2 + 2e^- \rightleftharpoons 2I^- \quad E° = +0.54 \text{ V}$$
$$[NO_3]^- + 3H^+ + 2e^- \rightleftharpoons HNO_2 + H_2O \quad E° = +0.93 \text{ V}$$
$$HNO_2 + H^+ + e^- \rightleftharpoons NO + H_2O \quad E° = +0.98 \text{ V}$$
(15.112)

硝酸 HNO₃ およびその誘導体

硝酸（nitric acid）は重要な工業薬品であり（**Box 15・8** 参照），オストワルド法（Ostwald process）で大量に生産されている．それは，ハーバー・ボッシュ法（Haber–Bosch process）における NH₃ の製造と密接に結びついている．第一段階は NH₃ の NO への酸化である（式 15.21）．冷却後，NO は空気と混合されて向流水中に吸収される．反応はスキーム 15.113 にまとめられている．この方法で重量濃度約 60% の HNO₃ を生成し，蒸留により 68% まで濃縮される．

$$2NO + O_2 \rightleftharpoons 2NO_2$$
$$2NO_2 \rightleftharpoons N_2O_4$$
$$N_2O_4 + H_2O \longrightarrow HNO_3 + HNO_2$$
$$2HNO_2 \longrightarrow NO + NO_2 + H_2O$$
$$3NO_2 + H_2O \longrightarrow 2HNO_3 + NO$$
(15.113)

実験室では，KNO₃ に H₂SO₄ を加え，生成物を真空蒸留することによって純粋な硝酸がつくられる．それは無色の液体だが，多少分解すると黄色くなり（式 15.114），これを防ぐために 273 K 以下で貯蔵しなければならない．

$$4HNO_3 \longrightarrow 4NO_2 + 2H_2O + O_2 \quad (15.114)$$

普通の濃硝酸 HNO₃ は，重量濃度約 68% の HNO₃ を含む**共沸混合物**であり，393 K で沸騰する．光化学的分解が反応 15.114 により起こる．発煙 HNO₃ は，過剰の NO₂ が含まれるため橙色である．

共沸混合物（azeotrope）とは，蒸留の際に変化せず，液体と蒸気の組成が同じである 2 種の液体の混合物のことをさす．ただし純粋な物質とは異なり，共沸混合物の組成は圧力に依存する．

水溶液中で HNO_3 は強酸として振舞い，ほとんどの金属をおかす．痕跡量の HNO_2 が存在すると，この反応は往々にしてより速くなる．例外は Au および白金族金属で（§23・9 参照）である．Fe や Cr は濃 HNO_3 により不動態化する．式 9.8～式 9.10 は HNO_3 が塩基として作用することを示している．

スズ，ヒ素，およびいくつかの d ブロック金属は，HNO_3 で処理すると酸化物になるが，その他は硝酸塩を生成する．Mg，Mn，Zn のみが非常に希薄な硝酸から H_2 を遊離する．金属が H_2 より強力な還元剤の場合，HNO_3 を N_2，NH_3，NH_2OH，あるいは N_2O に還元する．その他の金属は NO か NO_2 を遊離する（たとえば反応 15.115 および 15.116）．

$$3Cu(s) + 8HNO_3(aq) \text{（希硝酸）}$$
$$\longrightarrow 3Cu(NO_3)_2(aq) + 4H_2O(l) + 2NO(g) \quad (15.115)$$

$$Cu(s) + 4HNO_3(aq) \text{（濃硝酸）}$$
$$\longrightarrow Cu(NO_3)_2(aq) + 2H_2O(l) + 2NO_2(g) \quad (15.116)$$

非常に多くの金属硝酸塩が知られている．1 族金属，Sr^{2+}，Ba^{2+}，Ag^+ および Pb^{2+} の無水硝酸塩は容易に得られるが，他の金属の無水硝酸塩は N_2O_4 を用いて合成される（§9・11 参照）．無水 $Mn(NO_3)_2$ および $Co(NO_3)_2$ は，対応する水和物の塩を濃 HNO_3 と酸化リン(V) を用いてゆっくり脱水して合成される．すべての金属と $[NH_4]^+$ のような陽イオンの硝酸塩は水に可溶である．アルカリ金属硝酸塩は，加熱すると亜硝酸塩に分解する（反応 15.117，式 15.111 も参照）．NH_4NO_3 の分解は温度に依存する（式 15.6，15.90）．ほとんどの金属硝酸塩は加熱すると酸化物に分解する（反応 15.118）が，銀と水銀(II) の硝酸塩はそれぞれの金属を生じる（式 15.119）．

$$2KNO_3 \xrightarrow{\text{加熱}} 2KNO_2 + O_2 \quad (15.117)$$

$$2Cu(NO_3)_2 \xrightarrow{\text{加熱}} 2CuO + 4NO_2 + O_2 \quad (15.118)$$

$$2AgNO_3 \xrightarrow{\text{加熱}} 2Ag + 2NO_2 + O_2 \quad (15.119)$$

多くの有機酸および無機化合物は濃 HNO_3 により酸化される．硝酸イオンは水溶液中で，非常にゆっくりと作用する酸化剤である（上記参照）．**王水**（aqua regia）は，遊離の Cl_2 と ONCl を含み，Au（反応 15.120）や Pt をおかして，クロロ錯体を生成する．

$$Au + HNO_3 + 4HCl \longrightarrow HAuCl_4 + NO + 2H_2O \quad (15.120)$$

王水は濃硝酸と塩酸の混合物である．

濃 HNO_3 は I_2，P_4 および S_8 をそれぞれ，HIO_3，H_3PO_4 および H_2SO_4 に酸化する．

HNO_3 の分子構造を図 15・17a に示す．N−O 結合距離の違いは，共鳴構造の観点から容易に理解できる．硝酸イオンは平面三角形（D_{3h}）構造で，結合の等価性は原子価結合論や分子軌道論を用いて合理的に説明できる（図 5・25 および図 15・17b）．$[NO_3]^-$ の結合性について，**図 5・25** に分子軌道計算結果を示しており，N の 2p 軌道と，同位相の O の 2p 軌道を含む配位子群軌道との相互作用が，どのように 4 個の原子に非局在化した π 結合性の $[NO_3]^-$ の被占軌道形成するかを考察した．

HNO_3 中の水素原子は，希硝酸か KNO_3 を F_2 で処理することによりフッ素原子に置き換えられる．生成物は硝酸フッ素 15.54 で爆発性の気体であり，H_2O とはゆっくり，アルカリ水溶液とは素早く反応する（式 15.121）．

(15.54)

$$2FONO_2 + 4[OH]^- \longrightarrow 2[NO_3]^- + 2F^- + 2H_2O + O_2 \quad (15.121)$$

570 K における $NaNO_3$ と Na_2O との反応で，Na_3NO_4（オルト硝酸ナトリウム）が生成する．K_3NO_4 も同様にして合成される．X 線回折データにより $[NO_4]^{3-}$ は四面体形で，139 pm の N−O 結合距離は単結合性と一致する．構造 15.55 に原子価結合の図を示す．遊離の酸 H_3NO_4 は知られていない．

(15.55)

15・10　リン，ヒ素，アンチモンおよびビスマスの酸化物

P から Bi までの 15 族元素は，それぞれ 2 種の酸化物，

図15・17 (a) HNO₃ の気相における平面構造と妥当な共鳴構造. (b) 平面形 [NO₃]⁻ の分子構造. 3本のN−O結合の等価性は, 原子価結合理論 (三つの共鳴構造のうちの一つが示されている) により, あるいは分子軌道論 (部分的な π 結合は N と 2p 原子軌道の重なりによって形成され, 図 5・25 に示されるように, π 結合は NO₃ 骨格全体に非局在化している) により合理的に説明される. 原子の色表示: N 青色, O 赤色, H 白色.

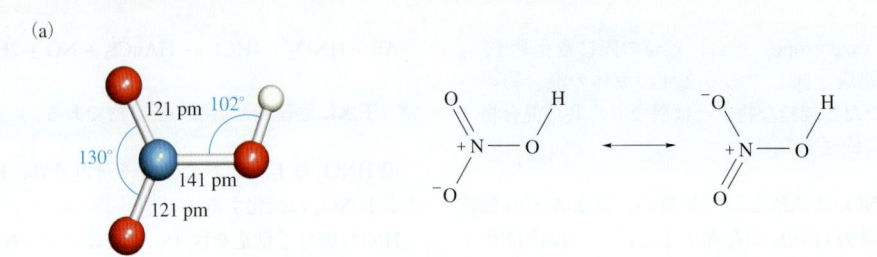

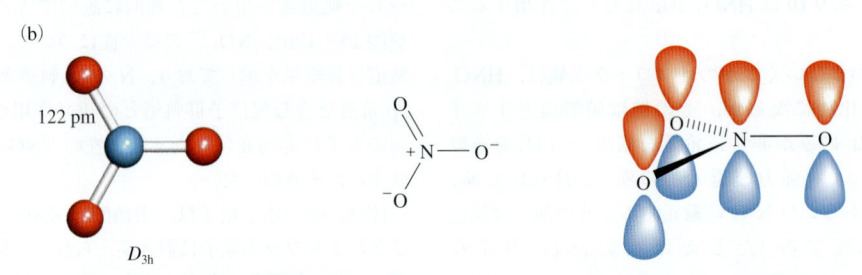

E_2O_3 (または E_4O_6) および E_2O_5 (または E_4O_{10}) を生成する. 後者は族の下方にいくにつれて安定性が低下する.

- E_2O_5 (E = P, As, Sb, Bi) は酸性,
- P_4O_6 は酸性,
- As_4O_6 および Sb_4O_6 は両性,
- Bi_2O_3 は塩基性である.

15族元素のふつうの酸化物に加えて, その他のいくつかのリンの酸化物も以下に紹介する.

リンの酸化物

酸化リン(Ⅲ) P_4O_6 は, 供給を制限した O_2 中で白リンを燃焼することにより得られる. それは無色で, **15.56** の分子構造をもつ揮発性固体である (融点 297 K, 沸点 447 K). P−O 結合距離 (165 pm) は単結合に対応し, P−O−P および O−P−O 角はそれぞれ 128° および 99° である. この酸化物はジエチルエーテルやベンゼンに溶けるが, 冷水とは反応する (式 15.122).

$$P_4O_6 + 6H_2O \longrightarrow 4H_3PO_3 \qquad (15.122)$$

P_4O_6 中の各 P 原子が非共有電子対をもつため, P_4O_6 はルイス塩基として働く. 1当量および2当量の BH_3 との付加体が報告されているが, P_4O_6 と1当量の $Me_2S·BH_3$ とを反応させたあと, 244 K でトルエン溶液からゆっくり結晶化させると, P_4O_6 の付加体ではなく $P_8O_{12}(BH_3)_2$ (**15.57**) が生成する. 固体状態の構造から, **15.56** の構造における P−O 結合が開裂し, 単量体ユニットの間で P−O 結合が再構築されることにより P_4O_6 の二量化が起こったことがわかる. 遊離の P_8O_{12} は今日まで単離されていない.

P_4O_6 を O_2 で酸化すると P_4O_{10} (以下参照) になる. 一方で, オゾン酸化では P_4O_{18} が生成し (式 15.123), その構造

が明らかにされている．各 P 原子は正方錐環境にあり，亜リン酸オゾニド $(RO)_3PO_3$（図 $16 \cdot 5$ 参照）で見いだされた構造と共通点がある．P_4O_{18} は溶液中，238 K 以上で O_2 を放出しながらゆっくりと分解するが，乾燥した P_4O_{18} 粉末は爆発的に分解する．

$$P_4O_6 \xrightarrow{O_3,\ 195\ K,\ CH_2Cl_2\ 中} P_4O_{18} \qquad (15.123)$$

最も重要なリンの酸化物は，P_4O_{10}（酸化リン(V)）であり，通常，**五酸化リン**（phosphorus pentaoxide）とよばれる．それは P_4 から直接（式 15.8），あるいは，P_4O_6 の酸化によりつくられる．気相において，酸化リン(V)は **15.58** の構造をもつ P_4O_{10} 分子を含む．$P-O_{bridge}$ および $P-O_{terminal}$ 結合距離は，それぞれ 160 および 140 pm である．蒸気を素早く濃縮すると，揮発性できわめて吸湿性の固体が得られるが，これも P_4O_{10} 分子を含んでいる．もしこの固体を密閉容器中で数時間加熱し，溶融物を高温で保持してから冷却すると，得られた固体は巨大分子となる．通常の温度と圧力下では，P_4O_{10} には 3 種の多形が存在し，**15.59** の基本構造ユニットをもっている．4 個の O 原子のうち 3 個だけが P−O−P

(15.58)   (15.59)

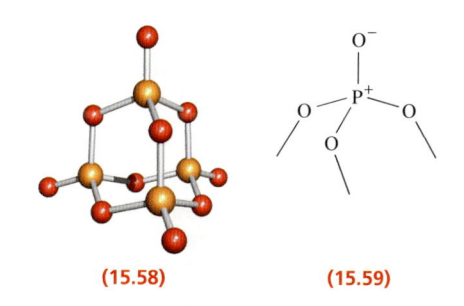

架橋により PO_4 ユニット間をつなぐのに使われている．酸化リン(V)は水と非常に高い親和性があり（式 15.124），§15・11 で述べるさまざまなオキソ酸の無水物である．それは乾燥剤（**Box 12・4**）に用いられる．

$$P_4O_{10} + 6H_2O \longrightarrow 4H_3PO_4 \qquad (15.124)$$

そのほか 3 種のリンの酸化物，P_4O_7（**15.60**），P_4O_8（**15.61**），P_4O_9（**15.62**）は，P_4O_6 および P_4O_{10} と関連した構造をもつ．

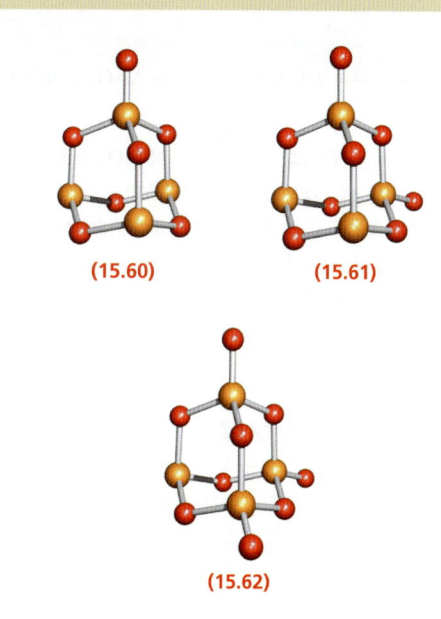

(15.60)   (15.61)

(15.62)

これらの酸化物は，P(III)P(V) の混合種であり，末端のオキソ基をもつ P 中心は P(V) に酸化されている．たとえば，P_4O_8 は P_4O_6 を密閉管中 710 K で加熱することによりつくられるが，残りの生成物は赤リンである．

ヒ素，アンチモン，ビスマスの酸化物

As および Sb の通常の燃焼生成物は，As(III) および Sb(III) の酸化物である（式 15.11）．各酸化物の蒸気および高温の固体多形は E_4O_6（E = As または Sb）分子を含み，構造的には **15.56** に似ている．低温多形は三方錐形 As または Sb 原子を含む層状構造をとる．As_4O_6 蒸気を 520 K 以上で濃縮すると，ガラス状 As_2O_3 が生成する．酸化ヒ素(III)はヒ素の化学における重要な前駆体であり，工業的には硫化物からつくられる（§15・2）．水中に As_2O_3 を溶かすと非常に弱い酸になり，存在する化学種は $As(OH)_3$（**亜ヒ酸**，arsenous acid）と推測されるが，単離はされていない．水溶液を結晶化すると As_2O_3 が生じる．酸化ヒ素(III)はアルカリ水溶液に溶解して $[AsO_2]^-$ を含む塩になり，HCl 水溶液中では $AsCl_3$ が生成する．Sb_2O_3 の水，アルカリ水溶液，および HCl 水溶液中の性質は，As_2O_3 の場合と類似している．

酸化ビスマス(III)は**ビスマイト**（bismite）として天然に産出する．また加熱により Bi が O_2 と化合して生成する．15 族の上方の元素とは対照的に，Bi_2O_3 では分子種は観測されず，構造は典型的な金属酸化物により似ている．

酸化ヒ素(V)は単体を直接酸化するより反応 15.125 によって，簡便につくることができる．その経路は As_2O_5 がヒ酸 H_3AsO_4 の酸無水物であることを利用している．固体状態で，As_2O_5 は八面体形 AsO_6 と四面体形 AsO_4 単位が連結した As−O−As を含む三次元構造となっている．

$$\text{As}_2\text{O}_3 \xrightarrow{\text{濃 HNO}_3} 2\text{H}_3\text{AsO}_4 \xrightarrow{\text{脱水}} \text{As}_2\text{O}_5 + 3\text{H}_2\text{O} \quad (15.125)$$

酸化アンチモン(V) は，高温高圧で Sb_2O_3 を O_2 と反応させることによりつくられる．それは結晶中で三次元構造をとり，Sb 原子のまわりには 6 個の O 原子が八面体形に配置している．酸化ビスマス(V) についてはあまりわかっていないが，生成には，Bi_2O_3 に強い酸化剤（たとえば，次亜塩素酸アルカリ）を作用させることが必要である．

15・11 リンのオキソ酸

表 15・7 に主要なリンのオキソ酸をまとめる．オキソ酸は重要な化合物群であるが，単純に分類することは難しい．各酸の塩基性は OH 基の数に対応し，単に水素原子の総数に対応するわけではないことを思い出してほしい．たとえば，H_3PO_3 および H_3PO_2 は，それぞれ二塩基酸および一塩基酸である（表 15・7）．P に結合した水素は水溶液中でイオン化しない．これらの化合物の赤外スペクトルにおける特性吸収帯で P–H 結合の存在が確かめられる．H_3PO_2 水溶液の赤外スペクトルは，2408，1067，811 cm^{-1} に吸収を示し，それぞれ PH$_2$ 基の伸縮，ひずみ，揺れの振動モードに帰属される．2408 cm^{-1} の吸収帯が最も容易に観測される．H_3PO_3 水溶液の赤外スペクトルにおいて，2440 cm^{-1} の吸収は P–H 伸縮モードに対応する．

練習問題

H_3PO_2 水溶液の赤外スペクトルにおいて，試料を完全に重水素化すると，2408 cm^{-1} の吸収はシフトする．このシフトがなぜ起こるか説明せよ，また新しい吸収帯はどこに観測されるべきか計算せよ． ［答 1735 cm^{-1}］

ホスフィン酸（次亜リン酸）H_3PO_2

白リンとアルカリ水溶液の反応でホスフィン酸イオン $[\text{H}_2\text{PO}_2]^-$ が生じる（式 15.9）．アルカリとして Ba(OH)_2 を用いると Ba^{2+} は BaSO_4 として沈殿し，水溶液を蒸発させると H_3PO_2 の白色吸湿性結晶が得られる．水溶液中で，H_3PO_2 はかなり強い一塩基酸である（式 15.126 および表 15・7）．

$$\text{H}_3\text{PO}_2 + \text{H}_2\text{O} \rightleftharpoons [\text{H}_3\text{O}]^+ + [\text{H}_2\text{PO}_2]^- \quad (15.126)$$

ホスフィン酸（phosphinic acid, 次亜リン酸 hypophosphorous acid）とその塩は還元剤である．$\text{NaH}_2\text{PO}_2 \cdot \text{H}_2\text{O}$ は工業的に，Ni^{2+} の Ni への還元や銅などのニッケルめっきなどの電気化学的還元プロセスに用いられる．いわゆる **無電解ニッケル**（electroless nickel）めっきにもリンが含まれ，存在する P の量は被覆の腐食や防食性に影響を与える．たとえば，高 P 含量（11～13％）のコーティングは酸による攻撃に対する耐性が高まる．一方，P 含量が 4% 以下に低下すると，その被覆はアルカリ腐食に対してより耐性が向上する．

加熱すると，H_3PO_2 は式 15.127 に従って不均化し，反応温度により生成物が変わる．

$$\left. \begin{array}{l} 3\text{H}_3\text{PO}_2 \xrightarrow{\text{加熱}} \text{PH}_3 + 2\text{H}_3\text{PO}_3 \\ \text{または} \\ 2\text{H}_3\text{PO}_2 \xrightarrow{\text{加熱}} \text{PH}_3 + \text{H}_3\text{PO}_4 \end{array} \right\} \quad (15.127)$$

ホスフィン酸中のプロトンが末端 O 原子に分子内移動すると，P 原子が三配位の互変異性体を生じる．

実際には，この平衡は，$\text{H}_2\text{PO(OH)} : \text{HP(OH)}_2 > 10^{12} : 1$ の比でずっと左側に偏っている．HP(OH)_2 は非共有電子対をもち，2003 年にこの互変異性体が $[\text{W}_3(\text{OH})_2\text{NiX}_4\{\text{PH(OH)}_2\}]^{4+}$ (X = S，Se) への配位により安定に得られた（図 15・18）．P–H 結合が存在することは，^{31}P NMR スペクトルに二重線（J_{PH} 393 Hz）が現れることから確かめられた．

ホスホン酸（亜リン酸）H_3PO_3

ホスホン酸（phosphonic acid；しばしば，**亜リン酸** phosphorous acid とよばれる）は，P_4O_6（式 15.122）または PCl_3（式 15.75）に氷冷した水を加えることにより溶液から結晶化する．純粋な H_3PO_3 は無色潮解性の結晶である（融点 343 K）．固体状態で酸の分子（表 15・7）は水素結合により結合して三次元ネットワークを形成している．水溶液中では二塩基性である（式 15.128 および 15.129）．

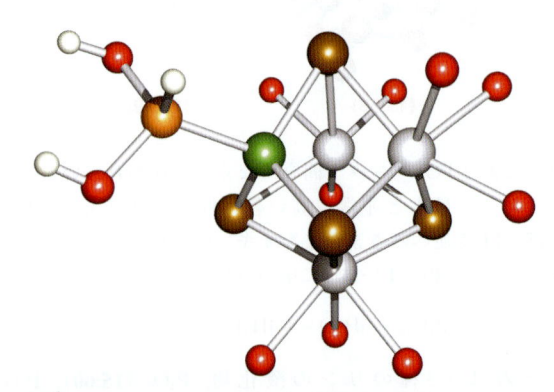

図 15・18 $[\text{W}_3(\text{OH})_9\text{NiSe}_4\{\text{PH(OH)}_2\}]^{4+}$ の構造（X 線回折により決定された）[M. N. Solokov *et al.* (2003) *Chem. Commun.*, p. 140]．構造中の H 原子は一部が配置されている．原子の色表示：P 橙色，W 銀色，Ni 緑色，Se 茶色，O 赤色，H 白色．

15・11 リンのオキソ酸

表 15・7 リンのオキソ酸. 今でも普通に使われている古い名前は，括弧内に示した．

化学式	名称	構造	pK_a値
H_3PO_2	ホスフィン酸 phosphinic acid （次亜リン酸 hypophosphorous acid）		pK_a = 1.24
H_3PO_3	ホスホン酸 phosphonic acid （亜リン酸 phosphorous acid）		pK_a(1) = 2.00；pK_a(2) = 6.59
H_3PO_4	リン酸 phosphoric acid （オルトリン酸 orthophosphoric acid）		pK_a(1) = 2.21；pK_a(2) = 7.21； pK_a(3) = 12.67
$H_4P_2O_6$	次リン酸 hypodiphosphoric acid		pK_a(1) = 2.2；pK_a(2) = 2.8； pK_a(3) = 7.3；pK_a(4) = 10.0
$H_4P_2O_7$	二リン酸 diphosphoric acid		pK_a(1) = 0.85；pK_a(2) = 1.49； pK_a(3) = 5.77；pK_a(4) = 8.22
$H_5P_3O_{10}$	三リン酸 triphosphoric acid		pK_a(1) ≤ 0 pK_a(2) = 0.89；pK_a(3) = 4.09； pK_a(4) = 6.98；pK_a(5) = 9.93

$H_3PO_3(aq) + H_2O(l) \rightleftharpoons [H_3O]^+(aq) + [H_2PO_3]^-(aq)$ (15.128)

$[H_2PO_3]^-(aq) + H_2O(l) \rightleftharpoons [H_3O]^+(aq) + [HPO_3]^{2-}(aq)$ (15.129)

$[HPO_3]^{2-}$ を含む塩は，**ホスホン酸塩**（phosphonate）とよばれる．**亜リン酸塩**（phosphite）の名前は慣用名として残っているが，P(OR)$_3$ 型のエステルも**ホスファイト**（phosphite）とよばれる（たとえばP(OEt)$_3$ はトリエチルホスファイト）

ので混乱のもととなる．

亜リン酸は還元剤であるが，加熱すると不均化する（式 15.130）．

$$4H_3PO_3 \xrightarrow{470\ K} PH_3 + 3H_3PO_4 \quad (15.130)$$

次リン酸 $H_4P_2O_6$

赤リンと NaOCl または $NaClO_2$ との反応で $Na_2H_2P_2O_6$ が生じる．これは水溶液中で，$[H_3O]_2[H_2P_2O_6]$ と表すのが最も適切な遊離の酸の二水和物に変換しうる．P_4O_{10} を用いて脱水すると**次リン酸**（hypodiphosphoric acid）$H_4P_2O_6$ が生成する．この酸が反磁性であることから P–P 結合した二量体（つまり H_2PO_3 ではなく）が示唆され，$[NH_4]_2[H_2P_2O_6]$ 塩の X 線回折データによってこの構造的特徴が確認された．

4 本の末端 P–O 結合は長さが等しく（157 pm），**15.63** に示された結合の描像は，この観測に対応するものである．§15・3 の超原子価種についての考察と合わせて考えると，

(15.63)

この表現は，P が P=O と P–O⁻ 結合を一つずつ含む共鳴構造対を考えるより適切である．この酸は不均化に対して熱力学的に不安定で，水溶液中では反応 15.131 がゆっくり起こる．この理由により，$H_4P_2O_6$ は水溶液中で H_3PO_4 の還元または H_3PO_3 の酸化によりつくることはできない．したがっ

資源と環境

Box 15・10　リン酸肥料：穀物に必須だが，それらは湖を害するか

Box 15・3 で指摘したように，世界中の肥料の需要は莫大で，全世界の消費は毎年 2～3％ の割合で増大している．リンは植物の基本栄養素であり，採掘されるリン鉱石（**§15・2**）の 90％（国により異なる）までがリン含有肥料の製造に消費される．不溶性のリン鉱石は濃 H_2SO_4 で処理され，$CaSO_4$ や他の硫酸塩が混合した $Ca(H_2PO_4)_2$ を含む溶解性の**過リン酸石灰**（superphosphate）肥料が製造される．リン鉱石と H_3PO_4 の反応は，おもに $Ca(H_2PO_4)_2$ からなる**過重過リン酸石灰**（triple superphosphate）を生じる．リン酸アンモニウム肥料は N と P 両方の貴重な供給源である．環境学者は，肥料や洗剤からのリン酸塩やポリリン酸塩が湖の個体群の天然バランスに影響を与えることを憂慮している．湖に流れ込む流出水中のリン酸塩は，藻の異常繁殖（右の写真に示される**藻の花** algal bloom の生成）と湖の**富栄養化**（eutrophication）の一因となる．藻は光合成で O_2 を生成する．しかし大量の死んだ藻があると，酸素呼吸する有機体の手近な食物供給源となる．過剰の藻の花の最終的な結果として，湖の O_2 の欠乏をもたらす．それはさらに魚や他の水生生物に影響を与える．この問題は外的要因によって悪化した状況で最も頻繁にみられるが，自然のプロセスとしても富栄養化は起こりうる．

肥料は川や湖に入るリン酸塩のおもな供給源である．しかしながら家庭や工場（たとえば洗剤製造工場）からの排水も $[PO_4]^{3-}$ や縮合リン酸塩を含み，排水が放出される前に取除かなければならない濃度は，法律により規制されている．たいていの場合，リン酸塩は沈殿法により取除かれる（これは硝酸塩の場合と逆である，**Box 15・9** 参照）．沪過により分離できる沈殿をつくるために，Fe^{3+}，Al^{3+} および Ca^{2+} が最もよく用いられる．

湖におけるリン酸塩の問題ははっきりとしていない．最近

農場池の富栄養化．[米国農務省提供]

の実地調査では，酸性湖（酸性雨がもたらした）にリン酸塩を加えると植物の成長を促すことになり，これにより今度は $[OH]^-$ が生成して過剰の酸を中和する．

さらに勉強したい人のための参考文献

L. E. de-Bashan and Y. Bashan (2004) *Water Research*, vol. 38, p. 4222 — 'Recent advances in removing phosphorus from wastewater and its future use as a fertilizer (1997–2003)'.

W. Davison, D. G. George and N. J. A. Edwards (1995) *Nature*, vol. 377, p. 504 — 'Controlled reversal of lake acidification by treatment with phosphate fertilizer'.

R. Gächter and B. Müller (2003) *Limnology and Oceanography*, vol. 48, p. 929 — 'Why the phosphorus retention of lakes does not necessarily depend on the oxygen supply to their sediment surface'.

て，P–P結合がすでに存在する前駆体の利用が必要なのである．

$$H_4P_2O_6 + H_2O \longrightarrow H_3PO_3 + H_3PO_4 \quad (15.131)$$

リン酸 H_3PO_4 およびその誘導体

リン酸（phosphoric acid）はリン鉱石（式 15.132）または P_4O_{10} の水和によりつくられる（式 15.124）．

$$Ca_3(PO_4)_2 + 3H_2SO_4 \underset{濃硫酸}{\longrightarrow} 2H_3PO_4 + 3CaSO_4 \quad (15.132)$$

純粋な酸は潮解性の無色結晶である（融点 315 K）．それは，P–OH および P–O 結合距離がそれぞれ 157 および 152 pm の分子状の構造（表 15・7）をもつ．結晶状態では，水素結合が広範囲に H_3PO_4 分子をつないで層状ネットワークを形成している．H_3PO_4 結晶は放置するとすぐに粘性の液体になる．この液体や市販の 85％（重量％）の酸における粘性は，広範囲の水素結合によるものである．希薄水溶液中では，酸の分子は互いの分子どうしよりは，むしろ水分子と水素結合している．

リン酸はきわめて安定で，非常に高い温度にならないと酸化性を示さない．リン酸水溶液は三塩基酸（表 15・7）で，$[H_2PO_4]^-$，$[HPO_4]^{2-}$ および $[PO_4]^{3-}$ を含む塩が単離できる．つまり 3 種の Na^+ 塩が適切な中和条件下で合成される．$Na_2HPO_4 \cdot 12H_2O$ と KH_2PO_4 は，最も普通に目にするナトリウム塩とカリウム塩である．リン酸ナトリウムは緩衝溶液に広く用いられる．トリ-n-ブチルリン酸塩は，金属イオンを水溶液から抽出するための有用な溶媒である（**Box 7・3** 参照）．

H_3PO_4 を 510 K で加熱すると，脱水して二リン酸（diphosphoric acid）になる（式 15.133）．これらの酸の構造（表 15・7）を比較すると，水が脱離すると同時に P–O–P 架橋が形成されることがわかる．さらに加熱すると，三リン酸（triphosphoric acid）を生じる（式 15.134）．

$$2H_3PO_4 \xrightarrow{加熱} H_4P_2O_7 + H_2O \quad (15.133)$$

$$H_3PO_4 + H_4P_2O_7 \xrightarrow{加熱} H_5P_3O_{10} + H_2O \quad (15.134)$$

このような化学種は**縮合リン酸塩**（condensed phosphate）とよばれ，式 15.135 に一般的な縮合過程が示されている．

加水分解の条件を制御することは，時に，縮合リン酸を合成する手段として有用である．リン酸イオンの縮合（反応 15.136）は，原理的に低い pH で好まれるはずだが，実際にはこのような反応は遅い場合が多い．

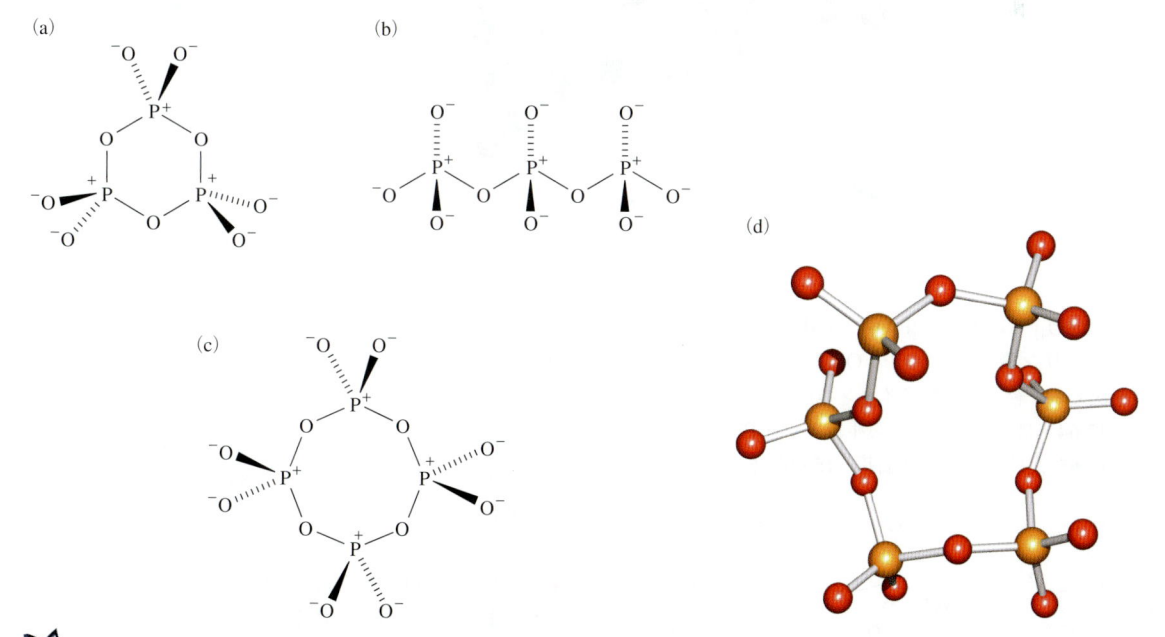

図 15・19 (a) $[P_3O_9]^{3-}$，(b) $[P_3O_{10}]^{5-}$，および (c) $[P_4O_{12}]^{4-}$ の構造の模式図．(d) 化合物 $[Et_4N]_6[P_6O_{18}] \cdot 4H_2O$ 中の $[P_6O_{18}]^{6-}$ の構造（X 線回折）［M. T. Averbuch-Pouchot *et al.* (1991) *Acta Crystallogr., Sect. C*, vol. 47, p. 1579］．これらの構造を等電子構造のケイ酸塩の構造と比較せよ．**図 14・23** およびこれに関連する本文を参照．原子の色表示：P 橙色，O 赤色．

生物と医薬

Box 15・11　リン酸塩の生物学的な重要性

リン酸塩は，生体系で非常に重要な役割を果たしている．遺伝物質デオキシリボ核酸（DNA）やリボ核酸（RNA）はリン酸エステル（**図 10・12** 参照）である．骨や歯は**コラーゲン**（collagen, 繊維状タンパク質）からつくられており，**ヒドロキシアパタイト**（hydroxyapatite）の単結晶は $Ca_5(OH)(PO_4)_3$ である．虫歯の原因の一つはリン酸塩に酸が攻撃することである．しかし水道水にフッ化物イオンを添加すると，フルオロアパタイトの生成を促し，これは虫歯に対してより抵抗力がある．

$$Ca_5(OH)(PO_4)_3 + F^- \longrightarrow Ca_5F(PO_4)_3 + [OH]^-$$

すべての生きた細胞は，アデノシン三リン酸，ATP を含み，これはアデニン，リボース，および三リン酸塩単位からなる．ATP の構造を，以下に示す．加水分解でリン酸基を一つ失うと，エネルギーを放出しながら ATP は ADP（アデノシン二リン酸）に変わる．これは細胞の成長や筋肉の運動のような機能に用いられる．簡略化した形は，

$$[ATP]^{4-} + 2H_2O \longrightarrow [ADP]^{3-} + [HPO_4]^{2-} + [H_3O]^+$$

で，生化学反応の議論に通常用いられる標準状態（pH 7.4 および $[CO_2] = 10^{-5}$ M）で，反応 1 mol 当たり $\Delta G \approx -40$ kJ である．逆に，たとえば炭水化物の酸化で放出されるエネルギーは，ADP を ATP に変換するのに用いることができる（**§29・4** 参照）．それゆえ，ATP は継続的に再形成され，体内で貯蔵エネルギーの供給を確実にする．

さらに勉強したい人のための参考文献

J. J. R. Fraústo da Silva and R. J. P. Williams (1991) *The Biological Chemistry of the Elements*, Clarendon Press, Oxford.

C. K. Mathews, K. E. van Holde and K. G. Ahern (2000) *Biochemistry*, 3rd edn, Benjamin/Cummings, New York.

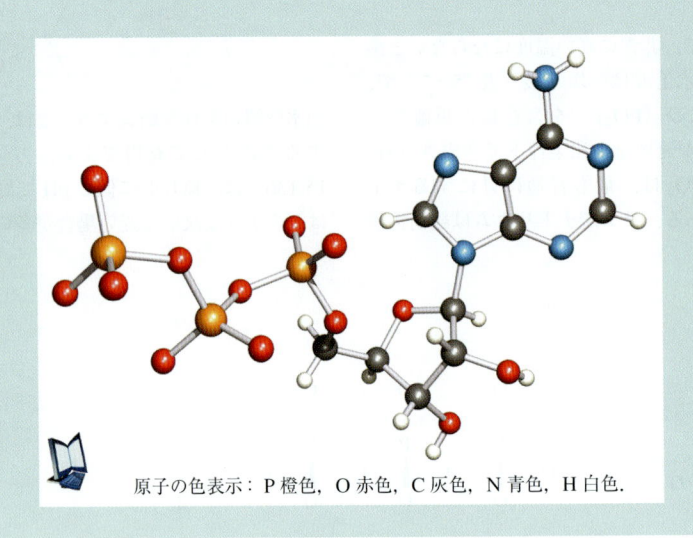

原子の色表示: P 橙色, O 赤色, C 灰色, N 青色, H 白色.

$$2[PO_4]^{3-} + 2H^+ \rightleftharpoons [P_2O_7]^{4-} + H_2O \tag{15.136}$$

明らかに，リン酸ユニット中の OH 基の数が縮合過程の広がりを決める．縮合リン酸陰イオンの形成において，鎖の終端基（**15.64**）は $[HPO_4]^{2-}$ から生成し，$[H_2PO_4]^-$ から鎖状部分（**15.65**），H_3PO_4 から架橋基（**15.66**）が形成される．

(15.64)　(15.65)　(15.66)

$H_5P_3O_{10}$ のような遊離の縮合酸において，それぞれのリン酸の環境は ^{31}P NMR スペクトルまたは化学的な方法で区別できる．

- 多段階プロトン解離の pK_a 値は，OH 基の位置に依存する．末端の P 原子は，一つの酸性の強いプロトンと一つの酸性の弱いプロトンをもっている．鎖中の P 原子は，それぞれ酸性の強いプロトンをもつ．
- 架橋した P−O−P 部分は，他のユニットよりずっと速く，水によって加水分解される．

最も単純な縮合リン酸 $H_4P_2O_7$ は 298 K で固体であり，反応 15.133 から得られるが，反応 15.137 によってより純粋

な形で生成する．それは H_3PO_4 より強い酸である（表 15・7）．

$$5H_3PO_4 + POCl_3 \longrightarrow 3H_4P_2O_7 + 3HCl \quad (15.137)$$

ナトリウム塩 $Na_4P_2O_7$ は，Na_2HPO_4 を 510 K で加熱することにより得られる．$[P_2O_7]^{4-}$（その中で末端のP–O結合距離は等しい）と $[Si_2O_7]^{6-}$ 14.22 との電子的および構造的な関係は注目すべきである．$[P_2O_7]^{4-}$ は水溶液中で非常にゆっくり加水分解して $[PO_4]^{3-}$ になる．これらの2種のイオンは，化学的な試験，たとえば Ag^+ の添加で白色の $Ag_4P_2O_7$ および淡黄色の Ag_3PO_4 が沈殿することにより区別できる．

HPO_3 の組成をもつ**メタリン酸**（metaphosphoric acid）とよばれる酸は，実際には H_3PO_4 や $H_4P_2O_7$ を約 600 K で加熱することにより得られるポリマー状の酸の粘性混合物である．これらの酸の塩については，酸そのものより多くのことがわかっている．たとえば $Na_3P_3O_9$ は，NaH_2PO_4 を 870〜910 K で加熱することによって単離でき，溶融物を 770 K で保つと水蒸気が遊離する．それは環状の $[P_3O_9]^{3-}$（cyclo-三リン酸イオン，図 15・19a）を含み，いす形配座をもつ．アルカリ溶液中で，$[P_3O_9]^{3-}$ は $[P_3O_{10}]^{5-}$（三リン酸イオン，図 15・19b）に加水分解される．その塩 $Na_5P_3O_{10}$ と $K_5P_3O_{10}$（数個の水和水を伴う）の性質はよく調べられており，$Na_5P_3O_{10}$（反応 15.138 により製造される）は洗剤に用いられ，水の柔軟剤として作用する．沈殿防止剤としてのポリリン酸の用途は §12・7 および §12・8 で述べた．もととなる酸 $H_5P_3O_{10}$ は純粋な形で合成できないが，溶液の滴定で pK_a 値が決定できる（表 15・7）．

$$2Na_2HPO_4 + NaH_2PO_4 \xrightarrow{550-650\ K} Na_5P_3O_{10} + 2H_2O \quad (15.138)$$

塩 $Na_4P_4O_{12}$ は，$NaHPO_4$ を H_3PO_4 と 670 K で加熱し，溶融物をゆっくりと冷却することによって合成される．別法として，揮発性の P_4O_{10} を氷冷した NaOH と $NaHCO_3$ の水溶液で処理してもよい．図 15・19c に $[P_4O_{12}]^{4-}$ の構造を示す．その中で，P_4O_4 環はいす形配座をとっている．$[P_6O_{18}]^{6-}$（図 15・19d）のいくつかの塩もよく調べられている．Na^+ 塩は NaH_2PO_4 を約 1000 K で加熱することによってつくられる．

上記の議論は，Na_2HPO_4 や NaH_2PO_4 の加熱で配位にどのような変化が起こって多様な生成物が得られるのかを示している．長鎖のポリリン酸を得るには，注意深い条件制御が必要である．PO_4 単位の相対配向に依存して，数種の派生物ができる．交差型ポリリン酸（それらのあるものはガラス状態である）は，NaH_2PO_4 を P_4O_{10} と加熱することにより作られる．

キラルなリン酸陰イオン

八面体形イオン $[Sb(OH)_6]^-$ は存在するが（§15・12），類似のリン含有陰イオンは単離されていない．しかしながら，O,O' 供与型のキレート配位子を含む関連の陰イオンは知られており，それらは立体化学の研究に利用されるため，ここで紹介しておく．一例は陰イオン **15.67** であり，D_3 対称性（**例題 4.9** 参照）をもち，キラルである（図 15・20）．この種の陰イオンの重要性は，キラルな陽イオンを識別する能力にある*．このことは §20・8 で取扱う．

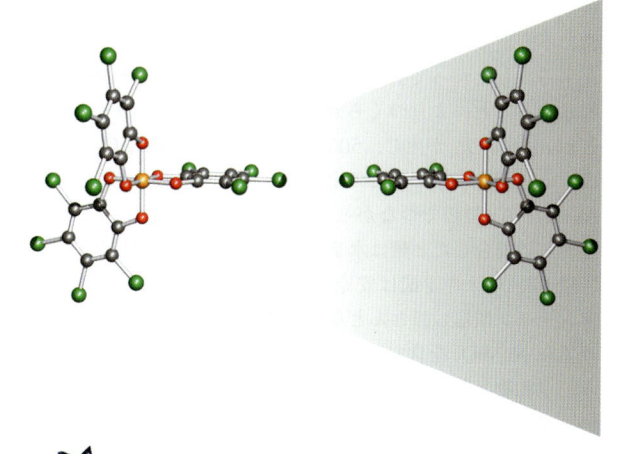

TRISPHAT
(15.67)

図 15・20 陰イオン **15.67** の二つの鏡像異性体（重なり合わない鏡像）．原子の色表示：P 橙色，O 赤色，C 灰色，Cl 緑色．

---

* 概説は以下参照：J. Lacour and V. Hebbe-Viton (2003) *Chem. Soc. Rev.*, vol. 32, p. 373 – 'Recent developments in chiral anion mediated asymmetric chemistry'.

15・12 ヒ素, アンチモンおよびビスマスのオキソ酸

亜ヒ酸(arsenous acid; $As(OH)_3$ または H_3AsO_3) は単離されていない. As_2O_3 (§15・10) の水溶液はおそらく H_3AsO_3 を含む. $As(O)OH$ の組成の酸の存在についてはほとんど証拠がない. それぞれ $[AsO_3]^{3-}$ および $[AsO_2]^-$ を含むいくつかの亜ヒ酸塩, メタ亜ヒ酸塩が単離されている. メタ亜ヒ酸ナトリウム $NaAsO_2$ (市販されている) は, Na^+ と三方錐形 $As(III)$ 中心をもった無限鎖 **15.68** からなる.

$$\left(\begin{array}{c} O \\ | \\ As \\ | \\ O^- \end{array} \begin{array}{c} O \\ | \\ As \\ | \\ O^- \end{array} \right)_n$$

(15.68)

ヒ酸(arsenic acid, H_3AsO_4) は水中に As_2O_5 を溶解することにより, あるいは硝酸を用いた As_2O_3 の酸化 (反応15.125) により得られる. pK_a 値 ($pK_a(1) = 2.25$, $pK_a(2) = 6.77$, および $pK_a(3) = 11.60$) より, H_3AsO_4 はリン酸と似た酸強度をもつことがわかる (表15・7). H_3AsO_4 から誘導される $[AsO_4]^{3-}$, $[HAsO_4]^{2-}$ および $[H_2AsO_4]^-$ を含む塩は, 適当な条件下で合成できる. 酸性中では, H_3AsO_4 は酸化剤として作用し, 酸化還元に pH 依存性があることは, 半反応の式 15.139 および §8・2 の関連する議論から理解される.

$$H_3AsO_4 + 2H^+ + 2e^- \rightleftharpoons H_3AsO_3 + H_2O$$
$$E° = +0.56\,V \qquad (15.139)$$

縮合ポリヒ酸イオンは, 縮合ポリリン酸イオンより加水分解 (すなわち As—O—As 架橋の開裂) に対して速度論的に非常に不安定であり, 水溶液中では単量体 $[AsO_4]^{3-}$ のみが存在する. したがって $Na_2H_2As_2O_7$ は, NaH_2AsO_4 を 360 K で脱水することによりつくられる. さらに脱水 (410 K) すると $Na_3H_2As_3O_{10}$ が生じ, 500 K でポリマー $(NaAsO_3)_n$ が生成する. 固体状態で, このポリマーは四面体形 AsO_4 単位が As—O—As 架橋でつながった無限鎖を含んでいる. これらすべての縮合したヒ酸は水を加えると $[AsO_4]^{3-}$ に戻る.

$Sb(III)$ のオキソ酸は安定ではなく, 十分に調べられた亜アンチモン酸塩はほとんどない. メタ亜アンチモン酸ナトリウムは $NaSbO_2$ を含むが, これは Sb_2O_3 と NaOH 水溶液から三水和物として合成される. 無水の塩はポリマー構造をもつ. $Sb(V)$ のオキソ酸は知られておらず, 四面体形の陰イオン '$[SbO_4]^{3-}$' も知られていない. しかしながら, アンチモン酸塩は, よくわかったものがあり, たとえば, 酸化アンチモン (V) をアルカリ水溶液に溶かし, 生成物を結晶化することにより得られる. いくつかのアンチモン酸塩は八面体形 $[Sb(OH)_6]^-$ を含む. たとえば, $Na[Sb(OH)_6]$ (もともとは $Na_2H_2Sb_2O_7 \cdot 5H_2O$ と表されていた) や $[Mg(OH)_2]_6[Sb(OH)_6]_2$ (以前の組成式は $Mg(SbO_3)_2 \cdot 12H_2O$ と表されていた) がある. その他のアンチモン酸塩は混合金属酸化物とみなす方がよい. それらの固体状態構造は, $Sb(V)$ 中心が6個のO原子により八面体形に配位され, Sb—O—Sb 架橋でつながった三次元配列からなる. $NaSbO_3$, $FeSbO_4$, $ZnSb_2O_6$ および $FeSb_2O_6$ などがその例である (図15・21).

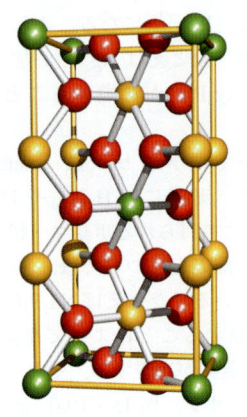

図 **15・21** トリルチル (trirutile) 格子をもつ $FeSb_2O_6$ の単位格子. 図 6・21 のルチルの単位格子と比較せよ. 原子の色表示: Sb 黄色, Fe 緑色, O 赤色. 単位格子の辺は黄色で示されている.

いくつかのビスマス酸塩はよく調べられているが, Bi のオキソ酸は知られていない. ビスマス酸ナトリウムは不溶性の橙色固体であり, Bi_2O_3 を空気中で NaOH と, あるいは Na_2O_2 と融解することにより得られる. それは非常に強力な酸化剤であり, たとえば, 酸の存在下で $Mn(II)$ を酸化して $[MnO_4]^-$ にし, 塩酸から Cl_2 を遊離させる. アンチモン酸塩と同様, ビスマス酸塩のいくつかは混合原子価金属酸化物とみなす方がよい. 一例として $Bi(III)$-$Bi(V)$ の化合物, $K_{0.4}Ba_{0.6}BiO_{3-x}$ ($x \approx 0.02$) がある. これはペロブスカイト型構造 (図 6・23) をもち, 30 K で Cu を含まない超伝導体になる点が興味深い (§28・4 参照).

15・13 ホスファゼン

ホスファゼン (phosphazene) は $P(V)/N(III)$ 化合物群で, 鎖状, 環状構造が特徴であり, 仮想的な分子 $N \equiv PR_2$ のオリゴマーである. 塩素系溶媒 (たとえば C_6H_5Cl) 中, PCl_5 と NH_4Cl との反応で, $(NPCl_2)_n$ の組成をもつ無色の固体混合物が生じる. このなかの主要な化学種は $n = 3$ または 4 である. 化合物 $(NPCl_2)_3$ と $(NPCl_2)_4$ は減圧蒸留により容易に分離できる. 式 15.140 は全体の反応をまとめているが, 反応機構は複雑である. 図 15・22 のスキームは三量体の生成を示しているが, これを支持するいくつかの証拠がある.

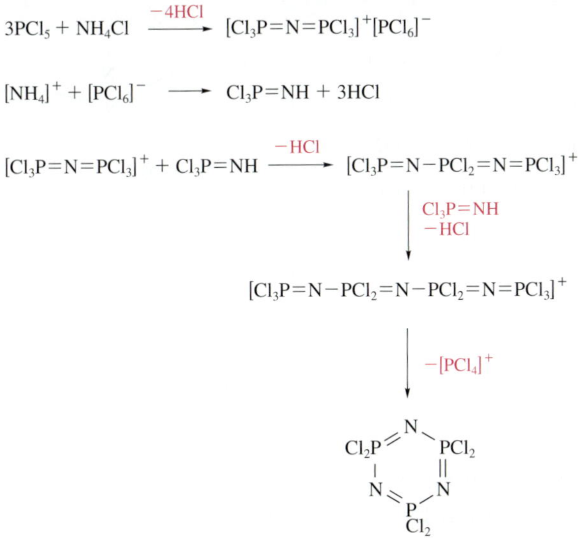

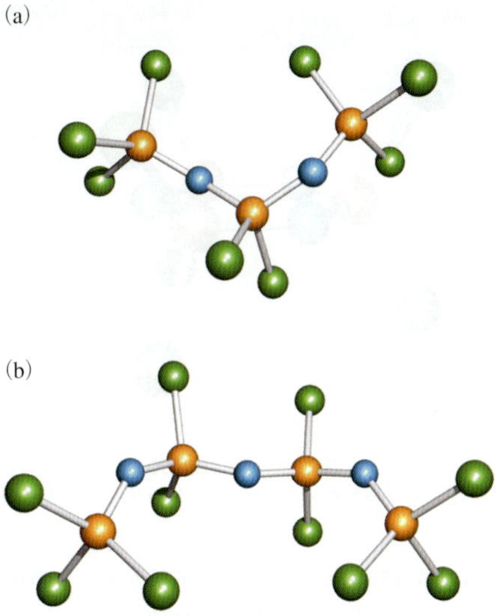

15・13 ホスファゼン

$$3PCl_5 + NH_4Cl \xrightarrow{-4HCl} [Cl_3P=N=PCl_3]^+[PCl_6]^-$$

$$[NH_4]^+ + [PCl_6]^- \longrightarrow Cl_3P=NH + 3HCl$$

$$[Cl_3P=N=PCl_3]^+ + Cl_3P=NH \xrightarrow{-HCl} [Cl_3P=N-PCl_2=N=PCl_3]^+$$

$$\downarrow \begin{array}{c} Cl_3P=NH \\ -HCl \end{array}$$

$$[Cl_3P=N-PCl_2=N-PCl_2=N=PCl_3]^+$$

$$\downarrow -[PCl_4]^+$$

環状(NPCl₂)₃

図 15・22 環状ホスファゼン (NPCl₂)₃ 生成の反応機構,および (a) [Cl₃P=N−PCl₂=N=PCl₃]⁺, (b) [Cl₃P=N−(PCl₂=N)₂=PCl₃]⁺の構造. 両方とも塩化物として X 線回折により構造決定された [E. Rivard et al. (2004) Inorg. Chem., vol. 43, p. 2765]. 原子の色表示: P 橙色, N 青色, Cl 緑色.

$$nPCl_5 + nNH_4Cl \longrightarrow (NPCl_2)_n + 4nHCl \quad (15.140)$$

反応 15.140 は (NPCl₂)₃ を合成する従来の方法であるが,収率は標準的には約 50% である. 反応 15.141 を用いることにより収率が向上した. この反応も単純にみえるが,反応過程は複雑であり, (NPCl₂)₃ の生成は Cl₃P=NSiMe₃ の生成と競合する (式 15.142). (NPCl₂)₃ の収率は, CH₂Cl₂ 中, N(SiMe₃)₃ への PCl₅ の添加速度をゆっくりにすると最も高くなる. Cl₃P=NSiMe₃ (ホスファゼンポリマーの前駆体,以下参照) の収率は, CH₂Cl₂ 中, N(SiMe₃)₃ を PCl₅ へ素早く添加し,続いてヘキサンを加えることにより最高値が得られた.

$$3N(SiMe_3)_3 + 3PCl_5 \longrightarrow (NPCl_2)_3 + 9Me_3SiCl \quad (15.141)$$

$$N(SiMe_3)_3 + PCl_5 \longrightarrow Cl_3P=NSiMe_3 + 2Me_3SiCl \quad (15.142)$$

反応 15.140 は,PBr₃ または Me₂PCl₃ (PCl₅ の代わり) を用いて,それぞれ (NPBr₂)ₙ あるいは (NPMe₂)ₙ をつくるのに用いられる. フッ素誘導体 (NPF₂)ₙ ($n = 3$ または 4) は直接つくることはできないが, (NPCl₂)ₙ を MeCN または C₆H₅NO₂ 中, 懸濁した NaF で処理することにより合成される.

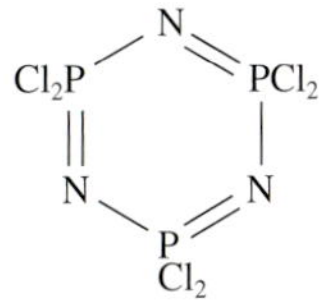

(15.69) 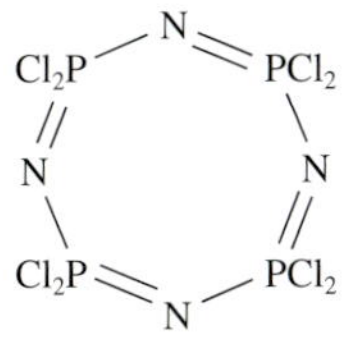 (15.70)

(NPCl₂)₃ **15.69** および (NPCl₂)₄ **15.70** 中の Cl 原子は,容易に求核置換をする. たとえば,つぎの基が導入できる.

- NaF を用いて F (上記参照)
- NH₃ を用いて NH₂
- Me₂NH を用いて NMe₂
- LiN₃ を用いて N₃
- H₂O を用いて OH
- LiPh を用いて Ph

二つの置換経路が観測される. もし最初に入る基が P 中心上の電子密度を減少させるなら (たとえば,F で Cl を置き換える場合), 同じ P 原子で第二の置換が起こる. もし電子密度が増大するなら (たとえば,NMe が Cl を置換する場合), 二番目の置換位置は異なる P 中心となる.

少量の直線状ポリマーも反応 15.141 で生じる. それらの収率は,過剰の PCl₅ を用いることにより増大しうる. このようなポリマーは,共有結合性 (**15.71**) かイオン性 (**15.72**)

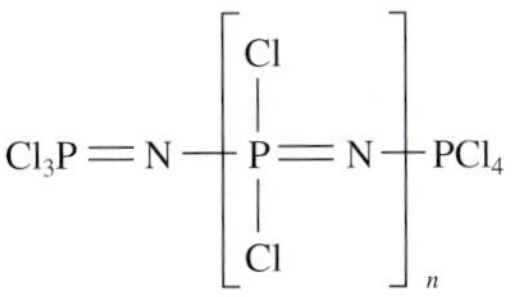

(15.71) 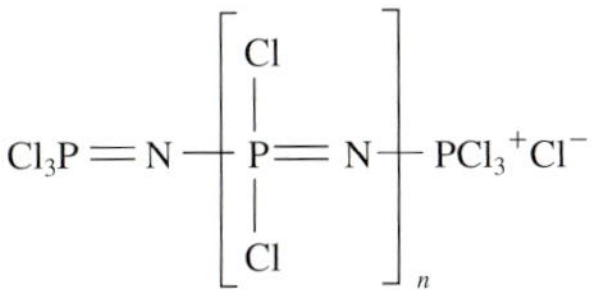 (15.72)

のいずれかの形で存在する. (NPCl₂)₃ のポリマーは,480〜520 K で (NPCl₂)₃ を加熱溶融することにより生成し,分子量が 10⁶ 程度だが,幅広い分子量分布をもつ. 室温でのカチオン重合は Cl₃P=NSiMe₃ を前駆体として用いることにより

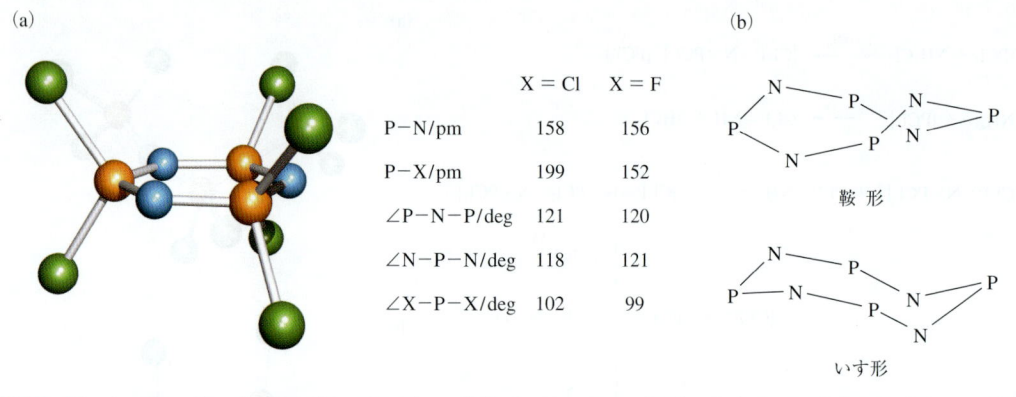

	X = Cl	X = F
P−N/pm	158	156
P−X/pm	199	152
∠P−N−P/deg	121	120
∠N−P−N/deg	118	121
∠X−P−X/deg	102	99

図 15・23 ホスファゼン (NPX$_2$)$_3$ (X = Cl, F) の構造パラメーター．原子の色表示：P 橙色，N 青色，X 緑色．(b) (NPF$_2$)$_4$ (鞍形配座のみ) と (NPCl$_2$)$_4$ (鞍形およびいす形配座) における P$_4$N$_4$ 環の立体配座の模式図．

達成される (式 15.143)．これは分子量がおよそ 10^5 のポリマーを生成し，分子量分布は相対的に狭い．

$$Cl_3P=NSiMe_3 \xrightarrow[\text{(例 PCl}_5\text{) 297 K}]{\text{陽イオン性開始剤}} [Cl_3P=N(PCl_2=N)_nPCl_3]^+[PCl_6]^- \quad (15.143)$$

反応 15.143 の第一段階は $[Cl_3P=N=PCl_3]^+[PCl_6]^-$ の形成であり，反応 15.144 により塩化物の塩に変換される．これは高次ポリマーの前駆体となる $[Cl_3P=N=PCl_3]^+Cl^-$ をつくる便利な経路である (たとえば式 15.145)．

$$[Cl_3P=N=PCl_3]^+[PCl_6]^- + Me_2N-\text{\textless py\textgreater} \quad (15.144)$$
$$\downarrow$$
$$[Cl_3P=N=PCl_3]^+Cl^- + Me_2N-\text{\textless py\textgreater}-N \rightarrow PCl_5$$

$$[Cl_3P=N=PCl_3]^+Cl^- + n\, Cl_3P=NSiMe_3$$
$$\xrightarrow{-n\, Me_3SiCl} [Cl_3P=N-(PCl_2=N)_x=PCl_3]^+Cl^-$$
$$x = 1,\ 2,\ 3 \quad (15.145)$$

陽イオン $[Cl_3P=N-(PCl_2=N)_x=PCl_3]^+$ ($x = 1$ および 2) の構造を図 15・22 に示す．これらのポリホスファゼンの P−N−P 結合角は 134〜157°の範囲にあり，P−N 結合距離はすべて類似している (153〜158 pm)．この事実は，結合が，伝統的に描かれてきた二重結合と一重結合の組合わせというよりはむしろ，非局在化されたものであることを示している．この結合は，電荷分離した共鳴構造 (すなわちイオン結合) と $n(N) \rightarrow \sigma^*(P-Cl)$ 電子供与 ($n(N)$ は N の非共有電子対を示す) を含む負の超共役からの寄与を考慮すると最もよく表現でき，§14・6 で N(SiN$_3$)$_3$ について述べた負の超共役と類似している．

$[Ph_3P=N=PPh_3]^+$ (通常，$[PPN]^+$ と略される) は $[Cl_3P=N=PCl_3]^+$ と関連しており，しばしば，大きい陰イオンを含む塩を安定化するのに用いられる．この話題は Box 24・2 で取上げる．

ポリマー中の Cl 原子は容易に置換され，この反応は商業的に重要な材料を合成する経路となる．ナトリウムアルコキシド NaOR と処理すると直線状ポリマー $[NP(OR)_2]_n$ が生じる．このポリマーは耐水性であり，R = CH$_2$CF$_3$ の場合は十分に不活性で，人工血管や組織をつくるのに十分利用できる．多くのホスファゼンポリマーが難燃材に用いられている (Box 17・1 参照)．

図 15・23 に，(NPCl$_2$)$_3$，(NPCl$_2$)$_4$，(NPF$_2$)$_3$ および (NPF$_2$)$_4$ の構造を示す．各六員環は平面形であるが，八員環はひだ形である．(NPF$_2$)$_4$ では環は鞍形配座をとっている (図 15・23b)*．(NPCl$_2$)$_4$ では，環の立体配座は 2 種類存在する．準安定形は鞍形配座であり，(NPCl$_2$)$_4$ の安定形はいす形配座である (図 15・23b)．構造 15.69 と 15.70 は環中に二重結合と一重結合を示しているが，結晶学的データからは環中の P−N 結合距離は等しい．(NPCl$_2$)$_3$ および (NPF$_2$)$_3$ のデータが図 15・23a に示されている．(NPF$_2$)$_4$ では $d(P-N) = 154$ pm で，(NPCl$_2$)$_4$ の鞍形およびいす形配座では，それぞれ $d(P-N) = 157$ および 156 pm である．P−N 結合距離は P−N 単結合に予想されるより著しく短く (たとえば，Na[H$_2$NPO$_3$] の陰イオン中で 177 pm)，多重結合性を示す．共鳴構造 15.73 は，平面六員環の結合性を記述するのに用いることができるが，両方とも超共役 P 原子を含む．

---

* 2001 年以前には，環は平面と考えられていた．以前は，結晶学的なディスオーダーにより，正しい立体配座がわからなかったためである (Box 15・5 参照)．A. J. Elias *et al.* (2001) *J. Am. Chem. Soc.*, vol. 123, p. 10299 参照．

(15.73)

従来は，六員環の結合を，P_3N_3 環の面内方向と面に垂直方向の両方に対して，N(2p)–P(3d) の重なりを考慮して記述してきた．しかしながらリンは結合にほとんど，あるいはまったく 3d 軌道を使っていないというのが現在の見解であり，上記のモデルと一致しない．構造 **15.74** は六員環状ホスファゼンのもう一つの共鳴形を示しており，観測された P–N 結合の等価性と対応する．N および P 原子がそれぞれ求電子試薬および求核試薬により攻撃される．理論計算の結果は，強く局在化した $P^{\delta+}$–$N^{\delta-}$ 結合の存在と，P_3N_3 環が芳香族性をもたないことを支持する*．直線状ポリホスファゼンと同様に，イオン結合性と負の超共役の両方が環状ホスファゼンの結合性に寄与しているようにみえる．

(15.74)

練習問題

アジド誘導体，$N_3P_3(N_3)_6$ はつぎの式に従って完全に燃焼する．

$$N_3P_3(N_3)_6(s) + \frac{15}{4}O_2(g) \longrightarrow \frac{3}{4}P_4O_{10}(s) + \frac{21}{2}N_2(g)$$

燃焼の標準エンタルピーは -4142 kJ mol^{-1} と決定された．$\Delta_f H°(P_4O_{10}, s) = -2984$ kJ mol^{-1} を用いて，$\Delta_f H°(N_3P_3(N_3)_6, s)$ 値を計算せよ．$N_3P_3(N_3)_6$ が '高エネルギー密度物質' と分類される事実について説明せよ．$\Delta_f H°(N_3P_3(N_3)_6, s)$ と $\Delta_f H°(N_3P_3Cl_6, s) = -811$ kJ mol^{-1} の値が大きく違う原因は何か． 　　　　［答　+1904 kJ mol^{-1}］

15・14　硫化物とセレン化物

リンの硫化物とセレン化物

硫黄–窒素化合物については §16・10 で述べる．この節ではリンにより形成される硫化物とセレン化物をみてみよう．硫化物の構造（図 15・24）は，酸化物（§15・10）の構造と密接に関連しているようにみえるが，はっきりした違いがある．たとえば，P_4O_6 と P_4S_6 は等構造ではない．すべての硫化物のかご内の結合距離は，P–P および P–S 単結合であることを示す．図 15・24 に示される P_4S_3 データは典型的なものである．末端の P–S 結合はかご内のものより短い（たとえば，P_4S_{10} 中，191 対 208 pm）．これは末端結合に対するイオン性の寄与が大きいためと説明できる．いくつかの硫化物のみが単体の直接の燃焼で生成する．570 K 以上で，白リンは硫黄と化合して P_4S_{10} を生じる．これは最も有用な硫化リンで，有機反応における硫化剤（すなわち，系に硫黄を導入するもの）であり，有機チオリン化合物の前駆体である．450 K 以上で赤リンを硫黄と反応させると P_4S_3 が生じ，P_4S_7 は適当な条件下で直接燃焼によってもつくられる．図 15・24 のその他の硫化物は，一般的な合成経路のいずれかを用いてつくられる．

- PPh_3 を用いた硫黄の摘出（たとえば，反応 15.146）
- 硫化リンを硫黄で処理（たとえば，反応 15.147）
- 硫化リンをリンで処理（たとえば，反応 15.148）
- α-(**15.75**) または β-$P_4S_3I_2$ (**15.76**) と $(Me_3Sn)_2S$ との反応（反応 15.149）

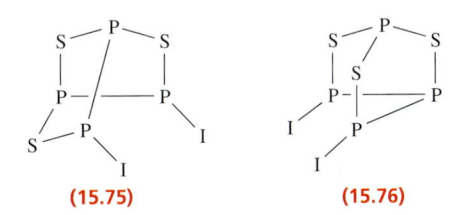

(15.75)　　(15.76)

P_4S_8 は P_4S_9 を PPh_3 で処理することによりつくられ，その証拠が ^{31}P NMR スペクトルで得られている．

$$P_4S_7 + Ph_3P \longrightarrow P_4S_6 + Ph_3P=S \quad (15.146)$$

$$P_4S_3 \xrightarrow{\text{過剰量の硫黄}} P_4S_9 \quad (15.147)$$

$$P_4S_{10} \xrightarrow{\text{赤リン}} \alpha\text{-}P_4S_5 \quad (15.148)$$

$$\beta\text{-}P_4S_3I_2 + (Me_3Sn)_2S \longrightarrow \beta\text{-}P_4S_4 + 2Me_3SnI \quad (15.149)$$

硫化リンは容易に発火し，P_4S_3 は 'どこでも点火' マッチ (strike anywhere match) に用いられている．それは $KClO_3$ と混ぜ合わせてあり，化合物は刺激がかかると点火する．P_4S_3 は水と反応しないが，他の硫化リンはゆっくりと加水分解する（たとえば，反応 15.150）．

$$P_4S_{10} + 16H_2O \longrightarrow 4H_3PO_4 + 10H_2S \quad (15.150)$$

---

* ホスファゼンの結合性に関する近年の解析については，以下の文献を参照：V. Luaña, A. M. Pendás, A. Costales, G. A. Carriedo and F. J. García-Alonso (2001) *Inorg. Chem.*, vol. 105, p. 5280; A. B. Chaplin, J. A. Harrison and P. J. Dyson (2005) *Inorg. Chem.*, vol. 44, p. 8407.

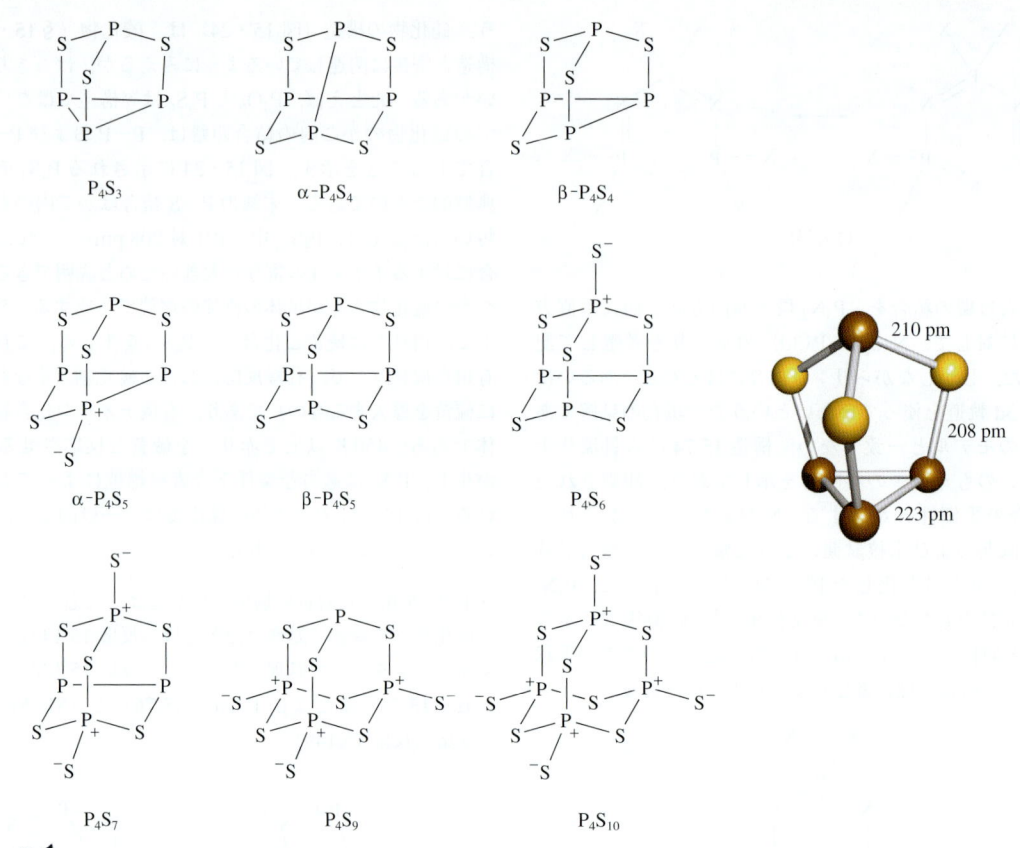

P₄S₃　　α-P₄S₄　　β-P₄S₄

α-P₄S₅　　β-P₄S₅　　P₄S₆

P₄S₇　　P₄S₉　　P₄S₁₀

図 15・24 硫化リンの分子構造の模式図と P₄S₃ の構造（X 線回折）［L. Y. Goh *et al.* (1995) *Organometallics*, vol. 14, p. 3886］．原子の色表示：S 黄色，P 茶色．

酸化リン(V) は，時に'五酸化リン'とよばれるが，P₂O₅ 分子として存在しないことはすでに述べた（§15・10）．対照的に，硫化リン(V) の蒸気は P₂S₅ 分子を含む（蒸気は S, P₄S₇, P₄S₃ へも分解する）．セレン化リン P₂Se₅ と P₄Se₁₀ は異なる化学種である．両方とも適切な条件下，P と Se の直接燃焼でつくられる．P₂Se₅ は P₃Se₄I の分解によっても生成し，P₄Se₁₀ は 620 K で P₄Se₃ とセレンの反応から得られる．P₂Se₅ の構造 **15.77** は X 線回折によって確認された．P₄Se₁₀ は，P₄S₁₀ および P₄O₁₀ と等構造である．

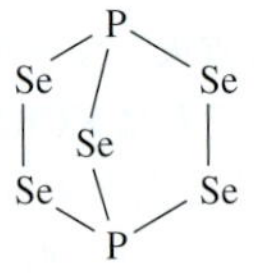

(15.77) 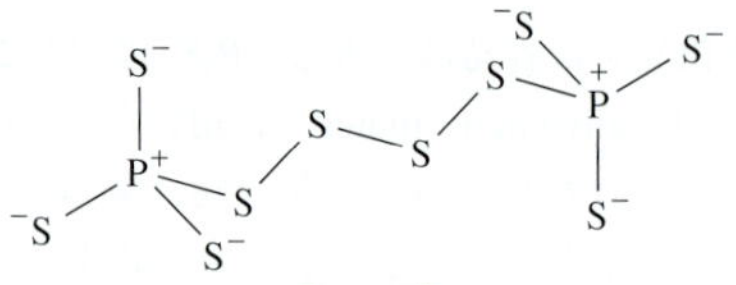　　(15.78)

P₂S₅ を Cs₂S および硫黄と 1：2：7 のモル比で真空下で加熱すると，Cs₄P₂S₁₀ が生成する．これは孤立した [P₂S₁₀]⁴⁻ イオン（**15.78**）を含み，末端 P−S 結合（201 pm）は，鎖の中心にある二つの結合（219 pm）より短い．

硫化ヒ素，アンチモンおよびビスマス

硫化ヒ素と硫化アンチモン鉱石は，15 族元素の主要原料である（§15・2 参照）．実験室では As₂S₃ や As₂S₅ は通常，亜ヒ酸塩またはヒ酸塩の水溶液から沈殿させる．H₂S を 298 K で溶液にゆっくり通じると，反応 15.151 が進行する．温度を 273 K より低くして，H₂S の流速を増大させた場合，生成物は As₂S₅ となる．

$$2[AsO_4]^{3-} + 6H^+ + 5H_2S \xrightarrow{濃} As_2S_3 + 2S + 8H_2O \quad (15.151)$$

固体の As₂S₃ は，As₂O₃ の低温多形と同じ層状構造をもつが，それは蒸発すると As₄S₆ 分子を生じる（以下参照）．As₂S₃ と As₂S₅ はともに，アルカリ金属硫化物溶液に容易に溶けて，チオ亜ヒ酸塩およびチオヒ酸塩を生成する（たとえば式 15.152）．酸はこれらの塩を分解して硫化物を再沈殿させる．

$$As_2S_3 + 3S^{2-} \longrightarrow 2[AsS_3]^{3-} \quad (15.152)$$

硫化物 As₄S₃（**ダイモルファイト**, dimorphite），As₄S₄（**鶏冠石**, realgar）および As₂S₃（**雄黄**, orpiment）は天然に産

出する．後ろの二つは，それぞれ赤色と黄金色で，昔は顔料として用いられた[*]．硫化ヒ素 As_4S_3，α-As_4S_4，β-As_4S_4 および β-As_4S_5 は，構造的には図 15·24 の硫化リンと類似している．しかし，As_4S_6 は構造的には，P_4S_6 よりはむしろ，P_4O_6 や As_4O_6 と関連が深い．α-As_4S_4 (**15.79**) の結合距離は As–As および As–S 単結合に対応し，**15.79** のようなかご状構造は，S_4N_4 と類似している（§16·10 参照）．

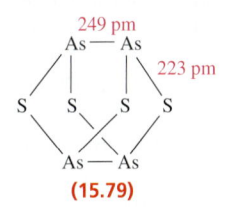

249 pm
As — As
223 pm
S S S
As — As
(**15.79**)

唯一十分に特徴が明らかになっている Sb の二元硫化物は，天然に産出する Sb_2S_3（**輝安鉱**, stibnite）である．これは二重鎖構造をもち，各 Sb(III) は，三つの S 原子に対してピラミッド状に配置している．この硫化物は単体の直接燃焼でつくられる．準安定な赤色体は水溶液から沈殿するが，加熱により安定な黒色体に戻る．As_2S_3 と同様に，Sb_2S_3 はアルカリ金属硫化物溶液に溶解する（式 15.152 参照）．硫化ビスマス(III) Bi_2S_3 は Sb_2S_3 と等構造だが，As や Sb 類縁体とは対照的に，アルカリ金属硫化物溶液に溶解しない．

15·15 水溶液の化学と錯体

15 族元素の水溶液の化学における多くの特徴はすでに述べた．

- NH_3, PH_3, N_2H_4, および HN_3 の酸塩基の性質（§15·5）
- 窒素化合物の酸化還元挙動（§15·5 および図 15·5）
- 硝酸イオンの褐輪試験（§15·8）
- オキソ酸（§15·9, §15·11, および §15·12）
- 縮合リン酸塩（§15·11）
- 縮合ヒ酸塩の反応活性（§15·12）
- ポリリン酸塩の沈殿防止の性質（§15·11）

この節では Sb(III) および Bi(III) による水溶液化学種の生成に焦点を当てる．Sb(III) の溶液は，加水分解生成物もしくは錯イオンを含む．加水分解生成物は通常［SbO］$^+$ と書かれ，Bi(III) の場合も同様（下記参照）であるが，簡単化しすぎた化学式である．錯体はシュウ酸イオン，酒石酸イオン，あるいはトリフルオロ酢酸イオンのような配位子で形成され，Sb 原子の周りの供与原子は，通常，立体化学的に活性な Sb の非共有電子対の存在を反映して配置していることが見いだされている．たとえば，［Sb(O_2CCF_3)$_3$］中，Sb(III) 中心は三方錐形環境にある（図 15·25a）．類似のビスマス(III) 錯体，Bi(O_2CCF_3)$_3$ は，脱気した密閉容器中で細かく砕いた Bi と加熱すると興味深い反応をする．生成物の $Bi_2(O_2CCF_3)_4$（図 15·25b）は，単純な Bi(II) 化合物の珍しい例である．それは反磁性で，295 pm の長さの Bi–Bi 結合を含む（$2r_{cov}$ = 304 pm と比較せよ）．$Bi_2(O_2CCF_3)_4$ は水やその他の極性溶媒で分解し，約 500 K でその蒸気は不均化して Bi(III) と Bi(0) になる．

Bi_2O_3 とトリフルオロメタンスルホン酸水溶液の混合物を

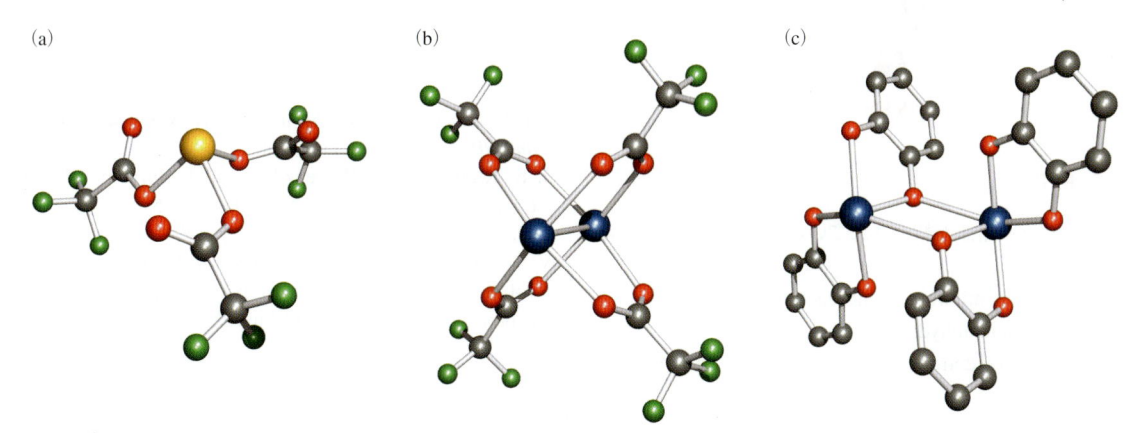

(a)   (b)   (c)

図 15·25 (a) (R)-［Sb(O_2CCF_3)$_3$］, (b) $Bi_2(O_2CCF_3)_4$，および，(c) 水和アンモニウム塩として結晶化された［$Bi_2(C_6H_4O_2)_4$］$^{2-}$ の構造．原子の色表示：Sb 黄色，Bi 青色，O 赤色，F 緑色，C 灰色．［文献：(a) D. P. Bullivant et al. (1980) J. Chem. Soc., Dalton Trans., p. 105, (b) E. V. Dikarev et al. (2004) Inorg. Chem., vol. 43, p. 3461, (c) G. Smith et al. (1994) Aust. J. Chem., vol. 47, p. 1413］

---

[*] 無機顔料の幅広い議論については，以下を参照せよ：R. J. H. Clark (1995) Chem. Soc. Rev., vol. 24, p. 187 – 'Raman microscopy: Application to the identification of pigments on medieval manuscripts'; R. J. H. Clark and P. J. Gibbs (1997) Chem. Commun., p. 1003 – 'Identification of lead (II) sulfide and pararealgar on a 13th century manuscript by Raman microscopy'.

加熱還流し，溶液を冷却すると，$[Bi(OH_2)_9][CF_3SO_3]_3$ の結晶が得られる．$[Bi(OH_2)_9]^{3+}$ は，アクア配位子の三面冠三角柱形配置（**15.80**）をもつ（これを図 10・13c の $[ReH_9]^{2-}$ の構造と比較せよ）．しかしながら，強酸性水溶液中では，陽イオン $[Bi_6(OH_2)_{12}]^{6+}$ がおもな化学種となる．6 個の Bi(III) 中心は八面体形に配置しているが，Bi 間は離れており非結合的である（Bi⋯Bi = 370 pm）．12 本の Bi⋯Bi 辺のおのおのが架橋ヒドロキソ配位子で保持されている．溶液をよりアルカリ性にすると $[Bi_6O_6(OH)_3]^{3+}$ が生成し，最後には $Bi(OH)_3$ が沈殿する．塩基性溶液中，2～9 核の多核化したビスマスのポリオキソ陽イオンが生成することが証明されているが，ほとんどの種は単離されておらず，構造データもほとんどない．例外は $[Bi_9(\mu_3\text{-}O)_8(\mu_3\text{-}OH)_6]^{5+}$ で，NaOH 水溶液で $BiO(ClO_4)$ を加水分解することにより生成し，過塩素酸塩として構造決定もされている．$[Bi_9(\mu_3\text{-}O)_8(\mu_3\text{-}OH)_6]^{5+}$ 中の Bi 原子は三面冠三角柱形配置をとっており，O または OH 基が面冠位を占めている．Bi(III) の配位幾何構造はしばしば立体的に活性な非共有電子対の存在により影響を受ける．たとえばカテコラト錯体 $[Bi_2(C_6H_4O_2)_4]^{2-}$（図 15・25c）において，各 Bi 原子は正方錐形環境にある．図 15・14 には $BiCl_3$ と大環状配位子からなる 2 種の錯体の構造を示した．

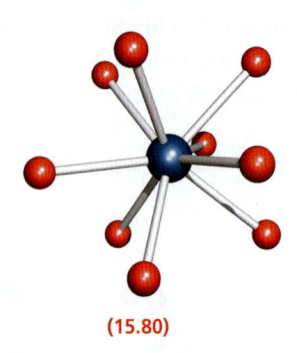

(15.80)

重要な用語

本章では以下の用語が紹介されている．意味を理解できるか確認してみよう．

- ☐ 化学発光（chemiluminescent reaction）
- ☐ 酸無水物（acid anhydride）
- ☐ 共沸混合物（azeotrope）

さらに勉強したい人のための参考文献

D. E. C. Corbridge (1995) *Phosphorus*, 5th edn, Elsevier, Amsterdam －リンの化学全般の総説．CD 版（2005 年）として改訂されている（www.phosphorusworld.com）．

J. Emsley (2000) *The Shocking Story of Phosphorus*, Macmillan, London －"悪魔の元素の履歴書"として書かれた面白く読める本．

N. N. Greenwood and A. Earnshaw (1997) *Chemistry of the Elements*, 2nd edn, Butterworth-Heinemann, Oxford － 11～13 章は，15 族元素の化学について詳細に記述されている．

A. G. Massey (2000) *Main Group Chemistry*, 2nd edn, Wiley, Chichester － 9 章で 15 族元素の化学を取扱っている．

N. C. Norman, ed. (1998) *Chemistry of Arsenic, Antimony and Bismuth*, Blackie, London － 15 族の下方の元素の無機および有機金属化学を取扱った論説．

A. F. Wells (1984) *Structural Inorganic Chemistry*, 5th edn, Clarendon Press, Oxford － 18～20 章に 15 族化合物の構造に関して詳述されている．

特集記事

J. C. Bottaro (1996) *Chemistry & Industry*, p. 249 － 'Recent advances in explosives and solid propellants'.

K. Dehnicke and J. Strähle (1992) *Angewandte Chemie International Edition*, vol. 31, p. 955 － 'Nitrido complexes of the transition metals'.

D. P. Gates and I. Manners (1997) *J. Chem. Soc., Dalton Trans.*, p. 2525 － 'Main-group-based rings and polymers'.

A. C. Jones (1997) *Chemical Society Reviews*, vol. 26, p. 101 － 'Developments in metal-organic precursors for semiconductor growth from the vapour phase'.

E. Maciá (2005) *Chemical Society Reviews*, vol. 34, p. 691 － 'The role of phosphorus in chemical evolution'.

J. E. Mark, H. R. Allcock and R. West (2005) *Inorganic Polymers*, 2nd edn, Oxford University Press, Oxford － 3 章は，ポリホスファゼン類に関して，応用も含めて取扱っている．

S. T. Oyama (1996) *The Chemistry of Transition Metal Carbides and Nitrides*, Kluwer, Dordrecht.

G. B. Richter-Addo, P. Legzdins and J. Burstyn, eds (2002) *Chemical Reviews*, vol. 102, number 4 － NO の化学の特集号で，この領域の主要な参考文献がまとめられている．

W. Schnick (1999) *Angewandte Chemie International Edition*, vol. 38, p. 3309 － 'The first nitride spinels － New synthetic approaches to binary group 14 nitrides'.

問題

15.1 つぎの化学種における N と P の形式酸化数は何か．(a) N_2, (b) $[NO_3]^-$, (c) $[NO_2]^-$, (d) NO_2, (e) NO, (f) NH_3, (g) NH_2OH, (h) P_4, (i) $[PO_4]^{3-}$, (j) P_4O_6, (k) P_4O_{10}

15.2 表 14・2 および表 15・3 の結合エンタルピー項を用いて，つぎの反応の Δ_rH° 値を見積れ．
(a) $2N_2 \rightarrow N_4$（四面体形構造）
(b) $2P_2 \rightarrow P_4$（四面体形構造）
(c) $2C_2H_2 \rightarrow C_4H_4$（テトラヘドラン，四面体形 C_4 骨格をもつ）

15.3 15 族元素の同素体について簡潔に述べよ．

15.4 つぎの反応の化学反応式を書け．(a) 水と Ca_3P_2, (b)

NaOH 水溶液と NH_4Cl, (c) NH_3 水溶液と $Mg(NO_3)_2$, (d) 中性水溶液中で AsH_3 と過剰の I_2, (e) 液体アンモニア中で PH_3 と KNH_2.

15.5 つぎの理由を説明せよ．(a) 希薄 HCl 水溶液は気体 HCl の刺激臭がしないのに，NH_3 希薄水溶液はアンモニアガスの臭いがする理由．(b) カルバミン酸アンモニウムが気付け薬に使われる理由．

15.6 NH_3 の pK_b(298 K) が 4.75 であるとき，$[NH_4]^+$ の pK_a が 9.25 であることを示せ．

15.7 $[BrO_3]^-$ による NH_2OH の HNO_3 への酸化の半反応を示せ．また全体の過程の式を書け．

15.8 (a) $NaNH_2$ と $NaNO_3$ から NaN_3 の生成の化学反応式を書け．(b) $NaNH_2$ を合成するための経路を示せ．(c) NaN_3 は水溶液中で $Pb(NO_3)_2$ とどのように反応するだろうか．

15.9 (a) $[N_3]^-$ は CO_2 と等電子構造である．$[N_3]^-$ と等電子構造となる化学種を 3 例あげよ．(b) $[N_3]^-$ の結合について分子軌道を用いて説明せよ．

15.10 図 15・10 を参照して，(a) NiAs の結合している単位格子の数を考慮して，各 Ni 原子の配位数が 6 であることを確かめよ．(b) NiAs の単位格子に含まれる情報から，どのようにして化合物の化学量論が確かめられるか．

15.11 どのようにすれば N_2H_4 の立体配座を確かめることができるか．(a) 気相，(b) 液相．

15.12 反応 15.63, 15.64, および 15.65 の各反応において，$NF_2\cdot$ は別のラジカルと反応する．各反応におけるもう一つのラジカルは何か．F_2NNO (式 15.65 の生成物) のルイス構造を描け．

15.13 (a) ハロゲン化リン(III) およびハロゲン化リン(V) の構造の多様性について，立体化学的な非剛直性も考慮して議論せよ．(b) $[PCl_4][PCl_6]$ の格子を CsCl のそれと比較するのに，どのような方法が適当だろうか．

15.14 (a) $[PF_6]^-$ と (b) $[SbF_6]^-$ を含む溶液の ^{19}F NMR スペクトルにおいて，(298 K で) どのようなスペクトルが観測されると予想されるか．必要なデータは表 15・2 にある．

15.15 つぎの式のいずれが酸化還元反応であるか．式 15.61, 15.67, 15.70, 15.108, および 15.120. おのおのの酸化還元反応にとって，どの化学種が酸化され，どの化学種が還元されているかを示せ．酸化還元過程において，酸化状態の変化が均衡していることを確かめよ．

15.16 ^{31}P NMR スペクトルにおける結合パターンのみに基づいて，つぎの組の異性体を区別することが可能かどうか説明せよ．(a) cis- および trans-$[PF_4(CN)_2]^-$, (b) mer- および fac-$[PF_3(CN)_3]^-$.

15.17 $[PCl_2F_3(CN)]^-$ について可能な異性体の構造を描け．描いた構造に基づいて，環境の異なるフッ素がいくつあるか述べよ．CH_2Cl_2 溶液中，2 種の異性体の ^{19}F NMR スペクトルは，室温で 2 本のシグナルを示す．一方，3 番目の異性体は 1 本のシグナルのみ示す．これらの観測結果を説明せよ．

15.18 つぎの反応の生成物は何か．(a) $SbCl_2$ と PCl_5, (b) KF と AsF_5, (c) NOF と SbF_5, (d) HF と SbF_5.

15.19 (a) $[Sb_2F_{11}]^-$ および $[Sb_2F_7]^-$ の構造を描き，VSEPR 理論の観点からこれらを論理的に説明せよ．(b) §15・7 で述べた $[\{BiX_4\}_n]^{n-}$ および $[\{BiX_5\}_n]^{2n-}$ オリゴマーの予想構造を示せ．

15.20 分子軌道法を用いて，NO から $[NO]^+$ になると結合次数が増大し，結合距離が減少し，そして NO 振動波数が増大するのはなぜか，論理的に説明せよ．

15.21 0.0500 M のシュウ酸ナトリウム ($Na_2C_2O_4$) 溶液 25.0 mL は，過剰の H_2SO_4 存在下で 24.8 mL の $KMnO_4$ 溶液 **A** と反応する．0.0494 M NH_2OH の H_2SO_4 溶液 25.0 mL を過剰の硫酸鉄(III) 溶液と煮沸した．反応が完結した後，生成した鉄(II) は，溶液 **A** 24.65 mL と当量であることが見いだされた．この反応で NH_2OH から生成した生成物 **B** は，鉄(II) の定量を妨害しないと仮定できる．**B** を推定せよ．

15.22 "リン(V) の酸素化学はすべて四面体形 PO_4 単位に基づいている"という記述を支持する簡潔な説明を書け．

15.23 図 15・21 は $FeSb_2O_6$ の単位格子を示す．(a) この単位格子はルチル型構造とどのように関連づけられるか．(b) なぜ $FeSb_2O_6$ の固体状態の構造はルチル型構造の単一の単位格子で記述できないのか．(c) おのおのの原子はどんな配位環境にあるか．(d) この化合物の化学量論を単位格子図に与えられた情報のみを用いて確かめよ．

15.24 つぎの項目について，どのように NMR スペクトルを使うことができるだろうか．(a) $Na_5P_3O_{10}$ と $Na_6P_4O_{13}$ 溶液を区別する．(b) AsF_5 中の F 原子が非等価な部位で素早い交換が起こっているかどうかを決定する．(c) $P_3N_3Cl_3(NMe_2)_3$ 中の NMe_2 基の位置を決定する．

15.25 つぎの反応の性質についてどんなことがいえるだろうか．
(a) 1 mol の NH_2OH が過剰のアルカリ存在下で 2 mol の Ti(III) と反応し，Ti(III) は Ti(IV) に変化する．
(b) Ag_2HPO_3 を水中で加温すると，すべての銀は金属として沈殿する．
(c) 酸性溶液中，1 mol の H_3PO_2 を過剰の I_2 で処理すると，1 mol の I_2 が還元される．溶液をアルカリ性にすると，もう 1 mol の I_2 が消費される．

15.26 構造を予想せよ．(a) $[NF_4]^+$, (b) $[N_2F_3]^+$, (c) NH_2OH, (d) $SPCl_3$, (e) PCl_3F_2

15.27 $K^{15}NO_3$ からのつぎの化合物の合成法を考えよ．
(a) $Na^{15}NH_2$, (b) $^{15}N_2$, (c) $[^{15}NO][AlCl_4]$

15.28 $Ca_3(^{32}PO_4)_2$ からのつぎの化合物の合成法を考えよ．
(a) $^{32}PH_3$, (b) $H_3{}^{32}PO_3$, (c) $Na_3{}^{32}PS_4$

15.29 0.0500 M のシュウ酸ナトリウム ($Na_2C_2O_4$) 溶液 25.0 mL は，過剰の H_2SO_4 存在下で 24.7 mL の $KMnO_4$ 溶液 **C** と反応する．0.0250 M の N_2H_4 溶液 25.0 mL は，過剰のアルカリ性 $[Fe(CN)_6]^{3-}$ 溶液で処理すると，$[Fe(CN)_6]^{4-}$ と生成物 **D** が生じる．生成した $[Fe(CN)_6]^{4-}$ は，24.80 mL の溶液 **C** により $[Fe(CN)_6]^{3-}$ へ再酸化し，**D** の存在はこの定量に影響を与えない．**D** を推定せよ．

15.30 $AlPO_4$ には数種の多形が存在し，そのおのおのがシリカの一形態でもある構造をもつ．このことについて言及せよ．

15.31 (a) $[Cl_3P=N-PCl_2=N=PCl_3]^+$ のようなホスファゼンにおける超共役の意味を説明せよ．
(b) $[Cl_3P=N-PCl_2=N=PCl_3]^+$ の電荷分離した化学種から結合への寄与を示す共鳴構造を描け．

総合問題

15.32 (a) $Pr_3P \cdot BBr_3$ ($Pr = n$-プロピル) の ^{31}P および ^{11}B NMR スペクトルは，それぞれ，1：1：1：1 四重線（$J = 150\,Hz$）および二重線（$J = 150\,Hz$）を示す．これらのシグナルの由来を説明せよ．
(b) $[NH_4][PF_6]$ が水に可溶であることに寄与する要因について考察せよ．
(c) イオン性化合物 $[AsBr_4][AsF_6]$ は，Br_2，AsF_3，および $AsBr_3$ に分解する．提案されている経路はつぎのとおりである．これらの反応について酸化還元過程とハロゲン化物の再分配の観点から考察せよ．

$$[AsBr_4][AsF_6] \rightarrow [AsBr_4]F + AsF_5$$
$$[AsBr_4]F \rightarrow AsBr_2F + Br_2$$
$$AsBr_2F + AsF_5 \rightarrow 2AsF_3 + Br_2$$
$$3AsBr_2F \rightarrow 2AsBr_3 + AsF_3$$

15.33 つぎの反応の生成物を考えよ．式の左辺は必ずしも量論関係を表しているわけではない．
(a) $PI_3 + IBr + GaBr_3 \rightarrow$
(b) $POBr_3 + HF + AsF_5 \rightarrow$
(c) $Pb(NO_3)_2 \xrightarrow{\text{加熱}}$
(d) $PH_3 + K \xrightarrow{\text{液体 } NH_3}$
(e) $Li_3N + H_2O \rightarrow$
(f) $H_3AsO_4 + SO_2 + H_2O \rightarrow$
(g) $BiCl_3 + H_2O \rightarrow$
(h) $PCl_3 + H_2O \rightarrow$

15.34 (a) P_4S_3 の構造を描き，この分子の適切な結合スキームについて述べよ．P_4S_{10}，P_4S_3，および P_4 の構造を比較し，これらの化学種における P 原子の形式酸化数について説明せよ．
(b) 273 K における Bi の電気抵抗率は $1.07 \times 10^{-6}\,\Omega\,m$ である．この性質は温度が増加するとどのように変化すると予想されるか．結論を導いた根拠は何か．
(c) 水和した硝酸鉄(III) を熱 HNO_3 (100%) に溶解した．その溶液を P_2O_5 の入ったデシケーター中で，試料が固体の残渣になるまで静置した．純粋な Fe(III) 生成物（イオン性塩 $[NO_2][X]$）は昇華により集められた．結晶はきわめて潮解性であった．イオンの電荷を明らかにしながら，この生成物は何か推定せよ．Fe(III) 中心の配位数は 8 である．生成経路も示せ．

15.35 (a) $J_{PH} = 939\,Hz$，$J_{PF(axial)} = 731\,Hz$，$J_{PF(equatorial)} = 817\,Hz$ を用いて，（剛直な構造を仮定して）$[HPF_5]^-$ の ^{31}P NMR スペクトルを予想せよ．
(b) $[BiF_7]^{2-}$ および $[SbF_6]^{3-}$ は，それぞれ五方両錐形および八面体形構造である．それらの観測は VSEPR 理論に一致するか．
(c) つぎの反応機構を考えよ (K. O. Christe (1995) *J. Am. Chem. Soc.*, vol. 117, p. 6136)．

$$NF_3 + NO + 2SbF_5 \xrightarrow{420\,K} [F_2NO]^+[Sb_2F_{11}]^- + N_2$$
$$\Updownarrow >450\,K$$
$$F_3NO + 2SbF_5$$
$$\Updownarrow >520\,K$$
$$[NO]^+[SbF_6]^- \xleftarrow{SbF_5} FNO + F_2$$
$$\downarrow NF_3,\ SbF_5$$
$$[NF_4]^+[SbF_6]^-$$

反応機構を酸化還元およびルイス酸塩基の観点から考察せよ．また，その中の窒素含有化学種について構造，結合を説明せよ．

15.36 (a) Sn_3N_4，γ-Si_3N_4 および γ-Ge_3N_4 は，**窒化物スピネル**（nitride spinel）の最初の例である．スピネルとは何か，また，これらの窒化物の構造は酸化物 Fe_3O_4 の構造とどのような関係があるか．窒化物スピネルと典型的な酸化物類縁体とを区別するいくつかの特徴について述べよ．
(b) 195 K における O_3 と $AsCl_3$ との反応は As(V) 化合物 **A** を生じる．CH_2Cl_2 溶液中での **A** のラマンスペクトルは，C_{3v} 対称の分子構造と一致する．しかしながら，単結晶 X 線回折研究は，153 K での分子構造が C_{2v} 対称であることを示す．**A** を推定し，実験データを合理的に説明せよ．

15.37 (a) 気体の硝酸が橙色を示すのはなぜか．(b) 硝酸を例に用いて，共沸混合物（azeotrope）という術語の意味を説明せよ．

15.38 (a) ウェイド則を用いて，$[Pd@Bi_{10}]^{4+}$ 中で Bi 原子は五方逆プリズム形をとっていることを合理的に説明せよ．この構造は，$[Pd@Pb_{12}]^{2-}$ の構造とどのような関連があるか．
(b) 298 K において過塩素酸アンモニウムは次式のように分解する．$4NH_4ClO_4(s) \rightarrow 2Cl_2(g) + 2N_2O(g) + 3O_2(g) + 8H_2O(l)$
N_2O (g)，H_2O (l) および NH_4ClO_4 (s) の $\Delta_rG°$ (298 K) を，それぞれ，$+104$，-237 および $-89\,kJ\,mol^{-1}$ として，この分解の $\Delta_rG°$ (298 K) を決定せよ．反応においてエントロピーはどのような役割を果たしているか．

15.39 (a) 等モル量の NaN_3 と $NaNO_2$ が酸性中で反応するとき，何が起こると予想されるか．予想を確かめるためにはどのようなことを試みればよいか．
(b) $POCl_3$ は過剰の Me_2NH と反応して，リンを含む唯一の生成物として化合物 **A** を生じる．化合物 **A** は水に混ざる．**A** の組成は 40.21% C，23.45% N，10.12% H であり，溶液の ^1H および ^{13}C NMR はそれぞれ 1 本のシグナルを示す．等モル量の **A** と RNH_2 (R = アルキル) が反応すると，ジメチルアミンを脱離して **B**（下記参照）を生じる．

B

(i) **A** は何か．非 H 原子はすべてオクテット則に従うとして共鳴形を含めて，その構造を描け．(ii) **A** と水の混和性は何に起因するか．(iii) POCl$_3$ と Me$_2$NH から **A** が生成するときの化学反応式を書け．

15.40 フッ素と塩素の混在した五ハロゲン化リンは，電子線回折と分光学的な研究から三方両錐形が示唆される．そのなかで電気陰性的なハロゲンはアキシアル位を占める．このことは，それぞれ D_{3h}, C_{2v} および C_{2v} 対称をもつ PCl$_3$F$_2$, PCl$_2$F$_3$ および PClF$_4$ にもあてはまることを確かめよ．各化合物の構造を描き，それらが極性をもつかどうか述べよ．

16 16 族 元 素

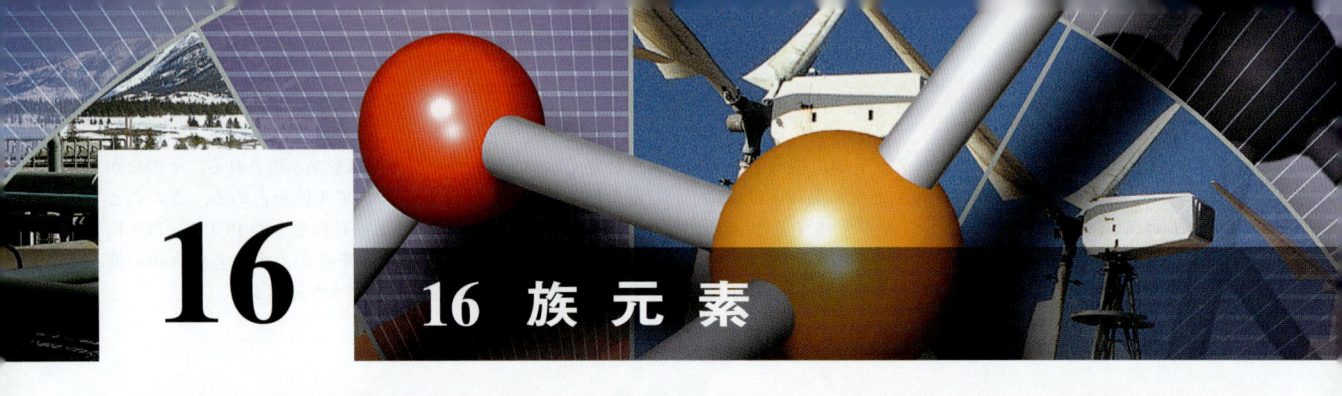

おもな項目

- 存在，製法および用途
- 物理的性質と結合に関する考察
- 単体
- 水素化物
- 金属硫化物，ポリスルフィド，ポリセレニドおよびポリテルリド
- ハロゲン化物，オキソハロゲン化物およびハロゲン化物錯体
- 酸化物
- オキソ酸およびその塩
- 硫黄またはセレンと窒素との化合物
- 硫黄，セレンおよびテルルの水溶液の化学

1	2		13	14	15	**16**	17	18
H								He
Li	Be		B	C	N	**O**	F	Ne
Na	Mg		Al	Si	P	**S**	Cl	Ar
K	Ca	dブロック	Ga	Ge	As	**Se**	Br	Kr
Rb	Sr		In	Sn	Sb	**Te**	I	Xe
Cs	Ba		Tl	Pb	Bi	**Po**	At	Rn
Fr	Ra							

16・1 はじめに

> 16 族元素である酸素，硫黄，セレン，テルルおよびポロニウムは**カルコゲン**（chalcogens）とよばれる．

酸素は無機化学の広い領域において中心的な位置を占めるため，その化合物の多くは相手方の元素に関する議論のなかで取上げられることが多い．16 族の元素では，原子番号が増えるにつれて金属性が増加する傾向が明瞭に認められる．

- 酸素の単体は 2 種類の同素体 O_2 および O_3 のみであり，いずれも気体である．
- 硫黄は多くの同素体をもち，それらはすべて絶縁体である．
- セレンおよびテルルの安定形は半導体である．
- ポロニウムは金属である．

安定同位体が存在しないこと，および，最も手に入りやすい同位体である ^{210}Po が扱いにくいことが原因で，ポロニウムの単体および化合物に関する化学的知見は非常に限られている．^{210}Po は，^{209}Bi の (n, γ) 反応（§3・4 参照）生成物の β 壊変により得られる．^{210}Po は強力な α 線源（半減期 138 日）で，α 壊変に伴い 1 g 当たり 1 時間に 520 kJ の熱を発生する．そのため，人工衛星用の軽量なエネルギー源として利用されている．一方，その発熱により，多くのポロニウムの化合物は分解してしまう．水をも分解するため，水溶液中のポロニウムの化学反応を研究することは困難である．ポロニウムは金属であり，その結晶は単純立方格子である．ハロゲンとの化合物には，昇華性で加水分解しやすいハロゲン化物 $PoCl_2$, $PoCl_4$, $PoBr_2$, $PoBr_4$ および PoI や錯イオン $[PoX_6]^{2-}$（X = Cl, Br, I）が知られている．金属ポロニウムと酸素を 520 K で反応させることにより Po(IV) の酸化物が得られる．その構造は蛍石型（図 6・18 参照）で，塩基性水溶液にわずかに溶ける．これらの性質は，テルルの性質から類推することができる．

16・2 存在，製法および用途

存 在

図 16・1 に 16 族元素の地殻中での相対存在率を示す．酸素分子は大気のおよそ 21 % を占め（図 15・1b 参照），地殻の 47 % は，水，石灰石，石英，ケイ酸塩，ボーキサイトや赤鉄鉱など，酸素を含む化合物からなる．酸素は数え切れないほどの化合物の成分であり，生命活動に必須の元素である．硫黄は火山や温泉地帯で単体が天然に産出するほか，さまざまな鉱物に含まれる．その例に，**黄鉄鉱**（FeS_2, iron pyrite, 外観が金に似ているため fool's gold とよばれる），

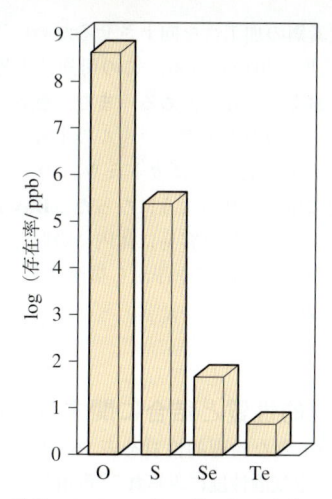

図 16・1　地殻における 2 族元素の相対存在率（ポロニウムは除く）．縦軸は ppb（10^{-9}）で表した存在率の対数．ポロニウムは存在率が 3×10^{-7} ppb しかないため，省略した．

方鉛鉱（PbS, galena），閃亜鉛鉱（ZnS, sphalerite または zinc blende），辰砂（HgS, cinnabar），鶏冠石（As_4S_4, realgar），雄黄（As_2S_3, orpiment），輝安鉱（Sb_2S_3, stibnite），モリブデナイト（MoS_2, molybdenite）や輝銅鉱（Cu_2S, chalcocite）などがあげられる．セレンおよびテルルの存在率は酸素や硫黄に比べると非常に少ない（表 16・1 参照）．セレンはほんの数種の鉱物中に存在するだけであり，テルルは針状テルル鉱（$AgAuTe_4$, silvanite）など，ほかの金属との化合物として産出する．

製　法

従来，硫黄はフラッシュ法（Frasch process）によって採掘されてきた．フラッシュ法では 440 K の加圧水蒸気を鉱床に吹付けて硫黄を融解し，圧縮空気を用いて地表に取出す．しかし，現在ではフラッシュ法は廃れつつあり，多くの鉱山が閉鎖された．カナダと米国は世界最大の硫黄の産地であるが，図 16・2 に示すように，1975 年から 2004 年の間に米国における硫黄の生産方法は劇的に変化した．世界各国における傾向もこれに追随している．環境対策のため，原油の精製や天然ガスの製造過程における硫黄の回収が，硫黄の主要な生産法となったのがその理由である．硫黄は天然ガス中に H_2S の形で含まれ，その濃度は 30％ にも及ぶ．そこから式 16.1 に従って硫黄が回収される．図 16・2 に示した 3 番目の硫黄の製造法の表記"副生成物として製造された硫酸中の硫黄分"とは，銅などの硫化物鉱石を空気中で焙焼して金属を生成するときに発生する SO_2 からつくられる硫酸（§16・9 参照）中の硫黄分をさす（ただし，この方法により製造される硫酸は，全製造量のうちのほんのわずかである）．

$$2H_2S + O_2 \xrightarrow{\text{活性炭またはアルミナ触媒}} 2S + 2H_2O \tag{16.1}$$

セレンおよびテルルは産業的には，硫化銅などの鉱石を精製するときに排出されるガスに含まれるダストや，銅の電解精錬の際の陽極泥から回収される．

用　途

酸素の主要な用途は，酸素-アセチレン炎や酸素-水素炎

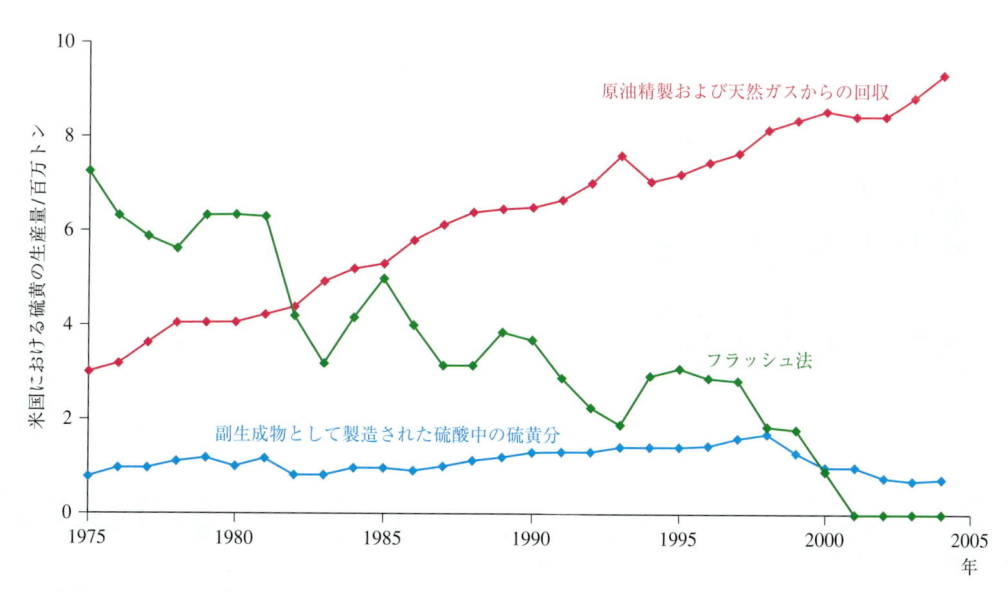

図 16・2　米国における 1975 年から 2004 年の硫黄の製造量．原油や天然ガスからの回収の重要性が高まり，フラッシュ法による製造に取って代わったことに注目されたい．［データ提供：米国地質調査所］．"副生成物として製造された硫酸中の硫黄分"については本文を参照．

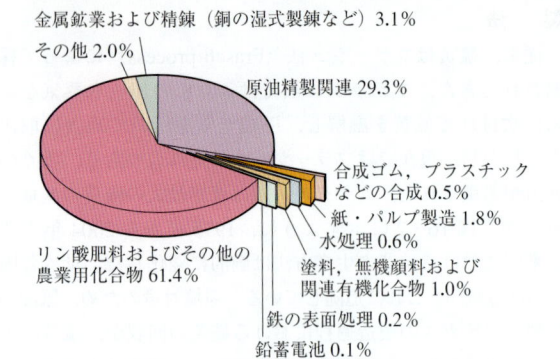

図16・3 米国における2004年の硫黄および硫酸の用途. その他の用途には，火薬，せっけん，洗剤などが含まれる．
[データ提供：米国地質調査所]

- 金属鉱業および精錬（銅の湿式製錬など）3.1%
- その他 2.0%
- 原油精製関連 29.3%
- 合成ゴム，プラスチックなどの合成 0.5%
- 紙・パルプ製造 1.8%
- 水処理 0.6%
- 塗料，無機顔料および関連有機化合物 1.0%
- 鉄の表面処理 0.2%
- 鉛蓄電池 0.1%
- リン酸肥料およびその他の農業用化合物 61.4%

などの燃料，航空機や宇宙船などの特殊条件下での呼吸補助，および製鉄である．

硫黄は，おもに硫酸の形で用いられており，工業的に非常に重要な元素である．一つの国における硫酸の消費量は，その国の工業がどの程度進んでいるかを示す指標となる．図16・3に硫黄および硫酸の用途を示す．硫黄は工業的には反応試剤として用いられることが多く，必ずしも最終製品に含まれているとは限らない．Box 15・10 に記述した，過リン酸肥料の製造における硫酸の使用がその一例である．

セレンの重要な性質に，光を電気に変換する能力がある．それゆえ，セレンは光電管やカメラの露出計，コピー機などに用いられる（Box 16・1参照）．セレンの大半はガラス工業で使用されている．その目的は，軟質ガラス（ソーダガラス）が不純物の鉄により緑色をおびるのを打消すことや，建築用板ガラスの太陽熱透過率を減少させることなどである．ガラスやセラミックス中でセレンは CdS_xSe_{1-x} の形で赤色顔料として用いられる．融点以下でセレンは半導体である．

テルルは低炭素鋼の加工性を向上させるために添加剤として 0.1% 以下の濃度で用いられる．この用途は世界中でのテルルの消費量のおよそ半分を占める．また，触媒としての応用も重要である．その他の用途はテルルの半導体としての性質から派生している．たとえばカドミウムのテルル化物は最近，太陽電池に用いられるようになった（Box 14・3参照）．しかし，テルルの化合物は容易に体内に吸収され，悪臭を発する有機化合物として呼気や汗から排泄されることもあり，テルルの用途は限られている．

16・3 物理的性質と結合に関する考察

16族元素の主要な物理的性質を表16・1にまとめた．15族元素と同様，電気陰性度にみられる傾向は，その元素が水素結合を形成する能力に対して重要な影響を与えている．O-H···X および X-H···O (X = O, N, F) で表される相互作用が比較的強い水素結合であるのに対し，硫黄の関与する相互作用，特に O-H···S など硫黄が水素結合アクセプターとなるものは，弱い水素結合である*．たとえば，H_2O···H_2O 間の O-H···O 水素結合の結合エンタルピーがおよそ 20 kJ mol^{-1} であるのに対し，H_2S···H_2S 間の S-H···S 水素結合の結合エンタルピーの計算値はおよそ 5 kJ mol^{-1} である（表10・4参照）．

表16・1を第11〜15章の対応する表と比較すると，16族元素においては陽イオンの形成よりも陰イオンの形成が重要であることに気づかされる．PoO_2 を例外として，16族元素の**単原子陽イオン**（monatomic cation）を含む化合物は知られていない．それゆえ，表16・1には第一イオン化エネルギーのみを示した．その値は，原子番号が大きくなるにつれて小さくなっていく．酸素の電子親和力のデータは，反応 16.2 が，E = O のときに大きく吸熱的であることを示して

応用と実用化

Box 16・1　セレンを使ったコピー

セレンは光感受性をもつために，コピー機で使用されている．ゼログラフィー（静電写真法，xerography）の技術は20世紀後半に急速に進歩した．無定形セレンまたは As_2Se_3（セレンよりも光感受性が優れている）は，気相拡散法によりアルミニウム製のドラム上に約 50 μm の厚さで成膜され，コピー機に用いられる．Se または As_2Se_3 の薄膜は，複写の最初の段階で高電圧のコロナ放電により帯電される．つぎに，原稿となる画像に当てた光をセレンまたは As_2Se_3 の薄膜に照射することにより，電位差による潜像が形成される．静電気的につくられた潜像に，粉体のトナーが乗ることにより，現像が行われる．その画像が紙に（ここでも静電気力によって）転写され，熱処理により定着される．セレンまたは As_2Se_3 薄膜で被覆した感光ドラムはおよそ10万回の寿命をもち，使用済みのドラムは再利用される．再生工場はカナダ，日本，フィリピンやヨーロッパの数カ国に立地している．セレンはかつては複写工業を支えていたが，性能や環境面での懸念のため，現在では徐々に有機感光体に置き換えられつつある．

---

* より詳しい議論については以下参照：T. Steiner (2002) *Angew. Chem. Int. Ed.*, vol. 41, p. 48 – 'The hydrogen bond in the solid state'.

表16・1　16族元素およびそのイオンの物理的性質

性 質	O	S	Se	Te	Po
原子番号 Z	8	16	34	52	84
基底状態の電子配置	[He]$2s^22p^4$	[Ne]$3s^23p^4$	[Ar]$3d^{10}4s^24p^4$	[Kr]$4d^{10}5s^25p^4$	[Xe]$4f^{14}5d^{10}6s^26p^4$
標準原子化エンタルピー $\Delta_aH°$(298 K)/ kJ mol^{-1}	249 †1	277	227	197	≈ 146
融 点　mp / K	54	388	494	725	527
沸 点　bp / K	90	718	958	1263 †2	1235
標準融解エンタルピー $\Delta_{fus}H°$(mp)/ kJ mol^{-1}	0.44	1.72	6.69	17.49	—
第一イオン化エネルギー IE_1/ kJ mol^{-1}	1314	999.6	941.0	869.3	812.1
$\Delta_{EA}H°_1$(298 K)/ kJ mol^{-1} †3	−141	−201	−195	−190	−183
$\Delta_{EA}H°_2$(298 K)/ kJ mol^{-1} †3	+798	+640			
共有結合半径　r_{cov}/ pm	73	103	117	135	—
X^{2-}のイオン半径 / pm	140	184	198	211	—
ポーリングの電気陰性度　χ^P	3.4	2.6	2.6	2.1	2.0
NMR 活性核種（存在率(%)，核スピン）	^{17}O(0.04, $I=\frac{5}{2}$)	^{33}S(0.76, $I=\frac{3}{2}$)	^{77}Se(7.6, $I=\frac{1}{2}$)	^{123}Te(0.9, $I=\frac{1}{2}$) ^{125}Te(7.0, $I=\frac{1}{2}$)	

†1　酸素に対しては O$_2$ 分子の解離エネルギーの 1/2 となる．
†2　無定形 Te に対する値
†3　$\Delta_{EA}H°_1$(298 K) は 298 K における X(g) + e$^-$ ⟶ X$^-$(g) ≈ −ΔU(0 K) という過程に伴う標準エンタルピー変化．§1・10 参照．
　　$\Delta_{EA}H°_2$(298 K) は X$^-$(g) + e$^-$ ⟶ X^{2-}(g) という過程に対応する．

いる．それにもかかわらずイオン結晶中で酸素原子が O^{2-} として存在するのは，金属酸化物の格子エネルギーが大きいためである（§6・16 参照）．

$$\left.\begin{array}{l} E(g) + 2e^- \longrightarrow E^{2-}(g) \quad (E = O, S) \\ \Delta_rH°(298\text{ K}) = \Delta_{EA}H°_1(298\text{ K}) + \Delta_{EA}H°_2(298\text{ K}) \end{array}\right\} \quad (16.2)$$

反応 16.2 は E = S の場合にも吸熱的であるが（表16・1），大きな陰イオン中では電子間の反発が弱くなるため，その絶対値は酸素ほど大きくない．しかし，S^{2-} のイオン半径が大きいために，格子エネルギーの絶対値は小さくなり，S^{2-} 生成のためのエネルギーをまかなうことが困難になる．その結果として，以下の傾向がみられる．

- 高原子価状態の金属酸化物（MnO$_2$ など）には，対応する硫化物をもたないものが多い．
- d ブロック金属元素の硫化物では，格子エネルギー（§6・15 参照）の計算値と実測値が，対応する酸化物ほどよく一致しないことが多い．それは，硫化物中の結合において共有結合の寄与が大きいことを示している．

同様の考察はセレン化物やテルル化物に対しても成り立つ．

例題 16.1　金属酸化物および硫化物の熱化学サイクル

(a) 付録のデータと $\Delta_fH°$(ZnO, s) = −350 kJ mol^{-1} という値を用いて，298 K における次式の反応に伴うエンタルピー変化を求めよ．

$$Zn^{2+}(g) + O^{2-}(g) \longrightarrow ZnO(s)$$

(b) 次式の反応全体のエンタルピー変化に対して，$\Delta_{EA}H°_2$(O) の寄与は何%であるか求めよ．

$$Zn(s) + \tfrac{1}{2}O_2(g) \longrightarrow Zn^{2+}(g) + O^{2-}(g)$$

解答　(a) 以下のボルン・ハーバーサイクルを考える．

```
                 Δ_aH°(Zn) + Δ_aH°(O)
Zn(s) + ½O₂(g) ─────────────────────→ Zn(g) + O(g)
     │                                         │
     │ Δ_fH°(ZnO, s)              IE_1 + IE_2(Zn)
     │                                         │ Δ_EAH°_1(O)
     │                                         │ + Δ_EAH°_2(O)
     ↓           Δ_latticeH°(ZnO, s)           ↓
   ZnO(s) ←───────────────────────── Zn²⁺(g) + O²⁻(g)
```

付録 8 より，Zn に対して　　$IE_1 = 906$ kJ mol^{-1}
　　　　　　　　　　　　　　$IE_2 = 1733$ kJ mol^{-1}
付録 9 より，O に対して　　$\Delta_{EA}H°_1 = -141$ kJ mol^{-1}
　　　　　　　　　　　　　　$\Delta_{EA}H°_2 = 798$ kJ mol^{-1}
付録 10 より　　　　　　　　$\Delta_aH°$(Zn) $= 130$ kJ mol^{-1}
　　　　　　　　　　　　　　$\Delta_aH°$(O) $= 249$ kJ mol^{-1}

ヘスの法則を用いて

$\Delta_{lattice}H°$(ZnO, s)
$= \Delta_fH°$(ZnO, s) $- \Delta_aH°$(Zn) $- \Delta_aH°$(O) $- IE_1 - IE_2$
　$- \Delta_{EA}H°_1 - \Delta_{EA}H°_2$
$= -350 - 130 - 249 - 906 - 1733 + 141 - 798$
$= -4025$ kJ mol^{-1}

(b) 次式の反応

$$Zn(s) + \tfrac{1}{2}O_2(g) \longrightarrow Zn^{2+}(g) + O^{2-}(g)$$

は，(a) で考えたボルン・ハーバーサイクルの一部である．この反応に対するエンタルピー変化は次式で与えられる．

$$\begin{aligned}\Delta H^\circ &= \Delta_a H^\circ(Zn) + \Delta_a H^\circ(O) + IE_1 + IE_2 + \Delta_{EA} H^\circ_1 \\ &\quad + \Delta_{EA} H^\circ_2 \\ &= 130 + 249 + 906 + 1733 - 141 + 798 \\ &= 3675 \text{ kJ mol}^{-1}\end{aligned}$$

この値に対する $\Delta_{EA} H^\circ_2(O)$ の寄与を百分率で考えると

$$\Delta_{EA} H^\circ_2 = \frac{798}{3675} \times 100 \approx 22\%$$

練習問題

1. $\Delta_f H^\circ(Na_2O, s) = -414 \text{ kJ mol}^{-1}$ である．この値を用いてつぎの反応のエンタルピー変化を求めよ．

$$2Na^+(g) + O^{2-}(g) \longrightarrow Na_2O(s)$$

[答 $-2528 \text{ kJ mol}^{-1}$]

2. 下の反応全体のエンタルピー変化に対する $\Delta_{EA} H^\circ_2(O)$ の寄与は何％か．この項は，他の項に対してどの程度大きいか．

$$2Na(s) + \tfrac{1}{2}O_2(g) \longrightarrow 2Na^+(g) + O^{2-}(g)$$

[答 約38％]

3. NaF と CaO はいずれも NaCl 型構造をとる．それらの標準生成エンタルピー ΔH° (298 K) に対する以下の反応の寄与を考えよ．

$$\begin{aligned}Na(s) + \tfrac{1}{2}F_2(g) &\longrightarrow Na^+(g) + F^-(g) \\ Ca(s) + \tfrac{1}{2}O_2(g) &\longrightarrow Ca^{2+}(g) + O^{2-}(g)\end{aligned}$$

上記のそれぞれの過程に対するエンタルピー変化が，NaF および CaO の標準生成エンタルピーの符号および大きさに対して，どの程度影響しているかについて検討せよ．

表 16・2 に 16 族元素のいくつかの化合物における結合エンタルピーを示す．14 族および 15 族の議論では，各族の最も原子番号の小さな元素（C および N）では（p 軌道どうしがつくる）π 結合が重要であることを強調した．また，窒素原子が NF$_5$ のような五配位の化合物をつくらない理由は，窒素原子が小さすぎて 5 個の F 原子と結合することができないためであると述べた．これらの事項によって，16 族元素における，酸素とそれ以外の元素の性質の違いも説明される．たとえば

- CO および NO の酸素原子を硫黄原子に置き換えた化合物は安定に存在しない（ただし，CS$_2$ および OCS はよく知られている）．

表 16・2 酸素，硫黄，セレンおよびテルルがつくる共有結合の結合エンタルピー（kJ mol^{-1}）

O–O 146	O=O 498	O–H 464	O–C 359	O–F 190†	O–Cl 205†
S–S 266	S=S 427	S–H 366	S–C 272	S–F 326†	S–Cl 255†
Se–Se 192		Se–H 276		Se–F 285†	Se–Cl 243†
		Te–H 238		Te–F 335†	

† O–F, S–F, Se–F, Te–F, O–Cl, S–Cl, Se–Cl に対する値はそれぞれ OF$_2$, SF$_6$, SeF$_6$, TeF$_6$, OCl$_2$, S$_2$Cl$_2$, SeCl$_2$ を用いて求められた．

- 酸素原子に最も多くのフッ素原子が結合した化合物は OF$_2$ であるのに対し，より原子番号の大きな 16 族元素では，SF$_6$, SeF$_6$ および TeF$_6$ が知られている．

硫黄，セレンおよびテルルが 5 以上の配位数をとるときに使われるのは，ns および np 軌道の価電子であり，**第 5 章**で述べたように，d 軌道の寄与はほとんどない．それゆえ，SF$_6$ 中の結合を表すために **16.1** のような図が用いられることがある．ただし，この場合，六つの S–F 結合が等価であることを示すために，いくつかの共鳴構造を考えなければならない．**16.1** よりも **16.2** の方がより明確に SF$_6$ の構造を示す．**16.2** は，S 原子と F 原子を結ぶ直線が局在した単結合を示すものではないことをきちんと理解していれば，SF$_6$ 分子の表記方法として適切なものであり，簡便である．

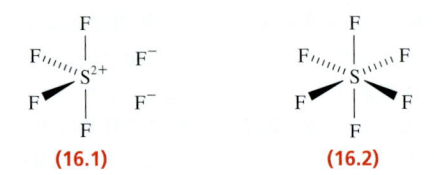

(16.1)　　　(16.2)

同様に，H$_2$SO$_4$ の共鳴構造を表す **16.3** は，硫黄原子がオクテット則を満たしていることを示しているが，**16.4** および **16.5** は，硫黄原子の原子価や配位環境をわかりやすく示す便利な表記である．これらの理由で，本章では硫黄，セレンおよびテルルの超原子価化合物を表すときに，**16.2**, **16.4** および **16.5** のような表記を用いる．また，構造を示すためには **16.6**（SF$_6$）や **16.7**（H$_2$SO$_4$）のような三次元的表示を用いるが，これらの図は，分子内での結合電子の分布に関する結論を導くために用いてはならない．

(16.3)　　　(16.4)　　　(16.5)

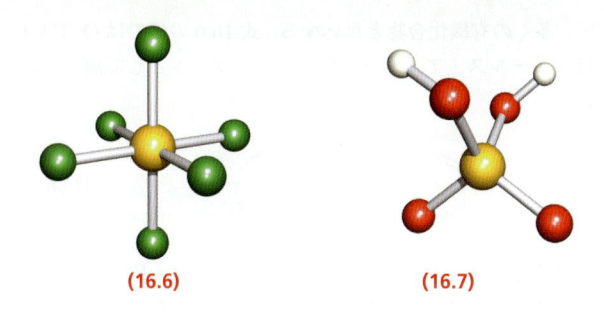

(16.6)　　　　　(16.7)

表 16・2 は，O-O および O-F 結合が特に弱いことを示しているが，これは非共有電子対間の反発により説明される（図 15・2 参照）．また，O-H および O-C 結合は S-H および S-C 結合よりもはるかに強いことに注意されたい．

NMR 活性各種および同位体のトレーサーとしての用途

^{17}O の存在度は低いが（表 16・1），その NMR は水溶液中の水和イオンやポリオキソメタレート（§23・7 参照）などの研究に用いられている．

^{18}O は天然の酸素中に 0.2% 存在しており，酸素原子の非放射性のトレーサーとして広く用いられている．硫黄のトレーサーとしては ^{35}S（半減期 87 日で β 線を放出する）が用いられるが，これは ^{35}Cl の (n, p) 反応によりつくられる．

例題 16.2　^{77}Se および ^{125}Te を用いた NMR 分光

Te(cyclo-C$_6$H$_{11}$)$_2$ の溶液 ^{125}Te NMR スペクトルは，298 K において 1 本の幅広のシグナルを与える．温度を 353 K まで上げるとシグナルの線幅は狭くなる．反対に 183 K まで下げると，積分強度比が 25:14:1 の 3 本のシグナルが化学シフト δ 601, 503 および 381 ppm に観測される．このデータについて説明せよ．

解答　Te(cyclo-C$_6$H$_{11}$)$_2$ は Te 原子を 1 個しか含まないが，シクロヘキサン環から見ると，そのコンホメーションに応じて Te 原子はエクアトリアルとアキシアルの 2 通りの位置のいずれかにくる．それゆえ，この化合物には以下の 3 種類の配座が可能である．

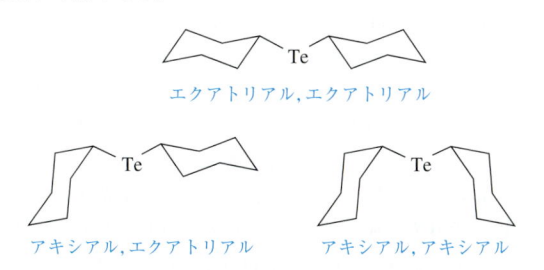

エクアトリアル, エクアトリアル

アキシアル, エクアトリアル　　　アキシアル, アキシアル

立体化学的に考えると，最も安定なものはエクアトリアル, エクアトリアル配座の異性体であり，最も不安定なものはアキシアル, アキシアル配座の異性体である．低温における化学シフト δ 601, 503 および 381 ppm のシグナルはそれぞれ，エクアトリアル, エクアトリアル配座異性体，アキシアル, エクアトリアル配座異性体，そしてアキシアル, アキシアル配座異性体に帰属される．温度が高くなるとシクロヘキサン環は反転を始め（シクロヘキサン環から見ると Te 原子がアキシアルとエクアトリアルの位置を行き来するようになり），Te(cyclo-C$_6$H$_{11}$)$_2$ の三つの配座異性体が相互に変換するようになる．353 K においては，この相互変換が NMR の時間スケールよりも速くなるため，1 本のシグナルのみが見られるようになる（その化学シフトは 183 K で観測された 3 本のシグナルの加重平均となる）．温度を下げると，シグナルは幅広となったのちに分離するが，298 K でみられたのは，その途中にみられる幅広の状態である．
[Te(cyclo-C$_6$H$_{11}$)$_2$ の温度変化スペクトルの図については以下を参照せよ: K. Karaghiosoff et al. (1999) J. Organomet. Chem., vol. 577, p. 69]

練 習 問 題
データは表 16・1 を参照せよ．
1. SeCl$_2$ をさまざまな比で ^{t}BuNH$_2$ と反応させると，下に示すような一連の化合物が得られる．

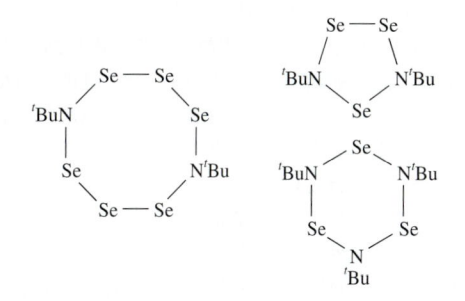

それぞれの化合物の ^{77}Se NMR スペクトルには何本のシグナルがあると予想されるか． 　［答　T. Maaninen et al. (2000) Inorg. Chem., vol. 39, p. 5341 を参照］
2. [Me$_4$N][MeOTeF$_6$] アセトニトリル溶液の 263 K における ^{125}Te NMR スペクトルは，それぞれが四重に分裂した七重線を示し，その結合定数は J_TeF = 2630 Hz および J_TeH = 148 Hz である．一方，^{19}F NMR スペクトルは 2 本のサテライトピークをもつ一重線を示す．固体状態では [MeOTeF$_6$]$^-$ の構造は MeO 基をアキシアル方向にもつ五方両錐形である．(a) ^{125}Te および ^{19}F NMR スペクトルを解釈せよ．(b) ^{19}F NMR スペクトルの概略図を描き，J_TeF がどこに対応するかを示せ． 　［答　A. R. Mahjoub et al. (1992) Angew. Chem. Int. Ed., vol. 31, p. 1036 参照］
第 3 章章末の問題 3.31 も参照せよ．

16・4　単　体

酸素 O$_2$

酸素（dioxygen）O$_2$ は，工業的には空気の液化および分留により製造され，液体酸素として貯蔵・運搬される．実験

室的にはニッケル電極を用いたアルカリ水溶液の電気分解や，過酸化水素の分解（式16.3）により得るのが簡便である．かつては $KClO_3$ と MnO_2 の混合物が"oxygen mixture"として販売されていた（式16.4に従い酸素を発生する）．$KClO_3$ に限らず KNO_3，$KMnO_4$ や $K_2S_2O_8$ など他の酸素酸塩も熱分解により酸素を発生する．

$$2H_2O_2 \xrightarrow{MnO_2 \text{ または Pt 触媒}} O_2 + 2H_2O \quad (16.3)$$

$$2KClO_3 \xrightarrow{\text{加熱，}MnO_2 \text{ 触媒}} 3O_2 + 2KCl \quad (16.4)$$

注意！塩素酸塩は爆発性である．

酸素（O_2）は無色の気体であるが，凝縮して液体や固体になると薄青色を呈する．O_2 分子中の結合については §2・2 および §2・3 で取上げた．O_2 分子は気相，液相，固相いずれにおいても基底状態が**三重項**（triplet）であり，常磁性を示す．すなわち，下の配置にある価電子のうち，2個の不対電子のスピンが平行となっている．

$$\sigma_g(2s)^2\sigma_u^*(2s)^2\sigma_g(2p_z)^2\pi_u(2p_x)^2\pi_u(2p_y)^2\pi_g^*(2p_x)^1\pi_g^*(2p_y)^1$$

この基底状態の三重項電子配置は項記号 $^3\Sigma_g^-$ で表される．この状態の酸素分子は強い酸化剤である（**式8.28** およびそれに関連する記述を参照）が，幸いなことに速度論的な障壁が高いため，たいていの場合，酸素分子による酸化反応は起こらない．そうでなければ，ほとんどの有機合成は嫌気性条件下で行わなければならなかっただろう．O_2 分子には，基底状態からそれぞれ 94.7 kJ mol^{-1} および 157.8 kJ mol^{-1} 高いエネルギーをもつ二つの励起状態がある．前者は項記号 $^1\Delta_g$ で表される一重項状態であり，スピン対をなす2個の電子が下に示す分子軌道の π_g^* 準位を占める．

$$\sigma_g(2s)^2\sigma_u^*(2s)^2\sigma_g(2p_z)^2\pi_u(2p_x)^2\pi_u(2p_y)^2\pi_g^*(2p_x)^1\pi_g^*(2p_y)^0$$

後者（エネルギーの高い方，一重項状態 $^1\Sigma_g^+$）では，電子は基底状態と同じ軌道を占めるが，2個の不対電子のスピンが反平行になっている．酸素分子が液体や固体のときに示す青色は，一つの光子により二つの O_2 分子が同時に基底状態から励起状態に励起されることに起因する．そのときに吸収されるエネルギーは，可視光のうち赤から緑色に相当する（本章末の**問題16.5**参照）．一重項酸素分子（$^1\Delta_g$ 状態）は，増感剤として働く有機染料分子の共存下，O_2 分子への光照射により光化学的に発生させることができるが，式16.5や式16.16のように，光を用いない反応で発生させることもできる*．

$$H_2O_2 + NaOCl \longrightarrow O_2(^1\Delta_g) + NaCl + H_2O \quad (16.5)$$

一重項酸素分子は非常に反応性に富むため，その寿命は短

く，多くの有機化合物と反応する．式16.6の例では $O_2(^1\Delta_g)$ はディールス・アルダー反応のジエノフィルとして働いている．

$$(16.6)$$

酸素分子は高温で，ハロゲンおよび貴ガスを除くたいていの元素と反応する．ただし，窒素分子との反応は特殊な条件下でなければ進行しない．1族金属元素との反応は，酸化物，過酸化物，超酸化物，亜酸化物を与えうるという点で興味深い．O_2，$[O_2]^-$ および $[O_2]^{2-}$ における結合距離はそれぞれ 121 pm，134 pm および 149 pm であり（Box 16・2 参照），反結合性分子軌道 π^* に入る電子数の増加に伴い，結合が弱くなっている（**図2・9**参照）．

酸素分子の第一イオン化エネルギーは 1168 kJ mol^{-1} であり，PtF_6 のように非常に強力な酸化剤を用いると酸化することができる（式16.7）．$[O_2]^+$ 中の結合距離 112 pm は，O_2，$[O_2]^-$ および $[O_2]^{2-}$ でみられた傾向の延長線上にある．その他の $[O_2]^+$ の塩の例として，$[O_2]^+[SbF_6]^-$（SbF_5 存在下で O_2 と F_2 の混合物に光照射する方法，または，O_2F_2 と SbF_5 との反応により得られる）や，$[O_2]^+[BF_4]^-$（式16.8）などがあげられる．

$$O_2 + PtF_6 \longrightarrow [O_2]^+[PtF_6]^- \quad (16.7)$$

$$2O_2F_2 + 2BF_3 \longrightarrow 2[O_2]^+[BF_4]^- + F_2 \quad (16.8)$$

酸素分子の化学は非常に広範にわたり，その反応の例は本書中随所に見られる．また，酸素分子の生物学的な役割については**第29章**で述べる．

オゾン

オゾン（ozone）O_3 は，**オゾン発生器**（ozonizer）とよばれる，金属で処理した2本の同心円状の筒を用いて，無声放電により10%程度の濃度で得られる．雷の中では，放電により O_2 から O_3 が発生している．また，O_2 に紫外光を作用させることや，O_2 を 2750 K 以上に加熱した後に急冷することによっても，O_3 を得ることができる．いずれの過程においても，まず原子状酸素が生成し，それが O_2 分子と結合する．反応混合物を分別液化することにより，純粋なオゾンが単離される．液体オゾンは青色であり，沸点は 163 K である．気体は，薄くではあるが明瞭に青みがかっており，独特の"電気臭"を放つ．O_3 分子は折れ線形構造をとる（図16・4）．紫外光を強く吸収するオゾンが大気圏上部にオゾン層を形成しているため，地表付近が太陽から注がれる紫外線に過度にさらされずに済んでいることは非常に重要である

---

* 一重項酸素の概論については以下参照：C. E. Wayne and R. P. Wayne (1996) *Photochemistry*, Oxford University Press, Oxford.

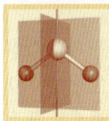

化学の基礎と論理的背景

Box 16・2　$[O_2]^-$ 中の O−O 結合距離の正確な決定

　等核二原子分子の分子軌道理論を紹介する教科書の多くは，$[O_2]^+$，O_2，$[O_2]^-$ および $[O_2]^{2-}$ の結合距離にみられる傾向を，各分子軌道を占める電子数と関連づけて考察している（**第 2 章**および**問題 2.10** 参照）．しかし，固体中ではディスオーダーが起こりやすいため，結晶構造解析により超酸化物イオン $[O_2]^-$ の結合距離を決定することは簡単ではない．その結果，これまでに報告された O−O 距離のばらつきが大きい．最近，液体アンモニア中で陽イオン交換法を用いることにより，$[NMe_4][O_2]$ から $[1,3-(NMe_3)_2C_6H_4][O_2]_2 \cdot 3NH_3$ が単離された．その固体中では水素結合ネットワークの働きで，各 $[O_2]^-$ の向きが固定されている．下図に $[O_2]^-$ と溶媒の NH_3 の間の N−H⋯O 相互作用と，陽イオンのメチル基と $[O_2]^-$ の間の弱い C−H⋯O 相互作用を示す．水素結合の構造パラメーターは，これらの相互作用が非常に弱いことを示している．したがって，$[O_2]^-$ 中の結合距離は，これらの相互作用による影響をほとんど受けていないと考えてよい．$[1,3-(NMe_3)_2C_6H_4][O_2]_2 \cdot 3NH_3$ 中には結晶学的に独立な二つの $[O_2]^-$ があり，その O−O 距離は 133.5 および 134.5 pm である．

さらに勉強したい人のための参考文献

H. Seyeda and M. Jansen (1998) *Journal of the Chemical Society, Dalton Transactions*, p. 875.

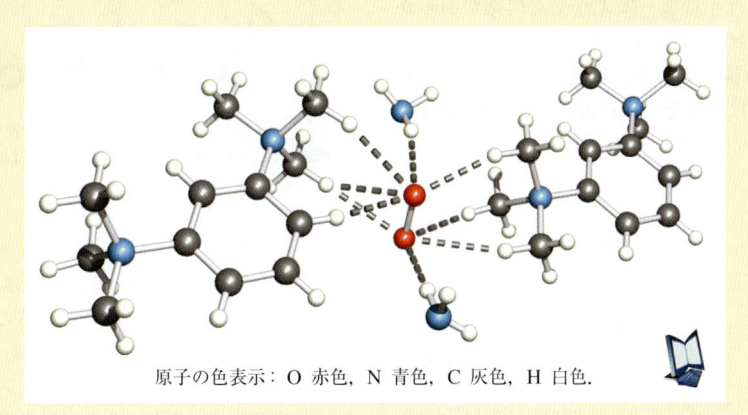

原子の色表示：O 赤色，N 青色，C 灰色，H 白色．

（**Box 14・8** 参照）．
　オゾンの生成は非常に吸熱的である．純粋な液体は爆発性で非常に危険であり，気体は非常に強力な酸化剤である（式 16.10）．

$$\tfrac{3}{2}O_2(g) \longrightarrow O_3(g) \qquad \Delta_f H^\circ(O_3, g, 298\,K) = +142.7\,kJ\,mol^{-1} \qquad (16.9)$$

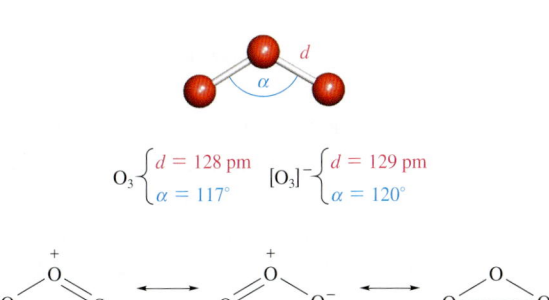

O_3 $\begin{cases} d = 128\,pm \\ \alpha = 117° \end{cases}$ 　　$[O_3]^-$ $\begin{cases} d = 129\,pm \\ \alpha = 120° \end{cases}$

図 16・4　O_3 と $[O_3]^-$ の構造，および，O_3 の共鳴に寄与する極限構造式．O_3 中の O−O 結合次数は 1.5 となる．

$$O_3(g) + 2H^+(aq) + 2e^- \rightleftharpoons O_2(g) + H_2O(l)$$
$$E^\circ = +2.07\,V \qquad (16.10)$$

　反応 16.10 の E° は pH = 0 のときの値であり（**Box 8・1** 参照），pH が高いときには電位は低くなる．たとえば pH = 7 では +1.65 V であり，pH = 14 では +1.24 V である．それゆえ，高濃度の塩基は熱力学的にも速度論的にもオゾンを安定化する．オゾンは酸素分子よりもはるかに反応性が高いため，水の浄化にはオゾンが使われている．オゾンの反応性の高さを示す例として，アルケンと反応してオゾニドを生じる反応のほか，16.11〜16.13 に示す反応などがあげられる．

$$O_3 + S + H_2O \longrightarrow H_2SO_4 \qquad (16.11)$$
$$O_3 + 2I^- + H_2O \longrightarrow O_2 + I_2 + 2[OH]^- \qquad (16.12)$$
$$4O_3 + PbS \longrightarrow 4O_2 + PbSO_4 \qquad (16.13)$$

　オゾン化カリウム KO_3（反応 16.14 により生成する）は，不安定な赤色の塩で，常磁性のオゾン化物イオン $[O_3]^-$（図

16・4) を含む．すべてのアルカリ金属についてオゾン化物塩が知られている．化合物 $[Me_4N][O_3]$ および $[Et_4N][O_3]$ は式 16.15 に示すような反応を用いて合成される．オゾン化物イオンは爆発性であるが，$[Me_4N][O_3]$ は比較的安定であり，348 K 以上で分解する（§11・6 および §11・8 も参照せよ）．

$$2KOH + 5O_3 \longrightarrow 2KO_3 + 5O_2 + H_2O \tag{16.14}$$

$$CsO_3 + [Me_4N][O_2] \xrightarrow{\text{液体 NH}_3} CsO_2 + [Me_4N][O_3] \tag{16.15}$$

1960 年代はじめに初めて合成された亜リン酸オゾニド類 $(RO)_3PO_3$ は，一重項酸素の前駆体として in situ で合成され，式 16.16 に従い一重項酸素を発生する．亜リン酸オゾニド類は低温でのみ安定であるため，低温における結晶構造解析方法の普及により，近年になってようやく構造が明らかになった．図 16・5 は 16.17 に示すスキームに従って合成した亜リン酸オゾニドの構造を示す．環状の PO_3 中の P–O および O–O 結合距離はそれぞれ 167 pm および 146 pm である．PO_3 四員環はほぼ平面で，その二面角は 7° である．

(16.16)

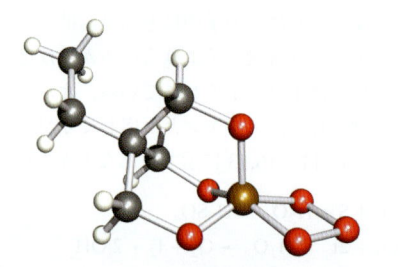

(16.17)

図 16・5 188 K における X 線回折により求められた亜リン酸オゾニド $EtC(CH_2O)_3PO_3$ の構造 [A. Dimitrov et al. (2001) Eur. J. Inorg. Chem., p. 1929]．原子の色表示：P 茶色，O 赤色，C 灰色，H 白色．

硫黄：同素体

硫黄の同素体現象は複雑であり，ここではよく知られた事柄についてのみ述べる．硫黄原子どうしで共有結合をつくりやすい傾向（カテネーション，§14・3 参照）は強く，さまざまな大きさの環状構造や鎖状構造が知られている．硫黄の同素体では，環状の S_6, S_7, S_8, S_9, S_{10}, S_{11}, S_{12}, S_{18}, S_{20}（いずれも，ひだ状に折れ曲がった環状構造をとる．図 16・6a〜c 参照）および繊維状硫黄（カテナ硫黄 catena-S_∞，図 16・6d および 図 4・20a 参照）の構造が知られている．こ

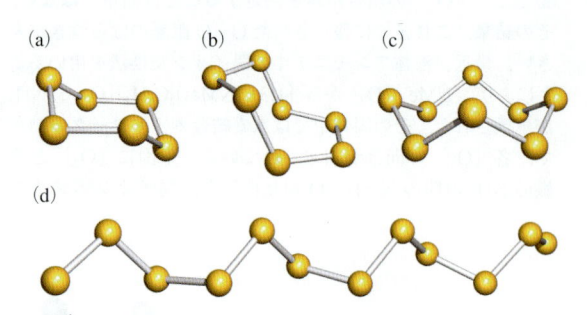

図 16・6 硫黄の同素体の代表例．(a) S_6，(b) S_7，(c) S_8，(d) 繊維状硫黄（分子鎖は図の両端を越えて続いている）．

れらの化合物における S–S 結合距離は，ほぼすべて 206 ± 1 pm であり，S–S が単結合であることを示している．S–S–S 結合角は 102〜108° の範囲にある．容易に予想されるとおり，S_6 および S_8 のコンホメーションはそれぞれいす形および王冠形であるが，それ以外の環のコンホメーションは複雑である．S_7 の構造（図 16・6b）は，結合距離（199〜218 pm）および角度（101.5〜107.5°）のいずれもが，幅広い分布を示す点で注目される．これらの環状化合物間の相互変換に要するエネルギーは非常に小さい．

硫黄の最も安定な同素体は，斜方硫黄（α-硫黄，硫黄の標準状態）であり，火山地帯で大きな黄色の結晶として天然に産出する．367.2 K で α-硫黄は可逆的に単斜硫黄（β-硫黄）に転移する．α-硫黄も β-硫黄も環状 S_8 構造を含むが，α 体の密度が 2.07 g cm^{-3} であるのに対し，β 体の密度が 1.94 g cm^{-3} であることからわかるように，β 体は結晶の充填効率が劣っている．しかし，α 体の単結晶の温度を急激に 385 K まで上げても，α 体から β 体への転移が起こる前に，結晶は融解する．373 K で結晶化すると，S_8 は β 体になるが，得られた結晶は素早く 298 K まで冷却しなければならない．298 K で保存すると，β 体が α 体に変わるまで数週間を要する．β-硫黄は 401 K で融解するが，これは真の融点ではない．S_8 環の一部が壊れた結果として融点が下がっているのである．

菱面体硫黄（ρ 体）は S_6 環からなり，式 16.18 に示す環化反応により得られる．ρ 体は光で分解して S_8 および S_{12}

16・4 単 体　487

になる．

$$S_2Cl_2 + H_2S_4 \xrightarrow{乾燥ジエチルエーテル} S_6 + 2HCl \quad (16.18)$$

H_2S_x（**16.8**）や S_yCl_2（**16.9**）を用いた類似の環化反応は，より大きな環状構造を与える．しかし，最近の合成戦略では反応 16.19 で得られる $[(C_5H_5)_2TiS_5]$（**16.10**）を利用している．$[S_5]^{2-}$ 配位子をもつこの Ti(IV) 錯体と S_yCl_2 の反応により，硫黄の同素体である一連の cyclo-S_{y+5} が合成される．すべての環状同素体は CS_2 に溶解する．

(16.8) H–(S)$_x$–H
(16.9) Cl–(S)$_y$–Cl

(16.10) [Ti錯体構造図]

$$2NH_3 + H_2S + \tfrac{1}{2}S_8 \longrightarrow [NH_4]_2[S_5]$$
$$\xrightarrow{[(C_5H_5)_2TiCl_2]} [(C_5H_5)_2TiS_5] \quad (16.19)$$

570 K の溶融した硫黄を氷水で急冷すると，水に不溶の繊維状硫黄が得られる．繊維状硫黄（catena-S_∞）はらせん状の無限鎖状構造（図 16・6d および**図 4・20a**）を示し，放置すると徐々に α 硫黄に戻る．α 硫黄は加熱すると黄色の流動性のある液体になり，さらに温度を上げると色が黒ずんでくる．433 K で S–S 結合の均等開裂により S_8 環が壊れ，生成したジラジカルが原子数百万弱の高分子鎖をつくることにより，急激に粘度が増加する．粘度は約 473 K で極大に達し，その後沸点（718 K）まで減少する．この領域で，液体はさまざまな環状構造と短めの鎖状分子を含む．473 K において液体硫黄と共存する気相中には，おもに S_8 環が存在するが，高温側ではより小さな分子が主となり，873 K 以上では常磁性の S_2 分子（O_2 類似のジラジカル）が主たる化学種となる．S_2 の S 原子への解離は 2470 K 以上で起こる．

硫黄：反応性

硫黄は反応性に富む元素である．空気中で青い炎をあげながら燃え，SO_2 を生じる．また，F_2，Cl_2 および Br_2 と反応する（式 16.20）．それ以外のハロゲン化物および酸化物の合成については§16・7 および§16・8 を参照すること．

$$S_8 \begin{cases} \xrightarrow{F_2} SF_6 \\ \xrightarrow{Cl_2} S_2Cl_2 \\ \xrightarrow{Br_2} S_2Br_2 \end{cases} \quad (16.20)$$

硫黄は I_2 とは直接反応しないが，液体 SO_2 中 AsF_5 または SbF_5 の存在下で $[S_7I]^+$（**16.11**）を含む塩 $[S_7I][EF_6]_2$（E = As または Sb）が得られる．過剰の I_2 を用いた場合には，生成物は $[S_2I_4][EF_6]_2$（E = As または Sb）となる．$[S_2I_4]^{2+}$ は図 16・7 に示す "開いた本" の形をしている．この分子

[S_2I_4]$^{2+}$ 構造図
S–S = 184 pm
I–I = 260 pm
S–I = 283 および 322 pm

📖 **図 16・7** $[AsF_6]^-$ との塩について低温で測定したX線回折の結果から求められた $[S_2I_4]^{2+}$ の構造 [S. Brownridge et al. (2005) Inorg. Chem., vol. 44, p. 1660]．右側は S_2 が二つの $[I_2]^+$ と相互作用していることを簡略化して示した図．原子の色表示：S 黄色，I 茶色．

中では，両側の $[I_2]^+$ の正電荷が中央の S_2 分子に非局在化していると考えることができる．S–S 結合の伸縮振動の波数（734 cm^{-1}），結合距離（184 pm）および理論化学的考察から，S–S 結合の結合次数は 2.2 から 2.4 程度であると考えられている．高温の塩基性水溶液中で硫黄はポリスルフィド $[S_x]^{2-}$ およびポリチオン酸（**16.12**）をつくるが，これらは酸化剤により硫酸へと変換される．

(16.11) [S_7I]$^+$ 構造図

(16.12) ポリチオン酸構造図

飽和炭化水素は硫黄と加熱すると脱水素され，生成したアルケンが硫黄と反応する．この反応はゴムの加硫として利用されている．軟らかい生ゴムは，加硫によりポリイソプレン鎖が架橋されて，タイヤなどへの使用に適した強度に調整される．硫黄と CO または $[CN]^-$ との反応からはそれぞれ OCS（**16.13**）あるいはチオシアン酸イオン（**16.14**）が得ら

(16.13) O=C=S

(16.14) $^-$N=C=S ⟷ N≡C–S$^-$

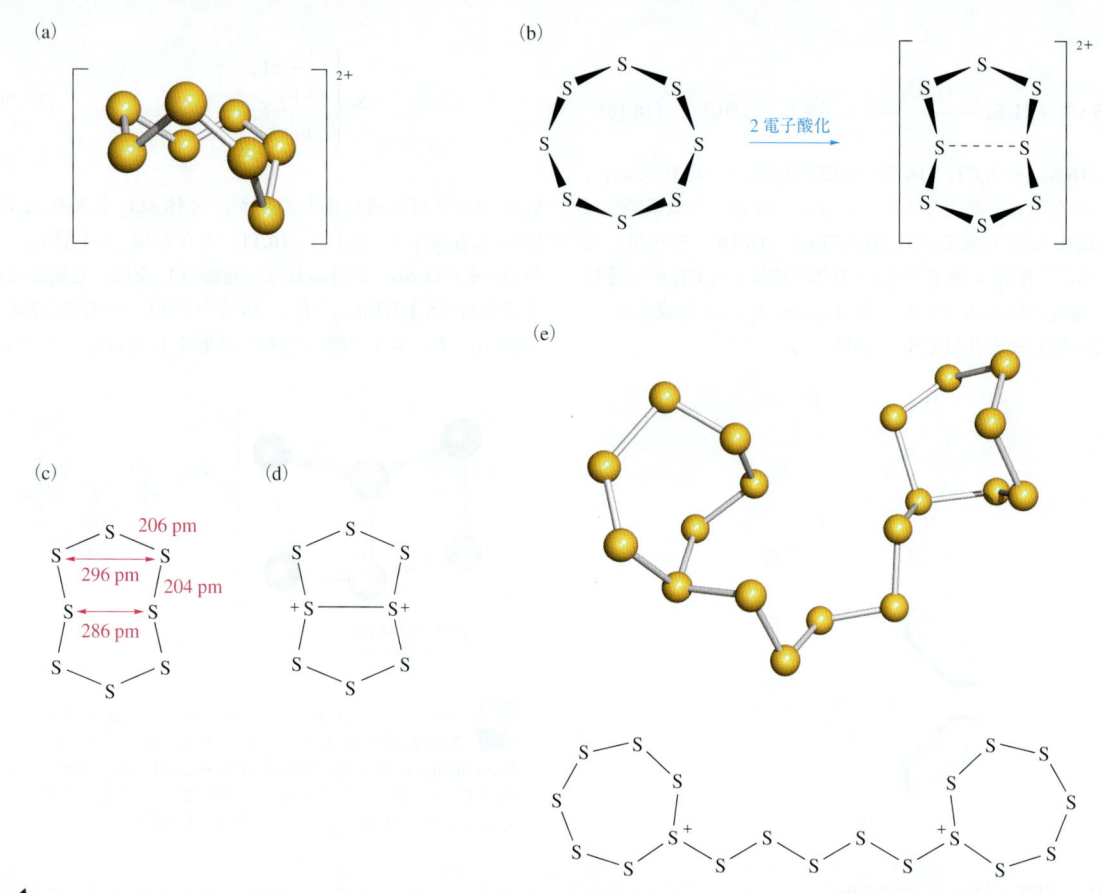

図 16・8 (a) $[S_8]^{2+}$ の構造の概略図. (b) S_8 の $[S_8]^{2+}$ への酸化に伴うコンホメーション変化. (c) $[AsF_6]^-$ 塩で求められた $[S_8]^{2+}$ の構造パラメーター. (d) $[S_8]^{2+}$ の渡環相互作用を説明する極限共鳴構造式. (e) $[S_{19}]^{2+}$ の構造. $[AsF_6]^-$ との塩の X 線回折により決定されたもの [R. C. Burns et al. (1980) Inorg. Chem., vol. 19, p. 1423], および, 正電荷が局在化していることを示す概念図.

れ, 亜硫酸との反応からはチオ硫酸が得られる (式 16.21).

$$Na_2SO_3 + \tfrac{1}{8}S_8 \xrightarrow{H_2O,\ 373\ K} Na_2S_2O_3 \qquad (16.21)$$

液体 SO_2 (§9・5 参照) 中で AsF_5 または SbF_5 により S_8 を酸化すると, 陽イオン $[S_4]^{2+}$, $[S_8]^{2+}$ および $[S_{19}]^{2+}$ (図 16・8) を含む塩が得られる. 反応 16.22 で AsF_5 は, 酸化剤およびフッ化物イオンの受容体という, 二つの働きをしている (式 16.23).

$$S_8 + 3AsF_5 \xrightarrow{\text{液体 } SO_2} [S_8][AsF_6]_2 + AsF_3 \qquad (16.22)$$

$$\left.\begin{array}{l} AsF_5 + 2e^- \longrightarrow AsF_3 + 2F^- \\ AsF_5 + F^- \longrightarrow [AsF_6]^- \end{array}\right\} \qquad (16.23)$$

S_8 は 2 電子酸化により環のコンホメーションを変える (図 16・8a). 赤色の $[S_8]^{2+}$ は当初青色であると報告されていたが, その後, 青色は不純物として共存する $[S_5]^+$ などのラジカルに由来する色であることが明らかになった*. 中性の S_8 分子ではすべての S−S 結合距離は等しく (206 pm), 環の対角線上にある硫黄原子間の距離はファンデルワールス半径 ($r_v = 185$ pm) の和よりも大きい. 一方, 図 16・8c に示すように, $[AsF_6]^-$ 塩の結晶構造解析により決定された $[S_8]^{2+}$ の構造は (i) 環内の S−S 結合距離に大きなばらつきがみられる, (ii) 環の中央部をまたぐ硫黄原子間の距離にファンデルワールス半径の和よりも短いものがみられる, という二つの特徴を示す. つまり, $[S_8]^{2+}$ は **渡環相互作用** (transannular interaction) を示している. 図 16・8d に, 最も重要な渡環相互作用 (最も短い S−S 間相互作用) の結合の寄与を適度に表す共鳴構造を示す.

---

* 詳細な議論については以下を参照せよ: T. S. Cameron et al. (2000) Inorg. Chem., vol. 39, p. 5614.

[S$_4$]$^{2+}$の構造はS–S距離が198 pmの正方形であり，結合電子は非局在化している．この分子は[P$_4$]$^{2-}$と等電子構造である（式15.53の後の練習問題参照）．[S$_{19}$]$^{2+}$（図16・8e）においては，ひだ状に折れ曲がった二つの七員環が原子5個からなる鎖によってつながれている．正電荷は2個の三配位硫黄原子に局在化していると考えられる．

> 輪の形をした分子は**環状**（annular）構造を示すといい，**渡環相互作用**とは，環を構成する原子間の，環内部の空間を通した相互作用のことをいう．

セレンおよびテルル

セレンは数種類の同素体をもつ．結晶性で赤色の単斜セレンは，3種の多形を示す．いずれもS$_8$分子（図16・6c）と同様，王冠状のコンホメーションを示すSe$_8$分子を含む．黒色セレンは高分子量の環状構造からなる．熱力学的に安定な同素体は灰色セレンであり，らせん状の無限鎖（Se–Se = 237 pm）が平行に並んだ構造をしている．

セレンの単体は反応16.24に従って合成される．この反応においてPh$_3$PSeの代わりにPh$_3$PSを用いると，Se$_n$S$_{8-n}$（n = 1〜5）が得られる（第3章章末の**問題 3.31** 参照）．

$$4SeCl_2 + 4Ph_3PSe \longrightarrow Se_8 + 4Ph_3PCl_2 \qquad (16.24)$$

テルルの同素体で結晶性のものは，灰色セレンと同じ構造のもののみであり，銀白色の金属光沢を示す．セレンの赤色の同素体は，溶融セレンを急冷した後にCS$_2$で抽出することにより得られる．セレンおよびテルルの光電気伝導（**Box 16・1** 参照）は，これらの固体のバンドギャップ（1.66 eV）が十分小さいため，満たされた結合性分子軌道の電子の空の反結合性分子軌道への励起が可視光によって容易に起こるためである（**§6・8** 参照）．

環状のTe$_8$はテルルの同素体としては知られていないが，[Cs$^+$]$_3$[Te$_6^{3-}$][Te$_8$]$_2$で示される塩Cs$_3$[Te$_{22}$]が知られている．

セレンとテルルは，反応性は比較的小さいものの，硫黄と似た化学的性質を示す．[Se$_4$]$^{2+}$，[Te$_4$]$^{2+}$，[Se$_8$]$^{2+}$および[Te$_8$]$^{2+}$などの陽イオンをつくる点も似ている．塩[Se$_8$][AsF$_6$]$_2$は[S$_8$][AsF$_6$]$_2$と同じように液体SO$_2$中でつくることができるが（式16.22），反応16.25はフルオロ硫酸中で行われる（**§9・8** 参照）．最近は酸化剤としてReCl$_4$やWCl$_6$などの金属ハロゲン化物を用いる方法が[Te$_8$]$^{2+}$などの合成に用いられる（式16.26）．AsF$_3$を溶媒として用いる反応16.27により[Te$_6$]$^{4+}$（**16.15**）が得られるが，対応する硫黄およびセレンの化合物は知られていない．

$$4Se + S_2O_6F_2 \xrightarrow{HSO_3F} [Se_4][SO_3F]_2 \xrightarrow{Se,\ HSO_3F} [Se_8][SO_3F]_2 \qquad (16.25)$$

$$2ReCl_4 + 15Te + TeCl_4 \xrightarrow{\text{加熱，封管中}} 2[Te_8][ReCl_6] \qquad (16.26)$$

$$6Te + 6AsF_5 \xrightarrow{AsF_3} [Te_6][AsF_6]_4 + 2AsF_3 \qquad (16.27)$$

[Se$_4$]$^{2+}$，[Te$_4$]$^{2+}$および[Se$_8$]$^{2+}$の構造は硫黄の類縁体と似ているが，[Te$_8$]$^{2+}$は2種類の構造を示す．[Te$_8$][WCl$_6$]中の[Te$_8$]$^{2+}$では**16.16**の共鳴構造の寄与が大きく，渡環相互作用を示すTe原子間距離（299 pm）は[Te$_8$][ReCl$_6$]$_2$中の[Te$_8$]$^{2+}$における距離（315 pm）よりも短く，それに伴い環のコンホメーションに違いがみられる．

a は 266〜269 pm
b は 306〜315 pm
(16.15)   **(16.16)**

16・5　水素化物

水　H$_2$O

水の化学については，すでに，以下の観点から記述した．

- H$_2$Oの性質（**§7・2**）
- 水溶液における酸，塩基，およびイオン（**第7章**）
- 重水 D$_2$O（**§10・3**）
- H$_2$OとD$_2$Oの性質の比較（**表10・2**）
- 水素結合（**§10・6**）

水の生成については **Box 16・3** で議論する．

過酸化水素　H$_2$O$_2$

過酸化水素（hydrogen peroxide）の最も古典的な合成法は反応16.28である．また，最近までは，白金電極を用いて[HSO$_4$]$^-$を高い電流密度で酸化して得られるペルオキソ二硫酸の加水分解が過酸化水素の重要な製造法であった（式16.29）．

$$BaO_2 + H_2SO_4 \longrightarrow BaSO_4 + H_2O_2 \qquad (16.28)$$

$$2[NH_4][HSO_4] \xrightarrow[-H_2]{\text{電解酸化}} [NH_4]_2[S_2O_8] \xrightarrow{H_2O} 2[NH_4][HSO_4] + H_2O_2 \qquad (16.29)$$

現在では，過酸化水素は2-エチルアントラキノール（または類似のアルキル誘導体）の酸化により製造される．生成した過酸化水素は水で抽出され，酸化された有機物は還元され

て出発原料に戻される．このプロセスの概要を図16・9の触媒サイクルにまとめた*．

過酸化水素のいくつかの物理的性質を表16・3に示す．水と同様，過酸化水素は強く水素結合している．純粋な過酸化水素や過酸化水素の高濃度水溶液は，アルカリ，重金属イオンや不均一触媒（PtやMnO$_2$など）などの存在により容易に分解する（式16.30）ため，痕跡量の錯化剤（8-ヒドロキシキノリン，**16.17**など）や吸収剤（スズ酸ナトリウム，Na$_2$[Sn(OH)$_6$]など）が安定剤として加えられていることが多い．

表16・3 H$_2$O$_2$の性質

性質	
298 K における外観	無色（非常に薄い青色）の液体
融点 / K	272.6
沸点 / K	425（分解点）
$\Delta_fH°$ (298 K) / kJ mol^{-1}	-187.8
$\Delta_fG°$ (298 K) / kJ mol^{-1}	-120.4
双極子モーメント / debye	1.57
O－O 結合距離（気相中）/ pm	147.5
∠O－O－H（気相中）/ deg	95

応用と実用化

Box 16・3　水の浄化

水に溶解した固体を取除いて水を浄化する最も単純な方法は蒸留である．しかし，水の沸点は高く，蒸発エンタルピーも大きい（表7・1）ため，蒸留法はコストが高い．不純物がイオン性であれば，イオン交換は比較的安価で有効な水の浄化法である．イオン交換法では水を酸性基（たとえば－SO$_3$H）をもつ有機樹脂のカラムに通し，つぎに塩基性基（たとえば－NR$_3$OH）をもつ有機樹脂のカラムに通す．

樹脂－SO$_3$H + M$^+$ + X$^-$ ⟶ 樹脂－SO$_3$M + H$^+$ + X$^-$
[樹脂－NR$_3$]$^+$[OH]$^-$ + H$^+$ + X$^-$ ⟶ [樹脂－NR$_3$]$^+$ X$^-$ + H$_2$O

この処理により，**脱イオン水**（deionized water）が得られる．使用後の樹脂はそれぞれ，希硫酸またはNa$_2$CO$_3$水溶液で処理することにより，再び活性化される．高圧による逆浸透法もまた，水の浄化の重要な手法である．半透膜には酢酸セルロースが用いられることが多い．逆浸透法では電離しない溶質や不溶性の不純物も除去できる．硝酸塩の除去については**Box 15・9**で詳しく述べた．

飲料水の浄化は複雑な工業プロセスである．水は地球上に豊富にあるが，微生物，微粒子，化学物質などの不純物のために，人の飲用には適さないことが多い．凝固と分離により，多くの粒子が取除かれる．まず，"凝固"とよばれる工程において，凝固剤が急速な撹拌により原水中に分散される．つぎに，"凝集"とよばれる工程で，懸濁していた不純物と凝固剤が時間をかけて"フロック"とよばれる塊を形成する．最後に"沈降"とよばれる工程でフロックが分離される．アルミニウムイオンおよび三価の鉄イオンは溶液中で高分子量の化学種を形成するので，凝固剤として広く使われている．現在では，ポリアルミニウムイオンのケイ酸硫酸塩（PASS）やポリ硫酸鉄（PFS）など，前もって重合した凝固剤が入手可能である．硫酸アルミニウムの製造量の約2/3は水処理に用いられており，そのうちのおよそ半分は製紙業界で消費されている．

水処理産業．浄水場における飲料水浄化のための凝集および沈降工程．図の円形の水槽中では，流量制御の技術を用いて凝集（不純物の細かい粒子が集まって水面に集まる）と沈降（溶液からフロックなどの細かな粒子が沈殿する）が促進され，浄化された水はつぎの工程へと送られる．ここではシクロフロックとよばれる技術が用いられている．写真はイタリアのSMAT（トリノ都市圏の水道会社）が運営する浄水場．[Massimo Brega, The Lighthouse/Science Photo Library/amanaimages]

さらに勉強したい人のための参考文献

Encyclopedia of Separation Science (2000) eds C. F. Poole, M. Cooke and I. D. Wilson, Academic Press, New York: J. Irving, p. 4469 − 'Water treatment: Overview: ion exchange'; W. H. Höll, p. 4477 − 'Water treatment: Anion exchangers: ion exchange'.

J.-Q. Jiang and N. J. D. Graham (1997) *Chemistry & Industry* p. 388 − 'Pre-polymerized inorganic coagulants for treating water and waste water'.

---

* 過酸化水素製造の概要については以下を参照せよ：W. R. Thiel (1999) *Angew. Chem. Int. Ed.*, vol. 38, p. 3157 − 'New routes to hydrogen peroxide: alternatives for established processes?'

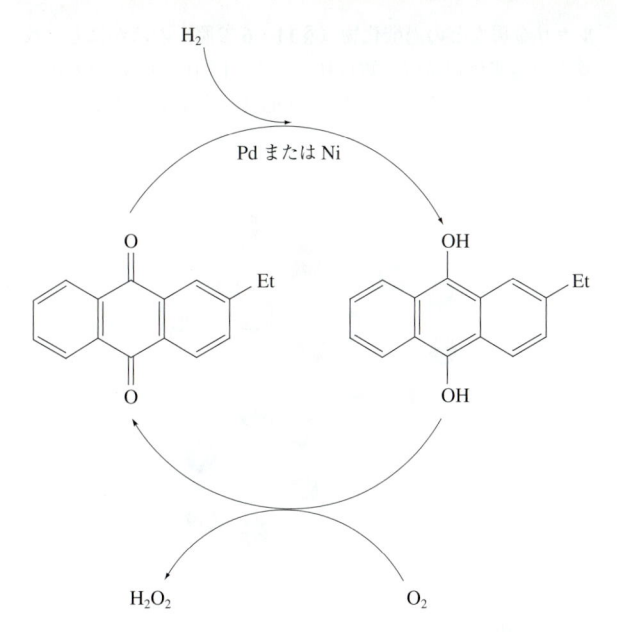

図 16・9 過酸化水素の工業的製造で利用されている触媒サイクル．アルキルアントラキノールを酸化する際に O_2 は H_2O_2 へと変換される．酸化された有機物は，パラジウムまたはニッケル触媒により H_2 で還元される．このような触媒サイクルについては第 27 章で詳しく述べる．

$$H_2O_2(l) \longrightarrow H_2O(l) + \tfrac{1}{2}O_2(g)$$
$$\Delta_r H°(298\,\mathrm{K}) = -98\,\mathrm{kJ/mol}\,H_2O_2 \qquad (16.30)$$

(16.17)

有機物など容易に酸化されやすい物質と過酸化水素の混合物は，爆発性で，非常に危険である．過酸化水素とヒドラジンの組合わせは，ロケットの推進剤として使われていた．過酸化水素を最も大量に消費しているのは紙およびパルプ工業であり，そこでは塩素に代わる主要な漂白剤となりつつある（図 17・2 参照）．その他の用途には防腐剤，汚水処理，過ホウ酸ナトリウム（§13・7 参照）や過炭酸ナトリウム（§14・9 参照）の製造などがある．

図 16・10 に H_2O_2 の気相中での構造を図示し，その構造パラメーターを表 16・3 に示す．H_2O_2 の二面角は水素結合などの周囲の環境に応じて鋭敏に変化し，気相中で 111°，固相で 90°，$Na_2C_2O_4 \cdot H_2O_2$ の結晶中では 180° となる．$Na_2C_2O_4 \cdot H_2O_2$ では H_2O_2 はトランス形の平面配座をとっており，酸素原子上の非共有電子対は Na^+ と相互作用している．有機過酸化物 ROOR における二面角は広い範囲に分布している（およそ 80〜145°）．

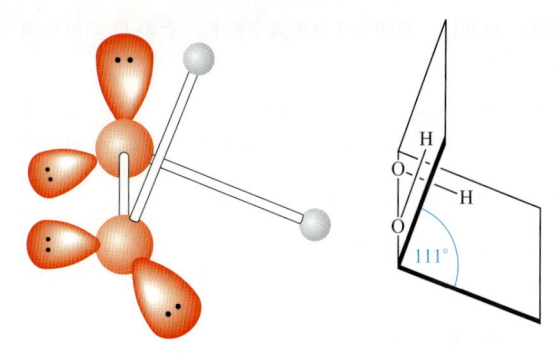

図 16・10 気相中の H_2O_2 の構造．酸素原子は非共有電子対をもつ．右図に示す 111° の角度は二つの OOH ユニットがつくる平面のなす角で，**二面角**（dihedral angle）という．これ以外の結合パラメーターについては表 16・3 参照．

水溶液中で H_2O_2 は一部電離しており（式 16.31），塩基性水溶液中では $[HO_2]^-$ として存在する．

$$H_2O_2 + H_2O \rightleftharpoons [H_3O]^+ + [HO_2]^-$$
$$K_a = 2.4 \times 10^{-12} \quad (298\,\mathrm{K}) \qquad (16.31)$$

過酸化水素は式 16.32 に示す標準還元電位が示すとおり，強力な酸化剤である（標準還元電位は，pH = 0 での値であることに注意）．たとえば，H_2O_2 は I^- を I_2 に，SO_2 を H_2SO_4 に，また，塩基性溶液中で Cr(III) を Cr(VI) に酸化する．$[MnO_4]^-$ や Cl_2 などの強力な酸化剤は H_2O_2 を酸化し（式 16.33〜16.35），塩基性溶液中では H_2O_2 はよい還元剤である（半反応式 16.36）．

$$H_2O_2 + 2H^+ + 2e^- \rightleftharpoons 2H_2O \qquad E° = +1.78\,\mathrm{V} \quad (16.32)$$
$$O_2 + 2H^+ + 2e^- \rightleftharpoons H_2O_2 \qquad E° = +0.70\,\mathrm{V} \quad (16.33)$$
$$2[MnO_4]^- + 5H_2O_2 + 6H^+ \longrightarrow 2Mn^{2+} + 8H_2O + 5O_2 \qquad (16.34)$$
$$Cl_2 + H_2O_2 \longrightarrow 2HCl + O_2 \qquad (16.35)$$
$$O_2 + 2H_2O + 2e^- \rightleftharpoons H_2O_2 + 2[OH]^- \quad E°_{[OH^-]=1} = -0.15\,\mathrm{V} \qquad (16.36)$$

^{18}O をトレーサーとして用いた研究によると，これらの酸化還元反応により $H_2(^{18}O)_2$ 中の ^{18}O は $(^{18}O)_2$ に移動しており，溶媒からの酸素原子（同位体標識されていない）は O_2 に取込まれていない．つまり，反応により過酸化水素の O−O 結合は切断されない．

例題 16.3 水溶液中での H_2O_2 の酸化還元反応

付録 11 のデータを用いて，pH = 0 の水溶液中における H_2O_2 による $[Fe(CN)_6]^{4-}$ の酸化反応の $\Delta G°$ (298 K) を求めよ．また，この結果得られる値に基づいて，この反応の進みやすさについて議論せよ．

解答 最初に，適切な半反応式を探し，その $E°$ の値を調べる．

$$[Fe(CN)_6]^{3-}(aq) + e^- \rightleftharpoons [Fe(CN)_6]^{4-}(aq) \quad E° = +0.36\,V$$
$$H_2O_2(aq) + 2H^+(aq) + 2e^- \rightleftharpoons 2H_2O(l) \quad E° = +1.78\,V$$

全反応式はつぎのように表される．

$$2[Fe(CN)_6]^{4-}(aq) + H_2O_2(aq) + 2H^+(aq)$$
$$\longrightarrow 2[Fe(CN)_6]^{3-}(aq) + 2H_2O(l)$$

$$E°_{cell} = 1.78 - 0.36 = 1.42\,V$$
$$\Delta G°(298\,K) = -zFE°_{cell}$$
$$= -2 \times 96\,485 \times 1.42 \times 10^{-3}$$
$$= -274\,kJ\,mol^{-1}$$

$\Delta G°$ が絶対値の大きな負の値となるため，この反応は自発的に起こり，完全に進行する．

練習問題

1. pH 14 の水溶液中で $[Fe(CN)_6]^{3-}$ は H_2O_2 により還元される．付録 11 から適切な半反応式を探し，全反応に対する $\Delta G°(298\,K)$ を求めよ．　　[答　H_2O_2 1 mol 当たり $-98\,kJ$]

2. pH 0 では H_2O_2 は亜硫酸水溶液を酸化する．付録 11 から適切な半反応式を探し，全反応に対する $\Delta G°(298\,K)$ を求めよ．　　[答　H_2O_2 1 mol 当たり $-311\,kJ$]

3. pH 0 における H_2O_2 水溶液による Fe^{2+} の Fe^{3+} への酸化は，Fe^{2+} が $[Fe(bpy)_3]^{2+}$ として存在する場合と，$[Fe(OH_2)_6]^{2+}$ として存在する場合の，どちらの場合に進みやすいか．また，それぞれの反応の $G°(298\,K)$ を求め，その結果について定量的に議論せよ．　　[答　$[Fe(OH_2)_6]^{2+}$ の場合に，より進みやすい．H_2O_2 1 mol 当たりの $\Delta G°$ が $[Fe(bpy)_3]^{2+}$ のとき $-145\,kJ$，$[Fe(OH_2)_6]^{2+}$ のとき $-195\,kJ$ であるため]

第 8 章末の問題 8.8 も参照すること．

H_2O_2 は脱プロトンにより $[OOH]^-$ となり，二つ目のプロトンを失うことにより過酸化物イオン $[O_2]^{2-}$ を与える．アルカリ金属などの過酸化物（§11・6 参照）のほかにも，数多くの過酸化物錯体が知られている．図 16・11 にその例をあげるが，そのうちの一方は $[OOH]^-$ を架橋配位子として

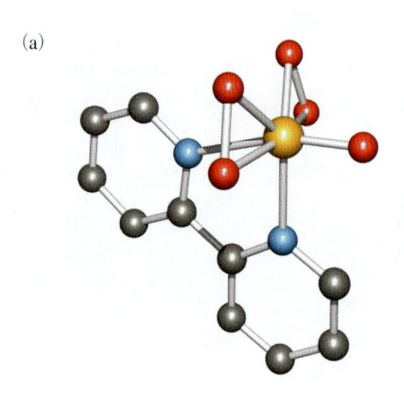

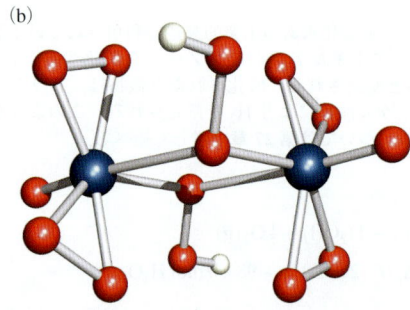

図 16・11 X 線回折により決定された (a) 水和したアンモニウム塩中の $[V(O_2)_3(O)(bpy)]^-$ の構造，(b) ピリジニウム塩中の $[Mo_2(O_2)_4(O)_2(\mu\text{-OOH})_2]^{2-}$ の構造．なお，(b) の構造における水素原子の位置は決定されていないが，この図では，わかりやすくするために付け加えてある．原子の色表示：V 黄色，Mo 濃青色，O 赤色，N 淡青色，C 灰色，H 白色．[文献：(a) H. Szentivanyi *et al.* (1983) *Acta Chem. Scand., Ser. A*, vol. 37, p. 553. (b) J.-M. Le Carpentier *et al.* (1972) *Acta Crystallogr., Sect. B*, vol. 28, p. 1288]

表 16・4 H_2S，H_2Se および H_2Te に関するデータ

	H_2S	H_2Se	H_2Te
化合物名[†]	硫化水素	セレン化水素	テルル化水素
外観と特徴	無色の気体，腐卵臭，毒性	無色の気体，不快臭，毒性	無色の気体，不快臭，毒性
融点 / K	187.5	207	224
沸点 / K	214	232	271
$\Delta_{vap}H°(bp)$ / kJ mol^{-1}	18.7	19.7	19.2
$\Delta_f H°(298\,K)$ / kJ mol^{-1}	-20.6	$+29.7$	$+99.6$
$pK_a(1)$	7.04	4.0	3.0
$pK_a(2)$	19	—	—
E$-$H 結合距離 / pm	134	146	169
∠H$-$E$-$H / deg	92	91	90

[†] IUPAC 名のスルファン（sulfane），セラン（selane）およびテラン（tellane）はほとんど使われない．

もつ. 金属に配位した過酸化物配位子における O—O 結合距離はおよそ 140～148 pm である. 過酸化物錯体については, 図 22・11 およびそれに関連する記述や, シトクロム c オキシダーゼの活性中心のモデル（§29・4 の最後の部分）など, 本書の別の場所でさらに議論する.

水素化物 H_2E（E = S, Se, Te）

硫化水素, セレン化水素およびテルル化水素の主要な物理的性質を表 16・4 および, 図 10・6 と図 10・7 のグラフに示した. 硫化水素は HCN よりも毒性が高いが, 特有の強い腐卵臭のため, その存在は容易に認知できる. 硫化水素は硫黄を含む物質が腐敗するときに自然に発生する生成物であり, 炭坑, ガス井, 硫黄鉱泉などに存在する. 天然ガス鉱床に含まれる硫化水素は, 有機塩基に可逆的に吸着させ, 穏やかに酸化することにより硫黄に変換される. 図 16・2 は, 硫黄の産業的製造において, 天然ガスからの回収の重要度が増しつつあることを示している. 実験室では, 硫化水素は歴史的にはキップの装置を使って反応 16.37 により合成されていた. 硫化カルシウムまたは硫化バリウムの加水分解（たとえば式 16.38）は, より純粋な H_2S を与えるが, 小さなボンベに詰めた H_2S ガスも市販されている.

$$FeS(s) + 2HCl(aq) \longrightarrow H_2S(g) + FeCl_2(aq) \quad (16.37)$$
$$CaS + 2H_2O \longrightarrow H_2S + Ca(OH)_2 \quad (16.38)$$

セレン化水素は反応 16.39 により得ることができ, 同様な反応によりテルル化水素も得られる.

$$Al_2Se_3 + 6H_2O \longrightarrow 3H_2Se + 2Al(OH)_3 \quad (16.39)$$

H_2S, H_2Se および H_2Te の生成エンタルピー変化の値（表 16・4）からわかるように, H_2S は H_2 と沸騰した硫黄を直接化合させることにより合成可能であり, 元素への分解に関しては H_2Se および H_2Te よりも H_2S の方が安定である.

水と同様, 酸素以外の 16 族元素の水素化物も, 折れ曲がり形構造を示すが, 折れ曲がり角はおよそ 90° であり（表 16・4）, 水の折れ曲がり角 105° よりも顕著に小さい. このことは, E—H 結合（E = S, Se, Te）では中心原子の p 軌道の寄与が大きく, s 軌道の寄与はほとんどないことを示している.

水溶液中では, これらの水素化物は弱酸として振舞う（表 16・4 および §7・5）. H_2S の第二段目の解離定数はおよそ 10^{-19} であるため, 金属硫化物は塩基性水溶液中で加水分解する. さまざまな金属イオンの溶液に硫化水素を作用させると硫化物が単離される理由は, それらが非常に溶けにくいためである. たとえば, 硫化水素の定性分析には酢酸鉛水溶液との反応（式 16.40）が用いられる.

$$H_2S + Pb(O_2CCH_3)_2 \longrightarrow PbS + 2CH_3CO_2H \quad (16.40)$$
黒色沈殿

CuS, PbS, HgS, CdS, Bi_2S_3, As_2S_3, Sb_2S_3 および SnS などの溶解度積（§7・9 および §7・10 参照）は 10^{-30} 程度以下であり, 希塩酸の存在下で H_2S により沈殿が生じる. 酸は H_2S の解離を妨げ, 溶液中の S^{2-} の濃度を下げる. ZnS, MnS, NiS および CoS などの溶解度積は 10^{-15} から 10^{-30} の範囲にあり, 中性または塩基性溶液からのみ沈殿を生じる.

H_2S は超強酸 HF/SbF_5（§9・9 参照）を用いることにより, プロトン化されて $[H_3S]^+$ となる. その結果得られる塩 $[H_3S][SbF_6]$ は白色結晶性の固体で, 石英ガラスと反応する. 振動分光のデータは, $[H_3S]^+$ の構造が $[H_3O]^+$ と同様, 三方錐形であることを示している. 77 K で $[H_3S][SbF_6]$ に MeSCl を加え, 213 K まで昇温することにより, $[Me_3S][SbF_6]$ が得られる. この化合物は 263 K 以下で安定であり, 分光学的データ（NMR, 赤外, ラマン）は三方錐形の $[Me_3S]^+$ の存在を裏付けている.

ポリスルファン

ポリスルファン（polysulfane）とは一般式 H_2S_x（$x \geq 2$）で表される化合物である（構造 16.8 参照）. 硫黄は Na_2S などの 1 族または 2 族金属硫化物水溶液に溶け, Na_2S_x などのポリスルフィド塩を与える. その溶液を酸性にすると, さまざまな鎖長のポリスルファンからなる黄色の油状物が生成し, 分別蒸留により H_2S_x（$x = 2 \sim 6$）が得られる. $x > 6$ のポリスルファンの合成には, 反応 16.41 に示す縮合反応を用いるのが便利である.

$$2H_2S + S_nCl_2 \longrightarrow H_2S_{n+2} + 2HCl \quad (16.41)$$

H_2S_2 の構造（16.18）は H_2O_2 の構造（図 16・10）に似ており, 気相中での内部二面角は 91° である. すべてのポリスルファンは熱力学的に不安定であり, 分解して H_2S と S になる. ポリスルファンの cyclo-S_n 合成への利用については §16・4 で述べた.

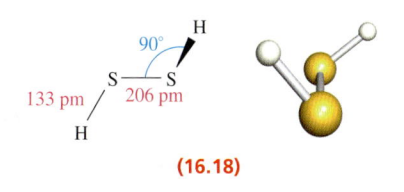

(16.18)

16・6 金属硫化物, ポリスルフィド, ポリセレニドおよびポリテルリド

硫化物

金属硫化物に関する以下の事項についてはすでに記述した.

- 閃亜鉛鉱型およびウルツ鉱型構造（§6・11，図6・18および図6・20）
- H_2S による金属硫化物の沈殿（§16・5）
- 14 族金属の硫化物（§14・11）
- 15 族元素の硫化物（§15・14）

1 族金属の硫化物は逆蛍石型，2 族金属の硫化物は NaCl 型構造をとり（§6・11 参照），いずれも典型的なイオン結晶である．しかし，PbS や MnS について §14・11 で議論したように，NaCl 型構造をとるということが，必ずしもイオン結合性であることを示しているわけではない．ほとんどの d ブロック金属の一硫化物は NiAs 型構造（FeS，CoS，NiS など，図15・10 参照），閃亜鉛鉱型構造，ウルツ鉱型構造（ZnS，CdS，HgS など，図6・18 および図6・20）のいずれかをとる．金属二硫化物は CdI_2 構造をとるもの（TiS_2 や SnS_2 など，金属は IV 価）もあるが，FeS_2（黄鉄鉱）型構造をとるものもある．後者は $[S_2]^{2-}$ を含み，形式的には過酸化物の類縁体で，H_2S_2 の塩であるとみなすことができる．

常磁性で青色の $[S_2]^-$ は，超酸化物イオンの類縁体であり，アルカリ金属硫化物のアセトンまたはジメチルスルホキシド溶液中にみられる．$[S_2]^-$ を含む単純な塩は知られていないが，アルミノケイ酸塩鉱物の一つウルトラマリンが示す青色は，アニオンラジカル $[S_2]^-$ および $[S_3]^-$ によるものである（Box 16・4 参照）．

ポリスルフィド（多硫化物）

ポリスルフィド（polysulfide）イオン $[S_x]^{2-}$ は対応するポリスルファンの脱プロトン反応では得ることができない．そこで，反応 16.19 や 16.42，または，アンモニアに懸濁させた硫黄と H_2S から $[NH_4]_2[S_4]$ と $[NH_4]_2[S_5]$ の混合物を得る反応を利用する．

$$2Cs_2S + S_8 \xrightarrow{\text{水溶液中}} 2Cs_2[S_5] \quad (16.42)$$

(16.19)

s ブロック金属のポリスルフィドはよく知られている．$[S_3]^{2-}$ は（16.19）に示すように折れ曲がった構造で，鎖長が長くなるとらせん状にねじれ，キラルになる（図16・12a）．これらの陰イオンが配位することにより，図16・12 や図23・23b に示す錯体が得られる．4 個以上の硫黄原子を含む鎖では，$[S_x]^{2-}$ 配位子は一つの金属中心にキレート配位するか，二つの金属中心を架橋することが多い．$[AuS_9]^-$ の構造（図16・12d）は，Au(I)中心が直線形配位を好むため，十分に長い鎖長の配位子が必要となることを示している．

環状の $[S_6]^-$ アニオンラジカルは反応 16.43 に従い合成される．$[Ph_4][S_6]$ は 2 本の S−S 結合がそれ以外より顕著に長いいす形配座をとる（構造 16.20）．

$$2[Ph_4P][N_3] + 22H_2S + 20Me_3SiN_3$$
$$\longrightarrow 2[Ph_4P][S_6] + 10(Me_3Si)_2S + 11[NH_4][N_3] + 11N_2 \quad (16.43)$$

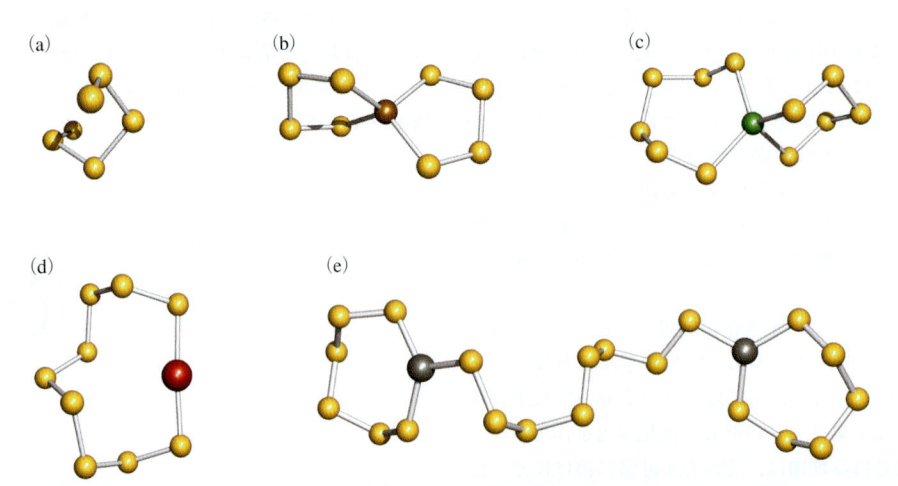

図 16・12 X 線回折により決定された (a) $[H_3NCH_2CH_2NH_3][S_6]$ 結晶中の $[S_6]^{2-}$ の構造．(b) テトラエチルアンモニウム塩における $[Zn(S_4)_2]^{2-}$ の構造．(c) $[Ph_4P]^+$ 塩における $[Mn(S_5)(S_6)]^{2-}$ の構造．(d) $[AsPh_4]^+$ 塩における $[AuS_9]^-$ の構造．(e) $[Ph_4P]^+$ 塩における $[(S_6)Cu(\mu\text{-}S_8)Cu(S_6)]^{4-}$ の構造．いずれも X 線回折により決定された．原子の色表示：S 黄色．[文献：(a) P. Bottcher et al. (1984) Z. Naturforsch., Teil B, vol. 39, p. 416; (b) D. Coucouvanis et al. (1985) Inorg. Chem., vol. 24, p. 24; (c) D. Coucouvanis et al. (1985) Inorg. Chem., vol. 24, p. 24; (d) G. Marbach et al. (1984) Angew. Chem. Int. Ed., vol. 23, p. 246; (e) A. Müller et al. (1984) Angew. Chem. Int. Ed., vol. 23, p. 632]

資源と環境

Box 16・4　ウルトラマリンの青色

軟らかい変成岩ラピスラズリ（瑠璃, lapis lazuli）はその青色により古代エジプトで珍重された鉱物であり，切断・彫刻・研磨されて装飾に用いられた．下の写真にあるように，ラピスラズリはツタンカーメン王のデスマスクの精巧な装飾

ツタンカーメン王のデスマスク　［©Nikreates/Alamy］

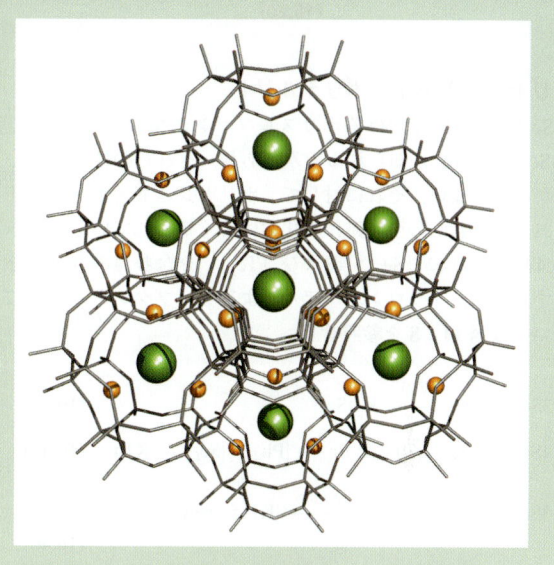

方ソーダ石の三次元構造の一部．アルミノケイ酸の骨格を棒で示した．Na^+（橙色）とCl^-（緑色）が空隙を占めている．

に用いられている．ラピスラズリの天然の鉱床はアフガニスタン，イランやシベリアなどにある．ラピスラズリの粉末は青色の顔料**ウルトラマリン**（ultramarine, 群青）の天然の原料である．ラピスラズリの主成分**青金石**（lazurite）の構造は，アルミノケイ酸鉱物の**方ソーダ石**（sodalite, $Na_8[Al_6Si_6O_{24}]Cl_2$, 構造を右上に示す）と関連づけることができる．方ソーダ石ではアルミノケイ酸骨格のつくる空隙を陽イオンNa^+や陰イオンCl^-が占めている．そのCl^-の一部または全部をアニオンラジカル$[S_2]^-$や$[S_3]^-$で置き換えると，化学式$Na_8[Al_6Si_6O_{24}]S_n$で表されるウルトラマリンが得られる．ウルトラマリンはカルコゲン化物イオンの吸収に由来する青色に着色し，含まれる$[S_2]^-$と$[S_3]^-$の量の比が色合いを決める．紫外・可視スペクトルで，$[S_2]^-$は370 nmに，$[S_3]^-$は595 nmに吸収をもつ．人工のウルトラマリンではこの比を調整することにより，青色から緑色まで望みの色をつくり出すことができる．合成ウルトラマリンは**カオリナイト**（kaolinite, **Box 14・12**参照），Na_2CO_3と硫黄を混ぜて加熱することにより製造される．しかし，この方法ではSO_2が発生するため，法的要請に応えるため排出ガスの脱硫を行わなければならない．そのため，より環境に優しい合成法が求められている（下の参考文献にあげた論文を参照）．

さらに勉強したい人のための参考文献

N. Gobeltz-Hautecoeur, A. Demortier, B. Lede, J. P. Lelieur and C. Duhayon (2002) *Inorganic Chemistry*, vol. 41, p. 2848 – 'Occupancy of the sodalite cages in the blue ultramarine pigments'.

S. Kowalak, A. Janowska and S. Łaczkowska (2004) *Catalysis Today*, vol. 90, p. 167 – 'Preparation of various color ultramarine from zeolite A under environment-friendly conditions'.

D. Reinen and G.-G. Linder (1999) *Chemical Society Reviews*, vol. 28, p. 75 – 'The nature of the chalcogen colour centres in ultramarine-type solids'.

関連した話題：アルミノケイ酸については§14・9で記述した．

(16.20)

ポリセレニドおよびポリテルリド

Se および Te におけるポリスルファンの類縁体としては, H_2Se_2 と H_2Te_2 が知られるのみであり, それらの性質もよくわかっていない. それに対して, ポリセレニド, ポリテルリドおよびそれらの金属錯体の化学はよく知られている. 反応 16.44〜16.47 に $[Se_x]^{2-}$ および $[Te_x]^{2-}$ を含む塩の合成法を示す. なお, クラウンエーテルおよびクリプタンドの詳細については §11・8 を参照せよ.

$$3Se + K_2Se_2 \xrightarrow{DMF} K_2[Se_5] \quad (16.44)$$

$$4Se + K_2Se_2 + 2[Ph_4P]Br \longrightarrow [Ph_4P]_2[Se_6] + 2KBr \quad (16.45)$$

$$3Se + K_2Se_2 \xrightarrow{DMF,\ 15\text{-crown-5}} [K(15\text{-crown-5})]_2[Se_5] \quad (16.46)$$

$$2K + 3Te \xrightarrow{1,2\text{-ジアミノメタン, crypt-222}} [K(\text{crypt-222})]_2[Te_3] \quad (16.47)$$

原子数の少ないポリセレニドおよびポリテルリドイオンの構造は, 類似のポリスルフィドと似ている. たとえば $[Te_5]^{2-}$ は 16.21 に示すらせん状にねじれた鎖状構造をとる. 一方, 原子数の多いイオンの構造は単純ではない. たとえば $[Te_8]^{2-}$ (16.22) は $[Te_4]^{2-}$ および $[Te_3]^{2-}$ という配位子が中心の Te^{2+} に配位しているとみなすことができる. 同様に, $[Se_{11}]^{2-}$ は二つの $[Se_5]^{2-}$ 配位子が中心の Se^{2+} にキレート配位していると説明できる. 鎖状の $[Se_x]^{2-}$ および $[Te_x]^{2-}$ の配位化学は 1990 年以降飛躍的に発展した. その例として $[(Te_4)Cu(\mu\text{-}Te_4)Cu(Te_4)]^{4-}$ および $[(Se_4)_2In(\mu\text{-}$

(16.21)

(16.22)

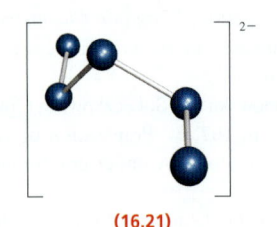

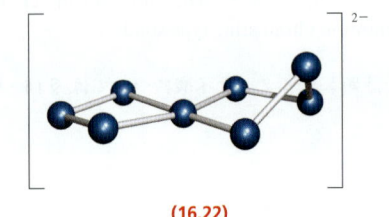

$Se_5)In(Se_4)_2]^{4-}$ (いずれも架橋およびキレート配位の $[Se_x]^{2-}$ または $[Te_x]^{2-}$ を含む), キレート配位の $[Se_4]^{2-}$ 配位子をもつ八面体形 $[Pt(Se_4)_3]^{2-}$, $[Zn(Te_3)(Te_4)]^{2-}$, $[Cr(Te_4)_3]^{3-}$, および $[Au_2(TeSe_2)_2]^{2-}$ (セレンとテルルの混合ポリカルコゲニドイオンを含む珍しい例, 構造を 16.23 に示す) などがあげられる.

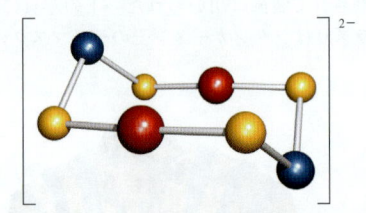

原子の色表示: Au 赤色, Te 青色, Se 黄色

(16.23)

練習問題

1. $[TeSe_2]^{2-}$ は折れ線形, $[TeSe_3]^{2-}$ は三方錐構造をとる. VSEPR 則に基づいて, 各イオンの構造について解説せよ. また, $[TeSe_3]^{2-}$ の共鳴構造を示せ. さらに, 各原子がオクテット則を満たしていることを確認せよ.

2. $[Te(Se_5)_2]^{2-}$ は, 中心の平面正方形配位のテルル原子と, それに配位する二つの $[Se_5]^{2-}$ 二座配位子からなる. (i) $[Te(Se_5)_2]^{2-}$ 中のテルル原子の酸化数はいくつか. (ii) それぞれの $TeSe_5$ からなる六員環はいす形配座をとる. Te 原子が反転中心上にあると仮定して, $[Te(Se_5)_2]^{2-}$ の構造を推定し, 図示せよ.

16・7 ハロゲン化物, オキソハロゲン化物およびハロゲン化物錯体

これまでに述べた各族においては, 原子番号が大きい元素ほど最低酸化状態のハロゲン化物が安定であったが, 16族元素においては原子番号が大きいほど最低酸化状態 (16族においては +2) のハロゲン化物は不安定になる. この傾向は, 本節で述べる例に明瞭にみられる. 本節では酸素のフッ化物, 硫黄, セレン, テルルのフッ化物と塩化物のみについて述べる. S, Se, Te の臭化物およびヨウ化物の性質は塩化物に似ている. 酸素と Cl, Br, I からなる化合物については §17・8 で述べる.

酸素のフッ化物

式 16.48 に従って得られる二フッ化酸素 OF_2 (**16.24**) は

(16.24)

16・7 ハロゲン化物，オキソハロゲン化物およびハロゲン化物錯体

表 16・5 酸素および硫黄のフッ化物の物理的性質

性　質	OF_2	O_2F_2	S_2F_2	$F_2S=S$	SF_4	SF_6	S_2F_{10}
外観と特徴	無色気体（かすかに黄色をおびている），爆発性で有毒	119 K 以下で黄色固体．223K 以上で分解する	無色気体．きわめて有毒	無色気体	無色気体，有毒，水と激しく反応する	無色気体，非常に安定	無色液体．きわめて有毒
融 点 / K	49	119	140	108	148	222（加圧下）	220
沸 点 / K	128	210	288	262	233	209（昇華）	303
$\Delta_f H^\circ$ (298 K)/ kJ mol^{-1}	+24.7	+18.0			−763.2	−1220.5	
双極子モーメント / D	0.30	1.44			0.64	0	0
E−F 結合距離 / pm †	141	157.5	163.5	160	164.5（アキシアル）154.5（エクアトリアル）	156	156

† これ以外の構造データについては本文を参照.

非常に毒性が強い．その性質を表 16・5 にまとめた．OF_2 は，形式的には次亜フッ素酸 HOF の無水物であるが，水と反応させても HOF は得られず，式 16.49 の反応が起こる．なお，この反応は 298 K では非常に遅い．濃アルカリとの反応では，分解ははるかに速く進み，水蒸気との反応では爆発的に進行する．

$$2NaOH + 2F_2 \longrightarrow OF_2 + 2NaF + H_2O \quad (16.48)$$
$$H_2O + OF_2 \longrightarrow O_2 + 2HF \quad (16.49)$$

純粋な OF_2 は 470 K まで加熱しても分解しないが，OF_2 はさまざまな元素と室温付近で反応してフッ化物や酸化物を与える．4 K のアルゴンマトリックス中で紫外線を照射すると，$OF^\cdot$ ラジカルが生成し（式 16.50），昇温とともにラジカルは結合して二フッ化二酸素 O_2F_2 となる．

$$OF_2 \xrightarrow{\text{紫外線照射}} OF^\cdot + F^\cdot \quad (16.50)$$

二フッ化二酸素は温度 77〜90 K で圧力 1〜3 kPa の O_2 と F_2 の混合物中で高圧放電することによっても得られる．O_2F_2 の性質を表 16・5 にまとめた．低温で O_2F_2 を分解すると最初に $O_2F^\cdot$ ラジカルが得られる．O_2F_2 は低温においてもきわめて強力なフッ素化剤であり，93 K で硫黄を燃え上がらせ，BF_3 や SbF_5 と反応する（式 16.8 および 16.51）．O_2F_2 はこれまでに知られているなかで最も強力な酸化的フッ素化剤であり，式 16.52，式 16.53 および類似の反応式に従ってウラン，プルトニウムおよびネプツニウムの酸化物およびフッ化物と反応する．フッ素化剤として F_2 やフッ化ハロゲンを用いて UF_6，PuF_6 や NpF_6 を合成するためには高温で反応を行う必要があるが，O_2F_2 による反応は室温またはそれ以下でも進行する．しかしながら，O_2F_2 は反応性が高すぎるために，反応の進行を制御するためには，適切な反応条件を選ぶことが非常に重要である．

$$2O_2F_2 + 2SbF_5 \longrightarrow 2[O_2]^+[SbF_6]^- + F_2 \quad (16.51)$$
$$NpF_4 + O_2F_2 \longrightarrow NpF_6 + O_2 \quad (16.52)$$
$$NpO_2 + 3O_2F_2 \longrightarrow NpF_6 + 4O_2 \quad (16.53)$$

O_2F_2 分子の形（**16.25**）は H_2O_2（図 16・10）と似ているが，二面角は 87° と小さい．O−F 距離が非常に長いことからも，解離して $O_2F^\cdot$ と $F^\cdot$ ラジカルを与えやすいことが推察できる．O−F 結合が長く O−O 結合が短い状態を反映した極限構造を **16.26** に示す．O_2F_2 分子の O−O 結合距離を，酸素分子やそのイオン（§16・4）および H_2O_2（表 16・3）と比較してみよう．

硫黄のフッ化物およびオキソフッ化物

表 16・5 に，硫黄のフッ化物のうち比較的安定なものについて，性質をまとめた．SF_4 および S_2F_2 は，高温で SCl_2 と HgF_2 を反応させることにより得られる．これらはいずれも非常に不安定である．二フッ化二硫黄には S_2F_2 (**16.27**) と $F_2S=S$ (**16.28**) の二つの異性体がある．S_2F_2（AgF と S を 398 K で反応させて得られる）は容易に $F_2S=S$ へと異性

化する．S_2F_2 の構造は O_2F_2 と似ており，二面角は 88° である．いずれの異性体においても S–S 結合距離は非常に短く，多重結合性を示している（S–S 単結合の約 206 pm や図 16・7 に示した $[S_2I_4]^{2+}$ の 184 pm と比較せよ）．S_2F_2 においても O_2F_2 で示したものと同様の共鳴構造の寄与は大きい．$S=SF_2$ における極限構造は以下のように書ける．

S_2F_2 および $S=SF_2$ いずれの異性体も不安定で，SF_4 と S に不均化しやすい．また，これらは非常に反応性が高く，ガラスをおかし，水やアルカリにより速やかに加水分解される（式 16.54 にその例をあげる）．

$$2S=SF_2 + 2[OH]^- + H_2O \longrightarrow \tfrac{1}{4}S_8 + [S_2O_3]^{2-} + 4HF \quad (16.54)$$

四フッ化硫黄 SF_4 の合成法としては反応 16.55 が最も優れている．SF_4 は市販されており，選択的なフッ素化試薬として用いられる．一例として，他の不飽和部位に影響を与えずにカルボニル基を CF_2 へと変換する．SF_4 の代表的な反応を図 16・13 に示す．SF_4 は速やかに加水分解するため，水分を含まない条件下で取扱わなければならない．

$$3SCl_2 + 4NaF \xrightarrow{\text{MeCN, 350 K}} SF_4 + S_2Cl_2 + 4NaCl \quad (16.55)$$

SF_4 の構造（**16.29**）は三方両錐形からエクアトリアルの原子を一つ取除いた形で，VSEPR モデルにより説明することができる．アキシアルとエクアトリアルの S–F 結合距離 $S-F_{ax}$，$S-F_{eq}$ はかなり異なる（**表 16・5**）．触媒が存在しない場合には，O_2 により SOF_4 へと酸化される速度は遅い．SOF_4 の構造（**16.30**）は SF_4 の構造と関係づけて考えることができるが，SOF_4 においてはアキシアルとエクアトリアルの S–F 結合距離はほとんど等しい．

硫黄のフッ化物のうちで，SF_6（**16.31**）はその高い安定性と化学的不活性さにおいて他と大きく異なっている．その結合については §5・7 で議論した．SF_6 は F_2 中で硫黄を燃焼することにより製造され，市販されている．SF_6 は高い誘電率をもち，おもな用途は絶縁体である．しかし，大気中に放出された SF_6 の寿命が長いことから，SF_6 の排出は京都議定書（**Box 14・9** 参照）によって制限されている．SF_6 の化学的安定性（たとえば，770 K の水蒸気や溶融アルカリとも反応しない）は，熱力学的な要因ではなく，速度論的な要因によるものである．式 16.56 の反応の $\Delta_r G°$ の値は，この反応が熱力学的には自発的に進みうることを示唆している．驚くべきことに，Ti および Zr の低原子価の有機金属化合物に対しては，SF_6 が反応性の高いフッ素化試剤として働く（例として，シクロペンタジエニル錯体の反応 16.57 など）．

$$SF_6 + 3H_2O \longrightarrow SO_3 + 6HF$$
$$\Delta_r G°(298\,\text{K}) = -221\,\text{kJ mol}^{-1} \quad (16.56)$$

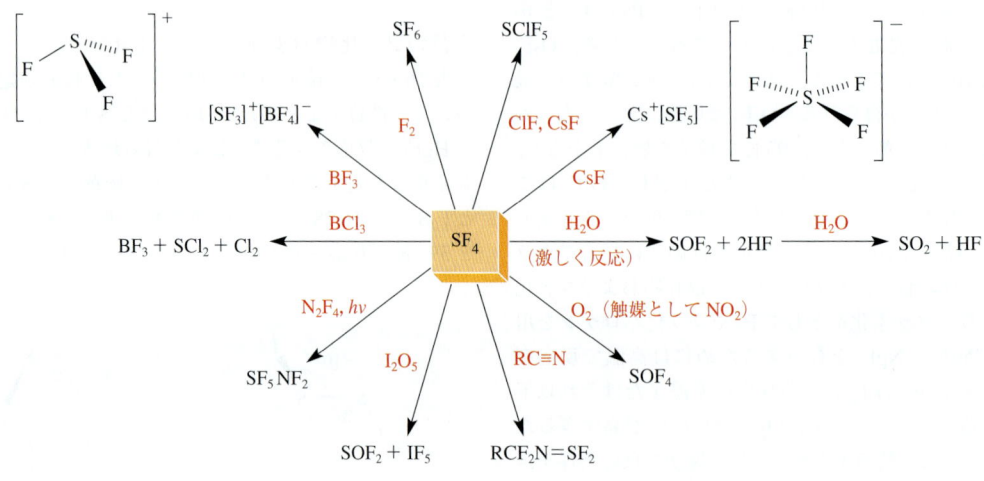

図 16・13 四フッ化硫黄の代表的な反応例

16·7 ハロゲン化物，オキソハロゲン化物およびハロゲン化物錯体　　499

(16.57)

硫黄と F_2 から SF_6 を合成する際に，少量の S_2F_{10} が得られる．その収量は反応条件の制御により最適化できる．S_2F_{10} のもう一つの合成法には反応 16.58 がある．S_2F_{10} の性質は表 16·5 に示した．

$$2SF_5Cl + H_2 \xrightarrow{h\nu} S_2F_{10} + 2HCl \quad (16.58)$$

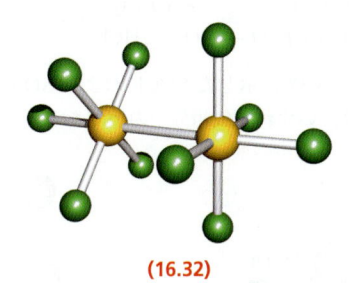

(16.32)

S_2F_{10} 分子は 16.32 に示すようにねじれ形の構造をとる．その S–S 結合距離は 221 pm と，硫黄単体中の単結合（206 pm）よりも顕著に長い．S_2F_{10} は強力な酸化剤であり，加熱すると式 16.59 に従って不均化する．また，NH_3 と反応して $N\equiv SF_3$（構造 16.66 参照）を与えるという面白い反応も起こす．

$$S_2F_{10} \xrightarrow{420\,K} SF_4 + SF_6 \quad (16.59)$$

$SClF_5$ や SF_5NF_2（図 16·13）など，SF_5 基をもつ多くの化合物が知られている．S–Cl と S–F の結合の強さが違うため（表 16·2），$SClF_5$ の反応ではたいてい S–Cl 結合が解離する（たとえば反応 16.60）．

$$2SClF_5 + O_2 \xrightarrow{h\nu} F_5SOOSF_5 + Cl_2 \quad (16.60)$$

硫黄は，上述の SOF_4 など，数種類のオキソフッ化物を形成する．二フッ化チオニル SOF_2 (16.33) は，沸点が 229 K の無色の気体で，SbF_3 を用いて $SOCl_2$ をフッ素化することにより得られる．SOF_2 は F_2 と反応して SOF_4 を与え，水との反応によりゆっくりと加水分解する（図 16·13 参照）．77 K で SOF_2 と $[Me_4N]F$ を反応させ，298 K まで昇温すると $[Me_4N][SOF_3]$ が得られる．これは $[SOF_3]^-$ を含む塩で最初の報告例である．$[SOF_3]^-$ は速やかに加水分解され（反応 16.61．条件によってはひき続いて反応 16.62 が起こる），また，SO_2 と反応して SOF_2 と $[SO_2F]^-$ を与える．

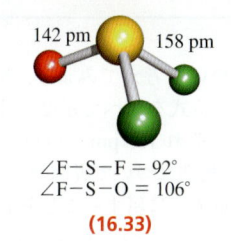

142 pm　158 pm
∠F–S–F = 92°
∠F–S–O = 106°
(16.33)

$$3[SOF_3]^- + H_2O \longrightarrow 2[HF_2]^- + [SO_2F]^- + 2SOF_2 \quad (16.61)$$
$$4[SO_2F]^- + H_2O \longrightarrow 2[HF_2]^- + [S_2O_5]^{2-} + 2SO_2 \quad (16.62)$$

二フッ化スルフリル* SO_2F_2 (16.34) は沸点 218 K の無色の気体で，反応 16.63 または 16.64 に従って合成される．

$$SO_2Cl_2 + 2NaF \longrightarrow SO_2F_2 + 2NaCl \quad (16.63)$$
$$Ba(SO_3F)_2 \xrightarrow{加熱} SO_2F_2 + BaSO_4 \quad (16.64)$$

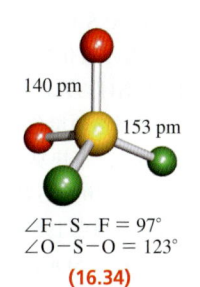

140 pm
153 pm
∠F–S–F = 97°
∠O–S–O = 123°
(16.34)

SO_2F_2 は水とは反応しないが，濃アルカリ水溶液により加水分解される．SO_2F_2 以外にも，FSO_2OSO_2F や FSO_2OOSO_2F など，一連のフッ化スルフリルが知られている．FSO_2OOSO_2F は反応 16.65 に従って合成され，この反応の中間体の関連物質にフルオロ硫酸（§9·8 参照）がある．

$$SO_3 + F_2 \xrightarrow{AgF_2,\,450\,K} FSO_2OF \xrightarrow{SO_3} FSO_2OOSO_2F \quad (16.65)$$

FSO_2OOSO_2F は 393 K で解離して，茶色の常磁性ラジカル $FSO_2O^\bullet$ を与える．その反応例をスキーム 16.66 に示す．

(16.66)
→ $FSO_2OCF_2CF_2OSO_2F$ （C_2F_4）
→ $K[I(OSO_2F)_4]$ （KI）
→ $2ClOSO_2F$ （Cl_2）

硫酸イオンと F_2 との反応により $[FSO_4]^-$ が得られる．$[FSO_4]^-$ は非常に強力な酸化剤であり（式 16.67），セシウム塩として単離することができる．

$$[FSO_4]^- + 2H^+ + 2e^- \rightleftharpoons [HSO_4]^- + HF \quad E^\circ \approx +2.5\,V \quad (16.67)$$

---

* 別名 二フッ化スルホニル（sulfonyl difluoride）またはフッ化スルホニル（sulfonyl fluoride）．

練習問題

1. **16.33** の構造について考えてみよう．S 原子がオクテット則を満たす極限構造式をすべて示せ．また，S, O, F の共有結合半径がそれぞれ 103 pm, 73 pm, 71 pm であることをふまえて，この構造について説明せよ．
2. SO_2F_2 分子が点群 C_{2v} に属することを示せ．
3. SF_6 は温室効果ガスの一つである．成層圏上部で SF_6 は一部光分解されて SF_5 となり，SF_5 は O_2 と結合して F_5SO_2 ラジカルを与える．SF_5 と F_5SO_2 のルイス構造式を示し，不対電子が形式的にどの原子上にくるか示せ．

硫黄の塩化物およびオキソ塩化物

硫黄の塩化物およびオキソ塩化物（これらはすべて水により加水分解される）の種類は，フッ化物やオキソフッ化物に比べると少ない．SF_4，SF_6 や S_2F_{10} に対応する塩化物に安定なものはない．高原子価の塩化物の例に，図 16・13 に従って合成される $SClF_5$ があげられる．

二塩化二硫黄 S_2Cl_2 は発煙性の橙色の液体（融点 193 K，沸点 409 K）で，毒性があり，不快臭がする．S_2Cl_2 は溶融した硫黄に Cl_2 を通すことにより得られるが，反応が進みすぎると SCl_2（深紅色の液体，融点 195 K，分解点 332 K）となる．S_2Cl_2 と SCl_2 はいずれも $SOCl_2$ の工業的原料であり（反応 16.68），S_2Cl_2 はゴムの加硫に用いられる．反応 16.69 が起こりやすいため，純粋な SCl_2 は不安定である．

$$\left.\begin{array}{l} 2SO_2 + S_2Cl_2 + 3Cl_2 \longrightarrow 4SOCl_2 \\ SO_3 + SCl_2 \longrightarrow SOCl_2 + SO_2 \end{array}\right\} \quad (16.68)$$

$$2SCl_2 \rightleftharpoons S_2Cl_2 + Cl_2 \quad (16.69)$$

S_2Cl_2 の構造 **16.35** は，S_2F_2 の構造に似ている．SCl_2 は S-Cl 距離が 201 pm，∠Cl-S-Cl が 103° の折れ線形分子である．これらが水で分解されると，S，SO_2，$H_2S_5O_6$ および HCl の複雑な混合物となる．式 16.18 では，S_2Cl_2 が環状 S_n 分子の合成に用いられることを示した．S_2Cl_2 とポリスルファンの縮合（式 16.70）により得られるクロロスルファンは，さまざまな大きさの環状硫黄分子の合成などに用いられる（構造 **16.8**，**16.9** およびそれに関連する議論を参照）．

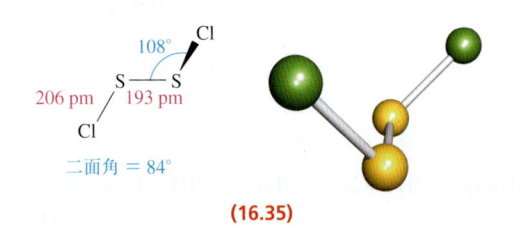

(16.35)

$$ClS-SCl + H(S)_x H + ClS-SCl \longrightarrow ClS_{x+4}Cl + 2HCl \quad (16.70)$$

塩化チオニル* $SOCl_2$（反応 16.68 または 16.71 などにより得られる）と二塩化スルフリル* SO_2Cl_2（反応 16.72 に従い合成される）は無色で発煙性の液体である．$SOCl_2$ の沸点は 351 K で，SO_2Cl_2 の沸点は 342 K である．発煙性であることからもわかるように，これらは水により容易に加水分解される（反応例：式 16.73）．

$$SO_2 + PCl_5 \longrightarrow SOCl_2 + POCl_3 \quad (16.71)$$

$$SO_2 + Cl_2 \xrightarrow{活性炭} SO_2Cl_2 \quad (16.72)$$

$$SOCl_2 + H_2O \longrightarrow SO_2 + 2HCl \quad (16.73)$$

16.36 および **16.37** に示した $SOCl_2$ および SO_2Cl_2 の構造パラメーターは，いずれも気相分子の値である．

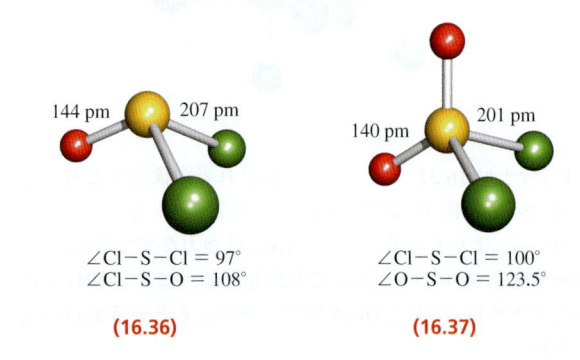

(16.36) ∠Cl-S-Cl = 97°, ∠Cl-S-O = 108°

(16.37) ∠Cl-S-Cl = 100°, ∠O-S-O = 123.5°

$SOCl_2$ と SO_2Cl_2 はいずれも市販されている．塩化チオニルは塩化アシルの合成（式 16.74）や無水金属塩化物の合成（反応 16.73 を利用して結晶水を取除く）に用いられる．一方，SO_2Cl_2 は塩素化試薬として用いられる．

$$RCO_2H + SOCl_2 \xrightarrow{加熱} RC(O)Cl + SO_2 + HCl \quad (16.74)$$

練習問題

1. SCl_2 分子が点群 C_{2v} に属することを示せ．
2. SCl_2 分子のもつ振動の自由度は $(3n-5)$ であるか，それとも $(3n-6)$ であるか．また，その理由を述べよ．〔答 式 4.5 および 4.6 参照〕
3. 付録 3 の点群 C_{2v} の指標表を用いて SCl_2 分子が A_1 および B_2 モードの基準振動をもつことを示せ．また，これらの振動モードを図示せよ．さらに，各モードが赤外およびラマンの双方に活性であることを確認せよ．〔答 図 4・12 および関連する議論を参照せよ．なお SO_2 分子は SCl_2 分子と同様の構造をもつ〕
4. S_2Cl_2 分子の対称性が C_2 であることを示せ．

---

* 塩化チオニルの別名：塩化スルフィニル（sulfinyl chloride）．二塩化スルフリルの別名：二塩化スルホニル（sulfonyl dichloride）または塩化スルホニル（sulfonyl chloride）．

16・7 ハロゲン化物，オキソハロゲン化物およびハロゲン化物錯体

表 16・6 セレンおよびテルルのフッ化物の性質

性　質	SeF$_4$	SeF$_6$	TeF$_4$	TeF$_6$
外観と特徴	無色で発煙性の液体，有毒，激しく加水分解する	低温では白色固体，常温で無色の気体，有毒	無色固体，きわめて有毒	低温で白色固体，常温で無色の気体，腐敗臭，きわめて有毒
融 点 / K	263.5	226（昇華）	403	234（昇華）
沸 点 / K	375	—	467（分解）	—
$\Delta_f H°(298\,K) / kJ\,mol^{-1}$		-1117.0		-1318.0
気体分子中の E−F 結合距離 /pm†	Se−F$_{ax}$ = 176.5 Se−F$_{eq}$ = 168	169	Te−F$_{ax}$ = 190 Te−F$_{eq}$ = 179	181.5

† これ以外の構造データについては本文を参照．ax：アキシアル，eq：エクアトリアル

セレンおよびテルルのハロゲン化物

硫黄の化学においては二ハロゲン化物がよく知られているのに対し，セレンおよびテルルの二ハロゲン化物としては SeCl$_2$ と SeBr$_2$ が単離されているのみである（反応 16.75 および 16.76）．SeCl$_2$ は熱に不安定な赤色の油状物で，SeBr$_2$ は赤茶色の固体である．

$$Se + SO_2Cl_2 \xrightarrow{296\,K} SeCl_2 + SO_2 \quad (16.75)$$
粉末

$$SeCl_2 + 2Me_3SiBr \xrightarrow{296\,K,\,THF} SeBr_2 + 2Me_3SiCl \quad (16.76)$$

表 16・6 に SeF$_4$, SeF$_6$, TeF$_4$ および TeF$_6$ の性質をまとめた．SeF$_4$ はよいフッ素化試薬である．298 K で液体であるので，SF$_4$ と比べると比較的扱いやすい．SeF$_4$ は SeO$_2$ と SF$_4$ の反応により得られる．F$_2$ と Se を直接反応させると，熱的に安定で比較的不活性な化合物 SeF$_6$ が得られる．テルルのフッ化物はセレンのフッ化物と同様に，TeO$_2$ と SF$_4$（または SeF$_4$）の反応から TeF$_4$，単体どうしの反応から TeF$_6$ が得られる．液相および気相で SeF$_4$ は独立した分子として存在するが（図 16・14a），固体中では顕著な分子間相互作用がみられる．しかし，非対称な Te−F−Te 結合により高分子構造の結晶（図 16・14b）をつくる TeF$_4$ に比べると，SeF$_4$ における相互作用はかなり弱い．液体 SeF$_4$ の ^{19}F NMR 分光法による研究によると，SeF$_4$ 分子は立体化学的に剛直ではない（§3・11 参照）．SeF$_6$ と TeF$_6$ の構造は正八面体形である．SeF$_6$ は加水分解反応に対してかなり不活性である．液体 SeF$_4$ に CsF を反応させると Cs$^+$[SeF$_5$]$^-$ が得られる．さらにフッ化物イオンを結合させて [SeF$_6$]$^{2-}$ を得るためには，非常に強力なフッ化物イオン供与体（無水 Me$_4$NF や大きな対イオンをもつ有機フッ化物など，いわゆる "裸の" フッ化物イオン）を用いなければならない．たとえば，[SeF$_5$]$^-$ と 16.38 の反応により [SeF$_6$]$^{2-}$ のヘキサメチル

1,1,3,3,5,5-ヘキサメチルピペリジニウムフルオリド
（"裸の" フッ化物イオンを生じる）
(16.38)

ピペリジニウム塩が得られる．この塩の固体中で [SeF$_6$]$^{2-}$ は幾分ひずんだ八面体構造をとっている（その対称性は C_{3v} と C_{2v} の中間である）．その O_h 対称性からのひずみは，立体化学的に活性な非共有電子対の存在に起因する．ただし，C−H···F 水素結合が存在することから，[SeF$_6$]$^{2-}$ が孤立した環境にあるとは考えにくいことも考慮に入れておくべきである．

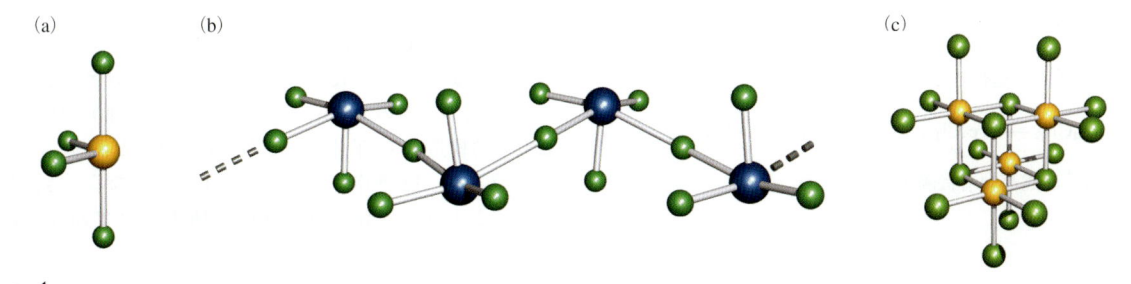

図 16・14 　(a) 気相および液相中における SeF$_4$ の構造．(b) 固体中では TeF$_4$ は高分子鎖状構造をとる．Te−F−Te 架橋（Te−F 結合距離は 208 pm および 228 pm）は，非対称的である．(c) SeCl$_4$ 結晶中にみられる Se$_4$Cl$_{16}$ 分子の構造．原子の色表示：Se 黄色，Te 青色，Cl 緑色．

六フッ化テルルは，水で加水分解してテルル酸 H_6TeO_6（**16.62**）を与えるほか，式 16.77 などの多くの交換反応を起こす．TeF_6 はフッ化物イオンの受容体でもあり，無水条件下でフッ化アルカリや $[Me_4N]F$ と反応する（式 16.78）．

$$TeF_6 + Me_3SiNMe_2 \longrightarrow Me_2NTeF_5 + Me_3SiF \quad (16.77)$$

$$\left. \begin{array}{l} TeF_6 + [Me_4N]F \xrightarrow{MeCN,\ 233\ K} [Me_4N][TeF_7] \\ [Me_4N][TeF_7] + [Me_4N]F \xrightarrow{MeCN,\ 273\ K} [Me_4N]_2[TeF_8] \end{array} \right\} \quad (16.78)$$

$[TeF_7]^-$ は五方両錐構造（**16.39**）であり，固体中ではエクアトリアルのフッ素原子が平均平面から若干ずれている．振動分光のデータによると $[TeF_8]^{2-}$（**16.40**）は正方逆プリズム構造である．

$Te-F_{ax} = 179$ pm
$Te-F_{eq} = 183-190$ pm

(16.39)　　　**(16.40)**

硫黄と異なり，セレンおよびテルルの四塩化物は単体の直接反応により得られ，安定である．それらはいずれも 298 K で固体であり（$SeCl_4$ は無色で昇華点 469 K，$TeCl_4$ は黄色で融点 497 K，沸点 653 K），図 16・14c に示す四量体構造をとる（図は $SeCl_4$ の例）．中心部のキュバン構造の部分における E−Cl（E = Se または Te）結合距離は末端の E−Cl 結合距離と比べて極端に長い．たとえば Te−Cl は中心部では 293 pm であり，末端では 231 pm である．それゆえ，この構造は $[ECl_3]^+$ と Cl^- からなるとみなすこともできる．非極性溶媒中で塩化物イオンを共存させることにより，四量体 E_4Cl_{16}（E = Se または Te）から段階的に $[ECl_3]^+$ を取除くことができる．その第一段階の反応式は

$$Te_4Cl_{16} + R^+Cl^- \longrightarrow R^+[Te_3Cl_{13}]^- + TeCl_4$$

となり，反応の進行とともに以下の化学種が順に得られる．

$$Te_4Cl_{16} \longrightarrow [Te_3Cl_{13}]^- \longrightarrow [Te_2Cl_{10}]^{2-} \longrightarrow [TeCl_6]^{2-}$$

ここで R^+ は嵩高い有機陽イオンを表す．

> 原子が立方体形（またはほぼ立方体形）に配置した構造を**キュバン**（cubane，クバン）とよぶ．

陽イオン $[SeCl_3]^+$ および $[TeCl_3]^+$ は，反応 16.79 に示すように，Cl^- 受容体との反応によっても得ることができる．

$$SeCl_4 + AlCl_3 \longrightarrow [SeCl_3]^+ + [AlCl_4]^- \quad (16.79)$$

$SeCl_4$ および $TeCl_4$ はいずれも，水により容易に加水分解されるが，濃塩酸の存在下では 1 族金属元素の塩化物と反応して $K_2[SeCl_6]$ や $K_2[TeCl_6]$ などの黄色の錯体を与える．$[TeCl_6]^{2-}$ は反応 16.80 により合成することもでき，$[SeCl_6]^{2-}$ は溶融 $SbCl_3$ への $SeCl_4$ の溶解により合成することも可能である（反応 16.81）．

$$TeCl_4 + 2^tBuNH_2 + 2HCl \longrightarrow 2[^tBuNH_3]^+ + [TeCl_6]^{2-} \quad (16.80)$$

$$2SbCl_3 + SeCl_4 \rightleftharpoons 2[SbCl_2]^+ + [SeCl_6]^{2-} \quad (16.81)$$

VSEPR 理論に基づけば，$[SeCl_6]^{2-}$ および $[TeCl_6]^{2-}$ は（その非共有電子対が立体化学的に活性であれば）正八面体からひずんだ構造をとることが予想されるが，これらは通常（下記参照）O_h 対称の**正八面体**（regular octahedral）構造をとる．このことは，(たとえば $[SeF_6]^{2-}$ から $[SeCl_6]^{2-}$ のように) 配位子が嵩高くなると非共有電子対の立体化学的活性が低下し，八面体のひずみが軽減するためと説明される*．ただし，すでに述べたように，陽イオン−陰イオン間の水素結合が存在するため，固体中における $[SeF_6]^{2-}$ のひずみの起源は明確ではない．一般に，固体中で陰イオンの構造に陽イオンが影響を与える場合は，同様の注意を払わねばならない．たとえば，$[H_3N(CH_2)_3NH_3][TeCl_6]$ において $[TeCl_6]^{2-}$ は C_{2v} 対称を示し，$[^tBuNH_3]_2[TeBr_6]$ において $[TeBr_6]^{2-}$ は C_{3v} 対称を示す．図 16・15 に示すように，八面体形の陰イオン $[ECl_6]^{2-}$（E = Se, Te）については，6 個の塩素原子の 3p 軌道と，Se に対しては 4s と 4p のみ，Te に対しては 5s と 5p のみを用いて分子軌道を組立てることができる．そのうち 7 個の分子軌道（その内訳は 4 個の結合性軌道，2 個の非結合性軌道，1 個の反結合性軌道）が占有されるため，$[ECl_6]^{2-}$ の結合生成には差引き 3 個分の軌道が寄与する．その結果，E−Cl の結合次数は 0.5 となる．

テルルは Te_3Cl_2 や Te_2Cl など，一連の次ハロゲン化物（訳注：ハロゲン含量のより小さなハロゲン化物の総称）をつくる．これらの構造は Te 単体のらせん状直鎖構造と関係づけることができる．Te 単体が酸化されて Te_3Cl_2 となるとき，3 原子につき 1 原子の Te が酸化されて **16.41** に示す高分子構造

---

* これらの概念についてのより完全な議論については R. J. Gillespie and P. L. A. Popelier (2001) *Chemical Bonding and Molecular Geometry*, Oxford University Press, Oxford, Chapter 9 参照．$[EX_6]^{n-}$ に関する最近の理論的研究については M. Atanasov and D. Reinen (2005) *Inorg. Chem.*, vol. 44, p. 5092 参照．

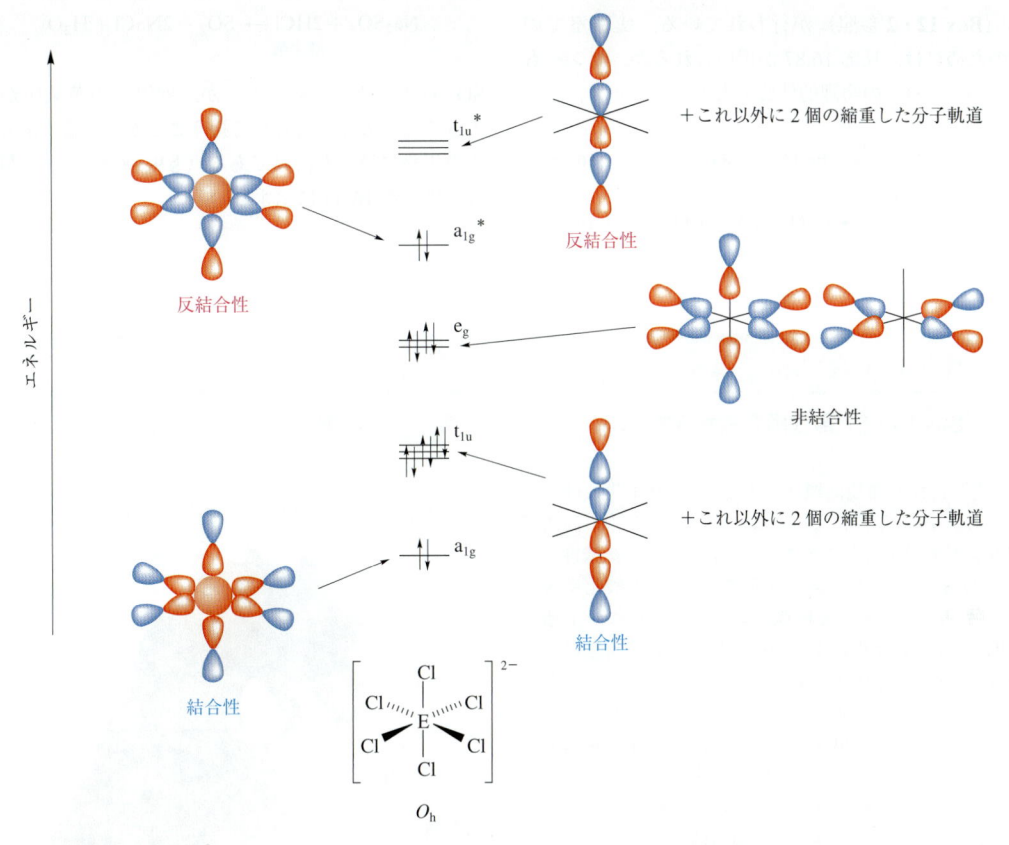

図 16・15 八面体形 [ECl$_6$]$^{2-}$ (E = Se, Te) の分子軌道図. Se の場合は 4s と 4p 軌道を, Te の場合は 5s と 5p 軌道を使う. これらの軌道が Cl の 3p 軌道と重なり合う. この図は SF$_6$ の分子軌道図 (図 5・27 と図 5・28) と同様にして導くことができる.

を与える.

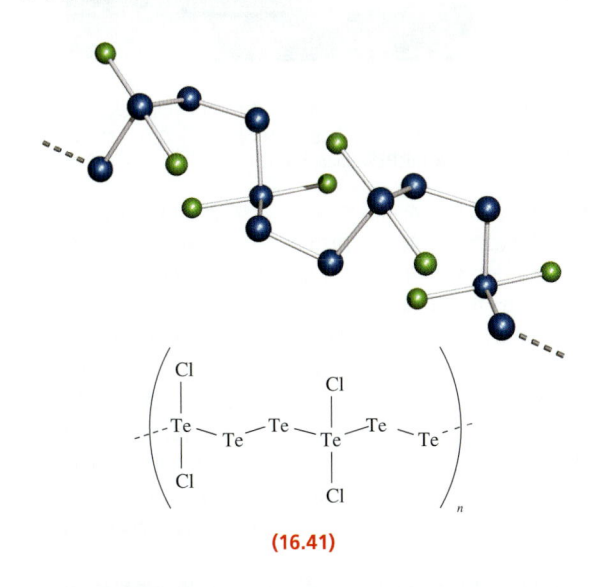

(16.41)

16・8 酸化物

硫黄の酸化物

硫黄の酸化物のなかで最も重要な化合物は SO$_2$ と SO$_3$ で あるが,それ以外にも安定な酸化物は多数存在する.その例 に,反応 16.82 で得られる S$_2$O (**16.42**) および反応 16.83 で得られる S$_8$O (**16.43**) があげられる.酸化物 S$_n$O ($n =$ 6〜10) は式 16.84 類似の反応 (16.84 は S$_8$O に対する例) により合成できる.

(16.42) (16.43)

$$SOCl_2 + Ag_2S \xrightarrow{430\ K} S_2O + 2AgCl \quad (16.82)$$

$$HS_7H + SOCl_2 \longrightarrow S_8O + 2HCl \quad (16.83)$$

$$S_8 \xrightarrow{CF_3C(O)OOH} S_8O \quad (16.84)$$

二酸化硫黄は硫黄の燃焼(最も重要な製造法), H$_2$S の燃焼, 硫化物鉱石の焙焼(たとえば式 16.85), あるいは CaSO$_4$ の 還元(式 16.86)により大量に生産される.現在, SO$_2$ の排 出を制限し,酸性雨(**Box 16・5** 参照)を減らすための脱硫

プロセス（**Box 12・2** 参照）が行われている．実験室での SO_2 使用のためには，反応 16.87 が用いられるが，ボンベも市販されている．SO_2 の物理的性質を表 16・7 に示す．

$$4FeS_2 + 11O_2 \xrightarrow{\text{加熱}} 2Fe_2O_3 + 8SO_2 \tag{16.85}$$

$$CaSO_4 + C \xrightarrow{>1620\,K} CaO + SO_2 + CO \tag{16.86}$$

$$\underset{\text{濃塩酸}}{Na_2SO_3 + 2HCl} \longrightarrow SO_2 + 2NaCl + H_2O \tag{16.87}$$

SO_2 の沸点は 263 K であるが，室温での蒸気圧がそれほど大きくないので，密封して扱うことができる．SO_2 はさまざまな用途に適した溶媒である（**§9・8** 参照）．二酸化硫黄の分子構造を **16.44** に示す．

資源と環境

Box 16・5　酸性雨をもたらす SO_2

"酸性雨"に伴う環境問題は，すでに 1870 年代には知られていたが，1960 年代になってヨーロッパや北米の湖沼で魚類の生息数が減少したことによって顕在化した．酸性雨の二大原因は SO_2 と NO_x である（**§27・8** で窒素酸化物 NO_x による環境汚染を除去する触媒コンバーターについて述べる）．SO_2 発生源には火山からの噴出物など自然現象によるものもあるが，大気中の硫黄のおよそ 90% は人類の活動によるものである．石炭などの化石燃料はおよそ 2〜3% の硫黄を含み，燃焼すると SO_2 を発生する．二酸化硫黄は Co, Ni, Cu（**式 22.6**）や Zn などの金属精錬の際に硫化物を焙焼する工程でも発生するが，この工程で得られた SO_2 は現在では硫酸の製造に用いられている（図 16・2 と関連する記述を参照）．大気中に排出されると，SO_2 は大気中を漂う細かな水滴に溶け，H_2SO_3 や H_2SO_4 を与える．酸の生成は，多段階の反応を経るため数日を要するが，結果をまとめると

$$2SO_2 + O_2 + 2H_2O \longrightarrow 2H_2SO_4$$

となる．酸性雨が地表に降下するまでに，汚染物質は発生源から長い距離を移動する可能性がある．たとえば，ヨーロッパでは偏西風のために英国，フランスやドイツで排出された SO_2 がスカンディナヴィア地方に運ばれる．

酸性雨は破壊的な影響を与えかねない．湖沼水や河川水の pH は基岩の組成の影響が大きく，時には天然の緩衝作用がみられるものの，酸性雨により低下する．酸性雨の第二の影響として，基岩に浸み込んだ酸性雨がアルミノケイ酸鉱物と反応し，基岩から重金属イオンを浸み出させる可能性が指摘される．酸性雨が基岩から浸み出て水路に流れ込むと，金属による汚染がもたらされる．汚染され，酸性になった水は魚類を死滅させるだけでなく，食物連鎖に影響を及ぼす．土壌に降った酸性雨は，土壌が塩基性の場合には土壌を中和する．しかし，それ以外の場合には土壌の pH を下げ，植物の栄養素を浸み出させてしまい，植生に破壊的影響を与える．酸性雨による建築構造材料への影響はそこかしこに見られる．歴史的な教会のガーゴイルがぼろぼろに崩れ落ちようとしている姿は，酸性雨による汚染の悲しむべき結果を見せつける．写真はパリのノートルダム大聖堂の石灰岩製のガーゴイルの

パリのノートルダム大聖堂のガーゴイル．1996 年に撮影された．石灰岩の損傷はおもに酸性雨によってもたらされた．[©Paul Almasy/CORBIS/amanaimages]

酸性雨による被害を示している．大聖堂は 1345 年に完成し，写真による記録では 1920 年までは彫刻の細部が残っていた．その後 70 年の間，工業の発展と歩調を合わせるように，浸食が顕著に進んだ．その主たる原因は酸性雨である．

酸性雨原因ガスの排出を規制する国際条約が 1980 年代に発効した．次ページのグラフはヨーロッパにおける SO_2 および NO_2 の排出量（1880 年からの実績および 2020 年までの計画値）の変化を示す．そこには 1980 年代における条約制定の効果が明瞭に現れている．最近の環境研究は，西ヨーロッパおよび北米における河川や湖沼の状態がいくぶん改善していることを示している．しかしながら，まだ道のりは遠い．

関連した情報：SO_2 排出を減らすための脱硫過程については **Box 12・2** 参照，火山からの排出については **Box 16・6** 参照．

さらに勉強したい人のための参考文献

T. Loerting, R. T. Kroemer and K. R. Liedl (2000) *Chemical Communications*, p. 999 — 'On the competing hydrations of sulfur dioxide and sulfur trioxide in our atmosphere'.

J. L. Stoddard *et al.* (1999) *Nature*, vol. 401, p. 575 — 'Regional trends in aquatic recovery from acidification in North America and Europe'.

J. Vuorenmaa (2004) *Environmental Pollution*, vol. 128, p. 351 — 'Long-term changes of acidifying deposition in Finland (1973−2000)'.

R. F. Wright *et al.* (2005) *Environmental Science & Technology*, vol. 39, p. 64A — 'Recovery of acidified European surface waters'.

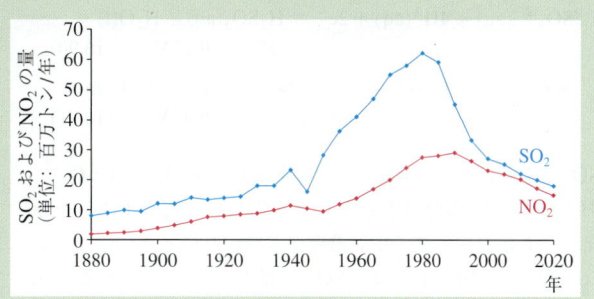

[データ: R. F. Wright *et al.* (2005) *Environ. Sci. Technol.*, vol. 39, p. 64A.]

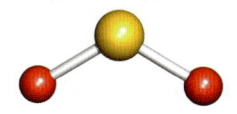

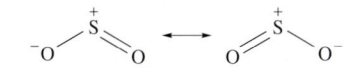

S−O = 143 pm
∠O−S−O = 119.5°

(16.44)

二酸化硫黄は O_2（下記参照）や，F_2 および Cl_2（式16.88）と反応する．また，原子番号の大きなアルカリ金属フッ化物とも反応してフッ化亜硫酸塩を与え（式16.89），CsN_3 と反応して $[SO_2N_3]^-$（図16·16a）および $[(SO_2)_2N_3]^-$（図16·16b）の Cs^+ 塩を与える．$Cs[(SO_2)_2N_3]$ は CsN_3 を 209 K の液体 SO_2 に溶解したときに得られる．温度を 243 K まで上げると，$[(SO_2)_2N_3]^-$ は1当量の SO_2 を失って $[SO_2N_3]^-$ になる．

$$SO_2 + X_2 \longrightarrow SO_2X_2 \quad (X = F, Cl) \quad (16.88)$$

$$SO_2 + MF \xrightarrow{258\,K} M^+[SO_2F]^- \quad (M = K, Rb, Cs) \quad (16.89)$$

水溶液中で，SO_2 はほんのわずかだけ亜硫酸 H_2SO_3 になっている．H_2SO_3 水溶液にはかなりの量の SO_2 が溶け込んで

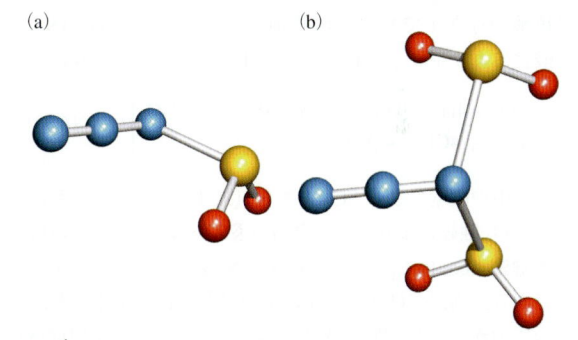

図 16·16 (a) アジド亜硫酸イオン $[SO_2N_3]^-$ の構造．Cs^+ との塩を173 Kで測定したX線回折の結果から求められた．(b) $[(SO_2)_2N_3]^-$ の構造．Cs^+ との塩を130 Kで測定したX線回折の結果から求められた．原子の色表示：N 青色，S 黄色，O 赤色．[文献: (a) K. O. Christe *et al.* (2002) *Inorg. Chem.*, vol. 41, p. 4275, (b) K. O. Christe *et al.* (2003) *Inorg. Chem.*, vol. 42, p. 416]

いる（式7.18〜7.20参照）．二酸化硫黄は酸性では弱い還元剤であり，塩基性条件下では還元力が若干強くなる（式16.90および16.91）参照．

表 16·7 SO_2 および SO_3 の物理的性質

性　質	SO_2	SO_3
外観と一般的な特徴	無色で濃密な気体，刺激臭	昇華性の白色固体あるいは液体
融　点 / K	197.5	290
沸　点 / K	263.0	318
$\Delta_{vap}H°$ (bp) / kJ mol^{-1}	24.9	40.7
$\Delta_f H°$ (298 K) / kJ mol^{-1}	−296.8 (SO_2, g)	−441.0 (SO_3, l)
双極子モーメント / D	1.63	0
S−O 結合距離 / pm†	143	142
∠O−S−O / deg†	119.5	120

† 気相中での値．SO_3 のデータは単量体のもの．

$$[SO_4]^{2-}(aq) + 4H^+(aq) + 2e^- \rightleftharpoons H_2SO_3(aq) + H_2O(l)$$
$$E° = +0.17\,V \quad (16.90)$$

$$[SO_4]^{2-}(aq) + H_2O(l) + 2e^- \rightleftharpoons [SO_3]^{2-}(aq) + 2[OH]^-(aq)$$
$$E°_{[OH^-]=1} = -0.93\,V \quad (16.91)$$

SO_2 水溶液は各種の酸化剤（たとえば I_2, $[MnO_4]^-$, $[Cr_2O_7]^{2-}$ および Fe^{3+} の酸性溶液など）で酸化されて硫酸イオンを与える．しかし，水素イオン濃度が非常に高いときには，反応 16.92 に示す例のように，$[SO_4]^{2-}$ は SO_2 に還元される．還元電位の水素イオン濃度依存性については §8・2 で詳しく述べた．

$$Cu + 2H_2SO_4 \longrightarrow SO_2 + CuSO_4 + 2H_2O \quad (16.92)$$
濃硫酸

濃塩酸の存在下で SO_2 は酸化剤として働く．反応 16.93 では酸化により生成した Fe(III) が Cl^- と錯形成している．

$$\left.\begin{array}{l} SO_2 + 4H^+ + 4Fe^{2+} \longrightarrow S + 4Fe^{3+} + 2H_2O \\ Fe^{3+} + 4Cl^- \longrightarrow [FeCl_4]^- \end{array}\right\} \quad (16.93)$$

空気中の酸素による SO_2 の酸化（式 16.94）はとても遅いが，V_2O_5 触媒により促進される（§27・8 参照）．この反応は **接触法**（contact process）による硫酸の製造法の最初の段階である．高温では式 16.94 の平衡が左に移動すること，空気の圧力が高いほど収率がよくなることなどの要因のため，反応条件を最適化することが重要である．実際の生産現場では，約 750 K で反応が行われており，SO_3 への変換効率は 98%を超えている．

$$2SO_2 + O_2 \rightleftharpoons 2SO_3 \quad \Delta_r H° = -96\,\text{kJ/mol}\,SO_2$$
$$(16.94)$$

練習問題
つぎの平衡反応

$$SO_2(g) + \tfrac{1}{2}O_2(g) \rightleftharpoons SO_3(g)$$

の平衡定数の自然対数 $\ln K$ は 1073 K では 8.04，1373 K では -1.20 である．各温度での $\Delta G°$ を求め，その値が上記の平衡の硫酸製造工程第一段階への応用に対してもつ意味について述べよ．　　　［答 $\Delta G°(1073\,K) = -71.7\,\text{kJ mol}^{-1}$; $\Delta G°(1373\,K) = +13.7\,\text{kJ mol}^{-1}$］

硫酸の製造において，気体の SO_3 は濃硫酸に吸収させ，**発煙硫酸**（oleum，§16・9 参照）とすることにより，反応混合物から取出される．SO_3 は激しく水と反応し，大量に発熱して濃い霧を発するため，SO_3 を直接水に吸収させて H_2SO_4 とする方法は現実的ではない．少量であれば，SO_3 は発煙硫酸を加熱することにより得られる．

表 16・7 に SO_3 の物理的性質を示す．気相では SO_3 は単量体（16.45 に示す平面分子，S-O 距離は 142 pm）と三量体の平衡混合物となっている．16.46 に示す共鳴構造式にあるように，三つの S-O 結合は等価であり，中心の硫黄原子

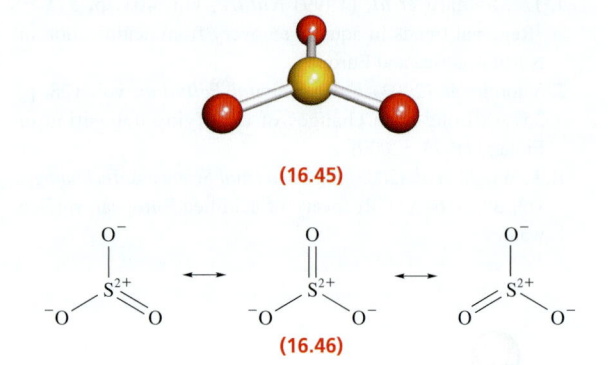

(16.45)

(16.46)

はオクテット則を満たしている．固体の SO_3 には多形がみられ，いずれの多形も二つの酸素原子を共有した SO_4 四面体からなる．低温で気体から凝固させると，氷に似た外観の γ-SO_3 が得られる．γ-SO_3 は図 16・17a に示す三量体を含む．微量の水分が共存すると，白色で結晶性の β-SO_3 が得られる．β-SO_3 は図 16・17b に示す高分子鎖状構造からなる．α-SO_3 も同様に高分子鎖状構造からなるが，鎖が層状に積み重なっている．各相は，水との反応の速度が異なるが，熱力学的パラメーターの違いはとても小さい．三酸化硫黄は非常に反応性の高い化合物であり，その代表的な反応例をスキーム 16.95 に示す．

(a) 140 pm / 160 pm

(b)

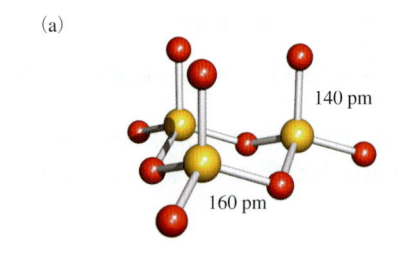

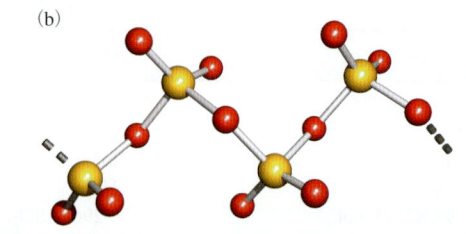

図 16・17 四面体形 SO_4 ユニットをもつ三酸化硫黄の多形の構造．(a) γ-SO_3 は三量体分子からなる．(b) α-および β-SO_3 は高分子鎖からなる．原子の色表示：S 黄色，O 赤色．

$$\text{SO}_3 \begin{array}{l} \xrightarrow{\text{HX}} \text{HSO}_3\text{X} \quad \text{X} = \text{F, Cl} \\ \xrightarrow{\text{L}} \text{L·SO}_3 \quad \text{L} = \text{ルイス塩基（例 ピリジン, PPh}_3\text{）} \\ \xrightarrow{\text{H}_2\text{O}} \text{H}_2\text{SO}_4 \end{array}$$

(16.95)

セレンおよびテルルの酸化物

セレンおよびテルルの単体を直接酸素と反応させると二酸化物（いずれも白色固体）が得られる．単体の反応から得られる TeO_2 は $\alpha\text{-}TeO_2$ とよばれ，その多形 $\beta\text{-}TeO_2$ は鉱物**酸化テルル鉱**（tellurite）として天然に産出する．いずれの多形も **16.47** に示す構造単位をもち，$\alpha\text{-}TeO_2$ ではそれが酸素原子を共有して三次元格子をつくり，$\beta\text{-}TeO_2$ では層状構造をつくる．SeO_2 は **16.48** に示す鎖状構造であり，セレン原子が三方錐形の配位環境にある．SeO_2 は 588 K で昇華するのに対し，TeO_2 は非昇華性の固体（融点 1006 K）である．気相中で SeO_2 は **16.49** に示す単量体構造をとる．SeO_2 の共鳴構造は SO_2 と同様に考えることができる（構造 **16.44**）．S, Se および Te の二酸化物の構造および性質（融点，蒸気

資源と環境

Box 16・6　火山からの排出物

火山の噴火は，水蒸気（火山ガスの 70% 以上を占める），CO_2 および SO_2 の排出を伴う．その際，量は少ないものの，CO，硫黄蒸気および Cl_2 も排出される．**温室効果**（greenhouse effect）をもたらす二酸化炭素は，火山の噴火により毎年 1.12 億トン排出されていると見積られている．噴煙中の CO_2 濃度は赤外分光法により監視される．SO_2 の監視には紫外分光法が用いられる（SO_2 は約 300 nm に吸収をもつ）．南イタリアのエトナ火山は"継続的にガスを放出する"火山に分類され，その SO_2 排出量はすべての火山のうちで最も多い．1991 年，エトナ火山は 1 日当たり 4000〜5000 トンの割合で SO_2 を排出したが，この値はフランスにおける製造業からの硫黄の排出量に匹敵する．SO_2 の排出は酸性雨をもたらすため，特に環境に悪影響をもたらす．硫酸エアロゾルは噴火後長期間大気中に漂う．セントヘレンズ火山は 1980 年 5 月に噴火し，噴火終了までに噴煙中の SO_2 の量は 1 日当たりおよそ 2800 トンであった．また，1980 年 7 月には 1 日当たりおよそ 1600 トンの SO_2 を排出した．SO_2 の排出（主となる噴火の後は徐々に少なくなる）は 2 年以上続き，火山活動の活発化に伴い周期的に増加した．

関連する議論：**Box 12・2**，**Box 14・9**，**Box 16・5** 参照．

さらに勉強したい人のための参考文献

T. Casadevall, W. Rose, T. Gerlach, L. P. Greenland, J. Ewert, R. Wunderman and R. Symonds (1983) *Science*, vol. 221, p. 1383 − 'Gas emissions and eruptions of Mount St. Helens through 1982'.

L. L. Malinconico, Jr (1979) *Nature*, vol. 278, p. 43 − 'Fluctuations in SO_2 emission during recent eruptions of Etna'.

C. Oppenheimer (2004) in *Treatise on Geochemistry*, eds H. D. Holland and K. K. Turekian, Elsevier, Oxford, vol. 3, p. 123 − 'Volcanic degassing'.

R. B. Symonds, T. M. Gerlach and M. H. Reed (2001) *Journal of Volcanology and Geothermal Research*, vol. 108, p. 303 − 'Magmatic gas scrubbing: implications for volcano monitoring'.

米国ワシントン州セントヘレンズ火山の爆発的噴火（1980 年 7 月 22 日）［米国地質調査所/Cascades Volcano Observatory/Michael P. Doukas］

圧など）は，16族元素の金属性が原子番号が大きくなるほど増えることを反映している．

(16.47)　(16.48)　(16.49)

二酸化セレンは毒性が高く，容易に水に溶けて亜セレン酸 H_2SeO_3 を与える．SeO_2 はヒドラジンなどにより還元されやすいので，有機化学反応において酸化剤として用いられる．α-TeO_2 は水にほんのわずかに溶けて H_2TeO_3 を生じるが，塩酸やアルカリにはよく溶ける．SeO_2 と同様，TeO_2 もよい酸化剤である．SO_2 と同様，SeO_2 および TeO_2 は KF と反応する（式 16.89 参照）．$K[SeO_2F]$ の固体中ではフッ素原子が弱く $[SeO_2F]^-$ を架橋して鎖状構造をつくっている．それとは対照的に $K[TeO_2F]$ は三量体構造である（構造 16.50，例題 16.4 参照）．セレンの三酸化物は白色で吸湿性の固体であり，SeO_2 と O_2 への分解に対して熱力学的に不安定である（$\Delta_fH°$ (298 K) が SeO_2 では -225 kJ mol^{-1}，SeO_3 では -184 kJ mol^{-1}）ため，合成が困難である．SeO_3 は SO_3 と K_2SeO_4（セレン酸の塩）の反応により合成することができる．三酸化セレンは 438 K で分解し，水に溶け，SO_3 よりも強い酸化剤である．固体中には四量体（16.51）が存在する．

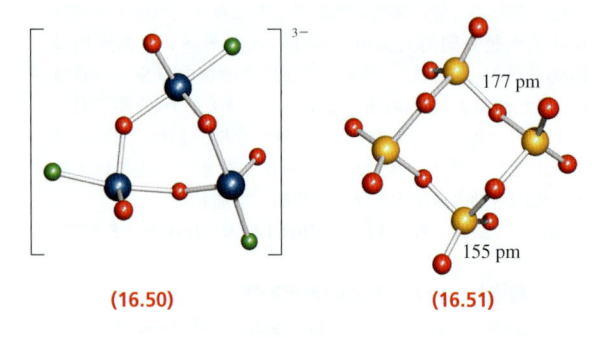

(16.50)　(16.51)

三酸化テルル（α体）はテルル酸の脱水により得られる（式 16.96）．α-TeO_3 は橙色の固体で，水には不溶だがアルカリ水溶液に溶け，非常に強力な酸化剤である．670 K 以上に加熱すると，TeO_3 は分解して TeO_2 と O_2 になる．固体の TeO_3 では，酸素原子に架橋された八面体配位の Te(VI) が三次元構造をつくっている．

$$H_6TeO_6 \longrightarrow TeO_3 + 3H_2O \qquad (16.96)$$

例題 16.4　セレンとテルルの酸化物およびその誘導体

16.50 は $[Te_3O_6F_3]^{3-}$ の構造を示す．テルルの配位環境が四面体形でないことを説明せよ．

解答　構造 16.50 に VSEPR 則を適用せよ．
テルルは 16 族元素であり，原子価殻に電子を 6 個もつ．
Te–F および 3 個の Te–O（そのうち 1 個が末端酸素原子で，2 個が架橋酸素原子）結合の生成のため，Te の原子価殻にさらに 4 個の電子が加わる．
したがって，$[Te_3O_6F_3]^{3-}$ 中のテルル原子の原子価殻は 5 組の電子対をもち，そのうちの 1 組は非共有電子対となる．
VSEPR 則に基づくと，三方両錐形の配位環境が予想される．

練習問題

1. Se_4O_{12} (**16.51**) について，セレン原子がオクテット則を満たすような共鳴構造を図示せよ．[ヒント：構造 **16.46** 参照]
2. "TeO_2 は二形（dimorphic）である" という文が，何を意味するか説明せよ．
3. SeO_2 は NaOH 水溶液に溶ける．溶液中に存在する化学種を示し，それらの生成を表す化学反応式を示せ．
　[答　$[SeO_3]^{2-}$ と $[HSeO_3]^-$]
4. "TeO_2 は両性（amphoteric）である" という文が，何を意味するか説明せよ．　　　　　　　　[答　§7・8 参照]

16・9　オキソ酸およびその塩

オキソ酸に関する議論の前置きとして，まず，その概略を以下にまとめて記す．

- 硫黄のオキソ酸の化学は，リンのオキソ酸の化学と似ており，同程度に複雑である．
- 縮合硫酸イオンは縮合リン酸イオンよりも例が少ないものの，硫酸イオンとリン酸イオンの構造には類似性がみられる．
- 硫黄のオキソ酸が関与する酸化還元反応は一般に速度が遅いため，熱力学的データのみでは全体像をとらえることが困難である（窒素やリンのオキソ酸の場合と比較せよ）．
- セレンとテルルのオキソ酸の化学は比較的単純である．

硫黄のオキソ酸のうち重要なものについて，構造と pK_a の値を表 16・8 にまとめた．

亜ジチオン酸 $H_2S_2O_4$

表 16・8 に亜ジチオン酸（dithionous acid）の構造を示しはしたが，これまでに酸は単離されておらず，その塩のみが知られている．亜ジチオン酸塩は強力な還元剤である．亜ジチオン酸イオン（dithionite ion）は，亜硫酸イオンの水溶液を亜鉛またはナトリウムのアマルガムで還元することにより得られ（式 16.97），**16.52** に示す重なり形構造を示す．

表 16・8 硫黄のオキソ酸の代表例[†1]

化学式	名 称	構 造[†2]	pK_a(298 K)
$H_2S_2O_4$	亜ジチオン酸 dithionous acid		pK_a(1) = 0.35; pK_a(2) = 2.45
H_2SO_3	亜硫酸[†3] sulfurous acid		pK_a(1) = 1.82; pK_a(2) = 6.92
H_2SO_4	硫 酸 sulfuric acid		pK_a(2) = 1.92
$H_2S_2O_7$	二硫酸 disulfuric acid		pK_a(1) = 3.1
$H_2S_2O_8$	ペルオキソ二硫酸 peroxodisulfuric acid		
$H_2S_2O_3$	チオ硫酸 thiosulfuric acid		pK_a(1) = 0.6; pK_a(2) = 1.74

[†1] この表では広く用いられている名称を示した. 体系的付加命名法および慣用名に対するコメントについては *IUPAC: Nomenclature of Inorganic Chemistry (Recommendations 2005)*, senior eds N. G. Connelly and T. Damhus, RSC Publishing, Cambridge.〔邦訳:"無機化学命名法- IUPAC 2005 年勧告", 日本化学会 化合物命名法委員会訳著, 東京化学同人 (2010)〕を参照.
[†2] 本文参照. すべての遊離酸が単離されているわけではない.
[†3] 共役塩基の構造については本文を参照.

$$\left[\begin{array}{c} \underset{O}{\overset{239\ pm}{S-S}} \\ O \quad O \quad O \end{array} \right]^{2-}$$

S–O = 151 pm

(16.52)

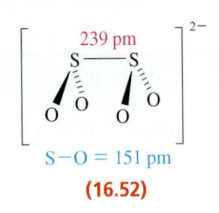

$$2[SO_3]^{2-} + 2H_2O + 2e^- \rightleftharpoons 4[OH]^- + [S_2O_4]^{2-}$$
$$E° = -1.12\ V \qquad (16.97)$$

$[S_2O_4]^{2-}$ における非常に長いS–S結合(硫黄の共有結合半径の2倍 206 pm と比較せよ)は,この結合が非常に弱いことを示している.中性から酸性の溶液中において$[S_2O_4]^{2-}$とSO$_2$の間は^{35}Sが速く交換しているという実験結果は,S–S結合が弱いことを裏づけている.ESR分光法(**Box 20・1** 参照)によると,Na$_2$S$_2$O$_4$ 溶液中には$[SO_2]^-$アニオンラジカルが存在する.水溶液中では$[S_2O_4]^{2-}$は酸素により酸化されるが,酸素がない場合には反応 16.98 が進行する.

$$2[S_2O_4]^{2-} + H_2O \longrightarrow [S_2O_3]^{2-} + 2[HSO_3]^- \qquad (16.98)$$

亜硫酸 H$_2$SO$_3$ および二亜硫酸 H$_2$S$_2$O$_5$

亜硫酸 (sulfurous acid, §16・8 も参照せよ),二亜硫酸 (disulfurous acid) のいずれも遊離酸としては単離されていない.亜硫酸イオン (sulfite ion) $[SO_3]^{2-}$ を含む塩はよく知られており(たとえばNa$_2$SO$_3$ や K$_2$SO$_3$ は市販されている),非常によい還元剤である(式 16.91).亜硫酸塩は食品の保存(例としてワインの添加剤,**Box 16・7** 参照)などに用いられている.$[SO_3]^{2-}$は三方錐構造で,結合電子は非局在化している(S–O = 151 pm, ∠O–S–O = 106°).^{17}O NMR 分光法によると,$[SO_3]^{2-}$がプロトン化すると,平衡 16.99 に示す異性体の混合物を与える.

$$\left[H-OSO_2 \right]^- \rightleftharpoons \left[H-SO_3 \right]^- \qquad (16.99)$$

$[HSO_3]^-$は溶液中に存在し,NaHSO$_3$(漂白剤として用いられる)などの塩が単離できる.一方,SO$_2$で飽和したNaHSO$_3$ の溶液を蒸発乾固させるとNa$_2$S$_2$O$_5$ が生成する(式 16.100).

$$2[HSO_3]^- \rightleftharpoons H_2O + [S_2O_5]^{2-} \qquad (16.100)$$

応用と実用化

Box 16・7 ワイン中の SO$_2$ と亜硫酸塩

ワイン製造の発酵過程では,ワインの絞り汁中の微生物を殺菌するため,SO$_2$ や K$_2$S$_2$O$_5$ が加えられる.微生物が存在するとワインが劣化するためである.SO$_2$ は大規模なワイン製造工場のみで用いられ,小規模な醸造所では添加物としてK$_2$S$_2$O$_5$ が一般的に用いられている.酸性溶液中で$[S_2O_5]^{2-}$は以下の反応を起こす.

$$[S_2O_5]^{2-} + H_2O \rightleftharpoons 2[HSO_3]^-$$
$$[HSO_3]^- + H^+ \rightleftharpoons SO_2 + H_2O$$

また,SO$_2$ 水溶液の平衡反応は以下のとおりである.

$$SO_2 + H_2O \rightleftharpoons H^+ + [HSO_3]^- \rightleftharpoons 2H^+ + [SO_3]^{2-}$$

なお,これらの平衡反応については**式 7.18〜7.20** で,より詳しく議論した.平衡は pH に依存するため,発酵過程では pH は 2.9〜3.6 の範囲に調整される.上の化学式に現れる化学種のうち,分子状の SO$_2$ のみが抗菌活性をもつためである.

最初の(つまり,酵母による)発酵過程にひき続き,微生物によってリンゴ酸が乳酸に変換される発酵過程(マロラクチック発酵)が起こる.この工程の後,ワインを酸化から守るために SO$_2$ が加えられる.SO$_2$ の添加が早すぎるとマロラクチック発酵を行う微生物を殺菌してしまう.マロラクチック発酵は通常,赤ワインの製造においてのみ重要である.

SO$_2$ の添加方法は赤ワインと白ワインでは異なる.赤ワインはアントシアニン色素を含むが,これらは$[HSO_3]^-$や$[SO_3]^{2-}$と反応するため,SO$_2$ の添加により赤ワインの赤色は薄くなる.これを避けるため,赤ワインへの SO$_2$ の添加は慎重に行わなければならない.逆に,白ワインにはかなり大量な SO$_2$ を加えることができる.したがって赤ワインでは,酸化や微生物による劣化に対する SO$_2$ による保護を,白ワインほど効果的に行うことはできない.それゆえ,赤ワインのボトル詰めの前には,糖やリンゴ酸(微生物の餌となる)を確実に取除いておくことが重要である.なお,赤ワインは白ワインよりもフェノール類の含有量が多く,これは抗酸化剤として働く.

米国で製造されたワインはラベルに"亜硫酸塩を含む"と表示されている.亜硫酸塩に対してアレルギーをもつ人がいるため,酵素リゾチームを代わりに用いることが検討されている.リゾチームは乳酸菌を攻撃し,チーズ製造で用いられているが,リゾチームは抗酸化剤とはならない.この問題を解決する方法として,SO$_2$ の使用量を減らし,リゾチームと併用することが考えられているが,まだ実際のワイン製造には採用されていない.

[S₂O₅]²⁻ は二亜硫酸から導かれる 2 種のイオンのうち，唯一つ知られている化学種であり，**16.53** に示す構造をもつ．その S−S 結合は長く，弱い．**16.53** に記した結合距離は K⁺ 塩における値である．

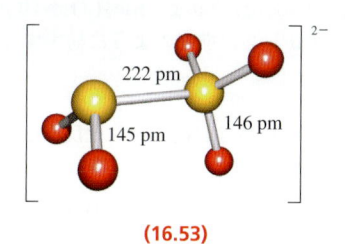

$$[S_2O_5]^{2-}$$

(16.53)

ジチオン酸 $H_2S_2O_6$

ジチオン酸（dithionic acid）は，溶液あるいは塩の中の陰イオンとしてのみ知られている硫黄のオキソ酸のもう一つの例である．溶液は強酸として振舞い，塩においてはジチオン酸イオン（dithionate ion）$[S_2O_6]^{2-}$ の形で存在する．ジチオン酸イオンの塩は結晶として単離することができ，図 16・18a に示すように，S−S 結合距離は長く，固体中ではねじれ形配座をとる．ジチオン酸イオンは $[SO_3]^{2-}$ を注意深く酸化することにより得られる（式 16.101 および 16.102）が，$[SO_4]^{2-}$ を還元しても得ることはできない（式 16.103）．$[S_2O_6]^{2-}$ は溶解性の塩 BaS_2O_6 として単離することができる．BaS_2O_6 は容易に Ba^{2+} 以外の陽イオンの塩へと変換できる．

$$[S_2O_6]^{2-} + 4H^+ + 2e^- \rightleftharpoons 2H_2SO_3 \quad E° = +0.56\,\text{V} \quad (16.101)$$

$$MnO_2 + 2[SO_3]^{2-} + 4H^+ \longrightarrow Mn^{2+} + [S_2O_6]^{2-} + 2H_2O \quad (16.102)$$

$$2[SO_4]^{2-} + 4H^+ + 2e^- \rightleftharpoons [S_2O_6]^{2-} + 2H_2O \quad E° = -0.22\,\text{V} \quad (16.103)$$

$[S_2O_6]^{2-}$ は簡単には酸化も還元もされないが，S−S 結合が弱いことを反映して，酸性溶液中で式 16.104 に従ってゆっくりと分解する．

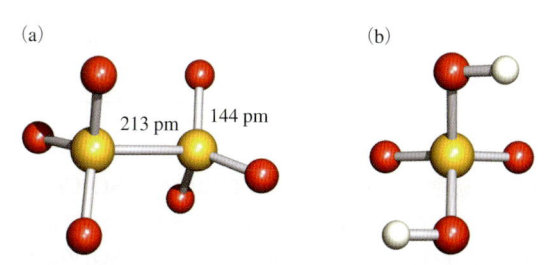

図 16・18 (a) $[Zn\{H_2NNHC(O)Me\}_3][S_2O_6]\cdot 2.5H_2O$ 中の $[S_2O_6]^{2-}$ の構造．ねじれ形配座である．[I. A. Krol *et al.* (1981) *Koord. Khim.*, vol. 7, p. 800]．(b) 気相中の H_2SO_4 の構造．C_2 対称である．原子の色表示：S 黄色，O 赤色，H 白色．

$$[S_2O_6]^{2-} \longrightarrow SO_2 + [SO_4]^{2-} \quad (16.104)$$

硫 酸 H_2SO_4

硫酸（sulfuric acid）は硫黄のオキソ酸のうちで抜きん出て重要な化合物であり，**接触法**（contact process）により莫大な量が生産されている．その工程の最初の段階（SO_2 の SO_3 への変換と発煙硫酸の生成）については §16・8 で述べた．発煙硫酸は最終的に水で希釈されて H_2SO_4 となる．純粋な H_2SO_4 は無色の液体で，分子間水素結合のネットワークが発達しているため非常に粘稠である．H_2SO_4 の自己イオン化および非水溶媒としての用途については §9・8 で述べ，代表的な性質は表 9・6 に示した．気相の H_2SO_4 分子は図 16・18b に示すように C_2 対称であり，酸素原子の環境の違いを反映して，S−O 距離は 2 種類ある．固体中では隣合う H_2SO_4 分子間に水素結合が形成し，三次元ネットワーク構造をつくる（図 16・19）．模式図 **16・54** は H_2SO_4

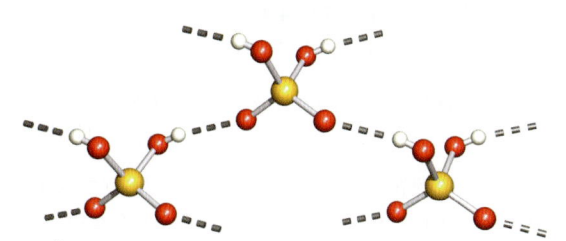

図 16・19 硫酸結晶中の H_2SO_4 分子がつくる三次元水素結合ネットワークの一部．この構造は 113 K におけるX線回折により決定された [E. Kemnitz *et al.* (1996) *Acta Crystallogr., Sect. C*, vol. 52, p. 2665] 原子の色表示：S 黄色，O 赤色，H 白色．

の超原子価構造を示し，**16.55** は S 原子がオクテット則を満たした極限構造における結合を示す（§16・3 で行った結合に関する議論に戻って考えてみよ）．硫酸イオン（sulfate ion）では電荷の非局在化のため 4 本の S−O 距離は等しく 149 pm となり，$[HSO_4]^-$ では S−OH 距離は 156 pm で，残りの 3 本の S−O 結合距離は等しく 147 pm である．

(16.54) (16.55)

水溶液中では H_2SO_4 は強酸として振舞う（式 16.105）が，$[HSO_4]^-$ はかなり弱い酸である（式 16.106 および表 16・8）．$KHSO_4$ と K_2SO_4 のように，解離状態に対応した一連の

塩が生成し，単離することができる．

$$H_2SO_4 + H_2O \longrightarrow [H_3O]^+ + [HSO_4]^- \quad (16.105)$$

$$[HSO_4]^- + H_2O \rightleftharpoons [H_3O]^+ + [SO_4]^{2-} \quad (16.106)$$

希硫酸（典型的な濃度は 2 M）は塩基を中和し（たとえば式 16.107），電気的に陽性な金属と反応して水素ガスを発生し，また金属の炭酸塩と反応する（式 16.108）．

$$H_2SO_4(aq) + 2KOH(aq) \longrightarrow K_2SO_4(aq) + 2H_2O(l) \quad (16.107)$$

$$H_2SO_4(aq) + CuCO_3(s) \longrightarrow CuSO_4(aq) + H_2O(l) + CO_2(g) \quad (16.108)$$

硫酸塩の産業的な利用は，多岐にわたる．たとえば，$(NH_4)_2SO_4$ は肥料として，$CuSO_4$ は殺菌剤として，$MgSO_4 \cdot 7H_2O$（エプソム塩，Epsom salt）は下剤として用いられる．水和した $CaSO_4$ の用途については **Box 12・2** および **Box 12・7** を参照せよ．H_2SO_4 の用途については図 16・3 に述べた．

濃硫酸は優れた酸化剤であり（例として反応 16.92），強力な脱水剤である（**Box 12・4** 参照）．濃硫酸と硝酸の反応は有機物のニトロ化反応に重要である（式 16.109）．

$$HNO_3 + 2H_2SO_4 \longrightarrow [NO_2]^+ + [H_3O]^+ + 2[HSO_4]^- \quad (16.109)$$

HF/SbF_5 は超強酸であるが，HF/SbF_5 を用いて純粋な H_2SO_4 をプロトン化しようとしてもうまくいかない．純粋な H_2SO_4 中ではわずかに反応 16.110 が起こり，生成した H_2O が，HF/SbF_5 によって H_2SO_4 が $[H_3SO_4]^+$ へと完全に変換されることを妨げるためである．

$$2H_2SO_4 \rightleftharpoons H_2O + H_2S_2O_7 \quad (16.110)$$

$[H_3SO_4]^+$ の塩は反応 16.111 を用いた巧妙な方法により得ることができる．ここでは Me_3SiF 中の Si−F 結合エンタルピーが大きい（**表 14・2** 参照）ため，この反応が熱力学的に進行しやすいことを利用している．$[D_3SO_4]^+[SbF_6]^-$（HF の代わりに DF を用いてつくる）の固体構造中で，陽イオンは **16.56** に示す構造をとっており，多数の $O-D \cdots F$ 相互作用が陽イオンと陰イオンを結びつけている．

$$(Me_3SiO)_2SO_2 + 3HF + SbF_5 \xrightarrow{\text{液体フッ化水素}} [H_3SO_4]^+[SbF_6]^- + 2Me_3SiF \quad (16.111)$$

(H$_2$SO$_4$ のシリルエステル)

(16.56)

例題 16.5 硫酸のプロトン化

HF/SbF_5 と H_2SO_4 の反応では，H_2O の存在のために，硫酸は完全にはプロトン化しない．(a) H_2O がどのようにして生じるか説明せよ．(b) H_2O が HF/SbF_5 による H_2SO_4 のプロトン化をどのように妨害するか説明せよ．

解答 (a) 純粋な硫酸は自己イオン化反応を起こす．そのうちで最も重要なものは

$$2H_2SO_4 \rightleftharpoons [H_3SO_4]^+ + [HSO_4]^-$$

であるが，同時につぎの脱水反応も起こる．

$$2H_2SO_4 \rightleftharpoons [H_2O] + [H_2S_2O_7]$$

これらの反応の平衡定数はそれぞれ 2.7×10^{-4} と 5.1×10^{-5} である（式 9.46 および 9.47 参照）．

(b) 純粋な H_2SO_4 が存在しないときには超強酸の平衡は

$$2HF + SbF_5 \rightleftharpoons [H_2F]^+ + [SbF_6]^-$$

である．$[H_2F]^+$ は H_2SO_4 よりも強い酸であるので，理論的にはつぎの平衡が右に傾くはずである．

$$H_2SO_4 + [H_2F]^+ \rightleftharpoons [H_3SO_4]^+ + HF$$

しかし，(a) で述べた H_2SO_4 の自己脱水反応の結果として，次式の平衡反応が競合して起こるようになる．

$$HF + SbF_5 + 2H_2SO_4 \rightleftharpoons [H_3O]^+ + [SbF_6]^- + H_2S_2O_7$$

H_2O は H_2SO_4 よりも強い塩基であるので，H_2SO_4 のプロトン化に優先して H_2O のプロトン化が起こる．

練習問題

1. 純粋な硫酸中に $[H_3SO_4]^+$ が存在する証拠は何か．
[答 §9・8 参照]

2. $[D_3SO_4]^+$ を得るためには DF が必要である．DF を合成するための方法を示せ． [答 §17・1 参照]

3. 反応 16.111 の方法は，H_2O_2 や H_2CO_3 のプロトン化にも用いられる．それらについて反応式を記し，生成するプロトン化した酸の構造を示せ．
[答 R. Minkwitz *et al.* (1998, 1999) *Angew. Chem. Int. Ed.*, vol. 37, p. 1681; vol. 38, p. 714 参照]

フルオロ硫酸 HSO_3F およびクロロ硫酸 HSO_3Cl

フルオロ硫酸 HSO_3F およびクロロ硫酸 HSO_3Cl は反応 16.95 により得ることができる．これらは H_2SO_4 の一つの OH 基を F または Cl に置き換えた構造をしている．いずれも 298 K において無色の液体で，市販されている．湿度の高い空気中では発煙し，HSO_3Cl は水と爆発的に反応する．HSO_3F は **超強酸**（superacid）として広く利用されており

（§9・9参照），フッ素化試薬でもある．一方，HSO$_3$Cl はクロロスルホン化試薬として用いられる．

S–O–S 結合をもつポリオキソ酸

ポリ硫酸 HO$_3$S(OSO$_2$)$_n$OSO$_3$H については，$n = 2, 3, 5, 6$ に対応するカリウム塩が得られているが，遊離酸を単離することはできない．二硫酸および三硫酸は発煙硫酸（濃硫酸に SO$_3$ を溶解したもの）中に存在する．また，[NO$_2$]$_2$[S$_3$O$_{10}$] も単離され，構造が決定されている．ポリ硫酸の代表例である [S$_3$O$_{10}$]$^{2-}$ の構造を **16.57** に示す．

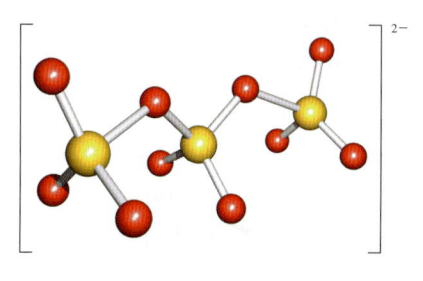

(16.57)

ペルオキソ硫酸 H$_2$S$_2$O$_8$ および H$_2$SO$_5$

低温でクロロスルホン酸と無水過酸化水素を反応させると，ペルオキソ硫酸 H$_2$SO$_5$ およびペルオキソ二硫酸 H$_2$S$_2$O$_8$ が得られる（スキーム 16.112）．H$_2$S$_2$O$_8$（表 16・8）を注意深く加水分解すると，H$_2$SO$_5$（**16.58**）が得られる．

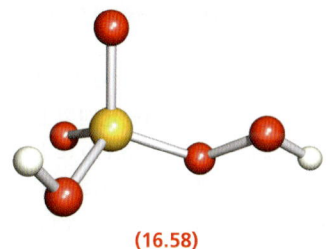

(16.58)

$$\left.\begin{array}{l} H_2O_2 \xrightarrow[-HCl]{ClSO_3H} H_2SO_5 \xrightarrow[-HCl]{ClSO_3H} H_2S_2O_8 \\ H_2S_2O_8 + H_2O \xrightarrow{273\ K} H_2SO_5 + H_2SO_4 \end{array}\right\} \quad (16.112)$$

H$_2$SO$_5$ および H$_2$S$_2$O$_8$ はいずれも 298 K で結晶性の固体である．H$_2$SO$_5$ の塩はほとんど知られていないが，H$_2$S$_2$O$_8$ の塩は対応する硫酸塩の酸性溶液を低温，高電流密度で陽極酸化することにより容易に得ることができる．ペルオキソ二硫酸は強力な酸化剤で（式 16.113），その酸化作用は Ag$^+$ イオンにより触媒される（中間体として Ag(Ⅱ) が生成する）．酸性溶液中で [S$_2$O$_8$]$^{2-}$ は Mn^{2+} を酸化して [MnO$_4$]$^-$ を生成し，Cr^{3+} を酸化して [Cr$_2$O$_7$]$^{2-}$ を生成する．

$$[S_2O_8]^{2-} + 2e^- \rightleftharpoons 2[SO_4]^{2-} \qquad E^\circ = +2.01\ V \quad (16.113)$$

ペルオキソ二硫酸はオゾン臭を発する．K$_2$S$_2$O$_8$ を加熱すると O$_2$ と O$_3$ の混合物が生成する．

チオ硫酸 H$_2$S$_2$O$_3$ およびポリチオン酸

チオ硫酸（thiosulfuric acid）は，無水条件下における反応 16.114，チオ硫酸鉛（PbS$_2$O$_3$）と H$_2$S の反応，チオ硫酸ナトリウムと塩酸の反応などにより得られる．遊離酸は非常に不安定で，温度 243 K 以上で，または水と接触すると，分解する．

$$H_2S + HSO_3Cl \xrightarrow{低温} H_2S_2O_3 + HCl \quad (16.114)$$

表 16・8 ではチオ硫酸について，酸素原子がプロトン化した構造を示したが，反応 16.114 の条件を考えると，(HO)(HS)SO$_2$ のように硫黄原子がプロトン化した構造の方がふさわしいかもしれない．チオ硫酸塩は遊離酸よりもはるかに重要である．16.115 の反応水溶液から結晶化させると，Na$_2$S$_2$O$_3$·5H$_2$O が得られる．

$$Na_2SO_3 + S \xrightarrow{水溶液中} Na_2S_2O_3 \quad (16.115)$$

(16.59)

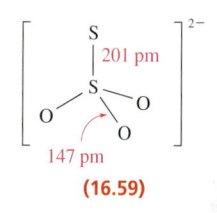

チオ硫酸イオン **16.59** は非常によい Ag$^+$ の錯化剤であり，Na$_2$S$_2$O$_3$ は露光した写真フィルムから未反応の AgBr を取除くために使われる（式 16.116 および **Box 23・12**）．錯イオン [Ag(S$_2$O$_3$)$_3$]$^{5-}$ において，チオ硫酸イオンはすべて硫黄原子で Ag$^+$ に配位している．

$$AgBr + 3Na_2S_2O_3 \longrightarrow Na_5[Ag(S_2O_3)_3] + NaBr \quad (16.116)$$

Cl$_2$ や Br$_2$ など，たいていの酸化剤はゆっくりと [S$_2$O$_3$]$^{2-}$ を酸化して [SO$_4$]$^{2-}$ を生じるため，Na$_2$S$_2$O$_3$ は漂白の際の過剰の Cl$_2$ を除去するために使われる．一方，I$_2$ は速やかに [S$_2$O$_3$]$^{2-}$ を酸化して四チオン酸を生成する（反応 16.117）．これは容量分析において重要な反応である．

$$\left.\begin{array}{ll} 2[S_2O_3]^{2-} + I_2 \longrightarrow [S_4O_6]^{2-} + 2I^- & \\ [S_4O_6]^{2-} + 2e^- \rightleftharpoons 2[S_2O_3]^{2-} & E^\circ = +0.08\ V \\ I_2 + 2e^- \rightleftharpoons 2I^- & E^\circ = +0.54\ V \end{array}\right\} \quad (16.117)$$

ポリチオン酸イオンは一般式 [S$_n$O$_6$]$^{2-}$ で表され，スキーム 16.118 に示す縮合反応により得られるが，そのうちのいくつかは固有の方法により合成しなければならない．ポリ

チオン酸イオンは鎖状につながった硫黄が両端の$[SO_3]^-$基をつなぐという共通の構造を示す（**16.60**は$[S_5O_6]^{2-}$の構造）．多くの塩の固体構造から，硫黄原子のつくる鎖のコンホメーションは変化しやすいことがわかる．水溶液中でポリチオン酸はゆっくりと分解して，H_2SO_4，SO_2および硫黄を与える．

$$\left.\begin{array}{l}SCl_2 + 2[HSO_3]^- \longrightarrow [S_3O_6]^{2-} + 2HCl \\ S_2Cl_2 + 2[HSO_3]^- \longrightarrow [S_4O_6]^{2-} + 2HCl\end{array}\right\} \quad (16.118)$$

$Ba[Se(SSO_3)_2]$や$Ba[Te(SSO_3)_2]$など，ポリチオン酸の硫黄原子のいくつかがSeやTeで置き換えられた化合物も知られている．ただし，末端の硫黄原子がSeやTeに置き換えられないことは重要である．これはおそらく，最高酸化状態のSeやTeがきわめて強力な酸化剤であり，硫黄の鎖を攻撃してしまうためだと考えられる．

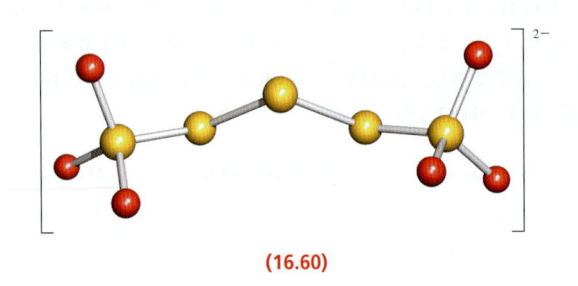

(16.60)

セレンおよびテルルのオキソ酸

亜セレン酸（selenous acid）H_2SeO_3はSeO_2の水溶液から結晶化することができる．また，$[HSeO_3]^-$および$[SeO_3]^{2-}$を含む塩を単離することもできる．水溶液中で亜セレン酸は$pK_a(1) \approx 2.46$，$pK_a(2) \approx 7.31$の弱酸である．$[HSeO_3]^-$の塩を加熱すると二亜セレン酸イオン**16.61**の塩が得られる．亜テルル酸（tellurous acid）H_2TeO_3も水溶液から得られるが，亜セレン酸H_2SeO_3よりは不安定である．亜テルル酸の水溶液は$pK_a(1) \approx 2.48$，$pK_a(2) \approx 7.70$の弱酸であり，ほとんどの亜テルル酸塩は$[TeO_3]^{2-}$を含む．

(16.61)

セレン酸H_2SeO_4は亜セレン酸H_2SeO_3をH_2O_2により酸化することにより得られ，水溶液から結晶化することができる．セレン酸はいくつかの点で硫酸に似ている．水溶液中で最初のプロトンを完全に解離し，二段階目の解離に対しては$pK_a = 1.92$である．セレン酸は硫酸よりも強い酸化剤で，濃塩酸を酸化してCl_2を発生させる．セレン酸は金をAu(Ⅲ)に酸化して溶かす．520 Kにおけるその反応生成物は$Au_2(SeO_3)_2(SeO_4)$で，四面体形の$[SeO_4]^{2-}$と三方錐形の$[SeO_3]^{2-}$を含む．Na_2SeO_4とNa_2O（モル比2:1）の固体反応からは$Na_6Se_2O_9$が得られる．この化合物は，結晶格子中で周囲の8個のNa^+に囲まれて安定化した$[SeO_6]^{6-}$を含むため，化学式$Na_{12}(SeO_6)(SeO_4)_3$と表記するのが有用である．また，Li_4SeO_5およびNa_4SeO_5中には$[SeO_5]^{4-}$が見いだされている．テルル酸は化学式H_6TeO_6または$Te(OH)_6$で示されることからもわかるように，セレン酸とは大きく性質が異なる．固体中では八面体形の分子（**16.62**）が存在し，溶液は$pK_a(1) = 7.68$，$pK_a(2) = 11.29$の弱酸である．その塩の多くは$[Te(O)(OH)_5]^-$や$[Te(O)_2(OH)_4]^{2-}$を含むが，$Rb_6[TeO_5][TeO_4]$の結晶構造中には$[TeO_4]^{2-}$がみられる．

(16.62)

16・10 硫黄またはセレンと窒素との化合物

硫黄と窒素の化合物

硫黄と窒素の化合物の化学はここ数十年の間に非常に発展した分野である．その理由の一つは，高分子$(SN)_x$が電気伝導性をもつことにある．紙幅の制約のため，ここでは話題をいくつか選んで述べる．詳細については章末の参考文献を参照すること．最も広く知られている硫黄と窒素の化合物は，おそらく四窒化四硫黄S_4N_4（四硫化四窒素ともいう）であろう．この化合物は最初は反応16.119により合成されていたが，より簡便な反応16.120が見いだされた．S_4N_4は反磁性の橙色固体（融点451 K）で，加熱や衝撃により爆発する．純粋な試料は非常に反応性が高い（本節最後の練習問題1参照）．水に不溶性のS_4N_4は，常温の水ではゆっくりと，加温した塩基では速やかに（式16.121）加水分解する．

$$6S_2Cl_2 + 16NH_3 \xrightarrow{CCl_4,\ 320\ K} S_4N_4 + 12NH_4Cl + S_8 \quad (16.119)$$

$$2\{(Me_3Si)_2N\}_2S + 2SCl_2 + 2SO_2Cl_2 \longrightarrow S_4N_4 + 8Me_3SiCl + 2SO_2 \quad (16.120)$$

$$S_4N_4 + 6[OH]^- + 3H_2O \longrightarrow [S_2O_3]^{2-} + 2[SO_3]^{2-} + 4NH_3 \quad (16.121)$$

S_4N_4は**16.63**に示すように，ゆりかご形の環状構造で，硫黄原子間の距離は短く，弱い結合があると考えられる（図16・8の$[S_8]^{2+}$と比較せよ）．また，S−N結合距離は，非

16・10 硫黄またはセレンと窒素との化合物　515

局在化したπ結合の寄与があることを示している（S—N結合距離 163 pm と S および N の共有結合半径の和 178 pm を比較せよ）．硫黄原子から窒素原子に電荷が移動しており，$S^{\delta+}$—$N^{\delta-}$ という極性結合である．かごをまたぐ S—S 結合の寄与を示す極限構造式を **16.64** に示す．

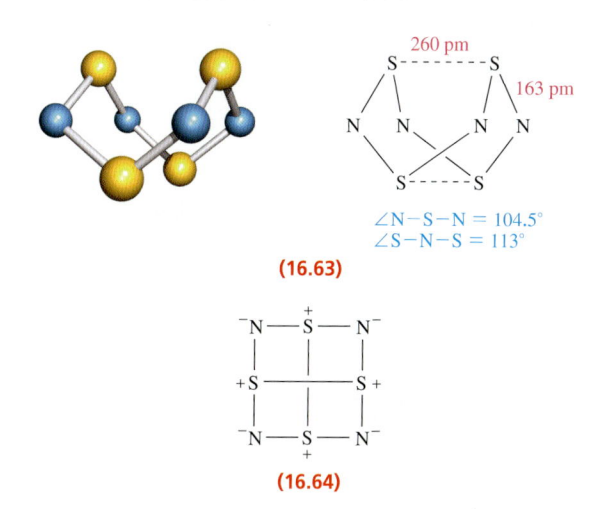

$S_3N_3F_3$ となるが，四量体 $S_4N_4F_4$ は単量体からは得られない．$S_3N_3Cl_3$ (**16.67**) と $S_3N_3F_3$ の構造は似ている．いずれもほぼ平面であるために変位は少ないものの，環反転を起こしている．$S_3N_3Cl_3$ 中の S—N 距離はすべて等しく，$S_3N_3F_3$ 中の S—N 距離はほとんど等しい．塩 $[S_3N_3Cl_2]^+Cl^-$ (S_2Cl_2，硫黄，NH_4Cl の混合物を加熱して得られる) は **16.68** に示す陽イオンを含む．S_4N_4 を AsF_5 または SbF_5 で酸化すると，$[S_4N_4]^{2+}$ を含む塩 $[S_4N_4][EF_6]_2$ (E = As または Sb) が得られる．多くの塩で $[S_4N_4]^{2+}$ は **16.69** に示す平面構造をとるが，結合距離が交互に長短を繰返す平面構造や，湾曲したコンホメーションを示す例もある．陽イオン $[S_4N_3]^+$ (図 16・20 に示す方法により得られる) は非局在化した結合をもつ平面構造 **16.70** をとる．

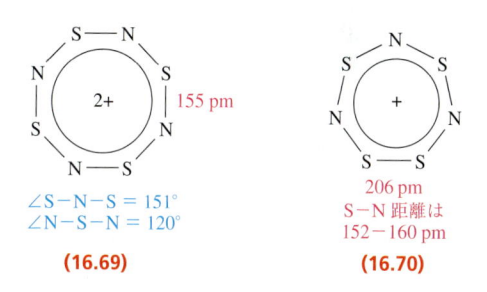

(16.63) ∠N—S—N = 104.5°　∠S—N—S = 113°　260 pm　163 pm

(16.64)

(16.67) 160.5 pm

(16.68) S—S = 214 pm　S—N = 154—162 pm　S—Cl = 217 pm

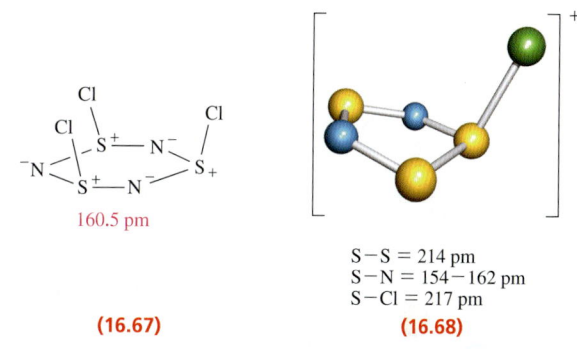

図 16・20 に S_4N_4 の反応の代表例を示す．そのうちのいくつかの反応は，S—N 環状構造を保ってはいるが，S_4N_4 でみられたかごをまたぐ S—S 相互作用を失った生成物を与える．還元反応（窒素原子上で起こる）からは，すべての S—N 結合距離が等しい王冠形環状のテトライミド四硫黄（四硫黄テトライミド，四硫化四イミドの別名もある）$S_4N_4H_4$ が得られる．$S_4N_4H_4$ は S_8 中の硫黄原子を NH 基で置換して得られる一連の化合物の一つである．類縁化合物として S_7NH，$S_6N_2H_2$，$S_5N_3H_3$ があり，これらは S_2Cl_2 を NH_3 で処理することにより（S_4N_4 および S_8 との混合物として）得られる．これら一連の化合物で，NH 基が互いに隣り合うものは知られていない．

S_4N_4 のハロゲン化（硫黄原子上で起こる）を行うと，ハロゲンの種類や反応条件によっては環状構造が保たれなくなる（図 16・20）．$S_4N_4H_4$ とは異なり，$S_4N_4F_4$ の環状構造はすぼまった形をしている．適切な条件下で S_4N_4 をフッ素化すると（図 16・20），S≡N 三重結合をもつ化合物フッ化チアジル NSF (**16.65**) や三フッ化チアジル NSF_3 (**16.66**) が得られる（章末の**問題 16.29a** 参照）．これらはいずれも室温では気体で，刺激臭を放つ．NSF はゆっくりと三量化して

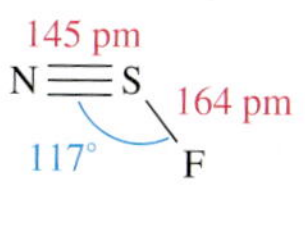

(16.69) ∠S—N—S = 151°　∠N—S—N = 120°　2+　155 pm

(16.70) +　206 pm　S—N 距離は 152—160 pm

S_4N_4 骨格は $[S_4]^{2+}$ と等電子構造の S_2N_2（図 16・20）へと分解する（§16・4 参照）．S_2N_2 は非局在化した結合（S—N = 165 pm）をもつ平面構造である．その共鳴構造を **16.71** に示す．室温で S_2N_2 は光沢のある黄金色の繊維状高分子 $(SN)_x$ に変化する．$(SN)_x$ は S_4N_4 から合成することもできる．この高分子は 520 K で爆発的に分解するが，真空中ではおよそ 410 K で昇華する．$(SN)_x$ 共有結合性の化合物でありながら金属的性質（一次元の擬金属）を示すという点で，

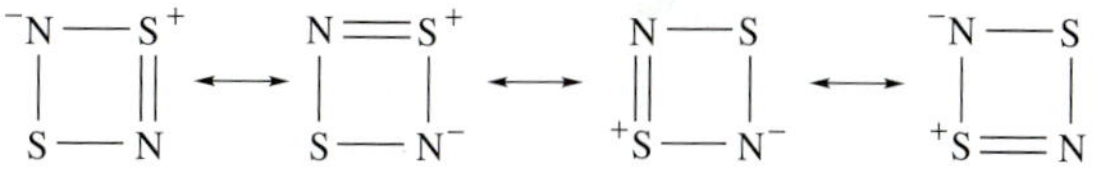

(16.65) 145 pm　117°　164 pm　N≡S—F

(16.66) 142 pm　155 pm　N≡S(F)(F)(F)　∠F—S—F = 94°　∠N—S—F = 122°

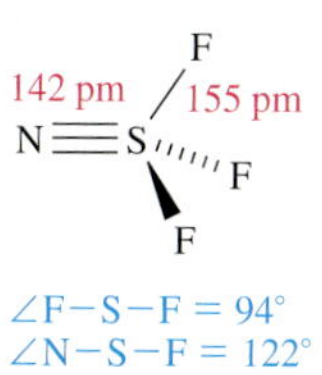

(16.71)

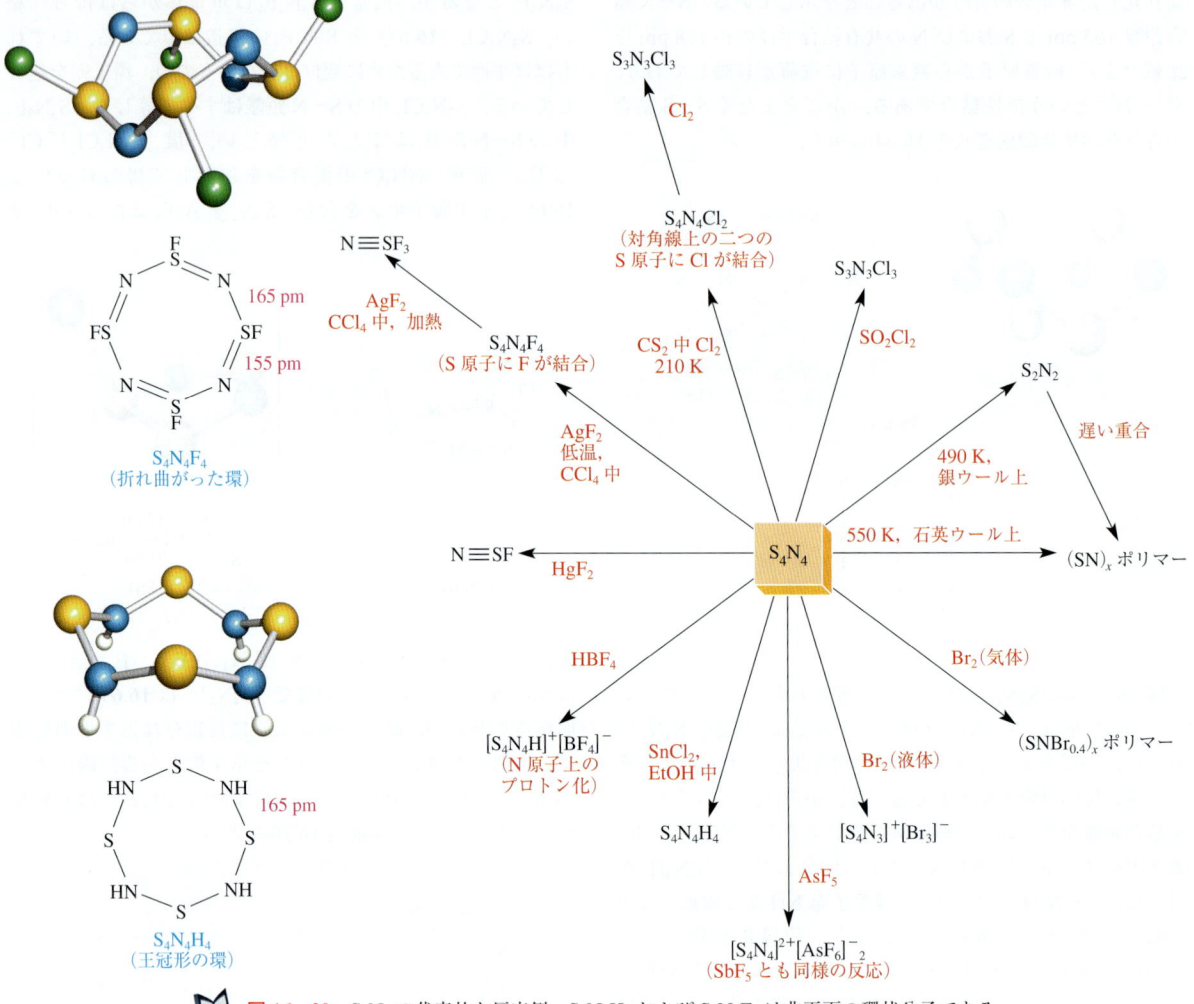

図 16・20 S_4N_4 の代表的な反応例．$S_4N_4H_4$ および $S_4N_4F_4$ は非平面の環状分子である．

$S_4N_4F_4$
（折れ曲がった環）

$S_4N_4H_4$
（王冠形の環）

反応経路：
- $\xrightarrow{Cl_2}$ $S_3N_3Cl_3$
- $\xrightarrow{SO_2Cl_2}$ $S_4N_4Cl_2$（対角線上の二つの S 原子に Cl が結合）→ $S_3N_3Cl_3$
- $\xrightarrow{CS_2 中 Cl_2, 210 K}$ $S_4N_4Cl_2$
- $\xrightarrow{AgF_2, CCl_4 中，加熱}$ $N\equiv SF_3$
- $\xrightarrow{AgF_2 低温, CCl_4 中}$ $S_4N_4F_4$（S 原子に F が結合）
- $\xrightarrow{HgF_2}$ $N\equiv SF$
- $\xrightarrow{HBF_4}$ $[S_4N_4H]^+[BF_4]^-$（N 原子上のプロトン化）
- $\xrightarrow{SnCl_2, EtOH 中}$ $S_4N_4H_4$
- $\xrightarrow{AsF_5}$ $[S_4N_4]^{2+}[AsF_6]^-{}_2$（$SbF_5$ とも同様の反応）
- $\xrightarrow{Br_2 (液体)}$ $[S_4N_3]^+[Br_3]^-$
- $\xrightarrow{Br_2 (気体)}$ $(SNBr_{0.4})_x$ ポリマー
- $\xrightarrow{550 K, 石英ウール上}$ $(SN)_x$ ポリマー
- $\xrightarrow{490 K, 銀ウール上}$ S_2N_2 $\xrightarrow{遅い重合}$ $(SN)_x$ ポリマー

驚くべき物質である．$(SN)_x$ は繊維鎖方向に水銀のおよそ 1/4 の電気伝導率を示し，0.3 K で超伝導体になる．しかしながら，S_4N_4 や S_2N_2 が爆発性であるため，$(SN)_x$ の工業的な製造には限りがある．そのため，別の経路による $(SN)_x$ の合成や，類似の高分子の探索が現在活発に研究されている．X 線回折のデータは，固体中で $(SN)_x$ 中の S−N 結合距離が 159 pm と 163 pm を交互に繰返すことを示しているが，高精度のデータはまだ得られていない．高分子鎖間の最も短い距離は S−S 間の 350 pm だが，そこに結合はない．構造 **16.72** に高分子鎖の構造を示す．電気伝導性は，硫黄原子上の不対電子が伝導バンドを半分占めていることに起因すると考えられている（§6・8 参照）．

反応 16.122 と 16.123 に $[NS_2][SbF_6]$ の簡便な合成法を示す．その生成物は液体 SO_2 に溶解するため，沈殿する AgCl とは容易に分離することができる．原子価殻の電子のみについて考えると，$[NS_2]^+$（構造 **16.73** 参照）は $[NO_2]^+$（構造 **15.50** 参照）と等電子である．$[NS_2]^+$ は，アルキン，

$$S_3N_3Cl_3 + \tfrac{3}{8}S_8 + 3AgSbF_6 \xrightarrow{液体 SO_2} 3[NS_2][SbF_6] + 3AgCl \quad (16.122)$$

$$[S_3N_2Cl]Cl + \tfrac{1}{8}S_8 + 2AgSbF_6 \xrightarrow{液体 SO_2} 2[NS_2][SbF_6] + 2AgCl \quad (16.123)$$

∠S−N−S = 119°　∠N−S−N = 106°
原子の色表示：S 黄色，N 青色
(16.72)

ニトリル，アルケンなどの付加環化反応を行う際の有用なシントンである．

$$S=\overset{+}{N}=S$$
$$146\ \text{pm}$$
$$(16.73)$$

四窒化四セレン

セレンと窒素の化合物については S_4N_4 のセレン誘導体のみについて述べる．四窒化四セレン Se_4N_4 は $SeCl_4$ と $\{(Me_3Si)_2N\}_2Se$ の反応により得られる．Se_4N_4 は橙色で吸湿性の結晶で，非常に爆発性である．Se_4N_4 の構造は S_4N_4 の構造（**16.63**）に似ており，Se−N 結合距離は 180 pm で，環をまたぐ Se⋯Se 距離は 276 pm である（セレンの共有結合半径 117 pm と比較せよ）．Se_4N_4 の反応については S_4N_4 の反応ほどは知られていない．反応 16.124 は Se_4N_4 の合成法を $Se_2S_2N_4$ の 1,5−異性体（**16.74**）の合成に応用した例で

$$2\{(Me_3Si)_2N\}_2S + 2SeCl_4 \longrightarrow Se_2S_2N_4 + 8Me_3SiCl$$
$$(16.124)$$

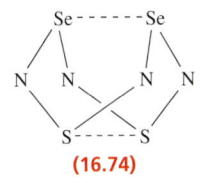

(16.74)

ある．結晶構造中では S と Se はディスオーダー（**Box 15・5** 参照）しているため，試料結晶が $Se_2S_2N_4$ であるのか，S_4N_4 と Se_4N_4 の固溶体であるのか，区別することは難しい．質量分析の結果は $Se_2S_2N_4$ の存在を示し，^{14}N NMR スペクトルがただ 1 本のシグナルを与えることから，1,3−異性体ではなく 1,5−異性体であることが確かめられた．

練習問題

1. $\Delta_fH°(S_4N_4, s, 298\ K) = +460\ \text{kJ mol}^{-1}$ であるにもかかわらず，S_4N_4 は常温常圧の大気中で構成元素への分解に対して速度論的に安定である．(a)"速度論的に安定"とは何を意味するか．(b) 窒素雰囲気下で S_4N_4 は，電気的に加熱した白金線により，爆発的な分解を起こす．反応中に何が起こっているかを示す化学反応式を示し，そのエンタルピー変化 $\Delta_rH°(298\ K)$ を求めよ．

2. 理論化学計算によると $S_3N_3^•$ ラジカルは D_{3h} 対称を示す．$S_3N_3^•$ 環が平面であるか折れ曲がっているか推測し，その理由を示せ．

3. S_4N_4 と以下の試薬との反応から得られる生成物を示せ．(a) SO_2Cl_2，(b) AsF_5，(c) エタノール中の $SnCl_2$，(d) HgF_2，(e) 液体 Br_2
　　　　　　　　　　　　　　　　　　[答　図 16・20 参照]

16・11　硫黄，セレンおよびテルルの水溶液の化学

本章でこれまで見てきたように，異なる酸化状態にある硫黄の化合物の間の酸化還元反応の速度は一般に遅い．また，半反応の電位 $E°$ の値は，必ず熱力学的情報または実験結果を用いて求められる．図 16・21 のデータは，硫黄，セレン

$$[SO_4]^{2-} \xrightarrow{+0.17} H_2SO_3 \xrightarrow{+0.45} S \xrightarrow{+0.14} H_2S$$

$$[SeO_4]^{2-} \xrightarrow{+0.15} H_2SeO_3 \xrightarrow{+0.74} Se \xrightarrow{-0.40} H_2Se$$

$$H_6TeO_6 \xrightarrow{+1.02} TeO_2 \xrightarrow{+0.59} Te \xrightarrow{-0.79} H_2Te$$

図 16・21　pH = 0 における硫黄，セレン，テルルのラティマー図（単位 V）

およびテルルを含む化合物の酸化還元特性を比較したものである．そこに表れている以下の点について指摘しておく．

- セレン酸イオンおよびテルル酸イオンは硫酸イオンより酸化力が強い．
- 硫酸イオンの酸化力は亜セレン酸イオンや亜テルル酸イオンの酸化力と同程度である．
- H_2Se および H_2Te の水溶液は不安定である．

さまざまな酸化状態にある硫黄の化合物のエネルギーにほとんど差がないことも指摘する必要がある．このことが，硫黄が複雑なオキソ酸およびオキソアニオンの化学を示す原因となっていることは疑う余地がない．これまでに，16 族元素の水溶液の化学について以下の観点から議論を行った．

- 水素化物のイオン化（§7・5 および §16・5）
- 金属硫化物の生成（§16・6）
- ポリ硫化物イオン（$[S_5]^{2-}$ など）の生成（式 16.42）
- オキソ酸およびその塩（§16・9）
- $[S_2O_8]^{2-}$ の酸化力（式 16.113）

16 族元素の陽イオンは水溶液中に存在しない．また，$[SO_4]^{2-}$ や $[S_2O_3]^{2-}$ の金属イオンへの配位についてはよく知られている（式 16.116 などを参照）．

重要な用語

本章では以下の用語が紹介されている．意味を理解できるか確認してみよう．

- ☐ 環状化合物（annular compound）
- ☐ 渡環相互作用（transannular interaction）
- ☐ キュバン（cubane，クバン）

さらに勉強したい人のための参考文献

N. N. Greenwood and A. Earnshaw (1997) *Chemistry of the Elements*, 2nd edn, Butterworth-Heinemann, Oxford － 第14章～16章で，カルコゲンの化学について詳細に述べている．

A. G. Massey (2000) *Main Group Chemistry*, 2nd edn, Wiley, Chichester －第10章で16族元素について扱っている．

A. F. Wells (1984) *Structural Inorganic Chemistry*, 5th edn, Clarendon Press, Oxford －第11章～17章で16族元素の化合物について，膨大な数の構造を紹介している．

硫黄と窒素の化合物

T. Chivers (2005) *A Guide to Chalcogen－Nitrogen Chemistry*, World Scientific Publishing, Singapore －硫黄，セレン，テルと窒素の化合物について詳細に記述している．

N. N. Greenwood and A. Earnshaw (1997) *Chemistry of the Elements*, 2nd edn, Butterworth-Heinemann, Oxford, pp. 721-746.

D. Leusser, J. Henn, N. Kocher, B. Engels and D. Stalke (2004) *J. Am. Chem. Soc.*, vol. 126, p. 1781 － 'S＝N versus S^+-N^-: an experimental and theoretical charge density study'.

S. Parsons and J. Passmore (1994) *Acc. Chem. Res.*, vol. 27, p. 101 － 'Rings, radicals and synthetic metals: the chemistry of $[SNS]^+$'.

J. M. Rawson and J. J. Longridge (1997) *Chem. Soc. Rev.*, vol. 26, p. 53 － 'Sulfur-nitrogen chains: rational and irrational behaviour'.

専門記事

J. Beck (1994) *Angew. Chem. Int. Ed.*, vol. 33, p. 163 － 'New forms and functions of tellurium: from polycations to metal halide tellurides'.

P. Kelly (1997) *Chemistry in Britain*, vol. 33, no. 4, p. 25 － 'Hell's angel: a brief history of sulfur'.

D. Stirling (2000) *The Sulfur Problem: Cleaning Up Industrial Feedstocks*, Royal Society of Chemistry, Cambridge.

R. P. Wayne (2000) *Chemistry of Atmospheres*, Oxford University Press, Oxford.

問題

16.1 (a) 16族元素の元素名および元素記号を順に記せ．本章の最初のページを見て解答を確認せよ．(b) 各元素の基底状態の電子配置を示す一般的な表記を示せ．

16.2 ^{209}Bi から ^{210}Po への壊変について §16・1 に述べた．この核反応を表す反応式を示せ．

16.3 アルカリ水溶液の電気分解を表す半反応式を示せ．

16.4 酸素および硫黄の反応 $8E(g) \rightarrow 4E_2(g)$ および $8E(g) \rightarrow E_8(g)$（E＝O および S）について，酸素に対しては二原子分子の生成が有利で，硫黄に対しては環状分子の生成が有利であることを示せ．[データ：表16・2参照]

16.5 (a) O_2 分子の第一および第二励起状態の分子軌道図を示し，π_g^* 軌道の占有度を求めよ．基底状態から第一励起状態（$^1\Delta_g$）への励起に伴って O_2 分子の形式的な結合次数は変化するか．(b) O_2 分子の $^1\Delta_g$ 状態は基底状態よりもエネルギーが 94.7 kJ mol^{-1} 高い．O_2 の $^1\Delta_g$ 状態への二分子同時励起が，波長 631 nm の光の吸収に対応することを示せ．

16.6 (a) 反応 16.32 および 16.33 の $E°$ の値を用いて，H_2O と O_2 への分解に対して H_2O_2 が熱力学的に不安定であることを示せ．(b) 分解したときに 1 mL 当たり 20 mL の酸素ガスを発生する過酸化水素水を，"20倍の体積" の過酸化水素水とよぶ（訳注：日本ではこの表記はほとんど用いられない）．酸素ガスの体積が 1 bar, 273 K で測定した値である場合，この過酸化水素の濃度は 1 L 当たり何グラムであるか．

16.7 以下の反応の生成物を示せ．(a) 酸性溶液中，H_2O_2 と Ce^{4+}．(b) 酸性溶液中，H_2O_2 と I^- [必要なデータは付録11を参照]

16.8 過酸化水素は $Mn(OH)_2$ を MnO_2 に酸化する．(a) この反応の化学反応式を示せ．(b) どのような副次的な反応が起こるか．

16.9 繊維状硫黄がキラルである理由を説明せよ．

16.10 下の図は S_6 を 2 種類の方向から見たものである．この分子が D_{3d} 対称であることを確認せよ．（ヒント：付録3と図4・10を参照）

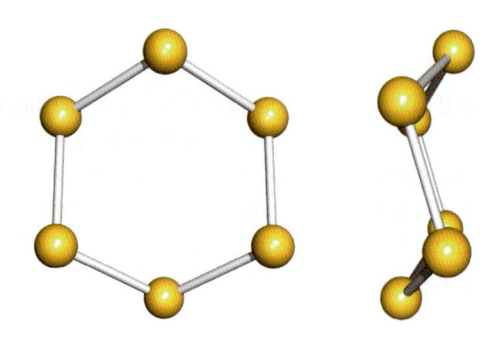

16.11 以下の化学種の構造を推定せよ．(a) H_2Se, (b) $[H_3S]^+$, (c) SO_2, (d) SF_4, (e) SF_6, (f) S_2F_2

16.12 (a) SF_4 と CsF の反応で $Cs[SF_5]$ が得られるのに対し，SF_4 と BF_3 の反応では $[SF_3]^+$ が得られる理由を説明せよ．(b) SF_4 とカルボン酸 RCO_2H を反応させると，どのような反応が起こるかを示せ．

16.13 固体の $[SeI_3][AsF_6]$ のラマンスペクトルは 227, 216, 99 および 80 cm^{-1} にシグナルをもち，これらは $[SeI_3]^+$ の振動に帰属される．4本のシグナルを帰属せよ．また，各シグナルに対応する振動モードを図示し，それぞれがどの既約表現に属するか示せ．

16.14 以下に示す傾向について議論せよ．(a) 以下の化合物中の O－O 結合距離：O_2 (121 pm)，$[O_2]^+$ (112 pm)，H_2O_2 (147.5 pm)，$[O_2]^{2-}$ (149 pm) および O_2F_2 (122 pm)．(b) 以下の化合物中の S－S 結合距離：S_6 (206 pm)，S_2 (189 pm)，$[S_4]^{2+}$ (198 pm)，H_2S_2 (206 pm)，S_2F_2 (189 pm)，S_2F_{10}

(221 pm)，S_2Cl_2（193 pm）．［データ：Sの共有結合半径は103 pm］

16.15 以下に示す各化合物の気体の双極子モーメントの値について議論せよ．SeF_6, 0 D; SeF_4, 1.78 D; SF_4, 0.64 D; SCl_2, 0.36 D; $SOCl_2$, 1.45 D; SO_2Cl_2, 1.81 D.

16.16 アセトニトリル中298 Kにおける$[Me_4N][TeF_7]$の^{125}Te NMRスペクトルは強度が二項係数比の八重線（$J = 2876$ Hz）からなり，^{19}F NMRスペクトルは一重線とそれに重なる2種類の非常に強度の弱い二重線（Jはそれぞれ2876 Hzと2385 Hz）からなる．この結果について説明せよ．［データ：表16・1参照；^{19}Fは存在率100%，$I = \frac{1}{2}$］

16.17 以下に示す各群の化合物中で，等電子（原子価殻の電子に関して）であるものおよび構造が同じであるものを示せ．(a) $[SiO_4]^{4-}$, $[PO_4]^{3-}$, $[SO_4]^{2-}$, (b) CO_2, SiO_2, SO_2, TeO_2, $[NO_2]^+$, (c) SO_3, $[PO_3]^-$, SeO_3, (d) $[P_4O_{12}]^{4-}$, Se_4O_{12}, $[Si_4O_{12}]^{8-}$

16.18 (a) SO_3と$[SO_3]^{2-}$の構造を示し，それらの違いについて説明せよ．(b) SO_2水溶液の性質について概略を示し，それを用いて得られる化合物について議論せよ．

16.19 (a) S_7NH, $S_6N_2H_2$, $S_5N_3H_3$および$S_4N_4H_4$の構造を図示せよ．なお，異性体が考えられるときにはそれらをすべて示せ（NH基が隣り合う構造は無視すること）．
(b) S_4N_4の合成と反応について概略を示せ．なお，各反応を説明する際には，生成物の構造も示すこと．

16.20 以下の観察結果を解説せよ．
(a) 金属Cuを濃硫酸とともに加熱すると，$CuSO_4$, SO_2に加えてCuSも得られる．
(b) $[TeF_5]^-$の構造は正方錐形である．
(c) 硝酸銀にチオ硫酸ナトリウム水溶液を加えると白色沈殿が生じるが，過剰の$[S_2O_3]^{2-}$を加えると沈殿は再溶解する．沈殿を水とともに加熱すると色が黒変し，その上澄みに酸性の$Ba(NO_3)_2$水溶液を加えると白色沈殿が生じる．

16.21 以下の実験結果を説明せよ．
(a) 0.0261 gの亜ジチオン酸ナトリウム$Na_2S_2O_4$を過剰のアンモニア性硝酸銀水溶液に加えた．沈殿した銀を濾過して取出し，硝酸に溶解した．得られた溶液は，0.10 mol L^{-1}のチオシアン酸塩水溶液 30.0 mLと過不足なく反応した．
(b) 0.0725 gの$Na_2S_2O_4$を含む溶液を0.0500 mol L^{-1}のヨウ素溶液 50.0 mLで処理した．反応終了後，残ったヨウ素は0.1050 mol L^{-1}のチオ硫酸塩 23.75 mLと過不足なく反応した．

16.22 尿素$(H_2N)_2CO$に濃硫酸を反応させると，組成式H_3NO_3Sで表される白色の結晶性固体**X**が得られた．これは一塩基酸であった．273 Kで1 molの**X**に硝酸ナトリウムと希塩酸を作用させると，1 molのN_2を発生した．そこで得られた溶液に$BaCl_2$水溶液を加えると，最初に用いた**X**の物質量1 molにつき，1 molの$BaSO_4$が得られた．**X**の構造を推定せよ．

16.23 硫黄のオキソ酸について概要を述べよ．その際，どの化学種が安定に単離できるかについて明記すること．

16.24 S_2O, $[S_2O_3]^{2-}$, NSF, NSF_3, $[NS_2]^+$およびS_2N_2の構造を推定し，その理由を説明せよ．

16.25 $[NS_2][SbF_6]$はニトリル$RC≡N$と反応して$[X][SbF_6]$を与える．ここで$[X]^+$は付加環化反応生成物である．$[X]^+$の構造を推定し，それが6π電子系であることを示せ．また，その環は平面であるか，湾曲しているか，理由を添えて答えよ．

総 合 問 題

16.26 下表の左の列（項目1）の各化合物を，右の列（項目2）の記述と対応づけよ．各化合物に対して適切な記述は一つしかない．

項目1	項目2
$S_∞$	① 有毒な気体
$[S_2O_8]^{2-}$	② Mn^{2+}が存在すると，容易に不均化する
$[S_2]^-$	③ 爆発的に水と反応する
S_2F_2	④ 固体状態では四量体として存在する
Na_2O	⑤ 強力な還元剤で，みずからは酸化されて$[S_4O_6]^{2-}$となる
$[S_2O_6]^{2-}$	⑥ 青色の常磁性化学種
PbS	⑦ 2種類の異性体が存在する．いずれも単量体である
H_2O_2	⑧ キラルな高分子
HSO_3Cl	⑨ 逆蛍石型構造に結晶化する
$[S_2O_3]^{2-}$	⑩ 黒色の不溶性固体
H_2S	⑪ 強力な酸化剤で，みずからは還元されて$[SO_4]^{2-}$となる
SeO_3	⑫ 酸性溶液中で容易に開裂する弱いS—S結合をもつ

16.27 (a) Cu(Ⅱ)のある塩の水溶液にH_2Sを加えると，黒色沈殿が生じる．この沈殿は溶液にNa_2Sを加えることにより再溶解する．このような現象が起こる理由を説明せよ．
(b) 少量の水の存在下でSO_2とCsN_3から$Cs[SO_2N_3]$を合成しようとすると，副生成物として$Cs_2S_2O_5$が得られる．なぜ$Cs_2S_2O_5$が生成するのか，説明せよ．
(c) 錯イオン$[Cr(Te_4)_3]^{3-}$はΔλλλ–のコンホメーションをとる．Box 20・3の記述を参考に (i) Δとλが何を意味するか，(ii) なぜΔλλλ–のコンホメーションをとるのか，の2点を説明せよ．

16.28 以下の反応の生成物を示し，化学反応式を完成させよ．必要に応じて反応式の左辺に示した各化合物の係数も調整すること．また，生成物のうち，硫黄を含む化合物については構造を図示すること．

(a) $SF_4 + SbF_5$ $\xrightarrow{\text{液体 HF}}$
(b) $SO_3 + HF \longrightarrow$
(c) $Na_2S_4 + HCl \longrightarrow$
(d) $[HSO_3]^- + I_2 + H_2O \longrightarrow$
(e) $[SN][AsF_6] + CsF$ $\xrightarrow{\text{加熱}}$
(f) $HSO_3Cl + $ 無水 $H_2O_2 \longrightarrow$
(g) $[S_2O_6]^{2-}$ $\xrightarrow{\text{酸性溶液中}}$

16.29 (a) 構造**16.65**と**16.66**はNSFおよびNSF_3中で硫黄原子が超原子価となっていることを示している．それぞれの構造に対して，硫黄原子がオクテット則を満たす極限構造式を図

示せよ．また，NSF_3 中で三つの S–F 結合が等価であることを説明せよ．

(b) H_2O, H_2S, H_2Se および H_2Te の沸点における蒸発のエンタルピーはそれぞれ 40.6, 18.7, 19.7 および 19.2 kJ mol^{-1} である．これらの値にみられる傾向について説明せよ．

(c) Al_2Se_3, HgS, SF_6, SF_4, SeO_2, FeS_2 および As_2S_3 のうち，常温常圧で水に溶かしたとき，反応するものはどれか．生じる反応を表す化学反応式を示せ．これらの化合物のうちで，加水分解に対して熱力学的には不安定だが，速度論的に安定化されているものはどれか．

16.30 $[Se_4]^{2+}$ は D_{4h} 対称で，Se–Se 結合はすべて長さが等しく 228 pm である．

(a) $[Se_4]^{2+}$ の環は平面か，それとも折れ曲がっているか．

(b) Se の共有結合半径を調べ，その値をもとに $[Se_4]^{2+}$ 中の Se–Se 結合について考察せよ．

(c) $[Se_4]^{2+}$ の共鳴にあずかる極限構造式をすべて示せ．

(d) $[Se_4]^{2+}$ の π 結合を記述する分子軌道図を図示せよ．また，π 結合次数がいくつであるか示せ．

16.31 (a) S_8O は S_8 を CF_3CO_3H で処理することにより得られる．その構造を右に図示する．S_8 環に酸素原子が付け加わることにより，対称性が D_{4d} から C_1 に低下する理由を説明せよ．

(b) TeF_4 と Me_3SiCN の反応により，Me_3SiF と TeF_4 の置換体 $TeF_{4-n}(CN)_n$ が得られる．TeF_4 とその 4 当量以下の Me_3SiCN の混合物について，173 K で ^{125}Te NMR スペクトルを測定したところ，以下の 3 本のシグナルが観測された：δ 1236 ppm（五重線，J 2012 Hz），δ 816 ppm（三重線，J 187 Hz），δ 332 ppm（二重線，J 200 Hz）．同じ混合物の 173 K における ^{19}F NMR スペクトルは，3 本のシグナルからなり，いずれも ^{125}Te に基づくサテライトピークをもつ．（構造が動的に変化している化合物については，その点に触れつつ）観測されたスペクトルを解釈し，生成物の構造を示せ．

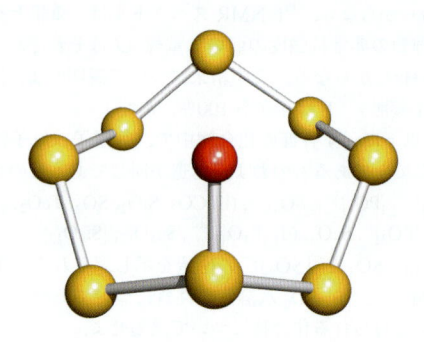

16.32 大気下，THF 溶液中で $TeCl_4$ と PPh_3 を反応させると，塩 $[(Ph_3PO)_2H]_2[Te_2Cl_{10}]$ が得られる．その構造データによると，陰イオン中の Te 原子はほぼ正八面体形の配位環境にある．(a) $[Te_2Cl_{10}]^{2-}$ の構造を推定せよ．(b) 陽イオン $[(Ph_3PO)_2H]^+$ はホスフィンオキシド Ph_3PO の誘導体である．その構造を推定し，そこにみられる結合について解説せよ．

付　録

1. ギリシャ文字とその読み方
2. 量と単位の省略形と記号
3. 代表的な指標表
4. 電磁スペクトル
5. 天然に存在する同位体とそれらの存在率
6. ファンデルワールス，金属結合，共有結合およびイオン半径
7. 周期表の代表的な元素のポーリングの電気陰性度の値（χ^P）
8. 基底状態における元素の電子配置およびイオン化エネルギー
9. 電子親和力
10. 298 K における元素の標準原子化エンタルピー（$\Delta_a H°$）
11. 代表的な標準還元電位（298 K）

付録 1. ギリシャ文字とその読み方

大文字	小文字	読み方		大文字	小文字	読み方
A	α	alpha アルファ		N	ν	nu ニュー
B	β	beta ベータ		Ξ	ξ	xi グザイ（クサイ，クシー）
Γ	γ	gamma ガンマ		O	ο	omicron オミクロン
Δ	δ	delta デルタ		Π	π	pi パイ
E	ε	epsilon イプシロン（エプシロン）		P	ρ	rho ロー
Z	ζ	zeta ゼータ（ジータ，ツェータ）		Σ	σ	sigma シグマ
H	η	eta イータ（エータ）		T	τ	tau タウ
Θ	θ	theta シータ（テータ）		Υ	υ	upsilon ウプシロン（ユプシロン）
I	ι	iota イオタ		Φ	φ	phi ファイ
K	κ	kappa カッパ		X	χ	chi カイ
Λ	λ	lambda ラムダ		Ψ	ψ	psi プサイ
M	μ	mu ミュー		Ω	ω	omega オメガ

付録 2. 量と単位の省略形と記号

配位子の構造については，表 7・7 を参照せよ．記号が複数の意味をもつ場合は，その使用されている状況からその意味を判断せよ．SI 記号および単位の名前の詳細情報は，*Quantities, Units and Symbols in Physical Chemistry* (1993) IUPAC, 2nd edn, Blackwell Science, Oxford を参照せよ．[訳注: 2007 年に第 3 版が刊行されている．邦訳: "IUPAC 物理化学で用いられる量・単位・記号 第 3 版"，(社)日本化学会監修，(独)産業技術総合研究所計量標準総合センター訳，講談社サイエンティフィク (2009)]

a	cross-sectional area 断面積	9-BBN	9-borabicyclo[3.3.1]nonane 9-ボラビシクロ[3.3.1]ノナン
a_i	relative activity of a component i 成分 i の相対活量	bcc	body-centered cubic 体心立方
a_0	Bohr radius of the H atom 水素原子のボーア半径	bp	boiling point 沸点
		bpy	2,2′-bipyridine 2,2′-ビピリジン
A	ampere アンペア（電流の単位）	Bq	becquerel ベクレル（放射能の単位）
A	absorbance 吸光度	^{n}Bu	n-butyl n-ブチル
A	frequency factor 頻度因子（アレニウス式中の）	^{t}Bu	t-butyl t-ブチル
A	Madelung constant マーデルング定数	c	coefficient 係数（波動関数中）
A	mass number 質量数（原子の）	c	concentration 濃度（溶液の）
A_r	relative atomic mass 相対原子質量	c	speed of light 光速
$A(\theta,\phi)$	angular wavefunction 角度波動関数，角度方程式	c-C$_6$H$_{11}$	cyclohexyl シクロヘキシル
		C	Curie constant キュリー定数
A mechanism	associative mechanism 会合機構	C	coulomb クーロン（電荷の単位）
Å	ångstrom オングストローム（長さの非 SI 単位，結合長に使われる）	Ci	curie キュリー（放射能の非 SI 単位）
		C_n	n-fold rotation axis n 回転軸
acacH	acetylacetone アセチルアセトン	ccp	cubic close-packed 立方最密充填
ADP	adenosine diphosphate アデノシン二リン酸	CFC	chlorofluorocarbon クロロフルオロカーボン（フロン）
Ala	alanine アラニン	CFSE	crystal field stabilization energy 結晶場安定化エネルギー
aq	aqueous 水の		
Arg	arginine アルギニン	cm	centimeter センチメートル（長さの単位）
Asn	asparagine アスパラギン	cm^3	cubic centimeter 立方センチメートル（体積の単位）
Asp	aspartic acid アスパラギン酸		
atm	atmosphere 気圧（圧力の非 SI 単位）	cm^{-1}	reciprocal centimeter カイザー（波数の単位）
ATP	adenosine triphosphate アデノシン三リン酸		
ax	axial アキシアル	conc	concentrated 濃厚，濃
B	magnetic field strength 磁場強度	Cp	cyclopentadienyl シクロペンタジエニル
B	Racah parameter ラッカーパラメーター	cr	crystal 結晶
bar	bar バール（圧力の単位）	CT	charge transfer 電荷移動

CVD	chemical vapor deposition 化学蒸着法（化学気相成長法）	Gln	glutamine　グルタミン
Cys	cysteine　システイン	Glu	glutamic acid　グルタミン酸
d	bond distance or internuclear separation 結合距離または原子間距離	Gly	glycine　グリシン
		H	enthalpy　エンタルピー
d-	dextro-　右旋の（Box 20・3 参照）	H	magnetic field　磁場, 磁界
d	day　日（時間の非 SI 単位）	H_c	critical magnetic field of a superconductor 超伝導体の臨界磁場
D	bond dissociation enthalpy 結合解離エンタルピー	h	Planck constant　プランク定数
$\bar{D}$	average bond dissociation enthalpy 平均結合解離エンタルピー	h	hour　時（時間の非 SI 単位）
		$[\mathrm{HBpz_3}]^-$	hydridotris(pyrazolyl)borato ヒドリドトリス（ピラゾリル）ボラト
D mechanism	dissociative mechanism　解離機構	hcp	hexagonal close-packed　六方最密充填
D	debye　デバイ（電気双極子の非 SI 単位）	HIPIP (HiPIP)	high-potential iron-sulfur protein 高電位鉄-硫黄タンパク質
Dcb mechanism	conjugate-base mechanism　共役塩基機構	His	histidine　ヒスチジン
dec	decomposition　分解	HMPA	hexamethylphosphoramide ヘキサメチルホスホロアミド（ヘキサメチルリン酸トリアミド, 構造 11.5 参照）
DHA	9,10-dihydroanthracene 9,10-ジヒドロアントラセン		
dien	1,4,7-triazaheptane 1,4,7-トリアザヘプタン（表 7・7 参照）	HOMO	highest occupied molecular orbital 最高被占軌道
dil	dilute　希薄, 希	Hz	hertz　ヘルツ（周波数の単位）
$\mathrm{dm^3}$	cubic decimeter　立方デシメートル（体積）	$h\nu$	high-frequency radiation 高周波放射（光分解反応における）
DME	1,2-dimethoxyethane　1,2-ジメトキシエタン		
DMF	N,N-dimethylformamide N,N-ジメチルホルムアミド	I	nuclear spin quantum number 核スピン量子数
$\mathrm{dmgH_2}$	dimethylglyoxime　ジメチルグリオキシム	i	center of inversion　反転中心（対称中心）
DMSO	dimethylsulfoxide　ジメチルスルホキシド	I_a mechanism	associative interchange mechanism 会合的交替機構
DNA	deoxyribonucleic acid　デオキシリボ核酸		
E	energy　エネルギー	I_d mechanism	dissociative interchange mechanism 解離的交替機構
E	identity operator　恒等操作		
E	bond enthalpy term　結合エンタルピー項	IE	ionization energy　イオン化エネルギー
e^-	charge on the electron　電気素量	Ile	isoleucine　イソロイシン
e^-	electron　電子	IR	infrared　赤外
EA	electron affinity　電子親和力	IUPAC	International Union of Pure and Applied Chemistry　国際純正・応用化学連合
E_a	activation energy　活性化エネルギー		
E_cell	electrochemical cell potential　セル電位	j	inner quantum number　内部量子数
E°	standard reduction potential　標準還元電位	J	joule　ジュール（エネルギーの単位）
$\mathrm{EDTAH_4}$	N,N,N',N'-ethylenediaminetetraacetic acid N,N,N',N'-エチレンジアミン四酢酸（表 7・7 参照）	J	spin-spin coupling constant スピン-スピン結合定数
		J	total (resultant) inner quantum number 全内部量子数
en	1,2-ethanediamine 1,2-エタンジアミン（表 7・7 参照）	k	force constant　力の定数
EPR	electron paramagnetic resonance 電子常磁性共鳴	k	rate constant　速度定数
		k	Boltzmann constant　ボルツマン定数
eq	equatorial　エクアトリアル	K	kelvin　ケルビン（温度の単位）
ESR	electron spin resonance　電子スピン共鳴	K	equilibrium constant　平衡定数
Et	ethyl　エチル	K_a	acid dissociation constant　酸解離定数
eV	electron volt　電子ボルト	K_b	base dissociation constant　塩基解離定数
EXAFS	extended X-ray absorption fine structure 広域 X 線吸収微細構造	K_c	equilibrium constant expressed in terms of concentrations 濃度で表示された平衡定数
F	Faraday constant　ファラデー定数		
FAD	flavin adenine dinucleotide フラビンアデニンジヌクレオチド	K_p	equilibrium constant expressed in terms of partial pressures 分圧で表示された平衡定数
fcc	face-centered cubic　面心立方		
FID	free induction decay　自由誘導減衰	K_self	self-ionization constant　自己イオン化定数
FT	Fourier transform　フーリエ変換	K_sp	solubility product constant 溶解度積, 溶解定数
G	Gibbs energy　ギブズエネルギー		
g	gas　気体	K_w	self-ionization constant of water 水の自己イオン化定数
g	gram　グラム（質量の単位）		

（次ページにつづく）

kg	kilogram キログラム（質量の単位）	N	number of nuclides 核種の数
kJ	kilojoule キロジュール（エネルギーの単位）	n	neutron 中性子
kPa	kilopascal キロパスカル（圧力の単位）	n	Born exponent ボルン指数
L	Avogadro's number アボガドロ数	n	number of ～の数（たとえばモル）
L	total (resultant) orbital quantum number 全軌道量子数	n	principal quantum number 主量子数
L	ligand 配位子	n	nucleophilicity parameter 求核性パラメーター
l	liquid 液体	[NAD]$^+$	nicotinamide adenine dinucleotide ニコチンアミドアデニンジヌクレオチド
l	length 長さ		
l	orbital quantum number 軌道量子数	NASICON	Na super ionic conductor ナトリウム超イオン伝導体
l-	laevo- 左旋の（Box 20・3 参照）		
ℓ	path length 経路長	nm	nanometer ナノメートル（長さの単位）
LCAO	linear combination of atomic orbitals 原子軌道の一次結合（線形結合）	NMR	nuclear magnetic resonance 核磁気共鳴
		oxH$_2$	oxalic acid シュウ酸
LED	light-emitting diode 発光ダイオード	P	pressure 圧力
Leu	leucine ロイシン	Pa	pascal パスカル（圧力の単位）
LFER	linear free energy relationship 自由エネルギー直線関係	PAN	polyacrylonitrile ポリアクリロニトリル
		PES	photoelectron spectroscopy 光電子分光法
LFSE	ligand field stabilization energy 配位子場安定化エネルギー	Ph	phenyl フェニル
		Phe	phenylalanine フェニルアラニン
LGO	ligand group orbital 配位子群軌道	phen	1,10-phenanthroline 1,10-フェナントロリン
LMCT	ligand-to-metal charge transfer 配位子から金属への電荷移動		
		pK_a	$-\log K_a$
Ln	lanthanoid ランタノイド	pm	picometer ピコメートル（長さの単位）
LUMO	lowest unoccupied molecular orbital 最低空軌道	ppb	parts per billion 10億分の1
		ppm	parts per million 100万分の1
Lys	lysine リシン（リジン）	ppt	precipitate 沈殿
M	molarity モル濃度	Pr	propyl プロピル
m	mass 質量	^{i}Pr	i-propyl i-プロピル（イソプロピル）
m	meter メートル（長さの単位）	Pro	proline プロリン
m^3	cubic meter 立方メートル（体積の単位）	PVC	polyvinylchloride ポリ塩化ビニル
m_e	electron rest mass 電子の静止質量	py	pyridine ピリジン
m_i	molality 重量モル濃度	pzH	pyrazole ピラゾール
m_i°	standard state molality 標準状態における重量モル濃度	q	point charge 点電荷
		Q	reaction quotient 反応商
m_l	magnetic quantum number 磁気量子数	R	general alkyl or aryl group 一般的なアルキルまたはアリール基
M_L	total (resultant) orbital magnetic quantum number 全軌道磁気量子数		
		R	molar gas constant 気体定数
		R	Rydberg constant リュードベリ定数
m_s	magnetic spin quantum number スピン磁気量子数	R	resistance 抵抗
		R-	鏡像異性体の順位規則において右回りを示す記号（Box 20・3 参照）
M_S	magnetic spin quantum number for the multi-electron system 多電子系のスピン磁気量子数		
		r	radial distance 動径方向の距離
M_r	relative molecular mass 相対分子質量	r	radius 半径
Me	methyl メチル	$R(r)$	radial wavefunction 動径波動関数
Mes	mesityl メシチル（2,4,6-Me$_3$C$_6$H$_2$）	r_{cov}	covalent radius 共有結合半径
		r_{ion}	ionic radius イオン半径
Met	methionine メチオニン	r_{metal}	metallic radius 金属結合半径
min	minute 分（時間の非SI単位）	r_v	van der Waals radius ファンデルワールス半径
MLCT	metal-to-ligand charge transfer 金属から配位子への電荷移動		
		RDS	rate-determining step 律速段階
MO	molecular orbital 分子軌道	RF	radiofrequency ラジオ波振動数（周波数）
MOCVD	metal-organic chemical vapor deposition 有機金属化学蒸着法	S	entropy エントロピー
		S	overlap integral 重なり積分
mol	mole モル（量の単位）	S	total spin quantum number 全スピン量子数
mp	melting point 融点	S	screening (or shielding) constant 遮蔽定数
Mt	megatonne メガトン	S-	鏡像異性体の順位規則において左回りを示す記号（Box 20・3 参照）
MWNT	multi-walled (carbon) nanotube 多層（カーボン）ナノチューブ		
		s	second 秒（時間の単位）
N	normalization factor 規格化係数		

s	solid 固体	yr	year 年（時間の非SI単位）
s	spin quantum number スピン量子数	z	number of moles of electrons transferred in an electrochemical cell 化学電池において移動する電子の物質量（モル）
s	nucleophilicity discrimination factor 求核性識別因子		
S_n	n-fold improper rotation axis n回回映軸	Z	atomic number 原子番号
S_N1cb mechanism	conjugate-base mechanism 共役塩基機構	Z	effective collision frequency in solution 溶液中での有効衝突頻度
Ser	serine セリン	Z_{eff}	effective nuclear charge 有効核電荷
soln	solution 溶液	$|z_-|$	modulus of the negative charge 負電荷の絶対値
solv	solvated; solvent 溶媒和された，溶媒		
SQUID	superconducting quantum interference device 超伝導量子干渉計	$|z_+|$	modulus of the positive charge 正電荷の絶対値
SWNT	single-walled (carbon) nanotube 単層（カーボン）ナノチューブ	ZSM-5	a type of zeolite ゼオライトの種類の一つ（§27・8参照）
T	tesla テスラ（磁束密度の単位）	α	polarizability of an atom or ion 原子またはイオンの分極率
T	temperature 温度		
T_c	critical temperature of a superconductor 超伝導体の臨界温度	$[\alpha]$	specific rotation 比旋光度
		β	stability constant 安定度定数
T_C	Curie temperature キュリー温度	β^-	beta-particle ベータ粒子
T_N	Néel temperature ネール温度	β^+	positron 陽電子
t	tonne トン（メートル法における）	δ	chemical shift 化学シフト
t	time 時間	δ-	鏡像異性体の記号（Box 20・3参照）
$t_{\frac{1}{2}}$	half-life 半減期	δ^-	partial negative charge 部分負電荷
^tBu	t-butyl t-ブチル	δ^+	partial positive charge 部分正電荷
THF	tetrahydrofuran テトラヒドロフラン	Δ	～の変化
Thr	threonine トレオニン（スレオニン）	Δ-	右手系の鏡像異性体の記号（Box 20・3参照）
TMEDA	N,N,N',N'-tetramethylethylenediamine N,N,N',N'-テトラメチルエチレンジアミン	Δ_{oct}	octahedral crystal field splitting energy 八面体錯体の結晶場分裂エネルギー
TMS	tetramethylsilane テトラメチルシラン	Δ_{tet}	tetrahedral crystal field splitting energy 四面体錯体の結晶場分裂エネルギー
TOF	catalytic turnover frequency 触媒のターンオーバー頻度	$\Delta H°$	standard enthalpy change 標準エンタルピー変化
TON	catalytic turnover number 触媒のターンオーバー数	$\Delta H^{\ddagger}$	enthalpy change of activation 活性化エンタルピー変化
tppH$_2$	tetraphenylporphyrin テトラフェニルポルフィリン	$\Delta_a H$	enthalpy change of atomization 原子化エンタルピー変化
tpy	2,2':6',2''-terpyridine 2,2':6',2''-テルピリジン	$\Delta_c H$	enthalpy change of combustion 燃焼エンタルピー変化
trien	1,4,7,10-tetraazadecane 1,4,7,10-テトラアザデカン（表7・7参照）	$\Delta_{EA} H$	enthalpy change associated with the gain of an electron 1電子増加に伴うエンタルピー変化
Trp	tryptophan トリプトファン		
Tyr	tyrosine チロシン		
U	internal energy 内部エネルギー	$\Delta_f H$	enthalpy change of formation 生成エンタルピー変化
u	atomic mass unit 原子質量単位	$\Delta_{fus} H$	enthalpy change of fusion 融解エンタルピー変化
UV	ultraviolet 紫外		
UV-Vis	ultraviolet-visible 紫外可視	$\Delta_{hyd} H$	enthalpy change of hydration 水和エンタルピー変化
V	potential difference 電位差		
V	volume 体積	$\Delta_{lattice} H$	enthalpy change for the formation of an ionic lattice イオン結晶格子形成のエンタルピー変化
V	volt ボルト（電位差の単位）		
v	vapor 蒸気		
v	velocity 速度	$\Delta_r H$	enthalpy change of reaction 反応エンタルピー変化
Val	valine バリン		
VB	valence bond 原子価結合	$\Delta_{sol} H$	enthalpy change of solution 溶解エンタルピー変化
ve	valence electron 価電子（電子計数における）	$\Delta_{solv} H$	enthalpy change of solvation 溶媒和エンタルピー変化
VIS	visible 可視		
VSEPR	valence-shell electron-pair repulsion 原子価殻電子対反発	$\Delta_{vap} H$	enthalpy change of vaporization 蒸発エンタルピー変化
[X]	concentration of X Xの濃度		

（次ページにつづく）

6 付　録

(つづき)

記号	英名・和名
$\Delta G°$	standard Gibbs energy change　標準ギブズエネルギー変化
$\Delta G^{\ddagger}$	Gibbs energy of activation　活性化ギブズエネルギー
$\Delta_f G$	Gibbs energy change of formation　生成ギブズエネルギー
$\Delta_r G$	Gibbs energy change of reaction　反応ギブズエネルギー
ΔS	entropy change　エントロピー変化
$\Delta S°$	standard entropy change　標準エントロピー変化
$\Delta S^{\ddagger}$	entropy change of activation　活性化エントロピー変化
$\Delta U(0\,K)$	internal energy change at 0 K　0 K における内部エネルギー変化
$\Delta V^{\ddagger}$	volume of activation　活性化体積
ε	molar extinction (or absorption) coefficient　モル吸光係数
ε_{max}	molar extinction coefficient corresponding to an absorption maximum　（電子スペクトルにおける）吸収極大のモル吸光係数
ε_0	permittivity of a vacuum　真空の誘電率
ε_r	relative permittivity (dielectric constant)　比誘電率（誘電定数）
η	hapticity of a ligand　配位子のハプト数（Box 19・1 参照）
λ-	鏡像異性体の記号（Box 20・3 参照）
λ	spin-orbit coupling constant　スピン-軌道結合定数
λ	wavelength　波長
λ_{max}	wavelength corresponding to an absorption maximum　吸収極大の波長（電子スペクトルにおける）
Λ-	左手系の鏡像異性体の記号（Box 20・3 参照）
μ	electric dipole moment　電気双極子モーメント
μ	reduced mass　換算質量
μ	refractive index　屈折率
μ (spin only)	spin-only magnetic moment　スピンオンリーの磁気モーメント
μ_B	Bohr magneton　ボーア磁子
μ_{eff}	effective magnetic moment　有効磁気モーメント
μ_i	chemical potential of component i　成分 i の化学ポテンシャル
$\mu_i°$	standard chemical potential of i　成分 i の標準化学ポテンシャル
μ-	bridging ligand　架橋配位子
ν	total number of particles produced per molecule of solute　溶質 1 分子から生成する全粒子数
ν	frequency　振動数（周波数）
$\bar{\nu}$	wavenumber　波数
ν_e	neutrino　ニュートリノ
ρ	density　密度
σ	mirror plane　鏡映面，鏡面
τ_1	spin relaxation time　（NMR 分光学における）スピン緩和時間
χ	magnetic susceptibility　磁化率
χ_m	molar magnetic susceptibility　モル磁化率
χ	electronegativity　電気陰性度
χ^{AR}	Allred-Rochow electronegativity　オールレッド・ロコウの電気陰性度
χ^M	Mulliken electronegativity　マリケンの電気陰性度
χ^P	Pauling electronegativity　ポーリングの電気陰性度
ψ	wavefunction　波動関数
Ω	ohm　オーム（電気抵抗の単位）
2c-2e	2-center 2-electron　二中心二電子
3c-2e	3-center 2-electron　三中心二電子
(+)-	鏡像異性体の比旋光度の記号（Box 20・3 参照）
(−)-	鏡像異性体の比旋光度の記号（Box 20・3 参照）
° または ⦵	standard state　標準状態
‡	（'ダブルダガー'と読む）activated complex　活性錯体，活性錯合体；transition state　遷移状態
°	degree　度
>	～より大きい
≫	～よりかなり大きい
<	～より小さい
≪	～よりかなり小さい
≥	～以上である
≤	～以下である
≈	～とほぼ等しい
=	～と等しい
≠	～と等しくない
⇌	equilibrium　平衡
∝	～と比例する
×	multiplied by　～倍
∞	infinity　無限大
±	plus or minus　プラスマイナス
$\sqrt{\;}$	square root of　～の平方根
$\sqrt[3]{\;}$	cube root of　～の立方根
$|x|$	modulus of x　～の絶対値
Σ	summation of　～の総和
$\angle$	angle　角
log	logarithm to base 10　常用対数（10 を底とする対数，$\log_{10}$）
ln	natural logarithm, i.e. logarithm to base e　自然対数（e を底とする対数，$\log_e$）
$\int$	integral of　～の積分
$\dfrac{d}{dx}$	differential with respect to x　x に関する常微分
$\dfrac{\partial}{\partial x}$	partial differential with respect to x　x に関する偏微分

付録 3. 代表的な指標表

この付録に示した指標表は，いくつかの頻出する点群のものである．完全な指標表は，多くの物理および理論化学の教科書に掲載されている（たとえば，第4章の章末の参考文献参照）．

C_1	E
A	1

C_s	E	σ_h		
A'	1	1	x, y, R_z	x^2, y^2, z^2, xy
A"	1	-1	z, R_x, R_y	yz, xz

C_2	E	C_2		
A	1	1	z, R_z	x^2, y^2, z^2, xy
B	1	-1	x, y, R_x, R_y	yz, xz

C_{2v}	E	C_2	$\sigma_v(xz)$	$\sigma_v'(yz)$		
A_1	1	1	1	1	z	x^2, y^2, z^2
A_2	1	1	-1	-1	R_z	xy
B_1	1	-1	1	-1	x, R_y	xz
B_2	1	-1	-1	1	y, R_x	yz

C_{3v}	E	$2C_3$	$3\sigma_v$		
A_1	1	1	1	z	$x^2 + y^2, z^2$
A_2	1	1	-1	R_z	
E	2	-1	0	$(x, y) (R_x, R_y)$	$(x^2 - y^2, xy) (xz, yz)$

C_{4v}	E	$2C_4$	C_2	$2\sigma_v$	$2\sigma_d$		
A_1	1	1	1	1	1	z	$x^2 + y^2, z^2$
A_2	1	1	1	-1	-1	R_z	
B_1	1	-1	1	1	-1		$x^2 - y^2$
B_2	1	-1	1	-1	1		xy
E	2	0	-2	0	0	$(x, y) (R_x, R_y)$	(xz, yz)

C_{5v}	E	$2C_5$	$2C_5^2$	$5\sigma_v$		
A_1	1	1	1	1	z	x^2+y^2, z^2
A_2	1	1	1	-1	R_z	
E_1	2	$2\cos72°$	$2\cos144°$	0	$(x, y)\ (R_x, R_y)$	(xz, yz)
E_2	2	$2\cos144°$	$2\cos72°$	0		(x^2-y^2, xy)

D_2	E	$C_2(z)$	$C_2(y)$	$C_2(x)$		
A_1	1	1	1	1		x^2, y^2, z^2
B_1	1	1	-1	-1	z, R_z	xy
B_2	1	-1	1	-1	y, R_y	xz
B_3	1	-1	-1	1	x, R_x	yz

D_3	E	$2C_3$	$3C_2$		
A_1	1	1	1		x^2+y^2, z^2
A_2	1	1	-1	z, R_z	
E	2	-1	0	$(x, y)\ (R_x, R_y)$	$(x^2-y^2, xy)(xz, yz)$

D_{2h}	E	$C_2(z)$	$C_2(y)$	$C_2(x)$	i	$\sigma(xy)$	$\sigma(xz)$	$\sigma(yz)$		
A_g	1	1	1	1	1	1	1	1		x^2, y^2, z^2
B_{1g}	1	1	-1	-1	1	1	-1	-1	R_z	xy
B_{2g}	1	-1	1	-1	1	-1	1	-1	R_y	xz
B_{3g}	1	-1	-1	1	1	-1	-1	1	R_x	yz
A_u	1	1	1	1	-1	-1	-1	-1		
B_{1u}	1	1	-1	-1	-1	-1	1	1	z	
B_{2u}	1	-1	1	-1	-1	1	-1	1	y	
B_{3u}	1	-1	-1	1	-1	1	1	-1	x	

D_{3h}	E	$2C_3$	$3C_2$	σ_h	$2S_3$	$3\sigma_v$		
A_1'	1	1	1	1	1	1		x^2+y^2, z^2
A_2'	1	1	-1	1	1	-1	R_z	
E'	2	-1	0	2	-1	0	(x, y)	(x^2-y^2, xy)
A_1''	1	1	1	-1	-1	-1		
A_2''	1	1	-1	-1	-1	1	z	
E''	2	-1	0	-2	1	0	(R_x, R_y)	(xz, yz)

D_{4h}	E	$2C_4$	C_2	$2C_2'$	$2C_2''$	i	$2S_4$	σ_h	$2\sigma_v$	$2\sigma_d$		
A_{1g}	1	1	1	1	1	1	1	1	1	1		x^2+y^2, z^2
A_{2g}	1	1	1	−1	−1	1	1	1	−1	−1	R_z	
B_{1g}	1	−1	1	1	−1	1	−1	1	1	−1		x^2-y^2
B_{2g}	1	−1	1	−1	1	1	−1	1	−1	1		xy
E_g	2	0	−2	0	0	2	0	−2	0	0	(R_x, R_y)	(xz, yz)
A_{1u}	1	1	1	1	1	−1	−1	−1	−1	−1		
A_{2u}	1	1	1	−1	−1	−1	−1	−1	1	1	z	
B_{1u}	1	−1	1	1	−1	−1	1	−1	−1	1		
B_{2u}	1	−1	1	−1	1	−1	1	−1	1	−1		
E_u	2	0	−2	0	0	−2	0	2	0	0	(x, y)	

D_{2d}	E	$2S_4$	C_2	$2C_2'$	$2\sigma_d$		
A_1	1	1	1	1	1		x^2+y^2, z^2
A_2	1	1	1	−1	−1	R_z	
B_1	1	−1	1	1	−1		x^2-y^2
B_2	1	−1	1	−1	1	z	xy
E	2	0	−2	0	0	$(x, y)\, (R_x, R_y)$	(xz, yz)

D_{3d}	E	$2C_3$	$3C_2$	i	$2S_6$	$3\sigma_d$		
A_{1g}	1	1	1	1	1	1		x^2+y^2, z^2
A_{2g}	1	1	−1	1	1	−1	R_z	
E_g	2	−1	0	2	−1	0	(R_x, R_y)	$(x^2-y^2, xy), (xz, yz)$
A_{1u}	1	1	1	−1	−1	−1		
A_{2u}	1	1	−1	−1	−1	1	z	
E_u	2	−1	0	−2	1	0	(x, y)	

T_d	E	$8C_3$	$3C_2$	$6S_4$	$6\sigma_d$		
A_1	1	1	1	1	1		$x^2+y^2+z^2$
A_2	1	1	1	−1	−1		
E	2	−1	2	0	0		$(2z^2-x^2-y^2, x^2-y^2)$
T_1	3	0	−1	1	−1	(R_x, R_y, R_z)	
T_2	3	0	−1	−1	1	(x, y, z)	(xy, xz, yz)

O_h	E	$8C_3$	$6C_2$	$6C_4$	$3C_2$ $(=C_4^2)$	i	$6S_4$	$8S_6$	$3\sigma_h$	$6\sigma_d$		
A_{1g}	1	1	1	1	1	1	1	1	1	1		$x^2+y^2+z^2$
A_{2g}	1	1	−1	−1	1	1	−1	1	1	−1		
E_g	2	−1	0	0	2	2	0	−1	2	0		$(2z^2-x^2-y^2, x^2-y^2)$
T_{1g}	3	0	−1	1	−1	3	1	0	−1	−1	(R_x, R_y, R_z)	
T_{2g}	3	0	1	−1	−1	3	−1	0	−1	1		(xz, yz, xy)
A_{1u}	1	1	1	1	1	−1	−1	−1	−1	−1		
A_{2u}	1	1	−1	−1	1	−1	1	−1	−1	1		
E_u	2	−1	0	0	2	−2	0	1	−2	0		
T_{1u}	3	0	−1	1	−1	−3	−1	0	1	1	(x, y, z)	
T_{2u}	3	0	1	−1	−1	−3	1	0	1	−1		

$C_{\infty v}$	E	$2C_\infty^\phi$	$\cdots$	$\infty\sigma_v$		
$A_1 \equiv \Sigma^+$	1	1	$\cdots$	1	z	x^2+y^2, z^2
$A_2 \equiv \Sigma^-$	1	1	$\cdots$	−1	R_z	
$E_1 \equiv \Pi$	2	$2\cos\phi$	$\cdots$	0	$(x, y)\,(R_x, R_y)$	(xz, yz)
$E_2 \equiv \Delta$	2	$2\cos 2\phi$	$\cdots$	0		(x^2-y^2, xy)
$E_3 \equiv \Phi$	2	$2\cos 3\phi$	$\cdots$	0		
$\cdots$	$\cdots$	$\cdots$	$\cdots$	$\cdots$		

$D_{\infty h}$	E	$2C_\infty^\phi$	$\cdots$	$\infty\sigma_v$	i	$2S_\infty^\phi$	$\cdots$	∞C_2		
Σ_g^+	1	1	$\cdots$	1	1	1	$\cdots$	1		x^2+y^2, z^2
Σ_g^-	1	1	$\cdots$	−1	1	1	$\cdots$	−1	R_z	
Π_g	2	$2\cos\phi$	$\cdots$	0	2	$-2\cos\phi$	$\cdots$	0	(R_x, R_y)	(xz, yz)
Δ_g	2	$2\cos 2\phi$	$\cdots$	0	2	$2\cos 2\phi$	$\cdots$	0		(x^2-y^2, xy)
$\cdots$	$\cdots$	$\cdots$	$\cdots$	$\cdots$	$\cdots$	$\cdots$	$\cdots$	$\cdots$		
Σ_u^+	1	1	$\cdots$	1	−1	−1	$\cdots$	−1	z	
Σ_u^-	1	1	$\cdots$	−1	−1	−1	$\cdots$	1		
Π_u	2	$2\cos\phi$	$\cdots$	0	−2	$2\cos\phi$	$\cdots$	0	(x, y)	
Δ_u	2	$2\cos 2\phi$	$\cdots$	0	−2	$-2\cos 2\phi$	$\cdots$	0		
$\cdots$	$\cdots$	$\cdots$	$\cdots$	$\cdots$	$\cdots$	$\cdots$	$\cdots$	$\cdots$		

付録 4. 電磁スペクトル

電磁波の振動数（周波数）は，つぎの式によってその波長と関係づけられる．

波　長 $(\lambda) = \dfrac{\text{光速度}\,(c)}{\text{振動数}\,(\nu)}$　　　ここで $c = 3.0 \times 10^8\,\text{m s}^{-1}$

波　数 $(\bar{\nu}) = \dfrac{1}{\text{波　長}}$　　（単位 cm^{-1}）

エネルギー (E) ＝ プランク定数 (h) × 振動数 (ν)　　　ここで $h = 6.626 \times 10^{-34}\,\text{J s}$

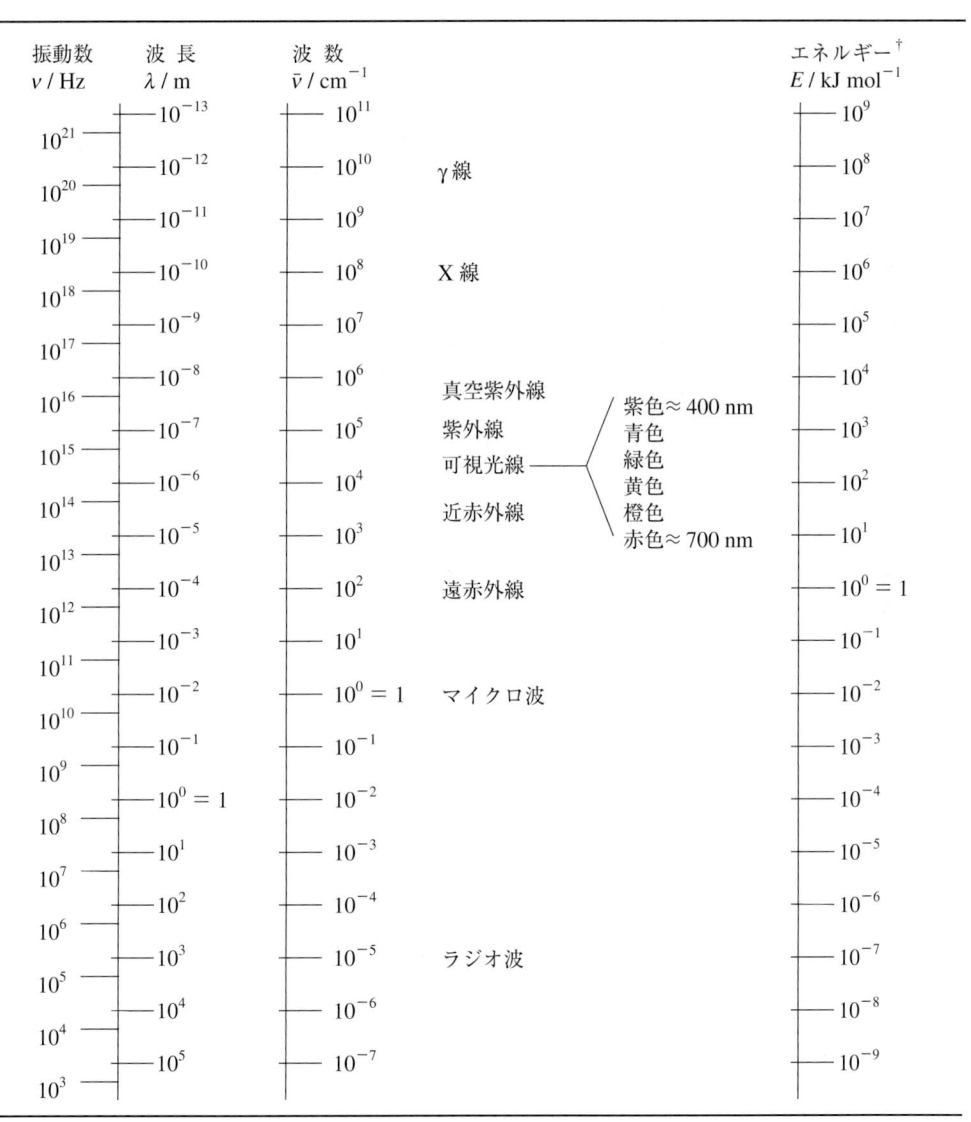

振動数 ν/Hz	波長 λ/m	波数 $\bar{\nu}/\text{cm}^{-1}$	領域	可視光	エネルギー[†] $E/\text{kJ mol}^{-1}$
10^{21}	10^{-13}	10^{11}			10^{9}
10^{20}	10^{-12}	10^{10}	γ 線		10^{8}
10^{19}	10^{-11}	10^{9}			10^{7}
10^{18}	10^{-10}	10^{8}	X 線		10^{6}
10^{17}	10^{-9}	10^{7}			10^{5}
10^{16}	10^{-8}	10^{6}	真空紫外線		10^{4}
10^{15}	10^{-7}	10^{5}	紫外線	紫色 ≈ 400 nm	10^{3}
10^{14}	10^{-6}	10^{4}	可視光線	青色／緑色／黄色／橙色	10^{2}
10^{13}	10^{-5}	10^{3}	近赤外線	赤色 ≈ 700 nm	10^{1}
10^{12}	10^{-4}	10^{2}	遠赤外線		$10^{0} = 1$
10^{11}	10^{-3}	10^{1}			10^{-1}
10^{10}	10^{-2}	$10^{0} = 1$	マイクロ波		10^{-2}
10^{9}	10^{-1}	10^{-1}			10^{-3}
10^{8}	$10^{0} = 1$	10^{-2}			10^{-4}
10^{7}	10^{1}	10^{-3}			10^{-5}
10^{6}	10^{2}	10^{-4}			10^{-6}
10^{5}	10^{3}	10^{-5}	ラジオ波		10^{-7}
10^{4}	10^{4}	10^{-6}			10^{-8}
10^{3}	10^{5}	10^{-7}			10^{-9}

[†] 1 mol の光子に対する値．

付録 5. 天然に存在する同位体とそれらの存在率

Mark Winter の WebElements から採録したデータ．放射性核種についての詳しい情報は，ウェブサイト（www.webelements.com）から得られる．

元素		元素記号	原子番号 Z	同位体の質量数（存在率%）
actinium	アクチニウム	Ac	89	人工同位体のみ；質量数範囲　224～229
aluminium	アルミニウム	Al	13	27 (100)
americium	アメリシウム	Am	95	人工同位体のみ；質量数範囲　237～245
antimony	アンチモン	Sb	51	121 (57.3), 123 (42.7)
argon	アルゴン	Ar	18	36 (0.34), 38 (0.06), 40 (99.6)
arsenic	ヒ素	As	33	75 (100)
astatine	アスタチン	At	85	人工同位体のみ；質量数範囲　205～211
barium	バリウム	Ba	56	130 (0.11), 132 (0.10), 134 (2.42), 135 (6.59), 136 (7.85), 137 (11.23), 138 (71.70)
berkelium	バークリウム	Bk	97	人工同位体のみ；質量数範囲　243～250
beryllium	ベリリウム	Be	4	9 (100)
bismuth	ビスマス	Bi	83	209 (100)
boron	ホウ素	B	5	10 (19.9), 11 (80.1)
bromine	臭素	Br	35	79 (50.69), 81 (49.31)
cadmium	カドミウム	Cd	48	106 (1.25), 108 (0.89), 110 (12.49), 111 (12.80), 112 (24.13), 113 (12.22), 114 (28.73), 116 (7.49)
caesium	セシウム	Cs	55	133 (100)
calcium	カルシウム	Ca	20	40 (96.94), 42 (0.65), 43 (0.13), 44 (2.09), 48 (0.19)
californium	カリホルニウム	Cf	98	人工同位体のみ；質量数範囲　246～255
carbon	炭素	C	6	12 (98.9), 13 (1.1)
cerium	セリウム	Ce	58	136 (0.19), 138 (0.25), 140 (88.48), 142 (11.08)
chlorine	塩素	Cl	17	35 (75.77), 37 (24.23)
chromium	クロム	Cr	24	50 (4.345), 52 (83.79), 53 (9.50), 54 (2.365)
cobalt	コバルト	Co	27	59 (100)
copper	銅	Cu	29	63 (69.2), 65 (30.8)
curium	キュリウム	Cm	96	人工同位体のみ；質量数範囲　240～250
dysprosium	ジスプロシウム	Dy	66	156 (0.06), 158 (0.10), 160 (2.34), 161 (18.9), 162 (25.5), 163 (24.9), 164 (28.2)
einsteinium	アインスタイニウム	Es	99	人工同位体のみ；質量数範囲　249～256
erbium	エルビウム	Er	68	162 (0.14), 164 (1.61), 166 (33.6), 167 (22.95), 168 (26.8), 170 (14.9)
europium	ユウロピウム	Eu	63	151 (47.8), 153 (52.2)
fermium	フェルミウム	Fm	100	人工同位体のみ；質量数範囲　251～257
fluorine	フッ素	F	9	19 (100)
francium	フランシウム	Fr	87	人工同位体のみ；質量数範囲　210～227
gadolinium	ガドリニウム	Gd	64	152 (0.20), 154 (2.18), 155 (14.80), 156 (20.47), 157 (15.65), 158 (24.84), 160 (21.86)
gallium	ガリウム	Ga	31	69 (60.1), 71 (39.9)
germanium	ゲルマニウム	Ge	32	70 (20.5), 72 (27.4), 73 (7.8), 74 (36.5), 76 (7.8)
gold	金	Au	79	197 (100)
hafnium	ハフニウム	Hf	72	174 (0.16), 176 (5.20), 177 (18.61), 178 (27.30), 179 (13.63), 180 (35.10)
helium	ヘリウム	He	2	3 (< 0.001), 4 (> 99.999)
holmium	ホルミウム	Ho	67	165 (100)
hydrogen	水素	H	1	1 (99.985), 2 (0.015)
indium	インジウム	In	49	113 (4.3), 115 (95.7)
iodine	ヨウ素	I	53	127 (100)
iridium	イリジウム	Ir	77	191 (37.3), 193 (62.7)
iron	鉄	Fe	26	54 (5.8), 56 (91.7), 57 (2.2), 58 (0.3)
krypton	クリプトン	Kr	36	78 (0.35), 80 (2.25), 82 (11.6), 83 (11.5), 84 (57.0), 86 (17.3)
lanthanum	ランタン	La	57	138 (0.09), 139 (99.91)

元素		元素記号	原子番号 Z	同位体の質量数（存在率%）
lawrencium	ローレンシウム	Lr	103	人工同位体のみ；質量数範囲　253～262
lead	鉛	Pb	82	204 (1.4), 206 (24.1), 207 (22.1), 208 (52.4)
lithium	リチウム	Li	3	6 (7.5), 7 (92.5)
lutetium	ルテチウム	Lu	71	175 (97.41), 176 (2.59)
magnesium	マグネシウム	Mg	12	24 (78.99), 25 (10.00), 26 (11.01)
manganese	マンガン	Mn	25	55 (100)
mendelevium	メンデレビウム	Md	101	人工同位体のみ；質量数範囲　247～260
mercury	水銀	Hg	80	196 (0.14), 198 (10.02), 199 (16.84), 200 (23.13), 201 (13.22), 202 (29.80), 204 (6.85)
molybdenum	モリブデン	Mo	42	92 (14.84), 94 (9.25), 95 (15.92), 96 (16.68), 97 (9.55), 98 (24.13), 100 (9.63)
neodymium	ネオジム	Nd	60	142 (27.13), 143 (12.18), 144 (23.80), 145 (8.30), 146 (17.19), 148 (5.76), 150 (5.64)
neon	ネオン	Ne	10	20 (90.48), 21 (0.27), 22 (9.25)
neptunium	ネプツニウム	Np	93	人工同位体のみ；質量数範囲　234～240
nickel	ニッケル	Ni	28	58 (68.27), 60 (26.10), 61 (1.13), 62 (3.59), 64 (0.91)
niobium	ニオブ	Nb	41	93 (100)
nitrogen	窒素	N	7	14 (99.63), 15 (0.37)
nobelium	ノーベリウム	No	102	人工同位体のみ；質量数範囲　250～262
osmium	オスミウム	Os	76	184 (0.02), 186 (1.58), 187 (1.6), 188 (13.3), 189 (16.1), 190 (26.4), 192 (41.0)
oxygen	酸素	O	8	16 (99.76), 17 (0.04), 18 (0.20)
palladium	パラジウム	Pd	46	102 (1.02), 104 (11.14), 105 (22.33), 106 (27.33), 108 (26.46), 110 (11.72)
phosphorus	リン	P	15	31 (100)
platinum	白金	Pt	78	190 (0.01), 192 (0.79), 194 (32.9), 195 (33.8), 196 (25.3), 198 (7.2)
plutonium	プルトニウム	Pu	94	人工同位体のみ；質量数範囲　234～246
polonium	ポロニウム	Po	84	人工同位体のみ；質量数範囲　204～210
potassium	カリウム	K	19	39 (93.26), 40 (0.01), 41 (6.73)
praseodymium	プラセオジム	Pr	59	141 (100)
promethium	プロメチウム	Pm	61	人工同位体のみ；質量数範囲　141～151
protactinium[†]	プロトアクチニウム	Pa	91	人工同位体のみ；質量数範囲　228～234
radium	ラジウム	Ra	88	人工同位体のみ；質量数範囲　223～230
radon	ラドン	Rn	86	人工同位体のみ；質量数範囲　208～224
rhenium	レニウム	Re	75	185 (37.40), 187 (62.60)
rhodium	ロジウム	Rh	45	103 (100)
rubidium	ルビジウム	Rb	37	85 (72.16), 87 (27.84)
ruthenium	ルテニウム	Ru	44	96 (5.52), 98 (1.88), 99 (12.7), 100 (12.6), 101 (17.0), 102 (31.6), 104 (18.7)
samarium	サマリウム	Sm	62	144 (3.1), 147 (15.0), 148 (11.3), 149 (13.8), 150 (7.4), 152 (26.7), 154 (22.7)
scandium	スカンジウム	Sc	21	45 (100)
selenium	セレン	Se	34	74 (0.9), 76 (9.2), 77 (7.6), 78 (23.6), 80 (49.7), 82 (9.0)
silicon	ケイ素	Si	14	28 (92.23), 29 (4.67), 30 (3.10)
silver	銀	Ag	47	107 (51.84), 109 (48.16)
sodium	ナトリウム	Na	11	23 (100)
strontium	ストロンチウム	Sr	38	84 (0.56), 86 (9.86), 87 (7.00), 88 (82.58)
sulfur	硫黄	S	16	32 (95.02), 33 (0.75), 34 (4.21), 36 (0.02)
tantalum	タンタル	Ta	73	180 (0.01), 181 (99.99)
technetium	テクネチウム	Tc	43	人工同位体のみ；質量数範囲　95～99
tellurium	テルル	Te	52	120 (0.09), 122 (2.60), 123 (0.91), 124 (4.82), 125 (7.14), 126 (18.95), 128 (31.69), 130 (33.80)
terbium	テルビウム	Tb	65	159 (100)
thallium	タリウム	Tl	81	203 (29.52), 205 (70.48)
thorium	トリウム	Th	90	232 (100)

[†] §25・5 の議論を参照.

（次ページにつづく）

(つづき)

元素		元素記号	原子番号 Z	同位体の質量数（存在率％）
thulium	ツリウム	Tm	69	169 (100)
tin	スズ	Sn	50	112 (0.97), 114 (0.65), 115 (0.36), 116 (14.53), 117 (7.68), 118 (24.22), 119 (8.58), 120 (32.59), 122 (4.63), 124 (5.79)
titanium	チタン	Ti	22	46 (8.0), 47 (7.3), 48 (73.8), 49 (5.5), 50 (5.4)
tungsten	タングステン	W	74	180 (0.13), 182 (26.3), 183 (14.3), 184 (30.67), 186 (28.6)
uranium	ウラン	U	92	234 (0.005), 235 (0.72), 236 (99.275)
vanadium	バナジウム	V	23	50 (0.25), 51 (99.75)
xenon	キセノン	Xe	54	124 (0.10), 126 (0.09), 128 (1.91), 129 (26.4), 130 (4.1), 131 (21.2), 132 (26.9), 134 (10.4), 136 (8.9)
ytterbium	イッテルビウム	Yb	70	168 (0.13), 170 (3.05), 171 (14.3), 172 (21.9), 173 (16.12), 174 (31.8), 176 (12.7)
yttrium	イットリウム	Y	39	89 (100)
zinc	亜鉛	Zn	30	64 (48.6), 66 (27.9), 67 (4.1), 68 (18.8), 70 (0.6)
zirconium	ジルコニウム	Zr	40	90 (51.45), 91 (11.22), 92 (17.15), 94 (17.38), 96 (2.8)

付録 6. ファンデルワールス，金属結合，共有結合およびイオン半径

s, p，および第一列 d ブロック元素のデータを示す．イオン半径は，イオンの電荷および配位数によって変化する．特に断らない限り，配位数 6 は八面体形配位，4 は四面体形配位を示す．高周期の d ブロック金属およびランタノイドとアクチノイドのデータは，表 23・1 および表 25・1 に示した．

	元素	ファンデルワールス半径 r_v / pm	十二配位の金属結合半径 r_{metal} / pm	共有結合半径 r_{cov} / pm	イオン半径		
					イオン半径 r_{ion} / pm	イオンの電荷	イオンの配位数
水素	H	120		37†			
1族	Li		157		76	1+	6
	Na		191		102	1+	6
	K		235		138	1+	6
	Rb		250		149	1+	6
	Cs		272		170	1+	6
2族	Be		112		27	2+	4
	Mg		160		72	2+	6
	Ca		197		100	2+	6
	Sr		215		126	2+	8
	Ba		224		142	2+	8
13族	B	208		88			
	Al		143	130	54	3+	6
	Ga		153	122	62	3+	6
	In		167	150	80	3+	6
	Tl		171	155	89	3+	6
					159	1+	8
14族	C	185		77			
	Si	210		118			
	Ge			122	53	4+	6
	Sn		158	140	74	4+	6
	Pb		175	154	119	2+	6
					65	4+	4
					78	4+	6

† 有機化合物中では 30 pm の値を使用した方がよい場合がある．

6. ファンデルワールス，金属結合，共有結合およびイオン半径

	元素	ファンデル ワールス半径 r_v / pm	十二配位の金属 結合半径 r_{metal} / pm	共有結合半径 r_{cov} / pm	イオン半径		
					イオン半径 r_{ion} / pm	イオンの電荷	イオンの配位数
15 族	N	154		75	171	3−	6
	P	190		110			
	As	200		122			
	Sb	220		143			
	Bi	240	182	152	103	3+	6
					76	5+	6
16 族	O	140		73	140	2−	6
	S	185		103	184	2−	6
	Se	200		117	198	2−	6
	Te	220		135	211	2−	6
17 族	F	135		71	133	1−	6
	Cl	180		99	181	1−	6
	Br	195		114	196	1−	6
	I	215		133	220	1−	6
18 族	He	99					
	Ne	160					
	Ar	191					
	Kr	197					
	Xe	214					
第一列 d ブロック 元素	Sc		164		75	3+	6
	Ti		147		86	2+	6
					67	3+	6
					61	4+	6
	V		135		79	2+	6
					64	3+	6
					58	4+	6
					53	4+	5
					54	5+	6
					46	5+	5
	Cr		129		73	2+	6 (低スピン)
					80	2+	6 (高スピン)
					62	3+	6
	Mn		137		67	2+	6 (低スピン)
					83	2+	6 (高スピン)
					58	3+	6 (低スピン)
					65	3+	6 (高スピン)
					39	4+	4
					53	4+	6
	Fe		126		61	2+	6 (低スピン)
					78	2+	6 (高スピン)
					55	3+	6 (低スピン)
					65	3+	6 (高スピン)
	Co		125		65	2+	6 (低スピン)
					75	2+	6 (高スピン)
					55	3+	6 (低スピン)
					61	3+	6 (高スピン)
	Ni		125		55	2+	4
					44	2+	4 (平面正方形)
					69	2+	6
					56	3+	6 (低スピン)
					60	3+	6 (高スピン)
	Cu		128		46	1+	2
					60	1+	4
					57	2+	4 (平面正方形)
					73	2+	6
	Zn		137		60	2+	4
					74	2+	6

付録 7. 周期表の代表的な元素のポーリングの電気陰性度の値 (χ^P)

値は酸化状態に依存する.

1族	2族	13族	14族	15族	16族	17族
H 2.2						
Li 1.0	Be 1.6	B 2.0	C 2.6	N 3.0	O 3.4	F 4.0
Na 0.9	Mg 1.3	Al(III) 1.6	Si 1.9	P 2.2	S 2.6	Cl 3.2
K 0.8	Ca 1.0	Ga(III) 1.8	Ge(IV) 2.0	As(III) 2.2	Se 2.6	Br 3.0
Rb 0.8	Sr 0.9	In(III) 1.8	Sn(II) 1.8 / Sn(IV) 2.0	Sb 2.1	Te 2.1	I 2.7
Cs 0.8	Ba 0.9	Tl(I) 1.6 / Tl(III) 2.0	Pb(II) 1.9 / Pb(IV) 2.3	Bi 2.0	Po 2.0	At 2.2

(dブロック元素)

付録 8. 基底状態における元素の電子配置およびイオン化エネルギー

最初の5段階のイオン化に関するデータを示す. イオン化エネルギー $IE(n)$ は kJ mol^{-1} 単位で表示されており, 以下の過程に対応する. データはいくつかの原典から得ているが, 大部分は *Handbook of Chemistry and Physics* (1993) 74th edn, CRC Press, Boca Raton, FL, および the NIST Physics Laboratory, Physical Reference Data から得た. kJ mol^{-1} 単位表示の値は, 原典のデータ (eV 単位) の精度に依存して, 有効数字4桁またはそれ以下で示した. 1 eV = 96.485 kJ mol^{-1} として換算した.

$IE(1)$ $M(g) \rightarrow M^+(g)$ $IE(2)$ $M^+(g) \rightarrow M^{2+}(g)$ $IE(3)$ $M^{2+}(g) \rightarrow M^{3+}(g)$
$IE(4)$ $M^{3+}(g) \rightarrow M^{4+}(g)$ $IE(5)$ $M^{4+}(g) \rightarrow M^{5+}(g)$

原子番号 Z	元素	基底状態の電子配置	$IE(1)$	$IE(2)$	$IE(3)$	$IE(4)$	$IE(5)$
1	H	$1s^1$	1312				
2	He	$1s^2 =$ [He]	2372	5250			
3	Li	[He]$2s^1$	520.2	7298	11820		
4	Be	[He]$2s^2$	899.5	1757	14850	21010	
5	B	[He]$2s^2 2p^1$	800.6	2427	3660	25030	32830
6	C	[He]$2s^2 2p^2$	1086	2353	4620	6223	37830
7	N	[He]$2s^2 2p^3$	1402	2856	4578	7475	9445
8	O	[He]$2s^2 2p^4$	1314	3388	5300	7469	10990
9	F	[He]$2s^2 2p^5$	1681	3375	6050	8408	11020
10	Ne	[He]$2s^2 2p^6 =$ [Ne]	2081	3952	6122	9371	12180
11	Na	[Ne]$3s^1$	495.8	4562	6910	9543	13350
12	Mg	[Ne]$3s^2$	737.7	1451	7733	10540	13630
13	Al	[Ne]$3s^2 3p^1$	577.5	1817	2745	11580	14840
14	Si	[Ne]$3s^2 3p^2$	786.5	1577	3232	4356	16090
15	P	[Ne]$3s^2 3p^3$	1012	1907	2914	4964	6274
16	S	[Ne]$3s^2 3p^4$	999.6	2252	3357	4556	7004

8. 基底状態における元素の電子配置およびイオン化エネルギー

原子番号 Z	元 素	基底状態の電子配置	IE(1)	IE(2)	IE(3)	IE(4)	IE(5)
17	Cl	[Ne]$3s^2 3p^5$	1251	2298	3822	5159	6540
18	Ar	[Ne]$3s^2 3p^6$ = [Ar]	1521	2666	3931	5771	7238
19	K	[Ar]$4s^1$	418.8	3052	4420	5877	7975
20	Ca	[Ar]$4s^2$	589.8	1145	4912	6491	8153
21	Sc	[Ar]$4s^2 3d^1$	633.1	1235	2389	7091	8843
22	Ti	[Ar]$4s^2 3d^2$	658.8	1310	2653	4175	9581
23	V	[Ar]$4s^2 3d^3$	650.9	1414	2828	4507	6299
24	Cr	[Ar]$4s^1 3d^5$	652.9	1591	2987	4743	6702
25	Mn	[Ar]$4s^2 3d^5$	717.3	1509	3248	4940	6990
26	Fe	[Ar]$4s^2 3d^6$	762.5	1562	2957	5290	7240
27	Co	[Ar]$4s^2 3d^7$	760.4	1648	3232	4950	7670
28	Ni	[Ar]$4s^2 3d^8$	737.1	1753	3395	5300	7339
29	Cu	[Ar]$4s^1 3d^{10}$	745.5	1958	3555	5536	7700
30	Zn	[Ar]$4s^2 3d^{10}$	906.4	1733	3833	5730	7970
31	Ga	[Ar]$4s^2 3d^{10} 4p^1$	578.8	1979	2963	6200	
32	Ge	[Ar]$4s^2 3d^{10} 4p^2$	762.2	1537	3302	4411	9020
33	As	[Ar]$4s^2 3d^{10} 4p^3$	947.0	1798	2735	4837	6043
34	Se	[Ar]$4s^2 3d^{10} 4p^4$	941.0	2045	2974	4144	6590
35	Br	[Ar]$4s^2 3d^{10} 4p^5$	1140	2100	3500	4560	5760
36	Kr	[Ar]$4s^2 3d^{10} 4p^6$ = [Kr]	1351	2350	3565	5070	6240
37	Rb	[Kr]$5s^1$	403.0	2633	3900	5080	6850
38	Sr	[Kr]$5s^2$	549.5	1064	4138	5500	6910
39	Y	[Kr]$5s^2 4d^1$	599.8	1181	1980	5847	7430
40	Zr	[Kr]$5s^2 4d^2$	640.1	1267	2218	3313	7752
41	Nb	[Kr]$5s^1 4d^4$	652.1	1382	2416	3700	4877
42	Mo	[Kr]$5s^1 4d^5$	684.3	1559	2618	4480	5257
43	Tc	[Kr]$5s^2 4d^5$	702	1472	2850		
44	Ru	[Kr]$5s^1 4d^7$	710.2	1617	2747		
45	Rh	[Kr]$5s^1 4d^8$	719.7	1744	2997		
46	Pd	[Kr]$5s^0 4d^{10}$	804.4	1875	3177		
47	Ag	[Kr]$5s^1 4d^{10}$	731.0	2073	3361		
48	Cd	[Kr]$5s^2 4d^{10}$	867.8	1631	3616		
49	In	[Kr]$5s^2 4d^{10} 5p^1$	558.3	1821	2704	5200	
50	Sn	[Kr]$5s^2 4d^{10} 5p^2$	708.6	1412	2943	3930	6974
51	Sb	[Kr]$5s^2 4d^{10} 5p^3$	830.6	1595	2440	4260	5400
52	Te	[Kr]$5s^2 4d^{10} 5p^4$	869.3	1790	2698	3610	5668
53	I	[Kr]$5s^2 4d^{10} 5p^5$	1008	1846	3200		
54	Xe	[Kr]$5s^2 4d^{10} 5p^6$ = [Xe]	1170	2046	3099		
55	Cs	[Xe]$6s^1$	375.7	2234	3400		
56	Ba	[Xe]$6s^2$	502.8	965.2	3619		
57	La	[Xe]$6s^2 5d^1$	538.1	1067	1850	4819	5940
58	Ce	[Xe]$4f^1 6s^2 5d^1$	534.4	1047	1949	3546	6325
59	Pr	[Xe]$4f^3 6s^2$	527.2	1018	2086	3761	5551
60	Nd	[Xe]$4f^4 6s^2$	533.1	1035	2130	3898	
61	Pm	[Xe]$4f^5 6s^2$	538.8	1052	2150	3970	
62	Sm	[Xe]$4f^6 6s^2$	544.5	1068	2260	3990	
63	Eu	[Xe]$4f^7 6s^2$	547.1	1085	2404	4120	
64	Gd	[Xe]$4f^7 6s^2 5d^1$	593.4	1167	1990	4245	
65	Tb	[Xe]$4f^9 6s^2$	565.8	1112	2114	3839	
66	Dy	[Xe]$4f^{10} 6s^2$	573.0	1126	2200	3990	
67	Ho	[Xe]$4f^{11} 6s^2$	581.0	1139	2204	4100	
68	Er	[Xe]$4f^{12} 6s^2$	589.3	1151	2194	4120	
69	Tm	[Xe]$4f^{13} 6s^2$	596.7	1163	2285	4120	
70	Yb	[Xe]$4f^{14} 6s^2$	603.4	1175	2417	4203	
71	Lu	[Xe]$4f^{14} 6s^2 5d^1$	523.5	1340	2022	4366	
72	Hf	[Xe]$4f^{14} 6s^2 5d^2$	658.5	1440	2250	3216	
73	Ta	[Xe]$4f^{14} 6s^2 5d^3$	728.4	1500	2100		
74	W	[Xe]$4f^{14} 6s^2 5d^4$	758.8	1700	2300		

(次ページにつづく)

(つづき)

原子番号 Z	元素	基底状態の電子配置	IE(1)	IE(2)	IE(3)	IE(4)	IE(5)
75	Re	[Xe]4f^{14}6s^{2}5d^5	755.8	1260	2510		
76	Os	[Xe]4f^{14}6s^{2}5d^6	814.2	1600	2400		
77	Ir	[Xe]4f^{14}6s^{2}5d^7	865.2	1680	2600		
78	Pt	[Xe]4f^{14}6s^{1}5d^9	864.4	1791	2800		
79	Au	[Xe]4f^{14}6s^{1}5d^{10}	890.1	1980	2900		
80	Hg	[Xe]4f^{14}6s^{2}5d^{10}	1007	1810	3300		
81	Tl	[Xe]4f^{14}6s^{2}5d^{10}6p^1	589.4	1971	2878	4900	
82	Pb	[Xe]4f^{14}6s^{2}5d^{10}6p^2	715.6	1450	3081	4083	6640
83	Bi	[Xe]4f^{14}6s^{2}5d^{10}6p^3	703.3	1610	2466	4370	5400
84	Po	[Xe]4f^{14}6s^{2}5d^{10}6p^4	812.1	1800	2700		
85	At	[Xe]4f^{14}6s^{2}5d^{10}6p^5	930	1600	2900		
86	Rn	[Xe]4f^{14}6s^{2}5d^{10}6p^6 = [Rn]	1037				
87	Fr	[Rn]7s^1	393.0	2100	3100		
88	Ra	[Rn]7s^2	509.3	979.0	3300		
89	Ac	[Rn]6d^{1}7s^2	499	1170	1900		
90	Th	[Rn]6d^{2}7s^2	608.5	1110	1930	2780	
91	Pa	[Rn]5f^{2}7s^{2}6d^1	568	1130	1810		
92	U	[Rn]5f^{3}7s^{2}6d^1	597.6	1440	1840		
93	Np	[Rn]5f^{4}7s^{2}6d^1	604.5	1130	1880		
94	Pu	[Rn]5f^{6}7s^2	581.4	1130	2100		
95	Am	[Rn]5f^{7}7s^2	576.4	1160	2160		
96	Cm	[Rn]5f^{7}7s^{2}6d^1	578.0	1200	2050		
97	Bk	[Rn]5f^{9}7s^2	598.0	1190	2150		
98	Cf	[Rn]5f^{10}7s^2	606.1	1210	2280		
99	Es	[Rn]5f^{11}7s^2	619	1220	2330		
100	Fm	[Rn]5f^{12}7s^2	627	1230	2350		
101	Md	[Rn]5f^{13}7s^2	635	1240	2450		
102	No	[Rn]5f^{14}7s^2	642	1250	2600		
103	Lr	[Rn]5f^{14}7s^{2}6d^1	440 (?)				

付録 9. 電子親和力

気相中の原子または陰イオンが1電子を得るときのおおよそのエンタルピー変化, $\Delta_{EA}H(298\,\mathrm{K})$. 負のエンタルピー ($\Delta H$) は正の電子親和力 ($EA$) に対応し, 発熱過程である (§1・10参照). $\Delta_{EA}H(298\,\mathrm{K}) \approx \Delta U(0\,\mathrm{K}) = -EA$

反応	$\approx \Delta_{EA}H$ / kJ mol^{-1}	反応	$\approx \Delta_{EA}H$ / kJ mol^{-1}
水素		**16族**	
H(g) + e$^-$ ⟶ H$^-$(g)	−73	O(g) + e$^-$ ⟶ O$^-$(g)	−141
		O$^-$(g) + e$^-$ ⟶ O^{2-}(g)	+798
1族		S(g) + e$^-$ ⟶ S$^-$(g)	−201
Li(g) + e$^-$ ⟶ Li$^-$(g)	−60	S$^-$(g) + e$^-$ ⟶ S^{2-}(g)	+640
Na(g) + e$^-$ ⟶ Na$^-$(g)	−53	Se(g) + e$^-$ ⟶ Se$^-$(g)	−195
K(g) + e$^-$ ⟶ K$^-$(g)	−48	Te(g) + e$^-$ ⟶ Te$^-$(g)	−190
Rb(g) + e$^-$ ⟶ Rb$^-$(g)	−47		
Cs(g) + e$^-$ ⟶ Cs$^-$(g)	−45	**17族**	
		F(g) + e$^-$ ⟶ F$^-$(g)	−328
15族		Cl(g) + e$^-$ ⟶ Cl$^-$(g)	−349
N(g) + e$^-$ ⟶ N$^-$(g)	≈ 0	Br(g) + e$^-$ ⟶ Br$^-$(g)	−325
P(g) + e$^-$ ⟶ P$^-$(g)	−72	I(g) + e$^-$ ⟶ I$^-$(g)	−295
As(g) + e$^-$ ⟶ As$^-$(g)	−78		
Sb(g) + e$^-$ ⟶ Sb$^-$(g)	−103		
Bi(g) + e$^-$ ⟶ Bi$^-$(g)	−91		

付録 10. 298 K における元素の標準原子化エンタルピー（$\Delta_a H°$）

つぎの反応過程に対するエンタルピーを kJ mol^{-1} 単位で示した．

$$\frac{1}{n} E_n \text{（標準状態）} \longrightarrow E(g)$$

原子（E）は，周期表の場所に従って並んでいる．ランタノイドとアクチノイドは除かれている．貴ガスは，298 K において単原子分子であるので，省略した．

1	2	3	4	5	6	7	8	9	10	11	12	13	14	15	16	17
H 218																
Li 161	Be 324											B 582	C 717	N 473	O 249	F 79
Na 108	Mg 146											Al 330	Si 456	P 315	S 277	Cl 121
K 90	Ca 178	Sc 378	Ti 470	V 514	Cr 397	Mn 283	Fe 418	Co 428	Ni 430	Cu 338	Zn 130	Ga 277	Ge 375	As 302	Se 227	Br 112
Rb 82	Sr 164	Y 423	Zr 609	Nb 721	Mo 658	Tc 677	Ru 651	Rh 556	Pd 377	Ag 285	Cd 112	In 243	Sn 302	Sb 264	Te 197	I 107
Cs 78	Ba 178	La 423	Hf 619	Ta 782	W 850	Re 774	Os 787	Ir 669	Pt 566	Au 368	Hg 61	Tl 182	Pb 195	Bi 210	Po ≈146	At 92

付録 11. 代表的な標準還元電位（298 K）

それぞれの水溶液の濃度は 1 mol dm^{-3} であり，気体成分の分圧は 1 bar（10^5 Pa）である〔標準圧力を 1 atm（101 300 Pa）に変えても，このレベルの精度においては，$E°$ の値に違いは現れない〕．掲載したそれぞれの半電池は，示されている溶液化学種を濃度 1 mol dm^{-3} で含む．一方，[OH$^-$] を含む半電池の場合，$E°$ は [OH$^-$] = 1 mol dm^{-3} における値を示し，表記は $E°_{[OH^-]=1}$ である（Box 8・1 参照）．

還元半反応	$E°$ または $E°_{[OH^-]=1}$ / V
Li$^+$(aq) + e$^-$ ⇌ Li(s)	−3.04
Cs$^+$(aq) + e$^-$ ⇌ Cs(s)	−3.03
Rb$^+$(aq) + e$^-$ ⇌ Rb(s)	−2.98
K$^+$(aq) + e$^-$ ⇌ K(s)	−2.93
Ca^{2+}(aq) + 2e$^-$ ⇌ Ca(s)	−2.87
Na$^+$(aq) + e$^-$ ⇌ Na(s)	−2.71
La^{3+}(aq) + 3e$^-$ ⇌ La(s)	−2.38
Mg^{2+}(aq) + 2e$^-$ ⇌ Mg(s)	−2.37
Y^{3+}(aq) + 3e$^-$ ⇌ Y(s)	−2.37
Sc^{3+}(aq) + 3e$^-$ ⇌ Sc(s)	−2.03
Al^{3+}(aq) + 3e$^-$ ⇌ Al(s)	−1.66
[HPO$_3$]$^{2-}$(aq) + 2H$_2$O(l) + 2e$^-$ ⇌ [H$_2$PO$_2$]$^-$(aq) + 3[OH]$^-$(aq)	−1.65
Ti^{2+}(aq) + 2e$^-$ ⇌ Ti(s)	−1.63
Mn(OH)$_2$(s) + 2e$^-$ ⇌ Mn(s) + 2[OH]$^-$(aq)	−1.56

（次ページにつづく）

(つづき)

還元半反応	E° または $E^\circ_{[OH^-]=1}$ / V
$Mn^{2+}(aq) + 2e^- \rightleftharpoons Mn(s)$	-1.19
$V^{2+}(aq) + 2e^- \rightleftharpoons V(s)$	-1.18
$Te(s) + 2e^- \rightleftharpoons Te^{2-}(aq)$	-1.14
$2[SO_3]^{2-}(aq) + 2H_2O(l) + 2e^- \rightleftharpoons 4[OH]^-(aq) + [S_2O_4]^{2-}(aq)$	-1.12
$[SO_4]^{2-}(aq) + H_2O(l) + 2e^- \rightleftharpoons [SO_3]^{2-}(aq) + 2[OH]^-(aq)$	-0.93
$Se(s) + 2e^- \rightleftharpoons Se^{2-}(aq)$	-0.92
$Cr^{2+}(aq) + 2e^- \rightleftharpoons Cr(s)$	-0.91
$2[NO_3]^-(aq) + 2H_2O(l) + 2e^- \rightleftharpoons N_2O_4(g) + 4[OH]^-(aq)$	-0.85
$2H_2O(l) + 2e^- \rightleftharpoons H_2(g) + 2[OH]^-(aq)$	-0.82
$Zn^{2+}(aq) + 2e^- \rightleftharpoons Zn(s)$	-0.76
$Cr^{3+}(aq) + 3e^- \rightleftharpoons Cr(s)$	-0.74
$S(s) + 2e^- \rightleftharpoons S^{2-}(aq)$	-0.48
$[NO_2]^-(aq) + H_2O(l) + e^- \rightleftharpoons NO(g) + 2[OH]^-(aq)$	-0.46
$Fe^{2+}(aq) + 2e^- \rightleftharpoons Fe(s)$	-0.44
$Cr^{3+}(aq) + e^- \rightleftharpoons Cr^{2+}(aq)$	-0.41
$Ti^{3+}(aq) + e^- \rightleftharpoons Ti^{2+}(aq)$	-0.37
$PbSO_4(s) + 2e^- \rightleftharpoons Pb(s) + [SO_4]^{2-}(aq)$	-0.36
$Tl^+(aq) + e^- \rightleftharpoons Tl(s)$	-0.34
$Co^{2+}(aq) + 2e^- \rightleftharpoons Co(s)$	-0.28
$H_3PO_4(aq) + 2H^+(aq) + 2e^- \rightleftharpoons H_3PO_3(aq) + H_2O(l)$	-0.28
$V^{3+}(aq) + e^- \rightleftharpoons V^{2+}(aq)$	-0.26
$Ni^{2+}(aq) + 2e^- \rightleftharpoons Ni(s)$	-0.25
$2[SO_4]^{2-}(aq) + 4H^+(aq) + 2e^- \rightleftharpoons [S_2O_6]^{2-}(aq) + 2H_2O(l)$	-0.22
$O_2(g) + 2H_2O(l) + 2e^- \rightleftharpoons H_2O_2(aq) + 2[OH]^-(aq)$	-0.15
$Sn^{2+}(aq) + 2e^- \rightleftharpoons Sn(s)$	-0.14
$Pb^{2+}(aq) + 2e^- \rightleftharpoons Pb(s)$	-0.13
$Fe^{3+}(aq) + 3e^- \rightleftharpoons Fe(s)$	-0.04
$2H^+(aq,\ 1\ mol\ dm^{-3}) + 2e^- \rightleftharpoons H_2(g,\ 1\ bar)$	**0**
$[NO_3]^-(aq) + H_2O(l) + 2e^- \rightleftharpoons [NO_2]^-(aq) + 2[OH]^-(aq)$	$+0.01$
$[S_4O_6]^{2-}(aq) + 2e^- \rightleftharpoons 2[S_2O_3]^{2-}(aq)$	$+0.08$
$[Ru(NH_3)_6]^{3+}(aq) + e^- \rightleftharpoons [Ru(NH_3)_6]^{2+}(aq)$	$+0.10$
$[Co(NH_3)_6]^{3+}(aq) + e^- \rightleftharpoons [Co(NH_3)_6]^{2+}(aq)$	$+0.11$
$S(s) + 2H^+(aq) + 2e^- \rightleftharpoons H_2S(aq)$	$+0.14$
$2[NO_2]^-(aq) + 3H_2O(l) + 4e^- \rightleftharpoons N_2O(g) + 6[OH]^-(aq)$	$+0.15$
$Cu^{2+}(aq) + e^- \rightleftharpoons Cu^+(aq)$	$+0.15$
$Sn^{4+}(aq) + 2e^- \rightleftharpoons Sn^{2+}(aq)$	$+0.15$
$[SO_4]^{2-}(aq) + 4H^+(aq) + 2e^- \rightleftharpoons H_2SO_3(aq) + H_2O(l)$	$+0.17$
$AgCl(s) + e^- \rightleftharpoons Ag(s) + Cl^-(aq)$	$+0.22$
$[Ru(OH_2)_6]^{3+}(aq) + e^- \rightleftharpoons [Ru(OH_2)_6]^{2+}(aq)$	$+0.25$
$[Co(bpy)_3]^{3+}(aq) + e^- \rightleftharpoons [Co(bpy)_3]^{2+}(aq)$	$+0.31$
$Cu^{2+}(aq) + 2e^- \rightleftharpoons Cu(s)$	$+0.34$
$[VO]^{2+}(aq) + 2H^+(aq) + e^- \rightleftharpoons V^{3+}(aq) + H_2O(l)$	$+0.34$
$[ClO_4]^-(aq) + H_2O(l) + 2e^- \rightleftharpoons [ClO_3]^-(aq) + 2[OH]^-(aq)$	$+0.36$
$[Fe(CN)_6]^{3-}(aq) + e^- \rightleftharpoons [Fe(CN)_6]^{4-}(aq)$	$+0.36$
$O_2(g) + 2H_2O(l) + 4e^- \rightleftharpoons 4[OH]^-(aq)$	$+0.40$
$Cu^+(aq) + e^- \rightleftharpoons Cu(s)$	$+0.52$
$I_2(aq) + 2e^- \rightleftharpoons 2I^-(aq)$	$+0.54$
$[S_2O_6]^{2-}(aq) + 4H^+(aq) + 2e^- \rightleftharpoons 2H_2SO_3(aq)$	$+0.56$
$H_3AsO_4(aq) + 2H^+(aq) + 2e^- \rightleftharpoons HAsO_2(aq) + 2H_2O(l)$	$+0.56$
$[MnO_4]^-(aq) + e^- \rightleftharpoons [MnO_4]^{2-}(aq)$	$+0.56$
$[MnO_4]^-(aq) + 2H_2O(aq) + 3e^- \rightleftharpoons MnO_2(s) + 4[OH]^-(aq)$	$+0.59$
$[MnO_4]^{2-}(aq) + 2H_2O(l) + 2e^- \rightleftharpoons MnO_2(s) + 4[OH]^-(aq)$	$+0.60$
$[BrO_3]^-(aq) + 3H_2O(l) + 6e^- \rightleftharpoons Br^-(aq) + 6[OH]^-(aq)$	$+0.61$
$O_2(g) + 2H^+(aq) + 2e^- \rightleftharpoons H_2O_2(aq)$	$+0.70$
$[BrO]^-(aq) + H_2O(l) + 2e^- \rightleftharpoons Br^-(aq) + 2[OH]^-(aq)$	$+0.76$

還元半反応	$E°$ または $E°_{[OH^-]=1}$ / V
$Fe^{3+}(aq) + e^- \rightleftharpoons Fe^{2+}(aq)$	+0.77
$Ag^+(aq) + e^- \rightleftharpoons Ag(s)$	+0.80
$[ClO]^-(aq) + H_2O(l) + 2e^- \rightleftharpoons Cl^-(aq) + 2[OH]^-(aq)$	+0.84
$2HNO_2(aq) + 4H^+(aq) + 4e^- \rightleftharpoons H_2N_2O_2(aq) + 2H_2O(l)$	+0.86
$[HO_2]^-(aq) + H_2O(l) + 2e^- \rightleftharpoons 3[OH]^-(aq)$	+0.88
$[NO_3]^-(aq) + 3H^+(aq) + 2e^- \rightleftharpoons HNO_2(aq) + H_2O(l)$	+0.93
$Pd^{2+}(aq) + 2e^- \rightleftharpoons Pd(s)$	+0.95
$[NO_3]^-(aq) + 4H^+(aq) + 3e^- \rightleftharpoons NO(g) + 2H_2O(l)$	+0.96
$HNO_2(aq) + H^+(aq) + e^- \rightleftharpoons NO(g) + H_2O(l)$	+0.98
$[VO_2]^+(aq) + 2H^+(aq) + e^- \rightleftharpoons [VO]^{2+}(aq) + H_2O(l)$	+0.99
$[Fe(bpy)_3]^{3+}(aq) + e^- \rightleftharpoons [Fe(bpy)_3]^{2+}(aq)$	+1.03
$[IO_3]^-(aq) + 6H^+(aq) + 6e^- \rightleftharpoons I^-(aq) + 3H_2O(l)$	+1.09
$Br_2(aq) + 2e^- \rightleftharpoons 2Br^-(aq)$	+1.09
$[Fe(phen)_3]^{3+}(aq) + e^- \rightleftharpoons [Fe(phen)_3]^{2+}(aq)$	+1.12
$Pt^{2+}(aq) + 2e^- \rightleftharpoons Pt(s)$	+1.18
$[ClO_4]^-(aq) + 2H^+(aq) + 2e^- \rightleftharpoons [ClO_3]^-(aq) + H_2O(l)$	+1.19
$2[IO_3]^-(aq) + 12H^+(aq) + 10e^- \rightleftharpoons I_2(aq) + 6H_2O(l)$	+1.20
$O_2(g) + 4H^+(aq) + 4e^- \rightleftharpoons 2H_2O(l)$	+1.23
$MnO_2(s) + 4H^+(aq) + 2e^- \rightleftharpoons Mn^{2+}(aq) + 2H_2O(l)$	+1.23
$Tl^{3+}(aq) + 2e^- \rightleftharpoons Tl^+(aq)$	+1.25
$2HNO_2(aq) + 4H^+(aq) + 4e^- \rightleftharpoons N_2O(g) + 3H_2O(l)$	+1.30
$[Cr_2O_7]^{2-}(aq) + 14H^+(aq) + 6e^- \rightleftharpoons 2Cr^{3+}(aq) + 7H_2O(l)$	+1.33
$Cl_2(aq) + 2e^- \rightleftharpoons 2Cl^-(aq)$	+1.36
$2[ClO_4]^-(aq) + 16H^+(aq) + 14e^- \rightleftharpoons Cl_2(aq) + 8H_2O(l)$	+1.39
$[ClO_4]^-(aq) + 8H^+(aq) + 8e^- \rightleftharpoons Cl^-(aq) + 4H_2O(l)$	+1.39
$[BrO_3]^-(aq) + 6H^+(aq) + 6e^- \rightleftharpoons Br^-(aq) + 3H_2O(l)$	+1.42
$[ClO_3]^-(aq) + 6H^+(aq) + 6e^- \rightleftharpoons Cl^-(aq) + 3H_2O(l)$	+1.45
$2[ClO_3]^-(aq) + 12H^+(aq) + 10e^- \rightleftharpoons Cl_2(aq) + 6H_2O(l)$	+1.47
$2[BrO_3]^-(aq) + 12H^+(aq) + 10e^- \rightleftharpoons Br_2(aq) + 6H_2O(l)$	+1.48
$HOCl(aq) + H^+(aq) + 2e^- \rightleftharpoons Cl^-(aq) + H_2O(l)$	+1.48
$[MnO_4]^-(aq) + 8H^+(aq) + 5e^- \rightleftharpoons Mn^{2+}(aq) + 4H_2O(l)$	+1.51
$Mn^{3+}(aq) + e^- \rightleftharpoons Mn^{2+}(aq)$	+1.54
$2HOCl(aq) + 2H^+(aq) + 2e^- \rightleftharpoons Cl_2(aq) + 2H_2O(l)$	+1.61
$[MnO_4]^-(aq) + 4H^+(aq) + 3e^- \rightleftharpoons MnO_2(s) + 2H_2O(l)$	+1.69
$PbO_2(s) + 4H^+(aq) + [SO_4]^{2-}(aq) + 2e^- \rightleftharpoons PbSO_4(s) + 2H_2O(l)$	+1.69
$Ce^{4+}(aq) + e^- \rightleftharpoons Ce^{3+}(aq)$	+1.72
$[BrO_4]^-(aq) + 2H^+(aq) + 2e^- \rightleftharpoons [BrO_3]^-(aq) + H_2O(l)$	+1.76
$H_2O_2(aq) + 2H^+(aq) + 2e^- \rightleftharpoons 2H_2O(l)$	+1.78
$Co^{3+}(aq) + e^- \rightleftharpoons Co^{2+}(aq)$	+1.92
$[S_2O_8]^{2-}(aq) + 2e^- \rightleftharpoons 2[SO_4]^{2-}(aq)$	+2.01
$O_3(g) + 2H^+(aq) + 2e^- \rightleftharpoons O_2(g) + H_2O(l)$	+2.07
$XeO_3(aq) + 6H^+(aq) + 6e^- \rightleftharpoons Xe(g) + 3H_2O(l)$	+2.10
$[FeO_4]^{2-}(aq) + 8H^+(aq) + 3e^- \rightleftharpoons Fe^{3+}(aq) + 4H_2O(l)$	+2.20
$H_4XeO_6(aq) + 2H^+(aq) + 2e^- \rightleftharpoons XeO_3(aq) + 3H_2O(l)$	+2.42
$F_2(aq) + 2e^- \rightleftharpoons 2F^-(aq)$	+2.87

和文索引

あ

I_h（点群） 89
アイソローバル 389
青石綿 405
アキシアル（位） 50, 112
アクアイオン
　13 族元素の―― 347
アクアマリン 295
アクセプター準位 152
アクチニド 18
アクチノイド 18
アザン 431
亜酸化窒素 451
亜酸化物
　1 族元素の―― 284
アジ化水素 437
アジ化ナトリウム 277, 437
アジ化物 424, 437
亜ジチオン酸 508, 509
亜ジチオン酸イオン 508
アジド亜硫酸イオン 505
亜硝酸 177, 456, 458
アスベスト 405, 406
アセチリド 387
アセチルアセトナトイオン 195
アセトニトリル 229
亜セレン酸 508, 514
圧電性 401
アデニン 415
アデニン-チミン塩基対 267
アデノシン三リン酸 466
亜テルル酸 514
アパタイト 423
アピカル位 353
亜ヒ酸 461, 468
アボガドロ数 5
アマルガム 283
アミグダリン 415
アミド配位子 310
アモサイト 405
アモルファスカーボン 366
アモルファスホウ素 317
アラクノかご 441
arachno-クラスター 350
arachno-ボラン 359
アラレ石 308
亜硫酸 177, 509, 510
亜硫酸イオン 510
亜硫酸塩 510
亜リン酸 462
亜リン酸塩 463

亜リン酸オゾニド 486
アルカリ 179
アルカリ金属 20, 275
アルカリ金属電池 281
アルカリド 291
アルカリ土類金属 20, 295
アルキルピリジニウムイオン
　　 244
アルコキシ配位子 310
アルゴンマトリックス 99
アルサン 431
　――の合成 233
アルシン 431
α 線源 478
α 粒子 56
アルミナ 316
α-アルミナ 317, 339
アルミニウム 315
　――の酸化物，オキソ酸，オキ
　　ソアニオンおよび水酸化物
　　 339
　――の用途 317
　ベリリウムと―― 312
　リサイクル 316
アルミニウム-窒素クラスター
　　 347
アルミノケイ酸塩 401, 403
アルミノホウケイ酸ガラス 337
アルミン酸イオン 339, 348
アンチモン 421
　――のオキソ酸 468
アンチモン化物 440
安定度定数 192
　アルカリ金属イオンの――
　　 288
アンモニア 431, 432
　――と配位子群軌道 120
　――の極性 443
　――の対称要素 87
　――の物理的性質 232
　液体―― 231
アンモニウムイオン 179

い

硫　黄 478
　――の塩化物 500
　――のオキソ塩化物 500
　――のオキソ酸 509
　――のオキソフッ化物 497
　――の酸化物 503
　――の製造量 479
　――の同素体 486

――のフッ化物 497
硫黄酸化物 503
イオン 28
　――の大きさ 153
イオン液体 242
イオン化エネルギー 5, 22, 16
　14 族元素の―― 369
イオン結晶格子 156
イオン交換樹脂 285, 288
イオン固体 140
イオンサイズ 197
イオン性塩
　――の溶液の標準ギブズエネ
　　ルギー 222
　――の溶解度 184
イオン-双極子相互作用 182
イオン半径 153, 154, 14
異核二原子分子 43
異性体 50
異性体シフト 78
位　相 12
　――の符号 31
イソシアン酸 416
一塩基酸 176
一次元箱中の粒子 7
一時硬度 308
一次速度定数 58
一次反応速度論 58
一重項酸素分子 484
1 族元素 275
一酸化炭素 397
　――に対する軌道相関図 46
一酸化窒素 451
一酸化二窒素 451
イットリウム水素化物 270
イミダゾリウム
　――塩系のイオン液体 244
イミノボラン類 345
陰イオン 140
陰イオン性配位子 190
陰　極 215
インジウム 315
インジウム-スズ酸化物 341

う

ウェイド則 353
ウラン 191
ウラン-235 59
ウルツ鉱 160, 160
ウルツ鉱型構造 160, 342
ウルトラマリン 495
ウレキサイト 338

雲　母 161, 315, 406

え

永久硬度 308
液体アンモニア 231
液体水素 255
液体フッ化水素 235
液体温度範囲 231
エクアトリアル（位） 48, 112
SCF 法 19
sp 混成 109
sp^2 混成 110
sp^3 混成 111
sp^3d 混成 112
s ブロック金属
　――の液体アンモニア溶液
　　 233
1,2-エタンジアミン 195
N,N,N',N'-エチレンジアミン四酢
　　酸イオン 195
X　線 11
X 線回折（法） 158
X 線光電子分光 125
HSAB 則 198
エテン 113
エナンチオマー 50, 103
NMR 分光法 71
NO シンターゼ 452
n 型半導体 153, 410, 414
エネルギー準位 5
エプソム塩 297, 512
MRI 造影剤 76
MO 理論 31, 43
エメラルド 295
エメリー 317
エラストマー 412
エリンガム図 223
エレクトリド 291
塩化ガリウム(I) 335
塩化カルシウム 305
塩化カルボニル 393
塩化銀-銀電極 214
塩化シアヌル 416
塩化シアン 416
塩化スルフィニル 500
塩化スルホニル 500
塩化セシウム型構造 157
塩型水素化物 269, 300
塩化チオニル 500
塩化ナトリウム 277
塩化ナトリウム型構造 156, 253
塩化ニトロイル 444

塩化物
　硫黄の―― 500
塩基解離定数 173
円軌道 5
塩　橋 206
炎光分析 279
炎色反応 279, 298
遠赤外線 11
エンタルピー変化 22
鉛　丹 369, 410
塩類似水素化物 269

お

O_h（点群）89, 101
王　水 459
黄鉄鉱 478
オキサラトイオン 195
オキシダニウムイオン 252
オキソ塩化物
　硫黄の―― 500
オキソ酸 177
　――の命名法 178
　14族元素の―― 397
　16族元素の―― 508
　硫黄の―― 509
　ゲルマニウム，スズおよび鉛
　　　　　　　　の―― 407
　セレンおよびテルルの――
　　　　　　　　　　　514
　ヒ素，アンチモンおよびビス
　　　　　　マスの―― 468
　リンの―― 462
オキソ酸塩
　2族金属元素の―― 307
オキソニウムイオン 174, 252
オキソハロゲン化物
　15族元素の―― 442
オキソフッ化窒素(V) 444
オキソフッ化物
　硫黄の―― 497
オクテット則 37
オストワルド法 458
オゾン 484
オゾン化物 285
オゾン化物イオン 485
オゾン破壊物質 394
オゾン発生器 484
オゾンホール 394
オルト二水素 254
オルトホウ酸 337
オルトリン酸 463
オールレッド・ロコウの電気陰性
　　　　　　　　　　度 41
温室効果 507
温室効果ガス 399
温石綿 405
温暖化ガス 399

か

回　映 86
回映軸 86
外殻電子 22
灰長石 406

回　転 93
回転軸 84
壊　変 56
壊変系列 57
過塩素酸塩 434
カオリナイト 408, 495
カオリン粘土 408
化学シフト 69
　――と共鳴周波数 71
化学蒸着 326
　――とアルコキシド 311
化学発光反応 430
架橋H原子 134
核　1
殻　16
核医学 65
角運動量 5
核間距離 29
核結合エネルギー 55
拡散律速 210
核　子 56
核磁気共鳴画像法 76
核磁気共鳴血管画像 77
核磁気共鳴分光（法）68
核　種 2
核スピン量子数 69
角閃石 280
拡張ヒュッケル理論 129
角度部分
　波動関数の―― 7
核燃料再処理 61, 191
核反応式 60
核分裂 56, 59, 64
核放射 56
核融合 56, 64, 64
重なり積分 32
火山ガス 507
過酸化水素 29, 489
過酸化物
　1族元素の―― 284
　2族金属元素の―― 304
過酸化物イオン 234, 492
可視光線 11
過重過リン酸石灰 464
可視領域 4
加水分解 183
ガス検知 410
カセイカリ 276
カセイソーダ 285
画像診断 65
カソード防食 215
過空化物 439
活性アルミナ 339
活性炭 367
滑　石 161, 406
活　量 176, 206
活量係数 172
カテナ硫黄 486
カテネーション 370
過電圧 207, 283, 286
価電子 22, 28
価電子帯 152
カーナル石 275, 296
カプスティンスキー式 168
　――と格子エネルギー 306
カーボンナノチューブ 382
カーボンブラック 367
可約表現 96
ガラス工業 337

ガラス繊維 337
ガラボラン 325
カリウム 275
ガリウム 315
ガリウム次ハロゲン化物 335
カリ岩塩 275
加　硫 500
過リン酸石灰 464
カルコゲン 20, 478
カルシウム 295
カルシウムシアナミド 300, 387
ガルバニウム鋼 147
ガルバニ電池 204, 205
カルバボラン 358
カルバボランクラスター 350
カルバボラン酸 239
カルベニウムイオン 238
カルベン 365
カルボカチオン 238
カルボニウムイオン 238
カルボニル伸縮振動 103
カルボラン 358
　13個の頂点をもつ―― 361
カルボラン酸 239
カルボン酸 263
カレット 403
カロメル電極 214
岩　塩 156, 275
岩塩型構造 156
間　隙 140
還　元 204
還元剤 204
甘こう 214
換算質量 64
環状構造 489
環状ホスファゼン 469
環状ポリエーテル 288
鹹　味 286
乾燥剤 301
貫　入 18
環反転 515
γ（放射）線 56, 11
カンラン石 296, 404
顔　料
　ルイス酸による――の可溶化
　　　　　　　　　　334
含リン神経作用物質 426
緩和時間 71

き

輝安鉱 423, 473, 479
規格化 12
規格化定数 30
貴ガス 20
ギ　酸 262
基準振動モード 93
犠牲陽極 147, 215
輝蒼鉛鉱 423
気体定数 23
基底関数系 34
基底状態 14
起電力 207
軌道角運動量 9
軌道角運動量量子数 9
輝銅鉱 479
軌道相関図 32

軌道の混合 36
軌道量子数 9
擬ハロゲン 414
ギプス石 339
基本遷移 95
基本粒子 1
逆浸透法 490
逆スピネル型構造 340
逆蛍石型構造 159
吸湿性 304
球状極座標 7
球状粘土 408
吸着水素原子 260
球棒モデル 141
キュバン構造 502
キュリー 59
鏡　映 84
境界条件 8
境界面 11
競合過程 212
強　酸 174
共　晶 242
鏡像異性体 50, 103
共通イオン効果 189
共沸混合物 458
共　鳴 30
共鳴構造 30
共鳴混成体 30
鏡　面 84, 84
共役塩基 175
共役酸 175
共　融 242
共有結合 28
　――のエンタルピー項 370
共有結合性水素化物 272
共有結合半径 29, 14
供与原子 189
極限構造 30
極座標 7
局所座標軸 132
極　性 42
極性二原子分子 42
許容遷移 5
キラル 103
　――なリン酸陰イオン 467
希硫酸 512
キルヒホッフの式 23
キレート 194
キレート環 194
キレート効果 193
均一系触媒 256
近赤外線 11
金　属 140
　――の固体構造 144
　――の多形 145
金属カルシウム 301
金属カルボニル錯体
　――の赤外スペクトル 101
金属間化合物 147
金属結合半径 145, 146, 14
金属酸化物 223
金属硝酸塩無水物 241
金属セッケン 308
金属単体
　――の構造 144
金属内包フラーレン 382, 387
金属ナトリウム 276, 301
金属マグネシウム 301
金属リチウム 276

和文索引

金属類似水素化物　269
均等開裂　325

く

グアニン-シトシン塩基対　267
空間充填モデル　142
偶奇性　32, 33
苦灰石　296
屈曲形　48
屈曲形三原子分子　117
クバン　502
クラウンエーテル　266, 288, 310
クラス（a）陽イオン　198
クラス（b）陽イオン　198
クラスター　350
クラスレート　267, 310
グラッシーカーボン電極　211
グラファイト　373
β-クリストバル石　160
β-クリストバル石型構造　160
クリソタイル　405
クリプタンド　289, 310
クリプタンド-222　290
クリプタンド配位子　197
クリプテート　289
グリーンケミストリー　243
グリーン溶媒　244
クロシドライト　405
closo-クラスター　350, 390
クロム
　──のフロスト図　221
クロム化ヒ酸銅　422
クロム鉄鉱　340
クロラミン　435
クロルアルカリ工業　286
クロロアパタイト　423
クロロフィル　310
クロロフルオロカーボン　392, 394
クロロ硫酸　512
クーロン引力　162
クーロン相互作用　162
群青　495
群論　83

け

珪灰石　405
ケイ化物　388
鶏冠石　423, 472, 479
ケイ酸塩　401, 403
　──の構造　404
計算化学　129
軽水素　1, 253
ケイ素　365
　──の構造と化学的性質　382
　──のハロ水素化物　386
ケイ素-ケイ素三重結合　371
結合エネルギー　55
結合エンタルピー
　酸素，硫黄，セレンおよびテルルがつくる共有結合の──　482
結合解離エンタルピー
　──の加成性　39
　水素結合における──　261

結合距離　29
結合次数　32
結合性相互作用　31
結合性軌道　32
結合定数　72
結晶溶媒　252
ケルナイト　315, 338
ゲルマニウム　365
　──の構造と化学的性質　382
　──の酸化物，水酸化物およびオキソ酸　407
　──のハロゲン化物　393
　──のハロ水素化物　386
ゲルマニウム化物　387
ゲルマニウム酸塩　407, 409
ゲルマン　384
　──の合成　233
原子　6
原子価殻電子対反発モデル　45
原子核　55
原子価結合理論　28
　──における原子軌道の混成　108
　──における多原子分子中の多重結合　112
　等核二原子分子の──　29
原子間距離　154
原子軌道　7
　──の型　9
　──の線形結合　31
原子吸光分析　279
原子散乱　6
原子質量単位　2
原子スペクトル　5
原子単位　11
原子時計　279
原子番号　2
原子量　2
原子力発電　62
原子炉　62
減速材　60
元素抽出　223

こ

光学異性体　103
光学活性　103
交換エネルギー　24
鋼玉　317
合金　146
合金鋼　147, 150
光合成　259
交互禁制則　94
格子　140
格子エネルギー　162
　金属酸化物の──　481
格子エンタルピー　165
格子欠陥　168
硬水　308
合成ガス　256
構成原理　21, 31
高速液体クロマトグラフィー　376
高速中性子　59
剛体球　143
剛体球イオンモデル　156
高炭素鋼　147

光電管　480
光電子　125
光電子分光（法）　36, 125
恒等操作　86
光分解　256, 259
高分子性水素化物　272
光量子　4
五塩化リン　447
氷
　──の部分構造　174
黒雲母　280
黒鉛　373
　──の産出　365
黒鉛状化合物　374
黒鉛布　367
黒色セレン　489
黒リン　430
五酸化二窒素　455
五酸化リン　461
固体構造
　18族元素の──　143
　H_2とF$_2$の──　144
　金属の──　144
古典的量子論　4
五フッ化アンチモン　449
五フッ化臭素　446
コペルニシウム　61
五方両錐（形）　48, 356
固溶体　147
コラーゲン　466
コランダム　317, 339
孤立五員環則　377
孤立電子対　29
コールマン石　338
コンクリート　402
conjuncto-クラスター　350
混成　108
混成軌道　108

さ

最近接原子　141
サイクリックボルタンメトリー　210
最高被占軌道　45
再処理
　核燃料の──　61, 91
再生ガラス　403
最低空軌道　45
再分配反応　75, 77
最密充填　140
サテライトピーク　74
差別化効果　230
作用電極　210
さらし粉　297
サリン　426
酸
　──と塩基の強さ　230
三塩化窒素　442, 443
三塩化ホスホリル　447
三塩化リン　446
酸化　204
3回回転軸　84
酸解離　180
酸解離定数　173
酸化剤　204
酸化スズ（IV）　410

酸化窒素　451
酸化テルル鉱　507
酸化物
　1族元素の──　284
　2族金属元素の──　304
　14族元素の──　397
　硫黄の──　503
　ゲルマニウム，スズおよび鉛の──　407
　セレンおよびテルルの──　507
　リン，ヒ素，アンチモンおよびビスマスの──　459
酸化力　209
酸化リン（III）　460
三原子分子
　──の赤外スペクトル　96
III-V族半導体　440
三座配位子　328
三酸化硫黄　506
三酸化セレン　508
三酸化テルル　508
三酸化二窒素　454
三重結合　29
三重項　484
三重水素　64, 253
参照電極　210, 214
酸性雨　504
酸素　478, 483
　──のフッ化物　496
[O_2]$^-$
　──中のO-O結合距離　485
酸素族元素　20
三中心二電子結合　133
三中心二電子相互作用　133
三フッ化臭素　239
三フッ化チアジル　515
三フッ化窒素　442
三フッ化ホウ素　329
　──と配位子群軌道　123
　──の三角形構造　114
三方錐形　48
三方両錐（形）　48, 356, 389
　──から導かれる構造　48
　──の化学種の立体異性　51
酸無水物　454
三面冠三角柱（形）　332, 356, 389
三ヨウ化窒素　443
三リン酸　463, 465

し

C_{60}　375
　──の構造　377
　──のハロゲン化反応　379
C_{70}　375
　──の構造　378
C_1（点群）　88
C_i（点群）　89
C_s（点群）　89
C_n（点群）　89
C_{nh}（点群）　89
C_{2v}（点群）　92, 95
C_{3v}（点群）　92, 99
C_{nv}（点群）　89
$C_{\infty v}$（点群）　89
次亜塩素酸　177

26　和文索引

次亜硝酸　455
ジアステレオマー　50
ジアゼンジオール　455
シアナミドイオン　387
次亜リン酸　462
ジアルキルイミダゾリウムイオン
　　244
シアン　414
シアン化水素　414
　　——の直線形構造　113
　　植物に含まれている——　415
シアン化水素酸　415
シアン酸　416
シアン酸イオン　416
シアン酸化水素　416
四硫黄テトライミド　515
ジエチルエーテル　227
ジエノフィル　484
四塩化炭素　392
紫外線　11
紫外領域　4
ジガラン　324
磁気スピン量子数　14
磁気量子数　9
σ軌道　32
σ*軌道　32
σ-π交差　36
ジグリム　227, 324
シクロトリシレン　372
自己イオン化　232
　　——溶媒　230
自己解離　174
自己解離定数
　　水の——　173
自己プロトリシス　174
自己無撞着　129
四酸化二窒素　240, 455
　　——の自己イオン化　231
ジシアン　414
支持電解質　210
ジシリン　371
ジシレン　371
シス異性体　51
自然発火性　383
ジチオン酸　511
ジチオン酸イオン　511
四窒化四硫黄　514
四窒化四セレン　517
質量欠損　55
質量数　2
質量分析（法）　2
　　40Kの——　280
磁鉄鉱　148, 317, 340
シデライト　148
四ハロゲン化ケイ素　392
四ハロゲン化炭素　392
次ハロゲン化物　502
ジヒドリドフッ素(1+)イオン
　　235
指標表　92, 7
四フッ化硫黄　498
四フッ化炭素　392
ジフルオロ水素酸(1−)イオン
　　235
ジホスファン　435
ジボラン
　　——の構造　134
ジボラン(6)（B_2H_6）　323, 324
ジメチルスルホキシド　195

N,N-ジメチルホルムアミド
　　229
シーメンスアーク法　148
四面体　389
四面体形　48
四面体間隙　142
弱塩基　174
弱　酸　174
遮　蔽　18
遮蔽効果　18
遮蔽定数　19
斜方硫黄　486
臭化ガリウム(I)　335
周期性　19
周期表　19
15族元素　421
シュウ酸イオン　401
13族金属−窒素結合　347
13族元素　315
重晶石　296, 297
重　水　68, 254
重水素　64, 253
　　——の濃縮　68
重水素化物　253
重水素化溶媒　397
重水素交換反応　64
ジュウテリウム　64, 253
自由電子　284
重土長石　406
十二面体　356
十八面体　356
14族元素　365
重量分析　189
重量モル濃度　175
16族元素　478
縮合リン酸塩　465
縮　重　10, 35
縮　退　10, 35
主　軸　84
酒石酸アンチモニルカリウム
　　424
主族元素　20
主量子数　5
ジュール　5
シュレーディンガー波動方程式　7
準安定　373
准長石　406
笑気ガス　451
硝　酸　177, 456, 458
硝酸アンモニウム　456
硝酸ウラニル　191
常磁性　31
常磁性シフト　69, 73
消石灰　296
ショットキー欠陥　168
ジラード・チャルマース効果　63
シラン　384
　　——の合成　233
シリカ　401
シリコン　368
　　高純度——　153
シリコーン　411
シリコーンゴム　411, 412
シリコーン溶液　412
四硫化四イミド　515
四硫化四窒素　514
紫リン　430
次リン酸　463, 464
シルビナイト　275

シロキサン　410
白石綿　405
しろめ　369
真空紫外線　11
真空誘電率　5
シングルアトム化学　61
神経ガス　426
神経作用物質　426
人工ダイヤモンド　374
辰　砂　479
針状テルル鉱　479
真性半導体　152
シンチグラム　65
振　動　93
振動数　4
振動の自由度の数　93
振動分光　93
振動モード　93
ジントルイオン　234
侵入型合金　147
侵入型水素化物　269
侵入型炭化物　387

す

水酸化ナトリウム　277, 285
水酸化物　179
　　1族元素の——　285
　　2族金属元素の——　304
　　14族元素の——　397
　　ゲルマニウム，スズおよび鉛
　　　　の——　407
水性ガスシフト反応　256
水　素　252〜
　　——の金属的な性質　255
　　——の分子軌道理論　31
　　原子状——　5
水素イオン　252
水素化アルミニウム　327
水素化カルシウム　301
水素化物　259, 269, 489
　　13族元素の——　323
　　14族元素の——　383
　　15族元素の——　431
水素経済　256
水素結合　172, 227, 260〜269,
　　480
　　$NaHCO_3$と$KHCO_3$固体の構
　　　　造中の——　287
　　生体系における——　267
　　硫酸結晶中の——　511
水素原子類似種　7, 13
水素分子　254
　　——の結合に対する原子価結合
　　　　モデル　30
　　——の結合に対する分子軌道モ
　　　　デル　31
水熱（合成）法　409
水熱酸化　248
水平化効果　230
　　液体アンモニアの——　233
水溶液　175
水　和　182
水和エンタルピー　222
水和殻　182
水和物　252
ス　ズ　365

　　——の構造と化学的性質　382
　　——の酸化物，水酸化物および
　　　　オキソ酸　407
　　——のハロゲン化物　393
　　——のリサイクル　366
スズ石　161, 223, 366
スズ化物　387
スズ合金　369
スチバン　431
スチビン　431
ステンレス鋼　147, 150
ストック表記　205
ストロンチアン石　296
ストロンチウム　295
スピネル　340
スピネル型構造　161
スピロペンタン
　　——のテトラフルオロ誘導体
　　　　104
スピン角運動量　14
スピン緩和時間　69
スピン-軌道結合　15
スピン結合　70
スピン-スピン結合　70
　　同核——　72
スピン量子数　14
スファレライト　316
スペクトル線　4
スポジュメン　275
スメクタイト粘土　408
スラグ　148
スルファミン酸　232
スルファン　492
スレーター則　19, 41

せ

青金石　495
正　孔　152
青　酸　415
正四面体　89, 111
正十二面体　89
正スピネル型構造　340
正長石　404, 406
正八面体　89
正方逆プリズム形　48
正方錐形　48
ゼオライト　406
石英ガラス　337, 403
石　黄　423
赤外活性　94
赤外スペクトル
　　——と水素結合　265
赤外分光（法）　64, 93
赤外領域　4
赤鉄鉱　148, 317
赤リン　430
セシウム　275
セスキ水和物　308
節　9
絶縁体　140
石灰石　296
セッコウ　296, 298, 308
セッコウプラスター　309
接触法　506, 511
絶対誘電率　228
節　面　12

セメンタイト 148
セメントペースト 402
セラン 492
セル電位 206
セレン 478
　――のオキソ酸 514
　――の酸化物 507
　――のハロゲン化物 501
セレン化水素 492
セレン化リン 471, 472
セレン酸 514
ゼログラフィー 480
閃亜鉛鉱 316, 479
閃亜鉛鉱型構造 160
全安定度定数 216
遷移元素 20
繊維状アスベスト 405
繊維状硫黄 486, 487
線形結合 30
選択則 5, 94
銑鉄 148
線幅
　――の広がり 97

そ

掃引速度
　サイクリックボルタモグラム
　　の―― 211
層間化合物 283
相境界 145
双極子モーメント 42, 94
層状構造 161
増殖（核反応） 60
相図 145
相対活量 176
相対原子質量 2
相対論効果 320
相対論的拡張 320
相対論的収縮 320
曹長石 406
挿入化合物 375
相補的塩基対 267
族 20
速度論的同位体効果 67
ソーダガラス 403
ソーダ工業 286
ソーダ石灰 307
ソーダ石灰ガラス 403
ソフト 198
ソフトな塩基 198
ソフトリソグラフィー 412
ソマン 426
ソルベー法 285, 287
存在確率密度 11
ゾーンメルト法 153

た

ダイアスポア 339
帯域融解法 153
第一イオン化エネルギー 22
第一電子親和力 24
対角関係 278

ベリリウムとアルミニウムの間
　にみられる―― 311
対角線 365
耐火性材料 304
大環状効果 197
大環状配位子 197
対極 210
対称伸縮モード 95
対称水素結合 261
対称性 9, 83
対称性許容 44
対称操作 83
対称中心 85
対称表現 93
　基準振動の―― 97
対称面 84
対称要素 83
体心立方格子 143
第二イオン化エネルギー 23
第二電子親和力 24
ダイモルファイト 472
ダイヤモンド 373, 374
　――の産出 365
ダイヤモンド型網目構造 160
太陽エネルギー 368
太陽電池 368
大理石 296
ダウンズ法 204, 275
多核 NMR 分光法 68
多形 145
多形相 144
多原子分子
　――への分子軌道法の適用
　　　　　　　　108
多孔性シリコン 427
多座配位子 194
多重線 72
多重度 70
脱イオン水 490
脱硝 457
脱水剤 301
脱硫プロセス 298
多電子原子 16
ダニエル電池 205
タリウム 315
タリウム-201 317
単位格子 140, 141
単一同位体 2
段階的解離 176
炭化カルシウム 300, 387
炭化物 387
単原子陽イオン 480
単座配位子 194, 328
炭酸アンモニウム 434
炭酸イオン 400
単斜硫黄 486
単純調和波 8
単純立方格子 142
炭素 365
　――の酸化物とオキソ酸 397
　――の同素体 373
　放射性―― 67, 68
炭素－ケイ素三重結合 372
炭素鋼 147
^{13}C NMR 分光法 372
炭素繊維 367
単原子分子
単冠正方逆プリズム形 389
断面積
　核反応に対する―― 59

ち

チェルノブイリ原発事故 63
チオシアン酸イオン 487
チオ硫酸 509, 513
置換型合金 147
逐次安定度定数 192
逐次生成定数 192
窒化ケイ素 416
窒化スズ(IV) 417
窒化ナトリウム 282, 438
窒化物 438, 439
窒化ホウ素 341
　――の中空球体 343
窒化リチウム 282
窒素 421, 429
　――のオキソ酸 455
　――のオキソフッ化物とオキソ
　　　塩化物 444
　――の酸化物 451
　――のフロスト図 221, 436
窒素塩基 179
窒素固定 423
窒素サイクル 457
窒素酸化物 451, 453
窒素族元素 20
窒素分子 429
チャイナクレー 408
茶石綿 408
中心対称性分子 33
中性原子 18
中性子 1, 55
中性配位子 190
中炭素鋼 147
鋳鉄 148
超ウラン元素 59, 61
潮解性 301
超強酸 238, 512
超共役 326
　負の―― 386
長距離スピン結合 70, 73
超原子価 39
超原子価分子 130
超酸 236, 238
超酸化物 284
超酸化物イオン 234
長石 315, 406
超伝導体 381
超臨界 246
超臨界アンモニア 248
超臨界 CO_2 247
超臨界水 248
超臨界水酸化反応 248
超臨界二酸化炭素 398
超臨界溶液の迅速膨張 247
超臨界流体 246
超臨界流体クロマトグラフィー
　　　　　　　　　247
チョーク 296
直線形 48
直線形 XH_2 115
直線形三原子分子 115
直線形分子
　――の混成軌道 109
直閃石 405
チョクラルスキー法 153

直交座標 7
チリ硝石 275, 423
チントルイオン 234, 441
　Si, Ge, Sn および Pb の――
　　　　　　　388
チントル相 388

て

T_d（点群） 89, 99
D_{3h}（点群） 97, 99
D_{4h}（点群） 99
D_{nh}（点群） 89
$D_{\infty h}$（点群） 89
低エネルギー電子線回折 6
DFT 法 129
低温浴 400, 424
抵抗率 149
T字形 48
定常状態 5
ディスオーダー
　結晶構造の―― 445
低炭素鋼 147
底面 49
底面配位子 50
デオキシリボ核酸 267
デカップリング 73
デカボラン(14) ($B_{10}H_{14}$) 352
鉄
　――の酸化還元過程 218
鉄鋼 148
1,4,7,10-テトラアザデカン 195
テトラアルキルアンモニウムイオ
　ン 244
テトラアルキルホスホニウムイオ
　ン 244
テトライミド四硫黄 515
テトラオキソマンガン(VII)酸イ
　オン 205
テトラクロロアルミン酸イオン
　　　　　　　227, 242
テトラジン 380
テトラヒドリドホウ酸(1-)
　イオン 328
テトラヒドロフラン 195, 227
テトラフルオロエテン 392
テトラフルオロホウ酸 330
テフロン 392
デュワーボラジン 345
テラン 492
デルタ多面体 350
　――かご構造 356
テルミット法 323
テルル 478, 479
　――のオキソ酸 514
　――の酸化物 507
　――のハロゲン化物 501
テルル化水素 492
テルル酸 502, 514
テレフタル酸 263
電位図 217
電解セル 204
電荷担体 152
電荷分離 428
電気陰性度 39
　ポーリングの―― 39, 16
　マリケンの―― 41

28　和文索引

転義回転軸　86
電気化学セル　206
電気四極子モーメント　69
電気双極子モーメント　42
電気素量　5
電気伝導体　149
電気伝導率　149
電気炉　149
点　群　88, 7
典型元素　20
電　子　1
　　──の波動性　6
電子親和力　24, 166, 18
電磁スペクトル　11
電子線回折　6
電磁波　11
電子配置　16, 16
電子不足クラスター　350
電子不足種　350
電子不足ボランクラスター　350
電子ボルト　6, 22
天青石　296
伝導帯　152
伝導度滴定　237

と

同位体　2, 12
　　水素の──　253
同位体希釈分析法　68
同位体濃縮　68
同位体分布　2
透過型電子顕微鏡　343
等　核　29
等核共有結合　29
等核結合　204
等核二原子分子　29
等核分子　29
透輝石　406
動径座標　7
動径節　11
動径部分
　　波動関数の──　7
動径分布関数　11
凍結防止剤　305
等構造的　38
透閃石　405
同素体　3
等電子関係　336
等電子的　38
等電子的化学種　38
渡環相互作用　488
吐酒石　424
ドナー原子　189
ドナー準位　153
ドーパント　152
ドーピング　152
ド ブロイの関係式　6
ドライアイス　398, 400
トランス異性体　51
1,4,7-トリアザヘプタン　195
トリアゾリウム
　　──塩系のイオン液体　245
トリグリム　324
トリゲルミルアミン　386
トリチウム　64, 253
トリチオ炭酸塩　411

トリブチルリン酸　191
トリルチル格子　468
トルトベイト鉱石　405
トルートンの法則　265
トレーサー　483
トロナ　285
ドロマイト　296

な

内殻電子　22
内部エネルギー変化　22
内部遷移元素　20
内部量子数　15
ナトリウム　275
ナトリウムアマルガム　283
ナトリウム硫黄電池　281
ナトリウム化物イオン　290
ナトリウムD線　279
ナトリウムモンモリロン石　408
ナノスケール物質　343
ナノロッド　391
生コンクリート　403
鉛　365
　　──の構造と化学的性質　382
　　──の酸化物，水酸化物および
　　　　　　　　　　　オキソ酸　407
　　──の毒性　372
　　──のハロゲン化物　393
　　──のリサイクル　366
鉛化物　387
鉛(酸)蓄電池　369, 417
軟　化（水の）　308
軟マンガン鉱　161
難溶性塩　185

に

二亜硫酸　510
二塩化スルフリル　500
二塩化スルホニル　500
二塩基酸　176
2回転軸　84
ニクトゲン　20, 421
二　形　508
二元化合物　252
二元水素化物　269
二座配位子　328
二酸化硫黄　503
　　──の物理的性質　231
　　酸性雨をもたらす──　504
二酸化ケイ素　401
二酸化セレン　508
二酸化炭素　398
　　──のπ軌道　127
二酸化窒素　455
二重結合　29
　　──と立体異性　52
二十面体（形）　335, 356
二重らせん構造　268
二水素　254
二水素結合　266, 327
2 族金属元素　295
　　──の酸化物の融点　306
　　──の二ハロゲン化物　302
二窒素　429

二中心二電子結合
　　局在化した──　31
ニッケル・水素電池　268
二電子系　16
nido-クラスター　350, 390
nido-ボラン　359
ニトロアミド　456
ニトロシル錯体　452
2p原子軌道　35
二フッ化酸素　496
二フッ化スルフリル　499
二フッ化スルホニル　499
二フッ化チオニル　499
二フッ化二硫黄　497
二フッ化二窒素　443
二面角
　　H_2O_2の──　491
二面冠正方逆プリズム（形）　356, 389
ニュートリノ　57
二硫化ケイ素　413
二硫酸　509
二リン酸　463, 465

ね，の

ねずみ鋳鉄　148
熱化学サイクル　165, 216
熱中性子　59
熱力学的 6s 不活性電子対効果　321
ネルンスト式　206, 209
年代測定法　67
粘　土　315
燃料電池　257

濃縮ウラン　61
濃硫酸　512
NO_x（ノックス）　453

は

配位化合物　189
配位挟角　194
配位結合　28, 189
配位座数　194
配位子　189
　　──の命名と構造　195
配位子群軌道　115
配位数　141
配位性溶媒　227
灰色セレン　489
π軌道　35
π*軌道　35
媒染剤　339
ハイゼンベルクの不確定性原理　6
ハイドレート　385
hypho-クラスター　350
バイヤー法　316
バイヤライト　339
パイレックス　337
パウリの排他原理　21
白鉛鉱　366
白陶土　408
爆　薬　433

白リン　423, 429
はさみモード　95
八面体（形）　48, 356
　　──の化学種の立体異性　51
八面体間隙　142
発煙硫酸　237, 506
白金族金属
　　──の不動態化　459
発光スペクトル
　　水素原子の──　4
パッシェン系列　5
ハード　198
波動関数　7
　　──の位相の符号　31
波動力学　3
ハードな塩基　198
パドル法　148
ハートレー・フォック理論　129
ハーバー法　433
パラ二水素　254
バリウム　295
パリゴルスカイト　408
パリティ　32, 33
バリノマイシン　291, 292
バルマー系列　4
ハロゲン　20
ハロゲン化ケイ素　392, 393
ハロゲン化水素
　　──の解離　180
ハロゲン化タリウム(I)　336
ハロゲン化炭素　391
ハロゲン化窒素　442
ハロゲン化ニトロシル　444
ハロゲン化ビスマス　450
ハロゲン化物
　　1族元素の──　283
　　2族金属元素の──　300
　　13族元素の──　329
　　14族元素の──　391
　　15族元素の──　442
　　16族元素の──　496
　　ゲルマニウム，スズおよび鉛
　　　　　　　　　の──　393
　　セレン，テルルの──　501
ハロゲン化物イオン
　　水素と──との間での水素結合　229
ハロゲン化ベリリウム　300
ハロゲン化ホウ素　329
ハロゲン化リン　445
ハロ水素化物　386
半金属　365
半径比則　154, 155
反結合性相互作用　31
反結合性軌道　32
半減期　58
　　^{40}Kの──　280
反磁性　31
反　射　84
半水和物　308
ハンダ　372
反　転　85
　　シクロヘキサン環の──　483
半電池　205
反転中心　85
バンド　151
半導体　150, 152, 368
バンドギャップ　151
バンド理論　149, 151

反ニュートリノ 57
反応商 209
反応チャネル 59
半反応 204

ひ

ヒ化ガリウム 440
p 型半導体 152, 414
ヒ化ニッケル 441
ヒ化物 440
光過程 259
光伝導体 414
光分解 256, 259
非共有電子対 29
非極性 42
非結合性 44
ヒ酸 468
B_{12} 二十面体 322
非水溶媒 227
ビスマイト 423, 461
ビスマス 421
　——のオキソ酸 468
ビスマス化物 440
ビスマタン 431
ヒ素 421
　——のオキソ酸 468
　——の毒性 422
非対称水素結合 261
非中心対称性分子 33
ヒットルフのリン 430
(p-d)π 結合 371
ヒドラジン 180, 434
　——の構造 435
ヒドラゾ酸 437
ヒドリドイオン 253
ヒドリド錯体 270
ヒドロキシアパタイト 423, 466
ヒドロキシ基
　架橋した—— 183
ヒドロキシルアミン 436
ヒドロクロロフルオロカーボン
　　　　　　　　392, 394
ヒドロシリル化 386
ヒドロニウムイオン 252
ヒドロフルオロカーボン 392
ヒドロホルミル化反応 259
2,2'-ビピリジン 195
p ブロック元素水素化物 264
非プロトン性溶媒 227
比誘電率 228
ピューター 369
標準還元電位 206, 208, 19
標準原子化エンタルピー 146,
　　　　　　　　　　　19
標準状態 175
標準水素電極 207
標準セル電位 206
標準電極電位 207
氷晶石 315, 333
ピリジン 195
ピルキントン法 369

ふ

ファク異性体 51
ファラデー定数 206
ファンデルワールス半径 30, 14
VSEPR（原子化殻電子対反発）
　　　　　　　　モデル
　分子の形と—— 45
VB（原子価結合）理論 29
富栄養化 464
1,10-フェナントロリン 195
フェルミ準位 152
フェルミ・ディラック分布 152
フェロシリコン 296
フェロセン 211
不可逆 210
不確定性原理 6
付加体 190
不活性電子対効果
　2 族金属元素における——
　　　　　　　　　　　298
　熱力学的—— 321
　立体化学的—— 50, 319
付加命名法 178
不均一系触媒 256
不均化 167, 216, 220
不均化エンタルピー 167
不均等開裂 325
複酸化物 161
複分解 271
節 9
不純物半導体 152
N-ブチルピリジニウムイオン
　　　　　　　　　　　227
フッ化カルシウム 297
フッ化水素 235
　——に対する軌道相関図 45
フッ化スルホニル 499
フッ化タリウム(I) 336
フッ化チアジル 515
フッ化窒素 442, 443
フッ化ニトロイル 444
フッ化物
　硫黄の—— 497
　酸素の—— 496
フッ化物イオン 229
フッ化物親和力 167
フッ素
　——の原子価結合モデル 31
不動態 299
不動態化 256
プニクトゲン → ニクトゲン
フマル酸 263
フラクショナル 75
ブラケット系列 5
ブラッグの式 158
フラッシュ法 479
フラー土 408
フラーリドイオン 290, 381
フラーリド塩 387
フラーレン 375
　——の産出 366
フランシウム 275
プランク定数 4
プランバン 386
フルオロアパタイト 423
フルオロスルホン酸 237
フルオロ硫酸 237, 512
プルトニウム 191
フレロビウム 61
フレンケル欠陥 168
ブレンステッド塩基 174,182

ブレンステッド酸 174, 182
フロスト図 217, 219
プロチウム 1, 253
プロトン 252
プロトンスイッチ機構 237
プロトン性溶媒 227
プロトン伝導膜 258
分極率 94
分岐連鎖反応 60
分散力 164
分子間水素結合 172, 263
分子軌道 31
分子軌道図 115
分子軌道理論 28, 115
　異核二原子分子の—— 43
　等核二原子分子の—— 31
分子性水素化物 270
分子性ヒドリド錯体 270
分子の形
　——と VSEPR モデル 45
分子力場法 129
ブント系列 5
フントの規則 21

へ

平衡 172
平衡定数 173
平衡濃度 173, 185
並進 93
平面五角形 48
平面三角形 48, 110
平面正方形 48
　——の化学種の立体異性 50
へき開 308
へき開面 161
ヘキサアクアイオン 182, 184
ヘキサアクアコバルト(II)イオ
　　　　　　　　ン 205
ヘキサアンミンコバルト(III)イオ
　　　　　　　　ン 205
ヘキサフルオロリン酸イオン
　　　　　　　　　　　446
1,1,3,3,5,5-ヘキサメチルピペリ
　　　ジニウムフルオリド 501
ヘキサメチルホスホラミド
　　　　　　　　　　　292
ペクチン性多糖 318
ベクレル 59
ベーサル（位）50, 112, 353
ヘスの法則 22, 165
β 壊変
　^{40}K の—— 280
β 粒子 56
ベッセマー法 148
N-ヘテロ環状カルベン（NHC）
　　　　　　　　　　　365
ヘテロレプチック錯体 249
ヘマタイト 148
ベーム石 339
ベリー擬回転 75, 77, 446
ベリリウム 295
　——とアルミニウム 312
　水和した—— 308
ベリル 295

ペルオキソ炭酸イオン 400
ペルオキソ二硫酸 489, 509, 513
ペルオキソホウ酸ナトリウム
　　　　　　　　　　　339
ペルオキソ硫酸 513
ヘルツ 4
ベルの法則 182
ペロブスカイト型構造 161
変角モード 95
ベンゼン-1,3,5-トリカルボン酸
　　　　　　　　　　　263
ベントナイト 408

ほ

ボーア半径 5
ボーア理論 5
方位量子数 9
方鉛鉱 223, 366, 479
方解石 308
ホウ化物 350
　固体金属—— 351
ホウケイ酸ガラス 337, 403
ホウ酸 317, 318, 337
ホウ酸陰イオン 339
ホウ砂 275, 315, 318, 338
放射壊変 56
放射壊変系列 58
放射性 56
放射性炭素年代測定法 67
放射性同位体 428
　——の分離 62
放射性薬剤 65
放射線治療 65, 65
放射能 59
　——の単位 59
包接化合物 310
ホウ素 315
　——の酸化物，オキソ酸および
　　　　　　オキソアニオン 336
　——の同素体 321
ホウ素水素化物クラスター 350
方ソーダ石 406, 495
ホウ素中性子捕捉療法 357
膨張金属 233
飽和カロメル電極 214
飽和溶液 185
ボーキサイト 315
ホスゲン 393
ホスト-ゲスト化合物 309
ホスファイト 463
ホスファゼン 468
ホスファゼンポリマー 470
ホスファン 431
ホスフィン 431, 434
ホスフィン酸 177, 178, 462,
　　　　　　　　　　　463
ホスホン酸 462, 463
ホスホン酸塩 463
ホスホン酸トリメチル 428
捕捉剤 310
蛍石 159, 297
蛍石型構造 159
ホモレプチック錯体 249
ボラジン 84, 344
ボラゾン 342

和文索引

ボラン 350〜361
　——と配位子群軌道 119
　——の命名法 353
　高次—— 352
ポリエーテル 288
ポリオキソメタレート 483
ポリカテナ硫黄 3
ポリジメチルシロキサン 412
ポリシロキサン 411
ポリスルファン 493
ポリスルフィド 493, 494
ポリセレニド 493, 496
ポリチオン酸 487, 513
ポリテルリド 493, 496
ポリホスファゼン 470
ポリメチルフェニルシロキサン 412
ポリ硫酸 513
ポーリングの電気陰性度 39, 16
ポルトランドセメント 340, 402
ポルフィリン 310
ホルマイト粘土 408
ホルムアミド 229
ボルン指数 163
ボルンの力 163
ボルン・ハーバーサイクル 22, 165
ボルン・マイヤーの式 164
ボルン・ランデの式 163
ポロニウム 478

ま

マイクロ波 11
膜電位 277
マグネサイト 296
マグネシア 306
マグネシア乳 297
マグネシウム 295, 296
　——の用途 297
　——のリサイクル 296
　リチウムと—— 311
マグネシウムアマルガム 299
マグネタイト 148
マジック酸 238
マーシュ試験 434
マッチ 471
マーデルング定数 163, 164
マリケンの電気陰性度 41
マンガン
　——の電位図 218
　——のフロスト図 219

み, む

水 172, 489
　——の自己解離 174

——の C_2 軸と鏡面 84
——の浄化 490
——の赤外スペクトル 98
——の比誘電率 228
——の物理的性質 174, 232
——分子の結合に対する MO 図 117
水ガラス 403
みぞれ氷浴 424
三つ組元素 20
密陀僧 409
密度汎関数法 129
ミョウバン 347
ミョウバン頁岩 347

娘核種 57
無定形炭素 366
無定形ホウ素 317
無電解ニッケル 462

め, も

メスバウアー効果 77
メスバウアー分光法 77
メタ亜ヒ酸ナトリウム 468
メタセシス 271
メタノフラーレン 381
メタノール 229
メタホウ酸 338
メタリン酸 467
メタロイド 365
メタン
　——と配位子群軌道 122
　——の混成軌道 111
メタンハイドレート 385
メル異性体 51
面心立方格子 141

木材保存剤 422
モネルメタル 235
モノトピック 2
モリブデナイト 479
モル熱容量 23
モル濃度 175
モレキュラーシーブ 407
モントリオール議定書 394

や 行

焼きセッコウ 308

雄黄 423, 472, 479
融解塩 242
有機溶媒 228
有機リン神経作用物質 426
有効核電荷 18, 41
誘電率 228

陽イオン 140
溶解度 185
溶解度積 185
溶解度定数 185
ヨウ化カドミウム型構造 161
ヨウ化タリウム(I) 336
陽極 215
陽極酸化アルミナ 321
陽子 1, 55
陽電子 57
溶媒抽出 192
溶媒和電子 233
溶融塩 242
四塩基酸 176
四チオン酸 513

ら

雷酸イオン 416
ライマン系列 5
ラザフォード・ボーア模型 4
ラジウム 295
ラジオ波 11
ラジカル 28
ラシヒ反応 434
ラティマー図 217
ラピスラズリ 495
ラマン活性 94
ラマン分光 93, 94
ラメラ 374
ランタニド 18
ランタノイド 18

り

力場 129
リサージ 409
リチア輝石 275, 276
リチウム 275
　——とマグネシウム 311
リチウムイオン電池 281
リチウム硫化鉄電池 281
立体異性 50
　——と分子の形 50
立体異性体 50
立体化学的に柔軟 75
立体化学の不活性電子対効果 50, 319
立方最密充填 140, 141
リナマリン 415
リバモリウム 61
硫化アンチモン 472
硫化水素 492
硫化鉛(II) 413
硫化ヒ素 472
硫化物 493
　14 族元素の—— 411
　リンの—— 471
硫化リン 472

硫酸 177, 236, 509, 511
　——の共鳴構造 482
　——のプロトン化 512
　——の用途 480
　気相中の—— 511
硫酸アルミニウム 347
硫酸イオン 511
硫酸塩鉱 366
硫酸タリウム 317
硫酸バリウム 297
硫ヒ鉄鉱 423
リュードベリ定数 4
両くさび形 48, 446
菱苦土石 296
量子化 8
量子数 7
量子論 3
両性 184
菱鉄鉱 148
菱面体硫黄 486
α-菱面体形 322
β-菱面体形 322
緑閃石 405
緑柱石 295, 405
リン 421, 429
　——のオキソ酸 462
　——のフロスト図 221
　——の硫化物 471
臨界圧力 246
臨界温度 246, 381
臨界質量 60
リン化物 439
リン鉱石 423
リン酸 463, 465
リン酸肥料 464
リンセレン化物 471

る〜わ

ルイス構造 28
ルイス酸・塩基 182
ルチル型構造 160
ルチル鉱 160
ルビー 317
ルビジウム 275
励起状態 14
零点エネルギー 67
レドックス 204
レドックス対 208
錬鉄 148
六フッ化硫黄
　——の構造 130
六フッ化ケイ酸イオン 393
ロケット燃料 259
六方最密充填 140, 141
ロープ 12, 109
ワイン
　——中の SO_2 と亜硫酸塩 510

欧 文 索 引

A

A 93
A_1 97
absolute permittivity 228
[acac]⁻ 195
acceptor level 152
acetylide 387
acid anhydride 454
actinide 18
actinoid 18
actinolite 405
activated charcoal 367
activity 176
activity coefficient 172
additive nomenclature 178
adduct 190
adenine 415
ADP 466
albite 406
alkali 179
alkali metals 20
alkalide 291
alkaline earth metals 20, 295
alkoxy ligand 310
allotrope 3
alloy 147
alloy steel 147, 150
alum 347
alum shale 347
alumina 316
aluminate 339
aluminosilicate 403
AM3 129
amalgam 283
AMBER 130
amido ligand 310
ammonia 431
amosite 405
amphoteric 184
amygdalin 415
anglesite 366
anion 140
annular 489
anorthite 406
anthophylite 405
anti neutrino 57
antibonding interaction 31
antibonding MO 32
apatite 423
aprotic solvent 227
aqua regia 459

aquamarine 295
arachno 350
aragonite 308
arsane 431
arsenic acid 468
arsenopyrite 423
arsenous acid 461, 468
arsine 431
asbestos 406
asymmetrical hydrogen bond 261
atom 1
atom-at-a-time 61
atomic absorption spectroscopy 279
atomic mass unit 2
atomic number 2
atomic orbital 7
atomic scattering 6
ATP 466
aufbau principle 21, 31
autoprotolysis 174
azane 431
azeotrope 459
azimuthal quantum number 9

B

B 93
B_1 97
ball clay 408
ball-and-stick model 141
Balmer series 4
band 151
band gap 151
band theory 149
barite 297
baryte 296, 297
basal plane 49
basis set of orbitals 34
bauxite 315
Bayer process 316
bayerite 339
bcc 143
Bell's rule 182
bentonite 408
Berry pseudo-rotation 75
beryl 295, 405
bidentate ligand 328
binary compound 252
binary hydride 269
binding energy 55
biotite 280

bipy 195
bismite 423, 461
bismuthane 431
bismuthinite 423
bite angle 194
black phosphorus 430
BLYP 129
BNCT 357
body-centered cubic 143
boehmite 339
Bohr radius 5
bond distance 29
bonding interaction 31
bonding MO 32
borax 275, 315, 338
borazine 344
borazon 342
Born exponent 163
Born force 163
Born–Haber cycle 165
Born–Landé equation 164
Born–Mayer equation 164
borosilicate glass 403
boundary condition 8
bpy 195
Bragg's equation 158
branching chain reaction 60
breeding 60
bridging hydroxy group 183
broadening 97
Brønsted acid 174, 182
Brønsted base 174, 182

C

C_{60} 375, 377
C_{70} 375, 378
C_i 89
C_n 84
C_{nh} 89
C_{nv} 89
C_s 89
calcite 308
canonical structure 30
carbaborane 358
carbaborane acid 239
carbenium ion 238
carbocation 238
carbon nanotube 382
carbon steel 147
carbonium ion 238
carborane 358
carborane acid 239

carnallite 275, 296
cassiterite 161, 366
cast iron 148
catenation 370
cathodic protection 215
cation 140
caustic soda 285
CCA 422
ccp 141
3c–2e interaction 133
celestite 296
celsian 406
cement paste 402
cementite 148
center of inversion 85
center of symmetry 85
centrosymmetric molecule 33
cerussite 366
CFC 392, 394
chalcocite 479
chalcogens 20, 478
chalk 296
character table 92
charge carrier 152
CHARMM 130
chelate 194
chelate effect 193
chelate ring 194
chemical shift value 71
chemiluminescent reaction 430
Chile saltpeter 275, 423
china clay 408
chiral 103
chloralkali industry 286
chloramine 435
chlorapatite 423
chlorofluorocarbon 392, 394
chromated copper arsenate 422
chromite 340
chrysotile 405
cinnabar 479
circular orbit 5
class (a) cation 198
class (b) cation 198
classical quantum theory 4
clathrate 267, 310
clay 315
cleavage plane 161
closepacking 140
closo 350, 390
CMA 305
CNDO 129
colemanite 338
collagen 466
common ion effect 189

condensed phosphate 465
conduction band 152
conductometric titration 237
conjugate acid 175
conjugate base 175
conjuncto 350
contact process 506, 511
contrast agent 76
coordinate bond 28, 189
coordinating solvent 227
coordination compound 189
coordination number 141
copernicium 61
core electron 22
corundum 317, 339
coupling constant 72
covalent 28
covalent radius 29
β-cristobalite 160
critical mass 60
critical temperature 381
crocidolite 405
18-crown-6 289
crown ether 288
cryolite 315, 333
crypt-222 289, 388
cryptand 289
cryptand ligand 197
cryptate 289
cubane 502
cubic close-packing 141
cullet 403
CV 210
cyanic acid 416
cyanogen 414
cyanogen chloride 416
cyclic polyether 288
cyclic voltammetry 210
Czochralski process 153

D

D_{nd} 89
D_{nh} 89
Daniell cell 205
daughter nuclide 57
de Broglie relationship 6
decay 56
decay series 57
decoupling 73
deformation 99
degenerate 10, 35
degree of vibrational freedom 93
dehydrating agent 301
deionized water 490
deliquescent 301
deltahedron 350
denticity 194
desulfurization process 298
deuterated solvent 71
deuterium 253
deuterium exchange reaction 64
DFT 129
diagnostic imaging 65
diagonal line 365
diagonal relationship 278, 311
diamagnetic 31

diamond-type network 160
diaspore 339
diastereomer 50
diazenediol 455
dibasic acid 176
diborane(6) 323
dicyan 414
dielectric constant 228
dien 195
differentiating effect 230
diglyme 324
dihedral angle 491
dihydrogen bond 266
dimorphic 508
dimorphite 472
dinitrogen 429
dinitrogen monoxide 451
dinitrogen pentaoxide 451, 455
dinitrogen tetraoxide 451, 455
dinitrogen trioxide 451, 454
diopside 406
dioxygen 483
diphosphane 435
diphosphoric acid 465
disilene 371
disilyne 371
dispersion force 164
disphenoidal 48, 446
disproportionation 167, 216
disulfurous acid 510
dithionate 511
dithionic acid 511
dithionite ion 508
dithionous acid 508
DMF 229
DMSO 195
DNA 267
dolomite 296
donor atom 189
donor level 153
dopant 152
doping 152
double bond 29
double oxide 161
Downs process 204, 275
dry ice 398
drying agent 301

E

E 93, 97
E 86
[EDTA]$^{4-}$ 195
effective nuclear charge 18
elastomer 412
electric arc furnace 149
electric dipole moment 42
electrical conductivity 149
electrical conductor 149
electride 291
electroless nickel 462
electrolytic cell 204
electron 1
electron spectroscopy for chemical analysis 125
electron-deficient cluster 350
electron-deficient species 350

electronegativity 39
Ellingham diagram 223
emerald 295
emery 317
en 195
enantiomer 50, 103
endohedral metallofullerene 382
enthalpy change 22
Epsom salt 297, 512
equilibrium 172
equilibrium concentration 185
ESCA 125
eutectic 242
eutrophication 464
exchange energy 24
excited state 14
expanded metal 233
extrinsic semiconductor 152

F

fac 51
face-centered cubic 141
facial 51
Faraday constant 206
fcc 141
feldspar 315, 406
feldspathoid 406
Fermi level 152
Fermi-Dirac distribution 152
ferrosilicon 296
first order kinetics 58
fission 64
fixing of nitrogen 423
flame photometry 279
flame test 279
flerovium 61
flexible graphite 367
fluorapatite 423
fluorite 159
fluorosulfonic acid 237
fluorosulfuric acid 237
fluorspar 159
fluxional 75
fool's gold 478
force field 129
Frasch process 479
Frenkel defect 168
Freon 392
Frost-Ebsworth diagram 217, 219
fuel cell 257
fullerene 375
fulleride 381
Fuller's earth 408
fundamental transition 95
fused salt 242
fusion 64

G

galena 366, 479
galvanic cell 204
galvanized steel 147
germanate 407
germane 384
gibbsite 339

graphitic 374
gravimetric analysis 189
gray cast iron 148
greenhouse effect 507
ground state 14
group 20
gypsum 296, 308

H

half-cell 205
half-life 58
halite 156
halogens 20
hard 198
hard base 198
hard sphere 143
hard water 308
HCFC 392, 394
hcp 141
Heisenberg's uncertainty principle 6
hematite 148, 317
hemihydrate 308
heterogeneous catalyst 256
heteroleptic complex 249
hexagonal close-packing 141
hexamethylphosphoramide 292
HFC 392
high-carbon steel 147
highest occupied molecular orbital 45
high-performance liquid chromatography 376
Hittorf's phosphorus 430
HMPA 292
HOMO 45
homogeneous catalyst 256
homoleptic complex 249
homonuclear 29
homonuclear bond 204
homonuclear covalent bond 29
homonuclear molecule 29
hormite 408
host-guest complex 309
HPLC 376
HRTEM 343
Hund's rule 21
hybridization 108
hydrate 252
hydration 182
hydrazine 434
hydrazoic acid 437
hydride 259
hydrochlorofluorocarbon 394
hydrocyanic acid 415
hydrofluoro carbon 392
hydroformylation process 259
hydrogen azide 437
hydrogen bond 227, 260, 261
hydrogen bonding 227
hydrogen cyanate 416
hydrogen cyanide 414
hydrogen economy 256
hydrogen ion 252
hydrogen peroxide 489
hydrogen-like species 13
hydrolysis 183

hydronium ion 252
hydrosil(yl)ation 386
hydrothermal method 408
hydrothermal oxidation 248
hydroxyapatite 423, 466
hydroxylamine 436
hygroscopic 304
hypervalent 39
hypervalent molecule 130
hypho 350
hypodiphosphoric acid 464
hyponitrous acid 455
hypophosphorous acid 462
H-ZSM-5 407

I

i 85
I_h 89
identity operator 86
improper rotation axis 86
inclusion compound 310
INDO 129
inner transition element 20
insulator 140
intercalation compound 283, 375
intermetallic compound 147
intermolecular hydrogen bonding 172
internuclear distance 154
internuclear separation 29
interstitial alloy 147
interstitial carbide 387
interstitial hole 140
interstitial hydride 269
intrinsic semiconductor 152
inverse spinel 340
ion-dipole interaction 182
ion-exchange resin 285, 288
ionic 28
ionic liquid 242
ionic radius 153, 154
IPR 377
IR 64, 93
iron pyrite 478
isocyanic acid 416
isoelectronic 38
isoelectronic species 38
isolated pentagon rule 377
isolobal 389
isomer 50
isomer shift 78
isostructural 38
isotope 2
isotope dilution analysis 68
ITO 341

K

K_{sp} 213
kaolin clay 408
kaolinite 408, 495
Kapustinskii equation 168
kernite 315, 338

kinetic isotope effect 67

L

lamellar 374
lanthanide 18
lanthanoid 18
lapis lazuli 495
LAPS 334
Latimer diagram 217
lattice 140
lattice defect 168
lattice energy 162
lattice enthalpy 165
layer structure 161
lazurite 495
LCAO 31
lead-acid battery 417
LEED 6
leveling effect 230
Lewis acid and base 182
Lewis acid pigment solubilization 334
Lewis structure 28
LGO 115
ligand 189
ligand group orbital 115
limestone 296
linamarin 415
linear 49
linear combination 30
linear combination of atomic orbital 31
litharge 409
livermorium 61
lobe 12, 109
local axis set 132
localized 2-center 2-electron covalent bond 31
lone pair 29
long range coupling 70
low energy electron diffraction 6
low-carbon steel 147
lowest unoccupied molecular orbital 45
LUMO 45

M

μ 183
macrocyclic effect 197
macrocyclic ligand 197
Madelung constant 163
magic acid 238
magnesite 296
magnetic quantum number 9
magnetic resonance angiography 77
magnetic resonance imaging 76
magnetic spin quantum number 14
magnetite 148, 317, 340
main group element 20
marble 296

Marsh test 434
mass defect 55
mass number 2
mass spectrometry 2
medium-carbon steel 147
mer 51
meridional 51
metallic hydride 269
metallic radius 146
metalloid 365
metaphosphoric acid 467
metastable 373
metathesis 271
mica 161, 315, 406
milk of magnesia 297
mirror plane 84
mispickel 423
MM 129
MNDO 129
MO theory 28
moderator 60
molality 175
molar heat capacity 23
molarity 175
molecular hydride 270
molecular mechanics 129
molecular orbital 31
molecular orbital theory 28
molten salt 242
molybdenite 479
monatomic cation 480
monobasic acid 176
monodentate 328
monodentate ligand 194
monotopic 2
mordant 339
Mössbauer effect 77
MRA 77
MRI 76
multi-electron atom 16
multiplet 72
multiplicity 70
mutual exclusion 94

N

nanorod 391
nanoscale material 343
nearest neighbor 141
negative hyperconjugation 386
Nernst equation 206, 209
neutral atom 18
neutral ligand 190
neutrino 57
neutron 1
nido 350, 390
nitramide 456
nitric acid 458
nitric oxide 451
nitrogen dioxide 451, 455
nitrogen monoxide 451
nitrosyl complex 452
nitrosyl halide 444
nitrous acid 456
nitrous oxide 451
nitroyl fluoride 444

NMR 68
NO synthase 452
noble gases 20
nodal plane 12
node 9
non-aqueous solvent 227
non-bonding interaction 44
non-centrosymmetric molecule 33
non-polar 42
normal mode of vibration 93
normalization 12
normalization factor 30
n-type semiconductor 153
nuclear fission 56, 59
nuclear fusion 56
nucleon 56
nucleus 1, 55
nuclide 2

O

O_h 89
octahedral 49
octahedral hole 142
octet rule 38
oleum 237, 506
olivine 296, 404
optical activity 103
optical isomer 103
orbital angular momentum 9
orbital angular momentum quantum number 9
orbital mixing 36
orbital quantum number 9
orpiment 423, 472, 479
orthoclase 404, 406
ortho-dihydrogen 254
orthophosphoric acid 463
Ostwald process 458
outer shell electron 22
overlap integral 32
overpotential 286
$[ox]^-$ 195
oxidanium ion 252
oxidant 204
oxidation 204
oxide 284
oxidizing agent 204
oxoacid 177
oxonium ion 252
oxygen mixture 484
ozone 484
ozonide 285

P, Q

palygorskite 408
para-dihydrogen 254
paramagnetic 31
paramagnetic shift 69
parity 32
parity of a molecular orbital 33
passivation 256
Pauli exclusion principle 21

PDMS 412
pectic polysaccharide 318
penetrate 18
pentagonal bipyramidal 49
perchlorate salt 434
periodic table 19
periodicity 19
permanent hardness 308
perovskite 161
peroxide 284
PES 125
phase 12
phase boundary 145
phase diagram 145
phen 195
phosgene 393
phosphane 431
phosphate rock 423
phosphazene 468
phosphine 431, 434
phosphinic acid 178, 462
phosphite 463
phosphonate 463
phosphonic acid 462
phosphoric acid 465
phosphorous acid 462
phosphorus 429
phosphorus pentaoxide 461
phosphoryl trichloride 447
photoconductor 414
photoelectron 125
photoelectron spectroscopy 36, 125
photoemission spectroscopy 125
photolysis 259
photolytic process 259
photolytic production 256
piezoelectric 401
pig iron 148
Pilkington process 369
Planck constant 4
plane of symmetry 84
plaster of Paris 308
plumbane 386
PM3 129
pnictogens 20, 421
point group 88
polar 42
polycatenasulfur 3
polydentate ligand 194
polydimethylsiloxane 412
polyether 288
polymeric hydride 272
polymethylphenylsiloxane 412
polymorph 145
polymorphic form 144
polysiloxane 411
polysulfane 493
polysulfide 494
porphyrin 310
Portland cement 340, 402
positive hole 152
positron 57
potential diagram 217
principal axis 84
principal quantum number 5
principle of hard and soft acids and bases 198
probability density 11

protic solvent 227
protium 253
proton 1, 252
proton-switching mechanism 237
prussic acid 415
pseudo-halogen 414
p-type semiconductor 152
puddling process 148
py 195
Pyrex 337
pyrolusite 161
pyrophoric 383

quadrupole moment 69
quantum 4
quantum number 7
quantum theory 3

R

radial distribution function 11
radial node 11
radical 28
radioactive 56
radiopharmaceutical 65
radiotherapy 65, 65
radius ratio rule 154
rapid expansion of supercritical solutions 247
Raschig reaction 434
reaction channel 59
reaction quotient 209
ready-mixed concrete 403
realgar 423, 472, 479
red lead 369, 410
red phosphorus 430
redistribution reaction 75
redox 204
reduced mass 64
reducible representation 96
reducing agent 204
reductant 204
reduction 204
reflection 84
refractory material 304
relative activity 176
relative atomic mass 2
relative permittivity 228
relativistic contraction 320
relativistic effect 320
relativistic expansion 320
relaxation time 71
reprocess 61
resistivity 149
resonance 30
resonance hybrid 30
resonance structure 30
RESS 247
rock salt 156, 275
rotation 93
rotation axis 84
rotation-reflection axis 86
rule of mutual exclusion 94
Rutherford-Bohr model 4
rutile 160
Rydberg constant 4

S

σ_d 84
σ_h 84
σ_v 84
$\sigma-\pi$ crossover 36
S_n 86
sacrificial anode 147, 215
saline hydride 269
salt bridge 206
salt-like hydride 269
sarin 426
satellite peak 74
saturated calomel electrode 214
saturated solution 185
SCE 214
SCF 19
Schottky defect 168
Schrödinger wave equation 7
scintigram 65
screening effect 18
selane 492
selection rule 94
selenous acid 514
self ionization 174
self-consistent field 19
semiconductor 150, 152
semi-metal 365
sequestering agent 310
sesquihydrate 308
shell 16
shield 18
siderite 148
silane 384
silica glass 403
silicate 403
silicon nitride 416
silicone 411
silicone fluid 412
silicone rubber 411, 412
siloxane 411
silvanite 479
simple cubic 142
slag 148
slaked lime 296
Slater's rule 19
slush bath 424
smectite 408
soda lime 307
soda-lime glass 403
sodalite 406, 495
sodaniter 423
sodide 290
sodium azide 437
sodium D-line 279
sodium montmorillonite 408
soft 198
soft base 198
soft lithography 412
solid solution 147
solubility 185
solubility constant 185
solubility of ionic salt 185
solubility product 185
Solvay process 285
solvent extraction 192

solvent of crystallization 252
soman 426
space-filling model 142
spectral line 4
sphalerite 160, 316, 479
spherical ion model 156
spin angular momentum 14
spin quantum number 14
spinel 161, 340
spin-orbit coupling 15
spin-relaxation time 69
spodumene 275
square antiprismatic 49
square planar 51
stainless steel 147, 150
standard cell potential 206
standard hydrogen electrode 207
standard reduction potential 207
stationary state 5
stepwise dissociation 176
stereochemical inert pair effect 50
stereochemically active 50
stereochemically inactive 50
stereoisomer 50
stereoisomerism 50
stibane 431
stibine 431
stibnite 423, 473, 479
Stock nomenclature 205
strong acid 174
strontianite 296
suboxide 284
substitutional alloy 147
sulfane 492
sulfate ion 511
sulfinyl chloride 500
sulfite ion 510
sulfonyl chloride 500
sulfonyl dichloride 500
sulfonyl difluoride 499
sulfonyl fluoride 499
sulfuric acid 511
sulfurous acid 510
superacid 236, 238, 512
superconductor 381
supercritical 246
supercritical CO_2 398
supercritical fluid 246
supercritical water oxidation 248
superoxide 284
superphosphate 464
surface boundary 11
sylvinite 275
sylvite 275
symmetrical hydrogen bond 262
symmetry 9, 83
symmetry element 83
symmetry operation 83
symmetry-allowed 44
synthesis gas 256
Szilard-Chalmers effect 63

T

T 93
T_d 89

talc   161, 406
tartar emeric   424
TBP   191
Teflon   392
tellane   492
tellurite   507
tellurous acid   514
TEM   343
temporary hardness   308
tetrabasic acid   176
tetrahedral   49
tetrahedral hole   142
thermal neutron   59
thermite process   323
thermodynamic 6s inert pair effect   319
THF   195
thiosulfuric acid   513
thortveitite   405
three-center two-electron interaction   133
tin(IV) nitride   417
transannular   488
transition element   20
translation   93
transmute   57
transuranium element   59
tremolite   405

triad   20
tributyl phosphate   191
tricapped trigonal prismatic   332
tridentate   328
trien   195
trigonal bipyramidal   49
trigonal planar   49
triphosphoric acid   465
triple bond   29
triple superphosphate   464
triplet   484
trirutile   468
TRISPHAT   467
trithiocarbonate   411
tritium   253
trona   285
Trouton's rule   265
typical element   20

U

ulexite   338
ultramarine   495
unit cell   141
unshared electron pair   29
UPS   125

UV photoelectron spectroscopy   125

V

valence band   152
valence bond theory   28
valence electron   22, 28
valence-shell electron-pair repulsion   45
valinomycin   291
van der Waals radius   30
VB theory   28
vibration   93
vibrational mode   93
violet phosphorus   430
VSEPR   45
VX   426

W

Wade's rule   353
water glass   403
water softening   308

water-gas shift reaction   256
wave mechanics   3
wavefunction   7
wave-particle duality   6
weak acid   174
weak base   174
white phosphorus   429
α-wollastonite   405
wrought iron   148
wurtzite   160

X, Z

xerography   480
XPS   125
X-ray photoelectron spectroscopy   125
zeolite   406
zero point energy   67
zinc blende   160, 316, 479
Zintl ion   388
Zintl phase   388
zone melting   153
ZSM-5   407

化学式索引

Ag
AgAuTe$_4$ 479
AgBr 169
Ag$_2$C$_2$ 387
Ag[SbF$_6$] 240

Al
Al 315, 319
[Al(BH$_4$)$_3$] 328
[Al(BH$_4$)$_4$]$^-$ 327
[Al$_2$Br$_4$(OMePh)$_2$] 335
[Al$_5$Br$_6$(THF)$_6$]$^+$ 335
[Al$_5$Br$_8$(THF)$_4$]$^-$ 335
[Al$_{22}$Br$_{20}$(THF)$_{12}$] 335
Al$_4$C$_3$ 387
AlCl$_3$ 333
[AlCl$_4$]$^-$ 242, 333
Al$_2$Cl$_6$ 333
[Al$_2$Cl$_7$]$^-$ 242
AlF$_3$ 332
AlF$_6$ 332
[Al$_7$F$_{30}$]$^{9-}$ 333
[AlH$_4$]$^-$ 329
Al$_2$H$_6$ 324
[Al$_2$H$_6$(THF)$_2$] 327
[Al$_2$I$_4$(THF)$_2$] 335
AlN 342
Al$_2$O$_3$ 316, 339
[Al$_6$O$_{18}$]$^{18-}$ 340
Al(OH)$_3$ 339
[Al(OH$_2$)$_6$]$^{3+}$ 183, 348
[Al(ox)$_3$]$^{3-}$ 349
Al$_2$(SO$_4$)$_3$·16H$_2$O 347
BaAl$_2$Si$_2$O$_8$ 406
Be$_3$Al$_2$Si$_6$O$_{18}$ 295, 405
3CaO·Al$_2$O$_3$ 340
CaAl$_2$Si$_2$O$_8$ 406
KAlSi$_3$O$_8$ 404, 406
Li[AlH$_4$] 301, 329
LiAlSi$_2$O$_6$ 275
MAl(SO$_4$)$_2$·12H$_2$O 347
MgAl$_2$O$_4$ 161, 340
Na$_3$[AlF$_6$] 315, 333
Na[Al$_5$MgSi$_{12}$O$_{30}$(OH)$_6$] 408
NaAlSi$_3$O$_8$ 406
Na$_8$[Al$_6$Si$_6$O$_{24}$]Cl$_2$ 406, 495
Na$_8$[Al$_6$Si$_6$O$_{24}$]S$_n$ 495
Tl$_2$AlF$_5$ 332

As
[As$_7$]$^{3-}$ 441
AsCl$_3$ 448
AsF$_3$ 448
AsF$_5$ 448

AsH$_3$ 434
[As$_6$I$_8$]$^{2-}$ 449
As$_2$O$_5$ 461
AsOCl$_3$ 448
As(OH)$_3$ 461, 468
As$_2$S$_3$ 423, 472, 479
As$_2$S$_5$ 472
As$_4$S$_3$ 472
As$_4$S$_4$ 423, 472, 479
α-As$_4$S$_4$ 473
As$_2$Se$_3$ 480
[F$_2$NO][AsF$_6$] 445
FeAsS 423
GaAs 317, 440
H$_3$AsO$_3$ 468
H$_3$AsO$_4$ 468
NaAsO$_2$ 468
[N$_2$F][AsF$_6$] 438
NiAs 441

Au
[AuS$_9$]$^-$ 494
[Au$_2$(TeSe$_2$)$_2$]$^{2-}$ 496
AgAuTe$_4$ 479

B
B 315, 319
B$_{12}$ 322
B$_{84}$ 322
BBr$_3$ 329
[BBr$_4$]$^-$ 330
B$_8$Br$_8$ 332
B$_9$Br$_9$ 332
B$_{50}$C$_2$ 321
BCl$_3$ 87, 329
[BCl$_4$]$^-$ 330
B$_2$Cl$_4$ 331
B$_4$Cl$_4$ 90, 332
B$_8$Cl$_8$ 332
BF$_3$ 83, 114, 123, 329
[BF$_4$]$^-$ 330
B$_2$F$_4$ 331
[B$_{12}$F$_{12}$]$^{2-}$ 357
BF$_2$Cl 47
BH$_3$ 110, 119, 270
[BH$_4$]$^-$ 328
B$_2$H$_6$ 134, 135, 270, 323
B$_3$H$_6$ 134
[B$_3$H$_8$]$^-$ 352
B$_4$H$_{10}$ 352, 359
[B$_5$H$_8$]$^-$ 355
B$_5$H$_9$ 352, 359
[B$_6$H$_7$]$^-$ 356
[B$_6$H$_6$]$^{2-}$ 352, 354, 356
[B$_{10}$H$_{10}$]$^{2-}$ 357

[B$_{12}$H$_{12}$]$^{2-}$ 90, 357
[B(HSO$_4$)$_4$]$^-$ 237
BI$_3$ 329
[BI$_4$]$^-$ 330
B$_2$I$_4$ 331
BN 341
[BN$_2$]$^{3-}$ 342
[BN$_3$]$^{6-}$ 342
[B$_2$N$_4$]$^{8-}$ 342
[B$_3$N$_6$]$^{9-}$ 343
B$_{50}$N$_2$ 321
B$_3$N$_3$H$_{12}$ 345
B(NMe$_2$)$_3$ 345, 346
[{BO$_2$}$_n$]$^{n-}$ 339
[BO$_3$]$^{3-}$ 339
B$_2$O$_3$ 336, 337
[B$_2$O$_5$]$^{4-}$ 339
[B$_3$O$_6$]$^{3-}$ 339
B(OH)$_3$ 318, 337
[B(OH)$_4$]$^-$ 318, 339
B$_2$(OH)$_4$ 338, 338
B$_3$O$_3$(OH)$_3$ 338
[B$_4$O$_5$(OH)$_4$]$^{2-}$ 339
[B$_5$O$_6$(OH)$_4$]$^-$ 339
BPO$_4$ 336
B$_9$X$_9$ 331
[Al(BH$_4$)$_3$] 328
[Al(BH$_4$)$_4$]$^-$ 327
[CPh$_3$]$_2$[B$_{12}$F$_{12}$] 357
Ca[B$_3$O$_4$(OH)$_3$]·H$_2$O 338
Et$_2$O·BF$_3$ 330
GaBH$_6$ 325
(HBNH)$_3$ 344
H$_3$B·NH$_3$ 267
H$_2$B$_{12}$(OH)$_{12}$ 358
H$_3$N·BH$_3$ 327
H$_3$Zr$_2$(PMe$_3$)$_2$(BH$_4$)$_5$ 329
NaCa[B$_5$O$_6$(OH)$_6$]·5H$_2$O 338
Na$_3$BN$_2$ 342
Na$_2$[B$_4$O$_5$(OH)$_4$]·2H$_2$O 315
Na$_2$[B$_4$O$_5$(OH)$_4$]·8H$_2$O 275, 315
Na$_2$[B$_2$(O$_2$)$_2$(OH)$_4$]·6H$_2$O 339
Na$_2$[B$_4$O$_5$(OH)$_5$]·8H$_2$O 338
OC·BH$_3$ 327
P$_8$O$_{12}$(BH$_3$)$_2$ 460

Ba
BaAl$_2$Si$_2$O$_8$ 406
BaN$_2$ 439
BaSO$_4$ 296

Be
Be$_2$ 34
Be$_3$Al$_2$Si$_6$O$_{18}$ 295, 405

Be$_2$C 300, 387
BeCl$_2$ 109, 302
[Be$_2$Cl$_6$]$^{2-}$ 302
BeF$_2$ 300
BeH$_2$ 271
BeO 304
Be(OH)$_2$ 307
[Be(OH$_2$)$_4$]$^{2+}$ 308
[Be(OH$_2$)$_4$][O$_2$CC≡CCO$_2$] 308
[Be$_4$(μ$_4$-O)(μ-O$_2$CCH$_3$)$_6$] 307

Bi
[Bi$_5$]$^{3+}$ 441
[Bi$_8$]$^{2+}$ 441
[Bi$_2$(C$_6$H$_4$O$_2$)$_4$]$^{2-}$ 473
[Bi$_2$Cl$_8$]$^{2-}$ 450
BiCl$_3$(py)$_4$ 450
BiF$_3$ 450
BiF$_5$ 450
[Bi$_2$I$_9$]$^{3-}$ 450
Bi$_2$O$_3$ 423, 461
Bi$_2$(O$_2$CCF$_3$)$_4$ 473
(BiO)$_2$CO$_3$ 424
[Bi(OH$_2$)$_9$]$^{3+}$ 474
Bi$_2$S$_3$ 423, 473
[GaBi$_3$]$^{2-}$ 442
[Pd@Bi$_{10}$]$^{4+}$ 441

Br
[BrF$_2$]$^+$ 239
BrF$_3$ 239
[BrF$_4$]$^-$ 239
BrF$_5$ 49
BrNO 444
AgBr 169
[Al$_2$Br$_4$(OMePh)$_2$] 335
[Al$_5$Br$_6$(THF)$_6$]$^+$ 335
[Al$_5$Br$_8$(THF)$_4$]$^-$ 335
[Al$_{22}$Br$_{20}$(THF)$_{12}$] 335
BBr$_3$ 329
[BBr$_4$]$^-$ 330
B$_8$Br$_8$ 332
B$_9$Br$_9$ 332
CBr$_4$ 392
C$_{60}$Br$_{24}$ 379
Ga$_2$Br$_4$py$_2$ 335
GeBr$_2$ 395
[Li$_2$Br$_2$(HMPA)$_3$] 292
[MgBr$_2$(diglyme)(THF)] 304
[MgBr$_2$(THF)$_2$] 304
PBr$_5$ 446
SeBr$_2$ 501
SiBr$_4$ 392
[TeBr$_6$]$^{2-}$ 502
TlBr 336

化学式索引

C

C 370
$[C_3]^{4-}$ 300
C_{60} 375, 377
$[C_{60}]^{2-}$ 290
C_{70} 375, 378
CBr_4 392
$C_{60}Br_{24}$ 379
$[C\equiv C]^{2-}$ 387
$[C=C=C]^{4-}$ 387
$C_{62}(C_6H_4-4-Me)_2$ 380
CCl_4 371, 392
$C_{60}Cl_{30}$ 379
CF_4 43, 392
C_2F_4 392
$C_{60}F_{18}$ 379
CH_4 100, 111, 122
C_2H_4 113
CI_4 392
C_2N_2 414
$[CNO]^-$ 416
CO 397, 398
CO_2 95, 127, 397, 398
$[CO_3]^{2-}$ 400
$[C_2O_4]^{2-}$ 401
C_3O_2 400
$C_{60}O_3$ 380
$COCl_2$ 393
$[CPh_3]_2[B_{12}F_{12}]$ 357
CS_2 411
$[CS_3]^{2-}$ 411
C_3S_2 413
Ag_2C_2 387
Al_4C_3 387
$B_{50}C_2$ 321
Be_2C 300, 387
$(BiO)_2CO_3$ 424
CaC_2 300, 387
$CaCO_3$ 402
$CaCO_3 \cdot MgCO_3$ 296
$CaNCN$ 387
Cu_2C_2 387
$Er@C_{60}$ 382
HCN 113, 414
HNCO 416
HOCN 416
$K^+[C_8]^-$ 375
K_3C_{60} 381
$KHCO_3$ 288
LaC_2 387
$La_2@C_{80}$ 382
Mg_2C_3 300, 387
$MgCO_3$ 296
Na_2C_2 387
$NaHCO_3$ 287, 288
Na_2HCO_3 287
Na_2CO_3 287
$Na_2CO_3 \cdot NaHCO_3 \cdot 2H_2O$ 285
$[NH_4][HCO_3]$ 434
$[NH_4][NH_2CO_2]$ 434
Nb_2C 387
$OC \cdot BH_3$ 327
OCS 487
$PbCO_3$ 366
Rb_3C_{60} 381
$Sc_2@C_{84}$ 382
$SrCO_3$ 296
ThC_2 387
TiC 387
V_2C 387
WC 387
$[W(CO)_6]$ 90
$Y@C_{82}$ 382

Ca

$CaAl_2Si_2O_8$ 406
$Ca[B_3O_4(OH)_3] \cdot H_2O$ 338
CaC_2 300, 387
$CaCl_2$ 301, 305
$CaCO_3$ 402
$CaCO_3 \cdot MgCO_3$ 296
CaF_2 159
CaI_2 161
CaNCN 300, 387
$[Ca_2\{N(SiMe_3)_2\}_2\{\mu-N(SiMe_3)_2\}_2]$ 311
$3CaO \cdot Al_2O_3$ 340
$[Ca_9(OCH_2CH_2OMe)_{18}-(HOCH_2CH_2OMe)_2]$ 311
$Ca(OCl)_2 \cdot Ca(OH)_2 \cdot CaCl_2 \cdot 2H_2O$ 297
$Ca(OH)_2$ 296
$[Ca(OH_2)_n]^{2+}$ 309
$Ca_5(OH)(PO_4)_3$ 466
$CaSO_4$ 301
$CaSO_4 \cdot 2H_2O$ 298, 296
$Ca_3Si_3O_9$ 405
$CaTiO_3$ 161
$NaCa[B_5O_6(OH)_6] \cdot 5H_2O$ 338

Cd

$CdCl_2$ 161

Cl

Cl^- 229
ClF_3 48
ClNO 444
$ClNO_2$ 444
$[Cl_3P=N-PCl_2=N=PCl_3]^+$ 469
$[Cl_3P=N-(PCl_2=N)_2=PCl_3]^+$ 469
$AlCl_3$ 333
$[AlCl_4]^-$ 242, 333
Al_2Cl_6 333
$[Al_2Cl_7]^-$ 242
$AsCl_3$ 448
$AsOCl_3$ 448
BCl_3 87, 329
$[BCl_4]^-$ 330
B_2Cl_4 331
B_4Cl_4 90, 332
B_8Cl_8 332
BF_2Cl 47
$BeCl_2$ 109, 302
$[Be_2Cl_6]^{2-}$ 302
$[Bi_2Cl_8]^{2-}$ 302
$BiCl_3(py)_4$ 450
CCl_4 371, 392
$C_{60}Cl_{30}$ 379
$CaCl_2$ 301, 305
$Ca(OCl)_2 \cdot Ca(OH)_2 \cdot CaCl_2 \cdot 2H_2O$ 297
$CdCl_2$ 161
$COCl_2$ 393
CsCl 157
$Ga^+[GaCl_4]^-$ 336
$GeCl_2$ 395
$[GeCl_3]^-$ 394
$GeCl_4$ 393
HSO_3Cl 512
KCl 275
$KCl \cdot MgCl_2 \cdot 6H_2O$ 296, 275
$[\{LiCl(HMPA)\}_4]$ 292
NCl_3 443
NH_4ClO_4 433
$(NPCl_2)_3$ 469
$(NPCl_2)_4$ 469, 470
NaCl 156, 168, 242, 305
$Na_8[Al_6Si_6O_{24}]Cl_2$ 406, 495
PCl_3 87, 446
$[PCl_4]^+$ 446
PCl_5 446
$[PCl_6]^-$ 446
PF_3Cl_2 446
$POCl_3$ 447
$POClF_3$ 91
$PbCl_4$ 396
$[PtCl_4]^{2-}$ 50, 99, 100
$[PtCl_2(PMe_3)_2]$ 51
$[PtCl_3(PMe_3)]^-$ 50
$RbClO_4$ 287
$[RuO_2Cl_4]^{2-}$ 245
S_2Cl_2 500
$S_3N_3Cl_3$ 515
$SbCl_5$ 449
$SeCl_2$ 501
$[SeCl_3]^+$ 502
$[SeCl_6]^{2-}$ 502
Se_2Cl_{16} 501
$SiCl_2$ 393
$SiCl_4$ 371, 392, 393
$[SiCl_6]^{2-}$ 393
$SiHCl_3$ 386
SiH_3Cl 386
$trans-[SiCl_2(MeIm)_4]^{2+}$ 396
$SnCl_2$ 96
$[SnCl_2F]^-$ 396
$SnCl_2 \cdot 2H_2O$ 396
$SnCl_4 \cdot 4H_2O$ 396
$SOCl_2$ 500
SO_2Cl_2 500
$[TeCl_3]^+$ 502
$[TeCl_6]^{2-}$ 502
Te_3Cl_2 502
TlCl 336
$[TlCl_5]^{2-}$ 334
$[Tl_2Cl_9]^{3-}$ 334
$[Zr_6MnCl_{18}]^{5-}$ 245

Co

$[CoH_5]^{4-}$ 271
$LiCoO_2$ 281

Cr

$[Cr_2(\mu-OH)_2(OH_2)_8]^{4+}$ 183
$[Cr(ox)_3]^{3-}$ 104
$FeCr_2O_4$ 340

Cs

CsCl 157
$Cs_{11}O_3$ 284
$Cs_4P_2S_{10}$ 472

Cu

Cu_2C_2 387
Cu_2S 479
$[(S_6)Cu(\mu-S_8)Cu(S_6)]^{4-}$ 494

D

D_2O 253, 254
$[D_3SO_4]^+$ 512

Er

$Er@C_{60}$ 382

F

F^- 229
F_2 31, 34
FNO 444
FNO_2 444
F_3NO 444
$[F_2NO][AsF_6]$ 445
$[FSO_4]^-$ 499
FSO_2OOSO_2F 499
$F_2S=S$ 497
$[F_5SbOSO_2F]^-$ 238
$Ag[SbF_6]$ 240
AlF_3 332
AlF_6 332
$Na_3[AlF_6]$ 315, 333
$[Al_7F_{30}]^{9-}$ 333
AsF_3 448
AsF_5 448
$[N_2F][AsF_6]$ 438
BF_3 83, 114, 123, 329
$Et_2O \cdot BF_3$ 330
$[BF_4]^-$ 330
B_2F_4 331
$[B_{12}F_{12}]^{2-}$ 357
$[CPh_3]_2[B_{12}F_{12}]$ 357
BF_2Cl 47
BeF_2 300
BiF_3 450
BiF_5 450
$Bi_2(O_2CCF_3)_4$ 473
$[BrF_2]^+$ 239
BrF_3 239
$[BrF_4]^-$ 239
BrF_5 49
CF_4 43, 392
C_2F_4 392
$C_{60}F_{18}$ 379
$[In(18-crown-6)][CF_3SO_3]$ 349
CaF_2 159
ClF_3 48
GeF_2 395
$[GeF_3]^-$ 395
GeF_4 393
HF 235, 265
$[HF_2]^-$ 133, 235, 265
$[H_2F_3]^-$ 236
$[H_3F_4]^-$ 236
$[HPF_3]^+$ 445
$[HPF_5]^-$ 446
$[HPO_2F]^-$ 446
HSO_3F 237, 512
$InSO_3CF_3$ 350
$K_2[SnF_6]$ 240
NF_3 43, 442
N_2F_2 86, 442, 443
$trans-N_2F_2$ 90
N_2F_4 442
$(NPF_2)_4$ 470

NSF 515
NSF$_3$ 515
OF$_2$ 496, 497
O$_2$F$_2$ 497
PF$_3$ 445
[PF$_4$]$^-$ 446
PF$_5$ 90, 428, 446, 447
[PF$_6$]$^-$ 446
PF$_3$Cl$_2$ 446
POClF$_3$ 91
SF$_4$ 48, 49, 497, 498
SF$_6$ 101, 130, 482, 497, 498
S$_2$F$_2$ 497
S$_2$F$_{10}$ 497, 499
S$_4$N$_4$F$_4$ 516
SbF$_3$ 448
SbF$_5$ 449
{SbF$_5$}$_4$ 449
[N$_5$][SbF$_6$] 438
[NS$_2$][SbF$_6$] 516
[Sb$_2$F$_{11}$]$^-$ 449
SbF$_5$OSO(OH)CF$_3$ 238
(R)-[Sb(O$_2$CCF$_3$)$_3$] 473
SeF$_4$ 501
SeF$_6$ 501
SiF$_2$ 393
SiF$_4$ 392, 393
[SiF$_5$]$^-$ 396
[SiF$_6$]$^{2-}$ 393, 396
SnF$_4$ 395
[Sn$_2$F$_5$]$^-$ 396
Sn$_4$F$_8$ 395
[SnCl$_2$F]$^-$ 396
[SnF$_4$Me$_2$]$^{2-}$ 51
SOF$_2$ 499
SOF$_4$ 498
SO$_2$F$_2$ 499
SrF$_2$ 303
TeF$_4$ 501
TeF$_6$ 501
[TeF$_7$]$^-$ 502
[TeF$_8$]$^{2-}$ 502
[Te$_3$O$_6$F$_3$]$^{3-}$ 508
TlF 319, 336
TlF$_3$ 319
Tl$_2$AlF$_5$ 332
XeF$_2$ 47, 134
XeF$_4$ 85
[XeF$_5$]$^-$ 47

Fe

FeAsS 423
FeCr$_2$O$_4$ 340
[FeH$_6$]$^{4-}$ 271
Fe$_3$O$_4$ 340
[Fe(OH$_2$)$_6$]$^{3+}$ 183
FeS$_2$ 478
FeSb$_2$O$_6$ 468
(Mg, Fe)$_2$SiO$_4$ 296

Ga

Ga 315, 319
GaAs 317, 440
GaBH$_6$ 325
[GaBi$_3$]$^{2-}$ 442
Ga$_2$Br$_4$py$_2$ 335
Ga$^+$[GaCl$_4$]$^-$ 336
Ga$_2$[Ga$_2$I$_6$] 335
Ga$_2$H$_6$ 325

GaN 317
Ga$_{22}${Si(SiMe$_3$)$_3$}$_8$ 336
[^{t}BuHN·GaH$_2$]$_2$ 326
[MeHN·GaH$_2$]$_3$ 326

Ge

Ge 370
[Ge$_9$]$^{3-}$ 389
[Ge$_9$]$^{4-}$ 390
[(Ge$_9$)$_2$]$^{6-}$ 390
[(Ge$_9$)$_3$]$^{6-}$ 390, 391
[(Ge$_9$)$_4$]$^{8-}$ 391
GeBr$_2$ 395
GeCl$_2$ 395
[GeCl$_3$]$^-$ 394
GeCl$_4$ 393
GeF$_2$ 395
[GeF$_3$]$^-$ 395
GeH$_4$ 233, 384
GeI$_4$ 393
[Ge$_{10}$O$_{21}$(OH)][N(CH$_2$CH$_2$NH$_3$)$_3$] 409
GeS$_2$ 411, 413
[Ge$_4$S$_{10}$]$^{4-}$ 413
[Pd$_2$@Ge$_{18}$]$^{4-}$ 391

H

$^3_1$H 254
H$^+$ 252
H$^-$ 252
H$_2$ 30, 254
[H$_3$]$^+$ 260
H$_3$AsO$_3$ 468
H$_3$AsO$_4$ 468
(HBNH)$_3$ 344
H$_3$B·NH$_3$ 267
H$_2$B$_{12}$(OH)$_{12}$ 358
HCN 113, 414
HF 235, 265
[HF$_2$]$^-$ 133, 235, 265
[H$_2$F$_3$]$^-$ 236
[H$_3$F$_4$]$^-$ 236
H$_3$N·BH$_3$ 327
HN$_3$ 437
HNCO 416
HNO$_2$ 456, 458
HNO$_3$ 456, 458
H$_2$N$_2$O$_2$ 455
H$_2$O 43, 108, 117, 232, 254, 489
^{2}H$_2$O 253
H$_2$O$_2$ 29, 489
[H$_3$O]$^+$ 252
[H$_5$O$_2$]$^+$ 252
[H$_7$O$_3$]$^+$ 265
[H$_{14}$O$_6$]$^{2+}$ 266
HOCN 416
[H(OH$_2$)$_n$]$^+$ 265
HO$_3$S(OSO$_2$)$_n$OSO$_3$H 513
[HPF$_4$]$^-$ 445
[HPF$_5$]$^-$ 446
HPO$_3$ 467
H$_3$PO$_2$ 462, 463
H$_3$PO$_3$ 462, 463
H$_3$PO$_4$ 463, 465
H$_4$P$_2$O$_6$ 463, 464
H$_4$P$_2$O$_7$ 463, 465, 466
H$_5$P$_3$O$_{10}$ 463, 465, 466
[HPO$_2$F]$^-$ 446

H$_2$S 492
H$_2$S$_2$ 493
H$_2$S$_x$ 493
[H$_3$S]$^+$ 493
[HSO$_4$]$^-$ 511
H$_2$SO$_3$ 509, 510
H$_2$SO$_4$ 236, 509, 511
H$_2$SO$_5$ 513
H$_2$S$_2$O$_3$ 509, 513
H$_2$S$_2$O$_4$ 508, 509
H$_2$S$_2$O$_5$ 510
H$_2$S$_2$O$_6$ 511
H$_2$S$_2$O$_7$ 509
H$_2$S$_2$O$_8$ 509, 513
[H$_3$SO$_4$]$^+$ 512
HSO$_3$Cl 512
HSO$_3$F 237, 512
H$_2$Se 492
H$_2$Se$_2$ 496
H$_2$SeO$_3$ 508, 514
H$_2$SeO$_4$ 514
(H$_3$Si)$_2$O 386
H$_2$Te 492
H$_2$Te$_2$ 496
H$_2$TeO$_3$ 514
H$_6$TeO$_6$ 502, 514
H$_3$Zr$_2$(PMe$_3$)$_2$(BH$_4$)$_5$ 329
[AlH$_4$]$^-$ 329
Al$_2$H$_6$ 324
[Al(BH$_4$)$_3$] 328
[Al(BH$_4$)$_4$]$^-$ 327
[Al$_2$H$_6$(THF)$_2$] 327
AsH$_3$ 434
BH$_3$ 110, 119, 270
[BH$_4$]$^-$ 328
B$_2$H$_6$ 134, 135, 270, 323
B$_3$H$_6$ 134
[B$_3$H$_8$]$^-$ 352
B$_4$H$_{10}$ 352, 359
[B$_5$H$_8$]$^-$ 355
B$_5$H$_9$ 352, 359
[B$_6$H$_6$]$^{2-}$ 352, 354, 356
[B$_6$H$_7$]$^-$ 356
[B$_{10}$H$_{10}$]$^{2-}$ 357
[B$_{12}$H$_{12}$]$^{2-}$ 90, 357
OC·BH$_3$ 327
B$_3$N$_3$H$_{12}$ 345
B$_2$(OH)$_4$ 338
BeH$_2$ 271
[CoH$_5$]$^{4-}$ 271
[FeH$_6$]$^{4-}$ 271
[^{t}BuHN·GaH$_2$]$_2$ 326
[MeHN·GaH$_2$]$_3$ 326
Ga$_2$H$_6$ 325
GaBH$_6$ 325
GeH$_4$ 233, 384
[Ge$_{10}$O$_{21}$(OH)][N(CH$_2$CH$_2$NH$_3$)$_3$] 409
InH$_3$ 328
Li[AlH$_4$] 301, 329
NH$_3$ 43, 87, 100, 120, 231
N$_2$H$_4$ 180, 434
[N$_2$H$_5$]$^+$ 435
[NH$_4$][NO$_3$] 456
[N$_2$H$_6$][SO$_4$] 435
N(SiH$_3$)$_3$ 386
PH$_3$ 434
P$_2$H$_4$ 435
[P$_3$H$_3$]$^{2-}$ 435

P$_8$O$_{12}$(BH$_3$)$_2$ 460
PbH$_4$ 386
[PdH$_2$]$^{2-}$ 271
[Pt$_2$H$_9$]$^{5-}$ 271
[ReH$_9$]$^{2-}$ 271
S$_4$N$_4$H$_4$ 515, 516
SbH$_3$ 434
SiH$_4$ 233, 384
SiHCl$_3$ 386
SiH$_3$Cl 386
SnH$_4$ 386

He

He$_2$ 34

Hf

HfN 439

Hg

Hg 207
HgS 479
[Mg(NH$_3$)$_6$Hg$_{22}$] 234

I

[Al$_2$I$_4$(THF)$_2$] 335
[As$_6$I$_8$]$^{2-}$ 449
BI$_3$ 329
[BI$_4$]$^-$ 330
B$_2$I$_4$ 331
[Bi$_2$I$_9$]$^{3-}$ 450
CI$_4$ 392
CaI$_2$ 161
Ga$_2$[Ga$_2$I$_6$] 335
GeI$_4$ 393
NI$_3$ 443
P$_2$I$_4$ 447
[P$_2$I$_5$]$^+$ 447
[P$_3$I$_6$]$^+$ 447
[Pb$_3$I$_{10}$]$^{4-}$ 397
[Pb$_5$I$_{16}$]$^{6-}$ 397
[S$_2$I$_4$]$^{2+}$ 487
[S$_7$I]$^+$ 487
SiI$_4$ 392
TlI 336
TlI$_3$ 334

In

In 315, 319
[In(18-crown-6)][CF$_3$SO$_3$] 349
InH$_3$ 328
InSO$_3$CF$_3$ 349

K

KAlSi$_3$O$_8$ 404, 406
K$^+$[C$_8$]$^-$ 375
K$_3$C$_{60}$ 381
KCl 275
KCl·MgCl$_2$·6H$_2$O 296, 275
[K(18-crown-6)]$^+$ 289
KHCO$_3$ 288
K$_7$LiSi$_8$ 388
KO$_2$ 284
K$_2$S$_2$O$_5$ 510
K$_2$[SnF$_6$] 240
[K(valinomycin)]$^+$ 291

La

LaC$_2$ 387

化学式索引　39

$La_2@C_{80}$　382

Li
Li_2　34
$Li[AlH_4]$　301, 329
$LiAlSi_2O_6$　275
$[Li_2Br_2(HMPA)_3]$　292
$[\{LiCl(HMPA)\}_4]$　292
$LiCoO_2$　281
$LiMn_2O_4$　281
Li_3N　282
$[Li(NH_3)_4]$　233
$[\{LiNH^tBu\}_8]$　292
Li_2O　284
$[Li_2Sn_8]^{4-}$　390
K_7LiSi_8　388

Mg
$MgAl_2O_4$　161, 340
$[MgBr_2(diglyme)(THF)]$　304
$[MgBr_2(THF)_2]$　304
Mg_2C_3　300, 387
$MgCO_3$　296
$(Mg, Fe)_2SiO_4$　296
$[Mg(NH_3)_6Hg_{22}]$　234
MgO　304, 306
$Mg(OH)_2$　296, 297
$[Mg(OH)_2]^{2+}$　309
$MgSO_4$　301
$MgSO_4 \cdot 7H_2O$　297
Mg_2SiO_4　404
$Mg_3(Si_2O_5)_2(OH)_2$　406
$CaCO_3 \cdot MgCO_3$　296
$KCl \cdot MgCl_2 \cdot 6H_2O$　296, 275
$Na[Al_5MgSi_{12}O_{30}(OH)_6]$　408

Mn
Mn　217
β-MnO_2　161
$[MnO_4]^-$　209, 217
$[Mn(S_5)(S_6)]^{2-}$　494
$LiMn_2O_4$　281
$[Zr_6MnCl_{18}]^{5-}$　245

Mo
$[Mo_2(O_2)_4(O)_2(\mu\text{-}OOH)_2]^{2-}$　492
MoS_2　479

N
$[N_5]^+$　438
NCl_3　443
NF_3　43, 442
N_2F_2　86, 442, 443
$trans$-N_2F_2　90
N_2F_4　442
$[N_2F][AsF_6]$　438
NH_3　43, 87, 100, 120, 231
N_2H_4　180, 434
$[N_2H_5]^+$　435
NH_4ClO_4　433
$[NH_4][HCO_3]$　434
$[NH_4][NH_2CO_2]$　434
NH_4NO_3　433, 456
NH_2OH　436
$[NH_4]_2[SO_4]$　298
$[N_2H_6][SO_4]$　435
NI_3　443
NO　451

NO_2　451, 455
$[NO_2]^+$　48
$[NO_3]^-$　114, 128, 460
$[NO_4]^{3-}$　459
NO_x　453
N_2O　451
$[N_2O_2]^{2-}$　455
N_2O_3　451, 454
N_2O_4　231, 240, 451, 455
N_2O_5　451, 455
$(NPCl_2)_3$　469
$(NPCl_2)_4$　469, 470
$(NPF_2)_4$　470
$(NPX_2)_3$　470
$[NS_2]^+$　516
NSF　515
NSF_3　515
$[N_5][SbF_6]$　438
$N(SiH_3)_3$　386
$[NS_2][SbF_6]$　516
AlN　342
BN　341
$[BN_2]^{3-}$　342
$[BN_3]^{6-}$　342
$[B_2N_4]^{8-}$　342
$[B_3N_6]^{9-}$　343
$B_{50}N_2$　321
$B_3N_3H_{12}$　345
$B(NMe_2)_3$　345, 346
BaN_2　439
$BrNO$　444
$[^tBuHN \cdot GaH_2]_2$　326
$^tBu_2Si=NSi^tBu_3$　386
C_2N_2　414
$[CNO]^-$　416
$CaNCN$　300, 387
$[Ca_2\{N(SiMe_3)_2\}_2\{\mu\text{-}N(SiMe_3)_2\}_2]$　311
$ClNO$　444
$ClNO_2$　444
$[Cl_3P=N-PCl_2=N=PCl_3]^+$　469
$[Cl_3P=N-(PCl_2=N)_2=PCl_3]^+$　469
FNO　444
FNO_2　444
F_3NO　444
$[F_2NO][AsF_6]$　445
GaN　317
$[Ge_{10}O_{21}(OH)][N(CH_2CH_2NH_3)_3]$　409
HN_3　437
$(HBNH)_3$　344
$H_3N \cdot BH_3$　327
$HNCO$　416
HNO_2　456, 458
HNO_3　456, 458
$H_2N_2O_2$　455
HfN　439
Li_3N　282
$[Li(NH_3)_4]$　233
$[\{LiNH^tBu\}_8]$　292
Me_2NNO_2　266
$[Mg(NH_3)_6Hg_{22}]$　234
NaN_3　437
Na_3N　282, 438
Na_3BN_2　342
$NaNH_2$　280
$[Na(NH_3)_4]$　233

$NaNO_3$　275, 423
$[O_3SNONO]^{2-}$　454
$trans$-$[Ru(en)_2(N_2)(N_3)]^+$　438
S_2N_2　515
$[S_4N_3]^+$　515
S_4N_4　514
$[S_4N_4]^{2+}$　515
$S_3N_3Cl_3$　515
$S_4N_4F_4$　516
$S_4N_4H_4$　515, 516
Se_4N_4　517
Si_3N_4　417, 439
$[Sn(N_3)_6]^{2-}$　438
Sn_3N_4　417
$[SO_2N_3]^-$　505
$[(SO_2)_2N_3]^-$　505
SrN　439
SrN_2　439
TiN　439
$[Zn(NH_3)_4]^{2-}$　233
$[Zn(NO_3)_4]^{2-}$　241
ZrN　439

Na
Na_2　279
$Na_3[AlF_6]$　315, 333
$Na[Al_5MgSi_{12}O_{30}(OH)_6]$　408
$NaAlSi_3O_8$　406
$Na_8[Al_6Si_6O_{24}]Cl_2$　406, 495
$Na_8[Al_6Si_6O_{24}]S_n$　495
$NaAsO_2$　468
Na_3BN_2　342
$Na_2[B_2(O_2)_2(OH)_4] \cdot 6H_2O$　339
$Na_2[B_4O_5(OH)_4] \cdot 2H_2O$　315
$Na_2[B_4O_5(OH)_4] \cdot 8H_2O$　275, 315
$Na_2[B_4O_5(OH)_5] \cdot 8H_2O$　338
Na_2C_2　387
Na_2CO_3　287
$Na_2CO_3 \cdot NaHCO_3 \cdot 2H_2O$　285
$NaCa[B_5O_6(OH)_6] \cdot 5H_2O$　338
$NaCl$　156, 168, 242, 305
$[Na(crypt\text{-}222)]^+Na^-$　289
$NaHCO_3$　287, 288
$NaHSO_3$　510
NaN_3　437
Na_3N　282, 438
$NaNH_2$　280
$[Na(NH_3)_4]$　233
$NaNO_3$　275, 423
Na_2O_2　284
$NaOH$　285
$Na_2S_2O_3$　513

Nb
Nb_2C　387

Ni
$NiAs$　441
$[Ni@Pb_{10}]^{2-}$　391
$[W(OH_2)_9NiSe_4\{PH(OH)_2\}]^{4+}$　462

O
^{17}O　483
^{18}O　483
O_2　34, 483
$[O_2]^-$　485
O_3　484

$[O_3]^-$　485
$OC \cdot BH_3$　327
OCS　487
OF_2　496, 497
O_2F_2　497
$[O_3SNONO]^{2-}$　454
Al_2O_3　316, 339
$[Al_6O_{18}]^{18-}$　340
As_2O_5　461
$AsOCl_3$　448
$[\{BO_2\}_n]^{n-}$　339
B_2O_3　336, 337
$[B_2O_5]^{4-}$　339
$[B_3O_6]^{3-}$　339
$B_3O_3(OH)_3$　338
$[B_4O_5(OH)_4]^{2-}$　339
$[B_5O_6(OH)_4]^-$　339
$BaAl_2Si_2O_8$　406
BeO　304
$Be_3Al_2Si_6O_{18}$　295, 405
Bi_2O_3　423, 461
$Bi_2(O_2CCF_3)_4$　473
$(BiO)_2CO_3$　424
$BrNO$　444
CO　397, 398
CO_2　95, 127, 397, 398
$[CO_3]^{2-}$　400
$[C_2O_4]^{2-}$　401
C_3O_2　400
$C_{60}O_3$　380
$COCl_2$　393
$CaAl_2Si_2O_8$　406
$Ca[B_3O_4(OH)_3] \cdot H_2O$　338
$CaCO_3$　402
$3CaO \cdot Al_2O_3$　340
$Ca_3Si_3O_9$　405
$CaTiO_3$　161
$ClNO$　444
$ClNO_2$　444
$Cs_{11}O_3$　284
D_2O　253, 254
Fe_3O_4　340
$FeCr_2O_4$　340
$FeSb_2O_6$　468
FNO　444
FNO_2　444, 444
F_3NO　444
FSO_2OOSO_2F　499
$[Ge_{10}O_{21}(OH)][N(CH_2CH_2NH_3)_3]$　409
H_2O　43, 108, 117, 232, 489
^2H_2O　253
H_2O_2　29, 489
H_3AsO_3　468
H_3AsO_4　468
$(H_3Si)_2O$　386
$HO_3S(OSO_2)_nOSO_3H$　513
KO_2　284
$KAlSi_3O_8$　404, 406
$K_2S_2O_5$　510
Li_2O　284
$LiAlSi_2O_6$　275
$LiCoO_2$　281
$LiMn_2O_4$　281
MgO　304, 306
$MgAl_2O_4$　161, 340
$MgCO_3$　296
$(Mg, Fe)_2SiO_4$　296
Mg_2SiO_4　404

$Mg_3(Si_2O_5)_2(OH)_2$　406
β-MnO_2　161
$[Mo_2(O_2)_4(O)_2(\mu$-$OOH)_2]^{2-}$　492
NO　451
NO_2　451, 455
NO_x　453
N_2O　451
$[N_2O_2]^{2-}$　455
N_2O_3　451, 454
N_2O_4　231, 240, 451, 455
N_2O_5　451, 455
Na_2O_2　284
$NaAsO_2$　468
$Na_2[B_2(O_2)_2(OH)_4]\cdot 6H_2O$　339
$Na_2[B_4O_5(OH)_4]\cdot 2H_2O$　338
$Na_2[B_4O_5(OH)_5]\cdot 8H_2O$　338
$NaCa[B_5O_6(OH)_6]\cdot 5H_2O$　338
$NaHSO_3$　510
$NaNO_3$　275, 423
$Na_2S_2O_3$　513
NH_4ClO_4　433
$[NH_4][HCO_3]$　434
NH_4NO_3　433
P_2O_5　301
P_4O_6　460, 461
P_4O_7　461
P_4O_8　461
P_4O_9　461
P_4O_{10}　461
P_4O_{18}　461
$P_8O_{12}(BH_3)_2$　460
$EtC(CH_2O)_3PO$　486
$POCl_3$　447
$POClF_2$　91
PbO　409
PbO_2　409
Pb_3O_4　369, 409
PoO_2　480
$RbClO_4$　287
SO_2　95, 96, 231, 298, 503, 505
SO_3　98, 505, 506
S_2O　503
$[S_2O_4]^{2-}$　510
$[S_2O_5]^{2-}$　510
S_8O　503
$SOCl_2$　500
SO_2Cl_2　500
SOF_2　499
SOF_4　498
SO_2F_2　499
$SbF_5OSO(OH)CF_3$　238
$Sc_2Si_2O_7$　405
SeO_2　507
SeO_3　508
Se_4O_{12}　508
SiO_2　160, 401, 402
$[Si_4O_{11}]_n^{6n-}$　406
SnO　409
SnO_2　161, 366, 409, 410
TeO_2　507
TeO_3　508
$[Te_3O_6F_3]^{3-}$　508
Tl_2O　341
$[V(O_2)_2(O)(bpy)]^-$　492

P

P_4　29, 90, 429
$[P_7]^{3-}$　440
$[P_{11}]^{3-}$　440
$[P_{16}]^{2-}$　430
$[P_{21}]^{3-}$　430
$[P_{26}]^{4-}$　430
PBr_5　446
PCl_3　87, 446
$[PCl_4]^+$　446
PCl_5　446
$[PCl_6]^-$　446
PF_3　445
$[PF_4]^-$　446
PF_5　90, 428, 446, 447
$[PF_6]^-$　446
PF_3Cl_2　446
PH_3　434
P_2H_4　435
$[P_3H_3]^{2-}$　435
P_2I_4　447
$[P_2I_5]^+$　447
$[P_3I_6]^+$　447
P_2O_5　301
$[P_3O_{10}]^{5-}$　465
$[P_3O_9]^{3-}$　465
P_4O_6　460, 461
P_4O_7　461
P_4O_8　461
P_4O_9　461
P_4O_{10}　461
$[P_4O_{12}]^{4-}$　465
P_4O_{18}　461
$[P_6O_{18}]^{6-}$　465
$P_8O_{12}(BH_3)_2$　460
$EtC(CH_2O)_3PO$　486
$POCl_3$　447
$POClF_2$　91
P_4S_3　472
α-P_4S_4　472
β-P_4S_4　472
α-P_4S_5　472
β-P_4S_5　472
P_4S_6　472
P_4S_7　472
P_4S_9　472
P_4S_{10}　472
P_2Se_5　472
P_4Se_{10}　472
BPO_4　336
$Ca_5(OH)(PO_4)_3$　466
$Cl_3P=N-PCl_2=N=PCl_3^+$　469
$Cl_3P=N-(PCl_2=N)_2=PCl_3^+$　469
$Cs_4P_2S_{10}$　472
$[HPF_3]^+$　445
$[HPF_5]^-$　446
HPO_3　467
H_3PO_2　462, 463
H_3PO_3　462, 463
H_3PO_4　463, 465
$H_4P_2O_6$　463, 464
$H_4P_2O_7$　463, 465, 466
$H_5P_3O_{10}$　463, 465, 466
$[HPO_2F]^-$　446
$H_3Zr_2(PMe_3)_2(BH_4)_5$　329
$(NPCl_2)_3$　469
$(NPCl_2)_4$　469, 470
$(NPF_2)_4$　470
$(NPX_2)_3$　470
$[PtCl_2(PMe_3)_2]$　51
$[PtCl_3(PMe_3)]^-$　50
$[W_3(OH_2)_9NiSe_4\{PH(OH)_2\}]^{4+}$　462

Pb

Pb　370
$PbCl_4$　396
$PbCO_3$　366
PbH_4　386
$[Pb_3I_{10}]^{4-}$　397
$[Pb_5I_{16}]^{6-}$　397
PbO　409
PbO_2　409
Pb_3O_4　369, 409
PbS　366, 414, 479
$PbSO_4$　366
$[Ni@Pb_{10}]^{2-}$　391
$[Pt@Pb_{12}]^{2-}$　391

Pd

$[Pd@Bi_{10}]^{4+}$　441
$[Pd_2@Ge_{18}]^{4-}$　391
$[PdH_2]^{2-}$　271

Po

PoO_2　480

Pt

$[PtCl_4]^{2-}$　50, 99, 100
$[PtCl_2(PMe_3)_2]$　51
$[PtCl_3(PMe_3)]^-$　50
$[Pt_2H_9]^{5-}$　271
$[Pt@Pb_{12}]^{2-}$　391

Rb

Rb_3C_{60}　381
$RbClO_4$　287

Re

$[ReH_9]^{2-}$　271

Ru

$[Ru(bpy)_3]^{3+}$　256
trans-$[Ru(en)_2(N_2)(N_3)]^+$　438
$[RuO_2Cl_4]^{2-}$　245

S

$[S_3]^{2-}$　494
S_6　3, 486
$[S_6]^-$　494
$[S_6]^{2-}$　494
S_7　486
S_8　29, 92, 486
$[S_8]^{2+}$　488
$[S_{19}]^{2+}$　488
catena-S_∞　486
S_2Cl_2　500
$[(S_6)Cu(\mu$-$S_8)Cu(S_6)]^{4-}$　494
SF_4　48, 49, 497, 498
SF_6　101, 130, 482, 497, 498
S_2F_2　497
S_2F_{10}　497, 499
$[S_2I_4]^{2+}$　487
$[S_7I]^+$　487
S_2N_2　515
$[S_4N_3]^+$　515
S_4N_4　514
$[S_4N_4]^{2+}$　515
$S_3N_3Cl_3$　515
$S_4N_4F_4$　516
$S_4N_4H_4$　515, 516
SO_2　95, 96, 231, 298, 503, 505
SO_3　98, 505, 506
$[SO_3]^{2-}$　510
S_2O　503
$[S_2O_4]^{2-}$　510
$[S_2O_5]^{2-}$　510
$[S_2O_6]^{2-}$　511
$[S_5O_6]^{2-}$　514
S_8O　503
$[S_nO_6]^{2-}$　513
$SOCl_2$　500
SO_2Cl_2　500
SOF_2　499
SOF_4　498
SO_2F_2　499
$[SO_2N_3]^-$　505
$[(SO_2)_2N_3]^-$　505
$Al_2(SO_4)_3\cdot 16H_2O$　347
$MAl(SO_4)_2\cdot 12H_2O$　347
As_2S_3　423, 472, 479
As_2S_5　472
As_4S_3　472
As_4S_4　423, 472, 479
α-As_4S_4　473
$[Au S_9]^-$　494
$[B(HSO_4)_4]^-$　237
$BaSO_4$　296
Bi_2S_3　423, 473
CS_2　411
$[CS_3]^{2-}$　411
C_3S_2　413
$CaSO_4$　301
$CaSO_4\cdot 2H_2O$　298, 296
$Cs_4P_2S_{10}$　472
Cu_2S　479
$[D_3SO_4]^+$　512
FeAsS　423
FeS_2　478
$[FSO_4]^-$　499
FSO_2OOSO_2F　499
$F_2S=S$　497
GeS_2　411, 413
$[Ge_4S_{10}]^{4-}$　413
H_2S　492
H_2S_2　493
H_2S_x　493
$[H_3S]^+$　493
HgS　479
$[HSO_4]^-$　511
H_2SO_3　509, 510
H_2SO_4　236, 509, 511
H_2SO_5　513
$H_2S_2O_3$　509, 513
$H_2S_2O_4$　508, 509
$H_2S_2O_5$　510
$H_2S_2O_6$　511
$H_2S_2O_7$　509
$H_2S_2O_8$　509, 513
$[H_3SO_4]^+$　512
HSO_3Cl　512
HSO_3F　237, 512
$HO_3S(OSO_2)_nOSO_3H$　513
$[In(18$-$crown$-$6)][CF_3SO_3]$　349
$InSO_3CF_3$　350
$K_2S_2O_5$　510

化学式索引

$MgSO_4$ 301
$MgSO_4 \cdot 7H_2O$ 297
$[Mn(S_5)(S_6)]^{2-}$ 494
MoS_2 479
$[NS_2]^+$ 516
$Na_8[Al_6Si_6O_{24}]S_n$ 495
$NaHSO_3$ 510
$Na_2S_2O_3$ 513
NSF 515
NSF_3 515
$[NH_4]_2[SO_4]$ 298
$[N_2H_6][SO_4]$ 435
$[NS_2][SbF_6]$ 516
OCS 487
$[O_3SNONO]^{2-}$ 454
P_4S_3 472
$\alpha\text{-}P_4S_4$ 472
$\beta\text{-}P_4S_4$ 472
$\alpha\text{-}P_4S_5$ 472
$\beta\text{-}P_4S_5$ 472
P_4S_6 472
P_4S_7 472
P_4S_9 472
P_4S_{10} 472
PbS 366, 414, 479
$PbSO_4$ 366
Sb_2S_3 423, 473, 479
SiS_2 411, 413
SnS_2 411
$[SnS_4]^{4-}$ 413
$SrSO_4$ 296
Tl_2SO_4 317
ZnS 160, 479
$[Zn(S_4)_2]^{2-}$ 494

Sb
$[Sb_7]^{3-}$ 441
$[Sb_8]^{2+}$ 441, 441
$SbCl_5$ 449
SbF_3 448
SbF_5 449
$\{SbF_5\}_4$ 449
$[Sb_2F_{11}]^-$ 449
$SbF_5OSO(OH)CF_3$ 238
SbH_3 434
$(R)\text{-}[Sb(O_2CCF_3)_3]$ 473
Sb_2S_3 423, 473, 479
$Ag[SbF_6]$ 240
$[F_5SbOSO_2F]^-$ 238
$FeSb_2O_6$ 468
$[N_5][SbF_6]$ 438
$[NS_2][SbF_6]$ 516

Sc
$Sc_2@C_{84}$ 382
$Sc_2Si_2O_7$ 405

Se
Se_8 489
Se_∞ 103
$SeBr_2$ 501
$SeCl_2$ 501
$[SeCl_3]^+$ 502
$[SeCl_6]^{2-}$ 502
Se_4Cl_{16} 501
SeF_4 501
SeF_6 501
Se_4N_4 517
SeO_2 507
SeO_3 508
Se_4O_{12} 508
As_2Se_3 480
$[Au_2(TeSe_2)_2]^{2-}$ 496
H_2Se 492
H_2Se_2 496
H_2SeO_3 508, 514
H_2SeO_4 514
P_2Se_5 472
P_4Se_{10} 472
$[W_3(OH_2)_9NiSe_4\{PH(OH)_2\}]^{4+}$ 462

Si
Si 370
$SiBr_4$ 392
$SiCl_2$ 393
$SiCl_4$ 371, 392, 393
$[SiCl_6]^{2-}$ 393
$trans\text{-}[SiCl_2(MeIm)_4]^{2+}$ 396
SiF_2 393
SiF_4 392, 393
$[SiF_5]^-$ 396
$[SiF_6]^{2-}$ 393, 396
SiH_4 233, 384
$SiHCl_3$ 386
SiH_3Cl 386
SiI_4 392
Si_3N_4 417, 439
SiO_2 160, 401, 402
$[SiO_3]_n^{2n-}$ 404
$[SiO_4]^{4-}$ 404
$[Si_2O_7]^{6-}$ 404
$[Si_3O_9]^{6-}$ 404
$[Si_4O_{11}]^{6n-}$ 404, 406
$[Si_4O_{12}]^{8-}$ 404
$[Si_6O_{18}]^{12-}$ 404
$[Si_8O_{10}]^{8-}$ 406
$[Si_{12}O_{30}]^{12-}$ 406
SiS_2 411, 413
$BaAl_2Si_2O_8$ 406
$Be_3Al_2Si_6O_{18}$ 295, 405
$^tBu_2Si=NSi^tBu_3$ 386
$CaAl_2Si_2O_8$ 406
$Ca_3Si_3O_9$ 405
$Ga_{22}\{Si(SiMe_3)_3\}_8$ 336
$(H_3Si)_2O$ 386
$KAlSi_3O_8$ 404, 406
K_7LiSi_8 388
$LiAlSi_2O_6$ 275
$(Mg,Fe)_2SiO_4$ 296
Mg_2SiO_4 404
$Mg_3(Si_2O_5)_2(OH)_2$ 406
$N(SiH_3)_3$ 386
$Na[Al_5MgSi_{12}O_{30}(OH)_6]$ 408
$NaAlSi_3O_8$ 406
$Na_8[Al_6Si_6O_{24}]Cl_2$ 406, 495
$Na_8[Al_6Si_6O_{24}]S_n$ 495
$Sc_2Si_2O_7$ 405

Sn
Sn 370
$arachno\text{-}[Sn_8]^{6-}$ 390
$[Sn_9]^{4-}$ 389
$[Sn_{12}]^{12-}$ 390
$SnCl_2$ 96
$[SnCl_2F]^-$ 396
$SnCl_2 \cdot 2H_2O$ 396
$SnCl_4 \cdot 4H_2O$ 396
SnF_4 395
$[Sn_2F_5]^-$ 396
Sn_4F_8 395
$[SnF_4Me_2]^{2-}$ 51
SnH_4 386
$[Sn(N_3)_6]^{2-}$ 438
Sn_3N_4 417
SnO 409
SnO_2 161, 366, 409, 410
SnS_2 411
$[SnS_4]^{4-}$ 413
$K_2[SnF_6]$ 240
$[Li_2Sn_8]^{4-}$ 390

Sr
$SrCO_3$ 296
SrF_2 303
SrN 439
SrN_2 439
$[Sr(OH_2)_8]^{2+}$ 309
$SrSO_4$ 296

Te
$[Te_5]^{2-}$ 496
$[Te_6]^{4+}$ 489
$[Te_8]^{2+}$ 489
$[Te_7]^{2-}$ 496
$[TeBr_6]^{2-}$ 502
$Te(cyclo\text{-}C_6H_{11})_2$ 483
$[TeCl_3]^+$ 502
$[TeCl_6]^{2-}$ 502
Te_3Cl_2 502
TeF_4 501
TeF_6 501
$[TeF_7]^-$ 502
$[TeF_8]^{2-}$ 502
TeO_2 507
TeO_3 508
$[Te_3O_6F_3]^{3-}$ 508
$Te(OH)_6$ 514
$AgAuTe_4$ 479
$[Au_2(TeSe_2)_2]^{2-}$ 496
H_2Te 492
H_2Te_2 496
H_2TeO_3 514
H_6TeO_6 502, 514

Th
ThC_2 387

Ti
TiC 387
TiN 439
TiO_2 160
$[Ti(OH_2)_6]^{3+}$ 183
$CaTiO_3$ 161

Tl
Tl 315, 319
Tl_2AlF_5 332
$TlBr$ 336
$TlCl$ 336
$[TlCl_5]^{2-}$ 334
$[Tl_2Cl_9]^{3-}$ 334
TlF 319, 336
TlF_3 319
TlI 336
TlI_3 334
Tl_2O 341
Tl_2SO_4 317

V
V_2C 387
$[VO]^{2+}$ 184
$[V(O_2)_2(O)(bpy)]^-$ 492

W
WC 387
$[W(CO)_6]$ 90
$[W_3(OH_2)_9NiSe_4\{PH(OH)_2\}]^{4+}$ 462

Xe
XeF_2 47, 134
XeF_4 85
$[XeF_5]^-$ 47

Y
$Y@C_{82}$ 382

Zn
$[Zn(NH_2)_4]^{2-}$ 233
$[Zn(NO_3)_4]^{2-}$ 241
ZnS 160, 479
$[Zn(S_4)_2]^{2-}$ 494

Zr
$[Zr_6MnCl_{18}]^{5-}$ 245
ZrN 439
$H_3Zr_2(PMe_3)_2(BH_4)_5$ 329

巽 和行
　1949年 奈良県に生まれる
　1971年 大阪大学基礎工学部 卒
　1976年 大阪大学大学院基礎工学研究科
　　　　　　　　　　　　博士課程 修了
　名古屋大学名誉教授
　日本学士院会員
　専攻 無機化学
　工学博士

西原 寛
　1955年 鹿児島県に生まれる
　1977年 東京大学理学部 卒
　1982年 東京大学大学院理学系研究科
　　　　　　　　　　　　博士課程 修了
　現 東京理科大学特任副学長
　東京大学名誉教授
　専攻 無機化学, 錯体化学, 電気化学, 光化学
　理学博士

穐田 宗隆
　1957年 福岡県に生まれる
　1979年 京都大学工学部 卒
　1984年 大阪大学大学院理学研究科
　　　　　　　　　　　　博士課程 修了
　東京工業大学名誉教授
　専攻 有機金属化学, 合成化学
　理学博士

酒井 健
　1962年 東京都に生まれる
　1987年 早稲田大学理工学部 卒
　1989年 早稲田大学大学院理工学研究科
　　　　　　　　　　　　修士課程 修了
　現 九州大学大学院理学研究院 教授
　2018年より
　　国際純正・応用化学連合(IUPAC)理事
　専攻 無機化学, 錯体化学, 分析化学, 光化学
　理学博士

第1版 第1刷 2012年3月30日 発行
第5刷 2023年6月27日 発行

ハウスクロフト無機化学(上) 原著第3版

Ⓒ 2 0 1 2

監訳者	巽　　和　行
	西　原　　寛
	穐　田　宗　隆
	酒　井　　健

発行者　石　田　勝　彦
発　行　株式会社 東京化学同人
東京都 文京区 千石3丁目 36-7 (〒112-0011)
電　話 (03) 3946-5311・FAX (03) 3946-5317
URL: https://www.tkd-pbl.com/

印　刷　株式会社 アイワード
製　本　株式会社 松岳社

ISBN978-4-8079-0777-9
Printed in Japan
無断転載および複製物（コピー, 電子データなど）の無断配布, 配信を禁じます.

物理定数の値　　（ ）の中の数値は最後の桁につく標準不確かさを示す．

物 理 定 数		記 号	数値とSI単位
アボガドロ定数[†1]	Avogadro constant	L	$6.022\,140\,76 \times 10^{23}\,\mathrm{mol^{-1}}$
ボルツマン定数[†1]	Boltzmann constant	k	$1.380\,649 \times 10^{-23}\,\mathrm{J\,K^{-1}}$
ファラデー定数	Faraday constant	F	$9.648\,533\,212... \times 10^{4}\,\mathrm{C\,mol^{-1}}$
気体定数	gas constant	R	$8.314\,462\,618...\,\mathrm{J\,K^{-1}\,mol^{-1}}$
プランク定数[†1]	Planck constant	h	$6.626\,070\,15 \times 10^{-34}\,\mathrm{J\,s}$
リュードベリ定数	Rydberg constant	R	$1.097\,373\,156\,8160(21) \times 10^{7}\,\mathrm{m^{-1}}$
$10^5\,\mathrm{Pa}$(1 bar), 273.15 K の理想気体のモル体積	molar volume of an ideal gas	V_m	$0.022\,710\,954\,64...\,\mathrm{m^3\,mol^{-1}} \approx 22.710\,95\,\mathrm{dm^3\,mol^{-1}}$
真空中の光速度[†1]	speed of light in a vacuum	c	$299\,792\,458\,\mathrm{m\,s^{-1}}$
電子の質量	electron rest mass	m_e	$9.109\,383\,7105(28) \times 10^{-31}\,\mathrm{kg}$
電気素量[†1]	charge on an electron (elementary charge)	e	$1.602\,176\,634 \times 10^{-19}\,\mathrm{C}$
陽子の質量	proton rest mass	m_p	$1.672\,621\,923\,69(51) \times 10^{-27}\,\mathrm{kg}$
中性子の質量	neutron rest mass	m_n	$1.674\,927\,498\,04(95) \times 10^{-27}\,\mathrm{kg}$
原子質量単位	atomic mass unit	$m_\mathrm{u} = 1\,\mathrm{u}$	$1.660\,539\,066\,60(50) \times 10^{-27}\,\mathrm{kg}$
ボーア半径	Bohr radius	a_0	$5.291\,772\,109\,03(80) \times 10^{-11}\,\mathrm{m}$
真空の誘電率	permittivity of a vacuum	ε_0	$8.854\,187\,8128(13) \times 10^{-12}\,\mathrm{F\,m^{-1}}$
ボーア磁子	Bohr magneton	μ_B	$9.274\,010\,0783(28) \times 10^{-24}\,\mathrm{J\,T^{-1}}$
円周率	ratio of circumference to diameter of a circle	π	$3.141\,592\,653\,59...$

換　　算		
標準状態の圧力		$10^5\,\mathrm{Pa} = 10^2\,\mathrm{kPa} = 1\,\mathrm{bar}$
標準大気圧（非SI単位）		$1\,\mathrm{atm} = 101\,325\,\mathrm{Pa}$
エネルギー[†2]		$1\,\mathrm{eV} = 96.485\,33\,\mathrm{kJ\,mol^{-1}}$

[†1] 定義値（誤差のない値）となる基礎物理定数．
[†2] 電子ボルト（eV）は，$\approx 1.602\,177 \times 10^{-19}\,\mathrm{J}$ の値をもつ非SI単位．$\mathrm{kJ\,mol^{-1}}$ に換算する際はアボガドロ数を掛ければよい．